Tributes

Volume 50

Sciences, Circulations, Révolutions

Festschrift pour Philippe Nabonnand

Volume 40
Natural Arguments. A Tribute to John Woods
Dov Gabbay, Lorenzo Magnani, Woosuk Park and Ahti-Veikko Pietarinen, eds.

Volume 41
On Kreisel's Interests. On the Foundations of Logic and Mathematics
Paul Weingartner and Hans-Peter Leeb, eds.

Volume 42
Abstract Consequence and Logics. Essays in Honor of Edelcio G. de Souza
Alexandre Costa-Liete, ed.

Volume 43
Judgements and Truth. Essays in Honour of Jan Woleński
Andrew Schumann, ed.

Volume 44
A Question is More Illuminating than the Answer: A Festschrift for Paulo A.S. Veloso
Edward Hermann Haeusler, Luiz Carlos Pinheiro Dias Pereira and Jorge Petrucio Viana, eds.

Volume 45
Mathematical Foundations of Software Engineering. Essays in Honour of Tom Maibaum on the Occasion of his 70th Birthday and Retirement
Nazareno Aguirre, Valentin Cassano, Pablo Castro and Ramiro Demasi, eds.

Volume 46
Relevance Logics and other Tools for Reasoning.
Essays in Honor of J. Michael Dunn
Katalin Bimbó, ed.

Volume 47
Festschrift for Martin Purvis. An Information Science "Renaissance Man"
Mariusz Nowostawski and Holger Regenbrecht, eds.

Volume 48
60 Jahre DVMLG
Benedikt Löwe and Deniz Sarikaya, eds.

Volume 49
Logically Speaking. A Festschrift for Marie Duží
Pavel Materna and Bjørn Jespersen, eds

Volume 50
Sciences, Circulations, Révolutions. Festschrift pour Philippe Nabonnand
Pierre Edouard Bour, Manuel Rebuschi and Laurent Rollet, eds

Tributes Series Editor
Dov Gabbay
dov.gabbay@kcl.ac.uk

Sciences, Circulations, Révolutions
Festschrift pour Philippe Nabonnand

édité par

Pierre Edouard Bour

Manuel Rebuschi

Laurent Rollet

ISBN 978-1-84890-425-5

College Publications
Scientific Director: Dov Gabbay
Managing Director: Jane Spurr

http://www.collegepublications.co.uk

Cover design by Laraine Welch

Philippe vu par Lucile (2022)

Table des matières

Préface
Les uns avec les autres...
Biographie d'un historien des sciences

P.-E. Bour, M. Rebuschi & L. Rollet

> On vous a sans doute souvent demandé à quoi servent les mathématiques [...]. Parmi les personnes qui font cette question, je dois faire une distinction; les gens pratiques réclament de nous le moyen de gagner de l'argent. Ceux-là ne méritent pas qu'on leur réponde; c'est à eux plutôt qu'il conviendrait de demander à quoi bon accumuler tant de richesses et si, pour avoir le temps de les acquérir, il faut négliger l'art et la science qui seuls nous font des âmes capables d'en jouir.
> Henri Poincaré, *La Valeur de la science* (1905)

Philippe Nabonnand a fait valoir ses droits à la retraite le 1er septembre 2022. À cette occasion, et pour célébrer sa carrière engagée et son activité bouillonnante, nous avons souhaité réaliser cette *Festschrift*, à laquelle ont contribué nombre de ses collègues et amis. Toutes et tous ont pu apprécier le goût de Philippe pour le travail collectif, sa générosité, sa curiosité intellectuelle, sa pugnacité et son engagement. Nous espérons que le présent volume reflète non seulement ses centres d'intérêt comme chercheur, enseignant, élu ou directeur de laboratoire, mais au-delà, qu'il témoigne des qualités de celui que nous avons eu la chance de côtoyer depuis plus de 30 ans. Pour les auteurs de cette préface, cette longue période coïncide avec les années d'existence des Archives Henri-Poincaré, dont Philippe Nabonnand a été l'un des membres fondateurs. Elle recouvre également des modes de fréquentation et de collaboration multiples, mais tous

P.-E. Bour, M. Rebuschi & L. Rollet (eds.), *Sciences, Circulations, Révolutions, v–viii.*

marqués par l'échange et une éthique exigeante en matière de science comme de politique ou d'administration de la recherche.

Né le 2 août 1953 à Nancy, Philippe entreprend dans sa ville natale des études de mathématiques (durant lesquelles, cependant, on sait qu'il fréquenta également la Faculté de Lettres et Sciences Humaines) qui le conduisent à la Maîtrise (1976), puis au DEA (1977), avant la soutenance en 1980 d'une thèse de doctorat intitulée *Contributions à l'étude des variétés riemanniennes complètes à courbure de Ricci positive*. C'est également durant cette période du tournant des années 1980, entre 1979 et 1981, qu'il travaille comme coopérant au Département de mathématiques de l'Université de Sétif.

En 1984, il obtient l'agrégation de mathématiques, et il est recruté comme PRAG à l'Université Nancy 2 l'année suivante, puis comme Maître de conférences en mathématiques en 1988, au sein de l'UFR de mathématiques et informatique. Il soutient en 2006 son Habilitation à diriger des recherches, avec un mémoire intitulé : *Contributions à l'histoire de la géométrie projective au 19e siècle*. Il est nommé Professeur des universités en 2010, au sein du Département de philosophie de l'Université Nancy 2, dans le cadre duquel il sera notamment à l'origine de la création du Master à distance en Logique, épistémologie et histoire des sciences (MADELHIS).

Tout au long de sa carrière il assume des responsabilités d'administration et d'animation de la recherche. Élu dans divers conseils de l'Université, il est également pour deux mandats (2011-2015 et 2015-2019) vice-président de la 72e section du Conseil National des Universités. Membre fondateur des Archives Henri-Poincaré en 1992, il en assure la direction de 2014 à son départ en retraite, en 2022.

Ce bref curriculum vitæ n'épuise évidemment pas l'activité de Philippe, et une liste de ses collaborations scientifiques ou syndicales, des projets menés ou des thèses encadrées (bien que le présent volume en donne un échantillon tout à fait représentatif) permettrait sans doute de cerner davantage les spécificités de ses intérêts, de ses méthodes, et de ses principes. Qu'il nous soit permis toutefois de tenter de passer en revue quelques lignes de force, en commençant par Henri Poincaré.

Nous l'avons dit en effet, pour les auteurs de cette préface, la rencontre et la fréquentation de Philippe sont indissociables de l'aventure des Archives Henri-Poincaré. Membre du Groupe de Recherche sur la Philosophie des Mathématiques Saar-Lor-Lux de l'Université de Nancy 2, fondé par Louis Vax, qui se trouva en 1992 à l'origine du projet du laboratoire, Philippe est certainement, avec son collègue et ami Gerhard Heinzmann, celui qui a le plus contribué à la configuration et au succès des Archives Henri-Poincaré. D'une part en matérialisant, par ses discussions en tant que mathématicien et historien des mathématiques avec ses collègues philosophes, l'idéal de dialogue entre disciplines qui est au fondement du laboratoire. Ensuite en lançant le processus éditorial autour de la correspondance de Poincaré, un projet emblématique, avec la publication en 1999 du volume dédié à la correspondance avec Gösta Mittag-Leffler, en participant à celle du volume sur les astronomes et géodésiens (2016), et en assurant la coordination du volume sur la correspondance avec les mathématiciens. Il a enfin impulsé le travail de fond de rénovation des sites web consacrés à Poincaré, maintenus et réalisés au sein du laboratoire : loin de se cantonner à une mise à niveau technologique, ce travail bénéficie de la demande expressément formulée par Philippe d'intégrer au mieux les pratiques non seulement de recherche, mais aussi d'enseignement ou de valorisation. À tous ces niveaux, il n'a eu de cesse d'insister sur le caractère structurant, pour le laboratoire, des projets autour de Poincaré, tout en contribuant à un enrichissement et un approfondissement des recherches sur le savant (dont témoigne aussi le colloque "Poincaré 2022" qu'il a organisé).

Si Philippe a également été l'un des artisans et sûrement l'avocat le plus ardent du mode d'organisation très inclusif des Archives Henri-Poincaré, c'est au nom d'une conception plus large de l'importance du collectif dans le travail de recherche. Pour Philippe, le collectif implique de manière active et jusque dans les décisions les plus importantes les chercheurs et enseignants-chercheurs statutaires, mais aussi les doctorants et chercheurs contractuels, et les personnels d'accompagnement de la recherche. Cette conception du collectif a toujours été accompagnée de la défense des conditions matérielles et statutaires dans lesquelles le travail de recherche se réalise – et pour ne citer qu'eux, celles et ceux aux Archives Henri-Poincaré qui ont obtenu une promotion ces dernières années savent ce qu'ils doivent à son soutien sans faille. Si l'on a déjà noté la dimension syndicale et institutionnelle de cet engagement, il s'est aussi manifesté à un niveau scientifique, dans les divers projets, associant des partenaires multiples, que Philippe a menés, et en réalité souvent co-dirigés. De même, s'il n'a pas négligé dans ses travaux d'histoire des mathématiques les approches d'ordre conceptuel, Philippe a été très attentif à la dimension sociale des mathématiques ; à l'idée d'une culture mathématique et à l'étude de ses contextes de création et de développement ; à la multiplicité des acteurs et à la nécessité d'une histoire par en bas et plus généralement d'un recours aux sciences sociales et à leurs méthodes ; et bien entendu aux diverses voies de la circulation des mathématiques.

On le voit bien, présenter ces traits saillants en les séparant a quelque chose d'un peu artificiel, tant il est vrai que ces diverses dimensions du travail de Philippe s'y trouvent le plus souvent étroitement intriquées. Nous avons pensé que le titre de ce volume d'hommage, *Sciences, Circulations, Révolutions*, évoquait, avec le bénéfice de la polysémie des termes qui le composent, l'œuvre de Philippe dans ses différents aspects, et couvrait en tout cas une bonne partie des thématiques et sujets couverts par les contributions. Nous avons décidé de ranger ces dernières par ordre alphabétique d'auteur, pour faire droit à l'intrication mentionnée ci-dessus. Nous espérons avant tout qu'elles témoigneront, à un moment particulier de la vie de Philippe, de l'affection que lui portent les participant·es, et de la manière dont son activité, ses travaux, son style, les ont toutes et tous influencé·es et stimulé·es, et continueront à le faire.

Pour la conduite de ce travail éditorial, nous tenons à remercier les soixante-deux auteurs et autrices pour leurs contributions, leurs relectures croisées et leur patience. Un immense remerciement à Sandrine Avril pour son formidable travail d'édition en LaTeX, sans lequel ce projet n'aurait pas pu être conduit à terme. Nous remercions enfin Dov Gabbay et Jane Spurr des College publications pour leur accueil de cet ouvrage dans la série "Tributes", et les Archives Henri-Poincaré pour leur soutien.

Pierre Edouard Bour
AHP-PReST (UMR 7117), CNRS
pierre-edouard.bour@univ-lorraine.fr

Manuel Rebuschi
AHP-PReST (UMR 7117), Université de Lorraine
manuel.rebuschi@univ-lorraine.fr

Laurent Rollet
AHP-PReST (UMR 7117), Université de Lorraine
laurent.rollet@univ-lorraine.fr

Faire (bon) usage des institutions ?

Catherine Allamel, Andrée Bergeron & Pierre Lamard

Ce n'est un secret pour personne : Philippe Nabonnand est, certes, un historien des mathématiques, mais c'est aussi un homme engagé dans les débats et les combats de son temps.

Dans une période où nous assistons *nolens volens* à une transformation profonde de l'Université[1] et de la recherche que beaucoup, dont Philippe, considèrent comme une attaque frontale de nos métiers et nos valeurs, l'engagement peut prendre plusieurs formes. Celle de l'action syndicale bien sûr, et Philippe en prend sa part, mais il peut aussi s'exprimer en prenant au sérieux et en exerçant le pouvoir d'action que nous confèrent les institutions créées en vue de la gestion démocratique de l'Université. Le Conseil National des Universités (CNU), issu des institutions de la Troisième République et refondé à la Libération, est de celles-là. Durant deux mandatures, de 2011 à 2019, Philippe Nabonnand a assuré les fonctions de vice-président de la section 72 du CNU[2], Epistémologie, histoire des sciences et des techniques.

Parallèlement, Philippe s'est directement engagé en 2014 dans l'animation et la direction de son laboratoire de rattachement[3], les Archives Henri-Poincaré – Philosophie et Recherches sur les Sciences et les Technologies (AHP-PReST), son mandat ayant été renouvelé quatre ans plus tard. Ces huit années l'ont assujetti à une double mise à l'épreuve : celle de ne pas transgresser ses valeurs sur le terrain du quotidien et celle de mettre en œuvre par le pouvoir de l'action

1. Le U majuscule désigne ici l'institution universitaire dans sa conception à la fois la plus exigeante (celle qui se veut une *république* des savoirs) et la plus englobante (formée de l'ensemble des *collectifs* qui œuvrent, à quelque niveau que ce soit, à la production et la transmission de ces savoirs : enseignants, chercheurs, personnels techniques et administratifs et étudiants).

2. Son engagement s'est manifesté au-delà du périmètre de la section, notamment au sein du groupe XII « Pluridisciplinaire » dont relève notre section, et dans les différentes commissions de travail de la CP-CNU, enfin en tant que membre élu à la Commission consultative de cette même instance.

3. Auquel appartient l'une d'entre nous, Catherine Allamel.

P.-E. Bour, M. Rebuschi & L. Rollet (eds.), *Sciences, Circulations, Révolutions, 1–10.*

une gestion démocratique d'une entité à vocation transdisciplinaire[4], challenge ô combien délicat lorsqu'on connait la puissance des tropismes disciplinaires.

C'est au travers de ce double prisme, que nous[5] voulons ici porter témoignage, d'une part, de l'action de notre section durant ces deux mandatures et notamment du rôle que Philippe a joué dans la défense obstinée de certains choix collectivement assumés et, d'autre part, à une échelle plus infra, celle du laboratoire, de la cohérence de son action... enfin par là-même plaider pour un usage résolument offensif de nos règles et nos institutions.

1 Le cadre révélateur d'une institution (encore ?) démocratique

Le Conseil National des Universités (CNU), fréquemment contesté, de plus en plus menacé, reste malgré et contre tout un élément clé du système démocratique universitaire.

Si l'institution n'est pas exempte de critiques, elle constitue à l'heure actuelle l'une des principales instances à notre disposition pour la défense de l'ensemble des disciplines et du métier d'enseignant-chercheur. Le CNU joue un rôle crucial dans la gestion nationale des enseignants-chercheurs puisqu'il est chargé des procédures de qualification, étudie les demandes de promotion des enseignants-chercheurs et statue sur les demandes d'attribution de primes (comme la PEDR) et de congés de recherches (CRCT) — primes et congés extrêmement contingentés. Il joue en outre un rôle d'observatoire des évolutions de tous ordres, des plus scientifiques (repérage des nouvelles orientations de recherche) aux plus techniques (heurs et malheurs de la dématérialisation administrative). Même si la structure a été dessaisie de certaines prérogatives parmi lesquelles le reclassement des collègues nouvellement recrutés, elle reste un contre-pouvoir pour résister aux dérives de l'université managériale qui, depuis la LRU, se met en place avec la bénédiction et le concours actif de la Conférence des Présidents d'Université.

La 72e section a consolidé au fil des dernières mandatures un certain nombre de principes, partagés et défendus par l'ensemble de ses membres. Pluridisciplinaire par essence, elle revendique son ouverture aux inflexions des courants de recherche, aux émergences épistémologiques, aux renouvellements des connaissances tant du point des objets d'études que des méthodes, voire de l'éventail des sources mobilisées... mais toujours en dialogue avec les traditions de recherche auxquelles elle se rattache. La section englobe l'histoire de tous les savoirs, de toutes les sciences sans exclusive (mathématiques, physiques, humaines et sociales, cognitives, médicales ou encore naturelles...

4. Le laboratoire est officiellement rattaché à la fois aux sections 35 (Philosophie, histoire de la pensée, sciences des textes, théorie et histoire des littératures et des arts) et 41 (Mathématiques et interactions des mathématiques) du CNRS, cette double appartenance concrétise institutionnellement cette volonté de travail en commun.

5. Durant la mandature 2015-2019, et sous la présidence de Pierre Lamard, nous avons partagé avec Philippe Nabonnand l'animation de la section, assurant tous les quatre la fonction de « bureau » de la section.

sans oublier celles des ingénieurs) et de toutes les techniques. Nombre de sections lui sont connexes car ses recherches mobilisent des approches de tous ordres : philosophique, sociologique, anthropologique, muséographique... C'est dire l'importance, devant une telle diversité de travaux possibles, de critères partagés pour l'examen des dossiers présentés à la qualification ou à la promotion. Il fallait s'accorder sur un dénominateur commun.

Trouver l'équilibre entre ouverture et cohésion est aussi une question qui s'est posée à la direction du laboratoire. Philippe Nabonnand a toujours fait en sorte qu'un équilibre harmonieux entre les disciplines « composantes » perdure. Pour ajouter à la difficulté, il a même fallu également assumer le « mariage » de deux cultures de laboratoire puisque les AHP-PReST résultent de la fusion, en 2018, du Laboratoire d'Histoire des Sciences et de Philosophie – Archives Henri-Poincaré (Nancy) et de l'Institut de Recherches Interdisciplinaires sur les Sciences et la Technologie (Strasbourg). Il fallait en somme résoudre cette équation peu simple : aboutir à un consensus à la fois collectif et institutionnel satisfaisant aux critères de trois tutelles. Philippe a été ainsi à l'origine de la création d'une UMR bi-site intégrant les thématiques des STS, jusque-là absentes à l'université de Nancy, ouvrant encore un peu plus le périmètre de recherche de sa structure.

L'entité « laboratoire » est dans notre monde professionnel l'institution première qui permet d'initier et de mettre en œuvre une stratégie de recherche. Son bon fonctionnement est la clef de voûte de la qualité des productions scientifiques collectives. Philipe a toujours œuvré pour que la vie de la structure soit empreinte de principes démocratiques. Toutes les décisions sont discutées collectivement que ce soit les profils de postes d'enseignant-chercheurs/chargés de recherche proposés aux institutions (CNRS, université), les demandes de subventions pour des colloques, le classement des demandes de bourses ou de congés thématiques, etc. Toute décision prise, de quelque ordre que ce soit, est soumise à l'avis général et actée en fonction du consensus qui s'est dégagé et ce, même si ce consensus allait parfois à l'encontre des souhaits de son directeur.

Dans cette difficile quête de la cohérence, du national au local et inversement, dans la défense tenace des intérêts de son laboratoire comme d'une évaluation qualitative et personnalisée des dossiers au CNU, Philippe a joué pleinement son rôle et rien que son rôle.

2 Le choix d'instances ouvertes et bienveillantes

La 72e section a toujours refusé de procéder à une évaluation se réduisant à compter les publications répondant à des critères pré-établis (comme des listes de revues « qualifiantes ») et à cocher un certain nombre de cases. En continuité avec son histoire, notre (petite) communauté a persisté à bannir l'exclusive des critères quantitatifs et les verdicts fondés sur une pratique bibliométrique stricte (indice de citation, *impact factor*, classement des revues) si souvent appliquée dans d'autres sections, et parfois même dans les sections relevant des SHS, au nom d'une objectivité rassurante parce que paramétrée. Au contraire, elle a continué à défendre une approche plus globale, peut-être perfectible mais moins « aseptisée », et s'est obligée à poursuivre dans la tradition qui est la sienne de rentrer en profondeur dans le contenu des dossiers.

Bien sûr la taille très modeste de notre section (environ 120 enseignants-chercheurs) permet de défendre cette approche qualitative, plus humanisée, des dossiers. Mais il s'agit là d'abord d'un choix intellectuel : soutenir l'idée qu'une thèse ou un ouvrage, en ce qu'ils matérialisent une pensée aboutie et maturée sont d'aussi bons, voire meilleurs, indicateurs qu'une longue liste de publications dans des revues à comité de lecture qui, dans le contexte actuel, n'est parfois que le résultat d'une fragmentation de la pensée répondant au besoin supposé (imposé ?) de faire du chiffre en rédigeant plusieurs articles. Cette position n'est pas anodine quand on sait que dans bon nombre de sections qui relèvent du domaine des sciences exactes ou s'en réclament, l'article dans une revue à comité de lecture (*a fortiori* si elle est internationale) est érigé en Graal... Pour les membres de notre section, ce choix a eu une conséquence appréciable : nos réunions plénières nous ont par là-même fréquemment offert le plaisir d'entendre, à l'occasion de la lecture des rapports, d'excellentes synthèses de travaux qui aboutissaient tout aussi fréquemment à de riches échanges épistémologiques. Nos débats toujours trop courts, mais denses et respectueux, soulevaient souvent la question du périmètre de la section et de son évolution. En cas de doute ou de trouble au terme de la discussion, le vote intervenait pour livrer le dernier avis (hors section, contenu scientifique insuffisant ou à conforter, qualifié...).

Régulièrement, nous avions à nous prononcer sur des dossiers pour lesquels la prise en compte du contexte dans lequel nos collègues avaient eu à exercer était essentielle. Dans de tels cas Philippe Nabonnand a toujours fait preuve d'une vigilance constante en rappelant immanquablement que les conditions de recherche, l'environnement ne doivent pas être occultés surtout lorsqu'il s'agit (pour les CRCT par exemple) de raisonner en comparatif. Comment comparer les conditions de travail du jeune doctorant boursier au sein d'un gros laboratoire parisien et celles du collègue certifié ou agrégé qui, parallèlement à son métier d'enseignant en ZEP ou en lycée de banlieue, conduit sa thèse bien éloigné du quotidien du laboratoire ? Comment réagir face au dossier du retraité, du cadre ou de l'ingénieur en fin de carrière qui, en demandant une qualification aux fonctions de maître de conférences, aspire à la reconnaissance académique par passion du domaine étudié mais sans forcément bien maîtriser les canons de cet exercice académique ? Les conditions dans lesquelles se fait le travail de thèse sont déterminantes, les statistiques scrupuleusement tenues par Philippe au cours de ses années de vice-présidence le montrent clairement. Pour prendre juste un exemple tiré de la campagne 2016, on observe un écart important entre les résultats à la qualification aux fonctions de maître de conférences des candidatures parisiennes (74,5% de réussite) et des candidatures de province (60% de réussite). D'où viennent de tels différentiels ? Comment ne pas amplifier, au niveau individuel, une différenciation au moins en partie structurelle ?

Au fil de nos échanges sur les différents dossiers, parfois animés mais toujours cordiaux, les membres de notre section ont appris à mieux se connaître. Dans le cas de Philippe Nabonnand, nous avons pu voir à l'oeuvre un personnage aux indéniables qualités humaines, animé de valeurs fortes, cohérent dans ses prises de positions (syndicales ou politiques) qu'il argumentait avec conviction, vigueur et faconde. Renier le consensus matriciel de notre liste, a toujours été pour lui une ligne rouge à ne jamais franchir : défendre une représentation plurielle et ouverte des disciplines, respecter les principes déontologiques (règle de déport, transparence des procédures...), assurer une véritable collégialité de fonctionnement (titulaires et suppléants confondus), garantir une qualité nationale rempart contre le localisme et ses dérives.

La préservation du collectif lui est essentielle. C'est pourquoi il est hostile aux systèmes de primes qui exacerbent la mise en concurrence des enseignants-chercheurs, surtout dans un système absurdement contingenté en dossiers classés A, B ou C qui contraint parfois à classer en dernière catégorie d'excellents dossiers. S'il a – avec d'autres – toujours refusé de prendre part au vote, il apportait néanmoins sa contribution au bon déroulement matériel de la procédure pour ne pas pénaliser les collègues demandeurs et bloquer le mécanisme.

Il s'est appuyé sur les mêmes principes en tant que directeur de laboratoire. Diriger une structure de recherche, c'est d'une part faire en sorte que le fonctionnement interne soit harmonieusement huilé, d'autre part trouver les moyens de faire rayonner son instance vers l'extérieur. Philippe pour cela s'est impliqué sans compter dans bon nombre d'institutions et dans la dynamique interne du laboratoire. Au terme de ses mandats, l'UMR comptera l'organisation ou la co-organisation de près de 80 manifestations scientifiques, chaque année étant marquée par un événement prestigieux a minima de portée nationale (congrès, université d'été...) s'inscrivant la plupart du temps dans des perspectives interdisciplinaire et comparative. Cet événement majeur s'accompagne de réelles collaborations avec diverses structures académiques, au plan national (GHDSO, SPHERE, IHPST, Centre Koyré, Comité National Français d'Histoire et de Philosophie des Sciences, Centre François Viète, Paul Painlevé...) comme international (Max Planck Institut, Humboldt University, Berkeley, universités italiennes et sud-américaines...). Par ailleurs, la vingtaine de professeurs étrangers invités atteste de l'insertion des activités du laboratoire dans des réseaux internationaux.

Lors de cette fusion, l'important à ses yeux a été de ne pas composer avec deux entités simplement juxtaposées. Il a plaidé pour et fait en sorte que les nouveaux axes du laboratoire intègrent systématiquement des chercheurs de Nancy et de Strasbourg, permettant ainsi un dialogue fructueux entre chercheurs qui ne se connaissaient pas ou peu. Au bout de deux ans de fusion, cela se manifeste par le fait que, lors des appels à projet de financement, les chercheurs de Nancy et Strasbourg sont entrés dans une collaboration active, permettant ainsi la fertilisation croisée des approches que l'on trouvait initialement à Nancy et Strasbourg. Sa bienveillance dans le cadre de ses fonctions est hors norme, notamment à l'égard des collègues IT/BIATSS, qu'il considère non comme de simples exécutants mais comme de vrais acteurs de la recherche. Lors de son élection en 2014, il a fait en sorte qu'un IT soit directeur adjoint du laboratoire, ce qui marque de manière claire son attachement à la reconnaissance du travail fourni pour la recherche par cette catégorie de personnel. Lors de sa réélection en 2018, le CNRS n'a plus donné son accord pour une telle co-direction : Philippe a su « faire bon usage de l'institution » en créant la fonction de Secrétaire général afin que ce collègue IT/BIATSS soit à nouveau un membre officiel de la direction du laboratoire.

Mais cette aptitude à l'harmonie des hommes et des rouages ne concerne pas uniquement les IT/BIATSS, elle est une réalité aussi pour l'ensemble des membres de son laboratoire. Nous savons tous que les nouvelles politiques de la recherche insistent sur l'évaluation, et notamment sur le fait que chaque chercheur doit être « publiant » (à savoir publier des articles dans des revues à comité de lecture). Bon nombre de laboratoires ont appliqué ces injonctions à la lettre, en stigmatisant les chercheurs « non-publiants ». Philippe Nabonnand s'est élevé contre cette pratique et a défendu l'idée que les chercheurs qui ne publient pas peuvent être indispensables à la recherche, en créant et en enrichissant par exemple des bases de données bibliographiques à caractère historique. Ce refus de stigmatisation des chercheurs « non académiques » contribue fortement à créer un climat harmonieux, propice au travail de recherche.

3 Lucidité, réactivité, pugnacité

Depuis longtemps les différents bureaux de notre section ont pris soin de consacrer systématiquement un temps de nos réunions plénières aux discussions d'ordre général. Décryptage de nouvelles dispositions réglementaires, débats sur les (contre)réformes en cours, prise de position sur les initiatives de protestation, votes éventuels de motion : le Conseil National des Universités est, on le rappelle, un organe de gestion collégial et est, en tant que tel, habilité à prendre position sur les évolutions de l'Université. Et cela se passe d'abord au niveau qui est le plus proche du terrain : dans les sections. De la même manière, les groupes de travail qui sont mis en place au niveau de la CP-CNU[6] (lors de la dernière mandature : disciplines à petits effectifs, doctorat-HDR, déontologie, suivi de carrière) sont supposés se faire l'écho des positions discutées en section.

6. La Commission Permanente du CNU (CP-CNU) est constituée de l'ensemble des membres des bureaux des sections du CNU.

Philippe Nabonnand a souvent été le principal animateur de ces discussions générales, contextualisant le débat, suscitant les échanges nourris, passionnés parfois. Bien au-delà de l'enjeu des évaluations individuelles, il nous a montré toute sa capacité à dégager une problématique inscrite dans une perspective systémique et pertinente. Les motions ainsi collectivement construites pouvaient recueillir l'assentiment général, proche le plus souvent de l'unanimité. Il s'agissait alors de leur donner leur forme définitive, celle qui formalisait au mieux la pensée collective, et les faire circuler dans les réseaux syndicaux comme sur les canaux de la communauté scientifique, ce dont Philippe s'est le plus souvent chargé.

La grande bataille des deux dernières mandatures du CNU fut celle menée contre le suivi de carrière. Profondément persuadée des effets pervers d'une telle mesure notamment sur le risque de modulation des services, notre section a toujours refusé d'activer cette procédure, prenant toutefois soin de vérifier que les dossiers envoyés ne constituaient pas une forme d'appel à l'aide de la part de collègues en difficulté au sein de leurs institutions respectives. La bataille s'était engagée dès la mandature 2011-2015. Philippe Nabonnand et Catherine Allamel, déjà membres du bureau, avaient fini par convaincre Jean Gayon, qui avait remporté contre Philippe la présidence de la section, de la légitimité d'un tel combat. Malgré leurs divergences, les deux hommes ayant le sens de l'intérêt collectif étaient mus par des principes communs. Une fois le feu des élections passé, leur relation s'était vite apaisée pour se transformer en une étonnante complicité, ce qui a permis de retrouver la quiétude nécessaire au bon fonctionnement de l'instance. La 72e section s'est alors retrouvée fer de lance de la contestation de cette nouvelle forme d'évaluation, d'abord au sein du groupe XII puis à la CP-CNU. Une première bataille avait été gagnée par une CP-CNU sans cesse aiguillonnée par la verve critique de Philippe martelant son (et notre) « opposition à toute procédure récurrente, systématique et obligatoire d'évaluation individuelle des enseignants chercheurs » au cours des assemblées plénières ou en Commission consultative – ce qui lui valut quelques inimitiés au sein de son propre syndicat... Un moratoire puis des inflexions avaient été obtenus des services du ministère quant aux objectifs sous-jacents (comme la modulation possible des services) et à certaines garanties de procédure (entre autre la mise en place d'une application informatique garantissant la possibilité d'un dialogue direct entre l'enseignant-chercheur et le CNU sans communication de ces éléments à l'établissement). Mais ces avancées demeuraient insuffisantes aux yeux de la section pour engager une quelconque expérimentation, le décret applicatif beaucoup trop général ne donnant aucune assurance. C'est ainsi qu'avec l'accord de toute la section 72 (élus, nommés et suppléants confondus) l'application AYLA (dédiée au suivi de carrière) n'a jamais été activée pour notre section.

Philippe est un fin connaisseur du fonctionnement des institutions locales ou nationales dans le cadre desquelles il a œuvré. Et il sait en jouer. Le monde institutionnel en général n'apprécie guère les changements profonds. Et lorsqu'il s'est agi de fusionner des laboratoires (les Archives Poincaré de Nancy et l'IRIST de Strasbourg), trois institutions devaient donner leur accord (le CNRS, l'Université de Lorraine et l'Université de Strasbourg). Un désaccord d'un seul de ces acteurs et le projet n'aurait pas pu être réalisé. L'histoire nous a aussi montré combien la fusion d'institutions est l'occasion de réduire les moyens humains et financiers. Demander une fusion sans réduction de moyen n'était donc *a priori* pas gagné.

Philippe a su convaincre ces trois institutions, en étant extrêmement pugnace et réactif, proposant des arguments relatifs à la politique scientifique (par exemple, ce nouveau laboratoire faisait sens dans le cadre de la Nouvelle Région Grand-Est), mais aussi sur des aspects beaucoup plus concrets (obtenir la garantie de la conservation des moyens humains et financiers pour les deux laboratoires qui fusionnaient). Ce qui permet aujourd'hui un fonctionnement serein des Archives Poincaré qui profite aussi bien aux chercheurs qu'aux IT/BIATSS.

4 Soutenir nos collègues et nos disciplines

Le refus, collectivement assumé par la section 72 du CNU, de mettre en place le suivi de carrière était-il le signe que notre communauté (en dehors de ses prérogatives d'évaluation de la carrière) se désintéressait du statut ou des postes des enseignants-chercheurs ? Bien au contraire : à plusieurs reprises, la 72e section s'est emparée de situations difficiles, variant les démarches en direction soit des institutions, soit de collègues relevant de ses champs scientifiques. Forte de décisions prises et votées en plénière, la section s'est arrogée un devoir d'intervention en prenant certaines initiatives : apporter sa caution à des projets spécifiques (ex : soutien d'une demande de l'Université de Haute-Alsace pour un poste de disciplines rares concernant l'archéologie des mondes industriels), tenter d'infléchir les services du ministère quant au bien-fondé d'une candidature jugée irrecevable, attester officiellement de la pertinence d'une demande d'appartenance à la section, voire faire pression quant au respect du statut d'un enseignant-chercheur dans le domaine de l'enseignement comme celui de la recherche.

De la même manière, la section a agi pour faire entendre la voix et les compétences des chercheurs relevant de son périmètre sur une question de plus en plus prégnante au sein du monde universitaire : la question de l'intégrité scientifique.

La révolution numérique, la mondialisation, l'omniprésence des sciences et des techniques dans la société, la mise en concurrence généralisée modifient radicalement les pratiques, l'exercice des métiers, les formes d'organisation et tout simplement l'idée de science et de son rôle social. Chaque université se voit dotée d'un référent « intégrité scientifique ». De plus en plus, les formations scientifiques et techniques (au moins au niveau master et doctorat) comportent des enseignements d'éthique ; les écoles d'ingénieurs elles-mêmes commencent à intégrer cette notion et ses corollaires ; de même, la formation professionnelle des jeunes collègues chercheurs et enseignants-chercheurs est ou va être accompagnée de sensibilisation à ces questions. Constatant la multiplication des colloques et des comités dans le domaine et sans vouloir minimiser l'importance du phénomène, et encore moins sa gravité, les membres de la section 72 (section qui, on le rappelle, comprend « l'éthique » dans son périmètre) regrettant que les questions d'intégrité scientifique ne soient abordées que sous l'angle de la lutte contre le plagiat, ou du moins que cet aspect occulte trop souvent d'autres facettes tout aussi importantes, ont voulu apporter leur contribution au débat. En effet, les interrogations relevant de l'intégrité scientifique, qu'elle soit considérée comme faisant partie des valeurs d'un groupe professionnel, comme idéal ou condition de possibilité d'un domaine de connaissance, comme une rhétorique légitimant une forme de connaissance ou comme une forme de questionnement des actions et de la prise de décisions dans le champ scientifique méritaient d'être abordées en les situant socialement, historiquement, anthropologiquement, cognitivement et épistémologiquement. En d'autres termes, la 72e section du CNU et les chercheurs relevant de son périmètre ont incontestablement vocation à intervenir dans ces discussions et sont des acteurs légitimes et majeurs quant à une définition des orientations et des enseignements.

C'est pourquoi, fait unique et à l'initiative de Philippe Nabonnand, la section s'est donné les moyens d'organiser une réflexion globale sur ce sujet sous la forme d'une journée d'étude organisée le 11 septembre 2018 à l'ESPE de Paris et intitulée *L'intégrité scientifique. Quelques approches à partir de thématiques relevant du périmètre de la 72e section du CNU.* Cette journée a été un succès. Elle a réuni autour d'une dizaine de communications une quarantaine de participants dont les trois quarts étaient extérieurs à la section et les retours qui nous sont parvenus montrent clairement qu'elle répondait à un besoin.

5 Nos institutions sont précieuses (et fragiles !)

Tandis que nous écrivons ces lignes (au mois de janvier 2020), le CNU, la vie des laboratoires comme le métier d'enseignant-chercheur sont une fois de plus contraints, remis en question voire menacés. Sans qu'il soit encore possible à ce moment précis, puisqu'aucun texte définitif n'est encore connu tandis qu'un calendrier serré est déjà fixé, de dire ce qui est exactement prévu on entend parler de « mise en extinction du corps des maître de conférences », de fin de « la règle des 192h », d'abandon de l'avancement à l'ancienneté, de recrutements hors qualification, de « CDI de chantier », pilotage autoritaire de la recherche...

En effet, trois rapports, issus de trois groupes de travail ont récemment (septembre 2019) été rendus publics. Le premier, consacré au « Financement de la recherche » dresse un constat sévère du sous-investissement pour la recherche en France – constat que pourraient largement partager les universitaires et les chercheurs. Les deux autres proposent un certain nombre de pistes organisées autour des questions génériques suivantes :

– « Attractivité des emplois et des carrières scientifiques »

– « Recherche partenariale et innovation ».

Les propositions formulées sont loin de correspondre à celles qui ont été suggérées par les acteurs de la recherche et de l'enseignement supérieur. Les premières analyses[7] qui en sont faites s'accordent pour dire qu'il s'agirait là d'une remise en cause radicale du fonctionnement des institutions de l'enseignement supérieur et de la recherche bouleversant les pratiques et les métiers de l'ensemble de leurs personnels. Le dernier ouvrage[8] de d'Hugo Harari-Kermadec, dénonçant les effets pervers de l'évaluation quantitative et de son corollaire, la marchandisation de l'université, est à cet égard instructif. Le nouveau management que l'on nous destine y est analysé avec une lucidité chirurgicale.

On le voit, tous ces projets certes encore flous touchent en même temps les éléments de base du statut d'enseignant-chercheur (recrutement au sein de la fonction publique d'Etat ; double exercice de l'enseignement et de la recherche indépendamment du grade et de l'établissement d'exercice ; validation par les pairs au niveau national) et les prérogatives de l'instance qui, au plan national et collégialement, garantit un déroulement juste des carrières. Nos institutions et nos métiers sont liés ; précieux et fragiles. Il nous faudra continuer à les défendre, avec toute l'opiniâtreté et le sens du collectif qui caractérisent Philippe Nabonnand.

Catherine Allamel
AHP-PReST (UMR 7117), Université de Strasbourg
`catherine.allamelraffin@unistra.fr`

Andrée Bergeron
Centre Alexandre-Koyré
Muséum National d'Histoire Naturelle
`andree.bergeron@cnrs.fr`

Pierre Lamard
Université de Technologie de Belfort-Montbéliard
`pierre.lamard@utbm.fr`

7. Voir par exemple « Loi de programmation pluriannuelle de la recherche (LPPR) Ce à quoi il faut s'attendre », *Newsletter de Sauvons l'Université*, n° 44, 10 janvier 2020 http://www.sauvonsluniversite.com/spip.php?article8594 (consulté le 15 janvier 2020).

8. Hugo Harrari-Kermadec, *Le classement de Shanghai. L'université marchandisée*, Editions Le bord de l'eau, décembre 2019.

Militancy and History of Mathematics: A note to Philippe Nabonnand

Tom Archibald

Dear Philippe,

In the mid- to-late 1960s there was a brief flash in the pan from the gold of proletarian leadership. Faced with a nuclear-armed postwar dominated in the west by a virulent finance-driven capitalism, and its opposite number, the venal Soviet imperial state, the Left marked several landmark victories and showed, briefly, signs of a productive struggle. Generally outdistanced by the enormous resources arrayed against them, it is not terribly surprising that many of the younger people associated with revolutionary action turned instead to artistic, sexual and psychedelic self-realization projects, making a counterculture that was really just a nice playroom. This characterization is too harsh, as regards various struggles, notably the rights of women, but nonetheless the moment and the momentum were lost.

But not by everyone. Political militancy continued, probably more effectively in Western Europe and Japan than anywhere else, since the legal repressions there were less severe and the determination of the militants strong. I first encountered this in France during a 3-day general strike that closed Paris in the May 1958 turmoil leading to the Fifth Republic. I was eight years old. My father, a supporter of Mendès-France and his radical socialists, took the opportunity to explain that we were walking everywhere in order to create a democratic government. While it did not turn out that way, the determination shown by the strikers, and the freedom it underlined, made a real impression on me.

When I later returned to France, without my parents, I was therefore always alert for signs of the particular brands of militancy I associated with France. Doing the rounds of bookstores, mimeographed pamphlets not only proposed action but also told of things like the history of the Italian popular resistance, or labour organization in the Bouches-du-Rhône. And publications like *Afrique-*

P.-E. Bour, M. Rebuschi & L. Rollet (eds.), *Sciences, Circulations, Révolutions, 11–13.*

Asie: luttes et combats provided a nice counterpoint to the more usual literary press. In 1969 even *Le Monde* participated in the surge of left-wing thinking:

> De puissants processus révolutionnaires se déroulent dans le monde. Les trois grandes forces de notre époque que sont le système socialiste mondial, la classe ouvrière internationale et le mouvement de libération nationale convergent dans la lutte contre l'impérialisme. Ce qui caractérise la période présente, ce sont les possibilités accrues dont disposent les forces révolutionnaires et progressistes pour poursuivre leur avance. (*Le Monde*, 19 juin 1969)

Thus it was that in the context of long exposure to France and to francophonie there evolved in my mind an ideal type of leftist intellectual, one who knew his Marx and who had debated the kinds of doctrinal issues that the labour theory of value and the notion of working-class consciousness require, but who managed also to be broad enough to translate those thoughts into action, both in the form of militant action, and in research and teaching.

Now it may be that the notion of ideal type, deriving as it does from the bourgeois sociology of Max Weber, is poorly suited for the discussion of French Marxist thinkers. But perhaps this is the reason why I found this ideal type incarnate in the person of Philippe Nabonnand. At this point, it ceased to be an ideal type of any kind, and turned into a colleague and friend instead, one with dimensions that I still discover with surprise and pleasure – as should be true in any friendship.

Many in this volume will doubtless mention the importance of CIRMATH, but let me point in particular to the coherence of this large set of studies with the earlier work by Philippe and others on the *Nouvelles Annales de mathématiques*. This journal aimed at the teachers of the future elite, as well as at the students themselves, and as such recognized, even in the repressive years of the restoration and the Second Empire, the ways in which education, particularly technical education, creates class mobility. By honoring the teachers as agents and the students as actors, the whole enterprise gave a dignity to their work, and an important tool for their efforts. This laid a unique foundation for the republican reforms of the Third Republic by creating an informed and diverse community who, by virtue of their experience in learning more than catechism, could support the diverse learning goals that emerged late in the nineteenth century and culminated in the 1902 reforms. This is a complex story, but note that the way in which Philipe was involved in this data compilation and associated research likewise is itself coherent with the ideals of social justice which his personal and professional life demonstrates.

If one of the undesirable results of co-option into a capitalist regime is alienation, Philipe has demonstrated how one can remain grounded as a working researcher in a damaged system. This ability to align his research compass with his personal beliefs is rare, precious, and a beautiful model. His time in Africa doubtless strengthened political foundations that were already there, as they did for me. His interest in integrating political theory with his work – for one thing, via his insistent efforts to avoid reification in his – shows the strength of the Marxist ideas of the 20th century and their continued relevance for the present.

If historians look to the past for explanations of the present, they need to live in the present that emerged from that past. Sharing the explanations is of course one important aspect of our work. But when these kinds of words don't resolve the social problems they are intended to address, Philippe also, in a short phrase, provided me with encouragement.

When bookish debate fails, he noted calmly and firmly, "on milite". Excellent advice. Much thanks for this, on top of the many things I have learned from you about history.

In friendship,

Tom Archibald

Tom Archibald
Simon Fraser University, Burnaby Canada
tarchi@sfu.ca

L'*Espace céleste* d'Emmanuel Liais et l'expérience de la nature brésilienne

David Aubin

> En 1862, je circulais dans les campos brésiliens [...]. Sans cesse de nouveaux horizons se déroulaient devant moi au milieu de leurs vastes solitudes. En voyant continuellement des tableaux variés mais indéfinis se succéder, ma pensée se reportait invinciblement vers l'immensité, et mon attention se fixait sur les idées que nous nous faisons de l'espace. (Liais 1865, p. 8)

C'est dans un beau livre au titre étonnant – *L'Espace céleste et la nature tropicale* – que l'astronome et météorologue Emmanuel Liais présente quelques idées sur la nature de l'espace. Ancrant ses réflexions dans sa propre expérience, celle d'un voyage au Brésil à travers des paysages nouveaux qui le fascinent, Liais souligne ce qu'il appelle la « relativité » du temps et de l'espace et discute une distinction fondamentale en géométrie moderne : « l'espace [...] au point de vue physique est tout autre chose qu'au point de vue mathématique ». Ces remarques suggèrent que, pour Liais du moins, les notions qu'on peut se faire de l'espace, et donc de la géométrie, sont le reflet d'expériences particulières[1].

Comme l'a rappelé Philippe Nabonnand, le rôle de l'expérience dans les fondements de la géométrie est vivement débattu au XIXe siècle (Nabonnand 2006). Dans la *Critique de la raison pure*, Emmanuel Kant affirmait que l'idée de l'espace ne pouvait être dérivée de l'expérience sensorielle. Son admirateur français résume : « l'idée d'espace [est] elle-même une intuition pure a priori, antérieure à toute expérience » (Cousin 1846). D'autres sont d'avis contraire. À l'époque, on aime à citer la phrase du docteur Thomas Beddös selon laquelle :

1. À propos de Liais, voir (Lejeune 1985), (Ancellin 1985), et (Aubin 2007). Sur les séjours de Liais au Brésil, voir (Helena da Motta Barboza 2012).

P.-E. Bour, M. Rebuschi & L. Rollet (eds.), *Sciences, Circulations, Révolutions, 15–28.*

« les sciences mathématiques sont des sciences d'expérience et d'observation, uniquement fondées sur l'induction des faits particuliers, de même que la mécanique, l'astronomie, l'optique et la chimie » (Beddoes 1793) (cité par (Liard 1873, p. 31)). Et on s'appuie volontiers sur les travaux de John Stuart Mill dont le *Système de logique* est traduit en 1866 (Mill 1866).

Dans la seconde moitié du XIXe siècle, plusieurs auteurs insatisfaits par les deux extrêmes sont à la recherche d'une position médiane. S'appuyant sur les travaux du philosophe Friedrich Überweg, Joseph Delbœuf développe une conception de la géométrie fondée sur quelques propriétés simples de l'espace tirées de l'expérience (Delbœuf 1860). En 1863, Houël en fait un problème véritablement mathématique dans une étude dans laquelle il laisse, lui aussi, une large place à l'expérience (Hoüel 1863), (repr. (Hoüel 1867) ; voir aussi (Henry & Nabonnand 2017, p. 4)). Dans la note 4 de l'édition de 1867, il rappelle que l'astronome Nikolai Lobatchevski donne des limites expérimentales à la validité de la géométrie euclidienne. Comme on le sait, la question n'est réellement close qu'à la fin du siècle, en particulier avec la conception conventionnaliste de Poincaré au prix d'une dissociation, déjà soulignée par Liais donc, « entre l'espace représentatif ou sensible entendu comme le cadre de nos représentations et de nos sensations et l'espace géométrique » (Nabonnand 2000, p. 230), (voir Poincaré 1902, p. 82).

En histoire des mathématiques, on s'est beaucoup penché sur les conceptions de l'espace qui résultent ou non d'un appel à l'expérience sensible, mais assez peu sur le genre d'expérience dont il est question dans ces débats. Pourtant, la notion d'expérience joue un rôle-clé dans les théories de la connaissance proposées par les philosophes allemands tels que Kant, bien sûr, mais aussi Hegel, Husserl ou, plus tard, Heidegger, qui tous s'intéressent à la géométrie. Les concepts d'expérience mobilisés lorsqu'il s'agit de parler de géométrie sont multiples : intuition sensible commune à tous les êtres humains, expertise scientifique, expérimentation méthodique, ou expérience vécue dans des circonstances particulières. En nous penchant sur la pensée spatiale de Liais, notre objectif est de poursuivre l'étude que nous avons entamée sur les différents « régimes de spatialité » des sciences de l'observatoire[2]. Notre étude suggère qu'il peut être utile de prendre en compte l'expérience vécue de l'espace physique dans l'histoire des conceptions mathématiques de l'espace.

1 Espace mathématique et espace physique chez Liais

Pour y voir clair, il est utile de préciser les idées mises de l'avant par Liais. Le premier chapitre de l'*Espace céleste* est consacré à la question suivante : les lois de la nature, a priori valables seulement dans la région accessible aux observations, s'étendent-elles à l'ensemble de l'univers ? La réponse que formule Liais à la suite de spéculations sur une dizaine de pages est un étonnant principe

2. Au sujet des régimes de spatialité dans les sciences de l'observatoire, voir (Aubin 2015). Voir aussi (Aubin *et al.* 2010).

de relativité : « Né pour une vie essentiellement relative, l'homme ne perçoit que le relatif. L'absolu est pour lui une chimère qu'il cherche sans cesse et n'atteint jamais » (Liais 1865, p. 15).

En 1865, l'expression « espace céleste » est peu fréquente (surtout lorsqu'elle est employée au singulier). Des années plus tôt, Liais a publié une étude sur la température de « l'espace planétaire », attirant ainsi l'attention sur une propriété, inconnue de la géométrie, que possède l'espace physique (Liais 1852). Dans son livre, Liais est explicite à propos de cette différence. L'espace physique, écrit-il, nous est relativement inconnu, car on ne l'appréhende que par son étendue, alors que c'est le milieu dans lequel se transmettent les forces gravitationnelles. « Physiquement, donc, l'espace doit être considéré comme un milieu réel, inconnu, doué de propriétés nombreuses, dont une, l'étendue en trois dimensions, est seule directement accessible à nos sens » (Liais 1865, p. 8).

Ainsi, la géométrie mathématique ne serait qu'une idéalisation de l'espace physique qui possède des propriétés supplémentaires à la simple étendue en trois dimensions. Cette conception se rapproche de celle défendue par Mill, qui écrit :

> ce serait une erreur de supposer que nous concevons l'objet dépouillé de ses autres propriétés. Nous pensons toujours aux objets mêmes, tels que nous les avons vus et touchés [...] ; mais, pour la convenance scientifique, nous les feignons dépouillés de toutes propriétés, excepté celles qui sont essentielles à notre recherche. (Mill 1866, t. 1, p. 257)

Liais s'en démarque toutefois lorsqu'il affirme l'autonomie de la pensée mathématique. Selon lui, l'espace est une abstraction : « rien alors n'arrête plus le mathématicien dans ses hypothèses » (Liais 1865, p. 8-9). Le géomètre est libre de supposer que son espace « fictif » ou « imaginaire » est « identique dans toutes ses parties » et « superposable ». En d'autres termes, l'unité de mesure définie en un lieu spécifique de l'espace mathématique peut être déplacée à volonté à l'intérieur de cet espace.

Ce principe de superposition est discuté dans la célèbre thèse d'habilitation de Riemann en 1854 : « La mesure consiste dans une superposition des grandeurs à comparer ; il faut donc, pour mesurer, avoir un moyen de transporter la grandeur qui sert d'étalon de mesure »[3]. À Heidelberg en 1870, Helmholtz s'en inspirera bientôt pour affirmer que : « Nos axiomes sont, en réalité, l'expression scientifique d'un fait d'expérience très général, à savoir que, dans notre espace, les corps peuvent se mouvoir librement sans altération de leur forme » (Helmholtz 1870, p. 501). Ces idées reprises par Sophus Lie

3. Paru en 1867 dans les œuvres complètes de Riemann, éditées par Richard Dedekind, ce texte est traduit en français par Hoüel sous le titre de « Sur les hypothèses qui servent de fondement à la géométrie » (Hoüel 1869, p. 311).

permettront à Poincaré d'écrire que : « la Géométrie n'est autre chose que l'étude d'un groupe » (Poincaré 1887, p. 215), le groupe de Poincaré.

Dans l'espace physique, souligne Liais, il en va tout autrement, puisque l'étalon de mesure est matériel. « Est-il certain que, transporté aux limites de notre nébuleuse, ce corps n'aurait pas subi progressivement dans sa constitution interne des modifications assez profondes pour n'être plus comparable à ce qu'il était d'abord ? » (Liais 1865, p. 9) Pour Liais, la matière, parce que composée de points matériels et de centres de forces, subit nécessairement l'action des forces qui peuplent l'univers physique. Le fait que l'espace nous semble mesurable n'est donc qu'une illusion provenant des limites de notre expérience. Alors, conclut-il, « l'espace physique ne serait mesurable qu'en apparence et nullement en réalité » (Liais 1865, p. 10).

Contrairement à la plupart des géomètres, Liais se réfère à un type d'expérience plus concret que celui qui serait commun à tous les êtres sensibles. Même nos règles, constate-t-il, ne sont pas constantes, puisque l'agitation thermique des molécules et l'imperfection des extrémités entraîne des modifications, infimes, mais impossibles à éliminer complètement. Les variations de la pesanteur avec la latitude ou l'altitude agissent de même. L'expérience seule – dans le sens d'expérience scientifique – peut trancher.

Mais Liais fait aussi référence à une expérience plus intime, vécue dans des circonstances précises. Dans son ouvrage, il n'hésite pas à se mettre lui-même en scène lorsqu'il aborde ces questions (Figure 1) : « Je traçais dans mes notes les lignes qui précèdent, un jour après un long voyage à cheval au milieu des campos et sous un soleil ardent, nous étions arrivés harassés de fatigue au bord d'un ruisseau où nous allions dresser nos tentes » (Liais 1865, p. 11). À l'écart du groupe, il s'assied près d'une fourmilière. Son attention est captée par les insectes qui transportent une brindille. Pensant à son cheval qui venait de le porter sur plusieurs lieues, il est frappé par le contraste avec les fourmis qui, après une marche de quelques centimètres, lui paraissent épuisées. Son esprit s'enfonce dans l'infiniment petit : « ce qui est petit pour la fourmi, n'est-il pas immense encore pour les animalcules que les plus forts microscopes ne nous font distinguer que comme des points ? » (Liais 1865, p. 12) Pour ces derniers, les erreurs de mesures que nous négligeons sont gigantesques. D'où sa conclusion qu'on doit considérer l'espace physique comme non mesurable.

Liais étend son raisonnement à la mesure du temps qui ne lui paraît pas plus comparable sur de longues durées. C'est encore l'occasion d'appuyer ses idées sur l'observation de la faune sud-américaine – il évoque « la lenteur des mouvements de l'aï » et « la rapidité de ceux des cougouars et surtout des oiseaux-mouches » (Liais 1865, p. 13) – pour conclure que « tout est indéterminé » dans la mesure du temps :

> L'homme doit donc être prudent dans ses généralisations. Les vérités qu'il appelle abstraites, les vérités mathématiques n'ont rien de plus absolu que les autres vérités physiques. Comme ces

FIGURE 1 : Jean-Édouard Dargent dit Yan' Dargent, Emmanuel Liais se reposant au Brésil (Liais 1865, p. 11). British Library

> dernières, elles ont pour point de départ les données expérimentales qui leur fournissent les axiomes primitifs. Elles ne peuvent être regardées comme certaines que dans les limites de temps et d'espace où elles ont été reconnues et où la nature intime des éléments, *espace* et *temps*, n'a pas assez varié pour que des différences sensibles soient appréciables. (Liais 1865, p. 15)

Ainsi, la conception de l'espace géométrique que défend Liais dans ce texte se rapproche de celles de Mill et de Lobatchevski. Si les limites de nos observations tendent à valider les axiomes de la géométrie euclidienne, il convient de rester prudent et d'imaginer des tests expérimentaux afin de savoir si cela reste exact sur des distances astronomiques.

2 Le Brésil comme expérience

Comme son titre l'indique, l'*Espace céleste et la nature tropicale* est un ouvrage qui vise à faire dialoguer deux thématiques bien différentes. La page couverture spectaculaire (Figure 2) et la table des matières laissent à penser qu'il s'agit d'un essai de vulgarisation scientifique. Liais a organisé son propos selon les grands thèmes qui structurent habituellement ce genre de littérature. Les astres, comme le Soleil, la Lune, les comètes et les planètes, y sont traités tour à tour, ainsi que des questions de physique du globe et de météorologie, tandis que d'autres chapitres détaillent des observations particulières qu'il a pu faire lui-même au cours de son voyage, comme celles d'éclipses de Soleil et de comètes. Mais, comme le souligne Eugène Babinet à l'Académie des sciences, le 4 décembre 1865, c'est un ouvrage qui dépasse la simple vulgarisation. Rappelant les nombreux travaux scientifiques que Liais a exécutés pendant son voyage, l'académicien souligne que « loin de donner à son ouvrage l'apparence d'un recueil de compilation », l'auteur en a fait au contraire « une œuvre très originale » (*Gazette nationale ou le Moniteur universel*, 7 décembre 1865).

À la lecture, les nombreuses digressions s'appuyant de près ou de loin sur l'expérience brésilienne de la nature sautent aux yeux. Le chapitre sur les climats est ainsi l'occasion de longs développements aux relents racistes sur les cannibales et autres peuples du pays. L'auteur revendique cette originalité comme un gage de vérité :

> L'ouvrage que je publie aujourd'hui est un traité d'astronomie physique écrit, pour ainsi dire, l'œil au télescope et au milieu d'un voyage en Amérique du Sud. Comme l'indique le titre, j'ai n'ai cru devoir séparer de la description des corps célestes celle de mon observatoire, qui n'était autre que la riche nature équatoriale. (Liais 1865, p. xi)

Pour Liais, l'expérience du Brésil est avant tout celle d'un dépaysement aussi inattendu que fécond. Il faut dire que le concours de circonstances qui

FIGURE 2 : Page de couverture de l'*Espace céleste* (Liais 1865). British Library.

l'y amène est assez étonnant. En 1847, Liais a à peine 21 ans lorsqu'il attire l'attention de François Arago à qui il a envoyé ses observations astronomiques et météorologiques. En 1854, c'est encore un tout jeune homme qui est nommé à l'Observatoire suite à sa réorganisation par Urbain Le Verrier. Il s'y occupera notamment de la mise en place du service d'échange télégraphique de données météorologiques (Locher 2008). Mais, à peine devient-il directeur-adjoint de l'Observatoire qu'il se brouille avec Le Verrier et abandonne son service.

Le 5 février 1858, Liais vient donc d'entamer la trentaine lorsqu'il sollicite le soutien du ministre de l'Instruction publique Gustave Rouland pour une mission scientifique au Brésil. Son programme de recherches est assez flou. Il met d'abord en avant l'étude des vents dominants et des courants marins dans l'océan. Mais, ajoute-t-il :

> ma mission ne sera pas seulement physique. Un phénomène astronomique très rare a lieu au commencement de septembre dans le Brésil. Je veux parler d'une éclipse totale de soleil qui se présente dans les conditions les plus avantageuses pour permettre de résoudre sous le beau ciel de l'Amérique du Sud, quelques-unes des questions

> pendantes sur la constitution physique du soleil. (Liais à Rouland, 5 février 1858. Archives Nationales F^{17} 2985^{1})

Dans ses annotations, le ministre indique qu'il se « défie très fort de cette prétendue mission ». Sollicité pour avis, l'astronome Hervé Faye donne des indications sur les circonstances qui amènent Liais à envisager cette mission, sans les éclaircir complètement. Il évoque, sans plus de précision, « les torts graves qui ont motivé sa mise en disponibilité », ainsi que les relations de familles et les facilités particulières qui permettent à Liais d'envisager un séjour au Brésil (Faye à Rouland, 27 février 1858. AN F^{17} 2985^{1}). Étonnamment, Faye, dont on connaît l'intérêt pour l'astrophysique naissante (Boistel *et al.* 2014), estime toutefois que l'éclipse « ne figure évidemment qu'à titre accessoire dans le programme de cette utile expédition ». Il faut dire que ce n'est que l'année suivante que Kichhoff et Bunsen publieront leurs travaux spectroscopiques qui changeront complètement l'idée qu'on peut se faire de l'étude des éclipses solaires.

Liais bénéficie donc d'une « mission gratuite » du ministère qui, si elle ne contribue pas au financement de son équipement, lui fait bénéficier d'un accueil enthousiaste des autorités et des savants brésiliens. Arrivé le 29 juillet, il est présenté dès le lendemain à l'empereur Pedro II, grand amateur d'astronomie, qui l'adjoint immédiatement à l'expédition qu'il avait prévu d'envoyer pour observer le phénomène à Paranaguá, dans le sud du pays. Dans son rapport, Liais croque avec vivacité les surprises qui l'attendent pendant cette expédition :

> Partis de Rio de Janeiro le 18 août, nous sommes arrivés à Paranaguá après avoir essuyé une forte tempête. Au milieu de difficultés de toute nature, nous sommes parvenus à établir nos instruments sous ce climat meurtrier, dont j'ai bientôt ressenti les atteintes. Malgré la maladie, j'ai pu le 7 septembre observer l'éclipse et j'ai le bonheur d'annoncer à Votre Excellence qu'une disposition spéciale qu'avait pris la couronne solaire, a permis de résoudre un des plus importants problèmes de l'astronomie physique. (Liais à Rouland, 6 octobre 1858. AN F^{17} 29851)

Dans l'*Espace céleste*, Liais détaille non seulement ses résultats astronomiques – soulignant qu'il est l'un des premier à photographier une éclipse de Soleil et établissant que la couronne observée appartient bien à cet astre – mais aussi ses observations sur les forêts tropicales (Liais 1865, p. 154-158). Même si l'éclectisme est caractéristique de la littérature des sciences de terrain, il faut insister sur la perception qu'a Liais de vivre une expérience hors du commun : « Pour faire juger de la rareté des voyages des astronomes dans l'hémisphère sud, il me suffira de dire qu'en France, parmi les personnes ayant fait de l'astronomie une profession, je suis le seul qui, depuis le commencement de ce siècle, ait franchi l'équateur pour observer le ciel austral » (Liais 1865, p. 22).

L'expérience du voyageur astronomique a de multiples dimensions. C'est d'abord une expertise professionnelle qu'il met en avant, par exemple dans le choix des stations d'observation (à Olinda, Paranaguá ou Rio de Janeiro). Dans les stations temporaires, ce sont ensuite des conditions exceptionnelles que son regard d'expert sait exploiter pour l'observation de phénomènes, comme la lumière zodiacale, uniquement perceptibles dans les déserts ou au milieu de l'océan loin des fumées et des lueurs des villes. La pureté du ciel compense avantageusement le manque de précision des instruments portatifs. « Observatoire complet » (Liais 1865, p. 24), le théodolite permet dans une meilleure atmosphère qu'à Paris d'obtenir des résultats qui surpassent ceux de l'Observatoire[4]. Dans un traité technique publié dans la foulée, Liais contraste « l'astronomie d'observatoire » avec « la pratique sur le terrain dans les conditions des voyages d'exploration », expliquant comment organiser le transport des instruments, palier à leur défaut de stabilité, aux accidents ou au manque de temps (Liais 1867, p. ii-iii). Sur le terrain, enfin, l'expertise professionnelle rencontre l'expérience de la nature et son côté romantique :

> l'astronomie faite dans le désert a un charme particulier : [...] après avoir travaillé dans les grands observatoires et dans des stations fixes temporaires bien organisées, j'ai éprouvé encore un grand plaisir au milieu des vastes horizons des campos à attaquer de nouveaux problèmes et à monter, le soir, mon théodolite, à une petite distance des feux que nous allumions pour éloigner les jaguars. (Liais 1865, p. 25-26).

L'astronomie de terrain procure une expérience nouvelle de l'espace. C'est par l'observation des positions géographiques que se matérialisent les distances parcourues par le voyageur : « quand on voyage dans les déserts, ces observations prennent pour le voyageur lui-même un attrait tout particulier. C'est par elles en effet qu'on peut calculer le chemin que l'on a fait, c'est par elles qu'on sait à quelle distance on est du but de son voyage » (Liais 1865, p. 23).

Liais insiste donc bien sur son expérience de la nature brésilienne comme condition de possibilité des conclusions scientifiques auxquelles il arrive. Mais il est peut-être moins conscient du fait que, pas plus que l'expérience de l'espace, celle de la nature brésilienne n'existe sans médiation. Ce qui parvient aux yeux et aux oreilles de Liais, et ce qu'il exprime par sa plume, est une expérience partiellement inspirée par le riche imaginaire des voyageurs européens en Amérique du Sud[5]. En 1858, l'éclipse observée par Liais à Paranaguá est vue, à Rio, par une autre voyageur français, le peintre François-Auguste Biard. La description qu'en fait ce dernier, qui insiste sur le regard porté sur le phénomène par les Noirs, n'est pas sans rappeler les réflexions sur l'esclavage que fait Liais

4. À ce sujet, voir (Aubin 2003).
5. Voir, par exemple, (Kuri 2011).

en parlant des comètes (Biard 1862, p. 265-270). Cela souligne combien cette question teinte l'expérience de ce pays, qui est donc aussi le reflet de clichés mille fois répétés.

Pour Heidegger, les usages de l'expérience recouvrent deux groupes de signification[6]. D'un côté, il peut s'agir de « la confirmation directe d'une opinion ou d'une connaissance sur les choses au sens large, le retour sur l'intuition considéré comme instance de vérification ». À l'opposé, l'expérience peut servir à « laisser la chose même, laisser ce qu'il en est en vérité de la chose *se* vérifier, c'est-à-dire devenir vérité ». Dans ce deuxième sens, il se mêle à l'expérience « une certaine idée de déception ou de surprise vécue [...] ; mais par le fait même, il s'y joint l'idée d'un apprentissage de quelque chose de nouveau, désormais davantage et réellement "vérifié" ». S'appuyant sur son expérience personnelle pour asseoir son autorité scientifique, Liais fait dialoguer ces deux groupes de sens. Tant son expertise professionnelle que certaines observations sur le Brésil servent à confirmer des doctrines scientifiques ou des opinions courantes, sur la hiérarchie des races par exemple. Mais l'originalité principale de son ouvrage consiste à laisser une large part à l'expérience de l'inattendu. C'est cela qui le mène à adopter des positions d'un relativisme étonnant.

Quelques années plus tard, dans un ouvrage polémique suite à la défaite de la France contre l'Allemagne, Liais distille son opinion au sujet de l'expérience en science : « L'expérience personnelle, écrit-il, et les observations de la nature sont les uniques bases sérieuses de la véritable science » (Liais 1871, p. 99). Dans un vibrant plaidoyer contre la spécialisation excessive, il affirme que « la vraie science se forme avec des idées appuyées sur des faits caractéristiques comme points de départ, mais non avec des faits accumulés sans ordre, sans but défini et sans vue directrice : [...] c'est uniquement le génie d'appréciation et de création d'idées, lequel, en réagissant sur les observations nouvelles, fait jaillir les grands résultats » (Liais 1871, p. 62). Il regrette l'absence de travaux philosophiques consacrés aux relations entre l'esprit humain et les phénomènes extérieurs. Il faudrait « distinguer ce qui doit être considéré dans nos idées et nos opinions, comme simplement relatif à la nature de notre esprit, et ce qui doit avoir le caractère d'absolu » (Liais 1871, p. 97-98). Même s'il ne semble pas les avoir poursuivies plus loin, ses réflexions sur l'espace représentent donc bien un moment dans l'histoire de la démarcation entre le relatif et l'absolu en géométrie.

3 Conclusion

À la fin de 1865, puis de 1866, l'*Espace céleste* connaît le succès. La presse témoigne du grand intérêt qu'il suscite et du sérieux avec lequel il est reçu malgré son allure étonnante. L'auteur parvient à rendre la science « attrayante », les mathématiques et l'astronomie n'ayant pas « glacé l'imagination

6. Les citations dans ce paragraphe sont tirées de (Heidegger 1984, p. 53). Je tire cette analyse de l'espace de (Ireland 2004, p. 33-41).

de l'explorateur enthousiaste » (*Le Siècle*, 23 décembre 1865). Il met « à la portée de toutes les intelligences » les sciences qu'il évoque. Il « prouve au mieux qu'on peut vulgariser la science et la rendre accessible sans la faire descendre de sa hauteur » (*Le Temps* et *La France*, 16 décembre 1865). Le journaliste scientifique Henri de Parville fait l'éloge de Liais pour avoir « prêté son puissant concours aux *vulgarisateurs* ordinaire de la science » (*Le Constitutionnel*, 10 décembre 1865). C'est un livre qui « laisse bien loin derrière lui les modernes publications qui ont essayé de populariser l'astronomie » (*Le Monde illustré*, 30 décembre 1865).

Pour beaucoup de ces lecteurs, l'expérience personnelle que partage l'auteur donne l'impression « d'avoir la réalité sous les yeux », écrit encore de Parville. Dans une lettre au *Temps* du 15 décembre 1865, Liais réitère sa foi dans la primauté de l'observation de première main : « On est toujours plus certain de ce qu'on a vu que de ce qu'on a lu ou entendu dire, et tel est le motif pour lequel j'ai parlé d'après ce que j'ai observé moi-même ».

Pour toutes ces raisons, l'*Espace céleste* apparaît alors comme « un des plus instructifs cadeaux d'étrennes que l'on puisse donner » (*Gazette nationale ou le Moniteur universel*, 15 décembre 1865) : et pourquoi pas à un jeune homme prometteur de bonne famille en province ? Bien qu'on ne puisse l'établir, il n'est pas absurde d'imaginer que le jeune Poincaré, alors âgé de 11 à 12 ans, ait pu avoir ce livre entre les mains. Lecteur des ouvrages de vulgarisation, comme *La Terre avant le déluge* de Louis Figuier, le tout jeune Poincaré semble déjà attiré par les étoiles, comme se rappelle sa sœur (Boutroux 2012, p. 45-46), (Rollet 2017, p. xviii et I.). Si c'est le cas, les conceptions de l'espace que présente Liais au croisement de la vulgarisation scientifique et de ses expériences personnelles l'ont-elles marqué ?

Peu importe la réponse à cette question. Si Poincaré sera plus tard l'auteur de réflexions profondes sur la différence entre espaces physique et mathématique, il y fait peu appel à son expérience spécifique de l'espace. Certes, Peter Galison a voulu voir dans l'implication de Poincaré dans les détails pratiques de la Conférence de Washington fixant le premier méridien ou l'organisation de la mission de mesure de l'arc de méridien de Quito un contexte déterminant pour sa pensée du temps et de l'espace (Galison 2005, ch. 4)[7]. Dans les écrits de Poincaré, le lien entre sa pensée philosophique et son expertise professionnelle reste au mieux implicite.

À l'exact inverse, Liais produit une pensée de l'espace qui ne quitte guère le niveau de la généralité, mais qui s'ancre explicitement dans son expérience de l'espace pendant sa mission au Brésil. Bien qu'elle ne mérite probablement qu'une curieuse note de bas de page dans l'histoire des pensées de l'espace au XIXe siècle, la tentative de Liais ouvre une piste de recherche pour les historiens. L'expérience concrète de l'espace à cette époque, celle des voyageurs,

7. Sur la mission de Quito, voir (Schiavon 2013, ch. 2), en particulier p. 160-165.

des chasseurs d'éclipse et des géodésiens, et même celle des mathématiciens, mérite sans doute d'être mieux connue[8].

Bibliographie

Ancellin, J. (1985). *Un homme de science du* XIXe *siècle, l'astronome Emmanuel Liais, 1826-1900.* Coutances : OCEP.

Aubin, D. (2003). The fading star of the Paris Observatory in the nineteenth century : Astronomers' urban culture of circulation and observation. *Osiris*, 18, 79–100.

Aubin, D. (2007). Liais (Emmanuel). In T. Hockey & et al. (éd.) *Bibliographical Encyclopaedia of Astronomers*, t. 1, New York : Springer, 696.

Aubin, D. (2015). L'observatoire : régimes de spatialité et délocalisation du savoir, 1769-1917. In D. Pestre (éd.) *Histoire des sciences et des savoirs*, t. 2, Paris : Le Seuil, 54–71.

Aubin, D., Bigg, C. & Sibum, O. (éd.) (2010). *The Heavens on Earth : Observatories and Astronomy in Nineteenth-Century Science and Society.* Rayleigh : Duke University Press.

Beddoes, T. L. (1793). *Observations on the nature of demonstrative evidence, with an explanation of certain difficulties occurring in the elements of geometry and reflections on language.* Londres : J. Johnson.

Biard, F. (1862). *Deux années au Brésil.* Paris : Hachette.

Boistel, G., Le Gars, S. & Le Lay, C. (éd.) (2014). *Hervé Faye (1814-1902) ou l'art de la rupture*, numéro spécial du *Bulletin de la SABIX* n° 55.

Boutroux, A. (2012). *Vingt ans de ma vie, simple vérité... La jeunesse d'Henri Poincaré racontée par sa sœur (1854-1878).* Paris : Hermann. Sous la direction de L. Rollet.

Cousin, V. (1846). *Cours de l'histoire de la philosophie moderne*, t. 5. Paris : Ladrange ; De Didier.

Delbœuf, J. (1860). *Prolégomènes philosophiques de la géométrie et solution des postulats.* Liège : Desoer.

Galison, P. (2005). *L'Empire du temps. Les horloges d'Einstein et les cartes de Poincaré.* Paris : Gallimard. Trad. fr. par B. Arman, 2005.

---

8. Remerciements : Rogério Monteiro de Siqueira, Laurent Rollet et Heloisa Gesteira.

Heidegger, M. (1984). *La Phénoménologie de l'esprit de Hegel.* Paris : Gallimard.

Helena da Motta Barboza, C. (2012). *As Viagens do Tempo uma historia da meteorologia en meados do século XIX.* Rio de Janeiro : E-papers.

Helmholtz, H. v. (1870). Les axiomes de la géométrie. *Revue des cours scientifiques*, 7, 498–501.

Henry, P. & Nabonnand, P. (2017). *Conversations avec Jules Houël. Regards sur la géométrie non euclidienne et l'analyse infinitésimale vers 1875*, t. 4. Cham : Birkhäuser.

Hoüel, J. (1863). Essai d'une exposition rationnel des principes fondamentaux sur la Géométrie élémentaire. *Archiv des Mathematik und Physik*, 40, 171–211. Repr. *Essai critique sur les principes fondamentaux de la géométrie élémentaire* Paris : Gauthier-Villars, 1867 et (Henry & Nabonnand 2017).

Hoüel, J. (1867). *Essai critique sur les principes fondamentaux de la géométrie élémentaire.* Paris : Gauthier-Villars.

Hoüel, J. (1869). Sur les hypothèses qui servent de fondement à la géométrie. *Annali di matematica pura ed applicata*, 3, 309–326.

Ireland, C. (2004). *The Subaltern Appeal to Experience : Self-Identity, Late Modernity, and the Politics of Immediacy.* Montréal : McGill-Queens University Press.

Kuri, L. (2011). La nature de la nation : le climat et les gens du Brésil (1780-1836). *Annales historiques de la Révolution française*, 365, 129–152.

Lejeune, J. (1985). La vie extraordinaire d'un grand savant : Emmanuel Liais. *Mémoires de la Société nationale académique de Cherbourg*, 29, 183–198.

Liais, E. (1852). Recherches sur la température de l'espace planétaire. *Mémoires de la Société des sciences naturelles de Cherbourg*, 1, 248–281.

Liais, E. (1865). *Espace céleste et la nature tropicale : description physique de l'univers d'après des observations personnelles fates dans les deux hémisphères.* Paris : Garnier.

Liais, E. (1867). *Traité d'astronomie appliquée à la géographie et à la navigation suivies de la géodésie pratique.* Paris : Garnier Frères.

Liais, E. (1871). *Suprématie intellectuelle de la France, réponse aux allégations germaniques.* Paris : Garnier.

Liard, L. (1873). *Des définitions géométriques et des définitions empiriques.* Paris : Ladrange.

Locher, F. (2008). *Le Savant et la tempête. Étudier l'atmosphère et prévoir le temps au* XIXe *siècle.* Rennes : Presses universitaires de Rennes.

Mill, J. S. (1866). *Système de logique déductive et inductive. Exposé des principes de la preuve et des méthodes de recherche scientifique.* Paris : Ladrange. Trad. fr. par L. Peisse, 2 vol.

Nabonnand, P. (2000). La polémique entre Poincaré et Russell au sujet du statut des axiomes de la géométrie. *Revue d'histoire des mathématiques*, 6, 219–269.

Nabonnand, P. (2006). Contributions à l'histoire de la géométrie projective au 19e siècle. preprint. URL https://hal.archives-ouvertes.fr/hal-01082207/document.

Poincaré, H. (1887). Sur les hypothèses fondamentales de la géométrie. *Bulletin de la Société mathématique de France*, 15, 203–216.

Poincaré, H. (1902). *La Science et l'Hypothèse.* Flammarion. Je cite d'après l'édition de 1968, avec une préface de Jules Vuillemin.

Rollet, L. (éd.) (2017). *La Correspondance de jeunesse d'Henri Poincaré – Les années de formation, de l'École polytechnique à l'École des mines (1873-1878).* Cham : Birkhäuser.

Schiavon, M. (2013). *Itinéraire de la précision. Géodésiens, artilleurs, savants et fabricants d'instruments de précision en France, 1870-1930.* Nancy : PUN-Éditions universitaires de Lorraine.

David Aubin
Sorbonne Université, Institut de mathématiques de Jussieu-Paris rive gauche
(CNRS, Université de Paris-Cité, Sorbonne Université)
david.aubin@sorbonne-universite.fr

The "Ideal" Match: On the Necessary Interconnection of Mathematics and Physical Sciences – An Outline

Siyaves Azeri

1 Introduction

In his "The Unreasonable Effectiveness of Mathematics in the Natural Sciences" Eugene Wigner (1995) (expresses his amazement, even bewilderment concerning what he calls the "uncanny usefulness of mathematical concepts" in physics "that raises the question of the uniqueness of our physical theories" (1995, p. 535). Attempting to resolve this riddle of "applicability" of mathematics to physics, Wigner arrives at the conclusion that this is a phenomenon with no reasonable explanation; it is "a miracle confront[ing] us", "quite comparable in its striking nature to the miracle that the human mind can string a thousand arguments together without getting itself into contradictions" (1995, p. 541). At the end of his search for a resolution to this riddle, Wigner arrives at an almost mystic "solution": that the "language" of mathematics matches that of physics is a miracle "neither we understand nor we deserve"; all we can do is to use the gift and hope it works as well in the future (1995, p. 549).

I agree with Islami & Wiltsche that this riddle is a pseudo-problem, but for reasons other than posing a "why question" where a "how question" should be asked (Islami & Wiltsche 2020, p. 6); the problem arises due to the formulation of the relation between mathematics and physics on the basis of certain age-old presuppositions that have been uncritically adopted from common sense and endorsed in philosophical thinking; these are based on the presumed dichotomy between the subject (subjective mind) and the object (objective reality). Furthermore, in this view knowledge is based on perception, where the latter also conceived of in individualistic terms; from such a contemplative point of view, the final goal of knowledge is to form a proper world-view or a map that corresponds to reality with great precision, which in turn amounts into other "miracles" that are no less "unreasonable", unconceivable, and undeserved

P.-E. Bour, M. Rebuschi & L. Rollet (eds.), *Sciences, Circulations, Revolutions, 29–37.*

as the effectiveness of mathematics in physical sciences: "the two miracles of the existence of laws of nature and of the human mind's capacity to divine them" (1995, p. 541). The miracle of "effectiveness" is in fact a variation of these latter two "miracles" of the "match" between two supposedly completely separate beings "man" and "nature". Interestingly, no commentator seem to have noticed these second miracles; whereas, the key to the dissolution of the pseudo-problem of effectiveness lies in the critical resolution of these latter.

2 Praxis, concept and the "Ideal"

Before proceed further, a set of concepts are in need of explanation. Marx, in the *Theses on Feuerbach* sets the question concerning the veracity of thinking and its relation to reality as a problem of praxis, where the latter should be understood a philosophical category. "Man must prove the truth – i.e., the reality and power, the this-sidedness [*Disseitigkeit*] of his thinking in practice. The dispute over the reality or non-reality of thinking that is isolated from practice is a purely *scholastic* question" (Marx 1976, p. 3). This question, according to Ilyenkov, is resolvable only if materialist dialectical method is deployed.

Pertaining to Spinoza, Ilyenkov argues that thought and extension are not two substances but two attributes of the same substance. In other words, "neither extension nor thought is an independently existing object. They are only aspects, forms of manifestation, modes of existence of [...] real infinite nature" (Ilyenkov 1997, p. 9–10). Thought is a spatially expressed bodily action of a spatially organized body and for this reason, the relation between thought and body is not causal – they are not two different things but one and the same thing manifested in two different ways. Hence, concludes Ilyenkov, as the action of body, thought is inseparable from body just as walking, as the mode of action of leg, is inseparable from the leg.

Of relevance to this discussion is Ilyenkov's concept of the "ideal". Accordingly, the ideal denotes the objective form of human activity, i.e., the form of human activity carved in the object or the subjective form of human activity determined by the form of object. The gist of the matter is the concept of "human activity". Human beings' social nature, thus, is an ideal nature. The question is identifying the source of universality and objectivity of the ideal. In other words, the problem of the "ideal" "is the problem of the *truth-value* of universal knowledge, understood *as the laws* of knowledge, remaining invariant in all diverse changes in 'mental states', and not only 'individual', but also entire intellectual formations, epochs and peoples" (Ilyenkov 2012, p. 155, emphases original).

Following Marx, Ilyenkov conceives of concepts as being incomparable to things (objects). Concept is a particular historical tool of human activity that bridges the alleged gap between thinking and reality. Praxis, the object-oriented human activity, is the middle term between thought (concept) and a thing (object). The gradual appearance of concepts is observable in the process of ontogenesis of consciousness. A quick look at the history of sciences and individual culture too reveals that concepts are subject to a similar phylogenetic process of development, i.e., that they form and emerge, change, even sometimes die out in a socio-historical scale. Mathematical concepts, contrary to the widespread belief in their trans-historicity, are no exception; they develop historically, and are closely interconnected with the mode and the consequent schemes of human activity.[1]

3 Setting the problem

The aforementioned prejudices are highly widespread and endorsed by many others. They are accompanied, strengthened and, in turn, contribute to trans-historical conceptualization of knowing activity, particularly of scientific knowledge-production activity, and solipsistic-subjectivist asocial conceptualization of human mind and the knowing subject. These prejudices yield a peculiar formulation of the so-called "mysterious" correspondence between mathematics and physics that has remained widely unchallenged: Mathematics is considered a totally "mental", "subjective" and consequently "abstract" science while at the same time it is axiomatic, "a priori", consisting of analytical propositions, and is "pure", and its truths are trans-historical. Physics, on the other hand, concerns with empirical facts and spatio-temporal objects (in the widest sense of the term) and thus it is a "concrete", "objective" and, in the final analysis, an empirical science. Thus follows the problem of the match between the two sciences, which, as Wigner's account tacitly implies, is a consequence of the "miraculous" correspondence between man and nature.[2]

Wigner recapitulates this formulation as he defines mathematics a game with no particular purpose other than "the invention of concepts" (1995, p. 536) to be used in these operations. Moreover, he argues, although it is true that at the initial stage of mathematics, its concept "were formulated to *describe* entities which are directly suggested by the actual world" (1995, p. 536, emphasis added), concepts of modern mathematics, particularly those used in modern physics, has no relation to the world: "Mathematical concepts, that is, those of modern age mathematics, has no connection to our *experience*" (1995, p. 537, emphasis added).

Hamming (1980) offers a somewhat pragmatic response to this riddle. The main question he is concerned with is "How can it be that simple mathematics, being after all a product of the human mind, can be so remarkably useful in so many widely different situations?" (1980, p. 82). Accordingly, the first features of mathematics appear once humans understand the pattern "if this then that... and further that" and generalize it beyond a single observed phenomenon (1980, p. 83). He then reminds that mathematics is human-made and thus it is subject

1. For a detailed discussion, see (Damerow 1996).
2. For a similar approach by another prominent physicist, see (Dirac 1939).

to alteration by human beings; "mathematics is not the thing it is often assumed to be, that mathematics is constantly changing" (1980, p. 86). Hamming bases his solution to this riddle on the pragmatic principle that "we see what we look for" (1980, p. 87). Furthermore, he identifies two principles that allegedly explain the problem of applicability: use of biased intellectual apparatuses that facilitate finding what we always find (1980, p. 88-89). Secondly, if our mathematics does not fit the situation, we alter it or invent a new mathematics; "we select the mathematics to fit the situation, and it is simply not true that the same mathematics works every place" (1980, p. 89).

Reasoning along similar "pragmatic" lines, Mark Wilson (2014) argues that the claim that all natural phenomena can be mathematized (or mathematically formalized) on the assumption that for every mathematical structure there is an one-to-one (isomorphic) structure in nature is not plausible because there are many cases that adjustments should be made "externally" so that the mathematical description fits the reality. The alteration of the topology of material in time, for instance, pushes applied mathematics to stop and wait for an opportunity arise in the physical world for a new application (2014, p. 313).

Ginzburg *et al.* (2007) draw attention to the limited role mathematics can and should play in ecological sciences. "Biology should constrain our mathematical constructions" since a large number of constructions that are mathematically sound are inconsistent with biology (2007, p. 361). Similarly, Velupillai (2005) draws attention to the uselessness of many mathematized economic theories and demands limiting the role of mathematics in economy to accounting. She also criticizes the deification of mathematics, stating that the world of mathematics and mathematicians "is not a monolithic world, which is to be" characterized by "one single concept of proof, one concept of "construction" from an inflexibly set of deductive rules" (2005, p. 858).

Mark Colyvan (2001) addresses the applicability of mathematics in sciences as a miracle. Echoing Steiner, he states that the puzzle consists not only in applying mathematics to physical sciences, but also and more importantly, in the role that mathematical theories play in discovering physical theories. Accordingly, "[t]he problem is epistemic: why is mathematics, which is developed *primarily with aesthetic considerations* in mind, so crucial in both the discovery and the statement of our best physical theories?" (2001, p. 267, emphases added). In this interpretation mathematical theories are presented as some sort of divine inspirations with no relation to social reality ("social reality" signifies not mere "external" social factors, rather, it signifies the totality of the objective world human beings exist in and interact with). Once such a gap is presumed and mathematics is defined as a product of pure individual mind(s) and as trans-historical, the concepts and theories of which come into existence (or invented) in forms unchanging, non-developing, finished architectonics, the so-called applicability of mathematics to reality inevitably appears a miracle. However, the same would be true for a tool as simple as a hammer, if it is considered trans-historically, as a abrupt invention of an individual inspired by the heavens.

In response to Wigner's riddle, Islami (2017) suggests what makes mathematics applicable in physics are the principles of invariance, by virtue of which laws of physics become universal and testable (2017, p. 4841). Physics, to Wigner, is the science of discovering laws of nature where the latter signifies regularities in nature (1995, p. 537). These regularities are recognized invariance principles without which physics becomes impossible. Invariance also refers to irrelevancy of many other material conditions on these laws. "The exploration of the conditions which do, and which do not, influence a phenomenon is part of the early experimental exploration of a field" (Wigner 1995, p. 538). Yet, Islami admits that there is a tension between these remarks on the limitations of applicability of mathematics in physics relevant to principles of invariance and the belief in the unreasonable or miraculous effectiveness of mathematics (2017, p. 4845). Islami states that only a fraction of mathematical concepts are "applied" in physics and that there have been numerous cases where mathematically and soundly formulated physical theories have proven false; yet, she argues, "The limited applicability of mathematics in formulating laws of physics still requires an explanation" (2017, p. 4847). Islami further concludes, "[t]he invariance principles give laws their universality, a feature that makes their mathematical formulation possible" (2017, p. 4856).

Since the two sciences are concerned with invariances, although at different stages of idealization, mathematics appear as the proper "language" of physics. Furthermore, she states that these principles are contingent aspects of the world and rather than being a priori, they are based on experience (2017, p. 4857). In the face of the question "why in the first place the search for regularities takes place?" Islami's answer, similar to Hamming's, contains pragmatist elements: looking for structures makes abstracting from the complexity of the world around us possible and motivates the study of the regularities (structures) that are also found among laws of nature (as the expressions of regularities in nature) (2017, p. 4855). However, this by itself does not answer why particular problems emerge at particular historical stages. The interconnection between the two domains, I believe, should be explained upon historical grounds.

Elsewhere, Islami & Wiltsche (2020) suggest a phenomenological "solution" to this riddle. They state that mathematics and physics have almost become identical. "In the face of lacking empirical data, physicists quite often turn to mathematics itself in order to discover novel theories or even previously unknown physical phenomena" (2020, p. 5). Furthermore, many of mathematical concepts have been developed with not having physical purposes in mind to the effect that "some of the most productive mathematical innovations ... [that] were regarded as purely theoretical first went on to demonstrate their high practical relevance decades, sometimes even centuries later" (2020, p. 5). Accordingly, modern physics is impossible without mathematics (2020, p. 7).

"[M]odern physics is a mathematized science in the sense that, at its core, it deals with idealized, exact objects – objects that are nowhere to be found in our ordinary experience of the world" (2020, p. 8).

Islami & Wiltsche aim for resolving the match between mathematics and physics with reference to the concept of "noema", which signifies "the rule that governs the structure of the horizon of experience" (2020, p. 12). Accordingly, different noemata yield different sets of anticipated intended experiences, which if harmonizable, amount to "constitution" (of perceptual objectivity). Although experiencing something from different angles amount to a flux of and a change in many aspects of the experience, there are certain invariances that stay constant within all these different experiences "on which the constitution of *perceptual objectivity* is ultimately founded" (2020, pp. 12–13). Islami and Wiltsche further state that differences in perception (say that of a layman and a scientist with regard to an electronic equipment before them) is due to the different neomata that determine the objects they constitute. The authors claim that the difference concerning neomata cannot be exhaustively explained with reference to the background knowledge of the layman and the scientist about physics; yet they do not explain why. It is also unclear what the source of different "neoma" that allegedly underlie the "constitution" is. Eventually, the authors, following Husserl, arrive at the conclusion that by applying a particular set of "ideal" "mathematical" neomata mathematical objects are constituted, a process that is called mathematization (2020, pp. 14–16). And the riddle, allegedly, is solved: there is no problem of applicability of mathematics to physics because the two are not distinct as "the objects of [modern] physics are constituted mathematically" (2020, p. 19).

In this account, the term "constitution" is used vaguely; is it used literally? In case of "ideal" objects, this might not be a problem (in fact it is once ideal is understood in Ilyenkovian sense) but what about the constitution of "ordinary" objects by the "layman"? Additionally, the provided argument sounds somehow tautological. Different neomata rule different intentional acts that amount to the constitution of different objectivities. Last but not least, the source of significance of the neomata is also unidentifiable.

The same goes with "constitution" of scientific objects based on scientific neomata. What is the source of sanctions of any particular "constituted perceptual objectivity"? Why mathematical constitution is the dominant form of constitution in modern physics? Is there any better answer than the rules of the "game"? What about the "correspondence" between the reality and these constitutions? All in all, phenomenological accounts, like reductionist outlooks of both idealist and naïve materialist breeds, tend to resolve the problem of difference and unity of thinking and reality through reducing one to the other.

4 By way of conclusion

There is no doubt that the formation of conceptual systems revolutionizes mathematical and theoretical capabilities as it provides new, highly determinate tools for knowledge production. Even at the ontogenetic level, as Vygotsky has clearly shown (1987), the introduction of scientific concepts to school-age children accelerates also the process of spontaneous concept-formation in children; furthermore, scientific concepts function as cornerstones of the formation of conscious awareness and eventually subsume the spontaneous ones under themselves as their own moments. Vygotsky also draws attention to the special structure of scientific concepts that put them in a special relation with objects.

> This relationship is mediated through other concepts that themselves have an internal hierarchical system of interrelationships. It is apparently in this domain of the scientific concepts that conscious awareness of concepts or the generalization and mastery of concepts emerges for the first time. And once a new structure of generalization has arisen in one sphere of thought, it can – like any structure – be transferred without training to all remaining domains of concepts and thought. (1987, p. 191)

Thus, conceptual systems facilitate interaction with reality at a whole new level. They become tools enabling higher level of abstracting and constitute a new set of schemata of activity in the process of metabolic exchange between human beings and social nature – that is, the process of knowledge-production where knowledge signifies the activity of manipulating the social reality. Knowledge is revealed in human activity that is constituted at the line of contact between human being and nature – human activity in nature is this continuum itself. Hence, knowledge is irreducible to propositional bulks – knowledge is irreducible to its carriers [*träger*] such as signs, symbols and digital data – these are forms of incarnation of knowledge only.[3]

As to the relation between mathematics and physics, it should not be forgotten that although mathematics is not about particular objects of the world, yet it is actualised and can only be realised *in* the social world. Mathematics is this-worldly [*Disseitigkeit*] in the sense that it is a specific form of the schemes of human activity; to think otherwise will be reminiscent of the thinking of a theologian who rather than revealing the earthly kernel of religion is busy "explaining" the celestial root of terrestrial phenomena. It requires no miracle for a specific form of the scheme of human activity in social nature to match or correspond to another scheme of activity there.

More specifically, and in the light of aforementioned discussion concerning the "ideal", "ideality" and concepts, it becomes clear that the distinctive feature

3. For further explication of irreducibility of knowledge to its forms of incarnation, see (Azeri 2019).

of mathematics is not its "ideality" or the ideality of its objects. Furthermore, historical developments within the conceptual system of mathematics similar to those of other sciences are clearly observable and these developments are not limited to pre-history or the periods of "infancy" and "childhood" of mathematics. However, for the mainstream approach "mathematics is on the whole surrounded by the very aura of consistency that, in contrast to the changing calculating methods, is characteristic of the laws of arithmetic" (Damerow 1996, p. 117). The specificity of mathematics lies in separating the form from content, which makes a purely quantitative conceptualisation of reality possible; of course, the limit of purely quantified conceptualisation is set by quantifiability of the object to be conceptualised. As Damerow, and a number of authors whose views have been discussed here, note, mathematics is not applicable to every problem and it would be in vain attempting to mathematize every problem (1996, p. 113). It is the highly quantified method of conceptualisation of physical process adopted by modern physics that facilitates the "ideal" match between these two domains of knowledge-producing activity. The question that requires further explication is the reasons behind the adoption of such quantitative attitude toward social reality; what are the specific historical reasons that renders such attitude favourable? "Success"? In what sense? What is the relation between the historically-specific forms of exploitation of nature with the specific forms of its manipulation in the process of knowledge-production? To put it more clearly, what is the relation between the capitalist relations of production and the quantified conceptualisation of social reality? Last but not least, what is the relation between capital and (scientific) knowledge-production in general?

It is clear that the aforementioned questions are not easy ones and their resolution requires way more comprehensive analyses that go far beyond the limits of one single discipline, let alone the boundaries of a short manuscript, and requires joint work of scientists (natural and social), philosophers, and historians.

Bibliography

Azeri, S. (2019). Activity, labour, and praxis: an outline for a critique of epistemology. *Critique*, 47(4), 585–602, doi:10.1080/03017605.2019.1678267.

Colyvan, M. (2001). The miracle of applied mathematics. *Synthese*, 127(3), 265–278, doi:10.1023/A:1010309227321.

Damerow, P. (1996). *Abstraction and Representation: Essays on the Cultural Evolution of Thinking.* Dordrecht: Springer.

Dirac, P. A. M. (1939). The relation between mathematics and physics. *Proceedings of the Royal Society*, 59, 122–129.

Ginzburg, L. R., Jensen, C. X. & Yule, J. V. (2007). Aiming the "unreasonable effectiveness of mathematics" at ecological theory. *Ecological Modelling*, 207(2), 356–362, doi:10.1016/j.ecolmodel.2007.

Hamming, R. W. (1980). The unreasonable effectiveness of mathematics. *The American Mathematical Monthly*, 87(2), 81–90.

Ilyenkov, E. V. (1997). The question of the identity of thought and being in pre-Marxist philosophy. *Russian Studies in Philosophy*, 36(1), 5–33, doi:10.2753/RSP1061-196736015.

Ilyenkov, E. V. (2012). Dialectics of the ideal. *Historical Materialism*, 20(2), 149–193.

Islami, A. (2017). A match not made in heaven: on the applicability of mathematics in physics. *Synthese*, 194(12), 4839–4861, doi:10.1007/s11229-016-1171-4.

Islami, A. & Wiltsche, H. A. (2020). A match made on Earth: On the applicability of mathematics in physics. In H. A. Wiltsche & P. Berghofer (éd.) *Phenomenological Approaches to Physics*, Cham: Springer International Publishing, 157–177, doi:10.1007/978-3-030-46973-3_8.

Marx, K. (1976). Theses on Feuerbach. In *MECW*, Moscow: Progress Publishers, vol. 5, 3–5.

Velupillai, K. V. (2005). The unreasonable ineffectiveness of mathematics in economics. *Cambridge Journal of Economics*, 29(6), 849–872, doi:10.1093/cje/bei084.

Vygotsky, L. S. (1987). *Thinking and Speech.* In R. Rieber & A. S. Carton (éd.) *The Collected Works of L. S. Vygotsky*, t. 1, New York; London: Plenum Press, 39–241.

Wigner, E. P. (1995). The unreasonable effectiveness of mathematics in the natural sciences. In J. Mehra (éd.) *Philosophical Reflections and Syntheses*, Berlin, Heidelberg: Springer, 534–549, doi:10.1007/978-3-642-78374-6_41.

Wilson, M. (2014). The Unreasonable Uncooperativeness of Mathematics in the Natural Sciences. *The Monist*, 83(2), 296–314, doi:10.5840/monist200083217.

Siyaves Azeri
University of Tyumen, School of Advanced Studies
siyavesazeri@gmail.com

Un éclairage non standard sur l'enseignement de l'analyse

JACQUES BAIR, JEAN MAWHIN & ANDRÉ PÉTRY

1 Introduction

L'analyse mathématique, étudiée par de nombreux historiens (Bair *et al.* 2013, Dugac 2003, Toeplitz 1963), reste incontournable dans la formation mathématique. La lecture de travaux récents consacrés à son enseignement (par exemple Gautheron 1998, Katz & Polev 2017, Nicolay 2015, Schneider *et al.* 2016) nous a conduit à revenir sur ce sujet, et en particulier sur l'approche non standard qui reste assez méconnue.

Deux grands courants théoriques existent pour enseigner la discipline. Le plus répandu, élaboré au XIXe siècle et qualifié de « classique », sera désigné par l'acronyme AC, pour le distinguer d'une approche longtemps restée heuristique avant de trouver sa forme rigoureuse dans la seconde moitié du XXe siècle, et communément appelée « analyse non standard », ANS en abrégé. AC est parfois remplacé par AS pour « analyse standard » (Keisler 1976b, Schneider *et al.* 2016), ce qui pourrait suggérer, en langage automobile, l'existence d'une « analyse de luxe » ou, en référence à la physique, un lien avec le modèle éponyme. En réalité, la terminologie souligne l'hégémonie de l'approche « classique » ; « analyse infinitésimale » serait plus parlant.

Après avoir décrit ces deux présentations, en insistant sur des expériences pédagogiques menées en Belgique et en France, quelques réflexions sur l'enseignement des mathématiques en général et de l'analyse en particulier sont proposées, avec une attention spéciale sur la version de l'ANS de Keisler.

2 Deux approches pour enseigner l'analyse

Certains historiens, dont l'équipe de Katz (https://u.cs.biu.ac.il/~katzmik/), distinguent deux phases successives dans le développement de l'analyse. Des procédures efficaces sont d'abord élaborées pour résoudre des problèmes pratiques comme les calculs d'aires ou de volumes, la recherche d'un *extremum*

P.-E. Bour, M. Rebuschi & L. Rollet (eds.), *Sciences, Circulations, Révolutions, 39–52.*

ou la détermination d'une tangente. Ensuite, des concepts sont imaginés et précisés pour justifier théoriquement les algorithmes et méthodes heuristiques.

Le calcul infinitésimal de Leibniz se base sur les méthodes plus anciennes d'exhaustion et des infinitésimaux (Bos 1974). La première, découverte par Eudoxe pour résoudre des problèmes d'aires et de volumes, est exposée dans les *Éléments* d'Euclide, permet seulement de vérifier un résultat déjà conjecturé et s'achève par un double raisonnement par l'absurde. L'appellation « méthode d'exhaustion » (du latin *exhaustio*, action d'épuiser), due à de Saint-Vincent, se réfère à l'approximation indéfinie du cercle par des polygones réguliers. On peut y voir le souhait d'« approcher la figure à un ε arbitrairement petit près » (Noël & Trompler 2003, p. 15), un « archétype de la notion de limite » (Dugac 2003, p. 15). Pour arriver à la formulation moderne de l'AC, il faut préciser, à la fin du XIXe siècle, les concepts de fonction et de nombre réel, permettant à Weierstrass de formaliser la définition de limite donnée par Cauchy et adoptée aujourd'hui. Les autres concepts fondamentaux (continuité, dérivée, ...) s'en déduisent naturellement.

La complexité logique de cette définition de la limite (différents quantificateurs intervenant dans un ordre précis) provient du recours exclusif aux nombres réels, excluant les infiniment petits utilisés par les premiers analystes. En contrepartie, cette présentation fait appel à un infini potentiel, comme en atteste la première définition de la limite d'une progression géométrique, à savoir « la fin d'une suite qu'aucune progression n'atteint – même si on la continue à l'infini – mais dont elle pourra s'approcher plus près que tout intervalle donné » (de Saint-Vincent, cité dans (Dugac 2003, p. 30)).

Des précurseurs de l'analyse ont exploité implicitement des infiniment petits. Pour une fonction au voisinage d'un maximum, Képler observe qu'« à des points où la variation se fait du plus petit au plus grand et de nouveau au plus petit [...] la différence, jusqu'à un certain point, est toujours insensible » (cité dans Dugac 2003, p. 28). Elle peut être infinitésimale dans l'esprit de l'auteur. En 1634, dans sa *Géométrie des indivisibles*, Cavalieri « n'affirme absolument pas que le continu est composé des indivisibles, mais [...] montre seulement que les continus ont des rapports en utilisant des agrégats de ces indivisibles » (cité dans Dugac 2003, p. 36). Enfin, Fermat recherche l'*extremum* d'une fonction f en un point a en comparant $f(a)$ à $f(a+e)$ à l'aide d'une « adégalité », qu'on peut interpréter en supposant e infinitésimal (Fermat 1891).

Leibniz est le premier à exploiter efficacement et consciemment des infinitésimaux pour résoudre des problèmes relevant du calcul différentiel et intégral. Dans une lettre à Varignon du 2 février 1702 (Leibniz 1989), il conçoit un infiniment petit comme une « quantité inassignable [qui est] plus petite que toute quantité donnée, puisqu'il est en notre pouvoir de diminuer l'incomparablement petit, que l'on peut toujours supposer aussi petit que l'on veut ». Schématiquement, son raisonnement comprend trois étapes (Henry 2014) : étudier un problème concernant des grandeurs assignables, introduire des quantités inassignables, et revenir au problème initial sur des grandeurs assignables. Son apport majeur est de fournir les règles précises d'utilisation, heuristiques et non démontrées, de ces nouvelles « fictions », pour passer d'une étape à la suivante (Katz & Sherry 2012). Le premier passage obéit à la loi de continuité : toute propriété satisfaite par des quantités assignables l'est aussi par des quantités inassignables. Le second passage fait appel à la loi transcendante d'homogénéité : une quantité infiniment petite peut être négligée par rapport à une quantité assignable.

Leibniz et ses successeurs ont utilisé cette méthodologie pour obtenir les résultats de base d'une formation en analyse. Des mathématiciens peu convaincus ont cherché à les établir sans recourir aux infinitésimaux. Les principales objections d'opposants comme Berkeley, Lagrange, ... sont de nature philosophique (ontologique) et logique. L'existence d'infiniment petits reste problématique, voire mystérieuse, et leur emploi viole le « principe archimédien » (si a et b sont positifs, il existe un entier n tel que $na > b$) invoqué depuis l'Antiquité.

La levée de ces objections survient au XXe siècle avec le premier modèle non standard de l'arithmétique de Skolem (1933, 1934) introduisant, dès 1934, ce qu'on appelle aujourd'hui des « hyperentiers », et avec l'introduction, par Fréchet et d'autres, des concepts de voisinage, filtre, ultrafiltre en topologie générale.

En 1948, Hewitt (1948) construit les hyperréels (sa terminologie) à l'aide d'une ultrapuissance, construction basée sur un ultrafiltre et utilisée en algèbre et en théorie des modèles ; on note en général $^*\mathbb{R}$ l'ensemble de tous ces nombres, un corps commutatif non archimédien dont $\mathbb{R}$ est un sous-corps. En 1955, le théorème de Lós prouve la première version de la règle de transfert (Lós 1955), une condition nécessaire et suffisante pour qu'un énoncé soit vrai dans un ultraproduit.

En 1961, Robinson développe l'analyse au sein de $^*\mathbb{R}$ (1961, 1974), qu'il appelle « non standard » par référence aux travaux de Skolem. Il nomme « réels » les éléments de $^*\mathbb{R}$, « réels standards » ceux de $\mathbb{R}$, « naturels » les éléments de $^*\mathbb{N}$, et « naturels standards (ou finis) » ceux de $\mathbb{N}$. Plus tard, le terme « hyperréel » est couramment utilisé (Davis 2005), (Stroyan & Luxemburg 1976). Les deux lois heuristiques de Leibniz, démontrées et rigoureusement utilisées, portent respectivement les noms de règle de transfert (*solution axiom* chez Keisler) pour la loi de continuité et de règle de la partie standard (tout hyperréel fini est infiniment proche d'un unique réel) pour la loi transcendante d'homogénéité.

Ce travail étant centré sur les aspects didactiques de ANS, nous n'aborderons pas le débat historique sur les infiniments petits, qui est aussi actuel que passionné et pavé de controverses. Il n'est pas simple, pour un mathématicien ou un historien aujourd'hui, de traduire sans la déformer la pensée des grands mathématiciens qui ont façonné l'analyse mathématique.

On trouve dans (Bair & Henry 2013) une première étude comparative de l'AC et de l'ANS. Nullement concurrentes, elles peuvent être utilisées simultanément ou successivement. Selon Keisler (1976a, p. 874) : « même quand le calcul différentiel est présenté de manière standard, il est habituel d'argumenter informellement en termes d'infinitésimaux, et d'utiliser la notation dy/dx de Leibniz, qui les suggère ».

Certains enseignants présentent les deux versions. En Israël, Katz dispense aux étudiants en informatique un cours d'ANS lors d'un semestre et un cours d'AC pendant l'autre ; son expérience est analysée dans (Katz & Polev 2017). Le mathématicien américain Tao (2012) signale sur son blog *What's new* (https://terrytao.wordpress.com/) que, face à un problème nouveau en analyse, il travaille avec des infinitésimaux avant de traduire son raisonnement en langage classique.

3 Diverses présentations de l'analyse non standard

L'AC peut être introduite de diverses manières, plus ou moins proches de l'ANS. Une fois la limite d'une suite (et même d'une suite tendant vers zéro, un infiniment petit au sens de Cauchy) définie suivant le schéma $\varepsilon - \delta$, on peut caractériser la limite d'une fonction f en termes de limites de suites dans l'espace de départ et de leur image par f. C'est un point de vue « intermédiaire » entre l'approche $\varepsilon{-}\delta$, qui n'est plus requise que pour définir la limite d'une suite, et l'approche infinitésimale. qui, en un certain sens, substitue aux suites tendant vers zéro les nombres infinitésimaux dans une formulation « covariante » (de l'espace de départ vers l'espace d'arrivée).

Le concept d'infiniment petit se présente sous de multiples formes dans plusieurs théories que nous n'aborderons pas, n'ayant pas connaissance d'expériences pédagogiques correspondantes. Citons la SIA (Smooth Infinitesimal Analysis) de Bell (1998) (infiniment petits nilpotents), les nombres superréels de Tall (1980) (bien adaptés à des fonctions analytiques) et les nombres surréels utilisés notamment par Conway et Knuth (1974).

L'enseignement contemporain de l'ANS suit deux grands courants, selon que les infiniment petits proviennent d'une extension des réels ou sont plongés au sein de ceux-ci. Dans la première approche, on ajoute aux réels de nouveaux nombres pour former un ensemble $^*\mathbb{R}$ contenant $\mathbb{R}$. On peut penser à une analogie entre l'extension de $\mathbb{R}$ à $\mathbb{C}$ et celle de $\mathbb{R}$ à $^*\mathbb{R}$. Dans les deux cas, trois siècles séparent l'utilisation pragmatique des nouveaux nombres de leur construction mathématique. Leibniz pressentait cette analogie en écrivant à Varignon en 1702 (Leibniz 1989) que ses quantités inassignables devaient être exploitées « comme des notions idéales qui abrègent le raisonnement, semblables à ce qu'on appelle racines imaginaires dans l'analyse commune [...], lesquelles toutes imaginaires qu'on les appelle ne laissent pas d'être utiles, et même nécessaires à exprimer analytiquement des grandeurs réelles ».

Les éléments de $^*\mathbb{R}$ doivent respecter un cahier des charges précis et exigeant (Pétry 2010, p. 30) : ils doivent se comparer et se manipuler selon les règles habituelles du calcul algébrique (former un corps ordonné), leur ensemble doit contenir les réels, et il doit exister des infiniment petits non nuls. Ces conditions sont respectées par la construction, à côté des réels, des infiniment petits, des infiniment grands et des nombres infiniment proches des réels. Le prix à payer est assez lourd : les hyperréels sont assimilés aux classes d'équivalence de l'ensemble $\mathbb{R}^{\mathbb{N}}$ des suites de réels pour une relation d'équivalence définie à l'aide d'un ultrafiltre non principal (contenant l'ensemble des parties de complémentaire fini) sur $\mathbb{N}$ (Bair & Henry 2008). L'appel à un ultrafiltre peut être remplacé, de façon peut-être moins « rébarbative » (Pétry 1998, p. 46), par l'emploi d'une mesure sur $\mathbb{N}$, comme l'a fait Lindstrøm (1988), suivi par Boffa et Pétry dans (Boffa & Pétry 1993), (voir aussi Pétry 1996, 1998, 2010).

Tout comme on peut présenter l'AC sans définir les réels, en supposant axiomatiquement leur existence et leurs propriétés, il n'est pas forcément nécessaire de définir explicitement les hyperréels pour les utiliser à bon escient. C'est le point de vue qu'adopte Keisler dans sa présentation pédagogique de l'ANS pour débutants en sciences appliquées, introduite dans (Keisler 1976a,b) et développée dans (Bair & Henry 2008, Pétry 2010). Elle suppose seulement de disposer du corps ordonné $^*\mathbb{R}$ des hyperréels, extension propre de celui des réels (l'existence d'infiniment petits non nuls en découle). Elle admet ensuite que toute fonction réelle se prolonge en une fonction définie sur $^*\mathbb{R}$ et utilise ces prolongements à partir d'un « principe de transfert », où de simples systèmes d'égalités et d'inégalités remplacent le calcul des prédicats utilisé dans les autres présentations. Keisler a donné une présentation plus simple encore (Keisler 1976a), en ajoutant l'axiome assurant que tout hyperréel non infiniment grand est infiniment proche d'un réel. Cette méthode a été suivie à l'Université du Wisconsin, dans des collèges et lycées américains, et a été enseignée avec succès en Belgique à des futurs ingénieurs, économistes ou gestionnaires (Bair & Henry 2008, Pétry 2011).

La deuxième approche de l'ANS, proposée par Nelson (1977) en 1977, fait apparaître de nouveaux nombres, en particulier des infiniment petits, au sein même de $\mathbb{R}$. Ces nouveaux réels sont ainsi « dévoilés », comme l'indique le sous-titre de (Lutz *et al.* 1996), (voir aussi Lobry 1989). Cette présentation repose sur la théorie des ensembles internes IST, adjoignant à l'axiomatique classique ZFC un nouveau prédicat appelé « standard » et trois axiomes pour son utilisation : idéalisation, standardisation et transfert (Deledicq & Diener 1989, Diener & Reeb 1989, Gilbert & Rouche 1996). Dès les années 1980, cette version a connu un certain succès en France et en Belgique, grâce à l'équipe de Reeb (Reeb 1981) à Strasbourg, et a inspiré plusieurs expériences pédagogiques.

Dans un cours à option sur les équations différentielles, Mawhin (1987, 1996) a enseigné l'ANS nelsonienne aux futurs mathématiciens de l'Université de Louvain, bien préparés à recevoir ce nouvel éclairage par une solide formation en AC, avec de nombreuses références historiques aux fondateurs utilisant les infiniment petits (Mawhin 1997). Le cours cherchait aussi à élargir la culture mathématique des apprenants, car, comme l'écrivait son titulaire : « il est toujours enrichissant, [...] pour comprendre une théorie mathématique, de voir les choses de plusieurs points de vue différents » (Diener 1987, p. 59). Son collègue Rouche et ses collaboratrices Gilbert et Hauchart ont rédigé plusieurs livres et articles sur l'ANS, destinés à l'enseignement secondaire (Gilbert 1992), (Hauchart & Rouche 1992).

À Paris, des didacticiens connus, comme Artigue, Gautheron, Isambert et Deledicq (Artigue *et al.* 1985, Gautheron 1998, Deledicq 1990-1991, Deledicq & Diener 1989), se sont penchés sur cette question. En Alsace, Lutz (1987) et ses collaborateurs ont proposé un enseignement de l'analyse adaptant la version de Nelson aux élèves du secondaire et insistant sur le concept d'ordre de grandeur (Lutz *et al.* 1996).

Dans le Sud de la France et en Afrique du Nord, F. et M. Diener ont expérimenté un enseignement de l'ANS (Diener 1987, Diener & Reeb 1989) pour des « étudiants en mathématiques qui se destinent à appliquer leur savoir-faire à l'économie » (Diener 1998, p. 19). Un des auteurs souligne avec pertinence que

> Les mathématiques en général et les infinitésimaux en particulier ont été utiles à la Physique. Une des raisons tient là à la notion d'ordre de grandeur, conduisant à des études tantôt à l'échelle microscopique, tantôt à l'échelle macroscopique, avec chacune leurs approximations acceptables spécifiques [...]. Comme en Physique, l'élaboration des modèles nouveaux [en économie] et la confiance ou la méfiance qu'il convient de leur accorder ne peut venir, dans une longue période de validation tout au moins, que d'une maîtrise conceptuelle du modèle microscopique souvent discret et de son intégration en un modèle macroscopique éventuellement continu où l'ANS peut jouer un rôle capital. Elle permet d'effectuer le passage du microscopique au macroscopique dans un cadre formel bien défini, où la notion d'ordre de grandeur est un concept fondamental, et non dans un cadre heuristique dont la maîtrise relève d'un art difficile à transmettre ou automatiser. (Diener 1998, p. 19–20)

Dans la version nelsonienne, l'analogie entre les hyperréels et les complexes est moins évidente que dans l'approche de Robinson, puisque les nombres non standards font déjà partie de $\mathbb{R}$. Pour des étudiants déjà initiés à l'AC, elle nécessite un travail de « dé-transposition », expliquant que la théorie des nombres réels n'a pas été enseignée idéalement par le passé. Mais on peut aussi la voir comme une « mathématique en couleurs », présentée à un public qui, précédemment, n'en a utilisé qu'une version en « noir et blanc ».

Si notre propos se concentre sur les présentations de l'ANS dans l'enseignement de langue française, les expériences pédagogiques et les débats fleurissent dans de nombreux autres pays. Une bibliographie détaillée pour les régions de langue allemande est donnée par Bedürftig dans (Bedürftig 2020), et, pour l'Italie, on consultera avec profit le récent ouvrage de Benci & Nassso (2019).

Trois remarques générales sur l'ANS pour terminer la section. D'abord, il faut bien préciser le cadre dans lequel on se place : robinsonien (y compris keislérien), ou nelsonien, car une même appellation ou une même expression peut y avoir des significations différentes. Ensuite, la définition sophistiquée des nombres hyperréels est ardue pour des débutants en analyse. S'ils s'introduisent à partir des réels un peu comme ces derniers à partir des rationnels, ils requièrent des outils bien plus avancés. En comparant la construction des mathématiques à celle d'un mur, les hyperréels se situent à « un étage plus haut » que les réels, d'où l'apparition tardive et la faible et lente percée de l'approche robinsonienne dans l'enseignement. Enfin, une autre raison de la difficulté à « populariser » l'ANS est la nécessité, dans les présentations de Robinson et de Nelson, de traduire certaines propositions dans le langage formel du calcul des prédicats, ce qui dépasse le niveau de l'enseignement élémentaire, un écueil évité dans la version de Keisler.

4 Généralités sur la didactique, spécialement en analyse

En didactique des mathématiques, on trouve des travaux, cités dans (Schneider *et al.* 2016), ayant une forte composante théorique et utilisant un vocabulaire peu accessible aux non-initiés. D'autres didacticiens s'efforcent de rester clairs et compréhensibles, et conçoivent la discipline de façon pragmatique : un ensemble de réflexions, d'expériences et d'échanges ayant pour objectif l'amélioration de la pratique de l'enseignement.

On peut prendre pour modèle le Français Jean-Nicolas Noël, qui enseigna au XIXe siècle à l'Athénée de Luxembourg et à l'Université de Liège, dont l'« extraordinaire rayonnement didactique » a été souligné par le géomètre et historien belge Jongmans (Bair & Mawhin 2019). Il fut un « infinicole » influent dans la vive querelle opposant en Belgique, dans la première moitié du XIXe siècle, les « infinicoles » (favorables au concept d'infiniment petit) aux « infinifuges » (qui le rejettent). Sa vie et ses idées, étudiées dans (Bair & Mawhin 2019), peuvent être résumées comme suit :

> Noël [...] cherchait toujours à élever le niveau de ses étudiants en leur fournissant les instruments les mieux appropriés et les plus efficaces. Il les motivait en leur présentant des applications concrètes, en modélisant des phénomènes réels, en insistant sur le raisonnement analogique. Il veillait à ce que son enseignement soit constamment [...] à la fois « très-clair, très-simple et très-rigoureux », [...] en utilisant un langage compréhensible, exempt de tout terme technique sophistiqué ou de tout jargon (trop souvent rencontré dans certaines études didactiques contemporaines).

Un des problèmes qui distingue l'enseignement de l'analyse de celui d'autres disciplines mathématiques est la présence des difficultés fondamentales dès le début ; leur mauvaise compréhension vicie tous les développements et applications ultérieurs. Au contraire, la géométrie analytique, par exemple, passe du plan à l'espace au prix de différences essentiellement techniques. Les pédagogues de l'analyse devraient insister sur ce point.

On cherche souvent « la meilleure » méthode d'enseignement des concepts fondamentaux de l'analyse, sans être sûr que la réponse est indépendante du public visé. Dans l'enseignement secondaire, il semble préférable, comme le préconisent les programmes en Belgique francophone, de s'en tenir à l'approche classique (sans cacher qu'il y en a d'autres), car l'emploi des méthodes infinitésimales reste marginal. Selon la sensibilité de l'enseignant, l'utilisation informelle de notions propres à l'ANS, comme l'infiniment petit ou l'infiniment grand, peut aider à expliquer les notions de limite, de dérivée ou d'asymptote et à relativiser la définition des nombres réels.

Dans l'enseignement supérieur, la liberté académique (tant qu'elle existe !) n'impose aucune méthode aux professeurs. Pour les futurs mathématiciens, le premier cours d'analyse doit être en phase avec les enseignements ultérieurs qui le développent ou l'utilisent ; par la suite, il semble opportun de proposer un éventail aussi large que possible de méthodes différentes. Pour un public du supérieur qui se tourne rapidement vers d'autres horizons, l'important est de mettre à sa disposition un outil qu'il sera capable d'appliquer efficacement. La thèse doctorale de Henry (2004) sur la mise au point d'un enseignement de l'analyse adapté à de futurs économistes a débouché sur l'élaboration du cours (Bair & Henry 2008), qui a été et reste dispensé à de très nombreux étudiants.

5 Réflexions sur un enseignement d'analyse non standard

Nous ne traitons ici que de l'ANS keislérienne, dans ses variantes expérimentées pendant de nombreuses années (Bair & Henry 2008, Keisler 1976a, Pétry 2010, 2011).

Selon Tao (Bair 2013), tout apprentissage des mathématiques doit idéalement passer par trois étapes respectivement qualifiées de pré-rigoureuse, rigoureuse et post-rigoureuse. L'ANS semble être, sans exclusive, une voie intéressante de transition entre les deux premières étapes, en particulier pour un public de futurs ingénieurs ou économistes. Elle évite la construction sophistiquée des hyperréels de Robinson, propose une axiomatique élémentaire basée, d'une part, sur la connaissance des réels et de leurs propriétés et, d'autre part, sur celle d'infiniment petits, qu'on peut rattacher au vécu des apprenants en évoquant une vitesse instantanée, une valeur marginale ou la mesure d'un angle de contact. Elle constitue un affinement progressif des objets à modéliser et en construit une représentation mentale illustrée à l'aide d'un microscope (ou d'un télescope) virtuel infiniment puissant. Des considérations ultérieures plus pointues pourront apaiser les craintes que peut susciter *a priori* un enseignement de l'ANS (Schneider *et al.* 2016).

L'ANS ainsi présentée illustre deux idées fondamentales de Noël (Bair & Mawhin 2019). Tout d'abord, il paraît souhaitable que l'enseignement des mathématiques élémentaires fasse référence au concret, au visuel et même à des « manipulations » permettant à l'apprenant de « construire » ses connaissances sur des bases solides. C'est aussi l'avis du mathématicien français Borel qui observe en 1914 que

> si l'enseignement des mathématiques se rattache à de tels objets familiers, il risquera bien davantage d'intéresser, il échappera surtout à la mortelle scolastique. Quand un enseignement est trop scolastique, il dégoûte un grand nombre d'élèves et déforme plutôt qu'il ne forme l'esprit d'une partie des autres ; et il n'est pas toujours sûr que l'enseignement des mathématiques ait toujours su éviter cet écueil. (Borel 1914)

Les utilisateurs des mathématiques (physiciens, ingénieurs, économistes, ...) n'ont jamais abandonné les infiniment petits et les ont utilisés de manière efficace (indépendamment de toute preuve d'existence !). L'approche de Keisler (1976b,a) rencontre ce recours à l'empirisme par une visualisation de la droite hyperréelle à l'aide d'un microscope (pour « voir de très près ») et d'un télescope (pour voir « très loin ») infiniment puissants. Ils fournissent une image concrète de concepts fondamentaux comme ceux de tangente ou d'asymptote (Henry 2004, Magnani & Dossena 2005, Pétry 2001, Tall 1980), et des approximations de fonctions importantes en analyse. L'ANS permet de traiter les ordres de grandeur, sans faire appel aux limites, mais seulement à la nature des nombres et de leurs rapports. Par exemple, si $\Delta \neq 0$, un nombre u est $O(\Delta)$ s'il existe un nombre fini l tel que $u = l \cdot \Delta$, il est $o(\Delta)$ si l est infiniment petit. Ces définitions s'illustrent visuellement en précisant le grossissement $1/\Delta$ du microscope utilisé. Prendre Δ infiniment petit non nul donne une signification rigoureuse, concrète et intuitive de la tangente à une courbe : dans l'oculaire du microscope pointé sur le point de contact, la droite tangente se confond avec la courbe (Bair & Henry 2008, Pétry 2001). La manipulation d'un microscope virtuel est également efficace pour démontrer (avec la rigueur voulue) des résultats fondamentaux sur les limites ou les dérivées (Bair & Henry 2008, Keisler 1976a, Pétry 1998).

Ensuite, la construction de nouvelles mathématiques débute le plus souvent par le recours à des analogies, un point clairement développé dans (Polya 1958). Sans revenir sur l'analogie entre les complexes et les hyperréels, signalons celle entre le fini et l'infini. Si les mathématiciens connaissent depuis longtemps le danger de traiter un problème portant sur l'infini comme une question semblable posée dans le fini, de grandes découvertes sont dues à un audacieux passage du fini à l'infini, comme l'obtention de la somme de la série $\sum_{n=1}^{\infty} \frac{1}{n^2}$ par Euler (problème de Bâle, (Polya 1958, p. 63 *sqq.*)). Basée sur une vision actuelle de l'infini, l'ANS autorise ce passage dans des situations bien déterminées et en respectant des règles de fonctionnement. Il permet d'obtenir aisément la somme de séries convergentes et des preuves plus abordables des théorèmes des valeurs intermédiaires et des bornes atteintes (Bair & Henry 2008).

6 Conclusion

L'ANS est-elle une alternative à l'AC pour l'enseignement de l'analyse ? Pas plus que pour le Brexit, aucune réponse nette, par un simple « oui » ou un « non », ne peut être donnée : il ne s'agit nullement d'être « pour » ou « contre » l'enseignement de l'ANS (ou de l'AC).

Un professeur qui enseigne l'analyse sans contrainte devrait maîtriser les différentes approches et choisir en connaissance de cause la (ou les) méthode(s) adéquate(s) à sa situation. La diversité des présentations, quand elle est réalisable, enrichit toujours les apprenants. Cela suppose que l'enseignement de l'analyse reste, comme dans le passé, confié à des mathématiciens solides.

Au-delà de la méthode, il paraît important de préserver, voire de développer, l'intuition des apprenants et de donner aux résultats mathématiques un sens concret. L'ANS (selon Keisler) est l'une des voies qui le permet.

Bibliographie

Artigue, M., Gautheron, V. & Isambert, E. (1985). *Analyse non standard et enseignement*, *Cahier Didact. Math.*, t. 15. Paris : IREM.

Bair, J. (2013). Les Pensées (mathématiques) de Tao. *Losanges*, 23, 33–41.

Bair, J., Blaszczyk, P., Ely, R., Henry, V. *et al.* (2013). Is mathematical history written by the victors ? *Notices of the American Mathematical Society*, 60, 886–904.

Bair, J. & Henry, V. (2008). *Analyse infinitésimale : le calculus redécouvert.* Louvain-la-Neuve : Academia-Bruylant.

Bair, J. & Henry, V. (2013). *Parcours et détours en analyse infinitésimale.* Université de Liège. URL http://hdl.handle.net/2268/156549.

Bair, J. & Mawhin, J. (2019). Le mathématicien Jean-Nicolas Noël (1783-1867) : un didacticien infinicole du XIXe siècle. *Revue des questions scientifiques*, 190(1–2), 27–60.

Bedürftig, T. (2020). Infinitesimalien, Grenzwerte und zurück. *Siegener Beiträge zur Geschichte und Philosophie der Mathematik*, 13, 201–235.

Bell, J. L. (1998). *A Primer of Infinitesimal Analysis.* Cambridge : Cambridge University Press.

Benci, V. & Nassso, M. (2019). *How to Measure the Infinite. Mathematics with infinite and infinitesimal numbers.* Hackensack, NJ : World Scientific.

Boffa, M. & Pétry, A. (1993). Des naturels non standards à l'analyse non standard, une introduction. *Mathématique et Pédagogie*, 94, 39–54.

Borel, E. (1914). L'adaptation de l'enseignement secondaire aux progrès de la science. *L'Enseignement mathématique*, 16, 198–210.

Bos, H. (1974). Differentials, higher-order differentials and the derivative in Leibnizian calculus. *Archive for History of Exact Sciences*, 14, 1–90.

Davis, P. (2005). *Applied Nonstandard Analysis.* New York : Dover.

Deledicq, A. (1990-1991). Introduction au i-calcul, pratique de l'analyse non standard. *Quadrature*, 6, 18–23.

Deledicq, A. & Diener, M. (1989). *Le Calcul infinitésimal.* Paris : Armand Colin.

Diener, F. (1987). Un exemple de débat en mathématiques : l'analyse non standard. *Bulletin de la Société mathématique de France*, 115, suppl., 58–62.

Diener, F. & Reeb, G. (1989). *Analyse non standard.* Paris : Hermann.

Diener, M. (1998). Enseigner l'analyse avec des ordres de grandeur. *Bulletin of the Belgian Mathematical Society*, 5 (suppl. : Logique dans l'enseignement des mathématiques), 19–37.

Dugac, P. (2003). *L'Histoire de l'analyse : autour de la notion de limite et de ses voisinages.* Paris : Vuibert.

Fermat, P. d. (1891). *Œuvres*, t. III. Paris : Gauthier-Villars.

Gautheron, V. (1998). Enseigner les débuts de l'analyse en utilisant des infinitésimaux. *Bulletin of the Belgian Mathematical Society*, 5 (suppl.), Logique dans l'enseignement des mathématiques, 39–44.

Gilbert, T. (1992). Qu'est-ce que l'analyse non standard ? *Mathématique et Pédagogie*, 89, 51–67.

Gilbert, T. & Rouche, N. (1996). Y a-t-il vraiment autant de nombres pairs que de nombres naturels. In A. Pétry (éd.) *Méthodes et analyse non standard, Cahiers du Centre de Logique*, t. 9, Louvain-la-Neuve : Academia-Bruylant, 99–139.

Hauchart, C. & Rouche, N. (1992). *L'Enseignement de l'analyse aux débutants.* Louvain-la-Neuve : Academia-Érasme.

Henry, V. (2004). *Questions de didactique soulevées par un enseignement de l'analyse non standard à de futurs économistes.* Thèse de doctorat, Univiversité Paul Sabatier, Toulouse.

Henry, V. (2014). Quand l'ellipse devient parabole : l'esthétique de l'illusion. *Tangente*, HS : Mathématique, de l'esthétique à l'éthique(51), 40–43.

Hewitt, E. (1948). Rings of real-valued functions. I. *Trans. Amer. Math. Soc*, 64, 45–99.

Katz, M. G. & Polev, L. (2017). From Pythagoreans and Weierstrassians to true infinitesimal calculus. *Journal of Humanistic Mathematics*, 7, 87–104.

Katz, M. G. & Sherry, D. (2012). Laws of continuity and homogeneity. *Notices of the American Mathematical Society*, 11, 1550–1558.

Keisler, H. J. (1976a). *Elementary Calculus.* New York : Dover, 3e éd.

Keisler, H. J. (1976b). *Foundations of Infinitesimal Calculus.* Boston : Prindle, Weber & Schmidt.

Knuth, D. E. (1974). *Surreal Numbers.* Reading, Mass. ; London ; Amsterdam : Addison-Wesley Publishing Co.

Leibniz, G. W. (1989). *Philosophical Papers and Letters*, Dordrecht : Springer Netherlands, chap. Letter to Varignon, with a Note on the "Justification of the Infinitesimal Calculus by that of Ordinary Algebra". 542–546, doi : 10.1007/978-94-010-1426-7_57.

Lindstrøm, T. (1988). An invitation to nonstandard analysis. In N. J. Cutland & et al. (éd.) *Nonstandard Analysis and its Applications*, Cambridge : Cambridge University Press, 1–105.

Lobry, C. (1989). *Et pourtant ils ne remplissent pas N !* Lyon : Aleas.

Lós, J. (1955). Quelques remarques, théorèmes et problèmes sur les classes définissables d'algèbre. In *Mathematical Interpretation to Formal Systems*, Amsterdam : North-Holland, 98–113.

Lutz, R. (1987). Rêveries infinitésimales. *La Gazette des mathématiciens*, 34, 79–87.

Lutz, R., Makhlouf, A. & Meyer, E. (1996). *Fondement pour un enseignement de l'analyse en termes d'ordres de grandeur : les réels dévoilés*, t. 103. Paris : Publication de l'APMEP.

Magnani, L. & Dossena, R. (2005). Perceiving the infinite and the infinitesimal world : Unveiling and optical diagrams in mathematics. *Foundations of Science*, 10(1), 7–23, doi :10.1007/s10699-005-3003-8.

Mawhin, J. (1987). La méthode infinitésimale en analyse. *Bulletin de la Société mathématique de France*, 115, suppl., 63–65.

Mawhin, J. (1996). *Intégration et analyse non standard, Cahiers du Centre de Logique*, t. 9. Louvain-la-Neuve : Academia-Bruylant.

Mawhin, J. (1997). *Analyse : fondements, techniques, évolution.* Bruxelles ; Paris : De Boeck ; Larcier.

Nelson, E. (1977). Internal set theory. *Bulletin of the American Mathematical Society*, 83, 1165–1198.

Nicolay, S. (2015). *Les Nombres – construction basée sur la théorie des ensembles en vue d'ériger les fondements de l'analyse.* Paris : Hermann.

Noël, G. & Trompler, S. (2003). *Vers les infiniment petits.* Mons : Société belge des professeurs de mathématique d'expression française.

Pétry, A. (1996). Balade en analyse non standard sur les traces de A. Robinson. *Bulletin of the Belgian Mathematical Society*, suppl. : Nonstandard analysis, 1–28.

Pétry, A. (1998). Enseigner l'analyse sur base des méthodes non standard, deux aspects : microscope et ensembles internes. *Bulletin of the Belgian Mathematical Society*, 5 (suppl. : Logique dans l'enseignement des mathématiques), 45–62.

Pétry, A. (2001). À propos des tangentes à une courbe, une présentation non standard. *Bulletin of the Belgian Mathematical Society*, (suppl. : A tribute to Maurice Boffa), 155–166.

Pétry, A. (2010). *Analyse infinitésimale, une présentation non standard.* Liège : Les Éditions du Céfal. URL http://www.mathetlogique.be/ans.

Pétry, A. (2011). *Analyse infinitésimale*, t. 1 & 2. Liège : Les Éditions du Céfal. URL http://www.mathetlogique.be/ans.

Polya, G. (1958). *Les Mathématiques et le raisonnement plausible.* Paris : Gauthier-Villars.

Reeb, G. (1981). Analyse non standard : essai de vulgarisation. *Bulletin de l'APMEP*, 328, 259–273.

Robinson, A. (1961). Non-standard analysis. *Koninklijke Nederlandse Akademie van Wetenschappen, Proceedings*, 64, 432–440.

Robinson, A. (1974). *Non-Standard Analysis.* Amsterdam-London : North-Holland.

Schneider, M., Balhan, K., Gérard, I. & Henrotay, P. (2016). *Du calcul infinitésimal à l'analyse*. Liège : Presses Univiversitaires de Liège.

Skolem, T. (1933). Über die Unmöglichkeit einer vollständigen Charakterisierung der Zahlenreihe mittels eines endlichen Axiomensystems. *Norsk matematisk forenings skrifter*, Ser. II(1–12), 73–82.

Skolem, T. (1934). Über die Nicht-Charakterisierbarkeit der Zahlenreihe mittels endlich oder abzählbar unendlich vieler Aussagen mit ausschliesslich Zahlenvariablen. *Fundamenta Mathematicae*, 23, 150–161.

Stroyan, K. D. & Luxemburg, W. A. J. (1976). *Introduction to the Theory of Infinitesimals*. New York : Academic Press.

Tall, D. (1980). Looking at graphs through infinitesimal microscopes, windows and telescopes. *The Mathematical Gazette*, 64, 22–49.

Tao, T. (2012). *A cheap version of nonstandard analysis*. [En ligne]. URL https://terrytao.wordpress.com/2012/04/02/a-cheap-version-of-nonstandard-analysis/.

Toeplitz, O. (1963). *Calculus : A Genetic Approach*. Chicago : The University of Chicago Press.

Bair, Jacques
HEC-École de Gestion
Université de Liège, Belgique
`J.Bair@uliege.be`

Mawhin, Jean
Institut de Recherche en Mathématique et Physique
Université Catholique de Louvain, Belgique
`jean.mawhin@uclouvain.be`

Pétry, André
Département Ingénieurs industriels
HEPS, Liège, Belgique

Pour une histoire des sciences franco-algérienne

Yamina Bettahar

Les coopérants français ont apporté une contribution significative au processus de reconstruction de l'Algérie indépendante, surtout durant la période des années 1960 à 1980. Pourtant, cette catégorie n'apparaît comme objet d'étude que très tardivement, que ce soit en Histoire des Sciences ou en Sociologie. Prenant appui sur des sources archivistiques et des entretiens menés depuis le début des années 1990 et en hommage au professeur Philippe Nabonnand, cet article porte sur la période post-indépendance où, suite au départ massif des cadres européens, le pays devait mobiliser les immenses ressources humaines, scientifiques et techniques, qui lui manquaient pour sa remise en marche. Nous apportons aussi un éclairage au milieu académique lorrain qui a lui aussi répondu à la demande d'aide de ses collègues algériens.

1 Introduction

Présentons d'abord le contexte dans lequel se sont insérés les coopérants français. Nos travaux et ceux d'autres auteurs ont montré que les universitaires et cadres techniques métropolitains ont séjourné en Algérie à différentes périodes pour contribuer au processus de modernisation mis en œuvre par l'administration coloniale. En effet, qu'il s'agisse des grands ouvrages (ponts, centrales hydrauliques, réseau ferré....), de l'exploitation minière, pétrolière et gazière ou de la mise en place d'un enseignement supérieur colonial, le Gouvernement Général de l'Algérie (GGA), s'il a consacré de grands moyens matériels et financiers dans le cadre de l'installation et du développement des colons européens, a aussi réquisitionné d'importantes ressources humaines.

L'arrivée des premiers savants européens métropolitains est repérable bien avant 1830, date de la conquête française de l'Algérie. La politique de mise en valeur et de modernisation a mobilisé différents corps de métier, parmi lesquels la présence des polytechniciens et ingénieurs des mines occupe une place prépondérante. Venus de toutes parts, ils inaugurent une tradition

P.-E. Bour, M. Rebuschi & L. Rollet (eds.), *Sciences, Circulations, Révolutions, 53–62.*

mobilitaire durable. C'est au XIXe siècle que certains lorrains quittent les frontières régionales pour des horizons beaucoup plus lointains à la recherche d'un eldorado qui les mène à nouer des liens particuliers avec l'Algérie. Qu'il s'agisse de civils, d'administrateurs, de militaires, de savants, d'artistes ou d'explorateurs, nombre d'entre eux mettent le cap sur de nouveaux territoires qui leur paraissent prometteurs. L'Algérie devient très vite une destination significative.

Cet article se propose de décrire le rôle des coopérants français qui ont séjourné en Algérie dans la période 1960-1980 pour apporter leur contribution au processus de reconstruction économique, sociale et culturelle du pays, après son accession à l'indépendance politique. Ces coopérants, issus de diverses disciplines et de statuts différents, sont des acteurs assez méconnus jusqu'à présent. Pourtant, ils ont joué un rôle significatif lors de la mise en œuvre des politiques de réforme de l'université algérienne entreprises dans les années 1970. L'Algérie manquait cruellement de cadres qualifiés suite au départ massif des Européens qui avait commencé à la fin des années 1950 et s'était intensifié en 1962. Nous examinerons particulièrement le cas des coopérants lorrains et de leurs institutions universitaires.

L'histoire de l'Université algérienne a commencé bien avant l'arrivée des coopérants français, ce que nous décrivons ci-dessous et qui permet de mieux comprendre son renouveau.

2 La période coloniale

Durant la période longue qui s'étend de la conquête en 1830 à celle des années 1950, un mouvement continu d'étudiants, d'universitaires, de scientifiques, d'ingénieurs et de cadres administratifs jalonnera les relations étroites entre la métropole et la colonie. Des universitaires issus de diverses disciplines (botanique, chimie, physique industrielle, mathématiques...) et des ingénieurs (électriciens, hydrauliciens, géodésiens...) apportent leur contribution à la réalisation de grands projets de la modernisation de l'Algérie coloniale (Bettahar 2014). Des missions exploratoires sont confiées à des explorateurs, des scientifiques, des missionnaires. À Nancy, dans la première moitié du XIXe siècle, le goût pour les colonies se développe, notamment dans le sillage de la Faculté des Sciences et de ses instituts annexes. C'est ainsi qu'est ouverte, en 1902, une section coloniale au sein de l'Institut agricole qui deviendra en 1904 l'Institut colonial et agricole.

Les prémices de la transplantation d'un enseignement supérieur colonial en Algérie sont repérées à la fin du XIXe siècle. Destiné initialement aux enfants d'Européens, les « indigènes » y sont tolérés de loin en loin. L'Université d'Alger, coloniale, institutionnalisée en 1909 (Bettahar 2014) après un long processus de mise en place, prend rang parmi les universités françaises et devient le théâtre d'une activité académique et scientifique intense.

Lorsque l'éveil anti-colonial des algériens se manifeste politiquement, et ce dès les années 1940, l'université d'Alger devient le lieu d'affrontements entre les partisans de l'indépendance et ceux de l'Algérie française. Les années qui suivent la Deuxième Guerre mondiale sont marquées en Algérie par des événements tragiques que les historiens ont relaté abondamment. Il y eut d'abord les massacres de Sétif/Guelma du 8 mai 1945 qui firent des milliers de victimes autochtones, suivis par le déclenchement de la Guerre d'Indépendance le 1er novembre 1954, une guerre qui durera huit ans. La situation politique se dégrade fortement en France à la fin de l'année 1958 avec la montée en puissance de l'OAS qui revendique le maintien de l'Algérie française, la mise en place de la Ve République tandis que le processus libératoire de l'Algérie indépendante va vers son aboutissement. Au plan universitaire, « l'affaire Maurice Audin » (Vidal-Naquet 1989), ce jeune mathématicien qui a tragiquement disparu, a fortement perturbé les milieux académiques français. Notons que Maurice Audin fut un étudiant du mathématicien René De Possel[1] (1905-1974), un des membres fondateurs du groupe Bourbaki (en 1934), en poste à l'université d'Alger dès 1941.

3 Les Accords d'Évian et les prémices de la coopération franco-algérienne

Au moment des accords d'Évian, la France signe des conventions de coopération avec l'Algérie et s'engage à apporter sa contribution matérielle, financière et humaine au processus de reconstruction de l'Algérie nouvelle[2]. Dès la fin de l'année 1962, près de 15 000 coopérants (enseignants, fonctionnaires, ingénieurs) sont envoyés en Algérie pour contribuer au renouvellement des cadres européens après leur exode massif.

C'est en 1965 que les autorités françaises décident d'adapter et de réglementer le statut du coopérant français en Algérie. Mais les volontaires n'ont pas attendu cette date pour affluer dans le pays nouvellement indépendant et apporter leur expertise en soutien avec le processus de développement mis en place. Ils arrivent dans des cadres différenciés : certains sont qualifiés de « pieds rouges » comparés aux « pieds noirs » de la période coloniale (Simon 2009). D'autres s'engagent au titre du droit commun, d'autres arrivent par le biais d'organisations politiques ou syndicales situées à gauche ou d'organisations internationales gouvernementales (ONU, UNESCO, PNUD, FAO, etc...) ou non gouvernementales. Le chantier est énorme et le pays manque cruellement de cadres techniques et scientifiques qualifiés.

Il faut d'emblée souligner que la coopération franco-algérienne a été fortement soutenue par nombre d'intellectuels d'obédiences diverses, des chrétiens

1. À son retour en France, en 1959, il fut l'un des pionniers de l'informatique et s'intéressa notamment à des projets comme celui de la lecture optique des caractères. De 1955 à 1975, il occupa une position relativement marginale parmi les mathématiciens parisiens.

2. Cf. notamment les travaux de (Zartman 1964, p. 1107–1108), (Grimaud 1984), (Mouhoubi 1986), (Daguzan 1993).

animés par une fibre sociale et humaniste, marxistes aux idéaux révolutionnaires. Quelle que soit la forme de leur engagement individuel ou collectif, tous, jeunes et moins jeunes, expérimentés ou juste portés par l'enthousiasme de leur mobilisation, veulent se mettre au service d'une nouvelle page de l'histoire franco-algérienne en train de s'écrire[3].

Certains se lancent dans la recherche scientifique et privilégient le terrain algérien. C'est le cas de Pierre Bourdieu : il ouvre la voie en 1958 après ses études à l'École normale supérieure de Paris. En se rendant en Algérie pour y mener une grande enquête socio-anthropologique, il montre de manière significative, les ruptures que la colonisation a provoquées dans la société algérienne (Bourdieu 1958, 1963, Bourdieu & Sayad 1964). L'historien Gilbert Meynier (1942-2017), après avoir participé à des chantiers d'alphabétisation en 1963 puis en 1964, y retourne en 1967 en qualité de professeur à l'Institut Pasteur d'Oran. Il deviendra un éminent historien de l'Algérie. D'autres, connus pour leurs opinions anticoloniales, sont placés à des niveaux politiques élevés pour servir les intérêts de la diplomatie française. C'est notamment le cas de Stéphane Hessel qui sera en poste à Alger, de 1963 à 1969, comme diplomate à l'ambassade de France, chargé de la coopération franco-algérienne.

En contrepoint de ce tableau enthousiasmant des nouvelles relations franco-algériennes entre deux pays souverains, il y a la question des « archives franco-algériennes », une source de contentieux de par la charge symbolique dont elle est porteuse puisqu'elle concerne les archives d'Outre-Mer et notamment les sources archivistiques concernant l'enseignement supérieur en Algérie entre 1830 et 1962 qui sont devenues le lieu d'enjeux éminemment politiques ; leur sort n'est à ce jour pas tranché (Bettahar 2008), (Singaravélou 2009).

4 Le redémarrage de l'Université algérienne

Dans l'enseignement supérieur, la situation est critique à l'automne 1962. L'Université algérienne, abandonnée par ses personnels universitaires et administratifs européens, doit pourtant assurer son redémarrage à la rentrée 1962-1963. Certains Français font le pari de l'Algérie indépendante et de sa reconstruction : ils choisissent de rester en Algérie. En réalité, contrairement à une idée très répandue, au lendemain de l'indépendance, deux cent mille « pieds-noirs » sont restés en Algérie (Daum 2012). Parmi eux des universitaires vont accompagner le redémarrage de l'Université algérienne et la continuité des institutions académiques et scientifiques créées avant 1962 (Bettahar 2005). Le cas d'André Mandouze (1916-2006) est emblématique. Normalien, agrégé de lettres classiques, il est une figure éminente de l'engagement politique des intellectuels français du XXe siècle. En 1946, il rejoint la faculté des lettres de l'université d'Alger en qualité de professeur de latin. Pour lui, l'Algérie est

3. Sous le terme générique de coopérants, on trouve aussi bien des acteurs « sous contrat », des représentants d'organisations estudiantines (ex. UNEF, JEC, Scouts de France, Mouvement chrétien pour la paix), que des Volontaires du Service civil actif (VSNA)...

la terre natale de Saint-Augustin, à qui il consacrera sa thèse de doctorat en Sorbonne. En 1947, il participe à la création de l'Union des Chrétiens Progressistes qui deviendra très rapidement l'Union progressiste. Il milite pour l'indépendance de l'Algérie et, à partir de 1954, il s'engage activement auprès du FLN. En 1962, il devient recteur de l'université d'Alger. En 1963, à la demande d'Ahmed Ben Bella, le jeune premier président de l'Algérie indépendante, A. Mandouze prend la tête de la direction de l'Enseignement supérieur, entreprend de réorganiser l'université d'Alger et, avec le concours d'une équipe restreinte d'universitaires, il contribue à l'organisation de la première rentrée universitaire post-indépendance et de la mise en place des enseignements. En 1965, il rentre à Paris pour y enseigner le latin à la Sorbonne et poursuivre sa carrière de latiniste jusqu'à son départ en retraite.

D'autres universitaires déjà présents, contribuent au renforcement des départements de la Faculté des Sciences de l'université d'Alger. Au département de chimie, on remarque la présence des premiers jeunes Algériens qui viennent de finir leur thèse en chimie ou s'apprêtent à la finaliser, encadrés par des universitaires français (Bettahar 2005). D'autres prennent à cœur la création de nouveaux instituts de formation pour des ingénieurs et des techniciens algériens et apportent leur concours à la formation professionnelle de cadres techniques.

5 L'Algérie des années 1970 et la refondation de l'Université algérienne

Il s'agit d'une période euphorique marquée par le volontarisme, affirmé par nombre de cadres algériens mais aussi français et internationaux engagés et voulant se rendre utiles.

Sur le plan politique, l'Algérie, qui a choisi la voie du socialisme, prend rang parmi les pays non-alignés, désireux d'apporter leur contribution aux mouvements indépendantistes. Dans ce contexte, la capitale algéroise, devient *La Mecque des Révolutionnaires* (Ben Slama 2016) et accueille des représentants de groupes en quête d'indépendance ou d'affirmation de leurs droits civiques. L'utopie « développementaliste » algérienne mobilise un important courant d'économistes, essentiellement français, mais aussi européens et nord-américains, qui se proposent d'apporter leur expertise pour accompagner le processus de reconstruction de l'Algérie indépendante. C'est le moment où la croyance en un monde nouveau progressiste est largement partagée à l'échelle mondiale.

Au niveau universitaire, après une période transitoire de gestion du legs colonial, l'Algérie s'engage dans d'importantes réformes censées marquer une rupture paradigmatique avec le système éducatif dont le pays a hérité en 1962. Le secteur de l'enseignement supérieur et de la recherche scientifique est également concerné par une refonte de l'organisation des structures administratives, des programmes et des modalités de progression dans les cursus d'enseignement. Des programmes de coopération universitaire et scientifique sont élaborés avec les partenaires internationaux. Mais pour l'essentiel, ils sont réalisés avec l'ancienne puissance coloniale. L'objectif de ces programmes est de contribuer à la formation par la recherche, au bénéfice partagé des communautés universitaires des deux pays. C'est ainsi que nombre d'universitaires, recrutés dans différentes régions françaises, répondent à l'appel.

La faculté des sciences, héritière de l'Université coloniale, connaît des transformations au niveau des *curricula* et se voit dotée de nouveaux contingents de coopérants réguliers, principalement français, auxquels se joignent des universitaires originaires des ex-pays de l'Est.

6 Des Lorrains en ordre de marche

Entre la Lorraine et l'Algérie, il y a une tradition de mobilité depuis la période coloniale qui a démarré dès la fin du XIXe et courant XXe siècles. Les Lorrains, comme les Alsaciens d'ailleurs, ont émigré vers l'Algérie dès 1831. Leur installation dans la colonie par vagues régulières a été numériquement plus significative que le mouvement migratoire qui a suivi l'annexion prussienne de la France en 1871.

Dans les années post-indépendance, les universitaires lorrains se mettent en ordre de marche et prennent leur part à la reconstruction de l'université algérienne. Nombre d'entre eux se rendent en Algérie. L'Université de Nancy et ses écoles d'ingénieurs se mobilisent et envoient des contingents successifs de coopérants pour apporter leur expertise. Parmi eux, des universitaires confirmés ou en passe de le devenir. Certains apportent leur savoir-faire pédagogique et managérial dont bénéficient des cadres techniques des entreprises algériennes, d'autres sont chargés de la création ou de la refondation d'instituts techniques de formation des ingénieurs et cadres algériens.

Ces enseignants-chercheurs, ingénieurs et cadres techniques sont disséminés à travers différentes villes universitaires algériennes. Le plus grand nombre d'entre eux se trouvent à Alger. Leur venue a coïncidé avec la création, en 1974, de l'Université des Sciences et des Techniques Houari Boumediène de Bab Ezzouar (USTHB) à quelques encablures de la capitale algéroise. Ce mouvement s'est intensifié avec le renforcement de la coopération franco-algérienne. Parmi les coopérants arrivés dans le pays, certains sont des enseignants-chercheurs chevronnés qui ont à leur actif une solide expérience pédagogique et scientifique tandis que de jeunes VSNA (Volontaires du Service national actif) choisissent d'effectuer leur service militaire sous une forme civile[4]. Ils saisissent des

4. Dans les années 1970, il était possible d'effectuer le service militaire sous la forme d'un Volontariat national obligatoirement réalisé dans le cadre de la coopération internationale notamment dans le cadre d'accords signés avec d'anciennes colonies françaises devenues indépendantes pour suppléer le manque de cadres dans l'enseignement public (participation aux programmes d'alphabétisation, enseignement primaire, secondaire ou supérieur). Considérée par certains comme un moyen d'échapper au Service militaire, elle a permis à d'autres de bénéficier d'une expérience professionnelle valorisante pour la progression de carrière au retour en France. Il y a également ceux qui ont pu entamer une préparation de thèse poursuivie et obtenue en France qui leur a permis ensuite de pour mener une carrière universitaire.

opportunités d'encadrement et des sujets proposés par leurs collègues confirmés pour entamer la préparation d'une thèse de doctorat[5].

Évoquons ici quelques figures parmi le personnel académique ayant participé à la coopération franco-algérienne et que nous avons interviewés. C'est ainsi le cas de Georges Champier[6] (1928-2018). Il est une personnalité marquante du pôle scientifique nancéien. Né à Boufarik en Algérie, il poursuit ses études supérieures en France à l'École normale supérieure où il obtient l'agrégation de sciences physiques en 1951. Il effectue sa thèse de doctorat à la faculté des sciences de Nancy, qu'il soutient en 1958 sur la diffusion des rayons X par un monocristal de lithium. Nommé professeur des universités en 1963, G. Champier rejoint l'École des mines de Nancy où il enseigne la physique des matériaux tout en mettant en place des méthodes pédagogiques innovantes. Il y fonde le Laboratoire de physique du solide. Ses domaines de recherche portent sur l'influence des transformations microstructurales sur le comportement mécanique des matériaux. Il apporte, par ailleurs, une contribution active à la création de l'Institut national polytechnique en Lorraine dont il sera élu Président en 1971. En 1976 il rejoint l'École des mines de Nancy en qualité de professeur jusqu'en 1989.

Au début des années 1970, il se voit confier la coordination d'une mission inter-universitaire franco-algérienne chargée d'élaborer et mettre en place plusieurs enseignements auxquels sont associés des enseignants de l'École des mines de Nancy (et de Paris), de l'École de géologie[7], de l'École des industries chimiques[8] (ENSIC) ou de l'École des industries agro-alimentaires (ENSAIA), et des enseignants et techniciens d'autres écoles d'ingénieurs parisiennes[9].

C'est également le cas de la mission pilotée par le Centre universitaire de coopération économique et sociale (CUCES) et les équipes de Bertrand Schwartz.

Louis Schuffenecker (né en 1941), universitaire en début de carrière à l'époque à l'ENSIC, a séjourné à l'USTHB entre 1976 et 1984, dans le cadre de la coopération universitaire franco-algérienne. Sur place, il a contribué à l'institutionnalisation de la thermodynamique chimique au sein du Département de chimie de la jeune université (Schuffenecker & Scacchi 1991). Il a contribué à la formation de jeunes Algériens et, dans le même temps, il a développé des programmes de recherche avec ses jeunes collègues algériens. À son retour en France, il poursuivra sa carrière à l'ENSIC et à l'École des mines de Nancy en qualité de professeur et directeur des études avant d'accepter les fonctions de président de l'INPL, qu'il occupera entre 2002 et 2006. Durant son mandat, il

5. Il s'agit d'un acronyme historique qui désignait les Volontaires au Service national actif et qui est devenu par la suite « Volontaire de solidarité internationale ou « Volontaire international » et qui correspond aujourd'hui au service civique en France.

6. Entretien avec Georges Champier.

7. Entretien avec Pierre Blazy.

8. Entretien avec Louis Schuffenecker.

9. Un article en cours est consacré de manière plus détaillée à ce propos.

est élu président de l'Association ARTEM-Nancy regroupant à l'époque les trois universités nancéiennes, l'Institut commercial de Nancy, l'École des beaux-arts avec le soutien du Grand Nancy, du Conseil général de Meurthe-et-Moselle, de la Région Lorraine et de l'Association ARTEM-Entreprise.

Les femmes coopérantes sont moins nombreuses : Rose Péronne, assistante à la faculté des sciences d'Alger, rejoint, à son retour en France, l'équipe nancéienne de l'ENSIC. À la même époque, de jeunes VSNA comme Serge Monteverdi, participent aux enseignements de chimie à l'USTHB. Il est nommé maître de conférences à l'Université de Lorraine à son retour de coopération. Quant à Jean-Bernard Bourdet, à son retour d'Algérie, il rejoindra l'ENSIC pour un poste de maître de conférences qu'il occupera jusqu'à sa retraite.

7 Philippe Nabonnand, un jeune mathématicien engagé, au service de l'enseignement des mathématiques dans un pays en voie de développement

Né en 1953 à Nancy, Philippe Nabonnand[10], a séjourné en Algérie entre 1979 et 1984 dans le cadre d'un contrat civil. C'est une opportunité pour lui d'apporter ses compétences et de les mettre au service de la construction de l'Université algérienne dans le cadre de la coopération franco-algérienne.

À son arrivée en Algérie, il est affecté à Sétif, une ville emblématique située dans le nord-est de l'Algérie, à 217 km de la capitale[11]. Cette ville antique, dotée d'un riche patrimoine culturel, depuis les premières découvertes paléontologiques de Camille Arambourg[12] (1885-1969), ville de peuplement durant la période coloniale, a été le point de départ des manifestations indépendantistes du 8 mai 1945 évoquées ci-dessus. Le jeune mathématicien arrive dans cette ville chargée symboliquement par l'histoire coloniale et dont il n'avait qu'une connaissance livresque. Il est toutefois l'un de ces acteurs portés par les courants de la nouvelle page d'histoire des relations franco-algériennes en train de s'écrire. Il prend place au sein du Département de mathématiques dirigé par un collègue algérien, du nom de Messaoud Hannachi (né en 1945). Le département fonctionne grâce à l'arrivée de nombreux coopérants dont une vingtaine de Français, un important contingent d'Allemands de l'Est, une dizaine de Polonais, quelques universitaires soviétiques, deux Pakistanais et une poignée d'Irakiens. Ph. Nabonnand a été frappé par le très grand

10. Extraits d'un entretien approfondi en cours qui s'inscrit dans l'élaboration d'un ouvrage que nous préparons sur une socio-histoire de l'Université algérienne.

11. Cette ville antique, dotée d'un riche patrimoine culturel, depuis les premières découvertes paléontologiques de Camille Arambourg (1885-1969) (note 11) a été une ville de peuplement durant la période coloniale, puis a constitué le point de départ des manifestations indépendantistes du 8 mai 1945 évoquées ci-dessus.

12. Camille Arambourg a été une grande figure de la paléontologie et de la paléoanthropologie françaises. Entre 1920 et 1930, il a enseigné en Algérie avant de rentrer en métropole où il put poursuivre sa carrière en qualité de professeur dans différentes institutions puis au Muséum national d'histoire naturelle de Paris, en tant que titulaire de la chaire de paléontologie.

nombre d'étudiants algériens à encadrer pour un centre universitaire encore petit à l'époque. Dans ce milieu cosmopolite et malgré de lourdes charges d'enseignement, Philippe Nabonnand n'a pas abandonné sa recherche doctorale et c'est à Sétif qu'il a rédigé sa thèse de doctorat intitulée *Contributions à l'étude des variétés riemanniennes complètes à courbure de Ricci positive*, qu'il soutiendra à Nancy en 1980. En 1984, à son retour en France, il poursuivit une carrière universitaire à l'université nancéienne en qualité de maître de conférences, puis de professeur des universités, tout en conduisant différents programmes de recherches en histoire des mathématiques. Prenant sa part aux responsabilités collectives de la vie scientifique locale, il est élu en 2014 à la direction du Laboratoire des Archives Henri-Poincaré, qu'il avait contribué à fonder en 1992 avec le philosophe Gerhard Heinzmann.

Philippe Nabonnand est le profil type de ces jeunes Français qui ont donné le meilleur de leur jeunesse pour un rattrapage culturel au profit de pays qui n'ont pas connu les bienfaits des révolutions scientifiques et industrielles en Europe.

8 Conclusion

Dans cet article, nous avons examiné le rôle des coopérants français en Algérie durant la période cruciale de reconstruction de l'Algérie indépendante, après le temps long de la colonisation et du processus qui a conduit à son émancipation.

Tous ces universitaires, ingénieurs, administrateurs qu'il était difficile de citer de manière exhaustive, ont contribué à l'écriture de l'Histoire des Sciences et des relations académiques franco-algériennes. Parmi eux, les Lorrains ont pris leur part en répondant généreusement à l'appel de leurs collègues de l'autre rive de la Méditerranée. Les figures d'universitaires nancéiennes évoquées ont permis d'illustrer le caractère avant tout humain des relations franco-algériennes, sans lequel aucun accord politique ou diplomatique n'est possible.

Bibliographie

Ben Slama, M. (2016). *Alger, la Mecque des Révolutionnaires (1962-1974) [film documentaire]*. Alger : Électron libre Productions (V.O.).

Bettahar, Y. (2005). La Société algérienne de chimie. Processus d'émergence et de développement d'une société savante (1962-1994). *La Revue pour l'histoire du CNRS*, 12, 68–79, doi :10.4000/histoire-cnrs.1358.

Bettahar, Y. (2008). Les sources de l'enseignement supérieur colonial au Centre des archives d'outre-mer et au Centre des archives nationales d'Algérie. In M.-J. Choffel-Mailfert & L. Rollet (éd.) *Mémoire et culture matérielle de l'université. Sauvegarde, valorisation et recherche*, Nancy : PUN-Éditions universitaires de Lorraine, 63–77.

Bettahar, Y. (2014). L'Université d'Alger : une transposition singulière de l'université républicaine en terre algérienne (XIXe-XXe siècles). In Y. Bettahar & M.-J. Choffel-Mailfert (éd.) *Les Universités au risque de l'Histoire*, Nancy : PUN-Éditions universitaires de Lorraine, 115–154.

Bourdieu, P. (1958). *Sociologie de l'Algérie*. Paris : PUF.

Bourdieu, P. (1963). *Travail et Travailleurs en Algérie*. Paris : La Haye & Mouton.

Bourdieu, P. & Sayad, A. (1964). *Le Déracinement. La crise de l'agriculture traditionnelle en Algérie*. Collection Documents, Paris : Éditions de Minuit.

Daguzan, J.-F. (1993). Les rapports franco-algériens, 1962-1992. Réconciliation ou conciliation permanente ? *Politique étrangère*, 58(4), 885–896, doi :10.3406/polit.1993.5863.

Daum, P. (2012). *Ni valise ni cercueil. Les pieds-noirs restés en Algérie après l'indépendance*. Arles : Solin ; Actes Sud.

Grimaud, N. (1984). *La Politique extérieure de l'Algérie*. Paris : Karthala.

Mouhoubi, S. (1986). *La Politique de coopération algéro-française : bilan et perspectives*. Paris ; Alger : Publisud ; OPU.

Schuffenecker, L. & Scacchi, G. (1991). *Thermodynamique et cinétique chimiques*. Paris : Lavoisier.

Simon, C. (2009). *Algérie, les années pieds-rouges. Des rêves de l'indépendance au désenchantement (1962-1969)*. Paris : La Découverte. 2011.

Singaravélou, P. (2009). L'enseignement supérieur colonial. Un état des lieux. *Histoire de l'éducation*, 122, 71–92.

Vidal-Naquet, P. (1989). *L'Affaire Audin (1957-1978)*. collection Documents, Éditions de Minuit, nouvelle éd. Préface de Laurent Schwartz.

Zartman, I. W. (1964). Les relations entre la France et l'Algérie depuis les accords d'Évian. *Revue française de science politique*, 14(6), 1087–1113.

Yamina Bettahar
AHP-PReST (UMR 7117), Université de Lorraine
yamina.bettahar@univ-lorraine.fr

L'environnement professionnel du mathématicien nancéien Jean Delsarte, et ses propositions de réforme de l'Enseignement supérieur (1939-1947)

Françoise Birck

Jean Delsarte (1903-1968) dont toute la carrière s'est déroulée au sein de la Faculté des sciences de Nancy, est bien connu dans le monde des mathématiciens. De nombreux travaux ont évoqué son rôle central dans la création et le fonctionnement du célèbre groupe Bourbaki qui a marqué l'histoire des mathématiques (Beaulieu 1989).

Sans entrer sur ce terrain qui demande des compétences mathématiques que n'ont pas en général les historiens, nous proposons d'aborder l'activité de Jean Delsarte d'un autre point de vue, celui de sa contribution aux débats publics sur la réforme de la recherche et de l'enseignement supérieur, avant et après la Seconde Guerre mondiale. Sans être central, cet engagement témoigne de sa volonté d'agir sur le milieu et le système dans lequel s'inscrit sa carrière scientifique (Gispert & Leloup 2009)[1].

Nous faisons l'hypothèse que les conditions particulières dans lesquelles J. Delsarte doit mener ses projets disciplinaires, ajoutées aux problèmes structurels maintes fois dénoncés, ont influencé certaines de ses prises de position.

En ce qui concerne les réformes de structures, des discussions avaient sans doute eu lieu au sein du groupe Bourbaki. Un texte d'André Weil publié seulement après la Seconde Guerre mondiale abordait ces questions (Weil 1955). Mais pour conforter l'idée de l'influence du milieu universitaire dans lequel Jean Delsarte est amené à exercer sa profession, il semble légitime de poser

1. Les auteurs notent que les marques qu'imprimèrent ces patrons ne peuvent se réduire à leurs seules activités professionnelles et qu'il conviendrait d'ouvrir le chantier de leurs autres engagements scientifiques et citoyens. Ce qui vaut également, semble-t-il, pour ceux qui n'ont pas été retenus dans cette catégorie.

P.-E. Bour, M. Rebuschi & L. Rollet (eds.), *Sciences, Circulations, Révolutions, 63–85.*

la question de savoir quelle aurait été son expérience si, en même temps que les deux autres normaliens de sa génération, Henri Cartan et André Weil, il avait été nommé à l'université de Strasbourg (Deluermoz & Singaravélou 2012). Cette dernière, chargée de reconvertir l'Université allemande au lendemain du conflit, est dotée de moyens importants. Elle est censée attirer les plus grands talents et leur apporter un solide soutien institutionnel. Dans le domaine des mathématiques, dès le début des années 1920, elle est considérée comme la deuxième université derrière celle de Paris (Beaulieu 2009).

La Faculté des sciences de Nancy est loin d'offrir les mêmes opportunités.

Nous proposons donc, dans un premier temps, d'évoquer l'environnement professionnel d'un mathématicien qui, décidé à ancrer sa carrière en province, cherche à constituer un groupe disciplinaire de sa génération, pour faire avancer sa conception des mathématiques et de leur enseignement, dans un contexte historique particulier – celui des années trente – et dans une institution dont l'orientation ne semble probablement pas parmi les plus adaptées à sa démarche.

La Faculté des sciences de Nancy se distingue alors par l'importance de ses formations à finalité professionnelle et la spécificité de son attente en matière d'enseignement des mathématiques.

Notre propos n'est pas d'évoquer une éventuelle opposition entre science pure et appliquée, mais d'aborder de façon concrète, à l'échelle d'une institution spécifique – la Faculté des sciences de Nancy – les conditions de mise en œuvre du projet de Jean Delsarte[2].

C'est en tenant compte de cet arrière-plan que nous évoquerons les textes publiés par Jean Delsarte en 1939, à la veille de la guerre, puis sa contribution aux projets de réforme de la Commission Langevin-Wallon à la Libération

Le rappel de ces engagements devrait permettre de donner toute leur épaisseur historique à deux réalisations des années 1950 – celle de la création d'un troisième cycle pour les mathématiques et celle du Centre Élie Cartan – alors que l'environnement politique économique et social des années 1950 ouvre de nouvelles perspectives à la faculté des sciences et à ses instituts.

1 La Faculté des sciences de Nancy et les sciences appliquées, avant la Première Guerre mondiale

Lorsque Jean Delsarte arrive à la Faculté des sciences de Nancy, en 1927, en qualité de chargé de cours dans la chaire de mathématiques appliquées, juste avant de soutenir sa thèse, il est aussitôt confronté à l'importance du secteur des enseignements appliqués et à la nécessité d'adapter une partie de ses cours aux publics auxquels s'adressent ces enseignements. Plus tard, lorsque sa titularisation l'amène à siéger au conseil de la faculté, il peut prendre la mesure de l'influence des directeurs des différents instituts ou écoles qui forment les

2. Sur le rapport entre science pure et science appliquée, les débats théoriques en sociologie des sciences et des professions sont nombreux. Pour notre propos, voir la conférence prononcée par Pierre Bourdieu devant les chercheurs de l'INRA (Bourdieu 1997).

étudiants destinés à des carrières industrielles. Certains, comme Paul Petit ou Alexandre Mauduit font partie de la génération des fondateurs.[3]

La faculté des sciences est, en effet, l'héritière de la politique engagée, dès la fin du XIXe siècle, par des personnalités scientifiques novatrices convaincues que la lutte contre la prédominance économique de l'Allemagne passait par le développement du lien entre science et industrie. Elles ont été encouragées dans cette voie par les réformateurs républicains qui en renforçant, à partir des années 1880, l'enseignement supérieur laïc pour lutter contre les tentatives de développement d'universités catholiques, ont progressivement créé les conditions censées libérer les initiatives universitaires[4].

Pour permettre aux facultés des sciences de province d'échapper au rôle de simples succursales de l'École normale supérieure accueillant une poignée d'étudiants libres, souvent boursiers de licence ou d'agrégation[5], ces dispositifs ont incité les facultés les plus dynamiques (Grossetti 1994) à se tourner vers leur environnement pour y chercher des ressources complémentaires en vue de créer de nouveaux enseignements, essentiellement dans le domaine des sciences appliquées[6]. La Faculté des sciences de Nancy est une des premières à s'engager dans cette voie sous l'influence de son doyen, Ernest Bichat, politiquement proche des Républicains au gouvernement à partir des années 1880. Par la suite, pendant plusieurs décennies, les initiatives des scientifiques nancéiens contribuent à mettre en place une série d'instituts techniques supérieurs qui, à partir de 1900, délivrent un diplôme d'ingénieur[7].

Cependant, jusqu'à la veille de la Première Guerre mondiale, les initiatives des scientifiques nancéiens ne répondent à aucune demande externe explicite. Ils s'engagent au nom de valeurs qui leur sont propres, en particulier de l'idée qu'ils se font du rôle de la science dans la lutte économique avec

---

3. Paul Petit, (1862-1936), fondateur-directeur de l'École de Brasserie en 1893, directeur de l'École des Mines créée en 1919 ; Alexandre Mauduit (1874-1956), aux côtés d'Ernest Bichat, en 1900, lors de la création de l'Institut électrotechnique, directeur de l'Institut électrotechnique et de mécanique jusqu'en 1944.

4. D'abord les décrets Goblet (25 juillet 1885) qui accordent la personnalité civile aux facultés et le droit de recevoir des subventions et legs qui pourront être gérés de façon collective dans le cadre des conseils de facultés. Ensuite, le décret du 27 juillet 1897 qui permet aux universités nouvellement créées de délivrer leurs propres diplômes.

5. Dans son rapport sur l'activité des facultés pour l'année universitaire 1879-1880, le recteur indique que la politique de développement de l'enseignement supérieur se poursuivra car « les facultés doivent être les succursales de l'École normale supérieure », cité par (Birck 2016, p. 30).

6. Les facultés des lettres et de droit ont également tenté de saisir leur chance en créant des cours spécifiques, mais dans leurs domaines disciplinaires, les possibilités étaient beaucoup plus restreintes.

7. La Faculté des sciences de Nancy n'est pas la seule en France à faire ce choix, mais notre propos est d'évoquer celle où s'est déroulée la carrière de Jean Delsarte. Pour une approche plus générale voir les nombreux travaux réalisés dans le cadre du groupe de travail « Histoire des institutions scientifiques et éducatives ». La plupart ont été publiés dans la collection *Histoire des institutions scientifiques*, dirigée par Laurent Rollet et Marie-Jeanne Choffel-Mailfert, éditée par les PUN-Éditions universitaires de Lorraine.

l'Allemagne. Aux deux missions traditionnelles d'enseignement et de recherche, ils en ajoutent donc une troisième, celle du développement économique du pays. À cet engagement patriotique et social répond, en retour, l'appui d'un environnement industriel en plein essor, ouvert à l'innovation et aux sciences de l'ingénieur (Letté 2000). Cette entente locale ne peut cependant à elle seule expliquer l'extraordinaire afflux d'étudiants dont bénéficie la faculté des sciences. Ses effectifs passent d'une centaine d'étudiants et d'auditeurs libres en 1882-1883 à plus de mille étudiants (1013), à la veille de la guerre. L'engagement des scientifiques nancéiens a, en réalité, contribué à une transformation du mode de fonctionnement de l'institution. À partir de 1900, à l'initiative du doyen Bichat, les différents instituts optent progressivement pour un mode de recrutement plus ouvert, socialement en faisant appel à des étudiants non titulaires du baccalauréat[8], et géographiquement en intensifiant la propagande en direction des étudiants étrangers (Bettahar & Birck 2009). Ils adoptent ainsi une démarche semblable à celle des instituts techniques supérieurs allemands [*Technische Hochschulen*], de l'École polytechnique de Zurich ou de l'Institut Montefiore de Liège.

Au cours de cette période, les mathématiciens en poste à Nancy, toutes générations confondues, apportent leur appui, sous une forme ou sous une autre, au développement de cette politique[9].

Jules Molk (1857-1914), mathématicien de renommée internationale qui s'est fait connaître par l'ampleur de ses travaux consacrés à l'édition française de *l'Encyclopédie des sciences mathématiques pures et appliquées* (Nabonnand 2016c, p. 411–414), contribue, après le décès d'Ernest Bichat en 1905, à la création de la section de mécanique appliquée en usant de ses réseaux zurichois pour trouver, dans l'urgence, le spécialiste nécessaire.

Gaston Floquet (1847-1920), de la même génération qu'Ernest Bichat et qui lui succède au décanat, n'hésite pas à lancer, à la veille de la guerre, la création d'un nouvel institut technique, l'Institut d'aérodynamique et de météorologie (Nabonnand & Rollet 2016, p. 224–228).

Henri Vogt, (1864-1927), titulaire de la chaire de mathématiques appliquées depuis 1899, qui figure parmi les contributeurs sollicités par Jules Molk dans son entreprise éditoriale, apparaît en même temps comme le plus fidèle et actif continuateur de la politique de Bichat. Il lui succède d'ailleurs à la tête de l'institut électrotechnique et s'efforce de faire évoluer l'organisation de l'enseignement des mathématiques au sein de la faculté. Il apporte sa contribution à la mise en place du certificat de mathématiques générales censé servir à la fois de propédeutique aux étudiants qui envisagent de se présenter aux certificats de licence sans avoir suivi les enseignements de

8. Élèves des écoles primaires supérieures.

9. Pour ce paragraphe, nous nous appuyons essentiellement sur les notices parues dans (Rollet *et al.* 2016) et sur (Nabonnand 2006).

mathématiques spéciales, et d'enseignement principal pour les étudiants des instituts (Nabonnand 2016b, p. 540–543).

Ce dispositif semble accepté sans réticences par le jeune et brillant mathématicien, Élie Cartan (1869-1951) (Nabonnand 2016a, p. 159–161), qui assure à Nancy, entre 1903 et 1909, les enseignements du certificat de calcul différentiel et intégral destinés aux étudiants de licence et ceux du certificat de mathématiques générales destinés aux étudiants de l'institut électrotechnique[10]. Henri Poincaré, dans son rapport rédigé à l'occasion de la candidature d'É. Cartan à la Sorbonne, en 1912, évoque les caractéristiques de ce public nancéien :

> À la faculté de Nancy, les cours de mathématiques sont suivis par des élèves nombreux, appartenant à des instituts divers et dont quelques-uns ont reçu une préparation incomplète au point de vue mathématique ; ce sont des chimistes et des physiciens plutôt que des mathématiciens et il en est de même à l'École de physique-chimie. Le succès complet qu'Élie Cartan a obtenu auprès de ces auditoires si variés nous est un sûr garant que son talent saura se plier à tous les genres d'enseignement depuis les plus élevés jusqu'aux plus élémentaires. Cité par (Gispert & Leloup 2009, p. 95)

Suivant la logique de cette expérience nancéienne, Henri Vogt propose, dans sa contribution à la réflexion de la commission internationale de l'enseignement mathématique où il siège en qualité de délégué français, une doctrine de l'enseignement des mathématiques non étroitement disciplinaire. Il recommande d'ouvrir les programmes de licence aux applications pratiques et d'assurer la place des mathématiques et des mathématiciens dans les formations d'ingénieurs.

Finalement, au cours du conflit, sans doute sous l'influence de son doyen Paul Petit, l'ensemble de la faculté des sciences semble prête à entériner les conséquences de ces transformations en acceptant le principe de la création d'une faculté des sciences appliquées autonome[11]. Ce projet ne voit pas le jour, mais il témoigne du poids de réalisations dont la faculté devra tenir compte pour s'adapter aux conditions politiques, économiques et sociales de l'après-guerre.

2 L'environnement professionnel du mathématicien Jean Delsarte à Nancy dans les années 1930

Que ce soit pour évoquer l'apparition dans le paysage mathématique de l'entre-deux-guerres, de quelques pôles mathématiques forts en province (Beaulieu 2009), ou pour souligner le rôle majeur du mathématicien Jean Delsarte dans

10. Dans son rapport de 1907, le recteur Charles Adam remercie Élie Cartan de s'être accommodé « de la rude besogne que nous avons tous à Nancy ».

11. Les universités avaient été appelées à se prononcer sur ce projet à travers une enquête lancée dans la *Revue internationale de l'enseignement*, en 1916.

la constitution de l'un de ces pôles à Nancy (Eguether 2003), les historiens ont, nous semble-t-il, rarement rendu compte des conditions concrètes dans lesquelles doivent œuvrer au cours de cette période, ceux qui sont déterminés à contourner le système universitaire central.

En ce qui concerne Nancy, les particularités de la faculté des sciences combinées à celles de la période de crise des années trente donnent la tonalité de l'environnement dans lequel Jean Delsarte choisit d'aider au développement d'un projet collectif qui peut être considéré comme étant fait par et pour des chercheurs[12].

La faculté des sciences qu'il découvre lors de sa nomination à Nancy est marquée par l'héritage décrit plus haut, mais ce dernier a été confronté au changement radical de l'après-guerre. La période qui s'ouvre avec la fin du conflit n'est plus celle qui avait vu l'engagement patriotique d'une université de la frontière face à la supériorité de l'Université de Strasbourg, conçue comme une vitrine de la science allemande. Dans l'immédiat, pour la faculté des sciences, la défaite de l'Allemagne entraîne une redistribution des cartes dont une première illustration est la création, en 1919, de l'institut métallurgique et minier. Cette innovation répond à une demande explicite des milieux économiques lorrains sous couvert d'un recours à l'expérience de collaboration d'avant-guerre avec des scientifiques nancéiens. Les maîtres de forges chargés de reprendre l'exploitation des mines et usines des territoires anciennement annexés font appel à toutes les ressources, aussi bien intellectuelles que matérielles, de la faculté des sciences, mais en faisant primer leurs propres critères. Comme il s'agit de former en peu de temps et à moindre coût les ingénieurs dont ils ont besoin, ils pèsent en faveur d'un recrutement sur concours, d'élèves français, déjà dotés d'une solide formation scientifique acquise le plus souvent dans les classes de mathématiques spéciales. Ce choix, dicté par les circonstances, en rupture avec la démarche « ouverte » et novatrice des scientifiques nancéiens avant le conflit, est la première apparition d'une politique sélective qui va s'étendre progressivement à l'ensemble des instituts. Il semble possible d'y voir un effet de mimétisme par rapport à la nouvelle école, mais pas seulement.

La Faculté des sciences doit également faire face à un autre évènement majeur, le retour dans le paysage universitaire français de l'Université de Strasbourg qui ravit à l'Université de Nancy le statut d'université de la frontière.

Alors que l'Université de Nancy s'était efforcée d'accueillir, tant bien que mal, l'Université de Strasbourg après le traité de Francfort, un groupe de travail composé en grande partie d'universitaires d'origine alsacienne dont la famille avait opté pour la France après 1870, envisage, dès 1915, la reprise en main de l'Université de Strasbourg en cas de défaite allemande[13]. Il s'agit, à leurs

12. Pour l'évolution des travaux du groupe Bourbaki pendant les premières années de son existence, voir (Beaulieu 2009, p. 19).

13. Les travaux préparatoires avaient donné lieu à un rapport de Christian Pfister, qui avait bien connu l'université nancéienne où il avait été titulaire de la chaire d'histoire de la Lorraine

yeux, de faire naître un nouveau modèle d'université, une « université idéale » (Olivier-Hutard 2014)[14], empruntant le meilleur aux deux systèmes, allemands et français.

Avec le retour de Strasbourg à la France, le soutien de ce projet par l'État nécessite la création immédiate de 140 postes pour lesquels, les rémunérations sont alignées sur les salaires parisiens, de 25 % supérieurs à ceux des universités de province. Enfin, pour attirer les « meilleurs », on veille à leur donner les moyens de travailler dans les conditions où ils pourront épanouir leurs talents. Il convient de rappeler ici que quatre sur neuf des membres fondateurs de Bourbaki bénéficieront de ce cadre « idyllique[15] ».

Pourtant l'université « idéale » se voit confrontée à une réalité qui est celle de toutes les universités de province : l'étroitesse du vivier de bacheliers sur lequel repose l'enseignement supérieur en France, à laquelle s'ajoute, comme à Nancy avant 1914, la faible attractivité d'une université de la frontière. L'appel aux étudiants étrangers semble la seule issue, mais alors que la faculté des sciences lorraine avait, dès le début du XXe siècle, ouvert ses portes aux courants migratoires estudiantins en accueillant tous ceux capables de suivre (Manitakis 1997), l'université de Strasbourg engage une démarche plus volontariste. Les missions publicitaires créées à cet effet mettent en avant la qualité des conditions de travail, les contenus scientifiques de haut niveau et les diplômes adaptés aux étrangers. Parmi ces derniers, ce sont les diplômes d'ingénieurs qui attirent le plus les étrangers, mais les candidats sont sélectionnés sur dossier après avoir validé deux années d'université (Olivier-Hutard 2014, p. 66).

Les instituts nancéiens confrontés, au lendemain de la guerre, à la concurrence locale de l'École de la métallurgie et des mines de Nancy et à celle des nouvelles formations d'ingénieurs strasbourgeoises, en viennent progressivement à modifier leur politique de recrutement libérale par crainte d'une dévalorisation de leurs diplômes.

Le premier à s'engager dans cette voie est l'institut électrotechnique et de mécanique dont les programmes de formation exigent un bon niveau de culture mathématique. Il représente une des principales forces de la faculté des sciences. Au début des années 1920, il inscrit jusqu'à 400 étudiants, ce

créée pour lui en 1899. Néanmoins, dès la fin du conflit, certains projets de redéfinition du périmètre des institutions universitaires circulent à Nancy. Il est question d'un retour de l'École de pharmacie à Strasbourg ou d'une éventuelle spécialisation de la Faculté des sciences de Nancy pour les enseignements techniques laissant à celle de Strasbourg le domaine des sciences pures. Ces bruits, qu'ils soient ou non fondés, inquiètent les milieux nancéiens. Le conseil municipal vote une adresse au président de la République, lui demandant : « [...] de couper court aux rumeurs qui envisagent d'amoindrir le rôle universitaire, économique et administratif de Nancy », cité par (Palayret 1969).

14. Pour le paragraphe consacré à l'Université de Strasbourg, nous suivons de près cet article.

15. Il s'agit d'Henri Cartan, André Weil, Charles Ehresmann et Claude Chevalley en remplacement d'A. Weil lorsque ce dernier se déplace à l'étranger. Par la suite, Claude Chevalley sera nommé à Rennes, en 1937, avant de séjourner à Princeton à partir de l'automne 1938.

qui représente pratiquement la moitié des effectifs de la faculté des sciences[16]. Les étudiants étrangers y sont plus nombreux que les étudiants français ce qui pèse sur l'organisation de l'enseignement, mais malgré les pertes en ligne, sur la base d'une double inscription, les instituts techniques fournissent plus des deux tiers des inscriptions aux certificats de licence. L'institut électrotechnique, à lui seul, en fournit plus d'un quart[17]. Cette situation laisse entrevoir les conséquences de l'introduction d'une sélection plus sévère pour accéder aux formation d'ingénieurs. Pour le seul institut électrotechnique, dès la mise en œuvre de la réforme, en 1927, le nombre d'étudiants de première année diminue de moitié (il passe de 99 à 47).

Malgré ses conséquences, cette politique n'est pas la seule responsable de ce qu'il est peut-être permis d'appeler « la descente aux enfers » de la faculté des sciences pendant la période qui va de l'arrivée de Jean Delsarte comme chargé de cours, en 1927, jusqu'à sa nomination dans la chaire d'analyse supérieure, en octobre 1936. Les difficultés qui accablent la faculté nancéienne relèvent également – comme pour la plupart des facultés de province – de différents ordres de faits sur lesquels elle a peu de prises.

D'abord un fait difficilement contournable, celui de la dépression démographique consécutive aux années de guerre, qui atteint l'enseignement supérieur au début des années 1930. En général, les facultés des sciences (et plus encore les instituts techniques) sont les plus touchées car elles bénéficient beaucoup moins que les facultés des lettres, voire celles de pharmacie, de l'apport des étudiantes qui ont accès au baccalauréat complet depuis 1924 (Prost & Cytermann 2010, p. 34–35, tableaux). La faculté des sciences de Nancy qui comptait 1 115 étudiants inscrits au 31 décembre 1926, n'en compte plus que 656, dont 124 étrangers au mois de décembre 1935. Au terme de l'année universitaire 1935-1936, elle ne délivre plus que 38 certificats de licence (contre 99 en 1926), 157 diplômes d'université délivrés par les différentes écoles et instituts, auxquels le doyen prend soin d'ajouter le succès à l'agrégation *d'un* professeur de l'enseignement secondaire ayant suivi les cours de la faculté[18]. Même si l'on ajoute les charges liées aux examens du baccalauréat, Jean Delsarte et ses collègues mathématiciens sont loin de souffrir de la surcharge pédagogique et de certification dont se plaignent leurs homologues parisiens (Charle 1994, p. 399–403). Il va sans dire que cette situation rend pratiquement impossible

16. En 1926, la faculté des sciences compte 1115 étudiants, dont 515 étudiants étrangers. (AD, W1018 231).

17. En 1926, pour l'ensemble des instituts, le nombre d'inscriptions aux certificats de licence s'élève à 99, dont 36 pour le seul institut électrotechnique, sur un total de 131 inscrits. (AD, W1018 231).

18. ADMM, W1018 231B. Selon la même source, au 31 juillet 1936, l'université de Nancy qui compte 3105 étudiants dont 563 étudiants étrangers, a perdu en une année, de juillet 1935 à juillet 1936, 444 étudiants (derrière, Lille 631 ; Montpellier, 528). Elle se place, sans compter Paris, au deuxième rang pour le nombre d'étudiants étrangers et 7e pour le nombre total des étudiants. Strasbourg, aux mêmes dates, compte 2760 étudiants dont 442 étudiants étrangers.

la création d'un séminaire avec la participation d'étudiants avancés dans la perspective de les conduire vers une thèse, d'autant plus que le conseil de la faculté peut à tout moment décider de supprimer les cours de préparation à l'agrégation quand les candidats sont trop peu nombreux[19].

À ces difficultés s'ajoutent celles qui relèvent de la conjoncture économique – la crise des années trente – et d'une politique des pouvoirs publics lourde de conséquences pour les universités. Les gouvernements, de droite ou de gauche, qui se succèdent entre 1931 et 1935 mettent en œuvre une politique de déflation faisant de la diminution des dépenses de l'État une des armes principales de la lutte contre la crise (Bernstein 1993). Les fonctionnaires et les établissements publics sont les premiers touchés par une série de décrets-lois qui visent successivement la réduction des salaires, celle des crédits affectés au personnel en vue d'une baisse des effectifs, pour finir avec une réduction de 10 % de toutes les dépenses de l'État[20]. Dans le rapport du conseil de l'université de Nancy concernant l'année 1934-1935, le doyen de la faculté des sciences, note que :

> L'année universitaire 1934-1935 s'est écoulée dans l'atmosphère de difficultés *qui nous replace dans le vrai cadre de la vie* ; elle s'est traduite par de nouvelles diminutions de crédits tant de la part de l'État que de la part des collectivités locales qui veulent bien nous subventionner, par un nouvel amenuisement des droits versés par les étudiants du fait de la diminution du nombre de ceux-ci, par une plus grande difficulté dans l'obtention des crédits extraordinaires pour finir de moderniser nos installations. Malgré ces conditions défavorables, grâce aux efforts de chacun de ses membres, l'intensité de la vie intellectuelle de l'Université ne s'est pas modifiée ; mais de la mise en évidence de ce résultat, il ne faudrait pas conclure que de nouvelles diminutions dans l'ordre financier pourraient encore être envisagées sans risques ; l'élasticité a comme limite la rupture, et cette rupture reste une menace d'autant plus grave que les recherches expérimentales coûtent de plus en plus cher. (Cornubert 1934-1935, nous soulignons)

Au cours de cette période, la Caisse des Sciences créée en 1930[21], s'efforce de soutenir de jeunes savants, le plus souvent normaliens, en attente de postes ou nommés en province dans des facultés au bord de l'asphyxie. Jean Delsarte

19. C'est ainsi que par délibération du 24 juin 1921, le conseil de la faculté des sciences avait décidé de ne faire aucune préparation à l'agrégation dans l'ordre des sciences. En 1929, A. Travers (Institut chimique) avait demandé des crédits pour le rétablissement des cours de préparation à l'agrégation mais il était déjà devenu impossible de créer de nouveaux emplois.

20. Décrets-lois de Laval de juillet 1935.

21. La caisse nationale des sciences créée le 16 avril 1930 était destinée, à l'origine, à financer la retraite des savants (Guthleben 2009, p. 26). Elle devient caisse des recherches scientifiques en 1935.

est précisément l'un de ceux qui bénéficie, en 1932, d'une bourse de chargé de recherches, dans la catégorie de « cumulant ». L'indemnité qui s'élève à l'origine à 18 000 F (à peu près le salaire annuel d'une secrétaire ou d'un aide de laboratoire) vient s'ajouter à son propre salaire, en contre-partie d'un engagement à « consacrer à la recherche tout le temps que lui laisse sa fonction[22] ». Mais, comme pour la faculté il convient de replacer son activité « dans le vrai cadre de la vie » Les réductions successives du montant de cette indemnité donnent un aperçu des conséquences d'une politique budgétaire qui remet en en cause les salaires nominaux des fonctionnaires. De 18 000 francs en 1932, elle est ramenée à 16 200, en 1933, 12 000 en 1934 et en 1935 une nouvelle baisse de 10 % est annoncée.

Toutes ces indications permettent de mieux comprendre dans quel climat de diète budgétaire, voire de quasi misère, s'inscrit le projet de Jean Delsarte. Contrairement aux fondateurs de l'Université de Strasbourg qui avaient pu, au lendemain de la guerre, promettre des conditions de travail « idéale » pour attirer les meilleurs et leur permettre d'épanouir leurs talents, Jean Delsarte n'a rien à leur proposer, sinon la possibilité d'échapper à l'isolement intellectuel dans une faculté de province pour se joindre à un projet collectif, indépendant des grands patrons parisiens. Il en est ainsi, par exemple, des rencontres mathématiques organisées en collaboration avec André Weil et Henri Cartan – tous deux en poste à Strasbourg – accueillies alternativement à Nancy et Strasbourg et, à partir de 1935, d'une éventuelle participation aux travaux du groupe Bourbaki[23].

Jean Delsarte dispose néanmoins de quelques atouts pour tenter d'influencer la constitution d'un espace de recherche autour d'un noyau de jeunes mathématiciens de talent. D'abord une légitimité scientifique incontestable comme le prouve, entre autres, le couronnement de ses travaux par l'Académie des sciences de Paris, en 1935[24], et une position institutionnelle liée à sa nomination, en 1934, au Comité consultatif de l'Enseignement supérieur en qualité de délégué des maîtres de conférences. Cette nomination lui permet d'avoir une bonne connaissance de la génération de mathématiciens qui accèdent ou aspirent à accéder à l'enseignement supérieur au milieu des années trente.

Il n'en reste pas moins que dans une période où toute création de poste est proscrite, les rapprochements ne peuvent relever que de stratégies complexes, tributaires d'évènements plus ou moins prévisibles, tels que les mises à la retraite qui tombent comme un couperet depuis les débuts de la crise, les nominations à Paris ou ... les décès. S'ajoute, à Nancy, la nécessité d'obtenir l'accord de la majorité du conseil de la faculté des sciences où siègent de droit les

22. Archives Delsarte, dossiers n° 2128-2129-2131.

23. Ils créent également une branche de l'Est de la Société mathématique de France. (Eguether 2003, p. 24).

24. Pour un résumé de ses travaux et récompenses dans les années trente, voir (Eguether 2003, p. 24).

directeurs des écoles et instituts qui peuvent avoir des conceptions différentes du profil des candidats pour les postes à pourvoir.

Petites stratégies, dans les années trente, pour réunir à Nancy un noyau de jeunes mathématiciens, tous normaliens, parmi les plus doués de leur génération[25]

Jean Delsarte arrivé à Nancy, en 1927, nommé maître de conférences de mathématiques générales, en 1928, est proposé par le conseil de la faculté des sciences pour être titularisé sur un poste de professeur sans chaire, en novembre 1933.

La même année, le départ pour la Sorbonne de Georges Darmois, professeur d'analyse supérieure à Nancy depuis 14 ans, permet l'arrivée de Paul Dubreil pour assurer son service comme chargé de cours. L'année suivante (1934), bien que nommé maître de conférences à Rennes, Dubreil continue d'enseigner à Nancy.

En mai 1936, la chaire d'analyse supérieure étant déclarée vacante, Delsarte et Dubreil se portent tous deux candidats. Delsarte est classé en première ligne.

En octobre 1936, Delsarte est nommé dans la chaire d'analyse supérieure.

Dubreil succède alors à Delsarte comme maître de conférences de mathématiques générales et, dans la foulée, Jean Dieudonné est nommé sur le poste de maître de conférences libéré par Dubreil, à Rennes.

La même année, le décès de Paul Mentré, libère la chaire de mathématiques appliquées à Nancy.

Jean Leray (qui avait été classé premier sur la liste d'aptitude aux fonctions de maître de conférences, en 1935) est chargé du service de la chaire de mathématiques appliquées à compter du 1er novembre 1936.

Dubreil et Leray sont candidats sur cette chaire, en décembre 1936.

Après des hésitations et un débat sur l'adaptation de leur enseignement aux étudiants de l'Institut électrotechnique, Dubreil élu en première ligne, accède à la chaire de mathématiques appliquées en obtenant la promesse du Conseil de la faculté (confirmée par la direction de l'Enseignement supérieur) d'accéder à la chaire de calcul différentiel et intégral, dès que cette dernière sera déclarée vacante. Leray est prévu pour lui succéder dans la chaire de mathématiques appliquées. Madame Dubreil-Jacotin (classée la même année que Leray, sixième sur la liste d'aptitude) s'est engagée, de son côté, à ne pas se présenter en même temps que Dieudonné pour le poste de maître de conférence de mathématiques appliquées.

En mai 1937, la chaire de calcul différentiel étant déclarée vacante après la mise en retraite de Léopold Leau, le conseil de la faculté tient sa promesse. Par décret du 5 juillet 1937, Dubreil est transféré dans la chaire de calcul différentiel et intégral.

25. D'après les comptes rendus des conseils de la Faculté des sciences de Nancy dans les années 1930-1940.

Dieudonné, maître de conférences à Rennes, demande le poste de maître de conférences de mathématiques appliquées à Nancy où il est nommé pour la rentrée 1937.

Le 22 octobre 1937, deux candidats se présentent pour la chaire de mathématiques appliquées, Leray et Dieudonné. C'est Leray, présenté en première ligne, qui est nommé dans la chaire de mathématiques appliquées, en 1938.

Tous reçoivent leur premier ordre de mobilisation la même année, le 29 septembre 1938, au moment de la conférence de Munich (seuls les moins de cinquante ans sont mobilisables).

À part Delsarte, tous quitteront Nancy dans la décennie qui suit la guerre[26].

De ce premier groupe, seuls Delsarte et Dieudonné appartiendront véritablement au groupe Bourbaki.

3 Réformer l'enseignement supérieur et la recherche

Le tableau de l'environnement professionnel de Jean Delsarte dans les années trente, aurait sans doute pu, à lui seul, justifier sa volonté d'intervenir publiquement pour dénoncer les conséquences d'une politique aux effets désastreux pour l'Université en général et en particulier pour la faculté des sciences de Nancy et ses instituts. Il nous semble que sa manière de lancer le débat, en 1939, dans une revue nationale, depuis une faculté des sciences de province, relève d'une autre démarche. Celle d'un membre de la « République des universitaires » qui entend ne pas laisser le monopole des réformes à des élites officielles, essentiellement parisiennes[27]. En même temps, nous proposons de montrer, à partir des trois articles parus au début de l'année 1939 dans la *Revue scientifique*, comment certains arguments, de toute évidence inspirés par son expérience nancéienne, rendent compte de la façon dont il juge lui-même son environnement professionnel.

Le premier article publié dans la *Revue scientifique*, en janvier 1939 (Delsarte 1939b), à quelques mois de la déclaration de guerre, sous le titre « De l'organisation de la recherche scientifique » confirme la première hypothèse. Jean Delsarte y prend pour cible la politique de Jean Perrin, qui avait été nommé sous-secrétaire d'État à la recherche scientifique dans le gouvernement de Front populaire de Léon Blum. À cette époque, Jean Perrin présenté par son ministre de l'Éducation nationale Jean Zay, comme « l'apôtre inlassable de la recherche scientifique » peut présenter un bilan positif de ses actions en faveur du développement et de l'organisation de la recherche, un bilan que Jean Delsarte reconnait d'ailleurs en partie[28]. Pourtant, toutes les initiatives

26. Paul Dubreil est resté à Nancy de 1936 à 1948 ; Jean Dieudonné de 1937 à 1952 ; Jean Leray, prisonnier de guerre, ne revient pas à Nancy à la Libération.

27. Charle (1994, 415–433) apporte la confirmation de ce point de vue lorsqu'il aborde le chapitre des réformes envisagées pendant l'entre-deux-guerres.

28. L'exposé de ces réalisations constitue la première partie de l'article. Voir également (Guthleben 2009, p. 20).

de Jean Perrin ne font pas l'unanimité dans la communauté scientifique comme le montre l'épisode de « la guerre des médailles ».

En 1937, il avait proposé un nouveau programme de soutien financier à la recherche en l'accompagnant de mesures destinées à valoriser l'activité des savants. Il avait imaginé « un système de récompenses à la fois honorifiques et pécuniaires, échelonnées depuis de modestes médaillettes jusqu'à la grande Médaille d'or de 250 000 francs »[29], au total un financement relativement important (deux millions). Le décret avait été signé par le ministre Jean Zay dès septembre 1937, mais il restait à obtenir le vote des crédits par les deux chambres. C'est alors que certains universitaires firent connaître leur opposition à ce mode de répartition des financements qui, selon eux, ne ferait qu'accentuer les disparités entre chercheurs et surtout accroître les pouvoirs de l'institution chargée de les répartir. C'est Perrin et son entourage, sa « clique » comme disaient les opposants, qui étaient visés. Parmi les détracteurs du projet, Weil et Delsarte « et toute une bande de normaliens provinciaux[30] » se retrouvèrent aux avants poste de cette « guerre » qui coalisa des opposants de tous bords. Delsarte, avec Weil et Rocard, fit ainsi partie de la délégation qui avait déposé une pétition de plus de 400 signatures entre les mains du ministre Jean Zay.

Cet épisode permet de considérer le premier article paru dans la *Revue scientifique* en grande partie, comme un manifeste politique. Delsarte y revient sur la question du classement des chercheurs en prenant cette fois pour cible le Conseil supérieur de la recherche qui vient d'être créé. Il lui dénie « absolument le droit d'établir un classement entre les chercheurs qualifiés et, *a fortiori*, le droit de régir la carrière des chercheurs fonctionnaires, à supposer qu'il en existe un jour[31] ». Il met ici en doute le bien-fondé de l'autonomisation de la fonction de recherche hors de l'université. Il remet également en cause une évaluation qui se réfèrerait, comme il en a fait l'expérience en siégeant dans certains jurys, aux nombres de publications, « [...] le critérium assez misérable auquel sont conduits des hommes consciencieux, et cela seulement parce qu'ils n'ont pas la possibilité, faute de temps ou de compétences, de se faire une opinion » (Delsarte 1939b, p. 1) compte tenu de l'ampleur de la production scientifique mondiale.

Il préconise donc de s'en remettre à la moralité du chercheur ce qui lui permet de terminer en tournant en dérision les propos emphatiques de Jean Perrin qui élude la question en présentant la science, à l'instar des savants de sa génération, comme une religion. Dans un contexte de mobilisation scientifique

29. Nous nous inspirons ici de la version donnée par (Mashaal 2017, p. 77–79), et du témoignage d'un contemporain, Jean Wyart, publié sur le site HISTCNRS (2000), *Entretiens Jean Wyart*, établis par Jean-François Picard et Elisabeth Padoura. Pour une approche théorique, voir (Ihl 2009).

30. Selon l'expression de J. Wyart. Il souligne que Delsarte n'était pas du même bord politique que Perrin. Ce dernier était proche des socialistes et en particulier de Léon Blum.

31. Il fait ici allusion au projet de création du CNRS fondé sur le principe de l'autonomisation de la recherche, hors de l'université. Le CNRS est officiellement créé quelques mois plus tard, le 19 octobre 1939.

où s'organisent les liens entre recherche et défense nationale, il met en doute « la foi qu'il professe en la valeur morale de la science » (Delsarte 1939b, p. 2).

Cet article permet de montrer un visage inhabituel de Delsarte, sans doute plus « engagé » et combatif que ne le laissent voir ses différentes biographies.

Les deux autres articles sont moins directement polémiques. Ils entendent brosser le tableau de l'enseignement supérieur en France « spécialement dans les facultés des sciences » et proposer un projet de réorganisation institutionnelle et géographique de l'enseignement supérieur dans une perspective de modernisation : « La maison est ancienne, il faut l'aérer, la moderniser » (Delsarte 1939a).

Après l'entreprise de modernisation de sa discipline, c'est donc l'ensemble du système dans lequel elle s'insère qu'il projette de réorganiser.

Comme pour la plupart des réformateurs, quelle que soit l'époque et jusqu'à aujourd'hui, son argumentation repose sur la dénonciation des deux « tares » du système d'enseignement supérieur français, à savoir le trop grand nombre d'universités et la dualité entre universités et grandes écoles (Prost 2007), (Baron *et al.* 2015).

Dans l'article dédié spécialement aux facultés des sciences, après un balayage historique convenu qui remonte jusqu'à la création de l'Université napoléonienne, il rend justice aux réformateurs de la Troisième République pour avoir assigné aux universités le double rôle d'enseignement et de recherche, mais selon lui, le ver était dans le fruit. En reprenant un des arguments les plus ressassés, il affirme que tout le mal vient du choix politique de la Troisième République qui, en cédant aux pressions locales, a refusé de réduire le nombre d'universités et confirmé la création d'une université dans chacun des anciens centres académiques[32]. En conséquence, pour se développer, certaines facultés des sciences de province en ont été réduites à créer des enseignements techniques or :

> [...] les instituts de faculté sont devenus presque partout de lourdes charges, quasi inutiles, car le recrutement en est malaisé, en même temps que fort médiocre. Il y a là un premier problème qui ne pourra rester longtemps sans solution d'ensemble. (Delsarte 1939a, 1971, p. 555)

Le deuxième argument, tout aussi répétitif, attribue le malheur des facultés des sciences à l'existence des grandes écoles qui drainent la majorité de l'élite de la jeunesse française par la voie des concours, au détriment du recrutement des facultés des sciences de province. C'est avec la bonne conscience féroce d'une de ces élites masculines hyper sélectionnées (teintée d'une pointe d'humour bourbachique ?) que Jean Delsarte donne son point de vue :

> Que reste-t-il alors aux malheureuses facultés des sciences ? Quelques jeunes filles, des taupins fatigués, et un intéressant

32. Pour un résumé de ces débats, (Baron *et al.* 2015, p. 20–21).

> recrutement, malheureusement de faible importance numérique, provenant essentiellement de l'enseignement primaire. Nous ne comptons pas les étudiants du PCB, futurs médecins, qui ne sont là que par un caprice administratif, *ni non plus les élèves des instituts techniques, qui, normalement, ne passant pas la licence, ne sont pas de véritables étudiants.* (Delsarte 1939a, 1971, p. 557, nous soulignons)

Il apporte la preuve que ces facultés ne forment pas les « bons étudiants » en rappelant que l'on pourrait compter sur les doigts d'une main les thèses de mathématiques soutenues en province depuis une trentaine d'années (voir Gispert & Leloup 2009). Il ne pose pas la question de savoir si l'augmentation du nombre de bacheliers scientifiques, éventuellement accompagnée de bourses de licence et d'agrégation telles qu'elles avaient été créées au début de la Troisième République pour consolider les facultés de province, ne serait pas une des voies susceptibles d'accroître, selon ses termes, un recrutement intéressant. Ce n'est tout simplement pas son propos comme le montre le troisième article « Un projet de réforme de l'enseignement supérieur » (Delsarte 1939a)[33]. Son ambition est de « provoquer des réactions et discussions fructueuses ».

Son premier argument pour lancer le débat est, en effet, une provocation. Il affirme que si l'on se plaçait du simple point de vue de la recherche, il suffirait de supprimer la majorité des universités créées par la loi de 1896, pour revenir aux préconisations initiales de la Sorbonne qui recommandait, en 1875, la création de cinq grandes universités, y compris celle de Paris, mais en leur donnant « l'autonomie et les ressources de tout genre nécessaires pour en assurer la prospérité » (Delsarte 1939a, p. 564).

Le principe de réalité le conduit à proposer une autre solution pour parvenir au même but. Faute de pouvoir supprimer, il envisage de hiérarchiser en créant deux catégories d'universités. Celle des *universités académiques* constituée par les 17 universités existantes, et celle des *universités nationales*, au nombre de 5, en comprenant celle de Paris. Viendrait s'ajouter la création d'un nouvel ordre de faculté, celui de *facultés techniques* dédiées à l'apprentissage d'un métier.

Que deviennent les anciennes facultés des sciences de province dans ce dispositif ? Elles font partie des universités académiques dont le but est délivrer une culture générale pour préparer les étudiants à entrer dans les facultés nationales ou les facultés techniques. Comme c'est leur seule fonction, « [...] Elles doivent avoir une organisation uniforme, une composition uniforme, un recrutement uniforme », sans aucun lien avec les territoires où elles sont implantées. Au terme d'une première année et de l'examen qui la termine,

33. Sans doute parce que, comme pour la majorité des élites politiques et universitaires de l'époque, son horizon semble bloqué par un malthusianisme bienséant. Les historiens de l'éducation ont montré que le développement de l'enseignement secondaire masculin, pendant tout le XIXe siècle et jusqu'en 1945 a été « plus généralement redouté et énergiquement refusé que souhaité » dans (Chapoulie 2010, p. 536).

les étudiants peuvent s'orienter vers une faculté professionnelle, de médecine ou de pharmacie, ou préparer la licence ès sciences, ou suivre l'enseignement de mathématiques spéciales pour préparer l'entrée dans une grande école.

Il entre dans le détail en allant jusqu'à prévoir le nombre de chaires et leur répartition entre les différents enseignements en s'inspirant de la situation du moment, faisant preuve d'un présentisme qui exclut toute éventualité de croissance des effectifs, et pour cause. Il explicite lui-même le but de cette organisation :

> La principale innovation est, on le voit, de confier aux facultés des sciences la préparation aux grandes écoles, par simple transfert des professeurs de mathématiques et de physique des lycées, chargés des classes correspondantes, dans les facultés. Cette mesure est fort simple[34] [...] L'arrivée des élèves de mathématiques spéciales dans les facultés des sciences assurerait à celles-ci un recrutement excellent en qualité et quantité [...] les élèves ayant échoué après une préparation de deux ans, se trouveraient, étant étudiants à la faculté, dans une situation bien différente [...] seraient dans les meilleures conditions pour en profiter en restant à la faculté des sciences ou en se dirigeant vers les facultés Techniques. (Delsarte 1939a, p. 568)

Dans ces facultés des sciences, débarrassées des taupins fatigués et des faux étudiants (éventuellement des filles), le rapprochement entre professeurs de mathématiques spéciales et de mathématiques générales pourrait même contribuer à faire évoluer le programme du concours d'entrée à Polytechnique.

Reste la question des facultés techniques.

Il évoque l'exemple de la faculté technique de Liège ou celui des grandes universités américaines qui comportent des facultés techniques, pour souligner cette fois encore la particularité française. Selon lui, pour tout ce qui concerne l'art de l'ingénieur ou plus généralement pour toutes les techniques relevant de la mécanique et de la physique, la France a développé des enseignements, souvent de grande qualité, mais indépendamment de l'enseignement supérieur et des facultés. Le fait que certaines facultés des sciences, comme celle de Nancy qu'il connait bien, aient pris l'initiative d'intervenir dans ces domaines, déclenche chez Delsarte une critique sans nuance :

> En principe, les facultés n'ont rien à y voir, et leur faute fut d'avoir voulu, il y a trente ou quarante ans, imiter cet enseignement, alors que rien ne les y préparait et qu'elles n'avaient ni les hommes, ni les installations nécessaires. Elles payent maintenant cette erreur ; surchargées de bâtiments, accablées d'un personnel auxiliaire qu'elles s'épuisent à appointer et à entretenir, elles ne

34. Tellement simple que les partisans contemporains du rapprochement entre universités et grandes écoles en rêvent encore.

> produisent plus guère que des ingénieurs de second ordre, sans qu'il ne soit possible d'y rien modifier.
>
> *Nous pensons donc que certains instituts de faculté doivent disparaître*, et nous ne proposons nullement de les agréger à des facultés techniques qu'ils frapperaient de stérilité dès leur naissance. (Delsarte 1939a, p. 570, nous soulignons)

Il prend le soin de préciser qu'il vise essentiellement ceux qui relèvent des techniques de l'ingénieur mais qu'il laisse la porte ouverte aux formations relevant des domaines de la chimie ou des sciences de la vie, là où se dirigent rarement ceux qui ont le goût des mathématiques.

La radicalité des propos, tranche avec le ton des discours que les facultés produisent à la même époque. À Nancy, en 1938, le doyen Cornubert considère que l'organisation des instituts de sciences appliquées donne toute satisfaction[35]. La réalité est sans doute plus proche de la description faite par J. Delsarte, en raison des circonstances décrites plus haut. Son objectif n'est cependant pas d'être équitable en reconnaissant le poids de l'histoire récente, mais d'assurer la cohérence du système qui doit aboutir à la création des « universités nationales » (Delsarte 1939a, p. 571 *ff.*).

Les cinq universités nationales prévues devront être essentiellement des centres de recherche dotés de moyens puissants. Il précise qu'elles pourront être implantées n'importe où, puisque leur finalité n'est pas d'établir des liens avec le territoire où elles seront implantées. Elles seront destinées à accueillir les licenciés provenant des universités académiques qui souhaitent poursuivre leurs études jusqu'au doctorat ès sciences (de même pour les lettres). Quant aux investissements nécessaires, Jean Delsarte suggère d'utiliser les crédits prévus pour le fonctionnement du service central de la recherche qui vient d'être créé. Les savants qui encadreront les doctorants dans chacun des grands groupes de spécialité formeront alors le comité directeur de la recherche :

> Ainsi, la France sera pourvue, en moins de dix ans d'un enseignement supérieur modernisé, en même temps que d'une organisation de la recherche, simple, claire, souple, et présentant, en ce qui concerne la correction et le contrôle, le maximum de garanties.

La démonstration est rigoureuse, elle a simplement nécessité l'effacement, pour les facultés académiques, d'une des trois fonctions de l'enseignement supérieur, la contribution au développement économique du pays telle qu'elle avait été conçue au moment de la création des instituts techniques. Dans le schéma proposé, elles deviennent essentiellement des lieux de formation et de sélection pour de « vrais étudiants » dont pourra se dégager une élite d'apprentis

35. Lettre à la direction de l'enseignement supérieur, le 3 mars 1938 : « Le conseil de la Faculté étant le Conseil d'administration de ses établissements de sciences appliquées, considérant que l'organisation actuelle des instituts et école de la Faculté donne toute satisfaction... ».

chercheurs destinée à peupler des centres de recherche, lieux de production de connaissances totalement autonomes.

Cette « utopie » scientifique donne, semble-t-il la clef de ses critiques acerbes à l'égard des écoles et instituts des facultés des sciences. La description de son environnement professionnel a pourtant permis de montrer la complexité des causes qui ont conduit la faculté de Nancy au bord de la faillite et rendu de plus en plus problématique la constitution d'un noyau stable de mathématiciens susceptibles de résister à l'attraction parisienne. Il envisage leur suppression non par ressentiment, mais parce qu'ils ne peuvent pas entrer dans le schéma d'un système dont la finalité serait la production de connaissances, une sorte d'idéal-type scientifique, dont l'activité pourrait à plus ou moins long terme être utile à la société, mais qui ne devrait en aucun cas être guidée par ses demandes.

Il reste à savoir quel a été l'écho de ces trois articles dans la communauté scientifique nationale.

4 Jean Delsarte et la Commission Langevin-Wallon

Deux éléments nous permettent d'avancer que les propositions de J. Delsarte ont été discutées et prises en considération dans les milieux réformateurs, d'abord pendant l'Occupation, puis à la Libération, dans les deux cas par des réseaux ayant été radicalement opposés à Vichy. Pendant l'Occupation, son nom est cité dans un *Projet de réforme de l'Université de France*, rédigé par le physicien Pierre Auger, depuis le Canada où il a trouvé refuge[36]. Ce dernier est scientifiquement et politiquement proche de Jean Perrin qui a été son patron de thèse (thèse soutenue en 1926) et comme lui, proche des milieux socialistes. Ainsi que nous l'avons vu plus haut, Jean Delsarte n'est pas « du même bord ». Néanmoins, dans le texte qui envisage la réorganisation de l'Université au lendemain de la guerre, P. Auger précise qu'il ne s'appuie pas seulement sur des idées personnelles mais qu'il tient compte : « ...de nombreuses suggestions émises par d'autres membres de l'Université de France et dont j'ai eu connaissance par des articles de revue et des conversations privées : je m'empresse donc de citer dès l'abord les noms de Henri Laugier, Delsarte, Jules Guéron, Francis Perrin, parmi d'autres » (Auger s. d.).

Jean Delsarte a donc bien atteint son premier objectif, se faire entendre des élites parisiennes, ce qui lui a sans doute valu d'être contacté à la Libération, pour contribuer aux travaux de la commission créée par arrêté du 8 novembre 1944 et chargée « d'ouvrir et de mener une large enquête sur les problèmes de la réforme de l'enseignement ». La composition de cette commission, que l'histoire retient sous le nom de Commission Langevin – Wallon du nom de ses deux présidents successifs, est prestigieuse (Prost 2010). Elle ne compte pas moins

36. Il quitte la France pendant l'Occupation, d'abord pour les États-Unis, puis à partir de 1943, pour le Canada où il prend la direction du laboratoire de physique du groupe anglo-canadien de recherche sur l'énergie atomique, à Montréal. Outre les liens scientifiques, des liens familiaux le lient à Jean Perrin. Sa sœur, Colette Auger, a épousé Francis Perrin, le fils de son maître.

de cinq professeurs du Collège de France, dont précisément le grand physicien Paul Langevin et le psychologue Henri Wallon. Avec cette commission, ce sont les idées et les hommes de la Résistance qui sont à l'honneur, les participants sont donc soigneusement passés au filtre de cette orientation. Si Jean Delsarte est contacté pour faire partie, de la sous-commission « chargée d'étudier les réformes à apporter dans l'enseignement supérieur et, en particulier, à la structure générale des universités[37] » dans la section sciences, c'est sans doute en raison de ses contributions antérieures, mais aussi probablement parce qu'aucune ombre ne vient planer sur son comportement pendant l'Occupation contrairement à un certain nombre d'universitaires français, et en particulier de mathématiciens parmi les plus reconnus, qui ont été contraints de rendre des comptes à la Libération[38]. Pour confirmer cette hypothèse, il convient de noter que c'est un résistant notoire, le nancéien Pierre Donzelot, directeur de l'École supérieure des industries chimiques[39], qui est nommé dans la section « instituts techniques » de la même commission. Ces deux nominations laissent penser que l'équilibre propre à la Faculté des sciences de Nancy entre « sciences pures » et « sciences appliquées » a bien été pris en compte[40].

Les travaux de la commission, en partant du même présupposé que le projet Delsarte, celui de la suppression du système classes préparatoires/grandes écoles grâce à l'intégration des classes préparatoires dans les facultés, débouche sur le décret du 16 janvier 1947 qui transforme la plupart des écoles et instituts créés par les facultés des sciences, en écoles nationales supérieures d'ingénieurs (ENSI). Cette mesure qui revient à confirmer le rôle des universités dans la formation des ingénieurs devait, il est vrai, déboucher sur une réorganisation complète du rapport grandes écoles/universités[41]. La réforme ne sera jamais menée à son terme mais en confortant le rôle des écoles de province, elle contribue à changer la donne au sein de la faculté de Nancy. Jean Delsarte perd, en quelque sorte, la main. En 1949, au terme de trois tours de scrutin, il ne parvient pas à se faire réélire au décanat. En 1952, alors qu'il présente la candidature du jeune bourbakiste Jean-Pierre Serre pour succéder à la maîtrise de conférence laissée vacante par la nomination prévue de Godement dans la chaire de calcul différentiel et intégral, il voit une coalition des directeurs

37. Cette commission spécialisée, présidée par Langevin lui-même, tient sa première séance, le 18 mai 1945.

38. Voir les travaux de Eckes (2020, 2018)

39. Jacques Donzelot a pris la direction de l'École supérieure des industries chimiques en 1942. À la Libération, il est nommé adjoint au maire par le Comité de Libération de Nancy, en raison de ses activités dans la résistance.

40. De ce point de vue, l'élection de J. Delsarte au décanat, en 1945, peut paraître paradoxale sachant qu'il a pris parti publiquement pour une transformation du rôle des facultés des sciences qui aboutirait à priver celle de Nancy d'une partie de son héritage. Nous n'abordons pas ici les débats suscités par la réforme au sein de la faculté, nous avons abordé ce point de vue à partir des Archives Delsarte, dans (Birck 2014, p. 135–141).

41. Dans la suite de cette politique, le projet Delbos qui envisageait l'intégration des classes préparatoires dans les facultés, examiné en janvier 1950 par la faculté des sciences de Nancy, ne sera pas suivi d'effets.

d'écoles, soutenue par l'unanimité du conseil, émettre des conditions à cette nomination en demandant :

> [...] que la personne nommée à la maîtrise de conférences, au cas où il lui serait demandé de se charger à titre complémentaire d'enseignement dans les écoles, consente à adopter un esprit d'enseignement adapté à la formation des techniciens[42].

Cette procédure se renouvellera pour les nominations suivantes, de telle sorte que la création du Centre Élie Cartan en1953, comme la création d'un troisième cycle de mathématiques pures, tous deux dotés de faibles moyens[43], sont loin de pouvoir être portés au crédit d'un épanouissement voire d'une domination des « mathématiques pures » à Nancy. Elles sont le fruit, pour l'une de directives nationales, pour l'autre du projet d'inscrire Nancy dans la circulation internationale des savoirs mathématiques.

De leur côté, les écoles, portées par les besoins de la Reconstruction, obtiennent enfin les engagements financiers de l'État qui leur avaient fait tellement défaut au cours des décennies précédentes. L'augmentation progressive du nombre de bacheliers liée à l'amélioration du niveau de vie des Français et aux débuts de la démocratisation de l'enseignement, permet enfin d'élargir le vivier des futurs élèves. La nouvelle histoire qui se construit en aboutissant à la création de l'Institut national polytechnique de Lorraine (INPL) conduit paradoxalement les écoles à quitter la faculté des sciences comme Jean Delsarte l'avait souhaité..., mais sans faire disparaître le clivage Écoles/ Universités censé se dissoudre aujourd'hui dans la grande nébuleuse de l'Université de Lorraine.

Bibliographie

Auger, P. (s. d.). Un projet de réforme de l'université. Archives Delsarte, Div-O1-2. Document 2011.

Baron, M., Barrera, C. & Birck, F. (2015). Universités et territoires, du passé faisons table rase ? *Annales de la recherche urbaine*, mars(109), 18–29.

Beaulieu, L. (1989). *Bourbaki : une histoire du groupe de mathématiciens français et de ses travaux (1934-1944)*. Thèse de doctorat, université de Montréal.

42. Séance du Conseil de la faculté du 14 mai 1952 : « M. Goudet expose le point de vue des directeurs d'écoles et M. le doyen lit une lettre de M. Roubault à ce sujet ».

43. *Séance du conseil de faculté du 17 janvier 1953* : le projet de budget pour l'année 1953, mentionne une subvention de l'Enseignement supérieur de 400 000 F à laquelle s'ajoutent 200 000 F sur fonds propres de la faculté. Jean Delsarte envisage de faire appel, par la suite, à une subvention spéciale du CNRS.

Beaulieu, L. (2009). Regards sur les mathématiques en France entre les deux guerres. Introduction. *Revue d'histoire des sciences*, 62(1), 9–38, doi : 10.3917/rhs.621.0009.

Bernstein, S. (1993). *La France des années 30.* Paris : A. Colin.

Bettahar, Y. & Birck, F. (éd.) (2009). *Étudiants étrangers en France. L'émergence de nouveaux pôles d'attraction au début du* XXe *siècle.* PUN-Éditions universitaires de Lorraine.

Birck, F. (2014). *L'École des Mines de Nancy, 1919. Entre université, grand corps d'État et industrie.* Nancy : PUN-Éditions universitaires de Lorraine.

Birck, F. (2016). La Faculté des sciences de Nancy et ses instituts (1854-1914). In L. Rollet, E. Bolmont, F. Birck & J.-R. Cussenot (éd.) *Les Enseignants de la Faculté des sciences de Nancy et de ses instituts, dictionnaire biographique (1854-1918)*, Nancy : PUN-Éditions universitaires de Lorraine, 11–56.

Bourdieu, P. (1997). *Les Usages sociaux de la science. Pour une sociologie clinique du champ scientifique.* Paris : INRA.

Chapoulie, J.-M. (2010). *L'École d'État conquiert la France, deux siècles de politique scolaire.* Rennes : Presses universitaires de Rennes.

Charle, C. (1994). *La République des universitaires : 1870-1940.* Paris : Le Seuil.

Cornubert, M. (1934-1935). Rapport du conseil de l'université de Nancy, pour l'année universitaire 1934-1935. Rap. tech., Université de Nancy.

Delsarte, J. (1939a). De l'enseignement supérieur en France et spécialement des facultés des sciences. *Revue scientifique*, 3(mars), 140–143. Cité d'après (Delsarte 1971, t. 1, 563–575).

Delsarte, J. (1939b). De l'organisation de la recherche scientifique. *Revue scientifique, Revue rose illustrée*, 1(janvier), 1–3. Cité d'après (Delsarte 1971, t. 1).

Delsarte, J. (1971). *Œuvres de Jean Delsarte*, t. 1. Paris : Éditions du Cnrs. 580 p. C'est cette édition que suivons.

Deluermoz, Q. & Singaravélou, P. (2012). Explorer le champ des possibles. Approches contrefactuelles et futurs non advenus en histoire. *Revue d'histoire moderne et contemporaine*, 59(3), 70–95.

Eckes, C. (2018). Organiser le recrutement de recenseurs français pour le *Zentralblatt* à l'automne 1940 : les premiers liens entre Harald Geppert, Helmut Hasse et Gaston Julia sous l'Occupation. *Revue d'histoire des mathématiques*, 24, 259–329.

Eckes, C. (2020). Captivité et consécration scientifique. Reconsidérer la trajectoire académique du mathématicien prisonnier de guerre Jean Leray (1940-1947). *Genèses*, 121(4), 31–51.

Eguether, G. (2003). Jean Delsarte. *Revue de l'Institut Élie Cartan*, 1903-2003, Un siècle de mathématiques à Nancy(hors-série), 25–31.

Gispert, H. & Leloup, J. (2009). Des patrons des mathématiques en France dans l'entre-deux-guerres. *Revue d'histoire des sciences*, 62, 39–117.

Grossetti, M. (1994). Villes et institutions scientifiques – Genèèse des pôles scientifiques français. *Annales de la recherche urbaine*, juin(62–63), 6–15.

Guthleben, D. (éd.) (2009). *Histoire du CNRS de 1939 à nos jours*. Paris : A. Colin.

Ihl, O. (2009). Les distinctions honorifiques au CNRS. Genèse, pratiques usages. In B. Dumons & G. Pollet (éd.) *La Fabrique de l'honneur*, Rennes : Presses universitaires de Rennes, 197–219.

Letté, M. (2000). Science industrielle et seconde industrialisation en France, une proposition rationnelle des relations entre science et industrie, 1880-1914. In *Proceedings of the XXth International Congress of History of Sciences*, 49, 60–79.

Manitakis, N. (1997). Étudiants étrangers, universités françaises et marché du travail intellectuel, fin du XIXe siècle-années 1930. In G. Noirel & E. Guichard (éd.) *Construction des nationalités et immigration dans la France contemporaine*, Paris : Presses de l'École normale supérieure, 123–154.

Mashaal, M. (2017). *Bourbaki, une société secrète de mathématiciens*. Paris : Belin ; Humensis.

Nabonnand, P. (2006). La création du certificat de mathématiques générales à Nancy. In F. Birck & A. Grelon (éd.) *Un siècle de formation des ingénieurs électriciens, ancrage local et dynamique européenne, l'exemple de Nancy*, Paris : Éditions de la MSH, 123–154.

Nabonnand, P. (2016a). Élie Cartan. In L. Rollet, E. Bolmont, F. Birck & J.-R. Cussenot (éd.) *Les Enseignants de la Faculté des sciences de Nancy et de ses instituts, dictionnaire biographique (1854-1918)*, Nancy : PUN-Éditions universitaires de Lorraine, 159–161.

Nabonnand, P. (2016b). Henri Vogt. In L. Rollet, E. Bolmont, F. Birck & J.-R. Cussenot (éd.) *Les Enseignants de la Faculté des sciences de Nancy et de ses instituts, dictionnaire biographique (1854-1918)*, Nancy : PUN-Éditions universitaires de Lorraine, 540–543.

Nabonnand, P. (2016c). Jules Molk. In L. Rollet, E. Bolmont, F. Birck & J.-R. Cussenot (éd.) *Les Enseignants de la Faculté des sciences de Nancy et de ses instituts, dictionnaire biographique (1854-1918)*, Nancy : PUN-Éditions universitaires de Lorraine, 411–414.

Nabonnand, P. & Rollet, L. (2016). Gaston Floquet. In L. Rollet, E. Bolmont, F. Birck & J.-R. Cussenot (éd.) *Les Enseignants de la Faculté des sciences de Nancy et de ses instituts, dictionnaire biographique (1854-1918)*, Nancy : PUN-Éditions universitaires de Lorraine, 224–228.

Olivier-Hutard, F. (2014). Une université idéale ? Le cas de Strasbourg, 1872-1939. In Y. Bettahar & M.-J. Choffel-Mailfert (éd.) *Les Universités au risque de l'histoire, principes, configurations, modèles*, Nancy : PUN-Éditions universitaires de Lorraine, 155–180.

Palayret, J.-M. (1969). *Les Municipalités de Nancy : 1919-1939.* Mémoire de Master, université de Nancy.

Prost, A. (2007). *Regards historiques sur l'éducation en France,* XIXe–XXe *siècles*, Paris : Belin, chap. Des universités faibles de naissance. 149–152.

Prost, A. (2010). Une réforme morte-née : le plan Langevin-Wallon. In L. Gutierrez & C. Kounelis (éd.) *Langevin et la réforme de l'enseignement*, Grenoble : PUG, 55–58.

Prost, A. & Cytermann, J.-R. (2010). Une histoire en chiffres de l'enseignement supérieur en France. *Le Mouvement social*, 233, 31–46.

Rollet, L., Bolmont, E., Birck, F. & Cussenot, J.-R. (éd.) (2016). *Les Enseignants de la Faculté des sciences de Nancy et de ses instituts, dictionnaire biographique (1854-1918).* Nancy : PUN-Éditions universitaires de Lorraine.

Weil, A. (1955). Science française ? *La Nouvelle Revue française*, 3(25), 97–109. À partir d'un texte écrit en 1938 et non publié.

Françoise Birck
AHP-PReST (UMR 7117), Université de Lorraine

L'observatoire de la Faculté des sciences de Nancy

Étienne Bolmont

En 1854, à la création de la Faculté des sciences de Nancy, les enseignements de licence sont bâtis selon un schéma établi par le ministère de l'Instruction publique et des Cultes. L'astronomie fait partie du programme et doit être enseignée par le professeur de mathématiques, dans le cadre de l'analyse. Corrélativement, les programmes du baccalauréat ès sciences définis dans la circulaire de septembre 1852 mentionnent la cosmographie dans la section Sciences Physiques. Les traités qui accompagnent alors cette introduction de la cosmographie au lycée sont plutôt des ouvrages à caractère mathématique, rendant l'astronomie aride et dépourvue de l'intérêt que lui porte le public moins savant. L'arrivée d'Urbain Le Verrier à la tête de l'Observatoire de Paris, où il prend la suite de François Arago, permet à des universitaires d'y suivre des formations d'astronomie instrumentale. Hervé Faye intervient à l'Observatoire à ce moment charnière.

Il va devenir le premier professeur de mathématiques pures et appliquées de la Faculté des sciences de Nancy. Avant sa nomination, il a travaillé à l'Observatoire de Paris jusqu'en 1852 auprès de François Arago. Fin 1851, il enseigne la géodésie à l'École polytechnique, et il assure en parallèle un cours d'astronomie à la Sorbonne. En février 1854, il est nommé astronome adjoint par Le Verrier, mais en septembre 1854, il choisit de rejoindre Nancy, aux fonctions de professeur de mathématiques et aussi de recteur.

D'après les programmes, vingt-cinq séances d'enseignement de l'astronomie sont prévues chaque année. Il n'est alors pas question d'observatoire et l'enseignement reste théorique, astronomie physique et astronomie mathématique. Faye commence son enseignement de mathématiques pures et appliquées par l'astronomie physique dès le 19 décembre 1954. Il enseignera l'astronomie mathématique au deuxième semestre.

Cependant, le ministre Hippolyte Fortoul, certainement conseillé par Le Verrier, ajoute à la fonction d'enseignement des facultés des sciences une

P.-E. Bour, M. Rebuschi & L. Rollet (eds.), *Sciences, Circulations, Révolutions, 87–97.*

« mission plus élevée encore : elles doivent devenir des centres actifs de travaux qui contribuent au développement de la science elle-même, qui en étendent les conquêtes. Munie désormais d'instruments dont l'exactitude et la précision ne pourront pas laisser de doutes, chacune de nos facultés des sciences tiendra à honneur, j'en suis convaincu, de communiquer à l'Observatoire impérial un ensemble d'observations intéressantes pour les progrès de l'astronomie et de la météorologie » (Ministère de l'Instruction publique et des Cultes. Circulaire du 12 mars 1855). Cette note justifie l'installation d'un observatoire à la faculté (circulaire du 12/3/1855).

En tant que recteur, Faye s'investit beaucoup dans l'amélioration des conditions d'enseignement à l'université, mais son idée de favoriser la ville de Metz comme siège de la faculté des sciences ne peut pas rencontrer un écho favorable à Nancy, dont la municipalité se bat pour y préserver l'implantation. Il préfère certainement s'investir dans les sciences plutôt que dans l'administration de l'université lorraine. À sa demande, il est rappelé à Paris, où le ministre Gustave Rouland le nomme inspecteur général de l'Instruction publique.

En 1857, Nancy perd donc Faye, celui qui aurait pu jouer un rôle dans l'installation effective de l'observatoire. Il est remplacé au rectorat par Charles Marie Dunoyer et à la faculté par deux enseignants, Antoine Adrien Lafon, professeur adjoint, et Nicolas Renard, professeur suppléant. Ils vont donner un coup de frein à l'esprit insufflé dans la circulaire de Fortoul. L'enseignement des mathématiques est scindé en deux, Lafon est chargé de la mécanique et Renard enseigne le calcul différentiel et intégral. Ce dernier vient de soutenir à Paris une thèse d'analyse et une thèse d'astronomie « Sur le mouvement des planètes dans le cas des perturbations ». Il est donc chargé de l'enseignement de l'astronomie, et, l'année de sa nomination, il introduit des « notions d'astronomie » dans son cours de calcul différentiel et intégral, mais rien à voir avec les deux semestres que Faye prévoyait de consacrer à ce domaine.

Renard restera suppléant à la chaire de mathématiques pures et appliquées jusqu'en 1866, date à laquelle la chaire occupée virtuellement par Faye est finalement déclarée vacante.

Au cours de cette période, la construction du palais des facultés est entreprise place de Grève. Il doit accueillir l'ensemble des installations destinées aux facultés qui s'y installent en 1862. Décidée dès la création de l'Université, cette nouvelle implantation suit les plans types envoyés par le ministère et elle comprend bien une tour d'observatoire, « plus élevée que les bâtiments voisins et couverte d'une plate-forme avec un dôme de métal au-dessus ». C'est l'architecte Prosper Morey qui est chargé de la construction. Ses propositions font l'objet d'un rapport de la Commission départementale des bâtiments civils (janvier 1858) qui soulève quelques problèmes, notamment celui d'un accès à la tour qui fait traverser une salle de dissection ou la cour des latrines ! Ce problème est résolu par l'adjonction d'un escalier spécial adossé à la tour. En

FIGURE 1 : Projet d'extension montrant la tour telle qu'elle devait apparaître vers 1870

mai 1859, le journal *L'Espérance, courrier de Nancy* présente l'état des travaux et décrit la future tour observatoire :

> Au-dessus du péristyle du pavillon du fond de la cour se trouvera l'observatoire, composé d'une tour carrée prenant la forme octogone dès sa partie supérieure et surmontée d'un dôme entièrement vitré, semblable, sauf les proportions à celui de l'observatoire de Paris. Cette tour aura 33 mètres d'élévation.

Il reste à équiper l'observatoire; or le matériel a été oublié dans le projet. L'ancien recteur Faye est consulté en décembre 1857, il estime qu'il serait nécessaire d'envisager une dépense de l'ordre de 25 000 francs (environ 50 000 €, à comparer avec le budget global de la faculté en 1855 qui s'élevait à 36 575 francs). Le projet s'inspire de ce qui existe à l'observatoire de Paris. Cette dépense importante aurait entraîné une diminution des crédits dans les autres domaines, ce qui n'a certainement pas agi pour motiver le conseil de la Faculté.

En 1862, au moment de l'inauguration des nouveaux locaux, le doyen Dominique Alexandre Godron remercie le Conseil municipal de Nancy pour l'aide généreuse qu'il a apportée à la constitution des collections. Il laisse entendre cependant qu'il faut attendre « des temps plus favorables pour doter l'observatoire des instruments nécessaires aux observations astronomiques ».

En 1870, l'observatoire n'est toujours pas fonctionnel, « cet établissement attend un astronome et des instruments » (Archives de la Faculté des sciences de Nancy. Dominique Alexandre Godron : Rapport du 31 août 1870). Il est possible

FIGURE 2 : En 1862, vue de l'arrière des constructions, la tour n'est pas encore équipée de sa coupole

que Renard ne se soit pas assez impliqué dans cette exigence, ses recherches portent essentiellement sur la physique mathématique.

Émile Mathieu arrive à Nancy en 1873 où il remplace Xavier Bach à la chaire de mathématiques pures. Bach avait auparavant bénéficié de la division de la chaire de mathématiques pures et appliquées, alors que Renard occupe celle de mathématiques appliquées. Mathieu effectue des recherches de mécanique céleste entre 1873 et 1879 et on peut supposer que sa venue va donner un coup de fouet à l'astronomie, d'autant qu'un deuxième enseignant va le rejoindre, Gaston Floquet. Quand Renard se trouve dans l'incapacité d'assurer ses cours, ce dernier est sollicité. Floquet est nommé maître de conférences en février 1878, chargé des enseignements de mécanique, puis officiellement professeur suppléant de Renard en novembre 1879, et finalement, il obtient la chaire de mathématiques appliquées en 1880, après le décès de Nicolas Renard. Contrairement à Mathieu, Floquet n'a pas publié dans le domaine de l'astronomie, c'est un spécialiste des équations différentielles linéaires. On peut cependant noter sa passion pour ce domaine, il assure un cours complémentaire d'astronomie et multiplie les conférences publiques sur la question. Il travaille beaucoup la question de la photographie astronomique et, à son départ en retraite en 1920, il fera don à la faculté des sciences de 800 « clichés pour la projection se rapportant à l'astronomie et à l'aéronautique » (Archives de la Faculté des sciences de Nancy. Procès-Verbaux du Conseil 1917-1934 . Réunion du 20 avril 1920, p. 34). Son action en tant que doyen montrera aussi son engagement.

En novembre 1881, la nomination de Louis Charles Sauvage en tant que maître de conférences d'astronomie laisse espérer une implication plus nette vers l'utilisation d'un observatoire, mais Sauvage n'est pas en réalité un spécialiste de l'astronomie. Dans la foulée de cette nomination, en 1882, Mathieu demande la création d'une chaire d'astronomie. Sauvage quitte Nancy la même année pour Montpellier et la mention maître de conférences d'astronomie disparaît avec lui. Mais il n'y a pas eu d'élan vers une astronomie pratique, on reste dans le cadre de l'enseignement théorique et l'action de Mathieu ne porte que sur la création de la chaire d'astronomie. Cette chaire serait par ailleurs nécessaire pour former le jury de licence qui doit comporter trois titulaires d'un doctorat.

Il n'y a donc pas d'interruption de l'enseignement de l'astronomie depuis 1854, mais il n'y a pas non plus de volonté affirmée pour l'installation d'un observatoire de la part des mathématiciens. Si leur intérêt d'une astronomie pratique ne s'est pas manifesté, il en est autrement des physiciens pour qui la météorologie devait se développer partout, par un réseau d'observateurs dans les villages, souvent les instituteurs qui assuraient la veille météorologique, et par une installation bien équipée d'instruments de mesure à la faculté. Charles Millot va concrétiser ce projet.

En effet, pendant cette période, la météorologie prend un essor irrésistible, elle répond à une demande forte de prévisions qui concernent de nombreuses activités professionnelles, notamment celles de l'agriculture lorraine. Dès 1856, à l'initiative du premier professeur de physique Jules Chautard, une veille météorologique avait été mise en place. Cette activité complémentaire est très appréciée. Sous l'impulsion du doyen Louis Nicolas Grandeau, elle trouve un ancrage institutionnel avec la création en 1883 du Service météorologique à la faculté des sciences par Charles Millot.

L'idée de changement d'affectation de la tour prend alors du sens. Comme elle n'est pas utilisée depuis la construction du palais des facultés, en 1876, on propose sa modification en observatoire météorologique : le conseil de la faculté demande d'« enlever la coupole de zinc qui surmonte la tour, coupole qui ne peut et ne pourra jamais être de quelque usage, et affecter la plate-forme ainsi mise à découvert à l'installation d'appareils météorologiques » (Assemblée de la Faculté du 13 janvier 1876). Ce souhait est renouvelé en novembre 1881 : « La faculté émet le vœu que la tour de l'Académie soit aménagée pour servir d'Observatoire météorologique » (Archives de la Faculté des sciences de Nancy. Comptes rendus des séances des assemblées de la Faculté, séance du 15 novembre 1881, p. 62). Notons que la circulaire de Fortoul en 1855 associait astronomie et météorologie, et en cela, la faculté assurera au moins une partie de cette mission, grâce à l'engagement de Charles Millot.

Ce dernier assure alors un enseignement de météorologie et il devient membre de la Commission météorologique départementale. L'utilisation de la tour comme plate-forme météorologique est présentée à la session de rentrée de l'université du 28 novembre 1882. Après un projet au plateau de Malzéville qui n'a pu se réaliser faute de crédits suffisants, après celui d'une implantation à l'École d'agriculture de Tomblaine, la solution d'utiliser la tour de la faculté s'avère comme plus économique et réalisable rapidement. Sa vocation première a été contrariée par « le peu de stabilité de l'édifice » (Séances de rentrée de l'Université de Nancy. Séance du 28 novembre 1882, p. 102). qui pouvait altérer les observations astronomiques. Le dôme est démonté et revendu à la ville de Besançon au bénéfice de la ville de Nancy, et la tour devient effectivement un lieu d'observation météorologique en 1884.

FIGURE 3 : La tour équipée des instruments de météorologie vers 1890

Cependant, Millot installe un observatoire météorologique bien équipé, mais en dehors de la faculté. *A priori*, la tour n'est même pas suffisante pour cette fonction.

Pendant ce temps, les mathématiciens continuent à se battre pour la création de postes en astronomie. En 1888, Mathieu et Floquet reformulent la demande de « création d'une troisième chaire de mathématiques, laquelle serait affectée à l'enseignement de l'astronomie » (Archives de la Faculté des sciences de Nancy. Comptes rendus des séances des assemblées de la Faculté, séance du 5 juin 1888, p. 32), proposition approuvée par le conseil de la faculté. La demande est renouvelée en 1889, mais sans plus de succès...

Pas de professeur d'astronomie, pas d'observatoire, l'affaire en reste là, jusqu'à la nomination en 1905 de Floquet comme doyen. Dans ces années d'avant-guerre, Floquet est, avec son collègue Edmond Rothé, très engagé dans la création de l'institut d'aérodynamique et de météorologie et il l'associe systématiquement à celle d'un observatoire astronomique et météorologique. Il voit l'observatoire astronomique comme une base indispensable de toutes recherches théoriques et pratiques en astronomie.

Par l'entremise de son collègue Jules Molk, il obtient, en 1910, des instruments de l'Observatoire de Paris : une lunette méridienne, un cercle mural et un théodolite équatorial, « instruments historiques d'une très grande valeur » (Archives de la Faculté des sciences de Nancy. Comptes rendus des séances des assemblées de la Faculté, séance du 21 février 1910, p. 51). À noter que du côté de l'Observatoire de Paris, on signale le prêt des « deux instruments de Gambey et de l'équatorial à monture anglaise provenant de la coupole ouest du Jardin » et « l'installation de deux instruments de passage construits par P. Gautier et appartenant au Bureau des longitudes » (Rapport annuel sur l'état de l'Observatoire de Paris, 1910). Ces instruments devaient permettre à la faculté de monter « un bon observatoire » (*L'Astronomie*, 1911, p. 316.)

FIGURE 4 : « Cette vue d'ensemble est celle de la méridienne de l'Observatoire il y a deux ans. Les instruments du fond sont une méridienne et un cercle mural de Gambie. Ces instruments viennent d'être donnés à l'Université de Nancy qui, avec un équatorial de la même provenance, a les éléments voulus pour monter un bon observatoire. » *Bulletin de la Société Astronomique de France*, Paris, 1911, p. 316–317.

Il reste à trouver un lieu, il n'est plus question d'installer l'observatoire à la faculté des sciences, situé au centre-ville. La proposition est faite d'un terrain à la Foucotte au-dessus de Nancy, terrain qui appartient au lycée. En février 1911, « La Société des amis de l'Université accorde une subvention pour l'établissement d'un poste de TSF et M. Deutsch de la Meurthe fait un don de 1 000 francs pour la création d'un observatoire » (Archives de la Faculté des sciences de Nancy. Procès-Verbaux du Conseil 188-1917, réunion du 21 février 1911, p. 34). En mars 1911, la contribution de Benjamin Baillaud monte les dons à 2 500 francs et l'Assemblée de la Faculté demande une augmentation de 5 000 francs de l'emprunt de 60 000 francs déjà prévu par l'université : « On disposera ainsi de 7 500 francs pour l'installation astronomique » (Archives de la Faculté des sciences de Nancy. Comptes rendus des séances des assemblées de la Faculté, séance du 7 mars 1911). Les annuités de l'emprunt seraient prélevées sur les travaux pratiques de mathématiques. En attendant, les instruments sont conservés dans une salle de l'institut de physique.

L'offre d'achat du terrain est faite en mai 1912. À la Foucotte, le lycée a installé des terrains de sports et de loisirs de plein air pour les lycéens. Sous réserve que les astronomes ne se plaignent pas « du bruit ou de la trépidation du sol », et que l'observatoire accorde une indemnité au gardien des lieux et participe à la rénovation de son logement, le Conseil d'administration du lycée accepte de concéder deux terrains. Au conseil d'administration suivant du 26 juin 1912, Floquet qui en est membre remercie le conseil pour cet avis favorable, mais déclare que la faculté a choisi un nouvel emplacement « où se trouveront réunis d'autres services scientifiques » (Délibérations du conseil d'administration du lycée de Nancy du 26 juin 1912).

Cet emplacement, situé au Parc d'aviation de Villers, correspond à celui du nouvel institut de la faculté : l'Institut d'aérodynamique et de météorologie. Cette création permet à Floquet de mettre en place un service d'astronomie, avec les services de télégraphie sans fil et de météorologie et l'institut aérodynamique.

Détail du Projet	Dépense à couvrir	Participation de l'État
Service d'Astronomie.	32.000 fr.	8.000 fr. (Instruction publique).
Télégraphie sans fil. - Météorologie.	16.000 fr.	4.000 fr. (Instruction publique).
		15.000 fr. (Agriculture).
Aérodynamique	34.000 fr.	8.500 fr. (Instruction publique).
Totaux.	82.000 fr.	35.500 fr.

FIGURE 5 : Ressources affectées au projet d'Institut aérodynamique

Un devis est établi en février 1914 par l'architecte nancéien Albert Jasson (architecte des Galeries Poirel et de l'école Charlemagne à Nancy) qui l'arrête à la somme de 25 000 francs. Ce devis mentionne la salle de l'équatorial (6×6 m), surmontée d'une coupole d'un montant estimé à 8 000 francs. Une autre pièce est la salle méridienne ($9,50 \times 8$ m) et une salle réservée complète l'ensemble. Cette construction devait présenter un observatoire de belle facture.

Le budget présenté au Conseil municipal en avril 1914 par Eugène Millery s'élève à 32 000 francs pour la part de l'astronomie, dont un quart est à la charge du ministère de l'Instruction publique (8 000 francs). Le rapporteur rappelle la mise à disposition par l'Observatoire de Paris d'instruments d'observation et souligne qu'ils sont « restés jusqu'alors sans emploi » (Archives municipales de Nancy : compte-rendu de la séance du 28 avril 1914 : Projet de création d'un Institut aérodynamique et de météorologie- Participation de la Ville. Rapport de M. Millery, p. 142). Les deux autres services sont également subventionnés.

Pour équilibrer le budget, la faculté dispose de dons (Mlle Gautier, M. Deutsch de la Meurthe, la Société des Amis de l'Aviation) et d'un emprunt de 5 000 francs. Pour compléter, l'Université demande à la Ville une subvention de 20 000 francs, payable en quatre fois, ce qui est accordé.

Trois mois plus tard, la situation est bouleversée par le déclenchement de la guerre et tout le projet est enterré, notamment par le départ de nombreux enseignants mobilisés, et par une suspension des subventions promises.

Il faut noter que Floquet aura le souci de sauvegarder les instruments en les évacuant du centre de Nancy qui subit des bombardements destructeurs, notamment en 1917. Il demande leur transfert à l'Observatoire de Paris, pour la durée de la guerre, ce que Baillaud accepte. Le déménagement est prévu en février 1918, par train et à Paris par camion[1].

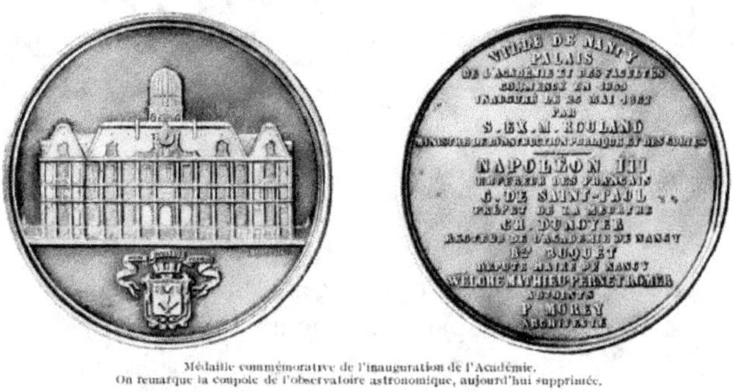

FIGURE 6 : Médaille commémorative de l'inauguration de l'Académie. On remarque la coupole de l'observatoire astronomique, aujourd'hui supprimée.

En 1933, André Gain rappelle l'histoire de la tour observatoire :

1. Pendant la guerre, l'Observatoire de Paris a mis en sûreté ses instruments en province !

> Contigu à l'amphithéâtre d'anatomie, le « grand amphithéâtre des belles lettres et salle des actes » avait déjà la forme et l'usage que nous lui avons conservé... C'est sur le vestibule de cette vaste salle, bien connu de tous les Nancéiens, que Morey avait planté l'observatoire : la tour à trois étages que nous connaissons était alors surmontée d'une haute coupole de huit mètres, car elle devait abriter une lunette astronomique. La coupole fut construite et on la distingue parfaitement sur la médaille commémorative de l'inauguration : elle se voyait depuis la place de Grève, mais le diamètre de la tour (3 m 40) était médiocre et sans doute pour cette raison on fit de l'observatoire astronomique un simple observatoire météorologique : les appareils ont eux-mêmes émigré sur la puissante pyramide d'ardoises de l'Institut de physique et l'on a récemment rendu à la tour une raison d'être en lui faisant porter une horloge dont l'absence était regrettée. (Gain 1933)

FIGURE 7 : Le nouvel Institut de mathématiques et de physique, avec à droite, « la pyramide d'ardoises »

Actuellement, la tour n'existe plus, victime de l'aménagement du palais de l'Académie pour donner de l'espace aux facultés de droit et des lettres.

En conclusion, l'observatoire a bien été construit, mais jamais utilisé. Destiné aux observations astronomiques, il devient un observatoire météorologique de seconde importance. Faute de professeurs de mathématiques conscients de l'intérêt des observations, avec la montée de la météorologie, caractérisée par une veille observationnelle et l'instauration d'un enseignement officiel, la faculté a abandonné son observatoire astronomique. Il faut attendre l'engagement de Floquet pour qu'un observatoire commence à naître, mais cet espoir s'est perdu avec les bouleversements de la première guerre mondiale.

Bibliographie

Baillaud, B. (1910). *Rapport annuel sur l'état de l'Observatoire de Paris.* Paris : Imprimerie Nationale.

Charve, L. (1920). Floquet. *Annuaire des anciens élèves de l'École normale supérieure*, 80–84.

Choffel-Mailfert, M.-J. (2007). Architecture et organisation spatiale du patrimoine universitaire nancéien. In L. Rollet & M.-J. Choffel-Mailfert (éd.) *Aux origines d'un pôle scientifique, faculté des sciences et écoles d'ingénieurs à Nancy du Second Empire aux années 1960*, Nancy : PUN-Éditions universitaires de Lorraine, 17–119.

Conseil municipal de Nancy (1882-1883-1914). Délibérations du conseil municipal (1882-1883 et 1914).

Cussenot, J.-R. (1854-1950). Archives de la Faculté des sciences de Nancy. http://cussenot-fst-nancy.ahp-numerique.fr/cussenot2/index.php.

Floquet, G. (1918). Lettre de Floquet au recteur Adam, 27 janvier 1918. In *Procès-verbaux des délibérations du conseil d'administration du Lycée Henri-Poincaré*, t. 1 T 3513–W 1018 65, Nancy : Archives départementales de Meurthe-et-Moselle.

Gain, A. (1933). L'enseignement supérieur à Nancy de 1789 à 1896. *Les Annales de l'Est*, 3, 199–232.

Rollet, L., Bolmont, E., Birck, F. & Cussenot, J.-R. (éd.) (2016). *Les Enseignants de la Faculté des sciences de Nancy et de ses instituts, dictionnaire biographique (1854-1918).* Nancy : PUN-Éditions universitaires de Lorraine.

Rollet, L. & Choffel-Mailfert, M.-J. (éd.) (2007). *Aux origines d'un pôle scientifique, faculté des sciences et écoles d'ingénieurs à Nancy du Second Empire aux années 1960.* Nancy : PUN-Éditions universitaires de Lorraine.

Université de Nancy (1882). Séances de rentrée de l'université de Nancy.

Étienne Bolmont
AHP-PReST (UMR 7117), Université de Lorraine
etienne.bolmont@free.fr

Une philosophie du projet ?

Pierre Edouard Bour & Manuel Rebuschi

1 Introduction : Le projet, une entité bizarre

La recherche par projets sévit depuis une vingtaine d'années dans la recherche française et c'est peu de dire que c'est une calamité. Idéologiquement, la recherche par projets est la marque du néolibéralisme assumé par les gouvernants[1], avec une concurrence exacerbée implémentée à tous les étages de l'institution et l'imposition de vues court-termistes aux orientations scientifiques. Pour un laboratoire, il faut cependant participer à la course aux projets... sauf à renoncer à exister. Tout en critiquant cette folie, Philippe y participe et incite les chercheurs du laboratoire à en être[2]. Tandis qu'il est parti du projet comme réalité d'un point de vue pratique, nous proposons d'en partir pour ouvrir une démarche plus analytique. Si le projet est une réalité, quelle est sa nature ? Nous proposons dans cet article une discussion en deux volets. Dans une première partie, nous avançons quelques éléments de réflexion sur la métaphysique du projet, et dans la seconde nous abordons le projet du point de vue des pratiques scientifiques. Dans l'un comme dans l'autre cas, il s'agit de prendre en compte une réalité : la plupart des projets n'aboutissent pas.

2 Métaphysique du projet : de l'objet à venir à l'objet advenu

Le projet est une entité étrange. Nous pouvons avoir le projet de voyager en Bretagne, celui de bâtir une maison, celui d'adopter ou de concevoir un enfant, celui d'écrire un article. Les difficultés ontologiques et métaphysiques surgissent dès ces exemples très ordinaires – et on verra l'affaire se compliquer avec les projets scientifiques. Un projet existe-t-il ou pas ? La question peut paraître à première vue dénuée de sens, on se demande plutôt généralement si le projet est (ou sera) réalisé ou pas. Pourtant, le projet pré*existe* à son éventuelle réalisation

1. Jusqu'à figurer en bonne place dans le cri du cœur d'un candidat à la présidentielle accidentellement élu en 2017.

2. Ce qui constitue une position commune à nombre de chercheurs critiques de la logique de financement sur projets. Pour une analyse des différentes postures d'assentiment et (surtout) de dissentiment, voir (Giry & Schultz 2017).

P.-E. Bour, M. Rebuschi & L. Rollet (eds.), *Sciences, Circulations, Révolutions, 99–109.*

et son existence semble de ce fait pouvoir être avérée. Quel est alors le mode d'existence d'un projet non (encore) réalisé ?

Le projet est typiquement un *objet intentionnel* : l'objet d'une attitude ou d'un acte mental. De même que l'idole est l'objet d'une adoration, le projet est l'objet d'une *projection* au sens de ce que l'on projette de faire. À cet égard, le projet *en tant que projet* n'est pas ontologiquement autonome mais il dépend d'un ou plusieurs sujets. Cette dépendance ontologique n'est cependant pas spécifique au projet : tous les objets intentionnels dépendent par principe d'un ou plusieurs sujets, qui sont le ou les sujets de l'attitude ou de l'acte mental dont ils sont l'objet.

Ainsi l'idole *en tant qu'idole* dépend-elle ontologiquement de son ou ses adorateurs. Il n'empêche qu'en tant que telle, l'idole peut très bien se porter toute seule et qu'elle ne dépend généralement pas de ses adorateurs pour exister. Prenons Mao Zedong : on peut l'adorer, en afficher le portrait voire le saluer en passant, ce n'est pas de cela dont il dépendra ontologiquement – d'autant moins si cette adoration se prolonge quarante ans après sa mort.

Mais on peut aussi adorer des idoles qui n'existent pas, et c'est là où les choses se corsent. On qualifiera ces idoles inexistantes d'objets *purement intentionnels*, puisqu'elles ne transcendent pas les attitudes et actes mentaux du sujet – elles peuvent déborder la seule adoration, et généralement elles le font en étant également l'objet de croyances, possiblement celui de désirs et de fantasmes, mais elles n'atteignent jamais *le monde extérieur*. Quand elles n'existent pas dans le monde, les idoles sont alors doublement ontologiquement dépendantes : en tant qu'idoles mais aussi en tant que telles.

Les idoles sont donc finalement des objets ordinaires (autant que le sont les êtres humains, les dieux, les nombres...), aux statuts métaphysiques variés, dont la nature ne dépend pas de leur statut d'objets intentionnels (Crane 2013), et qui peuvent exister ou ne pas exister.

Qu'en est-il du projet ? Contrairement à l'idole qui peut exister indépendamment de ses adorateurs, le projet ne peut pas exister indépendamment du sujet qui le pense comme projet : il est purement intentionnel, il est systématiquement ontologiquement dépendant. Il s'agit là d'une caractéristique notable de la projection : à la différence de nombreux types d'attitudes ou d'actes mentaux comme l'adoration, la haine, la recherche, l'imagination, le fantasme... la projection ne peut pas porter sur un objet actuellement existant. Dès lors que le projet est réalisé, il cesse d'exister et il est remplacé par un événement, un ensemble d'actions, etc. actuellement réalisés. Ce trait rapproche le projet de la douleur (ou d'autres entités qualitatives) qui ne peut exister indépendamment du sujet qui la ressent : le projet existe uniquement par le ou les sujets qui en font l'objet de leur projection. Si on cesse de le projeter, le projet s'évanouit entièrement.

Comme d'autres objets purement intentionnels, le projet offre une *apparence de singularité*. Quand je projette de construire une maison, je ne la conçois pas comme une maison quelle qu'elle soit telle que je la construirai, mais bien comme *cette maison particulière* que je projette de construire. Quand un improbable duo projette de rédiger un article d'hommage, ils n'y pensent pas comme à un article quel qu'il soit tel qu'ils le rédigeront, mais bien comme à *cet article particulier* à la rédaction duquel il faudra bien s'atteler. Le cas n'est pas propre aux projets : on le retrouve avec l'imagination (quand elle porte sur des objets inexistants), la croyance (en des objets inexistants), ou encore l'hallucination. Cette apparente singularité pose une vraie difficulté de théorisation quand l'approche classique (Quine 1956) distingue deux types de pensées : les pensées *de dicto* ou notionnelles, générales et potentiellement internes au sujet, et les pensées *de re* ou relationnelles, qui constituent les seules pensées singulières[3].

Cette apparence de singularité se combine par ailleurs à une *incomplétude* caractéristique des objets purement intentionnels et des objets fictionnels. À la différence de ses possibles réalisations, un projet est en effet en grande partie indéfini : ses contours pourront s'affiner au fil de sa réalisation. À la différence de toute personne réelle dont on peut ignorer certains traits, mais dont tous les traits sont *de facto* fixés, un personnage imaginaire est essentiellement incomplet : l'incomplétude relative à une personne réelle ne peut être qu'épistémique, tandis qu'elle est ontologique pour le personnage de fiction. Lorsqu'on entretient un projet, on a donc une pensée focalisée sur un objet inexistant et indéfini. Le couple qui projette de concevoir un enfant en donne une bonne illustration.

Reste une caractéristique cruciale qui distingue la projection de l'imagination, du fantasme ou de l'hallucination : son lien à *l'action*. Le projet est une action projetée par le sujet : avoir un projet d'article c'est projeter de *rédiger* un article, avoir un projet de voyage c'est projeter de *voyager*, avoir un projet de maison c'est projeter de *construire* une maison, etc. Le projet constitue une visée pour l'action et s'il mobilise l'imagination, il suppose également être compatible avec les croyances du sujet. Personne ne peut *projeter* de rencontrer Aphrodite sans croire que cette déesse existe et qu'on peut la rencontrer, même si l'on peut fantasmer de rencontrer une déesse tout en étant convaincu que les déesses n'existent pas – ou même en étant convaincu qu'elles existent mais qu'on ne peut pas les rencontrer. Les projets d'articles, de voyages ou de maisons, supposent ainsi que le ou les sujets qui les entretiennent croient qu'ils sont réalisables. Les projets ne sont pas seulement des actions imaginées, ce sont des actions conçues comme possibles[4].

3. Un type de pensée intermédiaire, les pensées *de objecto*, a été proposé pour rendre compte de cette apparence de singularité de pensées focalisée sur des inexistants (Rebuschi & Tulenheimo 2011).

4. Possibles au sens de réalisables étant données ce que l'on tient pour vrai des circonstances actuelles. Une simple possibilité métaphysique serait bien trop large pour un projet.

Mais le lien à l'action ne s'arrête pas là : *les projets sont constitutifs des actions* dont ils sont la visée. Sauf les actions sans but, comme *siffler* en conduisant, nos actions sont en effet partiellement déterminées par le ou les projets qu'elles visent à réaliser. En ce sens, le concept de projet est pleinement partie prenante de notre concept d'action. Le projet n'est pas seulement une visée pour l'action, il en est une composante et contribue à la formater. Il s'agit d'un aspect qui, concernant la recherche scientifique, contribue à expliquer l'effet délétère de la structuration de l'activité en myriades de projets courts en compétition les uns contre les autres.

Faisons le point. Le projet est un objet purement intentionnel, qui n'existe qu'en tant qu'objet de la projection et d'autres attitudes et actes mentaux d'un ou plusieurs sujets. En tant qu'objet purement intentionnel, il est simultanément incomplet et pensé comme objet particulier. Mais le projet n'existe pas dans le monde, il est une action non réalisée conçue comme possible par le ou les sujets dont il est le projet, et il est constitutif des actions conduites en vue de le réaliser.

Que vient ajouter le projet scientifique à ce tableau général ? C'est un projet public et partagé, ce qui lui confère certaines propriétés nouvelles et le rapproche de la fiction. On peut en effet contraster un personnage fictionnel d'un personnage simplement imaginé : le premier est également imaginé mais il dépend d'une œuvre de fiction qui est en principe publiable donc partageable. En ce sens, le personnage de fiction n'est généralement pas un objet intentionnel dépendant de l'acte mental d'un unique sujet : par l'existence d'un support public (un *prop* au sens de Walton (1990)), il peut être l'objet intentionnel commun aux actes de plusieurs sujets. Ce support public lui confère une *réalité sociale* que n'a pas le simple objet imaginé. Un projet scientifique se distingue de la même manière d'un projet secret : il repose sur un support public et est l'objet intentionnel de plusieurs sujets[5]. Il est donc fondamentalement un objet social.

S'ils ont en commun de ne pas exister dans le monde, il y a cependant une propriété, mentionnée plus haut, qui sépare définitivement le projet de l'objet fictionnel : tandis que le premier vise à disparaître via une de ses réalisations, le second n'a aucune raison de disparaître tant que subsistent quelques exemplaires de l'œuvre qui constitue son support (Thomasson 1999). Si un projet scientifique peut être publiquement appréhendé au moyen d'un dossier rédigé conformément aux normes bureaucratiques établies par l'institution qui le finance, il ne subsiste pas comme projet une fois qu'il a été réalisé : on peut alors en classer le dossier parmi les « projets terminés ».

Mais il y a une autre caractéristique des projets scientifiques qui les sépare des objets fictionnels. Beaucoup des projets conçus par les chercheurs

5. Il ne s'agit pas ici de dire que les projets scientifiques sont nécessairement des projets collectifs. Un projet scientifique peut être individuel et être ainsi l'objet de la projection d'un unique chercheur, il n'empêche qu'en tant que projet public, il pourra être appréhendé (p.ex. imaginé, évalué, moqué...) par d'autres membres de la communauté.

n'aboutissent pas. Quand une œuvre de fiction est écrite elle existe et les personnages et événements fictionnels qui la composent sont des objets imaginables par chaque lecteur potentiel. L'œuvre peut être jugée bonne ou mauvaise, elle peut être publiée ou non, elle demeurera une œuvre et portera avec elle son contenu fictionnel. Or la situation est toute différente avec un projet scientifique. Quand le dossier est écrit et qu'il est soumis, il peut être simplement *rejeté*. Que cela implique-t-il ? Cela signifie que le projet n'existera pas même en tant que projet, qu'il pourra demeurer l'objet de souvenirs, de regrets et d'autres attitudes et actes mentaux des chercheurs qui l'auront porté (ou soutenu, ou évalué...) mais qu'il ne sera pas l'objet de projections, qu'il ne sera pas constitutif des activités de recherche de ses porteurs. Il sera anéanti en tant que réalité sociale et comme visée de l'action. La rédaction de projet n'est définitivement pas une production d'œuvre : quand le projet est rejeté, il n'en reste rien, sauf l'amertume de l'énergie et du temps perdus.

3 Antimétaphysique du projet : les projets tels qu'ils se font, ou pas

Il faut cependant le reconnaître, un constat moins définitif pourrait être fait concernant les projets rejetés : il n'en reste rien *en tant que projet* mais il peut en rester quelque chose. Il y a quelques années, considérant que les taux de réussite ridiculement bas des appels ANR ou H2020 laissaient penser avec une certaine certitude que de nombreux très bons projets avaient été rejetés, un chercheur désappointé avait lancé l'idée d'établir une base de données des projets non-retenus. Il ne s'agissait pas là de construire un cimetière ou un monument d'hommage aux projets mort-nés, mais de préserver de l'oubli des idées, des hypothèses de travail, des propositions de méthodologies ou de dispositifs expérimentaux ayant une valeur, et partant, d'éviter dans un certain nombre de cas d'avoir à réinventer l'eau chaude sur des questions scientifiques à propos desquelles un travail de réflexion non-négligeable avait déjà été fourni. L'initiative, à notre connaissance n'a pas rencontré le succès qu'elle aurait peut-être mérité. Elle montre, toutefois, que l'idée qu'il ne reste rien d'un projet rejeté, une fois qu'il l'a été, doit être nuancée.

En premier lieu en effet, l'insistance sur le caractère potentiel du projet ne doit pas occulter que le projet, même avorté, existe comme texte, le prop qui l'a fait exister comme projet, et suppose donc une activité liminaire d'écriture. A ce titre, le projet comme objet textuel est susceptible de se voir appliquer une analyse esthétique. Son écriture obéit en tout cas à des contraintes poétiques propres. D'abord parce que la trame en est généralement très contrainte, mais aussi parce qu'elle impose souvent, en plus d'un ordre et de passages obligés, un certain travail stylistique : ainsi de la nécessité d'éviter les répétitions quand des sections différentes invitent à exposer les mêmes éléments, ou du difficile exercice d'équilibre entre divers critères quant au choix du bon acronyme, celui-ci devant à la fois renvoyer de manière informative au contenu du projet, être facile à prononcer et à retenir, et posséder un caractère simultanément séduisant et sérieux[6]. De même, l'écriture d'une réponse à un appel à projets suppose l'emploi bien dosé de marqueurs lexicaux, certains universels, comme les termes se rapportant à l'innovation, ou tendant à le devenir avec l'homogénéisation des formulaires (par exemple ceux liés à l'impact sociétal), d'autres pouvant varier selon les types d'appels (recherche, coopération, mobilité, valorisation économique ou non-économique, etc.).

Par ailleurs, un dossier de réponse à appel à projet s'il est rejeté et ne donne pas lieu aux développements qu'il annonce, serait à rapprocher de l'*inédit*, et il est à parier que ces inédits scientifiques constitueront, d'ici quelques décennies, une catégorie intéressante de documents d'archives pour les futurs historiens. On peut noter également que le rejet par l'institution et un panel d'experts n'entraîne pas systématiquement, et surtout pas immédiatement l'abandon d'un projet par son auteur. Dans bien des cas, un projet qui n'a pas été retenu par l'institution à laquelle il était soumis fait l'objet de réaménagements, de modulations, de transformations, de retraits et d'ajouts, afin d'être soumis de nouveau avec de meilleures chances de succès. Cette pratique de la transformation montre que l'identité d'un projet peut évoluer au fil de ses diverses versions. Le caractère indéfini du projet dont il était question plus haut ne tient donc pas uniquement à l'impossibilité de donner a priori une liste complète des actions possibles qui le réaliseront. Il faut noter toutefois que cette dernière se heurte, dans la pratique de la réponse à l'appel à projets, à une exigence de réduction formulée par l'institution : un dossier de projet doit en effet annoncer par avance un certain nombre de produits, de *livrables*, lesquels orientent nécessairement pour partie les actions qui seront menées dans le cadre du projet.

Cette demande d'une réduction de l'incertitude, si elle entre en contradiction avec l'incomplétude caractéristique de tout projet, pose surtout un problème d'ordre épistémique. Si on peut en effet considérer qu'un projet de recherche est avant tout une déclaration (au moins partielle) d'ignorance[7], il a été noté fréquemment, et depuis longtemps, que les pratiques d'évaluation des appels à projets par des opérateurs tels que l'ANR tendaient à favoriser un certain conformisme dans les propositions, et limitaient de fait l'émergence de recherches originales susceptibles de donner lieu à des résultats intéressants et novateurs[8]. En d'autres termes, la sélection des projets peut aller, de par

6. Philippe se rappelle sans doute des débats autour de l'acronyme du projet de l'ISITE « Lorraine Université d'Excellence » finalement retenu sous le nom d'OLKI (pour « Open Language and Knowledge for Citizens ») : une proposition de nommer ce projet « OLaKiti », un acronyme qui satisfaisait sans conteste à un grand nombre de ces critères, avait été refusé par les instances de direction du programme LUE, qui avaient jugé qu'il manquait de sérieux.

7. Comme le note malicieusement Mathias Girel (Girel 2017, 14).

8. Voir, par exemple le « Rapport au Président de la République : assises de l'enseignement supérieur et de la recherche » (Berger 2012, 38), qui note des biais possibles liés à l'évaluation quantitative d'une part, et effectuée par les pairs d'une petite communauté d'autre part, dans le cadre des appels « blancs ».

sa mécanique même, à l'encontre des bénéfices en termes de découverte que peut apporter l'incomplétude des projets. Le court-termisme signalé plus haut ne fait évidemment que renforcer cette tendance. Dans une très large mesure, cette volonté de réduire la part d'incomplétude des projets de recherche est liée à la logique de plus en plus présente de l'évaluation et à la prégnance d'un cadre managérial, éléments de contrôle institutionnel qui ne se limitent pas à la phase de construction et d'acceptation des projets de recherche, mais gouvernent également, à l'autre extrémité du processus, les opérations liées à la conclusion du projet (rapports, justifications financières). Dans certains cas, les marques de ce contrôle sont telles pendant la durée même du contrat qu'elles entraînent l'apparition de représentants d'un nouveau métier dans le milieu de la recherche, les « project managers », afin que puisse leur être délégué le contrôle en interne, à l'aide des outils spécifiques du « mode projet » : tableaux de temps, diagrammes de Gantt, reporting intermédiaire, etc. Que le recours à ces professionnels d'un nouveau genre soit effectif ou pas, on voit que la logique à l'œuvre est celle d'une intériorisation des contraintes au sein des projets et du travail de recherche. Le contrôle prend le pas sur la confiance telle qu'elle prévaut dans un mode de financement par dotations récurrentes suffisantes, et permettant un processus épistémique libre.

Ce problème épistémique en est-il un du point de vue des institutions promouvant l'extension tous azimuts du financement sur projets ? C'est le cas si ces institutions évaluent le monde de la recherche (à ses différents niveaux : organismes et établissements, fédérations, laboratoires, plateformes, réseaux, individus, etc.) du point de vue de son efficacité à produire des connaissances intéressantes et originales. Mais on peut faire également l'hypothèse que ce qui est évalué n'est pas uniquement (sinon pas principalement) cela, mais autre chose : par exemple, la capacité à répondre « victorieusement » à un appel à projets[9], et donc la mise en œuvre d'un certain nombre de compétences dont certaines n'ont que peu à voir avec la recherche proprement dite ; ou encore, la détermination manifestée par la réponse aux appels à projets, soit une certaine forme de dynamisme, une preuve d'activité. Ce dernier point est important en ce qu'il permet en partie de rendre compte de la quantité de dossiers déposés à chaque campagne de gros appels à projets comme ceux de l'ANR ou des programmes européens : avec des taux de réussite aussi bas que ceux que l'on connaît, l'espoir de réussite et l'investissement en temps apparaissent presque comme irrationnels, mais ils gagnent en rationalité si on les replace dans le contexte, voisin du « publish or perish », du « déposer pour exister »[10]. On

9. Un peu comme l'on dit souvent que les tests de QI ne mesurent pas l'intelligence, mais l'aptitude à répondre à un test de QI.

10. C'est peut-être là ce qui justifie la position de Philippe, qui insiste pour communiquer, dans les rapports envoyés régulièrement aux tutelles sur l'*activité* du laboratoire, non seulement sur les dossiers retenus, mais également sur les candidatures malheureuses. Certes, il s'agit également d'une manière de rappeler le poids croissant de cette activité de réponse aux appels à projets dans la vie des chercheurs. Par ailleurs, une telle exhaustivité dans le

comprend par là aussi en quoi la réalité énoncée en introduction de ce texte : « la plupart des projets n'aboutissent pas », n'est à un certain niveau pas problématique, si le dépôt importe autant que la réussite. Une telle hypothèse permet également de donner un sens à l'attitude apparemment contradictoire consistant à critiquer le financement sur appels à projets sur le principe, tout en incitant à répondre aux appels qui se présentent ou en y répondant soi-même. Une telle position serait cependant difficilement tenable si la pratique régulière, voire intensive, de la mise en place de projets de recherche n'avait pas quelques effets positifs. Qu'en est-il ?

On se limitera ici à quelques remarques à propos de la pratique de Philippe en la matière. D'abord, on fera remarquer que l'avantage souvent mis en avant de la concentration des moyens financiers ne joue pas forcément un rôle aussi essentiel que dans d'autres disciplines. Il est bien connu que certains projets, même en sciences humaines et sociales, nécessitent un financement important parce qu'ils reposent sur le recrutement de personnel[11], mais dans un certain nombre de cas, une somme modeste est suffisante pour faire tourner un séminaire ou organiser quelques missions d'archives et une journée d'études. L'intérêt des gros projets est aussi, pour Philippe, dans la marge de manœuvre qu'ils donnent pour mener à bien des activités autres : de manière directe, en finançant des activités connexes, proches du projet ; de manière indirecte, en préservant la capacité du laboratoire à financer des recherches non-financées sur projets, sur les crédits récurrents du laboratoire. En d'autres termes, obtenir des financements de cette manière est un moyen de soutenir un collectif de recherche, celui du laboratoire[12]. Que la pratique de Philippe en matière d'appels à projets en tant que chercheur ou directeur de laboratoire soit liée à ses positions quant à l'importance des collectifs en matière de recherche n'étonnera personne. Ce point se manifeste sans doute également d'une autre façon, dans l'utilisation des appels à projets comme outils d'incitation à la constitution de collectifs de travail, avec deux dimensions importantes : celle de la collaboration inter-équipes (contre la logique de mise en concurrence) et celle de d'une certaine égalité entre chercheurs titulaires, contractuels, doctorants, ingénieurs ou administratifs en tant que parties prenantes de l'équipe (contre la logique de mise en avant de quelques « stars »).

Si la pratique intensive de la réponse aux appels à projets et l'incitation dans ce sens ont ainsi un sens *politique*, en ce qu'elles s'articulent à une conception de la manière dont doivent fonctionner les collectifs de recherche

bilan des dépôts serait certainement contre-productive (en termes d'effets attendus sur les lecteurs) si la proportion d'échecs était trop importante.

11. On laissera de côté ici la question, bien sûr liée de manière essentielle à celle-ci, de l'emploi précaire dans le monde de la recherche.

12. Avec des exceptions notables, comme celle des appels européens, en particulier des bourses ERC, à l'égard desquels Philippe n'a jamais caché une profonde méfiance : trop gros, trop contraignants, trop centrés sur un individu et risquant par là-même de déséquilibrer le laboratoire...

comme groupes sociaux, elles ont également une finalité épistémique sur laquelle nous voudrions terminer. Ce qu'illustre en effet l'analyse des projets divers déposés et menés par Philippe depuis une dizaine d'années[13], c'est un cheminement cohérent, procédant notamment par continuation (par exemple du projet MSHL Kultmath, « Circulation et diffusion des savoirs mathématiques des Lumières à la seconde guerre mondiale – une approche comparative », au projet ANR Cirmath, « Circulations des mathématiques dans et par les journaux : histoire, territoires et publics »), par généralisation (par exemple du projet sur les Nouvelles Annales de Mathématiques à un projet sur les journaux mathématiques en général), ou par spécification (par exemple du projet ANR Cirmath au projet CPER Cirmath-GR, « Circulations mathématiques dans la Grande Région »). Ce qu'une telle arborescence nous révèle, c'est une manière de s'appuyer sur la diversité des appels à projets pour contrer le biais court-termiste signalé plus haut, et mener une entreprise scientifique sur le long terme. Une telle stratégie n'est sans doute pas exceptionnelle, mais apparaît ici en toute clarté. Elle appelle peut-être en outre, pour revenir au début de ce texte, à s'interroger sur les critères d'individuation des projets, ou plus généralement sur le sens et les usages du terme. Il y a sans nul doute une légitimité à parler du projet scientifique de Philippe, sans le réduire à l'objet d'un dossier en particulier.

4 Conclusion : Jusqu'où ne pas aller trop loin ?

Nous avons évoqué l'attitude ambiguë, voire apparemment contradictoire, de Philippe, qui critique la logique du financement sur projets tout en y participant et en appelant les autres à y participer : l'exercice de la direction de laboratoire a été l'occasion pour lui, du fait de l'exigence de transparence qu'il a maintenue tout du long, de mettre en lumière cet « en même temps », par l'explicitation de ses principes[14] et, en parallèle, la retransmission sans filtre de tous les appels à projets reçus des tutelles. La tension inhérente à cette posture d'équilibriste ne doit pas faire oublier le plaisir que prend Philippe à faire suivre les appels les plus exemplaires de la logique qu'il dénonce. On rappellera ainsi la gourmandise avec laquelle il relaie les appels de l'Incubateur Lorrain, comme celui de 2018, transmis « avec un grand plaisir et une certaine émotion », et dont le texte de présentation fleurait si bon l'esprit d'entreprise : « Vous aimez les défis ? Participer à de nouveaux projets ? L'Incubateur Lorrain lance son 3e appel à projets : penser sa start-up innovante à partir de la recherche. »

13. Notamment sur les appels de l'ANR, de la Maison des Sciences de l'Homme Lorraine, du CPER Grand-Est, mais aussi, internes à l'Université de Lorraine, les appels du pôle scientifique Connaissance, Langage, Communication, Sociétés, les appels Valorisation, etc.

14. Entre autres contextes, la critique des financements sur projets et la demande de dotations pérennes plus importantes ont figuré dans la totalité des « messages du directeur » introduisant les demandes de moyens du laboratoire depuis 2014 (une procédure qui a adopté entre temps le doux nom de « dialogue de gestion »).

Cette pratique du « en même temps » n'est pas le privilège exclusif du directeur. Nombre de chercheuses et chercheurs le vivent au quotidien, pris en tenaille entre la pression à l'innovation ou à l'exigence de justifier son activité par d'improbables « retombées économiques et sociétales » et le besoin de disposer de moyens pour conduire une activité scientifique honnête, ordinaire et désintéressée. Le contexte dans lequel nous achevons de rédiger cette contribution, où la gestion de la crise sanitaire vient préempter toutes les formes de vie sociale, alerte immanquablement sur le gâchis inhérent à une recherche sur projets, rythmée par des financements courts, souvent non reconduits. Ainsi la recherche fondamentale sur le Sars-CoV a-t-elle été délaissée il y a une quinzaine d'années, le surgissement de la Covid-19 prenant la communauté scientifique et médicale au dépourvu alors qu'elle aurait pu être autrement armée pour faire face à l'épidémie résultante. Quand les gouvernements s'obstinent à imposer une gestion concurrentielle et néolibérale de la recherche (LPR, financements ANR, contrats courts et précaires...), les scientifiques se doivent de persévérer dans leur ethos (Saint-Martin 2020), de faire vivre les collectifs de recherche et de préserver les conditions matérielles et morales de la production de connaissances. Tenir sans se laisser engloutir par ces projets à la réalité finalement très pesante, maintenir le cap de la recherche scientifique par gros temps, tels auront été les objectifs de la direction des Archives Poincaré par Philippe, ce dont nous lui sommes infiniment redevables.

Bibliographie

Berger, V. (2012). *Rapport au Président de la République : assises de l'enseignement supérieur et de la recherche.* Paris : La Documentation française. Consulté le 30 décembre 2020.

Crane, T. (2013). *The Objects of Thought.* Oxford : Oxford University Press.

Girel, M. (2017). *Science et territoires de l'ignorance.* Sciences en questions, Versailles : Quae.

Giry, J. & Schultz, E. (2017). L'ANR en phase critique. Figures et déterminants de la critique d'un dispositif de financement. *Zilsel*, 2(2), 63–96, doi :10.3917/zil.002.0063.

Quine, W. (1956). Quantifiers and propositional attitudes. *The Journal of Philosophy*, 53, 177–187.

Rebuschi, M. & Tulenheimo, T. (2011). Between De Dicto and De Re : De Objecto Attitudes. *The Philosophical Quarterly*, 61(245), 828–838, doi :10.1111/j.1467-9213.2011.701.x.

Saint-Martin, A. (2020). *Science.* Paris : Éditions Anamosa.

Thomasson, A. L. (1999). *Fiction and Metaphysics.* New York : Cambridge University Press, doi :10.1017/CBO9780511527463.

Walton, K. L. (1990). *Mimesis as Make-Believe. On the Foundations of the Representational Arts.* Harvard : Harvard University Press.

Pierre Edouard Bour
AHP-PReST (UMR 7117), CNRS
pierre-edouard.bour@univ-lorraine.fr

Manuel Rebuschi
AHP-PReST (UMR 7117), Université de Lorraine
manuel.rebuschi@univ-lorraine.fr

Abel Transon (1805-1876)

Roland Brasseur

1 La famille

Christophe Transon naît en 1762 ou 1763 à Auteuil, qui est alors une commune voisine de Paris.

Le 20 novembre 1787, à Versailles, paroisse Notre-Dame, il épouse Françoise Julienne Hocdé, née en 1767 à Brûlon (diocèse du Mans) ; l'acte de mariage le dit « cy devant procureur à la justice de Saint-Cloud ». De cette union naissent, à Versailles, quatre filles. La plus jeune, Sophie, née en 1795, épouse en 1813 à Versailles un maître-perruquier de la cour d'Espagne nommé Jacques Barthélémy Mouchez et meurt en 1819 à Madrid ; son époux se remarie l'année

P.-E. Bour, M. Rebuschi & L. Rollet (eds.), *Sciences, Circulations, Révolutions, 111–125.*

suivante avec Louise Cécile Bazin ; leur fils Ernest Mouchez, 1821-1892, sera membre du Bureau des Longitudes et de l'Académie des sciences, directeur de l'Observatoire de Paris après la mort de Le Verrier.

En 1788, Christophe Transon est reçu huissier sergent à cheval au Chatelet de Paris, sous le nom de Transon-Desjardins. Sous le même nom, il est huissier au Châtelet en 1790 et huissier au cy-devant Chatelet en 1792. Puis, redevenu Transon, il est huissier audiencier à Versailles en l'an 3 ; il le sera au moins jusqu'en 1823.

Françoise Julienne Hocdé meurt le 11 nivôse de l'an 5 (31 décembre 1796) à Versailles. Le 4 brumaire de l'an 6 (25 octobre 1797), à Vernon (Eure), Christophe Transon se remarie avec Magdeleine Thérèse Lefort, née le 20 juillet 1774 à Vernon où son père est marchand épicier.

De ce second mariage naissent, à Versailles, une fille puis trois fils. Le dernier de ces fils est Abel Étienne Louis, né le 29 frimaire de l'an 14 (20 décembre 1805).

La mère meurt le 25 juin 1835 à près de 61 ans, et le père le 3 février 1838 à 75 ans, tous deux en leur domicile, place d'Armes, à Versailles.

2 Les années d'études

Albert Transon fait ses études secondaires au collège royal de Versailles. Au concours général des collèges royaux de Paris et Versailles, il obtient le deuxième accessit de mathématiques élémentaires en 1822 et le premier prix de mathématiques spéciales en 1823. Son professeur de mathématiques spéciales est d'abord Treuil, né en 1784 à Saint-Domingue, entré à Polytechnique en 1802 ; Treuil meurt le 4 février 1823 ; à ses obsèques, Abel Transon parle au nom de sa classe. Treuil est remplacé par le futur inspecteur général Demonferrand, 1795-1844, entré à Polytechnique en 1812.

Transon est candidat à l'École polytechnique en 1823. Le concours consiste en une longue épreuve orale portant sur les mathématiques. Les trois examinateurs se partagent les candidats de Paris et Versailles, puis partent en tournée en province : Dinet a la tournée du Sud (83 candidats, y compris ceux de Paris), Reynaud celle de l'Est et du Sud (99), Poinsot celle de l'Ouest et du Nord (77). Chacun des examinateurs fournit la liste de ceux qu'il juge dignes d'être admis, classés par ordre de mérite, puis un jury de sept membres dont les examinateurs, présidé par Poisson, fixe la liste des admis, qui est soumise à l'approbation du ministre.

Son neveu Paul Tournaire raconte l'interrogation de Transon :

> Assez méfiant de lui-même, il se déconcerta dès la première question posée à l'examen et il quitta la salle. Heureusement, son professeur était présent et parvint à le rattraper ; l'examinateur consentit à reprendre l'interrogation suspendue, mais Transon ne fut reçu que dans les derniers rangs. (Tournaire 1928, p. 112)

Transon est 28e sur 46 sur la liste de Reynaud ; après délibération du jury et renoncement de plusieurs candidats (ou peut-être décision négative du jury ou du ministre), il est le 27e des 38 candidats examinés par Reynaud qui entrent à Polytechnique. La liste de Dinet compte 32 entrants, celle de Poinsot 33.

Bien que son rang d'admission ait été médiocre, il est le premier des 94 élèves admis en deuxième année en 1824, et le premier sur 95 dans le classement de sortie en 1825. Il est le premier des quatre admis à l'École des mines où il entre le 20 novembre 1825. Le 1er juin 1827, il est « envoyé dans les départements pour y visiter [...] divers établissements des Mines ». Le 16 mai 1829, il est nommé aspirant.

3 Ingénieur des Mines en congé, 1830-1866

Sa formation achevée, Transon est, le 30 novembre 1829, « chargé du service des Mines dans le 15e arrondissement, à la résidence d'Ajaccio ». Toujours à Paris le 14 janvier 1830, il sollicite, en invoquant « l'état chancelant de [sa] santé », « un congé indéfini sans appointements » :

> Cette mesure [...] sera pour moi une faveur précieuse, en ce qu'elle me laisserait l'espoir de rentrer quelque jour dans la carrière que je quitterais en ce moment. Je me proposerais d'ailleurs en restant à Paris de consacrer mon temps à des travaux scientifiques pour lesquels j'aurais plus de ressources ici que partout ailleurs et qui seraient plus compatibles avec l'état de ma santé que ceux que réclame la profession d'ingénieur. (Archives nationales, F/14/2738/2)

Le 3 février 1830, il est placé dans la réserve sans traitement. Sa nomination le 4 juillet 1830 comme ingénieur de 2e classe du corps royal des Mines ne modifie pas cette situation.

Le 19 août 1831, « étant complètement rétabli », il demande à rentrer dans le service des Mines, à Ajaccio si la place est vacante. Mais le 23 août il annule cette demande, « ma santé n'étant pas aussi bien affermie que je l'avais espéré ».

Nous verrons à quoi il consacre les années qui suivent. Le ministère lui ayant demandé en juillet 1838 s'il envisage de reprendre du service au corps des Mines, il répond qu'il souhaite rester dans le cadre de réserve et poursuivre à Paris l'étude des mathématiques.

Le 14 décembre 1840, le sous-secrétaire d'État aux Travaux publics l'autorise à accepter les fonctions de répétiteur d'analyse à l'École polytechnique. En activité de service pour le compte de l'État, il cesse alors d'être compris dans la réserve, tout en continuant à ne percevoir aucun traitement du ministère des Travaux publics.

Par un décret du 24 décembre 1851 réorganisant le corps des Mines, les ingénieurs temporairement attachés à Polytechnique sont reconnus en service actif.

Transon est nommé ingénieur ordinaire de 1re classe par un arrêté du 31 août 1855 et ingénieur en chef de 2e classe par un décret du 7 février 1863.

Un décret du 5 février 1866 l'admet à faire valoir ses droits à une pension de retraite. Son ancienneté pour la retraite est de 40 ans 10 mois 11 jours, pour la période allant du 20 décembre 1825, jour où il a eu 20 ans, au 31 octobre 1866. La pension est de 4 430 francs par an. Elle est calculée à partir du traitement (perçu ou non) de son grade des 6 dernières années, lequel était de 6 645 francs (4 500, puis 6 000, et enfin 7 500 les 3 dernières années).

Bien que n'ayant travaillé dans les services des Mines que jusqu'en 1829, comme élève de l'École des mines, il a droit à cette retraite.

4 Saint-simonien puis fouriériste, 1830-1834

Le comte de Saint-Simon, fondateur de la doctrine saint-simonienne, est mort en 1825, et la doctrine qu'il a fondée est portée et développée par Prosper Enfantin, né en 1796, X 1813, Armand Saint-Amand Bazard (ou plus simplement Bazard), né en 1791, et le mathématicien Olinde Rodrigues, né en 1795 ; les deux premiers sont nommés en 1829 « pères suprêmes ».

En 1830, comme de nombreux polytechniciens, Transon devient saint-simonien. Il vit chez Enfantin avec quelques autres disciples. Il écrit dans *L'Organisateur* (« Journal de la doctrine des Saint-Simon » puis « Gazette des Saint-Simoniens ») et *Le Globe*, journal de l'opposition libérale sous la Restauration, racheté en novembre 1830 par les saint-simoniens (il devient alors *Journal de la religion saint-simonienne*) qui le dirigent jusqu'à sa disparition en avril 1832. Il est surtout, de 1830 à 1832, un des six prédicateurs de la religion saint-simonienne, qu'ils prêchent le dimanche, dans leur salle de la rue Taitbout, à « quinze cents ouvriers environ, femmes et enfants compris » (Transon 1832c, p. 3). Dans son *Histoire du Saint-Simonisme*, Sébastien Charléty écrit :

> Le mérite des prédicateurs fut de mettre au service de la cause une ardeur incroyable et une conviction sans arrière-pensée, plus enflammée chez Barrault, plus raisonnable chez Transon, plus élevée chez Reynaud. Comme il est naturel, le thème favori de leurs discours était le procès de la société actuelle et de ses injustices. [...] « Nous voulons, disait Transon, que tout ce qu'il y a dans la société de sentiments nobles et généreux, s'insurge contre la prépondérance du désœuvrement et les envahissements de la nullité. » (Charléty 1931, p. 85–86)

Le même Charléty dresse un portrait de Transon :

> Abel Transon et Jules Lechevalier étaient unis de véritable amitié. Le premier, de santé faible, d'âme sensible, était sujet à des alternatives d'enthousiasme et d'abattement ; « ce corps usé, ce cœur brillant, cette tête si belle et si monstrueuse d'intelligence, avaient besoin de caresses, d'animation, de conseils de chaque jour

> et souvent un rien suffisait pour le ressusciter : une parole de Jules surtout ». (Charléty 1931, p. 48 (il cite entre guillemets le saint-simonien Lambert))

À la fin de 1831, des désaccords « sur le rôle de la femme et sur les lois qui doivent régir le lien conjugal » selon Louis Tournaire[1] (1878, p. 436), sur le fait que le père Enfantin ait rendu publique des confessions qui lui étaient faites » selon les débats publiés[2], ou sur l'adoption d'une politique pacifiste (Charléty 1931, p. 148), conduisent à un schisme : plusieurs disciples, dont Bazard puis Rodrigues, Lechevalier et Transon, se détachent d'Enfantin, à qui la majorité des saint-simoniens reste fidèle.

Le 19 novembre, Transon avait déclaré dans une réunion saint-simonienne :

> Moi ! Je ne suis pas philosophe, je suis un homme religieux, c'est vous, père Enfantin, qui me l'avez appris. Oui, je suis un homme religieux, et c'est précisément parce que je ne vois plus de religion ni en Bazard ni en vous que je me retire. Je suis un porte-bannière, je ne porte plus la vôtre ; je n'y ai plus foi, je disparais. Voilà comment je ne suis pas philosophe, mais bien un homme religieux. J'irai où je verrai une religion. (Collectif 1832, p. 28)

Le *Simple écrit d'Abel Transon aux Saint-Simoniens*, publié le 1er février 1832, alors qu'il a rejoint les fouriéristes, expose la raison déterminante du départ de Transon : les saint-simoniens ont développé et prêché, comme l'écrivait Saint-Simon, « une nouvelle morale, un nouveau dogme et un nouveau culte », mais cette doctrine s'est montrée impuissante à « associer réellement les hommes », si ce n'est comme « simple copie du passé » (1832c, p. 3–5).

Cette religion et cette « véritable doctrine d'association », Transon va les trouver dans la doctrine d'un autre utopiste, Charles Fourier, 1772-1837. En deux articles de la *Revue encyclopédique* intitulés « Doctrine d'association de M. Charles Fourier » (février et mai-juin 1832), il donne un exposé dont Pellarin écrira qu'il « n'a été surpassé par aucun autre, ni en clarté, ni en précision, ni en élégance ». Pellarin poursuit : « Comme écrivain, Transon a peu produit. Mais tout ce qu'il a fait porte un cachet de perfection remarquable. C'est de lui que Fourier disait qu'il était de tous ses disciples celui qui interprétait et rendait le plus fidèlement sa doctrine » (Pellarin 1877, p 8). Transon devient bientôt le rédacteur de l'hebdomadaire *Le Phalanstère*, qui disparaît en 1834.

Un essai de réalisation du fouriérisme, c'est-à-dire de phalanstère, le déçoit. Louis Tournaire écrit :

> Il se sépara du Fouriérisme en 1834 et profondément ébranlé par les déceptions de sa foi, se recueillit plusieurs années soit à Versailles,

1. Tournaire n'explicite pas la nature du désaccord. Enfantin prône la liberté sexuelle, y compris pour les femmes.

2. *Religion saint-simonienne* (Collectif 1832, p. 148). Transon exprime sa position aux p. 28–31 et 40.

> soit à Paris, plongé dans les études de métaphysique et de religion et dans la lecture des livres qui en traitent, notamment des œuvres de Wronski, dont il fut admirateur. Ces méditations furent traversées par de longues crises de découragement, qui s'étaient déjà produites dans son apostolat saint-simonien.
>
> Il en sortit complètement catholique et le resta jusqu'à la fin de sa vie. (Tournaire 1878, p. 437)

Pellarin fournit plusieurs précisions : « La mort de sa mère, femme distinguée et pieuse, qu'il chérissait tendrement, mort survenue en 1835, acheva de décider son retour aux croyances religieuses dont avait été bercée son enfance. Son vieux père, resté seul et aveugle, réclamait sa présence et ses soins. Transon se voua à cette tâche de piété filiale jusqu'à la mort de son père, en 1838 » (Pellarin 1877, p. 17).

Le retour au catholicisme s'accompagne d'un retour aux mathématiques. Transon ne fera plus guère de politique. Candidat aux élections du 23 avril 1848 sur la liste du Comité central des libertés politiques, civiles et religieuses aux côtés de Lacordaire, Buchez, Perdiguier, etc., il demande « la réalisation sociale du christianisme ». Condamnant en privé « le luxe de la Cour impériale, le goût du plaisir et de la spéculation qui caractérisa le second Empire » (Tournaire 1928, p. 124), il renonce à toute expression publique. Après la Commune, il regrette dans une lettre d'avoir été un des « quelques téméraires qui, par ignorance et avec les meilleures intentions du monde, ont préparé les voies à l'inondation qui nous menace[3] ».

5 Publications dans le *Journal* de Liouville, 1836-1845

En janvier 1836, Joseph Liouville publie chez Bachelier, « imprimeur-libraire de l'École polytechnique, du Bureau des longitudes, etc. », le premier fascicule du *Journal de mathématiques pures et appliquées*, qu'il dirigera jusqu'en 1874 et qui sera longtemps désigné comme Journal de Liouville. Né le 24 mars 1809, plus de trois ans après Transon, entré à Polytechnique en 1825, l'année où Transon en sortait, entré en 1827 à l'École des Ponts et Chaussées qu'il quitte en mai 1830, Liouville est, comme Transon, plus attiré par les mathématiques que par une carrière d'ingénieur. Depuis novembre 1831, il est répétiteur d'analyse et de mécanique à Polytechnique.

Cette première livraison de 32 pages s'ouvre sur un « Avertissement » de Liouville : « On y traitera indifféremment et les questions les plus nouvelles soulevées par les géomètres, et les plus minutieux détails de l'enseignement des collèges. » Suivent des textes de Coriolis (X 1808, répétiteur d'analyse et de

3. Cité par Pellarin (1877, p. 15), qui ajoute que Transon « calomnie son passé » : les saint-simoniens et les fouriéristes « avaient plutôt une influence d'apaisement ; ils détournaient la jeunesse des voies de la violence et de l'insurrection » (1877, p. 15–16).

mécanique à Polytechnique), Libri (Académie des sciences) et enfin un mémoire de 19 pages de Liouville[4].

La signature de Transon apparaît en mai 1836, avec une note « Sur les rayons de courbure des sections coniques » (t. I, p. 191–194). Sa deuxième contribution, en avril 1839, est la plus longue : « Généralisation de la théorie des foyers dans les sections coniques » (t. IV, p. 457-482). Suivront « Recherches sur la courbure des lignes et des surfaces » (mai 1841 ; t. VI, p. 191–208)[5], des extraits d'une lettre à Liouville (novembre 1841 ; t. VI, p. 441–447), « Sur la détermination des orbites planétaires » (novembre 1844, t. IX, p. 369–372) et « Méthode géométrique pour les rayons de courbure d'une certaine classe de courbes » (avril 1845 ; t. X, p. 148–157). Cette dernière note, qui se présente comme un prolongement d'un théorème énoncé par Chasles, sera suivie d'une affirmation de priorité par ledit Chasles, qui explicitera cette priorité dans la livraison de mai. Transon ne publiera plus au *Journal* de Liouville qu'une brève « Note sur les principes de la mécanique » (août 1845 ; t. X, p. 320–326).

6 Répétiteur de mathématiques à Polytechnique, 1840-1865, et examinateur d'admission, 1859-1873

« Sur la proposition de M. Liouville et sans aucune démarche de sa part, Transon fut nommé, en 1841, répétiteur d'analyse à l'École polytechnique », écrit Pellarin (1877, p. 17).

Depuis octobre 1838, Liouville est un des deux professeurs d'analyse et de mécanique à Polytechnique ; l'autre est Duhamel. Chacun est assisté par un répétiteur et un répétiteur-adjoint : Sturm et Guibert (X 1813) pour Liouville, A. Comte (X 1814) et Wantzel (X 1832, major) pour Duhamel. En 1838-1839, Duhamel (X 1830) a la deuxième division (élèves de première année) et Liouville la première (élèves de deuxième année) ; ils permutent en 1839-1840.

Le 19 octobre 1840, Sturm succède à Duhamel. La place de répétiteur aux côtés de Liouville est ainsi libérée. Elle est proposée à Abel Transon dont Liouville, qui l'a publié, a pu juger les compétences en mathématiques ; l'absence de titres universitaires – il n'est ni licencié ni docteur[6] – n'est pas un obstacle à sa nomination. Le 28 octobre, Transon demande au sous-secrétaire d'État aux Transports de l'autoriser à accepter. Un arrêté du 14 décembre 1840 lui donne cette autorisation ; il occupait ces fonctions depuis le 1er novembre.

En 1840-1841, l'enseignement d'analyse et de mécanique à Polytechnique est donc confié dans la 1re division à Liouville, assisté de Transon et Guibert, dans la 2e à Sturm, assisté de Comte et Wantzel.

---

4. Contributeur prolifique à son *Journal*, Liouville y publie dès la première année huit contributions (dont une co-signée avec Sturm), totalisant 127 pages.

5. Transon avait communiqué un mémoire portant ce titre à l'Académie des sciences qui, le 27 avril 1840, avait chargé Sturm et Liouville de l'examiner. La publication tient lieu de rapport favorable.

6. C'est aussi le cas de Comte et de Wantzel.

De juillet à novembre 1850, une commission mixte dirigée par Le Verrier (X 1831) réorganise les études à Polytechnique. Chacune des chaires d'analyse et mécanique est scindée en chaire d'analyse et chaire de mécanique. Les cours d'analyse, toujours confiés à Liouville et Sturm, considérablement simplifiés, sont orientés vers les applications. Le respect des programmes par les enseignants est contrôlé. En désaccord avec Le Verrier, Duhamel démissionne en janvier 1851 de ses fonctions de directeur des études.

Le 1er février 1851, Liouville, nommé le 18 janvier professeur au Collège de France[7], donne sa démission de professeur à Polytechnique ; il est remplacé par Duhamel. À la rentrée de 1851, Sturm et Duhamel sont les deux professeurs d'analyse, le premier jusqu'à sa mort en décembre 1855[8], le second jusqu'en 1869.

Quant à Transon, il exerce ces fonctions de répétiteur jusqu'à sa retraite, en février 1866.

Il est nommé en outre examinateur d'admission en 1859 (ou fin 1858) et président des examinateurs en 1861. L'organisation du concours, profondément modifiée en 1852, n'a connu depuis que des changements mineurs.

En 1861, par exemple, les compositions écrites se passent en six séances les 18, 19 et 20 juillet, à Paris et dans 21 villes de province. Les oraux commencent à Paris le 22 juillet. En province, ils commencent à Douai le 28 août et se poursuivent à Metz, Nancy, Strasbourg, Besançon, Lyon, Marseille, Montpellier, Toulouse, Bordeaux, Poitiers, La Flèche et enfin Rennes, où ils commencent le 29 septembre. Les examinateurs interrogent, les candidats à l'École polytechnique et à l'École forestière. Les deux examinateurs du premier degré, Hermite pour la physique et Haton de la Goupillière pour les maths, affichent le lendemain de chaque interrogation les admissibles au second degré (il y en a 126 à Paris en 1861) qui sont interrogés un ou deux jours plus tard par Ossian Bonnet (maths), Transon (maths et mécanique) et Cabart (physique, chimie et allemand).

Abel Transon avait été fait chevalier de la légion d'honneur le 15 août 1860. Le 4 janvier 1873, il est promu au grade d'officier, dont les insignes lui sont remis à l'École polytechnique par Adolphe Thiers, président de la République.

Transon exerce cette lourde charge d'examinateur d'entrée, jusqu'à ce que, écrit Louis Tournaire, « une crise douloureuse, qui le saisit au milieu de ses examens en 1873 et qui avait pour cause une maladie de cœur déjà ancienne, le [force] à prendre sa retraite » (1878, p. 448).

Cette crise se produit alors que les examinateurs ont déjà interrogé les candidats de Nancy, parmi lesquels Henri Poincaré. Dans une note de son *Éloge historique d'Henri Poincaré*, Gaston Darboux (1913) rapporte le témoignage du général Xardel :

---

7. Sur cette réforme des études à Polytechnique et l'élection de Liouville au Collège de France, voir (Lützen 1990, p. 165–171).

8. Souffrant et critiqué pour non-respect des programmes, il est suppléé en 1851-1852.

> Nancy, disait M. Transon, présente un candidat bien remarquable. C'est Poincaré. Mais nous sommes bien embarrassés. Il a un zéro pour le dessin et le zéro est éliminatoire. Pour le reste il est absolument hors de pair. S'il est reçu, il sera premier. Mais sera-t-il reçu ? (Darboux 1913, note, p. XCIII)

7 Professeur au collège Stanislas, 1844-1847

Ces fonctions à Polytechnique constituent l'essentiel de l'activité professionnelle de Transon. Il enseigne par ailleurs pendant trois ans au collège privé Stanislas, à Paris : les mathématiques élémentaires en 1844-1845, les mathématiques spéciales les deux années suivantes. Il a deux admis à Polytechnique en 1846 et un en 1847.

Parmi ses douze élèves de 1846-47, on peut signaler Jean-Albert Gauthier, ou Gauthier-Villars, qui entrera 61e à Polytechnique en 1848 ; ayant acquis en 1864 la maison d'édition fondée en 1790 par Jean-Marie Courcier et devenue ensuite Bachelier puis Mallet-Bachelier, il en fera les éditions Gauthier-Villars.

8 Mariage, 1845

Le 1er avril 1845, à Paris, Abel Transon épouse Louise *Félicité* Desnoyers. Il a 39 ans ; ses parents et ses grands-parents sont tous décédés.

Selon Paul Tournaire :

> [Abel Transon] trouva dans cette union une communauté de sentiments complète ; aussi disposée à collaborer à ses œuvres charitables, qu'à entretenir ses relations d'amitié, qu'à comprendre les enthousiasmes ou les indignations qui le faisaient passer à d'autres yeux pour un singulier original, sa femme fut pour lui une parfaite compagne. Elle l'accompagna avec intrépidité dans ses voyages à pied, elle le suivit plus tard dans ses tournées d'examen et partagea en tous points ses goûts et ses opinions. (Tournaire 1928, p. 123)

Louis Tournaire avait indiqué :

> La paternité lui fut refusée, seul regret que les deux époux aient éprouvé dans cette union. (Tournaire 1878, p. 449)

Quand ils se marient, Félicité, usuellement désignée comme Félicie, n'a pas 20 ans : elle est née le 15 mai 1825 à Paris. Son père, Louis Marie François Dessales Desnoyers, né en 1787 à Neuville (aujourd'hui Neuville-aux-Bois, Loiret), entré à Polytechnique en 1806, est alors capitaine d'artillerie ; en 1845, il est, selon l'acte de mariage, « administrateur de l'École polytechnique[9], chef

9. Depuis 1827.

d'escadron d'artillerie[10], officier de la légion d'honneur » ; il meurt l'année suivante à Paris. La mère, Cécile Ducloux, est née en 1796 à Neuville où son père était médecin ; elle meurt en 1850 à Paris.

De leur union, célébrée en 1816 à Paris, sont nées trois filles : Eugénie, Félicité et Cécile. Un fils et un petit-fils d'Eugénie seront polytechniciens et finiront généraux. Cécile épousera Louis Tournaire, fils de polytechnicien, entré lui-même major à Polytechnique en 1842 ; leurs deux fils et leur gendre seront aussi polytechniciens, tout comme plusieurs de leurs petits-enfants – d'autres entreront à Saint-Cyr ou Navale, deux seront amiraux.

9 Publications aux *Nouvelles Annales de mathématiques*, 1844-1874

Les *Nouvelles Annales de mathématiques* sont créées en 1842 par Olry Terquem, professeur aux écoles royales d'artillerie, et Camille Gérono, qui avait enseigné les mathématiques spéciales au collège Stanislas en 1840-1841. D'abord éditées par Carillan-Goeury et Victor Dalmont, elles sont reprises en 1849 par Bachelier, puis par Mallet-Bachelier et enfin en 1864 par Gauthier-Villars qui les éditera jusqu'à leur disparition en 1927.

Les articles de ce *Journal des candidats aux écoles Polytechnique et Normale* y sont moins difficiles et, sauf exceptions, moins longs que ceux du Journal de Liouville, « recueil mensuel de mémoires sur diverses parties des mathématiques ». Les auteurs et les lecteurs sont le plus souvent des élèves ou des professeurs de mathématiques spéciales, des ingénieurs, des mathématiciens amateurs, invités à fournir des contributions (études de questions mathématiques, énoncés et corrections d'exercices, solutions de problèmes de concours), mais de nombreux mathématiciens éminents y publient.

La signature de Transon y apparaît 41 fois entre 1844 et 1874. Ces textes font d'une à 24 pages, pour un total de 320 pages environ. Il s'agit le plus souvent d'articles à visée pédagogique consacrés à une question élémentaire d'analyse ou de géométrie. Quelques-uns sont plus ambitieux.

Les deux premières de ces contributions consistent en une « Note sur les quantités négatives », publiée en 1844 en deux parties totalisant 4 pages et suivie d'un commentaire de Terquem. Cette note de Transon se termine par une référence à l'*Introduction à la Philosophie des Mathématiques* d'Hoëné Wronski. L'ouvrage, dont le titre complet est *Introduction à la Philosophie des Mathématiques et Technie de l'algorithmie*, est publié chez Courcier en 1811 ; l'auteur est désigné comme « M. Hoëné de Wronski, ci-devant Officier supérieur d'Artillerie au service de Russie » et il est « dédié à Sa Majesté l'Empereur Alexandre Ier, autocrate de toutes les Russies. ». Josef Hoëné-Wronski, ou Wronsky, 1776-1853, est un mathématicien et philosophe polonais vivant en

10. Capitaine quand il prend sa retraite en 1815 comme chef d'escadron honoraire. Il avait perdu un bras à Leipzig.

France à partir de 1810. Pour en savoir un peu plus sur cet illuminé messianique, on se reportera à la notice qui lui est consacrée dans Wikipédia.

Wronski réapparaît dans les deux derniers textes de Transon publiés en 1874 par les *Nouvelles Annales*, et intitulés « Réflexions sur l'événement scientifique d'une formule publiée par Wronski en 1812, et démontrée par Cayley en 1873 » et « Loi sur les séries de Wronski ; sa phoronomie ». Plutôt que de tenter une paraphrase ou un résumé de ces étonnantes deux fois 14 pages, nous invitons le lecteur à s'y reporter : la collection des *Nouvelles Annales* est accessible sur le site Numdam.

On signalera enfin : « Applications de l'algèbre directive à la géométrie », 2e série, t. 7, 1868, p. 145–157, 193–208, 241–264. C'est, en trois parties, le seul texte publié par Transon dans les *Nouvelles Annales* qui dépasse 20 pages.

10 Autres écrits scientifiques de Transon

Il a déjà été question de ses publications dans le *Journal* de Liouville et les *Nouvelles Annales de mathématiques.*

– *Bulletin de la Société philomatique de Paris*

  Quelques contributions.

  Élu le 11 juillet 1840 à la Société philomatique de Paris (créée en 1788), il en est membre honoraire en 1861.

– *Annales des Mines*

  « Essai géologique sur l'île de Jersey », 4e série, t. XX, 1851, p. 501–526. « Par M. Abel Transon, ingénieur des mines ».

– *Comptes rendus des séances de l'Académie des sciences*
  En dehors du mémoire de 1840 signalé ici à la note 5 et dont les *Comptes rendus* n'ont pas publié d'extrait, il donne deux notes :

  « Propriétés d'un système de droites menées par tous les points de l'espace suivant une loi quelconque », t. LII, p. 245–247. Extrait lu le 11 février 1861. Rapport élogieux de Lamé et Chasles, t. LII, p. 1013–1018.

  « Sur l'emploi de l'infini en Mathématiques », t. LXXIII, p. 367-369, séance du 7 août 1871.

– *Journal de l'École polytechnique*

  « Propriétés d'un système de droites menées par tous les points de l'espace suivant une loi quelconque », 38e cahier, 1861, p. 195–207.

  « Remarques sur la théorie des maxima et des minima », 42e cahier, 1867, p. 205–214.

– *L'Institut*

« Cinématique ou phoronomie », 1870. (Transon 1870)

– *De l'Infini, ou Métaphysique et géométrie à l'occasion d'une pseudo-géométrie*, Evreux, 1871, 30 p. (Transon 1871)

Réflexion sur les géométries non-euclidiennes et sur l'infini en géométrie.

11 Écrits saint-simoniens et fouriéristes de Transon

– Textes saint-simoniens.

De la religion saint-simonienne, Paris, 1830, 70 p. Cinq discours aux polytechniciens. (Transon 1829-1830)

Prédication du 11 décembre, et Allocution prononcée après la prédication par P.-M. Laurent, Paris, 1831, 10 + 10 pages. (Transon 1831)

Religion saint-simonienne, Morale du jour. Discours prononcé le 1er janvier 1832, 2 p. (Transon 1832b)

Simple écrit d'Albert Transon aux Saint-Simoniens, Paris, 1er février 1832, 32 p. (Transon 1832c)

Œuvres de Saint-Simon et d'Enfantin, volume 16. Contient plusieurs interventions de Transon dans des séances saint-simoniennes, en particulier p. 174–176 et 188–190, et plusieurs interventions portant sur sa personnalité (par Enfantin, Lambert, etc.). (Enfantin & Saint-Simon 1865-1869)

– Écrits fouriéristes.

« Doctrine d'association de M. Charles Fourier », *Revue encyclopédique*, t. LIII, p. 271–300 (février 1832) et t. LIV, p. 290–323 (mai-juin 1832). Deux articles rassemblés dans *Théorie sociétaire de Charles Fourier, ou art d'établir en tout pays des associations domestiques agricoles de quatre à cinq cents familles, exposé succinct par Albert Transon*, Paris, au bureau du *Phalanstère*, 1832, 60 p. (Transon 1832a,d)

12 Les dernières années

L'état de santé de Transon lorsqu'il doit abandonner ses fonctions d'examinateur en septembre 1873 est exposé par Pellarin :

> Transon avait éprouvé deux graves atteintes de rhumatisme articulaire, l'une en 1849, l'autre en 1856. [...]. Depuis quelques années

> déjà, une maladie du cœur et de l'aorte, consécutive à l'affection rhumatismale, causait à Transon de fréquents accès d'étouffement, avec tous les symptômes de l'angine de poitrine. (Pellarin 1877, p. 18)
>
> Pendant le siège de Paris, Transon, tout accablé qu'il était par la maladie, avec des accès d'étouffement très pénibles, voulut faire, et fit, en effet, son service de garde national vétéran, service qui consistait surtout à maintenir l'ordre dans les boucheries et les boulangeries pendant les distributions de rations. Les malheurs de la France furent vivement ressentis par le pauvre malade. (Pellarin 1877, p. 19–20)

Louis Tournaire décrit les trois dernières années de Transon :

> Sa maladie fut aggravée par les privations du siège de Paris, plus encore peut-être par la douleur que lui causèrent l'amoindrissement de la patrie et la guerre de la Commune. Cet état de souffrance, l'isolement du monde militant auquel il était par suite condamné, l'impression des catastrophes récentes avaient accru une disposition à la tristesse qui remontait au naufrage de ses illusions humanitaires, et donné à ses opinions et à sas prévisions sur l'avenir un tour qui contrastait avec les tendances de sa jeunesse. Sa capacité et son énergie au travail se soutinrent d'ailleurs jusqu'à ses derniers moments, et la pensée d'abandonner certaines recherches fut un des tourments de sa longue et lucide agonie. (Tournaire 1878, p. 449)

« Son agonie fut des plus cruelles, comme il arrive dans les maladies du cœur, quand elles ne se terminent pas brusquement par la rupture de l'organe », écrit Pellarin (1877, p. 20). Abel Transon meurt le 23 août 1876 au 8, rue de Tournon et est inhumé le 25 au cimetière du Montparnasse

Son épouse, décédée le 29 septembre 1892, est inhumée dans la même sépulture.

Sources archivistiques

Dossiers de carrière d'Abel Transon, F/14/2738/2 et F/14/3068, aux Archives nationales.

Archives de l'École polytechnique : classements du concours d'entrée de 1823.

Archives de Paris et Archives des Yvelines : état-civil.

Bibliographie

Charléty, S. (1931). *Histoire du Saint-Simonisme (1825-1864)*. Paris : Gonthier, 2e éd. Première édition 1896.

Collectif (1832). *Morale. Réunion générale de la famille. [Séances des 19 et 21 novembre 1831. Cinq]*. Paris : Librairie Saint-Simonienne.

Darboux, G. (1913). Éloge historique d'Henri Poincaré. *Mémoires de l'Académie des sciences*, 52(2e série), LXXXI–CXLVIII.

Enfantin, B.-P. & Saint-Simon, C.-H. d. (1865-1869). *Œuvres de Saint-Simon et d'Enfantin*, t. 16. Paris : E. Dentu.

Lützen, J. (1990). *Joseph Liouville 1809-1882 – Master of Pure and Applied Mathematics*. Studies in the History of Mathematics and Physical Sciences, New York : Springer, doi :10.1007/978-1-4612-0989-8.

Pellarin, C. (1877). *Une page de l'histoire du Saint-Simonisme & du Fouriérisme : Notice sur Jules Lechevalier & Abel Transon*. Paris : Imprimerie nouvelle.

Tournaire, L. (1878). Notice nécrologique sur Abel Transon, ingénieur en chef des mines. *Annales des Mines*, XIV(7e série), 433–449.

Tournaire, P. (1928). Un Versaillais de l'époque romantique, Abel Transon (1805-1876). *Revue de l'histoire de Paris et de Seine-et-Oise*, avril-juin, 111–125.

Transon, A. (1829-1830). *De la Religion saint-simonienne, cinq discours aux éléves de l'École polytechnique*. Paris : Doctrine de Saint-Simon.

Transon, A. (1831). *Prédication du 11 décembre*. Paris : Allocution prononcée après la prédication par P.-M. Laurent.

Transon, A. (1832a). Doctrine d'association de M. Charles Fourier. *Revue encyclopédique*, LIII–LIV, 271–300 ; 290–323.

Transon, A. (1832b). *Religion saint-simonienne : morale du jour*. s. l. : s. n. Discours prononcé le 1er janvier 1832.

Transon, A. (1832c). *Simple écrit d'Abel Transon aux Saint-Simoniens*. Paris : imp. de Everat. 1er février 1832.

Transon, A. (1832d). *Théorie sociétaire de Charles Fourier, ou art d'établir en tout pays des associations domestiques agricoles de quatre à cinq cents familles, exposé succinct par Albert Transon*. Paris : au bureau du Phalanstère.

Transon, A. (1870). Cinématique ou phoronomie. *L'Institut*, 1re section, XXXVIII.

Transon, A. (1871). *De l'Infini, ou Métaphysique et géométrie à l'occasion d'une pseudo-géométrie*. Évreux : A. Hérissey.

Roland Brasseur
AHP-PReST (UMR 7117), Université de Lorraine
`https://sites.google.com/site/rolandbrasseur`

Le débat entre Hermann Cohen et Friedrich Albert Lange sur la première *Critique*

Charles Braverman & Christophe Bouriau

C'est avec sérieux et provocation que Philippe Nabonnand évoquait parfois dans nos réunions de travail le « Kant fantomatique » des savants qui parlent de Kant sans se soucier entièrement de la question de la fidélité parfaite aux textes kantiens. « Fantomatique » n'est pas ici ironique ; au contraire ! Secouant nos habitudes cristallisées par les enseignements institutionnels et par les concours, il s'agissait pour Philippe de nous pousser à abandonner les scrupules des historiens exégètes de la philosophie qui pinaillent en répondant : « mais voyons, Kant ne dit pas exactement cela ! ». Essayez-vous par exemple à dire à Philippe que Poincaré n'a pas parfaitement compris Kant. Sans être étonné par cette remarque « de philosophe », il sera pourtant probablement un peu exaspéré par cette ritournelle. Sans perdre sa bonhomie coutumière, il agitera légèrement les bras, se lèvera peut-être et s'exclamera en parlant un peu plus fort que d'habitude :

> Bien sûr que non le Kant de Poincaré n'est pas Kant. Mais on s'en fout ! La question c'est pourquoi il l'utilise et s'y réfère. Dans quels contextes est-on presque obligé de parler de Kant à l'époque ? Et en quoi une interprétation, quoique peut-être infidèle, est-elle féconde ?

Un « Kant fantomatique », ou une invitation à oublier pour un temps (ou pour toujours) ce que serait LA pensée de Kant, son essence intemporelle, au profit d'une multitude de références occasionnelles qui ont servi de support à l'émergence de thèses philosophiques originales.

Ainsi, le présent article s'inscrit dans la continuité de notre collaboration régulière sur la réception du kantisme au XIXe siècle en milieu savant. Nous nous focalisons sur un moment qui nous paraît charnière de cette réception en Allemagne : celui d'un dialogue amical[1] mais sans concession entre Friedrich-Albert Lange (1828-1875) et Hermann Cohen (1842-1918) autour du statut

1. Lange et Cohen entretenaient des rapports d'amitié et de reconnaissance mutuelle. D'un point de vue institutionnel, Cohen doit beaucoup à Lange. Soutenu sans succès, en

P.-E. Bour, M. Rebuschi & L. Rollet (eds.), *Sciences, Circulations, Révolutions*, 127–138.

du transcendantal. En 1866, Lange publie son *Histoire du matérialisme et critique de son importance à notre époque* (Lange 1866-1875) dans laquelle le chapitre « Kant et le matérialisme » développe une interprétation originale de la première *Critique* kantienne. En 1871, Cohen publie la *Théorie kantienne de l'expérience* (Cohen 1871), où il s'oppose sur plusieurs points essentiels à Lange. Comme nous le montrerons, ce sont deux interprétations possibles du kantisme qui se jouent. Cependant, loin de les départager pour savoir laquelle est la plus proche de Kant, il s'agira plutôt de cerner ce qui unit et sépare deux figures majeures du néokantisme, ce que signifie même être « néokantien » et comment les éditions successives de leurs ouvrages portent la marque, qui nous paraît exemplaire, de ce que peut être un dialogue fructueux entre philosophes.

1 Le projet néokantien : réconcilier la science et la philosophie

Lange et Cohen partagent un certain nombre de convictions sur le statut et la portée de la première *Critique* kantienne qui les conduisent à être tous deux des « néokantiens ». Cela signifie qu'ils considèrent qu'il faut repartir d'une potentialité qu'ils voient chez Kant et qui permet de redéfinir le statut et le rôle de la philosophie au sein de la culture. Ainsi, se référer à Kant indique d'abord moins une communauté de thèses philosophiques qu'une interprétation normative sur ce que doit être tout discours philosophique.

C'est notamment contre Hegel que Lange se rallie à plusieurs auteurs (dont Hermann von Helmholtz par exemple) pour affirmer que la philosophie ne peut plus prétendre au statut de science de l'être. Elle doit plus modestement assumer le rôle d'une critique de la connaissance scientifique. Dans la préface à la 3e édition de sa *Théorie kantienne de l'expérience*, parue en 1918, Cohen présente justement Lange comme l'un des premiers à avoir contribué, en repartant de Kant, à réhabiliter la philosophie dans sa dimension *scientifique*, c'est-à-dire dans son rapport essentiel à la pratique des sciences. Contre « l'esprit romantique » (illustré par l'idéalisme allemand) qui a, « après une brève ivresse », « provoqué la ruine de la philosophie » (Cohen 1871, p. 44), Cohen affirme que Lange illustre « l'esprit scientifique » ayant participé à la reconstruction de la philosophie en la reliant au kantisme et au développement des sciences[2].

Parler de « néocriticisme » pour Cohen et Lange implique par conséquent des stratégies communes de références à Kant dans lesquelles ils sont globalement d'accord sur trois points qui n'impliquent pas une soumission à la lettre du kantisme mais qui permettent de définir un projet philosophique :

1871, pour un poste à la Faculté de Berlin, Cohen fait ensuite carrière à Marbourg grâce à Lange à qui il succèdera en 1876, conformément aux dernières volontés de ce dernier (Holzey 1986, p. 1–3) et (Eckert 1968, p. 361–379).

2. Cohen souligne ces deux points dans un article à la mémoire de Lange : « Lange, et ce n'est pas un moindre mérite, a été l'un des premiers à remettre à l'honneur le nom de Kant. » Il a contribué à réactiver la philosophie comme philosophie critique en la reliant au travail des « naturalistes » (Cohen 1876, p. 365).

- le criticisme kantien est une théorie des sciences ;
- il est nécessaire de réunifier philosophie et sciences, la séparation étant désastreuse pour la philosophie ;
- il convient d'opérer une réforme de la logique transcendantale kantienne.

Ainsi, pour des motifs différents, Cohen et Lange réévaluent tous deux le rôle des mathématiques dans l'établissement des conditions *certaines* et *universelles* de l'expérience. Cependant, ils s'opposent sur plusieurs points essentiels, dessinant deux versions très différentes du néokantisme. Ils ne sont pas d'accord sur ce qui fait l'originalité du criticisme (comme théorie des sciences), sur la manière dont il faut concevoir le lien entre philosophie et sciences, sur le statut de l'*a priori* et de la chose en soi chez Kant, enfin sur le statut et le rôle de l'espace kantien (et plus généralement de l'intuition pure) au sein de la logique transcendantale.

2 Sur l'originalité de la *Critique*

Selon Lange l'originalité de la *Critique* comme théorie de la connaissance scientifique consiste à dépasser l'alternative ancestrale entre l'idéalisme et le matérialisme, entendus comme des théories de l'être ou ontologies. Dans le chapitre de son *Histoire du matérialisme* (Lange 1866-1875) consacré à Kant, Lange souligne que la matière désigne le donné sensoriel, tandis que l'idée désigne la forme permettant d'organiser le donné. La matière et la forme, ou idée, sont les « moyens » ou « méthodes » servant à constituer l'objet de l'expérience, et non plus des réalités séparées, indépendantes du sujet connaissant.

Dans son article de 1876 entièrement consacré à Lange, Cohen s'oppose à cette compréhension de l'originalité du criticisme en montrant que cette thèse trouve dans l'histoire de nombreux précurseurs, notamment Platon et Descartes (Cohen 1876, p. 374)[3].

Selon Cohen, l'originalité de Kant consiste bien plutôt dans la manière nouvelle de poser le problème de la connaissance : « Kant verändert die Fragestellung » (Cohen 1876, p. 370). L'originalité de Kant serait de partir de la science physico-mathématique et des mathématiques de son temps pour tenter de dégager les méthodes *a priori* qui les rendent possible. La recherche transcendantale kantienne consiste à mettre au jour les éléments *a priori* qui entrent dans la constitution des sciences objectives, de manière à établir les conditions de l'objectivité scientifique[4].

3. Concernant Descartes, les *Règles pour la direction de l'esprit* permettraient de montrer que la matière comme « étendue » n'est pas l'autre de l'« idée », mais fait partie des idées ou notions primitives de l'esprit humain qui entrent dans la constitution méthodique des objets de connaissance. Cette lecture sera développée une décennie plus tard par une autre figure éminente du néokantisme de l'école de Marbourg, Paul Natorp Natorp (1882, 1896).

4. Dans l'histoire des interprétations de Kant, Heidegger critiquera Cohen sur ce point. Selon lui, la *Critique* n'est pas une théorie des conditions de la connaissance scientifique,

Plus qu'une querelle d'interprétation, ces références au kantisme ont une dimension normative afin de donner corps au projet d'une philosophie en contact avec les sciences. Le second point d'opposition entre Cohen et Lange concerne alors la manière de concevoir le lien entre la philosophie critique, dont ils assument l'un et l'autre l'héritage, et les sciences.

3 Sur le rapport entre philosophie critique et sciences

Dans la continuité de l'originalité kantienne sur les liens entre forme et matière, Lange voit alors la philosophie comme s'attachant aux conditions de possibilité des sciences physiques et mathématiques, tout en énonçant des thèses fondamentales sur la nature de la connaissance humaine qu'il revient aux sciences de vérifier et de préciser[5]. Selon Lange, la philosophie critique a en quelque sorte fixé le programme des recherches scientifiques (notamment en physiologie et en psychologie) sur le fonctionnement de la connaissance humaine. La physiologie des organes sensoriels, telle qu'elle s'est développée au XIXe siècle, apporte selon Lange confirmation de la théorie kantienne sur l'implication des formes de notre sensibilité et de nos sensations spécifiques dans la constitution de l'objet. Lange songe notamment aux travaux du physiologiste Johannes Müller Müller (1830) et à leur prolongation par ceux de Helmholtz (notamment Helmholtz 1855). Ils ont prouvé selon Lange que le monde tel que nous le connaissons dépend bien, comme l'avait vu Kant, de notre constitution psychophysiologique, la « matière » et la « forme » désignant respectivement notre manière proprement humaine de recevoir et d'ordonner les phénomènes.

Cohen ne conçoit pas de la même manière le rapport entre la philosophie et les sciences, tout d'abord parce qu'il ne reconnaît pas aux formes *a priori* kantiennes le statut que leur confère Lange. Les formes *a priori* ne sont pas selon Cohen les manifestations des facultés « immobiles » du moi humain, mais des méthodes plus ou moins provisoires impliquées dans la science physico-mathématique factuelle. Les « facultés » invoquées par Kant ne doivent pas être entendues comme des déterminations de l'esprit humain, comme le croit Lange, mais comme des « processus de connaissance ». Si la philosophie critique a pour vocation de fonder la science, ce n'est pas du tout au sens où l'entendait Lange : elle n'a pas à fixer le « programme » des sciences, en les dirigeant vers l'étude des processus mentaux et des organes sensoriels du sujet humain. Sa vocation est bien plutôt d'examiner les conditions méthodologiques (et non psychologiques et physiologiques) des sciences de la nature. Comme telle, la

---

mais une théorie de la métaphysique : de son impossibilité théorique, de sa possibilité au plan pratique. Toutefois, ce reproche pourrait sembler partiellement injuste. Cohen affirme que la question de l'objectivité des sciences est une question subordonnée à celle de la possibilité de la métaphysique. La « déduction transcendantale » kantienne est ainsi présentée par Cohen comme un rempart contre « l'envol pour une déduction métaphysique ».

5. Sur le rôle de Lange en Allemagne et de Boutroux en France dans la régénération de la philosophie comme « critique de la science », voir (Heidelberger 2007). En 1866, Lange conclut ainsi : « la physiologie des organes des sens, c'est le kantisme développé ou justifié » (Lange 1866-1875, tome 2, p. 437).

philosophie critique est tournée non vers les constituants anthropologiques statiques de la connaissance, mais vers le développement dynamique de l'expérience scientifique et de ses méthodes *a priori*.

Cohen répète souvent cette critique : Lange n'a pas compris en quoi consistait l'enquête transcendantale. Celle-ci n'est pas tournée vers la découverte des formes constitutives du moi humain, mais vers celle des conditions de possibilité de l'expérience objective, telle que l'offrent les mathématiques et les sciences de la nature (Cohen 1882, p. vii–viii). C'est en ce sens que Cohen cherche à réfuter l'interprétation psychologico-physiologique de l'*a priori* développée par Lange dans les deux éditions (1866 et 1876) de son *Histoire du matérialisme*.

4 Un débat sur le statut de l'*a priori*

En faisant référence à Kant, Lange et Cohen illustrent deux compréhensions différentes de la démarche transcendantale et de l'*a priori*. L'enjeu n'est pas la seule compréhension de ce que serait la véritable doctrine de Kant mais bien ce que l'on doit attendre de la philosophie. Alors que Cohen déconnecte l'*a priori* du nécessaire, Lange maintient dans la deuxième édition de son Histoire du matérialisme (1875, notamment dans la note 37 de son chapitre sur Kant), que l'*a priori* doit être recherché en un sens psycho-physiologique. Une série d'arguments relève clairement de l'exégèse kantienne. Lange reproche à Cohen de ne respecter ni la lettre, ni l'esprit de la *Critique* en méprisant l'ordre de l'ouvrage (l'espace et le temps comme formes, table des catégories, schématisme et enfin les principes de l'entendement pur) et la prétention à cerner les formes comme des déterminations naturelles, constantes, du sujet connaissant humain[6]. Ce que Cohen n'a pas compris, d'après Lange, c'est que le projet de Kant, auquel la philosophie doit se ranger, est d'établir la validité définitive des formes *a priori* qu'il recense, et non de dégager les conditions de possibilité des sciences de son temps. Derrière la filiation à Kant et au refuge dans les textes kantiens, c'est une croyance dans le caractère anhistorique des formes et catégories qui émerge chez Lange. Cela confirme enfin une conception de la philosophie en surplomb par rapport à la science qui doit vérifier l'existence de ces formes et catégories nécessaires.

Dans la seconde édition de sa *Théorie kantienne de l'expérience* (1885) Cohen répond sur la question de l'ordre de la *Critique*. On ne pourrait ainsi utiliser le mode d'exposition choisi dans la Critique comme un argument pour une lecture psychologique de l'*a priori*, qui ferait des formes de la conscience humaine le point de départ de la science (Cohen 1871, p. 419). L'*a priori*té des concepts tiendrait à leur implication dans les jugements synthétiques *a priori* de la science, et non, comme le prétend Lange, à leur statut d'éléments innés de la conscience. Dans l'introduction à son ouvrage *Kants Begründung der*

6. Les kantiens mobilisent alors par exemples les références suivantes : *Dissertation de 1770* (§ 8), *Prolégomènes* (§ 36 et 38) ou encore *Progrès de la métaphysique en Allemagne* (Ak XX 7, 267–268).

Ethik, paru en Berlin en 1877 (Cohen 1877), il répond à l'accusation de lecture « tautologique » portée contre lui par Lange. Dans *La Théorie kantienne de l'expérience* (Cohen 1871), il ne s'agissait pas d'expliquer A par A, c'est-à-dire d'expliquer les sciences par les méthodes *a priori* qu'elles mettent en œuvre. Il s'agissait de *gagner* quelque chose par l'étude des conditions de possibilité de l'expérience scientifique, à savoir, la mise au jour des conditions de l'expérience en général (Cohen 1877, p. 25). En effet, l'un des principaux enjeux de la *Critique* est de déterminer les conditions de toute expérience possible, en vue de ruiner les prétentions de la métaphysique spéculative (qui ne satisfait pas à ces conditions). Toutefois, on peut se demander si Cohen ne réévalue pas ici la portée de la *Critique*, précisément afin de parer l'objection de Lange. En effet, dans *La Théorie kantienne de l'expérience* de 1871 cette interprétation du sens de la *Critique* comme critique de la métaphysique ne paraît pas aussi nettement formulée.

Le fait de pointer la portée anti-métaphysique de la *Critique* lui permet en outre de dénoncer en Lange un « métaphysicien »[7]. Lange tomberait sous le coup de la critique kantienne lorsqu'il interprète les conditions de l'expérience comme des déterminations ontologiques ou métaphysiques de l'âme humaine, en les inscrivant dans les structures profondes de notre esprit, « *in den tiefen Gründen unseres Geistes* » (Cohen 1877, p. 26)[8]. En réalité, cette querelle autour du kantisme fait ressurgir une question philosophique importante qui a des conséquences sur la compréhension du fondement des sciences et qui est celle de l'innéisme.

Cohen fait intervenir une observation capitale contre l'interprétation de Lange : si Kant concevait effectivement les formes *a priori* comme des déterminations du sujet connaissant et de ses facultés, alors il lui faudrait reconnaître que ces formes sont « innées ». Or, précisément, Kant se défend d'être innéiste. Aussi, lorsqu'il soutient que les formes appartiennent à l'esprit humain, cela ne veut pas dire qu'elles en sont des propriétés innées. Cela

7. Cohen réitère cette critique lorsqu'il s'agit de son différend avec Lange au sujet du statut de la chose en soi. Il y a certes une évolution de la pensée de Lange qui a lieu entre 1866 et 1875 sous l'impulsion des textes de Cohen (Lange 1866-1875, p. 619). Cette évolution cherche à réinterpréter la chose en soi et la causalité à travers l'idée de « concept limite » pour éviter la critique célèbre de Jacobi selon laquelle Kant se contredit en faisant de la chose en soi la cause du phénomène. Toutefois, Cohen considère que Lange veut toujours faire correspondre aux notions kantiennes des réalités ontologiques (Cohen 1876, p. 378).

8. Du point de vue des lectures kantiennes, cette critique peut même induire un retournement contre Kant lui-même et en ce sens un dépassement de la lettre du kantisme par Cohen pour rester fidèle à l'esprit anti-métaphysique kantien. En effet, si le chapitre de Kant sur « Les paralogismes de la raison pure » a débouté toute prétention de déterminer métaphysiquement les propriétés de l'esprit humain, reste que Kant lui-même présente les formes de la connaissance comme des déterminations de notre esprit. Lange est donc bien un « métaphysicien » ou un « ontologue » lorsqu'il présente les formes du connaître comme une détermination de la *mens* humaine, mais alors il l'est au même titre que Kant, puisque dans maints passages de son œuvre celui-ci rattache les formes *a priori* à la « constitution » ou à la « nature » du sujet humain et de ses facultés.

signifie qu'elles appartiennent nécessairement à l'*activité* de cet esprit lorsqu'il constitue les objets de l'expérience. Les formes appartiennent à l'essence de l'activité synthétique de l'esprit, mais pas à l'esprit lui-même au titre d'idées innées de cet esprit (Cohen 1877, p. 26).

La nuance est d'importance : d'après la lecture innéiste (adoptée par Lange selon Cohen), les formes sont des déterminations naturelles du psychisme humain, c'est-à-dire des formes figées et permanentes appartenant à l'espèce, que la psychologie et la physiologie peuvent déterminer. D'après la lecture de Cohen en revanche, les formes sont des méthodes mises en œuvre pour la constitution de l'objet mathématique ou physique, et comme telles elles sont susceptibles d'être modifiées au cours du temps. Cohen reconnaît qu'il prend ici ses distances par rapport à Kant mais c'est justement dans cette distance qu'apparaît l'originalité de son approche. Il considère que les formes *a priori* arrêtées par Kant ne sont pas définitives en réalité, mais enracinées dans le devenir de la science. « Catégories » et « principes de l'entendement » deviennent des méthodes *a priori* révisables et possédant une historicité.

À partir de là il peut confirmer sa critique de Lange. Pour avoir converti les formes *a priori* en déterminations innées du sujet connaissant, Lange est retombé dans la métaphysique : « *Lange macht die Rückwendung ins Metaphysische* »[9]. Cohen conclut son analyse en rappelant que la méthode transcendantale qui doit être suivie en philosophie ne se met pas en quête des soi-disant ultimes éléments formels de *notre pensée* (comme l'a cru Lange), mais des principes et méthodes impliqués dans l'expérience scientifique - telle qu'elle s'est concrétisée dans des livres imprimés de mathématiques et de physique (Lange 1866-1875, p. 27).

5 L'ultime litige : le statut et le rôle de l'espace dans la logique transcendantale

Dans son « Einleitung mit kritischem Nachtrag » à la 5e édition de l'*Histoire du matérialisme* de Lange (1896), Cohen joint sa voix à celle de Lange pour déplorer que Kant traite la mathématique comme une discipline indépendante

9. Dans la seconde édition de son *Histoire du matérialisme* (1875) Lange s'était pourtant défendu de donner une lecture innéiste de l'*a priori* kantien, mais manifestement sans convaincre Cohen. Selon Lange, les formes *a priori* ne sont pas des idées innées car elles ne s'offrent pas « toutes faites » à l'esprit humain, mais se développent progressivement au contact de l'expérience, en vue de son unification (Lange 1866-1875, tome 2, p. 19). De plus, les formes *a priori* ne sont pas « innées » car rien ne prouve qu'elles sont définitivement attachées au fonctionnement de notre esprit. Il se peut très bien selon Lange que dans la suite du temps notre esprit évolue, c'est-à-dire que nous soyons conduits à remplacer certaines formes d'organisation de l'expérience par d'autres (Lange 1866-1875, p. 37). Lange fait droit ici à la critique empiriste de Stuart Mill, selon laquelle certaines notions qui ont longtemps été tenues pour nécessaires, indispensables, se sont avérées à plus ou moins long terme contingentes, puisqu'elles ont été supplantées par d'autres. Pour Lange on ne peut savoir si les formes *a priori* mentionnées par Kant partagent effectivement avec les idées « innées » un caractère définitif.

et non comme l'outil fondamental de la connaissance objective. Pour eux, c'est à partir de la mathématique comme *certitude suprême* que Kant aurait dû engager la recherche transcendantale. Toutefois la manière dont ils conçoivent le statut de l'espace mathématique au sein de la logique transcendantale témoigne d'un nouveau point de désaccord entre eux.

Dès la première édition de son *Histoire du matérialisme* (1866), Lange reproche à Kant de ne pas avoir déduit l'ensemble des concepts *a priori* en s'appuyant sur une intuition évidente pour tous, celle de l'espace exhibé par l'imagination. Kant a tiré ses catégories de la logique scolaire, en partant de la division « traditionnelle » des jugements. Rien ne permet alors de s'assurer que leur liste est complète et qu'ils sont « universels », c'est-à-dire évidents pour tous les hommes. Au contraire, selon Lange, les catégories kantiennes sont équivoques et obscures pour deux motifs essentiels : elles sont tributaires d'une langue et d'une syntaxe contenant des éléments métaphysiques, psychologiques, reflets d'une culture particulière ; dans la théorie kantienne du schématisme, elles reçoivent leur étoffe intuitive du temps. Or le temps serait tout sauf une intuition claire et évidente pour tous. Dans ses *Logische Studien* (publiées grâce à Cohen en 1877), Lange reproche à Kant d'avoir voulu fonder intuitivement ses catégories sur la prétendue intuition du temps (qui ne donne en réalité rien à voir par lui-même) plutôt que sur l'espace (en revanche clairement intuitionnable). Cette erreur est d'autant plus étonnante que dans certains passages, Kant semble reconnaître que c'est à l'espace que revient l'évidence suprême, et que le temps lui-même n'est intuitionnable que par l'intermédiaire d'analogies empruntées à l'espace (A 33/B 50). Selon Lange, c'est de la part de Kant un aveu que c'est l'espace qui est l'intuition fondamentale, la plus évidente. Or, bien qu'il reconnaisse ici le primat de l'espace sur le temps, Kant va pourtant fonder l'applicabilité des catégories aux phénomènes sur l'intuition pure du temps, en faisant correspondre à chaque catégorie une détermination *a priori* du temps (A 142–145/B 182–185). Il y a là une incohérence et une insuffisance de la doctrine kantienne.

Cette déduction des catégories ou « concepts fondamentaux de la pensée » à partir de l'espace pur, Lange l'effectue dans ses *Logische Studien* (1877). Il présente l'espace euclidien comme l'origine de tout *a priori*, « Ursprung alles Apriorischen », c'est-à-dire comme la source intuitive pure d'où dérivent aussi bien la seconde forme de la sensibilité (le temps) que les concepts purs fondamentaux. L'espace euclidien comme terrain de construction du géomètre offre en effet la base intuitive permettant de révéler les rapports conceptuels fondamentaux de la pensée humaine, tel que les rapports d'inclusion et d'exclusion, du tout à ses parties, d'une chose à ses propriétés, de liaison et de séparation, etc. (Lange 1877, p. 148). « L'espace bidimensionnel », ajoute Lange, permet encore de voir intuitivement et dans l'évidence les différentes figures du syllogisme, alors débarrassées de l'équivoque du langage naturel[10].

10. Voir, à la dernière page de l'ouvrage cité, le tableau des schémas illustrant des différentes formes de syllogismes.

L'imagination productrice, définie par Kant au § 28 de l'*Anthropologie* comme *exhibitio originaria* de l'espace et du temps, reçoit dans ce contexte un rôle extrêmement positif. C'est elle qui, en exhibant l'espace d'une part, les figures dans l'espace d'autre part, permet à l'esprit de prendre connaissance de lui-même, c'est-à-dire de découvrir ses concepts fondamentaux. « Dans l'intuition [spatiale] offerte par l'imagination » se joue ainsi « la prise de possession de la pensée par elle-même » (Lange 1877, p. 115). Comme *exhibitio* de l'espace pur et des rapports géométriques, l'imagination est « la forme originelle de notre essence spirituelle » (Lange 1877, p. 149).

Pour comprendre la critique de cette position par Cohen, retenons les deux points suivants :

- Lange assimile l'espace kantien à *l'espace euclidien* – et ce dès la première édition de l'*Histoire du matérialisme.*

- L'analyse de l'espace le conduit à affirmer le primat de l'intuition et de l'imagination sur la pensée. Selon Lange les formes fondamentales de la pensée sont contenues dans l'espace géométrique, et l'imagination nous permet de les découvrir.

Dans l'*Histoire du matérialisme* (Lange 1866-1875), Lange soutient que des êtres dotés d'un système biologique différent du nôtre construiraient d'autres géométries que la nôtre. Des géométries non tridimensionnelles ou encore non euclidiennes renvoient à des structures non humaines de l'expérience (Lange 1866-1875, p. 44). Sans viser nommément Lange, Cohen réfute une telle interprétation dès la première édition de sa *Théorie kantienne de l'expérience.* Il déplore d'une part l'assimilation de l'espace et du temps kantiens à des formes tributaires de notre « organisation psycho-physique », d'autre part l'assimilation de l'espace kantien à l'espace euclidien. Selon Cohen, Lange n'a pas compris qu'à partir de Kant on peut regarder le statut de l'espace comme n'équivalant en fait à aucun espace *déterminé.* L'espace comme intuition est simplement un élément qui collabore, avec le concept, à la construction de tout espace déterminé, qu'il soit euclidien ou non. Dit autrement, et en suivant par exemple le § 36 des *Prolégomènes*, l'espace ne devient un espace déterminé (euclidien ou non) que par l'intervention du concept de l'entendement qui introduit un certain ordre dans le divers spatial pur. Ainsi, l'espace euclidien, selon Cohen, correspond à une détermination conceptuelle *particulière* du divers ou « substrat » spatial. En assimilant l'espace à l'espace euclidien, il se joue beaucoup plus qu'une question de compréhension de la philosophie kantienne. En effet, Cohen montre que cela appauvrit considérablement le champ opératoire de la géométrie. Ceci nous conduit au second point d'opposition de Cohen à Lange : la hiérarchie entre concept et intuition.

Dans son « Einleitung mit kritischem Nachtrag » à la 5e édition de l'*Histoire du matérialisme* de Lange (1896), Cohen reproche à Lange d'avoir affirmé, concernant les mathématiques, le primat de l'intuition sur la pensée, et d'avoir (dans ses *Logische Studien*) cru pouvoir tirer de l'intuition de l'espace les rapports conceptuels fondamentaux de la pensée humaine. Selon Cohen, si Lange a commis cette erreur, c'est qu'il comprend les processus cognitifs de manière psychologique, c'est-à-dire en partant du sujet et de ses facultés (intuition spatiale et imagination) et non de l'expérience scientifique elle-même. Or, si l'on part de la pensée telle qu'elle est concrétisée dans les ouvrages de mathématiques et de physique, on voit bien que l'espace est toujours un espace méthodiquement et conceptuellement élaboré en vue de constituer tel ou tel objet. Par ailleurs, l'élément intuitif de l'espace ne saurait par lui-même, comme l'a cru Lange, offrir les formes conceptuelles fondamentales de la pensée, car sous son aspect strictement intuitif l'espace n'est rien d'autre qu'un donné amorphe. Pour obtenir l'intuition d'un espace déterminé, euclidien ou non, la pensée dans sa *spontanéité* doit d'abord intervenir. Ainsi, selon Cohen, le concept précède logiquement le divers pur intuitif qu'il organise, et ne saurait par conséquent en dériver.

6 Conclusion

Le nerf de toutes les oppositions ici recensées concerne bien le statut du « transcendantal ». Lange conçoit le transcendantal comme un ensemble de conditions de l'expérience situées *dans le sujet* humain et qui peut être étudié par exemple par la psychologie et la physiologie. Cohen le conçoit comme l'ensemble des méthodes impliquées *dans l'objet* scientifiquement élaboré.

S'il n'a conduit aucun des deux protagonistes à remettre en cause sa ligne interprétative fondamentale, le débat entre Cohen et Lange n'est pas resté infructueux pour autant. Concernant Cohen, son opposition à la perspective « psychologiste » de Lange (assimilant le transcendantal à des lois de fonctionnement du psychisme humain) l'a conduit à radicaliser et à renforcer sa propre interprétation dans la seconde édition de sa *Théorie kantienne de l'expérience* (1885), laquelle exclut cette fois toute approche psychologique[11]. En revanche, comme on l'a vu, la réévaluation par Cohen de la *Critique* comme critique de la métaphysique, au début de *Kants Begründung der Ethik* (Cohen 1877), peut apparaître comme un infléchissement de sa première interprétation, en vue de répondre à l'accusation de « lecture tautologique » formulée à son encontre par Lange. Du côté de Lange, on assiste au même effort, d'une édition à l'autre, pour renforcer sa perspective initiale en la séparant de celle de Cohen. Toutefois Lange a été incité par Cohen à revoir son interprétation initiale de la chose en

11. Cette exclusion semble une réaction contre Lange, comme en atteste par exemple le passage suivant : « Le fondement de l'erreur de Lange tient à ce qu'il pose l'apriorité dans l'organisation psycho-physique de l'homme, et ne reconnaît pas dans la possibilité de l'expérience le point à partir duquel la recherche transcendantale prend son élan » (Cohen 1871, p. 418). Tandis que dans l'édition de 1871, l'interrogation transcendantale sur la validité de la connaissance scientifique n'exclut pas l'interrogation psychologique sur la genèse de la connaissance ordinaire, l'éviction du problème psychologique est particulièrement frappante dans l'édition de 1885, comme l'a bien souligné Éric Dufour dans l'avant-propos de sa traduction (Cohen 1871, p. 13–22).

soi, même s'il comprend le terme de « concept limite » (par lequel Kant désigne la chose en soi) en un sens que Cohen désavoue.

Ces débats entre Cohen et Lange ne sont alors pas réductibles à une simple question d'exégèse du kantisme. Avec et parfois contre Kant, Lange et Cohen développent des thèses originales, en repensant respectivement le lien entre philosophie et science. Loin d'être anecdotique, ce débat entre ces deux philosophes illustre selon nous de manière exemplaire la fécondité du kantisme, au contact de la science. Nous remercions Philippe Nabonnand d'avoir tant discuté avec nous et d'avoir su fédérer nos recherches sur la postérité du kantisme à travers une réflexion stimulante sur les rapports entre philosophie et science au XIXe siècle.

Bibliographie

Cohen, H. (1871). *La Théorie kantienne de l'expérience.* Paris : Cerf. Trad. fr. de la 3e éd. par É. Dufour, 2001.

Cohen, H. (1876). F. A. Lange. *Preußische Jahrbücher*, 37, 353–381.

Cohen, H. (1877). *Kants Begründung der Ethik.* Berlin : Dümmler.

Cohen, H. (1882). Biographisches Vorwort und Einleitung mit kritischem Nachtrag in dritter, erweiterter Bearbeitung. In Lange : *Geschichte des Materialismus und Kritik seiner Bedeutung in der Gegenwart*, Iserlohn : Baedeker, 10e éd.

Eckert, G. (1968). *F. A. Lange, über Politik und Philosophie.* Duisburg : W. Braun. Les pages 361–379 contiennent des lettres de Cohen à Lange.

Heidelberger, M. (2007). Herausforderung der Intellektuellen durch Naturwissenschaft : Lange und Boutroux. In M. Carrier & J. Roggenhofer (éd.) *Wandel oder Niedergang ? Die Rolle der Intellektuellen in der Wissensgesellschaft*, Bielefeld : transcript Verlag, 125–142.

Helmholtz, H. v. (1855). *Vorträge und Reden*, Braunschweig : Vieweg und Sohn, chap. Über das menschliche Sehen. 45–77.

Holzey, H. (1986). *Ursprung und Einheit. Die Geschichte der Marburger Schule als Auseinandersetzung um die Logik des Denkens*, t. 1 : Cohen und Natorp. Bâle ; Stuttgart : Schwabe & Co.

Lange, A. F. (1866-1875). *Histoire du matérialisme et critique de son importance à l'époque actuelle.* Paris : Reinwald & Cie. Trad. fr. par B. Pommerol de la seconde édition (1875), 2 tomes ; 1877–1879.

Lange, A. F. (1877). *Logische Studien. Ein Beitrag zur Neubegründung der formalen Logik und der Erkenntnistheorie.* Leipzig : Baedeker, 2e éd. 1894.

Müller, J. (1830). *Manuel de physiologie.* Paris : Baillère. 1848.

Natorp, P. (1882). *Descartes' Erkenntnistheorie. Eine Studie zur Vorgeschichte des Kriticismus.* Marbourg : N. G. Elwert.

Natorp, P. (1896). Le développement de la pensée de Descartes depuis les *Regulae* jusqu'aux *Méditations*. *Revue de métaphysique et de morale*, 4(4), 416–432, doi :10.2307/40891777.

Charles Braverman
AHP-PReST (UMR 7117), Université de Lorraine
bravermancharles@gmail.com

Christophe Bouriau
AHP-PReST (UMR 7117), Université de Lorraine
christophe.bouriau@univ-lorraine.fr

Les encyclopédies britanniques du XVIIIe siècle : quelles places pour les mathématiques ?

Olivier Bruneau

1 Introduction

L'*Encyclopédie* de Diderot et D'Alembert est considérée comme un jalon incontournable dans le champ des dictionnaires et encyclopédies au XVIIIe siècle. Cette entreprise éditoriale était initialement la traduction française de la *Cyclopædia* d'Ephraïm Chambers[1], mais elle a largement dépassé cet objectif. Néanmoins, de nombreux articles de l'*Encyclopédie* en particulier ceux traitant de mathématiques qui sont écrits par D'Alembert prennent leurs sources en partie du dictionnaire anglais[2].

Chambers n'étant pas mathématicien, il a eu besoin, pour rédiger les articles de mathématiques de multiples sources d'inspiration. La principale est le *Lexicon Technicum* de John Harris publié en 1704. Ces deux dictionnaires (ou encyclopédies) ont connu en Grande-Bretagne un succès certain et ont reçu plusieurs éditions ainsi que des suppléments.

Dans ce chapitre, nous nous proposons d'évaluer les articles de mathématiques dans ces deux encyclopédies. Nous nous intéresserons donc à la place de ceux-ci. Pour ce faire, nous regarderons quelles parties des mathématiques sont abordées. À travers l'identification des références associées aux articles, nous essaierons de pointer celles qui sont les plus employées, d'évaluer leur nouveauté et de décider si les mathématiques britanniques sont privilégiées par rapport

1. La littérature sur *L'Encyclopédie* est abondante. Pour les conditions d'écriture et la genèse de cette entreprise voir entre autres (Leca-Tsiomis 1999, Collison 1966). Robert Darton a beaucoup travaillé sur la question de la matérialité de cette entreprise (Darnton 1982). On peut aussi signaler l'Édition Numérique Collaborative et CRitique de l'Encyclopédie enccre.academie-sciences.fr.

2. D'Alembert a néanmoins écrit *ex-nihilo* beaucoup d'articles de physique et de mathématiques. Sur l'intérêt de D'Alembert pour les mathématiques britanniques, voir (Bruneau 2008).

P.-E. Bour, M. Rebuschi & L. Rollet (eds.), *Sciences, Circulations, Révolutions, 139–150.*

à celles du Continent. Comme fil conducteur de ce chapitre, nous prendrons l'article FLUXION dans les différents volumes et éditions du *Lexicon Technicum* et de la *Cyclopædia*.

2 Le *Lexicon Technicum* de J. Harris

2.1 Une première encyclopédie générale qui embrasse les sciences

John Harris (*ca.* 1666–1719) est un pasteur anglican qui a été formé à l'université d'Oxford. Il fait partie de ces religieux savants que l'Angleterre a produits[3]. Sa charge pastorale ne lui prenant pas beaucoup de temps, il se consacre aux sciences en général et plus particulièrement aux sciences naturelles. Il donne aussi des cours publics de mathématiques mixtes. Il devient même membre de la *Royal Society of London* en 1696. Il est l'auteur de plusieurs ouvrages mais son œuvre majeure est le *Lexicon Technicum* (Harris 1704)[4] qui est considéré comme la première encyclopédie générale qui embrasse les sciences (McKie 1945, p. 53).

La première édition paraît en 1704, il est manifestement l'œuvre d'une seule personne aidée probablement par un secrétaire. Il contient plus de 8 200 entrées sur plus de 1 220 pages[5] arrangées alphabétiquement de longueurs très diverses. En 1710, Harris fait paraître un supplément (Harris 1710) qu'il considère comme un deuxième volume à celui de 1704. Il contient près de 1420 pages. Dans ce second volume, Harris reprend des entrées déjà existantes dans le premier volume et en ajoute d'autres. À la fin du deuxième volume, se trouve un index pour les deux tomes qui comporte près de 10 000 entrées.

Le volume I a connu plusieurs éditions (1704, 1708, 1716 et 1725) tandis que le second n'en a connu que deux (1710 et 1723). En 1736, les deux volumes sont fusionnés pour ne former qu'une seule entité. Cette édition comporte plus de 12 000 entrées. Par rapport à l'édition de 1716 (la dernière du vivant de l'auteur), il y a de nombreux nouveaux articles sur les techniques et les sciences ainsi que plusieurs nouvelles planches. Dans le domaine des mathématiques, ces nouveautés couvrent à la fois les aspects théoriques et pratiques de l'arithmétique, de l'algèbre et de la géométrie. Tandis que d'autres articles sont des extensions des articles initiaux. Par exemple, l'article FLUXIONS s'étend sur 5 pages de plus que celui de 1716 et la bibliographie est mise à jour (Bradshaw 1981b, p. 110).

Les mathématiques sont très présentes et sont privilégiées car elles sont « the only Solid Foundation on which a Useful Equiry into Nature and all Physical Learning can possibly be built » (Harris 1704, préface). Avec ce dictionnaire, l'un des objectifs d'Harris est de constituer une petite bibliothèque de mathématiques :

---

3. Une biographie d'Harris est disponible dans (Kargon 1972, p. 129–130).

4. Il existe peu d'études sur cet ouvrage qui est pourtant important. On peut citer le court article de McKie (1945) ou encore celui de Bradshaw (1981b) sur lequel nous nous sommes beaucoup appuyé.

5. Il n'y a pas de pagination, le lecteur pouvant se repérer grâce à l'ordre lexicographique.

> I would have these Two Volumes to serve as a kind of small Mathematical Library, and prevent in some measure the Necessity and Charge of buying many Books on these Subjects; I have also, as design'd at first, given you in this Volume very good Tables of Logarithms, Sines, Tangents and Secants, with a full Account of the Nature, Use and Applications of them; so that nothing will be wanting here to compleat Trigonometry, both Plain and Spherical, and the Practice of it in Navigation, Dialling and Astronomy, &c. (Harris 1710, introduction).

Dans l'index qui se trouve à la fin du deuxième volume et qui sert pour les deux tomes, près de 850 articles portent sur les différentes parties des mathématiques : Harris considère avoir écrit 524 articles de géométrie, 83 sur les coniques et 234 en arithmétique et algèbre[6]. Leurs longueurs sont très variées, de quelques lignes pour beaucoup à une ou deux colonnes pour d'autres et même certains ont droit à plusieurs pages et sont presque de véritables traités[7]. Dans de nombreux articles, il y a l'énoncé de problèmes résolus. Harris rend compte des mathématiques les plus récentes, comme la résolution des équations quadratiques, cubiques et biquadratiques, le problème des asymptotes ou encore la méthode des fluxions (à la fois dans sa version newtonienne et dans la version différentielle).

Les mathématiques mixtes ne sont pas négligées et font l'objet de nombreux articles dans lesquels Harris indique comment ces mathématiques peuvent servir dans d'autres domaines. Par exemple, il y a 93 entrées d'instruments de mathématiques ou de mathématiques pratiques. Différents compas sont ainsi décrits mais aussi les instruments d'arpentage. De plus, à la fin du deuxième volume, Harris a inséré de nombreuses tables mathématiques facilitant les calculs pour les lecteurs.

Les mathématiques sont aussi présentes dans des articles qui traitent d'autres sciences. L'article ASTRONOMY du volume 2 est une succession de propositions mathématiques permettant de comprendre un traité d'astronomie[8].

Dans la préface du premier volume, Harris indique ses sources d'inspiration pour les mathématiques, il s'agit du *Dictionnaire de Mathématiques* d'Ozanam (1691), des ouvrages de Newton, de Wallis et d'autres Britanniques. Les ouvrages sur lesquels il s'appuie ou simplement cités peuvent être récents. L'*Opticks* (Newton 1704b) et ses deux appendices *De Quadratura Curvarum* et *De Enumeratio Linearum Tertii Ordinis* sont cités dès 1710 dans le deuxième volume.

6. L'analyse est incluse dans l'algèbre.

7. Par exemple, tandis que l'article CURVE du premier volume ne comporte que 4 lignes, celui du second volume s'étend sur 36 colonnes et est un résumé de l'*Enumeratio linearum Tertii Ordinis* de Newton (1704a). L'article TRIGONOMETRY couvre plus de vingt pages.

8. Cet article couvre plus de 8 pages tandis que celui du premier volume uniquement 8 lignes !

2.2 L'article Fluxions dans le vol. I : un mini traité d'analyse

L'article FLUXIONS dans le premier volume[9] est relativement long et s'étend sur un peu plus de 13 colonnes. À partir du lemme II (Livre 2, Section 2) des *Principia* de Newton (1687, p. 250), il énonce « l'algorithme des fluxions ». Il démontre la fluxion d'une puissance tout d'abord entière, puis négative et enfin rationnelle. En prenant comme exemple Newton, il considère que la fluxion d'une quantité est la vitesse à laquelle elle flue ou elle évolue, mais il considère que les fluxions sont des quantités infiniment petites. Il expose une version calculatoire ou algébrique de la méthode des fluxions. À la fin de son article il donne une application à la géométrie en exhibant la fluxion de certaines courbes particulières (le cercle, la parabole, la cycloïde). Ces exemples sont tirés d'un article d'Humphry Ditton (1704) récemment publié dans les *Philosophical Transactions of the Royal Society of London*. Par ailleurs, afin d'avoir des exemples de la méthode inverse des fluxions, il renvoie au *Treatise of Fluxions* de Charles Hayes (1704).

Une partie de cet article est la copie d'un extrait de son *Treatise of Algebra* (Harris 1702, p. 115 et suiv.) dans lequel il annonce avoir une préférence pour la notation newtonienne et rejeter celle des Français.

Dans ce premier volume, la version continentale du calcul différentiel est énoncée dans l'article CALCULUS DIFFERENTIALIS mais il ne fait que 4 lignes et renvoie à l'article FLUXIONS.

2.3 L'article Fluxions dans le vol. II : une revue bibliographique

Dans le deuxième volume, Harris n'éprouve pas le besoin de reprendre l'article du volume I et il donne simplement une « general Method of finding the Fluxions of all Powers and Roots, I had from the Hon. *Fr Robartes* Esq » (Harris 1710, art. FLUXIONS). Et il prend comme définition de la fluxion : « If a Quantity gradually increases or decreases, its immediate Increment of Decrement is called its *Fluxion*. Or the Fluxion of a Quantity is its Increase or Decrease indefinitely small » (id.).

En revanche, il ajoute une liste d'ouvrages qu'il considère de référence pour l'étude des fluxions. Il reprend l'ouvrage de Hayes déjà cité, un manuel en langue anglaise (Ditton 1706), d'autres en langue française (L'Hospital 1696, Carré 1700), deux articles, l'un tiré des *Philosophical Transactions* (De Moivre 1698) et un autre de Bernoulli (1697). Les références sont donc à la fois de niveaux divers et de provenances variées (anglaise et continentale).

Dans la cinquième édition (de 1736), les deux articles des deux volumes sont simplement réunis. Les références bibliographiques sont les mêmes que dans les éditions précédentes. Par conséquent cet article ne rend pas compte de la production la plus récente et se trouve en quelque sorte dépassé. Par exemple, il n'y a aucune référence à Berkeley qui en 1734 avec la parution de

9. Cet article n'a pas évolué entre la première édition et la troisième en 1716.

son *Analyst* (Berkeley 1734) met en doute les fondements du calcul fluxionnel et différentiel.

3 La *Cyclopaedia* d'Ephraïm Chambers, père des encyclopédies modernes

Ephraim Chambers (vers 1680-1740) est né à Kendal, dans le Nord-Ouest de l'Angleterre dans une famille modeste. Après des études primaires à Kendal, il est envoyé à Londres pour devenir apprenti chez John Senex, libraire et graveur. Il vit très modestement comme écrivain, journaliste et traducteur. Son œuvre majeure reste la *Cyclopædia : or, an Universal dictionary of Arts and Sciences*[10] qui paraît pour la première fois en 1728. Considérée par certains comme le « father of the modern encyclopaedia throughout the world » (Collison 1966, p. 103), elle reçoit 10 éditions[11] et un supplément qui paraît en 1753. Cet énorme travail de compilation « from the best Authors, Dictionaries, Journals, Memois, Transactions, Ephemerides &c. in several Languages » (Chambers 1728, page de titre) est le fruit d'un seul homme pour la première édition ; pour les suivantes, il se fait aider par un secrétaire.

La première édition s'étend sur près de 2 000 pages et comporte environ 10 000 entrées. Les articles sont pour la plupart concis et descriptifs, bien écrits et compréhensibles même lorsque ce sont des termes techniques qui sont décrits. La concision des articles est compensée par un système de renvois largement utilisé par Chambers. En effet, il n'est pas rare d'avoir plusieurs renvois dans un même article. Cette exigence d'organisation sur l'ensemble de la *Cyclopædia* se retrouve résumée dans la préface où Chambers, en suivant Bacon propose un système du savoir.

Contrairement à Harris, Chambers n'est pas un mathématicien et cela se remarque dans la rédaction des articles de mathématiques. Chez Chambers, les mathématiques ne sont pas au centre et elles se retrouvent dans deux branches du savoir : les mathématiques pures qui est la branche scientifique, rationnelle et traitant de quantités tandis que les mathématiques appliquées est celle artificielle et technique, externe, réelle qui s'intéresse aux quantités des corps. Ses sources d'inspiration sont multiples. Même s'il ne le cite que très rarement, le *Lexicon Technicum* d'Harris est largement utilisé. Quelquefois, il est même simplement recopié. Les *Philosophical Transactions of the Royal Society* sont une autre source pour les articles de sciences. Les grands savants britanniques sont aussi mis à l'honneur, les ouvrages de Robert Boyle, Edmund Halley, Robert Hooke ou encore Isaac Newton sont largement utilisés. Dans une moindre mesure, les publications de l'Académie royale des sciences de Paris et de Français sont aussi citées.

10. Pour une étude de cet ouvrage, voir par exemple (Bradshaw 1981a).

11. Les éditions paraissent en 1728, 1738, (deux fois), 1740, 1741, 1741-1743, 1742, 1746, 1750 et 1751-1752. Il y a aussi une traduction en italien.

En 1753, soit 13 ans après la mort de Chambers, un supplément à son encyclopédie est publié grâce à George Lewis Scott et John Hill. Il se veut être en étroite relation avec les éditions précédentes. Ainsi, les éditeurs suggèrent fortement la lecture de l'article original avant celui du *Supplement* par l'ajout de (*Cycl.*) juste après le nom. Par ailleurs, ils considèrent que « considerable additions have been made to the work, particularly with regard to natural history ». C'est aussi en parti le cas pour les mathématiques où les références bibliographiques ont été mises à jour lorsque cela était utile. C'est aussi une œuvre importante qui s'étend sur plus de 2 000 pages.

3.1 L'article « Fluxions » dans l'édition de 1728 : la querelle de priorité entre Newton et Leibniz

Cet article est relativement long et s'étend sur 6 colonnes. Il comporte 11 renvois qui se trouvent dans le fil du texte sauf les 5 derniers qui sont des articles où la méthode des fluxions est utilisée[12]. La définition s'appuie sur la notion d'infiniment petit : « Sir I. Newton, and after him all the English Authors, call these infinitely small Quantities, Fluxions ». L'article est largement réduit par rapport à celui du *Lexicon Technicum* qui est pourtant la source d'inspiration de cet article, plusieurs parties sont très proches. Il se concente de formuler les premiers principes calculatoires sans donner trop de démonstrations et la technique est négligée, et pour les applications du calcul des fluxions, il renvoie à d'autres articles.

Ce qui est nouveau par rapport à ceux de 1704 et 1710, c'est la partie qui concerne la querelle de priorité entre Newton et Leibniz[13] qui est recensée de façon non partisane avec un ton relativement neutre. C'est néanmoins Newton qui est considéré comme le véritable inventeur de cette méthode, mais Leibniz n'est pas considéré comme un plagiaire et leurs découvertes sont indépendantes l'une de l'autre.

La méthode des fluxions est aussi présente dans d'autres articles. Par exemple, l'article RECTIFICATION *of Curves* donne une application de cette méthode pour trouver la longueur d'une partie de courbes. Dans celui-ci, il est étonnant de remarquer que pour présenter la rectification de la parabole et de la cycloïde, Chambers utilise la notation leibnizienne[14] mais lorsqu'il décrit la méthode de De Moivre, il prend appui sur l'écriture newtonienne[15]. Cet article ne sera ni remanié ni mis à jour dans les éditions successives.

---

12. Ce sont les articles MAXIMIS & *Minimis*, TANGENTS, QUADRATURE *of Curves*, RECTIFICATION *of Curves*, CUBATURE *of Solids*.
13. Sur la querelle de priorité, voir (Meli 1993).
14. C'est-à-dire qu'il utilise les différentielles du type dx.
15. Cette notation est du type $\dot{x}$.

3.2 L'article « Fluxion » dans les Suppléments : une mise à jour conceptuelle et bibliographique

Cet article est deux fois plus long que celui de 1728 (11 colonnes contre 6). Il est une véritable mise à jour à la fois conceptuelle et sur les références. En 1734, Berkeley fait paraître son *Analyst* dans lequel se trouve une critique des fondements du calcul fluxionnel. Pourtant toutes les éditions qui paraissent après cette date ne fait pas mention de cet ouvrage ni de la polémique qui s'en est suivie[16] n'y font pas mention. En revanche, l'article des suppléments commence par en rendre compte de façon succincte. Un autre effet de la position de Berkeley et de ses questions sur les fondements du calcul est que les éditeurs changent la définition de ce qu'est une fluxion. Une fluxion est alors la vitesse du mouvement qui engendre la quantité :

> When the motion varies, the velocity at any term of the time is measured by the space which would be described in a given time, if the motion was to be continued uniformly, from that term, without any variation. (Chambers 1753, art. FLUXION, col. a)

Cette définition provient du *Treatise of Fluxions* de Maclaurin (1742) qui est une véritable référence « containing not only a most distinct account of the principles of Fluxions, but also of the chief discoveries in geometry, and mathematical philosophy of this age » (Chambers 1753, art. FLUXION, col. a). L'axiomatique et la fondation développées par Maclaurin se retrouvent énoncées *verbatim* tout comme le début du deuxième livre sur les quantités algébriques[17]. La méthode inverse des fluxions est aussi tirée de cet ouvrage. Il donne même différentes fluentes sous la forme d'arcs de sections coniques[18]. C'est un article relativement autonome, il n'y a qu'un seul renvoi (INFINITESIMAL) et très peu de références bibliographiques[19]

4 Des mathématiques nationales ?

La tendance des éditeurs à privilégier certains auteurs peut être évaluée par les citations d'ouvrages ou de savants dans les articles. Quels sont donc les auteurs les plus cités ? En prenant globalement la *Cyclopædia* et les deux volumes de suppléments, c'est Newton qui est le plus cité (293)[20], viennent ensuite Maclaurin (127), puis Halley (116), Euclide (110), Euler (86), Wallis (77),

16. La littérature est abondante sur la critique de Berkeley sur le calcul newtonien, voir par exemple (Jesseph 1993, Blay 1986) ou encore (Bruneau 2011, p. 219–231).

17. Les sections 707 à 717 sont recopiées fidèlement.

18. C'est ce que nous appelons aujourd'hui les fonctions circulaires et hyperboliques réciproques.

19. À part Maclaurin (1742) qui est constamment cité, les premières réponses à Berkeley sont données, les autres sont une recension d'un ouvrage (Robins 1735), un article de Machin (1741) et un livre de Stirling (1730).

20. Ses citations ne portent pas uniquement sur les mathématiques, mais sur la physique, l'optique et la philosophie.

Descartes (51). Mais, du fait de l'écart entre la parution de la *Cyclopædia* et de celle des *Suppléments* (1728 et 1753), il est judicieux de regarder par parution. Si on se concentre sur l'édition de 1728, c'est encore Newton qui est le plus cité (201), mais l'ordre d'apparitions change, le deuxième est Euclide (85), Halley (75), Leibniz (54), Archimède (37) et Wallis (25). En revanche, si on ne regarde que les *Suppléments*, l'ordre est bouleversé, Maclaurin est le premier (127), Newton (91) est le deuxième, viennent ensuite Euler (54), Wallis (44), Halley (41), Leibniz (32), De Moivre (28), les Bernoulli (21) et Cramer (11).

En l'espace de 25 ans, les ouvrages et les auteurs de références changent. En 1728, le fait que Chambers ne soit pas mathématicien et qu'il s'appuie essentiellement sur le *Lexicon Technicum*, les références sont plutôt classiques (Euclide, Archimède) ou du dix-septième siècle avec essentiellement des Britanniques (Newton, Wallis et Halley), quelques auteurs du Continent apparaissent avec comme figure de proue Leibniz. En revanche, en 1753, les éditeurs ont actualisé les articles de mathématiques et d'autres auteurs sont considérés comme des références. En premier, c'est le mathématicien écossais, Colin Maclaurin pourtant décédé en 1746 qui a les suffrages des deux éditeurs, ou encore Leonhard Euler. Ces deux n'étaient pas cités dans la première édition de la *Cyclopædia* tout comme Cramer[21]. Cette « nouveauté » s'accompagne aussi d'ouvrages plus récents. Des articles paraissant dans les périodiques académiques étrangers à la fin des années quarante sont cités[22]. De plus, des ouvrages tant britanniques qu'étrangers sont utilisés pour écrire les entrées. Par exemple, l'ouvrage de Cramer (1750), *Introduction à l'Analyse des lignes courbes algébriques* est considéré comme un belle entrée en matière sur les courbes pour les débutants (Chambers 1753, vol. II, appendice, art. CURVE), il est aussi mis en avant dans d'autres articles de l'appendice (par exemple, LINE, POINT).

Dans les *Supplements*, Euler est une source privilégiée en musique et en mathématiques. Son *Introductio in Analysin Infinitorum* (Euler 1748) est souvent utilisée. En particulier, dans l'article FUNCTION de l'appendice qui se trouve à la fin du second volume se trouve la définition eulérienne de la fonction : « On the subject of *function*, their divisions, transformations, explication by infinite series, &c. Mr. Euler should be consulted, who has treated this matter very fully in the first chapter of his Analys. infinitorum » (Chambers 1753, vol. II, FUNCTION). C'est à notre connaissance, la première fois que cette notion est définie en Grande-Bretagne.

Mais l'ouvrage de mathématiques qui est le plus cité dans les *Supplements* est le *Treatise of Fluxions* de Maclaurin[23] qui paraît en 1742. On le retrouve

21. Gabriel Cramer n'est même cité que dans l'appendice du deuxième volume des *Suppléments*.

22. Sans souci d'exhaustivité, les articles d'Euler (1748) ou de D'Alembert (1748) parus dans les mémoires de l'Académie de Berlin sont utilisés dans les suppléments.

23. D'autres écrits (Maclaurin 1720, 1748b,a,c) sont utilisés mais dans une moindre mesure.

plus de 80 fois. Plusieurs articles sont des copies *verbatim* ou presque de cet ouvrage. Outre l'article FLUXION des *Supplements*, d'autres sont des résumés de parties du *Treatise of Fluxions* comme NEGATIVE SIGNS, TANGENT ou encore CURVATURE. Cela montre l'importance de Maclaurin et de ses écrits dans le monde savant britannique.

5 Une tentative de conclusion

Si le *Lexicon Technicum* d'Harris peut être considéré comme une œuvre importante dans la diffusion des mathématiques essentiellement britanniques et si l'objectif de proposer une petite bibliothèque de mathématiques est atteint, la *Cyclopædia* de Chambers n'a pas la même ambition. Le fait que l'auteur n'a pas reçu un enseignement de mathématiques très poussé entraîne une méconnaissance de l'actualité mathématique. C'est la raison pour laquelle les mathématiques présentées en 1728 sont relativement peu poussées et les références dépassées[24]. En revanche, les *Supplements* de 1753 sont une véritable mise à jour dans le domaine des mathématiques. L'usage d'ouvrages et d'articles parus dans les années 1740 tant en Grande-Bretagne que sur le Continent montrent la volonté de présenter l'étendue du savoir mathématique. Harris puis Chambers ont surtout mis en avant les mathématiques newtoniennes et donc l'appel aux références continentales s'en trouve amoindri, tandis que Scott et Hill, tout en mettant en avant les travaux de Maclaurin qui est un newtonien, se sont appuyés sur des résultats du Continent.

Bibliographie

Berkeley, G. (1734). *The Analyst; or a Discourse addressed to an Infidel Mathematician.* Londres : J. Tonson.

Bernoulli, J. (1697). Principia Calculi Exponentialum seu percurrentium. *Acta eruditorum*, 125–133.

Blay, M. (1986). Deux moments de la critique du calcul infinitésimal : Michel Rolle et George Berkeley. *Revue d'Histoire des Sciences*, 39(3), 223–253. Études sur l'histoire du calcul infinitésimal.

Bradshaw, L. E. (1981a). Ephraim chambers' *Cyclopaedia.* In F. A. Kafker (éd.) *Notables encyclopaedias of the seventeenth and eigtheenth centuries : nine predecessors of the Encyclopédie*, Oxford : The voltaire Foundation, 123–140.

24. Comme Chambers s'est essentiellement appuyé sur le dictionnaire d'Harris pour écrire les articles de mathématiques, les références associées sont simplement reproduites et très peu d'actualisations ont été produites.

Bradshaw, L. E. (1981b). John harris's *Lexicon Technicum.* In F. A. Kafker (éd.) *Notables encyclopaedias of the seventeenth and eigtheenth centuries : nine predecessors of the Encyclopédie*, Oxford : The Voltaire Foundation, 107–121.

Bruneau, O. (2008). D'Alembert et les mathématiciens britanniques. *Bollettino di Storia delle Scienze Matematiche*, XXVIII(2), 309–320.

Bruneau, O. (2011). *Colin Maclaurin, l'obstination mathématicienne d'un newtonien.* Nancy : Presses universitaires de Nancy.

Carré, L. (1700). *Méthode pour la mesure des surfaces, la dimension des solides, leurs centres de pesanteur, de percussion et d'oscillation par l'application du calcul intégral.* Paris : J. Boudot.

Chambers, E. (1728). *Cyclopædia : or, an Universal dictionary of Arts and Sciences.* Londres : James & John Knapton et 19 autres.

Chambers, E. (1753). *A supplement to Mr. Chambers's Cyclopædia : or, universal dictionary of arts and sciences. In two volumes.* Londres : printed for W. Innys et 16 autres.

Collison, R. L. (1966). *Encyclopaedias : Their History Throughout the Ages.* Londres ; New York : Hafner, 2e éd.

Cramer, G. (1750). *Introduction à l'analyse des lignes courbes algébriques.* Genève : les frères Cramer et C. Philibert.

D'Alembert, J. l. R. (1748). Recherches sur le calcul intégral. *Histoire de l'Académie Royale des Sciences et des Belles-Lettres de Berlin*, 2 (1746), 182–224.

Darnton, R. (1982). *L'aventure de l'Encyclopédie : 1775-1800, un best-seller au siècle des lumières.* Paris : Perrin.

De Moivre, A. (1698). Specimina quædam illustria Doctrine Fluxionum sive exempla quibus Methodi istius Usus & præstantia in solvendis Problematis Geometricis elucidatur. *Philosophical Transactions of the Royal Society of London*, 19 (1695), 52–57.

Ditton, H. (1704). De curvarum tangentibus e maximorum ac minimorum theoria immediate deductis ; una cum theorem : quibusdam ad sectiones conicas pertinentibus, ejusdem calculi auxilio investigatis. *Philosophical Transactions of the Royal Society of London*, 23 (1703), 1333–1345.

Ditton, H. (1706). *An Institution of Fluxions...* Londres : W. Botham, James Knapton.

Euler, L. (1748). Mémoire sur la plus grande équation des Planètes. *Histoire de l'Académie Royale des Sciences et des Belles-Lettres de Berlin*, 2 (1746), 225–255.

Harris, J. (1702). *A New Short Treatise of Algebra; With the Geometrical Construction of Equations, as Far as the Fourth Power Or Dimension. Together with a Specimen of the Nature and Algorithm of Fluxions.* Londres : D. Midwinter and T. Leigh.

Harris, J. (1704). *Lexicon Technicum : or , an Universal English Dictionary of Arts and Sciences : explaining not only The Terms of Art, but Arts themselves.* Londres : Daniel Browne et 9 autres.

Harris, J. (1710). *Lexicon Technicum : or , an Universal English Dictionary of Arts and Sciences : explaining not only The Terms of Art, but Arts themselves*, t. II. Londres : Daniel Browne, John Walthoe, John Nicholson, Benjamin Tooke, Daniel Midwinter, Maurice Atkins and Thomas Ward.

Hayes, C. (1704). *A Treatise of Fluxions.* Londres : E. & D. Midwinter, T. Leigh.

Jesseph, D. (1993). *Berkeley's Philosophy of Mathematics.* Chicago : University of Chicago Press.

Kargon, R. (1972). Harris, john. In C. C. Gillispie (éd.) *Dictionary of Scientific Biography*, t. VI, New York : Charles Scribner's sons.

Leca-Tsiomis, M. (1999). *Écrire l'Encyclopédie.* Oxford : The Voltaire Foundation.

L'Hospital, G. F. A. M. d. (1696). *Analyse des infiniment petits, pour l'intelligence des lignes courbes.* Paris : l'Imprimerie Royale.

Machin, J. (1741). The solution of Kepler's problem. *Philosophical Transactions of the Royal Society*, 40 (1738), 205–230.

Maclaurin, C. (1720). *Geometria Organica : sive Descriptio Linearum Curvarum Universalis.* Londres : for William and John Innys.

Maclaurin, C. (1742). *Treatise of Fluxions in two books.* Édimbourg : Ruddimans.

Maclaurin, C. (1748a). *A Treatise of Algebra in three Parts.* Londres : Millar & Nourse.

Maclaurin, C. (1748b). *An Account of Sir Isaac Newton's philosophical discoveries in four books.* Londres : Millar & Nourse.

Maclaurin, C. (1748c). De Linearum Geometricarum Proprietatibus Generalibus Tractatus. In *A Treatise of Algebra...*, Londres : Millar & Nourse.

McKie, D. (1945). John Harris et son *Lexicon technicum*. *Endeavour*, 4, 53–57.

Meli, B. (1993). *Equivalence and Priority : Newton versus Leibniz.* Oxford : Clarendon Press.

Newton, I. (1687). *Philosophiae naturalis principia mathematica.* Londres : Jussu Societatis Regiae.

Newton, I. (1704a). Enumeratio linearum Tertii Ordinis. In *Opticks : or, a Treatise of the reflexions, refractions, inflexions and colours of light. Also two treatises of the species and magnitude of curvilinear figures*, Smith and Walford, 139–169.

Newton, I. (1704b). *Opticks : or, a Treatise of the reflexions, refractions, inflexions and colours of light. Also two treatises of the species and magnitude of curvilinear figures.* Londres : Smith and Walford.

Ozanam, J. (1691). *Dictionnaire mathématiques ou idée générale des mathématiques.* Paris : Estienne Michallet.

Robins, B. (1735). A Discourse concerning the Nature and Certainty of Sir Isaac Newton's Methods of Fluxions, and of prime and ultimate Ratios. *The Present State of the Republick of Letters*, 16, 245–270.

Stirling, J. (1730). *Methodus Differentialis sive Tractatus de Summatione et Interpolatione serierum Infinitorum.* Londres : Bowyer.

Olivier Bruneau
AHP-PreST (UMR 7117), Université de Lorraine
olivier.bruneau@univ-lorraine.fr

Travailler les manuels mathématiques du Collège Mazarin. (Avec des regards sur la carrière intellectuelle de A.-M. Legendre)

MAARTEN BULLYNCK

1 Introduction

Avec les transformations des modes et supports de communication change aussi la circulation des idées mathématiques. Au XVIIIe siècle on voit la naissance des journaux savants dans la correspondance des savants. À partir de cette innovation de médiation scientifique, on voit qu'aux XIXe et XXe siècles une distribution de modes de circulation émerge et se stabilise. Cette structure communicative des sciences contemporaines se définit par la transmission sur au moins trois niveaux : la science des périodiques (spécialisés), la science des manuels, et la science popularisée. La dynamique qui se joue entre ces trois niveaux produit, reproduit et transforme les connaissances scientifiques (cf. l'analyse de Ludwik Fleck (1935)).

En partant ici du niveau du manuel scientifique, je veux reconstruire quelques modes d'écriture et de lecture qui traversent le manuel. Les manuels ont un cycle de vie bien long. Non seulement sont-ils fréquemment réimprimés et réédités, mais aussi leurs contenus sont très souvent dépouillés et récyclés dans d'autres ouvrages. Marquant un moment d'assemblage de matériaux divers dans une systématique destinée à l'enseignement, le manuel est nourri par les lectures, notes, écritures et expériences d'enseignement de son auteur. À son tour, l'utilisation du manuel dans l'enseignement, en école ou en autodidacte, transmet et transforme des parties de son texte. On pourrait dire qu'un manuel est toujours un texte en mouvement, parce qu'il est toujours travaillé, par ses auteurs, par ses étudiants.

Le regard est ici porté sur les manuels de mathématiques du Collège des Quatre Nations, aussi connu sous le nom de Collège Mazarin. Il s'agit des *Leçons élémentaires de mathématiques* (1744, 1764, 1772, 1784) et des *Leçons élémentaires d'astronomie* (1746, 1755, 1761, 1780), deux manuels écrits par

P.-E. Bour, M. Rebuschi & L. Rollet (eds.), *Sciences, Circulations, Révolutions, 151–162.*

l'abbé Nicolas-Louis de La Caille (1713-1762). Comme l'indiquent déjà les dates des éditions principales, ces manuels, d'abord conçus quand La Caille commençait ses cours au Collège Mazarin en 1739, ont été réédités et changés, bien après la mort de celui-ci. Le premier manuel fut réédité par l'abbé Joseph-François Marie (1738-1801), l'autre par Joseph Jérôme Lefrançois de Lalande (1732-1809). À cette écriture de la première génération et à la réécriture de la deuxième génération, on peut ajouter la lecture de la troisième génération, celle d'Adrien-Marie Legendre (1752-1833). On arrive alors à un ensemble de lectures et écritures imbriquées qui s'étend sur trois générations. La notion de « générations de manuels » (Zerner 1994) se retrouve ici, en miniature, dans un seul manuel travaillé et retravaillé.

2 Les manuels de La Caille

Avec la publication de ses manuels dans les années 1740, La Caille fixe à l'écrit quelques innovations pédagogiques. La plus célèbre est l'introduction du français au lieu du latin comme langue d'enseignement en mathématiques[1] :

> N'ayant qu'une heure pour sa classe, et trouvant ce temps trop précieux pour l'employer à dicter, [La Caille] fit imprimer ses leçons. Considérant d'ailleurs que la langue latine n'est pas assez familière au commun des écoliers, et surtout à un grand nombre de ceux qui ont besoin d'apprendre les mathématiques, il jugea à propos (...) de les faire imprimer en français. (Compère 2002, p. 251)

Le manuel dispense l'élève de suivre par écrit les mots dictés par le professeur, et libère son esprit pour écouter et comprendre ce qui est dit.

La complémentarité entre le manuel et le cours se manifeste aussi dans la forme de rédaction de ces leçons :

> il seroit nécessaire de mettre entre [les] mains [d'un élève] un livre, qui contînt en une ou deux pages, tout ce qu'on lui auroit expliqué au long dans chaque Leçon ; afin qu'en voyant d'un coup d'oeil ce qu'il vient d'entendre, & ce qu'il a à apprendre, il ne tombe pas dans l'ennui & le découragement que cause infailliblement la vue d'une longue suite de raisonnements abstraits & chargés de détail, dont on peut suivre le fil en les écoutant, & en se faisant expliquer sur le champ ce qu'on ne comprend pas d'abord, mais dont on auroit bien de la peine à entreprendre la lecture entiere. (La Caille 1744, Avertissement)

Le manuel est essentiellement un abrégé et l'élève doit suppléer à cet abrégé les explications, démonstrations etc. que le professeur donne dans les cours. Ou comme on le note dans l'éloge de La Caille : « ces Leçons sont extrêmement

1. Même si ses manuels furent traduits, par le jésuite Karl Scherffer (1716-1783), en latin.

abrégées, elles supposent les explications de vive voix, qui en dévoient être comme l'ame : on pourroit les regarder comme des espèces de cahiers imprimés » (Grandjean de Fouchy 1762, p. 199).

Mais il y a encore une autre innovation pédagogique, moins connue, qui est portée par un dispositif typographique :

> J'ai mis en gros caractere les connoissances purement élémentaires, & absolument nécessaires, pour les distinguer de celles qui le sont un peu moins. Ainsi ceux qui voudront s'en tenir aux premiers principes des Mathématiques, pourront passer tout ce qui est en petit caractere, mais ceux qui voudront se mettre en état de lire des Livres où les choses ne sont pas traitées d'une façon élémentaire, doivent tout étudier avec soin. (La Caille 1744, Avertissement)

Différenciant par des gros et des petits caractères, le manuel de La Caille se laisse lire sur deux niveaux : le niveau élémentaire des débutants et le niveau avancé des élèves doués. Cette innovation de niveaux de lecture indiqués par la typographie est une innovation de l'époque. Déjà Christian Wolff dans ses *Anfangsgründe aller mathematischen Wissenschaften* (1710) avait expliqué dans son introduction qu'il y a plusieurs niveaux de lecture possibles, et que la typographie différencie ces niveaux[2]. L'adoption de cette innovation par La Caille ajoute encore une couche à la complémentarité entre manuel et cours. Tandis que le cours explique les éléments du manuel, c'est le travail de l'élève doué, en autodidacte ou aidé par le professeur dans des cours privés, qui permet de comprendre les parties avancés du manuel. Cette ambition d'aller au-delà du texte imprimé est adressée dans l'avertissement :

> j'ai tâché de l'exposer de sorte que la lecture inspirât un esprit de recherche, l'envie d'approfondir davantage, de voir par soi-même, & de calculer. (La Caille 1755, p. v)

Finalement, comme le montreront les pistes explorées *infra*, les manuels de La Caille intègrent et croisent plusieurs textes préexistants. Pour les deux manuels étudiés ici, une source est explicitement évoquée dans les introductions, l'œuvre du newtonien néerlandais William Jacob 's Gravesande (1688-1742), professeur à Leyde. Pour les *Leçons élémentaires de mathématiques* (1744), il s'agit du *Matheseos universalis elementa* de 1727 dont La Caille tire un morceau sur les équations du premier et second degrés. Pour les *Leçons élémentaires d'astronomie*, les mouvements de la Lune sont expliqués en utilisant les *Physices elementa mathematica, experimentis confirmata, sive introductio ad philosophiam Newtonianam* (1720) de 's Gravesande[3].

2. "durch verschiedenen Druck die verschiedenen Sachen von einander unterschieden" (Wolff 1710, Vorrede).

3. Les livres de 's Gravesande étaient conçus pour ses cours à Leyde. Le premier (Gravesande 1727) est une introduction élémentaire aux mathématiques, même si une partie

3 Quelques nœuds d'écriture et de lecture (et leur importance pour Legendre)

3.1 La Caille et les transferts de la pratique du calcul des observations au manuel

Élève de Jacques Cassini, La Caille fait ses premières expériences d'astronomie pratique entre 1737 et 1739 quand il aide à (ré)établir la méridienne de France. Après qu'il devient professeur au Collège Mazarin, un observatoire fut construit pour lui en 1742. Entre 1750 et 1754 il observe des astres à Cap de Bonne-Espérance. La Caille avait donc bien l'expérience quotidienne de l'astronomie, expérience qui influe sur ses *Leçons.* La Caille était considéré comme l'un des observateurs les plus prolifiques et l'un des plus habiles calculateurs de son temps. Dans ses *Leçons* une partie de cette pratique est transmise.

Les *Leçons* sont déclinées d'après le principe des petits et grands caractères. Parmi ses passages en petits caractères : des exemples, des calculs et des « Théories particulières, & des Remarques » (La Caille 1755, p. v). En fait, une bonne partie de l'expérience de La Caille, l'expérience de ses lectures et de sa pratique calculatoire, se trouve dans les petites lettres. On s'intéressera à deux passages qui touchent à la minimisation des erreurs pendant l'utilisation des observations dans le calcul.

Sur les pages 28 à 30 des *Leçons* de 1755 on trouve les « analogies différentielles » en trigonométrie sphérique, une liste de 34 formules dont l'explication et l'usage ne sont que cryptiquement évoqués. Leur vraie origine et usage se trouve dans l'un des premiers écrits de La Caille, « Calcul des différences dans la trigonométrie sphérique » présenté 1741 à l'Académie des sciences de Paris, l'année où La Caille devenait membre de l'Académie. Dans ce texte, qui fut publié en 1744, La Caille remarque que « l'invention des Logarithmes a apporté une facilité & une simplicité [à l'Astronomie] peut-être aussi grandes que celles que la nouvelle analyse a apportées dans la Géométrie », mais que « le calcul de l'Infini [est] quelquefois trop subtil pour être à la portée du commun des Calculateurs, ou trop compliqué de signes » (La Caille 1741, p. 238). La Caille veut néanmoins proposer des « méthodes de l'analyse des Infiniment petits pour calculer les petites Equations [...] tantôt pour les appliquer aux observations ordinaires, tantôt pour réduire ses mouvements célestes apparents aux mouvements vrais, & réciproquement, tantôt pour distribuer les petites inégalités » . Cette méthode, La Caille l'a apprise dans un livre de Roger Cotes, *Aestimatio errorum in mixta Mathesi* (Cotes 1722), où l'auteur veut

> déterminer les limites des erreurs inévitables dans la pratique de la Géométrie & de l'Astronomie, en les regardant comme des

de l'*Arithmetica Universalis* (1707) de Newton y est résumée en annexe. L'autre livre (Gravesande 1720) introduit, aussi de façon élémentaire, à la physique et à la philosophie de Newton, notamment ses *Philosophiae Naturalis Principia Mathematica* (1687).

> différences infiniment petites ; comme, si un Instrument ne donne la hauteur d'un Astre qu'à une minute près, il marque le rapport qu'aura cette minute d'erreur avec l'incertitude de l'heure déduite de l'observation, par un calcul dont il supposé tous les autres éléments exacts. (La Caille 1741, p. 240)

Parce que le livre de Cotes n'était pas très connu et que les formules de Cotes peuvent être transformées en des formules plus appropriées à l'astronomie, La Caille explique en détail comment on peut utiliser les idées de Cotes en astronomie.

Chez Cotes, le discours mathématique était ancré dans la géométrie avec les dérivations de proportions utiles. La Caille montre comment les résultats de Cotes se traduisent en formules pour des problèmes astronomiques spécifiques et résume ses 18 théorèmes géométriques en 24 formules symboliques. Ainsi, par exemple, en un triangle sphérique ABC dont l'angle A et le côté AC sont fixes, la proportion du différentiel dAB (l'erreur sur le côté AB) au différentiel dBC (l'effet de l'erreur sur le côté BC) est comme le rayon (de la sphère) au cosinus de l'angle B. Dans les *Leçons*, cette première publication de La Caille y entre sous une forme très abrégée, essentiellement il ne reste que les formules, au nombre de trente-huit au lieu de quatre parce que le nombre de situations astronomiques a été multiplié[4].

Il y a un deuxième texte qui est incorporé dans les *Leçons élémentaires d'astronomie* et qui donne une méthode calculatoire. Il s'agit d'un article de Friedrich Christoph Mayer (1697-1729) de l'Académie de Saint-Petersbourg, « De usu interpolationis in solstitiorum momenti indagandis » (1727). De la page 67 à 73 La Caille reproduit (en traduisant) le texte de Mayer, mais ajoute des exemples différents de ceux de Mayer :

> On *interpole* ensuite ces observations, ou leurs différences consécutives ; c'est-à-dire, on partage ces différences en un plus grand nombre d'autres différences plus petites, (& qui conviennent par conséquent à de moindres intervalles de tems), mais assujetties dans leurs variations à la loi que suivoient les différences avant que d'être ainsi partagées. Par-là les erreurs des observations se trouvant distribuées en un plus grand nombre de parties, elles deviennent presque insensibles. (La Caille 1755, p. 67)

L'idée de Mayer est simple, on considère les observations comme des coordonnées (x, y) d'une courbe et à partir des points on peut dériver la formule algébrique de la courbe. Ainsi, n points connus donnent une courbe de degré $n-1$. En utilisant la formule obtenue, on peut calculer des points intermédiaires, c'est-à-dire les points interpolés. La Caille utilise cette idée, mais montre avec 5 exemples comment on peut en simplifier l'application notamment dans

4. En particulier, des formules où un angle est droit sont énumérées à part.

les calculs. La technique clé est de ramener les séries d'observations à des séquences numériques comme par exemple une suite arithmétique, ce qui simplifie l'obtention des formules.

Quand Lalande édite le manuel de La Caille en 1780, il reproduit essentiellement le livre de La Caille dans sa dernière version (celle de 1755), mais ajoute des notes avec des corrections ou avec des références à des travaux plus récents. Tandis que la plus grande partie du texte du manuel reste inchangée, les deux passages sur les techniques calculatoires qu'on vient de décrire sont retravaillés par Lalande. Sur les formules de Cotes, Lalande ajoute pas moins de douze notes, deux renvoient à d'autres livres, notamment aux démonstrations manquantes qui sont supplées dans le manuel de Lalande, les dix autres corrigent les erreurs dans les formules. Le passage sur l'interpolation de Mayer, même s'il est reproduit, est traité de « curiosité » (La Caille 1780, p. 72). Lalande remarque qu'il est préférable (et plus simple) d'utiliser les secondes différences, comme expliqué dans son traité d'astronomie (La Lande 1764, art. 3177 p. 1514)[5].

Passant à la troisième génération qui lit et travaille le manuel de La Caille on rencontre le jeune Legendre qui est initié à l'astronomie au Collège Mazarin. Même si Legendre est aujourd'hui célèbre pour avoir trouvé la méthode des moindres carrés en 1805 (indépendamment de C. F. Gauss), il est pourtant clair qu'avant 1800, comme l'a remarqué S. Stigler (Stigler 1986, p. 56), Legendre utilisait encore d'autres méthodes pour minimaliser l'impact des erreurs observationnelles sur le calcul. Si on lit l'introduction de ses *Nouvelles méthodes pour la détermination des orbites des comètes* (1805) en détail, on découvre ses méthodes avant 1800 :

> Il semble, au premier coup-d'œil, qu'en liant ensemble plusieurs observations par la méthode des interpolations, on en déduira les coëfficiens dont il s'agit avec d'autant plus d'exactitude qu'il y a plus d'observations combinées ; et cela auroit lieu en effet, si les observations étoient exemptes d'erreur (Legendre 1805, p. iv)

La méthode des interpolations n'est nulle autre que celle de Mayer-La Caille, l'exemple qu'en donne Legendre utilise même les raccourcis calculatoires recommandés par La Caille.

Ensuite, Legendre applique aux mêmes équations d'interpolation l'idée de Cotes-La Caille, à savoir, ajouter une différentielle dx d'erreur. Il obtient ainsi des équations donnant les coefficients d'interpolation pour trois observations, et celles pour cinq observations. La conclusion pour la méthode des interpolations est écrasante :

5. Lalande recommande notamment le suivant : « On se sert aussi des secondes différences pour corriger des calculs, ou limiter des observations, c'est-à-dire, les ramener à une marche réguliere & uniforme ; quand on trouve une seconde différence qui est trop grande ou trop petite par rapport à la précédente & à la suivante, il faut corriger le nombre qui répond à cette seconde différence du tiers seulement de l'erreur qu'on a remarquée dans la différence. »

> on voit que dans le cas de cinq observations combinées, l'erreur des coefficiens différentiels, due à la cause mentionnée, est plus grande dans le rapport de 4 à 3, que celle qui a lieu dans le cas de trois observations. Elle augmenteroit encore si on combinoit ensemble plus de cinq observations (Legendre 1805, p. v)

Legendre ajoute « il y avoit de mieux à faire ». Les méthodes apprises au Collège Mazarin ne marchent plus et Legendre conclut qu'il faudra maintenant les remplacer par d'autres, notamment sa méthode des moindres carrés.

3.2 Problèmes indéterminés, l'abbé Marie et son élève Legendre

L'autre manuel de La Caille sont les *Leçons élémentaires de mathématiques, ou élémens d'algèbre et de géométrie*, première version sortie en 1744 et plusieurs fois réimprimée après. En 1772 sortent deux nouvelles éditions (!) sous le nom de La Caille, douze ans après sa mort. Une édition sort chez Guérin et Delatour (comme la première édition), l'autre chez Desaint. Les deux éditions contiennent une importante addition, comparé avec l'édition de 1744 et ses rééditions, notamment les principes du calcul infinitésimal. Néanmoins, la continuité avec les éditions précédentes est garantie dans l'édition chez Guérin et Delatour, parce que : « tous les articles [sont] marqués de mêmes numéros que dans les deux précédentes, afin que les citations [...] conviennent à ces différentes Editions » (La Caille 1772a, Introduction). En revanche, l'édition chez Desaint, qui ajoute presque 200 pages à la première édition, inclut une table des numéros changés et ajoutés (La Caille 1772b, p. vj).

L'édition très retravaillée qui paraît chez Desaint est due à l'abbé Marie. Le livre avait été examiné par l'Académie par Lalande et Bailly le 23 mai 1771 (Anonyme 1857, p. 57) et paraît en 1772. Comparé à l'original, le livre contient beaucoup plus d'applications, en particulier de l'analyse infinitésimale. Mais aussi dans la partie sur l'algèbre, quelques ajouts ont eu lieu. Celui qui nous intéresse ici porte sur la solution des problèmes indéterminés.

Les ajouts d'algèbre sont à situer dans un contexte particulier. En 1771, l'abbé Marie s'était investi dans l'examen de la traduction de la *Vollständige Anleitung zur Algebra* de Leonhard Euler (1770), préparée par Jean III Bernoulli et Joseph-Louis Lagrange de l'Académie de Berlin. Cette traduction avait été entreprise à la demande expresse de d'Alembert. Lagrange, d'abord moins enthousiaste, avait saisi l'occasion de transformer le tome II de cette traduction en un traité sur l'analyse indéterminée, parce que « on n'avait point encore d'ouvrage où cette science [l'Analyse de Diophante] fût traitée d'une maniere méthodique, & qui renfermât & expliquât clairement les principales regles ». (Euler 1774, II, p. 374)[6]. Au début du tome II de cette traduction, on lit dans l'approbation (Euler 1774, II, fin non-paginée) :

> J'ai lu par ordre de Monseigneur le Chancelier la Traduction Francoise des *Elémens d'Algebre de M. Euler*; les moindres ou-

6. Voir (Bullynck 2009) pour l'histoire derrière cette traduction.

> vrages des grands hommes sont toujours précieux, les Additions que M. de la Grange a faites à celui-ci le rendent plus précieux encore.
> A Paris, le 17 Aout 1771.
> MARIE.

Cet examen à la demande de l'académie, l'abbé Marie l'a très probablement fait avec un assistant, Adrien-Marie Legendre. Fin juillet-début août 1771, Marie avait présenté son élève doué Legendre à l'Académie (Anonyme 1857, p. 58) et il est vraisemblable qu'il a associé le jeune Legendre à ses travaux de relecture et de réédition[7].

La version originale de La Caille ne contient qu'un seul exemple de problème indéterminé : trouver trois nombres dont la somme est 105 et qui ont la même différence entre eux (La Caille 1772a, p. 82). La Caille introduit l'exemple pour distinguer entre ces problèmes et les problèmes déterminés, qui ont autant de solutions que leur degré. Il remarque cependant que, si le problème indéterminé est de degré supérieur à 1, on ne peut pas essayer de trouver une solution avec une valeur arbitraire – comme on le peut pour le degré 1, instance de la règle de fausse position. Dans ce cas, une valeur arbitraire peut mener à des carrés impossibles et des racines imaginaires (La Caille 1772a, p. 83).

Les *Leçons élémentaires* augmentées par l'abbé Marie contiennent par contre sept pages sur les problèmes indéterminés (La Caille 1772b, p. 109–116). Le passage de La Caille est conservé, mais la nouvelle partie commence avec « Quoique la solution de ces sortes de problemes soit plus curieuse qu'utile, il est bon cependant de connoître un peu plus en détail la maniere de les resoudre » (La Caille 1772b, p. 110). Une première innovation est une notation :

> $x = \frac{by+c}{a}$ puisque x doit être un nombre entier, $\frac{by+c}{a}$ doit l'être aussi. Mais au lieu d'écrire tout au long ces mots, *nombre entier*, nous les désignerons par la lettre E.

Marie montre ensuite, conformément à ce qu'Euler fait dans son *Algèbre*, le lien avec les progressions arithmétiques et résout aussi des problèmes où un nombre est cherché qui laisse certains restes après division par des nombres premiers.

Les deux dernières pages abordent les problèmes indéterminés de second degré (La Caille 1772b, p. 115–116). D'abord est considéré le cas $x^2 + y^2 = a$ qui n'admet de solution que si $\sqrt{a - y^2}$ est possible. Ensuite, l'équation de Pell-Fermat dans sa forme la plus simple, $x^2 - y^2 = a$, est analysée. L'abbé Marie montre qu'avec la transformation $x = \frac{x'+y'}{2}$ et $y = \frac{x'-y'}{2}$ on trouve que $a = x'y'$. La solution de l'équation dépend donc de l'analyse de la factorisation de a.

Pour l'édition suivante, celle de 1784, l'abbé Marie modifie son propos sur l'analyse indéterminée. Au lieu d'en parler avant d'aborder la résolution des équations de degré supérieur à deux, elle est maintenant en appendice de cette

7. Une telle association est attestée pour le livre de Marie sur la mécanique (1774).

partie. C'est aussi seulement le cas du premier degré qui est traité (La Caille 1784, p. 241–247). Cette nouvelle édition de 1784 met l'accent sur des exemples calculés, y compris des problèmes pour s'exercer dont on trouve la solution à la fin du manuel. Conformément à cette philosophie, Marie ajoute au passage sur l'analyse indéterminée quatre exemples calculés en détail, ainsi que le problème classique du calendrier julien. Marie finit par remarquer : « Ceux qui désireront connaître plus en détail la Théorie des problémes indéterminés, trouveront dequoi se satisfaire dans le second Volume des Eléments d'Algebre de M. Euler » (La Caille 1784, p. 247), ouvrage maintenant accessible paru en 1774.

L'année 1771 est donc très probablement le moment où le jeune Legendre a commencé à s'intéresser aux problèmes indéterminés par sa (re)lecture de l'*Algèbre* d'Euler avec les additions de Lagrange. Une trace explicite et matérielle en reste dans toute son œuvre arithmétique. La notation E pour indiquer que le résultat doit être un entier, introduite par Marie en 1772 dans son manuel, est reprise dans la première publication de Legendre sur la théorie des nombres. Ici, le E majuscule devient un e minuscule (Legendre 1785, p. 466) et Legendre conservera la notation tout au long de sa carrière dans ses écrits sur la théorie des nombres.

4 Discussion

Comme l'explicitent les introductions de La Caille ou de Marie, il y a en fait deux « lectures » possibles des manuels. La première, celle d'« un Livre destiné à être expliqué » (La Caille 1772a, Avertissement), est définie par la complémentarité entre manuel et enseignement, ce qui se traduit matériellement à l'écrit et à l'oral, l'oral procurant l'« explication » de l'écrit. La « seconde lecture », littéralement, pousse plus loin et fait de l'élève un autodidacte[8] :

> ceux qui voudront se mettre en état de lire les Livres où les choses ne sont pas traitées d'une façon élémentaire, doivent tout étudier avec soin. Il faut cependant bien remarquer que ce qui est en petit caractere suppose ordinairement une connoissance parfaite de tous les principes qui sont en gros caractere, & qu'ainsi ce n'est qu'après les avoir conçus parfaitement, qu'on doit apprendre le reste dans une seconde lecture. (La Caille 1772a, Avertissement)

Rendre l'élève capable de lire et étudier par lui-même en utilisant les livres est le but visé des passages en petits caractères.

Tous les passages étudiés ici étaient en petits caractères. Qui plus est, tous ces passages proviennent de la sphère plus avancée des périodiques savants ou de la communication savante. Un certain nombre de passages étaient soit des traductions, soit des paraphrases ou abrégés, soit des extraits d'autres livres et articles d'ores et déjà empruntés à la littérature savante, comme les articles de La Caille et Mayer. Les autres passages qui ne sont pas copiés littéralement,

8. Pour l'importance de l'autodidacte au XVIIIe siècle, voir (Bosse 2012).

comme les exemple calculatoires des méthodes de Mayer, ou les explications sur les problèmes indéterminés, viennent des pratiques savantes. Le travail de La Caille comme astronome pour l'académie ou encore le travail de relecture de Marie, aussi pour l'académie, en sont les contextes directs. L'insertion de ces textes qui circulent dans un monde savant dans un manuel destiné à la reproduction de connaissances bien avérées et confirmées fait irruption. Ils marquent le point où l'élève qui reproduit ce qu'écrit le maître peut devenir l'étudiant qui lit les maîtres et devient auteur lui aussi. Ces passages choisis des manuels de La Caille montrent que le texte du manuel est un vrai intertexte dans le sens originaire où les textes passent d'un discours social et/ou matériel à un autre, donnant le texte « ses coordonnées historiques et sociales » (Kristeva 1969, p. 121).

Cette imbrication de l'écriture avec la lecture est aussi à l'origine d'un certain nombre de changements dans le temps, quand les rééditions sont l'occasion de synchroniser cours et manuel avec les dernières lectures. L'abbé Marie importe ses propres lectures et travaux dans sa réédition de 1772, Lalande garnit sa réédition de notes renvoyant à son propre traité sur l'astronomie. Ces ajouts ne changent pourtant pas le texte original, celui-ci est conservé presque sans modification dans toutes les éditions ultérieures. Même un passage que Lalande considère dépassé est conservé, comme « archaïsme » (Zerner 1994) on pourrait dire, et quand l'abbé Marie écrit sur les problèmes indéterminés, les quelques morceaux de La Caille sur ce sujet sont soigneusement intégrés dans le nouveau texte.

Arrivant à la dernière génération de lecteurs, Legendre porte le sceau de sa formation par les manuels jusqu'au début du XIXe siècle. Ayant été introduit à l'analyse indéterminée au Collège des Quatre-Nations en 1772, il en gardera la notation jusque dans la troisième et dernière édition de son livre qui s'appelle alors *Théorie des nombres* (1830). C'est également par le manuel et l'enseignement de l'astronomie au Collège que Legendre acquiert un sens et une habitude de travailler et manipuler les erreurs dans les observations. C'est seulement quand il se rend progressivement compte que ces méthodes ne suffisent plus, qu'il développera une autre méthode, celle des moindres carrés.

Bibliographie

Anonyme (1857). Ode à Mr LeGendre suivi des quelques informations sur la thèse de Legendre. *Bulletin de bibliographie d'histoire et de bibliographie mathématique*, III, 53–59.

Bosse, H. (2012). *Bildungsrevolution 1770–1830*. Heidelberg : Winter.

Bullynck, M. (2009). Leonhard Eulers Wege zur Zahlentheorie. In W. Velminski & H. Bredekamp (éd.) *Mathesis & Graphe. Leonhard Euler zum 300 Geburtstag*, Berlin : Akademie-Verlag, 67–85.

Compère, M.-M. (2002). *Les Collèges français,* XVIe–XVIIIe *siècles : Répertoire 3.* Paris : INRP.

Cotes, R. (1722). *Aestimatio errorum in mixta mathesi, per variationes partium trianguli plani et spherici. Appendice de Harmonia Mensurarum.* Cambridge : Smith.

Euler, L. (1774). *Élemens d'algèbre.* Lyon : Bruyset. Traduit et réarrangé par Jean III Bernoulli, avec additions de J. L. Lagrange.

Fleck, L. (1935). *Entstehung und Entwicklung einer wissenschaftlichen Tatsache. Einführung in die Lehre vom Denkstil und Denkkollektiv.* Bâle : Schwabe.

Grandjean de Fouchy, J. P. (1762). Éloge de M. l'abbé de la Caille. *Histoire de l'Académie royale des sciences,* 197–212.

Gravesande, W. J. (1720). *Physices elementa mathematica, experimentis confirmata. Sive introductio ad philosophiam Newtoniam.* Leiden : Van der Aa.

Gravesande, W. J. (1727). *G. J. Matheseos universalis elementa. Quibus accedunt specimen commentarii in arithmeticam universalem Newtoni, ut et de determinanda forma seriei infinitae adsumtae regula nova.* Leiden : Luchtmans.

Kristeva, J. (1969). *Sèmiôtikè. Recherches sur une sémanalyse.* Paris : Éditions du Seuil.

La Caille, N.-L. d. (1741). Calcul des différences dans la trigonométrie sphérique. *Histoire de l'Académie Royale des Sciences,* 238–260.

La Caille, N.-L. d. (1744). *Leçons élémentaires de mathématiques, ou élémens d'algèbre et de géométrie.* Paris : H. P. Guérin.

La Caille, N.-L. d. (1755). *Leçons élémentaires d'astronomie géométrique et physique.* Paris : Guérin, nouvelle éd.

La Caille, N.-L. d. (1772a). *Leçons élémentaires de mathématiques, ou élémens d'algèbre et de géométrie.* Paris : H. P. Guérin et De la Tour, nouvelle éd.

La Caille, N.-L. d. (1772b). *Leçons élémentaires de mathématiques, ou élémens d'algèbre et de géométrie.* Paris : Desaint. Nouvelle édition augmentée par l'abbé Marie.

La Caille, N.-L. d. (1780). *Leçons élémentaires d'astronomie géométrique et physique.* Paris : Guérin. 4e édition augmentée de plusieurs notes par M. de La Lande.

La Caille, N.-L. d. (1784). *Leçons élémentaires de mathématiques, ou élémens d'algèbre et de géométrie.* Paris : Desaint. Nouvelle édition augmentée par l'abbé Marie.

La Lande, J. d. (1764). *Astronomie*, t. 2. Paris : Desaint et Saillant.

Legendre, A.-M. (1785). Recherches d'analyse indéterminée. *Mémoires de l'Académie des sciences*, 88, 465–559.

Legendre, A.-M. (1805). *Nouvelles méthodes pour la détermination des orbites des comètes.* Paris : Didot.

Maier, F. C. (1727). De usu interpolationis in solstitiorum momenti indagandis. *Commentarii Academiae Scientiarum Petropolis*, 2, 180–187.

Stigler, S. (1986). *The History of Statistics. The measurement of uncertainty before 1900.* Cambridge, Mass. : Harvard.

Wolff, C. (1710). *Der Anfangs-Gründe Aller Mathematischen Wissenschaften*, t. 1. Halle : Rengerische Buchhandlung.

Zerner, M. (1994). *La Transformation des traités français d'analyse (1870–1914).* Nice : Laboratoire Jean-Alexandre Dieudonné, Université de Nice. Prépublication, n° 389, pp. 1–89.

Maarten Bullynck
IDHE.S, Université Paris 8
maarten.bullynck@univ-paris8.fr

Sur le théorème des deux carrés de Fermat

FRANÇOIS CHARGOIS

Pour Philippe Nabonnand,
en témoignage d'une longue amitié

1 Introduction

Nous proposons dans les pages qui suivent une démonstration du théorème des deux carrés, l'un des plus fameux et des plus beaux résultats de Fermat. Ce théorème affirme qu'un nombre premier impair est somme de deux carrés si et seulement si il est de la forme $4n+1$, c'est-à-dire congru à 1 modulo 4 (auquel cas l'écriture comme une telle somme n'est possible que d'une seule manière), d'où il découle qu'un entier (strictement positif) est somme de deux carrés si, et seulement si, tout nombre premier congru à 3 modulo 4 figurant dans sa décomposition en facteurs premiers, y figure avec un exposant pair[1].

Le thème des sommes de deux carrés avait, au temps de Fermat déjà, une longue histoire, remontant aux traditions de l'antiquité grecque autour de Diophante, en relation avec le théorème de Pythagore. Girard[2], semble t-il, en avait, au moins en partie, deviné la teneur, sans toutefois en posséder une démonstration ; une démonstration qu'en revanche Fermat avait selon toute vraisemblance découverte, comme on peut l'inférer des indications qu'il nous a laissées, quelque peu sybillines il est vrai, comme à son habitude[3], et aussi de ce que, dans les travaux de Fermat, l'énoncé en question, loin d'être isolé, est

1. Ajoutons que ces familles de nombres premiers, de la forme $4n+1$ d'une part, de la forme $4n+3$ d'autre part, sont l'une et l'autre infinies ; ce cas particulier du fameux théorème de Dirichlet peut se démontrer directement, sur le modèle de la démonstration d'Euclide de l'infinitude de l'ensemble des nombres premiers.

2. Albert Girard (1595-1632) est notamment l'un des premiers à avoir (entre)vu le théorème de d'Alembert-Gauss.

3. Ce n'est pas sans raison que d'aucuns, plus ou moins bien intentionnés, ont surnommé Fermat *le sphinx gascon* ...

P.-E. Bour, M. Rebuschi & L. Rollet (eds.), *Sciences, Circulations, Révolutions, 163–172.*

envisagé dans le vaste et riche contexte de l'étude de familles d'entiers de formes diverses [4]. Il n'est que le premier et le plus simple d'une suite de théorèmes que Fermat assemble avec soin. Entre autres choses, Fermat s'est intéressé, après les entiers de la forme $x^2 + y^2$, aux propriétés multiplicatives des entiers de la forme $x^2 + 2y^2$, $x^2 - 2y^2$, $x^2 + 3y^2$... En abordant le cas suivant, celui de la forme quadratique $x^2 + 5y^2$, Fermat a découvert, sans pouvoir en percer tous les mystères, une situation qualitativement différente[5]. Ces recherches, poursuivies par les héritiers de l'illustre Toulousain, à commencer par Euler, constituent l'une des origines historiques des actuelles et florissantes théorie algébrique des nombres, théorie arithmétique des formes quadratiques, théorie du corps de classes, etc.

Si de nos jours, la démonstration du théorème en question est devenu matière de routine, le résultat n'en garde pas moins son pouvoir de séduction et de fascination. Les démonstrations qu'il est possible d'en donner actuellement n'utilisent qu'un bagage fort modeste, un peu d'arithmétique bien sûr et un peu d'algèbre (anneaux, idéaux...), les rendant présentables disons en troisième année universitaire[6]. Fermat, quant à lui, procédait par ce qu'il appelait la **descente infinie**, une des grandes idées dont nous lui sommes redevables, une combinaison, *fort astucieuse certes*, de raisonnements par récurrence et de réductions à l'absurde. Bien entendu, il s'agit plus d'un art que d'une méthode à proprement parler, et ses ressorts n'ont pu être saisis que bien plus tard, au siècle dernier[7]. La démonstration que nous présentons ci-dessous procède également par descente. Elle est totalement élémentaire, non seulement dans sa démarche, mais aussi par les notions utilisées. Se voulant la plus simple et la plus directe qu'il est possible, elle n'utilise que les notions les plus rudimentaires de l'arithmétique (sans aucune des notions plus récentes – anneaux, idéaux, corps, extensions de corps,

4. L'unité et le sens de l'œuvre arithmétique de Fermat ne se révèlent qu'au prix de beaucoup de savoir et d'érudition ; on consultera les divers textes qu'André Weil a consacré à l'Arithmétique, à son histoire en général et à Fermat en particulier.

5. La différence provient de ce que le nombre de classes de chacun des corps de nombres $\mathbb{Q}(\sqrt{-1})$, $\mathbb{Q}(\sqrt{-2})$, $\mathbb{Q}(\sqrt{2})$ et $\mathbb{Q}(\sqrt{-3})$ est 1, celui de $\mathbb{Q}(\sqrt{-5})$ (ou de $\mathbb{Q}(\sqrt{3})$ par exemple) est 2.

6. La démonstration maintenant classique exploite les propriétés arithmétiques du corps $\mathbb{Q}(\sqrt{-1})$ ci-dessus mentionné.

7. Au temps de Fermat, les démonstrations par récurrence n'ont rien de classique. C'est au contraire à cette époque qu'apparaissent, d'une part la récurrence ordinaire (le passage de n à $n+1$), dans les travaux d'un contemporain de Fermat, Blaise Pascal (notamment dans son traité sur le triangle arithmétique), et d'autre part la récurrence à la Fermat (la descente infinie), dégagée et systématiquement employée par celui-ci dans ses travaux en théorie des nombres. Celle-ci repose sur la propriété de l'ensemble $\mathbb{N}$ des entiers naturels d'être, en tant qu'ensemble ordonné, zermelien (i.e. bien ordonné) : le seul sous-ensemble de $\mathbb{N}$ sans plus petit élément est le sous-ensemble vide. Il est clair que cet énoncé général ne peut fournir au mieux qu'un principe de démonstration, inopérant par lui-même sauf dans les cas les plus triviaux. Sa mise en œuvre systématique en arithmétique par Fermat a nécessité une considérable ingéniosité. Comme André Weil l'a compris (et amplement approfondi), il s'agit en fait d'une procédure de division dans certains groupes d'origine arithmétique.

etc. – utilisées par les preuves maintenant classiques évoquées ci-dessus). Elle aurait sans doute été accessible aux contemporains de Fermat et il est même permis de penser qu'elle est proche de celle que celui-ci devait posséder[8]. Il est donc clair que ce texte n'est pas destiné au mathématicien professionnel en tant que tel. Par ailleurs, la littérature mathématique ne manquant pas de textes dont la rédaction laisse pour le moins à désirer, voire de textes déplaisants, nous avons eu *a contrario* l'ambition de livrer un texte lisible et peut-être même, nous l'espérons tout au moins, de lecture agréable[9] ...

Il nous reste à remercier Pierre-Edouard Bour, Manuel Rebuschi et Laurent Rollet pour nous avoir proposé de contribuer à ce volume en l'honneur de Philippe Nabonnand, et Jean Delcourt pour son amicale relecture du texte primitif dont nous avons tiré profit.

2 Préliminaires

Presque toutes[10] les démonstrations du théorème, anciennes ou modernes, ont en commun, à notre connaissance, deux ingrédients, l'un algébrique et élémentaire, à savoir l'identité

$$(a^2+b^2)(c^2+d^2)=(ad-bc)^2+(ac+bd)^2,$$

connue de Diophante, qui s'applique en particulier à des entiers a, b, c et d arbitraires, le second arithmétique et plus subtil, le caractère quadratique de -1. La présente ne fait pas exception. Plus précisément, nous utiliserons l'énoncé suivant :

Proposition 1 : Soit p un nombre premier congru à 1 modulo 4 ; il existe alors un entier n tel que p divise n^2+1.

ainsi qu'une forme renforcée de l'énoncé réciproque :

Proposition 2 : Soient q un nombre premier congru à 3 modulo 4, x et y des entiers ; supposons que q divise x^2+y^2. Alors q divise x et y à la fois et x^2+y^2 est divisible par q^2.

Il est inutile de revenir sur l'identité ci-dessus ; en revanche, par souci d'autonomie et de cohérence, nous rappellerons des preuves, totalement élémentaires bien entendu, de ces deux assertions arithmétiques.

Nous considérerons comme connus les premiers rudiments de l'Arithmétique, à savoir la théorie de la division euclidienne, celle du pgcd, et en

8. ou de la première preuve publiée, celle d'Euler, que nous n'avons pu consulter.

9. Plaisant et délectable comme disait Bachet... mais c'est bien évidemment à l'éventuel lecteur d'en juger.

10. mais pas toutes... Citons la belle démonstration de Thue, qui utilise le second ingrédient, mais non le premier, et la démonstration, prétendument éclair, de Liouville, Heath-Brown et Zagier.

particulier le théorème de Bachet[11](ou Bézout), le théorème fondamental de Prestet[12,13] (ou Gauss) qui s'en déduit, le théorème d'existence et d'unicité de la décomposition en facteurs premiers ainsi que le maniement élémentaire des congruences (l'outil fondamental introduit par Gauss).

Nous ferons usage également des théorèmes de Fermat et Wilson ; vu leur rôle crucial, ils seront rappelés et traités en appendice.

Précisons, compte tenu du flou qui règne malheureusement dans la littérature, que, dans le présent texte, nous distinguons entre **entiers** (encore appelés entiers rationnels), de signe quelconque, zéro compris, **entiers positifs** (encore appelés entiers naturels), zéro compris encore et enfin **entiers strictement positifs**, excluant donc le zéro. L'expression **somme de deux carrés** désigne tout entier (nécessairement positif) de la forme $x^2 + y^2$ où x et y sont des entiers arbitraires, pouvant donc être nuls.

Abordons maintenant la démonstration des deux propositions ci-dessus. La proposition 1 se déduit facilement du théorème de Wilson : dans le produit

$$(p-1)! = 1 \times 2 \times 3 \times .... \times (p-1)$$

regroupons, puisque $(p-1)$ est pair, chaque facteur a (a variant entre 1 et $\frac{p-1}{2}$) avec le facteur complémentaire $(p-a)$, variant entre $\frac{p+1}{2}$ et $(p-1)$ et donc distinct de a ; on a ainsi reécrit $(p-1)!$ comme produit des $\frac{p-1}{2}$ facteurs $a(p-a)$. Puisque

$$a(p-a) \equiv -a^2 \pmod p,$$

on trouve la congruence

$$(p-1)! \equiv (-1)^{\frac{p-1}{2}} [(\frac{p-1}{2})!]^2 \pmod p.$$

On obtient finalement, $\frac{p-1}{2}$ étant pair[14], et vu le théorème de Wilson, la congruence $n^2 \equiv -1 \pmod p$, en ayant posé $n = (\frac{p-1}{2})!$, ce qui signifie que p divise l'entier $n^2 + 1$ et termine la démonstration.

Notons le

Corollaire : Soit p un nombre premier congru à 1 modulo 4. L'entier p admet alors un multiple strictement positif, strictement plus petit que p^2 et de la forme $a^2 + 1$.

11. Claude-Gaspard Bachet de Méziriac (1581-1638) a fait l'étude des équations diophantiennes du premier degré ; c'est la lecture de la traduction par Bachet de l'œuvre de Diophante qui a catalysé la passion de Fermat pour l'Arithmétique.

12. Jean Prestet (1648-1690) est l'auteur d'« Eléments de mathématiques » (1675) et de « Nouveaux éléments de mathématiques » (1689), ouvrage qui contient l'énoncé en question.

13. Si un entier a divise le produit bc de deux entiers et s'il est premier à b, alors il divise c ; le cas particulier où a est premier (si un nombre premier divise un produit, il divise l'un au moins des facteurs) figure déjà, semble t-il, dans Euclide.

14. car, par hypothèse, p est congru à 1 modulo 4.

En effet, la proposition 1 fournit un multiple strictement positif de p de la forme n^2+1. Soit a le reste de la division de n par p ; n^2+1 et a^2+1 étant congrus modulo p, l'entier a^2+1 est aussi multiple strictement positif de p ; puisque a est au plus $p-1$, ce multiple est strictement inférieur [15] à p^2.

Passons à la preuve de la proposition 2, en remarquant que, de x et y, q ne peut diviser l'un sans diviser l'autre. Il s'agit donc, par contraposition, de montrer, q étant un nombre premier impair, x et y des entiers, que si q divise x^2+y^2 sans diviser ni x ni y, alors q est congru à 1 modulo 4. On a en effet dans ce cas les congruences modulo q

$$x^2 \equiv -y^2,$$

puis, $q-1$ étant pair

$$(x^2)^{\frac{q-1}{2}} \equiv (-1)^{\frac{q-1}{2}}(y^2)^{\frac{q-1}{2}},$$

i.e.

$$x^{q-1} \equiv (-1)^{\frac{q-1}{2}} y^{q-1},$$

ou encore, le théorème de Fermat s'appliquant à x et y,

$$(-1)^{\frac{q-1}{2}} \equiv 1,$$

i.e.

$$(-1)^{\frac{q-1}{2}} = 1,$$

parce que q est impair, ce qui signifie que $\frac{q-1}{2}$ est pair, ce que nous désirions prouver.

Remarquons, pour finir ces préliminaires, que la proposition 2 montre, pour un nombre premier q de la forme $4n+3$, que son plus petit multiple (strictement positif) somme de deux carrés est q^2.

3 Le théorème des deux carrés

Nous pouvons maintenant profiter du fruit du travail préparatoire et aborder le vif de notre sujet. L'identité algébrique préliminaire montre immédiatement que les entiers strictement positifs sommes de deux carrés forment une famille multiplicativement stable : le produit de deux de ces entiers est encore de la même forme. Il est donc bien naturel de se demander quels sont les nombres premiers figurant dans cette famille. C'est le cas de 2. Quant aux nombres premiers impairs, une étude expérimentale conduit rapidement à la conviction

15. Quitte à remplacer le reste a par le reste complémentaire $p-a$, on obtiendrait immédiatement une majoration stricte bien meilleure par l'entier $\frac{p^2-1}{4}$. Ce raffinement nous est ici inutile.

que ceux qui sont sommes de deux carrés sont exactement ceux qui ont pour reste 1 (plutôt que 3) dans la division par 4. Autrement dit :

Théorème des deux carrés 1 : Soit p un nombre premier impair. Pour que p soit somme de deux carrés, il faut et il suffit que p soit congru à 1 modulo 4.

Prouvons le théorème. Remarquons pour commencer que le reste dans la division par 4 du carré d'un entier est 0 si cet entier est pair et 1 sinon ; une somme de deux carrés est donc congrue à $0, 1$ ou 2 modulo 4, mais jamais à 3. Un entier impair somme de deux carrés, premier ou non, est donc nécessairement congru à 1 modulo 4.

Pour démontrer la réciproque, nous nous appuierons sur le lemme décisif suivant :

Lemme 1 : Soit $ab = c$ une égalité entre entiers strictement positifs ; supposons a premier et a et c sommes de deux carrés. Alors b est aussi somme de deux carrés.

Ecrivons en effet

$$a = u^2 + v^2 \text{ et } c = x^2 + y^2$$

où u, v, x et y sont des entiers, puis

$$u^2 \equiv -v^2 \pmod{a},\ x^2 \equiv -y^2 \pmod{a} \text{ et } u^2x^2 \equiv v^2y^2 \pmod{a}$$

en multipliant membre à membre, puis

$$(ux - vy)(ux + vy) \equiv 0 \pmod{a}.$$

Autrement dit, a divise le produit $(ux - vy)(ux + vy)$, donc divise l'un des deux facteurs, d'après le théorème de Prestet, et on peut toujours supposer qu'il divise $ux + vy$, quitte à changer v en $-v$, le signe n'ayant pas d'importance. On a donc

$$a^2b = ac = (u^2 + v^2)(x^2 + y^2) = (uy - vx)^2 + (ux + vy)^2$$

d'après l'identité algébrique préliminaire, ce qui prouve que a divise $uy - vx$ également. D'où des entiers x' et y' et des égalités

$$uy - vx = ax',\ ux + vy = ay' \text{ et } a^2b = a^2(x'^2 + y'^2),$$

c'est-à-dire

$$b = x'^2 + y'^2,$$

ce qui achève la démonstration du lemme.

On déduit de ce lemme le

Lemme 2 : Soit $ab = c$ une égalité entre entiers strictement positifs ; supposons que c ainsi que tous les diviseurs premiers de a soient sommes de deux carrés. Alors b est lui aussi somme de deux carrés.

Ce lemme se démontre en effet immédiatement à partir du précédent par une récurrence triviale sur le nombre n des facteurs dans la décomposition en facteurs premiers $a = a_1 a_2 ... a_n$ de a.

Nous pouvons maintenant reprendre et achever la preuve du théorème 1. Par récurrence (ou descente[16]) comme indiqué ci-dessus (cf note 7), il suffit de montrer ceci : soit p un nombre premier congru à 1 modulo 4 ; supposons que tout nombre premier de même espèce strictement inférieur à p soit somme de deux carrés. Alors p est lui-même somme de deux carrés.

Appliquons en effet à p le corollaire ci-dessus : soit donc $c = ap$ un multiple de p strictement positif, strictement plus petit que p^2 et de la forme $n^2 + 1$; remarquons alors que a est nécessairement strictement plus petit que p. Soit q un éventuel diviseur premier de a, lui aussi donc strictement plus petit que p. Alors, soit $q = 2$, donc est somme de deux carrés, soit q est impair ; s'il était congru à 3 modulo 4, puisqu'il divise $n^2 + 1$, il devrait diviser 1 d'après la proposition 2, ce qui est absurde. Ce facteur premier q est donc congru à 1 modulo 4 ; étant strictement inférieur à p, il est, d'après l'hypothèse faite sur p, somme de deux carrés. Le lemme 2 montre finalement que p est lui-même somme de deux carrés, CQFD[17].

Le théorème que nous venons de prouver est un résultat d'existence ; il s'accompagne d'un résultat d'unicité :

Théorème des deux carrés 2 : Tout nombre premier s'écrit d'une manière au plus comme somme de deux carrés.

Soient en effet p un nombre premier, a, b, c et d des entiers positifs tels que

$$p = a^2 + b^2 = c^2 + d^2.$$

Puisque

$$(ad - bc)(ac - bd) = (a^2 + b^2)cd - ab(c^2 + d^2) = p(cd - ab),$$

p divise $ad - bc$ ou $ac - bd$; c et d étant interchangeables, on peut supposer que p divise $ad - bc$. D'autre part, a, b, c et d étant en fait strictement positifs, il en

16. Un exemple élémentaire de démonstration par descente est le raisonnement suivant, qui prouve l'irrationalité de $\sqrt{2}$: il n'existe aucun entier strictement positif b tel que le produit $b\sqrt{2}$ soit entier ; car si b est un tel entier, $b' := b\sqrt{2} - b$ en est un aussi et il est strictement plus petit (car 2 est strictement compris entre les deux carrés 1 et 4). La descente a consisté ici en le passage de b à b'. Remarquons par ailleurs que cette démonstration peut être considérée essentiellement comme (une relecture de) celle d'Euclide.

17. Cette démonstration comporte donc une double descente : le passage de c à b dans les lemmes 1 et 2 et celui de p à q ci-dessus.

est de même de $ac + bd$ et la sempiternelle identité

$$(a^2 + b^2)(c^2 + d^2) = (ac + bd)^2 + (ad - bc)^2$$

montre que l'entier $ad - bc$, multiple de p, est, en valeur absolue, strictement plus petit que p, donc est nul. L'avant-dernière égalité montre maintenant que c'est aussi le cas de $(ab - cd)$; *a fortiori* $a^2b^2 = c^2d^2$. Les deux nombres a^2 et b^2, ayant alors même somme (à savoir p) et même produit que les deux nombres c^2 et d^2, coïncident donc, à l'ordre près, avec ces deux derniers, ce qui établit le théorème.

Il reste à caractériser les entiers sommes de deux carrés ; c'est l'objet du

Théorème des deux carrés 3 : Un entier strictement positif est somme de deux carrés si, et seulement si, tout nombre premier congru à 3 modulo 4 figurant dans sa décomposition en facteurs premiers y figure avec un exposant pair.

Démontrons le théorème. Soit tout d'abord n un entier se factorisant comme il est dit ci-dessus. En regroupant dans cette factorisation les facteurs 2 et les facteurs premiers congrus à 1 modulo 4 d'une part, et les autres facteurs premiers, ceux qui sont congrus à 3 modulo 4, d'autre part, on présente n comme produit de deux facteurs ; le premier est somme de deux carrés, d'après le théorème des deux carrés 1 et la remarque qui le précède[18] ; le second est même un carré d'après la condition de parité imposée. Il est donc clair que n lui-même est somme de deux carrés.

Réciproquement, soit $n = a^2 + b^2$ un entier strictement positif somme de deux carrés et q un éventuel facteur premier de n congru à 3 modulo 4. Les entiers a et b, ne pouvant être nuls tous deux, ont un pgcd, disons d. On a donc des égalités $a = da'$, $b = db'$ et $n = d^2(a'^2 + b'^2)$, où a' et b' sont des entiers premiers entre eux. La proposition 2 montre que q ne peut diviser $(a'^2 + b'^2)$; puisqu'il divise n, il doit, d'après le théorème de Prestet, diviser d. Si e désigne alors l'exposant de q dans la factorisation de d, l'exposant de q dans la factorisation de n est $2e$, donc est pair, comme annoncé, ce qui achève la démonstration.

Remarquons enfin que, si un entier somme de deux carrés en divise un autre, alors l'entier quotient est lui aussi somme de deux carrés, comme il découle immédiatement du théorème, ce qui généralise le lemme 2. Ces entiers sommes de deux carrés restent donc en famille en quelque sorte, en se multipliant et divisant entre eux.

Il est temps de conclure. Ce que Fermat a découvert, entre autres, c'est, d'une part, parmi les nombres premiers impairs p, une différence très marquée concernant le plus petit multiple (strictement positif) somme de deux carrés : ce multiple est soit p, soit p^2 et, chose remarquable, cela ne dépend que du

18. Si des entiers sont sommes de deux carrés, leur produit l'est aussi.

reste, soit 1, soit 3, dans la division par 4, ce qui établit un lien *a priori* surprenant et mystérieux entre deux propriétés de ces nombres premiers, de natures bien différentes, l'une, de nature structurelle, plutôt opaque, l'autre, de nature arithmétique, fort simple en l'occurrence ; et d'autre part, que la famille des entiers sommes de deux carrés fait montre d'une cohésion remarquable : non seulement ces entiers se multiplient et se divisent entre eux comme déjà noté, mais encore se factorisent-ils entre eux, en quelque sorte[19] [20]. Fermat lui-même et ses successeurs en Arithmétique ont rencontré par la suite bien d'autres phénomènes de ce type, de plus en plus complexes et subtils ; l'étude de ces phénomènes constitue une bonne partie de la discipline.

Indiquons pour finir que la méthode élémentaire suivie dans le présent texte s'applique également, au prix de quelques complications, à l'étude des formes quadratiques $x^2 + 2y^2$, $x^2 - 2y^2$ et $x^2 + 3y^2$(et partiellement à celle de la forme $x^2 + 5y^2$) ainsi que d'autres ; il faut cependant la renforcer par un ingrédient de taille, la **loi de réciprocité quadratique** d'Euler-Legendre-Gauss, dont il serait déraisonnable, arrivé à ce point, de se passer.

4 Appendice

Comme promis, nous terminons ce texte en énoncant et démontrant deux résultats fondamentaux relevant des rudiments de la théorie des nombres, les théorèmes de Wilson et de Fermat. Ils nous ont été utiles pour prouver les propositions 1 et 2 respectivement. Le procédé suivi, bien classique et susceptible de maintes variations, permet de les traiter en même temps et met en évidence l'étroitesse des liens qui unissent ces deux énoncés.

Théorème de Fermat-Wilson : Soit p un nombre premier. Alors :
(Wilson) $(p-1)! \equiv -1 \pmod p$.
(Fermat) Tout entier a non divisible par p vérifie la congruence $a^{p-1} \equiv 1 \pmod p$.

Démontrons le. Le cas $p = 2$ étant clair, nous pouvons supposer p impair. Les congruences écrites ci-dessous sont toutes relatives au module p. Les théorèmes de Bachet et Prestet montrent facilement que tout entier a non multiple de p admet modulo p un inverse a' et un seul : a' est un entier non multiple de p vérifiant $aa' \equiv 1$ et si b est un entier vérifiant $ab \equiv 1$, alors $b \equiv a'$. De plus, la coïncidence (modulo p) de a et a' n'est possible que si $a \equiv 1$ ou $a \equiv -1$; si en

19. Si un tel entier $n = x^2 + y^2$ possède un diviseur premier étranger à la famille, c'est que celui-ci **triche** en divisant x et y à la fois et donc en intervenant par son carré, comme nous l'avons vu.

20. Par contraste, remarquons par exemple que l'entier 6, qui est de la forme $x^2 + 5y^2$, se factorise en $6 = 2.3$ alors que ni 2 ni 3 ne sont de cette forme $x^2 + 5y^2$; que l'entier 253, de la forme $x^2 - 3y^2$, se factorise en $253 = 11.23$ alors que ni 11 ni 23 ne sont de cette forme. Ces formes quadratiques $x^2 + 5y^2$ et $x^2 - 3y^2$ se comportent donc différemment de la forme $x^2 + y^2$ comme nous l'avons déjà signalé (cf la note 5).

effet $a \equiv a'$, alors $a^2 \equiv 1$, i.e. p divise $a^2 - 1$ et le théorème de Prestet permet de conclure. Ceci étant, on peut, dans le produit

$$(p-1)! = 1 \times 2 \times 3 \times ... \times (p-1)$$

regrouper 2 par 2 les $(p-3)$ facteurs intermédiaires de 2 à $p-2$, chacun avec son inverse modulo p, formant ainsi $\frac{p-3}{2}$ produits tous congrus à 1, ce qui donne

$$(p-1)! \equiv 1 \times (1 \times 1 \times ... \times 1) \times (p-1),$$

c'est-à-dire

$$(p-1)! \equiv -1$$

comme annoncé[21].

Soit maintenant a un entier non multiple de p. L'existence de a' montre qu'en multipliant par a les membres de la liste

$$1, 2, 3, ..., p-1,$$

on reproduit celle-ci, à l'ordre près. Le produit des nombres entiers étant réputé pour sa commutativité, on en déduit sans coup férir la congruence

$$a \times 2a \times 3a \times ... \times (p-1)a \equiv 1 \times 2 \times 3 \times ... \times (p-1) \pmod p,$$

c'est-à-dire

$$(p-1)!a^{p-1} \equiv (p-1)! \pmod p,$$

et finalement, par le théorème de Wilson, ou plus simplement parce que $(p-1)!$ n'est certainement pas divisible par p, la congruence

$$a^{p-1} \equiv 1 \pmod p,$$

ce qui établit le théorème de Fermat et termine le présent texte.

François Chargois
Université de Lorraine
CNRS, IECL & AHP
F-54000 Nancy, France

21. Une généralisation de ce raisonnement conduirait au critère d'Euler pour les résidus quadratiques. Nous ne l'avons pas inclus, n'en ayant pas l'usage au-delà du cas traité dans les propositions 1 et 2.

Circuler tout en restant sur place. La Bibliothèque de l'École des ponts et chaussées et la captation des savoirs étrangers (XVIIIe-XIXe siècles)

KONSTANTINOS CHATZIS

Fondé dans les années 1710, le corps des ponts et chaussées a vite acquis une place de choix dans l'univers des « grands corps » de l'État, lesquels, à en croire l'historien Christophe Charle, « constituent, à l'intérieur du système administratif français, une originalité qu'on ne retrouve nulle part ailleurs en Europe » (Charle 1997, p. 3199). Il n'empêche. Sorti d'une matrice très hexagonale, le Corps ne s'insère pas moins très vite dans de multiples flux internationaux de savoirs et de pratiques techniques, qu'il essaie de capter à son profit à l'aide d'une série de dispositifs[1], mis en place durant les premières décennies du XIXe siècle pour l'essentiel[2]. L'acquisition d'ouvrages et de revues étrangers pour enrichir le fonds de la Bibliothèque de l'École des ponts et chaussées (EPC) est un tel dispositif de captation de savoirs non-hexagonaux, à côté d'autres moyens, les voyages d'études à l'étranger entrepris par des membres du corps[3] ou une politique active de traduction de documents originalement parus dans une langue autre que le français par exemple[4].

C'est à la Bibliothèque de l'École des ponts et chaussées à la fin du XVIIIe siècle et durant le XIXe siècle qu'est consacrée le présent chapitre, lequel va accorder naturellement une place particulière à la partie « internationale » du fonds constitué pendant cette période.

1. Sur la notion de dispositif, voir (Dodier & Barbot 2016).
2. Sur le corps des ponts et chaussées dans la première moitié du XIXe siècle, voir par exemple (Chatzis 2009), qui contient aussi une bibliographie sur la question.
3. Voir rapidement (Chatzis 2020a).
4. Pour des pratiques de traduction au service du corps des ponts à l'époque de la Révolution et du Premier Empire, voir par exemple (Chatzis 2016).

P.-E. Bour, M. Rebuschi & L. Rollet (eds.), *Sciences, Circulations, Révolutions, 173–183.*

1 La Bibliothèque de l'École des ponts et chaussées (fin XVIIIe-XIXe siècles)

Depuis sa création, en 1747, et jusqu'à la réforme de 1804 le fonctionnement de l'École des ponts et chaussées s'appuie sur deux piliers centraux : l'enseignement mutuel et surtout les multiples concours annuels. Ces derniers se présentent sous forme de projets individuels qui portent sur les différentes parties de l'art de l'ingénieur des ponts et chaussées – routes, canaux, ponts, bâtiments publics, dessin, etc. – et sont censés familiariser les élèves de l'établissement avec les savoirs et les pratiques de leur futur métier (Picon 1992). Or, enseignement mutuel et concours ont besoin des supports écrits, des livres mais aussi de toute une gamme de documents qui peuvent servir de source d'inspiration pour les élèves, tels que des plans et des devis ou des mémoires. On peut considérer que ces documents, directement liés aux besoins de l'enseignement, vont former les prémices de la Bibliothèque de l'EPC. D'après un catalogue rédigé en 1789 par l'inspecteur des études Pierre-Charles Lesage (1740-1810), intitulé significativement : *Inventaire général des papiers contenus dans les cartons de la Bibliothèque, et qui sont destinés à l'instruction des élèves*, ces documents sont alors conservés dans une quarantaine de cartons thématiques et numérotés par lettres[5].

Mais c'est au cours du XIXe siècle que l'École des ponts et chaussées (et le corps éponyme) se dote d'une Bibliothèque conséquente. En septembre 1808, le même Lesage annonce que la Bibliothèque de l'établissement est riche d'environ 7 000 volumes. Un demi-siècle plus tard, en 1861, l'EPC dispose un peu plus de 20 000 volumes. À partir de cette date les choses s'accélèrent : au seuil de la décennie suivante, la Bibliothèque de l'École peut revendiquer pas moins de 40 000 volumes – 28 000 volumes déjà au milieu des années 1860 –, alors que, vers 1900, l'établissement possède désormais environ 85 000 volumes de livres ou manuscrits[6]. Pour un établissement spécialisé – rappelons que l'École des ponts ne forme que des ingénieurs spécialisés dans le seul génie civil et les travaux publics – et de petite taille – l'établissement n'accueille, en effet, que quelques dizaines d'élèves par an –, il s'agit d'une collection particulièrement riche, qui attire, par ailleurs, des visiteurs étrangers. À titre de comparaison, en 1865-1866 et en 1905-1906, les diverses bibliothèques de Yale University, une institution académique « complète » où sont enseignées des nombreuses disciplines, sont riches de 77 500 et 475 000 volumes respectivement (O'Connor 1987, p. 169). Pour revenir à la France, vers les années 1880, l'École de

5. École des ponts et chaussées, *Inventaire général des papiers contenus dans les cartons de la Bibliothèque, et qui sont destinés à l'instruction des élèves – Mis en ordre par Lesage, jusqu'en 1789* (cote 2015/021, Archives de l'ENPC). J'aimerais remercier ici Anne Lacourt, l'archiviste de l'École des ponts et chaussées, qui m'a signalé et a mis à ma disposition une série de documents d'archives, dont certains non cotés à l'époque.

6. (Chatzis 2015, p. 40) ; *Registre des procès-verbaux des séances du Conseil de Perfectionnement de l'École des ponts et chaussées* (cote 9562, Archives de l'ENPC), séance du 11 juin 1861 ; séance du 8 juin 1865.

pharmacie de Paris étale 10 000 ouvrages environ (Bleton 1991), alors qu'en 1880 l'université de Besançon, facultés des lettres et des sciences unies, dispose de moins de 4 000 volumes (Camp 1981, p. 177).

Plusieurs mécanismes d'enrichissement de la Bibliothèque de l'École des ponts peuvent être identifiés. La Bibliothèque bénéficie d'abord dès la fin du XVIIIe siècle et tout au long du XIXe siècle des legs et des donations. Jean-Rodolphe Perronet (1708-1794), le premier directeur de l'établissement, ainsi que Lesage donnent leurs bibliothèques personnelles à l'établissement, en 1794 et en 1810 respectivement. Gaspard-Clair-François-Marie Riche de Prony (1755-1839), qui va diriger l'EPC de 1798 à 1839, donne à cette dernière par l'intermédiaire de ses héritiers pas moins de 2 000 mémoires, pièces ou notes manuscrites ainsi que 7 000 volumes et brochures imprimés. Parmi les ouvrages étrangers détenus par Prony on compte de près de 400 volumes en langue italienne, relatifs à l'hydraulique et à l'amélioration des fleuves et rivières notamment[7]. D'autres donations, dont celle particulièrement imposante car concernant pas moins de 2 057 volumes de Sophie-Émile-Philippe Avril (1797-1872), sont régulièrement mentionnées dans les Procès-verbaux du Conseil de l'École (institué en 1804) et du Conseil de Perfectionnement (établi en 1851) tout au long du XIXe siècle[8].

La Révolution contribue aussi fortement à la constitution de la Bibliothèque de l'établissement en attribuant à l'École des ponts et chaussées de nombreux ouvrages appartenant à des congrégations religieuses(Varry 1991)[9]. Les différents ministères, dont le ministère de tutelle du corps des ponts et chaussées, sont également régulièrement sollicités par la direction de l'École. Le corps des ponts et chaussées alimente aussi à son tour le fonds de la Bibliothèque, puisque plusieurs items des catalogues de celle-ci sont des documents produits par des ingénieurs des ponts et chaussées en service, voire des élèves en mission (à partir du début des années 1830[10]), documents qui, une fois atterris à l'École des ponts, peuvent devenir patrimoine commun du corps. La revue des *Annales des ponts et chaussées*, créée en 1831, sert aussi à enrichir la Bibliothèque

7. *Note sur la Bibliothèque de l'École des ponts et chaussées* (*circa* 1870) (chemise « Documents divers relatifs à l'origine, à l'organisation et au règlement intérieur de l'École des P. et Ch. » (Rec/Dir 33, Archives de l'ENPC)) ; *Catalogue par ordre alphabétique des ouvrages provenant de la bibliothèque de M. De Prony* (cote 2015/021, Archives de l'ENPC).

8. Voir par exemple *Registre des procès-verbaux des séances du Conseil de l'École des ponts et chaussées* (désormais PVCEPC) (cote 9562, Archives de l'ENPC), séance du 30 novembre 1815 (Vincent-Charles-Auguste Gouilly) ; séance du 23 février 1855 (Pierre-François Frissard) ; séance du 16 octobre 1868 (Sophie-Émile-Philippe Avril) ; séance du 17 décembre 1878 (Henri-Charles-Léopold Emmery) ; séance du 30 avril 1901 (Claude-Ferdinand Moris, Paul-Armand Rousseau et Édouard-Jules-Anatole Cameré).

9. Pour le cas de l'École polytechnique, voir par exemple l'article pionnier de Margaret Bradley (1976).

10. Pour la décision de déposer à la Bibliothèque de l'EPC une copie des journaux de mission qui se distingueraient par l'importance des travaux dont ils rendent compte, voir PVCEPC, séance du 8 décembre 1831.

de l'École de plusieurs revues françaises et surtout étrangères grâce à une politique active d'échanges[11]. Mais probablement la majeure partie du fonds documentaire est le résultat d'une politique active d'achats, souvent auprès des libraires attitrés comme le libraire-éditeur Carilian-Goeury dans les premières décennies du XIXe siècle, politique que l'on peut suivre au jour le jour à travers les volumineux registres d'entrée conservés aux Archives de l'établissement. Rappelons par ailleurs que le décret organique de 1804 portant organisation du corps des ponts et chaussées prévoit une allocation annuelle dédiée à l'achat d'ouvrages (art. 69)[12].

2 La Bibliothèque et ses hommes

La première personne à s'être occupée sérieusement de la Bibliothèque de l'EPC semble être Lesage. En novembre 1807, au moment où celui-ci commence à sentir sa santé décliner, le Conseil de l'École propose au directeur des ponts et chaussées de nommer comme bibliothécaire l'un des professeurs de l'époque, Armand-Joseph Eisenmann (1758-1838), ancien élève de l'établissement et connaisseur de plusieurs langues vivantes – le français, l'anglais et l'allemand – mais aussi mortes comme le latin[13]. Le prochain responsable de la Bibliothèque est l'abbé Nicolas Halma (1755-1828), un érudit et très versé, à l'instar de son prédécesseur, dans les langues modernes et anciennes[14]. Après le départ d'Halma pour la Bibliothèque Sainte-Geneviève en 1816, Eisenmann s'occupe à nouveau de la Bibliothèque de l'École pour une brève période[15]. Mais ce sera après plusieurs années, durant lesquelles c'est le secrétaire de l'EPC qui semble s'occuper des affaires de la Bibliothèque[16], que l'École des ponts aura son premier véritable bibliothécaire en la personne d'Édouard Schwebelé (1824-1895)[17]. Celui-ci arrive à l'EPC en 1839 et va y rester un demi-siècle en faisant valoir ses droits à la retraite en 1890. Si sa nomination comme commis-bibliothécaire ne date que de 1847, Schwebelé s'occupe déjà des affaires de la Bibliothèque depuis un certain temps déjà. À coup sûr moins savant et érudit que Lesage, Eisenmann ou Halma, Schwebelé s'avère en revanche un excellent organisateur du fonds dont il s'occupe avec beaucoup de zèle, voire de la passion.

11. PVCEPC, séance du 28 juin 1861 ; « Traité pour la publication des *Annales des ponts et chaussées* (période 1881-1900) », *Annales des ponts et chaussées*, 2e semestre 1880, p. 465–477 (art. 25).

12. *Annuaire du corps impérial des ponts et chaussées, pour l'an 1806...*, Paris, Gœury, sans date, p. 45.

13. PVCEPC, séance du 17 novembre 1807. Sur (Hermand) Armand-Joseph Eisenmann, orthographié aussi souvent comme Eisenman, né à Haaslach sur la Kintzig, pays de Fürstenberg en Souabe, et l'École des ponts, voir (Chatzis 2020b).

14. Sur le passage d'Halma à l'École des ponts, voir (Chatzis 2016).

15. « Correspondance de la direction de l'École », lettre n° 4306 du 2 novembre 1816 et lettre n° 5300 du 22 octobre 1817 (Archives de l'ENPC).

16. « Correspondance de la direction de l'École », lettre du 30 janvier 1830 (Archives de l'ENPC).

17. Éd. C., « Édouard Schwebelé », *Annales des ponts et chaussées*, 2e semestre 1895, p. 458–460.

En effet, presque la totalité des catalogues de la Bibliothèque produits au cours de la seconde moitié du XIXe siècle portent sa marque.

Après une première tentative avortée, au milieu du XIXe siècle, du professeur de droit administratif de l'établissement Toussaint-Ange Cotelle (1795-1879) de produire un catalogue des livres sur la base des idées développées par le savant Ampère dans son *Essai sur la philosophie des sciences* (1834)[18], c'est Schwebelé qui reprend le flambeau[19]. En 1870, l'École des ponts possède ainsi un double catalogue manuscrit dressé « par les soins intelligents du Bibliothécaire, l'un suivant l'ordre de matières, l'autre par noms d'auteurs [...] ». Et pour que le plus grand nombre des ingénieurs du corps puisse bénéficier de cette « précieuse collection », « il suffirait pour cela d'un catalogue imprimé qui serait libéralement distribué dans tous les bureaux d'ingénieurs, et qui ferait connaître d'un seul coup d'œil ce qui a été écrit sur chaque matière[20] ». Chose dite chose faite. Fort de 626 pages, le premier catalogue général imprimé de livres de la Bibliothèque de l'École des ponts et chaussées, pour lequel il a été « jugé plus convenable d'adopter l'ordre de l'enseignement et de l'importance relative que celui sous lequel se présente à l'esprit l'ensemble des connaissances humaines[21] », voit le jour en 1872. Mais ce premier catalogue général, tout comme son premier supplément paru en 1881[22], ne seront pas les seuls titres de gloire de Schwebelé en manière de confection de catalogues. En effet, le bibliothécaire de l'établissement avait déjà rédigé dans les années 1850 un *Catalogue des ouvrages anglais et américains de la Bibliothèque de l'École impériale des ponts et chaussées* (1856)[23] et une *Liste générale des journaux et ouvrages périodiques reçus à la Bibliothèque de l'École impériale des ponts et chaussées* (1854)[24] où on qui mentionne un certain nombre de revues et journaux étrangers (voir plus bas). Des catalogues analogues pour les langues

18. PVCEPC, séance du 25 juin 1852 et séance du 17 juin 1853 ; *Registre des procès-verbaux des séances du Conseil de Perfectionnement de l'École des ponts et chaussées*, séance du 3 juin 1853.

19. *Registre des procès-verbaux des séances du Conseil de Perfectionnement de l'École des ponts et chaussées*, séance du 11 juin 1861 ; séance du 6 juin 1862 ; séance du 5 juin 1863.

20. PVCEPC, séance du 26 avril 1870.

21. *Catalogue des livres composant la Bibliothèque de l'École des ponts et chaussées*, Paris, Imprimerie nationale, 1872.

22. *Catalogue supplémentaire de la Bibliothèque de l'École des ponts et chaussées*, Paris, Imprimerie nationale, 1881 ; PVCEPC, séance du 10 décembre 1880. Rappelons qu'en 1886 a vu le jour le *Catalogue des manuscrits de la Bibliothèque de l'École des ponts et chaussées*, Paris, Imprimerie nationale, 1886.

23. *Catalogue des ouvrages anglais et américains de la Bibliothèque de l'École impériale des ponts et chaussées*, Paris, Imprimé par E. Thunot et Cie, 1856 (On y lit : « Les matériaux de ce catalogue ont été réunis avec beaucoup de soin par M. Édouard Schwebelé, commis bibliothécaire de l'École »).

24. Ministère de l'Agriculture, du Commerce & des Travaux publics, *Liste générale des journaux et ouvrages périodiques reçus à la Bibliothèque de l'École impériale des ponts et chaussées*, Paris, 1854 (lithographié).

allemande et italienne seront produits par le même bibliothécaire quelques années plus tard[25].

3 La partie « étrangère » du fonds de la Bibliothèque

Qu'il s'agisse du choix des premiers « bibliothécaires », Eisenmann et Halma, qui pratiquent en même temps activement la traduction pour le compte du directeur de l'EPC de l'époque Prony notamment(Chatzis 2020b), ou des actions entreprises par Schwebelé que nous venons de mentionner, la volonté du corps des ponts et chaussées de s'informer à l'aide de l'écrit sur ce qui se passe en dehors de la France dans le domaine de ses compétences paraît patente. Essayons de cerner un peu plus précisément les tenants et aboutissants de cette volonté dans le temps.

Des traces de présence de publications étrangères, sous forme de traductions y compris, peuvent se trouver à l'École des ponts déjà à la fin du XVIIIe siècle. Ainsi un examen rapide du « premier » catalogue conservé de la Bibliothèque, rédigé par Lesage en 1789 (*supra*), révèle, en effet, la trace d'une série d'ouvrages étrangers, à l'instar de la « Description du Pont de Westminster à laquelle on a ajouté... » (avec la mention « traduit de l'anglais imprimé à Londres en 1751 » (carton H, n° 1)), ou des « Expériences hydrauliques, principalement faites pour confirmer la théorie et faciliter la pratique des eaux courants, par F. D. Michelotti » (Carton F, n° 16). Quelques années plus tard, un manuscrit concernant la Bibliothèque daté du 24 frimaire de l'An III contient plusieurs titres latins[26]. Au début du XIXe siècle, un autre document manuscrit comporte des entrées régulières d'un périodique mentionné comme « Monthly Repertory[27] ». Nous avons aussi déjà vu que la donation de la Bibliothèque de Prony a enrichi le fonds de la Bibliothèque de l'École de nombreux ouvrages étrangers, dont plusieurs écrits en italien. Des références à des documents écrits originalement dans des langues autres que les français apparaissent également dans les divers registres d'entrée de la Bibliothèque conservés aux archives de l'établissement.

À partir du milieu du XIXe siècle, la présence des ouvrages et périodiques étrangers est suffisamment importante pour donner lieu, comme il a été déjà mentionné, à des catalogues spécialisés par langue. Ainsi le document

25. *Registre des procès-verbaux des séances du Conseil de Perfectionnement de l'École des ponts et chaussées*, séance du 11 juin 1861.

26. École nationale des ponts et chaussées, *Bibliothèque : Extraits de l'Inventaire général des livres composant la Bibliothèque de l'École nationale des ponts et chaussées (Comprenant Seulement les parties Relatives aux sciences et aux arts)*, 24 frimaire – an 3e (cote 2015/021, Archives de l'ENPC).

27. *Journal pour la Bibliothèque de l'École des ponts et chaussées, ouvert le 20 novembre 1807* (cote 2015/021, Archives de l'ENPC). Grâce au catalogue des livres anglais paru en 1856, on apprend qu'il s'agit de « The monthly repertory of English Literature » et que l'École disposait à l'époque de 4 volumes et de 16 cahiers pour la période du 1807 à 1813 (*Catalogue des ouvrages anglais et américains de la Bibliothèque de l'École impériale des ponts et chaussées, op. cit.*, p. 48).

confectionné par Schwebelé et publié en 1856, qui répertorie les ouvrages de langue anglaise détenus par la Bibliothèque, liste plus de 460 *items* dont onze « journaux et ouvrages périodiques ». Tous les éléments de la collection apparaissent deux fois, la première dans la partie « catalogue méthodique » de l'ouvrage, où les livres sont classés par thème, la seconde dans le « catalogue par ordre alphabétique des noms d'auteur ». Les dates de parution de plusieurs ouvrages figurant dans le catalogue de 1856 incitent à croire que les ingénieurs des ponts et chaussées suivent de très près la production de leurs confrères anglais et américains[28]. Toujours au milieu du XIXe siècle, grâce à un autre catalogue, rédigé par le même Schwebelé, on apprend que la Bibliothèque possède aussi, outre une dizaine de journaux et ouvrages périodiques de langue anglaise, des collections, complètes ou tronquées, de deux revues belges, d'une revue hollandaise, et de quatre journaux allemands[29].

Un demi-siècle plus tard, la présence de l'« international » à la Bibliothèque est bien plus imposante. Les différents catalogues imprimés publiés à partir des années 1870 soulignent par ailleurs la place de la littérature étrangère dans l'accroissement du fonds de la Bibliothèque. Ainsi on lit dans le catalogue de 1872 que l'enrichissement de cette dernière est fait en grande partie grâce à « des acquisitions qui ont eu surtout pour objet des ouvrages publiés à l'étranger[30] », alors que dans le premier (volumineux) supplément paru en 1881, il est aussi indiqué que depuis « l'impression du volume de 1872, la bibliothèque de l'École s'est considérablement augmentée. Indépendamment des acquisitions faites en librairie, soit en France, soit à l'étranger, et des contingents apportés par les Expositions universelles de 1873, 1876 et 1878, elle a reçu, à la suite des voyages de MM. Malézieux et Lavoine, une intéressante collection d'ouvrages sur l'Amérique[31] ».

Faute de statistiques précises et des analyses systématiques pour le moment, contentons-nous de quelques exemples, qui montrent néanmoins l'importance qu'ont pris les ouvrages et périodiques étrangers dans le fonds de la Bibliothèque de l'EPC dans le dernier tiers du XIXe siècle. D'après les catalogues de 1872 et de 1894, si on s'intéresse au domaine général de l'« Analyse », on enregistre pour la rubrique « Traités généraux. – Calcul différentiel. – Calcul intégral. – Fonctions transcendantes » onze ouvrages en latin (toujours onze dans l'édition de 1894), dont trois signés par le grand Euler, trois ouvrages allemands (cinq en 1894),

28. Ainsi l'ouvrage publié par James B. Francis (1815-1892) en 1855, et dans lequel l'ingénieur américain relate ses fameuses expériences sur les moteurs hydrauliques, figure dans le catalogue de 1856 (nº 131). Signalons aussi à titre d'illustration le traité d'E. D. Chattaway sur les chemins de fer en Grande-Bretagne, publié à Londres en 1855 (nº 230).

29. Ministère de l'Agriculture, du Commerce & des Travaux publics, *Liste générale des journaux et ouvrages périodiques reçus à la Bibliothèque de l'École impériale des ponts et chaussées, op. cit.*, p. 6–8.

30. *Catalogue des livres composant la Bibliothèque de l'École des ponts et chaussées*, Paris, Imprimerie nationale, 1872 (désormais *Catalogue 1872*).

31. *Catalogue supplémentaire de la Bibliothèque de l'École des ponts et chaussées*, Paris, Imprimerie nationale, 1881. Sur la mission de Malézieux, voir (Chatzis & Preveraud 2016).

deux ouvrages anglais (trois), deux ouvrages espagnols (deux) et cinq ouvrages italiens (neuf) – alors que l'édition de 1894 comprend *en sus* un ouvrage suédois[32]. Les mêmes Catalogues font figurer dans la rubrique « Journaux de Mathématiques. – Mélanges » un titre allemand – il s'agit du fameux journal dit de Crelle (*Journal für die reine und angewandte Mathematik*) édité à partir de 1826 – (deux périodiques pour l'édition de 1894 dont le journal de Crelle toujours) et trois titres anglais parus respectivement en 1740, 1743 et 1757, tous signés par le non pas moins fameux Thomas Simpson (1710-1761) (cinq en 1894 dont l'*American Journal of mathematics pure and applied*)[33]. Si on quitte les mathématiques pures pour un domaine plus proche des missions et des intérêts professionnels du corps des ponts et chaussées, tel que l'hydraulique, la rubrique « Traités généraux » étale deux ouvrages allemands (toujours deux en 1894), deux ouvrages de langue anglaise (deux), un ouvrage espagnol (un), et onze références italiennes dont certaines datent du XVIIe siècle et qui, pour une partie d'entre elles au moins, avaient appartenu selon toute vraisemblance à la bibliothèque personnelle de Prony (treize ouvrages italiens en 1894)[34]. Concernant la « Distribution des eaux dans les villes », la rubrique « Aqueducs. – Réservoirs. – Fontainerie » comprend deux ouvrages en latin, dont le fameux traité de Sextus Julius Frontinus (c. 40-103) sur les eaux romaines dans son édition de 1722 (deux en 1894[35]), six ouvrages allemands (vingt en 1894), neuf titres anglais (cinquante-cinq), trois livres espagnols (cinq), quatre ouvrages italiens (treize) et une publication russe parue en français à Moscou en 1856 (à la place du document russe figurant dans le catalogue de 1872, celui de 1894 signale un ouvrage portugais)[36]. Quant aux périodiques détenus par la Bibliothèque de l'EPC, si on se réfère à la rubrique « Journaux de Travaux Publics », le catalogue de 1872 mentionne trois titres de langue allemande (sept en 1894), un titre hollandais (deux), sept titres de langue anglaise (vingt en 1894), un titre espagnol (neuf), quatre journaux italiens (trois) et un journal francophone russe (six en 1894, tous francophones), alors que l'édition de 1894 comprend en sus un périodique portugais et une revue suédoise[37].

32. *Catalogue* 1872, p. 22 et p. 26–28; *Catalogue des livres composant la Bibliothèque de l'École nationale des ponts et chaussées*, nouvelle édition, tome I, Paris Imprimerie nationale, 1894 (désormais *Catalogue 1894*), p. 36 et p. 45–48.

33. *Catalogue 1872*, p. 15 et p. 17; *Catalogue 1894*, p. 22 et p. 25.

34. *Catalogue 1872*, p. 159 et p. 162–163; *Catalogue 1894*, p. 360 et p. 362–364.

35. Notons que dans l'édition de 1894 la « Distribution des eaux dans les villes » est devenue « Distribution d'eau et amélioration des villes », et la rubrique « Aqueducs. – Réservoirs. – Fontainerie » figure désormais comme « Captage. – Adduction. – Réservoirs. – Épuration. – Fontainerie ».

36. *Catalogue 1872*, p. 171 et p. 177–179; *Catalogue 1894*, p. 381 et p. 397–403.

37. *Catalogue 1872*, p. 132–135; *Catalogue 1894*, p. 287 et p. 289–293.

4 Conclusion

Plusieurs travaux récents ont sérieusement ébranlé les images de stabilité et d'immobilisme traditionnellement associées aux sociétés de l'Ancien Régime, en mettant en avant les multiples circulations qui les irriguent (Cogne *et al.* 2011, Roche 2011). Il n'empêche. En matière de circulations, le XVIIIe siècle peut difficilement rivaliser avec celui qui lui succède (Osterhammel 2014, Bayly 2007, Singaravélou & Venayre 2017). L'histoire du corps des ponts et chaussées illustre, à son échelle, cette multiplication sans précédent des échanges et des circulations de toutes sortes en général, dans le domaine des sciences et des techniques en particulier, qui marque le passage du siècle des Lumières à celui de la « première mondialisation ». Animé par un vigoureux appétit d'appropriation de connaissances et savoir-faire d'origine étrangère jugés utiles à la réalisation de ses missions nationales, le corps des ponts et chaussées s'insère, en effet, toujours davantage dans des multiples flux de savoirs et pratiques qu'il essaie de capter à son profit, tout en les alimentant à son tour.

La constitution tout au long du XIXe siècle d'une Bibliothèque comprenant des nombreux ouvrages et autres documents écrits dans une langue autre que le français constitue, à côté des missions et des voyages d'études à l'étranger entrepris par plusieurs membres du Corps et d'une politique active de traduction, l'un de ces moyens et actions de « management de la connaissance et de l'information », pour parler comme l'historien Peter Burke (2012), grâce auxquels le corps des ponts et chaussées a cherché à tirer profit des savoirs et des pratiques élaborés en dehors des frontières hexagonales. Ici encore le passage au XIXe siècle marque une solution de continuité pour le Corps et, on peut présumer, pour d'autres institutions du même genre également.

En effet, comme nous l'avons vu, certains ingénieurs des ponts et chaussées appartenant « intellectuellement » au siècle des Lumières ont su constituer des riches *bibliothèques personnelles* disposant d'une importante composante « internationale ». De ce fait, ils ont fait bénéficier leurs camarades des ressources *individuelles et acquises en dehors de structures* de leur corps d'appartenance. Avec l'établissement d'une Bibliothèque « institutionnelle », établie à l'École des ponts et chaussées et régulièrement fournie en documents étrangers, le corps des ponts décide alors de *produire en interne* et *collectivement* les moyens de captation de connaissances et de savoir-faire étrangers, captation qui devient de ce fait une *opération interne* au « système » des ponts et chaussées, dans la mesure où elle est réalisée grâce à l'action systématique d'« éléments », ici la Bibliothèque de l'EPC, que le « système » *produit lui-même dans la durée*[38].

38. Nous nous inspirons ici des travaux de Rudolf Stichweh (1991).

Bibliographie

Bayly, C. A. (2007). *La Naissance du monde moderne (1780-1914)*. Paris : Éditions de l'Atelier ; Éditions Ouvrières.

Bleton, J. (1991). Les bâtiments. In D. Varry (éd.) *Les Bibliothèques de la Révolution et du* XIXe *siècle, 1789-1914*, t. III, Paris : Éditions du Cercle de la librairie ; Promodis, 183–237.

Bradley, M. (1976). An early science library and the provision of textbooks : The École Polytechnique 1794–1815. *Libri*, 26(3), 165–180, doi :10.1515/libr.1976.26.3.165.

Burke, P. (2012). *A Social History of Knowledge. Volume II : From the Encyclopédie to Wikipedia*. Cambridge : Polity Press.

Camp, J. F. (1981). Libraries and the organization of universities in France, 1789-1881. *The Library Quarterly : Information, Community, Policy*, 51(2), 170–191.

Charle, C. (1997). Les grands corps. In P. Nora (éd.) *Les Lieux de mémoire*, Paris : Gallimard, Quarto, 3199–3233.

Chatzis, K. (2009). Jules Dupuit, ingénieur des Ponts et Chaussées. In Y. Breton & G. Klotz (éd.) *Jules Dupuit, œuvres économiques complètes*, t. 1, Economica, 615–692.

Chatzis, K. (2015). Le « monde social » polytechnicien de la première moitié du XIXe siècle et la question de la circulation des savoirs en son sein. *Philosophia Scientiæ*, 19(2), 37–55.

Chatzis, K. (2016). Prony et la circulation internationale des savoirs relatifs aux Ponts et Chaussées à l'époque de la Révolution et du Premier Empire. *Pour mémoire*, 18(hiver), 33–42.

Chatzis, K. (2020a). Les voyages d'étude des ingénieurs des Ponts et Chaussées à travers l'Europe (XVIIIe-XIXe siècles). In *Encyclopédie d'histoire numérique de l'Europe*, Sorbonne Université, [en ligne]. URL https://ehne.fr/fr/node/14191.

Chatzis, K. (2020b). Traduire et enseigner les langues étrangères à l'École des ponts et chaussées durant le directorat de Prony (1798-1839). In P. Bret & J. Peiffer (éd.) *La Traduction comme dispositif de communication dans l'Europe moderne*, Paris : Hermann, 195–228.

Chatzis, K. & Preveraud, T. (2016). La présence française dans la formation des ingénieurs américains durant les deux premiers tiers du XIXe siècle : aspects institutionnels et intellectuels. *Artefact. Techniques, histoire et sciences humaines*, 5, 113–126.

Cogne, A., Blond, S. & Montegre, G. (2011). *Les circulations internationales en Europe, 1680-1780*. Neuilly : Éditions Atlande.

Dodier, N. & Barbot, J. (2016). La force des dispositifs. *Annales. Histoire, Sciences Sociales*, 71(2), 421–450.

O'Connor, T. F. (1987). Collection development in the Yale University Library, 1865-1931. *The Journal of Library History (1974-1987)*, 22(2), 164–189.

Osterhammel, J. (2014). *The Transformation of the World : A Global History of the Nineteenth Century*. Princeton : Princeton University Press.

Picon, A. (1992). *L'Invention de l'ingénieur moderne. L'École des ponts et chaussées, 1747-1851*. Paris : Presses de l'ENPC.

Roche, D. (2011). *Les Circulations dans l'Europe moderne,* XVIIe-XVIIIe *siècle*. Paris : Fayard ; Pluriel.

Singaravélou, P. & Venayre, S. (éd.) (2017). *Histoire du monde au* XIXe *siècle*. Paris : Fayard.

Stichweh, R. (1991). *Études sur la genèse du système scientifique moderne*. Lille : PUL.

Varry, D. (1991). Les confiscations révolutionnaires. In D. Varry (éd.) *Les Bibliothèques de la Révolution et du* XIXe *siècle, 1789-1914*, t. III, Paris : Éditions du Cercle de la librairie ; Promodis, 9–27.

Konstantinos Chatzis
LATTS – Université Gustave Eiffel, CNRS
École des Ponts
chatzis@enpc.fr

Démonstration et recherche de généralité en Chine ancienne

KARINE CHEMLA

1 Introduction

Nombre de mathématiciens ont réfléchi à la relation entre les démonstrations qu'ils mettaient en œuvre et la généralité des propositions qu'elles établissaient. C'est en particulier le cas dans le contexte qui a vu la naissance de la géométrie projective[1]. Les protagonistes Gaspard Monge (1746-1818), Lazare Carnot (1743-1823), Jean-Victor Poncelet (1788-1867) et Michel Chasles (1793-1880) ont tous soit pratiqué, soit discuté des principes qui leur permettaient d'étendre largement les conclusions de démonstrations qui paraissaient ne permettre que des affirmations plus restreintes. Les textes mathématiques chinois anciens qui attestent une pratique de la démonstration de la correction d'algorithme témoignent également d'un intérêt pour les liens entre démonstration et généralité[2]. J'évoquerai ici, pour le montrer, le canon qui fut achevé à mon sens au premier siècle de notre ère et qu'on intitula *Les Neuf Chapitres sur les procédures mathématiques* et surtout, pour des raisons que je préciserai, les commentaires dont cet ouvrage a fait l'objet et qui sont attribués, pour certains, à Liu Hui (environ 263), pour d'autres, à l'équipe travaillant sous la houlette de Li Chunfeng, laquelle finalise son travail d'exégèse en 656[3]. La question de l'articulation entre démonstration et généralité n'y fait pas l'objet de traitement discursif explicite. C'est de fait le plus souvent le cas pour les écrits anciens : les *Éléments* d'Euclide discutent-ils, par exemple, de la nature

1. (Nabonnand 2011). Je remercie les éditeurs du volume de m'avoir associée à cet hommage. Ma gratitude va également à Baptiste Mélès, dont la lecture attentive m'a permis de clarifier des points importants.

2. Je m'explique sur mon emploi du mot « démonstration » dans (Chemla 2012a). Voir également le prologue de (Chemla 2012b). Je ne reviens pas sur cette question.

3. Par souci de simplicité, je renverrai à ce dernier commentaire par l'expression inappropriée de « Commentaire de Li Chunfeng ». Le lecteur trouvera une édition critique et une traduction en français de ces documents dans (Chemla & Guo 2004). Dans ce qui suit, je m'appuie sur ce travail d'établissement et d'interprétation du texte.

P.-E. Bour, M. Rebuschi & L. Rollet (eds.), *Sciences, Circulations, Révolutions, 185–201.*

des axiomes ou de la conduite licite des démonstrations ? Toutefois, de même que pour les *Éléments*, les démonstrations que développent les commentateurs chinois précités permettent de déceler des pratiques récurrentes qui révèlent les préoccupations de ces auteurs et suggèrent des réponses aux questions que les écrits eux-mêmes ne traitent pas explicitement. Pour le cas des textes chinois, les commentaires trahissent un intérêt précisément pour la question des relations entre démonstration et généralité. Mon objectif dans ce chapitre sera d'argumenter en faveur de cette hypothèse et de montrer que ces textes saisissent la question sous un angle différent de celui que j'ai évoqué d'entrée de jeu. Ils nous fournissent donc des matériaux pour nourrir une réflexion générale en la matière, et je conclurai en avançant quelques pistes dans cette direction.

Précisons tout d'abord la nature des textes que nous discuterons. *Les Neuf Chapitres* – c'est ainsi que j'abrégerai désormais le titre du canon – se présentent, en première approximation, comme une suite de problèmes et d'algorithmes permettant de les résoudre. Ces problèmes et algorithmes ne sont pas distribués au hasard mais sont donnés classés, comme le titre l'indique, en chapitres dont la teneur requerrait une discussion pour notre propos. Mais cela nous entraînerait trop loin[4]. Contentons-nous de noter qu'à première vue, *Les Neuf Chapitres* ne paraissent pas traiter des raisons de la correction des algorithmes que l'ouvrage dispense. Il revient en fait aux commentateurs d'avoir abordé cette question systématiquement et explicitement.

Il importe, pour mon propos, de saisir le statut de ces commentaires. *Les Neuf Chapitres* sont parvenus jusqu'à nous par le biais d'éditions des XIIIe, XVe, et XVIIIe siècles. Or, aucune de ces éditions ne donne à lire le texte du canon sans les commentaires de Liu Hui et de Li Chunfeng. Ainsi, et c'est le point important, nous n'avons pas de trace écrite qu'un lecteur ait jamais lu *Les Neuf Chapitres* sans ces commentaires. Leur ensemble naît dans des circonstances historiques très précises. Au VIIe siècle, le trône ordonne à Li Chunfeng de former une équipe pour produire une nouvelle édition annotée des canons mathématiques anciens. Cette édition fournira alors, dès son achèvement, les manuels autour desquels s'organiseront des *curricula* de mathématiques au sein de l'École de mathématiques de l'Université Impériale. C'est dans ce contexte que Li Chunfeng et ses acolytes sélectionnent dix ouvrages anciens ainsi que des commentaires qu'ils jugent essentiels pour en accompagner la lecture. Pour *Les Neuf Chapitres*, qui représente le canon sur lequel l'enseignement s'attardera le plus longtemps, le choix se porte sur le commentaire de Liu Hui, que Li Chunfeng *et al.* éditent, tout comme le texte des *Neuf Chapitres*, en comparant divers documents anciens. À cette édition, l'équipe de Li Chunfeng ajoutera ses propres annotations, produisant ainsi un ensemble de trois couches de textes qui seront par la suite systématiquement transmis ensemble, comme si, pour les lecteurs des siècles à venir, aucune ne faisait sens sans les autres. Cette pratique s'inscrit dans un mouvement plus large d'édition des canons de

4. Le lecteur intéressé pourra se reporter à (Chemla & Zou 2018).

nombre de disciplines dans les premières décennies de la dynastie Tang (618-907), lequel donnera à lire les ouvrages perçus comme fondamentaux selon les mêmes principes.

Les commentaires de Liu Hui comme ceux de Li Chunfeng portent pour leur écrasante majorité sur les algorithmes, et non pas sur les problèmes[5]. De plus, qu'ils soient placés entre les énoncés des « procédures » (pour reprendre le terme qu'emploient *Les Neuf Chapitres*) ou après leur texte, ils fournissent toujours la démonstration établissant que les algorithmes du canon sont corrects. Il arrive toutefois que les commentateurs critiquent les « procédures » en question, en s'appuyant sur l'analyse des raisons qui ont pu amener à énoncer la procédure comme elle l'a été. Ils s'évertuent alors à proposer un nouvel algorithme. Nous nous intéresserons ici à l'une des facettes des démonstrations des commentateurs.

2 Démonstration et opération générale

Une première démonstration nous emmènera directement au cœur du sujet : elle établit la correction de l'algorithme que *Les Neuf Chapitres* fournissent pour le calcul du volume du prisme trapézoïdal (voir Figure 1).

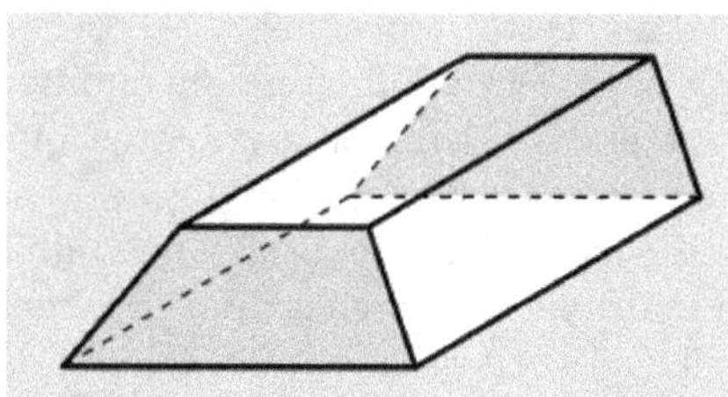

FIGURE 1 : Prisme trapézoidal (figure moderne). Ni *Les Neuf Chapitres* ni les commentaires ne renvoient à une figure de ce type

Le texte de la procédure peut se traduire comme suit :

PROCEDURE : ON SOMME LARGEURS SUPERIEURE ET INFERIEURE ET ON PREND LA MOITIE DE CECI ; ON MULTIPLIE CECI PAR LA HAUTEUR OU LA PROFONDEUR, ET ON MULTIPLIE EN OUTRE CECI

5. Je considère pour ma part que nous comprenons mal la distinction entre le texte dû à Liu Hui et celui rédigé par l'équipe de Li Chunfeng (voir la discussion que je propose dans mon introduction au chapitre 6 in (Chemla & Guo 2004, p. 472–473)) et les références que j'y donne aux publications de multiples collègues qui se posent les mêmes questions). Comme je ne vise ici qu'à élaborer la réflexion sur les rapports entre démonstration et généralité à laquelle nous invitent les commentaires, je ne m'étendrai pas sur cette difficulté à caractère historique, qui devra être traitée de façon systématique à l'avenir.

PAR LA LONGUEUR, CE QUI DONNE LES *CHI* DU PRODUIT (*JI*)[6].

L'énoncé de l'algorithme s'achève donc sur une assertion : à suivre les opérations prescrites, nous dit le canon, l'on obtiendra le volume cherché. Telles sont les affirmations dont les démonstrations de correction développées par les commentateurs doivent éclairer le bien-fondé : ces démonstrations ont pour objectif d'établir que la suite des opérations dictées par le texte aboutit bien au résultat annoncé par la conclusion de la procédure. C'est effectivement ce que paraît être la visée du commentaire placé, dans ce cas, après le texte de la procédure, puisqu'il se conclut par l'expression suivante : « c'est pourquoi cela fait les "*chi* du produit (*ji*)" ». Des formules de ce type marquent régulièrement la fin des développements que les commentateurs associent à une procédure. Elles impliquent donc qu'ils comprennent bien le texte qu'ils insèrent à la suite d'un algorithme et qui précède cette conclusion comme un exposé rédigé en vue d'établir que le résultat produit par la procédure correspond aux attendus.

Voyons à présent comment le commentaire procède pour parvenir à cette conclusion. Je traduirai, à cette fin, avant de l'analyser, le commentaire placé à la suite de la procédure citée plus haut :

> Commentaire : dans cette procédure, si l'"on somme largeurs supérieure et inférieure et qu'on prend la moitié de ceci", c'est qu'avec ce qui est en excédent, on comble ce qui est vide pour obtenir la largeur moyenne. En "multipliant ceci par la hauteur ou la profondeur", on obtient l'aire verticale (*limi*) d'une face frontale du solide; si "on multiplie en outre ceci par la longueur", c'est pour obtenir le produit (*ji*) correspondant au volume du solide (*lishi*), c'est pourquoi cela fait les "*chi* du produit (*ji*)"[7].

Ce commentaire mérite une analyse plus longue que celle que je serai en mesure de donner. Je me contenterai ici de trois remarques. Tout d'abord, les guillemets montrent comment le commentateur suit le texte de la procédure phrase à phrase pour fournir à chaque pas une interprétation géométrique du résultat partiel. Il construit, ce faisant, progressivement le sens des suites de résultats pour, finalement, montrer que la signification du résultat final est

6. (Chemla & Guo 2004, p. 412–413). Cette procédure est placée à la suite du premier problème du chapitre 5, mais elle correspond en réalité aux problèmes qui suivent. Ce terme de *ji* renvoie au volume en tant qu'il est une valeur numérique produite par multiplication. Comme le même mot sera employé dans les algorithmes prescrivant les opérations pour calculer les aires ainsi que dans d'autres contextes, je choisis cette traduction, qui préserve la généralité du concept. Je traduirai, ici comme plus loin, le texte du canon en majuscules et celui des commentaires en bas de casse, reproduisant ce faisant l'opposition entre les deux types de textes à la manière dont elle figure dans les éditions anciennes.

7. Je fais figurer en italiques la prononciation des termes techniques qui apparaissent dans ce texte. Pour une analyse et une discussion du sens de ces termes, le lecteur peut se reporter au glossaire que j'ai composé et inséré dans (Chemla & Guo 2004).

conforme à l'affirmation qui clôt le texte de la procédure dans le canon. La manière dont la démonstration de la correction d'un algorithme se rapporte à l'énoncé dont elle établit la correction s'oppose par ce trait à la démonstration d'un théorème[8]. Nous retrouverons cette particularité dans les exemples que nous traiterons par la suite.

La procédure prescrit la suite des opérations en formulant les opérandes par référence à leur sens géométrique et en énonçant les opérations de façon arithmétique. De fait, chaque opération a un versant géométrique. Elle porte sur des grandeurs géométriques et produit une grandeur dont le commentateur explicite la nature par référence à des objets dans l'espace. Mais chaque opération a également un versant arithmétique, puisque le problème associe à chaque grandeur une valeur numérique et que l'opération porte également sur des nombres pour produire d'autres nombres. En fin de compte, le résultat de l'algorithme est double : il produit une grandeur (ce qui correspond à l'affirmation finale du texte qui l'énonce) et une valeur (ce qui correspond au résultat du problème). Grandeur et valeur sont de ce fait mises en relation. Ces observations sont également générales, les commentateurs élaborant au cas par cas le plan de signification par rapport auquel ils formuleront le sens des opérations d'une procédure.

Dans le cas qui nous occupe, on peut suivre les interprétations successives que le commentateur associe au résultat de chaque opération par référence à la Figure 2, que j'ai tracée car rien de tel n'apparaît dans le texte. Au contraire, le commentateur énonce le sens en renvoyant directement à l'objet du problème. Le premier groupe d'opérations donne, selon lui, la « largeur moyenne », qui sera également la largeur du rectangle, de longueur égale à la hauteur ou à la profondeur du corps dont le volume est cherché, et d'aire égale à celle d'une section verticale de ce même corps. C'est la transformation de cette section en rectangle, introduite par le biais de la mention de la largeur moyenne, qui permet d'associer au résultat de la multiplication qui suit le sens que le commentateur énonce. On comprend, dès lors, qu'en multipliant cette aire par la longueur du corps, on obtiendra le volume visé. Le point clef consiste donc en cette métamorphose d'une section du corps en rectangle et, partant, du corps auquel la procédure se rapporte en parallélépipède. La transformation est formulée à l'aide d'une formule sibylline : « avec ce qui est en excédent,

8. On peut illustrer ce point par référence à la manière dont les *Éléments* d'Euclide établissent, à la proposition 20 du livre IX, que « les nombres premiers sont plus nombreux que toute multitude proposée de nombres premiers « οι πρῶτοι ἀριθμοὶ πλείους ἐισὶ παντὸς τοῦ προτεθέντος πλήθους πρώτων ἀριθμῶν. » (voir (Itard 1961, p. 186) ; (Heiberg 1884, p. 388)). La démonstration se donne d'entrée de jeu une « multitude proposée de nombres premiers » et construit un nombre sur cette base, selon un principe qui ne figure pas dans l'énoncé du théorème. Le raisonnement se développe par suite en suivant deux cas : soit le nombre construit est premier, contredisant ainsi l'énoncé, soit il ne l'est pas, mais est divisible par un nombre qui permet d'établir la contradiction. Le texte de la démonstration ne suit donc pas le déroulement de l'énoncé dans le temps, comme les démonstrations de correction d'algorithmes dans *Les Neuf chapitres*.

on comble ce qui est vide ». La Figure 2 montre comment en introduisant une largeur moyenne, on fait apparaître en bas un excès, en haut un manque. Mais, et surtout, on permet de distinguer une surface excédentaire dans la partie inférieure de la face avant qui comble précisément la surface déficiente dans sa partie supérieure.

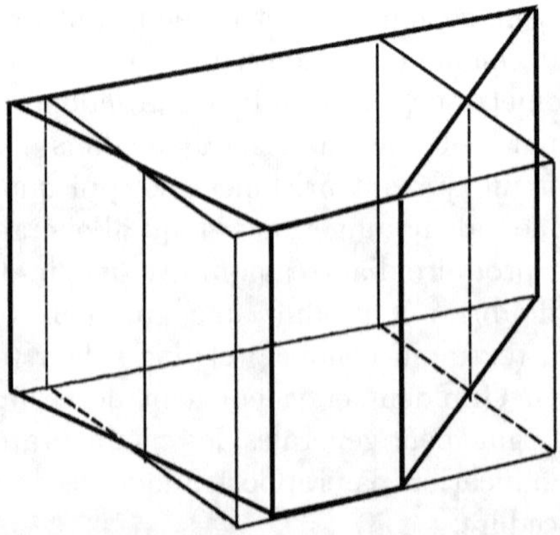

FIGURE 2 : Figure à laquelle fait allusion la démonstration relative à la procédure pour le volume du prisme trapézoïdal (ma reconstitution)

Pourquoi avoir choisi d'exprimer pareil changement de façon énigmatique ? On peut proposer une réponse à cette question en remarquant que les commentateurs reprennent exactement le même énoncé dans nombre d'autres démonstrations[9]. Dans chaque contexte, l'énoncé renvoie à une transformation différente, mais toutes ces transformations partagent le même principe et peuvent donc se saisir par une seule et même formulation. Les diverses surfaces et solides dont les commentateurs justifient les calculs des aires et des volumes en recourant à cet énoncé se trouvent ainsi rapprochées, par-delà les disparités qu'ils présentent. Notons que ce rapprochement provient du fait que les procédures attachées aux uns comme aux autres sont justifiées par une même opération fondamentale, qui révèle une communauté d'action invisible au niveau des procédures. Les démonstrations mettent donc en évidence la généralité d'une opération formelle, au niveau des raisons rendant compte de la correction des algorithmes. Nous avons ici un des aspects clefs de la pratique de la démonstration dans ce contexte. Qui plus est, c'est précisément cette caractéristique de la pratique qui établit le lien fondamental entre démonstration et généralité que les commentaires attestent et que nous allons retrouver sous bien d'autres formes par la suite.

9. Wu Wenjun est le premier à avoir consacré un article à ce fait et à avoir érigé cet énoncé en principe. Voir (Wu 1982).

3 Recherche de généralité et pratique de la démonstration

L'exemple précédent nous a permis d'observer comment les commentateurs travaillaient à même la liste d'opérations et comment, en en énonçant le sens, ils dégageaient des opérations générales, communes à d'autres procédures. Nous examinerons à présent trois autres démonstrations que les commentateurs développent, dans le contexte du premier chapitre et à propos du calcul fractionnaire, pour mieux comprendre la nature des éléments généraux ainsi mis en évidence.

J'ai déjà discuté, à de multiples reprises, du commentaire relatif à l'addition des fractions. Je reprendrai néanmoins brièvement ici mon analyse pour insister sur un trait qui prend un sens différent dans le contexte de l'argument développé dans ce chapitre[10]. Pour le calcul de la somme de deux fractions, disons 1/2 et 1/3, ou a/b et c/d, la procédure proposée par le canon prescrit de multiplier chacun des numérateurs par le dénominateur qui ne lui correspond pas (soit a par d et c par b), d'ajouter les résultats, de multiplier les dénominateurs entre eux, pour enfin diviser la somme par le produit. On peut donc représenter l'algorithme par la formule

$$a/b + c/d = (ad + cb)/bd$$

La conclusion que je vise requiert que nous suivions pas à pas le commentaire, attribué à Liu Hui, qui établit la correction de l'algorithme permettant d'additionner des fractions. Le commentateur débute son argument, en poursuivant tout d'abord l'analyse des termes de l'addition (les fractions) qui avait été ébauchée au cours du commentaire précédent, lequel portait sur la simplification. Il avait alors envisagé les fractions sous l'angle de leur expression numérique, soulignant que celle-ci était susceptible de varier sans pour autant altérer la quantité exprimée. Ainsi, avait-il glosé, peut-on exprimer, sans effet sur le montant signifié, 2/4 de façon simplifiée comme 1/2 ou de façon « complexifiée » (pour rendre le parallèle de la formulation chinoise) comme 4/8. Dans le cadre de l'addition des fractions, Liu Hui reprend la discussion en envisageant désormais les fractions sous leur angle matériel : énoncer une fraction, c'est disséquer une unité en un nombre de parts égales qui fournira leur appellation aux parts (dénominateur) ; c'est également considérer un nombre donné parmi les parts ainsi obtenues (numérateur). De ce point de vue, la fraction consiste donc en un nombre de parts.

J'ai expliqué ailleurs (voir note 10) pourquoi, selon moi, la représentation associée figure la fraction sous la forme d'un rectangle structuré comme suit : l'unité étant figurée par un carré unitaire, la fraction en représente une partie ; son dénominateur correspond au nombre de parts en lesquelles on a coupé

10. Le texte original, qui fait suite au problème 9 du chapitre 1, peut être consulté dans (Chemla & Guo 2004, p. 158–159). Voir, en particulier, (Chemla 1992). Cet article justifie la représentation des fractions par des rectangles que je propose ici. Sur les algorithmes commentés par la suite et les concepts que les commentaires dégagent à leur propos, voir également (Li 1982a), (Li 1982b), (Guo 1984).

la largeur, tandis que le numérateur compte le nombre de rectangles ainsi constitués qui composent la fraction. Comme l'illustre la Figure 3, on peut ainsi représenter 2/4 sous la forme d'un rectangle structuré à l'intérieur du carré, ou sous la forme d'un rectangle allongé de largeur 1/4 et de longueur 2 (Figure 3a). Par suite, énoncer deux de quatre parts, soit 2/4, de façon simplifiée, c'est employer des parts plus grossières (Figure 3b), tandis que l'énoncer de façon complexifiée, c'est recourir à des parts plus fines (Figure 3c). Accoler côte à côte les quatre parts de 4/8 produit un rectangle allongé, de même aire que les précédents, dont la largeur représente le dénominateur et la longueur le numérateur. Dans les trois cas, la représentation de la fraction prend la figure d'un rectangle, et les modifications de son expression correspondent à une transformation de la forme de ce rectangle qui garde son aire constante. Par suite, la possibilité d'additionner directement deux fractions se traduit par la capacité d'accoler les rectangles qui les représentent le long de leur largeur.

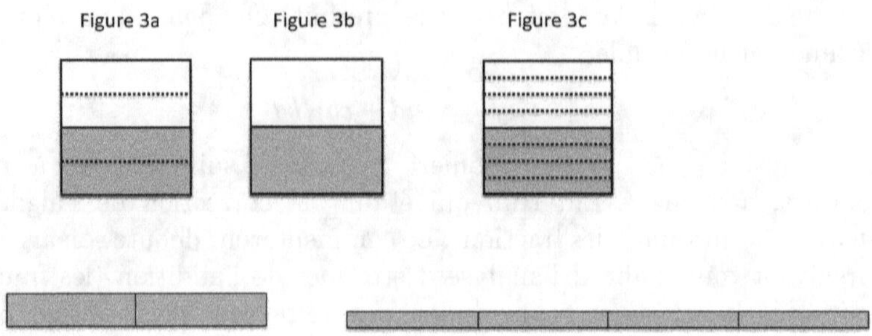

FIGURE 3 : Deux opérations clefs sur les fractions : la simplification et la complexification. Fig. 3a : Deux quarts. Fig. 3b : Un demi. Fig. 3c : Quatre huitièmes

Une fois l'analyse des opérations de simplification et de « complexification » achevée, le commentateur pointe la difficulté centrale de la tâche consistant à additionner deux fractions : si leurs parts sont différentes, elles ne peuvent entrer conjointement dans une opération. Liu Hui trace alors la voie à suivre : raffiner les parts pour les amener à partager la même taille. La stratégie est énoncée pour ce qui est de la représentation matérielle des fractions. Le sens des opérations de l'algorithme sera formulé sur ce plan. Le commentateur articule cet impératif à son versant sur le plan numérique, sur lequel l'algorithme opère : c'est en multipliant numérateur et dénominateur qu'on raffinera les parts. Le commentaire mettra alors en évidence que l'algorithme remplit ce programme tout en puisant, dans l'interprétation des opérations, la description d'une façon d'y parvenir.

La sémantique qui sera mobilisée pour faire sens de l'algorithme est en place. Liu Hui va désormais, conformément à la pratique décrite dans la section précédente, considérer les opérations prescrites par la procédure une par une, dans un ordre inverse à celui avec lequel le canon les introduit, pour en formuler le sens. Multiplier les dénominateurs entre eux, interprète-t-il, c'est déterminer une taille de parts que toutes les fractions peuvent partager, soit, pour ce qui est de la représentation numérique, un dénominateur commun (bd). Multiplier chacun des numérateurs par le dénominateur qui ne lui correspond pas, c'est, du point de vue numérique, transformer numérateurs et dénominateurs conjointement (ad/bd et cb/db) et, du point de vue matériel, préserver les quantités d'origine en dépit du changement de la taille des parts (voir Figure 4). Le point clef pour nous, c'est qu'entre l'énoncé de la stratégie qu'il est, selon le commentateur, nécessaire de suivre et l'explicitation du sens des opérations, Liu Hui pratique un détour qui paraît anodin, voire dénué de sens : il renomme « égalisation » l'opération de multiplier les dénominateurs entre eux et « homogénéiser » le pas qui consiste à multiplier chacun des numérateurs par le dénominateur qui ne lui correspond pas. Ce détour peut paraître inutile. Or, une fois la correction de l'algorithme établie, Liu Hui revient sur ces termes au cours d'un développement philosophique qui souligne le caractère essentiel de ces deux opérations en mathématiques. C'est donc qu'aux yeux du commentateur, il s'est joué là quelque chose de fondamental.

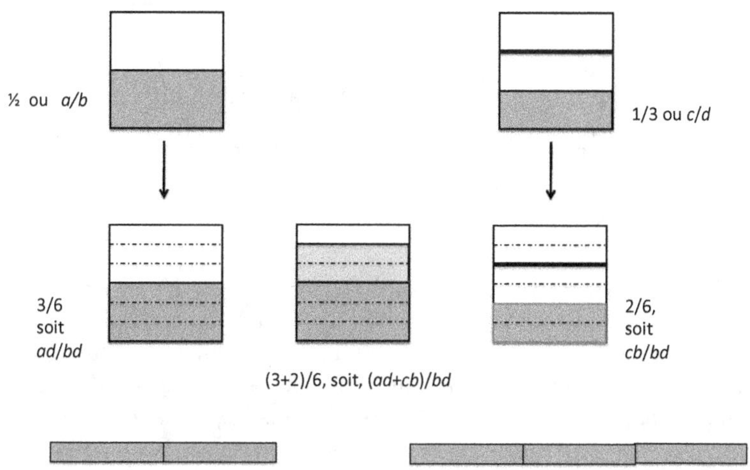

FIGURE 4 : Un demi et un tiers sont transformés en sixièmes pour pouvoir être sommés

L'interprétation de cet élément de la démonstration requiert, ici comme plus haut, que nous suivions les ré-occurrences du couple « homogénéisation/égalisation » dans les commentaires. Nous observons alors exactement le même phénomène que celui que nous décrivions dans la section précédente : les commentateurs rendent compte de la correction de plusieurs algorithmes, sans lien apparent les uns avec les autres, en soulignant que leur stratégie consiste à égaliser certaines quantités et à en homogénéiser d'autres. Le sens concret de ces opérations diffère selon les contextes (les acteurs renvoient à ce « sens » par le terme de *yi* 意), mais, formellement, les procédures sont efficaces du fait qu'elles mobilisent, à chaque fois, cette même stratégie. Les commentaires révèlent ainsi, comme ils le faisaient plus haut, des liens souterrains entre algorithmes, qui se manifestent au niveau des raisons sous-tendant leur correction. Ces opérations formelles d'homogénéisation et d'égalisation sont donc de validité générale, et il revient aux démonstrations, pratiquées de la manière décrite plus haut, de les dégager et de réduire ainsi la variété apparente des procédures. Les acteurs réservent un second terme technique (*yi'* 義) à cet autre « sens », formel, des algorithmes qu'expriment ici égalisation et homogénéisation.

Addition des fractions
Première partie sur les fractions, leur transformation et la stratégie à suivre
Une seconde partie introduisant les opérations égalisation/homogénéisation
Egalisation/Homogénéisation pour les fractions
Développement abstrait sur la généralisation des opérations égalisation/homogénéisation

FIGURE 5 : Addition des fractions. Récapitulation de la structure du commentaire

La Figure 5 représente la structure du texte de la démonstration dans le cas de l'addition des fractions. Elle montre en particulier que l'interruption pratiquée par le commentateur dans le fil du raisonnement (première cellule en gris) pointe l'endroit où la démonstration révèle des opérations dont l'efficacité et la validité dépassent de loin le contexte dans lequel la preuve se déploie. Nous sommes au lieu précis où se nouent la pratique de la démonstration et la recherche de généralité. La dernière partie du commentaire (seconde cellule en gris) développe des réflexions sur la seconde partie du texte qui nous paraissait secondaire, tant, à nos yeux, seules la première et la troisième parties constituent la démonstration à proprement parler. La structure du texte suggère qu'au contraire, aux yeux des acteurs, l'exposé est un tout organique et que les éléments généraux mis au jour sont partie prenante d'une activité de démonstration conçue de façon spécifique. Ils en constituent peut-être même l'objectif principal. Nous retrouvons certaines des conclusions que nous formulions précédemment. Nous montrerons à présent que ces mêmes traits caractérisent les deux commentaires portant sur la correction des algorithmes donnés pour, respectivement, diviser puis multiplier des fractions[11]. Leurs textes comportent des passages trop généraux s'ils ne visaient que le seul objectif de démontrer *stricto sensu*. Or ces composantes soulignent de la même manière des phénomènes dont la pertinence et la validité dépassent le cadre dans lequel ils apparaissent pour la première fois : c'est ce qu'un même dispositif textuel semble là encore énoncer.

4 Concepts et principes généraux dégagés au cours de démonstrations

L'algorithme que *Les Neuf Chapitres* formulent pour la division englobe plusieurs cas de figure, et son texte présente une structure complexe que nous ne commenterons pas ici[12]. Le cas fondamental est celui où la division se produit entre nombres entiers. Un second cas s'y ramène, lequel se subdivise en deux sous-cas, traités conjointement. Nous les représenterons de façon moderne ainsi :

$$\left(a + \frac{b}{c}\right) / d = \frac{ac + b}{dc}$$

$$\left(a + \frac{b}{c}\right) / \left(d + \frac{e}{c}\right) = \frac{ac + b}{dc + e}$$

Enfin, le troisième cas est le plus général, puisqu'il porte sur le cas où dividende et diviseur comportent tous deux des fractions de types distincts. L'algorithme les ramène au second cas comme suit :

$$\left(a + \frac{b}{c}\right) / \left(d + \frac{e}{f} + \frac{g}{h}\right) = \left(a + \frac{bfh}{cfh}\right) / \left(d + \frac{ech + gfc}{cfh}\right)$$

La démonstration de correction développée par les commentateurs aborde l'algorithme par le dernier cas. Les opérations qui le ramènent au cas précédent sont de fait comparables à ce qui a été vu pour l'addition : leur signification ne requiert pas d'examen complémentaire. Le point clef nouveau à considérer dans ce contexte réside dans le traitement du second cas : il consiste à justifier le fait de passer d'une division entre quantités qui comportent un même dénominateur (notons-le c) à une division entre entiers. C'est à cet endroit que le commentaire interrompt la ligne du raisonnement, pour introduire un énoncé général qui paraît n'avoir aucune relation avec le sujet traité, puisqu'il affirme :

> Chaque fois que des quantités (*shu*) sont données en relation les unes avec les autres, on les appelle des *lü*. Les *lü*, étant par nature

11. J'ai développé leur analyse dans (Chemla 2012b).

12. Le lecteur pourra consulter le texte original et la traduction, à la suite des problèmes I.17 et I.18, dans (Chemla & Guo 2004, p. 166–170).

> donnés les uns en relation avec les autres, communiquent. S'il y a des parts, on peut désagréger ; si les parts sont des superpositions réitérées, on simplifie[13].

Le commentateur introduit donc à nouveau ici un concept dont la pertinence dépassera, et de loin, le cadre dans lequel il est mis en évidence : celui de *lü*, qui renvoie à des valeurs numériques définies l'une relativement à l'autre. C'est en interprétant cet énoncé général relativement au cas traité qu'on comprend sa pertinence locale : dividende et diviseur sont effectivement un couple de *lü*, et c'est le cas particulier auquel ces déclarations seront appliquées ici. Mais la généralité de l'énoncé est corrélée au fait que ce concept se présente bien plus largement : les démonstrations d'autres algorithmes, sans le moindre rapport apparent avec la division entre nombres fractionnaires, identifieront des ensembles de nombres partageant cette propriété, comme les coefficients d'une équation linéaire. Sitôt le concept de *lü* introduit, le commentateur formule les opérations générales qu'il est licite d'appliquer à de tels ensembles de nombres. La démonstration, ici comme dans les autres contextes où la notion est repérée, mettra en évidence que la procédure met précisément lesdites opérations en œuvre, établissant par là même sa correction.

Ainsi, pour justifier les opérations pratiquées sur dividende et diviseur dans le cadre de la procédure dont la correction est à démontrer, Liu Hui remonte au type d'entité qu'ils représentent : des *lü*, et le commentateur saisit cette opportunité pour introduire ce concept et les opérations dont il justifie l'emploi de façon valide, de la façon la plus générale et abstraite. La Figure 6 récapitule la structure du texte de la démonstration : là aussi, j'ai représenté en gris la cellule correspondant aux développements, au sein de la démonstration, qui s'écarte du sujet traité, en montant en généralité et en abstraction, en vue de revenir, sur cette base, à l'algorithme considéré. Elle permet de repérer, une fois de plus, comment la recherche de généralité opère au cœur même de la recherche des raisons de la correction.

La démonstration de la correction de l'algorithme que *Les Neuf Chapitres* énoncent pour multiplier des fractions appelle une analyse comparable[14]. La procédure peut se résumer par la formule suivante :

---

13. De par leurs propriétés générales, si des *lü* – par exemple, un dividende et un diviseur – comportent des fractions, en les multipliant tous par les dénominateurs, on peut désagréger chaque unité en de multiples parts, de sorte qu'il ne reste que des nombres entiers de telles parts. La seconde occurrence de l'expression « les parts » semble alors renvoyer aux "nombres de ces parts", soit aux "numérateurs", ou encore : aux entiers formés. La dernière opération, pratiquée sur un dividende et un diviseur, simplifie l'algorithme, de manière générale, sur la base de l'analyse que produit la démonstration.

14. Voir le texte original dans (Chemla & Guo 2004, p. 168–171). En fait, deux démonstrations en sont données, mais, en raison de l'objectif qui est le mien, je ne me pencherai ici que sur la première. La seconde met en évidence qu'on peut identifier les opérations d'égalisation et d'homogénéisation à l'œuvre dans la procédure et ainsi en établir la correction.

Division des fractions
Une première partie sur les fractions, les entiers, et leurs transformations
Une seconde partie, abstraite & générale, introduisant le concept de *lü*
Application des *Lü* à la division

FIGURE 6 : Division des fractions. Récapitulation de la structure du commentaire

$$\frac{a}{b}.\frac{c}{d}=\frac{ac}{bd}$$

Le commentaire visant à établir sa correction débute directement par des affirmations bien plus générales et abstraites que la procédure ne l'exige. Une fraction, affirme Liu Hui d'entrée de jeu, provient d'une division dont le diviseur n'épuise pas le dividende, qui produit un reste : le diviseur deviendra dénominateur tandis que le reste, lui, est pris comme numérateur. La logique du raisonnement qui suit implique que, dans le contexte dans lequel Liu Hui formule l'assertion, il faut penser à l'appliquer à l'un des opérandes de la multiplication $\frac{a}{b}$, qui dérive d'une division dont le diviseur b n'épuise pas le dividende, qui produit un reste a. Tout le début du texte se place ainsi à un niveau de généralité et d'abstraction comparable à ce que nous avons vu du développement sur les *lü*, dans le contexte de la division. Ce n'est qu'en se demandant comment les énoncés font sens dans le contexte de la multiplication, dans lequel ils sont formulés, qu'on comprend leur pertinence pour le raisonnement qui débute ainsi. Il n'en reste pas moins que les énoncés ont vocation à rester utiles dans d'autres contextes, comme c'était le cas pour homogénéiser et diviser, ainsi que pour les *lü*.

Nous exprimerons ce jeu d'expression d'un texte, qui se déploie simultanément sur deux niveaux, en mettant entre parenthèses ce à quoi l'assertion générale et abstraite s'applique pour faire preuve dans le contexte où elle est insérée. Il suffirait de multiplier le dividende en question (ici, on peut penser à a) par un facteur approprié pour que la division par le diviseur (b) donne un quotient entier. Dès lors, poursuit le texte, multiplier quoi que ce soit par un numérateur (ici a, au lieu de le multiplier par $\frac{a}{b}$), c'est multiplier par une valeur trop grande d'un facteur égal au dénominateur (b) : l'on doit donc « diviser en retour » le résultat par le dénominateur (b), pour obtenir la valeur que produirait la multiplication par la fraction $\left(\frac{a}{b}\right)$. C'est dans ce contexte que le commentateur introduit l'opération de « diviser en retour », que les commentaires mobiliseront dans de nombreux contextes, mais que de fait l'on trouve déjà mise en œuvre dans *Les Neuf Chapitres.* Il est important de relever que cette division est prescrite à l'aide d'une expression qui pointe vers la raison qui motive l'emploi de l'opération.

Une fois ces préliminaires généraux établis, le commentateur est en mesure de donner sens à la première opération prescrite par l'algorithme de multiplication des fractions. Multiplier les numérateurs l'un par l'autre (entendez : au lieu de multiplier les fractions l'une par l'autre), cela donne un résultat qui est plus grand que le produit cherché par deux facteurs qui sont les deux dénominateurs. Ceci explique que l'algorithme se conclue par une division du premier produit par un diviseur qui correspond au produit des dénominateurs[15].

Là encore, la Figure 7, qui récapitule la structure de la démonstration, montre les passages où le traitement des raisons de la correction de l'algorithme s'effectue à un niveau inutilement général pour le contexte en question (cellules en gris). En comparant les Figures 5, 6, et 7, on constate donc la récurrence d'un même phénomène : le déploiement des démonstrations (à tout le moins, de certaines d'entre elles) constitue le lieu où, *in situ*, les commentateurs dégagent, lorsqu'ils se présentent pour la première fois, les concepts et les opérations qui sont en jeu pour établir la correction des algorithmes. Le propre de ces concepts et de ces opérations est leur généralité, au sens où les commentaires montreront comment ils sont à l'œuvre dans d'autres démonstrations, établissant ce faisant des liens entre des procédures à première vue sans relation les unes avec les autres.

Multiplication des fractions
Une première partie abstraite et générale sur les fractions et la division
Une seconde partie générale, introduisant *la division en retour*
Application au cas de la multiplication

FIGURE 7 : Multiplication des fractions. Récapitulation de la structure de la première partie du du commentaire

5 Conclusion

Les démonstrations de la correction des algorithmes proposés par *Les Neuf Chapitres* que les commentateurs du canon développent systématiquement manifestent une particularité frappante. Régulièrement, sans aucune annonce, le texte paraît changer de sujet et insère des énoncés bien plus généraux

15. Je simplifie légèrement le raisonnement. Pour les détails, voir (Chemla 2012b).

que l'objet du discours, et sans lien immédiat apparent avec lui. Ces saillies ont posé bien des difficultés aux interprètes modernes. Dès lors qu'on avance l'hypothèse que ce qui nous apparaît comme un écart, vis-à-vis du fil du discours, traduit une pratique spécifique de la démonstration, la difficulté se dissout. Ces incises dans les textes des démonstrations, nous l'avons vu, répètent systématiquement le même geste : dégager une opération ou un concept général sous-jacent à l'algorithme en question et commun à d'autres algorithmes. C'est donc bien parce que la pratique de la démonstration s'articule à une recherche de généralité que les textes sont structurés de la sorte : cette remarque propose une démarche à l'interprétation.

Déterminer, par le biais des démonstrations, les opérations et les concepts les plus généraux possibles par le biais desquelles réduire la variété apparente des algorithmes, telle paraît être l'une des fonctions que les commentateurs ont assignée à la démonstration. Cette conclusion est étayée par les déclarations sur l'organisation des mathématiques qu'on lit sous le pinceau de tous les commentateurs des *Neuf Chapitres*. Prenons, par exemple, cette affirmation de Li Chunfeng dans laquelle nous retrouverons bien des opérations que nous avons rencontrées plus haut :

> Quant à ce qu'on appelle *lü*, il y a neuf (parties des mathématiques) qui en découlent... (suit la liste des titres des neuf chapitres du canon)... Dans tous ces cas, on *multiplie pour les désagréger, on divise pour les réunir, on homogénéise et on égalise pour les faire communiquer, on applique la (procédure) du "supposons"* (i.e., la règle de trois, dans le contexte de laquelle le concept de *lü* est introduit dans *Les Neuf Chapitres*) *pour les articuler* (mot-à-mot : les enfiler sur un même fil), d'où *les méthodes des procédures mathématiques* (*suanshu*) *se réduisent à cela*[16].

La déclaration illustre bien la préoccupation de Li Chunfeng (comme celle d'autres commentateurs) de réduire la diversité des procédures mathématiques, par le biais d'une identification d'opérations et de concepts généraux. Or, nous l'avons vu, ce sont les démonstrations, pratiquées de manière spécifique, qui fournissent les outils de cette réduction. Il est intéressant que généralité et démonstration soient ici articulées l'une à l'autre de façon différente de la relation qu'avaient établie les Monge, Carnot, Poncelet et Chasles. Pour les commentateurs des *Neuf Chapitres*, le problème n'est pas que la validité de la démonstration soit relayée par des principes permettant d'en étendre les conclusions, comme le principe de continuité ou le principe de projection (mis en œuvre pour des propriétés projectives). Il est plutôt de repérer, dans les

16. Je souligne. Ce n'est pas dans le contexte du commentaire dont il dirige la composition que Li Chunfeng formule cette liste, mais dans un traité technique qu'il rédige pour une histoire officielle : la « Monographie sur la gamme et le calendrier » de l'*Histoire dynastique des Sui* (voir Yang 1977, Vol. 3, 1859).

gestes des algorithmes, des formes qui tout à la fois servent de raison et soient les plus générales possibles. On pourrait dire que cette pratique de la démonstration institue, dans les mathématiques elles-mêmes, ce mécanisme de thématisation sur lequel Jean Cavaillès avait naguère insisté, tout comme les géomètres du début du XIXe siècle avaient gravé, dans leur pratique, une forme de lien systématique entre démonstration et généralité. Comment les acteurs eux-mêmes ont-ils pris acte des potentialités de généralité que la démonstration offrait et comment ont-ils consciemment élaboré des pratiques qui en recueillaient systématiquement les fruits ? Telle est, je crois, l'une des questions clefs que ces épisodes historiques posent.

Bibliographie

Chemla, K. (1992). Résonances entre démonstration et procédure : Remarques sur le commentaire de Liu Hui (IIIe siècle) aux *Neuf chapitres sur les procédures mathématiques* (Ier siècle). In K. Chemla (éd.) *Regards obliques sur l'argumentation en Chine*, Saint-Denis : Presses Universitaires de Vincennes, 91–129.

Chemla, K. (2012a). Reading proofs in Chinese commentaries : Algebraic proofs in an algorithmic context. In K. Chemla (éd.) *The History of Mathematical Proof in Ancient Traditions*, Cambridge : Cambridge University Press, 423–486.

Chemla, K. (éd.) (2012b). *The History of Mathematical Proof in Ancient Traditions*. Cambridge : Cambridge University Press.

Chemla, K. & Zou, D. (2018). Parts in Chinese Mathematical Texts. Interpreting the Chapter Form of *The Nine Chapters on Mathematical Procedures*. In F. Bretelle-Establet & S. Schmitt (éd.) *Pieces and Parts in Scientific Texts*, Cham : Springer International Publishing, 91–133, doi : 10.1007/978-3-319-78467-0_5.

Chemla, K. 林力娜. & Guo, S. 郭書春. (2004). *Les Neuf chapitres. Le Classique mathématique de la Chine ancienne et ses commentaires*. Paris : Dunod.

Guo, S. 郭書春. (1984). Jiuzhang suanshu he Liu Hui zhu zhong zhi lü gainian ji qi yingyong shixi "九章算術" 和劉徽注中之率概念及其應用試析 [Analyse du concept de *lü* dans *Les Neuf Chapitres* et dans le commentaire de Liu Hui]. *Kexueshi Jikan* 科學史集刊 *(Collection d'articles sur l'histoire des sciences)*, 11, 21–36.

Heiberg, J. L. (1884). *Euclidis Elementa*, t. 2, Livres V–IX. Leipzig : Teubner.

Itard, J. (1961). *Les Livres arithmétiques d'Euclide*. Paris : Hermann.

Li, J. 李繼閔. (1982a). Jiuzhang suanshu zhong de bilü lilun 九章算術中的比率理論 [La Théorie des rapports dans *Les Neuf Chapitres sur les procédures mathématiques*]. In W. Wu (éd.) *Jiuzhang suanshu yu Liu Hui* 九章算術与劉徽 *[Les Neuf Chapitres sur les procédures mathématiques et Liu Hui]*, Beijing : Beijing shifan daxue chubanshe 北京師範大學出版社, 228–245.

Li, J. 李繼閔. (1982b). Zhongguo gudai de fenshu lilun 中國古代的分數理論 [La Théorie des fractions en Chine ancienne]. In W. Wu (éd.) *Jiuzhang suanshu yu Liu Hui* 九章算數與劉徽 *[Les Neuf Chapitres sur les procédures mathématiques et Liu Hui]*, Beijing : Beijing shifan daxue chubanshe 北京師範大學出版社, 190–209.

Nabonnand, P. (2011). L'argument de la généralité chez Carnot, Poncelet et Chasles. In P. Nabonnand & D. Flament (éd.) *Justifier en mathématiques*, Paris : Éditions de la Maison des sciences de l'homme, 17–47.

Wu, W. 吳文俊. (1982). Churu xiangbu yuanli 出入相補原理 [Le principe "Ce qui entre et ce qui sort se compensent"]. In W. Wu (éd.) *Jiuzhang suanshu yu Liu Hui* 九章算數與劉徽 *[Les Neuf Chapitres sur les procédures mathématiques et Liu Hui]*, Beijing : Beijing shifan daxue chubanshe北京師範大學出版社, 58–75.

Yang, J. 楊家駱主編. (éd.) (1977). *Zhongguo tianwen lifa shiliao* 中國天文曆法史料 *[Matériaux historiques sur l'histoire de l'astronomie et des systèmes calendériques en Chine]*. Tapei 臺北 : Dingwen shuju 鼎文書局.

Karine Chemla
SPHERE UMR 7219 (CNRS – Université de Paris)
Radcliffe Institute, Harvard University
chemla@univ-paris-diderot.fr

Que peut nous apprendre la correspondance d'une académie ?

Pierre Crépel

Les inventaires, études et éditions de correspondances de savants, d'écrivains ou d'hommes politiques constituent un genre bien balisé. On connaît ceux de Voltaire, Diderot, Rousseau, D'Alembert pour le XVIIIe siècle. Ces types d'instruments de travail ont été étendus à des auteurs moins connus ou d'autres époques. Plusieurs contributions de ce recueil nous présentent divers aspects de l'inventaire et de l'édition de la correspondance d'Henri Poincaré, dont Philippe Nabonnand a été un des initiateurs[1].

En revanche, les correspondances des académies et sociétés savantes ont moins retenu l'attention des historiens des sciences et des idées. Il est vrai qu'*a priori* elles sont moins intéressantes. Sont surtout conservées des lettres reçues qui, pour la plupart, paraissent banales : candidatures, remerciements, annonces de décès, lettres administratives, demandes de renseignements, envois d'ouvrages, échanges de publications, etc. Et telle académie est parfois harcelée par des obsessionnels qui croient avoir démontré la quadrature du cercle.

Il existe néanmoins quelques publications traitant des correspondances des sociétés savantes. En effet, les activités de certaines académies se sont identifiées à certains moments à celles de leur secrétaire et ainsi les études sur la correspondance du secrétaire recouvrent alors celles des lettres reçues par l'institution. On peut penser à Dubois de Fosseux pour Arras, à Séguier pour Nîmes, à Formey pour Berlin, ou à Condorcet pour l'Académie des sciences de Paris. On trouvera quelques références non exhaustives en bibliographie. D'autre part, les travaux sur les académies ont beaucoup utilisé le dépouillement de leurs correspondances. Mais, dans tous ces cas, ce sujet n'est traité qu'indirectement. Nous voudrions montrer ici qu'il n'est pas forcément aussi oiseux qu'on aurait pu le penser, surtout si les lettres sont abondantes et

1. En fait, cet article doit être considéré comme collectif, puisqu'il résulte de l'inventaire en cours effectué par l'auteur avec Antonin Bourquin, Yannis Hausberg, Maryannick Lavigne-Louis et Denis Reynaud.

P.-E. Bour, M. Rebuschi & L. Rollet (eds.), *Sciences, Circulations, Révolutions, 203–216.*

s'étendent sur une période assez longue. Pour cela nous prendrons l'exemple de l'Académie des sciences, belles-lettres et arts de Lyon, dont la correspondance est conservée assez soigneusement de 1736 à 1922.

1 Situation[2]

Dans la première moitié du XVIIIe siècle, Lyon possède deux académies. La première, créée en 1700, plutôt littéraire (même si elle s'appelle Académie des sciences et belles-lettres), a conservé ses procès-verbaux à partir de 1714, mais ni sa correspondance, ni ses mémoires, ni sa bibliothèque. La seconde, créée en 1713 pour promouvoir la musique, appelée Académie des beaux-arts, s'est constituée en académie des sciences en 1736 et a tout conservé et même coté de façon précise : il s'agit d'une décision prise à l'instigation de son secrétaire, Jean-Pierre Christin, dès le 25 juillet 1736. En 1758, les deux compagnies ont fusionné sous le nom d'Académie des sciences, belles-lettres et arts de Lyon, porté encore de nos jours. Hormis l'interruption pendant la Révolution (1793-1800), l'académie a fonctionné régulièrement jusqu'à maintenant. Dans la période qui nous intéresse, elle se réunissait en interne, sauf pour deux ou trois séances publiques par an. Chaque séance interne (« privée ») se composait essentiellement de la lecture d'un discours, dissertation ou mémoire, sur un sujet variable, et souvent de quelques activités d'organisation (annonces de lettres, envois d'ouvrages, élections, règlements, etc.), de rapports (sur des ouvrages ou des questions qui lui étaient posées, par exemple par la ville), de mises en place de concours avec distributions de prix. Les séances publiques étaient consacrées à des lectures de mémoires sélectionnés, des « discours de réception » des nouveaux élus, des « éloges » des académiciens décédés, des proclamations de prix.

2 Le corpus

Sur la période 1736-1922, les lettres reçues par l'académie ont été en principe, non seulement conservées, mais aussi rassemblées dans l'ordre chronologique, par tranches de quelques décennies. Elles ont d'abord été inventoriées sommairement, puis précisément, pièce à pièce, par Michel Dürr vers l'an 2000, pour la période 1736-1888. Nous avons poursuivi ce travail pour la période 1888-1922 (les lettres en question, dont l'existence était vaguement connue, se trouvaient plus ou moins pêle-mêle sur des étagères dans une réserve). Voici les cotes de cette correspondance :

2. Pour les références sur l'histoire de l'académie et de ses académiciens, on ne donne pas de précisions ici. Le lecteur pourra se reporter aux ouvrages dirigés par L. David (2000) et D. Saint-Pierre (2017), donnés en bibliographie, où les sources primaires sont indiquées.

Ms 268	:	1736-1793
Ms 275	:	1800-1830
Ms 276	:	1831-1836
Ms 277	:	1837-1857
Ms 388-389	:	1851-1888
Ms 414	:	1888-1899
Ms 415	:	1900-1922.

À partir de 1922, date de début du long secrétariat de Claudius Roux, elles ne sont plus rassemblées. Celui-ci en a certainement jeté, il en a aussi conservé de façon éparpillée dans toutes sortes de piles ou de chemises en désordre, face auxquelles l'archiviste est bien perplexe pour déterminer si ces (dés)ordres sont voulus ou aléatoires. Nous n'avons pour le moment procédé qu'à des pré-inventaires sommaires. Après le « règne » de Claudius Roux, qui prend fin vers 1960, la correspondance n'a pas été conservée, stockée ou rassemblée selon des politiques réfléchies (sauf à certains moments) et la situation est assez analogue. C'est pourquoi nous arrêterons notre panorama à 1922.

2.1 Quelques chiffres

Il faut se méfier des quantifications, mais elles peuvent donner une idée des ordres de grandeur ou éveiller l'attention. En tout cas, le nombre annuel de lettres reçues (connues) est en général de quelques dizaines avec une certaine stabilité, voici quelques chiffres moyens volontairement approximatifs. Nous nous limitons ici aux recueils de correspondances cités plus haut ; les chiffres ci-dessous peuvent fluctuer de quelques unités en raison des lettres non datées, ou de datation douteuse, ou doubles ou déplacées, de nos erreurs, etc. Voici par période :

1736-1748 :	~10/ an (min. 0 – max. 18)
1749-1757 :	~15/ an
1758-1779 :	~15-/ an
1780-1793 :	~20-/ an
1800-1830 :	~40/ an
1831-1836 :	~70/ an (min.~31 – max.~100)
1837-1847 :	~70/ an (min.~38 – max.~111)
1848-1850 :	~20/ an
1851-1857 :	~45/ an (min.~23 – max.~72)
1858-1875 :	~quelques-unes/ an (probablement perdues)
1876-1882 :	~20 (min.~13 – max.~24)
1883-1887 :	~35 (min.~26 – max.~44)
1888-1896 :	~40/ an (min.~26 – max.~57)
1897-1913 :	~20/ an (min.~6 – max.~39)
1914-1922 :	~quelques-unes/ an

Toute étude quantitative plus sérieuse devrait mettre en regard, avec d'autres facteurs, le nombre de celles qui sont conservées, de celles qui sont évoquées dans les registres. Les variations en nombre dépendent de facteurs divers : le dynamisme de l'académie, la diversité de ses réseaux, l'importance des autres sociétés savantes, la reconnaissance ou les sollicitations des autorités, le sérieux voire l'investissement du secrétaire, les événements du pays.

Certaines différences s'expliquent assez bien, d'autres exigeraient une réflexion plus poussée pour en comprendre les causes. Avant 1758, donc avant la fusion des deux académies, il ne s'agit que de la correspondance de l'Académie des beaux-arts, l'autre n'étant pas conservée; après 1758, on ne dispose pas de davantage de lettres par année, bien qu'il y ait deux classes au lieu d'une. Autour de 1813-1815, on a une chute d'activité clairement due à la situation politique. La Monarchie de Juillet marque un essor des sociétés savantes, de l'instruction et des facultés, il est normal que cela se ressente dans le nombre de lettres reçues. La Seconde République et son instabilité, la première guerre mondiale donnent des périodes de chute de l'activité. On ne comprend pas pourquoi il ne reste que 6 lettres de 1905, alors que le nombre oscille entre 16 et 39 pour toutes les années entre 1900 et 1913. D'autres fluctuations proviennent vraisemblablement de causes locales, de négligences dans le secrétariat ou de pertes lors de déménagements. Leur examen dépasserait l'ambition de notre article dont le caractère est plutôt programmatique et qui ne vise pas à l'exhaustivité.

2.2 Précautions critiques sur les sources

On peut raisonnablement s'interroger sur l'exhaustivité du fonds. 1) Toutes les lettres reçues ont-elles été conservées ? 2) Celles qui sont conservées figurent-elles bien dans ces recueils ou y en a-t-il d'autres éparpillées ailleurs dans les fonds de l'académie ? On peut répondre presque « oui » à ces deux questions, mais seulement « presque ».

1. Une familiarité avec les fonds d'archives et de manuscrits de l'académie nous permet assez bien de comprendre les méthodes de travail et les états d'esprit de conservation systématique et de classement soigneux des principaux secrétaires : Jean-Pierre Christin pour l'Académie des beaux-arts, La Tourrette pour l'académie réunie sous l'Ancien Régime, l'abbé Roux ou Jean-Baptiste Dumas pour les ères bonapartiste et monarchiques. Mais surtout, les procès-verbaux des séances commencent par l'évocation des lettres et envois reçus. Un sondage strict sur la période 1831-1836 nous a montré que 80–90 % des lettres mentionnées dans ces procès-verbaux se trouvaient bien dans les recueils de correspondance. Une lettre manquante a pu être remise à un académicien désigné pour faire un rapport, sans que celui-ci l'ait rendue ensuite; il peut y avoir d'autres causes : négligence, vol ou vol partiel (signature découpée sur une lettre de Voltaire), etc.

2. Michel Dürr a inventorié pièce à pièce l'ensemble des fonds de manuscrits de l'académie, un examen méticuleux de son inventaire[3] nous montre qu'il y a peu de lettres hors des cotes que nous avons citées plus haut. Les autres volumes de manuscrits comportent surtout des mémoires et rapports, mais aussi des discours de réception, des comptes rendus des travaux, des éloges, des pièces administratives. Il est vrai, cependant, qu'un nombre restreint de lettres se trouvent insérées dans d'autres recueils. Par exemple, l'Académie a été chargée, conformément au testament du major général Martin (qui légua pour cela une partie de sa fortune), de la mise en place d'une école lyonnaise, aujourd'hui appelée La Martinière. Il est donc normal qu'un fonds de lettres soit consacré à cette question, surtout vu les désaccords entre la ville de Lyon et l'académie à cet égard : or ces lettres ont été conservées à part (Ms 17 et 416)[4]. C'est aussi le cas de lettres isolées sur tel ou tel thème (prix, expertise, etc.). D'autre part, une lettre accompagnant un envoi de manuscrit ou d'imprimé ou de pièce présentée pour un prix, a pu être insérée dans le document en question.

À ce point, une remarque s'impose. Il n'est pas toujours clair si une lettre adressée à un président, à un secrétaire ou à un trésorier lui est adressée en tant qu'officier de l'académie ou à titre personnel. Ainsi donc, on peut trouver ici des missives personnelles à ou de J. B. Dumas, qui fut secrétaire pendant trois décennies. Inversement une correspondance purement académique peut manquer parce qu'elle a été conservée en partie chez lui par un officier et n'a pas été versée. De telles lettres peuvent réintégrer le fonds un jour ou l'autre : une bonne partie de la correspondance de l'Académie à propos de l'école de La Martinière se trouvait chez Guerre, mais sa petite-fille l'a remise à la compagnie ... un demi-siècle plus tard (Ms 416). Un autre exemple est donné par un petit ensemble de 13 lettres de trésorerie envoyées à Devillas ou Boullée (1832-1846), conservé dans une chemise avec quatre autres lettres sans lien (1809-1813) et que nous avons cotées en Ms 414 : elles proviennent peut-être de la famille de Boullée.

Terminons ces longs préliminaires par une observation aussi évidente que nécessaire. L'analyse de la correspondance ne doit pas être dissociée de celle des registres (qui évoque en général le contenu de chaque lettre reçue) et des fonds complémentaires (manuscrits et imprimés) : ouvrages, mémoires et pièces envoyés ; rapports sur ces documents ; résumés des discussions ; élections des expéditeurs comme membres ou lauréats de prix ; suivis de polémiques ; relations avec les autorités politiques, administratives ou culturelles. Nous en verrons des exemples.

3. Nous sommes en train de le vérifier et de le compléter, notamment par une mise en regard des procès-verbaux des séances, ce qui permet de retrouver des dates ou informations adjacentes, et d'ajouter une description des contenus des missives.

4. Voir (Lafont *et al.* 2019, p. 151–188).

2.3 Les différents types de lettres

Comme nous l'avons dit plus haut, il s'agit quasi exclusivement de lettres *reçues* par l'académie (ce qu'on appelle la correspondance « passive »). Mais de nombreuses lettres reçues portent une mention du type « répondu le... » ; parfois, nous avons un premier jet de la réponse, surtout s'il s'agit d'une question importante, officielle ou prêtant à controverse. Il est vrai que, souvent, la réponse se devine assez bien, par exemple si le correspondant demandait le sujet ou la date limite d'un prix, ou s'il s'agit d'un remerciement pour un envoi, ou si la réponse provient d'une décision de l'académie couchée dans les registres. Inversement, la lettre reçue peut répondre à une autre du secrétaire qu'elle mentionne explicitement ou non ; là encore, on a en général une idée du contenu de celle qu'on n'a pas. Des projets de lettres du secrétaire ou du président peuvent aussi être insérées directement dans les registres.

Il n'y a pratiquement pas dans nos fonds de lettres « ostensibles », c'est-à-dire en fait destinées à être connues du public, et qui sont souvent imprimées dans les journaux ou par un éditeur. C'était une pratique assez fréquente au XVIIIe siècle, qui s'est passablement perdue par la suite, sinon sous forme de « lettre ouverte ». Il existe aussi des œuvres poétiques ou satiriques sous forme de lettres : Monthérot, versificateur virtuose et beau-frère de Lamartine, s'en est fait une spécialité, plusieurs de ses facéties s'appellent « Dernière lettre de Joseph Vasselier ... » (par exemple Ms 279-I pièce n° 37), il s'y moque de l'Académie, de ses règlements, etc., ces « lettres » ont parfois été publiées dans ses Œuvres.

Les lettres *envoyées* (correspondance « active ») sont disséminées chez ceux qui les ont reçues ; elles se trouvent aujourd'hui dans les familles, ou sont perdues. Des fonds de correspondances de certains académiciens ont été déposés, donnés ou vendus à des bibliothèques, à des centres d'archives ou à des particuliers. Aucune recherche systématique d'ampleur n'a été effectuée à cet égard, mais il y a des informations pour tel ou tel dans le dictionnaire récemment publié par l'académie elle-même (Saint-Pierre 2017). Les fonds de celle-ci recèlent peu de recueils de lettres personnelles d'académiciens, remises par les intéressés ou par leurs descendants, mais il y a quelques exceptions : par exemple le député Camille Jordan (Ms 355). Exceptionnellement, il peut y avoir une publication, telle la *Correspondance littéraire et anecdotique entre Mr de Saint-Fonds et le président Dugas, 1711-1739* (publiée par William Poidebard), Lyon, Paquet, 1900.

3 Lettres de personnages célèbres

Les fonds de l'académie renferment un grand nombre de lettres (éparpillées) de savants, de littérateurs, d'artistes, d'hommes politiques. Souvent, ce ne sont pas les plus intéressantes, surtout s'il s'agit de remerciements assez brefs pour une élection, mais elles peuvent au contraire se révéler remarquables, comme celles de Moreau de Jonnès. Devenir membre, en général associé (non résident) de l'Académie de la seconde ville du royaume était sous l'Ancien Régime et dans le premier tiers du XIXe siècle, un honneur ou un plaisir assez recherché, même par des gens reconnus par ailleurs au niveau national ou international. On ne s'étonnera donc pas de voir ici une liste impressionnante de célébrités.

Citons, parmi les personnages les plus connus et dans un ordre chronologique approximatif, sous l'Ancien Régime : Rameau, Voltaire, D'Alembert (à propos de l'affaire Tolomas), Cassini, La Condamine, Lalande, Marmontel, l'abbé Raynal, Chaptal, Lacépède, Mesmer, Montgolfier, Roland, Saussure, Vicq d'Azyr et bien sûr la famille des Villeroy, protecteurs de l'Académie.

Pour la période 1800-1836, dans un ordre alphabétique : Ampère, Boissy d'Anglas, Cambacérès, Champollion, Chateaubriand, Cournot, Cuvier, Charles Dupin, Dupont de Nemours, Joseph Fourier, le baron de Gérando, Guizot, Lamarck, le prince Lebrun, Moreau de Jonnès, François de Neufchâteau, Parmentier, Ozanam père et fils, Royer-Collard, Jean-Baptiste Say.

Après le milieu de la décennie 1830, il faut bien reconnaître que les hommes célèbres qui écrivent à l'Académie de Lyon sont plus rares. Avec la re-création plus sérieuse des facultés des sciences et des lettres, l'explosion des autres sociétés savantes, l'Académie joue un rôle beaucoup moins central dans la vie intellectuelle ; nous avons cependant relevé : Chevreul, Firmin-Didot, Emile Guimet, Jules Raulin, Henri Germain, Sully Prudhomme, Camille Jordan (le mathématicien), Paul Bourget, Auguste Isaac, sans oublier Edouard Herriot

4 Évolutions

Y a-t-il à grands traits des évolutions notables dans la correspondance de l'académie ? Un examen plus serré de tous les fonds serait nécessaire pour analyser et interpréter les différences de types de lettres, d'expéditeurs, de contenus. On peut toutefois, dans un premier temps, dégager quelques tendances assez nettes.

Sous l'Ancien Régime, les lettres portaient surtout sur les sciences. Elles provenaient essentiellement d'individus, non d'institutions, même pour ce qui concerne les relations entre académies ou entre observatoires.

Au XIXe siècle, on note une hausse de missives concernant les prix et concours, la trésorerie, les relations avec les ministères, les préfets et les maires, puis avec les sociétés savantes (c'est patent à partir des décennies 1820 et surtout 1830), il y a aussi de nombreuses mentions d'inventions[5], mais cela stagne en fin de siècle. À la fin du XIXe siècle et au début du XXe, les échanges concernant les prix et fondations sont importants, ainsi que la question des médailles. Mais à toutes époques dominent les lettres banales relatives aux candidatures, élections, absences, accompagnements d'envois, etc.

5. Voir à ce sujet le mémoire d'A. Tchamitchian (2019) sur les médailles du prince Lebrun.

5 Quelques lettres remarquables avant la Révolution

Nous allons maintenant donner quelques exemples de lettres particulièrement intéressantes. Certaines d'entre elles ont déjà fait l'objet d'articles publiés.

5.1 Le père Grégoire (à partir de 1736)

Henri Marchand, dit le P. Grégoire (1674-1750), était religieux de Picpus, à la Guillotière, village situé face à Lyon sur la rive gauche du Rhône et relié à la ville par le seul pont alors existant. À sa constitution en « Société des conférences », c'est-à-dire en académie des sciences, le 12 avril 1736, l'Académie des beaux-arts n'avait que 12 membres « ordinaires » (ce nombre est monté à 30 au bout de peu de temps), et aucun « associé » (non résident). Le père Grégoire, qui venait de quitter Lyon, fut nommé « honnoraire » le 27 juin et dispensé d'assiduité, il fut alors considéré comme membre à part entière le 5 septembre, quoique résidant à Arbois. Peu après, d'autres associés furent nommés et cette catégorie devint officielle dans les règlements. La dispense d'assiduité entraînait pour Henri Marchand un devoir et un plaisir de correspondre régulièrement avec la société, ce qu'il fit. Ainsi donc, ses lettres peuvent-elles être souvent considérées comme des petits mémoires, que les autres académiciens lisaient en séance. Or, un proche du religieux remit, bien plus tard, à l'académie (note du 23 août 1820, de Nicolas François Cochard, alors trésorier de la compagnie, Ms 181, f. 2–3) l'ensemble des papiers retrouvés du savant, ce qui constitue aujourd'hui le Ms 181. On dispose donc de la correspondance et des manuscrits scientifiques de ce personnage important dans le monde des mathématiques et de l'astronomie du cartésianisme finissant, notamment d'une pièce ayant obtenu l'accessit au prix de 1734 de l'Académie des sciences de Paris sur l'inclinaison de l'orbite des planètes. Ce sujet a été étudié par Hugues Chabot et Fabrice Ferlin qui ont identifié ces manuscrits (Chabot & Ferlin 2017).

5.2 Le père Castel (1741)

Sentant de profondes analogies entre l'optique et l'acoustique, le P. Castel, jésuite parisien célèbre des Lumières, et l'un des rédacteurs les plus importants des *Mémoires de Trévoux*, a passé une grande partie de sa vie à construire un « clavecin oculaire ». Il pensait qu'une succession de couleurs pouvait procurer des sensations analogues à un morceau de musique joué au clavecin. Pour cela, il lui fallait disposer de nuances de couleurs nombreuses et précises, il devait donc construire un « ruban » en ce sens avec des dégradés presque imperceptibles ; il s'était adressé à des spécialistes parisiens des couleurs, mais s'était vite rendu compte qu'il devait prendre contact avec Lyon, s'il voulait obtenir toutes les nuances nécessaires (144 entre le noir et le blanc). En effet, la teinture de la soie offrait des ressources qu'on ne trouvait pas ailleurs que dans cette ville. C'est pourquoi il s'est adressé au secrétaire de l'Académie des beaux-arts, Jean-Pierre Christin, qui a conservé ses deux lettres des 17 janvier et 14 mars 1741, ainsi que l'extrait de la réponse intermédiaire de Christin du 4 février (Ms 268-I, f. 136 et 141). Cet échange, très intéressant, a été publié (Reynaud & Terao

2012) ; il donne aussi quelques renseignements sur les liens de l'académie avec les *Mémoires de Trévoux.*

5.3 Jacquier et Le Seur (1741)

Les pères minimes François Jacquier et Thomas Le Seur, intermédiaires culturels entre les Français (voire les Européens) et Rome au milieu du XVIIIe siècle ont été nommés associés de l'Académie des beaux-arts le 4 mai 1741. L'Académie dispose de la lettre de remerciement du 3 juin (Ms 268-I, f. 172–173), signée Jacquier, et d'une autre lettre, bien plus longue, signée Le Seur, du 25 août (f. 155–156). Il en existe deux autres liées à ces personnages dans les fonds de l'académie. Ces documents ont été publiés dans l'ouvrage sur Jacquier (Montègre & Crépel 2017, p. 402–412). Nous insisterons ici sur la lettre du 25 août. En effet, les deux pères minimes commencèrent visiblement un échange de « nouvelles littéraires », c'est-à-dire aussi scientifiques, (qui aurait dû être régulier) avec l'abbé Cayer entre Rome et Lyon. Cette missive de quatre pages serrées rend compte des deux thèses soutenues par le P. Boscovich les 28 février et 1er août, avec les discussions de soutenance, ainsi que de mesures en cours liées à la forme de la Terre et aux réformes envisagées pour les poids et mesures : les tableaux de mesures y sont inclus. Nous disposons donc ici de renseignements originaux extrêmement précis sur la science en train de se faire.

5.4 L'abbé de Gua et l'*Encyclopédie* (1747)

Le 27 juillet 1746, l'abbé de Gua de Malves était nommé membre associé de l'Académie des beaux-arts de Lyon, sur la recommandation de François Quesnay, lui-même déjà associé. Le 8 mars 1747, il adressait une lettre de remerciement (Ms 268-I, f. 250) à laquelle il joignait la copie d'un « Memoire circulaire des differentes choses que l'editeur de l'*Encyclopedie* demande a ceux qui voudront bien l'aider dans cet ouvrage » (Ms 144, f. 103–115), ce que note le registre à la date du 15 mars. Cet ensemble, publié en 2000, est tout à fait remarquable. En effet, l'abbé de Gua était chargé d'adapter une traduction de la *Cyclopaedia* de Chambers (qui deviendra l'*Encyclopédie* Diderot-D'Alembert), suite à un contrat avec les libraires parisiens le 27 juin 1746, rompu le 3 août 1747. Il avait comme principal collaborateur Tarin (auteur des articles d'anatomie) et, parmi ses autres aides figuraient Diderot, D'Alembert, J.-J. Rousseau, etc. C'est donc cette circulaire dont disposaient au départ ces grands hommes comme feuille de route pour leur participation à l'*Encyclopédie* ; aucun exemplaire n'a été retrouvé dans leurs papiers et on la croyait perdue à tout jamais jusqu'à ce qu'elle soit redécouverte dans les fonds de l'académie lyonnaise par Michel Dürr (Dürr & Favre 2000). Les historiens avaient d'ailleurs mal cherché, puisqu'elle était citée par Delandine en 1812 dans son *Catalogue des manuscrits de la ville de Lyon* (t. 2, n° 850).

6 Quelques lettres remarquables au XIXe siècle

Nous passons à la description de quelques lettres intéressantes du siècle suivant.

6.1 Chateaubriand (1803)

Par une lettre du 18 prairial an 11 (7 juin 1803), Chateaubriand, alors à Lyon, présentait à l'Athénée de Lyon (nom provisoire de l'académie reconstituée par le préfet Verninac le 24 messidor an VIII ou 13 juillet 1800) le *Génie du christianisme*, par l'intermédiaire de Bérenger, insistant sur son lien avec la ville de Lyon, et sans faire explicitement acte de candidature comme membre associé (Ms 275-I, f. 248). La missive manuscrite est assez banale, mais la discussion consignée dans le registre est, au contraire, extrêmement intéressante. En effet, les académiciens lyonnais détestaient la Convention, en particulier en raison du siège de Lyon d'octobre 1793, ils avaient implicitement (l'académie n'étant pas encore rétablie) salué le coup d'État du 18 brumaire, comme retour à l'ordre et aux prérogatives des notables, ils étaient en général attachés à la religion et aux institutions ecclésiastiques. L'ouvrage de Chateaubriand devait donc leur plaire, mais, quand on y regarde de plus près, on constate que ce livre célèbre est aussi un brûlot contre les sciences, traitées plus bas que terre. Il était évident que des savants comme Ampère, fort peu enclins à soutenir la Terreur (son père avait été guillotiné) ne pouvaient adhérer à nombre d'affirmations péremptoires contre les sciences contenues dans le *Génie*, d'où cette longue discussion, qui porte aussi sur d'autres sujets[6]. Finalement, l'auteur fut néanmoins élu associé. La lettre de remerciement pour son élection est datée de Lyon, 20 prairial an 11 (Ms 275-I, f. 279).

6.2 Moreau de Jonnès (1818-1839)

Les 29 lettres de Moreau de Jonnès que nous avons repérées (1818-1839) ont un caractère tout à fait différent. Ce personnage (1778-1870), emblématique de la statistique française au XIXe siècle, s'est pris tôt (au moins dès 1818) d'affection pour l'académie lyonnaise et a envoyé environ deux fois par an de longues lettres dans lesquelles il donne une sorte de journal de ce qu'il estime important dans les activités intellectuelles, économiques et politiques, notamment à l'Académie des sciences ou à celle des sciences morales et politiques après le rétablissement de celle-ci en 1832. On peut aussi suivre ses publications depuis son *Essai sur l'hygiène des Antilles*, envoyé le 10 décembre 1818, jusqu'aux ouvrages célèbres ultérieurs. Il a également été lauréat en juillet 1823 du prix lancé par la compagnie lyonnaise sur la question suivante : « Quels seraient les moyens à employer, soit dans le régime actuel des colonies, soit dans la fondation des colonies nouvelles, pour rendre ces établissements le plus utiles à eux-mêmes et aux métropoles ? » Sa pièce conservée dans les archives de l'Académie (Ms 249) a été interdite de publication par le ministère, elle est en cours d'édition critique par l'Académie aujourd'hui. Les diverses préoccupations de l'auteur concernent la géologie, le climat, l'histoire naturelle, la médecine (notamment les maladies contagieuses), le commerce (évidemment), les différents pays du monde, etc. Sa

6. Le dossier a été publié dans les *Mémoires* de l'Académie en 2020, avec une introduction de Maryannick Lavigne-Louis (2020).

correspondance n'a pas commencé avec sa candidature comme associé et ne se termine pas avec son élection (décembre 1823).

6.3 Champollion et Artaud (1820)

L'une des lettres les plus spectaculaires conservées par l'académie ne figure pas dans les recueils de correspondance, mais dans un volume à part un peu hétéroclite. Il s'agit d'une lettre de Champollion à Artaud du 24 septembre 1820 (Ms 288, f. 34-38). Artaud, directeur du musée, avait demandé à Champollion des éclaircissements à propos des inscriptions relevées sur une pierre égyptienne. Cette demande eut lieu avant les découvertes principales liées à la pierre de Rosette en 1822. On voit donc Champollion en phase de découverte, exprimant ses certitudes, ses hésitations et ses ignorances. La lettre a été publiée et commentée par Marc Gabolde (Gabolde 1990), mais récemment Geneviève Galliano et Karine Madrigal ont identifié d'autres documents liés au sujet, conservées dans la bibliothèque de l'académie (Collectif 2021).

6.4 Bonafous et Lyon-Turin (1826-1847)

L'Académie de Lyon est un bon poste d'observation pour les relations entre la France et l'Italie, et tout particulièrement le royaume de Piémont-Sardaigne. Il y a un personnage important à cet égard au XIXe siècle, c'est Matthieu Bonafous (1793-1852), né à Lyon, mort à Paris, mais ayant longtemps vécu à Turin. Les fonds de l'Académie possèdent au moins 33 lettres de lui, s'étendant de 1826 à 1847. Beaucoup d'entre elles portent sur le mûrier et le ver à soie, ainsi que sur divers aspects d'agronomie, correspondant à ses spécialités ; elles accompagnent aussi de nombreux envois d'ouvrages, dont on a les listes et qui se trouvent dans la bibliothèque. Mais Bonafous cherche également à créer des liens réguliers entre Lyon et Turin, en rendant compte des découvertes principales faites au Piémont, en présentant des savants. En outre, cet agronome fournit des sommes importantes à l'Académie pour doter des prix : sur l'éloge de l'abbé Rozier, sur les traductions des *Géorgiques*. Bien qu'étant seulement membre associé (depuis 1825), il est plus actif pour la compagnie que la plupart des membres titulaires. Les archives de Bonafous ont été données à la Bibliothèque municipale de Lyon en 1859, et représentent un ensemble beaucoup plus vaste que les lettres conservées par l'Académie, même si on y ajoute les mentions nombreuses dans les registres ; celles-ci apportent néanmoins des informations dont on ne dispose pas par ailleurs.

6.5 François de Curel (1837-1842)

Les fonds de correspondance académique conservent 11 lettres de François de Curel écrites entre 1837 et 1842. Cet aventurier né à Lyon le 4 juin 1778, paroisse de la Platière, et mort, semble-t-il en avril 1866, si l'on en croit la base Léonore (dossier LH/685/59) a bourlingué dans diverses parties du monde, comme militaire ou comme civil, notamment en Algérie et en Amérique du sud. En 1833, il a amené en France les prétendus quatre derniers indiens charrúas (d'Uruguay), qu'il a fait examiner par l'Académie des sciences de Paris (3, 10 et 17 juin 1833). Ses lettres, conservées sous la cote Ms 277, portent sur plusieurs objets. D'une part, il s'agissait de faire avaliser par l'académie de Lyon la publication projetée de ses notes du *Cours d'astronomie populaire d'Arago* (23 novembre 1837 – 29 avril 1838) : Arago s'y étant opposé, l'académie a décliné la proposition, mais le manuscrit subsiste (Ms 86). Ensuite, F. de Curel a lu deux mémoires (29 avril 1838 – 5 avril 1839), l'un sur les « tribus sauvages de l'Amérique du sud », l'autre sur le Pérou et la bataille d'Ayacucho. Les manuscrits originaux se trouvent dans les fonds académiques (Ms 293 f. 187–202 et f. 173–186), une partie du premier a été publiée dans le *Courrier de Lyon.* Alors qu'il était devenu directeur de la compagnie d'éclairage au gaz du midi, il a enfin proposé une chronologie universelle, le tout en briguant (en vain) l'élection comme membre correspondant. Tout cela peut paraître anecdotique et fantaisiste, mais ces renseignements ont été importants pour compléter ce qu'on savait sur l'indianité ou non des Uruguayens (Arce 2018) ; quant au cours d'Arago, il n'a été publié que vingt ans plus tard sous une forme différente.

6.6 Pétition des employés de commerce (1897)

Passons, pour terminer, à une lettre imprimée, pour nous étonnante (Ms 414, non folioté). Il s'agit d'une pétition du « Comité général des employés de commerce de Lyon pour la fermeture des magasins fêtes et dimanches à midi », datée « Lyon, le... 189. » et envoyée au président de « l'Académie des Sciences Belles Lettres. Palais des Arts » (ce seul ajout étant manuscrit). La lettre est signée du secrétaire général et du président du comité. Elle porte, de la main du secrétaire de l'Académie, la mention « Rép. le 31 mars 1897 *sympathique adhésion* ». L'argumentaire est remarquable. Le comité note que « toute personne travaillant ailleurs que dans le commerce de détail » a droit à son dimanche après-midi et il appelle à ce que nous appellerions le boycott des achats lors de cette demi-journée. Il est ajouté que « de nombreux patrons ont adhéré » et que « toutes les maisons sérieuses ferment les dimanches après midi ». Il termine en assurant « que nous n'avons aucune préoccupation politique ou religieuse ».

7 Conclusion

Ce ne sont que des exemples, qu'on aurait pu multiplier. D'autres nous renseignent sur les relations entre les sociétés savantes et les autorités politiques locales ou nationales ; d'autres sur les tarifs postaux, les conditions matérielles d'envois de livres, sur les dialectes locaux, sur les façons acrobatiques de faire circuler les livres, revues et brochures, sans se ruiner ... Ces informations sont en partie accessibles par d'autres voies (registres, mémoires et rapports, archives municipales, départementales ou nationales, correspondances privées, etc.), mais pas toujours, et, en tout cas, les lettres reçues par l'académie les complètent de façon parfois totalement originale. Quelques-unes de ces lettres, analysées et mises en contexte, ont déjà fait l'objet de mémoires universitaires ou d'articles publiés dans des revues historiques. L'inventaire que nous en sommes en train d'achever va nous permettre de rédiger quelques études supplémentaires et nous espérons susciter des vocations par sa mise en ligne.

Bibliographie

Arce, D. (2018). *L'Uruguay, une nation d'extrême-occident au miroir de son histoire indienne.* L'Harmattan.

Chabot, H. & Ferlin, F. (2017). Un physicien tourbillonnaire à Lyon : Henri Marchand et la cause de l'inclinaison de l'orbite des planètes. In P. Crépel & C. Schmit (éd.) *Autour de Descartes et Newton. Le paysage scientifique lyonnais dans le premier* XVIIIe *siècle*, Paris : Hermann, 225–246.

Collectif (éd.) (2021). *Au service de la ville. L'Académie des sciences, belles-lettres et arts. Lyon, 1700-2020.* Lyon : Archives municipales et ASBLA. p. 292–295.

David, L. (2000). *L'Académie des sciences, belles-lettres et arts de Lyon.* Lyon : ELAH.

Dürr, M. & Favre, R. (2000). Un texte inédit de l'abbé de Gua de Malves concernant la naissance de l'Encyclopédie. *Mém. ASBLA Lyon*, 3e série(55), 50–68.

Gabolde, M. (1990). Une lettre inédite de Jean-François Champollion à la bibliothèque de l'Académie de Lyon. *Bulletin du Cercle lyonnais d'égyptologie Victor Loret*, 4, 6–36.

Lafont, J.-M., Barale, G. & Yon-Calvet, M. (éd.) (2019). *Le « major général » Claude Martin (1735-1800).* Lyon : ASBLA.

Lavigne-Louis, M. (2020). Chateaubriand et l'Académie de Lyon. *Mém. ASBLA Lyon*, 4e série(20), 207–210.

Montègre, G. & Crépel, P. (2017). *François Jacquier. Un savant des Lumières entre le cloître et le monde.* Nancy : PUN-Éditions universitaires de Lorraine.

Reynaud, D. & Terao, Y. (2012). Deux lettres du Père Castel à l'Académie de Lyon. *Mém. ASBLA Lyon*, 4e série(12), 190–195. Cf. aussi (**?**).

Saint-Pierre, D. (2017). *Dictionnaire historique des académiciens de Lyon (1700-2016).* Lyon : ASBLA.

Tchamitchian, A. (2019). *Une histoire populaire des sciences en question : la fondation Lebrun.* Master 2, Université Lyon 3.

Pierre Crépel
Archiviste de l'Académie des sciences, belles-lettres et arts de Lyon
crepel@math.univ-lyon1.fr

Contribution à la préhistoire de la théorie des géodésiques

Jean Delcourt

Introduction

C'était en avril, peut-être en novembre ; ou entre les deux. Au tournant de l'an 2000, environ. En tout cas un mercredi. Hervé Pajot et Zindine Djadli avaient eu l'idée d'inviter cette année, au « Séminaire Jeune » du département de maths, des historiens des mathématiques. Philippe Nabonnand était venu de Nancy nous parler des géodésiques. La séance commença à 14 heures et se termina bien plus tard, il faisait nuit. « Des questions ? ». Aucune bien sûr, à part celles qu'avaient préparé Hervé et Zindine. Puis Philippe proposa aux auditeurs des tirés à part de son article, j'en pris un que je possède encore.

Ce fut une sorte de révélation : de l'histoire des maths avec des maths... Quelques années plus tard, Philippe Nabonnand fut rapporteur de mon jury de thèse, et ne me posa que des questions que je compris. Il me proposa ensuite de m'associer aux Archives Henri Poincaré. De tout cela, et d'autres choses, je lui suis infiniment redevable.

Le titre de l'article en question, « Contribution à l'histoire de la théorie des géodésiques au XIXe siècle » me laisse une petite fenêtre : je vais tenter de compléter l'article de Philippe en m'intéressant à l'histoire des géodésiques au siècle précédent. Cela me permettra de retrouver certains de mes auteurs favoris : Bernoulli, Clairaut, Euler... Cet article s'appuie sur les travaux antérieurs de Stäckel (1893) et Carathéodory (1937).

1 Bernoulli et Leibniz : Vir Amplissime atque Celeberrime Fautor Honoratissime

C'est ainsi que le jeune Johann Bernoulli s'adresse à son illustre maître : Homme immense, protecteur unanimement célébré et honoré.

P.-E. Bour, M. Rebuschi & L. Rollet (eds.), *Sciences, Circulations, Révolutions*, 217–235.

1.1 La courbe de plus rapide descente

En juin 1696, le problème de la courbe de plus rapide descente est proposé par Johann Bernoulli à la sagacité de ses pairs.

> Datis in plano verticalis duobus punctis A & B assignare Mobili M viam AMB, per quam gravitate suam descendens, & moveri incipiens a puncto A, brevissimo tempore perveniat ad alterum punctum B. (Bernoulli, Johann 1696)

Leibniz donne rapidement sa réponse, puis, quand plus de publicité fut donnée à la question, Newton, L'Hospital et Jacob Bernoulli (le frère aîné de Johann) le firent à leur tour. Tous proposèrent un arc de cycloïde, mais leurs méthodes étaient assez différentes, pour autant qu'ils les aient données. Il s'en suivit d'autres défis, ainsi qu'une vilaine querelle entre les deux frères. Cette recherche de la courbe qu'on appelle brachystochrone est très documentée, par exemple dans (Goldstine 1980) ; elle est à l'origine d'un grand thème de l'analyse du XVIIIe siècle, le calcul des variations.

1.2 La courbe de plus courte distance

Johann Bernoulli est sans doute le premier qui a posé la question de trouver les lignes de plus courte distance sur une surface générale. En août 1697, il s'exprime de la façon suivante :

> Deux points étant donnés sur une superficie convexe, on demande une manière d'y décrire géométriquement d'un de ces points à l'autre, la ligne la plus courte, supposé que cette surface soit géométrique telles que le sont celle de la sphère, du cône, du cylindre dans lesquels le problème est fort facile [...]. (Bernoulli, Johann 1697)

Bernoulli précise ensuite qu'il veut qu'on traite le cas général, par exemple, dans le cas du Conoïde parabolique, « il [faut] tirer la ligne la plus courte, qui joint deux points situés, non pas dans le même méridien, [ce qui serait encore facile, puisque la ligne recherchée serait la portion du même méridien comprise entre ces deux points ;] mais situés dans des Méridiens différents ».

En 1697, Johann Bernoulli est un jeune savant, il a trente ans et enseigne à l'université de Groningue (au nord des Pays-Bas) tandis que son frère aîné Jacob, âgé quant à lui de quarante-deux ans, enseigne à l'université de Bâle. Tous deux sont disciples de Leibniz, qui est âgé d'une cinquantaine d'années et réside à Hanovre, dans le nord de l'Allemagne. Tous sont spécialistes du calcul infinitésimal naissant. Quelques temps après son défi, Johann relance Leibniz :

> Puisqu'il semble que tu n'aies pas encore vu tous les problèmes que j'ai posés dans la revue française [Le *Journal des Savants*] : attaque-toi en premier, avec ta forte détermination à la recherche de la ligne la plus courte menée sur une surface convexe entre deux

> points. L'Hospital en a désespéré. Quant à moi, je l'ai réduit à une équation différentielle dont les variables peuvent se séparer[1]. (4 décembre 1697, lettre 7 N 164)

La réponse de Leibniz est assez rapide :

> J'ai considéré ce problème de la courbe minimale conduite sur une surface d'un point à un autre, mais je n'en suis pas satisfait ; en fait, tu m'avais proposé de résoudre le problème de la brachistochrone, et ces problèmes sont assez proches. Mais je ne suis pas parvenu à utiliser ma méthode[2]. (17 décembre 1697, 7N 168)

Le problème ne sera évoqué à nouveau qu'en août de l'année suivante. Entretemps, Leibniz et Bernoulli ont échangé de nombreuses lettres sur des sujets variés.

> J'ai presque oublié de te dire, tu le sais peut-être déjà, que ton frère a donné aux *Actes* quelques exemples du premier problème que tu as soumis au *Journal des Savants* (et auparavant au Marquis de l'Hospital), à savoir la recherche de la ligne la plus courte entre deux points d'une même surface. Mais il n'a pas dit qu'il pouvait généraliser. Je me souviens qu'il y a longtemps que je dois t'envoyer une méthode générale. Je pose qu'une surface est constituée de portions de surfaces infiniment petites et qui sont des éléments de plans ou de sphères. Maintenant, dans le plan les courbes les plus courtes sont les droites, dans la sphère ce sont les grands cercles. Ensuite, parce que ma méthode générale est directe, en considérant des figures maximum ou minimum, si une ligne présente un minimum, les petites parties de cette ligne sont aussi minimales[3]. [...] (29 juillet 1698, lettre 7 N 215)

1. Quandoquidem nondum videris illa problemata, mitto ecce foliolum ex Diario Gallico : Tua forte applicatione dignum censebis primum, ubi quaero modum ducendae in superficie convexa lineae brevissimae a puncto ad punctum. Hospitalus de eo desperavit. Ego vero illud reduxi ad aequationem differentialem quae si separentur indeterminatae.

2. Problema minimae in superficie curva a puncto dato ad datum ducendae olim consideraveram, sed mihi non satisfeceram, cum vero proponeres mihi brachystrochronam, meditationem absolvi, sunt enim haec problemata sic satis cognata. Sed ad praxin methodi non accessi.

3. Pene oblitus eram dicere, quod tamen fortasse jam Tibi notum est, Dominum Fratrem Tuum specimina quaedam dedisse in Actis, primi Problematis a Te in diario Gallico propositi, et a Domino Marchione Hospitalio praeteriti, pro linea minima inter duo puncta ejusdem superficiei. Sed non dicit an possit generaliter. Memini me Tibi dudum scribere quod mihi occurrerit Methodus generalis. Pono superficiem constare ex portionibus superficierum, in quibus minimae jam duci possunt, quales sunt planae aut sphaericae, tanquam elementis. Nam in plana minimae sunt rectae, in sphaera minimae sunt arcus magni. Jam quia ex Methodo mea generali directa, formarum Maximum minimumve praestantium, etiam linearum minimum praestantium portiones utcunque parvae minimum praestant ; Itaque ex

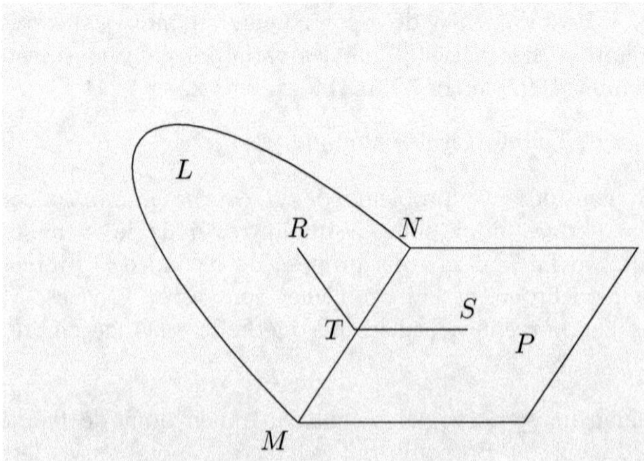

FIGURE 1 : Ligne de plus courte distance entre deux points

Sans reprendre le mot à mot, expliquons le plan de Leibniz : ayant montré qu'une « petite » partie de géodésique est encore une ligne de plus courte distance, il prend deux points très proches R et S situés chacun sur un morceau de sphère ou de plan et dit qu'il faut trouver le point T situé sur l'intersection MN de ces éléments de surface, de sorte que la somme des distances $RT + ST$ soit minimale. Et RT comme RS seront des arcs de grand cercle ou des segments, suivant la nature des éléments de surface[4].

Leibniz avait déjà fait état de ses réflexions sur le problème posé par Johann Bernoulli : le 8 octobre 1697, donc assez vite après l'article du *Journal des Savants*, il écrit au Marquis de L'Hospital pour lui donner ses idées. Il examine notamment la situation de deux éléments sphériques successifs de la surface

puncto unius portionis seu hedrae (quod eligi potest maxime determinatum) ad punctum alterius proximae portionis, quaerenda est via minima composita ex minimis viis in utraque hedra ad punctum in communi hedrarum, sectione ita sumtum, ut summa sit possibilium minima. Sint hedrae (nempe portiones planorum vel sphaericarum superficierum datam superficiem tangentium vel si in sphaeris malis, osculantium) LMN et PMN : haec plana aut hae superficies sphaericae, vel hedrae, habeant communem in superficie data sectionem MN. Et sint duo puncta datae superficiei sibi indenite vicina, R et S, quae in hedris istis duabus determinatam maxime (ob facilitatem calculi) positionem habere intelligantur : quaerendum est sectionis Hedrarum communis MN, punctum tale T, ut minimarum ab R et S ad T, nempe ipsarum RT et ST (quae in hedris planis sunt rectae, in sphaericis arcus magni) summa $RT + ST$ sit omnium possibilium minima ; et determinatio puncti T dabit naturam lineae in superficie data ducendae, inter puncta sua minimae, generalem. Et harum linearum eae deinde eligendae innitae, quae transeunt per punctum datum, et ex his demum una (regulariter) quae a puncto dato tendit ad alterum punctum datum. Quod si Tibi alia occurrerit via,tanto erit gratior. Sin hanc ipsam excolueris, etiam sic jucundum erit, intelligere Tuo studio eruta, materia enim pulchra est et Te digna : Vale.

4. Contrairement à ce qu'écrit Stäckel (1893), Leibniz ne fait pas intervenir les plans tangents.

passant par des points consécutifs d'une ligne de plus courte distance et montre, par un raisonnement par l'absurde, que trois points consécutifs et les deux centres des sphères sont coplanaires (Lettre N 149).

Venons-en maintenant à la réponse de Johann Bernoulli, qui est écrite environ un mois plus tard.

> Je n'ai pas encore vu ce que mon frère aurait donné aux Actes sur la ligne la plus courte entre deux points d'une surface : je doute qu'on puisse en tirer un résultat général. Ta méthode ou toute méthode de même type est légitime, et c'est cette démarche qui s'est présentée à moi la première fois que je me suis attaqué à ce problème, et j'ai ensuite vu facilement que la ligne la plus courte de R vers S, sur deux faces qui se coupent, fait deux angles au sommet RTM et STN égaux. Mais jusque là, cela n'aide pas à la construction de la ligne cherchée sur toute la surface. J'ai trouvé une autre méthode, qui est plus générale, et basée sur le fait que le plan passant par trois points proches, sur la ligne recherchée, est perpendiculaire au plan tangent à la surface en un de ces points. J'ai trouvé une équation générale, pour toutes les surfaces, qui permet une construction facile pour les conoïdes et surfaces de révolution. Salut[5]. (16–26 août 1698, N 219)

On a donc enfin un énoncé précis et général : Bernoulli affirme que toute courbe de plus courte distance est telle que le plan passant par trois points « consécutifs » (qu'on appellera plan osculateur) est constamment perpendiculaire à la surface. Leibniz répond rapidement (22 août-1er septembre, N 221), en reprenant le cas particulier de la sphère et en reconnaissant l'élégance et l'utilité de ce théorème.[6]

5. Gratum esset videre Gregorii Catenariam et Tschirnhausii schediasma, si ea mihi mittere velles remitterem ocyus, Acta enim non nisi tarde ad modum perveniunt. Nondum vidi quid frater dederit in Actis pro linea brevissima inter duo puncta ejusdem superficiei : generaliter id posse dubito. Methodus Tua vel potius basis alicujus methodi legitima est, eaque etiam primo se mihi obtulit cum hoc problema mihi incideret, et quidem porro facile videbam lineam brevissimam in duabus haedris se secantibus ab R ad S tendentem eam esse quae faciat cum communi haedrarum sectione NM, duos angulos ad verticem ut ita dicam oppositos RTM, STN aequales. Sed hoc hactenus nihil juvat pro constructione totius lineae quaesitae in superficie curva. Alium praeterea inveni solvendi modum qui generalissimus est quique in eo fundatur, quod planum transiens per tria quaelibet puncta proxima lineae quaesitae debeat esse rectum ad planum tangens superficiem curvam in aliquo istorum punctorum. Hinc generalem erui aequationem pro omnibus superficiebus, quae in nonnullis ut in conoidibus et sphaeroidibus rectis cujusvis gradus facile construitur. Vale et fave

6. Uti dato ambitu, Ellipticula ; ita alio dato alia curvula est opus, et licet de curvula non cogitetur, sufficit duobus punctis datis tertium manere indefinitum, (utique in curva) ex lege maximi determinandum : Unde jam proprietas lineae quaesitae. Idque revera et pro ducenda minima in data superficie contingit, ut adeo semper eadem sit methodus directa generalissima et ad aequationem (saltem differentialem) deveniatur. Nec pro minima superficiei abludit speciale quod adhibes theorema elegans et utile, nam circulus maximus in sphaera superficiem

1.3 Intermède

Après ces premiers épisodes, il est bon de faire quelques commentaires. Un point de détail : pourquoi Bernoulli demande-t-il de résoudre le problème des lignes de plus courte distance seulement sur les surfaces convexes ? Le problème se pose également pour une surface quelconque, et les solutions envisagées ne font pas intervenir cette convexité supposée. On peut faire l'hypothèse suivante : pour les géomètres de l'époque, une surface n'est pas un objet isolé de l'espace, c'est la superficie d'un objet ayant un volume. On conçoit ainsi que le plus court chemin entre deux points d'une sphère, par exemple, n'est pas obtenu en prenant une ligne droite, qui obligerait à percer la boule... Par contre deux points d'une surface non convexe peuvent être reliés parfois par un segment situé dans l'espace. Cette interprétation se justifie *a posteriori* en lisant le début du texte d'Euler (Euler 1732), où le jeune mathématicien répond au problème posé par son maître Johann Bernoulli : Euler donne une vision mécanique du problème en imaginant qu'un fil posé sur la surface décrive le chemin le plus court et remarque que si la surface n'est pas convexe, le chemin le plus court sera une corde[7].

Une autre question que l'on peut se poser : les cas de la sphère, du cylindre et du cône sont déclarés « faciles » par Johann Bernoulli. Il ajoute que pour les surfaces de révolution, les méridiens sont des lignes de plus courte distance. Mais aucune preuve n'est donnée ; et il n'est pas sûr que l'on dispose de démonstration rigoureuse pour le cas de la sphère ou celui des méridiens ; par contre, le critère que vient d'énoncer Bernoulli s'applique dans ces deux cas. Pour ce qui est du cône et du cylindre, on peut bien sûr raisonner en « développant » ces surfaces pour en faire un plan, les lignes les plus courtes correspondent alors aux segments : voir le paragraphe suivant.

Enfin terminons en remarquant que Johann Bernoulli n'a encore donné ni sa démonstration, ni l'équation différentielle qu'il dit avoir obtenue. Cependant, Carathéodory affirme que son énoncé se déduit simplement de l'analyse faite de la figure de Leibniz[8]. Il est temps de s'intéresser à Jacob Bernoulli, le frère.

1.4 Le frère

En mai 1698, Jacob Bernoulli a donc fait paraître dans *Acta eruditorum* ses solutions aux problèmes posés par son frère (Bernoulli, Jacob 1698). En ce qui concerne la ligne de plus courte distance, il commence par une discussion sur

---

datam tangente, transiens per tria puncta proxima lineae minimae quaesitae, est planum rectum ad planum superficiem datam illic tangens.

7. Necesse est autem, ut hoc filum ubique superficiem tangat, quamadmodum si superficies convexa sit, in superficiebus quidem concavis non arcum curvae sed chordam repraesentabit.

8. In the above figure the straight lines RT and TS belongs, as Bernoulli is showing, to the same cone of revolution, whose axe is MN. If we protract RT, the lines RT and TS are infinitely near to one another and the osculating plane RTS of the geodesic is consequently tangent to the cone. It follows hereform that the plane RTS must be normal to the meridian plane of the cone RTN and this latter plane is tangent to the surface considered. This is precisely the resultat stated by Bernoulli. (Carathéodory 1937, p. 235)

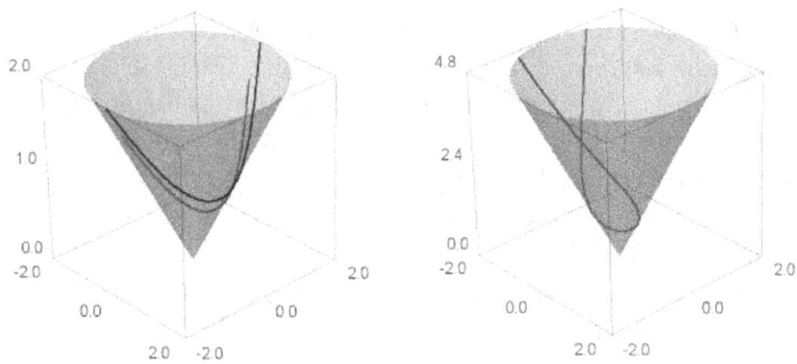

FIGURE 2 : Géodésiques d'un cône

le sens à donner à l'expression « décrire géométriquement » ; elle signifie pour lui que les courbes solutions doivent être algébriques (et non transcendantes). Mais cela n'est pas le cas même pour un simple cône... Jacob condescend quand même à donner sa solution dans le cas des surfaces de révolution, sous forme intégrale et avec des explications succinctes. Il détaille ensuite le cas du cône droit, donnant la construction géométrique des courbes de plus courte distance à l'aide d'une hyperbole auxiliaire. Suit une étude qualitative de ces courbes, précisant dans quelle circonstance elles font un tour ou plus autour du cône (voir la figure 2).

Une certaine déception donc ; on dispose d'une équation mais sans connaître la démarche complète de l'auteur. Son frère Johann répond, toujours dans les *Acta*, en octobre 1698 (Bernoulli, Johann 1698). « En premier lieu mon frère se plaint de l'ambiguïté du mot géométrique »[9]. Et Johann invoque Leibniz, qui leur a appris à tous deux les lois de la géométrie qui conduisent à des résultats soit algébriques, soit transcendants. Quant au problème lui-même, il assure que son frère n'a pas résolu le cas général. Il accepte cependant le résultat de Jacob pour les conoïdes (surfaces de révolution), et s'en réjouit. Quant au cas particulier du cône, Johann Bernoulli trouve que son frère est trop prolixe, il règle lui-même la question en menant une droite sur le plan obtenu en dépliant le cône, procédé dont il rappelle qu'il est déjà chez Barrow. Nous ne citons pas tous les commentaires déplaisants ; c'est une époque difficile pour les relations entre les deux Bernoulli.

Avec ce dernier texte de 1698, l'histoire s'interrompt : plus d'allusion dans la correspondance avec Leibniz. Il va falloir une trentaine d'années pour en savoir davantage.

9. Quod primum concernit, conqueritur statim Frater de ambiguitate in voce geometrico.

2 Leonhard Euler

En 1728, la situation a bien changé. Johann Bernoulli est un homme mûr, d'une soixantaine d'années. Après le décès de Leibniz (1716), il est le représentant européen[10] le plus influent de la mathématique infinitésimale. Ses relations avec son frère Jacob sont apaisées ; celui-ci est en effet décédé en 1705, laissant à son frère la chaire de mathématiques de l'université de Bâle.

Trois jeunes mathématiciens vont relancer la question des courbes de plus courte distance : d'abord l'élève le plus célèbre de Johann, Leonhard Euler (1707-1783) qui n'a alors que vingt-et-un ans ; né à Bâle, il a tout appris de Johann, qui lui a conseillé de travailler sur la question. Beaucoup moins connu, Samuel Klingenstiern (1698-1765) est un mathématicien suédois, qui rendit visite à Johann en 1728 ; celui-ci le chargea de rédiger sa propre démonstration. Enfin, un peu plus tard, le jeune prodige Alexis-Claude Clairaut (1713-1765) se verra lui aussi incité à travailler sur le même thème.

2.1 De linea brevissima...

Euler est à l'académie de Saint-Petersbourg lorsqu'il présente ce mémoire (Euler 1732). Daté de novembre 1728, il est publié en 1732. Euler est alors assistant de Daniel Bernoulli[11], professeur en titre, mais c'est bien Johann qui lui a donné ce sujet[12], peut-être par l'intermédiaire de Daniel, comme l'affirme Rüdiger Thiele (2007).

La lecture du mémoire d'Euler est assez aisée. Le mémoire est divisé en trente-six paragraphes et compte seize pages. Les figures sont relativement claires, les variables sont bien définies et les calculs peuvent être suivis, si toutefois on corrige les fréquentes erreurs de transcription dans les calculs intermédiaires. Euler utilise la méthode *de maximis et minimis*.

Reportons-nous à la figure 3, Euler considère deux points fixes G et H sur la surface, une courbe IK située également sur la surface : on cherche alors un point M sur cette courbe tel que $GM + MH$ soit minimum. Pour cela, si m est sur la courbe IK, voisin de M, on écrit que $GM + MH = Gm + mH$. Tout cela est mis en équation, la première coordonnée t est mesurée sur l'axe BCD, puis $x = CP$ et $y = PM$. Le point G a pour coordonnées $(t - a, b, c)$, le point H a pour coordonnées $(t + a, e, f)$. Sans le préciser, Euler convient que les points de la courbe (IK) ont tous en commun la coordonnée t, de sorte que les coordonnées de m sont $(t, x + dx, y + dy)$. Après une première mise en équation, on observe que GH doit être la courbe de plus courte distance pour tous les points donc même si G et H sont proches. Euler pose $a = dt$ d'où $b = x - dx + ddx$, etc. On convient également que la surface est définie par une relation entre les trois coordonnées (t, x, y), et si t est constant, cela

10. En écartant les mathématiciens britanniques, qui font bande à part.

11. 1700-1782, c'est un des fils de Johann.

12. Proposuit mihi hanc quaestionem Cel. Ioh. Bernoulli, significans se universalem invenisse aequationem, quae ad lineam brevissimam determinandam cuique superficiei accomodari possit.

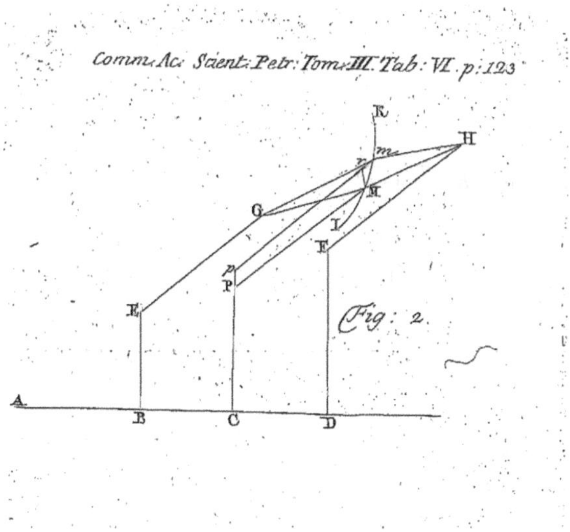

FIGURE 3 : Euler

implique une relation entre dx et dy de la forme $Pdx + Qdy = 0$. Ouf... En différentiant $GM + MH$ on obtient alors :

$$\frac{Q(dx - ddx) + P(dy - ddy)}{\sqrt{dt^2 + (dx - ddx)^2 + (dy - ddy)^2}} = \frac{Qdx + Pdy}{\sqrt{dt^2 + (dx)^2 + (dy)^2}}$$

Ce qui signifie, bien sûr, que la différentielle du second membre est nulle, d'où la formule (définitive)

$$\frac{Qddx + Pddy}{Qdx + Pdy} = \frac{dxddx + dyddy}{dt^2 + dx^2 + dy^2}$$

avec la condition (liée à l'équation de la surface)

$$Pdx = Qdy + Rdt$$

Tout est parfaitement « logique » avec les méthodes de l'époque, l'utilisation des différentielles secondes restant malgré tout un peu obscure.

Le plus surprenant est que Euler va alors dérouler trois exemples (celui du cylindre général, du cône général et d'une surface de révolution), et que les résultats obtenus sont exacts ! Par exemple, pour un cylindre dont les génératrices sont parallèles à l'axe, les courbes (IK) ne dépendent pas de t, l'équation différentielle de la surface est $Pdx = Qdy$ ($P = x$ et $Q = -y$ dans le cas où la base est circulaire) et l'équation des géodésiques se ramène à $dx^2 + dy^2 = \frac{m^2}{1-m^2}dt^2$ où m est une constante arbitraire. On retrouve bien l'équation des hélices. Euler traite aussi le cas du cône dont le sommet est l'origine. Il donne alors la longueur de l'arc d'une courbe de plus courte distance, puis, après avoir remarqué que l'on peut traiter ces exemples en déroulant ces surfaces sur un plan, il traite le cas d'une surface de révolution, et obtient

$$xdy - ydx = a\sqrt{dt^2 + dx^2 + dy^2}$$

car l'équation initiale (du second ordre) s'intègre. Toujours dans ce cas, Euler calcule la longueur de l'arc d'une solution v et obtient la relation

$$dv = z\sqrt{\frac{dt^2 + dz^2}{z^2 - a^2}}$$

où $z^2 = x^2 + y^2$. À part une différence sur la définition de t, c'est l'équation donnée par Jacob Bernoulli en 1698.

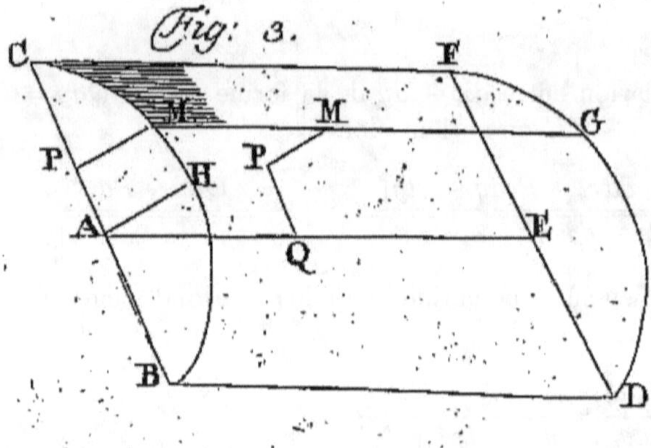

FIGURE 4 : Euler, le cylindre

Un mémoire riche, suffisamment détaillé pour ne laisser guère d'obscurité. Euler néanmoins n'évoque pas la caractérisation des courbes de plus courte distance par leur plan osculateur. Cependant Euler n'est qu'au tout début de sa carrière : il va revenir sur ce thème de nombreuses fois. D'abord à l'occasion du second volume de son traité de mécanique, paru en 1736 (Euler 1736). Il reprend alors l'idée exprimée déjà au début du mémoire que nous avons étudié, qu'une courbe de plus courte distance est la trajectoire d'un objet qui se déplace sur la surface sans être soumis à aucune force externe (ni à des forces de frottement). Premier résultat : la trajectoire est une courbe telle que deux éléments consécutifs sont sur un plan perpendiculaire à la surface, c'est donc la caractérisation de Johann Bernoulli. Mais Euler fait ensuite le calcul, et retrouve, heureusement, le résultat de son mémoire précédent[13] :

> Unde habetur
>
> $$\frac{ddy + Qddz}{dy + Qdz} = \frac{ddy\,dy + ddz\,dz}{dx^2 + dy^2 + dz^2}$$
>
> Quae est illa ipsa aequatio, quam pro linea brevissima in quacunque superficie dedi in Comm. Acad. Petr. Tom. III. (Euler 1736, p. 30)

Quelque temps plus tard, c'est le célèbre mémoire *Methodus inveniendi* (1744) dans lequel Euler généralise fortement, et jette les bases de ce qu'on appelle maintenant le calcul des variations : il s'agit maintenant de chercher les courbes d'une surface qui minimisent une intégrale dépendant du point et des différentielles correspondantes. Une analyse précise se trouve par exemple dans (Goldstine 1980).

3 Clairaut

3.1 Bernoulli et le jeune prodige

Alexis-Claude Clairaut (1713-1765) a connu très jeune une notoriété certaine dans le monde savant[14]. Fils d'un professeur de mathématiques, il publie en 1731 un copieux traité *Recherches sur les courbes à double courbure*, qu'il avait commencé à rédiger à l'âge de 15 ans. Cet ouvrage a été approuvé par l'Académie, et lui vaut d'être admis dans cette honorable assemblée par dérogation royale. L'ouvrage fut envoyé à Johann Bernoulli et, le premier septembre 1731, ce dernier écrit à Cramer :

> Quand au reste M. Clairaut ferait bien de pousser plus loin les recherches sur les courbes à double courbure, car il n'a fait encore qu'effleurer cette matière, quoique ce soit beaucoup pour son bas âge, le plus difficile serait de déterminer des courbes sur une surface courbe donnée, qui fissent la fonction de quelque maximum ou minimum, p. ex. la courbe à double courbure de la plus vite descente, ou simplement celle qui soit la plus courte entre deux points sur une surface courbe donnée, ce que j'ai proposé il y a déjà [de] longues années, et dont j'ai donné des solutions générales à M[essieu]rs de Maupertuis et Klingenstiern, quoique M. Clairaut dise dans la préface être le premier qui ait médité et traité cette matière.

13. À quelques changements de notation près.
14. Cette section doit beaucoup au site http://www.clairaut.com/ d'Olivier Courcelle.

Le 5 décembre, s'adressant toujours à Clairaut par l'intermédiaire de Cramer, Johann relance ce problème et lui propose également le problème des épicycloïdes sphériques rectifiables algébriquement. Par l'intermédiaire de Maupertuis, Clairaut va envoyer à Bernoulli ses recherches sur un problème analogue : *Manière de trouver des courbes algébriques et rectifiables sur la surface d'un cône* (Clairaut 1732). Le 30 mai 1732, encore une relance dans une lettre à Cramer :

> Ce ne serait pas merveille si M. Clairaut réussissait dans la solution du problème de la ligne la plus courte sur une surface courbe donnée, puisqu'il a fait son étude favorite de la matière des courbes à double courbure.

Le 12 août 1732 enfin, un courrier direct. Clairaut s'adresse à Bernoulli pour lui demander de le recevoir à Bâle, il veut lui aussi profiter des leçons du maître. Lequel a un peu de réticences :

> Monsieur
>
> Tout autre que moi serait glorieux de se voir recherché par une personne de votre mérite et de votre savoir : vous avez, dites vous, le dessein de faire le voyage de Bâle, pour profiter de mes instructions, mais sachez, Monsieur, que l'exécution de ce dessein pourrait tourner à votre regret et à ma honte, quand vous trouveriez que le peu de lumière que je possède en fait de mathématiques ne répondrait pas à votre attente. [...] Nous autres vieillards qui commençons à sentir l'engourdissement et la pesanteur d'esprit, sommes obligés de baisser pavillon devant les jeunes héros et de les reconnaître pour nos maîtres, qui ont poussé ces études bien au delà du terme où nous les avions laissées.[...]
>
> J'ai l'honneur d'être avec une parfaite estime Monsieur votre très humble, etc. J. Bernoulli
>
> Bâle ce 19 aoust 1732 (UB Basel, L I a 673, 192).

Le voyage est *a priori* différé à l'année suivante[15], mais Clairaut envoie à Bernoulli, le premier octobre 1732 une première version de son mémoire *Sur quelques questions de maximis et minimis* (1733b). Il s'ensuit de nouveaux échanges épistolaires, Johann Bernoulli préconise des corrections (2 novembre 1732), insistant sur le fait qu'il aimerait une autre méthode.

> Pour ce qui est au reste de cas particulier de ce problème, où il s'agit de tirer la plus petite ligne sur une surface courbe donnée, j'ai encore une autre méthode indépendante de la nature du minimum, mais qui est fondée sur ce que la courbe cherchée doit avoir cette propriété, qu'un plan qui passe par 3 points infiniment proches

15. Il aura lieu fin 1734.

doit être toujours perpendiculaire au plan qui touche la surface courbe dans un de ces 3 points. Mr. de Maupertuis pourrait Vous communiquer cette méthode. Il est vrai qu'elle est un peu plus difficile, mais elle est utile en d'autres cas où la générale ne peut pas être appliquée, comme par ex. si on demandait une courbe à double courbure sur une surface courbe donnée, donc le plan passant par 3 points infiniment proches quelconque ait une inclinaison donnée avec le plan qui touche la surface dans un de ces points, soit que cette inclinaison soit constante par ex. de 60 degrés, ou qu'elle soit variable suivant une loi donnée. (Lettre du 2 novembre 1732)

3.2 Sur quelques questions de *maximis* et *minimis*

Le 25 février 1733 (ou peut-être en mars) Clairaut lit son mémoire devant ses confrères de l'Académie des sciences. Le jeune géomètre est ambitieux : il ne s'agit pas seulement de résoudre le « Problème où il faut trouver entre deux points sur une surface quelconque le chemin le plus court : question qui a été imaginée et résolue par le célèbre M. Bernoulli. » (1733b, p. 187) : il s'agit de trouver un chemin pour lequel on a la contrainte que $\int X ds$ est donnée, alors qu'on veut rendre $\int X^2 ds$ minimum[16]. Cela modélise entre autre la recherche d'une courbe de plus rapide descente ayant une longueur donnée, (« conditions des isopérimètres »), à la manière de Jacob Bernoulli.

Ce problème très général, Clairaut le met en équation un peu à la manière d'Euler (dont le mémoire vient d'être publié). Il se donne deux points G et K fixes (voir la figure 5), et cherche une courbe passant par H et I et sise sur la surface, ces quatre points étant très proches ; en décidant que H et I peuvent se déplacer en gardant leur abscisse (AQ ou AR) constante, il obtient des conditions différentielles faisant intervenir X et X^2 ainsi que la fonction p qui représentent (on traduit en langage plus moderne) la dérivée partielle de z par rapport à x pour les points de la surface. Les déductions ne sont pas d'une grande clarté, en tout cas par rapport à celles d'Euler. Clairaut applique ensuite sa condition générale au cas des courbes de plus courte distance et obtient la condition simplissime :

$$ddy = -pddz$$

Il faut ici considérer que y et z dépendent de x, que le point de coordonnées est assujetti à rester sur la surface, et que « ds est constant ».

Nous n'en avons pas encore fini avec Clairaut : tout d'abord, il avait répondu à la sollicitation de Bernoulli et donné pour la première fois un argument différent du *maximis et minimis* habituel, dans une lettre datée du 29 novembre 1732, mais postée en janvier 1733 :

16. X représente l'« action de différents corps », et varie suivant les trois coordonnées (x, y, z) de même que X^2 (qui n'est pas le carré de X).

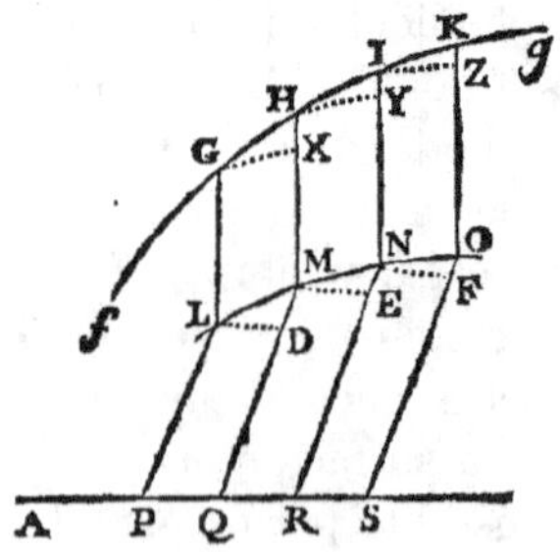

FIGURE 5 : Clairaut

À l'égard de votre autre solution du problème de la ligne la plus courte, j'ose vous assurer que j'en avais trouvé une solution à la Campagne dans laquelle j'avais employé cette considération du plan qui passe par trois points infiniment proches et qui coupe perpendiculairement la surface courbe et je prends la liberté de vous l'envoyer.

Je suis arrivé de deux façons à cette considération, la première, en regardant la ligne la plus courte comme celle qui se détourne le moins et qui est la moins courbée et pour cela je prenais un petit coté sur une surface courbe que je prenais pour un de ceux de la ligne la plus courte et pour trouver celui qui le suivait je remarquais que c'était de toutes les petites droites prises sur la surface courbe qui partent de l'extrémité du 1er coté celle qui fait le plus petit angle avec le prolongement de ce premier coté : Or pour avoir cette petite droite il est clair qu'il faut que le plan qui passe par le prolongement du 1er coté et par le second c'est-à-dire le plan de l'angle de contingence soit perpendiculaire à la surface courbe.

Après avoir fait ce raisonnement je n'en fus pas absolument sur, je craignis d'avoir changé la nature du problème, je pris la chose d'une autre façon, mais qui me mena au même résultat.

Comme le reconnaît Clairaut lui-même, son explication n'est pas totalement satisfaisante (« il est clair que »). Son « autre façon » de prendre la chose est intéressante : Clairaut considère trois points successifs N, n, ν sur la courbe cherchée (voir la figure 6), et dit que la distance est la plus courte si l'angle $n\nu N$ est le plus petit possible; cela se produit, dit-il si le plan $Nn\nu$ est « perpendiculaire à la tranche $an\alpha\nu$, c'est-à-dire à la surface courbe. ». On retrouve une formulation proche des premiers essais de Leibniz. Clairaut parvient alors à mettre cette condition en équation et retrouve, aux notations près, sa formule du mémoire.

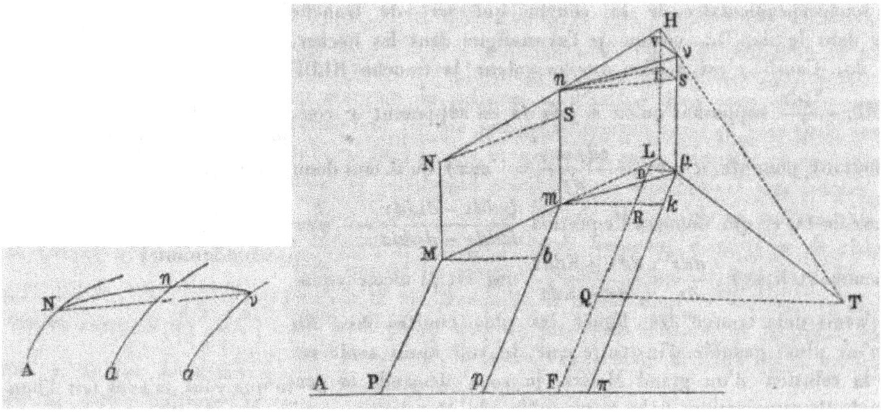

FIGURE 6 : Lettre de Clairaut à Bernoulli

C'est également en 1733 que Clairaut s'attaque à la figure de la terre, dans le mémoire (Clairaut 1733a). Il y expose que la courbe que Cassini appelle « perpendiculaire à la méridienne » est une courbe de plus courte distance sur l'ellipsoïde qu'est la terre. Il donne à cette occasion une propriété des géodésiques des surfaces de révolution, que l'on connaît sous le nom de formule de Clairaut.

4 Le retour de Johann Bernoulli

En 1742, Cramer édite (à sa demande) les œuvres complètes de Johann Bernoulli. Dans le quatrième tome, consacré aux « anecdotes » (autrement dit les inédits), on trouve un long et détaillé mémoire reprenant le problème de la ligne la plus courte Bernoulli, Johann (1728). Ce mémoire commence par la transcription de la démonstration qu'a rédigée Klingenstiern (et que Bernoulli assure lui avoir communiquée fin 1728). Donnons le plan :

- Solutio : Klingenstiern donne la solution sous forme d'une équation différentielle. Elle repose sur un calcul « géométrico différentiel », à coup de triangles semblables, en admettant que le plan passant par trois points très proches consécutifs est constamment perpendiculaire au plan tangent à la surface[17] On obtient

$$(ds^2 + dz^2)Tddy = (Tdzdy - zds^2)ddz$$

17. *Fundamentum Solutionis sequentis in eo consistit, quod planum per tria curvae quaesitae puncta infinite proxima transiens, rectum sit ad planum quod superficiam curvam transit.*

T est ici la sous-tangente[18] les coordonnées sont x, y et z tandis que s est défini par $ds^2 = dx^2 + dy^2$.

- Scholium I (p. 111) : Bernoulli reprend la plume[19]. Il introduit une autre sous-tangente θ, obtenue en coupant la surface par des plans y =constante et, en mélangeant les deux équations obtenues, il retrouve l'équation du mémoire d'Euler (1732).
- Scholium II (p. 113) : dans cette section Bernoulli résout le problème qu'il avait maintes fois proposé de trouver les courbes dont le plan *osculateur* fait un angle constant avec le plan tangent à la surface. C'est la première fois semble-t-il que l'on trouve ainsi nommé ce plan [20].
- *Corollarium* (p. 114) Bernoulli regarde un cas particulier : le cylindre général ; il suffit de prendre T infini, on retrouve l'équation donnée par Euler.
- *Scholium* III (p. 115) : autre méthode, plus élégante. Ce *scholium* est suivi de nombreux cas particuliers et de l'étude des surfaces de révolution (dans le cas de la sphère, on obtient les grands cercles).
- *Scholium* (p. 125) : Johann Bernoulli montre que le résultat de son frère Jacob, pour les surfaces de révolution, correspond bien au sien.
- *Idem problema* (p. 127) *per methodum de maximis et minimis* : c'est expédié en deux pages, Bernoulli retrouve la formule très courte donnée par Clairaut.

Un article bilan qui termine cette toute première phase de l'histoire des géodésiques.

5 Conclusion

La première particularité de l'histoire que nous avons racontée est qu'elle se passe en deux temps, distants de trente ans. Dans le premier épisode, les protagonistes sont le très célèbre Leibniz et ses disciples les frères Bernoulli, le marquis de l'Hospital,... Dans le second, les protagonistes sont Johann Bernoulli devenu le patriarche des mathématiques et les jeunes Clairaut et Euler. La situation n'est pas symétrique pourtant, car dans les deux cas, c'est Bernoulli qui est l'aiguillon, qui insiste pour que Leibniz lui communique ses idées, qui

18. Plus précisément, si on coupe la surface par un plan x = constante, b est le point de la courbe recherchée qui est sur ce plan, B sa projection sur le plan horizontal, le plan tangent à la surface coupe ce plan suivant une droite bG où G est sur ce plan horizontal, et la sous-tangente est BG. Remarquons que dans le triangle rectangle GBb, on a $Bb = z$ de sorte que $\frac{z}{T} = \frac{dz}{dx}$.

19. *Scholii hujus, ut & sequentium sunt ipsius Authoris verba.*

20. *Voco autem planum osculans, quod transit per tria curvæ quæ sitæ puncta infinite sibi invicem propinqua.*

défie son frère. Plus tard, il enjoint Euler et Clairaut à s'attaquer au problème et aux généralisations qu'il propose, jusqu'à enfin lui-même proposer le mémoire final, qui réunit toutes les tentatives.

La recherche des lignes de plus courte distance n'est certainement pas un problème nouveau ; elle est posée par Bernoulli dans la généralité d'une surface quelconque[21] mais le résultat pour les sphères, les cylindres, les cônes fait partie du bagage commun. On peut néanmoins se demander s'il existait des justifications. Pour les surfaces développables, la justification par le dépliement doit paraître suffisante à tous, et pour la sphère des arguments de symétrie seront également convaincants sans forcément être rigoureux. En tout cas, tant Euler que Bernoulli se sont efforcés de retrouver ces cas particuliers dans leurs équations générales.

Cette recherche fait partie, au même titre que celle de la courbe de plus rapide descente, premier problème proposé par Johann Bernoulli, de la recherche générale des courbes qui minimisent une certaine grandeur tout en satisfaisant diverses conditions, recherches qui seront traitées par ce qu'on appellera le calcul des variations. Elle a cependant une particularité qui apparaît au cours de notre exposé : elle est susceptible à la fois d'une approche purement géométrique, et d'une approche par la méthode *de maximis et minimis*. Une autre particularité est que la résolution complète du problème (c'est-à-dire la résolution des équations différentielles) est rarement possible, et cela rend difficile la validation des différentes équations obtenues, qui sont très variées même chez le même auteur, et qui sont validées en partie par les cas particuliers.

Retraçons l'histoire à grand traits ; dans leur dialogue, Leibniz et Bernoulli commencent par remarquer le caractère local : si l'on prend deux points M et N sur une courbe de plus courte distance, alors la restriction de la courbe est aussi de plus courte distance entre M et N, et cela même si M et N sont « très » proches. Cela se traduit notamment par la condition angulaire que nous avons vue. Bernoulli formule alors son énoncé sur le plan osculateur. Carathéodory (1937) déduit cet énoncé de la condition angulaire par un raisonnement faisant intervenir des cônes tangents (et un passage à la limite) plus proche semble-t-il des raisonnements que fera plus tard Monge, et cela le conduit à affirmer que « on peut assurer que la découverte de la principale propriété des géodésiques fut faite par Johann Bernoulli avant la fin du XVIe siècle ». Stäckel (1893) quant à lui assure que la propriété du plan osculateur est venu à Bernoulli de la mécanique : une ligne de plus courte distance est celle que prend un fil posée librement sur la surface, et soumis à aucune force de pesanteur[22].

Après la forte sollicitation de leur aîné, l'essentiel des efforts de Clairaut et d'Euler vont consister en l'utilisation de la méthode *de maximis et minimis* pour aboutir à l'équation différentielle des courbes de plus courte distance. Cela se fera avec des calculs admirables, qui montrent que ces deux géomètres

21. Même s'il se limite au départ à des surfaces convexes.
22. Argument repris par Euler, comme nous l'avons vu, dans sa *Mechanica* Euler (1736).

maîtrisent à la fois le calcul des infiniments petits et la géométrie de l'espace, et tous deux feront le lien avec la propriété du plan osculateur, mais après coup : sa validation provient de ce qu'on aboutit à la même équation, les deux méthodes se rejoignent par leur résultat. C'est aussi ce que fait le mémoire conclusif de leur maître.

Ce problème des géodésiques, qui n'en est qu'à son début, a ainsi permis à de grands géomètres d'offrir de belles pages de mathématiques, prémisses pour Clairaut et Euler d'une riche et longue carrière. Pour la suite de l'histoire, nous ne pouvons que recommander de consulter l'article de Philippe Nabonnand (1995).

Bibliographie

Bernoulli, Jacob (1698). Solutio ex problematum fraternorum in Ephem[eridibus] Gallic[is] 26 Aug. 1697 propositorum. *Acta eruditorum*, 226–230. (Bernoulli, Johann 1742, *O. C.*, tome 1, p. 262).

Bernoulli, Johann (1696). Problema Novum Mathematicis propositum. *Acta eruditorum*, 264. *O. C.* de Johann Bernoulli, (Bernoulli, Johann 1742, *O. C.*, tome 1, p. 161).

Bernoulli, Johann (1697). Problèmes à résoudre. *Journal des Sçavans*, 394–396. URL https://gallica.bnf.fr/ark:/12148/bpt6k56544f.f396, (Bernoulli, Johann 1742, *O. C.*, tome 1, p. 204).

Bernoulli, Johann (1698). Annotata in Solutiones Fraternas problematum quorundam suorum editas proximo Actorum Maio. *Acta eruditorum*, 467–469. (Bernoulli, Johann 1742, *O. C.*, tome 1, p. 262–266).

Bernoulli, Johann (1728). Problema. In superficie quacunque curva ducere lineam inter duo puncta brevissimam, 108–128. (Bernoulli, Johann 1742, *O. C.*, tome 4).

Bernoulli, Johann (1742). *Opera Omnia, tam antea sparsim edita, quam hactenus inedita.* Lausannae & Genevae : Marci-Michaelis Bousquet.

Carathéodory, C. (1937). The beginning of research in the calculus of variations. *Osiris*, 3, 224–240, doi :10.2307/301588. GMS II, p. 93–107.

Clairaut, A.-C. (1732). Manière de trouver des courbes algébriques et rectifiables sur la surface d'un cône. *Histoire de l'Académie des sciences de Paris*, 385–387. URL https://gallica.bnf.fr/ark:/12148/bpt6k35294/f569#, 1735.

Clairaut, A.-C. (1733a). Détermination géométrique de la perpendiculaire à la méridienne tracée par M. Cassini avec plusieurs méthodes d'en tirer la grandeur et la figure de la Terre. *Histoire de l'Académie des sciences de Paris*, 406–416. URL https://gallica.bnf.fr/ark:/12148/bpt6k3530m/f566, 1735.

Clairaut, A.-C. (1733b). Sur quelques questions de *maximis et minimis*. *Histoire de l'Académie des sciences de Paris*, 1, 186–194. URL https://gallica.bnf.fr/ark:/12148/bpt6k3530m/f316, 1735.

Euler, L. (1732). De linea brevissima in superficie quacunque duo quaelibet puncta jungente. *Commentarii academiae scientiarum Petropolitanae*, 3, 110–124. URL https://scholarlycommons.pacific.edu/euler-works/9/, E 9, *Opera Omnia*, I, 25, p. 5-12, Leipz. Berl.

Euler, L. (1736). *Mechanica, II.* Petropoli : ex typographia Academiae Scientiarum. URL https://scholarlycommons.pacific.edu/euler-works/16/, E 16.

Euler, L. (1744). *Methodus inveniendi lineas curvas maximi minimive proprietate gaudentes, sive solutio problematis isoperimetrici lattissimo sensu accepti.* Lausanne ; Genève : Marcum & Michaelem Bousquet. URL https://scholarlycommons.pacific.edu/euler-works/65/, E 65.

Goldstine, H. H. (1980). *A History of the Calculus of Variations.* Berlin : Springer.

Nabonnand, P. (1995). Contribution à l'histoire de la théorie des géodésiques au XIXe siècle. *Revue d'histoire des mathématiques*, 1(2), 150–200, doi :10.24033/rhm.6.

Stäckel, P. (1893). Bemerkungen zur Geschichte der geödatischen Linien. *Berichte saechs. Akad. Wiss.*, 45, 444–467.

Thiele, R. (2007). *Euler and the calculus of variations*, Elsevier B.V. 235–254.

Jean Delcourt
AHP-PReST (UMR 7117), Université de Lorraine
jean.delcourt1@sfr.fr

Questions and Answers, Questions et réponses: Exchange between the *Educational Times* and the *Nouvelles Annales de Mathématiques*

Sloan Evans Despeaux

This article will explore the circulation of mathematical problems between the *Educational Times (ET)* and the *Nouvelles Annales de Mathématiques (NAM)*. When one searches for *Jahrbuch* reviews of the mathematical problems that appeared in the *ET*, one often finds cross-references to problems in the *NAM*. What motivated the posers and solvers to use both venues? Connections between the *ET* and *NAM* indicate international circulation of mathematics through problem solving. Exploring the mathematical problems that appeared in these two journals is made much easier by the existing *NAM* database, hosted by the Université de Lorraine (http://nouvelles-annales-poincare.univ-lorraine.fr/), and the new *Educational Times* database, hosted by Western Carolina University (https://educational-times.wcu.edu/).

1 Introduction

The *Educational Times (ET)* began in 1847 as the unofficial journal of the College of Preceptors, one of the leaders in the examination movement in Britain. Mathematical questions soon infiltrated the monthly journal, and, by 1849, the department of "Mathematics Questions and Solutions" was established. The *Nouvelles Annales de Mathématiques (NAM)* was established in 1842 as a "journal des candidats aux écoles polytechnique et normale". Both journals had active question and answers sections, in which contributors posed mathematical questions that were then answered by readers in subsequent issues.[1] Over the course of seven decades, the *ET* published over

1. For more on the history of the question-and-answer genre in Britain, see (Despeaux 2014).

P.-E. Bour, M. Rebuschi & L. Rollet (eds.), *Sciences, Circulations, Révolutions, 237–249.*

18,000 questions and 28,000 solutions, while the *NAM* published more than 5 000 articles, 2300 questions, and 2800 answers from 1842 to 1927.[2]

The mathematical activity particular to the questions in the *ET* and *NAM* was noticed by the *Jahrbuch über die Fortschritte der Mathematik*, a review journal established in 1868. In fact, the *Jahrbuch* often cited several similar problems from both journals together in one review.[3] Questions appearing in the same *Jahrbuch* review did not necessarily mean that the same questions were printed in both journals. However, the frequency with which this cross-referencing occurred in the *Jahrbuch* led us to further investigate the exchange between the French and British mathematicians who made contributions to both journals.

Searching through the mathematical questions and answers published in these journals has been notoriously difficult for historians of mathematics. Thankfully, for the *NAM* and *ET*, we have two online databases to help. The first is found at http://nouvelles-annales-poincare.univ-lorraine.fr/ and is hosted by the Université de Lorraine. The second is found at https://educational-times.wcu.edu/ and is hosted by Western Carolina University.[4] Furthermore, digitized versions of the *NAM* and *ET* are available through NUMDAM and the Digital Collections of University College London.[5]

Using these resources, this investigation was able to identify the French contributors to the *ET* and the British contributors to the *NAM* and then cross-reference the two sets of data to find 41 French contributors and 37 British mathematicians who had contributed to *both* journals. While these numbers represent a very small percentage of the total number of *ET* and *NAM* contributors, the exchanges surrounding them can provide a focused and enlightening window into the international circulation of mathematics through posing and answering mathematical questions in these two journals.

This article will provide examples of this circulation through a selection of mathematical questions and solutions appearing in the *NAM* and the *ET* from this small but significant set of French and British mathematicians.

2. The figures for *NAM* come from the database located at http://nouvelles-annales-poincare.univ-lorraine.fr/ and for *ET* from the database located at https://educational-times.wcu.edu/. We will discuss these two very useful databases below. The *ET* continued to be published until 1923 but ceased printing mathematical problems in 1915. In 1864, a separate publication entitled *Mathematical Questions with their Solutions Taken from the "Educational Times"* (MQ) began. The *MQ* contained all *ET* questions and answers plus additional mathematical material; it ceased publication in 1918.

3. See for example https://zbmath.org/?q=an\%3A15.0604.01 and https://zbmath.org/?q=an\%3A14.0138.02.

4. The data for the *ET* database was painstakingly collected by Jim Tattersall of Providence College and then digitized by a team at Western Carolina University. For more on this database, see (Manzo 2021).

5. http://www.numdam.org/journals/NAM/ and https://ucl.primo.exlibrisgroup.com/discovery/collectionDiscovery?vid=44UCL_INST:UCL_VU2&collectionId=81354471540004761.

1840s	1850s	1860s	1870s	1880s	1890s	1900s	1910s	1920s	1842-1927
1:3	7:28	16:64	13:25	8:21	7:19	2:4	0:0	0:0	36:164

Table 1: British contributors to the *NAM* who also contributed to the *ET* (# contributors: # contributions)

2 British contributors to both the *NAM* and the *ET*

The *NAM* database, which includes mathematical questions and solutions, reveals international interactions previously hidden from view. For example, in (Despeaux 2008), we searched the tables of contents (in which the authors of the questions and answers did not appear) of the *NAM* for British contributions. From the *NAM*'s establishment in 1842 to 1900, this analysis revealed only 15 British contributors making 38 total contributions. If we include the authors to questions and answers over the same time period, the numbers swell to 59 British contributors making 263 contributions.[6]

Looking over the entire existence of the *NAM* (1842-1927) we find 63 British contributors making 294 contributions If we limit ourselves to British contributors to *both* the *NAM* and *ET* over the lifetime of the *NAM*, we find 36 authors making 164 contributions (we will refer to these contributors as the British *NAM*/*ET* subset).

According to Table 1, by far the most active period here is the 1850s through the 1880s, with a steep spike in the 1860s. This spike coincides with William John Clarke Miller (1832-1903) taking on the editorship of the mathematical department of the *ET* in 1862. As a student at the Dissenters' College in Taunton, Miller had regularly contributed to the *ET*, and he continued to do so as a teacher. He would remain editor until 1897. Under his editorship, the nature of the "Mathematical Questions and Solutions" changed considerably, as Miller encouraged original problems and targeted established mathematicians. Besides changing the character of the mathematical department, Miller wanted to publish a separate reprint of the department. This reprint, entitled *Mathematical Questions with Their Solutions Taken from the Educational Times*, began in 1864. This semiannual publication contained all the mathematical material from the *Educational Times* and provided extra space for new solutions or papers. After one year, the journal could boast of contributions from the British mathematicians, J. J. Sylvester (1814-1897), Arthur Cayley (1821-1895), William Clifford (1845-1879), Augustus De Morgan (1806-1871), Isaac Todhunter (1820-1884), and Thomas Archer Hirst (1830-1892), and foreign mathematicians including Luigi Cremona (1830-1903) and

6. Of the 263 contributions, 77 were standard articles, 168 were mathematical questions, 13 were answers, 4 were correspondence, and one was what the *NAM* databased categorized as "other".

Pierre Marie Eugène Prouhet (1817-1867) (Delve [Burt] 1998, pp. 115, 127, 129, 139, 316, 322, 325).

Eugène Prouhet was in fact the editor of the *NAM* from 1862 to 1867. It is likely that he authored a review of the new *Mathematical Questions* reprint that appeared in the *NAM* in 1865 (the review was signed "P"). This review explains the workings of the College of Preceptors, the official sponsor of the *ET*, and mentions that some of the mathematical questions are signed by the "biggest names, Cayley, Sylvester, etc." The note also made clear that from time to time it would borrow from the *ET* ["P", 1865, 528].

Mathematical Questions... ***Questions mathématiques avec leurs solutions*****, extraites du journal** ***The educational Times*****, publiées par M. Miller, professeur de Mathématiques à Huddersfield. Tomes II et III.**

The educational Times **est l'organe d'une Société des membres de l'enseignement (*****College of preceptors*****), reconnue par le gouvernement anglais comme établissement d'utilité publique. Le but de cette Société est de relever l'enseignement des classes moyennes par l'examen sérieux de ceux qui se destinent au professorat. Les candidats se présentent volontairement à ces examens, afin d'obtenir un diplôme de la Société et de s'en faire un titre auprès des chefs d'institution. La Société a créé en même temps une caisse de secours mutuels et un bureau de placement. Son conseil se réunit tous les mois pour discuter des questions de méthodes.**

The educational Times**, rédigé, pour la partie littéraire, par M. Isbister, et, pour la partie mathématique, par M. Miller, donne chaque mois des énoncés de problèmes ou de théorèmes qui sont résolus ou démontrés dans les numéros suivants. Ces questions sont signées des plus grands noms, Cayley, Sylvester, etc. Cela nous dispense de faire l'éloge de la publication de M. Miller, à laquelle nous ferons de temps en temps quelques emprunts.**

P.

In fact, in the same volume, the *NAM* reprinted the following question from the *ET* by Cayley:

> *NAM* question #733: "Si les six points P, Q, A, B, C, D sont sur une mème conique, les points d'intersection des droites PA, QB; PB, QA; PC, QD; PD, QC sont sur une conique qui passe par les points P et Q. (Cayley 1865, p. 144)
>
> *ET* question #1505: "If P, Q, 1, 2, 3, 4 be points on a conic; then the four points P1, Q2; P2, Q1; P3, Q4; P4, Q3 lie on a conic passing through the points P and Q". (Cayley 1864, p. 44)

This practice of the *NAM* reprinting British material was not uncommon: out of the 164 *NAM* contributions from our British *NAM*/*ET* subset, 36 contributions were reprints, and 19 of these were reprints from the *ET*. Of the 36 British authors in our subset, 11 appeared in *NAM* only through reprints.

While the reprint of Cayley's question above seemed to be the choice of the editor, George Salmon's (1819-1904) active engagement with *NAM* mathematical question section served as the catalyst for the *NAM* publishing a short digest of his 1859 *Lessons Introductory to the Modern Higher Algebra*. Salmon was a Trinity College Dublin mathematician who collaborated closely with Cayley on geometry and invariant theory.

In a short letter to the editor of the *NAM*, Salmon remarked on "le beau théorème" presented as question #524 by Captain Henri Faure (1825-1891):

> On donne un triangle conjugué à une ellipse (chaque sommet est le pôle du côté oppose): la tangente mené du centre de l'ellipse au cercle circonscrit au triangle est égale à la corde du quadrant d'ellipse[7]. (Faure 1860, p. 234)

Salmon wrote that he read the theorem "with pleasure" and realized that this theorem could be deduced very easily with a method that he gave in his *Lessons Introductory to the Modern Higher Algebra* (Salmon 1860, pp. 347–348). This letter inspired the editor to publish a short digest of Salmon's text. The editor's preface to this digest stated that "ses ouvrages, d'un mérite hors rang, connus dans toute contrée civilisée, sont presque totalement inconnus en France. Plusieurs éminents professeurs ont fait des traductions, mais qui ne trouvent pas d'éditeurs, et cela pour une raison commerciale très-naturelle" in (*Note du Rédacteur* Salmon 1860, p. 345).[8] Thus, Salmon's direct engagement with the *NAM*'s mathematical questions helped introduce French mathematicians to his mathematical approaches. By 1866, when he effectively exited the world of mathematical research after becoming Professor of Divinity at Trinity College Dublin, Salmon had made 23 contributions to the *NAM* (including both original submissions and reprints) and 29 contributions to the *ET*.

Joseph Wolstenholme's (1829-1891) presence in the *NAM* was similar to Salmon's, but he had a much more sustained relationship with the *ET*. In fact, Wolstenholme was a "supercontributor" to the *ET* making 700 contributions. After ranking as third wrangler at Cambridge in 1850, he served as a Tripos examiner six times.[9] He would often use the Tripos examination problems

7. "Given a triangle conjugate to an ellipse (each vertex is the pole of the opposite side), the tangent from the center of the ellipse to the circle circumscribed in the triangle is equal to the chord of the quadrant of the ellipse."

8. "... his works, of outstanding merit, known in all civilized countries, are almost totally unknown in France. Several eminent professors have done translations, but they cannot find publishers, for a very natural commercial reason."

9. The Mathematical Tripos Examination at Cambridge was required for all Cambridge students seeking a Bachelor of Arts degree until 1850. Those ranked highly on the

as a forum in which to announce new results, and he preferred to present his research as a mathematical problem rather than in article format (Warwick 2003, p. 156). In 1871, the *NAM* translated a set of 10 problems Wolstenholme had first published in the *ET* under the title "Exercices sur le tétraèdre" (Wolstenholme 1871). After this translation, Wolstenholme began contributing original questions to the *NAM*: 14 in all, and often in batches like this one from 1896 (Wolstenholme 1896, p. 344):

> **QUESTIONS.**
>
> **1733.** Étant donné un cercle dont le diamètre AC est vertical, deux points pesants partent du repos en A et en B, et décrivent les deux cordes complémentaires AB, BC ; les deux mobiles seront sur une même verticale au bout d'un temps indépendant de la position du point B sur la circonférence. (B. Niewenglowski.)
>
> **1734.** Si $n - 1$ et $n + 1$ sont deux nombres premiers plus grands que 5, n est nécessairement de la forme $n = 30m$, ou de la forme $n = 30m \pm 12$, et $n^2(n^2 + 16)$ est toujours divisible par 720. (Wolstenholme.)
>
> **1735.** Si $n - 2$ et $n + 2$ sont deux nombres premiers plus grands que 5, n est nécessairement de la forme $n = 30m + 15$, ou de la forme $n = 30m \pm 9$. (Wolstenholme.)
>
> **1736.** n étant un nombre entier, $3^{2n+2} - 8n - 9$ est toujours divisible par 64. (Wolstenholme.)
>
> **1737.** n étant un nombre entier, $3^{2n+1} + 2^{n+2}$ est toujours divisible par 7. (Wolstenholme.)

Through *ET* reprints as well as original questions to the *NAM*, the 36 British mathematicians in our subset interacted with French *NAM* contributors on French mathematical "home turf", especially during the 1860s and 1870s. Twenty years later, French mathematicians active in the *NAM* would return the favor by contributing to the *ET*.

3 French mathematicians who published in both the *ET* and *NAM*

French mathematicians posed 5.56% of the over 18,000 questions in the *ET*; this percentage represents the second-highest contribution outside of the United Kingdom.[10] The activity of the French *NAM/ET* subset, that is, French

examination, the Wranglers, were in a good position for jobs in the university, church, and government. For more on this examination, see (Gascoigne 1984).

10. The first was held by India with 7.74% of all questions, and the US came in third with 5.29% (Tattersall & McMurran 2007). Ireland, at that time part of the United Kingdom, represented 7.16% of the questions.

1840s	1850s	1860s	1870s	1880s	1890s	1900s	1910s	1920s	1847-1923
0:0	2:2	8:17	10:21	21:175	29:193	4:16	0:0	0:0	41:424

Table 2: French contributors to the *ET* who also contributed to the *NAM* (# contributors: # contributions)

mathematicians who contributed material (including questions or solutions) to both the *NAM* and the *ET*, peaked in the 1880s and 1890s.

For example, Captain Henri Brocard (1845-1922) made 45 contributions during these two decades, most of which concerned triangle geometry. Beginning in 1873, Brocard along with Emile Lemoine (of whom we will speak more below), reinvigorated the study of remarkable lines, points, circles, and conics corresponding to a triangle, an area of research they called "nouvelle géométrie du triangle" (Romera-Lebret 2014, pp. 256–257). For example, what came to be known as "Brocard points" were points O and O' in triangle ABC such that angles OAB, OCA and OBC and angles $O'AC$, $O'BA$, and $O'CB$ are equal (Romera-Lebret 2009, p. 168). Brocard's question #8816 to the *ET* in 1887 concerned such points, as well as the Brocard triangle.[11] The question's two solvers were physician Daniel Biddle, who would take over the *ET* editorship from Miller in 1897 and edit the journal for four years, and Gohierre de Longchamps (1842-1906), a triangle geometry namesake (the Longchamps point) who would take over the editorship of the *Bulletin de sciences mathématiques et physiques élémentaires* and the *Journal de mathématiques spéciales.*

In 1895, Brocard published *Notice sur les titres et travaux scientifiques*, an autobiographical account that included a detailed bibliography of the many questions and solutions he had submitted to mathematical journals across Europe. He organized the bibliography by journal; in the section on the *ET*, he recounted that "L'auteur, invité à donner les résultats de ses recherches personelles, a été en relations assez actives avec la Rédaction..." (Brocard 1895, p. 52).[12] Unlike the exhaustive lists that Brocard gave of his contributions to other mathematical journals (including the *NAM*), his accounting of his *ET* contributions was incomplete due to the fact that he did not possess every *ET* number in which he appeared. However, he deemed these omissions unimportant "...car il s'agit d'énoncés publiés antérieurement dans d'autres recueils mathématiques" (Brocard 1895, p. 52).[13] Thus, while it is unclear

11. The three vertices of a Brocard triangle are formed by intersecting the six lines formed from vertices A, B, C and the two Brocard points O, O'. Question #8816 and its solutions appeared in *ET* 40 (1 January 1887): 30 and *Mathematical Questions and Solutions, from the "Educational Times"*, 47 (1887), 22.

12. "The author was invited to give the results of his personal research, has been in rather active relations with the Editor."

13. "because these statements have been previously published in other mathematical collections."

8816. (By Captain H. Brocard.)—Ω, Ω' désignant les points de Brocard, S le milieu de $\Omega\Omega'$, S′ le point correspondant à S par droites symétriques, R le point de Steiner ; démontrer que ce point R se trouve sur la droite SS′. (R est une des intersections du cercle ABC avec le diamètre perpendiculaire à l'axe d'homologie du triangle ABC et du premier triangle de Brocard. Ce point est aussi l'intersection commune des parallèles aux côtés du premier triangle de Brocard, menées par les sommets correspondants du triangle ABC.)

Solutions by (1) D. Biddle ; (2) Professor De Longchamps.

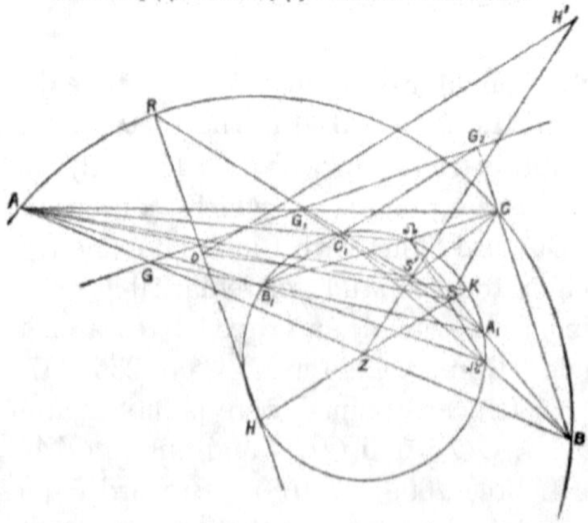

how many of the French *NAM*/*ET* subset contributions could be considered as reprints, at least in the case of Brocard, the *ET* was used as a publication outlet for the reannouncement of results to British mathematicians.

The *ET* is also mentioned in Brocard's *Notes de bibliographie des courbes géométriques*, a beautifully lithographed catalogue of over one thousand curves. In his entry for the "Bicorne" curve, Brocard mentions that this curve was called the "Cocked Hat" in question #12987 of the *ET* (Brocard 1897, p. 8).

Like Brocard, Engineer Emile Lemoine, yet another triangle geometry namesake (his name is given to the Lemoine point and Lemoine triangle) was an active contributor to both the *ET* and *NAM*. His triangle geometry question #14067 was answered by Robert Tucker (1832-1905), another "supercontributor" to the *ET* (he posed 873 problems there), Mathematics Master at University College School, secretary and president of the London Mathematical Society, and namesake of the Tucker circle.[14] As secretary of the London Mathematical Society, Tucker edited the *Proceedings of the London Mathematical Society* from its 12th number to its 766th (Despeaux 2002, p. 58). Triangle geometry was the subject of around one third of the *ET* contributions from the French *NAM*/*ET* subset.[15] In her study of triangle geometry, Roméra-Lebret periodizes the development of the field as 1873-1881, 1882-1887, and 1888-1905. She also lists the *NAM* as a steady publication

14. Question # 14067, *Educational Times*, 52 (April 1, 1899), 197.

15. Moreover, every author that Roméra-Lebret characterizes as a "leading author" in triangle geometry from 1873-1905 (Romera-Lebret 2014, p. 264) published questions or solutions on this subject to the *ET*.

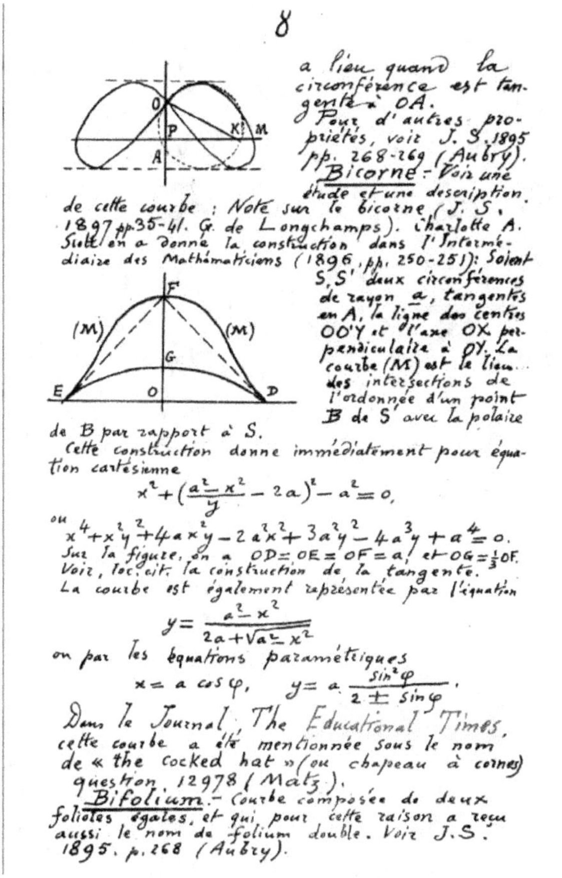

8

a lieu quand la circonférence est tangente à OA.
Pour d'autres propriétés, voir J. S. 1895 pp. 268-269 (Aubry).
Bicorne.- Voir une étude et une description de cette courbe : Note sur le bicorne (J. S., 1897 pp. 35-41. G. de Longchamps). Charlotte A. Scott en a donné la construction dans l'Intermédiaire des Mathématiciens (1896, pp. 250-251): Soient S, S' deux circonférences de rayon a, tangentes en A, la ligne des centres OO'Y et l'axe OX perpendiculaire à OY. La courbe (M) est le lieu des intersections de l'ordonnée d'un point B de S' avec la polaire de B par rapport à S.
Cette construction donne immédiatement pour équation cartésienne

$$x^2+\left(\frac{a^2-x^2}{y}-2a\right)^2-a^2=0,$$

ou

$$x^4+x^2y^2+4ax^2y-2a^2x^2+3a^2y^2-4a^3y+a^4=0.$$

Sur la figure, on a $OD=OE=OF=a$, et $OG=\frac{1}{3}OF$.
Voir, loc. cit. la construction de la tangente.
La courbe est également représentée par l'équation

$$y=\frac{a^2-x^2}{2a+\sqrt{a^2-x^2}}$$

ou par les équations paramétriques

$$x=a\cos\varphi,\quad y=a\frac{\sin^2\varphi}{2\pm\sin\varphi}.$$

Dans le Journal, The Educational Times, cette courbe a été mentionnée sous le nom de « the cocked hat » (ou chapeau à cornes) question 12978 (Matz).
Bifolium.- Courbe composée de deux folioles égales, et qui pour cette raison a reçu aussi le nom de folium double. Voir J.S. 1895, p. 268 (Aubry).

outlet for articles on triangle geometry during all three periods (Romera-Lebret 2014, p. 257, 270). These periods coincide with the peak of contributions to the *ET* from the French *NAM*/*ET* subset.

Besides his work on triangle geometry, in 1894, Lemoine helped establish and edit *Intermédiaire des Mathématiques*, another popular mathematical question and answer journal that like the *ET* sought participation of mathematicians from all nationalities, backgrounds, and careers. Lemoine's co-founder of the *Intermédiaire* was Charles-Ange Laisant (1841-1920), engineer, mathematical editor, and internationalist. A proponent of the international language Esperanto and one of the founding fathers of the international congress of mathematicians, Laisant served for 26 years as an editor to the *NAM* (Auvinet 2013). Laisant's Question #11173 on conic sections was solved by William John Greenstreet (1861-1930), another "supercontributor" to the

14067. (Professor E. Lemoine.)—Soit M un point dont les coordonnées normales sont x, y, z par rapport à un triangle de référence ABC ; AM, BM, CM coupent BC, CA, AB en A′, B′, C′ ; A_1, B_1, C_1 sont les milieux des hauteurs du triangle ABC. Trouver le lieu de M si $A'A_1$, $B'B_1$, $C'C_1$ sont concourantes en un point N.

Solutions (1) *by the* Proposer ; (2) *by* R. Tucker, M.A.

(1) Le lieu est la cubique $\Sigma yz\,(b^2y\cos C - c^2z\cos B) = 0$.

Remarques.—La cubique passe par les trois sommets.

Elle passe par le point $1/(a\tan A)$, $1/(b\tan B)$, $1/(c\tan C)$, par l'orthocentre et par le point de Nagel $(p-a)/a$, $(p-b)/b$, $(p-c)/c$, et par ses transformés continus en A, B, C. Les points N sont respectivement le barycentre, l'orthocentre, le centre du cercle inscrit et ceux des cercles exinscrits. Le lieu des points N est la cubique $\Sigma ayz\,(by-cz) = 0$.

Elle coupe les côtés aux points où les coupent les droites qui joignent les sommets au point $1/(a\tan A)$, ...

(2) A_1 is 1, cos C, cos B, and A′ is 0, y, z: therefore equation to A_1A is

$$(z\cos C - y\cos B)\,\alpha - z\beta + y\gamma = 0.$$

Hence locus is

$$\begin{vmatrix} z\cos C - y\cos B & -z & y \\ z & x\cos A - z\cos C & -x \\ -y & x & y\cos B - x\cos A \end{vmatrix} = 0;$$

i.e., the cubic $\quad \Sigma\, a^2x^2(y\cos B - z\cos C) = 0.$

The locus therefore passes through A, B, C, the centroid, and the orthocentre.

ET (he made 341 *ET* contributions).[16] Like Laisant, Greenstreet was an editor of a mathematical journal, the *Mathematical Gazette* (Despeaux 2014, p. 53). The second solver to Laisant's problem was Morgan Brierley (1824-1897), a self-taught mathematician from the North of England. He had been sent to the mill to work at age 6, but later met with other self-taught mathematicians from the region and contributed mathematical problems to a variety of journals (Despeaux 2014, p. 34). The *ET* gave Brierley and Laisant, men from very different places and backgrounds, a chance to have an otherwise unlikely mathematical exchange.

4 Conclusions:

Determining the readership of journals is notoriously difficult for the historian of mathematics. However, journals containing mathematical questions for answer, like the *ET* and *NAM*, possessed a visible readership who actively engaged in print with the mathematical material and with other contributors. This brief investigation into the mathematicians who contributed to both the *ET* and the *NAM* provides a window into this active mathematical engagement back and forth across the Channel.

The spike in contributions of our British subset contributing to the *NAM* occurred in the 1860s and coincided with editor Miller actively soliciting more

16. Question # 11173, *Educational Times*, 45 (November 1, 1892), 488.

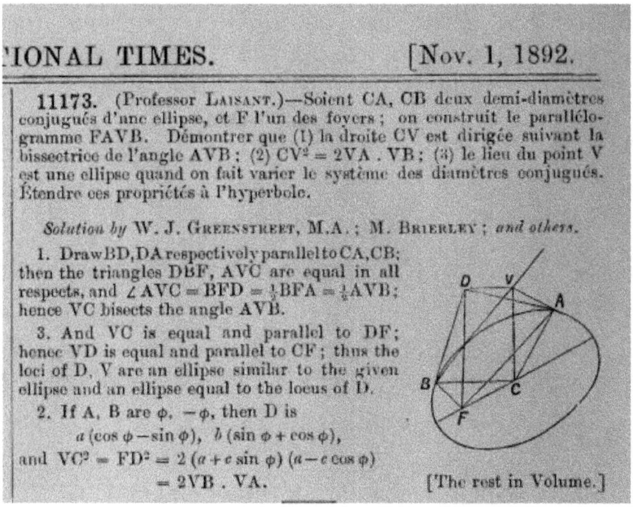

:IONAL TIMES. [Nov. 1, 1892.

11173. (Professor LAISANT.)—Soient CA, CB deux demi-diamètres conjugués d'une ellipse, et F l'un des foyers; on construit le parallélogramme FAVB. Démontrer que (1) la droite CV est dirigée suivant la bissectrice de l'angle AVB; (2) $CV^2 = 2VA \cdot VB$; (3) le lieu du point V est une ellipse quand on fait varier le système des diamètres conjugués. Étendre ces propriétés à l'hyperbole.

Solution by W. J. GREENSTREET, M.A.; M. BRIERLEY; *and others.*

1. Draw BD, DA respectively parallel to CA, CB; then the triangles DBF, AVC are equal in all respects, and $\angle AVC = BFD = \frac{1}{2}BFA = \frac{1}{2}AVB$; hence VC bisects the angle AVB.

3. And VC is equal and parallel to DF; hence VD is equal and parallel to CF; thus the loci of D, V are an ellipse similar to the given ellipse and an ellipse equal to the locus of D.

2. If A, B are ϕ, $-\phi$, then D is

$$a(\cos\phi - \sin\phi),\ b(\sin\phi + \cos\phi),$$

and $VC^2 = FD^2 = 2(a + e\sin\phi)(a - e\cos\phi)$
$= 2VB \cdot VA$.

[The rest in Volume.]

well-known mathematicians to contribute to *ET*. These mathematicians were more likely to be aware of the *NAM*; at the same time, the editors of the *NAM* were for their part more likely to be aware of these "big names" in British mathematics and reprint their work. The spike for our French subset contributing to the *ET* came 20 years later, when triangle geometry was gaining popularity on both sides of the Channel. In her study of triangle geometry in France, Roméra-Lebret recognized that "Il existe donc une superposition entre les moyens de diffusion des recherches – les revues et leurs rédacteurs – et les auteurs des recherches elles-mêmes" (Romera-Lebret 2014, p. 273).[17] We can see this overlap of editors as contributors to the *ET* and the *NAM*, and according to Brocard's account, we also see Miller acting as an active solicitor of mathematical contributions.

While mathematical journals with questions and answers make the job of determining readership much easier for the historian, the format of these journals makes sifting through the mathematical content exceedingly difficult. Thankfully, recent digitizations and databases facilitate this task, allowing us to find previously hidden mathematical communication and circulation.

Bibliography

Auvinet, J. (2013). *Charles-Ange Laisant. Itinéraires et engagements d'un mathématicien de la Troisième République.* Paris: Hermann.

17. "There exists an overlap between the means of diffusion of [triangle geometry] research – the journals and their editors – and the authors of the research themselves."

Brocard, H. (1895). *Notice sur les titres et travaux scientifiques de M. H. Brocard.* Bar-le-Duc: Comte-Jacquet. URL https://catalogue.bnf.fr/ark:/12148/cb301637175.

Brocard, H. (1897). *Notes de bibliographie des courbes géométriques.* Bar-le-Duc: Comte-Jacquet.

Cayley, A. (1864). Question #1505. *Educational Times*, 17(38), 44.

Cayley, A. (1865). Question 733. *Nouvelles Annales de mathématiques*, 2e série, 144.

Delve [Burt], J. (1998). *The Development of the Mathematical Department of the Educational Times from 1847 to 1862.* Ph.D. thesis, Middlesex University.

Despeaux, S. E. (2002). *The Development of a Publication Community: Nineteenth-Century Mathematics in British Scientific Journals.* Ph. d. dissertation, University of Virginia, doi:10.18130/V3F18SD70.

Despeaux, S. E. (2008). Mathematics sentaAcross the Channel and the Atlantic: Nineteenth-century British mathematical contributions to international scientific journals. *Annals of Science*, 65(1), 73–99.

Despeaux, S. E. (2014). Mathematical questions: a convergence of mathematical practices in British journals of the eighteenth and nineteenth centuries. *Revue d'histoire des mathématiques*, 20(1), 5–71.

Faure, H. (1860). Question 524. *Nouvelles Annales de mathématiques*, 1re série(19), 234.

Gascoigne, J. (1984). Mathematics and meritocracy: The emergence of the Cambridge Mathematical Tripos. *Social Studies of Science*, 14, 547–584.

Manzo, R. (2021). The *Educational Times* Database: Building an online database of mathematics questions and solutions published in a 19th-century journal. *Convergence*, (March), en ligne. URL https://www.maa.org/press/periodicals/convergence/the-educational-times-database-building-an-online-database-of-mathematics-questions-and-solutions.

Romera-Lebret, P. (2009). Teaching new geometrical methods with an ancient figure in the nineteenth and twentieth centuries: the new triangle geometry in textbooks in Europe and USA (1888-1952). In K. Bjarnadóttir, F. Furinghetti, & G. Schubring (eds.) *Dig Where You Stand*, Reykjavik: University of Iceland, 167–180.

Romera-Lebret, P. (2014). La nouvelle géométrie du triangle à la fin du XIXe siécle: des revues matématiques intermédiaires aux ouvrages d'enseignement. *Revue d'histoire des mathématiques*, 20, 253–302, doi:10.24033/rhm.183.

Salmon, G. (1860). Sur le théorème Faure et courbes parallèles (voir page 234). *Nouvelles Annales de mathématiques*, 1re série, 345–349.

Tattersall, J. & McMurran, S. (2007). A note on submissions from India to the Mathematics Sections of the *Educational Times, Ganita Bharati. The Bulletin of the Indian Mathematical Society*, 29, 69–79.

Warwick, A. (2003). *Masters of Theory: Cambridge and the Rise of mathematical Physics.* Chicago: Chicago University Press.

Wolstenholme, J. (1871). Exercices sur le tétraèdre. *Nouvelles Annales de mathématiques*, 2e série(10), 451–452.

Wolstenholme, J. (1896). Questions 1734, 1735, 1736, 1737. *Nouvelles Annales de mathématiques*, 3e série(15), 344.

Sloan Evans Despeaux
Professor of Mathematics
Western Carolina University
Cullowhee, NC USA
despeaux@wcu.edu

Christian Kramp, *polymathēs* !

Matthias Dörries

Les connaissances de l'Alsacien Christian Kramp furent vastes, allant de l'obstétrique à l'arithmétique. Né en 1760 à Strasbourg, il étudie la médecine et navigue avec facilité entre les langues et cultures françaises et allemandes (Bedel & Foderé 1826), (Günther 1883), (Stempfer 1994), (Itard 1970-1980), (O'Connor & Robertson 2012). Subissant les péripéties de la révolution française, la vie de Kramp va lentement se réorienter et se déplacer : l'accoucheur strasbourgeois qui travaille et publie essentiellement en allemand va devenir le citoyen Kramp, un géomètre reconnu, qui publie en français et travaille à L'École centrale de Cologne, dans le nouveau département de la Roër, avant de revenir en 1809 à Strasbourg à l'Université impériale en tant que professeur de mathématiques appliquées et doyen de la faculté des sciences. Pour les mathématiciens, Kramp est aujourd'hui connu comme celui qui a introduit la notation de 'n !' pour les factorielles. Pourtant, pour gagner sa vie et nourrir sa famille il fut contraint de travailler comme médecin pendant plusieurs années avant de pouvoir se consacrer entièrement à la mathématique. Parallèlement à son travail quotidien de médecin, Kramp publie inlassablement des livres et articles aussi bien en médecine qu'en mathématique. Dans tout ce qu'il touche, Kramp se montre ambitieux, se voit à la pointe de la recherche et avance des idées nouvelles. Se défendant vigoureusement contre toute critique (justifiée ou non), Kramp est un polémiste éloquent, qui écrit et publie de longs pamphlets, dans lesquels il se moque de ses adversaires, les traitant de tous les noms. Voyant son honneur attaqué et craignant sa carrière menacée, Kramp se livre à des duels verbaux, ce qu'un observateur allemand qualifie de « medicinische Klopffechterey » (Hartenkeil 1793, p. 462). De tels échanges virulents sont tant le signe d'une grande sensibilité et fierté de Kramp, que la marque d'une culture d'honneur qui régnait au tournant du XIXe siècle. Le bourgeois, contrairement à la noblesse, ne défend plus son honneur héroïquement avec des armes réelles, mais rationnellement avec des arguments et des armes rhétoriques.

Comme Kramp s'est construit une carrière de géomètre avec grande ténacité, il présente un cas utile pour mieux comprendre ce qu'est un géomètre à la

P.-E. Bour, M. Rebuschi & L. Rollet (eds.), *Sciences, Circulations, Révolutions, 251–264.*

fin du dix-huitième siècle. Dans son article sur l'académicien français Sylvestre-François Lacroix, Caroline Ehrhardt souligne que ce qu'est un géomètre (ou mathématicien) à la fin du XVIIIe siècle est encore en plein mouvement. Elle s'intéresse en particulier aux contraintes des pratiques quotidiennes en mathématique, comme « les normes institutionnelles, les processus sociaux de légitimation et les exigences propres à la production des savoirs » (Ehrhardt 2009, p. 8–9). Ehrhardt soutient l'argument qu'autour de 1800 les « pratiques d'enseignement et pratiques savantes n'étaient pas deux catégories séparées » et que « la pédagogie correspond non seulement à une pratique quotidienne, à un métier, mais qu'elle est également conçue comme une spécialité savante, doublée d'un engagement politique » (Ehrhardt 2009, p. 12). Son approche biographique de Lacroix, qui est un contemporain de Kramp, permet de mettre en perspective la carrière de Kramp et de montrer des similitudes et des différences. Contrairement à Lacroix, le jeune Kramp ne dispose pas à Strasbourg d'une communauté de géomètres pour le soutenir dans la recherche et l'avancement d'une carrière. Cela a comme conséquence qu'il ne se spécialise pas en mathématiques pures, mais plutôt en physique mathématique et, par nécessité, en obstétrique. Travaillant à la périphérie est de la France l'avancement de sa carrière ne passe pas par Paris, mais par l'Allemagne, où il arrive à s'intégrer à distance dans une communauté mathématique, grâce à l'existence éphémère de deux journaux mathématiques. Pourtant, une fois nommé professeur à Cologne grâce aux bouleversements politiques, il s'intègre pleinement dans le projet politique de la construction d'un nouvel enseignement républicain en sciences et mathématiques, en faisant dans ses cours un usage intensif d'instruments et de démonstrations d'expériences physiques et chimiques. Comme Lacroix, Kramp incorpore des nouveautés en mathématiques dans l'enseignement et publie des manuels de ses cours. Il familiarise ainsi ses étudiants avec la recherche et contribue à la formation des futurs mathématiciens. Contrairement à Lacroix, Kramp continue à publier pendant toute sa carrière.

1 Kramp et l'obstétrique

La carrière de Christian Kramp en tant que médecin praticien fut brève et médiocre, ce qui s'explique par son inaptitude pour toute chose pratique en médecine. Le jeune Kramp, suivant son père, Jean-Michel Kramp, qui était pasteur et professeur régent au Gymnase protestant de Strasbourg, opte d'abord brièvement pour des études de théologie avant d'étudier la médecine. Il rédige en latin sa *dissertatio inauguralis* de médecine (1782) sur la réfraction de la lumière, sous la direction du professeur de physique Jakob Ludwig Schurer (Kramp 1782). Ce sujet montre déjà que sa véritable passion se situe bien ailleurs : les mathématiques appliquées à la physique ou à la médecine. En 1785, il écrit une seconde dissertation en médecine, également en latin, avec un travail sur la force vitale des artères. Par la suite, il ajoute à la thèse encore un travail sur la fièvre, qu'il explique mécaniquement par l'interaction de deux forces, la force vitale des vaisseaux et les forces retardatrices (Kramp 1786a). Les ambitions scientifiques de Kramp s'expriment dans ces années par la publication en allemand de deux volumes de 800 pages sur l'histoire et la physique de l'aérostatique, un travail inspiré par la spectaculaire ascension en ballon des frères Montgolfier en 1783 (Kramp 1784). Connaissant bien événements et recherches français récents, Kramp est en bonne position pour jouer l'intermédiaire et familiariser un public allemand avec les dernières connaissances dans ce domaine.

Les comptes rendus allemands de son livre sur l'aérostatique donnent à Kramp une première occasion de montrer sa combativité. Quand un météorologue allemand l'accuse d'avoir copié ses formules, Kramp écrit une lettre de défense de 70 pages qu'il insère dans l'annexe de son livre sur l'aérostatique, se moquant de son adversaire dans des termes fortement sarcastiques :

> Votre éditeur doit en fait être une créature la plus bienveillante du monde ; et si pendant un instant votre public admire un travail si superflu, nous, les allemands de ce côté du Rhin, nous ne savons vraiment pas ce que nous devrions penser de nos frères de l'autre côté du Rhin, qui y sont restés lors des migrations des peuples[1].

Néanmoins, c'est un autre allemand qui permet à Kramp de poursuivre son rêve d'une carrière en mathématique. Un moment décisif pour Kramp dans les années 1780 est son contact avec le géomètre Carl Friedrich Hindenburg, co-éditeur avec Johann III Bernoulli, de la nouvelle revue *Leipziger Magazin für reine und angewandte Mathematik*. Hindenburg publie les deux premiers articles de Kramp, qui portent sur les statistiques de mortalité et la mise en place des caisses publiques de rentes viagères[2]. Pendant les années suivantes, Hindenburg va fortement soutenir et encourager Kramp dans ses recherches.

Parallèlement à cette orientation vers l'Allemagne, Kramp explore également les possibilités d'une carrière à Paris, où il suit un cours d'accouchement, fréquente l'Académie de médecine et donne des cours de mathématique[3]. Pourtant, il est coupé court à ces efforts suite aux bouleversements de la révolution française, qui le font revenir en Alsace. À Strasbourg, le Corps Municipal lui offre un poste en tant qu'adjoint du Maître des Accouchements

1. « Ihr Verleger muß in der That das gutmüthigste Geschöpfe von der Welt seyn ; und wenn Ihr Publikum eine so überflüssige Arbeit einen Augenblick bewundert, so wissen wir Germanier diesseits des Rheins wahrhaftig nicht, was wir von unsern, während der großen Völkerwanderung jenseits des Rheins zurückgebliebenen Brüdern denken sollen » (Kramp 1786b, p. 49).

2. (Kramp 1787, 1788). Les idées de Kramp ont été reprises au XXe siècle, voir (Beckerath 1938).

3. « Réponse de M. Ostertag père, à la lettre de M. Kramp, suivie de l'examen du Mémoire de M. Kramp et de la réfutation du Rapport fait sur ce Mémoire à la Société royale de médecine par M. Ostertag fils » (Strasbourg, 1792), p. 55, note dd (Bibliothèque nationale et universitaire de Strasbourg).

de la ville[4]. Rapidement les choses tournent mal. Il devient évident que Kramp n'a pas de compétences pour ce poste. En fait, Kramp avait obtenu cette position contre l'avis du Maître des Accouchements à Strasbourg, Adolphe Ostertag. Celui-ci, préférant son fils, qui, malgré ses vingt-quatre ans, est déjà un accoucheur expérimenté, lutte contre les « partisans et les protecteurs de M. Kramp » et essaie sans succès de changer la décision du Corps Municipal[5]. Craignant le pire pour les femmes enceintes, Ostertag fait tout pour écarter Kramp des accouchements, qui, pourtant, font partie des obligations du second accoucheur[6].

Se sentant isolé et menacé, Kramp joue à l'intrigue. Il rend public une lettre privée de Ostertag fils à lui-même. Dans cette lettre Ostertag fils l'accuse d'avoir abandonné une accouchée et souligne l'incompétence de Kramp : « des horreurs en fait de pratique », qui ont mené à la mort d'un bébé et une déchirure du périnée de la mère[7]. Ostertag fils est prêt à se battre avec des épées. Kramp rejette cette offre. Sa stratégie de défense est d'accuser Ostertag fils « d'une haine personnelle », de présenter sa version des faits et de se faire appuyer par l'autorité de la Société royale de médecine[8]. Cherchant un soutien politique, il contacte le nouveau député de la convention du Bas-Rhin, le mathématicien strasbourgeois Louis Arbogast, un Montagnard, et lui demande de transmettre une lettre à l'Académie royale de médecine. L'Académie donne un avis favorable au traitement médical de l'accouchée, signé, entre autres, par Félix Vicq d'Azyr. Kramp a ainsi le soutien des autorités en médecine. En même temps il essaie de profiter de la nouvelle situation politique issue de 1789 : il choisit de signer avec le prénom français Chrétien, et justifie ses actions contre Ostertag en les présentant comme une défense contre l'oppression et la calomnie, et en se référant explicitement à la nouvelle Constitution.

Pour les Ostertag père et fils, le rapport de Kramp est « tronqué » et contient des « faits altérés ». Ils argumentent que l'Académie royale de médecine aurait dû les écouter avant tout jugement. Ils dénoncent l'incompétence de Kramp en mentionnant deux accouchements laborieux sous sa responsabilité, où « les mères, quoique bien conformées, ont péri avec leur fruit ». Pour eux, Kramp est « un menteur, un vil calomniateur », avec une « conduite, marquée au coin de

---

4. Pour l'histoire de l'obstétrique à Strasbourg, voir (Havé 2018).

5. « Réponse », note 3, p. 55.

6. Le second médecin accoucheur est censé de donner « un cours d'accouchemens public, et de mener ses élèves chez les femmes pauvres de la ville, pour les y instruire dans la pratique de l'art des accouchemens ». Les fonctions du premier médecin accoucheur sont « de donner un cours public aux étudiants de médecine et en chirurgie, de même qu'aux sage-femmes ; de faire journellement des visites dans les salles d'accouchées de l'hôpital bourgeois ; d'y assister aux accouchmens qui s'y présentent [...] et d'y former les élèves à la pratique », « Réponse » (1792), note 3, p. 5.

7. « Rapport fait à la Société royale de médecine sur un mémoire à elle présenté, suivi d'une lettre à George Adolphe Ostertag, père par Chrétien Kramp » (Strasbourg, an 4 de la liberté (1792)), p. 5 (Bibliothèque nationale et universitaire de Strasbourg).

8. « Rapport » (1792), note 7, p. 5.

l'indécence et de l'impéritie[9] ». Se moquant de la timidité de Kramp, l'Ostertag fils écrit :

> Si M. Kramp est sage, il dira à sa plume, comme il *déclare l'avoir fait à son épée*, comme toutes les femmes doivent le souhaiter à son forceps : REQUIESCAT IN PACE[10].

La controverse se poursuit par de violentes insultes. Kramp accuse Ostertag père d'une « horrible boucherie » lors d'un accouchement et attribue une paternité à Ostertag fils[11]. La controverse se termine avec une dernière publication des deux Ostertag, qui se distingue des autres par des déclarations assermentées des accouchées, des sages-femmes, des élèves de médecine, qui tous s'accordent sur l'incompétence pratique de Kramp, soulignant également son comportement indécent lors des accouchements[12]. Un procès ne semble pas exclu, Kramp fuit aussi bien ses accusateurs que les tensions politiques et la guerre, et s'exile. Se présentant comme émigré, sans officiellement figurer sur la liste des émigrés, il traverse l'Autriche, la Suisse, la Bavière, la Souabe, la Franconie et le Rhénanie-Palatinat (Hindenburg 1796a), (Bedel & Foderé 1826). Malgré des circonstances difficiles, il continue à être productif. À Vienne, en 1793, il publie avec Karl Bekkerhinn un ouvrage de 400 pages sur la cristallographie des minéraux (Bekkerhinn & Kramp 1793).

L'avancement des troupes révolutionnaires françaises, qui commencent à occuper les territoires situés sur la rive gauche du Rhin ouvre des nouvelles possibilités à Kramp pour gagner sa vie. À partir de 1794, il occupe successivement des postes de *Stadtphysicus* (médecin de bailliage) en Palatinat, dans des villes de Meisenheim, Spire (Speyer) et Homburg. Ce type de travail médical convient mieux à Kramp, comme il s'agit principalement d'un poste administratif. Kramp se marie en 1796 avec Christiana Katharina Landfried, fille d'un conseiller de la chambre du duc de Deux-Ponts (*Zweibrücken*) ; le couple va avoir cinq enfants. Poursuivant des publications en médecine, Kramp traduit un livre français sur l'accouchement et publie deux autres livres, l'un sur la fièvre et l'autre en pharmacologie (Kramp 1794, 1795), (Sacombe 1796). Dans ces livres Kramp développe ses idées, déjà formulées dans sa thèse de doctorat. Il cherche des lois régissant le corps humain, et essaie d'expliquer la fièvre par l'usage des lois de la mécanique et de la dynamique. Kramp justifie sa recherche de lois mathématiques par le constat que la médecine a fait peu de progrès et ne travaille qu'avec des hypothèses. La réception de ces deux livres

9. « Réponse » (1792), note 3, p. 3, 6, 18.

10. « Réponse » (1792), note 3, p. 58.

11. « Analyse des faits et principes avancées par Messieurs Ostertag, père et fils, en réfutation du Mémoire de M. Kramp, par M. Kramp » (Strasbourg, 1792), p. 17, 42 (Bibliothèque nationale et universitaire de Strasbourg).

12. « Réponse de M. Ostertag fils au libellé, ou à la prétendue Analyse de M. Kramp, suivie Des pièces justificatives et d'une Lettre des Élèves de M. Ostertag, Père, à M. Kramp » (Strasbourg, 1792) (Bibliothèque nationale et universitaire de Strasbourg).

par la communauté médicale allemande est sceptique ; on craint un retour à la iatromathématique du XVIIe siècle. Pour le professeur de médecine à Halle, Kurt Sprengel, il s'agit de « l'essai d'un géomètre exalté », qui « cache la médiocrité de son approche sous un affiquet de formules et des paroles ronflantes[13] ». Kramp ne réagit à ces critiques que vingt ans plus tard et insiste toujours sur la validité de son approche. Ce retard s'explique en partie par la possibilité de pouvoir travailler finalement dans le domaine des mathématiques (Kramp 1812, 1816-1817).

2 Kramp, géomètre

Deux revues en mathématique, le *Leipziger Magazin für reine und angewandte Mathematik*, (publié de 1786 à 1789) suivi par l'*Archiv der reinen und angewandten Mathematik* (publié de 1794 à 1800) jouent un rôle essentiel pour la carrière de Kramp en tant que géomètre (Bullynck 2013), (Friedelmeyer 1997). Ce sont les « lieux », dans lesquels Kramp évolue comme géomètre (Ehrhardt 2009, p. 6). Avec son éditeur, Carl Friedrich Hindenburg, professeur de philosophie et physique à Leipzig, Kramp noue une relation de confiance totale. Hindenburg, qui considère Kramp comme un « formidable analyste », publie de nombreuses lettres de Kramp et l'encourage dans ses recherches[14]. L'*Archiv* permet à Kramp de publier des articles et de sortir de son isolement en tant que *Stadtphysicus* dans les petites villes de la rive gauche du Rhin, où il n'a pas un accès facile à la littérature (Kramp 1797-1798c), (Kramp 1797-1798a), (Kramp 1796). Hindenburg réussit à créer une petite communauté de géomètres autour de l'analyse combinatoire, dispersés dans toute l'Europe qui communiquent essentiellement par correspondance. Les travaux de Kramp s'insèrent parfaitement dans le projet de Hindenburg, qui va les inclure dans son livre *Der polynomische Lehrsatz* de 1796, livre majeur de la dite École combinatoire, qui travaille avec un nouveau système de signes et une nouvelle langue symbolique (Noble de la Torre 2011), (Seguin 2005). La coopération étroite avec Kramp continue jusqu'en 1800, quand Hindenburg se voit contraint d'arrêter sa revue, qui ne retrouve plus d'équilibre financier à cause de la guerre. Celle-ci interrompt les communications en Europe (Hindenburg 1800).

Un moment clé pour la carrière de Kramp en mathématique est l'annonce en novembre 1797 dans l'*Archiv* de la percée dans ses recherches sur les réfractions astronomiques. Ce travail, qui va permettre à Kramp de quitter la médecine, attaque un problème qui l'avait occupé depuis les années 1780, la réfraction astronomique, en proposant une solution pour l'intégration des équations différentielles. Kramp confirme la loi de Mariotte et donne aux astronomes un précieux moyen de calculer la réfraction de l'atmosphère pour des températures différentes (Kramp 1797-1798b).

13. « Versuch eines schwärmerischen Meßkünstlers » ; « diese Dürftigkeit wurde desto auffallender, da sie der Verfasser unter einem Flitterstaat von mathematischen Formeln und hochtönenden Worten zu verstecken suchte » (Sprengel 1801, p. 262).

14. « [...] vortreflichen Analysten » (Hindenburg 1796b, p. 118).

Comme Kramp s'inquiète d'être devancé par un autre géomètre, il souhaite de publier ses résultats rapidement dans un livre en latin et demande à Hindenburg des conseils pour un éditeur potentiel. Hindenburg l'encourage à publier son travail en français, un conseil qui s'avère judicieux : le traité de paix de Campo Formio en octobre 1797 cimente l'appartenance des territoires de la rive gauche du Rhin à la République française. Kramp veut valoriser ses recherches et commence à spéculer sur une amélioration de sa situation professionnelle. Il écrit à Hindenburg :

> J'ai mis sur ce travail une grande partie de mes espoirs pour un destin adéquat, pour lequel je ressens chaque jour un besoin croissant en vue du changement politique imminent de notre pays[15].

Le livre, intitulé *Analyse des réfractions astronomiques et terrestres*, écrit par le « citoyen C. Kramp », est imprimé à Strasbourg sous l'étroite surveillance de l'auteur.

Les travaux de Kramp sur les réfractions astronomiques sont bien reçus, et ce succès permet à Kramp de quitter son poste de *Stadtphysicus*. Suite à la fermeture de l'Université de Cologne dans le nouveau département de la Roër et la création d'une École centrale à Cologne, Kramp est nommé professeur de mathématique en novembre 1798[16]. Pourtant, il cède rapidement ce poste en « mathématique pure » et devient professeur de chimie et de physique expérimentale, un poste qu'il considère avantageux en vue de ses connaissances et intérêts en physique mathématique (Kramp 1799b). En effet, dans les nouvelles Écoles centrales les mathématiques, la physique et la chimie ont gagné en statut dans l'enseignement et ne sont plus subordonnées à la médecine.

Kramp vit son poste à Cologne comme une véritable libération : « pour la première fois dans sa vie » il se trouve « dans un champ d'action adéquat[17] ». Kramp se lance tout de suite dans l'organisation des enseignements et la mise en place d'un cabinet de physique et chimie. L'École, localisée dans un ancien collège de Jésuites (supprimé en 1773), dispose déjà d'une collection d'instruments : des pompes à air de Otto von Guericke, de l'abbé Nollet et de John Smeaton, ainsi que des télescopes, microscopes, d'un quadrant, et des globes célestes et terrestres de 40 à 48 pouces de diamètre. Mais Kramp est ambitieux, il va beaucoup plus loin et fait venir de Strasbourg le cabinet remarquable de son ancien professeur de physique strasbourgeois, Jacob Ludwig Schurer, dont il compte la collection parmi « les plus belles

15. « Ich habe auf dieses Werk einen großen Theil meiner Aussichten auf eine künftige mir angemessenere Bestimmung gebaut, deren Bedürfnis ich bey der bevorstehenden politischen Veränderung unsers Landes mit jedem Tage mehr fühle [...]. » (Kramp 1797-1798d, p. 384).

16. Pour l'histoire de l'université de Cologne, voir (Pabst 1988).

17. « [...] zum erstenmale in meinem Leben in einem mir angemessenen Wirkungskreise » (Kramp 1799b, p. 230).

et les plus complètes qu'on puisse imaginer[18] ». Ce cabinet contient environ 300 instruments physiques et chimiques de toutes sortes et coûte la somme considérable de 9 600 francs, que Kramp réussit à obtenir des autorités (Quarg 1994, p. 114). Finalement, Kramp dispose d'une des collections les plus complètes dans la République, servant exclusivement à l'enseignement.

Dans un discours dans le Temple décadaire (l'ancien église jésuite) à l'occasion de la Fête de la fondation de la République, Kramp souligne avec pathos l'importance de l'enseignement des mathématiques, de la physique et de la chimie, ainsi que du cabinet de l'École :

> C'est ici, citoyens, le plus beau triomphe de l'esprit humain en général, et du dix-huitième siècle en particulier. Nulle part la supériorité des modernes sur les anciens, n'est aussi étonnante, ni aussi généralement reconnue qu'ici. La chymie n'existoit pas chez les anciens [...]. Quant à la Physique, il existoit une ombre de science qui en portait le nom sans le mériter [...] Aujourd'hui, l'étendue de ces sciences est vraiment immense : elle embrasse l'univers entier ; avec la physique de nos jours, bien supérieurs [*sic*] à tous les travaux des héros de l'antiquité, nous imitons, pour ainsi dire, la divinité dans ses œuvres (Kramp 1799a, p. 4–5).

Kramp célèbre cette supériorité des sciences au début du dix-neuvième siècle dans ses cours de physique et chimie expérimentale, qui incluent « toutes les expériences intéressantes et essentielles [...], même les plus récentes. » (Quarg 1994, p. 119). Dans cet effort d'introduire la science toute récente, on voit l'exigence de Kramp d'aller au-delà d'un simple « exercice de mémorisation » (Ehrhardt 2009, p. 7).

Une publication de son cours de physique expérimentale est prévue, mais celui-ci reste sous forme de manuscrit, contrairement à ses cours d'arithmétique et de géométrie (Kramp 1801, 1806). Le livre *Éléments d'arithmétique universelle* de 1808 a pour but « de rendre compte au Gouvernement, de l'enseignement des Mathématiques » à l'École centrale de Cologne (Kramp 1808, p. XIV). Kramp lie l'analyse combinatoire avec le calcul différentiel et intégral. Il renonce à la notion d'infiniment petit pour ranger le calcul différentiel et intégral dans le domaine de l'algèbre ordinaire. Le livre est jugé favorablement par l'Institut qui le considère « comme la meilleure production de l'année. » On peut le « lire avec fruit et avec intérêt[19] ». L'Institut reste un peu réticent vis-à-vis des néologismes utilisés, mais accorde à l'auteur que ces notions sont indispensables pour le développement de ses idées. Parmi ces néologismes figurent d'abord la notion de « factorielles » que Kramp adopte de son « ami », le mathématicien strasbourgeois Louis Arbogast, et qui remplace

18. « [...] eine der schönsten und vollständigsten Sammlungen, die man sich denken kann » (Kramp 1799b, p. 231), (Quarg 1994, 1995, 1996).

19. « Rapport du jury, Prix décennaux » (Paris, Imprimerie impériale, 1810), p. 11–12.

le terme de « facultés », puis la notation « n ! » pour ces factorielles (Kramp 1808, p. XI–XII). Kramp explique dans son livre :

> Je me sers de la notation très simple n ! pour désigner le produit des nombres décroissans depuis n jusqu'à l'unité, savoir $n(n-1)(n-2)\ldots 3.2.1$. L'emploi continuel de l'analyse combinatoire que je fais dans la plupart de mes démonstrations, a rendu cette notation indispensable. (Kramp 1808, p. V–VI)

La nouvelle notation ne s'impose pas tout de suite. Encore dans les années 1840, on rencontre une opposition de la part des mathématiciens britanniques, qui y voient un « barbarisme » et soulignent la nécessité d'une coopération plus étroite entre imprimeur et mathématicien pour arriver à plus de clarté :

> Among the worst of barbarisms is that of introducing symbols which are quite new in mathematical, but perfectly understood in common, language. Writers have borrowed from the Germans the abbreviation $n!$ to signify 1. 2. 3 ... $(n-1)$ n, which gives their pages the appearance of expressing surprise and admiration that 2, 3, 4, &c. should be found in mathematical results. The subject of mathematical printing has never been methodically treated, and many details are left to the compositor which should be attended to by the mathematician. Until some mathematician shall turn printer, or some printer mathematician, it is hardly to be hoped that this subject will be properly treated. (De Morgan 1843, p. 144)

En fait, Kramp aurait été du même avis, puisqu'il se déplaça exprès à Strasbourg pour surveiller en personne l'impression de son livre sur les réfractions astronomiques.

En 1809, Kramp obtient le titre officiel de professeur de mathématiques appliquées lorsqu'il revient à Strasbourg, à l'Université impériale, et devient doyen de la faculté des sciences[20]. Kramp continue à être productif avec un article sur la double réfraction de la chaux carbonatée, obtenant une mention honorable à l'Académie des sciences. Il publie entre 1810 et 1821 une trentaine de mémoires sur l'analyse et la géométrie transcendante, l'astronomie et la mécanique dans les *Annales de mathématiques pures et appliquées*, éditées par Joseph Diez Gergonne à Nîmes (Kramp 1811). Il renoue avec son passé de médecin, en figurant dans les jury de concours de médecins. Les honneurs se succèdent : étant déjà membre de plusieurs académies et sociétés ainsi que chevalier de la Légion d'honneur, il devient en 1812 membre correspondant de l'Académie de Berlin, et est élu en 1817 membre correspondant de la section de géométrie de l'Académie des sciences. En mauvaise santé depuis plusieurs années, il meurt en 1826.

20. Pour l'histoire de l'université de Strasbourg, voir (Livet 1996).

3 Conclusion

La carrière de Kramp s'est déroulée dans un contexte de tensions et polarités multiples : entre les cultures française et allemande, entre la République française et les monarchies de l'Europe, entre la médecine et la mathématique. D'un côté, Kramp subit les péripéties politiques de son temps, mais de l'autre il sait aussi en profiter pour faire une carrière en tant que médecin et géomètre. Ses connaissances des langues lui permettent de jouer un rôle d'intermédiaire, ouvrent des possibilités de publier en allemand dans un des premiers journaux de mathématique en Europe et lui facilitent l'obtention de postes dans des territoires occupés et annexés par la République française. Déjà comme étudiant, Kramp a montré une forte ambition de faire de la recherche en arithmétique. Afin de pouvoir la réaliser, il lui faut trouver un poste qui lui permette de se consacrer entièrement à la mathématique. Pour y parvenir en l'absence d'une carrière bien définie en mathématique, il est contraint de passer par un stade de *polymathēs*, d'étudier la médecine et de travailler en tant que médecin malgré lui. Pourtant, en dépit de circonstances difficiles, grâce à son étonnante productivité, sa focalisation, sa combativité et un pouvoir d'adaptation à des situations politiques changeantes, il arrive à s'en sortir. Travaillant seul, isolé géographiquement, le jeune Kramp ne peut se légitimer comme géomètre que par des publications qui le font connaître à une communauté plus large. Sans possibilité d'enseigner les mathématiques, Kramp choisit la physique mathématique comme spécialisation et ne se focalise pas sur un poste en mathématique pure. Ainsi, il élargie ses options pour l'avenir. Contrairement à Lacroix, qui arrive à s'intégrer facilement dans la communauté mathématique parisienne et enseigne les mathématiques pures, Kramp a dû se construire un nouveau modèle de carrière comme géomètre, contribuant ainsi activement à ce qui fait un géomètre (ou mathématicien) au début du dix-neuvième siècle. La carrière de Kramp comme professeur de mathématiques appliquées en France présente un cas inhabituel et différent de Lacroix dans un double sens : non seulement elle passe par des séjours à l'étranger et des postes dans les territoires annexées, mais elle présente un exemple de choix judicieux de sujets de recherche, qui une dizaine d'années plus tard peut facilement s'amalgamer avec les besoins de l'enseignement (Ehrhardt 2009, p. 8, 12).

3.1 Remerciements

Je remercie Jeanne Peiffer pour ses commentaires et suggestions précieuses. Je tiens à remercier également Andreas Freiträger (Historisches Archiv der Universität zu Köln) pour m'avoir donné un accès rapide au discours de Christian Kramp à l'École centrale en 1799.

Bibliographie

Beckerath, U. v. (1938). Über Chr. Kramp's versicherungsmathematische Arbeiten und seine Formel zur Darstellung der Sterblichkeit, nebst einigen Bemerkungen über die Bestätigung seiner Ansichten durch neuere Untersuchungen. *Scandinavian Actuarial Journal*, 3–4, 145–156.

Bedel, J. & Foderé, F. E. (1826). Notice sur la vie et les ouvrages de M. Kramp. *Journal de la Société des sciences, agriculture et arts de Strasbourg*, 3, 252–259.

Bekkerhinn, K. & Kramp, C. (1793). *Kristallographie des Mineralreichs*. Vienne : Stahel.

Bullynck, M. (2013). Stages towards a German mathematical journal. *Archives Internationales d'Histoire des Sciences*, 63, 237–251.

De Morgan, A. (1843). Symbols and notation. In Society for the Diffusion of Useful Knowledge (éd.) *Penny Cylopaedia*, t. 23, Londres : Knight, 444.

Ehrhardt, C. (2009). Sylvestre-François Lacroix (1765-1843). *Histoire de l'éducation*, 123, 5–43.

Friedelmeyer, J.-P. (1997). La création des premières revues de mathématiques. *Philosophia Scientiæ*, 3, 1–26.

Günther, S. (1883). Kramp, Christian. *Allgemeine Deutsche Biographie*, 17, 31–32.

Hartenkeil, J.-J. (1793). Abermahls eine medicinische Klopffechterey. *Medicinisch-chirurgische Zeitung*, 1, 462–464.

Havé, P.-A. (2018). Le XVIIIe siècle, un âge d'or de l'obstétrique à Strasbourg. *Histoire des sciences médicales*, LII(2), 183–195.

Hindenburg, C. F. (1796a). Historische Vorerinnerung des Herausgebers. In C. F. Hindenburg (éd.) *Der polynomische Lehrsatz*, Leipzig : Fleischer, 91–100.

Hindenburg, C. F. (1796b). Schlußerinnerung des Herausgebers. In C. F. Hindenburg (éd.) *Der polynomische Lehrsatz*, Leipzig : Fleischer, 118–122.

Hindenburg, C. F. (1800). An das mathematische Publicum, die Fortsetzung dieser Zeitschrift betreffend. *Archiv der reinen und angewandten Mathematik*, 11, 507–508.

Itard, J. (1970-1980). Kramp, Chrétien. In C. C. Gillispie & American Council of Learned Societies (éd.) *Dictionary of Scientific Biography*, t. 7, New York : Charles Scribner's Sons, 494–495.

Kramp, C. (1782). *Dissertatio mathematico-physica De diversa lucis refrangibilitate.* Argentorati : Heitz.

Kramp, C. (1784). *Geschichte der Aerostatik historisch, physisch und mathematisch ausgeführt.* Strasbourg : Akademische Buchhandlung.

Kramp, C. (1786a). *De vi vitali arteriarum diatribe. Addita nova de febrium indole generali conjectura.* Argentorati : Bibliopolio academico.

Kramp, C. (1786b). *Geschichte der Aerostatik historisch, physisch und mathematisch ausgeführt*, Strasbourg : Akademische Buchhandlung, chap. Anhang zu der Geschichte der Aerostatik.

Kramp, C. (1787). Versuch, die Natur der bisher bekannt gewordenen Sterblichkeitstafeln durch einfache Gleichungen zu bestimmen. *Leipziger Magazin für reine und angewandte Mathematik*, 1787(2), 129–176.

Kramp, C. (1788). Entwurf einer vortheilhaften Einrichtung öffentlicher Leibrenten-Cassen. *Leipziger Magazin für reine und angewandte Mathematik*, 1788(1), 1–46.

Kramp, C. (1794). *Fieberlehre nach mechanischen Grundsätzen.* Heidelberg : Pfähler.

Kramp, C. (1795). *Kritik der praktischen Arzneikunde mit Rücksicht auf die Geschichte derselben und ihre neuern Lehrgebäude.* Schäferische Buchhandlung.

Kramp, C. (1796). Über die geometrische Analysis des Krystalls, Hyodon genannt ; eine Widerlegung des Systems von Hauy. *Archiv der reinen und angewandten Mathematik*, 5, 74–80.

Kramp, C. (1797-1798a). Über den Mittelpunkt der Schwere im sphärischen Dreyecke. *Archiv der reinen und angewandten Mathematik*, 7, 296–307.

Kramp, C. (1797-1798b). Lettre à Hindenburg (23 novembre 1797). *Archiv der reinen und angewandten Mathematik*, 7, 380.

Kramp, C. (1797-1798c). Lettre à Hindenburg (13 janvier 1798). *Archiv der reinen und angewandten Mathematik*, 7, 382–383.

Kramp, C. (1797-1798d). Lettre à Hindenburg (4 mars 1798). *Archiv der reinen und angewandten Mathematik*, 7, 384.

Kramp, C. (1799a). Discours prononcé au Temple Décadaire à la Fête de la fondation de la République, le premier Vendémiaire de l'an VIII, lequel a précédé la distribution des prix décernés aux Élèves de l'université de Cologne organisée en école Centrale. Historisches Archiv der Universität zu Köln.

Kramp, C. (1799b). Lettre à Hindenburg (2 Frimaire VII, 22 novembre 1798). *Archiv der reinen und angewandten Mathematik*, 10, 231–232.

Kramp, C. (1801). *Élémens d'arithmétique*. Cologne ; Paris : Oedenkoven ; Thiriat.

Kramp, C. (1806). *Élémens de géométrie*. Cologne : Hansen.

Kramp, C. (1808). *Élémens d'arithmétique universelle*. Cologne : Thiriat.

Kramp, C. (1811). Mémoire sur la double réfraction de la chaux carbonatée. *Mémoires de la société des sciences, agriculture et arts de Strasbourg*, 1, 181–280.

Kramp, C. (1812). *Essai d'application de l'analyse mathématique à la circulation du sang ; deuxième mémoire ; en réponse à Kurt Sprengel*. Strasbourg.

Kramp, C. (1816-1817). Mathématiques appliquées. Essai d'application de l'analise mathématique à la circulation du sang ; deuxième mémoire en réponse à Kurt Sprengel. *Annales de mathématiques pures et appliquées*, 7, 270–282.

Livet, G. (1996). *L'Université de Strasbourg de la Révolution française à la guerre de 1870*. Strasbourg : Presses universitaires de Strasbourg.

Noble de la Torre, E. (2011). *L'Analyse combinatoire allemande : un projet de fondation des mathématiques à la fin du* XVIIIe *siècle*. Thèse de doctorat, Université de Paris 7.

O'Connor, J. J. & Robertson, F., Edmund (2012). Christian Kramp. MacTutor History of Mathematics Archive. URL http://mathshistory.st-andrews.ac.uk/Biographies/Kramp.html, (consulté le 13 janvier 2023).

Pabst, K. (1988). Der Kölner Universitätsgedanke zwischen Französischer Revolution und preußischer Reaktion (1794-1818). In B. Heimbüchel & K. Pabst (éd.) *Kölner Universitätsgeschichte*, t. 2, Cologne : Böhlau, 1–99.

Quarg, G. (1994). Das Physikalische Kabinett und der Physik-Unterricht in Köln. *Jahrbuch des Kölnischen Geschichtsvereins*, 65(1), 113–136.

Quarg, G. (1995). Ein Inventar des Kölner Physikalischen Kabinetts aus dem Jahre 1801. *Jahrbuch des Kölnischen Geschichtsvereins*, 66(1), 81–84.

Quarg, G. (1996). *Naturkunde und Naturwissenschaften an der alten Kölner Universität*. Cologne : Böhlau.

Sacombe, J. F. (1796). *Der Arzt als Geburtshelfer*. Manheim : Medicinisches Archiv. Übersetzt von C. Kramp, [*Le Médecin accoucheur*, Paris, 1791].

Seguin, P. (2005). La recherche d'un fondement absolu des mathématiques par l'École combinatoire de C. F. Hindenburg (1741-1808). *Philosophia Scientiæ*, CS5, 61–79.

Sprengel, K. (1801). *Kritische Übersicht des Zustandes der Arzneykunde im letzten Jahrzehend.* Halle : Gebauer.

Stempfer, M.-O. (1994). Kramp, Chrétien Charles. *Nouveau dictionnaire de biographie alsacienne*, 22, 2100.

Matthias Dörries
AHP-PReST (UMR 7117), Université de Strasbourg
dorries@unistra.fr

Variations sur la correspondance entre Élie Cartan et Hermann Weyl

Christophe Eckes

Introduction

Notre compréhension de l'œuvre d'Élie Cartan (1869-1951) a été renouvelée en profondeur ces dernières années, avec la publication de (Chorlay 2009), (Nabonnand 2009, 2016), (Cogliati 2018), (Scholz 2016) ainsi que (Scholz 2018). Une impulsion supplémentaire a été offerte avec l'ouverture en 2011 des archives Élie Cartan à l'Académie des sciences. Ce fonds contient des cahiers – numérisés et exploités par Emmylou Haffner dans (2017) – de la correspondance, des documents administratifs, ainsi que des manuscrits produits de la main de Cartan ou par des tiers. Ces pièces nous aident à mieux cerner la genèse des travaux scientifiques de Cartan et elles permettent de reconstituer ses réseaux de correspondants ainsi que ses échanges avec le mathématicien et philosophe Hermann Weyl (1885-1955)[1].

Dans (Hawkins 2000, p. 493 et suiv.) figure un bref commentaire des lettres que Cartan et Weyl échangèrent sur les algèbres de Lie en 1925. E. Scholz se réfère brièvement, dans (Scholz 2016), à une lettre que Cartan adressa à Weyl en octobre 1922. P. Nabonnand évoque pour sa part dans (Nabonnand 2009, p. 223) les échanges épistolaires entre Weyl et Cartan de 1930 sur les espaces généralisés. La correspondance entre Cartan et Weyl a donc donné lieu jusqu'ici à quelques emprunts ponctuels, liés à des thématiques bien circonscrites. Or, leurs échanges épistolaires mériteraient de faire l'objet d'une étude à part entière qui permettrait d'une part de parcourir la diversité des thèmes scientifiques sur lesquels ils ont échangé, d'autre part de mieux cerner les méthodes ainsi que les valeurs épistémiques qui y sont promues. Cette série de lettres ne se suffit bien évidemment pas à elle-même et je reviendrai

1. Les lettres de Cartan étant conservées dans le fonds Weyl aux archives de l'*Eidgenössische Technische Hochschule* (ETH) de Zurich.

P.-E. Bour, M. Rebuschi & L. Rollet (eds.), *Sciences, Circulations, Révolutions, 265–277.*

sur les éléments de contexte, les sources archivistiques et les corpus de textes nécessaires à leur éclairage.

Philippe Nabonnand et moi-même avions présenté un exposé à deux voix en décembre 2015 sur cette correspondance. La présente contribution constitue une invitation à poursuivre ce travail, qui pourrait se concrétiser avec la publication d'une édition critique et annotée de la correspondance entre Cartan et Weyl. Dans un premier temps, je rappellerai dans quel contexte débute cette correspondance avant d'en proposer un inventaire. Dans un second temps, je reviendrai sur les échanges épistolaires entre Cartan et Weyl au sujet des groupes et des algèbres de Lie ; je montrerai qu'Hawkins est loin d'en avoir épuisé tous les aspects. Plus globalement, j'amorcerai une réflexion comparable à celle qu'a menée C. Goldstein s'agissant de la correspondance entre Charles Hermite et Rudolf Lipschitz (Goldstein 2018).

1 Mises en situation de la correspondance Cartan – Weyl

1.1 Des liens noués lors de la campagne relativiste de Paul Langevin

Les échanges épistolaires entre Cartan et Weyl débutent à l'automne 1922, alors que Cartan vient de faire parvenir à Weyl un tiré à part d'une note aux Comptes rendus de l'Académie des sciences (CRAS). Celle-ci est présentée par Émile Borel le 10 juillet 1922 et elle offre une caractérisation générale des variétés pythagoriciennes dans l'infinitésimal au sens de Weyl[2]. Rappelons qu'entre 1918 et 1921, Weyl fait paraître quatre éditions de *Raum, Zeit, Materie*, sa monographie en relativité générale[3]. Celle-ci circule parmi des savants et des scientifiques-philosophes français[4] dès le début des années 1920 dans le cadre de la campagne relativiste menée en France par le physicien Paul Langevin[5]. Dans ce contexte, le physicien Jean Becquerel et donc Élie Cartan se montrent attentifs aux contributions de Weyl en relativité générale. Le dernier chapitre de (Becquerel 1922) a notamment pour objet la théorie unifiée des champs de Weyl. Cartan insère pour sa part la géométrie purement infinitésimale de Weyl – qui constitue une généralisation de la géométrie riemannienne – à l'intérieur de sa vaste théorie des espaces généralisés et il s'intéresse plus spécifiquement au problème de l'espace de Weyl, qui est partiellement exposé au cours du § 18 de (Weyl 1921). Weyl se donne alors pour objectif de caractériser les variétés pythagoriciennes dans l'infinitésimal et il ne résout ce problème que pour des variétés de dimensions $n = 2$ et $n = 3$, n'obtenant de solution générale qu'un

2. Il s'agit de variétés différentielles munies d'une structure métrique définie par la donnée d'une forme quadratique non dégénérée (ou d'une classe conforme de telles formes) en chacun de leurs espaces tangents.

3. Les deux premières éditions paraissent en 1918, la troisième en 1919 et la quatrième édition en 1921. Notons qu'une cinquième édition sera publiée en 1923.

4. Pour un état des lieux de la réception de *Raum, Zeit, Materie* parmi les savants-philosophes français dans les années 1920, dont le cas remarquable d'Émile Meyerson, voir (Eckes 2020).

5. Sur la campagne relativiste de Langevin, on se référera à (Bensaude-Vincent 1987, p. 67–70).

an plus tard (Weyl 1922). Dans sa note de juillet 1922, Cartan montre, sur ce problème, toute l'effectivité de ses contributions antérieures sur les groupes et les algèbres de Lie de dimension finie, dont (Cartan 1894), (Cartan 1913) et (Cartan 1914). Ce cadre théorique lui permet de parvenir avec une rare économie de moyens à la caractérisation escomptée. La monographie de Weyl en relativité générale est donc envisagée par Cartan comme une pourvoyeuse de problèmes mathématiques qu'il s'agit de résoudre en faisant appel à des éléments de connaissance, des méthodes et des techniques acquises de longue date sur les groupes et les algèbres de Lie.

Ce constat exige de déterminer avec exactitude à quelle occasion Cartan a pris connaissance de (Weyl 1921). Sur ce point, un examen attentif de la correspondance passive de Cartan nous conduit à mettre en exergue une lettre que le mathématicien suisse Gustave Juvet adresse à Cartan le 29 juin 1922. Juvet rappelle en préambule avoir étudié à la Sorbonne en 1919 et y avoir suivi les cours de mécanique professés par Cartan. Juvet précise ensuite les véritables motivations de son courrier : il souhaiterait que Cartan lui fasse parvenir certains de ses travaux, actuellement introuvables en librairie. En échange, Juvet lui offre un exemplaire de son petit livre sur le calcul tensoriel, ainsi que la traduction en français de (Weyl 1921) qu'il vient d'accomplir en collaboration avec Robert Leroy, un agrégé de physique issu de l'ENS. Cet envoi a donc très vraisemblablement permis à Cartan de découvrir le problème de l'espace de Weyl. Cartan se réfère d'ailleurs à la traduction de Juvet et Leroy dans sa note du 10 juillet 1922, qu'il fait donc parvenir à Weyl en octobre 1922, inaugurant par là même leurs échanges épistolaires.

1.2 Un panorama de leurs échanges épistolaires

D'une manière globale, la correspondance entre Cartan et Weyl frappe par son caractère discontinu. Elle se répartit en trois moments qui sont attachés à des thématiques bien définies : (i) les lettres datant de 1922-1923 sont essentiellement dévolues au problème de l'espace de Weyl ; (ii) celles de 1925 portent sur les algèbres de Lie ; (iii) celles de 1930 concernent les travaux de Cartan sur les espaces généralisés. Leurs échanges épistolaires constituent un précieux indicateur pour repérer les thématiques scientifiques qu'ils ont partagées. La tonalité adoptée par Cartan et Weyl est relativement homogène : faire valoir, sans polémiquer, la pertinence et l'effectivité des méthodes et des stratégies de preuves qu'ils entendent promouvoir en géométrie différentielle ou dans l'étude des groupes et des algèbres de Lie. Au cours des deux premiers ensembles de lettres, Cartan et Weyl s'accordent pour reconnaître la complémentarité de leurs contributions respectives sur le problème de l'espace et les algèbres de Lie. Le troisième ensemble se singularise par le fait que Weyl témoigne de son incompréhension devant les méthodes employées par Cartan sur les espaces généralisés (Nabonnand 2009).

Leur correspondance s'achève sur une lettre isolée de Cartan à Weyl datée du 10 juillet 1947, au terme d'une longue période d'interruption qui ne traduit cependant pas une absence d'échanges scientifiques entre les deux hommes. Weyl et Cartan ont notamment dû se rencontrer dans le cadre du congrès international des mathématiciens organisés à Oslo en 1936. Cartan présente à cette occasion une conférence plénière sur le rôle de la théorie des groupes de Lie dans l'évolution de la géométrie moderne et il y expose de nouveau frais ses travaux sur les espaces généralisés. Signalons par ailleurs que, dans les leçons qu'il professe à l'*Institute for Advanced Study* entre 1934 et 1935, Weyl s'appuie sur les dernières publications de Cartan consacrées aux groupes et aux algèbres de Lie. Réciproquement, Cartan a forcément dû entendre parler des leçons de Weyl à Princeton sur cette même thématique : elles sont citées dans le cadre des exposés donnés en l'honneur de Cartan durant la quatrième année d'existence du séminaire Julia en 1936-1937[6]. Notons enfin qu'en 1943, Cartan s'intéresse à nouveaux frais aux espaces introduits par Weyl en 1918 pour unifier la gravitation et l'électromagnétisme (Cartan 1943).

La lettre de Cartan à Weyl du 10 juillet 1947 qui vient clore leurs échanges épistolaires se singularise également par son caractère institutionnel : il s'agit d'annoncer à Weyl qu'il vient d'être élu membre correspondant de l'Académie des sciences dans la section de géométrie. Cette lettre fait suite à une série de courriers que Gaston Julia destine à Weyl les 5 et 7 juillet 1947. On y lit que l'Académie des sciences « a bien voulu suivre la proposition que je lui ai faite de vous mettre en première ligne sur la liste des correspondants que l'Académie va élire dans sa prochaine séance[7] ». Weyl aurait donc été proposé par Julia, certainement avec le soutien de Cartan. Julia s'empresse de réécrire à Weyl le 7 pour lui annoncer que son nom a recueilli l'unanimité des suffrages[8]. Ces lettres de Cartan et de Julia ne font sens que rapportées au contexte de l'immédiat après-guerre à l'Académie des sciences, ce qui dépasse le cadre du présent article.

1.3 L'exemple de leurs échanges épistolaires en 1922-1923

Je souhaiterais partiellement reconstituer le corpus de textes nécessaire à l'éclairage de la correspondance entre Cartan et Weyl, à travers l'exemple de leurs échanges en 1922-1923. Cette série débute par une lettre de Weyl du 5 octobre 1922 accusant réception de la note de Cartan aux CRAS de juillet 1922. Weyl y précise qu'il dispose également d'une solution générale au problème de l'espace, faisant allusion à (Weyl 1922). Il reconnaît cependant tout ignorer de (Cartan 1894). Grâce à cette pièce, il est donc possible de dater la première prise de contact de Weyl avec les travaux de Cartan sur les groupes et les algèbres

6. Sur le séminaire Julia, voir en particulier(Audin 2014).

7. Lettre de Julia à Weyl du 5 juillet 1947, *Nachlass Hermann Weyl, ETH-Bibliothek*, Hs 91 : 321.

8. Lettre de Julia à Weyl du 7 juillet 1947, *Nachlass Hermann Weyl, ETH-Bibliothek*, Hs 91 : 322. Weyl a vraisemblablement été tenu au courant des prises de position de Julia en faveur de la collaboration durant l'Occupation, détaillées dans (Eckes 2018). Plusieurs indices, que nous ne présenterons pas ici, suggèrent que les engagements de Julia étaient connus outre-Atlantique.

de Lie. Mais – et la correspondance entre Cartan et Weyl s'avère ici décisive –, Weyl ne se les approprie vraiment qu'à partir de 1924, lorsqu'il attaque de front la question des représentations linéaires des algèbres de Lie. En effet, dans ses publications sur le problème de l'espace, qui s'étendent jusqu'en 1923, Weyl multiplie les distinctions de cas et il s'appuie sur des techniques de calcul matriciel. Par contraste, la démarche suivie par Cartan se caractérise par une réelle économie de moyens, puisqu'il repère, parmi les algèbres de Lie qu'il a classées, celle qui répond aux contraintes imposées par le problème de l'espace.

Weyl admet que la méthode de Cartan « correspond mieux à la nature de la chose », lui prêtant ainsi deux valeurs épistémiques : être plus naturelle et plus simple. Dans sa réponse du 9 octobre 1922, Cartan aborde au surplus son vaste programme sur les espaces généralisés. Ainsi, dès ces premiers échanges épistolaires, Weyl prend connaissance de deux aspects fondamentaux de l'œuvre de Cartan. À cette lettre du 9 octobre 1922, Cartan joint un tiré à part de son article sur les équations de la gravitation d'Einstein, que Weyl recensera d'ailleurs pour le *Jahrbuch über die Fortschritte der Mathematik.* Weyl rappelle alors l'objectif de l'article de Cartan : déduire tous les invariants attachés à des formes quadratiques différentielles à n variables. Weyl ajoute cependant qu'un tel problème est bien trop général pour un lecteur qui s'intéresserait exclusivement à la théorie einsteinienne de la gravitation. Cette remarque est loin d'être anecdotique. L'essentiel des discussions entre Cartan et Weyl portent sur le niveau de généralité qu'il s'agit d'adopter aussi bien dans la formulation de problèmes que dans le choix des méthodes pour les résoudre. Cartan et Weyl associent étroitement ces questions de généralité à d'autres valeurs épistémiques : simplicité ou économie de moyens, fécondité, etc.

Ces remarques montrent que leur correspondance exige de faire référence à un corpus de textes qui englobe leurs travaux respectifs sur le problème de l'espace, ainsi que diverses publications connexes qu'ils font paraître au début des années 1920. La réponse de Weyl à cette lettre du 9 octobre 1922 semble perdue. Leurs échanges sur le problème de l'espace s'achèvent sur une lettre de Cartan datée du 22 juin 1923 : ce dernier annonce avoir reçu la vaste synthèse de Weyl sur le problème de l'espace, c'est-à-dire (Weyl 1923). Ainsi, Cartan a été tenu au courant des publications de Weyl sur ce thème bien au-delà du seul § 18 de (Weyl 1921).

Nous voudrions étendre nos réflexions sur les corpus de textes nécessaires à l'éclairage d'une correspondance, en nous intéressant à leurs échanges épistolaires de mars 1925 sur les algèbres de Lie. Plus encore que pour le problème de l'espace, leurs discussions sont l'occasion d'appropriations réciproques : Weyl reprend à son compte (Cartan 1894) et il souhaite dépasser (Cartan 1913) en raison des lacunes que cet article présente ; de son côté, Cartan entend prolonger, après quelques réticences, les méthodes topologiques et intégrales développées par Weyl à la suite d'Adolf Hurwitz et d'Issaï Schur.

2 Une correspondance féconde sur les algèbres de Lie

2.1 Dépasser Cartan : Weyl et la conjugaison des points de vue sur les algèbres de Lie

Un bref retour en arrière s'impose ici. Dès les années 1890, la classification des algèbres de Lie complexes[9] de dimension finie est au cœur de la thèse de Cartan[10]. Il simplifie alors les raisonnements de Wilhelm Killing, en produisant une classification non redondante des algèbres de Lie simples complexes[11] et il offre en particulier une caractérisation des algèbres de Lie semi-simples[12], que nous détaillerons ci-après. Après une césure de près de vingt ans, il poursuit en 1913-1914 son étude sur les groupes et les algèbres de Lie complexes de dimension finie, tout en prolongeant ses investigations au cas réel. Dans (Cartan 1913), il étudie ce faisant ce que nous appellerions les représentations irréductibles des algèbres de Lie simples complexes[13]. La thèse de Cartan, ainsi que ses articles de 1913-1914, constituent l'une des sources d'inspiration majeures de Weyl à partir de 1924.

Comme il a été établi dans (Hawkins 2000, p. 455 et suiv.), Weyl s'intéresse dès la fin de l'année 1923 à des questions de mathématiques pures portant sur les fondements du calcul tensoriel, son objectif étant de classer certains tenseurs selon leur type de symétrie. Ce programme de recherche donne lieu à une première série de publications en 1924. Weyl fait alors converger les travaux d'Adolph Hurwitz en théorie des invariants, de Georg Frobenius et Issaï Schur sur les représentations des groupes finis, de Schur sur les représentations du groupe orthogonal standard et de Cartan sur la structure des groupes et des algèbres de Lie simples classiques[14]. Dans (Weyl 1924) figure en outre la stratégie de preuve choisie par Weyl pour prouver que les représentations de dimension finie de l'algèbre de Lie du groupe spécial linéaire $\mathrm{SL}(n,\mathbb{C})$[15] peuvent se décomposer en une somme directe de sous-représentations irréductibles. Bien

---

9. Une algèbre de Lie complexe $\mathfrak{g}$ est un espace vectoriel sur le corps des nombres complexes, muni d'un crochet $[\cdot,\cdot] : \mathfrak{g}\times\mathfrak{g} \to \mathfrak{g}$, c'est-à-dire une application bilinéaire telle que (i) $[X,X]=0$ pour tout $X\in\mathfrak{g}$ – ce qui équivaut à $[X,Y]=-[Y,X]$ pour tous X, Y de $\mathfrak{g}$ – et (ii) $[X,[Y,Z]]+[Y,[Z,X]]+[Z,[X,Y]]=0$ pour tous X, Y, Z de $\mathfrak{g}$ (identité de Jacobi).

10. Cartan utilise la terminologie « groupe infinitésimal » pour « algèbre de Lie », cette dernière expression étant introduite pour la première fois dans le cours de Weyl à l'*Institute for Advanced Study* de 1934. Voir à ce propos (Eckes 2014, p. 358).

11. Une algèbre de Lie $\mathfrak{g}$ est *simple* si $\dim \mathfrak{g} \geq 2$ et $\mathfrak{g}$ ne contient aucun idéal non trivial (c'est-à-dire autre que (0) et $\mathfrak{g}$).

12. Une algèbre de Lie $\mathfrak{g}$ de dimension finie est dite semi-simple si elle ne contient pas d'idéal abélien non nul.

13. Une représentation d'une algèbre de Lie $\mathfrak{g}$ est définie par la donnée d'un espace vectoriel complexe de dimension finie V et d'une application linéaire $\rho : \mathfrak{g} \to \mathfrak{gl}(V)$ – c'est-à-dire sur l'espace $\mathfrak{gl}(V)$ des endomorphismes de V muni du commutateur –, cette application vérifiant, pour tous x, y de $\mathfrak{g}$, $\rho([x,y]) = \rho(x)\circ\rho(y) - \rho(y)\circ\rho(x)$. Une représentation de $\mathfrak{g}$ est dite irréductible si les seuls sous-espaces de V stables sous l'action de $\mathfrak{g}$ sont $\{0\}$ et V.

14. Pour plus d'informations sur ces diverses sources, (Eckes 2014, p. 153 et suiv.).

15. qui est constitué de l'ensemble des matrices carrées $n\times n$ inversibles de déterminant 1.

que cette propriété de complète réductibilité soit de nature algébrique, Weyl s'appuie sur des considérations d'*analysis situs* pour en fournir la preuve.

La correspondance entre Cartan et Weyl reprend au moment même où ce dernier prépare son article sur les représentations des algèbres de Lie semi-simples (1925-1926)[16] dont une traduction commentée figure dans (Eckes 2014)[17]. En effet, au cours du mois de février 1925, Weyl fait parvenir à Cartan des notes parues durant l'année 1924, dont (Weyl 1924). Leurs échanges épistolaires s'échelonnent entre le début et la fin du mois de mars 1925. La première pièce, qui date du 1er mars 1925, est une réponse détaillée de Cartan aux notes qu'il vient de recevoir. La deuxième pièce est une lettre de Weyl du 22 mars 1925 visant à détailler le programme de recherche qu'il suit et les méthodes qu'il préconise pour démontrer le théorème de complète réductibilité pour toute algèbre de Lie semi-simple. La dernière pièce est une réponse de Cartan datée du 28 mars 1925 : il y reconnaît la fécondité de la démarche adoptée par Weyl, qui mêle un point de vue algébrique et infinitésimal d'une part, un point de vue topologique et intégral d'autre part, dans l'étude des groupes et des algèbres de Lie. Cartan y annonce vouloir prolonger et porter à la connaissance de mathématiciens de langue française le travail de synthèse accompli par Weyl sur les groupes et les algèbres de Lie. Ainsi, Weyl discute et complète les contributions de Cartan sur les algèbres de Lie complexes de dimension finie, en employant des méthodes transcendantes héritées de Hurwitz et de Schur ; réciproquement, après quelques réserves, Cartan admet la pertinence de l'approche de Weyl qui implique de s'appuyer sur les propriétés topologiques globales des groupes de Lie. Une analyse fine de leurs échanges épistolaires va nous permettre de mieux cerner comment Weyl parvient à convaincre Cartan de la pertinence de sa démarche.

2.2 Une approche qui emporte l'assentiment de Cartan

Dès réception des notes de Weyl de 1924, Cartan tente de reconstituer la ligne directrice suivie par son interlocuteur pour prouver le théorème de complète réductibilité. Au préalable, il indique tout ignorer des contributions de Hurwitz en théorie des invariants et de Schur sur les représentations du groupe orthogonal, lesquelles impliquent d'intégrer dans des groupes de Lie compacts[18]. Les notes de Weyl ont d'ailleurs pour objectif de dégager les points saillants, mais aussi les lacunes que comportent les travaux de Cartan de 1894 et de 1913-1914 sur les algèbres de Lie de dimension finie. Dans sa lettre à Weyl du 1er mars 1925, Cartan reconnaît par exemple que son article de 1913 est incomplet, puisque le théorème de complète réductibilité y est présupposé sans être démontré. De plus, alors même qu'il ne connaît pas le détail du

16. À savoir (Weyl 1925, 1926b,a).

17. Voir également (Hawkins 2000, p. 465 et suiv.) pour une analyse des contributions de Weyl de 1925-1926.

18. Lettre de Cartan à Weyl du 1er mars 1925, *Nachlass Hermann Weyl*, *ETH-Bibliothek*, Hs 91 : 501.

raisonnement de Weyl, Cartan parvient à isoler les résultats qui, dans sa thèse et ses articles de 1913-1914, sont susceptibles d'intervenir de manière essentielle dans la démonstration du théorème de complète réductibilité.

Cartan réalise tout d'abord que cette propriété de complète réductibilité *caractérise* les algèbres de Lie semi-simples. Il rappelle ensuite comment lui-même avait caractérisé les algèbres de Lie semi-simples dans sa thèse[19]. Mais surtout, il comprend que le nœud de la preuve du théorème de complète réductibilité repose sur l'existence d'une forme réelle compacte pour toute algèbre de Lie semi-simple donnée[20]. Il met ainsi en exergue l'étape-clé dans le raisonnement que Weyl est sur le point d'achever. Cartan se montre cependant réticent à l'idée d'utiliser des considérations d'*analysis situs* qu'il juge « toujours délicates ». Il tente vainement de les contourner par une étude au cas par cas, dont il présente les détails dans (Cartan 1925). Ainsi, les points de vue de Cartan et de Weyl ne convergent pas encore pleinement au début du mois de mars 1925. Dans sa réponse, datée du 22 mars et écrite depuis la station de Lenzerheide dans le canton des Grisons, Weyl s'emploie à lever les réticences de Cartan, en montrant que son approche topologique permet de prouver le théorème de complète réductibilité de manière à la fois simple et générale, c'est-à-dire sans distinctions de cas. Weyl annonce à ce propos que la première et la deuxième partie de son vaste article sur les algèbres de Lie sont sous presse[21] alors que la troisième n'est pas encore écrite[22] – ce qui nous renseigne donc sur leur genèse.

Dans les deux premières parties, Weyl revisite l'étude des groupes de Lie classiques[23], tout en faisant converger les méthodes de Cartan d'une part, de Hurwitz et Schur d'autre part. Weyl traitera donc en troisième partie du cas général, c'est-à-dire de la théorie des algèbres de Lie semi-simples. Dans sa lettre à Cartan, Weyl précise avoir commencé par l'étude de divers cas particuliers, dans la mesure où ils impliquent une série de considérations qui ne trouvent pas leur analogue en général. Cette affirmation appelle deux points de commentaires : (i) ces cas particuliers – à commencer par celui du groupe

---

19. Cartan considérait alors l'action adjointe ad_X de $X \in \mathfrak{g}$, c'est-à-dire l'endomorphisme de $\mathfrak{g}$ qui, à tout $Y \in \mathfrak{g}$, associe $[X, Y]$, ainsi que l'équation caractéristique $\Delta(\omega) = \det[\mathrm{ad}_X - \omega I_{\mathfrak{g}}] = 0$. Posant $X = \sum_{i=1}^{r} e_i X_i$, où X_1, ..., X_r est une base de $\mathfrak{g}$, on peut écrire

$$\Delta(\omega) = (-1)^r[\omega^r - \psi_1(e)\omega^{r-1} + \psi_2(e)\omega^{r-2} - ...],$$

où les $\psi_i(e)$ sont des polynômes homogènes en les e_1, ... e_r de degré égal à i. En conséquence, $\psi_2(e)$ est une forme quadratique. Cartan établit dans sa thèse qu'une algèbre de Lie complexe est semi-simple si et seulement si $\psi_2(e)$ est non dégénérée.

20. Weyl et Cartan établissent en effet en 1925 que toute algèbre de Lie semi-simple complexe $\mathfrak{g}$ admet une sous-algèbre de Lie réelle $\mathfrak{g}_u$ qui est maximale – c'est-à-dire dont la complexifiée est $\mathfrak{g}$ – et qui est telle que la restriction de $\psi_2(e)$ à $\mathfrak{g}_u$ soit non dégénérée définie négative. On appelle $\mathfrak{g}_u$ une forme réelle compacte.

21. Il s'agit de (Weyl 1925) et de (Weyl 1926b).

22. À savoir (Weyl 1926a).

23. c'est-à-dire le groupe spécial linéaire, le groupe spécial orthogonal et le groupe symplectique.

spécial linéaire – fournissent cependant déjà les grandes lignes du théorème de complète réductibilité tel qu'il sera prouvé en général ; (ii) Weyl sous-entend dans cette lettre qu'il abordera la théorie générale des algèbres de Lie semi-simples sans distinctions de cas, s'inscrivant en faux contre son interlocuteur.

Weyl concède par la suite à Cartan que la preuve du théorème de complète réductibilité repose sur la donnée d'une forme réelle compacte, cette manière de procéder recevant le nom de « restriction unitaire » chez ces deux protagonistes. Weyl se place ensuite sur le terrain des valeurs épistémiques et il prône la simplicité, la généralité et la fécondité de son approche, fondée sur des considérations d'*analysis situs* qui lui permettent d'achever sa preuve[24]. Il est question de simplicité, dans la mesure où la démonstration proposée par Weyl se ramène à un nombre limité d'implications qui découlent presque immédiatement les unes des autres ; la généralité de son approche tient au fait qu'elle est valable directement pour toute algèbre de Lie semi-simple. Cette généralité est acquise à la faveur d'un raisonnement sur un cas paradigmatique – celui du groupe spécial linéaire – dont Weyl transpose et adapte ensuite les grandes lignes au cas général[25]. Weyl reconnaît que les considérations d'*analysis situs* utilisées dans ses raisonnements lui sont plus familières qu'à son interlocuteur : il transpose de fait aux groupes de Lie des concepts et un mode de raisonnement dont il avait déjà éprouvé la fécondité dans ses travaux sur les surfaces de Riemann.

Notons qu'en matière de simplicité et de généralité, les rapports entre ces deux interlocuteurs s'inversent sur les thèmes du problème de l'espace et des algèbres de Lie. Dans le cas du problème de l'espace, Cartan faisait valoir la généralité de sa classification des algèbres de Lie simples, pour parvenir à une solution bien plus économique que celle proposée par Weyl. S'agissant des groupes et des algèbres de Lie, l'approche de Weyl l'emporte en revanche sur celle de Cartan en termes de généralité et de simplicité.

À la fin de cette lettre à Cartan du 22 mars 1925, Weyl minimise la portée de ses contributions, estimant n'être qu'un point de jonction accidentel [*zufälliger Treffpunkt*] entre Cartan et Schur. La réorientation des recherches de Weyl en direction des groupes et des algèbres de Lie n'a pourtant rien d'accidentel. En outre, il parvient d'une part à combler les lacunes que présentaient les travaux de Cartan sur les algèbres de Lie de dimension finie, d'autre part à généraliser les méthodes transcendantes de Schur. Weyl accomplit donc une vaste synthèse venant inaugurer un programme de recherche fondé sur l'étude

24. De telles considérations peuvent aisément être résumées dans le cas du groupe spécial linéaire $\mathrm{SL}(n, \mathbb{C})$ et de son algèbre de Lie $\mathfrak{sl}(n, \mathbb{C})$ – dont les éléments sont les matrices carrées $n \times n$ de trace nulle. Weyl se restreint tout d'abord au groupe spécial unitaire $SU(n)$ – qui est constitué des matrices unitaires $n \times n$ de déterminant 1. En raison de sa compacité, ce groupe satisfait à la propriété de complète réductibilité. Comme de plus il est simplement connexe, une telle propriété s'étend à son algèbre de Lie $\mathfrak{su}(n)$ – dont les éléments sont les matrices antihermitiennes de trace nulle. Weyl démontre ensuite l'implication suivante : si $\mathfrak{su}(n)$ vérifie cette propriété, alors c'est également le cas de $\mathfrak{sl}(n, \mathbb{C})$, ce qui achève le raisonnement.

25. Voir à ce propos (Eckes 2014, p. 257 et suiv.).

des propriétés topologiques globales des groupes de Lie. Cartan ne s'y trompe d'ailleurs pas dans sa réponse du 28 mars 1925. Il annonce tout d'abord la parution prochaine de son article dédié au théorème de complète réductibilité – il s'agit de (Cartan 1925). Ce faisant, il souhaite « attirer l'attention en France sur le point de vue "intégral" ». Il reconnaît au passage qu'il semble très difficile pour le moment de fournir une preuve purement algébrique à ce théorème[26]. Ceci l'amène à souligner « la nécessité de ne sacrifier aucun des deux points de vue, infinitésimal et intégral », avant d'insister sur le caractère programmatique des recherches de Weyl.

Ainsi, à l'issue de ces trois lettres, les réflexions de Cartan et de Weyl convergent nettement, ce que reflètent d'ailleurs les publications de Cartan au cours de la seconde moitié des années 1920, en particulier (Cartan 1927), dont un commentaire détaillé figure dans (Hawkins 2000, p. 494–498). Signalons que les réflexions mises au point par Cartan et Weyl dans leur correspondance seront rendues publiques lors de leur participation au congrès de la société mathématique suisse qui se tient à Berne en mai 1927. Comme nous l'avons déjà indiqué dans (Eckes 2014, p. 295 et suiv.), Weyl présente à cette occasion ses travaux écrits conjointement avec son élève Fritz Peter qui jettent les bases de l'analyse harmonique non commutative. À la fin de son intervention, Weyl revient avec insistance sur la généralité, la simplicité et la fécondité du point de vue topologique global qu'il a adopté dans l'étude des groupes et des algèbres de Lie, reprenant à cette occasion l'exemple du théorème de complète réductibilité. À la fin de sa conférence, Cartan présente en parallèle les grandes lignes de (Cartan 1927) et montre ainsi qu'il reconnaît la fécondité d'un tel point de vue. Cette première rencontre entre Cartan et Weyl a été rendue possible grâce au mathématicien et philosophe des mathématiques Ferdinand Gonseth, qui exerce alors à Berne. Dans une lettre de remerciements à Gonseth datée du 10 mai 1927, Cartan se déclare en effet « très heureux de faire la connaissance de M. Weyl, et très heureux aussi de faire votre connaissance[27] ».

Perspectives de recherche

Cet article se voulait exploratoire et nos remarques finales visent à mettre en avant quelques-unes des pistes de recherche que la présente étude nous invite à poursuivre. J'ai sciemment mis de côté les échanges entre Cartan et Weyl datant de 1930 qui intéressent P. Nabonnand au premier chef. Ces lettres montrent que les travaux de Cartan sur les espaces généralisés suscitent l'incompréhension de Weyl, ce que P. Nabonnand exposera plus en détail dans le prolongement immédiat du présent article. Il vaut donc la peine de publier la correspondance entre Cartan et Weyl *in extenso*, pour souligner la variété des thèmes qu'ils

26. Ce sera chose faite dès 1935 avec les travaux d'Hendrick Casimir et de Bartel Leendert van der Waerden.

27. Lettre de Cartan à Gonseth du 10 mai 1927, fonds Ferdinand Gonseth, Université de Lausanne, IS 4323, carton 23 bis.

y abordent et mettre en avant les diverses modalités sous lesquelles ont été conduites leurs discussions.

S'agissant de la thématique des groupes et des algèbres de Lie, il reste beaucoup à faire. (Hawkins 2000) s'achève sur un commentaire de (Cartan 1927), mais il y aurait lieu d'étudier des publications ultérieures de Cartan sur les groupes et les algèbres de Lie. Inversement, je me suis intéressé dans (Eckes 2014, p. 343 et suiv.) aux leçons de Weyl sur les algèbres de Lie à Princeton. Il est désormais possible de compléter cette étude en mettant en avant plusieurs éléments de contexte afin d'expliquer pourquoi Weyl revient sur cette thématique à partir de 1933. Je mentionnerai ici les contributions de Bartel Leendert van der Waerden et d'Emil Artin visant à moderniser au début des années 1930 la classification des algèbres de Lie simples héritée de (Cartan 1894). En outre, j'ai récemment découvert que les fascicules des cours de Weyl à Princeton constituent l'une des principales sources d'inspiration parmi les orateurs qui exposent sur les groupes et les algèbres de Lie dans le cadre du séminaire Julia en 1936-1937, alors que l'œuvre de Cartan y est mise à l'honneur. Ce dernier a donc été témoin de l'entreprise de modernisation de la théorie des groupes et des algèbres de Lie initiée par des acteurs tels qu'Artin, van der Waerden et Weyl au cours des années 1930.

Il conviendrait, pour finir, de mettre davantage en contexte la lettre de Cartan à Weyl de 1947 qui vient clore leur correspondance. Pour ce faire, il vaudrait la peine de revenir sur leurs trajectoires durant la Seconde Guerre mondiale et l'immédiat après-guerre, ce que j'ai déjà entrepris, s'agissant de Cartan, à travers ma vaste enquête sur les mathématiciens en France durant la période de l'Occupation et l'immédiat après-guerre.

Bibliographie

Audin, M. (2014). Le séminaire de mathématiques 1933-1939. Première partie, l'histoire. http://books.cedram.org/MALSM/.

Becquerel, J. (1922). *Le Principe de relativité et la théorie de la gravitation.* Paris : Gauthier-Villars.

Bensaude-Vincent, B. (1987). *Langevin. Science et vigilance.* Paris : Belin.

Cartan, E. (1894). *Sur la structure des groupes finis et continus.* Paris : Librairie Nony.

Cartan, E. (1913). Les groupes projectifs qui ne laissent invariante aucune multiplicité plane. *Bulletin de la Société mathématique de France*, 41, 53–96.

Cartan, E. (1914). Les groupes réels simples et continus. *Annales scientifiques de l'É.N.S.*, 31, 263–355.

Cartan, E. (1925). Les tenseurs irréductibles et les groupes linéaires simples et semi-simples. *Bulletin des sciences mathématiques*, 49, 130–152.

Cartan, E. (1927). La géométrie des groupes simples. *Annali di mathematiche*, 4, 209–256.

Cartan, E. (1943). Sur une classe d'espaces de Weyl. *Annales scientifiques de l'École normale supérieure*, 60, 1–16.

Chorlay, R. (2009). Passer au global : le cas d'élie Cartan 1922-1930. *Revue d'histoire des mathématiques*, 15, 231–316.

Cogliati, A. (2018). *Writing Small Omegas : Élie Cartan's Contributions to the Theory of Continuous Groups 1894-1926*. London : Academic Press.

Eckes, C. (2014). *Les groupes de Lie dans l'œuvre de Hermann Weyl.* Nancy : Presses universitaires de Nancy-Edulor.

Eckes, C. (2018). Organiser le recrutement de recenseurs français pour le *Zentralblatt* à l'automne 1940 : les premiers liens entre Harald Geppert, Helmut Hasse et Gaston Julia sous l'Occupation. *Revue d'histoire des mathématiques*, 24, 259–329.

Eckes, C. (2020). La réception de la théorie unitaire de Hermann Weyl par émile Meyerson et Gaston Bachelard. *Cahiers Gaston Bachelard.*

Goldstein, C. (2018). Hermite and Lipschitz : A Correspondence and Its Echoes. In M. T. Borgato, E. Neuenschwander & P. Irène (éd.) *Mathematical Correspondences and Critical Editions*, Basel : Birkhäuser, 167–193.

Haffner, E. (2017). Esquisse d'une cartographie des cahiers d'Élie Cartan. *Revue d'histoire des mathématiques*, 23, 125–182.

Hawkins, T. (2000). *Emergence of the Theory of Lie Groups.* Berlin ; Heidelberg ; New York : Springer.

Nabonnand, P. (2009). La notion d'holonomie chez Élie Cartan. *Revue d'histoire des sciences*, 62, 221–245.

Nabonnand, P. (2016). L'apparition de la notion d'espace généralisé d'Élie Cartan en 1922. In L. Bioesmat-Martagon (éd.) *Éléments d'une biographie de l'espace géométrique*, Nancy : Presses universitaires de Nancy-Edulor, 313–336.

Scholz, E. (2016). The problem of space in the light of relativity : the views of H. Weyl and É. Cartan. In L. Bioesmat-Martagon (éd.) *Éléments d'une biographie de l'espace géométrique*, Nancy : Presses universitaires de Nancy-Edulor, 255–312.

Scholz, E. (2018). É. Cartan's attempt at bridge-building between Einstein and the Cosserats — or how translational curvature became to be known as torsion. *European Physical Journal History*, 44, 47–75.

Weyl, H. (1921). *Raum, Zeit, Materie.* Berlin : Springer, 4e éd.

Weyl, H. (1922). Die Einzigartigkeit der Pythagoreischen Maßbestimmung. *Mathematische Zeitschrift*, 12, 114–146.

Weyl, H. (1923). *Mathematische Analyse des Raumproblems.* Berlin : Springer.

Weyl, H. (1924). Das gruppentheoretische Fundament der Tensorrechnung. *Göttinger Nachrichten*, 218–224.

Weyl, H. (1925). Theorie der Darstellung kontinuierlicher halb-einfacher Gruppen durch lineare Transformationen I. *Mathematische Zeitschrift*, 23, 271–301.

Weyl, H. (1926a). Theorie der Darstellung kontinuierlicher halb-einfacher Gruppen durch lineare Transformationen – III. *Mathematische Zeitschrift*, 24, 377–395.

Weyl, H. (1926b). Theorie der Darstellung kontinuierlicher halb-einfacher Gruppen durch lineare Transformationen II. *Mathematische Zeitschrift*, 24, 328–376.

Christophe Eckes
AHP-PReST (UMR 7117), Université de Lorraine
christophe.eckes@univ-lorraine.fr

Une question mathématique, des réponses, et d'autres questions pour l'histoire des mathématiques

Caroline Ehrhardt

> « 173. Between two sides of a triangle to inflect a straight line which shall have given ratios to the segments of the sides between it and the base (proposed in 1864 by Mr. R. Tucker.) »
> *The Mathematical Gazette* (juin 1897, vol. 1, p. 119–120)

Un tel énoncé est à bien des égards banal dans la littérature mathématique du XIXe siècle : il appartient au genre des « questions/réponses », dont l'importance dans la culture et les pratiques mathématiques de cette période a récemment été mise en évidence par plusieurs travaux (Despeaux 2014), (Preveraud 2018), (Ehrhardt 2018).

Les énoncés de ce type, pourtant, sont longtemps restés invisibles en histoire des mathématiques. Y accorder de l'attention nécessite un décentrement du regard. Il faut aller au-delà des seuls journaux *de* mathématiques, et en particulier au-delà de ceux destinés à publier les recherches originales des auteurs que l'histoire a retenus comme « mathématiciens », pour se tourner vers des journaux mathématiques en un sens plus large, où des auteurs situés dans des positions variées des champs scientifique et intellectuel s'adressent à des lecteurs tout aussi variés (Nabonnand *et al.* 2015), (Peiffer *et al.* 2018). Il faut accorder de l'attention aux « autres », à ceux dont on ne sait *a priori* que peu de choses mais dont les actions n'en ont pas moins contribué à façonner les mathématiques de leur temps que les théorèmes des acteurs restés célèbres (Nabonnand & Rollet 2012). Les travaux de Philippe Nabonnand et les projets qu'il a conduits au cours de ces dernières années ont doublement participé

P.-E. Bour, M. Rebuschi & L. Rollet (eds.), *Sciences, Circulations, Révolutions*, 279–291.

à ce décentrement de l'histoire des mathématiques, pour que celle-ci puisse aller au rebours de la postérité historique : d'une part en faisant évoluer les problématiques de l'histoire des mathématiques, et d'autre part en construisant des outils permettant de mener de nouvelles enquêtes[1]. D'où l'attention que suscitent aujourd'hui, donc, des questions à première vue anodines comme celle qui ouvre cet article.

Cette question, néanmoins, n'est pas choisie ici tout à fait au hasard. Elle est sortie du lot de ce vaste corpus, finalement encore assez peu examiné en détail, en raison de la nature inhabituelle de la réponse dont elle fait l'objet dans *The Mathematical Gazette*. Si elle n'est donc pas totalement représentative de l'ensemble des questions/réponses publiées au XIXe siècle, elle l'exemplifie par certains aspects, tout en ouvrant la voie à une série d'interrogations relatives à la circulation, tant géographique, sociale que temporelle, des mathématiques au cours de cette période.

1 Une question, ses réponses et son histoire

La question 173 parvient chargée d'histoire aux lecteurs de 1897 de *The Mathematical Gazette*. Ils apprennent en effet en la lisant qu'elle a été proposée en 1864 par Tucker, puis, avant même de lire la solution, qu'elle a déjà été résolue de plusieurs manières en 1884 par J. S. MacKay dans les *Proceedings of the Edinburgh Mathematical Society*, et que c'est l'une des réponses trouvées par ce dernier treize ans auparavant qui est en fait publiée. Surtout, de manière inhabituelle, la solution est suivie d'une « intéressante note historique », également due à MacKay, qui montre « comment les informations mathématiques [*mathematical news*] se diffusent de manière fortuite[2] ».

On y apprend que la question, originellement publiée dans le *Educational Times* en 1864, a été reprise l'année suivante dans les *Mathematical Questions from the Educational Times*[3]. La solution donnée en était alors « essentiellement la même » que celle publiée en 1897. Elle réapparut dix ans plus tard en Belgique dans les premiers volumes de la *Nouvelle correspondance mathématique* de Neuberg, également assortie d'une solution[4]. Dix années s'écoulèrent encore avant qu'elle ne revienne à l'ordre du jour, cette fois en Écosse. Un cas particulier, dû à Edward, fut alors présenté par le professeur Chrystal lors d'une séance de la Edinburgh Mathematical Society, sans publication. Il fit l'objet de deux solutions publiées dans les *Proceedings* de cette société la même année,

1. Citons ici les bases de données des auteurs des *Nouvelles annales de mathématiques*, des journaux mathématiques CIRMATH, ou le travail effectué sur le *Répertoire bibliographique des sciences mathématiques*.

2. *The Mathematical Gazette*, juin 1897, vol. 1, p. 119 (« how fortuitously mathematical news is disseminated »).

3. « Question 1477 », *Educational Times and the Journal of the College of Preceptors*, février 1864 et « Question 1477 », *Mathematical Questions and answers from the Educational Times*, vol. 2, 1865, p. 16.

4. « Question 32 », *Nouvelle correspondance mathématique*, vol. 1–2, 1874-1875, p. 110 et vol. 3–4, 1875-1876, p. 248.

par Edward et MacKay[5]. Ce même Edward proposa ensuite le cas particulier comme question dans le numéro de février 1884 du *Educational Times*, ce qui incita l'éditeur du journal à republier la question originale de 1864 deux mois plus tard, et conduisit à la nouvelle publication d'une solution en octobre de la même année[6]. Toujours en 1884, le cas particulier traversa la Manche pour paraître en France dans le *Journal de mathématiques élémentaires* de Vuibert et y être résolu de deux manières différentes[7]. Peu après, les *Proceedings of the Edinburgh Mathematical Society* publièrent une nouvelle solution de ce cas particulier, par R. J. Dallas, ainsi que « trois solutions du problème général, essentiellement les mêmes » – dont l'une des versions fait, finalement, l'objet de la nouvelle publication de 1897 dans *The Mathematical Gazette* qui constitue notre point de départ[8].

MacKay ajoute enfin que cette question s'avère en fait bien plus ancienne, puisqu'il en a retrouvé un autre cas particulier dans le *Ladies Diary* de 1773, proposé par Thomas Moss. La solution de ce cas particulier, devenu pour l'occasion la question n° 187 de *The Mathematical Gazette* quelques pages plus haut[9], est annoncée pour le prochain numéro. Cette solution sera effectivement publiée dans sa version originale due à John Turner, et une autre, reposant sur une méthode trigonométrique et due quant à elle à Miss H. A. Moylan, sera signalée à cette occasion[10].

La précision des références fournies par MacKay permet par ailleurs de retrouver la plupart des sources citées, et ainsi d'apporter quelques compléments. La version publiée initialement dans le *Educational Times* en 1864 diffère en fait de celle des *Mathematical Questions* de 1865 : la première est le cas particulier où les longueurs sont égales, et la seconde le cas général. Il faut noter aussi que, assez classiquement, la publication de la question par Edward dans le *Educational Times* de 1884 fut suivie d'une réédition dans les *Mathematical Questions* l'année suivante, où elle est mentionnée avec le numéro 7610[11].

Mais, surtout, la liste des noms associés à l'histoire de cette question s'avère en fait bien plus longue que celle que donne à lire le texte de MacKay. On y trouve pour la période 1884-1885 : Robert John Dallas pour les *Proceedings of the Edinburgh Mathematical Society*; Curtis, Rutter et « d'autres » dans les *Mathematical Questions* de 1885; Renier et Codino, mais aussi pas moins de seize contributeurs dont les noms sont cités sans que leurs solutions ne

5. *Proceedings of the Edinburgh Mathematical Society*, vol. 2, 1884, p. 5–6 et p. 27. L'énoncé du cas particulier est le suivant : « Between two sides of a triangle to inflect a straight line which shall be equal to each of the segments of the sides between it and the base. »

6. *Educational Times and the Journal of the College of Preceptors*, vol. 37, 1884, p. 328.

7. « Question 52 », *Journal de mathématiques élémentaires* (Vuibert), 9e année, 1884, p. 32 et p. 45.

8. *Proceedings of the Edinburgh Mathematical Society*, vol. 3, p. 40–41.

9. *The Mathematical Gazette*, juin 1897, vol. 1, p. 112.

10. *The Mathematical Gazette*, oct. 1897, vol. 1, p. 140.

11. *Mathematical Questions and Answers from the Educational Times*, vol. 43, 1885, p. 50.

soient publiées, dans le *Journal de mathématiques élémentaires*. S'y ajoutent Van Aubel dans la *Nouvelle correspondance mathématique* en 1875, et six contributeurs cités dans les *Mathematical Questions* en 1865 : W. Hopps, rev. R. Townsend, T. Pooley, Matthew Collins, J. Wilson et A. Renshaw.

Au final, bien que cette question ne soit pas (du moins à ma connaissance) restée célèbre[12], elle n'en a pas moins bénéficié d'un intérêt suffisamment important non seulement pour être publiée plusieurs fois, et résolue plus de fois encore, le tout sur une période de plus de trente ans, mais aussi pour inciter l'un des auteurs à en retracer la généalogie jusqu'en 1773.

Comprendre un tel micro-phénomène nécessite de restituer le sens qu'elle a pu prendre dans les institutions, les pratiques et les valeurs associées aux mathématiques de la deuxième moitié du XIXe siècle.

2 Un condensé d'histoire sociale des mathématiques au XIXe siècle

L'histoire de la question 173 prend tout d'abord corps, si l'on suit son historien MacKay, au fil de ses publications dans des journaux. Quels sont-ils ?

Certains d'entre eux ont les mathématiques pour objet exclusif et ont en commun un lien fort à l'enseignement, puisque le public qu'ils visent prioritairement est celui des professeurs et des étudiants. La question 173 ne représente pas de ce point de vue une exception : la publication de questions/réponses s'avère courante dans ce type de revues alors qu'elle est absente ou marginale dans celles destinées à des mathématiques plus savantes. D'autres journaux mentionnés ici (le *Ladies Diary*, le *Educational Times*) ont une ligne éditoriale plus large, tout en accordant une place importante aux mathématiques. Leur présence atteste, de fait, d'un intérêt de longue durée pour ce domaine, intérêt qui présente un caractère culturel et déborde de ses seuls usages utilitaire ou expert – au moins dans le contexte britannique[13]. Les uns et les autres ont, au cours de ces dernières années, fait l'objet de l'attention d'historiens des mathématiques, en raison de ce qu'ils nous apprennent sur la structuration et le fonctionnement d'un milieu mathématique élargi à l'ensemble des praticiens de la discipline – tant obscurs que célèbres (voir notamment Nabonnand *et al.* 2015, Peiffer *et al.* 2018).

Examinée du point de vue de l'histoire des journaux mathématiques, la question 173 renvoie donc à une forme de publication que n'investissent pas les périodiques savants et académiques, laquelle reflète une pratique des mathématiques au carrefour des récréations et des besoins d'entrainement des étudiants. Cette pratique mêle des valeurs ludiques et compétitives, dans un contexte éducatif où l'émulation reste perçue comme le meilleur moyen

12. Elle diffère en cela d'une autre question dont nous avons étudié l'histoire, connue quant à elle sous le nom du « problème des quinze jeunes filles » (Ehrhardt 2015).

13. (Despeaux 2014), (Costa 2002), (Albree & Brown 2009). Pour le point de vue des acteurs contemporains sur ce phénomène éditorial, voir (MacKay 1893).

d'améliorer le niveau général et de motiver les élèves. Le fait de trouver la solution à une question et de l'envoyer au journal diffère en effet, par exemple, du fait de résoudre un exercice fourni sur un support de type « annales », autres publications liées à l'enseignement et qui sont elles aussi facilement disponibles alors. Le premier atteste d'une volonté de distinction et de reconnaissance que n'a pas le second, dont l'objectif est uniquement utilitaire – d'où la persistance de cette pratique de résolution de questions dans les journaux bien après la fin du parcours scolaire pour certains contributeurs, comme le montre pour la question 173 la présence du révérend Townsend parmi les auteurs des solutions.

Au-delà de l'utilité et de l'entrainement individuel à l'examen, résoudre une question permet ainsi de s'inscrire dans une communauté et de mesurer ses forces à celles des autres. Il s'agit donc, de fait, d'une pratique qui ne prend sens que collectivement. Or la longue histoire de la question 173, si l'on veut bien admettre qu'elle est représentative sur ce point, permet de mettre au jour la manière dont se structurent ces communautés de lecteurs/contributeurs.

À l'exception de celui de Neuberg, qui n'est en fait pas un simple contributeur mais l'un des éditeurs de la *Nouvelle correspondance mathématique*, aucun des noms qui apparaissent ici ne figure parmi ceux des auteurs des *Nouvelles annales de mathématiques*[14], ce qui donne à penser, même si cela mériterait confirmation, qu'ils ne se sont pas investis intensément dans la pratique de résolution de problèmes. À l'inverse de certains acteurs qui multiplient les interventions dans les différents périodiques où l'on trouve des questions/réponses, et qui s'y consacrent parfois tout au long de leur vie[15], il semblerait ici que ceux qui ont répondu à la question 173 aient davantage le « profil-type » des lecteurs de ce genre de journal, qui fournissent le plus souvent des réponses ponctuelles et/ou ne lisent qu'un seul d'entre eux[16].

Si certains, comme MacKay, Tucker ou Neuberg et Van Aubel ne sont pas inconnus des historiens des mathématiques (Romera-Lebret 2009), les autres noms qui apparaissent ici n'ont pas laissé de traces et il s'avère donc impossible en l'état de nos recherches de déterminer quelles étaient, individuellement, leur position institutionnelle, leur pratique de contribution à la résolution de questions de ce type et leurs stratégies éventuelles de publications. En revanche, la provenance de nombre d'entre eux est signalée. Elle indique, d'abord, un usage national des journaux impliqués, puisque la grande majorité des contributeurs se situe dans le pays de publication. Répondre à une question mathématique est donc un moyen pour les auteurs de prendre place dans une communauté locale de praticiens, et, réciproquement, la généralisation de cette pratique contribue à structurer de telles communautés (Despeaux 2014),

14. La base des auteurs des *Nouvelles annales des mathématiques*, citée précédemment, se trouve à l'adresse suivante : http://nouvelles-annales-poincare.univ-lorraine.fr/index.php?p.

15. On peut citer ici, par exemple, Ernest Napoléon Barisien (1854-1919) ou encore Savin Réalis (1818-1886).

16. Pour une analyse des auteurs des *Nouvelles annales de mathématiques*, voir (Nabonnand & Rollet 2013).

(Preveraud 2018). Mais les informations fournies par les journaux attestent aussi de la circulation finalement très large de tels périodiques : l'un des contributeurs des *Mathematical Questions* de 1865 est domicilié à Bombay, l'un de ceux dont la solution est publiée dans le *Journal de mathématiques élémentaires*, publié à Paris par l'éditeur Vuibert, est élève du lycée de Constantinople. Signalons également que plusieurs des contributeurs cités dans ce dernier cas sont originaires d'établissements secondaires belges. La pratique des questions/réponses s'étend donc, en particulier, au-delà des spécificités nationales en matière d'organisation de l'éducation mathématique.

Au final, l'histoire éditoriale de la question 173 montre comment s'articulent différentes modalités de circulation des mathématiques dans les journaux du XIXe siècle. D'une part, une question telle que celle-ci atteste de la porosité de milieux socialement distincts, où l'on s'intéresse aux mathématiques pour des raisons et avec des objectifs *a priori* différents, tels celui de l'enseignement et celui de l'amateurisme ou de la récréation. Cela atteste qu'il y a, au-delà de ces différences, une continuité de pratiques et de valeurs qui président à l'exercice des mathématiques comme résolution de problèmes et qui permettent à une question comme celle-ci d'être résolue par des acteurs aux profils variés. D'autre part, même si la grande majorité des auteurs ne circule pas d'une revue à l'autre et a une certaine volatilité, les périodiques, en tant que supports matériels et institutions, sont bel et bien des vecteurs de la circulation internationale des mathématiques, notamment par l'action de leurs éditeurs (Vuibert, Neuberg dans le cas présent) ou de certains contributeurs particulièrement actifs – tel ici J. Edward qui assure la circulation de la question depuis les *Proceedings of the Edinburgh Mathematical Society* vers le *Educational Times* (Ehrhardt 2018).

Quel est, à présent, l'objet de cette circulation ? Il s'agit d'un problème de triangle ou, plus précisément, d'un problème de construction à partir d'un triangle. La méthode de résolution en est synthétique, et les réponses tiennent en quelques lignes, avec souvent (mais pas systématiquement) une figure à l'appui. Les outils mobilisés, quel que soit l'auteur, sont ceux de la géométrie euclidienne élémentaire, notamment les similitudes. Le passage du cas particulier au cas général ne semble pas apporter de grande difficulté supplémentaire et les méthodes de résolution diffèrent peu du premier au second. Au final, les solutions proposées sont effectivement, comme l'affirme MacKay, assez similaires – seule la seconde solution publiée dans le *Journal de mathématiques élémentaires* par l'élève de Constantinople propose une autre construction, mais elle présente en revanche les mêmes caractéristiques en termes d'outils, de méthode et de longueur.

Le nombre relativement important de solutions reçues – six dans les *Mathematical Questions* en 1865, et surtout dix-huit dans le *Journal de mathématiques élémentaires* en 1884 alors que la solution a été publiée un mois seulement après la question – montre que le problème a suscité de l'intérêt mais aussi qu'il était à la portée des lecteurs. Il s'inscrit, de fait, assez parfaitement dans les programmes de l'enseignement secondaire de la seconde moitié du XIXe siècle où, en Grande-Bretagne comme en France, la géométrie est mise à l'honneur. Il atteste également, même s'il s'agit ici d'un cas élémentaire, de l'importance que prend alors la figure du triangle dans les problèmes proposés par les revues destinées aux étudiants et enseignants, figure qui fournit une grande variété de situations et de résultats, parfois nouveaux, tout en ne nécessitant pas ou peu de compétences relevant des « mathématiques avancées » (Romera-Lebret 2009, 2014).

L'homogénéité des solutions montre, enfin, que les compétences et savoir-faire disponibles s'avèrent très partagés. Les lecteurs, quels qu'ils soient, semblent ici avoir à leur disposition non seulement les mêmes outils, mais aussi la même manière de s'en servir et la même façon d'aborder le problème. Autrement dit, au-delà des leçons de géométrie qu'ils ont reçues, la façon dont ils ont été (ou se sont) exercés aux mathématiques, de même que celle dont ils ont appris à chercher et à résoudre un exercice, présentent vraisemblablement des similarités. Ces similarités renvoient à l'existence de l'entité « mathématiques élémentaires » comme sous-partie bien définie des mathématiques – avec son propre corpus de résultats et sa propre boîte à outils – aux yeux des acteurs de la période, au moins à l'échelle européenne. Si l'enseignement apparaît comme un élément essentiel dans la construction et la délimitation de ce que sont les « mathématiques élémentaires » dans la deuxième moitié du XIXe siècle, l'exemple de la question 173 suggère que la circulation, dans le temps comme dans l'espace, de tels énoncés et de leurs réponses pourrait, elle aussi, constituer un facteur à prendre en compte pour comprendre la manière dont les « mathématiques élémentaires » se sont constituées et homogénéisées à l'échelle européenne[17].

3 Les règles du jeu historiques des questions mathématiques

L'inscription des questions/réponses dans les contextes sociaux et culturels de leur temps permet de mieux comprendre le sens que cette pratique de fabrication et de résolution de problèmes a pu prendre pour les acteurs et l'intérêt qu'elle a pu susciter à leurs yeux. Cela n'épuise pas, néanmoins, les questions que l'historien des mathématiques peut avoir envie de poser à ces questions mathématiques, et plus particulièrement à celles qui, comme la question 173, ont connu un certain succès en leur temps.

17. Les « mathématiques élémentaires » telles qu'on les définissait au XIXe siècle correspondaient aux mathématiques que l'on pouvait comprendre à partir des connaissances apprises dans les dernières années de l'enseignement secondaire et les premières années du supérieur. En dépit de différences locales liées aux contenus des programmes, les journaux destinés aux étudiants et professeurs (mais aussi sans doute les traductions de manuels) participaient d'une certaine uniformisation des contenus (centrés en particulier sur la géométrie) et des pratiques (dont la résolution de problèmes). Ces mathématiques élémentaires n'étaient pas nécessairement simples et faciles, pas plus qu'elles n'étaient systématiquement routinières (sur cette question, voir Ehrhardt 2018).

Une des particularités des questions/réponses est qu'elles fédèrent des communautés distinctes et agrègent des fonctions diverses. Mais, dans ce contexte, de quels processus d'accréditation et de validation relèvent-elles ?

Les réponses sont vraisemblablement vérifiées par le directeur du journal avant publication, ce qui garantit *a priori* l'absence d'erreur. Mais, parmi toutes les contributions reçues, comment celles qui seront publiées sont-elles choisies ? S'agit-il de la première reçue ou de celle qui est jugée la « meilleure », par exemple en terme de clarté du raisonnement ? Plus encore, les solutions envoyées constituent-elles des contributions originales ? Aux yeux de certains des auteurs, notamment les élèves, probablement. Mais ce n'est peut-être pas le cas aux yeux des directeurs des journaux ou d'auteurs comme Edward et MacKay. Pourtant, cette absence de nouveauté n'apparaît pas ici comme rédhibitoire pour la publication et ne semble pas non plus en diminuer l'intérêt. Les réponses aux questions n'ont pas nécessairement vocation à innover.

Des interrogations similaires émergent si l'on s'intéresse aux questions proprement dites. D'une part, le caractère inédit ne semble pas là non plus constituer un enjeu. Ainsi, Edward propose en 1884 notre question au *Educational Times* alors qu'il l'a déjà posée peu de temps auparavant dans les *Proceedings of the Edinburgh Mathematical Society*. De même, l'apparition de ce même cas particulier dans le *Journal de mathématiques élémentaires*, la même année et sans nom d'auteur explicite, pose question : s'agit-il d'une coïncidence ou d'un « emprunt » à l'une de ces deux revues ? Enfin, très explicitement cette fois, la nouvelle apparition de notre question en 1897 ne prétend à aucun caractère de nouveauté ; et MacKay, lorsqu'il en retrace l'histoire, ne semble pas davantage s'intéresser à l'attribution d'un quelconque crédit individuel relatif à l'invention de cette question.

D'autre part, la difficulté intrinsèque de la question est dissociée ici de l'intérêt qu'elle suscite. Comme nous l'avons souligné précédemment, la question 173 ne présente pas véritablement de difficulté, et le cas général n'oppose pas beaucoup plus de résistance que le cas particulier. Pourtant, l'un comme l'autre font l'objet de plusieurs publications et engendrent à chaque fois des réponses. Selon quels critères une question est-elle publiée ? La très grand majorité des questions ne sont pas des problèmes ouverts – on s'attend même plutôt à ce que celui qui la propose en ait trouvé la réponse au préalable[18]. Cependant, si l'on prend pour hypothèse que le fonctionnement des *Nouvelles annales de mathématiques* est similaire à celui des autres périodiques publiant des questions/réponses, il ne semble pas pour autant y avoir d'obligation en la matière et les directeurs ne vérifient pas systématiquement la faisabilité[19]. Les

18. « Avis », *Nouvelles annales de mathématiques*, sér. 2, t. 16, 1877, p. 425 ; « À propos des questions des *Nouvelles annales* », *Nouvelles annales de mathématiques*, sér. 4, t. 15, 1915, p. 241–245.

19. Voir notamment le « Tableau de correspondance entre les questions posées et leurs solutions de l'année 1842 (fondation) à 1900 inclus », *Nouvelles annales de mathématiques*, sér. 4, t. 1, 1901, p. 1–16 (supplément). Certaines questions, posées aux commencements du

concepteurs de questions pourraient donc, théoriquement, envoyer des questions extrêmement difficiles, voire infaisables – et pourtant cela n'arrive que très marginalement. Ce phénomène met ainsi au jour l'économie des échanges que suscitent ces objets mathématiques : il faut, certes, que la question donne un peu de fil à retordre mais, inversement, l'inventeur de la question ne tirerait peut être pas de crédit d'une question insoluble dans le cadre imposé des mathématiques élémentaires[20]. De la même manière, les raisons du succès d'une question résident peut-être dans sa faisabilité. Au final, c'est parce que des contributeurs sont parvenus à la résoudre que la solution en est publiée, sans quoi elle est susceptible de tomber dans l'oubli (et son inventeur avec).

Au-delà des éléments factuels liés à la fabrication éditoriale de ces journaux et au travail de leurs directeurs/rédacteurs, ces quelques remarques soulignent le contraste avec des objets mieux connus des historiens des mathématiques, à savoir ceux dont s'occupent, au même moment, les académies et les journaux mathématiques savants.

Dans cet autre espace de circulation des mathématiques, il arrive aussi que plusieurs acteurs obtiennent des résultats similaires ou s'intéressent au même problème. Mais la nouveauté constitue alors à la fois un objectif à atteindre pour les auteurs et un critère explicite de validation par les pairs. L'importance de ce critère est d'ailleurs telle que les questions de priorité font régulièrement l'objet d'âpres débats. Dans le cas des questions/réponses, nous avons affaire, à l'inverse, à un objet mathématique associé à des noms de personnes mais sans pour autant qu'il y ait un auteur identifié.

De même, au-delà de la validité des résultats obtenus et de leur non-redondance avec des résultats antérieurs, la difficulté constitue un critère important pour l'accréditation des mathématiques que l'on peut qualifier de « savantes » : un théorème peut être à la fois valide et nouveau, il n'en sera pas moins rejeté s'il est considéré comme trop évident.

Plus encore, il arrive aussi dans l'espace de circulation des mathématiques savantes qu'une question soit posée – c'est le cas notamment des Grand Prix des académies des sciences, qui portent sur des sujets imposés, choisis par une commission d'académiciens. Mais il s'agit alors de problèmes ouverts sur lesquels on souhaite encourager la recherche. Inversement à ce qui se passe pour les questions/réponses, il ne saurait donc dans ce cas être question de recevoir des dizaines de réponses similaires les unes aux autres (car cela signifierait que le sujet est mal choisi) et, parallèlement, il n'est pas exclu (ni même très rare) d'avouer que l'on n'a pas reçu de réponse satisfaisante.

journal, n'ont toujours pas de réponse en 1901. Quoique cela reste marginal, il faut également noter que des erreurs sur certains énoncés sont signalées à cette occasion.

20. Pour une étude d'un « jeu de questions » mathématiques antérieur, obéissant à des règles et à une économie des échanges spécifiques, voir les travaux de C. Goldstein sur la théorie des nombres dans le cadre de la correspondance de Mersenne, notamment (Goldstein 2013).

Les questions/réponses mettent ainsi au jour un régime d'accréditation et de validation des savoirs différent de celui qui a cours au même moment dans les milieux académiques. À l'auteur unique, bien identifié, voire célèbre et célébré, se substitue un auteur-collectif. À un résultat nommé et référencé, enregistré pour la postérité, se substitue une série d'énoncés à la fois différents et très similaires, multi-publiés et dont, malgré cela, les traces s'avèrent en fait le plus souvent bien difficiles à démêler pour l'historien. À une hiérarchisation des résultats centrée sur l'innovation et la difficulté se substitue une échelle de valeurs liée à l'accessibilité et à l'ingéniosité à l'intérieur du cadre des mathématiques élémentaires. Enfin, à une accréditation décidée « verticalement » par quelques-uns depuis les institutions savantes légitimes, se substitue un système plus « horizontal », où l'accréditation est liée notamment au caractère potentiellement participatif.

Un tel régime d'accréditation est-il capable de produire des objets robustes ? Il n'y a, à ma connaissance du moins, que peu de réfutations, du point de vue des mathématiques, des énoncés ou des réponses proposées[21]. En revanche, bien des questions n'ont eu qu'une vie éphémère et s'avèrent oubliées aujourd'hui. De quel régime d'historicité les questions/réponses relèvent-elles ?

Elles appartiennent par leur nature même à l'actualité du périodique, souvent mensuel ou bimensuel, dont elles sont issues. Mais, surtout, elles sont peut-être davantage des résultats d'*activités* mathématiques que des résultats mathématiques *stricto sensu*. Les pratiques de résolution, le geste qui consiste à chercher un problème, à envoyer une solution, à la confronter à celle des autres, comptent ici davantage que ce à quoi on a abouti. De ce point de vue, les questions/réponses constituent des mathématiques en acte, des mathématiques en train de se faire. Elles ont un caractère d'instantanéité. Contrairement à l'enregistrement et au référencement des acquis mathématiques à l'intention des générations futures, que l'on peut voir à l'œuvre, par exemple, dans les recueils académiques ou dans les manuels, les questions/réponses semblent se cantonner au présent des mathématiques où elles ont été produites.

Néanmoins, et c'est là tout le paradoxe, leur absence de postérité dans le temps long ne signifie pas pour autant que l'on ait affaire à des mathématiques sans mémoire. Ce que montre le cas de la question 173, c'est qu'il arrive bel et bien qu'un inventaire soit effectué autour d'une question, de ses variantes et de leurs réponses. De même, les *Nouvelles annales de mathématiques* publient, à l'occasion des débuts de leur 4e série en 1901, une liste récapitulative des questions publiées et des réponses qui leur ont été apportées depuis le premier numéro de 1842[22]. Il n'est pas non plus inhabituel de lire dans les journaux publiant des questions/réponses une note de la rédaction, ou un courrier d'un

21. Quoique cela reste marginal, il faut noter que des erreurs sur certains énoncés sont signalées à l'occasion de la parution du « Tableau de correspondance entre les questions posées et leurs solutions de l'année 1842 (fondation) à 1900 inclus », *op. cit.*

22. « Tableau de correspondance entre les questions posées et leurs solutions de l'année 1842 (fondation) à 1900 inclus », *op. cit.*

lecteur, destiné à apporter une précision sur l'antériorité d'une méthode ou d'un cas particulier paru dans un précédent numéro[23]. En un mot, ce corpus fait bel et bien l'objet d'un phénomène mémoriel au XIXe siècle.

Les ressorts de ce phénomène, cependant, diffèrent de ce que l'on observe pour les mathématiques considérées comme savantes. Il ne s'agit pas d'enregistrer un résultat pour en avoir un référencement commode (« théorème de... ») et pouvoir ensuite s'en servir pour élaborer d'autres résultats sans avoir à le redémontrer à chaque fois. Ici, la trace est conservée, au contraire, parce qu'au sein d'une communauté de lecteurs certains pourraient avoir envie de *recommencer*, de démontrer à nouveau ce résultat – non pas parce qu'ils doutent de la validité de la solution obtenue antérieurement, mais parce que c'est par la pratique de résolution que ces acteurs entreprennent que cet objet mathématique prend sens à leurs yeux. La mémoire des questions/réponses s'apparente donc, en quelque sorte, à une mémoire sans histoire, inscrite dans le présent, là où la mémoire des mathématiques issues des institutions savantes est davantage conçue comme le socle sur lequel s'élabore leur histoire (Ehrhardt 2008).

4 Conclusion

Les questions/réponses appartiennent à un type de mathématiques très répandues et pourtant peu étudiées : ce sont des mathématiques banales et ordinaires, comme le sont aussi les copies d'élèves et autres exercices scolaires, ou encore les activités quotidiennes liées à l'exercice de certains métiers (par exemple ceux de la banque, de l'assurance, de la comptabilité, etc.) (Coquery *et al.* 2006), (Préveraud 2017), (d'Enfert 2014), (Ehrhardt 2008). Les mathématiques banales ne sont pas hermétiquement séparées des mathématiques savantes. Parce que ceux qui deviennent mathématiciens ont auparavant été élèves, parce que les résultats qu'ils obtiennent peuvent parfois être « appliqués », ou encore parce que certaines normes (comme la nécessité d'une démonstration ou la recherche d'un résultat exact) s'appliquent dans les deux cas, il n'est pas inutile de rechercher ce que les secondes doivent aux premières ou, plus généralement, de s'interroger sur leurs interactions (Warwick 2003), (Kaiser 2005).

Mais les finalités de l'une et l'autre et les motivations des acteurs impliqués ne sont pas superposables. Le fonctionnement social des mathématiques banales n'obéit pas aux règles du champ mathématique. C'est précisément la raison pour laquelle elles seules sont susceptibles de nous renseigner sur l'inscription culturelle et sociale des mathématiques dans une société et en un temps donnés. Mais c'est aussi, peut-être, la raison pour laquelle elles s'avèrent finalement difficiles à cerner pour l'historien : ce sont des mathématiques de l'éphémère, qui ne sont pas destinées à laisser de traces et dont l'identité prend corps dans la pratique matérielle des acteurs plus que dans le support écrit de cette pratique.

23. Voir à titre d'exemple les remarques de M. Hilaire, « Correspondance », *Nouvelles annales de mathématiques*, sér. 3, t. 18, 1899, p. 472–473.

La question 197, de ce point de vue, a les vertus historiques d'un « exceptionnel normal[24] » : parce qu'elle s'avère particulièrement bien documentée grâce aux recherches entreprises par J. S. MacKay, elle éclaire un phénomène social dont la banalité est ordinairement plus silencieuse.

Bibliographie

Albree, J. & Brown, S. H. (2009). "A valuable monument of mathematical genius" : *The Ladies' Diary* (1704-1840). *Historia Mathematica*, 36(1), 10–47, doi :10.1016/j.hm.2008.09.005.

Coquery, N., Menant, F. & Weber, F. (éd.) (2006). *Écrire, compter, mesurer. Vers une histoire des rationalités pratiques.* Paris : Éditions Rue d'Ulm.

Costa, S. (2002). *The Ladies' Diary* : Gender, mathematics, and civil society in early eighteenth-century England. *Osiris*, 17, 49–73.

Despeaux, S. E. (2014). Mathematical questions : a convergence of mathematical practices in British journals of the eighteenth and nineteenth centuries. *Revue d'histoire des mathématiques*, 20(1), 5–71.

Ehrhardt, C. (2008). Évariste Galois, un candidat à l'École préparatoire. *Revue d'histoire des mathématiques*, 14(2), 289–328.

Ehrhardt, C. (2015). Tactics. In search of a long-term mathematical project (1844-1896). *Historia Mathematica*, 42(4), 436–467.

Ehrhardt, C. (2018). A locus for transnational exchanges : European Mathematical journals for students and teachers 1860s-1914. *Historia Mathematica*, 45(4), 376–394.

d'Enfert, R. (2014). L'offre d'enseignement mathématique pour les ouvriers dans la première moitié du XIXᵉ siècle : concurrences et complémentarités. *Les Études Sociales*, 159(1), 85–101.

Goldstein, C. (2013). Routine controversies : Mathematical challenges in Mersenne's correspondence. *Revue d'histoire des sciences*, 66(2), 249–273.

Grendi, E. (2009). Micro-analyse et histoire sociale. *Écrire l'histoire*, 3, 67–80.

Kaiser, D. (éd.) (2005). *Pedagogy and the Practice of Science. Historical and Contemporary Perspectives.* Cambridge, Mass. : MIT Press.

24. L'expression, souvent reprise dans les analyses micro-historiques, est due à un article de 1977 traduit récemment en français : (Grendi 2009).

MacKay, J. S. (1893). Notice sur le journalisme mathématique en Angleterre. *Association française pour l'avancement des sciences. Comptes rendus des congrès, Paris*, 22, 303–308.

Nabonnand, P., Gispert, H. & Peiffer, J. (2015). *Circulations et échanges mathématiques. Études de cas (18e-20esiècles), Philosophia Scientiæ*, t. 19(2). Paris : Kimé.

Nabonnand, P. & Rollet, L. (2012). *Les uns et les autres... Biographies et prosopographies en histoire des sciences.* Nancy : Presses universitaires de Nancy – Éditions Universitaires de Lorraine.

Nabonnand, P. & Rollet, L. (2013). Un journal pour les mathématiques spéciales : les *Nouvelles annales de mathématiques* (1842-1927). *Bulletin de l'Union des Professeurs de Spéciales*, 86, 5–18.

Peiffer, J., Gispert, H. & Nabonnand, P. (2018). Interplay between mathematical journals on various scales 1850-1950. *Historia Mathematica*, 45(4), 323–333, doi :10.1016/j.hm.2018.10.002.

Préveraud, T. (2017). La Géométrie de la calèche. *Images des Mathématiques*, CNRS, en ligne. URL https://images.math.cnrs.fr/La-geometrie-de-la-caleche.html?lang=fr.

Preveraud, T. (2018). Socialisation dans la presse américaine de questions mathématiques (1820-1832). *Philosophia Scientiæ*, 22(1), 119–142.

Romera-Lebret, P. (2009). *La Nouvelle Géométrie du triangle : passage d'une mathématique d'amateurs à une mathématiques d'enseignants (1873-1929).* Thèse de doctorat, Université de Nantes.

Romera-Lebret, P. (2014). La nouvelle géométrie du triangle à la fin du XIXe siècle : des revues matématiques intermédiaires aux ouvrages d'enseignement. *Revue d'histoire des mathématiques*, 20(1), 253–302, doi :10.24033/rhm.183.

Warwick, A. (2003). *Masters of Theory : Cambridge and the Rise of mathematical Physics.* Chicago : Chicago University Press.

Caroline Ehrhardt
IDHE.S (Institutions et Dynamiques historiques de l'économie et de la société)
UMR 8533
Université Paris 8, Vincennes-Saint-Denis
caroline.ehrhardt@univ-paris8.fr

Cristoforo Alasia de Quesada : A Sardinian mathematician in a transnational network of scholars

Maria Rosaria Enea & Roberto Scoth

1 Introduction

Cristoforo Alasia de Quesada was born in Sassari (Sardinia) on November 21, 1864. He was of noble origin[1] : his mother, Giovanna Francesca de Quesada Cugia, belonged to the branch line *Marchesi di San Saturnino* of the Sardinian nobilty, while his father, Francesco Alasia Aluffi, was a military officer of Piedmontese origins.

Alasia began his studies at the University of Turin, but he obtained the *licenza* (licence) in mathematics in 1886 at the University of Cagliari.

After the unification of Italy the two universities in Sardinia, namely Cagliari and Sassari, were conformed to those of the peninsula (Polenghi 1993, p. 192 *ff.*), nevertheless, at the end of the nineteenth century the island was culturally lagging in comparison with the rest of Italy, not only because of its geographic isolation, but above all due to previous policies of Spanish and Piedmontese rule (Scoth 2016). Cagliari was the only university offering to students a two-year preparation course in mathematics, awarding a *licenza*, which allowed them to continue their scientific studies in other universities in Italy.

According to (Loria 1919, p. 138) and (Halsted 1902, p. 182), Alasia enrolled at the School of Engineers of the University of Rome, however his father's death compelled him to stop his studies and return to Sardinia. Even if he had not completed his studies, Italian legislation allowed him to teach mathematics and natural sciences at lower level of secondary school[2], thus, in March 1893, Alasia

1. For some biographical notes on Alasia see (Loria 1919), (Halsted 1902), (Bozal 1903). In the latter two, 1869 is incorrectly indicated as the year of birth.

2. Law of 13 November 1859 enacted by the minister of education Gabrio Casati, see (Giacardi & Scoth 2014, p. 209).

P.-E. Bour, M. Rebuschi & L. Rollet (eds.), *Sciences, Circulations, Révolutions, 293–308.*

began his teaching career at the *gymnasium* of Sassari.[3] In the following years, he continued to teach at the *gymnasiums* of some small towns in central and northern Sardinia : Oristano, Nuoro, Ozieri, and Tempio Pausania.
Of course, living in the north of Sardinia, far from the University of Cagliari and from libraries stocked with mathematical literature, teachers were forced into a great scientific isolation.

During his life Alasia published over 200 papers[4], most of them in scientific journals, on topics of pure mathematics, history, bibliographic news, teaching methods of the exact sciences, astronomy, physics, and philosophy. Many articles were simple notes and mathematical questions posed or resolved[5], others were extensive papers, almost all of them had the aim of analyzing and spreading the knowledge of known results, always with personal contributions to simplify their understanding.

Disregarding the fact that most of the articles were educational and informative, how is it possible that a *gymnasium* teacher could have written such a quantity of papers, without a great mathematical preparation and confined in the hinterland of a culturally backward island ?
After the years of his university studies, Alasia never moved from Sardinia to build or consolidate scientific relationships, however, his great resourcefulness led him to develop these relationships by correspondence.
Belonging to a wealthy family, Alasia certainly had the economic means to join scientific societies and get periodicals and books for his studies ; from some documents we know that he was a member of various astronomical societies (in Italy, France and Belgium), as well as a member of the *Circolo Matematico di Palermo*, the *Società Italiana per l'Avanzamento delle Scienze*, the *Mathesis* (Italian association for secondary school teachers), and a corresponding member of the *Academia das Ciências de Lisboa.* In a letter to the Italian mathematician Roberto Marcolongo[6], dated 21st November 1916, Alasia expressed the desire to donate part of his rich personal library, certainly the largest mathematical library ever owned by a Sardinian scientist.

Economic means, curiosity, passion, and study are not enough to explain his extensive scientific production, partly located in the European context ; his articles were published in *L'enseignement mathématique, L'Intermédiaire des mathématiciens, Revista Trimestral de Matematicas, Gaceta de Matemáticas Elementales, Annaes Scientificos da Academia Polythecnica do Porto, Anales de la Facultad de Ciencias de Zaragoza, Gazeta Matematica, Giornale*

3. See *Bollettino Ufficiale del Ministero dell'Istruzione Pubblica*, XX, 13, 1893, p. 525.
4. We have compiled a detailed bibliography of Alasia's papers.
5. See : Séminaire CIRMATH – La forme Question/Réponse dans la circulation des mathématiques. https://cirmath.hypotheses.org/101-2/, Gispert, Nabonnand, Rollet (dir.) ; Base de données des auteurs des *Nouvelles Annales de Mathématiques*, http://nouvelles-annales-poincare.univ.lorraine.fr.
6. The letters are kept in Marcolongo's Archive, at the library of the Department of Mathematics of the University of Rome "La Sapienza".

di Matematiche, Il Pitagora giornale di matematica per gli alunni delle scuole secondarie, Periodico di matematica per l'insegnamento secondario, Giornale di fisica, matematica e scienze naturali.[7]

According to Ortiz (1996), almost all of this genre of mathematical journals can be labeled as *intermediate*, they dealt with elementary mathematics taught in the final years of secondary schools and presented a number of complementary theories with the aim of deepening or renewing themes of elementary mathematics. The ultimate goal of the journals was to give students and teachers the tools to tackle entrance exams for professional, polytechnic or normal schools. Since the teachers, and sometimes also the university students, were often engaged in scientific research in the field of elementary mathematics, the Ortiz' term *intermediate* can be extended to include those journals created as an instrument to keep teachers up to date on current scientific debates and offer stimulus regarding their research topics, as well as a space for their publications. *Intermediate* journals in this broader sense thus offered publication space to a large number of academics, people in the military, practitioners and amateurs, and their reading public can thus be considered to extend beyond students and teachers (Enea 2018).

Some research has shown that there was a network of scholars from different countries who allowed the development of these journals with their work; *intermediate* journals, also thanks to this network, shared mathematical contents, type of readers, and editorial models.[8]

From Alasia's correspondence, in particular with Henri Brocard[9], we learn that Alasia became part of this network of scholars; *intermediate* journals were those that best suited Alasia's scientific profile, i.e. where he could carry out his activities competently. In 1901 he himself founded a journal of this type, *Le Matematiche pure ed applicate* (Enea 2018), which, in only two years of publication, had active contributions from 50 mathematicians from twelve different countries, almost all belonging to our network. When the first issue of *Le Matematiche* was published, it could boast a very impressive editorial board : French, Paul Appell, Paul Barbarin, Henri Brocard, Charles-Ange Laisant, Ernest Lebon, Henri Poincaré; Italian, Federico Amodeo, Rodolfo Bettazzi, Cesare Burali-Forti, Giovanni Celoria, Ernesto Cesàro, Giuseppe Peano, Mario Pieri, Geminiano Pirondini, Virginio Retali; Spanish, Juan Dúran-Loriga, Zoel Garcìa de Galdeano; Dutch, Jan de Vries; Belgian, Émile Gelin; American, George Bruce Halsted and Russian, Alexandre V. Vasiliev.

With the exclusion of *Rendiconti del Circolo Matematico di Palermo*, which was the first mathematical journal in Europe with a totally international editorial

7. For all the quoted journals on this paper, see the database of the CIRMATH project, http://cirmathdata.ahp-numerique.fr/.

8. See (Ehrhardt 2018), (Enea 2018). See also (Nabonnand *et al.* 2015), (Peiffer *et al.* 2018).

9. The letters are kept in Brocard's Archive, at the library of the Institut Henri Poincaré in Paris.

staff, *Le Matematiche* represented an absolute novelty in the panorama of Italian mathematical journals.

Looking at some of Alasia's most important publications and dissemination activities, the aim of this paper is to show how the scholars of this network contributed to the scientific and professional growth of this Sardinian mathematician.

The "Alasia case" will allow us to highlight how, at the beginning of the twentieth century, beside the great mathematicians engaged in the forefront of new mathematical research there were a lot of scholars who, in a transnational network, enabled not only the diffusion of important fields of elementary mathematics (even though the questions investigated were often far from elementary), but also the cultural and scientific growth of small communities of often isolated mathematicians.

2 Alasia's first contacts with a network of scholars

The scientific production of Alasia began with the publication of some manuals with educational purposes. These first manuals, on the general theory of equations and on infinitesimal and integral calculus, did not have a great diffusion, both because they dealt with topics already widely covered in the manuals of the time and because they had been published by small local publishing houses.

In 1898 Alasia began to publish his manuals with the editor Scipione Lapi, who was well known in Italy for its high level of professional skills. Lapi's press was established in Città di Castello in Umbria, but Lapi must have had international contacts, in fact, his publications were also distributed in France by Gauthier-Villars.

The choice to publish with this editor and to deal with topics of greater interest, allowed Alasia to become known in Italy : his monograph, *Calcolo Grafico ed applicazioni alla Statica Grafica* (1899), was included in the bibliography of a talk by Silvio Canevazzi[10] at the IV International Congress of Mathematicians in Rome in 1908. Alasia referred to the *Statica Grafica* of Carlo Saviotti, professor at the School of Applications for Engineers in Rome and direct pupil of Luigi Cremona.[11] The *Calcolo grafico* dealt with the concepts and graphic procedures that are the basis of statics; a result of his studies, which could be useful especially for students.

The breakthrough occurred during the following year when Alasia became interested in the geometry of the triangle.

Even if in the beginning of the 19th century, many mathematicians (Crelle, Feuerbach, Jacobi, Grebe, Lhuilier, Catalan) had repeatedly dealt with properties and remarkable elements of triangles, the beginning of the *new* triangle

10. Professor of Mechanics applied to Construction at the University of Bologna. See (Canevazzi 1909).

11. See (Saviotti 1888), (Palazzi 2011).

geometry[12] coincides with the publication of memoires of Émile Lemoine and Henri Brocard in France.[13] A group of geometers gathered around them and gradually the subject grew, mainly through the hands of Joseph Neuberg, Gaston de Longchamps, Maurice d'Ocagne, Émile Vigarié, John Casey, and Robert Tucker.
In (Romera-Lebret 2014) we learn how we can already talk about a network of scholars, who shared the same research topic, namely the new triangle geometry, and had adopted common practices : referring to each other, publishing bibliographic articles, structuring the papers in the same way recalling the genesis of their research, i.e. Lemoine's work.

Probably Alasia approached the new geometry for his desire for knowledge and for the wide spread given to it by its founders through some *intermediate* journals such as the *Nouvelles Annales de mathématiques*, the *Journal de mathématiques élémentaires et speciales*, the *Mathesis recueil mathématique.*

In 1900 Alasia published, with the editor Lapi, *La Recente Geometria del Triangolo*, which was suggested by Eugenio Beltrami[14], president of the *Reale Accademia dei Lincei* at the time. The interest of the great Italian mathematician was not only a recognition of the importance and the educational utility of this area of geometry, but also of Alasia's work, which was becoming more and more known and appreciated.

A letter from Alasia to Brocard, dated December 8, 1899 (only two months after the Beltrami note) allows us to recognize the developments of his work. Alasia began writing his manual and showed great initiative : without any hesitation he contacted Lemoine, Neuberg, and Brocard to request their papers on the topic. The Sardinian mathematician thus began a long and fruitful collaboration with the community of mathematicians who worked on the new triangle geometry, by adopting the same practices of this network : in fact *La Recente Geometria del Triangolo* contained a historical introduction with clear references to Lemoine's memoirs, and the whole presentation of the topics had a detailed system of notes and contained an updated bibliography of the

12. The disciplinarization of the *new* geometry of the triangle is achieved in two moments : first by writing a common history by integrating the works preceding the founding lecture of Lemoine in 1873 ; then generalizing the results obtained during the period (1873-1881), with a transition from the status of instrument to that of object of research articles on some geometric methods. See (Davis 1888), (Vigarié 1890), (Berkhan & Meyer 1914), (Retali & Biggiogero 1979), (Romera-Lebret 2014).

13. See (Lemoine 1874), (Brocard 1882, 1883).

14. Beltrami had followed the development of triangle geometry since 1863 when, in the wake of some works by Steiner, Terquem, Salmon, Casey, Battaglini and Trudi, he had dealt with the properties of the nine point conic. With a note, dated October 15, 1899, he had encouraged Lapi to publish a treatise on the new triangle geometry, suggesting Alasia as an author. Beltrami's note is reported in (Ripert 1901, p. 144), and in a letter from Alasia to Brocard, dated November 23, 1900. The first page of the manual contains a dedication to Beltrami and the reproduction of the note sent to Lapi.

known results. Supported by Poulain[15], Alasia did not neglect the algebraic treatment of some results through the introduction of appropriate trilinear, barycentric, tripolar, and angular coordinate systems (Poulain 1892). The book was completed with a set of 343 exercises[16] and a table of formulas. In 1902 Alasia had consulted and studied so many texts that he was able to write a bibliography of the new triangle geometry, on Brocard's suggestion, as an updated of (Vigarié 1896). Still following common practices adopted by the network, Brocard himself presented this bibliography at the Congress of the *Association Française pour l'Avancement des Sciences*, held in Lyon in 1906, published in the *Comptes Rendus* of this Association (Brocard 1907).

3 The strengthening and growth of Alasia's scientific collaborations

The correspondence with Brocard and some bibliographic records (Alasia 1911) show how the above mentioned mathematicians guided his scientific and educational publications for several years; they introduced him to a wider network of scholars.

For example, from Alasia's letters to Brocard, we know that they discussed together reviews of *La Recente Geometria del triangolo*. In (Alasia 1911) four reviews were indicated, which were published in *intermediate* journals : the *Nouvelles Annales de Mathématiques*, the *Mathesis*, the *Revista trimestral de Matematicas*, the *Journal de Sciencias Matematicas e Astronomicas*. Also in *L'Enseignement Mathématique*, we find a review by Léon Ripert, who celebrated Alasia's work as the "*premier ouvrage d'ensemble fait sur elle*" [i.e., on the geometry of the triangle] in Italy.[17]

Since Brocard was one of the most active collaborators of all these journals and knew well some of the editors (Charles-Ange Laisant, Zoel Garcìa de Galdeano, Josè Rius y Casas, Francisco Gomes Teixeira)[18], these reviews paved the way for Alasia towards new collaborations with France and Belgium as well as with Spain and Portugal.

We find traces of collaborations between scholars from different countries not only in private correspondences but also in the journals themselves. In a letter to readers of *El Progreso Matemàtico* (III, n. 25, 1893, 3), Galdeano manifested great satisfaction at the results achieved by his journal, as "evidenced by the various memoirs, notes, articles, etc. ... with signatures of great respect and fame such as those of the journal's foreign collaborators Battaglini, Brocard,

15. Alasia mentioned two letters from Lemoine and Poulain in the preface to his book, in which they expressed their appreciation for his work.

16. These exercises also are now in https://www.esuppa.it/AlasiaWeb/pdf/alasia.pdf.

17. See (Ripert 1901, p. 144). In (Berkhan & Meyer 1914) and in (Retali & Biggiogero 1979) the Alasia's book is quoted as the "Italian book of the new geometry of the triangle".

18. For the relationships between Brocard and these mathematicians, see (Auvinet 2011); Galdeano letters to Brocard are kept in Brocard's Archive at the library of the Institut Henri Poincaré in Paris; (Kharlamova 2013).

Cesàro, Teixeira, Guimaraes, Lampe, Lemoine, Longchamps, Peano, Pirondini, Poulain, Retali, Schiappa Monteiro, Schlegel and Vigarié".
Galdeano's letters to Brocard show French mathematicians' support for all Galdeano's publishing activities, so it is not a coincidence if Alasia's first articles were published in *El Progreso.*

Strengthened by the support of this network of scholars, Alasia decided to create a new journal, *Le Matematiche pure ed applicate*, in 1900 (Enea 2018). It was short-lived, the publications were interrupted in 1903 due to economic difficulties and the premature death of its publisher Lapi, however those were years of intense work for Alasia.
These scholars provided Alasia with greatest help in terms of articles and reviews, in the spirit of mutual collaboration aimed at promoting the diffusion of these journals and the researches published in them. Brocard was a constant reference point for Alasia ; he turned to him for suggestions on direction of the journal, from the editorial model to the choice of articles and questions to be published.
After having obtained the support of Brocard, Lemoine, Ripert, Galdeano, Rius y Casas, Gomes Teixeira, Laisant for his journal, Alasia's resourcefulness led him to contact many other mathematicians. Some of these were international scientists : Henri Poincaré, Paul Appell, George Bruce Halsted, and Alexandre Vasiliev agreed to participate in the editorial board. Charles Hermite sent a brief note (Hermite 1901)[19], the last written just before his death. We also found letters from Alasia to Gösta Mittag-Leffler, Moritz Cantor, David Hilbert, Federico Amodeo, Émile Borel, Maurice d'Ocagne. Many of them did not respond to his requests, but this fact did not dishearten the Sardinian mathematician, who, for example, wrote again to Hilbert in autumn of 1902, asking for permission to publish in *Le Matematiche* the translation of his famous lecture's notes, *Sur les problèmes futurs des mathématiques*, presented at the 2th International Congress of Mathematicians held in Paris in 1900.[20]

Keeping true to the editorial project of *Le Matematiche* as a journal that stimulated teachers to research, Alasia published the contributions of many of them. In the editorial enterprise, some Sardinian teachers were also involved, namely Giuseppe Delitala, Giovanni Biasi, and Giuseppe Repetto ; mathematicians, who, like Alasia, suffered the cultural isolation of the island and shared the passion for mathematical studies.[21]

Alasia also had scientific and friendly relationships with many Italian scholars, in particular he widely spread the research and initiatives of Giuseppe

19. See also (Hermite 1917).
20. *Compte Rendus du Deuxième Congrès International des Mathématiciens*, Paris, Gauthier-Villars 1902, pp. 58–114. Alasia's letters to Hilbert are kept at the library of the University of Göttingen in Germany. The translation of the lecture's notes was never published, we do not know if this is due to Hilbert's refusal or to the end of the publication of Alasia's journal.
21. We do not have enough biographical information about them.

Peano's school.[22] Some exponents of this school, such as Roberto Marcolongo and Cesare Burali-Forti, also were active collaborators of Alasia's journal.
In the second volume of *Le Matematiche*, Alasia welcomed the proposal to compile and publish a *Dizionario matematico*, which was proposed by Peano during the second *Mathesis* Congress[23] held in Livorno in August 1901. In his journal Alasia published [24] a first list of "general terms found in math publications" presented with their etymology and description (rather than definitions) or examples of their meaning, and together with the symbols used for them in the Peano's *Formulario Mathematico*.
Again as a contribution to *Dizionario Matematico*, in 1902 Alasia published the *Saggio terminologico-bibliografico della nuova geometria del triangolo* (Bolis, Bergamo) : starting from (Vigarié 1887), the aim of the *Saggio* was to reduce the enormous bibliography on the triangle geometry to a few fundamental memories, with a consequent reduction in terminology as well. The many terms used to represent the same idea and the multiplicity of meanings, in which the same term was used, were evidently an inconvenience. For each element, Alasia gave a short definition, its fundamental properties and essential bibliographic references, with also historical notes.
For his *Saggio* Alasia asked Burali-Forti for help, whose researches aimed to give a contribution to the development of the triangle geometry inspired by Grassmann *Ausdehnungslehre*.[25] In parallel the research tools used by many other scholars of triangle geometry were elementary geometry, projective geometry and above all the coordinates of various types (Cartesian, trilinear, barycentric, and angular) as well as the transformations of one coordinate system into another (Poulain 1892). In his *Saggio*, Alasia used the theory of geometric forms presented in (Peano 1888) for the representation of points and straight lines, as suggested by Burali-Forti ; Peano's approach gave even the barycentric calculation as a particular (Burali-Forti 1919).

The triangle geometry was the favorite topic of numerous other publications by Alasia. He also tried to spread its foundations in Italy through articles on the *Pitagora* and the *Supplemento al Periodico di Matematica*.

4 Alasia full-fledged member of the network

Alasia always stayed in touch with the members of the network : he sent his demonstrations to some of them for suggestions, inquired about their activities, spread their results and initiatives. Over time our Sardinian mathematician became an appreciated and esteemed interlocutor.

22. See (Luciano & Roero 2010), (Luciano 2018).

23. *Atti del Secondo Congresso dei Professori di Matematica delle Scuole Secondarie*, Giusti, Livorno, 1902, pp. 9–11.

24. Parte 1^a, Logica Matematica, Supplement to Volume II.

25. In *Le Matematiche*, Burali-Forti published an article on the applications of the Grassmann method (v. I, pp. 269–278 ; v. II, pp. 21–30).

This is confirmed, for example, by his collaboration with *L'Enseignement Mathématique* and its editor Laisant, who was a scholar very involved in the publications of many other *intermediate* journals in France. He was also in the editorial board of *Le Matematiche.* A long article on scientific activity of Giusto Bellavitis (Alasia 1906) was published by Alasia in *L'Enseignement*; Bellavitis' equipollence method marked a decisive moment in Laisant's scientific path (Auvinet 2011), and, to celebrate the 25th anniversary of the Italian mathematician's death, Laisant gave the letters exchanged with Bellavits to his "friend" Alasia for publication.

After *Le Matematiche*, Alasia's most significant contribution to a journal was that given to *Rivista di fisica, matematica e scienze naturali*, published in Pavia by the astronomer Cardinal Pietro Maffi[26] and printed by the *Società Cattolica Italiana per gli Studi Scientifici.* The aim of journal was the cultural training and updating of teachers; in fact it was devoted essentially to informing teachers about the progress of science, developing topics only by means of articles and bibliographical sections.[27]
Alasia worked without interruption for the *Rivista* until 1912, when it stopped printing due to economic and political difficulties, publishing numerous informative articles, as well as translations, obituaries, articles and book reviews. In a section, called *Rassegna Matematica*, were given bibliographies, news about national and international congresses of societies and associations of mathematicians, prizes, and courses held in foreign universities, moreover scientific book catalogs, also offering second-hand books, were suggested. Alasia paid particular attention to the congresses of the *Society for the Advancement of the Sciences* in different countries and to the debate on school programs and training of future teachers.

Alasia's papers reflected his studies, his continuous reading of new publications, his personal thoughts about the covered topics, his information from all over Europe. This can well be seen in his reviews published in the *Rivista*, where he often did not just give the summary but widened with his digressions. For example[28], in the review of (Cesàro 1905) on infinitesimal calculus, Alasia crossed the description of the topics of the book with some research in England on the difficulties of engineering students in the applications of mathematics, after the theoretical studies done in the first two years.[29]

26. He taught physics, mathematics and natural sciences at the Seminary of Pavia and was director of the Vatican Specola. As a scientist, his meteorological and shooting star studies were particularly appreciated.

27. It dealt with many subjects in Astronomy, Biology, Chemistry, Physics, Mathematics, Medicine, Mineralogy, Zoology. For a complete description of the journal see CIRMATH seminar–Mathematics journals and teaching publics, Paris, 2016 (https://cirmath.hypotheses.org/740).

28. The quoted reviews are contained in *Rivista* (1905, 12, pp. 383–390).

29. Alasia had deep respect for Cesàro, who was member of the editorial board of *Le Matematiche* and actively collaborated both by publishing articles and proposing and solving questions (see also their correspondence in Fondo Cesàro, http://pzmath.unibas.it/PRIN/

In the review of (Campbell 1903) on Lie's theory of continuous groups, Alasia showed that he knew well the Italian researches on this topic published by Ernesto Pascal, Luigi Bianchi and Giulio Vivanti.[30] In the review of (Halsted 1904), an elementary geometry book based on Hilbert's Foundations, Alasia told of Giuseppe Veronese's attempts in Italy to harmonize the teaching of geometry at schools with Hilbert's ideas, proposing a logical development of geometry based on intuitive and experimental observations.

Finally we mention the long review (Alasia 1904) of *L'Évolution de la mécanique* (Duhem 1903), essay which Alasia directly asked Pierre Duhem for a copy, making sure to give it wide dissemination.[31] Alasia big interest in the theme is attested by his many digressions in the review (of which he apologizes to the reader), such as the one on Newton's law of universal gravitation.

Alasia closely continued to follow the researches developed in many *intermediate* journals, publishing abstracts of some of these and giving notice of their editorial trend; for example he informed the readers on the closure of the *Rivista Trimestral de Matemàticas* of Riusy Casas, and on the creation of the *Anales de la Facultad de Ciencias de Zaragoza*, also edited by Riusy Casas, and of the *Boletín de Critíca, Enseñanza y Bibliografía mathematica* by Galdeano.

Some articles show how Alasia also became able to propose new research topics.

Thanks to *Le Matematiche*, Alasia came into contact with two American mathematicians, George Bruce Halsted (already mentioned) and George Abram Miller. Alasia was linked to Halsted by a relationship of esteem and friendship, as evidenced by the biographical notes that they dedicated to each other (Halsted 1902), (Alasia 1903b)[32]; Miller, published in *Le Matematiche* two articles on the group theory.[33]

Between 1903 and 1907 Alasia showed a great interest in these researches on group theory, which he disseminated through historical notes and book reviews.[34] A difficult topic, as he wrote himself, that could hardly be introduced in secondary education, but which was fundamental for the development of some fields of mathematics such as geometry and equation theory. In 1908 Alasia published a pioneering and extensive work, *Essai d'une bibliographie*

STMAT/). In 1907 Alasia wrote two long articles on Cesàro's life and scientific work to commemorate his early death; see (Alasia 1907a,b).

30. In the same year Alasia also published a translation, together with his notes, of the H. B. Newson article on continuous groups of projective transformations (Alasia 1905b). This is the only article by Alasia published in *Giornale di Matematiche* of Battaglini.

31. Alasia's letters to Duhem are kept in the Archives of the Académie des Sciences in Paris

32. The Halsted biography was published in a supplement to vol. II of *Le Matematiche*. It was printed in Sardinia after the bankruptcy of the publisher Lapi. An English translation was published by Margaret A. Gaffney (1905).

33. See (Miller 1901, 1902).

34. See, in particular, (Alasia 1903a, 1905a, 1907c,d).

sur la théorie des groupes[35], where he listed all the papers on group theory published from 1771 to 1907, quoting about 4500 titles and 103 journals. He turned to Brocard[36] for some bibliographic reference and for some indication adopted in the *Repertoire Bibliographique des Sciences Mathématiques*[37], which he did not possess.

We point out another article by Alasia, *Sullo stato della teoria delle congruenze binomie avanti il 1852 (note a proposito di una memoria di D. A. da Silva)* (Alasia 1903c), much appreciated by Gomes Teixeira, with whom Alasia had a long correspondence.[38] The work was inspired by Alasia's fortuitous finding at a book retailer at Nice, i.e. the volume *Proprietades geraes et resolução directa das Congruencias binomias, por Daniel Augusto da Silva*, published in Lisbon in 1854 and almost certainly owned by Joseph Liouville. Alasia's curiosity for such a simple and yet so important topic in the field of number theory, together with the surprise of finding an author completely unknown to him, led him to request information from Alfredo Schiappa Monteiro and Teixeira himself, who, of course, offered their full collaboration. Alasia analyzed the Silva's researches highlighting that some results were already known by Silva, even if historically they were attributed to others : for example the methods of congruence systems resolution that T. J. Stieltjes attributed exclusively to Smith (1861), were already contained in the Silva's paper.
Alasia's paper was so original and interesting for Portuguese mathematics that it was also published by Gomes Teixeira in his *Annaes* (Alasia 1909).

5 Conclusions

Cristoforo Alasia lived far away from any academic environment, confined in the hinterland of a culturally backward island, without a deep mathematical preparation and without scientific relationships, nevertheless, over the years, he succeeded in gaining a place within a network of European scholars, engaged in the spread of important fields of elementary mathematics. A decisive role was played by the scientific and personal relationship with the Frenchman Brocard, but it was the editorial experience of *Le Matematiche* that allowed him to improve and expand relations with the researchers of the network.

As his correspondence and the large number of publications show, Alasia had a great passion for mathematical studies and a huge desire to know, compare and communicate.

Loria opinioned[39] that the illusion of being able to embrace the whole immense field of pure and applied mathematics was the cause that prevented

35. See (Alasia 1908-1910). It was divided into three sections : groups of linear substitutions and groups of transformations, continuous groups, and discontinuous groups.
36. See Alasia's letters to Brocard dated December 29, 1907 and October 6, 1908.
37. See (Rollet & Nabonnand 2002).
38. Alasia's letters to Gomes Teixeira are kept in the Archive of the University of Coimbra.
39. See (Loria 1919, p. 139)

Alasia from being more successful. Indeed, Alasia had study skills and spirit of initiative, but Loria seems to forget the cultural reality in which he was trained and lived ; no Sardinian mathematician, remaining in Sardinia, had never been able to succeed in working as Alasia had done up to that moment.

Speaking about life and times of Alasia, we also wanted to highlight how, in the second half of the nineteenth century, in Europe there were many scholars engaged in the dissemination of mathematics studies that could reach everyone. It is not only the choice of topics that is important, but also the choice of tools : sharing of papers, exchange of information, support for publications, collaboration with journals that were aimed precisely at teachers, students and amateurs. The network itself is to be considered as one of these tools.

Unfortunately, Alasia's career, which began when he was no longer young, was interrupted by illness and premature death on November 19, 1918.

Bibliography

Alasia, C. (1903a). Dickson, L. E. – I Gruppi lineari, con una esposizione della teoria del campo di Galois. *Rivista di fisica, matematica e scienze naturali*, 7, 606–616.

Alasia, C. (1903b). George Bruce Halsted. *Le Matematiche Pure ed Applicate*, 2(Supplemento), 1–5.

Alasia, C. (1903c). Sullo stato della teoria delle congruenze binomie avanti il 1852 (Note a proposito di una memoria di D. A. da Silva). *Rivista di fisica, matematica e scienze naturali*, 8, 179–208.

Alasia, C. (1904). L'evoluzione della Meccanica di P. Duhem. *Rivista di fisica, matematica e scienze naturali*, 9, 111–130; 289–308; 385–398; 497–511.

Alasia, C. (1905a). Estensione di alcuni teoremi sui gruppi di sostituzioni. *Periodico di matematica*, 21(2), 64–73.

Alasia, C. (1905b). Traduzione e note alla memoria "Trasformazioni proiettive ad un parametro e loro gruppi continui" di H. B. Newson. *Giornale Di Matematiche*, 43, 33–62.

Alasia, C. (1906). Giusto Bellavitis: sa correspondance scientifique. *L'Enseignement mathématique*, 8, 97–117.

Alasia, C. (1907a). Ernesto Cesàro (1859-1906). *L'Enseignement mathématique*, 9(1), 5–23.

Alasia, C. (1907b). La vita e l'opera scientifica del Prof. Ernesto Cesàro. *Rivista di fisica, matematica e scienze naturali*, 15, 23–46.

Alasia, C. (1907c). Su di alcune notevoli proprietà dei gruppi lineari ed omogenei. *Rivista di fisica, matematica e scienze naturali*, 16, 346–357.

Alasia, C. (1907d). Sugli automorfismi di certi gruppi di operazioni. *Periodico di matematica*, 22(4), 168–180.

Alasia, C. (1908-1910). Essai d'une bibliographie sur la théorie des groupes. *Rivista di fisica, matematica e scienze naturali*, 18; 19; 20; 21; 22, (1908) 18, 630–638; (1909) 19, 315–323, 435–447, 527–539; 20, 134–142, 236–244, 339–347, 419–427, 489–494; (1910) 21, 64–71, 362–370; (22) 54–62, 159–171.

Alasia, C. (1909). Daniel Augusto da Silva e la teoria delle congruenze binomie. *Annaes Scientificos da Academia Polytechnica do Porto*, 4, 166–192.

Alasia, C. (1911). *Elenco delle sue pubblicazioni.* Pavia: Fusi.

Auvinet, J. (2011). *Charles-Ange Laisant : itinéraires et engagements d'un mathématicien, d'un siècle à l'autre (1841-1920).* Ph.D. thesis, Université de Nantes.

Berkhan, G. & Meyer, W. F. (1914). Neuere Dreiecksgeometrie. In H. Mohrmann & W. F. Meyer (eds.) *Encyklopädie der Mathematischen Wissenschaften*, vol. III(1–2), Leipzig: Verlag Teubner, 1173–1276.

Bozal, P. A. (1903). Cristoforo Alasia de Quesada. *Gaceta de matemáticas elementales*, 1(5), 113–115.

Brocard, H. (1882). Étude d'un nouveau cercle du plan du triangle. In *Congrès de l'AFAS, Alger 1881*, Paris, 138–159. URL https://gallica.bnf.fr/ark:/12148/bpt6k201157b/f256.item.

Brocard, H. (1883). Nouvelles propriétés du triangle. *Journal de mathématiques élémentaires*, 2, 248–252, 272–281.

Brocard, H. (1907). La bibliographie de la géométrie du triangle de 1895 á 1905. In *Congrès de l'AFAS, Lyon 1906*, 35e session, 53–66. URL https://gallica.bnf.fr/ark:/12148/bpt6k201203d/f56.item.

Burali-Forti, C. (1919). *Fondamenti per la Geometria del triangolo.* Palermo: Capozzi.

Campbell, J. E. (1903). *Introductory treatise on Lie's theory of finite continuous transformation groups.* Oxford: Clarendon Press.

Canevazzi, S. (1909). La matematica e l'arte del costruttore in Italia. In *Atti del IV Congresso Internazionale dei Matematici, Roma 6–11 aprile 1908*, Roma: Accademia dei Lincei, vol. 3, 339–345.

Cesàro, E. (1905). *Elementi di calcolo infinitesimale con numerose applicazioni geometriche.* Napoli: Alvano.

Davis, R. F. (1888). The recent geometry of the triangle. *General Report of the Association for the Improvement of Geometrical Teaching*, 14, 35–46.

Duhem, P. (1903). L'évolution de la mécanique. *Revue générale des sciences pures et appliquées*, 14, (2) 63–73; (3) 119–132; (4) 171–190; (5) 247–258; (6) 301–314; (7) 352–365; (8) 416–429.

Ehrhardt, C. (2018). A locus for transnational exchanges : European Mathematical journals for students and teachers 1860s-1914. *Historia Mathematica*, 45(4), 376–394.

Enea, M. R. (2018). Circulation of an editorial model: The case-study of the short-lived Le Matematiche Pure ed Applicate. *Historia Mathematica*, 45, 395–413.

Gaffney, M. A. (1905). George Bruce Halsted. In *Reviews of Halsted's rational geometry*, Mt. Vernon: Ohio Press, 63–72.

Giacardi, L. & Scoth, R. (2014). Secondary school mathematics teaching from the early ninetheent century to the mid-twentieth century in Italy. In A. Karp & G. Schubring (eds.) *Handbook on the History of Mathematics Education*, New York: Springer, 201–228.

Halsted, G. B. (1902). Cristoforo Alasia. *The American Mathematical Monthly*, 9(8–9), 183–185.

Halsted, G. B. (1904). *Rational Geometry, a text-book for the science of space.* New York: Wiley & Sons.

Hermite, C. (1901). Sulle frazioni continue. *Le Matematiche Pure ed Applicate*, 1, 1–2.

Hermite, C. (1917). Sulle frazioni continue. In E. Picard (ed.) *Œuvres de Charles Hermite*, vol. 4, Paris: Gauthier-Villars, 552–553.

Kharlamova, V. I. (2013). *F. G. Teixeira e a Comunidade Matemática Europeia nos Séculos XIX-XX.* Ph.D. thesis, University of Aveiro (Portugal).

Lemoine, E. (1874). Sur quelques propriétés d'un point remarquable d'un triangle. In *Congrès de l'AFAS, Lyon 1873*, Paris, 90–95. URL https://gallica.bnf.fr/ark:/12148/bpt6k201149r/f128.item.

Loria, G. (1919). Cristoforo Alasia, in Memoria. *Bollettino della Mathesis*, 11, 138–141.

Luciano, E. (2018). Constructing an International Library: The collections of journals in Turin's special mathematics library. *Historia Mathematica*, 45(4), 433–449.

Luciano, E. & Roero, C. S. (2010). La Scuola di Peano. In C. S. Roero (ed.) *Peano e la sua Scuola fra matematica, logica e interlingua. Atti del Congresso internazionale di studi (Torino 6-7.10.2008)*, vol. IX–XVIII, Torino: Deputazione Subalpina di Storia Patria, 1–212.

Miller, G. A. (1901). Sui gruppi generati da due operatori. *Le Matematiche Pure ed Applicate*, 1(10), 231–234.

Miller, G. A. (1902). Gruppi di ordine p^m (p primo) non conformi con gruppi abeliani. *Le Matematiche Pure ed Applicate*, 2(1–2), 19–21.

Nabonnand, P., Peiffer, J., & Gispert, H. (2015). Circulations et échanges mathématiques (18e–20e siècles). *Philosophia Scientiæ*, 19(2), 7–16.

Ortiz, E. (1996). The nineteenth-century international mathematical community and its connection with those on the Iberian periphery. In C. Goldstein, J. Gray, & J. Ritter (eds.) *L'Europe mathématique/Mathematical Europe*, Paris: Éditions de la Maison des Sciences de l'Homme, 323–343.

Palazzi, I. (2011). Proiezioni di strutture. Luigi Cremona e la statica grafica nelle scuole d'ingegneria italiane. In T. Iori & S. Poretti (eds.) *Storia dell'Ingegneria Strutturale in Italia, SIXXI 2*, Roma: Gangemi, 52–67.

Peano, G. (1888). *Calcolo Geometrico Secondo l'Ausdehnungslehre di H. Grassmann, Preceduto dalle Operazioni della Logica Deduttiva.* Torino: Fratelli Bocca. Engl. transl. by L.C. Kannenberg, *Geometric calculus, According to the Ausdehnungslehre of H. Grassmann*, Birkhäuser, Boston, 2000.

Peiffer, J., Gispert, H., & Nabonnand, P. (2018). Interplay between mathematical journals on various scales 1850-1950. *Historia Mathematica*, 45(4), 323–333, doi:10.1016/j.hm.2018.10.002.

Polenghi, S. (1993). *La politica universitaria italiana nell'età della Destra storica.* Brescia: La Scuola.

Poulain, A. (1892). *Principes de la nouvelle géométrie du triangle.* Paris: Croville-Morant.

Retali, V. & Biggiogero, G. (1979). La geometria del triangolo. In L. Berzolari, G. Vivanti, & D. Gigli (eds.) *Enciclopedia delle Matematiche Elementari e Complementi*, vol. 2, parte 1a, Milano: Hoepli, 175–214.

Ripert, L. (1901). C. Alesia, La recente geometria del triangolo. *L'Enseignement mathématique*, 3(1), 144–145, 230.

Rollet, L. & Nabonnand, P. (2002). Une bibliographie mathématique idéale? Le Répertoire bibliographique des sciences mathématiques. *Gazette des mathématiciens*, 92, 11–25.

Romera-Lebret, P. (2014). La nouvelle géométrie du triangle à la fin du XIXe siècle: des revues matématiques intermédiaires aux ouvrages d'enseignement. *Revue d'histoire des mathématiques*, 20(2)(1), 253–302, doi:10.24033/rhm.183.

Saviotti, C. (1888). *La statica grafica.* Milano: Hoepli. 3 vol.

Scoth, R. (2016). Higher education, dissemination and spread of the mathematical sciences in Sardinia (1720-1848). *Historia Mathematica*, 43(2), 172–193, doi:10.1016/j.hm.2015.11.001.

Smith, H. J. (1861). On systems of linear indeterminate equations and congruences. *Philosophical Transactions of the Royal Society of London*, 151, 293–326.

Vigarié, E. (1887). Géométrie du triangle. Étude bibliographique et terminologique. *Journal de mathématiques spéciales*, 1, 34–45, 58–62, 77–82,127–132, 154–157, 175–177, 199–203, 217–219, 248–250.

Vigarié, E. (1890). Esquisse historique sur la marche du développement de la géométrie du triangle. In *Congrès de l'AFAS, Paris 1889*, Paris, 117–141. URL https://gallica.bnf.fr/ark:/12148/bpt6k201171r/f120.item.

Vigarié, E. (1896). La bibliographie de la géométrie du triangle. In *Congrès de l'AFAS, Bordeaux 1895*, Paris, 24e session, 2, 50–63. URL https://gallica.bnf.fr/ark:/12148/bpt6k201183v/f53.item.

Maria Rosaria Enea
Università degli Studi dell'Aquila, L'Aquila (UnivAq)
`mariarosaria.enea@univaq.it`

Roberto Scoth
Università degli Studi di Cagliari, Cagliari (UniCA)
`robertoscoth@unica.it`

L'enseignement du dessin géométrique dans le primaire et le secondaire (1880-début XXe siècle) : auxiliaire des mathématiques ou discipline graphique à part entière ?

Renaud d'Enfert

« L'enseignement de la géométrie et celui du dessin géométrique ne doivent pas constituer deux enseignements distincts » (Borel 1904)

Héritier direct du dessin linéaire introduit au XIXe siècle dans l'enseignement primaire puis dans l'enseignement secondaire (d'Enfert 2003, d'Enfert & Lagoutte 2004).[1], le dessin géométrique constitue, à partir des années 1880, une composante essentielle de l'enseignement scolaire du dessin promu par les réformateurs républicains. Requérant l'emploi d'instruments tels que règle, compas, équerre, etc., il apparaît cependant comme un enseignement bien spécifique, non seulement par ses contenus et ses méthodes, à mi-chemin entre géométrie et dessin technique, mais aussi par ses finalités, par les catégories d'élèves concernés, et par les profils variés des professeurs qui le dispensent. Cette contribution se propose de préciser les contours de cet enseignement (contenus, modalités pédagogiques, organisation matérielle) et d'en examiner la place et le rôle dans les enseignements primaire et secondaire

1. Cette contribution reprend, avec des modifications, un article publié sous le titre « Entre mathématiques et technologie. L'enseignement du dessin géométrique dans le primaire et le secondaire, 1880-début XXe siècle » dans la revue brésilienne *HISTEMAT – Revista de História da Educação Matemática*, 2e année, no 2, 2016, p. 39–55 (d'Enfert 2016). Je remercie son rédacteur en chef, Wagner Rodrigues Valente, de m'y avoir autorisé.

P.-E. Bour, M. Rebuschi & L. Rollet (eds.), *Sciences, Circulations, Révolutions, 309–325.*

des premières décennies de la Troisième République[2]. On étudiera notamment l'opposition latente qui règne, dans le secondaire masculin, entre les professeurs de mathématiques qui voient dans le dessin géométrique un auxiliaire de leur discipline dont ils revendiquent l'exclusivité, et les professeurs spécialistes du dessin technique qui souhaitent en renforcer l'orientation technologique et manifestent ainsi leur volonté d'autonomie. On verra également comment les réformes du début du XXe siècle (réforme de l'enseignement secondaire masculin de 1902, réforme de l'enseignement du dessin de 1909) résolvent cette opposition en redéfinissant, pour les lycées et collèges de garçons, les contenus et les finalités de l'enseignement du dessin géométrique, et contribuent dès lors à bien différencier les formations graphiques selon les ordres d'enseignement, primaire ou secondaire.

1 L'enseignement du dessin géométrique : contenus, pratiques, publics

Alors que les expositions universelles ont permis de constater « les progrès des nations étrangères et les services rendus par la vulgarisation de l'enseignement du dessin »[3] et contribué à ériger celui-ci en grande cause nationale, la politique scolaire menée par les républicains au pouvoir à partir de la fin des années 1870 confirme le dessin comme une discipline à part entière des cursus primaire et secondaire. Entre 1878 et 1882, l'enseignement du dessin est rendu obligatoire dans les deux ordres d'enseignement[4]. Des programmes détaillés sont publiés, qui visent à normaliser des pratiques d'enseignement jusque-là très différentes selon les filières : en 1880 pour l'enseignement secondaire classique, 1881 pour l'enseignement primaire supérieur et les écoles normales primaires, 1882 pour l'enseignement secondaire spécial, l'enseignement secondaire féminin et l'enseignement primaire élémentaire. Des certificats d'aptitude à l'enseignement du dessin, comprenant un volet pédagogique, sont créés : au-delà de leurs compétences graphiques, les professeurs de dessin doivent aussi être, désormais, de vrais professionnels de l'enseignement. Un corps d'inspecteurs chargés de surveiller l'enseignement – et notamment la bonne application des nouveaux programmes – est également organisé. Mais jusqu'au début du XXe siècle, seuls les lycées et collèges de garçons ainsi que les écoles normales d'instituteurs et d'institutrices seront réellement sous son contrôle.

1.1 Dessin géométrique *vs* dessin d'imitation

Les nouveaux programmes distinguent deux genres de dessin. Un premier genre, dont l'enseignement est commun à l'ensemble des filières du primaire et du

2. Nous excluons de notre champ d'étude les établissements d'enseignement technique. Rappelons que l'école primaire constitue alors « l'école du peuple », tandis que l'enseignement secondaire scolarise principalement les enfants de la bourgeoisie.

3. Circulaire du 19 février 1879, in (Circulaire 1887, p. 125).

4. Cette mesure sera ensuite l'objet de quelques entorses dans les dernières classes des lycées.

secondaire, connaît des dénominations multiples : c'est le « dessin d'imitation » ou « dessin à main levée », parfois appelé aussi « dessin à vue », « dessin artistique » ou « dessin d'art », ou même « dessin » tout court lorsqu'il n'y a pas d'ambiguïté possible. Le second genre de dessin, dont on verra qu'il ne concerne qu'une partie des élèves, est le « dessin géométrique ». Cette dénomination n'est pas totalement inédite, puisqu'elle est employée dès la fin des années 1820 pour intituler certains manuels (Berton 1827, Boutereau 1832) et qu'on la trouve, par exemple, dans une instruction de 1854 relative à l'enseignement dans les lycées[5]. Elle s'impose – et pour longtemps – dans les programmes scolaires à partir des années 1880, en se substituant à celle de « dessin linéaire », popularisée dans la première moitié du XIXe siècle mais qui semble désormais trop vague quant aux objets dessinés et aux moyens d'exécution, d'autant que certains auteurs font la distinction entre le « dessin linéaire à vue » (à main levée) et le « dessin linéaire géométrique » (avec la règle et le compas) (Persin 1859).

Loin d'être indépendants l'un de l'autre, le dessin d'imitation et le dessin géométrique sont, pour les réformateurs de l'enseignement du dessin des années 1870-1880, deux modalités complémentaires, bien que différentes, d'un seul et même langage graphique : le dessin d'imitation représente les objets tels qu'on les voit, c'est-à-dire dans leur apparence, tandis que le dessin géométrique les fait connaître tels qu'ils sont réellement, c'est-à-dire dans leurs dimensions vraies. L'un et l'autre sont placés sous l'égide de la géométrie, qui constitue le fondement de la méthode d'enseignement officiellement promue. Pour son initiateur et principal théoricien, le sculpteur – et inspecteur général de la discipline – Eugène Guillaume, « il n'y a rien dans ce que le dessin embrasse qui ne puisse être tracé mathématiquement. [...] La langue technique du dessinateur, de l'artiste, n'est pas différente de celle du géomètre » (Guillaume 1889, p. 5). De fait, pour chacun des deux genres de dessin, les premiers apprentissages prévus par les programmes consistent, pour l'essentiel, à représenter des formes géométriques, planes ou spatiales : si bien que le dessin d'imitation, du moins dans ses premières étapes, peut apparaître comme une sorte de dessin géométrique « à main levée ». Mais, bien souvent, chaque genre est enseigné par un professeur différent. Dans environ trois écoles normales d'instituteurs sur quatre, dans deux lycées sur trois, le professeur de dessin géométrique est distinct de celui de dessin d'imitation[6].

Le dessin géométrique, tel qu'il est promu et s'enseigne dans les établissements primaires et secondaires des années 1880-1900, possède néanmoins un certain nombre de caractéristiques qui le distinguent du dessin d'imitation. D'abord, alors que le dessin d'imitation prépare et aboutit à la représentation

5. Instruction du 15 novembre 1854 relative à la mise à exécution du plan d'étude des lycées, publiée par (Belhoste 1995, p. 358).

6. Archives nationales [désormais AN], F/17/6908 et 6909 : Enseignement du dessin. Inspections de 1895, 1897 et 1898 (lycées et collèges) ; F/17/9671 : Enquête de 1882 sur l'enseignement du dessin dans les écoles normales ; F/17/9672 : Enseignement du dessin. Inspection de 1892 (écoles normales primaires).

de la figure humaine, l'enseignement du dessin géométrique initie au dessin d'architecture, de construction et des machines : figures planes et solides géométriques usuels, motifs de décoration (dallages, parquetages ou mosaïques), objets usuels (tabouret, caisse à fleurs, etc.), éléments d'architecture, pièces de quincaillerie et organes de machines forment l'essentiel des modèles que les élèves auront à reproduire. Ensuite, le dessin géométrique privilégie les représentations en géométral, c'est-à-dire « à plat », afin de représenter les objets dans leurs dimensions vraies. L'étude des projections en plan, coupe et élévation, associée au tracé rigoureux des ombres et à l'application raisonnée du lavis, forment une composante importante de l'enseignement du dessin géométrique. Les représentations perspectives ne sont toutefois pas exclues : il s'agit alors de perspective linéaire, construite géométriquement à partir du géométral, et non de perspective d'observation pour laquelle les dimensions sont appréciées « à l'œil ». Enfin, on l'a dit, le dessin géométrique requiert, contrairement au dessin d'imitation, l'emploi des instruments de dessin (également appelés instruments de géométrie, ou instruments de mathématiques) : règle, compas, équerre, etc. Les élèves peuvent néanmoins être amenés à faire des croquis à main levée préalablement à une « mise au net ». À partir de la fin du XIXe siècle, les inspecteurs de l'enseignement du dessin donneront d'ailleurs moins d'importance à la mise au net et au lavis, et s'attacheront à promouvoir le croquis coté – ainsi que l'emploi par les élèves d'un « carnet de croquis » où peut éventuellement figurer la leçon orale du professeur –, ceci afin de privilégier l'aspect technologique plutôt que l'exécution graphique.

1.2 Des pratiques et des publics bien spécifiques

Il est possible de préciser les conditions matérielles de l'enseignement du dessin géométrique et les pratiques professorales afférentes. Remarquons tout d'abord que, contrairement au dessin d'imitation qui requiert une salle ressemblant, autant que possible, à un atelier d'artiste (fenêtres élevées et orientées de préférence au nord, par exemple), le dessin géométrique est relativement peu exigeant en termes de locaux et de mobilier : les salles peuvent être éclairées « par un jour orienté d'une manière quelconque » et de simples tables horizontales suffisent, pourvu qu'elles soient spacieuses et assez hautes pour que les élèves puissent travailler debout. Un emplacement doit néanmoins être réservé pour la leçon collective au tableau (Guillaume & Pillet 1889, p. 52). En effet, à l'opposé des pratiques qui prévalaient sous le Second Empire, il ne s'agit plus, pour les enseignants de dessin, de donner à chaque élève un modèle individuel gravé ou lithographié qu'il devra « copier ». Désormais, ils doivent faire dessiner l'ensemble de leur classe d'après un même modèle mural ou, mieux, d'après un même objet, après en avoir fait préalablement « l'analyse » (ou la « démonstration »), c'est-à-dire l'exécution sommaire du dessin au tableau noir, accompagnée des explications orales nécessaires à sa réalisation graphique, voire, dans le cas d'un objet technique, des renseignements sur son usage, ses caractéristiques, son vocabulaire associé, etc. Comme le dit un directeur d'école normale : « Pour le dessin géométrique, le professeur apporte les objets en nature, quand il ne fait pas le dessin au tableau noir. Il n'utilise donc pas les modèles gravés ou lithographiés. Nos élèves ne copient pas[7] ». Le recours aux modèles graphiques tirés des manuels scolaires vise alors moins à les faire « copier » par les élèves qu'à leur indiquer les différentes phases de la construction du dessin ainsi que son allure générale une fois terminé[8].

FIGURE 1 : La salle de dessin du collège d'Auxerre, début XXe siècle (coll. particulière). Au premier plan, le cours de dessin géométrique ; au fond, le cours de dessin d'imitation.

Mais si une partie de l'enseignement peut s'appuyer sur les séries officielles de modèles en relief destinées au dessin d'imitation (solides géométriques, modèles « plan sur plan », fragments d'architecture) ou sur des objets usuels disponibles sur place, il n'existe pas, à en croire l'inspecteur du dessin Jules Pillet, de « bons modèles en relief » pour le dessin des machines, susceptibles de constituer une « série méthodique et complète », c'est-à-dire permettant d'en envisager l'étude raisonnée au moyen d'exercices gradués. Selon ce dernier, ce sont généralement des instruments de physique ou des pièces hors d'usage

7. AN, F/17/9671 (école normale de Varzy).

8. Vers 1910, Antoine Druot, directeur de l'école nationale professionnelle d'Armentières – un établissement d'enseignement technique –, défend au contraire l'emploi par les élèves d'un modèle graphique individuel, non seulement en vue de mettre ces derniers dans les conditions de l'examen d'entrée aux écoles d'arts et métiers, mais aussi parce que, selon lui, le modèle individuel est plus précis que son équivalent tracé au tableau par le professeur (Druot & Gourdou s. d.).

données par des industriels qui sont employées, ce qui vaut toujours mieux, estime-t-il néanmoins, que les planches coloriées qui prévalaient antérieurement (Guillaume & Pillet 1889, p. 48). Il est vrai que les établissements sont très inégalement pourvus. Si les écoles normales primaires semblent bien dotées en modèles, ce n'est en revanche pas le cas de tous les établissements secondaires. C'est ainsi que le lycée de Constantine, ouvert en 1883, ne dispose en 1898 d'aucun modèle de dessin géométrique[9].

La vocation industrielle – ou « technique » – du dessin géométrique, dont on vient d'esquisser les principales caractéristiques, détermine assez largement le public scolaire concerné. Contrairement au dessin d'imitation qui s'adresse à toutes les catégories d'élèves du primaire et du secondaire, le dessin géométrique est réservé aux filières qui scolarisent les futurs acteurs du processus industriel : ouvriers, contremaîtres, ingénieurs. Considéré comme « la base de toute profession manuelle » (Cartault 1895, p. 4), il est enseigné à l'école primaire élémentaire (à partir du cours moyen), mais pas dans les classes élémentaires des lycées et collèges ; dans l'enseignement primaire supérieur et dans l'enseignement secondaire spécial puis moderne[10], mais pas dans l'enseignement secondaire classique, même si « quelques leçons seront réservées pour l'exécution de dessins d'architecture à l'aide de la règle et du compas » de la 6e à la 4e[11]. En 1902, un professeur de dessin jugera « anti-démocratique » cette différence de traitement entre classiques et modernes (Bonnand 1902, p. 67–68)[12]. Pour des raisons également sociales et professionnelles, le dessin géométrique occupe une place mineure dans l'enseignement féminin où il est l'objet d'une adaptation aux activités féminines (coupe de vêtements, motifs de décoration, broderie, dentelle, tapisserie, etc.), quand il n'est pas totalement exclu du programme comme c'est le cas dans l'enseignement secondaire de jeunes filles. Au total, le dessin géométrique apparaît donc comme une discipline essentiellement masculine, qui trouve sa place dans les filières non classiques – et donc à dominante scientifique – de l'institution scolaire, autrement dit les filières de second rang. La sanction par le diplôme reste toutefois un facteur de différence entre le primaire et le secondaire, malgré la grande proximité des contenus enseignés : si la plupart des examens de l'enseignement primaire, depuis le certificat d'études primaires élémentaires jusqu'au certificat d'aptitude au professorat des écoles normales, comportent une épreuve (parfois facultative) de dessin géométrique ou de croquis coté, tel n'est pas le cas, en revanche, des différents baccalauréats de l'enseignement secondaire où aucune épreuve de dessin n'est prévue, malgré les revendications des professeurs concernés qui

9. AN, F/17/9671 et F/17/6909.

10. Le dessin géométrique est obligatoire dans la classe de première-sciences, mais facultatif dans celle de première-lettres.

11. Arrêté du 2 août 1880 fixant le plan d'études et les programmes de l'enseignement secondaire classique, *Bulletin administratif de l'instruction publique* [désormais *BAMIP*], tome 23, n° 456, 1880, p. 890–973, citation p. 927.

12. L'auteur est professeur de dessin au collège de Privas.

souhaitent obtenir par là une meilleure reconnaissance de leur discipline et de leur fonction (Bonnand 1898), (Congrès s. d., p. 61–64), (voir également Isambert 1901).

2 Le cas de l'enseignement secondaire masculin : des finalités plurielles et une querelle de prérogatives

Comme avant lui le dessin linéaire, le dessin géométrique entretient des liens étroits avec l'enseignement des mathématiques, que l'on peut faire remonter à son inscription dans les programmes du primaire et du secondaire. La loi Guizot de 1833 sur l'instruction primaire puis la réglementation de l'enseignement secondaire du Second Empire ont en effet rangé le dessin linéaire (ou géométrique) parmi les applications de la géométrie, si bien que celui-ci s'est vu doté d'une double finalité. D'un côté – c'est l'aspect « dessin technique » –, le dessin géométrique est vu comme le langage privilégié de l'industrie et des métiers, qui permet la communication entre celui qui commande et celui qui exécute, et que l'industriel, l'ingénieur, le contremaître, l'ouvrier, ne peuvent ignorer. Au-delà de l'acquisition de savoirs et de savoir-faire graphiques, son apprentissage vise à développer chez les élèves des qualités d'ordre et de précision, de goût également, et permet à ces derniers un premier contact avec le monde de la production. D'un autre côté – c'est l'aspect plus proprement mathématique –, le dessin géométrique est regardé comme l'auxiliaire pédagogique privilégié du cours de géométrie, qui permet tout à la fois d'introduire de manière concrète des notions théoriques et d'éclairer ces dernières au moyen d'exercices graphiques appropriés. Bien assumée dans l'enseignement primaire, où les enseignants sont formés pour être polyvalents[13], cette double finalité, à la fois technique et mathématique, engendre dans l'enseignement secondaire masculin, à l'orée du XXe siècle, une opposition entre les deux catégories de professeurs à qui cet enseignement est généralement confié. D'un côté, les professeurs de mathématiques (que j'appellerai les « mathématiciens ») souhaitent le rattachement du dessin géométrique à leur discipline dont il deviendrait l'auxiliaire. De l'autre, les spécialistes du dessin technique (que j'appellerai les « dessinateurs »), souvent architectes ou ingénieurs, sont partisans d'un dessin géométrique à forte portée technologique faisant partie intégrante de la discipline « dessin ».

Cette opposition entre « mathématiciens » et « dessinateurs » s'exprime à un moment où l'organisation et les finalités de l'enseignement scientifique dispensé dans les établissements secondaires de garçons sont redéfinies lors de la réforme de 1902, et où les fondements géométriques de l'enseignement du dessin, tel qu'il s'est développé depuis le début des années 1880, sont remis en question. Mais l'enjeu n'est pas seulement pédagogique : il est aussi d'ordre

13. Le certificat d'aptitude au professorat des écoles normales et primaires supérieures comprend, pour l'ordre des sciences, une épreuve de dessin géométrique et d'ornement (d'Enfert 2003, p. 239).

professionnel, dans la mesure où chaque groupe revendique sa prééminence sur un champ disciplinaire qui se situe, de fait, au carrefour des savoirs graphiques et des savoirs mathématiques.

2.1 Du côté des « mathématiciens » : pour une intégration du dessin géométrique

Les revendications des « mathématiciens » s'ancrent dans une critique des programmes de mathématiques publiés dans le cadre de la réforme de l'enseignement secondaire de 1902. Ces derniers pointent plus particulièrement le programme du premier cycle B (6e à 3e, sans langues anciennes), où la géométrie est désormais enseignée à partir de la classe de 5e (Belhoste 1990, d'Enfert 2005). Ils souhaitent pouvoir utiliser les ressources du dessin géométrique pour rendre l'enseignement de la géométrie plus concret, plus intuitif, et donc plus accessible aux jeunes élèves. Certes, les programmes de mathématiques de 1902 ont déjà fait un pas dans cette direction puisque, au niveau des classes de 6e et 5e B, le dessin géométrique a été dissocié du cours de dessin proprement dit pour être rattaché aux mathématiques. Mais les professeurs de mathématiques du secondaire dénoncent la mauvaise coordination des programmes du premier cycle : le fait que les élèves emploient, dans le cadre du cours de dessin géométrique, des procédés graphiques dont ils n'ont pas encore étudié les justifications théoriques avec le professeur de mathématiques, va selon eux à l'encontre du principe selon lequel il faut étudier la théorie avant de passer aux applications.

S'ils souhaitent que les deux enseignements de géométrie et de dessin géométrique soient coordonnés ou même fusionnés, les professeurs de mathématiques revendiquent également le contrôle, voire l'exclusivité de cet enseignement graphique. Deux arguments principaux sont avancés. Le premier renvoie aux conceptions des mathématiciens universitaires, nombreux au tournant du siècle à considérer leur discipline comme une science expérimentale : dans cette optique, le dessin géométrique est à la géométrie ce que les travaux pratiques sont aux sciences physiques, et il apparaît alors légitime à leurs yeux que son enseignement soit placé sous la responsabilité du professeur de mathématiques. Tel est, par exemple, le point de vue défendu en 1904 par le mathématicien Émile Borel. Après avoir dénoncé le « vice capital » que constitue « la séparation souvent absolue entre l'enseignement du dessin géométrique et l'enseignement de la géométrie », celui-ci explique :

> On devrait admettre, comme principe essentiel, que la haute direction de cet enseignement appartient, pour chaque classe, au professeur qui enseigne la géométrie dans cette classe ; de même que, dans tout enseignement de physique ou de chimie où le professeur ne dirige pas lui-même les manipulations, c'est d'après ses instructions qu'on doit les organiser ; il paraîtrait absurde de les confier à un

> préparateur qui ferait faire des expériences d'électricité pendant que les élèves suivraient un cours d'optique. (Borel 1904, p. 435)[14]

Corrélativement, le recours au dessin géométrique doit permettre de refonder l'enseignement de la géométrie sur des bases plus intuitives que l'axiomatique euclidienne traditionnelle : par la mise en parallèle des deux enseignements, « les éléments géométriques sont en quelque sorte définis par les constructions par lesquels ont les obtient » (Bourlet 1909, p. viii).

Un second argument développé par les « mathématiciens » renvoie aux nouvelles finalités des filières modernes de l'enseignement secondaire issues de la réforme de 1902. Dans la mesure où, désormais, ces dernières doivent privilégier la formation générale de l'esprit plutôt que les visées professionnelles, il devient possible de réduire la part du dessin technique au profit de tracés en lien avec le cours de géométrie. Un professeur de mathématiques affirme ainsi : « il serait prudent de s'abstenir de faire exécuter des dessins d'organes de machines qui seraient nécessairement faits de façon peu précise » (Grévy 1904, p. 309). Le propos peut sembler d'autant plus recevable qu'au tournant du siècle, le dessin géométrique est considéré, dans les lycées, comme un « labeur d'ouvrier » : « C'est du travail qu'on fera faire par ses sous-ordres » (Chambre des députés 1899, p. 506), déclare par exemple le directeur de l'École centrale lors de la grande enquête parlementaire sur l'enseignement secondaire de 1899, posant ainsi la question de l'adéquation entre les contenus d'enseignement et la future position sociale et professionnelle des lycéens. En même temps, renforcer les liens entre les mathématiques et le dessin géométrique, c'est montrer que celles-ci ne sont pas déconnectées des réalités du monde moderne et qu'elles y jouent un vrai rôle (Borel 1904, p. 437). Seule la préparation des candidats aux écoles d'ingénieurs justifie, aux yeux des « mathématiciens », qu'une place soit réservée au dessin des machines et au lavis dans le second cycle secondaire, et que cet enseignement soit confié à un spécialiste du dessin technique.

2.2 Du côté des « dessinateurs » : pour un dessin « technologique »

Bien différent est l'argumentaire développé par les « dessinateurs », et plus particulièrement par Jules Pillet qui se fait leur porte-parole. Architecte et ingénieur, ancien élève de l'École polytechnique, de l'École des ponts et chaussées et de l'École des beaux-arts, Jules Pillet est inspecteur de l'enseignement du dessin depuis la création de la fonction en 1879, charge qu'il cumule avec des services d'enseignement dans divers établissements parisiens : l'école primaire supérieure Turgot, le lycée Henri IV, l'École des ponts et chaussées, l'École polytechnique, l'École des beaux-arts, l'École spéciale d'architecture, le Conservatoire des arts et métiers[15]. Dans ses publications, comme dans ses déclarations et ses rapports

14. Cette revendication est également celle d'Émile Blutel, professeur de mathématiques spéciales au lycée Saint-Louis et représentant des agrégés de mathématiques au Conseil supérieur de l'instruction publique, qui souhaite la même année que « le professeur de mathématiques [soit] chargé du dessin géométrique » (Blutel 1904, p. 282).

15. Sur Jules Pillet, voir la notice biographique réalisée par Frédéric Seitz (Seitz 1994).

d'inspection, il défend une conception technologique du dessin géométrique en mettant l'accent, non pas sur les techniques élémentaires de représentation, mais sur leurs applications à l'architecture et surtout à la mécanique, qu'il considère comme le fondement du développement de l'industrie moderne et l'un des principaux facteurs de l'amélioration de la vie matérielle. De façon significative, le programme d'enseignement qu'il présente en 1904 au Congrès international de l'enseignement du dessin, largement remanié par rapport à celui arrêté au début des années 1880, comprend une importante partie intitulée « Technologie » : l'architecture a été complétée par des éléments de construction, et la partie consacrée à la mécanique a été considérablement augmentée (Pillet s. d.).

En promouvant une approche technologique plutôt qu'instrumentale du dessin géométrique – certains parlent même de « dessin technologique » (Guichard 1906) –, les « dessinateurs » visent à ériger celui-ci en un enseignement de culture générale, utile certes mais non utilitaire, c'est-à-dire non professionnel, ce qui leur permet de justifier son inscription dans les programmes de l'enseignement secondaire. « Les applications [du dessin géométrique] sont très nombreuses, même si l'on ne prend que celles qui sont d'ordre général, les seules qui intéressent l'enseignement secondaire » (Chambre des députés 1899, p. 488), déclare ainsi Jules Pillet lors de l'enquête parlementaire de 1899. Et il ajoute : « Nous cherchons, surtout dans l'enseignement secondaire, à ouvrir à toutes les manifestations de l'esprit l'intelligence de ceux qui seront appelés à occuper dans la nation les situations les plus élevées » (Chambre des députés 1899, p. 441). Dans *Le Moniteur du dessin*, revue mensuelle créée en 1897 pour être l'« organe des architectes, ingénieurs, professeurs de dessin des industries artistiques et des candidats aux écoles du gouvernement », certains professeurs font écho aux positions de Pillet, souhaitant par exemple que le dessin géométrique vise en priorité « l'assouplissement de l'intelligence » (Bonnand 1901, p. 38) et que les élèves soient « spécialisés en dessin ni plus ni moins que dans les autres matières » (Guichard 1906, p. 195). Bref, dans le secondaire, le dessin géométrique n'a pas pour but de former des constructeurs, ni même des dessinateurs techniques. L'affirmation de la vocation généraliste du dessin géométrique se traduit également, chez certains « dessinateurs », par la volonté de ne pas isoler son enseignement de celui des autres disciplines, mais au contraire de le mettre en harmonie avec ces dernières. D'où des propositions visant à faire du dessin géométrique le « collaborateur » de l'enseignement de la géométrie et d'en synchroniser le programme avec celui de mathématiques (Darchez 1896).

Mais alors que les « mathématiciens » veulent intégrer le dessin géométrique à leur propre discipline, les « dessinateurs » restent partisans d'une séparation nette entre le dessin et les mathématiques, et prônent l'union du dessin d'imitation et du dessin géométrique. Si cette union est déjà plus ou moins réalisée – les programmes ont été établis de façon coordonnée au début des années 1880 –, sa réaffirmation autour de 1900 vise à assurer l'ancrage du dessin géométrique dans la discipline « dessin » et, au-delà, la légitimation d'un groupe professionnel qui rassemble des spécialistes du dessin technique – architectes, ingénieurs, conducteurs des Ponts et Chaussées, etc. – en mal de reconnaissance. En effet, ces derniers ne disposent ni d'un diplôme *ad hoc*, le certificat d'aptitude à l'enseignement du dessin octroyant en réalité une qualification pour le seul dessin d'imitation, ni d'un niveau de rémunération équivalent à celui des professeurs de sciences (leur traitement annuel est 1,6 à 2 fois moins élevé)[16]. Pour Jules Pillet, le professeur de dessin géométrique doit être non seulement un géomètre, mais aussi un dessinateur accompli, voire un artiste, en plus d'un technologue :

> C'est parce qu'ils se sont exercés au dessin plastique et parce que, grâce à lui, la forme et la plastique n'ont plus de secret pour eux que nos artistes architectes savent donner au rendu géométral qui, en d'autres mains que les leurs, est toujours si froid, les qualités d'art que, à première vue, un rendu perspectif semblerait devoir être le seul à posséder. (Pillet 1906, p. 80)

Cette mise en exergue d'une nécessaire triple compétence – géomètre, dessinateur, technologue – revient à dénier aux autres professeurs toute prétention à enseigner le dessin géométrique : sont ainsi visés les professeurs de dessin d'imitation (Guichard 1906, p. 197)[17], et surtout les professeurs de mathématiques. Dans ses interventions orales ou écrites, Jules Pillet manque rarement l'occasion de se livrer à une critique virulente de ces derniers : ils ne connaissent pas le dessin, ne l'ayant jamais sérieusement pratiqué, pas plus que l'architecture et la mécanique qu'ils ne maîtrisent que superficiellement ; ils confondent le dessin géométrique avec le tracé des épures de géométrie descriptive, si bien que leur enseignement « se traîne dans des redites sans intérêt et d'une pauvreté absolue » (Chambre des députés 1899, p. 441). D'ailleurs, ils sont titulaires d'une agrégation « qui n'a rien à voir avec le dessin » (Pillet 1906, p. 84)[18]. Mais alors qu'ils jugent les professeurs de mathématiques du secondaire inaptes à enseigner le dessin géométrique, les « dessinateurs » revendiquent leur part dans l'éducation mathématique des élèves en développant des arguments que ne renieraient pas certains de leurs rivaux. C'est ce qu'explique Jules Pillet : « Dans ce genre d'études, la pratique doit précéder la théorie, et il y a tout avantage, au point de vue de cette

16. Décret du 28 décembre 1903 relatif à l'avancement du personnel de l'enseignement secondaire.

17. Voir également la déposition de Georges Coquelet, professeur de dessin géométrique au collège Rollin, devant la commission extra-parlementaire pour l'unification des traitements, *Le Moniteur du dessin*, n° 11–119, 15 février 1907, p. 246–251.

18. Voir également (Pillet s. d., p. 39 et 49). Notons toutefois qu'à l'École normale supérieure, la formation des futurs professeurs de mathématiques comprend des « travaux graphiques ».

dernière, à faire observer, par les tracés, les propriétés des figures avant de chercher à les démontrer. L'expérience a prouvé que les élèves comprennent mieux la démonstration et le sens d'un théorème quand ils en ont pressenti la justesse en faisant avec les instruments des constructions exactes » (Pillet 1887, p. 698). En somme, si le cours de dessin géométrique ne doit pas être inféodé à celui de mathématiques, il n'en constitue pas moins une contribution à l'enseignement de la géométrie et plus particulièrement de la géométrie de l'espace en favorisant une approche intuitive et concrète des notions étudiées.

2.3 Vers une incorporation à la discipline « mathématiques »

Malgré les revendications des « dessinateurs », les « mathématiciens » vont sortir largement gagnants de cette confrontation. Le début du XXe siècle correspond en effet à un changement radical du statut du dessin géométrique et de son enseignement dans les établissements secondaires, qu'il faut relier à la rénovation des contenus et des méthodes de l'enseignement mathématique opérée par la réforme de 1902, mais aussi aux nouvelles finalités assignées aux sciences, désormais considérées comme des « instruments de culture » (Liard 1904, p. 571). Les programmes de l'enseignement secondaire de 1902, on l'a vu, et plus encore ceux de 1905 et 1912 vont dans le sens d'une incorporation du dessin géométrique au cours de mathématiques, accompagnée d'une redéfinition de ses contenus qui en minore les aspects proprement technologiques. À partir de 1912, notamment, le dessin géométrique disparaît de la classe de 6e, tandis que ne subsistent en 5e et en 4e que les constructions se rapportant directement au cours de géométrie ainsi que des recherches de lieux géométriques ou des tracés de courbes. Les exercices emblématiques du dessin géométrique (motifs décoratifs, ombres, lavis) sont reportés en classe de 3e. Les instructions de 1905 et 1912 précisent en outre que le dessin géométrique sert à « illustrer la théorie » dans le cadre d'un enseignement de géométrie « essentiellement concret » et « en partie expérimental ». Dans le second cycle, « l'enseignement de la géométrie, devenu purement théorique, se dégage tout à fait de celui du dessin géométrique » mais c'est bien au professeur de mathématiques que cet enseignement graphique doit si possible être confié[19]. Le souhait d'Émile Borel en 1904 concernant le dessin géométrique, à savoir « établir une union intime entre cet enseignement et celui de la géométrie » (Borel 1904, p. 436), a donc été largement réalisé.

Cette évolution est confirmée par la réforme de l'enseignement du dessin de 1909, qui rompt avec la domination presque sans partage de la géométrie sur l'ensemble de la discipline depuis trois décennies (d'Enfert & Lagoutte 2004, p. 66–75)[20]. Il est vrai que, depuis les années 1890, les critiques à l'encontre de la « méthode géométrique » à l'œuvre dans l'enseignement du

19. Circulaires des 27 juillet 1905, 20 novembre 1905 et 23 mai 1912, *BAMIP*, t. 78, p. 704–710 et 1101–1102, et t. 91, p. 811-812.

20. Sur le principal initiateur de la réforme de 1909 et les conceptions portées par celui-ci, voir (d'Enfert 2021).

dessin d'imitation, dans le secondaire comme dans le primaire, se sont faites de plus en plus vives. « Il faut malheureusement le reconnaître, le caractère d'infaillibilité des formules géométriques a entraîné tout le monde à s'en servir dans les études d'art avec plus ou moins d'opportunité », remarquait déjà un inspecteur du dessin en 1892 (Guébin 1892-1893, p. 121). Contre cette méthode « toute scientifique » qui « ne demande à l'élève qu'obéissance et application » (Quénioux 1905, p. 170, 185 respectivement), la réforme de 1909 lui substitue une nouvelle méthode, dite « méthode intuitive » : fondée sur le dessin de modèles naturels, et notamment d'objets familiers, elle doit favoriser chez les élèves une expression graphique plus personnelle en développant leurs « aptitudes natives ». Les modèles géométriques sont marginalisés, voire rejetés. Le préambule du nouveau programme de dessin des lycées et collèges de garçons est particulièrement explicite à cet égard : « la méthode prend pour base l'observation directe de la nature, c'est-à-dire des objets réels et des formes vivantes. Aucune étude spéciale des lignes ou des formes géométriques ne doit intervenir qu'à propos des représentations d'objets réels ; elle est destinée à faciliter, et non à remplacer l'étude de la nature[21] ». Très logiquement, le dessin géométrique, qui procède d'une tout autre conception, ne constitue plus un chapitre du nouveau programme. Tout juste celui-ci prévoit-il, à partir de classe de 4e, des dessins et croquis perspectifs d'après des modèles utilisés pour le dessin géométrique désormais attaché à l'enseignement mathématique, ainsi que d'instruments de physique, d'organes de machines et de détails d'architecture. Le professeur de dessin est quant à lui invité à « utilis[er] les notions de mathématiques et de géométrie, acquises dans d'autres classes, pour insister sur les questions de mesure, de proportions, de perspective » (*ibid.*). Le transfert du dessin géométrique vers l'enseignement mathématique se trouve ainsi confirmé, tout comme le renoncement à ses finalités professionnelles : comme le rappelle le nouveau programme, l'enseignement du dessin dans les lycées et les collèges « ne doit en aucune façon être dirigé en vue d'une profession spéciale ».

Il faut toutefois souligner la spécificité de cette orientation, au regard de celle qui prévaut au même moment dans l'enseignement primaire : l'incorporation du dessin géométrique à l'enseignement mathématique, la redéfinition de ses finalités et son exclusion du cours de dessin ne concernent en effet que l'enseignement secondaire. Dans le primaire, également touché par la réforme, le dessin géométrique demeure une composante à part entière – et inscrite comme telle – du programme de dessin, plus spécialement réservée du reste

21. Arrêté du 6 janvier 1909 fixant le programme de l'enseignement du dessin dans les lycées et collèges de garçons – Observations générales, reproduit dans *Le Moniteur du dessin*, 12e année, n° 12-144, 15 mars 1909, p. 241–245, citation p. 242. Le texte concernant les écoles primaires est encore plus radical : « La nature a ses lignes, ses formes et ses couleurs, mais ni ses lignes, ni ses formes ne se ramènent d'elles-mêmes à un théorème ou aux figures de géométrie, ni ses couleurs à celles d'un lavis. [...] Aucune pratique géométrique ne devra s'interposer entre l'enfant et l'objet naturel qu'il dessine » (Arrêté du 27 juillet 1909 relatif à l'enseignement du dessin dans les classes enfantines et les écoles primaires de garçons et de filles, *BAMIP*, t. 89, 1909, p. 487–496).

aux établissements masculins : dans les écoles élémentaires à partir du cours moyen, avec une moindre importance qu'auparavant il est vrai, mais aussi dans les écoles primaires supérieures et dans les écoles normales d'instituteurs et d'institutrices où les études graphiques restent comme avant partagées entre « dessin artistique » et « dessin géométrique ». Des liens avec l'enseignement des mathématiques n'en sont pas moins tissés, dans une perspective proche de la réforme de l'enseignement secondaire de 1902 : considérant que l'enseignement de la géométrie doit être « essentiellement concret », le nouveau programme de mathématiques des écoles primaires supérieures (1909) recommande en effet « de relier entre eux les enseignements de la géométrie, du dessin et du travail manuel[22] ».

3 Conclusion

Dans le dernier tiers du XIXe siècle, le dessin géométrique apparaît comme une discipline bien spécifique des filières masculines non classiques, concourant tout à la fois à la formation graphique et à l'éducation mathématique des élèves. La réforme de 1902, qui inscrit l'enseignement moderne des lycées et collèges dans le projet humaniste du secondaire, au même titre que l'enseignement classique, privilégie son intégration aux mathématiques. Il s'ensuit un effacement progressif du dessin géométrique des programmes du premier cycle secondaire, mais aussi une marginalisation de sa dimension proprement technique et de ses finalités professionnelles qui apparaissent de ce fait comme l'apanage des seules études primaires. Les réformes de l'immédiat après-guerre renforceront la tendance : alors que la place du dessin géométrique est renforcée – et pour longtemps – à l'école primaire, la réforme des études secondaires de 1923-1925, qui conforte la vocation « désintéressée » de l'enseignement mathématique, renvoie le dessin géométrique au niveau de la classe terminale de Mathématiques où il est rattaché aux cours de mathématiques. Dès lors, il conviendrait de se demander pourquoi, après avoir revendiqué et obtenu l'annexion du dessin géométrique sur l'ensemble du cursus secondaire, les « mathématiciens » semblent ensuite abandonner progressivement le terrain conquis. Quant aux « dessinateurs » spécialistes du dessin technique, il resterait à voir comment, dans les établissements secondaires de la première moitié du XXe siècle, ils s'adaptent ou même survivent à la nouvelle donne issue de la réforme de 1902 d'une part, et de celle de 1909 d'autre part.

Bibliographie

Belhoste, B. (1990). L'enseignement secondaire français et les sciences au début du XXe siècle. La réforme de 1902 des plans d'étude et des programmes. *Revue*

22. Arrêté du 26 juillet 1909 relatif aux écoles primaires supérieures, *BAMIP*, t. 86, p. 473–486, 515–519, 621–652, 818–819. Ces collaborations disciplinaires seront également recommandées dans les instructions du 20 juin 1923 relatives au nouveau plan d'études des écoles primaires élémentaires.

d'histoire des sciences, 43, 371–400.

Belhoste, B. (1995). *Les Sciences dans l'enseignement secondaire français. Textes officiels*, t. 1 : 1789-1914. Paris : INRP/Économica.

Berton, N. (1827). *Élémens de dessin géométrique à l'usage des artistes et des ouvriers qui suivent le cours industriels.* Metz : Lamort.

Blutel, E. (1904). Circulaire de M. É. Blutel. *L'Enseignement secondaire*, 13, 282–283.

Bonnand, E. (1898). Vœux. *Le Moniteur du dessin, de l'architecture et des beaux-arts*, 4(juillet), 54–55.

Bonnand, E. (1901). Cohésion et dessin. *Le Moniteur du dessin, de l'architecture et des beaux-arts*, 3(51), 36–63.

Bonnand, E. (1902). Enfin ! et encore ! *Le Moniteur du dessin, de l'architecture et des beaux-arts*, 5(65), 67–68.

Borel, E. (1904). Les exercices pratiques dans l'enseignement secondaire, conférence faite le 3 mars 1904 au Musée pédagogique. *Revue générale des sciences pures et appliquées*, 15(9), 431–440.

Bourlet, C. (1909). *Cours abrégé de géométrie.* Paris : Hachette.

Boutereau, C. (1832). *Géométrie usuelle, dessin géométrique et dessin linéaire sans instrumens, en cent-vingt tableaux.* Beauvais : Tremblay jeune.

Cartault, L. (1895). *Le Dessin géométrique à l'école primaire.* Paris : Garnier Frères.

Chambre des députés (1899). *Enquête sur l'enseignement secondaire*, t. 2. Paris : Imprimerie de la Chambre des députés, Motteroz.

Circulaire (1887). *Circulaires et instructions relatives à l'instruction publique*, Delalain, chap. Circulaire du 19 février 1879. 125.

Congrès (s. d.). *Premier congrès national français de l'enseignement du dessin tenu à l'École spéciale d'architecture. Paris, 1er au 9 août 1906. Compte rendu des séances.* Siège de la Commission d'organisation, Bureaux du Moniteur du dessin.

Darchez, V. (1896). *Nouveau cours de dessin géométrique à l'usage des élèves de l'enseignement primaire supérieur, des écoles normales primaires et de l'enseignement secondaire. Première partie.* Paris : Belin.

Druot, A. & Gourdou, F. (s. d.). *Exercices de dessin à la plume.* Châlons-sur-Marne : Gourdou.

d'Enfert, R. (2003). *L'Enseignement du dessin en France. Figure humaine et dessin géométrique (1750-1850).* Paris : Belin.

d'Enfert, R. (2005). L'enseignement mathématique dans le primaire et le secondaire au début du XXe siècle. Vers une culture commune ? In P. Caspard, J. N. Luc & P. Savoie (éd.) *Lycées, lycéens, lycéennes, deux siècles d'histoire*, Lyon : INRP, 247–255.

d'Enfert, R. (2016). Entre mathématiques et technologie. L'enseignement du dessin géométrique dans le primaire et le secondaire, 1880-début XXe siècle. *HISTEMAT – Revista de História da Educação Matemática*, 2(2), 39–55.

d'Enfert, R. (2021). Gaston Quénioux et la réforme de l'enseignement du dessin au début du XXe siècle en France. *Educació i Història : Revista d'Història de l'Educació*, 37, 53–82, doi :10.2436/20.3009.01.255.

d'Enfert, R. & Lagoutte, D. (2004). *Un art pour tous. Le dessin à l'école de 1800 à nos jours.* Lyon : INRP. Avec la collaboration de M. Boyer.

Grévy, A. (1904). Rapport sur la révision des programmes de mathématiques. *L'Enseignement secondaire*, 14(juillet), 305–314.

Guébin, L. (1892-1893). L'enseignement actuel du dessin. Son esprit, ses conséquences. *Revue des arts décoratifs*, 13, 118–122.

Guichard, J.-P. (1906). Projet de réorganisation de l'enseignement du dessin. *Le Moniteur du dessin*, 9(117), 193–197.

Guillaume, E. (1889). Considérations générales sur l'enseignement du dessin. In E. Guillaume et J.-J. Pillet *L'Enseignement du dessin*, Paris : Imprimerie nationale, 5.

Guillaume, E. & Pillet, J.-J. (1889). *L'Enseignement du dessin.* Paris : Imprimerie nationale.

Isambert, G. (1901). Enseignement du dessin. In Chambre des députés, *Enquête sur l'enseignement secondaire. Rapport général fait au nom de la commission de l'enseignement*, t. 6, Paris : Imprimerie de la Chambre des députés, Motteroz, 477–480.

Liard, L. (1904). Les sciences dans l'enseignement secondaire. *Revue de Paris*, 11e année(t. 1), 571–579.

Persin, P. (1859). *Cours élémentaire théorique et pratique de dessin linéaire comprenant le dessin linéaire, à vue ou à main levée, avec de nombreuses applications aux professions industrielles, suivi des éléments de dessin linéaire exact ou géométrique.* Paris : Dezobry/E. Magdeleine et Cie.

Pillet, J.-J. (1887). Dessin géométrique. In F. Buisson (éd.) *Dictionnaire de pédagogie et d'instruction primaire*, t. 1, Paris : Hachette, 697–699.

Pillet, J.-J. (1906). Allocution prononcée par J.-J. Pillet, président du Congrès, à la séance d'ouverture présidée par M. le Sous-Secrétaire d'état des Beaux-Arts. *Le Moniteur du dessin*, 4–5(112–113), 79–85.

Pillet, J.-J. (s. d.). L'enseignement du dessin en France dans les établissements universitaires (1878-1904). In *Deuxième congrès international de l'enseignement du dessin tenu à Berne du mercredi 3 au samedi 6 août 1904*, Berne ; Paris : Bureau de la Commission ; Librairie des arts du dessin.

Quénioux, G. (1905). Le dessin et son enseignement. *Manuel général de l'instruction primaire*, 41(15 & 16), 169–171 ; 185–186.

Seitz, F. (1994). Pillet, Jules (1842-1912) Professeur de Constructions civiles (1894-1912). In C. Fontanon & A. Grelon (éd.) *Les Professeurs du Conservatoire national des arts et métiers. Dictionnaire biographique, 1794-1955*, t. 2, Paris : INRP/CNAM, 399–411.

Renaud d'Enfert
Université de Picardie Jules-Verne
CURAPP-ESS, UMR 7319
renaud.denfert@u-picardie.fr

Variations sur un célèbre théorème de géométrie

Jean-Pierre Friedelmeyer

En souvenir des bons moments passés au Grand Ballon, en compagnie de Lise Martagon.

Outre l'histoire des mathématiques, et particulièrement l'histoire de la géométrie, Philippe Nabonnand s'est aussi intéressé à l'enseignement des mathématiques. Durant les dernières décennies les IREM (Instituts de recherches sur l'enseignement des mathématiques) ont élaboré un pont entre l'activité mathématique et son histoire et c'est ainsi que j'ai eu l'occasion de travailler avec Philippe sur la géométrie projective, sur Jean Victor Poncelet et son célèbre théorème de clôture. La démonstration de celui-ci est difficile, faisant appel aux théories les plus abstraites de la géométrie contemporaine. L'ambition de ce court article est d'en présenter quelques exemples suffisamment simples pour en révéler la beauté et la richesse aux étudiants qui commencent l'apprentissage de la géométrie.

Le théorème de clôture de Poncelet est un théorème de géométrie, « le plus beau théorème sur les coniques » dira Marcel Berger (Berger 2009, p. 256–268), un des grands géomètres de notre époque. Il avait été énoncé pour la première fois en 1822[1] par Jean Victor Poncelet (1788-1867) dans son *Traité des propriétés projectives des figures*, sous la forme suivante :

> Quand un polygone quelconque est à la fois inscrit à une section conique et circonscrit à une autre, il en existe une infinité de semblables qui jouissent de la même propriété à l'égard des deux

1. Poncelet en avait donné une première formulation dans des cahiers manuscrits durant son emprisonnement à Saratoff, lors de la campagne napoléonienne de Russie. Voir (Friedelmeyer 2010, p. 64).

P.-E. Bour, M. Rebuschi & L. Rollet (eds.), *Sciences, Circulations, Révolutions, 327–347.*

> courbes ; ou plutôt tous ceux qu'on essayerait de décrire à volonté, d'après ces conditions, se fermeraient d'eux-mêmes sur ces courbes.
>
> Et réciproquement, s'il arrive qu'en essayant d'inscrire à volonté, à une section conique un polygone dont les côtés en touchent une autre, ce polygone ne se ferme pas de lui-même, il ne saurait nécessairement y en avoir d'autres qui jouissent de cette propriété. (Poncelet 1866, p. 349, § 566)

À cause de sa généralité mais aussi de la difficulté de sa démonstration, ce théorème a suscité d'innombrables recherches et articles tout au long des deux derniers siècles, qu'il n'est évidemment pas question de retracer ici. Mais comme ce théorème est représentatif de l'évolution des méthodes en géométrie durant cette période et qu'il met en jeu diverses théories tant analytiques que synthétiques, nous voulons illustrer ces méthodes, et la manière dont des recherches *a priori* totalement étrangères au sujet convergent finalement vers la solution. C'est de cette manière qu'un théorème de géométrie pure tel qu'énoncé et démontré par Poncelet devient une simple application d'une théorie analytique très importante initiée par Euler (1707-1783), la théorie des fonctions elliptiques. Mais comme cette théorie est difficile, nous traiterons des exemples suffisamment simples pour mettre en évidence la démarche sans passer par l'utilisation des fonctions elliptiques.

L'équation d'Euler et le théorème d'addition des intégrales elliptiques qui en découle, fait partie de ces découvertes qui auront exercé une grande influence sur les mathématiques du XIXe siècle. Cette influence concerne d'abord l'analyse, mais déborde largement celle-ci pour pénétrer également la géométrie et la théorie des nombres, montrant par là que Euler avait déjà un pied dans une modernité où les cloisons entre les disciplines mathématiques commençaient à s'effacer. Ses recherches sur cette équation sont également caractéristiques de sa méthode d'investigation et de découverte, que, heureusement pour nous, Euler a plaisir à exposer dans tous ses détails, revenant souvent sur une difficulté dans un mémoire ultérieur, généralisant de proche en proche. Par là aussi, il se montre en véritable mathématicien contemporain, qui se préoccupe avant tout des idées, sans avoir besoin d'une caution pratique ou utilitaire. Dans l'introduction à un texte qui s'occupe justement du domaine qui va nous concerner ici (Euler 1756-1757b), Euler explique qu'il y a deux manières de considérer ce qu'il appelle les spéculations mathématiques :

> D'une part celles qui offrent un intérêt marquant dans la vie ordinaire ou dans d'autres branches de la connaissance, et dont la valeur se mesure d'habitude à l'aune même de l'importance de cet intérêt.
>
> L'autre classe englobe les spéculations qui, sans présenter d'intérêt direct, sont cependant précieuses, car elles se proposent d'explorer les limites de l'Analyse et d'exercer les forces de notre

> esprit. Comme en effet un nombre important des recherches dont on peut attendre une grande utilité doivent cependant être abandonnées à cause des insuffisances de l'Analyse, il ne faut pas alors dévaloriser les spéculations qui promettent un progrès qui peut être considérable. De telles considérations semblent particulièrement utiles, qui pourtant étaient faites accidentellement et *a posteriori*, alors qu'elles avaient peu ou pas d'objectifs a priori. Mais lorsqu'on a reconnu leur exactitude, des méthodes plus simples se laissent trouver qui y conduisent, et il ne fait aucun doute que même dans la recherche de telles méthodes nouvelles, le champ de l'Analyse n'est pas peu agrandi. Des remarques de ce genre, qui ne reposent pas sur une méthode déterminée et dont le ressort interne semble caché, me sont apparues dans une publication toute récente.

La publication dont parle Euler est un ouvrage du comte Fagnano (1682-1766) qu'il avait été chargé d'examiner en décembre 1751 par l'Académie de Berlin à laquelle ce dernier voulait postuler. Dès la fin janvier 1752, Euler présente son rapport, et améliore et élargit substantiellement les résultats de Fagnano dont il comprend vite la portée nouvelle pour les progrès du calcul intégral.

1 L'impulsion initiale : la lemniscate

Il y avait en effet en ce milieu du XVIIIe siècle une difficulté majeure en analyse, de celles qui avaient pour conséquence qu'« un nombre important des recherches dont on peut attendre une grande utilité doivent cependant être abandonnées à cause des insuffisances de l'Analyse », comme il l'avait écrit dans la citation ci-dessus. Cette difficulté concernait l'impossibilité d'exprimer les intégrales de radicaux portant sur des polynômes du troisième ou quatrième degré, au moyen des fonctions alors connues, appelées élémentaires : fonctions algébriques, fonctions circulaires et leurs inverses, fonctions logarithmes et exponentielles. Au XVIIIe siècle, ces intégrales intervenaient de plus en plus fréquemment dans de nombreux problèmes tels que les rectifications d'arcs de coniques ou des problèmes d'origine physique. Une des réponses des mathématiciens à cette difficulté fut de développer les fonctions en séries entières, créant par là ce qui deviendra l'analyse algébrique dont les idées seront portées par Lagrange (1736-1813) et sa théorie des fonctions analytiques. Mais d'autres idées vont s'élaborer, décrites ainsi par MacLaurin (1698-1746) :

> Quand il ne paraît pas possible d'exprimer une fluente [intégrale] par un nombre fini de termes algébriques, nous ne sommes pas obligés pour autant de recourir immédiatement à une série infinie. Les arcs de cercle et les aires sous l'hyperbole ou logarithmes ne peuvent pas être exprimés en termes algébriques, mais ont été cependant calculés avec une grande précision par diverses méthodes. Par celles-ci n'importe quel segment de section conique et les arcs de parabole

sont facilement mesurés ; et si une fluente peut s'exprimer par leur moyen, cela est considéré comme un second degré de résolution. Quand il ne paraît pas possible de mesurer une fluente par des aires de sections coniques, elle peut, cependant être mesurée dans certains cas par leurs arcs ; et cela peut être considéré comme le troisième degré de résolution [...]. (Maclaurin 1749, vol. II, p. 191)

C'est ce qu'avait entrepris Fagnano en montrant qu'un arc de lemniscate peut s'exprimer comme somme d'un arc d'ellipse, d'un arc d'hyperbole équilatère et d'une expression algébrique. Mais son résultat le plus important donne le moyen de doubler ou de diviser par deux un arc de lemniscate. Indiquons succinctement sa méthode (en modernisant les notations qu'il utilise). La lemniscate est la courbe d'équation cartésienne : $(x^2+y^2)^2 = x^2 - y^2$ ou d'équation polaire : $r^2 = cos 2\theta$ que l'on peut également paramétrer en posant :

$$x^2+y^2 = t^2; x^2-y^2 = t^4 \text{ donc } x = \pm t\sqrt{\frac{1+t^2}{2}}; y = \pm t\sqrt{\frac{1-t^2}{2}} \text{ pour } t \in \lfloor -1 \ +1 \rfloor .$$

Le fait essentiel qui nous intéresse ici est que la longueur s d'un arc OM tel que le segment OM mesure x est donné par :

$$(1) \quad s(x) = \int_0^x \frac{dt}{\sqrt{1-t^4}},$$

comme le montre le calcul de $ds = \sqrt{dx^2+dy^2} = \frac{dt}{\sqrt{1-t^4}}$. (Figure 1)

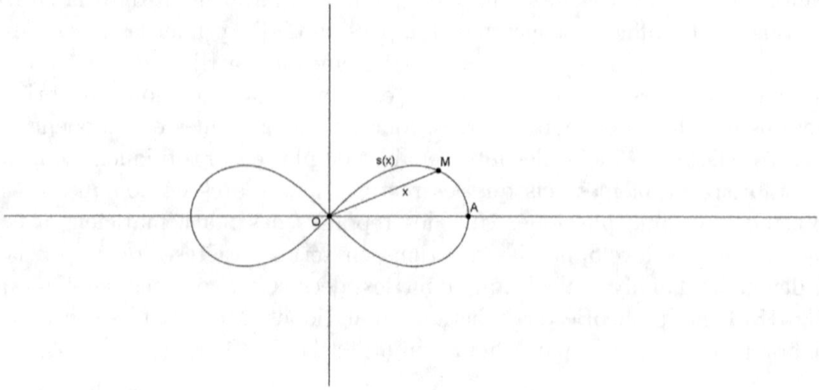

FIGURE 1

Et le résultat le plus remarquable trouvé par Fagnano est que si

$$(2) \quad r = \frac{2x\sqrt{1-x^4}}{1+x^4},$$

alors $s(r) = \int_0^r \frac{dt}{\sqrt{1-t^4}} = 2\int_0^x \frac{dt}{\sqrt{1-t^4}} = 2s(x)$.
Autrement dit, si $OM = u$ et $ON = r$ tels que (2), alors l'arc ON est le double de l'arc OM.

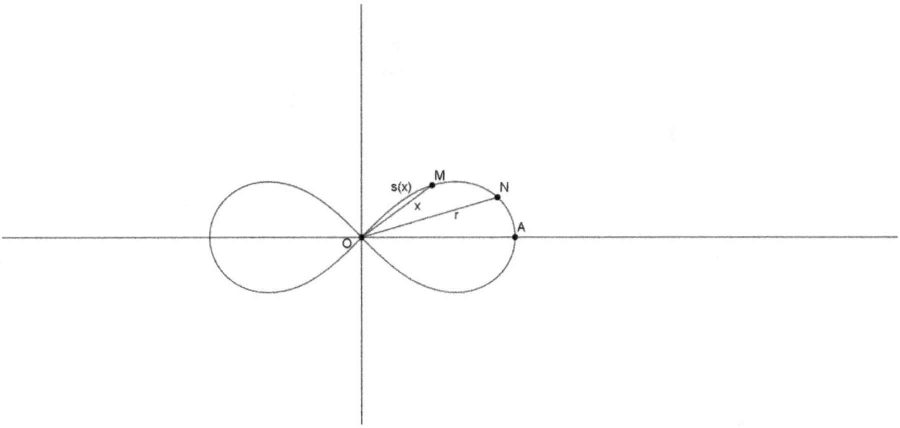

FIGURE 2

En particulier si l'on prend $r = 1$, le quart de lemniscate OA est divisé par deux au point M, tel que $OM = u$ avec u solution de l'équation :

$$1 + u^4 = 2u\sqrt{1-u^4}$$

soit

$$u = \sqrt{\sqrt{2}-1},$$

d'où la construction ci-dessous, avec $OH = \sqrt{2}-1$ et $OK = OM = u$. (Figure 3)

Dans son rapport à l'Académie de Berlin évoqué plus haut, Euler va nettement plus loin, en donnant le moyen de la division par 3, 4, 5, et plus généralement par $2^m(1+2^n)$. Pour cela, il s'appuie d'une part sur la formule de duplication (2), d'autre part sur le fait que si l'arc OM mesure $s = s(r) = \int_0^r \frac{dt}{\sqrt{1-t^4}}$, alors l'arc complémentaire AM mesure $\sqrt{\frac{1-s^2}{1+s^2}}$, ce que l'on vérifie facilement moyennant le changement de variable $t = \sqrt{\frac{1-z^2}{1+z^2}}$ dans l'intégrale (1). Par exemple le partage de l'arc OM en trois arcs égaux correspond ainsi à l'équation : $\frac{2z\sqrt{1-z^4}}{1+z^4} = \sqrt{\frac{1-z^2}{1+z^2}}$ qui admet une seule solution z vérifiant : $0 < z < 1$: $z = \frac{1+\sqrt{3}-\sqrt{2\sqrt{3}}}{2}$.

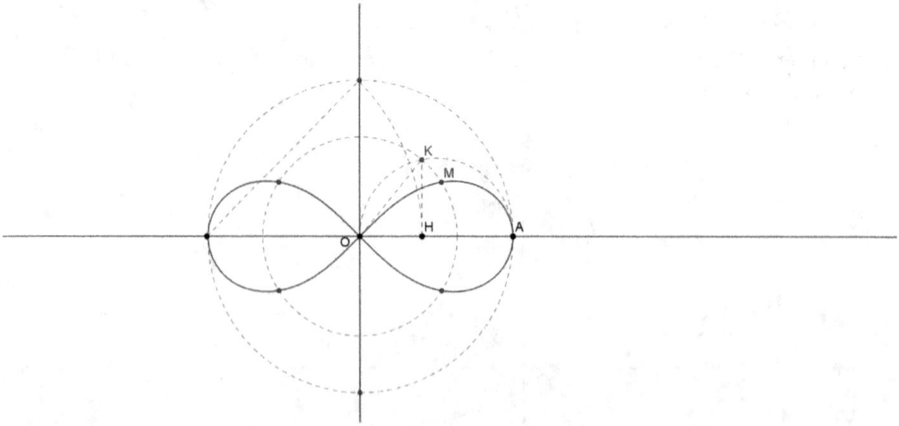

FIGURE 3

2 La théorie

C'est là que l'imagination d'Euler va fonctionner à plein. Les calculs ci-dessus montrent que l'équation différentielle

$$(1) \quad \frac{dx}{\sqrt{1-x^4}} = \frac{dy}{\sqrt{1-y^4}}$$

admet, outre la solution évidente $x = y$, également la solution : $x = -\sqrt{\frac{1-y^2}{1+y^2}}$ ou $x^2 + y^2 + x^2y^2 = 1$. Comme par ailleurs il connaissait aussi par (2) une intégrale de l'équation $\frac{dx}{\sqrt{1-x^4}} = \frac{2dy}{\sqrt{1-y^4}}$, il se pose la question plus générale de l'intégration de l'équation $\frac{mdx}{\sqrt{1-x^4}} = \frac{ndy}{\sqrt{1-y^4}}$: (sans préciser davantage les paramètres m et n) (Euler 1756-1757a) par analogie avec l'équation

$$\frac{mdx}{\sqrt{1-x^2}} = \frac{ndy}{\sqrt{1-y^2}}$$

dont l'intégrale générale est donnée par

$$mArcsinx = nArcsiny + C$$

Euler fait remarquer que ces intégrales ne peuvent s'exprimer algébriquement, mais que cependant les sinus d'arcs commensurables peuvent être, eux, comparés algébriquement. Par exemple si $m = n = 1$ l'intégrale générale précédente peut s'écrire :

$$x^2 + y^2 - c^2x^2y^2 = 2xy\sqrt{1-c^2} \; (c = sin\, C),$$

dont les courbes intégrales sont des ellipses. Un peu par tâtonnement, Il trouve l'intégrale générale de (3) sous la forme :

$$x^2 + y^2 + c^2x^2y^2 - 2xy\sqrt{1-c^4} = c^2$$

Ainsi, il est tout à fait remarquable que d'un côté une intégrale de la forme $\int \frac{dx}{\sqrt{1-x^4}}$ ne s'exprime par aucune expression algébrique ni logarithmique, et que cependant, pour une équation différentielle telle que (3) on puisse exprimer la relation entre x et y algébriquement.

Fort de ces premières découvertes, Euler reprend la question plus systématiquement dans sa grande œuvre sur le calcul intégral, ses *Institutiones Calculi Integralis* (Euler 1769) : schématiquement son raisonnement est le suivant. Considérons une relation polynomiale à deux variables :

(4) $p(x,\ y) \ = \ 0$

Celle ci conduit directement à l'équation différentielle exacte :

(5) $M(x,\ y)dx \ + \ N(x,\ y)dy \ = \ 0,$

dans laquelle $M(x,\ y)$ et $N(x,\ y)$ désignent respectivement les dérivées partielles $\frac{\partial p}{\partial x}$ et $\frac{\partial p}{\partial y}$. Mais par ailleurs, l'équation (4) peut se résoudre (localement) par rapport à chaque variable, donnant des relations

$$x = \theta\,(y) \ ; \ y = \varphi(x),$$

de sorte que si l'on pose

$$X = M\,(x,\ \varphi\,(x)) \text{ et } Y = N\,(y,\ \theta\,(y))\,,$$

nous avons une autre équation différentielle exacte, à variables séparées :

(6) $Xdx \ + \ Ydy \ = \ 0$

dont l'intégrale est évidemment

$$\int Xdx + \int Ydy = C.$$

Les fonctions X et Y sont algébriques, et la relation (4) peut être considérée comme une intégrale particulière non évidente de l'équation différentielle (6). De plus si le polynôme $p(x,\ y)$ est symétrique en x et y, alors il existe une fonction algébrique f telle que

$$X \ = \ f(x) \text{ et } Y \ = \ f(y).$$

Appliquons cela à l'exemple de la fonction biquadratique symétrique en x et y :

(7) $p(x,\ y) \ = \ a \ + \ b(x^2+y^2) \ + \ 2cxy \ + \ ex^2y^2 \ = \ 0$

Cette équation du second degré par rapport à chacune des variables peut se résoudre soit en x, soit en y, ce qui donne :

$$\left(ex^2+b\right)y+cx=\pm\sqrt{A+Cx^2+Ex^4}$$
$$\left(ey^2+b\right)x+cy=\pm\sqrt{A+Cy^2+Ey^4}$$
où $A = \ -ab$; $C \ = \ c^2 \ - b^2 - ae,$et $E=-be$

Par ailleurs l'équation différentielle exacte est justement

$$\left[\left(ey^2+b\right)x+cy\right]dx+\left[\left(ex^2+b\right)y+cx\right]dy=0$$

d'où, en remplaçant :

(8) $$\frac{dx}{\sqrt{A+Cx^2+Ex^4}}\pm\frac{dy}{\sqrt{A+Cy^2+Ey^4}}=0$$

et c'est ce qu'on appelle équation d'Euler.

Remarquons que l'équation (7) peut s'écrire à l'aide des coefficients A, C, E, sous la forme :

(7') $$0=-A+k\left(x^2+y^2\right)+2\sqrt{AE+Ck+k^2}xy-Ex^2y^2,\ \text{avec } k \ = \ b^2.$$

Cette équation représentant une famille de courbes à un paramètre peut-être considérée comme l'intégrale complète de (8).

Soit alors la fonction ψ définie par $\psi(z)=\int_0^z\frac{dt}{\sqrt{A+Ct^2+Et^4}}$ et soient x et y satisfaisant à (8), avec $y \ = \ \alpha$ quand $x \ = \ 0$.

Alors on a la relation

(9) $\psi\left(x\right)\pm\psi\left(y\right)=\pm\psi(\alpha)$

C'est ce qu'on appelle le théorème d'addition d'Euler, pour les intégrales elliptiques.

Cette théorie, *a priori* purement abstraite produite par Euler à partir d'interrogations sur la lemniscate, va trouver de remarquables applications au XIXe siècle, tant en géométrie qu'en théorie des nombres.

3 Une application en géométrie : le théorème de clôture de Poncelet

Le théorème de clôture de Poncelet est un théorème très général énonçant une propriété des polygones inscrits dans une conique et simultanément circonscrits à une autre conique[2]. Précisément, soient deux coniques ($\boldsymbol{C1}$) et ($\boldsymbol{C2}$) d'un plan affine et ($\boldsymbol{\Pi}$) une ligne polygonale ABCDE...dont tous les sommets sont sur ($\boldsymbol{C1}$) et tous les côtés sont tangents à ($\boldsymbol{C2}$).

Théorème 1 *Si cette ligne se referme sur le point de départ A après le $n^{ième}$ côté, elle se refermera au bout du $n^{ième}$ côté quel que soit le point de départ choisi sur (*$\boldsymbol{C1}$*). Si par contre une telle ligne commençant en un point quelconque de (*$\boldsymbol{C1}$*) ne se referme pas, elle ne se refermera pour aucun autre point de départ de la conique (*$\boldsymbol{C1}$*). (Sur la figure 4 ci-dessous, l'une des coniques est le cercle unité, l'autre une ellipse et le nombre de côtés $n = 5$.)*

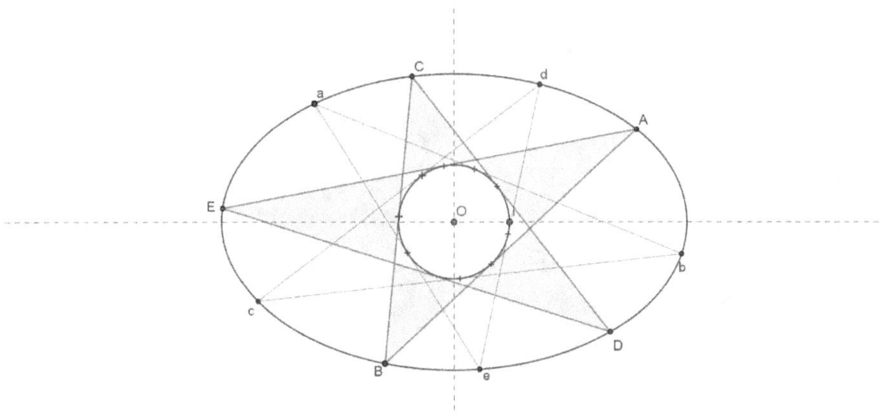

FIGURE 4

Quel rapport peut-il bien exister entre ce théorème de géométrie et la théorie de pure analyse développée par Euler ? Pour le comprendre, voici un exemple tout à fait élémentaire (Exemple I, figure 5).

4 Première approche

Soit ($\boldsymbol{U}$) le cercle unité de centre O et (E) l'ellipse d'équation

$$\frac{x}{u^2}^2 + \frac{y^2}{v^2} = 1, (1 < v < u),$$

2. Pour l'énoncé original de ce théorème, voir plus haut, dans la présentation.

A, B, C, D,... une ligne polygonale inscrite dans (E) et circonscrite à $(\boldsymbol{U})$ (Figure 5). À quelle condition sur les paramètres u et v cette ligne polygonale se ferme-t-elle au bout du troisième point, c'est-à-dire que D se confonde avec A ? (Figure 6)

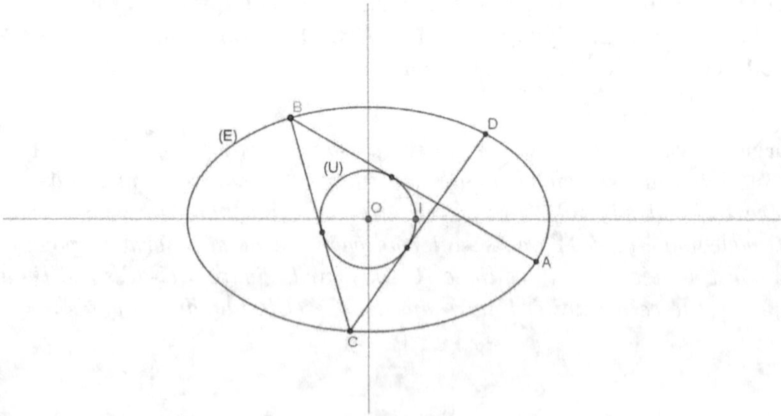

FIGURE 5

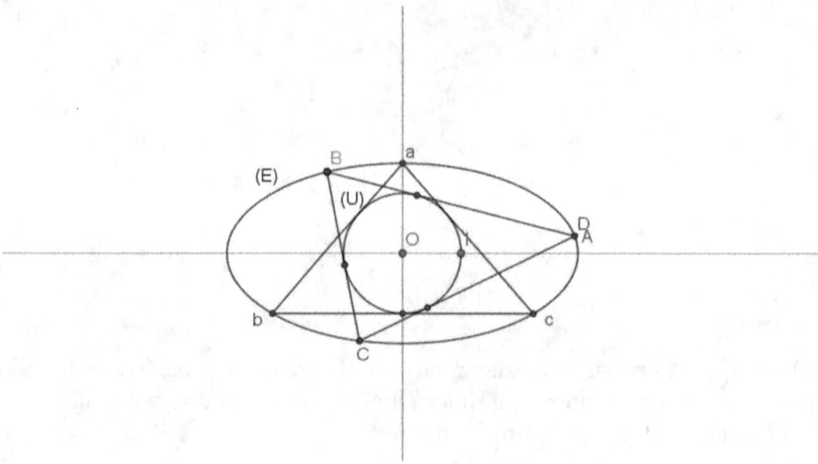

FIGURE 6 : Exemple I

Le théorème de Poncelet nous permet d'affirmer que s'il y a fermeture pour ABC, il y aura aussi fermeture pour abc (par exemple), a au sommet du petit axe de l'ellipse, b et c ayant pour ordonnée (-1). En exprimant que la distance de O à la droite (ab) vaut 1, on trouve la condition nécessaire et suffisante : $\frac{1}{u} + \frac{1}{v} = 1$. (Pour la Figure 6 : $u = 3$, $v = 1.5$; Exemple I.)

5 Un autre exemple (Exemple II)

Considérons comme coniques particulières la parabole ($\boldsymbol{P}$) d'équation $y = u\left(x^2-1\right)$; (u réel strictement positif) , relativement à un repère orthonormal d'origine O, et le cercle unité ($\boldsymbol{U}$) d'équation : $x^2 + y^2 = 1$. Soient par ailleurs deux points A et B situés sur la parabole ($\boldsymbol{P}$), d'abscisse respective a et b[(3)]. La droite (AB) a pour équation :

$$ux\,(a+b) - y - u(ab+1) = 0.$$

La droite (AB) sera tangente au cercle ($\boldsymbol{U}$) si et seulement si la distance de O à (AB) est égale à 1, donc

$$u^2(1+ab)^2 = u^2(a+b)^2 + 1,$$

ou encore

$$p\,(a,\ b) = u^2\left(a^2b^2 - a^2 - b^2 + 1\right) - 1 = 0.$$

On remarquera que $p(a,b)$ est justement une fonction biquadratique symétrique du type (7). La relation $p(a,b) = 0$ peut aussi s'écrire

$$\left(a^2-1\right)\left(b^2-1\right) = \frac{1}{u^2}$$

Continuons alors la ligne polygonale commencée avec (AB) par des points C, D, E, etc., d'abscisses c, d, e, etc. pris sur ($\boldsymbol{P}$), tels que (BC), (CD), (DE), etc. soient tangentes à ($\boldsymbol{U}$). On a donc également

$$\left(b^2-1\right)\left(c^2-1\right) = \frac{1}{u^2} et \left(c^2-1\right)\left(d^2-1\right) = \frac{1}{u^2}$$

et par multiplication et division :

$$\left(a^2-1\right)\left(d^2-1\right) = \frac{1}{u^2}$$

C'est-à-dire que la droite (AD) est également tangente au cercle ($\boldsymbol{U}$) et que le polygone $ABCD\ldots$ se referme en A. De plus, des relations

$$a^2 - 1 = \frac{1}{u^2(b^2-1)} \text{ et } b^2 - 1 = \frac{1}{u^2(c^2-1)} \text{ on tire } a^2 = c^2$$

et donc $a = -c$: les points A et C (et de même B et D) sont symétriques par rapport à l'axe de la parabole ($\boldsymbol{P}$) (Figure 7).

3. Dans toute la suite les abscisses des points seront désignés par la même lettre minuscule que les points en majuscule.

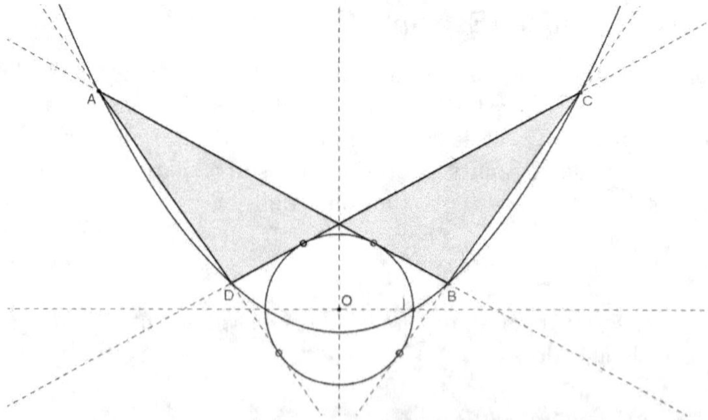

FIGURE 7 : Exemple II

Nous sommes dans la situation de clôture d'un polygone de Poncelet.

6 Étude générale : le théorème de clôture dans le cas d'une parabole et du cercle unité

Nous pouvons étudier plus généralement la situation de clôture dans le cas du cercle $(\boldsymbol{U})$ d'équation : $x^2 + y^2 = 1$ et de la parabole $(\boldsymbol{P})$ d'équation $y = ux^2+v$.

La droite (AB) où A et B sont deux points de $(\boldsymbol{P})$ d'abscisses respectives a et b a pour équation :

$$ux(a+b) - y - uab + v = 0$$

Elle est tangente à $(\boldsymbol{U})$ si et seulement si la distance du centre O du cercle $(\boldsymbol{U})$ à la droite (AB) est égale à 1 ce qui se traduit par l'équation :

$$(10) \quad (uab - v)^2 = u^2(a+b)^2 + 1$$

laquelle, développée, s'écrit

$$(11) \quad p(a,b) = u^2a^2b^2 - u^2(a+b)^2 - 2uab\,(u+v) + v^2 - 1 = 0$$

qui est un polynôme biquadratique symétrique en a et b du type (7).

Considéré comme une équation du second degré en b il donne les abscisses des deux points B et B_1 intersections d'une tangente au cercle $(\boldsymbol{U})$ issue de A avec la parabole $(\boldsymbol{P})$. En itérant le processus à partir de B (ou B_1), on obtient une ligne polygonale $ABCDE\ldots$ pour laquelle se pose la question de la clôture selon le théorème de Poncelet.

La méthode précédente s'adapte encore au cas où $v^2 = u^2 + 1$.

En effet, le polynôme (11) entraîne :

$$(12)\quad \frac{b^2-1}{b} = \frac{a}{a^2-1}K \text{ avec } K = 2\left(\frac{u+v}{u}\right) ;$$

$$\text{donc } \frac{c^2-1}{c} = \frac{b}{b^2-1}K = \frac{a^2-1}{a},$$

ce qui entraîne $c = -\frac{1}{a}$, et de même $d = -\frac{1}{b}$. et l'on peut appliquer le même raisonnement que dans l'exemple II : les trois relations du type (12) où l'on a remplacé le couple (a, b) successivement par (b, c) et (c, d) entraînent la même relation avec (d, a) et donc il y a clôture au bout de la quatrième tangente.

Nous obtenons ainsi tout un ensemble de paraboles d'équations

$$y = ux^2 \pm \sqrt{u^2+1}$$

ayant un quadrilatère à la fois inscrit à la parabole et circonscrit au cercle unité (Exemple III, Figure 8).

On peut paramétrer u et v pour avoir l'équation de la parabole $(\boldsymbol{P})$ sous la forme

$$y = \frac{1}{sin\theta}\left(x^2 cos\theta \pm 1\right) \;;\; \theta \in \left]0\,,\, \frac{\pi}{2}\right[$$

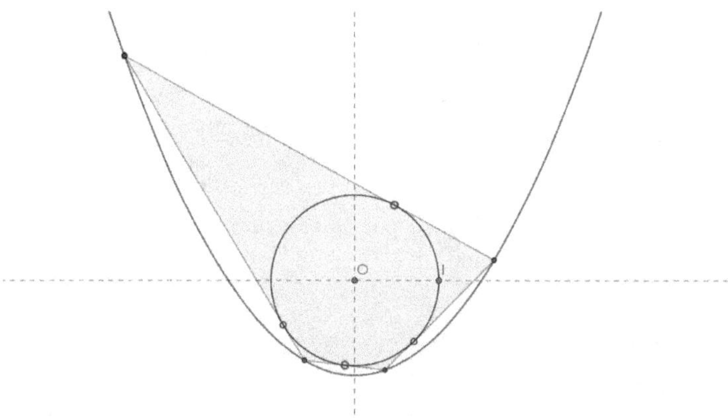

FIGURE 8 : Exemple III

Une autre piste de recherche consiste à passer en revue toutes les situations où l'équation d'Euler (8) s'intègre au moyen des fonctions élémentaires. Reprenons le polynôme :

$$(11)\quad p(a,b) = u^2a^2b^2 - u^2(a+b)^2 - 2uab(u+v) + v^2 - 1 = 0$$

comme équation d'inconnue b, pour a fixé, on a :

$$(13)\quad u^2b^2\left(a^2-1\right)-2uab\left(u+v\right)-a^2u^2+v^2-1=0$$

dont le discriminant réduit est

$$\Delta=u^2[u^2a^4+a^2\left(2uv+1\right)+v^2-1]$$

On arrivera à une équation d'Euler (8) intégrable au moyen des seules fonctions élémentaires dans deux cas :

1) $v^2=1$

$$\Delta=u^2[u^2a^4+a^2\left(\pm 2u+1\right)=u^2a^2[u^2a^2+(1\pm 2u)].$$

Et l'équation d'Euler (8) s'écrit

$$\frac{dx_1}{ux_1\sqrt{\left(ux_1\right)^2+(1\pm 2u)}}=\pm\frac{dx}{ux\sqrt{\left(ux\right)^2+(1\pm 2u)}}$$

L'équation différentielle correspondante (8) peut s'écrire :

$$(14)\quad \frac{dx}{\sqrt{x^4-x^2}}=\pm\frac{dy}{\sqrt{y^4-y^2}}\text{ ou encore }\frac{dx}{x\sqrt{x^2-1}}=\pm\frac{dy}{y\sqrt{y^2-1}}.$$

que nous pouvons intégrer directement au moyen des fonctions élémentaires, sous la forme :

$$Arcsin\frac{1}{x}=\pm Arcsin\frac{1}{y}+C$$

où C est une constante déterminée par la relation (9) ; par exemple si $x=2$, $y=\frac{2}{\sqrt{3}}$. $C=\frac{\pi}{6}+\frac{\pi}{3}=\frac{\pi}{2}$; donc

$$(15)\quad Arcsin\frac{1}{x}+Arcsin\frac{1}{y}=\frac{\pi}{2}$$

Désignons dans la suite par x' l'ordonnée d'un point de (***P***) d'abscisse notée x. Compte tenu de la relation (11) liant les abscisses x et y de deux points correspondants à une tangente à (***U***) on a intérêt à poser

$$t=Arcsin\frac{1}{x}\text{ ou }x=\frac{1}{sint};t\in\left]-\frac{\pi}{2};+\frac{\pi}{2}\right[;t\neq 0;$$

l'ordonnée correspondante est alors $x'=\frac{1}{sin^2t}-1=\frac{1}{tan^2t}$, ce qui nous donne un paramétrage de la partie de (***P***) extérieure au cercle (***U***). Soit X le point de coordonnées (x, x'). L'intersection de l'une des tangentes issues de X avec la parabole est un point X_1 de $(\boldsymbol{P})$ de coordonnées (x_1, x'_1) correspondant par exemple au paramètre $t - \frac{\pi}{2}$.

Et on a bien (cf. (12))

$$x_1^2 - 1 = \frac{1}{x^2 - 1} = \frac{1}{\frac{1}{sin^2 t} - 1} = \frac{sin^2 t}{cos^2 t}$$

$$\text{donc } x_1^2 = \frac{1}{cos^2 t} \text{ donc } x_1 = \frac{1}{sin\left(t \pm \frac{\pi}{2}\ \right)}$$

On comprend alors immédiatement pourquoi la ligne polygonale se referme au bout du quatrième sommet, qui a pour paramètre $t - 4\frac{\pi}{2} = t - 2\pi$.

2) $\boldsymbol{\Delta}$ est un carré, ce qui se produit si

$$(2uv + 1)^2 - 4u^2\left(v^2 - 1\right) = 4uv + 4u^2 + 1 = 0$$

donc

$$v = -u - \frac{1}{4u}, \text{ et alors } \sqrt{\Delta} = u[a^2 - \left(1 - \frac{1}{4u^2}\right)]$$

Pour $u \in \left]-\frac{1}{2}\ ;\ +\frac{1}{2}\right[$ nous pouvons poser $u = \frac{1}{2}cos\theta$, de sorte que $1 - \frac{1}{4u^2} = -tan^2\theta$, et l'équation de la parabole est

$$y = \frac{1}{2}cos\theta\left(x^2 - 2 - tan^2\theta\right)$$

pour a donné l'équation en b (13) devient :

$$cos^2\theta . b^2\left(a^2 - 1\right) + 2ab - a^2 cos^2\theta + sin^2\theta tan^2\theta = 0$$

avec un discriminant réduit tel que

$$\sqrt{\Delta} = a^2 cos^2\theta + sin^2\theta$$

et donc les valeurs de b :

$$b_1 = \frac{a - tan^2\theta}{a + 1} \text{ et } b_2 = \frac{a + tan^2\theta}{1 - a}.$$

L'équation différentielle d'Euler (8) correspondante s'écrit

$$\frac{dx_1}{x_1^2 + tan^2\theta} = \pm\frac{dx}{x^2 + tan^2\theta}$$

et s'intègre selon

$$Arctan\left(\frac{x_1}{tan\theta}\right) = \pm Arctan\left(\frac{x}{tan\theta}\right) + C$$

Pour $x = 0$ cela donne par (13) $x_1 = \pm tan^2\theta$; donc $C = \pm\theta$,
en particulier

$$Arctan\left(\frac{x_1}{tan\theta}\right) = Arctan\left(\frac{x}{tan\theta}\right) + \theta$$

Posons

$$t_1 = Arctan\left(\frac{x_1}{tan\theta}\right) \text{ donc } x_1 = tan\theta.tant_1;$$
$$t = Arctan\left(\frac{x}{tan\theta}\right) \text{ donc } x = tan\theta.tant$$
$$x_1 = \frac{x + tan^2\theta}{1 - x}$$

À quelle condition sur θ y a-t-il clôture ?
x_1 est une fonction homographique de x que l'on peut représenter par la matrice

$$M = \begin{pmatrix} 1 & tan^2\theta \\ -1 & 1 \end{pmatrix}$$

dont la $n^{\text{ième}}$ itérée est

$$M^n = \begin{pmatrix} \frac{cosn\theta}{cos^n\theta} & \frac{sin\theta.sinn\theta}{cos^{n+1}\theta} \\ \frac{-sinn\theta}{sin\theta.cos^{n-1}\theta} & \frac{cosn\theta}{cos^n\theta} \end{pmatrix}.$$

Il y aura clôture au bout de n tangentes (n entier non nul), si et seulement si $sinn\theta = 0$ soit $\theta = \frac{k\pi}{n}$.(k entier non nul).

Théorème 2 *Pour tout entier naturel $n (n \geq 3)$ il existe un polygone de n côtés circonscrit au cercle unité $(\boldsymbol{U})$ et inscrit dans la parabole $(\boldsymbol{P})$ d'équation :*

$$y = \frac{1}{2}cos\left(\frac{\pi}{n}\right)\left(x^2 - 2 - (tan^2\left(\frac{\pi}{n}\right)\right)$$

Exemple IV, avec $\theta = \frac{\pi}{3}$; $u = \frac{1}{4} = \frac{1}{2}cos\frac{\pi}{3}; v = -\frac{5}{4};$

la droite (AB) sera tangente au cercle $(\boldsymbol{U})$ si et seulement si, d'après (11) :

(15) $a^2b^2 - a^2 - b^2 + 8ab + 9 = 0$

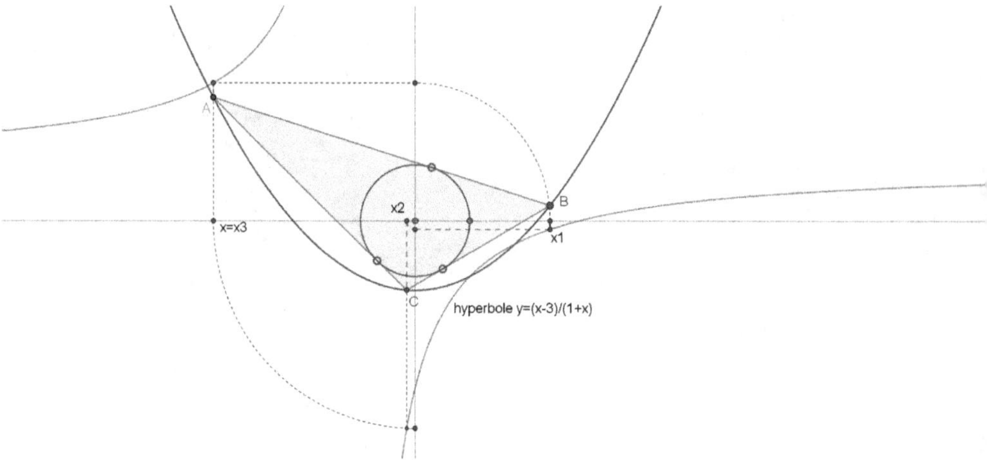

FIGURE 9 : Exemple IV

L'équation différentielle d'Euler correspondante (8) se simplifie ici en

$$\frac{dx}{x^2+3} = \pm\frac{dx_1}{x_1^2+3} \tag{16}$$

qui s'intègre également au moyen des fonctions élémentaires selon la relation (9) sous la forme :

$$Arctan\frac{x_1}{\sqrt{3}} = \pm Arctan\frac{x}{\sqrt{3}} + C$$

Si $x = 3$ alors $x_1 = -3$ d'après (13) d'où $Arctan\frac{x_1}{\sqrt{3}} = Arctan\frac{x}{\sqrt{3}} - \frac{\pi}{3}$.

Prenons comme paramètre $t = Arctan\frac{x}{\sqrt{3}}$ ce qui nous donne :

1. un paramétrage de la parabole $(\boldsymbol{P})$ par

$$x = \sqrt{3}tant;\ x' = \frac{3tan^2t - 5}{4} \text{ pour } t \in \left]-\frac{\pi}{2}\ ;\ +\frac{\pi}{2}\right[$$

2. Si X est le point d'abscisse $x(t)$ de la parabole $(\boldsymbol{P})$ et X_1 le point d'intersection d'une tangente issue de X au cercle $(\boldsymbol{U})$ d'abscisse $x_1 = x(t_1)$ les paramètres t et t_1 vérifient $t_1 = t - \frac{\pi}{3}$. Cela démontre qu'au bout de la troisième tangente la ligne polygonale se referme au point de départ, quel que soit celui-ci.
Si l'abscisse du point de départ X est $x = \sqrt{3}tant$, celui du point

suivant X_1 sera

$$x_1 = \sqrt{3}tan\left(t - \frac{\pi}{3}\right) = \sqrt{3}\frac{tant - \sqrt{3}}{1 + \sqrt{3}tant} = \frac{x-3}{1+x}$$

Celui de X_2 sera

$$x_2 = \frac{x_1 - 3}{1 + x_1} = \frac{\frac{x-3}{1+x} - 3}{1 + \frac{x-3}{1+x}} = \frac{-2x-6}{-2+2x} = \frac{x+3}{1-x}$$

Celui de X_3 sera

$$x_3 = \frac{\frac{x+3}{1-x} + 3}{\frac{x+3}{1-x} - 1} = x$$

Ainsi $X_3 = X$ et l'on est revenu au point de départ.

Autre exemple (Exemple V, Figure 10), avec $\theta = \pi/6$ et la parabole d'équation :

$$y = \frac{\sqrt{3}}{4}\left(x^2 - \frac{7}{3}\right).$$

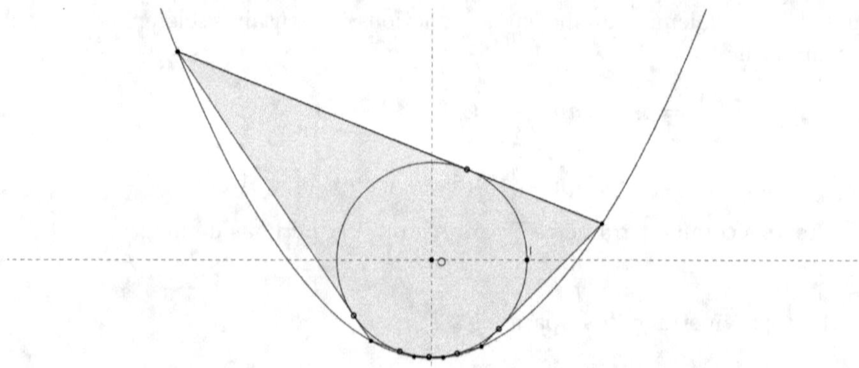

FIGURE 10 : Exemple V

Dans la situation générale de deux coniques quelconques, la démarche est semblable à ceci près que les intégrales elliptiques $\psi(z) = \int_0^z \frac{dt}{\sqrt{A+Ct^2+Et^4}}$ ne se réduisent pas, comme dans les deux exemples précédents à des fonctions élémentaires.

Soient donc (X) et (Y) deux coniques (Figure 11). Ces coniques sont unicursales : chaque point peut être caractérisé par une fonction rationnelle d'un paramètre x ou y dont la lettre nous servira aussi à désigner le point de la conique respective. (Nous ne gardons pas, ce faisant, les mêmes notations que dans l'exemple précédent.)

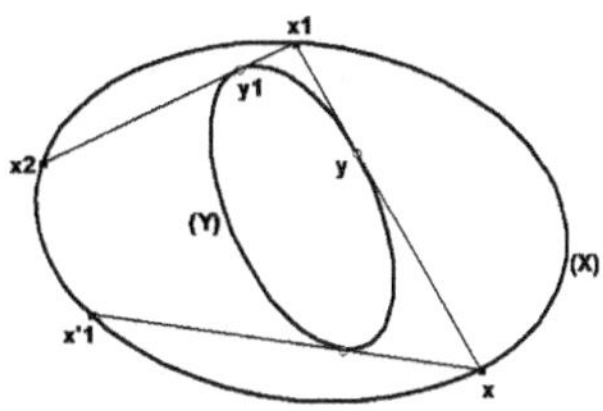

FIGURE 11

À tout x de (X) correspondent deux tangentes à (Y), chacune donnant deux points x_1 et x_1' de (X) ; à tout y de (Y) correspondent deux points de (X) , chacun donnant deux tangentes à (Y). Cette propriété se caractérise algébriquement par une équation biquadratique symétrique de la forme :

$$\text{(I)} \quad f(x,x_1) = Ax^2x_1^2 + Bxx_1(x+x_1) + C(x^2+x_1^2) + Dxx_1 + E(x+x_1) + F = 0$$

On aura une relation analogue caractérisant le paramètre y.

On peut montrer réciproquement que toute relation biquadratique et symétrique traduit la relation entre les extrémités d'une corde variable inscrite dans une conique (X) et enveloppant une conique (Y). $f(x,x_1)$ peut être considérée comme une équation du second degré en x dont le discriminant est un polynôme du quatrième degré en x_1 : soit $P(x_1)$, et symétriquement $P(x)$ en inversant les rôles de x et x_1. De sorte que en différentiant, nous obtenons l'équation d'Euler :

$$\text{(II)} \quad \frac{dx}{\sqrt{P(x)}} = \pm\frac{dx_1}{\sqrt{P(x_1)}}$$

Réciproquement, toute équation d'Euler s'intègre en une relation biquadratique et symétrique du type (I).

Mais comme c'est une équation à variables séparées, elle peut aussi s'intégrer directement par quadrature des deux membres, ce qui renvoie aux fonctions elliptiques et au théorème d'addition. Ainsi, à toute relation (II) correspondent une fonction elliptique F et une constante t, telles que si l'on pose $x = F(u)$, les deux valeurs correspondantes de x_1 sont $F(u+t)$ et $F(u-t)$.

La condition de fermeture d'une ligne brisée inscrite de m côtés sera alors :

$$F(u+mt) = F(u),$$

ce qui met la condition de fermeture en relation avec les périodes de la fonction elliptique. On comprend ainsi que la rencontre entre le théorème de Poncelet et la théorie des fonctions elliptiques n'est nullement due au hasard, les deux se stimulant réciproquement, le premier donnant une représentation géométrique de la seconde, celle-ci donnant en retour au théorème de Poncelet la garantie d'une rigueur toute analytique et une compréhension en profondeur du théorème.

7 Un exercice

Déterminer la condition de clôture dans le cas où les deux coniques sont l'une une paire de droites sécantes, l'autre le cercle unité. Il y aura fermeture si et seulement si l'angle des deux droites mesure $\frac{k\pi}{p}$ ou $\frac{(2k+1)\pi}{2p+2}$ (k et p entiers naturels strictement positifs).

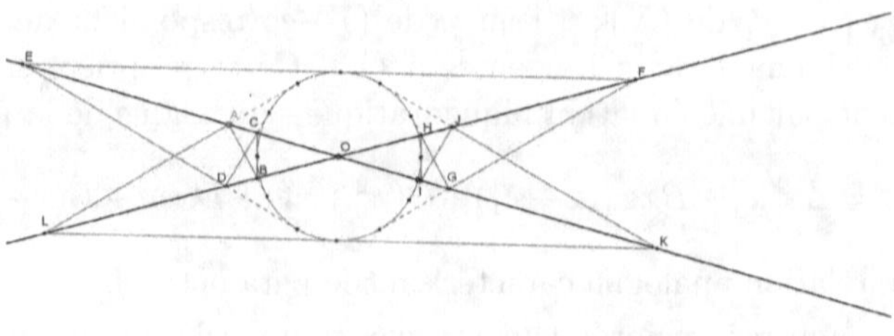

FIGURE 12

Bibliographie

Berger, M. (2009). *Géométrie vivante ou l'échelle de Jacob*. Paris : Éditions Cassini.

Euler, L. (1756-1757a). De integratione aequationis differentialis $\frac{mdx}{\sqrt{(1-x^4)}} = \frac{ndy}{\sqrt{(1-y^4)}}$ (mémoire E. 251). *Novo Commentarii academiae scientiarum Petropolitinae*, 6, 37–57. URL https://scholarlycommons.pacific.edu/euler-works/251/, *Opera Omnia*, série I, volume 20, 58–79.

Euler, L. (1756-1757b). Observationes de comparatione arcuum curvarum irrectificabilium (mémoire E. 252). *Novo Commentarii academiae scientiarum Petropolitinae*, 6, 58–84. URL https://scholarlycommons.pacific.edu/euler-works/252/, *Opera Omnia*, série I, volume 20, 80–107.

Euler, L. (1769). *Institutionum calculi integralis volumen secundum (E366).* St. Petersburg : Imperial Academy of Sciences. URL https://scholarlycommons.pacific.edu/euler-works/366/, *Opera Omnia*, série I, volume 12, 1–542.

Friedelmeyer, J.-P. (2010). L'impulsion originelle de Poncelet dans l'invention de la géométrie projective. In L. Bioesmat-Martagon (éd.) *Éléments d'une biographie de l'espace projectif*, Nancy : PUN-Éditions universitaires de Lorraine, 55–158.

Maclaurin, C. (1749). *Traité des fluxions.* Paris : Jombert. Trad. fr. P. Pézénas.

Poncelet, J.-V. (1866). *Traité des propriétés projectives des figures.* Paris : Gauthier-Villars.

Jean-Pierre Friedelmeyer
Irem de Strasbourg
jpfriede@free.fr

Le livre de Bonola sur la géométrie non euclidienne (1906). Sources et enjeux scientifiques et pédagogiques

Livia Giacardi & Rossana Tazzioli

1 Introduction

En 1906 Roberto Bonola (1874-1911)[1] publie chez l'éditeur Zanichelli le livre intitulé *La geometria non-euclidea. Esposizione storico-critica del suo sviluppo* (Bonola 1906) qui présente une étude critique et historique sur le développement de la géométrie non euclidienne. Après avoir obtenu son diplôme en mathématiques à l'Université de Bologne en 1898 sous la direction de Federigo Enriques, Bonola devient son assistant et commence à s'intéresser aux fondements de la géométrie. Il obtient ensuite son agrégation (*libera docenza*) en géométrie projective et descriptive, et vers la fin de 1910 il devient professeur extraordinaire de mathématiques à l'Institut technique supérieur de l'enseignement féminin à Rome.

Son ouvrage sur la géométrie non euclidienne, qui reste sa contribution la plus significative, est traduit en allemand (Bonola 1919) et en anglais (Bonola 1912). De nombreuses éditions anglaises se sont succédées, la dernière ayant été publiée en 2010 par Dover. Selon le mathématicien John Stillwell, le livre de Bonola représente un « classique » et le point de référence pour des générations de mathématiciens et d'historiens des sciences (Stillwell 1996, p. VII). Cette présentation historique de la géométrie non euclidienne est vite adoptée comme un modèle pour traiter cette discipline.

Mais d'où vient la vision historique de la géométrie non euclidienne décrite par Bonola dans son livre ? Dans cet article nous montrerons que ses racines se trouvent dans divers ouvrages universitaires publiés par des mathématiciens italiens au tournant du XXe siècle. En particulier, nous nous concentrerons sur les deux cours rédigés par Gino Fano en 1898 et Corrado Segre en 1903,

1. Pour plus de détails sur sa biographie, voir la notice nécrologique (Amaldi 1911).

P.-E. Bour, M. Rebuschi & L. Rollet (eds.), *Sciences, Circulations, Révolutions, 349–370.*

qui constituent la principale source d'inspiration de Bonola (Fano 1898, Segre 1903b). Ces ouvrages sont d'ailleurs utilisés à la fois dans l'enseignement universitaire et dans la *Scuola di Magistero*, une institution ayant pour but de former les futurs enseignants de mathématiques. Dans ce contexte, le livre de Giuseppe Veronese consacré aux fondements de la géométrie mérite d'être mentionné. Une annexe à ce livre intitulée « Étude historique et critique des principes de la géométrie » explique les raisons qui ont conduit l'auteur à rassembler ses « observations sur les principaux travaux sur les fondements de la géométrie » à l'usage des futurs enseignants de mathématiques. Selon Veronese, l'histoire de la géométrie non euclidienne à partir de la critique de ses fondements posés par Euclide conduit les futurs enseignants à développer une réflexion critique sur une discipline mathématique centrale dans l'enseignement, la géométrie élémentaire. Et il conclut : « L'histoire bien faite d'un sujet nous permet de mieux voir son développement et son lien avec d'autres théories. » (Veronese 1891, p. 505)

Les relations entre Fano, Segre et d'autres géomètres italiens – tels que Veronese ou Guido Castelnuovo – et des mathématiciens allemands, en particulier Felix Klein, nous ont amenées à focaliser nos recherches sur l'axe italo-allemand. Le paragraphe 2 est donc consacré à la réception de la géométrie non euclidienne en Italie et en Allemagne ; le paragraphe 3 se concentre sur les cours de géométrie non euclidienne dans les *Scuole di Magistero* donnés par divers mathématiciens italiens ; le paragraphe 4 est consacré au livre de Bonola sur la géométrie non euclidienne et à ses liens avec d'autres ouvrages, en particulier avec les leçons lithographiées de Fano et le manuscrit de Segre.

2 La réception de la géométrie non euclidienne en Allemagne et en Italie

Les géométries non euclidiennes commencent à être connues en Europe vers la fin des années 1860, alors que ses fondateurs ont déjà disparu. Le livre de Richard Baltzer *Die Elemente der Mathematik* (Baltzer 1867) est l'un des premiers écrits à contenir des éléments de géométrie non euclidienne ainsi que les références aux ouvrages classiques de cette théorie[2]. Baltzer mentionne notamment les travaux des fondateurs de la nouvelle géométrie, Lobačevskij et J. Bolyai, ainsi que la correspondance entre Gauss et Schumacher[3].

Quelques années plus tard en Italie, Riccardo De Paolis (1854-1892), géomètre de l'école de Luigi Cremona et professeur à l'Université de Pise depuis 1880, publie un texte destiné à l'enseignement secondaire (De Paolis 1884) où il mentionne dans des annexes les contributions aux fondements de

2. Les références à la correspondance entre Gauss et Schumacher, ainsi qu'aux travaux de Lobačevskij et J. Bolyai se trouvent dans (Baltzer 1867, p. 17). Cet ouvrage a été traduit en italien par Luigi Cremona : *Elementi di matematica del D.ʳ Riccardo Baltzer*, Tip. Sordomuti, Genova, 1865-68.

3. Sur la réception de la géométrie non euclidienne en Allemagne, voir le livre (Volkert 2013).

la géométrie de Legendre, Gauss, Lobačevskij, J. Bolyai, Riemann, Beltrami et Helmholtz, et introduit les postulats des géométries hyperbolique et elliptique. De plus, il montre qu'il est possible d'établir une théorie des parallèles indépendante du 5e postulat d'Euclide (la *géométrie absolue*). Dans ce contexte, il démontre également quelques théorèmes valables en géométrie euclidienne et hyperbolique (De Paolis 1884, N. XIX, p. 464–472).

Le *Saggio* d'Eugenio Beltrami (1835-1900) publié en 1868 et déjà mentionné dans l'ouvrage de De Paolis (Beltrami 1868), donne une interprétation de la géométrie plane hyperbolique en utilisant les surfaces à courbure constante négative (dites pseudosphériques) de l'espace euclidien. Avec cette interprétation, valable pour des régions limitées, il trouve un « fondement réel » (« substrato reale ») à la géométrie non euclidienne qui permet une diffusion de cette théorie même parmi les mathématiciens non spécialistes de la discipline. Beltrami joue également un rôle important dans l'historiographie de la géométrie non euclidienne grâce à la redécouverte d'un ouvrage du jésuite Girolamo Saccheri tombé dans l'oubli Beltrami (1889)[4]. Dans cet ouvrage Saccheri présente ses tentatives de démontrer le postulat des parallèles qui contiennent quelques résultats intéressants de ce qui deviendra plus tard la géométrie du plan hyperbolique[5].

Klein est l'un des premiers à traiter de l'histoire générale de la géométrie non euclidienne dans ses leçons universitaires. En effet, à partir des idées de Cayley, Klein apporte également des contributions fondamentales à cette discipline en développant une approche projective dans ses écrits fondamentaux de 1871 et 1873 (Klein 1871, 1873). C'est lui qui classe les trois types de géométrie : la géométrie elliptique, la géométrie hyperbolique et la géométrie parabolique qui est le cas limite des deux cas précédents et qui correspond à la géométrie euclidienne. En 1872, il rédige le célèbre programme d'Erlangen, où les géométries sont classées d'après les notions de groupe et d'invariant ; ce programme est traduit et publié en italien par Gino Fano en 1890.

Les leçons de Klein sur la géométrie non euclidienne sont publiées par Springer en 1928 (Klein 1928). Mais c'est lors d'un cycle précédent de conférences tenu à Göttingen dans le *Wintersemester* 1889-1890, rédigé par Friedrich Schilling et lithographié en 1893, que Klein aborde une première étude historique de la géométrie non euclidienne. Selon Klein, il existe trois périodes principales dans l'histoire de cette discipline : la période des « fondateurs » dans laquelle, aux côtés de Bolyai et Lobačevskij, il considère également Gauss et Beltrami ; la période caractérisée par les méthodes de la géométrie différentielle qui commence en 1867 par la publication de la *Habilitationsvortrag* sur les principes de la géométrie que Riemann a donnée en 1854 et se poursuit par la théorie des espaces à courbure constante de Beltrami et les travaux de Helmholtz sur le mouvement rigide ; finalement, une troisième période incluant

4. Sur l'œuvre de Saccheri voir (De Risi 2014).
5. Sur la diffusion de l'ouvrage de Saccheri en Europe, voir l'article (Brigaglia 2010).

les travaux de M. Pasch, K. von Staudt, W. Killing et d'autres mathématiciens, y compris Klein lui-même, qui ont développé une approche projective.

Cependant, comme nous l'avons déjà remarqué, c'est Veronese (1854-1917), professeur à l'Université de Padoue, qui publie la première étude en Italie sur l'histoire de la géométrie non euclidienne dans l'annexe à son livre sur les fondements de la géométrie (Veronese 1891). Il faut souligner qu'il avait passé l'année 1880/1881 chez Klein à l'Université de Leipzig et ce séjour a peut-être orienté le jeune mathématicien vers ces questions. Veronese met l'accent notamment sur la critique des principes de la géométrie ; il commence par citer l'édition de Clavius des *Eléments* d'Euclide et d'autres tentatives (de Proclus, Géminus, Ptolémée et d'autres) consacrées à prouver le postulat des parallèles. Ensuite, il décrit la contribution de Saccheri en citant l'article de Beltrami, et consacre de nombreuses pages à la géométrie projective et aux espaces à n dimensions en mentionnant H. Grassmann, Riemann et Beltrami. Une section de son traité concerne la théorie des groupes de transformation et leur rôle dans la géométrie non euclidienne, telle qu'elle est développée par Helmholtz et Lie.

Le livre de Veronese est traduit en allemand en 1894, un an avant la publication du célèbre ouvrage de Friedrich Engel et Paul Stäckel, *Die Theorie der Parallellinien von Euklid bis auf Gauss*, l'un des écrits qui, du fait de sa diffusion, a influencé la vision historique de la géométrie non euclidienne (Engel & Stäckel 1895). Il contient les traductions allemandes de certaines sources fondamentales de la préhistoire de la géométrie non euclidienne – telles que la « preuve » de Wallis du cinquième postulat et le travail de Saccheri. Le livre contient également certains travaux sur la théorie des parallèles parus plusieurs années auparavant et qui étaient tombés dans l'oubli, tels que la *Theorie der Parallellinien* de J.H. Lambert et les résultats pionniers de Gauss, F.K. Schweikart et F.A. Taurinus. Engel et Stäckel ont arrêté leur histoire des parallèles avec Gauss et ses contemporains ; ni l'apport des fondateurs de la géométrie hyperbolique (Lobačevskij et Bolyai) ni les travaux de Riemann, Beltrami, Helmholtz, Klein et Lie ne sont traités dans cet ouvrage.

À la même époque, la géométrie non euclidienne est prise en compte dans certaines des histoires générales des mathématiques à la fois en Allemagne et en Italie. Moritz Cantor consacre une section du troisième volume de son ouvrage monumental *Vorlesungen über Geschichte der Mathematik* (1898) à la théorie des parallèles, où il présente les tentatives faites pour prouver le 5e postulat depuis l'Antiquité jusqu'au XVIIIe siècle, y compris les preuves de Saccheri et de Lambert. Le livre d'Engel et Stäckel représente sa principale référence.

Dans le chapitre X intitulé « Geometria non euclidea » de son livre *Il passato e il presente delle principali teorie geometriche* (1896), l'historien des mathématiques Gino Loria rend compte de l'histoire de la géométrie non euclidienne en présentant les précurseurs, les fondateurs, les principales lignes de recherche de cette discipline jusqu'à son époque, à travers une approche bibliographique qui caractérise tout le livre. Entre 1899 et 1902, Loria publie dans son journal *Bollettino di bibliografia e storia delle scienze matematiche* la bibliographie sur la géométrie non euclidienne établie par Bonola qui répertorie environ 700 ouvrages et articles de 1832 à 1902 (Bonola 1899, 1900, 1902). Un article de Bonola sur le modèle en carton de surface pseudosphérique de Beltrami est publié en 1906 dans le même journal (Bonola 1906).

L'intérêt suscité par les géométries non euclidiennes dans le monde universitaire italien est également attesté par les nombreuses références qui apparaissent dans les discours inauguraux des années académiques : il suffit de mentionner le discours de D'Ovidio intitulé *Uno sguardo alle origini ed allo sviluppo della matematica pura* à l'Université de Turin (1890/1891), et les conférences de Gregorio Ricci Curbastro *Origini e sviluppo dei moderni concetti fondamentali sulla geometria* (1901/02) et de Veronese *Il vero nella matematica* (1905/06) données à l'Université de Padoue.

3 Les cours de géométrie non euclidienne dans les universités et les *Scuole di Magistero*

La formation des enseignants de mathématiques est un enjeu important en Italie au tournant du siècle. Les instituts de formation pour les enseignants, appelés *Scuole di Magistero*, sont créés en 1875 pour répondre à la nécessité de garantir un bon niveau de l'enseignement secondaire[6]. Les cours universitaires dédiés aux géométries non euclidiennes en Italie sont très souvent également destinés à la formation des enseignants. Il existe donc un lien, comme nous allons le voir, entre ces cours et les sujets abordés dans les *Scuole di Magistero*. De plus, la référence à Klein étant fréquente dans ces cours, nous essaierons de montrer les raisons de ce lien privilégié.

En effet, de nombreux géomètres italiens de l'école de géométrie algébrique fondée par Corrado Segre, tels que Castelnuovo, Enriques, ainsi que Veronese estiment que la géométrie non euclidienne est un excellent sujet pour les futurs enseignants de mathématiques. Par exemple, le livre *Questioni riguardanti la geometria elementare* (1900), publié par Enriques, vise explicitement à la formation des enseignants à la *Scuola di Magistero* et contient un chapitre de Roberto Bonola consacré à la géométrie non euclidienne (Bonola 1900). Après avoir présenté la « période préparatoire » à la recherche moderne sur les fondements de la géométrie, qui va jusqu'à Gauss, en se référant à l'ouvrage d'Engel et Stäckel, Bonola se concentre sur les trois directions selon lesquelles les géométries non euclidiennes se sont développées : élémentaire (Lobačevskij et Bolyai), métrique-différentielle (Riemann, Helmholtz), et projective (Klein). À la fin de l'essai, l'auteur montre que les géométries non euclidiennes constituent

6. Les *Scuole di Magistero* survivent avec des modifications successives jusqu'en 1920, année de leur suppression par le ministre Benedetto Croce. Leur histoire est particulièrement tourmentée, comme en témoigne le grand nombre de décrets qui les concernent. Voir (Furinghetti & Giacardi 2012). Toutes les mesures législatives concernant les Scuole di Magistero peuvent être consultées sur le site internet : www.associazionesubalpinamathesis.it/storia-insegnamento/formazione-degli-insegnanti/

des cas particuliers de la géométrie projective et il se concentre, entre autres, sur l'indémontrabilité du 5e postulat d'Euclide.

Les *Questioni* d'Enriques, comme il l'écrit lui-même (Enriques 1900, p. VII), s'inspirent des conférences de Klein pour les enseignants. En effet, vers la fin du XIXe siècle, de nombreux jeunes mathématiciens italiens, particulièrement intéressés par la géométrie – comme Veronese (1880-1881), Corrado Segre (été 1891), Fano (1893-1894) et Enriques (1903) – ont fréquenté les universités allemandes et en particulier Munich, Leipzig et Göttingen où Klein enseignait. Ils sont rentrés en Italie non seulement avec des idées novatrices sur les méthodes de recherche (Hawkins 1994, Brigaglia & Ciliberto 1995), mais aussi avec de nouvelles perspectives sur l'enseignement des mathématiques[7].

Les points clés sur lesquels Klein a fondé son mouvement de réforme sont les suivants : pour combler la discontinuité entre l'enseignement secondaire et l'enseignement supérieur, il proposait de déplacer l'enseignement du calcul différentiel et intégral dans le secondaire ; il privilégiait une méthode d'enseignement « génétique » pour mieux comprendre l'évolution de la science et stimuler les étudiants à la recherche ; pour capter l'intérêt et l'attention des élèves, il incitait les enseignants à faire appel à l'intuition ; il suggérait de mettre en valeur les applications des mathématiques aux sciences naturelles ; il insistait sur l'efficacité de considérer le sujet sous une perspective historique ; il pensait qu'il fallait donner un plus grand rôle aux approximations, c'est-à-dire se focaliser sur « les mathématiques exactes des relations approchées » ; enfin, il pensait que les mathématiques élémentaires d'un point de vue supérieur devaient jouer un rôle clé dans la formation des enseignants[8].

En particulier, Segre considère Klein comme son véritable maître, dans la double perspective scientifique et didactique. C'est suite aux conseils de son maître Segre que Fano, étudiant à l'Université de Turin, décide de passer une période à Göttingen avec Klein. À son retour à Turin, en 1894, il rend compte avec enthousiasme des travaux de Klein, en particulier de ses séminaires dans le cadre de la formation des enseignants (Fano 1894). Fano souligne le gouffre entre les idées de Klein et le système italien en mettant en évidence les initiatives promues par le mathématicien allemand :

> chaque année, pendant les vacances de Pâques, les enseignants du secondaire sont invités à se rassembler [...] ; et ils restent environ quinze jours, en contact avec des professeurs des universités. Les conférences et les cours permettent d'une part aux nombreux participants de suivre le grand nombre de progrès de la science, et d'autre part même les professeurs des universités ont la possibilité de mieux comprendre les besoins et les désirs des premiers. (Fano 1894, p. 181–182)

---

7. Sur l'influence de Klein sur les géomètres italiens, voir (Giacardi 2013).
8. Sur Klein et l'enseignement des mathématiques, voir (Rowe 1985, Schubring 1989).

Klein visite l'Italie pour la première fois en 1874 et y retourne en 1878 et 1899 quand il s'arrête à Florence, Bologne, Rome et Padoue et rencontre, entre autres, Enriques, Castelnuovo, Cremona, Veronese et Fano[9]. Nous remarquons que les bibliothèques universitaires italiennes achetaient généralement les cours lithographiés de Klein et Hilbert. Ils sont largement utilisés et commentés par Segre, Fano, Enriques, Castelnuovo et D'Ovidio lors de leurs leçons universitaires. La bibliothèque du département de mathématiques de Turin abrite une vaste collection de leçons lithographiées de Klein, certaines ayant été rassemblées par Fano lui-même[10]. Nous mentionnons également qu'en 1901, Castelnuovo demande à Hilbert un exemplaire des conférences de Klein sur la géométrie non euclidienne[11]. Il consacre une partie de son cours de « Géométrie supérieure » de 1904 à la classification de la géométrie en suivant le point de vue de Klein.

La recherche de Klein ainsi que ses idées sur l'enseignement des mathématiques sont très appréciées, en particulier par les membres de l'école italienne de géométrie algébrique : une vision commune de la recherche scientifique et sa « tendance à considérer les objets d'étude à la lumière de l'intuition visuelle » (Enriques 1923) rapprochent intellectuellement Klein et les géomètres italiens. Ce lien entre Klein et de nombreux géomètres italiens explique, au moins en partie, la forte présence de la géométrie non euclidienne dans les programmes universitaires en Italie. D'autre part, Klein apprécie les géomètres d'outre-Alpes et propose à Fano une chaire à l'Université de Göttingen[12].

Les leçons de Fano sur la géométrie non euclidienne (*Lezioni di geometria non euclidea*) données à l'Université de Rome en 1897/98 sont rassemblées dans un cours lithographié datant de 1898. Pendant cette période Fano est *assistente* de Castelnuovo. À propos de sa méthodologie et de son approche de l'histoire de la géométrie non euclidienne Fano écrit :

> Dans ce cours, j'ai essayé de définir les trois directions principales que l'on peut distinguer dans le développement de la géométrie non euclidienne et qui ont été établies, en particulier, durant trois périodes successives : l'approche élémentaire de Lobatscheffsky-Bolyai, qui est complétée par l'interprétation géniale de la géométrie non euclidienne sur les surfaces à courbure négative constante, selon

---

9. Cf. Cremona à Fano, 21 mars 1899, Veronese à Fano, 21 mars 1899, Fondo Fano, Biblioteca matematica "G. Peano," Turin ; Enriques à Castelnuovo, 17 mars 1899 et 28 mars 1899, in (Bottazzini *et al.* 1996, p. 402, 404).

10. La Bibliothèque du Département de Mathématiques Giuseppe Peano de Turin conserve plusieurs cours lithographiés de Klein, notamment ses leçons sur la géométrie non euclidienne *Nicht-Euklidische Geometrie, I. Vorlesung gehalten während des Wintersemesters*, 1889/1890. *Ausgearbeitet von Fr. Schilling*, II. *Vorlesung gehalten während des Sommersemester* 1890. *Ausgearbeitet von Fr. Schilling*, Göttingen 1893.

11. Voir G. Castelnuovo to D. Hilbert, 23 février 1901, dans (Luciano & Roero 2012, p. 203).

12. Fano n'accepte pas la proposition de Klein et deviendra professeur à l'Université de Messine la même année et à l'Université de Turin en 1901. Voir F. Klein à G. Fano, 5 février 1899 et G. Fano à F. Klein, 10 février 1899, dans (Luciano & Roero 2012, p. 195–199).

> Beltrami ; l'approche essentiellement analytique, inaugurée par la mémoire classique de Riemann et poursuivie par la théorie des formes quadratiques différentielles, avec le mémoire de Beltrami sur les espaces à courbure constante, et avec celui de Helmholtz (ce dernier pose déjà le problème sous une forme quelque peu différente) ; et finalement l'approche analytique-géométrique, ou de la géométrie métrique-projective, selon Cayley-Klein. (Fano 1898)

Nous remarquons que la deuxième direction de recherche concerne ce que nous appelons la géométrie différentielle. Dans ses leçons, Fano présente également un bref exposé de la théorie des groupes de transformation, en particulier du problème dit « de Riemann-Helmholtz » (Fano 1898, p. 155-166) (Nabonnand 1997). Une approche historique très proche de celui du cours lithographié de Klein.

Plus précisément, après un premier chapitre historique sur la théorie des parallèles, Fano illustre les contributions des fondateurs de la géométrie non euclidienne (Lobačevskij et Bolyai). Il consacre ensuite une cinquantaine de pages (p. 102-155) aux essais de Beltrami, *Saggio* (1868), *Teoria fondamentale degli spazii di curvatura costante* (1869), et de Riemann *Ueber die Hypothesen welche der Geometrie zu Grunde liegen* (1867) ; environ le même nombre de pages est consacré à la géométrie non euclidienne dans une perspective projective d'après Klein.

Comme il l'écrit dans sa préface, Fano espère que « les leçons pourront être utilisées par les jeunes gens comme une introduction utile à une branche aussi importante de la géométrie moderne ». Par conséquent, Fano estime que la géométrie non euclidienne représente une « discipline très importante » que les jeunes ne peuvent pas ignorer (Fano 1898). Fano reviendra encore sur la géométrie non euclidienne et ses applications, quelques années plus tard dans un traité publié en 1935, mais qui fait suite en quelque sorte à ses anciennes conférences de 1898 (Fano 1935). Dans son ouvrage, Fano distingue les trois axes principaux de la recherche : élémentaire, différentiel, projectif, il ajoute quelques sections sur les éléments fondamentaux de la géométrie hyperbolique qui ne figurent pas dans son cours lithographié. Il mentionne également certaines nouvelles tendances de la géométrie moderne, telles que la géométrie non archimédienne de Veronese et les recherches de Hilbert. Le sixième chapitre consacré aux applications à la théorie de la relativité représente une section nouvelle par rapport à ses *Lezioni*. Fano y introduit la théorie de la relativité spéciale, le groupe de Lorentz, le cône isotrope et un aperçu de la théorie générale de la relativité en utilisant les méthodes de la géométrie non euclidienne.

À Turin, Enrico D'Ovidio, maître de Segre, qui a publié des articles sur les métriques projectives, euclidiennes et non euclidiennes dans les années 1870, consacre en 1899/1900 quelques leçons du cours de mathématiques pour la

Scuola di Magistero à la géométrie non euclidienne[13]. Segre lui-même donne des leçons sur la géométrie non euclidienne dans le cours de « Géométrie supérieure » à l'Université de Turin en 1902/1903 (Segre 1903b) et utilise une partie de ces leçons pour son enseignement à la *Scuola di Magistero* dans le cadre de la formation des enseignants. Les cahiers manuscrits de ses cours sont conservés à la Biblioteca Giuseppe Peano de l'Université de Turin[14]. Nous remarquons que Segre a eu l'opportunité de lire le célèbre livre *Grundlagen der Geometrie* de Hilbert publié en 1899, alors que Fano ne pouvait pas connaître cet ouvrage lorsqu'il a écrit ses *Lezioni*. Néanmoins, Segre cite Hilbert, en passant, quand il discute de l'indépendance des systèmes d'axiomes géométriques (Segre 1903b, p. 38), quand il évoque la validité du modèle de Beltrami (p. 248) et la réduction du nombre des postulats de la géométrie hyperbolique (p. 256).

La toute première partie des conférences de Segre porte sur « l'essence de la géométrie ». Il pose de nombreuses questions centrales sur les fondements de la géométrie : comment choisir les axiomes géométriques ? La géométrie est-elle une science expérimentale ? Quel est le rôle de l'intuition en géométrie ?

On retrouve des idées similaires dans son cahier manuscrit du cours pour la Scuola di *Magistero* (Giacardi 2003). La préhistoire de la géométrie non euclidienne semble déjà cristallisée : son approche est similaire à celle du cours de Fano ou d'autres livres sur la géométrie non euclidienne.

Cependant, le point de vue de Segre sur l'œuvre de Saccheri et son influence sur Lambert, Gauss et Lobačevskij est intéressant et original. Son analyse historique débouchera sur un article publié la même année (Segre 1903a). Une partie du cours de Segre est consacrée à la « géométrie absolue », il mentionne notamment le traité de Pasch (*Vorlesungen über neuere Geometrie*, 1882) (p. 36-37) à propos de l'analyse des postulats. De nombreuses sections du cahier concernent la géométrie du plan hyperbolique, avec une analyse précise des principaux éléments géométriques de cette géométrie (horicycles, horisphères...), y compris les constructions géométriques. Segre consacre ensuite un chapitre à la géométrie projective en se focalisant sur les contributions de Klein (p. 219).

La section consacrée à la « géométrie basée sur l'élément de ligne » (p. 241-252), c'est-à-dire à la géométrie différentielle, est très concise. Les essais de Beltrami sont cités très rapidement ; cela marque une grande différence par rapport aux leçons de Fano. L'importance du modèle de Beltrami de la

13. *Registro delle Conferenze di Magistero dettate dal Sig. Prof. E. D'Ovidio 1899-1900*, Archivio Storico dell'Università di Torino.

14. Pour la classification des cahiers manuscrits de Segre voir (Giacardi 2001) ; les cahiers sont accessibles sur le site dirigé par L. Giacardi : www.corradosegre.unito.it/quaderni.php Des chapitres concernant les géométries non euclidiennes sont également inclus dans les cahiers *Rassegna di concetti e metodi della geometria moderna* 1908-1909, *Vedute superiori sulla geometria elementare* 1916-1917. Segre déclare dans chacun de ces cahiers qu'il les utilise également à la Scuola di Magistero.

géométrie plane hyperbolique s'est peut-être estompée suite à la publication de l'article de Hilbert en 1901, que Segre mentionne, où il prouve qu'il n'existe aucune surface à courbure négative constante qui soit analytique et sans singularités (Hilbert 1901). Cela signifie que le modèle de Beltrami n'est valable que localement. Dans les Archives Corrado Segre de l'Université de Turin, on trouve des notes non datées que D'Ovidio aurait peut-être fait parvenir à Beltrami et qui contiennent des « Considérations sur les surfaces à courbure constante dans le plan euclidien », où Segre souligne certaines lacunes qu'il a trouvées dans le travail de Beltrami[15].

Castelnuovo participe également aux débats sur la formation des enseignants. Il avait travaillé avec Segre de 1887 à 1891 avant de devenir professeur de géométrie supérieure à l'Université de Rome et un personnage de premier plan de l'école italienne de géométrie algébrique. Son cours universitaire de « Géométrie supérieure » de 1910/11, concernant la géométrie non euclidienne, est également conçu pour les futurs enseignants[16]. Il introduit des éléments de réflexion et de critique des fondements des mathématiques et essaie de répondre à plusieurs questionnements : Pourquoi choisissons-nous les axiomes euclidiens comme postulats de la géométrie ? Pourrions-nous légitimement envisager d'autres axiomes ?

Castelnuovo souligne explicitement l'importance de présenter des sujets liés à la géométrie non euclidienne pour trois raisons : ils concernent des « problèmes étroitement liés à l'enseignement secondaire, problèmes qu'aucun enseignant ne devrait ignorer ». Ces sujets sont très importants du point de vue de la formation disciplinaire, lorsque celle-ci est abordée en analysant « les différentes méthodes utilisées pour l'étude de la géométrie non euclidienne (élémentaire, différentielle, projective, groupale) ». Enfin, il y a aussi un « intérêt philosophique : tant du point de vue logique (questions d'indépendance ou de compatibilité des postulats) que de l'aspect physique (origines des postulats et nature de l'espace) » (p. 2-3).

Le cours est composé de quatre sections portant respectivement sur la préhistoire de la géométrie non euclidienne et sur les approches élémentaire, métrique-différentielle, et métrique projective de l'étude de la nouvelle théorie. Ses principales références sont les écrits de Fano et de Bonola.

À la *Scuola di Magistero* de Bologne, Salvatore Pincherle (1853-1936), bien connu pour ses contributions à l'analyse mathématique, inclut des éléments de la géométrie non euclidienne dans son cours pour la formation des enseignants en 1908/09 et en 1912/13[17]. Un autre représentant de la géométrie algébrique italienne, Enriques, donne des conférences pour les enseignants sur la géométrie

15. *Corrispondenza scientifica*, dans Archivio Corrado Segre, Università di Torino.
16. Sur Castelnuovo et la formation des enseignants en Italie, voir (Gario 2006). Le cours consacré à la géométrie non euclidienne est disponible en ligne : operedigitali.lincei.it/Castelnuovo/Lettere_E_Quaderni/quaderni/nC910_11A/mostracom.htm. Dans son cours de géométrie supérieure de 1896, Castelnuovo mentionne déjà les géométries non euclidiennes.
17. *Scuole di Magistero*, Archivio storico dell'Università di Bologna, Busta 3.

non euclidienne en 1916/17. Ses leçons sont recueillies par l'un de ses étudiants (l'espagnol Olegario Fernandes) et publiées en 1918 (Enriques 1918). Elles se concentrent sur trois points principaux : les fondements de la géométrie euclidienne dans le 1er livre des *Éléments* d'Euclide, les principes de la géométrie indépendante du postulat des parallèles, et la métrique projective utilisée pour prouver l'impossibilité de démontrer ce postulat à partir des autres. Ce dernier sujet est principalement analysé dans tous ses aspects : pouvons-nous vraiment prouver que le système euclidien n'est pas contradictoire ? Et encore : comment pourrions-nous montrer la « possibilité logique » de la géométrie non euclidienne ? Afin de répondre à ces questions, Enriques se place dans le cadre de la géométrie projective. Il ne mentionne pas le système d'axiomes de Hilbert bien qu'il ait lu avec attention les *Grundlagen der geometrie* de Hilbert, comme l'atteste par exemple la correspondance entretenue avec Castelnuovo entre septembre et novembre 1899 (Bottazzini *et al.* 1996, p. 426–432). La discussion se termine par deux notes sur la géométrie de Riemann et sur le modèle de Beltrami. Enriques avait déjà brièvement évoqué le sujet de géométrie non euclidienne dans des conférences de géométrie données à l'Université de Bologne en 1894/1895 (Enriques 1894-1895).

4 Le livre de Bonola

Dans son livre sur les géométries non euclidiennes publié en 1906, Bonola mentionne ses principales sources d'inspiration et les « maîtres » qui l'ont accompagné dans son parcours. Il écrit dans la Préface au livre :

> Avant de confier ce travail modeste au jugement de lecteurs bienveillants, je me sens obligé de remercier chaleureusement mon cher professeur, le prof. Federigo Enriques, pour les précieux conseils qui m'ont aidé pour l'organisation et le contenu critique du sujet ; le prof. Corrado Segre, qui a aimablement mis à ma disposition le manuscrit d'un cours de leçons (*Corso di lezioni*) sur la géométrie non euclidienne, qu'il a donné il y a trois ans à l'Université de Turin. (Bonola 1906, p. XVII)

Ainsi, les noms d'Enriques et de Segre apparaissent immédiatement, même si Bonola a probablement discuté également avec Castelnuovo et lu les leçons de Fano. La liste *standard* donnée par Bonola des sujets principaux de la géométrie non euclidienne reste pratiquement inchangée aujourd'hui : 1. Théorie des parallèles d'Euclide et rôle du 5e postulat (Propositions dépendantes et indépendantes du cinquième postulat). 2. La critique du 5e postulat et ses « preuves » par les géomètres grecs et les Arabes, ainsi que pendant la Renaissance et le XVIIe siècle. 3. Les « précurseurs » de la géométrie non euclidienne (Saccheri, Lambert, Legendre...). 4. Les fondateurs de la géométrie non euclidienne (Gauss, Lobačevskij, J. Bolyai...). 5. Développements ultérieurs : géométrie différentielle (Riemann, Beltrami...) ; géométrie projective (Cayley, Klein) ; la théorie des groupes de transformation (Helmholtz, Lie...). Nous trouvons une liste similaire de sujets déjà dans les leçons de Klein, Fano, et Segre. Dans son livre, Bonola expose les résultats fondamentaux de Lobačevskij et de Bolyai et se focalise notamment sur quelques constructions géométriques de la géométrie non euclidienne comme la quadrature du cercle donnée par Bolyai.

Une édition allemande de ce livre est publiée en 1919 par Teubner (Bonola 1919), où l'on trouve une nouvelle annexe intitulée « Sur quelques applications de la géométrie absolue (non euclidienne) à la théorie des fonctions d'une variable complexe » (p. 174-203). Bonola montre une approche historique de ce problème mathématique. Il présente d'abord les contributions de Gauss et Riemann à l'analyse complexe, ensuite les travaux de H. Schwartz et F.H. Schottky sur la représentation conforme. En outre, il introduit les fonctions automorphes et le théorème d'uniformisation – il cite les travaux de Klein et Poincaré, mais aussi les livres de Klein et Fricke (Fricke & Klein 1900-1912) et le traité de Fubini (Fubini 1908). L'édition anglaise, parue en 1912 (Bonola 1912), juste après la mort de Bonola, est présentée par le traducteur du livre, le mathématicien H. Scott Carslaw, qui fait remarquer que la géométrie non euclidienne est devenue en Angleterre et aux États-Unis un sujet de plus en plus utilisé dans la formation des enseignants de mathématiques :

> Recent changes in the teaching of Elementary Geometry in England and America have made it more than ever necessary that those who are engaged in the training of the teachers should be able to tell them something of the growth of that science; of the hypothesis on which it is built; more especially of that hypothesis on which rests Euclid's theory of parallels; of the long discussion to which that theory was subjected; and of the final discovery of the logical possibility of the different Non-Euclidean Geometries. These questions, and others associated with them, are treated in an elementary way in the pages of this book. (p. V)

À la demande de Carslaw, Enriques accepte d'écrire l'introduction du livre pour rendre hommage à son ami qui vient de décéder, mais aussi parce que le livre mérite l'intérêt des scientifiques. Enriques explique que le « jeune mathématicien » trouvera dans ce livre un exposé clair d'une théorie devenue désormais « classique », mais aussi une description critique de son développement historique. Enfin, il observe que cet ouvrage « might well serve as a model for a history of science, in respect of its accuracy and its breadth of information, and, above all, the sound philosophic spirit that permeats it. » (p. III) Par rapport à l'édition italienne, l'anglaise contient trois Annexes qui se focalisent sur le 5e postulat d'Euclide et son rôle pour démontrer la cohérence de la géométrie non euclidienne[18].

18. "The non-Euclidean Parallel Construction and other Allied Conditions"; "The Independence of Projective Geometry from Euclid's Postulate"; "The Impossibility of proving

Dans les paragraphes suivants, nous nous concentrerons sur certains sujets clés du livre de Bonola afin de mettre en évidence ses points essentiels en les comparant avec les traités sur les géométries non euclidiennes que nous avons présentés, notamment avec les cours de Fano et Segre.

4.1 Le rôle de l'œuvre de Saccheri

Dans ses cours, Fano et Segre illustrent les travaux des précurseurs de la géométrie non euclidienne, en particulier les ouvrages de Saccheri et de Lambert. Segre défend l'idée que Saccheri a eu une véritable influence sur le développement de la géométrie non euclidienne ; ses arguments s'écartent et parfois s'opposent à ceux d'Engel et Stäckel qui excluent, par exemple, cette possibilité dans leur histoire de la théorie des parallèles. En effet, les remarques de Segre constituent un travail préliminaire d'un article publié par lui-même en 1903 (Segre 1903a) où il argumente que Lambert a probablement lu Saccheri avant de rédiger son ouvrage sur la théorie des parallèles. Segre écrit à la p. 59 de ses *Lezioni* que Lambert connaissait la dissertation de Klügel (Göttingen, 1763) où l'œuvre de Saccheri est analysée en détail. Il est alors possible que Lambert ait lu directement l'*Euclides* de Saccheri. Et à la p. 60, Segre ajoute que Lambert répète ce que Saccheri avait déjà développé, sans rien ajouter de nouveau. Dans une note au bas de la page 60, on peut lire : « Il me semble que Stäckel à la page 144 soutient Lambert de manière excessive quand il compare les deux [mathématiciens : Saccheri et Lambert] »[19]. En ce qui concerne l'influence directe de Saccheri et de Lambert sur Gauss, Segre remarque que Kästner, l'un des professeurs de mathématiques de Gauss, avait encouragé son élève à étudier les travaux sur le postulat des parallèles, y compris la thèse de Klügel. De plus, Gauss a lu le livre de Lehmann (Lehmann 1831) qui mentionne plusieurs fois les textes de Lambert et Saccheri (Stäckel 1899) (Lehmann 1831, p. 427).

Bonola montre une attitude équilibrée envers les œuvres de Saccheri et de Lambert et ne prend pas une position nette. Dans son chapitre consacré aux précurseurs, il mentionne également le travail de Nasîr-Eddin « qui a évidemment inspiré les recherches de Saccheri » (p. 34). Bonola consacre dix-huit pages à l'ouvrage de Saccheri, dans lesquelles il explique en détail son *Euclides*. Bonola remarque : « On ne peut pas préciser l'influence du travail de Saccheri sur les géomètres du XVIIIe siècle : il est toutefois probable que le géomètre suisse Lambert le connaissait. » (p. 38) À ce propos il cite l'article de Segre de 1903, en ajoutant que Lambert mentionne dans sa *Theorie der Parallelinien* un ouvrage de Klügel dans lequel le travail du géomètre italien est « minutieusement analysé ». Ensuite, Bonola analyse le texte de Lambert auquel il consacre environ six pages. Bonola discute le rôle du postulat d'Archimède

Euclid's Postulate" ; cette dernière annexe a été rédigée par l'éditeur de l'ouvrage, H. Scott Carslaw.

19. (Segre 1903b), cit. : "Mi pare che lo Stäckel a p. 144, nel raffronto fra i due, sia favorevole a Lambert più del giusto !"

et du principe de continuité dans certains théorèmes de Saccheri concernant l'hypothèse de l'angle obtus, en mentionnant les résultats de Max Dehn de 1900[20]. Sous cet aspect, il peut donc être considéré comme un représentant des nouvelles recherches sur les fondements de la géométrie inspirées de Hilbert et de son école.

4.2 Les fondateurs

Bonola consacre deux chapitres aux fondateurs des géométries non euclidiennes : le chapitre 3 concernant Gauss et ses correspondants – les astronomes Olbers, Schumacher, Gerling, Taurinus et Bessel – tandis que dans le chapitre 4 Bonola analyse dans le détail les travaux pionniers de J. Bolyai et Lobačevskij. En accord avec le texte d'Engel et Stäckel et le cours de Klein (1893) sur la géométrie non euclidienne, Gauss est donc considéré comme l'un des véritables fondateurs de la géométrie non euclidienne.

En revanche, dans ses *Lezioni* lithographiées, Fano distingue un premier chapitre concernant la théorie des parallèles d'Euclide à Gauss, tandis qu'un deuxième chapitre est consacré à la géométrie non euclidienne « selon Lobačevskij et J. Bolyai ». La correspondance de Gauss avec les astronomes est mentionnée dans le premier chapitre. Fano remarque toutefois : même si les écrits de Gauss montrent que le mathématicien allemand avait une idée assez claire de la possibilité de développer une géométrie non euclidienne et qu'il connaissait certains des résultats qui sont aujourd'hui attribués à Lobačevskij et Bolyai, nous ne savons pas « jusqu'où il est allé sur cette nouvelle voie ».

Dans son cours manuscrit, Segre a une approche similaire : il consacre les quatre premiers chapitres à l'essence de la géométrie et à ses axiomes, à la théorie des parallèles et aux tentatives de démontrer le 5ᵉ postulat d'Euclide en montrant les preuves de Saccheri, Lambert et Legendre. Les travaux de Lobačevskij et J. Bolyai méritent un chapitre à part ayant le titre explicatif « Costituzione definitiva della geom. non euclidea » (Constitution définitive de la géométrie non euclidienne). Segre rédige presque une dizaine de pages introductives aux ouvrages des deux fondateurs de la géométrie non euclidienne où il fait référence à la correspondance de Gauss avec W. Bolyai, Olbers, Sartorius von Waltershausen, Schweikart et Taurinus.

4.3 Le *Saggio* de Beltrami

Une centaine de pages du cours de Fano concernent une analyse détaillée des principaux articles de Beltrami sur la géométrie non euclidienne[21]. L'influence des idées de Beltrami sur la diffusion de la géométrie non euclidienne a été significative et immédiate. Ses articles ont rapidement été traduits en français par Hoüel et publiés dans le 6ᵉ volume des *Annales scientifiques de l'ENS* en 1869. Selon Stillwell, le *Saggio* de Beltrami « a été le premier à proposer une interprétation concrète de la géométrie hyperbolique, en interprétant les lignes

20. (Dehn 1900). Pour l'influence de Dehn sur Bonola, voir (Cerroni 2010, § 3)
21. Une description détaillée de ces travaux est dans le livre (Boi *et al.* 1998, p. 3–23).

droites comme des géodésiques sur une surface à courbure négative constante » (Stillwell 1996, p. 1). Beltrami cherche explicitement un « substrat réel » de la géométrie du plan de Lobačevskij-Bolyai : il démontre qu'elle coïncide avec la géométrie sur une surface à courbure constante négative si on remplace le mot « droite » par le mot « ligne géodésique ». De plus, il montre qu'une région limitée du plan hyperbolique peut se développer sur une surface de rotation de l'espace euclidien ayant une courbure constante négative de type parabolique (appelée pseudosphère), hyperbolique ou elliptique, tandis qu'une représentation analogue en trois dimensions semble être « hors de la géométrie ordinaire » (« *trascendere il dominio dell'ordinaria geometria* ») (Beltrami 1868, p. 305).

Dans ses leçons, Fano développe la première analyse détaillée des œuvres de Beltrami et en fait un traitement devenu classique. Au contraire, dans le cours de Segre, le rôle des mémoires de Beltrami dans le développement de la géométrie non euclidienne est secondaire ; aux yeux de Segre c'est la géométrie projective qui représente le sujet le plus important.

Dans le livre de Bonola, la section consacrée aux travaux de Beltrami est de quelques pages seulement : en effet, Bonola cite la preuve de Hilbert de 1901 (p. 136-137), où le mathématicien allemand démontre que la représentation de Beltrami n'est valable que localement. Dans la suite, Bonola décrit la représentation d'une surface à courbure constante négative dans le « cercle limite » introduit par Beltrami (p. 165-166). Il remarque que cette représentation est liée à la théorie de l'absolu de Cayley que Klein a mise en relation avec les géométries non euclidiennes (Boi *et al.* 1998, p. 21–23). Pour « traduire » les définitions et les propositions du plan (de l'espace) hyperbolique dans celles de l'espace euclidien délimité par un cercle (une sphère), Bonola utilise la notion de « dictionnaire » déjà introduite par Poincaré dans *La Science et l'Hypothèse* (1902) sans le citer.

4.4 La géométrie non euclidienne est non contradictoire

Hoüel a été le premier mathématicien à se rendre compte – avant Beltrami lui-même – que la non-démontrabilité du postulat des parallèles découle des travaux de Beltrami. Hoüel l'a énoncé dans une note publiée en 1870 (Hoüel 1870) avec une preuve qui malheureusement n'est pas assez satisfaisante[22]. Dans une lettre à Hoüel du 2 janvier 1870, Beltrami soutient l'argument de Hoüel selon lequel la non-démontrabilité du 5e postulat peut se déduire de son *Essai* : « Votre avis sur l'impossibilité de démontrer planimétriquement l'axiome XI [le 5e postulat], en tant qu'il peut découler de mon *Saggio*, est aussi le mien. » (Boi *et al.* 1998, p. 114)

Selon Scanlan, “his interest [de Beltrami] seems to be in showing that BL geometry describes some actual (which we understand to mean euclidean) geometric objects, rather than in proving any general logical results about

22. (Voelke 2005), en particulier le chapitre 9 ; voir aussi l'Introduction au livre (Henry & Nabonnand 2017).

the theory" (Scanlan 1988, p. 26). L'argument de Scanlan est corroboré par les nombreuses tentatives de Beltrami de construire une pseudosphère en carton (Boi *et al.* 1998, p. 80).

En 1872, le Belge Joseph De Tilly produit une preuve rigoureuse dans laquelle il met en évidence pour la première fois le lien entre la non-contradiction de la géométrie non euclidienne et la non-démontrabilité du postulat parallèle. De Tilly écrit :

> C'est en vertu d'une interprétation semblable que nous ne conservons aucun doute sur l'impossibilité de démontrer le *postulatum* par la Géométrie plane, MM. Beltrami et Hoüel ayant fait voir qu'à toute contradiction dans la Géométrie imaginaire du plan en correspondrait une autre dans la Géométrie réelle des pseudosphères. (De Tilly 1872, p. 133–134)[23]

Le fait que la géométrie non euclidienne est non contradictoire est mentionné dans les *Lezioni* de Fano :

> La géométrie du plan non euclidien de Lobatscheffsky-Bolyai coïncide avec la géométrie d'une surface à courbure constante négative, où le mot droite est remplacé par ligne géodésique [...] Cette même interprétation a également levé le dernier doute sur l'impossibilité de démontrer le 5e postulat d'Euclide, en le déduisant des autres postulats concernant la ligne droite et le plan ; puisque ces derniers sont également vérifiés pour une surface à courbure négative constante et pour les lignes géodésiques tracées sur cette surface, et que le 5e postulat par contre n'y est plus vérifié. (Fano 1898, p. 109)

Ainsi, selon Fano, le modèle de Beltrami est essentiel à la fois pour une question pratique – il permet de visualiser le plan hyperbolique sur une surface euclidienne – et pour la preuve de la non-démontrabilité du postulat des parallèles. Néanmoins, cette déduction apparaît dans ses *Lezioni* comme une conséquence évidente du modèle de Beltrami, alors qu'elle n'est ni intuitive ni immédiate.

Dans son cours manuscrit, Segre discute la non-démontrabilité du postulat d'Euclide d'un point de vue différent. En fait, il considère un espace analytique doté d'une géométrie projective ; il définit ensuite une bijection entre cet espace analytique et l'espace géométrique ; enfin, en introduisant des « modèles projectifs » ou « modèles de Klein », il prouve que les géométries non euclidiennes (hyperbolique et elliptique) sont aussi logiquement possibles que la géométrie euclidienne, c'est-à-dire qu'elles ne sont pas contradictoires (p. 202).

Dans son livre de 1906, Bonola fait les mêmes remarques que Fano à propos de la démontrabilité du 5e postulat. « Cependant – écrit Bonola –

23. Voir (Voelke 2005, chap. 9)

puisque la comparaison entre le plan hyperbolique et les surfaces à courbure négative subsiste, comme nous l'avons dit, seulement pour *des régions limitées*, il est donc possible que le postulat euclidien puisse se démontrer dans le *plan complet.* » (p. 170-171) Pour « éliminer tout doute », Bonola montre une preuve « géométriquement brillante » déduite de la métrique projective de Cayley. Encore une fois la géométrie projective constitue sa théorie préférée pour traiter la géométrie non euclidienne. Dans l'édition anglaise du livre, Carslaw consacre l'Annexe V à cette question et décrit une démonstration élémentaire de l'impossibilité de démontrer le 5e postulat d'Euclide basée sur des propriétés du système de cercles orthogonal à un cercle fixé (Bonola 1912, p. 238–264).

Pour conclure, nous remarquons qu'en Italie l'intérêt pour la géométrie non euclidienne est dû principalement aux travaux de Beltrami. Cependant l'idée d'enseigner la nouvelle géométrie dans des cours universitaires, et spécialement dans les *Scuole di Magistero*, vient de l'Allemagne, notamment de Klein qui influence plusieurs jeunes mathématiciens italiens pendant leur période d'études dans son université (§ 2, 3). En particulier, Segre et Fano, qui suivent aussi les idées de Klein, rédigent leurs cours sur les géométries non euclidiennes, tandis qu'Enriques et Castelnuovo commencent à s'intéresser aux géométries non euclidiennes à partir de la fin des années 1890 (§ 3).

L'intérêt de Bonola pour la géométrie non euclidienne et les fondements de la géométrie mûrit grâce à ses relations directes avec Enriques – d'abord en tant qu'étudiant et plus tard en tant qu'assistant – et c'est très probablement Enriques qui met Bonola en relation avec Segre. Cependant, même s'il montre des traces évidentes qui nous renvoient aux livres et aux idées de ses maîtres, le livre de Bonola contient plusieurs éléments originaux qui complètent la tradition italienne, représentée principalement par les travaux de Beltrami, Enriques, Fano, Segre, avec la tradition allemande développée dans les ouvrages de Klein et d'autres mathématiciens et historiens allemands. Ce traité prend également en compte des études récentes sur les fondements de la géométrie, tel que nous l'avons évoqué dans l'article (§ 4).

L'approche de Bonola de la géométrie non euclidienne est considérée comme classique et son livre représente encore aujourd'hui une pierre angulaire pour l'apprentissage et l'enseignement de la géométrie non euclidienne et de son histoire.

Bibliographie

Amaldi, U. (1911). Roberto Bonola, 14 novembre 1874–16 maggio 1911. *Bollettino della Mathesis*, (3), 145–152.

Baltzer, R. (1867). *Die Elemente der Mathematik.* Leipzig : Hirzel, 2e éd. Trad. ital. par L. Cremona : *Elementi di matematica del D.r Riccardo Baltzer*, Tip. Sordo-muti, Genova, 1865-1868.

Beltrami, E. (1868). Saggio di interpretazione della geometria non-euclidea. *Giornale di Matematiche*, 6, 284–322. Traduit de l'italien par J. Houël, Essai d'interprétation de la géométrie non euclidienne, *Annales scientifiques de l'École normale supérieure* 1869, 6, 251–288.

Beltrami, E. (1889). Un precursore italiano di Legendre e di Lobatschewsky. *Rendiconti dell'Accademia dei Lincei*, 5, 441–448.

Boi, L., Giacardi, L. & Tazzioli, R. (1998). *La Découverte de la géométrie non euclidienne sur la pseudosphère. Les lettres d'Eugenio Beltrami à Jules Hoüel (1868-1881).* Paris : Albert Blanchard.

Bonola, R. (1899). Bibliografia sui Fondamenti della Geometria, in relazione alla Geometria Non-Euclidea (Introduzione ; Lavori d'indole bibliografica ; Indirizzo elementare ; Indirizzo metrico-differenziale ; Indirizzo gruppale ; Distanza finita ; Indirizzo proiettivo). *Bollettino di bibliografia e storia delle scienze matematiche*, 1–10 ; 33–40 ; 81–88.

Bonola, R. (1900). Bibliografia sui Fondamenti della Geometria, in relazione alla Geometria Non-Euclidea (Indirizzo vettoriale ; Scritti storici, critici e filosofici). *Bollettino di bibliografia e storia delle scienze matematiche*, 2–3 ; 33–41.

Bonola, R. (1900a). Sulla teoria delle parallele e sulle Geometrie non-euclidee, in (Enriques 1900, p. 143-222).

Bonola, R. (1902). Bibliografia sui Fondamenti della Geometria, in relazione alla Geometria Non-Euclidea (Pubblicazioni che si riferiscono alla meccanica ed alla fisica matematica ; Aggiunte). *Bollettino di bibliografia e storia delle scienze matematiche*, 65–71.

Bonola, R. (1906). *La geometria non euclidea. Esposizione storico critica del suo sviluppo.* Bologna : Zanichelli.

Bonola, R. (1912). *Non-Euclidean Geometry. A critical and historical study of its development with additional appendices.* Chicago : The Open Court Publishing Company.

Bonola, R. (1919). *Die nichteuklidische Geometrie : Historisch-kritische Darstellung ihrer Entwicklung.* Leipzig : Teubner, 2e éd. Éd. par H. Liebmann.

Bottazzini, U., Conte, A. & Gario, P. (1996). *Riposte Armonie Lettere di Federigo Enriques a Guido Castelnuovo.* Turin : Bollati Boringhieri.

Brigaglia, A. (2010). Saccheri vu par Corrado Segre en Italie et par Mansion et Bosmans en Belgique. *Bulletin de la Classe des Sciences*, 21(s. 6), 83–104.

Brigaglia, A. & Ciliberto, C. (1995). *Italian Algebraic Geometry between the Two World Wars*. Kingston : Queen's University.

Cerroni, C. (2010). Some models of geometries after Hilbert's Grundlagen. *Rendiconti di matematica*, 30(s. 7), 47–66, § 3.

De Paolis, R. (1884). *Elementi di geometria*. Turin : Loescher.

De Risi, V. (éd.) (2014). *Euclid Vindicated from Every Blemish*. Cham : Birkhäuser.

De Tilly, J. M. (1872). Compte rendu des *Études analytiques sur la théorie des parallèles* de Flye Sainte-Marie. *Bulletin des sciences mathématiques et astronomiques*, 3, 131–138.

Dehn, M. (1900). Die Legendre'schen Sätze über die Winkelsumme im Dreieck. *Mathematische Annalen*, 53(s. 3), 404–439, doi :10.1007/BF01448980.

Engel, F. & Stäckel, P. (1895). *Die Theorie der Parallellinien von Euklid bis auf Gauss ; eine Urkundensammlung zur Vorgeschichte der Nichteuklidische Geometrie*. Leipzig : Teubner.

Enriques, F. (1894-1895). *Conferenze di geometria tenute nella R. Università di Bologna. Fondamenti di una geometria iperspaziale*. Bologne : Lithographie.

Enriques, F. (1900). *Questioni riguardanti la geometria elementare*. Bologne : Zanichelli.

Enriques, F. (1918). *Conferenze sulla geometria non-euclidea*. Bologne : Zanichelli.

Enriques, F. (1923). (Critique de) F. Klein : *Gesammelte mathematische Abhandlungen*, zweiter Band. *Periodico di matematiche*, 3(s. 4), 55.

Fano, G. (1894). Sull'insegnamento della matematica nelle Università tedesche e in particolare nell'Università di Gottinga. *Rivista di matematica*, 4, 170–187.

Fano, G. (1898). *Lezioni di geometria non euclidea*. Rome : Luigi Cippitelli.

Fano, G. (1935). *Geometria non euclidea. Introduzione geometrica alla teoria della relatività*. Bologne : Zanichelli.

Fricke, R. & Klein, F. (1900-1912). *Vorlesungen über die Theorie der automorphen Funktionen*, t. II. Leipzig : Teubner.

Fubini, G. (1908). *Introduzione alla teoria dei gruppi discontinui e delle funzioni automorfe.* Pise : E. Spoerri.

Furinghetti, F. & Giacardi, L. (2012). Secondary school mathematics teachers and their training in pre- and post-unity Italy (1810–1920). *ZDM*, 44(4), 537–550, doi :10.1007/s11858-012-0396-z.

Gario, P. (2006). I corsi di Guido Castelnuovo per la formazione degli insegnanti. In L. Giacardi (éd.) *Da Casati a Gentile. Momenti di storia dell'insegnamento secondario della matematica in Italia*, La Spezia : Agorà, 239–268.

Giacardi, L. (2001). The Corrado Segre Archive. *Historia Mathematica*, 28, 296–301.

Giacardi, L. (2003). Educare alla scoperta. Le lezioni di Corrado Segre alla Scuola di Magistero. *Bollettino dell'Unione Matematica Italiana*, VI-A, 141–164.

Giacardi, L. (2013). The Italian school of algebraic geometry and the teaching of mathematics in secondary schools : Motivations, assumptions and strategies. *Rendiconti del seminario matematico. Università e Politecnico di Torino*, 71(3–4), 421–461.

Hawkins, T. (1994). Lie Groups and geometry : the Italian Connections. *Rendiconti del Circolo matematico di Palermo*, 36(Suppl. 2), 185–206.

Henry, P. & Nabonnand, P. (2017). *Conversations avec Jules Houël. Regards sur la géométrie non euclidienne et l'analyse infinitésimale vers 1875*, t. 4. Cham : Birkhäuser.

Hilbert, D. (1901). Über Flächen von Constanter Gaussschen Krümmung. *Transactions of the American Mathematical Society*, 2, 86–99.

Hoüel, J. (1870). Note sur l'impossibilité de démontrer par une construction plane le principe des parallèles, dit Postulatum d'Euclide. *Nouvelles Annales de mathématiques : journal des candidats aux écoles polytechnique et normale*, 9(2e série), 93–96. URL www.numdam.org/item/NAM_1870_2_9__93_1/.

Klein, F. (1871). Über die so-gennante nicht-Euklidische Geometrie. *Mathematische Annalen*, 4, 573–625.

Klein, F. (1873). Über die so-gennante nicht-Euklidische Geometrie. Zweiter Aufsatz. *Mathematische Annalen*, 7, 112–145.

Klein, F. (1928). *Vorlesungen über nichteuklidische Geometrie.* Berlin : Springer.

Lehmann, J. W. H. (1831). *Anfangsgründe der hoheren Mechanik, nach der antiken rein geometrischen Methode bearbeitet.* Berlin : Reimer.

Luciano, E. & Roero, C. S. (2012). From Turin to Gottingen : Dialogues and Correspondence (1879-1923), *Bollettino di Storia delle Scienze Matematiche*, 32(1), 7–232.

Nabonnand, P. (1997). Lie, critique des travaux de Riemann et Helmholtz. hal-01086145. URL {https://hal.archives-ouvertes.fr/hal-01086145}.

Rowe, D. E. (1985). Felix Klein's "Erlanger Antrittsrede" : A transcription with English translation and commentary. *Historia Mathematica*, 12, 123–141.

Scanlan, J. M. (1988). Beltrami's model and the independence of the parallel postulate. *History and Philosophy of Logic*, 9(1), 13–34, doi :10.1080/01445348808837122.

Schubring, G. (1989). Pure and applied mathematics in divergent institutional settings in Germany : The role and impact of Felix Klein. In D. Rowe & J. McCleary (éd.) *The History of Modern Mathematics*, t. II, Londres : Academic Press, 170–220, doi :10.1016/B978-0-08-092546-2.50013-5.

Segre, C. (1903a). Congetture intorno all'influenza di Girolamo Saccheri sulla formazione della geometria non-Euclidea. *Atti della R. Acc. Scienze Torino*, 38, 535–547. *Opere*, 4, 444–455.

Segre, C. (1903b). Lezioni di geometria non euclidea. Manuscrit conservé à la Bibliothèque du Département de mathématiques à Turin. URL http://www.corradosegre.unito.it/Quaderni/Quad16/1_16.php.

Stäckel, P. (1899). Franz Adolph Taurinus : ein Beitrag zur Vorgeschichte der nichteuklidischen Geometrie. *Zitschrift für Mathematik und Physik*, Supplement, 14, 401–427.

Stillwell, J. (1996). *Sources of Hyperbolic Geometry.* AMS ; LMS.

Veronese, G. (1891). *Fondamenti di geometria a più dimensioni e a più specie di unità rettilinee esposti in forma elementare*, Padoue : Tipografia del Seminario, chap. Studio storico e critico dei principii della geometria. 565–608.

Voelke, J.-D. (2005). *Renaissance de la géométrie non euclidienne entre 1860 et 1900.* Bern : Peter Lang.

Volkert, K. (2013). *Das Undenkbare denken. Die Rezeption der nichteuklidischen Geometrie im deutschsprachigen Raum (1860-1900).* Berlin : Springer Spektrum.

Livia Giacardi
Università di Torino
livia.giacardi@unito.it

Rossana Tazzioli
Université de Lille
rossana.tazzioli@univ-lille.fr

La terminologie « théorème de d'Alembert » et les *Nouvelles Annales de mathématiques*

Christian Gilain

1 Introduction

Nous nous proposons d'étudier un épisode de l'histoire du théorème qui établit que tout polynôme à coefficients complexes admet au moins une racine complexe. Ce théorème, qui peut être énoncé sous plusieurs formes équivalentes[1] et a fait l'objet de très nombreuses démonstrations[2], est souvent appelé « théorème fondamental de l'algèbre » (ce que l'on abrègera en TFA). Cependant, en France il est plutôt dénommé « théorème de d'Alembert » ou « théorème de d'Alembert-Gauss[3] ».

D'Alembert, qui a publié le premier, en 1748, une démonstration cohérente, bien que lacunaire, du théorème, le qualifie de « proposition fondamentale de l'algèbre » dans son article Équation de l'*Encyclopédie* (t. V, 1755)[4]. Gauss, dans son mémoire de 1799 où il présente sa première démonstration du théorème, le considère comme le théorème fondamental de la théorie des équations. Cependant, chez ces deux mathématiciens, il ne s'agit pas d'un nom donné à ce théorème pour l'identifier univoquement dans leurs divers écrits. Au cours du XIXe siècle, la désignation du théorème a beaucoup varié selon les auteurs[5] : énoncé par la propriété correspondante sous une forme

1. Voir, par exemple, (d'Alembert 2007, Introduction, § IV).
2. Pour la période allant jusqu'au début du XXe siècle, voir (Le Vavasseur 1907).
3. La dénomination la plus courante dans les traités de mathématiques français est « théorème de d'Alembert », voir (Olivier 2005).
4. Il s'agit alors de polynômes à coefficients réels ; d'Alembert a étendu le résultat à tous les polynômes à coefficients complexes en 1769.
5. Voir les titres des 80 publications sur le sujet figurant dans (Loria 1891, p. 107–112).

P.-E. Bour, M. Rebuschi & L. Rollet (eds.), *Sciences, Circulations, Révolutions, 371–382.*

ou une autre[6], principe ou théorème fondamental de la théorie des équations algébriques, théorème fondamental de l'algèbre, etc.

La désignation « théorème de d'Alembert » apparaît dans un traité d'algèbre publié par Hermann Laurent en 1867[7]. Il faudra cependant attendre une vingtaine d'années pour que cette nouvelle dénomination s'impose dans le milieu mathématique français et l'on se propose ici de montrer en particulier le rôle important joué par les *Nouvelles Annales de mathématiques* dans ce processus.

2 L'apparition de la dénomination « théorème de d'Alembert »

On peut recenser 13 mémoires sur le TFA publiés dans les *NAM*[8], du premier en 1768 au dernier en 1919 ; on en trouvera la liste dans la partie A de la bibliographie[9]. Comme nous l'avons indiqué, nous nous intéressons ici à la question de la dénomination du TFA et non au contenu mathématique détaillé des mémoires considérés ; il sera cependant parfois utile de préciser le type de démonstration choisi par l'auteur.

La première étape intéressante pour notre propos est constituée par le mémoire de William Walton en 1871 [M2]. Alors que dans le premier mémoire considéré, Abel Transon[10] utilise l'expression « principe fondamental de la théorie des équations algébriques » [M1, p. 105], le TFA est ici dénommé par un nom de mathématicien : « théorème de Cauchy ». Cependant, cette publication dans les *NAM* est la traduction française d'un mémoire, paru dans un périodique anglais, dont ni le titre (« A demonstration that every equation has a root »), ni le corps du texte ne comporte cette dénomination. Il est raisonnable de penser qu'il s'agit d'une intervention de la rédaction des *NAM* pour qualifier ainsi le TFA par un nom de mathématicien. Le choix du nom peut correspondre au fait que la démonstration donnée par Walton est du type de la première démonstration publiée par Cauchy vers 1820, version analytique de celle d'Argand de 1814 (voir Gilain 1997, p. 57–58).

6. Par exemple, chez Gauss, on trouve, pour les titres de ses deux premières démonstrations, la version réelle : théorème selon lequel toute fonction algébrique entière, à une variable, peut se résoudre en facteurs réels du premier ou du second degré.

7. La question de savoir s'il s'agit de la première fois a rarement de réponse certaine en histoire, on peut seulement dire que nous ne connaissons pas d'occurrence antérieure. (Certes, on trouve l'expression « théorème de d'Alembert » dans le mémoire (Dubourguet 1813-1814) publié dans les *Annales de mathématiques* de Gergonne, mais il ne s'agit pas alors du TFA mais de la stabilité des nombres complexes dans les opérations algébriques ou transcendantes élémentaires *explicites*.)

8. Pour alléger la rédaction, nous utiliserons souvent cet acronyme pour *Nouvelles Annales de mathématiques*. Sur l'histoire de cette revue, publiée de 1842 à 1927, voir les articles de Philippe Nabonnand et Laurent Rollet (Nabonnand & Rollet 2011, Rollet & Nabonnand 2013).

9. Nous utiliserons la numérotation des mémoires de cette liste [M1 à M13] pour raccourcir les références bibliographiques.

10. A. Transon, ancien élève de l'École polytechnique est ingénieur des Mines.

Cependant, ce choix apparaît étonnant eu égard à la publication antérieure, en 1867, du *Traité d'algèbre à l'usage des candidats aux écoles du gouvernement* où Hermann Laurent[11] introduisait la terminologie « théorème de d'Alembert » pour désigner le TFA, et récusait son attribution à Cauchy (Laurent 1867, p. 365). Pour justifier son choix, il cite dans son traité le mémoire de Gauss de 1799 où celui-ci écrit : « Prima theorematis demonstratio illustri geometrae d'Alembert debetur [...][12] » (Laurent 1867). La priorité chronologique de d'Alembert l'emporte d'autant plus que Laurent n'indique pas les critiques faites par Gauss sur les démonstrations antérieures et ajoute que celui-ci « propose la sienne, qui, extrêmement remarquable en elle-même, prête cependant à des objections sérieuses sur la continuité des fonctions » (Laurent 1867, p. 366). Laurent donne alors une démonstration du théorème qui est du type Argand-Cauchy[13].

La deuxième étape, essentielle, est la publication en 1883 du mémoire M3 où Félix Walecki[14] utilise la dénomination « théorème de d'Alembert ». La démonstration[15] qu'il donne dans son mémoire des *NAM* est le développement d'une démonstration du TFA qu'il a publiée auparavant dans une note aux *Comptes rendus de l'Académie des sciences* (Walecki 1883). Cependant, dans cette note le théorème était, classiquement, dénommé « théorème fondamental de la théorie des équations algébriques ». L'introduction d'un nom de mathématicien pour dénommer le théorème semble donc liée au lieu de publication - les *NAM*, revue à vocation didactique pour les élèves de mathématiques spéciales et leurs professeurs – comme cela s'était déjà manifesté avec le mémoire M2[16].

La question se pose de la motivation de Walecki pour introduire ici le nom de d'Alembert alors qu'il ne fait pas référence au traité de H. Laurent. Dans les

11. H. Laurent, est alors répétiteur d'analyse à l'École polytechnique dont il est ancien élève.

12. « La première démonstration du théorème est due à l'illustre géomètre d'Alembert [...] ».

13. Comme il l'annonce dans sa préface, on constate que Laurent n'hésite pas ici à aller au-delà du programme officiel des « connaissances exigées pour l'entrée aux écoles du gouvernement », ce qui concerne la classe de mathématiques spéciales. Sur le programme de cette classe et son évolution, voir *infra* notes 22 et 34.

14. F. Walecki, ancien élève de l'École normale supérieure est alors professeur de mathématiques spéciales au lycée Condorcet à Paris, voir (Brasseur 2019). (La plupart des éléments biographiques que l'on donne ici sur les professeurs de mathématiques spéciales proviennent de ce dictionnaire.)

15. Il s'agit d'une démonstration algébrique, utilisant la théorie de l'élimination. Sur la distinction entre les démonstrations du TFA de type algébrique et celles de type analytique, voir notamment (Gilain 1991). En fait, toute démonstration du TFA comporte un résidu non algébrique.

16. C'était aussi le cas pour le traité de Laurent. Notons également que, dès 1883, Gaston Gohierre de Longchamps présente la démonstration de Walecki dans le *Journal de mathématiques spéciales* (Gohierre de Longchamps 1883), dont il est codirecteur, d'après la seule note aux *Comptes rendus* de mars et en utilisant l'expression « théorème de d'Alembert », sans cependant la justifier. Il reprendra cette terminologie dans son cours d'algèbre de mathématiques spéciales qui paraît la même année.

commentaires historiques qu'il donne à la fin de son mémoire [M3, p. 246–248], il souligne la proximité de sa démonstration avec celle de Foncenex (1759) qu'il attribue à Lagrange. Il choisit d'ailleurs comme référence historique les notes IX et X de Lagrange dans son *Traité de la résolution des équations numériques*. Or, dans la note IX, Lagrange affirme que « D'Alembert est le premier qui ait envisagé cette question d'une manière générale » (Lagrange 1808, p. 209) ; s'il affirme que la démonstration de l'encyclopédiste est « incomplète », il considère que l'on peut « sur les mêmes principes, fonder une démonstration plus rigoureuse » (Lagrange 1808, p. 216–217). Ainsi, on peut penser que c'est ce texte de Lagrange, où d'Alembert apparaît comme le premier à avoir publié une démonstration sérieuse du théorème, qui a donné l'idée à Walecki de choisir l'encyclopédiste pour la dénomination du TFA par un nom de mathématicien. Il reste que, si l'on s'en tient à l'historique du théorème donné par Walecki qui signale les quatre démonstrations publiées par Gauss au début du XIXe siècle et reprend le terme d'« illusoires » formulé par celui-ci pour qualifier celles de ses prédécesseurs[17], le mathématicien allemand aurait pu apparaître à ses yeux comme un aussi bon, voire un meilleur, candidat à la dénomination du TFA. Un élément supplémentaire, de nature politique, est peut-être intervenu dans ce choix : Walecki étant originaire de Metz, ville sous occupation allemande depuis la guerre franco-prussienne de 1870-1871[18], il est possible qu'il ait été alors peu enclin à introduire Gauss dans la dénomination du TFA.

3 La diffusion de la nouvelle dénomination du TFA dans le milieu mathématique français

Cette terminologie de « théorème de d'Alembert » pour désigner le TFA va se propager rapidement dans le milieu des mathématiciens français[19]. Sur les 9 auteurs des 10 mémoires consacrés au TFA publiés dans les *NAM* après celui de Walecki [M4 à M13], 7 adoptent la terminologie « théorème de d'Alembert ». Mais, avant de regarder ces textes qui paraissent à partir de 1890 dans les *NAM*, il faut considérer quelques autres publications des années 1880 qui ont aussi joué un rôle important pour la diffusion de la nouvelle terminologie.

Charles Brisse publie en 1886 un mémoire sur le théorème de d'Alembert dans un autre cadre, le *Journal de l'École polytechnique*. L'auteur est professeur de mathématiques spéciales au lycée Condorcet, comme Walecki, et aussi répétiteur adjoint de géométrie descriptive à l'École polytechnique dont il est ancien élève. Outre la reprise de la dénomination du théorème, Brisse en présente une démonstration de type algébrique qui ressemble à celle de Walecki

17. Ce qualificatif ne convient pas à la démonstration de d'Alembert (voir d'Alembert 2007, Introduction, § IV).

18. Lors de cette guerre, Walecki s'est engagé dans le 2e bataillon des francs-tireurs de Paris de septembre 1870 à mars 1871.

19. Par-delà Walecki, il est possible que le contexte politique rappelé précédemment ait joué un rôle dans cette diffusion rapide.

dont, curieusement, il ne cite pas le mémoire paru pourtant dans les *NAM* alors qu'il en est corédacteur.

La contribution de Charles-Ange Laisant, en deux temps (1887 et 1889), est aussi intéressante[20]. Dans le titre de sa première publication, dans le *Bulletin de la SMF*, le théorème est qualifié de « théorème fondamental de la théorie des équations » (Laisant 1887, p. 42)[21]. Pour justifier son intervention sur le sujet, Laisant indique que le théorème a été démontré par Cauchy mais que sa démonstration « prête à certaines objections » et que « M. Walecki en a donné une démonstration irréprochable [...] mais assez compliquée » (Laisant 1887, p. 42). Déplorant que cette situation ait conduit à admettre ce théorème sans démonstration dans le programme de mathématiques spéciales, il se propose de montrer qu'il est possible d'en donner une démonstration simple et « pour ainsi dire intuitive » (Laisant 1887, p. 42).

La seconde publication de Laisant, intitulée cette fois-ci « Sur le théorème de d'Alembert », est explicitement un développement de la première, où sont précisés les éléments de la démonstration ainsi que les motivations de l'auteur. Apparaît ainsi, de façon encore plus claire, la visée didactique de Laisant relativement au programme de la classe de mathématiques spéciales, ce que concrétise le choix de publier son texte dans le *Journal de mathématiques spéciales*. Il souligne la lacune que représente le fait que, d'après le programme, ce théorème doit être admis[22] alors que « le théorème de D'Alembert prend place dès le début de la théorie des équations [et] exprime une vérité qui est loin d'être évidente par elle-même » (Laisant 1889, p. 78). « Passer sous silence la démonstration, ajoute-t-il, c'est donc jeter le doute dans l'esprit des élèves ; j'en ai vu me demander pourquoi l'on n'admettait pas au même titre le théorème de Rolle, ou celui de Sturm. » Il souligne que « la seule cause qui puisse justifier cette lacune, c'est l'absence de rigueur, ou l'absence de simplicité des démonstrations » (Laisant 1889, p. 78). Comme en 1887, il illustre ce double écueil du manque de *rigueur* et du manque de *simplicité* pour le TFA par les exemples de Cauchy et de Walecki, respectivement. Pour Laisant, la démonstration qu'il propose évite ces écueils et devrait être « accessible aux élèves de force moyenne » (Laisant 1889, p. 78)[23].

20. Laisant a eu une carrière multiple : enseignant à l'École polytechnique dont il était ancien élève, homme politique et corédacteur des *NAM* de 1896 à 1920 (voir Auvinet 2013).

21. Cependant, il s'agit du résumé de sa communication lors de la séance de la Société mathématique de France du 2 février 1887, dont le procès-verbal indique qu'elle portait « Sur le théorème de d'Alembert » (*Bulletin SMF*, t. 15, p. 184).

22. Dans l'arrêté du 26 janvier 1853 fixant le programme de la classe de mathématiques spéciales, il était précisé que le théorème selon lequel une équation algébrique à coefficients réels ou imaginaires a une racine réelle ou imaginaire devait être admis sans démonstration (Belhoste 1995, p. 305) ; la circulaire du 15 novembre 1854 contenant les instructions pour la mise en application du programme redonne explicitement cette consigne (Belhoste 1995, p. 366).

23. Il s'agit d'une démonstration utilisant les fonctions de variable complexe et leur continuité, employant largement le langage géométrique.

Le Répertoire bibliographique des sciences mathématiques

On voit ainsi que, dès la seconde moitié des années 1880, commence à s'affirmer l'usage de la dénomination « théorème de d'Alembert » dans le milieu mathématique français. Cependant, dans cette période, un autre évènement important va à la fois exprimer clairement cette tendance et la renforcer : le projet de Répertoire bibliographique des sciences mathématiques. Lancé officiellement par la Société mathématique de France en 1885, ce projet vise à construire un outil de travail bibliographique permettant aux mathématiciens de faire face à l'énorme accroissement des publications mathématiques au XIXe siècle[24]. C'est Henri Poincaré qui dirige ce projet international.

Une étape importante de cette entreprise est la tenue, en 1889 à Paris, du Congrès international de bibliographie des sciences mathématiques, congrès dont le comité d'organisation comprend notamment C. Brisse. Dès ce moment est publiée une classification détaillée des mathématiques pour les textes qui devront figurer dans le Répertoire bibliographique (Congrès 1889, p. 8 *sq.*)[25]. Dans cette classification, on trouve, dans le cadre de la théorie des équations, la sous-section « *A3a* $\propto$ » qui comprend : « Théorème de d'Alembert ; décomposition des polynômes en produit de facteurs linéaires ». Le TFA apparaît donc dès le début de cette entreprise avec la dénomination « théorème de d'Alembert » ; la place et l'intitulé de ce théorème ne changeront pas dans les diverses éditions de l'*Index du Répertoire*. La terminologie « théorème de d'Alembert » est ainsi introduite officiellement dans le cadre des publications de recherche sur la théorie des équations.

Le Répertoire se présente sous la forme de fiches comprenant chacune une dizaine de références sur un thème de la classification. La première série de 100 fiches paraît en 1894 et comprend la fiche n° 4 consacrée à la sous-section « *A3a* $\propto$ », c'est-à-dire au théorème de d'Alembert. Cependant, sur les 9 références de cette fiche, classées par ordre alphabétique d'auteurs, seul le mémoire de Brisse (Brisse 1886) utilise la terminologie de l'*Index* dans le titre (si Laisant y figure, c'est pour son mémoire de 1887 et non pour celui de 1889). Trois autres fiches seront consacrées à la sous-section « *A3a* $\propto$ », en 1896, 1906 et 1912 et c'est seulement dans cette dernière que l'on trouve la référence à Walecki et encore seulement à sa note aux *Compte rendus* de 1883 dont le titre est différent[26].

---

24. Sur l'histoire de ce répertoire, voir (Rollet & Nabonnand 2002).

25. Une Commission permanente du Répertoire, présidée par Poincaré, est mise en place par le Congrès ; elle va s'étoffer et comprendre des représentants de 14 pays dont Laisant pour la France (Répertoire bibliographique des sciences mathématiques 1893, p. ix).

26. On peut s'interroger sur le rôle de Brisse, corédacteur des *NAM* de 1872 à 1895 et membre du comité d'organisation du congrès de Paris de 1889, à la fois dans l'adoption officielle de la dénomination « théorème de d'Alembert » dans le Répertoire et dans cette mise à l'écart du mémoire de Walecki que, déjà, il n'avait pas cité dans le sien... Mais nous ne connaissons pas de sources permettant de documenter une réponse à cette double interrogation.

4 Les *Nouvelles Annales* (suite)

Dans les *NAM*, on l'a dit précédemment, la plupart des mémoires publiés sur le TFA, après celui de Walecki, choisissent la dénomination de « théorème de d'Alembert ». C'est le cas d'Édouard Amigues[27] en 1890 [M4]. Cependant, dans sa note aux *Comptes rendus de l'Académie des sciences* de 1891, celui-ci choisit la dénomination de « théorème fondamental de la théorie des équations[28] ». En revanche, dans ses *Leçons d'algèbre à l'usage des élèves de la classe de mathématiques spéciales* de 1890, Amigues consacre un chapitre au « théorème de d'Alembert[29] ». Cela confirme le rôle souvent joué par le contexte didactique, dans l'usage de la dénomination du théorème par un nom de mathématicien.

Emmanuel Carvallo[30], qui publie dans le volume suivant des *NAM*, en 1891, un court article [M5] visant à simplifier la démonstration d'Amigues sur un point, est un des rares auteurs à ne pas reprendre la dénomination de théorème de d'Alembert.

Les deux mémoires qui suivent, d'Édouard Jablonski en 1893 [M6] [31] et de Victor Jamet en 1895 [M7][32] reviennent à la dénomination « théorème de d'Alembert », avec des démonstrations utilisant la théorie des fonctions de variable complexe. Dans la table des matières de ces deux volumes leurs mémoires sont rangés selon la classification du Congrès de Bibliographie mathématique de 1889, avec l'indication « *A3a* $\propto$ ». Cette présentation de la table des matières, qui a été mise en place par les *NAM* à partir du volume de 1892, correspond à l'un des vœux adoptés à la réunion de Paris (Congrès 1889, p. 7). V. Jamet commence son mémoire en témoignant de la curiosité des bons élèves pour la question, qui lui a été posée dans sa classe : « Pourquoi toute équation algébrique a-t-elle une racine ? » ; il déplore qu'il ne soit pas possible de leur donner en réponse « une de ces démonstrations qui s'imposent à l'esprit par la simplicité du calcul et la clarté de la méthode » [M7, p. 437]. On constate, une fois de plus, la motivation didactique de nombre de professeurs de classes préparatoires dans leur publication de démonstrations du TFA, alors qu'une telle démonstration n'est pas alors au programme officiel.

27. Ancien élève de l'École normale supérieure, Amigues est alors professeur de mathématiques spéciales au lycée de Marseille.

28. La démonstration de sa note est un développement de celle des *NAM* ; elle se situe dans la lignée de la démonstration de Cauchy de 1820, version analytique de celle d'Argand.

29. Il suit alors la démonstration algébrique de Walecki. Sur les démonstrations d'Amigues, voir (Dhombres & Alvarez 2013, p. 350–351).

30. Ancien élève de Polytechnique et docteur ès sciences, il est alors examinateur d'admission à l'École.

31. É. Jablonski est alors professeur au lycée Charlemagne, s'occupant de la préparation à l'École centrale.

32. V. Jamet, ancien élève de l'École normale supérieure et docteur ès sciences, est alors professeur de mathématiques supérieures au lycée de Marseille.

Le mémoire suivant sur le TFA est dû à S. Stamatiadis[33] et la démonstration utilise aussi la théorie des fonctions de variable complexe. L'auteur ne donne pas de nom au théorème. Cependant, en tête du mémoire [M8, p. 484] figure l'indication « [$A3a \propto$] » qui renvoie à la classification du théorème de d'Alembert dans l'*Index du Répertoire bibliographique des sciences mathématiques.* Il s'agit de l'application par la rédaction des *NAM*, depuis le volume de 1896, d'une résolution votée au Congrès international de Paris de 1889, qui renforce celle concernant les tables des matières.

L'année suivante, en 1905, les *NAM* publient deux textes d'auteurs différents sous le titre général : « Nouvelles démonstrations du théorème de Dalembert », avec une note de la Rédaction qui indique : « Le théorème de Dalembert faisant de nouveau partie du programme de la classe de Mathématiques Spéciales, nous croyons rendre service à nos lecteurs en publiant de nouvelles démonstrations de cette proposition[34]. »

La première démonstration est de Georges Lery[35] et utilise la théorie des fonctions de variable complexe [M9]. La seconde est d'Étienne Pomey[36] et se situe dans la lignée de celle d'Argand-Cauchy [M10].

En 1913, c'est Paul Montel[37] qui présente une nouvelle démonstration analytique du théorème de d'Alembert, utilisant la méthode des approximations successives de Picard [M11]. Il ne s'agit plus ici de donner une démonstration didactique pour la classe de mathématiques spéciales mais d'appliquer une théorie analytique récente à une nouvelle démonstration du théorème.

Finalement, les *NAM* vont publier deux versions d'une démonstration de Léon Pomey[38] utilisant la théorie des fonctions de variable complexe. Pour la première publication [M12], en 1916, la rédaction indique que l'auteur est alors lieutenant d'artillerie sur le front. La seconde publication [M13], après la guerre en 1919, présente une version un peu simplifiée de la démonstration de 1916. Contrairement au cas de la première, son titre utilise la dénomination de « théorème fondamental de la théorie des équations algébriques ». Cependant, l'auteur parle à la fin de la « présente démonstration du théorème de d'Alembert » [M13, p. 324] et son article est, bien sûr, étiqueté avec la notation

33. C'est un auteur grec sur lequel on n'a pas de renseignements biographiques (voir, sur internet, la base de données CIRMATH sur les auteurs des *Nouvelles Annales*).

34. L'arrêté du 26 juillet 1904 contenant le nouveau programme n'est pas très clair à cet égard (Belhoste 1995, p. 640), mais la circulaire du 30 décembre 1904 précise bien les choses : « On demandera d'établir que toute équation algébrique d'ordre n, à coefficients de la forme $a + bi$, admet n racines de cette forme. » (Belhoste 1995, p. 652).

35. Ancien élève de l'École normale supérieure, il est alors professeur au lycée de Lille. Il sera tué dès le début de la Première Guerre mondiale avant de pouvoir soutenir sa thèse.

36. Ancien élève de l'École polytechnique, il est professeur à l'École de physique et chimie de Paris.

37. Ancien élève de l'École normale supérieure et docteur ès sciences, il est alors chargé de cours à la faculté des sciences de Paris.

38. Fils d'Étienne Pomey, il est ancien élève de l'École polytechnique, docteur ès sciences et ingénieur des manufactures de l'État.

« *A3a* $\propto$ » qui renvoie à la classification du *Répertoire bibliographique des sciences mathématiques.*

5 Remarques finales

A partir des années 1880, l'expression « théorème de d'Alembert » pour désigner le TFA s'est propagée rapidement en France, en particulier dans les publications intéressant la classe de mathématiques spéciales et la préparation aux concours des grandes écoles. Dans ce cadre, les *Nouvelles Annales de mathématiques* ont donné une large diffusion à cette appellation, qui a trouvé sa place dès l'origine du projet de *Répertoire bibliographique des sciences mathématiques.* Cependant, malgré la vocation internationale de cette dernière entreprise, la dénomination « théorème de d'Alembert » pour désigner le TFA, bien que justifiée historiquement, est restée alors et encore aujourd'hui une pratique essentiellement française. La plupart des auteurs hors de France ont conservé l'appellation théorème fondamental de l'algèbre pour ce théorème même si, dès l'entre-deux-guerres, il est apparu qu'elle convenait mal alors que l'algèbre ne se réduisait plus à la théorie des équations algébriques, équations dont, de plus, l'existence générale des racines résultait désormais d'une autre proposition, indépendante des nombres complexes (voir Gilain 1991, § 7).

Bibliographie

A. Mémoires sur le TFA parus dans les *NAM*

M1. Transon, Abel, « Démonstration de deux théorèmes d'algèbre », II/7 (1868), p. 97–110. (TFA : p. 105–108.)

M2. Walton, William, « Démonstration du théorème de Cauchy : toute équation a une racine », II/10 (1871), p. 509–514. (Trad. fr. de « A demonstration that every equation has a root », *The Quarterly Journal of Pure and Applied Mathematics*, 11 (1871), p. 178–182.)

M3. Walecki, Félix, « Démonstration du théorème de d'Alembert », III/2 (1883), p. 241–248.

M4. Amigues, Édouard, « Théorème de d'Alembert », III/9 (1890), p. 116–118.

M5. Carvallo, Emmanuel, « Démonstration du théorème fondamental de la théorie des équations », III/10 (1891), p. 109–110.

M6. Jablonski, Édouard, « Démonstration du théorème de d'Alembert », III/12 (1893), p. 301–304.

M7. Jamet, Victor, « Sur le théorème de d'Alembert », III/14 (1895), p. 437–442.

M8. Stamatiadis, S., « Sur l'existence des racines de l'équation algébrique », IV/4 (1904), p. 484–491.

M9. Lery, Georges, « Nouvelles démonstrations du théorème de Dalembert ; première démonstration », IV/5 (1905), p. 385–387.

M10. Pomey, Étienne, « Nouvelles démonstrations du théorème de Dalembert ; deuxième démonstration », IV/5 (1905), p. 388–394.

M11. Montel, Paul, « Sur le théorème de d'Alembert et la continuité des fonctions algébriques », IV/13 (1913), p. 481–492.

M12. Pomey, Léon, « Démonstration algébrique du théorème de d'Alembert », IV/16 (1916), p. 97–103.

M13. Pomey, Léon, « Démonstration du théorème fondamental de la théorie des équations algébriques », IV/19 (1919), p. 321–324.

B. Autres références

Amigues, É. (1891). Démonstration purement algébrique du théorème fondamental de la théorie des équations. *Comptes rendus des séances de l'Académie des sciences*, 192, 212–214.

Auvinet, J. (2013). *Charles-Ange Laisant. Itinéraires et engagements d'un mathématicien de la Troisième République*. Paris : Hermann.

Belhoste, B. (1995). *Les Sciences dans l'enseignement secondaire français. Textes officiels*, t. 1 : 1789-1914. Paris : INRP/Économica.

Brasseur, R. (2019). Dictionnaire des professeurs de mathématiques en classe de mathématiques spéciales. [En ligne] https://sites.google.com/site/rolandbrasseur/5-dictionnaire-des-professeurs-de-mathématiques-spéciales (version du 7 novembre 2019, consultée le 17 janvier 2020).

Brisse, C. (1886). Démonstration du théorème de d'Alembert. *Journal de l'École polytechnique*, 56, 163–169.

Congrès (1889). *Congrès international de bibliographie des sciences mathématiques*. Paris : Imprimerie nationale.

d'Alembert, J. L. R. (2007). *Œuvres complètes*, t. I/4a : Textes de mathématiques pures (1745-1752). Paris : CNRS Éditions. Édition établie par C. Gilain.

Dhombres, J. & Alvarez, C. (2013). *Une histoire de l'invention mathématique.* Paris : Hermann.

Dubourguet, J. B. E. (1813-1814). Démonstrations élémentaires du théorème de d'Alembert sur la forme des imaginaires. *Annales de mathématiques pures et appliquées*, IV, 20–23.

Gilain, C. (1991). Sur le théorème fondamental de l'algèbre : théorie des équations et calcul intégral. *Archive for History of Exact Sciences*, 42, 91–136.

Gilain, C. (1997). Le théorème fondamental de l'algèbre et la théorie géométrique des nombres complexes au XIXe siècle. In D. Flament (éd.) *Le Nombre une hydre à n visages*, Paris : Éditions de la Maison des sciences de l'homme, 51–73.

Gohierre de Longchamps, G. (1883). Démonstration du théorème de d'Alembert d'après M. Walecki. *Journal de mathématiques spéciales*, II(2), 97–102.

Lagrange, J. L. (1808). *Traité de la résolution des équations numériques de tous les degrés.* Paris : Courcier. *Œuvres de Lagrange*, t. VIII, 1879.

Laisant, C.-A. (1887). Démonstration nouvelle du théorème fondamental de la théorie des équations. *Bulletin de la Société mathématique de France*, 15, 42–44.

Laisant, C.-A. (1889). Sur le théorème de d'Alembert. *Journal de mathématiques spéciales*, III(3), 77–83.

Laurent, H. (1867). *Traité d'algèbre.* Paris : Gauthier-Villars.

Le Vavasseur, R. (1907). Les fonctions rationnelles – Le théorème fondamental. In *Encyclopédie des sciences mathématiques*, t. I, vol. 2, Paris ; Leipzig : Gauthier-Villars ; Teubner, 189–205.

Loria, G. (1891). Esame di alcune ricerche concernenti l'esistenza di radici nelle equazioni algebriche. *Bibliotheca mathematica*, II(5), 99–112.

Nabonnand, P. & Rollet, L. (2011). *Les Nouvelles Annales de mathématiques* : journal des candidats aux Écoles polytechnique et normale. In *Conferenze e Seminari dell'Associazione Subalpina Mathesis*, Turin : Kim Williams Books, 217–230.

Olivier, J. (2005). Le théorème fondamental de l'algèbre : dénominations, démonstrations et histoire. Mémoire de stage ENS-Lyon à l'UPMC.

Répertoire bibliographique des sciences mathématiques (1893). *Index du Répertoire bibliographique des sciences mathématiques.* Paris : Gauthier-Villars.

Rollet, L. & Nabonnand, P. (2002). Une bibliographie mathématique idéale ? Le Répertoire bibliographique des sciences mathématiques. *Gazette des mathématiciens*, 92, 11–25.

Rollet, L. & Nabonnand, P. (2013). Un journal pour les mathématiques spéciales : les *Nouvelles Annales de mathématiques* (1842-1927). *Bulletin de l'Union des professeurs de spéciales – mathématiques et sciences physiques*, 86, 5–18.

Walecki, F. (1883). Démonstration d'un théorème fondamental de la théorie des équations algébriques. *Comptes rendus des séances de l'Académie des sciences*, 96, 772–773.

Christian Gilain
Sorbonne Université
Institut de Mathématiques de Jussieu-Paris Rive Gauche
`christian.gilain@imj-prg.fr`

Du *Ladies' Diary* (1704-1840) au classement de Leiden 2019. Quelques questionnements sur la place des femmes dans la presse mathématique

Hélène Gispert

Invitée à faire une conférence à la journée 2019 « Parité en mathématiques », j'ai choisi de parler de journaux, de mathématiques et de femmes, en mobilisant à la fois mes intérêts de recherche académiques de longue date sur la presse mathématique, développés depuis plusieurs années dans le cadre de Cirmath[1], et mes récents intérêts de recherche militants sur le thème « Femmes, savoirs et pouvoirs » dans l'enseignement supérieur et la recherche aujourd'hui, cultivés au sein de l'Institut de recherche de la FSU[2] à la faveur de mon éméritat.

C'est à partir du texte de cette conférence que j'ai construit ce texte en hommage à Philippe Nabonnand, qui mêle ainsi un de nos domaines de recherche commun et un sujet d'actualité récente lié à la parité dans l'Enseignement supérieur et la recherche (ESR) et tout à fait hors de mon champ de compétence académique. Exercice hybride, exercice risqué, un privilège du temps de l'éméritat.

Immergée, voire même parfois submergée, dans notre projet Cirmath et toute la richesse et la diversité des apports des unes et des autres de ses membres, j'ai aimé l'idée de parler à des mathématiciennes et des mathématiciens de la circulation des mathématiques à partir de la présentation de « journaux mathématiques » dans notre acception très large de ce concept, ainsi que de leurs différents publics. Mais je me suis trouvée avec un handicap certain et préoccupant dans le cadre de la préparation de cette conférence : la question des femmes dans la presse mathématique n'a absolument pas été une question

1. Je m'offre ici le plaisir d'une note de bas de page renvoyant au site de notre projet Cirmath, « Circulation des mathématiques par et dans les journaux : histoire, territoires et publics (XVIIIe siècle – 1940) », dont Philippe Nabonnand a assuré la tenue depuis le tout début, fin 2014.

2. http://institut.fsu.fr/Presentation.html.

P.-E. Bour, M. Rebuschi & L. Rollet (eds.), *Sciences, Circulations, Révolutions, 383–400.*

que nous nous sommes posée dans le cadre de notre recherche collective. Non que la question des femmes soit absente de toute recherche en histoire des mathématiques, en histoire des sciences, bien des exemples le montreraient, mais cette question n'a pas été la nôtre. En revanche, l'actualité m'apporta le versant « parité » dans le regard que je me proposais de porter sur la presse mathématique, avec la parution en mai 2019 du CWTS Leiden Ranking 2019, classement d'un millier d'universités, dont la version 2019 proposait deux nouveaux indicateurs, je cite, « Open access » et « Gender »[3]. Elle me permit ainsi de croiser des questionnements d'ordre historique et d'autres plus actuels, concernant la presse, les mathématiques et les femmes. J'en proposai trois. Un premier, préalable intéressant pour ces professionnels des mathématiques : de quelle(s) presse(s) parlons-nous sur les trois siècles envisagés ici ? Un second, à propos des femmes autrices ou lectrices dont j'ai traité : de quelles femmes s'agit-il, quelle part a été la leur dans la dynamique de professionnalisation de l'exercice des mathématiques à chaque moment de ce temps long[4] ? Enfin, un troisième, interrogeant une évidence : s'il faut certainement revendiquer une présence des femmes plus importante dans la presse mathématique, tant elle a été et demeure faible, une question, que renvoie la littérature sur le classement de Leiden, est de savoir à quelles fins.

1 *The Ladies' Diary or the Woman's Almanack*

Aussi surprenant que cela paraisse compte tenu d'un tel titre et de son sous-titre : « *Containing many Delightful and Entertaining Particulars Peculiarly adapted for the Use and Diversion of The Fair-Sex* », ce journal, qui fut un des premiers périodiques populaires publiés en Angleterre au début du XVIIIe siècle, a retenu depuis les années 1970 l'attention d'un certain nombre d'historiennes et historiens des mathématiques. Cet almanach affiche deux caractéristiques éditoriales qui vont assurer son succès dès son lancement. Il vise une niche éditoriale particulière, celle des dames, dans un marché des almanachs très concurrentiel et leur propose le genre éditorial des questions/réponses spécifiquement mathématiques. Ainsi chaque année le journal publie quinze questions mathématiques proposées par ses lectrices... ou ses lecteurs, comme nous allons le voir, et les solutions sont publiées l'année suivante avec les noms des personnes qui y ont répondu. L'intérêt historique qu'il a suscité a été double, inscrit d'une part dans l'optique des études féministes et, d'autre part, dans celle de l'étude de pratiques populaires des mathématiques[5]. Deux points de

3. « The Leiden Ranking provides indicators of scientific impact, collaboration, open access publishing, and gender diversity. » https://www.leidenranking.com/.

4. Ce questionnement sur la professionnalisation me semble ici particulièrement pertinent dans la mesure où celle-ci intéresse à la fois les dynamiques de l'histoire de la presse mathématique et celle des rapports entre Femmes, Savoirs et Pouvoirs.

5. Voir (Despeaux 2019) pour un exposé synthétique de ces deux approches et une description du journal.

vue, dont la succession même dans le temps a à voir avec mon propos sur les journaux, les mathématiques et les femmes.

1.1 « *Peculiarly Adapted for the Use and Diversion of The Fair-Sex* » ?

C'est dans la décennie 1970, décennie où le mouvement féministe est fort et où se développent les premières études sur les femmes, que paraissent dans la toute nouvelle revue *Historia Mathematica* les premiers articles consacrés au *Ladies' Diary* et aux « Female philomaths » (Perl 1979), (Wallis & Wallis 1980). Dans le résumé de son article de 1979, Teri Perl note que

> The existence of *Ladies' Diary or the Woman Almanack*, an 18th century magazine devoted largely to problems and puzzles in mathematics, indicates that stereoypes about the inability of women to understand and enjoy mathematics were less strongly believed in the 18th century than they are today. (Perl 1979, p. 36)

Néanmoins, comme le montre Perl dans son article, ce constat n'est pas sans nuance. Que signifie en effet cette adresse spécifique à l'usage du beau-sexe ? Un extrait d'un avis « aux lecteurs », si nous empruntons à la langue anglaise le caractère épicène du mot reader, permet une première réponse. Les questions envoyées doivent être « very pleasant and not too hard ; and likewise that they may be proposed in verse ; which will still be more taking among the ladies[6] ». Comme il est écrit par la suite, leur résolution ne doit pas exiger trop d'éducation et de savoir mathématiques. Cela semble fonctionner dans la mesure où quinze ans après le lancement, l'éditeur du *Ladies' Diary* se félicite de la participation des femmes dans son journal.

> [In order] that the rest of the fair sex may be encourag'd to attempt mathematics and philosophical knowledge, they here see that their sex have as clear judgments as ours, and to my knowledge do, and can, carry them thro' the most difficult problems. I have seen them solve, and am fully convinc'd, their Works in te Ladies Diary are their own solutions and compositions. This we may glory in as the Amazons of our nation ; and foreigners would be amaz'd when I shew them no less than 4 or 5 hundred several letters from so many several women, with solutions geometrical, arithmetical, algebrical, astronomical and philosophical. Cité par (Costa 2002, p. 65)

Ce « score » de quatre à cinq cents lettres de lectrices qui possèdent une telle culture et une telle pratique des mathématiques, s'il est impressionnant en soi, prend encore plus de valeur quand on l'estime à l'aune des 7 000 copies du journal qui semble être le tirage cette année-là (Costa 2002). Il faut cependant tenir compte d'un autre pan de la réalité du lectorat du *Ladies' Diary*.

6. Avis de 1709, cité dans (Costa 2002, p. 57).

1.2 Lectrices et autrices : de l'invisibilité à la disparition

On ne retrouve dans les colonnes du périodique que très peu de ces « amazones » comme autrices indiquées de questions ou de réponses[7]. Leurs contributions ne sortent que peu de la sphère privée de la correspondance avec l'éditeur du journal. La modestie, qui s'accommode mal d'une telle publicité, est en effet un des traits de l'idéal féminin défendu dans la société bourgeoise de l'Angleterre du début du XVIIIe siècle (Costa 2002, p. 65). On estime à 11 % la part des contributions mathématiques dans le *Ladies' Diary* dues à des femmes durant les années 1711 à 1724, période où elles sont le plus nombreuses. Même en considérant le recours à l'anonymat, qui pourrait augmenter à la marge ce pourcentage, cette réalité met en avant l'invisibilité de ces femmes contributrices dans le *Ladies' Diary* et, plus globalement, l'invisibilité des femmes dans le monde imprimé et dans le récit qu'on peut en faire en histoire des mathématiques, une question récurrente[8] sur laquelle je reviendrai à plusieurs moments de ce texte.

Le milieu des années 1720 voit un changement dans le style porté par le journal. Dans l'énoncé des questions, le recours à la forme versifiée se raréfie et cède la place à des énoncés mathématiques plus techniques et plus difficiles, usant de symboles et d'équations[9]. Le journal passe du ton de la conversation polie à celui d'une arène mathématique de plus en plus axée sur les compétences mathématiques, la compétition voire l'affrontement. Cette distance prise avec les normes revendiquées d'un discours mathématique destiné plus particulièrement aux dames, car correspondant mieux à leur statut dans les sphères privées de la société, coïncide avec une diminution brutale de leurs contributions. En s'adaptant au type de culture mathématique plus technique qui se développe en Angleterre au cours du XVIIIe siècle, en réponse aux besoins de l'industrie et du commerce en travailleurs plus au fait de mathématiques, les éditeurs du *Ladies' Diary* laissent en chemin leur public féminin dont la culture et la pratique ne correspondent plus aux normes du journal. Cela, même si le journal conserve, avec un succès qui ne se dément pas, le même titre tout du long de son existence[10].

Qui sont ces femmes autrices des premières décennies du journal et, pour quelques autres, des décennies plus tardives ? La réponse, qui se base sur l'étude des signatures, se heurte à une difficulté méthodologique majeure. Celles-ci

7. D'après (Costa 2002), 80 % à 90 % des correspondantes de Beigthton ne sont pas nommées dans le *Ladies' Diary*.

8. Voir par exemple dans la thèse récente d'Isabelle Lémonon, « La savante des Lumières françaises histoire d'une persona : pratiques, représentations, espaces et réseaux », l'exemple de Marie-Louise Dupiery, « technicienne invisible » dans l'atelier d'astronomie de Lalande (Lémonon 2019). Voir également les publications de Patrice Bret à propos de Madame Picardet ainsi que (Bret 2014).

9. Un exemple en est donné dans (Despeaux 2019).

10. En 1841 il fusionne avec le *Gentleman's Diary*, créé en 1741, dont le niveau des questions est réputé plus difficile. Un nouveau journal est alors créé, qui durera une trentaine d'années, le *Lady's and Gentleman's Diary*.

ne livrent en effet que le nom des autrices, qui n'ont, à la différence des auteurs hommes, pas de profession à décliner. Une difficulté qui traduit et aggrave l'invisibilité de ces femmes. De premières études ont été faites sur ces femmes « philomathes[11] », recourant à d'autres sources historiques que les sources imprimées usuellement consultées par les historiens, une exigence méthodologique qui a été et est celle de toute histoire des femmes. Ces études des années 1970 en appelaient d'autres... qui n'ont toujours pas été menées ou commencent à peine à l'être. En l'état, la solution pour mieux comprendre quelles ont été les cibles de lecteurs (et donc d'auteurs) du *Ladies' Diary* est, en dépit d'un tel nom, de se tourner du côté de son public d'hommes. On constate alors que les auteurs de questions et de réponses mathématiques sont en dehors du monde académique, qu'ils sont pour beaucoup autodidactes, artisans, arpenteurs, navigateurs, fabricants d'instruments, tisserands. Des hommes pour l'essentiel liés au monde du travail qui n'est pas celui des « amazones » des débuts du *Ladies' Diary*.

2 « *A valuable monument of mathematical Genius*[12] »

C'est sur les contenus mathématiques du journal qu'ont porté les études ultérieures du *Ladies' Diary* dont (Albree & Brown 2009). Quoique prenant le pas sur la poursuite de l'étude du public des femmes, qui ne s'était donc pas imposée à l'agenda des historiens, cet intérêt est néanmoins la marque d'un élargissement notable du champ de l'histoire des mathématiques dans les années 2000. En prenant comme objet d'étude les 1930 questions et leurs réponses parues dans le *Ladies' Diary* tout au long de son existence, Albree & Brown ont mis en avant des recherches et des pratiques mathématiques largement populaires, qui n'appartiennent pas à l'univers des « grandes mathématiques » d'exception dans lequel, pendant longtemps, les historiennes et historiens des mathématiques ont cherché les jalons d'une histoire prestigieuse. De même, le « mathematical Genius » que ces auteurs ont mis en exergue, loin d'être celui du « mathématicien de génie », a une dimension éminemment collective, même si modeste et renvoie à une sphère d'acteurs nouvelle en histoire des mathématiques.

Un tel parti pris bouscule un récit jusqu'ici dominant de l'histoire des journaux mathématiques, construit dans l'ignorance de ces pratiques, de ces acteurs et de leurs journaux dont le *Ladies' Diary* et privilégiant de façon quasi exclusive la seule dynamique de professionnalisation de l'exercice des mathématiques et du métier de mathématicien. En élargissant la sphère des acteurs et des pratiques, le *Ladies' Diary* fondé au tout début du XVIIIe siècle devient, à côté des journaux savants de la fin du XVIIe siècle, une des origines des journaux mathématiques. Mais cette évolution historiographique a ses limites,

11. Voir par exemple l'article de (Wallis & Wallis 1980).

12. Appréciation de 1817 de Thomas Leybourn, éditeur du *Ladies' Diary* au début du XVIIIe siècle, citée par Albree & Brown qui la reprirent comme titre de leur étude (Albree & Brown 2009).

je l'ai dit, ayant laissé impensée la question des publics de lectrices et d'autrices des journaux, leur part dans le génie mathématique collectif. Or, il n'est pas simple de se mettre à penser cette question ; prendre en compte les femmes comme acteurs oblige, j'y reviendrai, à faire bouger les questions que se pose l'historien, à faire bouger les registres de ses sources.

3 La double invisibilité des femmes dans la presse mathématique – quelques exemples

À partir d'exemples issus de travaux de divers collègues[13] sur les XVIIIe, XIXe et début du XXe siècles, j'ai voulu revenir sur une dimension de l'invisibilité des femmes déjà indiquée dans la partie précédente. Cette invisibilité dans la presse mathématique et l'histoire qu'on en a faite a en effet une double origine dans la mesure où les femmes n'y sont en effet que très peu présentes et où on ne les identifie pas. Questions liées, comme nous le verrons, à celle de la professionnalisation de l'exercice des mathématiques et donc des rapports femmes, pouvoirs et savoirs dans le monde social et savant.

3.1 *Le Passe-Temps mathématique* (Pays-Bas, 1754-1769) – une présence très genrée

Ce journal, créé aux Pays-Bas au milieu du XVIIIe siècle, est l'un des premiers journaux mathématiques qui, à la différence du *Ladies' Diary*, cible un public professionnel particulier. *Le Passe-Temps mathématique* est en effet un périodique mensuel à destination des instituteurs, il contient une rubrique « Nouvelles des écoles » ainsi qu'une autre consacrée à des questions et réponses mathématiques. L'étude qu'en a menée Jenneke Krüger (Krüger 2018) révèle des limites à la présence des femmes très significatives de leur statut dans la sphère privée comme économique. Ainsi, en premier lieu, aucune femme n'a été identifiée comme autrice. C'est en tant que « veuves » ou « épouses » en revanche qu'on peut les trouver dans les colonnes des deux rubriques indiquées. On lit par exemple dans les Nouvelles des écoles – aux côtés d'informations sur les postes d'instituteurs, des sujets de concours et des listes de cantiques pour les différents dimanches – des articles sur une nouvelle assurance pour les veuves d'instituteurs. Autre exemple, tiré de la rubrique questions/réponses du numéro d'août 1758, l'énoncé d'un problème d'algèbre avec résolution d'une équation à deux inconnues, ainsi formulé : « Moi et ma femme, au foyer ensemble/Avaient un an de plus que cent années/ Quand elle s'est reposée/ Aussi... », la question étant bien évidemment posée par un homme.

13. Certains de ces exemples sont tirés de travaux menés dans le cadre de Cirmath, d'autres ont été possibles grâce aux bases de données du projet ProsopoMaths, dirigé par Laurent Rollet (http://prosopomaths.ahp-numerique.fr/), d'autres enfin ont pour source des études de collègues sur des femmes mathématiciennes particulières. Les références en sont données au fur et à mesure.

3.2 Absence des femmes dans les journaux de recherche académique[14] – le cas de la France (XIXe siècle et premières décennies du XXe siècle)

À la recherche de femmes auteurs dans les périodiques mathématiques du XIXe et du XXe siècle en France[15], j'ai tout d'abord été interpelée par une information fournie par Roland Brasseur sur la première femme agrégée (agrégation masculine) de mathématiques en 1885, Liouba Bortniker (1860-?) (Brasseur 2011). Le *Journal des débats* signale, à la suite de la séance de l'Académie des sciences du 14 mars 1887 où G. Darboux présente une note de L. Bortniker[16], que c'est, sauf erreur, la première fois que l'on trouve dans les *Comptes rendus de l'Académie des sciences* (*CRAS*) une note mathématique écrite par une femme. Si cela est juste, qu'en est-il des mathématiciennes comme Sophie Germain ou Sophia Kovalevskaïa qui, y compris de leur temps, quelles qu'aient été les difficultés qu'elles ont rencontrées, ont fait œuvre mathématique et ont publié des travaux ?

Dans le cas de Sophie Germain (1776-1831)[17] le constat est juste, elle s'est bien heurtée aux barrières de la publication académique. S'il est vrai que les *CRAS*, fondés dans les années 1830, n'existaient pas encore, aucun de ses travaux n'est paru sous son nom dans les *Mémoires* de l'Académie des sciences alors qu'elle fut lauréate du prix extraordinaire de l'Académie en 1816 avec un mémoire sur la théorie des surfaces élastiques. C'est sous forme d'un opuscule, imprimé à ses frais et sans la légitimité d'une publication académique, qu'elle fit paraître son mémoire dix ans plus tard. Sophie Germain est pourtant présente dans les *Mémoires de l'Académie...* mais invisible. Dans un mémoire présenté à l'Académie en 1823 et publié en 1827, A.-M. Legendre insère trois résultats de S. Germain sur le dernier théorème de Fermat. Certes il en attribue bien la paternité à « Mademoiselle Sophie Germain », mais là encore le crédit éditorial lié à l'Académie lui fait défaut. Il faut noter, en revanche, que S. Germain a publié deux articles, dont un en théorie des nombres, dans le *Journal für die reine und angewandte Mathematik* d'August Crelle. Devant ces deux seules traces imprimées de l'activité de Sophie Germain en théorie des nombres, Jenny Boucard, dans son article, constate qu'il est alors nécessaire de se tourner vers des sources non imprimées – des correspondances, des manuscrits – pour connaître et comprendre sa pratique mathématique en théorie des nombres. Ajoutons juste que cette quasi-invisibilité éditoriale est

14. Cette expression « recherche académique » est employée dans le sens d'une activité de production de nouveaux résultats, ici dans le domaine des sciences mathématiques.

15. La restriction à la France est due avant tout aux limites de mes propres connaissances et des sources dont j'ai disposé. Mais nous verrons que l'on peut déjà avancer l'hypothèse que l'absence constatée pour la France ne peut être généralisée.

16. Il s'agit de (Bortniker 1887).

17. Je remercie Jenny Boucard qui m'a communiqué le chapitre alors encore inédit « Arithmetic and Memorial Practices by and around Sophie Germain in the 19th Century », qu'elle a écrit dans le livre, paru depuis, dirigé par Eva Kaufholz & Nicola Oswald, suite d'un séminaire « Women in Mathematics : Modern and Historical Perspectives » qui s'est tenu en janvier 2017 au Mathematischen Forschungsinstitut Oberwolfach (Boucard 2020).

assurément liée à son statut de femme et ainsi à l'absence de toute possibilité d'un statut professionnel dans le monde mathématique du début du XIXe siècle, ce qu'illustre son certificat de décès qui indique la mention « rentière ».

Sophia Kovalevskaïa (1850-1891), en revanche, est un précédent qui a échappé au *Journal des débats*. Sa note aux *CRAS*, publiée en 1884[18], est pourtant quasi contemporaine de celle de Liouba Bortniker. S. Kovalevskaïa publie la même année un article dans les *Acta Mathematica* (Kowalevski 1884b). Ce sont les deux premiers articles de sa (courte) carrière débutée cette année-là comme Privatdozent à l'université de Stockholm. Suivront une petite dizaine d'autres, dont un mémoire dans le *Recueil des Savants étrangers* de l'Académie des sciences en 1890 (Kowalevski 1890).

Comme S. Kovalevskaïa, L. Bortniker est d'origine russe, mais c'est en France qu'elle poursuit ses études. Elle a reçu dans son pays une formation initiale qui lui permet, compte tenu de son niveau, d'accéder à l'enseignement supérieur à la différence des jeunes filles françaises. Les normes scolaires de la IIIe République tiennent en effet l'enseignement secondaire féminin, créé dans le moment Ferry, à distance de l'université tout autant que des classes préparatoires et donc des Écoles ; sans baccalauréat, avec des programmes bien en deçà de ceux du secondaire masculin, cet enseignement féminin vit en vase clos et n'est pas destiné à conduire à des professions intellectuelles, techniques ou libérales supérieures[19]. Liouba Bortniker qui, elle, a pu suivre les différents certificats de licence à la Sorbonne, est donc reçue à l'agrégation masculine. Lauréate du prix Peccot du Collège de France la première année où celui-ci est décerné, elle débute une thèse sous la direction de Gaston Darboux, ce qui donne matière à deux notes aux *CRAS* (Bortniker 1887, 1888). À propos de la première de ces notes, celle mentionnée le lendemain dans le *Journal des débats*, Roland Brasseur écrit : « Darboux manifeste son intérêt en l'enrichissant de remarques plus longues que la note elle-même » (Brasseur 2011, p. 59)[20]. Il n'y a pas d'autres mentions de L. Bortniker dans la presse mathématique à l'exception de recensions de ces notes qui paraissent dans le *Bulletin des sciences mathématiques*. La suite de sa vie en donne une raison : elle ne finit pas sa thèse, devient professeur en lycée de jeunes filles et, suite à des problèmes de santé mentale, est enfermée en asile à 39 ans. On perd alors toute trace d'elle et, au plan mathématique, son activité est totalement effacée. En revanche, elle est mentionnée plus ou moins brièvement en histoire de l'enseignement comme première femme lauréate de l'agrégation de mathématiques mais sans référence à son activité de recherche (Bilodeau 2003).

---

18. Il s'agit de la note (Kowalevski 1884a), présentée par Charles Hermite. Sur les publications de Sophia Kovalevskaïa, voir : http://www.tollmien.com/pdf/PolyakhovaKovalevskaya.pdf.

19. Sur les limites données à l'enseignement secondaire féminin voir (Hulin 2008).

20. Darboux écrit, sous le titre « Remarques sur la Communication précédente », 4 pages d'une autre démonstration du résultat que vient d'établir L. Bortniker (Darboux 1887).

L'enquête, peut-être trop rapide, que j'ai menée à l'occasion de mon intervention à la journée Parité, sur les autres journaux de recherche académique en France confirme cette absence des femmes dans ce créneau éditorial. Non seulement elles n'y figurent pas mais on peut ajouter qu'elles en sont exclues dans la mesure où la plupart de ces périodiques sont adossés à des institutions liées à l'exercice professionnel des mathématiques auxquelles elles n'ont pas accès. Citons le *Journal de l'École polytechnique*, les *Annales scientifiques de l'École normale supérieure* mais également le *Bulletin de la Société mathématique de France*, société qui ne compte aucune femme jusqu'en 1909[21]. À cette date deux licenciées es sciences, parisiennes, sans profession indiquée, figurent dans la liste des sociétaires ; elles restent les seules femmes jusqu'en 1914[22]. Pas plus de femmes auteurs mentionnées dans les tables des matières des deux autres journaux mathématiques le *Bulletin des sciences mathématiques* et le *Journal des mathématiques pures et appliquées.*

3.3 Absence des femmes aussi dans les journaux intermédiaires – le cas de la France (XIXe siècle et premières décennies du XXe siècle)

J'ai cherché à élargir le constat précédent à un autre type de presse mathématique ouvert à un public et à des pratiques de recherche qui ne relèvent pas de la seule recherche académique. Restant dans le cadre de la France, où il semble apparaître que l'absence des femmes présente une radicalité qui ne se retrouve pas dans d'autres pays, je me suis appuyée sur le travail du groupe de recherche sur les *Nouvelles Annales de mathématiques*[23], un de ces périodiques publié entre 1842 et 1927. La base de données des *NAM*[24] recense 1852 contributeurs à ce journal, soit qu'ils y aient écrit un ou des articles, soit qu'ils aient participé à sa rubrique des questions/réponses, proposant une ou des questions retenues par la rédaction ou apportant des réponses publiées à des questions antérieures. Le résultat que j'ai obtenu en interrogeant la base de données à partir de la méthode grossière du recours aux signatures est là encore sans appel : il n'y a que cinq femmes identifiables[25] parmi les auteurs et elles ne renvoient qu'à onze des 5128 contributions recensées durant les 85 années d'existence du journal.

Le titre complet des *Nouvelles Annales* porte en lui-même une grande part de l'explication de ce qu'on peut qualifier d'exclusion d'une telle ampleur des femmes des lieux de savoirs et de pouvoirs liés aux mathématiques. Ce journal, un des plus importants des journaux mathématiques intermédiaires

---

21. Voir le chapitre 6 « Les femmes une espèce rare dans le milieu mathématique » dans (Gispert 2015, p. 177–178).

22. À l'exception de deux étrangères, Sophia Kovalevskaïa et une finlandaise sans profession indiquée.

23. Groupe animé par Laurent Rollet et Philippe Nabonnand à partir du projet ANR « Sources du savoir mathématique au début du XXe siècle ».

24. http://nouvelles-annales-poincare.univ-lorraine.fr/.

25. Il s'agit de Adolphine L. (1857), Olga Ermanska (1869), Rita Murège (1910), Anne de Préhyr (1914, 1915, 1916) et Odette Devisme (1925). Il est possible de retrouver leurs contributions en consultant les volumes des *NAM* numérisés sur Numdam.

de sa période[26], a en effet pour sous-titre « Journal des candidats aux Écoles polytechnique et normale, aux Écoles du gouvernement », remplacé plus tard dans le XIXe siècle par celui de « Journal des candidats aux écoles spéciales, à la licence et à l'agrégation ». Tout établissement, toutes études, je l'ai dit, dont les femmes, en France, sont quasi exclues jusqu'après la première guerre mondiale.

Une seule de ces femmes indique une profession dans sa signature, il s'agit en 1869 de Olga Ermanska, institutrice à Strasbourg. On peut supposer qu'une autre, Odette Darisme, en 1925, est étudiante dans la mesure où elle a obtenu l'agrégation de jeunes filles en 1931 (Chervel 2015). Toutes leurs contributions, sauf deux, sont des solutions à des questions posées ; en 1925, dans l'avant dernier tome des *Nouvelles Annales*, il s'agit de la solution d'une question du certificat de « Mathématiques générales », les jeunes filles ont en effet à présent légalement accès à l'université, l'enseignement secondaire féminin ayant été aligné sur l'enseignement secondaire masculin. Cette évolution institutionnelle aurait-elle permis qu'une nouvelle dynamique genrée s'instaure dans l'autorat du journal, on ne peut le savoir dans la mesure où les *NAM* cessent de paraître à ce moment. Aucun journal du même type ne le remplace. Remarquons qu'elles n'interviennent que ponctuellement, mis à part Anne de Préhyr, dont on ne sait rien que le nom, qui est la seule à être présente plusieurs années de suite, en 1914, 1915 et 1916 et la seule à publier des articles.

3.4 Présences des femmes – fin XIXe siècle et premières décennies du XXe siècle

La question du genre n'a pas été, je l'ai dit, à l'agenda de la recherche Cirmath sans que cela ait été le résultat d'un choix délibéré. Je n'ai donc pas de résultats globaux à présenter sur les journaux intermédiaires de cette période. Mais le sentiment des « Cirmathiens » que j'ai interrogés à l'occasion de cette journée Parité confirme la très faible part, sinon l'absence, des femmes dans l'autorat de ces journaux et plus généralement de la presse mathématique.

Et pourtant, malgré cela, l'*Annuaire des mathématiciens* publié en 1902 par Charles-Ange Laisant et Adolphe Bühl recense plus de 270 femmes dans le monde soit environ 4 % des 6743 noms recensés[27].

Cette distorsion s'éclaire en partie à la lecture des intentions de Laisant et Bühl qui ont une compréhension très extensive de ce qu'est un mathématicien ou une mathématicienne :

> Nous nous proposions de donner une liste de mathématiciens ; qu'est-ce qu'un mathématicien ? [...] Il nous a semblé qu'il fallait

26. À propos de journaux mathématiques intermédiaires en France et en Europe, voir (Ehrhardt 2018). En France, ces journaux sont particulièrement destinés aux élèves de classes préparatoires et leurs professeurs.

27. Il s'agit d'une estimation établie à partir de la consultation de la base données de l'*Annuaire*, dont la numérisation a été entreprise dans le cadre du projet ProsopoMaths dirigé par Laurent Rollet : http://prosopomaths.ahp-numerique.fr/annuaire-laisant.

> ici se montrer très large, et comprendre sous cette dénomination : 1° Les membres de toutes les sociétés mathématiques, ou, dans les sociétés scientifiques d'ordre général, ceux qui en font partie comme représentants la science mathématique (en incluant l'astronomie). 2° Les auteurs ayant publié, dans un recueil ou sous forme d'ouvrages, des travaux mathématiques originaux, et non pas de simples solutions d'élèves. 3° Les personnes qui, par leurs fonctions, sont appelées à enseigner spécialement la science mathématique, ou l'une de ses branches, quel que soit le degré de l'enseignement. (Laisant & Bühl 1902, p. IV)

Je retiendrai deux facteurs, pour ce qui est de l'inclusion des femmes dans cet annuaire : un lien à la professionnalisation somme toute très lâche et la prise en compte de l'astronomie. Ainsi, j'ai constaté qu'il n'y a, pour la plupart des femmes domiciliées en France, aucune indication de statut professionnel ni de lieu d'exercice mais seulement la mention d'une appartenance à une société, le plus souvent la Société astronomique de France de Camille Flammarion. La situation n'est pas tout à fait la même hors de France, où j'ai relevé beaucoup plus d'enseignantes. Savoir qui sont ces centaines de « mathématiciennes » répertoriées dans l'*Annuaire* se heurte à une difficulté majeure déjà relevée. Pour la très grande majorité de ces femmes, à la différence de la très grande majorité des hommes présents dans l'*Annuaire*, l'absence de statut professionnel et de lieu d'exercice illustre l'absence de traces pour les suivre et renvoie au problème des sources.

La thèse récente de Samson Duran sur les géométries étatsuniennes de 1888 à 1920, à partir de l'étude des acteurs et des actrices de l'American Mathematical Society (AMS), offre un aperçu d'une réalité autre que celle de la France et propose, dans sa conclusion, quelques réflexions historiographiques sur les biais produits par les discriminations de genre à l'AMS (Duran 2019, p. 318–321). À la différence de la Société mathématique de France, l'AMS compte des femmes dans ses rangs, même si elles ne sont proportionnellement pas nombreuses. S'intéressant aux lieux où se joue le pouvoir institutionnel et scientifique, en particulier aux deux périodiques de l'AMS[28], Samson Duran montre que la présence des femmes, bien qu'effective, est sévèrement discriminée en fonction de l'importance accordée aux différentes responsabilités. Ainsi la très grande majorité des acteurs qu'il a été amené à étudier sont des hommes dont le parcours, dès leur formation, est marqué par ce fait. Cela, même s'il existe alors aux États-Unis, contrairement à la France, des collèges[29] et des universités mixtes ainsi que des collèges féminins. Il s'interroge alors sur la dimension genrée des activités qu'il a étudiées et sur les termes qu'il a employés en qualifiant d'étatsuniennes des géométries produites uniquement par des hommes. Qu'aurait donné, demande-t-il, la prise en compte de savoirs

28. Il s'agit du *Bulletin of the AMS* et des *Transactions of the AMS*.
29. Au sens anglo-saxon.

et d'activités géométriques existant en dehors de ces cerces dominants de l'AMS ? Il aurait fallu, conclut-il, traiter d'autres lieux que l'AMS, d'autres productions que celles parues dans ses deux journaux, il aurait fallu d'autres questionnements, d'autres sources.

4 Aujourd'hui ? Le classement de Leiden 2019

Les classements dans l'ESR sont l'objet depuis une quinzaine d'années de nombreuses recherches dans le champ de la sociologie et celui des études politiques, dont je me suis nourrie avec intérêt pour mes enseignements sur l'histoire de l'université hier et aujourd'hui comme pour mes engagements militants dans le cadre de l'ESR[30]. Parmi ces classements des universités à partir de leur production scientifique, le CWTS Leiden Ranking 2019 a attiré mon attention en raison d'une dimension toute particulière en lien avec la question Femmes, Savoirs et Pouvoirs. Sa sortie au printemps 2019 a été orchestrée autour de la mise en avant de deux nouveaux indicateurs dont le « Gender diversity » appliqué à la « mesure » des publications des universités. Celui-ci a fait l'objet d'une analyse critique fort instructive[31], dont j'ai tiré les éléments qui suivent afin de prolonger à aujourd'hui la réflexion sur la place des femmes dans la presse mathématique.

4.1 Mesurer le *gender gap* : le choix de l'équité plutôt que de la parité ?

Tout classement pose la question du *benchmark*[32]. Ce mot, d'usage courant dans le monde des affaires, résulte de la substantivation du verbe anglais *to benchmark*, qui signifie évaluer par comparaison avec un modèle, un étalon, une norme extérieure. Le *benchmark*, c'est le point de référence. Étymologiquement, le *bench* désigne la marque taillée dans la pierre par l'arpenteur géomètre pour fixer son équipement de mesure[33]. Le choix du point de référence dans la définition d'un indicateur est ainsi crucial, ce que ne manquent pas de souligner Cassidy Sugimoto et Vincent Larivière. Celui adopté par l'université de Leiden est la parité 50/50 dans les publications des chercheurs d'une université, l'indicateur opérant toutes disciplines confondues. Il s'agit d'abord d'identifier le genre d'une publication, si je peux oser cette formulation. L'algorithme du classement de Leiden le déduit du prénom des auteurs ou des autrices avec un succès très inégal en fonction des pays, une limite supplémentaire de cette

30. Sans tenter d'en donner un aperçu, je ne citerai ici que les analyses pionnières d'Isabelle Bruno et son article, déjà ancien, « Le temps des « chercheurs-entrepreneurs : sens et pouvoir du *benchmarking* dans l'espace européen de la recherche » (Bruno 2009). Elle y considère l'apparente neutralité et les effets de l'outil managérial qu'est le *benchmarking* dont il va être question dans cette partie.

31. Il s'agit de l'article de Cassidy Sugimoto et Vincent Larivière, « Indicators for social good » (Sugimoto & Larivière 2019), publié sur le blog du Centre for Science and Technology Studies (Leiden University), le centre où est produit ce classement.

32. J'utiliserai ce mot anglais, utilisé dans les articles en français, qui peut aussi être traduit par étalon ou référence.

33. Cette définition est empruntée à (Bruno & Didier 2013, p. 9).

méthode d'identification ; il n'a ainsi pu assigner un genre à 16 % des presque 4500 auteurs recensés. Il s'agit ensuite d'évaluer puis de classer les universités. Ce classement identifie une « parity zone », dix points au-dessus ou en dessous de la stricte parité Femmes/ Hommes dans les signataires d'articles de toute une université. Les résultats obtenus, s'ils sont attendus, n'en sont pas moins saisissants : seules 15 des 863 universités classées (soit 2 %) sont au-dessus de cette zone de parité[34], 115 (13 %) étant dans la zone ainsi définie. Globalement ce sont les institutions d'Europe de l'Est et d'Amérique du Sud qui sont les plus proches de la parité. En France, seulement 4 % des universités classées sont dans la zone de parité, de même pour la Grande Bretagne et le Canada, le pourcentage étant de 7 % pour les États-Unis, 0 % pour l'Allemagne.

Mais ce *benchmark* a deux biais critiquables pour les auteurs de l'article dans la mesure où il ne tient pas compte du profil disciplinaire des institutions et a pour cible la « true parity » (50/50) :

> This may be ideologically sound, but could lead to criticism, as the indicator disfavors many prestigious technical institutions. Skeptics might claim that the gender indicator is meaningless, and reflects disciplinary focus rather than gender disparities. (Sugimoto & Larivière 2019)

Un premier argument avancé contre le recours à la parité vraie tient à ce que les femmes ne représentent pas la moitié de la « scientific workforce » contrairement à leur pourcentage dans la société, argument si souvent entendu dans les milieux de l'ESR à propos de l'usage de la parité dans diverses instances scientifiques[35]. Elles ne sont aujourd'hui, tous secteurs de R&D confondus, que 28,8 % des chercheurs selon les chiffres de l'UNESCO (UNESCO 2018). Proportion qui, de plus, et c'est le second argument avancé, varie fortement selon les disciplines. Sur la population d'auteurs des 853 universités prises en compte dans le classement de Leiden, la proportion d'autrices va de 14,6 % en mathématiques et informatique à 42,3 % en sciences humaines et sociales.

Les auteurs proposent ainsi un autre principe de classement. Ils construisent a « field-normalized gender authorship index » qui compare, pour chaque champ, la proportion d'autrices d'une institution donnée à la valeur attendue pour ce champ (i.e., 14,6 % en mathématiques et informatique). Les scores obtenus sont alors agrégés au niveau de l'institution, pondérés par le nombre d'articles publiés dans chacun des champs. Ainsi, un score inférieur à 1 signifie que l'institution a moins d'autrices que ne le laisserait supposer sa composition disciplinaire. Les effets du choix de cette méthode de normalisation peuvent être spectaculaires. Pour la France, alors que seulement 4 % des établissements

34. Il y en a six en Pologne, trois au Brésil, deux en Serbie, deux en Thaïlande et une en Argentine et au Portugal.

35. On peut par exemple citer l'analyse qu'en fait Élise Lemercier dans son article « À l'université, les dessous d'un consensus apparent » (Lemercier 2015).

considérés étaient dans la zone de parité, 92 % obtiennent des taux d'autrices supérieurs à la moyenne avec ce nouveau *benchmark*.

Ce qui, à cette aune, pourrait apparaître comme un bon score quant à la place des femmes correspond en fait à une visée toute différente de celle de la parité. Dans un débat, qui là encore n'a rien de nouveau et n'est pas réservé aux seules questions de genre, les auteurs promeuvent en effet l'équité contre l'égalité, c'est à dire ici contre la parité. Si l'égalité est le fait de ne pas présenter de différence du point de vue quantitatif, l'équité consiste à donner à chacun ce à quoi il a droit. Rechercher la parité, dans un principe d'égalité, provoquerait une dévalorisation des activités concernées dans la mesure où, ajoutent-ils, il y a une forte relation entre la concentration des ressources et le capital symbolique dans les pays, champs et institutions avec une forte proportion d'hommes. En revanche, viser ce à quoi les femmes devraient avoir droit dans leurs champs disciplinaires respectifs, soit 14,6 % pour les mathématiciennes et les informaticiennes, permettrait de réduire les inégalités de genre sans causer de dommage... aux hommes.

4.2 *Gender for social good*

L'article de Cassidy Sugimoto et Vincent Larivière commence par un constat qu'on peut s'étonner de trouver sur le site du CWTS, auteur du classement de Leiden : « University rankings are a strong byproduct of the neoliberal university ». Ils servent en effet, expliquent les auteurs, à concentrer les ressources et perpétuer l'effet Matthieu[36] en sciences, sauf que... le classement de Leiden ne tomberait pas dans ce travers pour qui sait l'utiliser de façon responsable, selon les principes définis par le CWTS[37]. Les deux nouveaux indicateurs de la version 2019 sont d'ailleurs qualifiés d'« indicators for social good », nous serions très loin du néolibéralisme.

À quelles fins en effet promouvoir les bonnes pratiques que devrait permettre l'indicateur « gender diversity » portant sur les publications ? La réponse des auteurs est présentée en conclusion de leur article : « Diversity in the scientific workforce leads to better science and the increased health and well-being of society ». J'y relèverai deux arguments intriqués. Le premier a trait au mot diversité. S'il est vrai que la diversité des approches, des méthodes, leur confrontation est une richesse dans la recherche – souvent mise à mal aujourd'hui dans les contraintes de la recherche sur projets pilotée à court terme –, assigner cette diversité à la question du genre me semble un biais particulièrement insidieux. Les scientifiques femmes incarneraient ainsi une altérité scientifique, renvoyant de façon plus globale au propre des femmes qui

36. « The Matthew effect may serve to heighten the visibility of contributions to science by scientists of acknowledged standing and to reduce the visibility of contributions by authors who are less well known » (Merton 1968, p. 56).

37. Pour ces principes voir sur le site du CWTS : https://www.leidenranking.com/information/responsibleuse.

serait d'être autres, particulières[38], y compris donc sur le terrain scientifique. Une altérité, contradictoire avec l'égalité dans la mesure où il s'agit d'une altérité non réciproque, par rapport à une norme, le scientifique homme, apparaissant comme la norme établie et neutre. Ce n'est pas la question de l'égalité Femmes/Hommes qui est ainsi mise en avant ici, ce que montre également le second argument. Le premier but de cette diversité n'est pas la justice mais l'efficacité. « Equity in science is good for the institutions, for science, and for society » est la dernière phrase de l'article. Cet indicateur, en s'apparentant à une sorte de féminisme de marché[39], ne serait-il pas finalement lui aussi, avec le classement qui le promeut, un sous-produit du néolibéralisme ?

5 Conclusion

Est-il possible, sur le long terme, de tirer quelque conclusion pertinente de ces différentes études de cas qui se déploient sur trois siècles alors même que nos trois termes Femmes, Mathématiques, Journaux recouvrent, sur cette durée, des réalités bien différentes ? J'en proposerai néanmoins une. À toutes les périodes que nous avons considérées, nous trouvons un lien étroit entre, d'une part, la place des femmes dans la presse mathématique et, d'autre part, leur intégration, ou non, aux milieux professionnels liés à des pratiques des mathématiques, que ce soit, les artisans, arpenteurs, marins de l'Angleterre au XVIIIe ou les instituteurs des Pays-Bas au XVIIIe, l'enseignement des mathématiques ou la recherche académique au XIXe siècle et dans les premières décennies du XXe, en France mais aussi aux États-Unis. L'exclusion des femmes de ces sphères professionnelles jusqu'au milieu du XXe siècle a accentué d'autant plus leur absence ou marginalité dans la presse mathématique que celle-ci a été fortement, et de plus en plus, adossée à des institutions – établissements d'enseignement, sociétés savantes – dont elles étaient également exclues ou marginalisées. Aujourd'hui également la faible part des femmes dans le monde professionnel de la « mathematic workforce » est bien une des causes de leur faible place effective dans les publications, elle peut même, nous l'avons vu, servir à la légitimer.

Cette dimension professionnelle des questions de discrimination de genre me permet de présenter une dernière conclusion plus politique qu'historique, reprenant le dernier des questionnements que j'ai énoncés dans mon introduction : s'il faut certainement revendiquer une présence des femmes plus importante dans la presse mathématique, tant elle a été et demeure faible, une question est de savoir à quelles fins. Les questions d'égalité Femmes/Hommes dans le travail sont aujourd'hui portées très diversement par nombre d'associations dans les milieux universitaires et les professions intellectuelles ou cadres supérieurs. Il me semble, pour en rester à la presse, que l'enjeu ne saurait être la parité entre

38. Je renvoie par exemple, parmi une immense littérature, à l'article de Réjane Sénac, « Partage du pouvoir : du sexisme constituant à la parité inachevée » (Sénac 2012).

39. Sur cette notion voir par exemple l'article de Sophie Pochic, « Féminisme de marché et égalité élitiste ? » (Pochic 2018).

autrices et auteurs dans un monde de la recherche où continuerait de régner le dogme du « publish or perish » et des facteurs d'impact des revues et des individus. Les exigences de parité, d'égalité questionnent ainsi plus sévèrement encore les normes de réussite[40] et les valeurs du modèle dominant aujourd'hui dans l'ESR.

Bibliographie

Albree, J. & Brown, S. H. (2009). "A valuable monument of mathematical genius" : *The Ladies' Diary* (1704-1840). *Historia Mathematica*, 36(1), 10–47, doi :10.1016/j.hm.2008.09.005.

Bilodeau, B. (2003). La première lauréate de l'agrégation des mathématiques, Mademoiselle Liouba Bortniker, en 1885. *Bulletin de l'APMEP*, 447, 472–477.

Bortniker, L. (1887). Sur un genre particulier de transformations homographiques. *Comptes rendus de l'Académie des sciences*, 104, 771–773.

Bortniker, L. (1888). Sur la théorie des cyclides. *Comptes rendus de l'Académie des sciences*, 106, 824–829.

Boucard, J. (2020). Arithmetic and memorial practices by and around Sophie Germain in the 19th century. In E. Kaufholz-Soldat & N. M. R. Oswald (éd.) *Against All Odds : Women's Ways to Mathematical Research Since 1800*, Cham : Springer International Publishing, 185–230, doi :10.1007/978-3-030-47610-6_7.

Brasseur, R. (2011). Liouba Bortniker. *Gazette des mathématiciens*, 129, 51–68.

Bret, P. (2014). Réintégrer les femmes dans la République des sciences. In *Femmes de sciences de l'Antiquité au* XIXe *siècle. Réalités et représentations*, Dijon : Éditions universitaires de Dijon.

Bruno, I. (2009). Le temps des « chercheurs-entrepreneurs » : sens et pouvoir du benchmarking dans l'espace européen de la recherche. *Quaderni*, 69, 93–104.

Bruno, I. & Didier, E. (2013). *Benchmarking, l'État sous pression statistique.* Zones, Paris : La Découverte.

40. Voir, par exemple, l'étude menée par Sophie Lhenry à partir de différentes enquêtes sur la norme masculine de réussite, qu'elle conclut ainsi : « Il n'est donc pas seulement question de faire en sorte que les femmes « aient de l'ambition » ou de les rendre « plus disponibles » pour améliorer le ratio femmes/ hommes au plus haut niveau, mais plutôt d'amener l'institution à s'interroger sur la manière dont elle pourrait proposer un autre modèle de réussite [...] » (Lhenry 2016, p. 116).

Chervel, A. (2015). Les agrégés de l'enseignement secondaire. Répertoire 1809-1960. [en ligne]. URL http://rhe.ish-lyon.cnrs.fr/?q=agregsecondaire_laureats.

Costa, S. (2002). *The Ladies' Diary* : Gender, mathematics, and civil society in early eighteenth-century England. *Osiris*, 17, 49–73.

Darboux, G. (1887). Remarques sur la Communication précédente. *Comptes rendus de l'Académie des sciences*, 104, 773–777.

Despeaux, S. (2019). Un journal mathématique original, le *Ladies' Diary* (1704-1840). *Images des mathématiques*, avril, [en ligne]. URL http://images.math.cnrs.fr/Un-journal-mathematique-original-le-Ladies-Diary-1704-1840.html#COS02.

Duran, S. (2019). *Des géométries étatsuniennes à partir de l'étude de l'American Mathematical Society : 1888-1920.* Thèse de doctorat, Université Paris-Sud. Sous la direction de H. Gispert et R. Chorlay.

Ehrhardt, C. (2018). A locus for transnational exchanges : European mathematical journals for students and teachers 1860s-1914. *Historia Mathematica*, 45, 376–394.

Gispert, H. (2015). *La France mathématique de la Troisième République avant la Grande Guerre.* Paris : SMF.

Hulin, N. (2008). *Les Femmes, l'enseignement et les sciences – Un long cheminement (*XIXe-XXe *siècle).* Paris : L'Harmattan.

Kowalevski, S. (1884a). Sur la propagation de la lumière dans un milieu cristallisé – Note de Mme Sophie Kowalevski, présentée par M. Hermite. *Comptes rendus de l'Académie des sciences*, 98, 356–357.

Kowalevski, S. (1884b). Über die Reduction einer bestimmten Klasse Abel'scher Integrale 3ten Ranges auf elliptische Integrale. *Acta Mathematica*, 4(1), 393–414, doi :10.1007/BF02418424.

Kowalevski, S. (1890). Mémoire sur un cas particulier du problème de la rotation d'un corps pesant autour d'un point fixe, ou l'intégration s'effectue à l'aide de fonctions ultraelliptiques du temps. *Recueil des savants étrangers*, 31, 1–62.

Krüger, J. (2018). *Un journal mathématique néerlandais au* XVIIIe *siècle – Le Passe-Temps mathématique [1754-1769].* Images des Mathématiques, CNRS. [Digital publication]. URL http://images.math.cnrs.fr/Un-journal-mathematique-neerlandais-au-XVIIIe-siecle-Le-Passe-Temps.html.

Laisant, C.-A. & Bühl, A. (1902). *Annuaire des mathématiciens (1901-1902)*, Paris : Naud, chap. Préface. I–VIII.

Lemercier, E. (2015). À l'Université, les dessous d'un consensus apparent. *Travail, genre et sociétés*, 34(2), 175–180.

Lémonon, I. (2019). *La Savante des Lumières françaises histoire d'une persona : pratiques, représentations, espaces et réseaux.* Thèse de doctorat, École des Hautes Études en Sciences Sociales. Sous la direction de Jeanne Peiffer.

Lhenry, S. (2016). Les enseignantes chercheuses et la norme masculine de réussite. In R. Rogers & P. Molinier (éd.) *Les Femmes dans le monde académique, perspectives comparatives*, Rennes : Presses universitaires de Rennes, 107–118.

Merton, R. K. (1968). The Matthew effect in science. *Science*, 159(3810), 56–63, doi :10.1126/science.159.3810.56.

Perl, T. (1979). *The Ladies' Diary* or Woman's Almanack, 1704–1841. *Historia Mathematica*, 6, 36–53.

Pochic, S. (2018). Féminisme de marché et égalité élitiste ? In M. Maruani (éd.) *Je travaille, donc je suis. Perspectives féministes*, Paris : La Découverte, 42–52.

Sénac, R. (2012). Partage du pouvoir : du sexisme constituant à la parité inachevée. In S. Dauphin & R. Sénac (éd.) *Femmes-hommes : penser l'égalité*, Paris : Études de la documentation française, 121–133.

Sugimoto, C. & Larivière, V. (2019). Indicators for social good. URL https://www.cwts.nl/blog?article=n-r2w2c4&title=indicators-for-social-good.

UNESCO (2018). Women in Science, The Gender Gap in Science. Fact Sheet No. 51. URL http://uis.unesco.org/sites/default/files/documents/fs51-women-in-science-2018-en.pdf.

Wallis, R. V. & Wallis, P. J. (1980). Female philomaths. *Historia Mathematica*, 7, 57–64.

Hélène Gispert
GHDSO – Études sur les sciences et les techniques (UR EST)
Université Paris Saclay
helene.gispert@universite-paris-saclay.fr

Écureuil pragmatiste, intuition bergsonienne et explications mécanistes. Le dernier témoignage du mathématicien Henri Poincaré (1854-1912) sur la philosophie de Poincaré

JULES HENRI GREBER

1 Introduction

Tandis que les intellectuels rassemblés autour de la *Revue de métaphysique et de morale* perdaient en 1912 « celui dont le nom était comme le symbole de la science elle-même » (Léon 1912, p. 1)[1], la Société d'études philosophiques faisait paraître chez l'imprimeur-libraire Gauthier-Villars un ouvrage de plus de 350 pages, rédigé par Émile Steinilber et intitulé *Essai critique sur les idées philosophiques contemporaines* (Steinilber 1912). Partisan déclaré de l'anti-intellectualisme d'inspiration bergsonienne, Steinilber entend présenter et examiner les différentes figures et formes du pragmatisme à travers les problématiques épistémologiques et cosmologiques liées aux concepts de vérité (pragmatistes contre intellectualistes), de matière (énergétistes contre mécanistes), de vie (néo-vitalistes contre mécanistes), de psycho-physiologie (psychologie qualitative bergsonienne contre psychologie expérimentale) et de liberté (morale sociologique contre morale philosophique).

1. Fondée en 1893 par Xavier Léon (1868-1935) la *Revue de métaphysique et de morale* a, dès son article programmatique, manifesté sa volonté de rapprocher l'investigation philosophique des sciences mathématiques, *ce grand art aux ressources inépuisables* (Darlu 1893). Afin d'obtenir des études méthodologiques et épistémologiques sur ces sciences, Léon s'est assuré, par l'intermédiaire du philosophe Émile Boutroux, beau-frère de Poincaré, la collaboration et le concours du mathématicien. En retour, le périodique a joué un rôle de premier plan dans le processus d'intégration de Poincaré à la communauté des philosophes et participé à la construction de son identité philosophique. Ainsi, « sans elle (...) tels de ses livres n'auraient peut-être pas été écrits qui ont tant servi à populariser sa gloire. » (Léon 1912, p. 1). Pour une étude historiographique de ces phénomènes, voir (Rollet 2000) et (Soulié 2009, p. 213–227).

P.-E. Bour, M. Rebuschi & L. Rollet (eds.), *Sciences, Circulations, Révolutions, 401–414.*

Véritable phénomène massif et sujet à la mode à la Belle époque[2], le pragmatisme a suscité un certain engouement académique et mondain chez les intellectuels (scientifiques, philosophes, publicistes, amateurs et mondains éclairés). Il occupe et structure, quantitativement et qualitativement, le devant de la scène éditoriale et intellectuelle de la philosophie française. Des ouvrages[3], des articles de fond, des discussions, des études critiques, des bulletins bibliographiques[4], des séances de la Société française de philosophie, des cours[5], des concours[6] et même un congrès international de philosophie[7] sont consacrés aux différentes variantes du pragmatisme (Pudal 2011a,b), (Fabiani 2014). Ces dernières ont ainsi fait leur entrée dans le champ légitime des objets philosophiques et trouvent des zélateurs et des adversaires qui alimentent de nombreux débats et controverses méthodologiques, conceptuelles et théoriques à travers les organes éditoriaux des différentes écoles philosophiques. La France a été ainsi au « moment 1900 » recouverte par un *raz-de-marée pragmatiste* (Fabiani 2014) sur lequel semble surfer Steinilber.

En suivant un précepte méthodologique cher à Philippe[8] et selon lequel une recherche historiographique ne peut pas débuter par des considérations métaphysiques, mon objectif ici ne sera pas de proposer un commentaire raisonné et approfondi des thèses philosophiques entretenues ou discutées

2. Contrairement aux appréciations de certains philosophes d'obédience analytique pour qui le pragmatisme et ses variantes auraient été victimes d'une forme d'ostracisme intellectuel et institutionnel en France, les recherches historiques et sociologiques de Pudal (2011a,b) et Fabiani (2014) ont permis de réévaluer, nuancer et compléter certaines images historiographiques, produites jusqu'à présent, du mouvement pragmatiste en France. J'emprunte ici plusieurs éléments à ces études.

3. *Le pragmatisme* de Hébert en 1908, *Pragmatisme et modernisme* de Bourdeau en 1909, *William James* de Boutroux en 1911, *Un romantisme utilitaire* de Berthelot en 1911... Au total, plus d'une centaine d'ouvrages consacrés au pragmatisme est publiée sur le territoire français à la Belle époque. Il convient de rappeler que *La Valeur de la science* de Poincaré qui représente à l'époque et encore aujourd'hui un monument de l'épistémologie française, a été rédigé en réaction à l'anti-intellectualisme pragmatiste.

4. Dans la *Revue philosophique de la France et de l'étranger*, Pudal (2011a) recense 103 interventions liées au pragmatisme entre 1876 et 1912. Cette thématique envahit non seulement les pages des revues philosophiques spécialisés, mais aussi celles des revues mondaines.

5. À l'Université de Clermont-Ferrand, le philosophe des sciences Abel Rey (1873-1940) consacre son cours à des « études sur la philosophie des sciences : le pragmatisme ».

6. « De la valeur du pragmatisme comme doctrine religieuse » est mis en concours par l'Institut Catholique de Paris. Le « Pragmatisme. Origine, formes principales, et valeur de cette philosophie » est mis au concours par l'Académie des sciences morales et politiques.

7. Le IIIe Congrès international de philosophie qui s'est tenu à Heidelberg du 31 août au 5 septembre 1908 est considéré comme le « Congrès du pragmatisme » (Rey 1911).

8. « Ah non! On ne va pas commencer à faire de la métaphysique maintenant » . Dans un esprit poincaréen et épistémiquement opportuniste, nous sommes sûrement nombreux à avoir entendu Philippe prononcer cette phrase lors de nos réunions de travail. Une définition pragmatiste des sciences mathématiques s'est effectivement avérée beaucoup plus heuristique qu'une conception ontologique. Voir à ce sujet, le site dédié au projet Cirmath (Circulations des mathématiques dans et par les journaux : histoire, territoires et publics) : https ://cirmath.hypotheses.org.

par Steinilber au sujet du pragmatisme et des pragmatistes. Il s'agit plutôt d'esquisser une recherche biographique et bibliographique en cours et à laquelle, j'espère, Philippe saura apporter son aide comme il a su le faire à plusieurs reprises lors de mes études doctorales. Steinilber et son *Essai critique* constituent, il me semble, des objets historiographiques du type de ceux qui motivent et traversent de nombreuses études menées par Philippe au cours de sa carrière, en particulier celles ayant trait aux phénomènes de circulation dans et par les périodiques (Nabonnand *et al.* 2015), (Peiffer *et al.* 2018), (Greber & Nabonnand 2020), aux constructions biographiques (Nabonnand & Rollet 2012a) et, bien sûr, à Poincaré himself (Nabonnand 2005, 2008, Nabonnand & Rollet 2012b).

2 Une exception éditoriale : une entité culturelle en manque de circulation

Pour l'historien qui s'intéresse aux différents phénomènes de circulation (intellectuelle, matérielle, sociale, marchande...) des connaissances ainsi qu'à l'institutionnalisation et la professionnalisation des disciplines scientifiques et littéraires à la Belle époque, l'étude des rubriques bibliographiques proposées par les périodiques est un passage obligatoire[9]. Appareil critique des journaux où s'exercent une forme de police du discours scientifiques, philosophiques et littéraires, ces rubriques proposent un panorama du paysage intellectuel (Pluet-Despatin *et al.* 2002), un instantané d'un champ disciplinaire particulier (Soulié 2009). Véritables outils dans l'organisation et le développement d'un mouvement intellectuel ou d'une discipline (Muller 1994), elles représentent un canal principal de circulation emprunté par les livres qui y sont validés, discutés et diffusés. Elles accordent ainsi aux livres un permis de circulation sur le marché éditorial.

Alors que les ouvrages dédiés au pragmatisme et référencés dans les études de (Fabiani 2014) et (Pudal 2011a,b) ainsi que dans la base de John Shook[10], ont fait l'objet à la Belle époque de plusieurs comptes rendus et études critiques

9. Ces rubriques constituent, avec les institutions d'enseignements, les sociétés savantes, les congrès, les correspondances et les réseaux personnels, les différents espaces où se matérialisent principalement les phénomènes de circulation. Elles assurent et autorisent la communication, les échanges, les discussions et la validation des connaissances (Muller 1994). À titre d'exemple, elles ont été au centre des recherches menées dans le cadre du projet Cirmath. Les rubriques bibliographiques de l'*Enseignement mathématique*, du *Bulletin des sciences mathématiques* ou des *Nouvelles Annales de mathématiques*, ont été largement mises à contribution non seulement pour alimenter la base de données Cirmathdata, mais aussi pour cartographier et analyser à différentes échelles plusieurs phénomènes de circulation des sciences mathématiques dans et par les journaux mathématiques (Greber & Nabonnand 2020).

10. La base de données référence aussi bien les articles et les ouvrages que les recensions ou encore les comptes rendus de séances de congrès ou de colloques consacrés au pragmatisme sur la période 1898-1940. Elle est consultable en ligne : http ://www.pragmatism.org/research/prag_in_france.htm. L'*Essai critique* est cependant absent de la base.

dans les périodiques[11], l'*Essai critique* de Steinilber semble avoir fait l'objet d'une indifférence quasi-totale et d'un désintérêt manifeste de la part de la communauté philosophique.

Je suis parvenu à cette conclusion après avoir consulté et dépouillé systématiquement une trentaine de revues francophones. Représentant le réseau éditorial emprunté par les ouvrages philosophiques sur le territoire français, ce corpus rassemble les périodiques philosophiques spécialisés et plusieurs revues mondaines ou généralistes des sciences proposant régulièrement une rubrique philosophique (Greber 2014). Certaines, comme la *Revue néo-scolastique* ou la *Revue philosophique de la France et de l'étranger*, proposent même aux lecteurs des bulletins épistémologiques ou des revues générales exclusivement dédiés au mouvement pragmatiste. Pourtant, aucune d'entre elles[12] ne semble avoir assigné une zone de circulation et un parcours déterminé dans l'espace éditorial de la philosophie à l'ouvrage de Steinilber. Un résultat similaire a été obtenu en élargissant la focale d'approche aux articles de fond, discussions et ouvrages[13]. L'*Essai critique* ne figure tout simplement pas dans les réseaux et jeux de références des interventions consacrées de près ou de loin au mouvement pragmatiste.

On pourrait légitimement supposer que l'ouvrage a fait l'objet d'une censure. Mais, comme le rappellent (Muller 1994)] et (Soulié 2009), les rubriques bibliographiques endossent une fonction pédagogique préventive. Elles ont ainsi pour objectif non pas de censurer les ouvrages considérés comme mauvais ou contraires au savoir et à la pratique philosophiques, mais de manifester les règles de la méthode et de la recherche philosophiques à l'attention des candidats à l'entrée dans la communauté ou de rappeler à l'ordre ceux qui s'en écartent. À titre d'exemple, le physico-chimiste positiviste Marcel Boll (1886-1971) en charge de 1918 à 1925 de la rubrique « Autour de nos idées » de La revue positiviste internationale et à partir de 1926 de la rubrique « Le mouvement scientifique » du Mercure de France (Schöttler 2015) entretenait l'idée que « le rôle d'une chronique scientifique serait incomplet si, après avoir analysé les meilleurs ouvrages parus, elle ne mentionnait pas ceux qu'il convient de laisser pour compte aux éditeurs » (Boll 1922).

À l'heure actuelle, je ne dispose donc d'aucun élément pour expliquer cette absence quasi-totale de circulation[14]. Ce phénomène est d'autant plus singulier

11. Les rubriques bibliographiques ont ainsi largement contribué à la visibilité et à la diffusion du pragmatisme et de ses variantes sur le territoire français.

12. Seul le volume 20 de la *Revue néo-scolastique* indique avoir reçu l'ouvrage. Cependant, elle ne lui dédiera aucun compte-rendu par la suite.

13. Seul le travail bibliographique de (Mudge 1913) dédié aux œuvres de et sur Henri Bergson (1859-1941) référence l'ouvrage de Steinilber.

14. L'*Essai critique* est ainsi une véritable exception sur le marché éditorial de la philosophie. En effet, même les ouvrages philosophico-mathématiques d'Antoine Augustin Cournot (1801-1877) tels que *De l'origine et des limites de la correspondance entre l'algèbre et la géométrie* (1847) et l'*Essai sur les fondements de nos connaissances et sur les caractères de la critique philosophique* (1851), publiés à une époque où la communauté des philosophes

que l'imprimeur-libraire Gauthier-Villars est l'un des éditeurs majeurs sur le marché éditorial et dispose d'un large réseau de diffusion sur le territoire français. En outre, figure sur la première de couverture de l'ouvrage au-dessus des mentions de l'éditeur, un élément intriguant : « Édition de la Société d'études philosophiques ». Malgré des recherches récentes menées conjointement avec Norbert Verdier (2023) sur les sociétés savantes, aucune trace de cette société, de ses activités et de ses membres n'a été retrouvée. Elle est même absente de la base des sociétés savantes du comité des travaux historiques et scientifiques.

Délaissant alors un temps l'objet livresque « *Essai critique*... », je me suis tourné vers l'entité auteur « Émile Steinilber » en vue d'opérer une étude biographique. Quelle place occupait-il au sein des communautés intellectuelles en général, philosophiques en particulier ? Ses données biographiques peuvent-elles fournir des éléments pour comprendre la non-circulation de son *Essai critique* ? Ses autres publications ont-elles connu le même sort ?

3 Qui êtes-vous Mr. Steinilber ? Une identité sous-déterminée par les données biographiques

Malheureusement, Steinilber apparaît comme un bien mauvais candidat à la biographie et m'a mis face à la paucité des documents le concernant. À ma connaissance, il n'existe aucune notice nécrologique ou biographique dédiée à cet acteur et, à l'instar de son *Essai critique*, il est absent des réseaux philosophiques de la Belle époque. J'ai alors opéré une recherche « artisanale » en consultant les différents moteurs de recherche à la disposition des historiens[15]. Les résultats obtenus, forcément parcellaires et ne pouvant servir qu'à formuler des ébauches biographiques et indiquer quelques pistes de recherche, mettent en avant l'existence d'au moins trois Steinilber.

En premier lieu, la base des identifiants et référentiels pour l'enseignement supérieur et la recherche, le catalogue de la Bnf et le Sudoc associent l'entrée bibliographique « Essai critique sur... » à l'entrée biographique « Steinilber-Oberlin, Émile (1878-) ». Ainsi, après son *Essai critique*, notre acteur serait devenu orientaliste, spécialiste du Bouddhisme[16] et compterait à son actif plusieurs traductions de chansons, de haïku et de romans japonais parmi lesquels *Chansons des geishas* (1926), *Les notes de l'oreiller* (1928), *Drames*

professionnels se montrait hostile à la philosophie des sciences (Lévy Bruhl 1911), ont fait l'objet du vivant de Cournot de plusieurs comptes rendus dans les journaux politiques et littéraires et apparaissent dans quelques ouvrages philosophiques (Martin 2005). Cependant, cette circulation n'a pas pu empêcher à ces ouvrages de connaître un échec commercial. Alfred Espinas (1844-1822) rappelle à ce sujet que « l'éditeur de ses ouvrages, désespérant d'écouler un bon nombre d'exemplaires, les mit au pilon. » (Espinas 1909, p. 562).

15. Après avoir consulté en vain les Archives nationales, Laurent Rollet a mis en avant le fait que Steinilber est un véritable homme-mystère.

16. En 1930, il fait paraître une étude sur l'histoire et les doctrines philosophiques des sectes bouddhiques japonaises.

d'amour (1929)[17]. Contrairement à l'*Essai critique*, ses traductions apparaissent à l'époque dans plusieurs journaux mondains ou spécialisés dans l'étude de l'orient et font l'objet de plusieurs comptes rendus. Cependant, il n'est pas certain qu'une continuité ontologique persiste entre le Steinilber de l'*Essai critique* et le Steinilber-Oberlin des traductions. La seule mention philosophique présente dans l'activité éditoriale de l'orientaliste est un article inséré dans *France-Japon*, bulletin mensuel d'information du Comité franco-japonais de Tokio. Cet article discute les assertions formulées par Bergson dans *Les deux sources de la morale et de la religion* contre le Bouddhisme (Steinilber-Oberlin 1937).

Ensuite, une recherche plein texte réalisée sur Gallica permet d'identifier un Steinilber docteur en droit, avocat et homme politique[18]. Plusieurs journaux politiques et littéraires permettent alors de suivre certaines actions sociales, politiques et éditoriales de notre auteur.

Le Rappel du 23 décembre 1902 et *La liberté du 18 février 1908*[19] rapportent l'une des plaidoiries de Steinilber dans la défense d'un périodique républicain contre les poursuites de plusieurs hommes d'église à Gien :

> Les temps se font durs aux cléricaux ; la magistrature elle-même les abandonne. Deux cent quatre-vingt trois curés d'un département éloigné imaginèrent un jour de poursuivre en police correctionnelle, pour une erreur typographique, notre confère la *Vraie République*, de l'arrondissement de Gien. L'affaire était excellente : elle devait à la fois ruiner un journal républicain et enrichir les vicaires du dieu de pauvreté. On pouvait en conséquence se payer une petite fête. Un banquet fût préparé à Gien. Les chefs locaux du parti clérical répétaient avec ardeur les discours réactionnaires qu'ils devaient débiter au champagne quand... Le tribunal, après une

17. Heureuse coïncidence, au moins l'un des textes traduits par Steinilber-Oberlin a été lu et apprécié par Philippe.

18. Sous-chef puis chef-adjoint du cabinet du ministre de l'Instruction publique et chef de cabinet du Président de la Chambre des députés dans les années 1900, notre auteur se présente à plusieurs élections entre 1905 et 1910. *Le Figaro* du 14 juillet 1917 indique que Steinilber commissaire du gouvernement près le conseil de préfecture de la Seine, est nommé conseiller de préfecture de la Seine pour la durée de la guerre.

19. De 1905 à 1910, *La Liberté* dédie plusieurs pages critiques à l'égard de Steinilber le politicien. Le 17 juin 1905, s'interrogeant sur le rôle et l'utilité des personnages que chaque ministre attache à son cabinet (chef, sous-chef, chef-adjoint, chef de secrétariat, sous-chef de secrétariat, etc.), le journal s'attaque à Steinilber, *bon fonctionnaire du cabinet Rouvier et propagandiste de la politique combiste*. Le 18 février 1908, dans un article complet consacré à Steinilber, *La Liberté* le présente comme l'éminence grise du vénéré président de la Chambre des Députés Mr. Henri Brisson et le considère comme un Père Joseph Laïque. Le 15 avril 1910, on lui reproche non seulement de faire figurer sur les bulletins de vote, et contre les exigences de M. Briand, président du conseil, son titre de Chef de Cabinet du Président de la Chambre des Députés, Candidat des Républicains, mais aussi de se livrer à une tentative caractérisée de pression officielle. Deux jours plus tard, le journal désigne Steinilber comme un cumulard.

> brillante plaidoirie de Mr. Steinilber, du barreau de Paris, leur joua le mauvais tour de se déclarer incompétent. Adieu discours, champagne, banquet et beaux écus ; il fallût se contenter de dévorer sa rage. Pauvres magistrats, quelle n'a pas été votre bévue ! Vous croyez avoir été juges, vous n'avez été que des apaches. La bonne presse vous le fera savoir. – M. J.[Le Rappel]
>
> Le public charmé applaudit ; des adversaires, les larmes aux yeux, venaient féliciter l'orateur ; sur la place des milliers de poitrines criaient : « Vive la République ! » [La Liberté]

Le Rappel du 15 décembre 1903 informe ses lecteurs que Steinilber est rédacteur en chef de *Pour la République*, véritable organe du « bloc » des Jeunesses républicaines dont l'objectif est d'organiser des conférences et de mener le bon combat partout il faudra. Le 29 octobre 1905, *Le Rappel* indique que notre auteur est en charge de la direction politique de *l'Echo du Xe*, journal hebdomadaire d'union républicaine fondé par un groupe de militants.

L'Humanité rend favorablement compte de plusieurs articles de Steinilber. Le numéro du 10 octobre 1905 renvoie le lecteur à *une très belle étude historique de M. E. Steinilber sur la société chrétienne et l'ancien régime* insérée dans *La Raison*, et le numéro du 07 novembre 1906 remercie le camarade et confrère « M. E. Steinilber, qui, dans les *Annales de la Jeunesse laïque*, dit excellemment les raisons qu'ont les républicains, même non socialistes, de soutenir, avec *L'Humanité*, le droit de penser. » Dans *Le Socialiste du Gers : organe hebdomadaire de la Fédération socialiste* du 10 juillet 1910, Steinilber publie « Sinistres farceurs » où il défend les droits à la retraite des ouvriers.

De 1903 à 1905, *L'Aurore*, *La Lanterne*, *L'Humanité*, *La Fronde* référencent plusieurs conférences publiques et gratuites données par Steinilber en tant que chef-adjoint du cabinet de M. le Ministre de l'instruction publique et des cultes, membre de la Société des libres penseurs socialistes du quatrième arrondissement, président de la Jeunesse républicaine du Xe arrondissement : « L'avenir légal des syndicats », « Exposé des tendances contraires du nationalisme et de la démocratie[20] », « Pour la République » en 1903, « l'idée laïque devant la Jeunesse », « La Séparation des Églises et de l'état », « la Situation politique », « La démocratie laïque » en 1904, « La pensée religieuse et la pensée libre à travers l'histoire », « La lutte pour l'affranchissement de la conscience et l'heure présente », « La loi des accidents du travail » en 1905.

Contrairement au Steinilber orientaliste, ce Steinilber présente une activité philosophique. *L'Aurore* du 31 novembre 1904 discute[21] un article de notre

20. *La Fronde* du 21 janvier 1903 estime que Steinilber a donné un remarquable exposé des tendances contraires du nationalisme et de la démocratie lors de la première conférence de l'Union des étudiants républicains de France : « À la démocratie en marche qu'est la nôtre, s'oppose le nationalisme démagogique, gros de toutes les forces du passé. » Le jeune avocat constate avec satisfaction que le bon sens populaire a pris le dessus. La démocratie sort du nationalisme comme on sort d'un mauvais rêve. »

21. Cette discussion apparaît sous le titre « Zarathoustra Républicain ».

auteur inséré dans les *Annales de la jeunesse laïque* et au sein duquel il dénonce les moyens sommaires par lesquels l'aristocratie de son temps prétend accaparer à son profit les théories de Nieztsche. Steinilber tente alors de montrer que le philosophe allemand, jusqu'à présent considéré comme un individualiste, un aristocrate, un surhomme dont les conservateurs se sont emparés à l'envi pour l'enrôler dans leurs camps, peut être considéré comme un républicain, presque comme un socialiste. *Le Glaneur* du 14 novembre 1905 relève que Steinilber a publié dans les *Annales de la jeunesse laïque* un article intitulé « La philosophie scientifique de M. Poincaré et les Cléricaux ». Ce dernier s'oppose à l'utilisation par les penseurs et la presse catholiques[22] des idées de Poincaré et entend montrer que la thèse poincaréenne de la relativité des vérités scientifiques ne peut servir de soutien à la religion et à la métaphysique chrétiennes.

Enfin, dans la correspondance du poète et romancier Max Jacob (1876-1944) avec la courtisane Liane de Pougy (1869-1950) (Jacob & Reinach 1980), un Émile Steinilber est mentionné à deux reprises dans des lettres datant de février 1920. Il est identifié comme professeur de philosophie proche des milieux artistiques et des cercles littéraires « qui a l'air d'un juif de Rembrandt, un peu malade mais très tendre. Il a le genre intellectuel d'avant la guerre » (Jacob & Reinach 1980, p. 14). Jacob lui reproche d'ailleurs de ne comprendre que Bergson et d'en être resté au baccalauréat. Bien que ce Steinilber est un candidat sérieux pour prétendre être l'auteur de l'*Essai critique*, il n'est pas certain qu'il ait endossé la fonction de professeur de philosophie. En effet, il n'apparaît à aucun moment dans la base des agrégés de l'enseignement secondaire (répertoire 1809-1960) et celle des thèses de doctorat ès lettres soutenues en France de la fin du XVIIIe siècle à 1940.

Au-delà des défis historiographiques que constituent un ouvrage de la Belle époque sans permis de circulation et un acteur dont l'identité est sous-déterminée par les éléments biographiques, l'*Essai critique* et Steinilber présentent une particularité, celle de proposer la première interview philosophique et en même temps le dernier témoignage de Poincaré sur sa philosophie[23]. Absent des nombreuses études bibliographiques consacrées aux œuvres de et sur le mathématicien, le présent Festschrift en l'honneur de Philippe est une opportunité pour reproduire cet inédit poincaréen.

22. Ces derniers sont soucieux de ne pas voir les résultats de la science empiéter sur les vérités de la théologie et de la foi. Les thèses de Poincaré assureraient, selon eux, l'autonomie de la philosophie naturelle et de la métaphysique chrétienne.

23. Dans un N.B. concluant l'introduction de son étude, Steinilber indique : « Qu'il nous soit permis de remercier, ici, tous ceux qui ont bien voulu, chacun en ce qui le concerne, nous fournir des éclaircissements ou nous communiquer des renseignements qui nous furent précieux ; en particulier MM. Henri Bergson, Henri Poincaré, E. Metchnikoff, Gustave Lebon, Painlevé, René Quinton, Le Dantec, Jules de Gaultier. » (Steinilber 1912, p. XIV). Ainsi, plusieurs témoignages inédits figurent dans cet ouvrage, en particulier celui de Bergson.

4 « Entretien de l'auteur avec M. Poincaré : situation du pragmatisme de Poincaré, en face du pragmatisme de W. James et de H. Bergson »

Il nous reste à situer d'une façon précise le pragmatisme de Poincaré au regard de celui de W. James et d'Henri Bergson. Nous cédons la parole à M. Poincaré lui-même qui voulut bien fournir à l'auteur, sur ce point, de précieuses explications :

« Vis-à-vis de W. James, qui a échafaudé une théorie de la vérité, qui ne s'est pas contenté, comme H. Bergson, d'un appel à l'intuition, méthode toujours un peu déconcertante pour un savant, nous dit M. Poincaré, ma pensée est très nette : j'accepte son pragmatisme, mais pas totalement. Et ceci demande quelque précision ; vous connaissez l'histoire de l'écureuil racontée si drôlement par W. James : un écureuil est cramponné au tronc d'un arbre, tandis qu'un homme se tient de l'autre côté, en face, et cherche à l'apercevoir. Pour y arriver, notre spectateur humain se déplace rapidement autour de l'arbre ; mais quelle que soit sa vitesse, l'écureuil se déplace encore plus vite dans la direction opposée : toujours, il maintient l'arbre entre l'homme et lui, si bien que l'homme ne réussit pas une seule fois à l'entrevoir.

« De là ce problème : *l'homme tourne-t-il autour de l'écureuil ?* il tourne autour de l'arbre, bien entendu, l'écureuil est sur l'arbre, mais tourne-t-il autour de l'écureuil lui-même ? La discussion s'engage et les personnes présentes se divisent en deux camps sans pouvoir s'entendre.

« Qui de vous a raison ? s'écrie W. James. Cela ne dépend que de ce que vous entendez *pratiquement* par *tourner autour* de l'écureuil. S'il s'agit de passer, par rapport à lui, du Nord à l'Est, puis de l'Est au Sud, puis à l'Ouest, pour vous diriger de nouveau vers le Nord, toujours par rapport à lui, il est bien évident que notre homme tourne réellement autour de l'animal, car il occupe tour à tour ces quatre positions.

« Voulez-vous dire, au contraire, que l'homme se trouve d'abord en face de lui, puis à sa droite, puis derrière, puis à sa gauche, pour finir par se retrouver en face ? il est tout aussi évident que votre homme ne parvient pas du tout à tourner autour de l'écureuil. En effet, les mouvements du second de nos personnages compensent les mouvements du premier, de sorte que l'animal ne cesse, à aucun moment, d'avoir le ventre tourné vers l'homme et le dos tourné en sens contraire. Aussitôt faite, cette distinction met fin au débat. De part et d'autre, vous avez tort et vous avez raison, suivant que vous adoptez l'un ou l'autre de ces deux points de vue pragmatiques[24].

24. W. James, *Le Pragmatisme*, p. 56.

« Eh bien ! j'accepte le pragmatisme de W. James jusqu'à l'écureuil, si je puis dire : je ne vais pas plus loin. Plus loin, c'est ainsi que vous le dites, un pragmatisme moral, rien ne m'autorise à aller jusque-là : sans doute, une hypothèse vraie est celle qui se vérifie, mais il n'est pas légitime de dire, dans le même sens, que la religion, par exemple, est vraie, parce qu'elle vous console, ou encore de prétendre qu'une illusion est vraie, parce qu'elle réconforte ! Nous ne nous entendons plus, ici, sur le sens même du mot vrai. Une illusion, pour moi, ne sera jamais une vérité. La vérité est une réalité, elle a une valeur propre, *elle a un corps.* J'ai dit que nous traduisions de la façon qui nous est la plus commode et comme pour économiser notre pensée. Je n'ai pas dit autre chose. Il faudrait se garder de croire, du moins à mon avis, que nous faisons la vérité. Celle-ci ne dépend pas de notre tempérament particulier et nous ne pouvons penser arbitrairement. Je crois donc que, sur ce point, au regard de la philosophie de W. James, ma pensée est précise : j'espère m'être fait comprendre clairement.

« Vis-à-vis de Bergson, la question est plus délicate, parce que je ne trouve pas chez lui, je ne crois pas du moins, trouver chez lui une conception très précise, une définition de la vérité. Sa philosophie est avant tout une méthode : la méthode intuitive. Or, je ne puis facilement juger une métaphysique. La méthode bergsonienne ne se meut pas sur le même plan que la science et M. Bergson le reconnaît lui-même. Entre les deux méthodes, je ne vois pas, pour ma part, de points de contact. Mais je reconnais qu'il est très légitime de se livrer aux spéculations métaphysiques. Chacun restant dans son domaine propre, le plus sage est de s'abstenir de se juger réciproquement : les points de vue sont d'ailleurs trop différents et la commune mesure manque. Cependant (est-ce bien justifié ce que je vais dire ? je ne l'assurerais pas) j'ai quelque appréhension : la philosophie de M. Bergson ne risque-t-elle pas d'entraîner à sa suite quelque conséquence fâcheuse, défavorable aux études scientifiques ? C'est l'exemple de Hegel qui me rend ainsi ombrageux, peut-être à tort. Vous savez quelle influence néfaste, lamentable, ont exercé, sur la recherche scientifique, les doctrines hégéliennes.... Mais je me hâte de dire que je mets M. Bergson bien au-dessus de Hegel ! ».

M. Poincaré n'est donc pas sans quelque crainte au sujet des conséquences possibles, pratiques de la philosophie bergsonienne. Mais celle-ci est avant tout une protestation contre les prétentions universelles du mécanisme : il était intéressant d'avoir, sur ce point, l'avis du grand mathématicien.

« Le mécanisme, me dit M. Poincaré, expliquera-t-il tout un jour ? Je ne crois pas que nous soyons en état de répondre à la question. Je n'en sais rien. Certains le prétendent, je le sais bien, mais leur attitude, en somme, n'est pas strictement scientifique. Sans doute, à l'appui de leur foi, ils peuvent invoquer le succès croissant des explications mécanistiques. Cependant, il est des faits qui font réfléchir, qui nous arrêtent dans notre élan et nous engagent à la réserve : en Biologie, par exemple, je constate qu'il y a quelque chose de plus dans l'ensemble de l'être que ne donnerait l'addition de chacune de ses parties, à l'inverse de ce qui se passe dans les corps inertes, même les plus complexes. Suis-je donc vitaliste pour avoir fait cette constatation ? Pas le moins du monde. Je regarde, j'observe, je m'instruis, et tout ce que je puis dire, c'est que l'expérience ne me dit pas que tout est réductible ou que quelque chose n'est pas réductible à l'explication mécaniste. Cette expectative me paraît devoir s'imposer aux savants qui devront continuer leurs travaux, par tous les moyens, sans dédaigner aucune hypothèse (mécanisme, énergétique, par exemple), pourvu que celle-ci s'offre à nous comme un bon instrument de recherche.

« Préciser la place que la contingence, la liberté, si vous voulez, peut occuper dans la réalité m'obligerait à sortir des données de l'expérience. Il semble qu'il y ait de la liberté dans l'univers. Vous me demandez si cette liberté que nous croyons voir dépend de notre imperfection à saisir, par le détail, tout le mécanisme du problème, ou si elle est réellement dans la nature, si je vais jusqu'à Boutroux. Ici encore, je m'arrête en chemin, tout ce que je puis dire c'est ceci : tant qu'il restera quelque chose à connaître, il y aura une marge possible pour la liberté, jusque-là on ne peut affirmer que tout est réductible au mécanisme.

« Mais le jour où tout sera connu, en supposant cette hypothèse réalisable, *il n'y aura plus de Science.* La Science n'existe, on ne l'a peut-être pas assez vu ou assez dit, qu'autant qu'il subsiste un hiatus entre le connaissant et l'objet à connaître, connu partiellement. C'est dire qu'en fait tout se passe comme s'il y avait de la liberté. Des hypothèses plus avancées je n'en fais point et ne veux point en faire et ne puis scientifiquement en faire, tout en reconnaissant qu'il est parfaitement légitime, pour le philosophe, de se hasarder davantage ». (Steinilber 1912, p. 35–38)

5 Quelques mots pour une fin temporaire

En continuant à suivre les préceptes du pragmatisme méthodologique propre à Philippe, nous espérons un jour obtenir d'autres éléments biographiques et bibliographiques sur Steinilber. Et si, malheureusement, nous sommes condamnés à tourner autour de l'arbre de la connaissance sans jamais réussir à entrevoir ces éléments, nous serons toujours libres d'hasarder et de formuler, de façon artisanale, des hypothèses au sujet de cet acteur et de continuer, indéfiniment et sans jamais s'arrêter en chemin, à mener nos enquêtes historiographiques. C'est cette liberté épistémique qui semble intuitivement constituer la condition de possibilité fondamentale de la recherche en histoire des sciences telle que Philippe l'a pratiquée et continuera à la pratiquer.

Bibliographie

Boll, M. (1922). Autour de nos idées. *La Revue positiviste internationale*, 34–39.

Darlu, A. (1893). Introduction. *Revue de métaphysique et de morale*, 1(1), 1–5, doi :10.2307/40891440.

Espinas, A. (1909). Cournot et la renaissance du probabilisme au XIXe siècle, par F. Mentré. *Séances et travaux de l'Académie des sciences morales et politiques : Compte rendu*, 71, 562–571.

Fabiani, J.-L. (2014). Le pragmatisme et l'internationalisation du débat philosophique autour de 1910. *Revue de métaphysique et de morale*, 84(4), 499–511, doi :10.2307/24311678.

Greber, J.-H. (2014). *L'Histoire de la philosophie des sciences mathématiques, physiques et chimiques au tournant du* XXe *siècle*. Thèse de doctorat, université de Lorraine.

Greber, J.-H. & Nabonnand, P. (2020). Une base de données de journaux mathématiques. In C. Benzitoun & M. Rebuschi (éd.) *Les Corpus en sciences humaines et sociales*, Nancy : Presses universitaires de Nancy – Editions Universitaires de Lorraine, 273–289.

Greber, J.-H. & Verdier, N. (2023). Les publications des sociétés savantes locales comme vecteur de circulation mathématique dans la France du XIXe siècle. In H. Gispert, P. Nabonnand & J. Peiffer (éd.) *Circulation des mathématiques dans et par les journaux. Histoire, territoires, publics*, Londres : College Publications.

Jacob, M. & Reinach, S. (1980). *Lettres à Liane de Pougy*. Paris : Plon. Préface de Jean Chalon et introduction de Paul Bernard.

Léon, X. (1912). Henri Poincaré. (1854-1912). *Revue de métaphysique et de morale*, 20(5), 1, doi :10.2307/40894733.

Lévy Bruhl, L. (1911). Une réimpression de Cournot. *Revue de métaphysique et de morale*, 19(3), 292–295.

Martin, T. (2005). La philosophie de l'histoire de Cournot. *Revue d'histoire des sciences humaines*, 12(1), 141–162, doi :10.3917/rhsh.012.0141.

Mudge, I. G. (1913). *A Contribution to a Bibliography of Henri Bergson*. New York : Columbia University Press.

Muller, B. (1994). Critique bibliographique et construction disciplinaire : l'invention d'un savoir-faire. *Genèses. Sciences sociales et histoires*, 14, 105–123.

Nabonnand, P. (2005). Bibliographie des travaux sur l'œuvre de Poincaré (2001-2005). *Philosophia Scientiæ*, 9(1), 195–206, doi : 10.4000/philosophiascientiae.627.

Nabonnand, P. (2008). Le conventionnalisme géométrique, une alternative radicale au réalisme spatial. Le contexte français du conventionnalisme géométrique de Poincaré. *Cahiers de philosophie de l'université de Caen*, 45, 63–86, doi :10.4000/cpuc.1293.

Nabonnand, P., Peiffer, J. & Gispert, H. (éd.) (2015). *Circulations et échanges mathématiques. Études de cas (18e-20e siècles)*, *Philosophia Scientiæ*, t. 19(2). Paris : Kimé.

Nabonnand, P. & Rollet, L. (2012a). *Les uns et les autres... Biographies et prosopographies en histoire des sciences*. Nancy : Presses universitaires de Nancy – Éditions Universitaires de Lorraine.

Nabonnand, P. & Rollet, L. (2012b). Pour une biographie d'Henri Poincaré. Le problème des sources. *Gazette des mathématiciens, Société mathématique de France*, 133, 78–93.

Peiffer, J., Gispert, H. & Nabonnand, P. (2018). Interplay between mathematical journals on various scales 1850-1950. *Historia Mathematica*, 45(4), 323–333, doi :10.1016/j.hm.2018.10.002.

Pluet-Despatin, J., Leymarie, M. & Mollier, J.-Y. (éd.) (2002). *La Belle Époque des revues. 1880-1914*. Paris : IMEC.

Pudal, R. (2011a). Enjeux et usages du pragmatisme en France (1880-1920) : Approche sociologique et historique d'une acculturation philosophique. *Revue française de sociologie*, 52, 747–775.

Pudal, R. (2011b). Contribution à l'analyse de la circulation internationale des idées : le « moment 1900 ». *Histoire@Politique*, 15, 60–89.

Rey, A. (1911). Le congrès international de philosophie : Bologne, 6–11 avril 1911. *Revue philosophique de la France et de l'étranger*, 72, 1–22, doi :10. 2307/41079232.

Rollet, L. (2000). *Des mathématiques à la philosophie. Étude du parcours intellectuel social et politique d'un mathématicien au tournant du siècle.* Villeneuve-d'Ascq : Éditions du septentrion.

Schöttler, P. (2015). De Comte à Carnap. Marcel Boll et l'introduction du Cercle de Vienne en France. *Revue de synthèse*, 136(1), 207–236, doi :10. 1007/s11873-014-0260-4.

Soulié, S. (2009). *Les Philosophes en République.* PUR.

Steinilber, E. (1912). *Essai critique sur les idées philosophiques contemporaines.* Paris : Gauthier-Villars.

Steinilber-Oberlin, E. (1937). Réponse à M. Henri Bergson à propos du Bouddhisme Japonais. *France-Japon*, 21, 154–155.

Jules Henri Greber
In memoriam
Archives Henri-Poincaré (AHP-PReST, UMR 7117)
Université de Lorraine

« Quelqu'un a-t-il signalé ce lapsus ? » Sur quelques remarques de Cartan lisant Brunschvicg

Emmylou Haffner

1 Introduction

Le fonds d'archives d'Élie Cartan, conservé à l'Académie des Sciences[1], contient (entre autres) soixante cahiers dans lesquels Cartan a pris de nombreuses notes (de cours, de recherche, de lecture...) tout au long de sa carrière[2]. Ces cahiers de notes sont un matériau d'une richesse incroyable. Ils permettent d'observer Cartan au travail, de lire les réflexions menées derrière et à côté de ses publications, d'entrer dans son atelier de travail. L'un des nombreux points intéressants est la possibilité d'observer certains aspects de son travail qui n'ont jamais passé l'étape de la publication (et parfois n'étaient pas destinés à la passer), parmi lesquelles ses notes de lecture. Cartan était un lecteur actif : il prenait des notes, souvent détaillées, allant parfois jusqu'à refaire les calculs à sa manière. Et dans ces notes de lecture, il y a celles qui peuvent paraître surprenantes, comme Cartan lecteur de philosophie. Deux cas sont particulièrement frappants dans le fonds : le cahier 1-15b qui contient en grande majorité des notes sur « la pédagogie et la philosophie », avec de longues notes sur la philosophie et la pédagogie de Herbart rédigées entre 1899 et 1902[3]. Le second, qui sera l'objet de cet article, concerne *Les Étapes de la philosophie mathématique* de Léon Brunschvicg : dans le cahier 1-52, en décembre 1945, Cartan a identifié ce qu'il appelle un « lapsus » dans la

1. Fonds 38J. L'inventaire est lisible à l'adresse suivante : https://www.academie-sciences.fr/pdf/dossiers/fonds_pdf/Fonds_Cartan.pdf. Nous reproduisons des extraits de ces archives avec l'autorisation de l'Académie des Sciences

2. Un certain nombres d'années sont malheureusement manquantes dans le fonds. Les cahiers sont consultables sur le site http://eliecartanpapers.ahp-numerique.fr/. Je me permets de renvoyer à (Haffner 2017) pour une cartographie des cahiers de Cartan.

3. Certaines pages sur la pédagogie à l'école primaire semblent ne pas être de la main de Cartan, mais celles sur Herbart le sont très certainement.

P.-E. Bour, M. Rebuschi & L. Rollet (eds.), *Sciences, Circulations, Révolutions, 415–430.*

définition des parallèles donnée par Brunschvicg – une définition des parallèles par translation. Il montre que cette définition ne fonctionne pas en géométrie non euclidienne, et développe quelques considérations autour de ces idées. Si ces quelques pages peuvent sembler anecdotiques, elles montrent toutefois comment Cartan lecteur réintégrait ses lectures dans son propre cadre de pensée. Elles rencontrent aussi, incidemment, plusieurs des intérêts de Philippe Nabonnand : non seulement Cartan et la géométrie, mais aussi l'histoire de l'enseignement, et même Poincaré.

Je commencerai par donner la critique que Cartan fait de la définition des parallèles de Brunschvicg. Je proposerai ensuite de considérer si cette critique, bien que valide, est effectivement pertinente dans le contexte philosophique dans lequel la définition est donnée par Brunschvicg. Cette définition étant, en fait, empruntée à Carlo Bourlet, je la considérerai également dans le contexte pédagogique dans lequel elle apparaît initialement. Je reviendrai ensuite aux notes de Cartan, qui prend visiblement au sérieux la question des parallèles et des déplacements dans la géométrie hyperbolique. En fin d'article, je propose une transcription semi-diplomatique de ces notes, en reproduisant également les dessins.

2 L'objection de Cartan

Les pages de notes de Cartan sont datées du 1er décembre 1945. Cartan revient sur la définition des parallèles que propose Brunschvicg dans (Brunschvicg 1912, p. 506) :

> (*Les Étapes de la philosophie mathématique*, p. 506, 1912)
>
> « Deux droites D et D' sont parallèles si ce sont les deux positions successives d'une même droite dans un déplacement de translation rectiligne. »
>
> (Cartan 1–52, p. 193)

L'objection de Cartan tient en ces quelques mots :

> L'auteur oublie de se demander si ces deux droites ne se rencontrent pas car il s'agit d'un déplacement de translation le long d'une droite donnée Δ. Or en géométrie non euclidienne, si la droite D est non sécante par rapport à Δ, D et D' se rencontrent.

Il continue en donnant un premier exemple :

Exemple. Le demi-plan de Poincaré[4], Δ a pour équation $x = 0$, la translation le long de Δ est $x' = kx$, $y' = ky$.

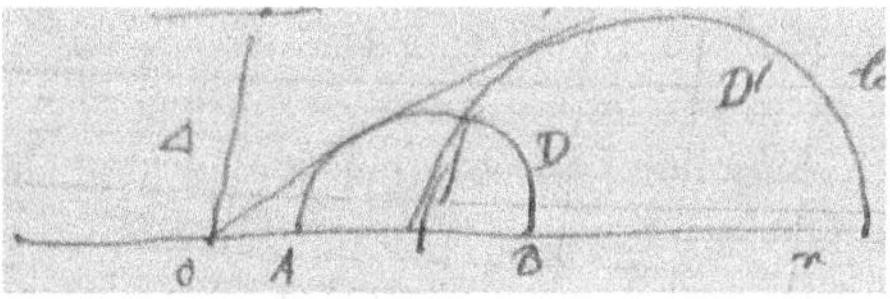

Les deux droites parallèles D et D' (au sens de Brunschvicg) se coupent si l'amplitude de la translation [est] ~~log k <~~ $(k < \frac{OB}{OA})$.

Quelqu'un a-t-il signalé ce lapsus ?

(Cartan 1–52, p. 193)

Dans ces quelques pages de notes, les diagrammes ponctuent chaque remarque de Cartan et sont même essentiels à son argument[5]. Ceux-ci sont pourtant assez rares dans les cahiers de brouillon de Cartan, malgré la grande présence de la géométrie.

Avant de poursuivre sur les notes de Cartan, considérons de plus près la définition qu'il critique, et le contexte dans laquelle elle apparaît. Car en replaçant cette définition dans son contexte d'origine, on peut questionner la pertinence du reproche de Cartan.

3 Quelques remarques sur la « définition des parallèles de Brunschvicg »

L'utilisation du mot « lapsus » par Cartan pour désigner le défaut identifié dans la définition des parallèles de Brunschvicg n'est sans doute pas innocente : Cartan ne semble pas mettre en doute les connaissances mathématiques de Brunschvicg. La recension très élogieuse qu'écrit Adolphe Bühl des *Étapes de la philosophie mathématiques* (1913) se termine d'ailleurs en soulignant que « M. Brunschvicg montre une connaissance très réelle des mathématiques » (Bühl 1913, p. 95).

3.1 Le contexte de la définition des parallèles dans *Les Étapes de la philosophie mathématique*

L'objection de Cartan semble faire peu de cas de la place de la définition des parallèles dans le livre de Brunschvicg. Celle-ci apparaît dans le chapitre XXII

4. Le modèle du demi-plan de Poincaré est introduit dans (Poincaré 1882). Il est formé par les nombres complexes de partie imaginaire strictement positive $\mathbb{H} = \{(x, y) | y > 0\,;\, x, y \in \mathbb{R}\}$ et donne un modèle pour la géométrie hyperbolique (en dimension 2). Les droites y sont tout « cercle qui a son centre sur x » (Poincaré 1882, p. 8). Des géodésiques sont parallèles si elles ne se rencontrent pas. Le demi-plan de Poincaré était certainement connu de tous les auteurs que nous citerons ci-dessous – d'autant qu'ils considèrent tous, de divers points de vues, Poincaré comme une référence première de leurs travaux.

5. Nous en reproduisons l'ensemble en fin d'article.

« Les racines de la vérité géométrique » du dernier livre de l'ouvrage, dans une première section titrée « Création de l'espace euclidien ». Troisième chapitre du Livre VII « L'intelligence mathématique et la vérité », dans lequel Brunschvicg « expose ses propres idées » (Boutroux 1913, p. 122) après avoir analysé successivement plusieurs courants de philosophie des mathématiques, ce chapitre cherche à remonter aux origines de la géométrie, ici la géométrie euclidienne, la « géométrie métrique plane » (Brunschvicg 1912, p. 501)[6]. La finalité du chapitre sur la vérité géométrique est donc présentée par Brunschvicg comme étant :

> de suivre, dès son point d'attache avec la réalité, le mouvement spontané de l'intelligence qui a créé l'être spatial, et de définir entre le monde abstrait de la logique et l'univers concret de la physique la place qui appartient à l'objet de la géométrie. (Brunschvicg 1912, p. 498)

La création de l'espace euclidien est ainsi liée à la perception « effective de l'espace » qui ne peut être autre « que celle des corps qui le remplissent (...) en particulier des sensations visuelles et tactiles » (Brunschvicg 1912, p. 498)[7].

Aux « racines » de la géométrie, précédant à la formation d'une pensée géométrique abstraite, se trouve le dessin :

> Parmi les pratiques manifestant cette pensée naissante de la géométrie (et nous entendons ici la géométrie métrique plane), la plus significative nous paraît être la pratique du dessin, dont nous savons d'ailleurs qu'elle remonte aux époques les plus reculées que la préhistoire peut éclairer. (Brunschvicg 1912, p. 501).

Et en particulier, « l'opération élémentaire qui doit fournir l'image la plus simple est le trait » (Brunschvicg 1912, p. 503). Ainsi, par exemple, la définition de la droite est présentée de la manière suivante :

> Dans l'établissement des réalités initiales auxquelles se suspend le travail du savant, le principe de raison s'exerce toujours sous forme

6. Rappelons que Brunschvicg adopte la méthode historique qui deviendra le socle commun de l'épistémologie française, que pour lui c'est par l'histoire des mathématiques que la philosophie peut « dégager le rythme propre de l'intelligence dans la production et dans la composition des idées, dans l'unification du savoir scientifique » (Brunschvicg 1912, p. 537). C'est une histoire qui, comme chez son étudiant Jean Cavaillès, « détecte la nécessité interne par laquelle la succession apparaît comme un "complexe organique" d'enchaînements rationnels » (Benis Sinaceur 2013, p. 141)

7. Rappelons qu'à la fin du XIXe et au début du XXe siècle se sont développées de nombreuses réflexions sur les liens entre l'espace sensible (un espace continu, infini, homogène, isotrope, euclidien et à trois dimensions) et la conception de l'espace géométrique, que Brunschvicg semble ici tenir pour acquises – c'est notamment le cas de Poincaré (1902), que Brunschvicg cite parmi ses sources (Brunschvicg 1912, p. vii). Il parle d'espace géométrique, lorsqu'il aborde le « problème non euclidien », lequel nous « contraint d'admettre la relativité réciproque de la raison et de l'expérience » (Brunschvicg 1912, p. 515).

> négative ; à l'expérience est réservé le rôle positif. Que, dès le début de la spéculation géométrique, l'expérience soit intervenue d'une façon décisive, c'est ce qu'atteste la définition de la droite conservée dans le *Parménide* de Platon : « On appelle droite, la ligne dont le milieu est placé sur le trajet entre les deux extrémités. » Cette définition n'est pas l'invention ingénieuse d'un théoricien ; elle se réfère à la pratique. (Brunschvicg 1912, p. 504)

L'étape suivante dans la constitution de l'espace, écrit Brunschvicg, est l'introduction du mouvement, et en particulier des rotations et des translations. Pour les parallèles, Brunschvicg propose de « conférer un caractère positif à la notion de parallèles, en substituant à l'image des lignes parallèles l'acte générateur du parallélisme lui-même » (Brunschvicg 1912, p. 506). Pour définir les parallèles, Brunschvicg cite alors longuement Carlo Bourlet (1907) – ce que Cartan ne semble pas avoir remarqué :

> Soit P un plan fixe, appelé *plan de glissement* et D une droite fixe de ce plan que nous nommerons *glissière fixe*. Soit, d'autre part p, un plan mobile et d une droite de ce plan mobile, que nous appellerons *glissière mobile*. Si l'on place le plan p sur le plan P de façon que d coïncide avec D, on pourra faire glisser le plan mobile p sur le plan fixe P, de telle sorte que la *glissière mobile* d glisse sur la *glissière fixe* D. Tout point lié invariablement au plan mobile p sera entraîné avec lui et sera animé d'un mouvement que nous nommerons *mouvement de translation rectiligne*. Nous avons donc bien défini de la sorte le déplacement de translation sans faire appel à la notion de parallélisme et en ne supposant au plan et à la droite que des propriétés qui sont admises dans n'importe quelle géométrie élémentaire. **Nous dirons alors que deux droites D et D' sont parallèles si ce sont les deux positions successives d'une même droite dans un déplacement de translation rectiligne.** Rien n'est plus facile que de représenter cela aux enfants sous une forme plus concrète. Le plan P c'est la planche à dessin, la droite D c'est le bord de la règle maintenue à plat sur la planche, le plan p est le plan d'une équerre, la droite d est le bord de cette équerre qui glisse le long de la règle. (Brunschvicg 1912, p. 506, italiques dans l'original, en gras la phase citée par Cartan)

Je reviendrai, dans le paragraphe suivant, sur cette citation en tant que citation de Bourlet.

Dans un tel contexte, il semble relativement probable que le « lapsus » de Brunschvicg n'en soit pas un[8]. Il semble s'agir, plutôt, d'un choix visant à déplier ce que l'auteur considère comme les *origines*, les premières étapes de la

8. Notons, d'ailleurs, qu'il aborde les géométries non euclidiennes dans le chapitre XIV « Transformation des bases scientifiques » (Brunschvicg 1912, p. 310–325) et revient sur ces

géométrie, et en particulier le lien entre l'élaboration intellectuelle abstraite et l'expérience. L'utilisation du texte de Bourlet semble rapprocher, ici, le développement conceptuel du processus d'appréhension et compréhension de la notion de parallèle par les jeunes élèves[9]. Brunschvicg place une définition 'intuitive' des parallèles aux racines de la géométrie, qui prendra, ensuite, une forme logique avec la définition euclidienne. Il étudie ensuite les évolutions, à travers l'histoire, de la géométrie, et cherche à « préciser quelle est la nature de cette vérité [géométrique], quel est le sens de la connexion qui se manifeste dans la géométrie classique entre l'expérience et la raison » (Brunschvicg 1912, p. 510), en l'analysant, notamment dans les géométries non euclidiennes. Pour autant, il ne considère pas l'adéquation aux géométries non euclidiennes de cette définition qu'il pose aux racines de la vérité géométrique. Sans doute l'étape « d'élaboration intellectuelle » donnant la définition euclidienne « logique » des parallèles disqualifie-t-elle cette question.

D'un point de vue épistémologique, un reproche immédiat qui pourrait être fait à Brunschvicg est celui d'avoir pris comme base une définition qu'il faudra abandonner lorsque l'on souhaitera une définition générale (pour toutes les géométries) du concept de parallèle, puisqu'elle n'est pas valide pour les géométries non euclidiennes. Une telle définition temporaire, même si elle peut être intuitivement plus facile à comprendre, peut être considérée comme ne permettant ni de saisir le sens général du concept, ni même d'en comprendre les propriétés permanentes. Le texte de Cartan est trop elliptique pour affirmer que c'est ce qu'il avait en tête, et je n'ai pas connaissance de prises de positions de sa part sur des questions similaires. Cependant, une telle critique ne serait pas inattendue.

3.2 D'où vient vraiment cette définition ?

Revenons sur la citation de Carlo Bourlet utilisée par Brunschvicg pour définir les parallèles[10]. Le texte dont est extraite la citation qu'utilise Brunschvivg est un bulletin de la Société Française de Philosophie de 1907 dédié à l'enseignement de la géométrie. Bourlet souhaite y montrer que

> contrairement à ce que l'on croit souvent, une Géométrie basée sur la définition des parallèles par la translation et sur la notion de *groupe de déplacement* suivant les idées de Sophus Lie, peut être aussi rigoureuse que la Géométrie classique actuellement en usage, qu'elle

questions dans la section B « La vérité de la géométrie euclidienne » (Brunschvicg 1912, p. 310–324) du chapitre XXII que nous venons d'évoquer.

9. Je reviendrai au prochain paragraphe sur le texte de Bourlet et le rapport aux idées de Poincaré, que le lecteur aura peut-être devinées être assez proches (du moins sur la question de la géométrie comme étude des groupes de déplacements, et sur le rôle de l'intuition dans la pédagogie).

10. Je mentionne, en passant, que Cartan avait suivi certains cours de Bourlet, à l'École normale supérieure, comme nous en informe le catalogue des archives de l'Académie des Sciences.

> n'est ni plus ni moins expérimentale que cette dernière, qu'elle est plus *naturelle*, et qu'elle aura en outre l'avantage de préparer les élèves à l'étude de la Géométrie supérieure moderne. (Bourlet 1907, p. 225)

Les réflexions de Bourlet se situent dans la droite ligne de la réforme de 1902[11], dont il a été un promoteur, et qui, pour les mathématiques, insistait sur une approche expérimentale, concrète. Pour la géométrie, en particulier, il s'agissait de mettre en place les notions de base en se fondant sur le mouvement et, pour Bourlet, sur la géométrie conçue comme l'étude des groupes de déplacements. Ainsi, en premier cycle la géométrie devait faire « un appel constant à la notion de mouvement » et notamment définir le parallélisme en lien avec « la notion expérimentale de translation ». Au second cycle, la forme « logique » de la géométrie était introduite, suivant le modèle des *Éléments* d'Euclide. Bourlet expose, dans ce texte, comment il considère « possible de concilier les idées nouvelles avec la logique et l'unité dans l'enseignement élémentaire de la géométrie » (Bourlet 1907, p. 227)[12].

L'idée de baser la définition des parallèles sur la translation n'est pas nouvelle, puisqu'elle se trouvait déjà chez Méray[13]. Bourlet, par ailleurs, invoque à plusieurs reprises Poincaré, et son affirmation récurrente que « la géométrie est l'étude des propriétés du groupe des déplacements ». Il va même jusqu'à se placer sous le patronage de Poincaré[14] :

> Et si mes affirmations et le court exposé qui va suivre ne suffisaient pas à vous convaincre, je me retrancherais derrière l'autorité de mon éminent maître M. Henri Poincaré qui m'a écrit à propos de cette méthode : « Je ne doute pas qu'on n'en reconnaisse les avantages quand on l'aura loyalement appliquée. » (Bourlet 1907, p. 225)

---

11. Sur cette réforme, on pourra consulter (Belhoste 1990, Bkouche 1991, Belhoste *et al.* 1996, Gispert *et al.* 2007, Gispert 2008, Barbazo 2017), ainsi que (Nabonnand 2007).

12. Bourlet publie, l'année suivante, un manuel de géométrie dans lequel il applique cette approche (Bourlet 1906-1908).

13. « Dans son essence générale, le parallélisme de deux droites, ou d'une droite et d'un plan, ou de deux plans, est une position relative des plus remarquables, consistant en ce que, dans chaque cas, l'une des figures considérées peut être appliquée sur l'autre par quelque translation choisie convenablement ; on dit alors que les deux figures sont parallèles » (Méray 1874, p. 20–21).
Il est probable que la critique de Cartan n'aurait pas beaucoup affecté Méray, puisque celui-ci considérait la géométrie non euclidienne comme une « une fantaisie de l'imagination mathématique » (Méray 1905, p. xi) cité dans (Dugac 1970, p. 348).

14. Notons par ailleurs que parmi les discutants à cette séance de la *Société Française de Philosophie* se trouve Émile Borel, qui est, dans l'ensemble d'accord avec Bourlet. Borel avait aussi été un acteur important de la réforme, voyez par exemple sa conférence de 1904 au Musée pédagogique (Borel 1904). Dans (Borel & Deltheil 1931), il proposera de remplacer la définition euclidienne des parallèles par

> deux droites sont parallèles lorsqu'on peut les faire coïncider par une translation. (Borel & Deltheil 1931, p. 16)

Un argument similaire se trouve d'ailleurs dans certains écrits de Poincaré, notamment dans « Les définitions générales en mathématiques », texte tiré d'une conférence prononcée en 1904 au Musée pédagogique dans le cadre de la mise en place de la réforme de 1902 :

> Devons-nous conserver la définition classique des parallèles et dire qu'on appelle ainsi deux droites qui, situées dans le même plan, ne se rencontrent pas quelque loin qu'on les prolonge ? Non, parce que cette définition est négative, parce qu'elle est invérifiable par l'expérience et ne saurait en conséquence être regardée comme une donnée immédiate de l'intuition. Non, surtout, parce qu'elle est totalement étrangère à la notion de groupe, à la considération du mouvement des corps solides qui est, comme je l'ai dit, la véritable source de la géométrie. Ne vaudrait-il pas mieux définir d'abord la translation rectiligne d'une figure invariable, comme un mouvement où tous les points de cette figure ont des trajectoires rectilignes ; montrer qu'une semblable translation est possible en faisant glisser une équerre sur une règle ? De cette constatation expérimentale, érigée en axiome, il serait aisé de faire sortir la notion de parallèle et le postulatum d'Euclide lui-même. (Poincaré 1904, p. 274)[15]

Poincaré rattache cette approche à l'utilisation de l'intuition mathématique, lien fondamental des mathématiques au réel, qualité mathématique essentielle et indispensable même pour le pédagogue.

Les géométries non euclidiennes ne sont jamais évoquées par les auteurs, dans ce contexte. Est-ce étonnant, d'ailleurs, lorsqu'il s'agit d'enseigner en premier cycle du secondaire (et qu'une bonne définition est, dit Poincaré, une définition « comprise par les élèves ») ? Reste qu'il est difficile de savoir si le « lapsus » identifié par Cartan dans la définition était intentionnellement ignoré car hors de propos, ou aurait pu contre toute attente avoir échappé même à Poincaré.

4 Quelques réflexions supplémentaires de Cartan sur le mouvement et les parallèles (dans la géométrie non euclidienne)

Revenons au texte de Cartan. Après avoir pointé le « lapsus » de la définition de Bourlet-Brunschvicg, il s'attache à prouver le théorème suivant :

> Deux droites q[uel]c[on]q[ues] peuvent toujours être transportées l'une sur l'autre par une translation le long d'une droite corr[ectemen]t choisie. (Cartan 1-52, p. 193)

Il montre tout d'abord que « [c]ela revient à dire que étant donnés 2 couples de n[om]b[res] réels (a, b) (a', b'), il existe toujours une homographie de points

15. On pourra également consulter (Gispert 2013).

doubles réels transformant a en a' et b en b' »[16]. Il souligne l'existence d'une « autre famille de solutions pour lesquelles $a \to b'$, $b \to a'$ ».

> Si on prend l'image projective de la géométrie non euclidienne, la translation le long de la glissière amène a en a', b en b' ou bien a en b' et b en a'. (Cartan 1-52, p. 193)

Il considère ensuite deux exemples[17], qui l'amènent à la conclusion :

> Conclusion. Deux droites orientées sont parallèles par rapport à une infinité de glissières qui : ou bien passent par un point fixe ou bien sont perpendiculaires à une droite fixe. (Cartan 1-52, p. 195)

Cartan prend donc au sérieux la possibilité de caractériser les parallèles par le déplacement, mais plutôt qu'une définition, il en fait un théorème.

Deux pages plus loin, Cartan revient sur ces questions pour mieux caractériser les glissières. En partant des droits orientées $\overrightarrow{ab}$ et $\overrightarrow{a'b'}$ (la seconde se déduisant « par glissement le long d'une glissière $x\mu$ » de la première), il observe qu'il y a trois cas :

– Si l'ordre des points est $aba'b'$, les glissières sont les perpendiculaires à la droite $\lambda\mu$:

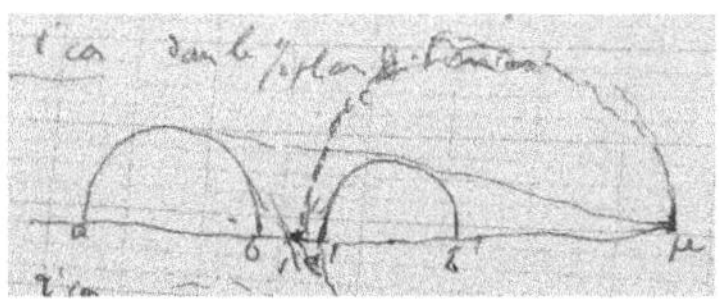

– Si l'ordre est $abb'a'$, les glissières sont toutes les droites passant par ω.

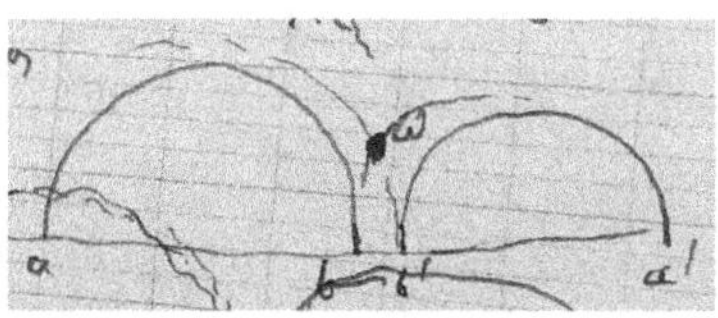

– Si les deux droites se coupent, les glissières sont encore les perpendiculaires à une droite fixe $\lambda\mu$.

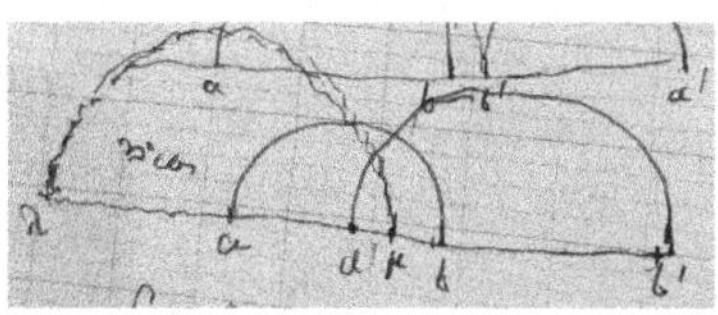

16. La preuve que donne Cartan est reproduite dans la transcription ci-après.
17. Voyez la transcription ci-dessous.

Après quelques considérations supplémentaires reposant essentiellement sur des dessins, il conclut :

> les glissières passent par un point fixe si les 2 segments ab' et ba' empiètent l'un sur l'autre. Dans le cas contraire, les glissières sont les perpendiculaires à une droite fixe. (Cartan 1-52, p. 197)

5 Transcription semi-diplomatique des notes de Cartan[18]

[Page 193]
1-12-45 La définition des parallèles de Brunschvicg
(*Les Étapes de la philosophie mathématique*, 1912, p. 506)
« Deux droites D et D' sont parallèles si ce sont les deux positions successives d'une même droite dans un déplacement de translation rectiligne. »
L'auteur oublie de se demander si ces deux droites ne se rencontrent pas car il s'agit d'un déplacement de translation le long d'une droite donnée Δ. Or en géométrie non euclidienne, si la droite D est non sécante par rapport à Δ, D et D' se rencontrent.

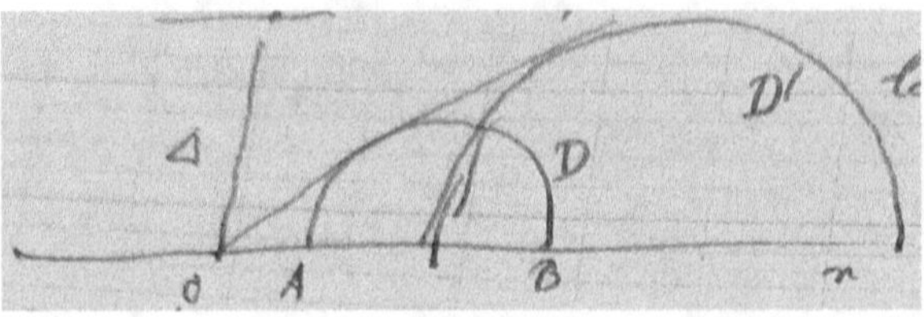

Exemple. Le demi-plan de Poincaré. Δ a pour équation $x = 0$, la translation le long de Δ est $x' = kx$, $y' = ky$. Les deux droites parallèles D et D' (au sens de Brunschvicg) se coupent si l'amplitude de la translation [est] ~~log k <~~ $(k < \frac{OB}{OA})$.
Quelqu'un a-t-il signalé ce lapsus ?
Théorème. Deux droites q[uel]c[on]q[ues] peuvent toujours être transportées l'une sur l'autre par une translation le long d'une droite corr[ectemen]t choisie.
Cela revient à dire que étant donnés 2 couples de n[om]b[res] réels (a, b) (a', b'), il existe toujours une homographie de points doubles réels transformant a en a' et b en b'.
En effet, soient $Axx' + B(x + x') + C = D(xx')$ l'équation de l'homographie on a

$$(b - b')[Aaa' + B(a + a') + C] - (a - a')(Abb' + B(b + b') + C$$

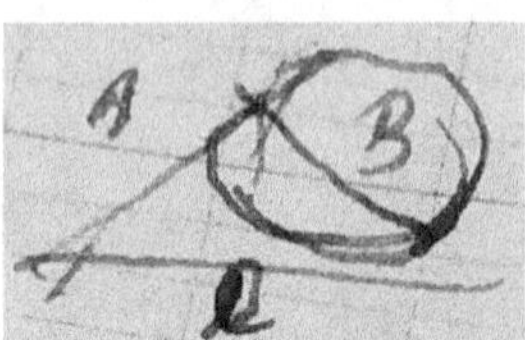

Si l'on regarde A, B, C comme les coord[onnées] d'un point, ce point est assujetti à [illisible] une droite. Or cette droite [mot raturé illisible] les points extérieurs (conique $B^2 - AC = 0$). Or pour un p[oin]t extérieur, on a $B^2 - AC > 0$. CQFD.

18. Nous avons complété les abbréviations de Cartan et modifié légèrement la mise en page des calculs pour des raisons d'impression.

Remarque. Il y a une autre famille de solutions pour lesquelles $a \to b'$, $b \to a'$.

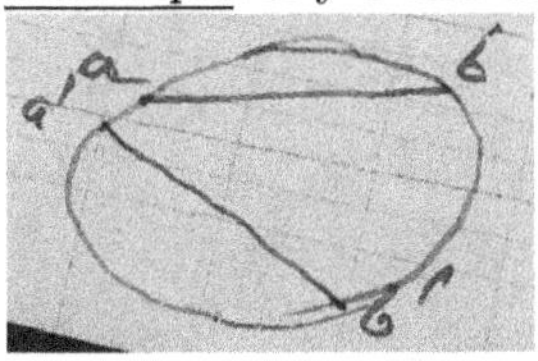

Si on prend l'image projective de la géométrie non euclidienne, la translation le long de la glissière amène a en a', b en b' ou bien a en b' et b en a'.

[Page 194]

Exemple $a = -3, b = 1, a' = -2, b' = 3$.

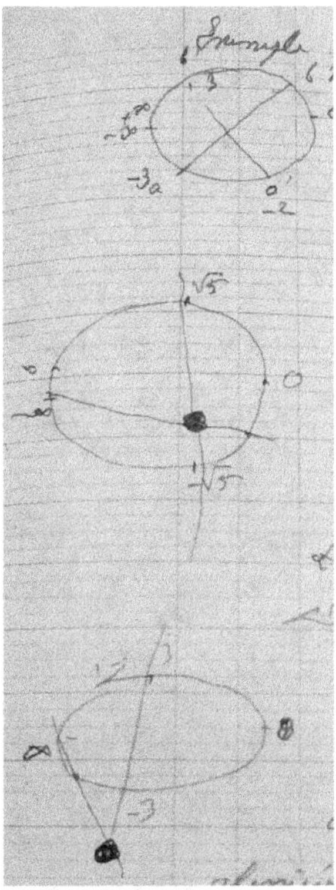

1re famille

$$-2[6A - 5B + C] + 3A + 4B + C$$
$$-9A + 14B + C = 0$$

$$B^2 - A(-9A + 14B) > 0$$
$$B^2 - 14AB + 9A^2 > 0$$
$$(B - 7A)^2 > 40A^2$$

$$B/A > 7 + \sqrt{40}$$
$$\text{ou} < 1 - \sqrt{40}$$

2e famille

$$2[6A - 5B + C] \quad + \quad 3A + 4B + C = 0$$
$$15A - 6B + 3C = 0$$
$$Ax^2 + 2Bx + C = 0 \qquad B^2 + A(5A - 2B) > 0$$
$$B^2 - 5AB + 5A^2 > 0$$
$$(B - A)^2 + 4A^2$$

$$Ax^2 + 2Bx + 2B - 5A = 0$$
$$A(x^2 - 5)2B(x + 1) = 0$$

Dans la 2e famille, toutes les glissières passent par un point fixe exté[rieur][19].

19. Il semble que Cartan ait fait (lui aussi) un lapsus ici et qu'il s'agisse de la première famille.

Dans la 2e famille, les glissières passent par un point fixe intérieur.

$$Ax^2 + 2Bx + 14B - 9A$$
$$A(x^2 - 9) + 2B(x + 7)$$

Dans chacune des familles de glissières possibles, les glissières passent par un point fixe, soit intérieur à la conique, soit extérieur à la conique[20].

$$A[(abb' - b') - a'b'(a - b)] - B(ab' - ba') + C(b - a + a' + b') = 0$$
$$A[[ab(a' - b') - a'b'(a - b)]x^2 + a - b - a' + b'] - B[(ab' - ba')x + a - b - a' - b']$$
$$[ab(a' - b') - a'b'(a - b)]x^2 \qquad + a - b - a' + b'$$
$$ab - ba')x \qquad - a + b + a' - b'$$
$$\alpha(a - b + a' + b') + \gamma[ab(a' + b') - a'b'(a - b) = 0$$
$$\beta = a - b + a' - b' \qquad - (a - b + a' - b')\alpha + (ab' - ba')\beta$$
$$\alpha = ab - bc' \qquad \beta = \frac{(a - b + a' - b')\alpha}{(ab' - ba')}$$
$$\gamma = \qquad \gamma = -\frac{(a - b + a' - b')}{ab(a' - b') - a'b'(a - b)}\alpha$$

Dans le cas où le point α par lequel passent les glissières est à l'extérieur de la conique, toutes les droites passent par un point.
Dans l'autre cas, les glissières sont perpendiculaires à une droite fixe.

[Page 195]
Conclusion. Deux droites orientées sont parallèles par rapport à une infinité de glissières qui :
ou bien passent par un point fixe
ou bien sont perpendiculaires à une droite fixe.
On prend pour ~~image projective~~ absolu la conique $Y^2 - XZ = 0$.
$X = t^2$, $Y = t$, $Z = 1$. Si la 1e droite coupe l'absolu en $t = a$, $t = b$, la 2e en $t = a'$, $t = b'$, le point par lequel passent les glissières est

$$X = ab(b' - a') - a'b'(b - a)$$
$$Y = ab' - ba'$$
$$Z = a - b - a' + b"$$

si les 2 droites sont orientées $a \to b$, $a' \to b'$.

20. Sur les trois dernières lignes, les α, β, γ sur la gauche sont griffonnés par Cartan et l'égalité pour γ n'est pas terminée.

Avec l'image anallagmatique de Poincaré, les droites glissées sont orth[ogona]les à une droite fixe ou passent par un point fixe.

[Page 197]

Retour aux parallèles de Brunschvicg.

Soit la droite $\overrightarrow{ab}$ et la droite $\overrightarrow{a'b'}$ qui se déduit de $\overrightarrow{ab}$ par glissement le long d'une glissière $x\mu$.

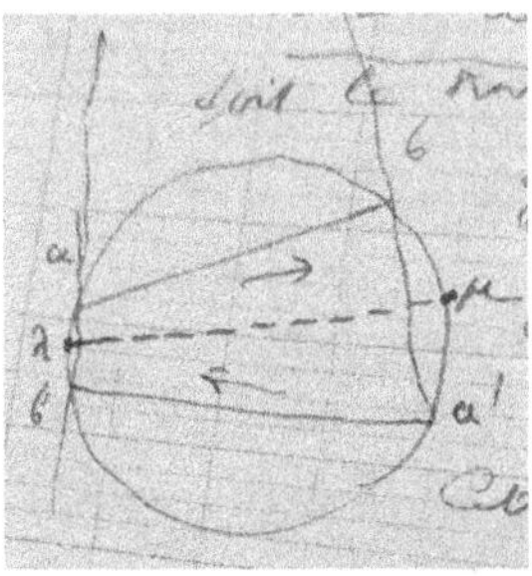

On a

$$(xyab) = (yxa'b').$$

Cette involution [illisible] le couple (ab') car

$$(ab'ab) = (aba'b')$$

En effet, le 1er membre $\frac{a-a}{a-b} : \frac{b'-a}{b'-b} = 0$ le 2e est $\frac{a-a'}{a-b'} : \frac{b'-a'}{b'-b'} = 0$

De même on a le couple $(a'b)$.

Les points doubles de l'involution sont dans le cas de la figure les p[oin]ts de contact des tangentes menées de ω à la conique.

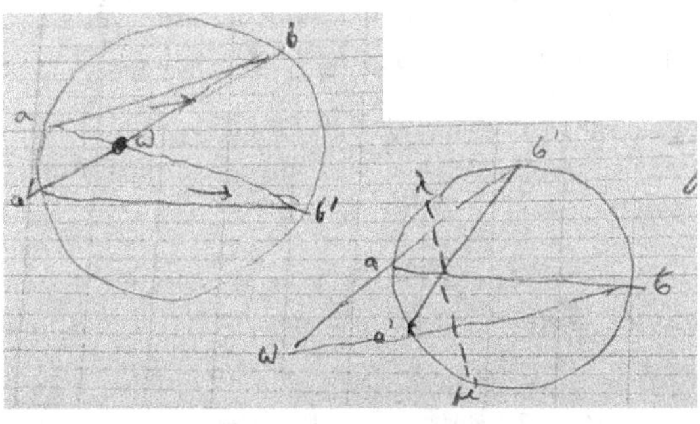

Par suite, les glissières sont les perpendiculaires à la droite $\lambda\mu$. Ce cas est celui où l'ordre des 4 p[oin]ts est $aba'b'$. Si l'ordre était $abb'a'$, les glissières seraient toutes les droites passant par ω. Enfin si les deux droites se coupent, les glissières seraient encore les $\perp$ à une droite fixe $\lambda\mu$. Dans tous les cas, ab' et sont deux glissières possibles (comme cas limite).

1er cas dans le 1/2 plan de Poincaré

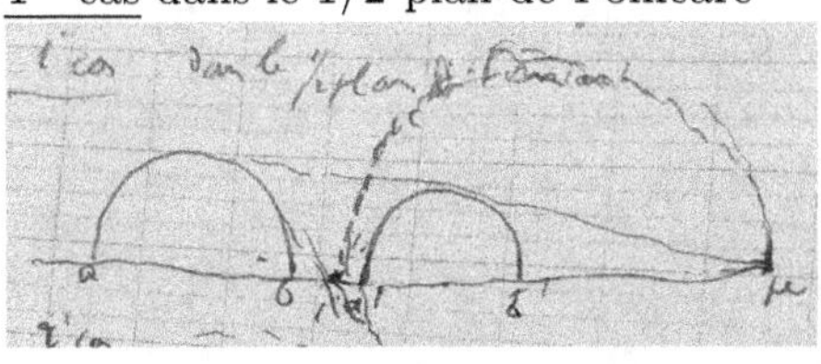

2e cas

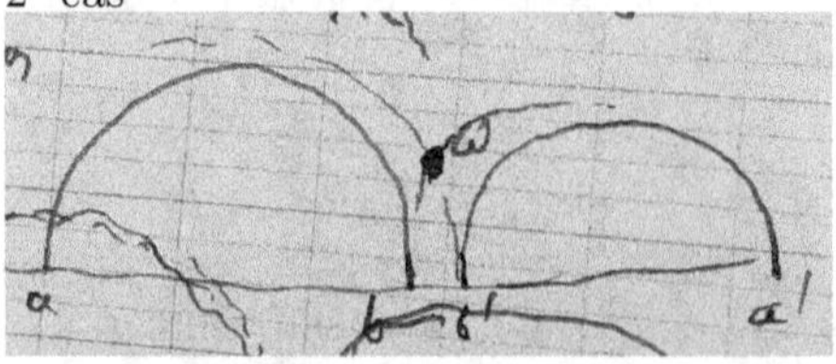

3e cas

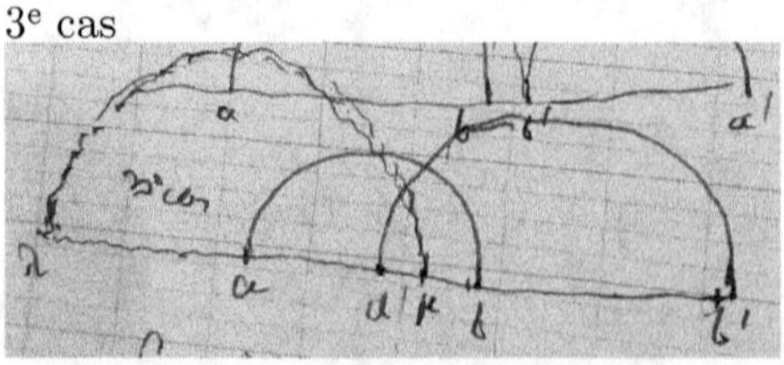

Par suite, les glissières passent par un point fixe si les 2 segments ab' et ba' empiètent l'un sur l'autre. Dans le cas contraire, les glissières sont les $\perp$ à une droite fixe.

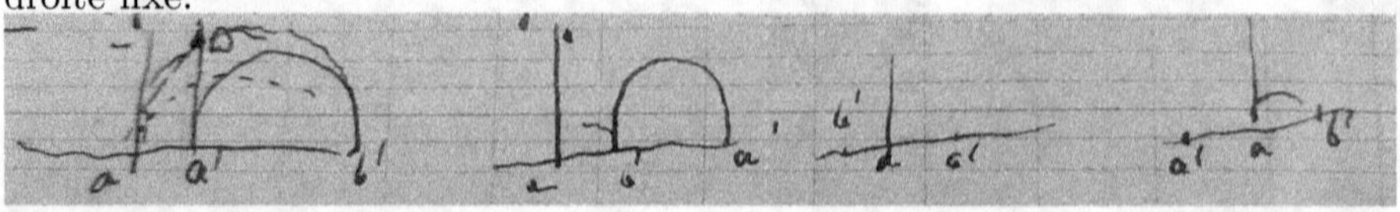

Bibliographie

Barbazo, É. (2017). Une réforme peut-elle être considérée comme réussie ? L'exemple de la réforme de 1902. *Bulletin de l'APMEP*, 522, 35–43.

Belhoste, B. (1990). L'enseignement secondaire français et les sciences au début du XXe siècle. La réforme de 1902 des plans d'étude et des programmes. *Revue d'histoire des sciences*, 43, 371–400.

Belhoste, B., Gispert, H. & Hulin, N. (éd.) (1996). *Les Sciences au lycée. Un siècle de réformes des mathématiques et de la physique en France et à l'étranger*. Paris : INRP et Vuibert.

Benis Sinaceur, H. (2013). *Jean Cavaillès*. Paris : Les Belles Lettres.

Bkouche, R. (1991). Variations autour de la réforme de 1902-1905. *Cahiers d'histoire et de philosophie des sciences*, 34, 180–213.

Borel, E. (1904). Les exercices pratiques dans l'enseignement secondaire, conférence faite le 3 mars 1904 au Musée pédagogique. *Revue générale des sciences pures et appliquées*, 15(9), 431–440.

Borel, É. & Deltheil, R. (1931). *La Géométrie et les imaginaires*. Paris : Albin Michel.

Bourlet, C. (1906-1908). *Cours abrégé de Géométrie.* Paris : Hachette.

Bourlet, C. (1907). L'enseignement de la géométrie. Discussion : E. Borel, A. Lalande, F. Marotte, P.-F. Pécaut, F. Ogereau, G. Sorel. In A. Colin (éd.) *Bulletin de la Société française de philosophie*, vol. 7, 6, 225–261.

Boutroux, P. (1913). Les étapes de la philosophie mathématique (recension). *Revue de métaphysique et de morale*, 21(1), 107–131.

Brunschvicg, L. (1912). *Les Étapes de la philosophie mathématique.* Paris, Alcan.

Bühl, A. (1913). Léon Brunschvicg — Les étapes de la philosophie mathématique (Recension). *L'Enseignement mathématique*, 15(1), 94–95.

Dugac, P. (1970). Charles Méray (1835-1911) et la notion de limite. *Revue d'histoire des sciences*, 23(4), 333–350.

Gispert, H. (2008). L'enseignement des mathématiques au XXe siècle dans le contexte français. *CultureMath*, dernière visite 30/11/2019. URL http://cm2.ens.fr/content/lenseignement-des-mathematiques-au-xxe-siecle-dans-le-contexte-francais-2817.

Gispert, H. (2013). Une conférence pour une réforme. *Images des Mathématiques*, CNRS, dernière visite 30/11/2019. URL https://images.math.cnrs.fr/Une-conference-pour-une-reforme.html.

Gispert, H., Hulin, N. & Robic, M.-C. (éd.) (2007). *Science et Enseignement. L'exemple de la grande réforme des programmes des lycées au début du XXe siècle.* Paris ; Lyon : Vuibert ; INRP.

Haffner, E. (2017). Esquisse d'une cartographie des cahiers d'Élie Cartan. *Revue d'histoire des mathématiques*, 23, 125–182.

Méray, C. (1874). *Nouveaux Éléments de Géométrie.* Paris : Savy. Nouvelle édition Jobard, Dijon 1903.

Méray, C. (1905). *Leçons nouvelles sur l'analyse infinitésimale et ses applications géométriques.* Deuxième partie : Étude monographique des principales fonctions d'une seule variable. Paris : Gauthier-Villars.

Nabonnand, P. (2007). Les réformes de l'enseignement des mathématiques au début du XXe siècle. Une dynamique à l'échelle internationale. In H. Gispert, N. Hulin & C. Robic (éd.) *Sciences et enseignement. L'exemple de la grande réforme des programmes du lycée au début du XXe siècle*, Paris : INRP ; Vuibert, 293–314.

Poincaré, H. (1882). Théorie des groupes fuchsiens. *Acta Mathematica*, 1, 1–62.

Poincaré, H. (1902). *La Science et l'Hypothèse.* Paris : Flammarion.

Poincaré, H. (1904). Les définitions générales en mathématiques. Conférence faite en janvier 1904 au Musée pédagogique. *L'Enseignement mathématique*, 6, 257–283.

Emmylou Haffner
Institut des textes et manuscrits modernes
CNRS/ ÉNS
emmylou.haffner@ens.psl.eu

Cool Way of Living

GERHARD HEINZMANN

PHILIPPE: [*au Brésil*] Comme d'hab', je m'investis au-delà de l'ordinaire !

P.-E. Bour, M. Rebuschi & L. Rollet (eds.), *Sciences, Circulations, Révolutions*, *431–434*.

JERRY: [à *Sampigny-en-Meuse*] Exactement, et les poincaréiens te portent sur les mains, bien qu'ils ne soient ni des *Nasty Idols*, ni des constructeurs de cagettes, ni des vendeurs de fruits, mais les trois à la fois.

PHILIPPE: Tu te transformes en jeu.

JERRY: Tout le monde voit que tu es le chef : avec ton don de diriger la musique, de construire et de remodeler, tu as su nous faire goûter pas mal de fruits, bien que certains, trop mûrs, aient dû être consommés en toute hâte. Parfois, autant les étudiants que tes collègues t'ont fourni du bois léger de cagette que tu as ensuite utilisé pour battre le rythme : tes coups étaient subtils et à la fois durables, car comme batteur tu es intelligemment flexible !

PHILIPPE: Je ne sais même pas de quoi il s'agit, surveille tes paroles !

JERRY: Parfois, tout le monde s'est servi du bois, même pour construire la langue, mais surtout pour la construction de cagettes plus solides, protégeant de lourds traités de mathématiques conservant l'acquis. Aujourd'hui, nous regardons tout émerveillés et même attendris et fiers vers Stockholm, le berceau de tes découvertes qui restent : le *cool way of living*, le hard-rock du syndicalisme bienveillant s'inspirant de la correspondance des seigneurs intellectuels bourgeois. Dans ses parties centrales, cette correspondance donne même une introduction à l'histoire sociale et institutionnelle des mathématiques au début du siècle.

PHILIPPE: Euh, je pense que tu m'as eu, mais le problème est que...

JERRY: Supposons donc que la simplicité, la cohérence et la prise en compte des « autres » sont les critères qui guident la recherche de l'approfondissement conceptuel et méthodologique de la pratique des mathématiques dans le cadre du service public. Bien que ces critères n'aient alors pas de propriétés objectives, leurs propriétés ne sont cependant pas dénuées de toute rationalité universelle. Celle-ci est fondée sur le dialogue entre le chercheur et la société sous condition, toutefois, que l'on se propose de respecter les règles que tu fixes avant le jeu.

PHILIPPE: Si nous le rendons officiel, je pense que cela peut fonctionner. On peut l'essayer avec la population de Madelhis.

JERRY: Contrairement à Max Weber, tu crois que les moyens et les fins peuvent faire l'objet d'une discussion rationnelle et que ni les uns ni les autres ne sont purement quantitatifs ou purement qualitatifs. La science – humaine et inhumaine – n'a pas pour but de découvrir des vérités, mais de s'accorder sur nos croyances justifiées – pas sur n'importe quelle croyance justifiée, mais sur des croyances socialement pertinentes et non triviales.

PHILIPPE: [*(dans le parc des Calanques)*] : Soit g_2 un sous-groupe de vissages autour d'un axe de vecteur directeur w et passant par v. Nous pouvons définir g_2 :

$$\phi \in g_2 \iff \{\phi = (v - fv + \lambda w, f)/f \in O(3), w = fw, \lambda \in \mathbf{R}\}.$$

JERRY: L'action de discréditer la dichotomie tranchée entre faits et valeurs en faveur d'un vissage autour d'un axe fixe est une tâche qui incombe tout particulièrement à l'historien. La conscience historique ne signifie ni de pouvoir réciter le développement linéaire, ni de s'orienter exclusivement vers les problèmes actuels. Il faut un retour critique à la source, analyser les processus collectifs, les contextes, les acteurs, les réseaux. Ainsi, les formes de communication mathématique s'étudient sur le temps long et dans des aires géographiques diversifiées, et l'analyse des centres éditoriaux permet tout à la fois de rendre compte de la production matérielle, des contextes scientifiques et des divers publics lisant des journaux mathématiques.

PHILIPPE: Heureux de voir que tu as compris !

JERRY: Merci, mais je ne ferme pas les yeux et je crois que le mathématicien estime son collègue parce qu'il comprend bien. Car on pourrait se demander si le rôle le plus fondamental du langage n'est pas, ni sa fonction communicationnelle ni sa fonction référentielle, mais sa capacité d'influencer l'acceptation et la délimitation sociale.

PHILIPPE: Six mails manqués, mais je ne trébuche pas, où est passé le tien ?

JERRY: La recherche individuelle commence à montrer ses limites. Il faut raisonner par rapport à un agent collectif ! Tu pratiques cet aspect collectif même dans l'enseignement ! D'ailleurs, une décision concrète concernant des questions stratégiques ne peut plus être réduite à la responsabilité légale et morale d'un individu.

PHILIPPE: On continue, ce n'est pas un retour en arrière, la révolution ne s'arrête pas !

JERRY: Alléché par l'odeur de la recherche, notre Maître Renard est dévoué dans l'acte, mais rebelle sur la forme. C'est encore lui qui a été, autant que je me rappelle, l'inspirateur du périodique *Philosophia Scientiæ*, dont il a édité quelques numéros de manière officielle, d'autres selon la maxime d'une générosité politique. Rédacteur de la *Revue d'histoire des mathématiques*, éditeur de la correspondance de Poincaré avec les mathématiciens, son introduction des jets par von Staudt et leur élaboration ultérieure comme outil d'une algébrisation sans concepts métriques est un sujet notoirement difficile pour les lecteurs modernes. La reconstruction historique de cet épisode important est considérée comme une contribution méritoire à l'histoire de la géométrie du XIXe siècle.

PHILIPPE: Va allumer quelques bougies, je parie que tu ne les retrouveras pas[1].

Gerhard Heinzmann
AHP-PReST (UMR 7117), Université de Lorraine
gerhard.heinzmann@univ-lorraine.fr

1. Manuscrit soumis le 23 novembre 2020.

Une promenade combinatoire en compagnie de Désiré André (1840–1917)

PHILIPPE HENRY

Le nom de Désiré André (né à Lyon et mort à Paris, voir Fig. 1) est resté attaché à un principe de réflexion (qu'il n'a jamais utilisé) ainsi qu'à la notion de permutation alternée qu'il a introduite et étudiée. Bien qu'il se soit livré durant toute sa carrière à ses activités d'enseignement[1], André n'a jamais cessé de publier ses recherches personnelles. Il est le premier mathématicien à s'être consacré toute sa vie à ce que l'on nommait jadis « l'Analyse combinatoire », « une partie des Mathématiques où les méthodes générales étaient (...) fort rares, pour ne pas dire inconnues » (André 1879a, p. 63). Parvenu à une œuvre d'importance dans ce domaine[2], ce que l'on croyait alors impossible[3], celle-ci ne contribue que modestement à l'essor de la combinatoire en une discipline autonome. Ses travaux, en avance sur leur temps, n'ont pas entraîné directement à leur suite d'autres auteurs et sont pour la plupart méconnus. Certains de ses résultats ont été redécouverts et attribués à d'autres.

1. Pour une biographie complète, voir l'article de Roland Brasseur (Brasseur 2010).

2. Voir la Figure 2. Au sujet de ses recherches, André a publié (André 1904) et (André 1910a).

3. Dans son rapport (secret) rédigé en 1910 à l'occasion de la candidature d'André à une place d'académicien libre, Émile Picard (1856–1941) écrit au sujet de cette discipline :

> « Les problèmes qu'elle pose paraissaient épuisés il y a trente ans, et il ne semblait plus qu'il y eut dans ce domaine matière à une œuvre scientifique de quelque importance. C'est l'originalité de M. Désiré André d'avoir renouvelé en quelque sorte cette antique doctrine, en posant des problèmes nouveaux dont il a fait d'intéressantes applications. »

Une transcription de ce document est en ligne https://sites.google.com/site/rolandbrasseur/.

P.-E. Bour, M. Rebuschi & L. Rollet (eds.), *Sciences, Circulations, Révolutions, 435–457.*

FIGURE 1 : Portrait de Désiré André extrait de (Carnoy 1902-1909, p. 121) et médaille en bronze à son effigie sculptée par Ernesta Robert Mérignac (1859–1933) (diamètre 11 cm, © collection privée).

1 Une question de Hoüel

La combinatoire offre une grande diversité de questions courtes et récréatives. Considérons, par exemple, celle proposée vers 1876 par Jules Hoüel[4] (1823–1886) qu'il juge « difficile » (André 1904, p. 21) et résolue par André :

> « On suppose formés tous les arrangements, p à p, avec répétition, de trois lettres distinctes, et l'on demande le nombre de ceux d'entre eux qui commencent par une même lettre et renferment chacun les trois lettres distinctes considérées. » (André 1877, p. 165)

Généralisons en supposant bien sûr $p \geq n$ où n est le nombre de lettres et abandonnons un instant la condition imposant de commencer par une lettre fixée. Pour une ou deux lettres, la question est alors triviale et l'on trouve $u_1 = 1$, $u_2 = 2^p - 2$. En classant les p-arrangements de trois lettres, on a $3^p = u_3 + \binom{3}{2}u_2 + \binom{3}{1}u_1$ car il faut choisir les lettres contenues dans les arrangements où toutes n'apparaissent pas. Ainsi, on obtient $u_3 = 3^p - 3 \cdot 2^p + 3$ et la solution à la question de Hoüel est $u_3/3$.

Résoudre un cas particulier est louable mais trouver des méthodes générales afin de traiter un grand nombre d'autres problèmes est évidemment préférable :

> « Il s'est rencontré à toutes les époques, et il se rencontre fréquemment de nos jours, des savants qui, dans la science, n'estiment rien que les faits ; pour qui la science n'est qu'une collection de faits ; d'après qui l'on ne

4. Au sujet de ce professeur à Bordeaux, nous renvoyons inévitablement à (Henry & Nabonnand 2017) !

Comb. rég. 1876 (André 1876)	*	**Prob. Scrutin** 1887 (André 1887)	→	**(α,β)-Perm.** 1888 (André 1888)	*	**Perm. circul.** 1895 (André 1895b)
Perm. alt. 1879–81 (André 1879b), (André 1881)	→	**Séquences** 1883–84 (André 1884)	→	**Espèces/Classes** 1892–93 (André 1891), (André 1892-1893)	→	**Couples actifs** 1903 (André 1903)
	↙	↓	↘			
Perm. q.-alt. 1894–95 (André 1895a), (André 1895-1896)		**Triangle séq.** 1902 (André 1902)		**Nbs eulériens** 1906 (André 1906)	*	**Paliers** 1910 (André 1910b)

FIGURE 2 : Vue d'ensemble des principaux travaux combinatoires d'André.

> doit s'y proposer qu'un seul but, la découverte de nouveaux faits. C'est là évidemment une conception erronée de la science. Mais, cette conception fût-elle vraie, il y aurait encore ce qu'il y a effectivement, quelque chose de plus précieux que les faits, à savoir la méthode de les découvrir. »
>
> (André 1880, p. 1070)

L'objectif d'André est donc de généraliser la question à un nombre quelconque n de lettres et il considère ainsi la suite

$$(1.1)\quad u_n = n^p - \binom{n}{n-1}u_{n-1} - \binom{n}{n-2}u_{n-2} - \ldots - \binom{n}{2}u_2 - \binom{n}{1}u_1$$

qui est précisément de l'une des formes générales étudiées dans sa seconde thèse[5]. Il trouve, « par un emploi convenable des séries récurrentes » (André 1904, p. 21),

$$(1.2)\quad u_n = n^p - \binom{n}{1}(n-1)^p + \binom{n}{2}(n-2)^p - \ldots + (-1)^{n-1}\binom{n}{n-1}1^p.$$

Aujourd'hui, pour résoudre cette question, observons qu'elle revient à compter le nombre de surjections d'un ensemble E à p éléments dans un

5. La thèse principale présentée en 1877 a pour titre *Développements en séries des fonctions elliptiques et de leurs puissances* et le jury est composé de Hermite, Puiseux et Darboux. Dans la seconde thèse (André 1878), André étudie les suites récurrentes s'écrivant $u_n = c_n + \sum_{k=1}^{\lambda_n} A_k^n u_{n-k}$ qu'il classe en huit formes selon que A_k^n dépende ou non de n, dépende ou non de k et que λ_n varie ou demeure constant. La suite (1.1) est de la première des formes étudiées avec $\lambda_n = n-1$, $A_k^n = -\binom{n}{n-k}$ et $c_n = n^p$. Dans cette thèse, les questions combinatoires lui permettent de donner des applications. Il calcule, en particulier, le nombre de permutations sans point fixe (« substitutions irréductibles »).

ensemble de lettres L à n éléments. Si A_0 désigne l'ensemble des surjections et $A_i = \{f : E \to L \mid i\text{-ème lettre} \notin \mathrm{Im}(f)\}$, comme $|A_{i_i} \cap \ldots \cap A_{i_k}| = (n-k)^p$, le principe d'inclusion-exclusion livre alors

$$(1.3)\quad |A_0| = n^p - |\cup_{i=1}^n A_i| = n^p - \sum_{k=1}^{n-1}(-1)^{k-1}\Bigg(\sum_{1\leq i_1<\ldots<i_k\leq n} |A_{i_i}\cap\ldots\cap A_{i_k}|\Bigg)$$

qui n'est autre que (1.2).

2 « Une méthode générale »

André commence ainsi à s'intéresser à une classe de problèmes « difficiles, ou, du moins, réputés tels » et présentant « une variété inépuisable » :

> « Parmi les m^n arrangements complets [i.e. avec répétition] de m objets n à n, combien y en a-t-il où les éléments consécutifs satisfont à des conditions données ? » (André 1879a, p. 43)

Pour les résoudre, il propose « une méthode générale » en quatre parties[6], les deux premières « purement combinatoires » et les deux autres « purement algébriques » :

> « 1° Distribuer les arrangements dont on cherche le nombre X_n en différentes classes, comprenant des nombres d'arrangements respectivement représentés par A_n, B_n, C_n, ... ;
>
> 2° Comparer les arrangements n à n aux arrangements $n-1$ à $n-1$, $n-2$ à $n-2$, ..., afin de relier par des équations les nombres A_n, B_n, C_n, ... aux nombres A_{n-1}, B_{n-1}, C_{n-1}, ..., A_{n-2}, B_{n-2}, C_{n-2}, ..., etc. ;
>
> 3° Entre les équations obtenues et celles qu'on en tire en faisant varier n, séparer les quantités obtenues A, B, C, ... ;
>
> 4° Des lois de récurrence fournies par cette séparation, déduire les expressions générales de A_n, B_n, C_n, ..., puis ajouter ces expressions. » (*CRAS* 87, 1878, p. 840)

Une « application littérale » de cette méthode lui permet la résolution de quatre problèmes « d'une manière simple et uniforme[7] ». Il met en garde : « Ce n'est que par des applications répétées que l'on comprend bien le sens, la portée et la commodité de cette méthode » (p. 840). Voyons un exemple.

Le parcours du pion au jeu de dames. Considérons, avec André[8], un pion du jeu de dames placé sur la case de départ en bas à gauche d'un échiquier de largeur 6

6. André note que ces problèmes « présente[nt] des difficultés réelles d'autant plus grandes, qu'on ne trouve, dans les Livres et Mémoires, pour ainsi dire aucune indication sur la manière de les surmonter » (André 1879a, p. 59).

7. (André 1879a). André présente aussi une note à l'Académie des sciences sur le même sujet (*CRAS* 87, 1878, p. 838–840) mais celle-ci ne contient aucun exemple. Il met ainsi l'accent sur ce qui lui importe le plus au regard de son public : la méthode.

8. Il s'agit de son troisième exemple (André 1879a, p. 53–56).

et de longueur infinie (voir Fig. 3). Le pion avance toujours en diagonale. Pour chaque case d'arrivée donnée, combien de chemins mènent ce pion de la case de départ à la case d'arrivée[9] ?

La case d'arrivée peut appartenir à une colonne de rang pair ou impair. Désignons par P_n, Q_n, R_n les nombres de chemins arrivant sur la colonne de rang $2n$ et par S_n, T_n, U_n ceux arrivant sur la colonne de rang $2n+1$ comme sur la Figure 3. Supposons que le pion arrive sur une case appartenant à une colonne de rang pair. La marche du pion livre les relations

$$\begin{array}{rclcrcl} P_n & = & S_{n-1} & \qquad & S_{n-1} & = & P_{n-1}+Q_{n-1} \\ Q_n & = & S_{n-1}+T_{n-1} & & T_{n-1} & = & Q_{n-1}+R_{n-1} \\ R_n & = & T_{n-1}+U_{n-1} & & U_{n-1} & = & R_{n-1} \end{array}$$

qui donnent

$$\begin{array}{rcl} P_n & = & P_{n-1}+Q_{n-1} \\ Q_n & = & P_{n-1}+2Q_{n-1}+R_{n-1} \\ R_n & = & Q_{n-1}+2R_{n-1} \end{array}$$

d'où

$$\begin{array}{rcl} P_n & = & 5P_{n-1}-6P_{n-2}+P_{n-3} \\ Q_n & = & 5Q_{n-1}-6Q_{n-2}+Q_{n-3} \\ R_n & = & 5R_{n-1}-6R_{n-2}+R_{n-3}. \end{array}$$

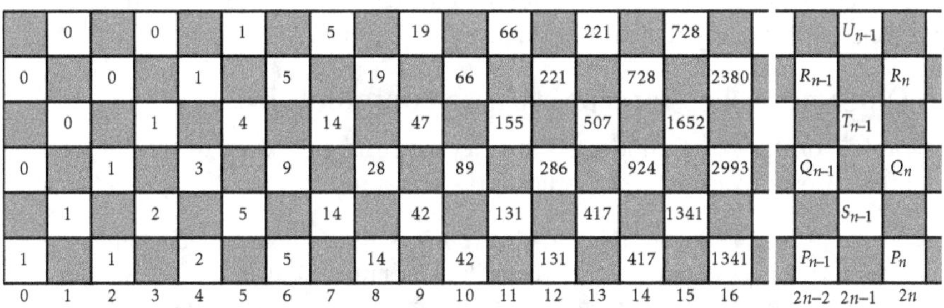

FIGURE 3 : Problème d'André sur le jeu de dames.

Ainsi, résoudre cette question est équivalent à résoudre une récurrence linéaire homogène (ou « série récurrente »). Comme les racines de son équation caractéristique $x^3 - 5x^2 + 6x - 1 = 0$ ne sont pas d'une forme commode, André utilise à nouveau les méthodes développées dans sa seconde thèse et parvient à une solution non explicite. Nous utilisons la fonction génératrice

9. En modélisant un trajet par une suite de g (gauche) et de d (droite) on voit que ce problème est bien du type annoncé par André.

$P(x) = P_0 + P_1x + P_2x^2 + P_3x^3 + \ldots$ et observons que

$$(1-5x+6x^2-x^3)P(x) = P_0 + (P_1-5P_0)x + (P_2-5P_1+6P_0)x^2 + \underbrace{(P_3-5P_2+6P_1-P_0)}_{=0}x^3 + \underbrace{(P_4-5P_3+6P_2-P_1)}_{=0}x^4 + \ldots .$$

Par conséquent, comme P_n, Q_n et R_n satisfont les mêmes relations de récurrence, les valeurs $(P_0 = 1, P_1 = 1, P_2 = 2)$, $(Q_0 = 0, Q_1 = 1, Q_2 = 3)$ et $(R_0 = 0, R_1 = 0, R_2 = 1)$ livrent

$$\begin{aligned} P(x) &= \frac{1-4x+3x^2}{1-5x+6x^2-x^3} \\ &= 1 + x + 2x^2 + 5x^3 + 14x^4 + 42x^5 + 131x^6 + 417x^7 + \ldots \\ Q(x) &= \frac{x-2x^2}{1-5x+6x^2-x^3} \\ &= x + 3x^2 + 9x^3 + 28x^4 + 89x^5 + 286x^6 + 924x^7 + \ldots \\ R(x) &= \frac{x^2}{1-5x+6x^2-x^3} \\ &= x^2 + 5x^3 + 19x^4 + 66x^5 + 221x^6 + 728x^7 + 2380x^8 + \ldots . \end{aligned}$$

On traite bien sûr le problème de manière identique si le pion arrive sur une case appartenant à une colonne de rang impair. Si l'on ne prescrit pas la case de départ, mais que l'on suppose uniquement que le pion parte de la première colonne (c'est le cas traité par André), il suffit d'additionner les fonctions génératrices obtenues pour chacun des types de cases d'arrivée.

3 Deux nouvelles interprétations combinatoires

Mettant à profit sa méthode, André découvre rapidement une interprétation combinatoire pour des suites de nombres classiques :

> « Au reste, quelque grand que soit le nombre de découvertes déjà faites, le nombre de celles qui restent à faire l'est infiniment davantage. La science est sans bornes, et l'on n'en connaît jamais qu'une portion finie. Mais sur quel point faut-il que le chercheur concentre ses efforts ? Partout où il lui plaira répondrai-je, car partout il y a des vérités à découvrir. Pourvu qu'on opère par les bonnes méthodes (...). Peut-être même n'est-il pas nécessaire de se proposer un but qu'il soit possible d'atteindre ? Il y a, dans le travail, une vertu qui lui est propre et qui le rend fécond. Par lui, on arrive toujours à quelque résultat ; non pas toujours juste à celui où l'on tend, mais parfois à quelque autre, qui, pour être plus inattendu, n'en est souvent que plus remarquable. » (André 1880, p. 1071–1072)

Combinaisons régulières (1876). Aujourd'hui, comme à l'époque, « les seules combinaisons que l'on étudie en détail sont les combinaisons simples et les combinaisons complètes [i.e. avec répétition] » (André 1904, p. 14). André entreprend la première étude systématique de la notion suivante :

Définition 3 (André (1876), § 1) *Pour $k \in \mathbf{N}$, une k-combinaison régulière d'ordre p d'un ensemble E à n éléments (i.e. une « combinaison régulière k à k, d'ordre p, des n lettres distinctes a, b, c, ... » chez André) est une application $f : E \to \{0, 1, 2, \ldots, p\}$ telle que $\sum_{i=1}^{n} f(e_i) = k$. On note $\binom{n}{k}_p$ (André note $(n, k)_p$) le nombre de telles combinaisons.*
En d'autres termes, ce sont « les groupes de k lettres distinctes ou identiques qui peuvent être formés avec les [n] lettres données et qui satisfont à ces conditions que deux groupes quelconques diffèrent entre eux autrement que par l'ordre des lettres et que, dans un même groupe, l'une quelconque des lettres données ne soit jamais répétée plus de p fois. » (André 1876, p. 158)

On observe que

- si $p = 1$, on a $\binom{n}{k}_1 = \binom{n}{k}$ et l'on obtient les combinaisons sans répétition ;
- si $p \geq k$, ce sont les combinaisons avec répétition et $\binom{n}{k}_p = \left(\!\binom{n}{k}\!\right) = \binom{n+k-1}{k}$;
- $\binom{1}{k}_p = 1$ (si $k \leq p$) ; • $\binom{n}{np}_p = 1$; • $\binom{n}{1}_p = n$.

et l'on pose, pour $n, k, p \in \mathbf{N}$ et $p \neq 0$, $\binom{n}{k}_p = \begin{cases} 0 & \text{si } k > np, \\ 0 & \text{si } n = 0 \text{ et } k \neq 0, \\ 1 & \text{si } k = 0. \end{cases}$

L'importance de la définition est justifiée, entre autres, par un problème ancien[10] :

> De combien de manières peut-on obtenir le nombre ℓ par le jet de n dés ayant chacun p faces marquées 1, 2, 3, ..., p?

La réponse est donnée par $\binom{n}{\ell-n}_{p-1}$. Dans le cas $\ell = 7$, $n = 4$, $p = 3$, les tableaux ci-dessous illustrent les deux bijections livrant cette solution :

$\binom{4}{3}_2 = 16$					*abcd*	*abcd*	*abcd*	*abcd*		7=3+2+1+1=...			
aab	abc	add	bcd	$\rightarrow$	2100	1110	1002	0111	$\xrightarrow{+1}$	3211	2221	2113	1222
aac	abd	bbc	bdd		2010	1101	0210	0102		3121	2212	1321	1213
aad	acc	bbd	ccd		2001	1020	0201	0021		3112	2131	1312	1132
abb	acd	bcc	cdd	$\leftarrow$	1200	1011	0120	0012	$\xleftarrow[-1]{}$	2311	2122	1231	1123

10. Dans le cas $n = 3$, $p = 6$ voir D. R. Bellhouse, De Vetula : A Medieval Manuscript Containing Probability Calculations, *International Statistical Review* 68 (2), 2000, p. 134–136. Pour ce même cas, voir aussi le texte de Galilée rédigé vers 1620 qui débute en traitant spécifiquement des valeurs $\ell = 9, 10, 11, 12$: G. Galilei, Considerazione sopra il giuoco dei dadi, *Le Opere di Galileo Galilei* XIV, Firenze, 1855, p. 293–296.

Le tableau central exhibe aussi le lien avec les coefficients du développement de $(1+x+x^2)^4$ lorsque l'on considère les valeurs qui y sont contenues comme les exposants des puissances de x (p. ex. $x^3 = x^2x^1x^0x^0 = \ldots$). Ainsi, André donne pour la première fois l'interprétation combinatoire des « coefficients polynomiaux[11] » apparaissant dans le développement de $(1 + x + x^2 + x^3 + \ldots + x^p)^n$ et déjà étudiés par Leonhard Euler[12] (1707–1783) (voir Fig. 4).

$n \mid k$	0	1	2	3	4	5	6	7	8	9
0	1									
1	1	1	1							
2	1	2	3	2	1					
3	1	3	6	7	6	3	1			
4	1	4	10	16	19	16	10	4	1	
5	1	5	15	30	45	51	45	30	15	5
6	1	6	21	50	90	126	141	126	90	50
…	…	…	…	…	…	…	…	…	…	…

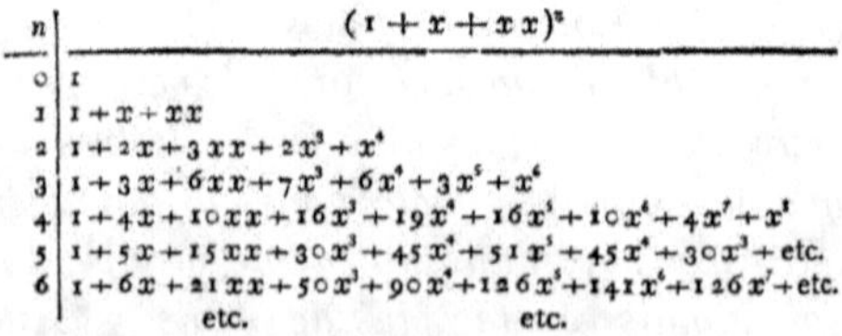

n	$(1+x+xx)^n$
0	1
1	$1+x+xx$
2	$1+2x+3xx+2x^3+x^4$
3	$1+3x+6xx+7x^3+6x^4+3x^5+x^6$
4	$1+4x+10xx+16x^3+19x^4+16x^5+10x^6+4x^7+x^8$
5	$1+5x+15xx+30x^3+45x^4+51x^5+45x^6+30x^7+$ etc.
6	$1+6x+21xx+50x^3+90x^4+126x^5+141x^6+126x^7+$ etc.
	etc. etc.

$n \mid k$	0	1	2	3	4	5	6	7	8	9
0	1									
1	1	1	1	1						
2	1	2	3	4	3	2	1			
3	1	3	6	10	12	12	10	6	3	
4	1	4	10	20	31	40	44	40	31	
5	1	5	15	35	65	101	135	155	155	135
6	1	6	21	56	120	216	336	456	546	580
…	…	…	…	…	…	…	…	…	…	…

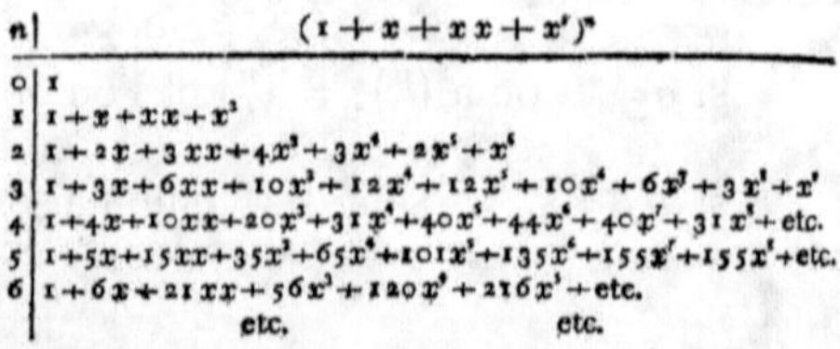

n	$(1+x+xx+x^3)^n$
0	1
1	$1+x+xx+x^3$
2	$1+2x+3xx+4x^3+3x^4+2x^5+x^6$
3	$1+3x+6xx+10x^3+12x^4+12x^5+10x^6+6x^7+3x^8+x^9$
4	$1+4x+10xx+20x^3+31x^4+40x^5+44x^6+40x^7+31x^8+$ etc.
5	$1+5x+15xx+35x^3+65x^4+101x^5+135x^6+155x^7+155x^8+$ etc.
6	$1+6x+21xx+56x^3+120x^4+216x^5+$ etc.
	etc. etc.

FIGURE 4 : Nombres $\binom{n}{k}_p$ $(p = 2, 3)$ et développements de $(1+x+\ldots+x^p)^n$ chez Euler.

André obtient donc une suite de triangles numériques dont le triangle de Pascal n'est que le premier terme. Toutefois, son article passe (presque) inaperçu. En 1956, exactement quatre-vingts ans après la publication de son travail, J. E. Freund pense définir pour la première fois ces triangles multinomiaux du point de vue combinatoire[13] et obtient à son tour quelques unes des propriétés de ces nombres établies par André « pour ainsi dire sans calcul, par des procédés purement combinatoires » :

11. Cette dénomination est due à Louis Comtet (19 ? ?–2012) (Comtet 1974, p. 77).

12. L. EULER, De evolutione potestatis polynomialis cuiuscunque $(1+x+x^2+x^3+x^4+\text{etc.})^n$, *Nova Acta Academiae Scientiarum Imperialis Petropolitanae* 12, 1801, p. 47–57 ; *Opera Omnia* 16 (1), p. 28–40 ; Trad. ang. de J. BELL, https://arxiv.org/abs/math/0505425v1 ; E709.

13. J. E. FREUND, Restricted Occupancy Theory – A Generalization of Pascal's Triangle, *The American Mathematical Monthly* 63 (1), 1956, p. 20–27. J. E. FREUND, A. N. POZNER, Some Results on Restricted Occupancy Theory, *Ann. Math. Statist.* 27 (2), 1956, p. 537–540. Bondarenko écrit :

> « The applications of these triangles and coefficients in various mathematical contexts originated in the 1950's (...). In considering these works, we must emphasize the original articles of J. E. Freund (...). » (*Generalized Pascal Triangles and Pyramids, Their Fractals, Graphs, and Applications*, trad. R. C. Bollinger, The Fibonacci Association, 1993, p. 20)

« Ces propriétés sont nombreuses, remarquables, et, comme il devait arriver, toutes celles des combinaisons simples n'en sont que des cas particuliers. » (André 1876, p. 156)

André démontre les propriétés suivantes[14] (écrites avec nos notations) :

$$1)\ \binom{n}{k}_p = \binom{n}{np-k}_p \quad 2)\ \binom{n}{k}_p = \sum_{i=0}^{p}\binom{n-1}{k-i}_p$$

$$3)\ \binom{n}{k}_p = \sum_{i=1}^{p}\sum_{j=0}^{n-1}\binom{j}{k-i}_p \quad (k \neq 0)$$

$$4)\ \sum_{k\equiv 0\,(p+1)}\binom{n}{k}_p = \ldots = \sum_{k\equiv p\,(p+1)}\binom{n}{k}_p \quad 5)\ \sum_{k=0}^{np}\binom{n}{k}_p = (p+1)^n$$

$$6)\ \frac{k}{n}\binom{n}{k}_p = \sum_{i=1}^{p} i\binom{n-1}{k-i}_p \quad 7)\ k\binom{n}{k}_p = \sum_{i=0}^{p}(in+i-k)\binom{n}{k-i}_p$$

$$8)\ \binom{n}{k}_p = \sum_{i=0}^{n}\binom{n}{i}\binom{n-i}{k-ip}_{p-1} \quad 9)\ \binom{n}{k}_p = \sum_{i=1}^{k}\binom{n}{i}\binom{i}{k-i}_{p-1}$$

$$10)\ \binom{r+s}{k}_p = \sum_{i=0}^{rp}\binom{r}{i}_p\binom{s}{k-i}_p \quad 11)\ \binom{2n}{np}_p = \sum_{i=0}^{np}\binom{n}{i}_p^2$$

$$12)\ \binom{n}{k}_p = \sum_{j=0}^{k}(-1)^j\binom{n}{j}\left(\!\!\binom{n}{k-j(p+1)}\!\!\right)$$

Si certaines de ces formules ne sont pas neuves[15], l'approche pour les démonter l'est puisqu'elle repose sur leur interprétation combinatoire. À titre d'exemple, choisissons la propriété 12) dont une forme avait déjà été obtenue par Abraham de Moivre[16] (1667–1754) (voir Fig. 5).

De Moivre fait le lien entre les coefficients de $(1+x\ldots+x^p)^n$ et le problème des dés. Pour obtenir ℓ en lançant n dés à p faces, il cherche donc à exprimer

14. Pour les propriétés de 1) à 5) voir (André 1876, § 8–24), de 6) à 9) voir (André 1876, § 26–34), 10) et 11) voir (André 1876, § 35–40).

15. Par exemple, la formule 9) a été obtenue par Euler en développant $(1+x+x^2+\ldots+x^p)^n = (1+x(1+x+\ldots+x^{p-1}))^n$, voir le § 18 de l'article cité à la note 12.

16. *Miscellanea analytica de seriebus et quadraturis*, 1730, p. 196–197. Montmort obtient lui aussi cette formule qu'il communique à Johann Bernoulli dans sa lettre du 15 novembre 1710 (1713, p. 307). Il en propose une tentative de démonstration dans la seconde édition de son *Essay d'analyse sur les jeux de hazard* (1713, p. 47–50). Dans la première édition, il n'apparaît que huit tables des nombres $\binom{n}{k}_5$ pour $n = 2, \ldots, 9$ (1708, p. 141–142).

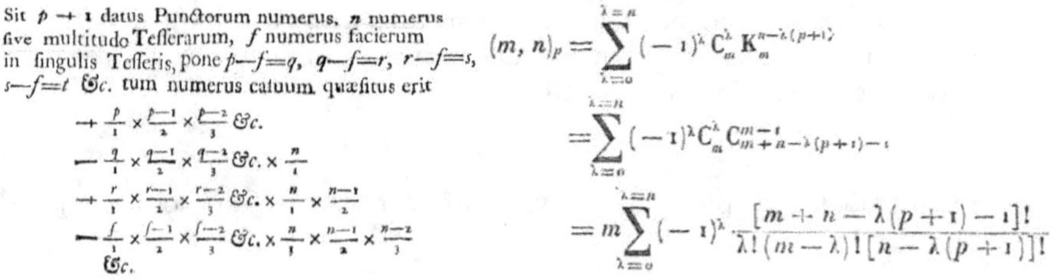

Sit $p+1$ datus Punctorum numerus, n numerus five multitudo Tesserarum, f numerus facierum in singulis Tesseris, pone $p-f=q$, $q-f=r$, $r-f=s$, $s-f=t$ &c. tum numerus casuum quæsitus erit

$$+\frac{p}{1}\times\frac{p-1}{2}\times\frac{p-2}{3}\ \&c.$$
$$-\frac{q}{1}\times\frac{q-1}{2}\times\frac{q-2}{3}\ \&c.\times\frac{n}{1}$$
$$+\frac{r}{1}\times\frac{r-1}{2}\times\frac{r-2}{3}\ \&c.\times\frac{n}{1}\times\frac{n-1}{2}$$
$$-\frac{s}{1}\times\frac{s-1}{2}\times\frac{s-2}{3}\ \&c.\times\frac{n}{1}\times\frac{n-1}{2}\times\frac{n-2}{3}$$
&c.

$$(m,n)_p=\sum_{\lambda=0}^{\lambda=n}(-1)^\lambda C_m^\lambda K_m^{n-\lambda(p+1)}$$
$$=\sum_{\lambda=0}^{\lambda=n}(-1)^\lambda C_m^\lambda C_{m+n-\lambda(p+1)-1}^{m-1}$$
$$=m\sum_{\lambda=0}^{\lambda=n}(-1)^\lambda\cdot\frac{[m+n-\lambda(p+1)-1]!}{\lambda!\,(m-\lambda)!\,[n-\lambda(p+1)]!}$$

FIGURE 5 : Propriété 12) chez de Moivre (1730, p. 194) et André (André 1876, § 59–60).

le coefficient de $x^{\ell-n}$ dans le développement

(3.4)

$$(1+x+x^2+\ldots+x^{p-1})^n=(1-x^p)^n(1-x)^{-n}=$$
$$\left(\sum_{j=0}^{n}(-1)^j\binom{n}{j}x^{jp}\right)\left(\sum_{j=0}^{\infty}\binom{n+j-1}{j}x^j\right).$$

Posons $\ell-n=k$. En général, de Moivre observe que (3.4) montre que le coefficient de $x^k=x^0x^k=x^{1p}x^{k-p}=x^{2p}x^{k-2p}=\ldots$ est donné par $\binom{n}{0}E-\binom{n}{1}D+\binom{n}{2}C-\ldots$ où

$$\begin{aligned}
E&=\binom{n+k-1}{k}=\binom{n+k-1}{n-1}\\
&=\frac{(n+k-1)(n+k-2)\cdots(k+1)}{(n-1)!}=\binom{n}{0}\left(\!\!\binom{n}{k}\!\!\right),\\
-\binom{n}{1}D&=-\binom{n}{1}\binom{n+(k-p)-1}{k-p}\\
&=-n\frac{(n+k-p-1)\cdots(k-p+1)}{(n-1)!}=-\binom{n}{1}\left(\!\!\binom{n}{k-p}\!\!\right),\\
\binom{n}{2}C&=\binom{n}{2}\binom{n+(k-2p)-1}{k-2p}=\\
&\frac{n(n-1)}{2}\,\frac{(n+k-2p-1)\cdots(k-2p+1)}{(n-1)!}=\binom{n}{2}\left(\!\!\binom{n}{k-2p}\!\!\right),
\end{aligned}$$

et ainsi de suite. En posant, $\mathbf{n}=n$, $\mathbf{f}=p$, $\mathbf{p}+\mathbf{1}=\ell$ (i.e. $\mathbf{p}=n+k-1$), $\mathbf{p}-\mathbf{f}=\mathbf{q}$ (i.e. $\mathbf{q}=n+k-p-1$), $\mathbf{q}-\mathbf{f}=\mathbf{r}$ etc., cette expression devient la règle[17] que l'on peut lire sur la Figure 5 (gauche).

17. Cette même règle a déjà été publiée par De Moivre sans démonstration en 1711 (De mensura sortis, seu, de probabilitate eventuum in ludis a casu fortuito pendentibus, *Philosophical Transactions* 27 (329), p. 220–221). De Moivre est vexé de lire que, après

Preuve de 12). André propose une preuve (André 1876, § 57–59) par ce qu'il nommera plus tard « décomposition, recomposition » (André 1910b). Supposons $k \neq 0$, $p < k$ (sinon l'identité est triviale) et considérons l'ensemble $\mathcal{C}$ des k-combinaisons complètes (i.e. avec répétition) de n éléments. On définit les nombres

$$U_k^n(0) = \#\{c \in \mathcal{C} \mid \text{aucun élément répété } > p \text{ fois}\} = \binom{n}{k}_p$$

$$U_k^n(i) = \#\{c \in \mathcal{C} \mid \text{exactement } i \text{ élément(s) répété(s) } > p \text{ fois}\} \quad i = 1, 2, \ldots, k.$$

de sorte que[18] $\left(\!\binom{n}{k}\!\right) = \sum_{i=0}^{k} U_k^n(i)$. Soit $c \in \mathcal{C}$ avec *au moins* λ éléments distincts répétés $> p$ fois, disons exactement Λ éléments, i.e. $c \in U_k^n(\Lambda)$. En supprimant ces $\lambda(p+1)$ éléments de cette combinaison, il en reste $k-\lambda(p+1)$ qui forment une $k - \lambda(p+1)$-combinaison complète de n éléments. Inversément, pour fabriquer c, il faut choisir λ éléments parmi Λ que l'on répète $p+1$ fois et compléter avec une $k-\lambda(p+1)$-combinaison complète de n éléments. En d'autres termes, il y a $\binom{\Lambda}{\lambda}$ manières d'obtenir c de cette façon. Ainsi, comme l'observation précédente est vraie quelle que soit la combinaison choisie comme ci-dessus, on a

$$\binom{n}{\lambda}\left(\!\binom{n}{k-\lambda(p+1)}\!\right) = \sum_{i=\lambda}^{k} \binom{i}{\lambda} U_k^n(i).$$

En écrivant cette égalité pour $\lambda = 0, 1, 2, 3, \ldots, k$ en commençant la sommation avec $i = 0$ (ce qui ne change rien) et en ajoutant des signes, on a

$$\binom{n}{0}\left(\!\binom{n}{k}\!\right) = \sum_{i=0}^{k} \binom{i}{0} U_k^n(i),$$

$$-\binom{n}{1}\left(\!\binom{n}{k-(p+1)}\!\right) = -\sum_{i=0}^{k} \binom{i}{1} U_k^n(i),$$

$$\binom{n}{2}\left(\!\binom{n}{k-2(p+1)}\!\right) = \sum_{i=0}^{k} \binom{i}{2} U_k^n(i)$$

l'étude de son travail, Montmort écrit au sujet de cette règle dans sa lettre à N. Bernoulli du 5 septembre 1712 :

> « Le Lemme qui suit est fort curieux, mais il est tiré de la page 141 de mon Livre, & j'en ai envoyé la solution à Monsieur votre Oncle dans une formule très generale. » (1713, p. 364)

Juste avant d'exposer la démonstration qui précède, De Moivre manifeste son étonnement :

> « Cela étant examiné attentivement, je ne comprends pas comment à pu tomber sur moi même la plus petite suspicion d'avoir pris cette Règle à l'Homme illustre [Montmort]. » (1730, p. 195)

18. Il n'est pas nécessaire d'exclure les termes nuls de cette somme !

et ainsi de suite, d'où

$$\sum_{j=0}^{k}(-1)^j\binom{n}{j}\left(\!\!\binom{n}{k-j(p+1)}\!\!\right)=\sum_{i=0}^{k}\underbrace{\left(\binom{i}{0}-\binom{i}{1}+\binom{i}{2}-\dots\right)}_{=0 \text{ si } i\neq 0}U_k^n(i)$$
$$=\binom{0}{0}U_k^n(0)=\binom{n}{k}_p.$$

Notons qu'il est possible de donner une preuve directe à l'aide du principe d'inclusion-exclusion en posant

$$A_i=\{c\in\mathcal{C}\mid \text{au moins } i \text{ élément(s) répété(s)} > p\,\text{fois}\}.$$

■

La propriété 12) montre que les coefficients polynomiaux s'expriment à l'aide des coefficients binomiaux. Bien que le « triangle de Pascal » soit le premier terme d'une suite de triangles, il est donc le plus important[19] !

Permutations alternées (1879). Une permutation $\sigma : i \mapsto \sigma_i$ de $\{1,2,\dots,n\}$ est alternée si $\sigma_1 \gtrless \sigma_2 \lessgtr \sigma_3 \gtrless \cdots$. Le travail d'André sur ce sujet (André 1879b, 1881) est aujourd'hui bien connu et son expression de la fonction génératrice exponentielle de la moitié E_n du nombre de telles permutations ($E_0 = 1$, $E_1 = 0$)

$$(3.5)\quad \sum_{n=0}^{\infty}\frac{E_n}{n!}\,x^n=\sec(x)+\tan(x)$$

est frappante et classique[20]. Bien que la littérature sur ce sujet soit très vaste[21], ce n'est que très récemment que le lien entre (3.5), un algorithme de Johann Bernoulli (1667-1748) et le triangle de Seidel–Entringer–Arnol'd n'a été découvert[22].

19. Quand cette propriété sera redécouverte à l'aide d'un ordinateur (en 1990...), elle justifiera la réponse apportée au titre de l'article D. C. Fielder & C. O. Alford, Pascal's triangle : top gun or just one of the gang?, *Applications of Fibonacci Numbers* 4, p. 77–90, 1991. Sans voir l'interprétation combinatoire, les auteurs redécouvrent aussi 8) : « The pattern evokes a very safe conjecture (...) » (p. 80).

20. Stieltjes écrit à Hermite en février 1886 : « L'ingénieuse définition de certains nombres entiers qui donnent aussitôt les coefficients dans les développements de tang x, séc x, comme nombres de permutations, jouissant de certaines propriétés, s'est gravée dans mon esprit. » (*Correspondance d'Hermite et de Stieltjes* I, 1905, p. 180) André reconnaît que ce résultat était « tout à fait inattendu » (André 1910a, p. 8).

21. Pour un aperçu, voir (Stanley 2010).

22. (Henry & Wanner 2019). L'algorithme de Bernoulli fait l'objet d'un manuscrit inédit de Lagrange (Henry 2021).

4 Le problème du scrutin de ballotage

André se retrouve sur le devant de la scène en 1887 lorsque Joseph Bertrand (1822-1900) s'intéresse au problème suivant[23] :

> Lors d'une élection opposant les deux candidats A et B, le candidat A est élu avec α voix et B perd avec $\beta < \alpha$ voix. Lors du dépouillement, les bulletins sortent l'un après l'autre. Il s'agit de déterminer la probabilité pour que les bulletins apparaissent dans un ordre tel que A ne cesse jamais d'avoir strictement plus de voix que B.

Bertrand donne la solution, esquisse une preuve par récurrence et suggère l'existence d'une preuve directe[24]. André présente la sienne dans la note (André 1887).

La solution d'André. L'ensemble des cas possibles $P_{\alpha,\beta}$ est formé par les suites de longueur $\alpha+\beta$ comportant α lettres A et β lettres B. Il y a $\binom{\alpha+\beta}{\alpha}$ telles suites. Les cas favorables $F_{\alpha,\beta}$ sont ceux tels que A possède toujours strictement plus de voix que B. Il est impossible que B possède toujours strictement plus de voix que A. Les cas défavorables $D_{\alpha,\beta}$ sont ceux tels que B possède au moins une fois le même nombre de voix que A. Énumérons ces suites qui sont de deux types : 1) les suites qui commencent par B, 2) les suites qui commencent par A.

Étant donné une suite de type 1, en supprimant le B à la permière place, on obtient une suite comportant α lettres A et $\beta-1$ lettres B. C'est une bijection entre l'ensemble de ces suites et les suites de type 1, d'où $\binom{\alpha+\beta-1}{\alpha}$ suites de type 1.

André construit une autre bijection afin de dénombrer les suites du second type[25]. Étant donné une suite de type 2, on considère toutes les lettres jusqu'au premier B tel que le nombre de A soit égal au nombre de B. On supprime le dernier B et on permute les deux groupes de lettres pour obtenir une suite comportant α lettres A et $\beta-1$ lettres B. Par exemple, on a $AAB\underline{B}ABAA \to ABAA\,AAB$. C'est une bijection car, inversément, en parcourant de droite à gauche une suite comportant α lettres A et $\beta-1$ lettres B et en considérant toutes les lettres jusqu'au premier A tel que le nombre de A soit d'une unité plus grand que le nombre de B, on retrouve la suite de départ (après échange des deux groupes et insertion d'une lettre B). Il y a donc aussi $\binom{\alpha+\beta-1}{\alpha}$ suites de type 2.

---

23. Sur l'histoire de cette question, voir par exemple L. Takács, On the Ballot Theorems, *Advances in Combinatorial Methods and Applications to Probability and Statistics*, Birkäuser, 1997, p. 97–114.

24. « (...) il semble vraisemblable qu'un résultat aussi simple pourrait se démontrer d'une manière plus directe. » (*CRAS* 105, 1887, p. 369)

25. La solution d'André est reprise par Bertrand (*Calcul des probabilités*, 1899 (2e éd. 1907), Chap. I., Prob. XI) qui souligne son ingéniosité. Poincaré (*Calcul des probabilités*, 2e éd. 1912, Chap. II., §18) ne manque pas de mentionner son élégance mais allonge la démonstration en donnant explicitement sa bijection entre les suites de type 1 et 2.

Le nombre des cas favorables est donc

$$F_{\alpha,\beta} = P_{\alpha,\beta} - D_{\alpha,\beta} = \binom{\alpha+\beta}{\alpha} - 2\binom{\alpha+\beta-1}{\alpha} = \frac{(\alpha+\beta-1)!}{\alpha!\beta!}(\alpha-\beta).$$

La probabilité recherchée est ainsi $\frac{F_{\alpha,\beta}}{P_{\alpha,\beta}} = \frac{\alpha-\beta}{\alpha+\beta}$.

Une solution par Delannoy. Engagé dès 1886 (aux côtés de Édouard Lucas) afin de promouvoir l'usage des échiquiers dans les recherches arithmétiques, Henri Delannoy (1833–1915) présente sa solution en 1889[26].

Le triangle de Pascal peut se représenter sur un échiquier ou un graphe $\mathcal{C}$ (voir Fig. 6, gauche) en indiquant dans chaque case le nombre de chemins (minimaux) qu'une tour peut parcourir à partir de cette case pour rejoindre le coin inférieur gauche. En 1886, dans son premier article (Delannoy 1887), Delannoy traite de la même question dans le cas de l'échiquier triangulaire (voir Fig. 6, droite). Pour remplir les cases de $\mathcal{T}$, il obtient la formule[27]

$$\begin{aligned} T(x,y) = C(x,y) - C(x+1,y-1) &= \binom{x+y}{x} - \binom{x+y}{x+1} \\ &= \frac{x-y+1}{x+1}\binom{x+y}{x} \end{aligned} \tag{4.6}$$

qu'il démontre par une longue récurrence. On l'obtient immédiatement à l'aide du *principe de réflexion*[28].

Preuve de 6). Les chemins de l'ensemble à $\binom{x+y}{x}$ éléments de tous les chemins de $(0,0)$ à (x,y) sont de trois types (voir Fig. 7, gauche) :

a) toujours en dessous (au sens large) de la diagonale ;

b) passant par $A = (1,0)$ et passant (au moins une fois) strictement au-dessus de la diagonale ;

c) passant par $B = (0,1)$.

Il y a $\binom{x+y-1}{x}$ chemins de type c). Pour compter le nombre de chemins de type b), on utilise le principe de réflexion. Un chemin de ce type touche ou coupe forcément la droite $d : y = x + 1$. Il y a donc autant de tels chemins que de

26. Au sujet des travaux de Delannoy, voir (Barbin *et al.* 2017).

27. Pour $x = y = n$, on obtient sur l'hypoténuse les nombres $C_n = \frac{1}{n+1}\binom{2n}{n}$ qui portent aujourd'hui le nom de Catalan. Pour une preuve de ce cas correspondant à compter les chemins de Dyck, voir par exemple N. A. Loehr, *Bijective Combinatorics*, CRC Press, 2011, p. 17. En 1996, Bailey obtient cette même formule qu'il démontre à l'aide de trois lemmes, voir D. F. Bailey, Counting Arrangements of 1's and −1's, *Mathematics Magazine* 69 (2), 1996, p. 128–131.

28. Pour l'énoncé général de ce principe, voir par exemple (Comtet 1974, p. 22).

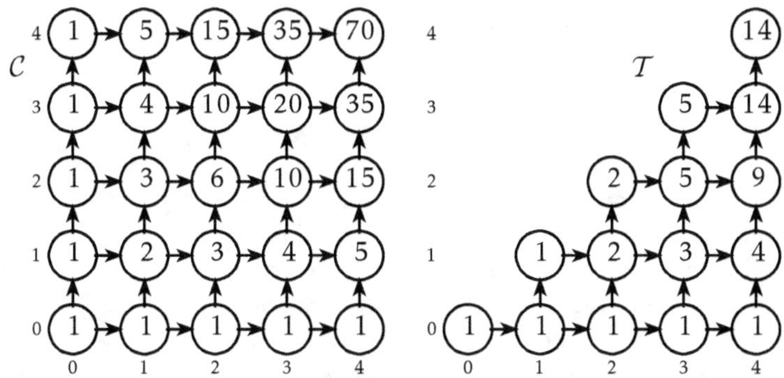

FIGURE 6 : « Le carré et le triangle arithmétique » de Delannoy : dans le carré $\mathcal{C}$, la case de coordonnées (x, y) est remplie par le nombre $C(x, y) = \binom{x+y}{x}$ et, dans le triangle $\mathcal{T}$, par $T(x, y)$ donné par (4.6).

chemins partant du symétrique $A' = (-1, 2)$ par rapport à d et arrivant en $P = (x, y)$, c'est-à-dire $\binom{x+1+y-2}{x+1} = \binom{x+y-1}{x+1}$ chemins. Nous trouvons donc le nombre de chemins de type a) :

$$T(x, y) = \binom{x+y}{x} - \left(\binom{x+y-1}{x} + \binom{x+y-1}{x+1}\right) = \binom{x+y}{x} - \binom{x+y}{x+1}.$$

■

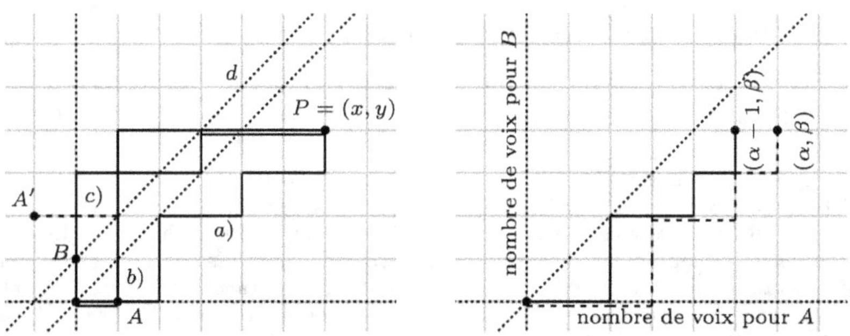

FIGURE 7 : À gauche, illustration des types de chemins pour la preuve de (4.6) ; à droite, bijection entre les chemins de $(0, 0)$ à (α, β) strictement sous la diagonale et les chemins dans $\mathcal{T}$ de $(0, 0)$ à $(\alpha - 1, \beta)$.

La formule (4.6) permet de résoudre le problème du scrutin de ballotage puisqu'un dépouillement satisfaisant les conditions de l'énoncé correspond à un chemin dans $\mathcal{T}$. En 1889, Delannoy souhaite montrer que ses formules pour

$C(x, y)$ et $T(x, y)$ « permettent de résoudre *immédiatement* un grand nombre de problèmes de probabilité » (Delannoy 1890, p. 43). Avec nos notations, il obtient :

$$\frac{T(\alpha-1,\beta)}{C(\alpha,\beta)} = \frac{\alpha-\beta}{\alpha} \cdot \frac{\binom{\alpha-1+\beta}{\alpha-1}}{\binom{\alpha+\beta}{\alpha}} = \frac{\alpha-\beta}{\alpha+\beta}.$$

En effet, il y a autant de chemins strictement sous la diagonale reliant $(0,0)$ à (α,β) que de chemins dans le triangle $\mathcal{T}$ reliant $(0,0)$ à $(\alpha-1,\beta)$. Pour le voir, il suffit de prendre un chemin de ce dernier type et de le translater une fois vers la droite en ajoutant un trait horizontal au début (voir Fig. 7, droite).

Comme l'a observé M. Renault, le principe de réflexion utilisé dans la preuve de (4.6) est souvent associé à tort à André[29]. En cherchant à connaître la date à laquelle ce principe a fait sa première apparition comme solution du problème du scrutin, deux articles publiés en 1923 ont retenu son attention[30]. Renault penche alors pour une attribution au professeur de l'Université de Genève Dmitry Mirimanoff (1861–1945). Notons que la solution du problème du scrutin publiée en 1907 par Gustave Dumas[31] (1872–1955) contient déjà explicitement la bijection entre les suites de type 1 (formant l'ensemble qu'il note G_1) et celles de type 2 (formant G_2) qui correspond géométriquement à une réflexion[32]. Partant de la « permutation » $\alpha \in G_1$ donnée par $\alpha = (B, B, A, A \mid B, A, A, A)$, Dumas obtient $\alpha' = (A, A, B, B \mid B, A, A, A) \in G_2$ en « remplaç[ant] dans le premier groupe de lettres de α, les lettres A par des lettres B ». Il termine en écrivant : « Les classes G_1 et G_2 comprennent, chacune, un même nombre de permutations ; la transformation indiquée les réunit par une correspondance univoque et réciproque ».

5 Permutations de deux espèces de lettres

Le problème du scrutin de ballotage donne l'idée à André d'étudier les « permutations » de longueur $\alpha+\beta$ contenant α lettres A et β lettres B (André

29. Lorsque Comtet expose une forme générale de ce principe (voir la note 28), il ajoute : « which essentially is due to André » (ou, dans l'original en français, « en substance dû à André »). M. Renault a donné une liste de huit références attribuant explicitement l'utilisation de ce principe à André et a montré que son approche originale s'applique à la résolution d'une généralisation de la question. Voir M. Renault, Lost (and Found) in Translation : André's *Actual* Method and Its Application to Generalized Ballot Problem, *American Mathematical Monthly* 115, 2008, p. 358–363 et, pour la liste, http://webspace.ship.edu/msrenault/ballotproblem/.

30. J. Aebly, Démonstration du problème du scrutin par des considérations géométriques, *L'Enseignement Mathématique* 23, 1923, p. 185–186. D. Mirimanoff, À propos de l'interprétation géométrique du problème du scrutin, *L'Enseignement Mathématique* 23, 1923, p. 187–189.

31. G. Dumas, Sur le problème du scrutin, *Nouvelles annales de mathématiques* 7 (4), 1907, p. 546–549.

32. B. Bru a trouvé les premières traces de cette idée chez Louis Bachelier (1870–1946). B. Bru, Les leçons de calcul des probabilités de Joseph Bertrand, *Journal Électronique d'Histoire des Probabilités et de la Statistique* 2 (2), 2006.

1888). Supposons toujours $0 < \beta \leq \alpha$ et nommons une telle permutation une (α, β)-permutation.

Définition 4 (André (1888), § 2) *Soit σ une (α, β)-permutation. On dit que deux lettres consécutives de σ forment une variation (resp. une permanence) si elles sont différentes (resp. identiques). On note v_σ (resp. p_σ) le nombre de variations (resp. permanences) de σ.*

Par exemple, pour la $(4, 3)$-permutation $\sigma = ABAABAB$, on a $v_\sigma = 5$ et $p_\sigma = 1$. Il est clair que pour toute (α, β)-permutation σ on a $v_\sigma + p_\sigma = \alpha + \beta - 1$ et que le nombre de telles permutations est $\binom{\alpha+\beta}{\alpha} = \frac{(\alpha+\beta)!}{\alpha!\beta!}$.

Le travail d'André contient deux résultats principaux :

Proposition 5 (André (1888), § 5–10) *Le nombre $P(\alpha, \beta, v)$ de (α, β)-permutations qui possèdent v variations est donné par*

$$2\binom{\alpha-1}{k}\binom{\beta-1}{k} \quad \textit{si } v = 2k+1,$$

$$\binom{\alpha-1}{k}\binom{\beta-1}{k+1} + \binom{\alpha-1}{k+1}\binom{\beta-1}{k} \quad \textit{si } v = 2k+2.$$

Preuve. Disposons les A et remplissons les places vides par des groupes de B :

...	A	...	A	...	A	...	A	...	A	...	
1		2		2		2		2		1	# variation(s) obtenue(s)

Si $v = 2k + 1$, il faut disposer k groupes de B dans les places intérieures et un groupe dans la place extérieure au début ou à la fin. Il faut donc former $k + 1$ groupes à l'aide des β lettres B, le premier groupe allant au début ou à la fin. Disposons les β lettres B et introduisons k séparations dans les $\beta - 1$ places intérieures[33]. Il y a donc $\binom{\beta-1}{k}$ manières de former les $k + 1$ groupes de lettres B. Il y a en outre $\binom{\alpha-1}{k}$ manières de choisir les k places intérieures entre les A pour disposer les groupes de B du deuxième au dernier. Le premier groupe pouvant être placé au début ou à la fin, un facteur 2 est nécessaire.

Si $v = 2k + 2 = 2(k + 1)$, il y a deux possibilités pour obtenir ce nombre de variations. Si l'on forme $k + 2$ groupes de lettres B, le premier au début, le deuxième à la fin et les k restants disposés dans k places intérieures, on trouve $\binom{\alpha-1}{k}\binom{\beta-1}{k+1}$ possibilités. Si l'on forme $k + 1$ groupes disposés dans $k + 1$ places intérieures, on trouve $\binom{\alpha-1}{k+1}\binom{\beta-1}{k}$ possibilités. ■

33. Par exemple, si $\beta = 8$ et $k = 2$, $BB/BBB/BBB$ forme 3 groupes.

Proposition 6 (André (1888), §11–16) *Le nombre total $V(\alpha, \beta)$ de variations parmi toutes les (α, β)-permutations est donné par*

$$V(\alpha, \beta) = \frac{2(\alpha + \beta - 1)!}{(\alpha - 1)!(\beta - 1)!}.$$

« Telle est l'expression (...) du nombre total des variations que présente le tableau complet des permutations de α lettres A et de β lettres B. » (André 1888, p. 40)

André traite séparément les cas $\beta < \alpha$ et $\beta = \alpha$ en faisant de longs calculs utilisant la Proposition 5. À l'aide de la bijection entre (α, β)-permutations et chemins (minimaux) dans le rectangle $\mathcal{R}(\alpha, \beta)$ ainsi que d'un résultat récent, il est possible de donner une preuve courte et générale de cette proposition.

À tout chemin dans $\mathcal{R}(\alpha, \beta)$ correspond le diagramme de Young d'une partition d'un entier obtenu en grisant les cases au-dessus du chemin (voir Fig. 8 pour le cas $\alpha = \beta = 3$). Réciproquement, à tout diagramme de Young Φ_λ d'une partition $\lambda = (\lambda_1, \lambda_2, \ldots, \lambda_k)$, $\lambda_1 \geq \lambda_2 \geq \ldots \geq \lambda_k$ de l'entier $|\lambda| = \lambda_1 + \ldots + \lambda_k$ telle que $\lambda_i \leq \alpha$ et $k \leq \beta$ correspond un unique chemin dans $\mathcal{R}(\alpha, \beta)$. L'ensemble des partitions partiellement ordonné par $\leq$ où

$$\lambda = (\lambda_1, \lambda_2, \ldots, \lambda_k) \leq \mu = (\mu_1, \mu_2, \ldots, \mu_\ell) \iff k \leq \ell \quad \text{et} \quad \lambda_i \leq \mu_i,\ i = 1, \ldots, k$$

forme le treillis de Young. Pour une partition λ, on considère le treillis de Young $\mathcal{Y}_\lambda$ formé des partitions $\mu \leq \lambda$. Pour $\lambda = (\alpha, \alpha, \ldots, \alpha)$ où α apparaît β fois, on note $\mathcal{Y}_\lambda = \mathcal{L}(\alpha, \beta)$ que l'on représente par un diagramme de Hasse (pour le cas $\alpha = \beta = 3$, voir Fig. 9, gauche).

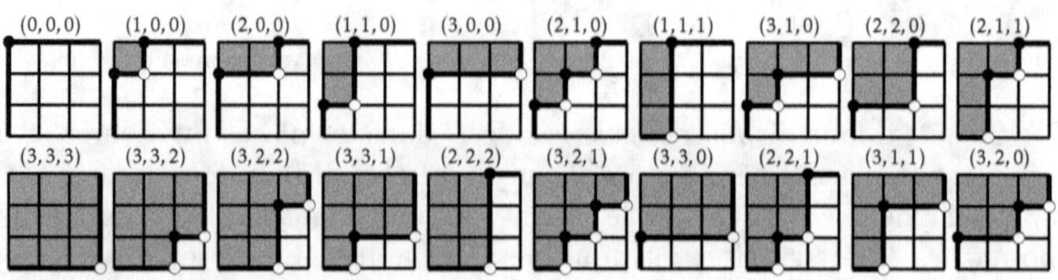

FIGURE 8 : Chemins dans le carré $\mathcal{R}(3, 3)$ avec « pics » $\bullet$ et « vallées » $\circ$.

Nous observons que le nombre de variations d'un chemin c (somme du nombre des "pics" et des "vallées", voir Fig. 8) possède une interprétation naturelle dans le diagramme de Hasse de $\mathcal{L}(\alpha, \beta)$: c'est la valence du sommet qui représente la partition associée à c. On peut en effet ajouter un carré grisé à chaque pic (arête sortante) et supprimer un carré grisé à chaque vallée (arête entrante). Puisque $V(\alpha, \beta)$ est ainsi la somme de toutes les valences des sommets, André veut donc déterminer le double du nombre d'arêtes du diagramme de $\mathcal{L}(\alpha, \beta)$.

Étant donné une partition $\lambda = (\lambda_1, \lambda_2, \ldots, \lambda_k)$, on définit le bord $\partial\Phi_\lambda$ comme l'ensemble des cases qui n'ont pas de voisine à droite et au-dessous (voir Fig. 9, droite où ces cases sont marquées par $\times$). Pour une case $(i, j) \in \Phi_\lambda$, introduisons les quatre partitions suivantes :

- la partition $\lambda_{i,j}^{\nwarrow}$ associée à l'intersection des i premières lignes et des j premières colonnes de Φ_λ (en gris clair) ;
- la partition $\lambda_{i,j}^{\nearrow}$ associée à l'intersection des $i-1$ premières lignes et des $\lambda_1 - j$ dernières colonnes de Φ_λ (en gris) ;
- la partition $\lambda_{i,j}^{\swarrow}$ associée à l'intersection des $k-i$ dernières lignes et des $j-1$ premières colonnes de Φ_λ (en gris) ;
- la partition $\lambda_{i,j}^{\searrow}$ associée au diagramme de Young obtenu de Φ_λ en supprimant les cases $(i', j') \neq (i, j)$ avec $i' \geq i$ et $j' \geq j$ (délimitée en gras).

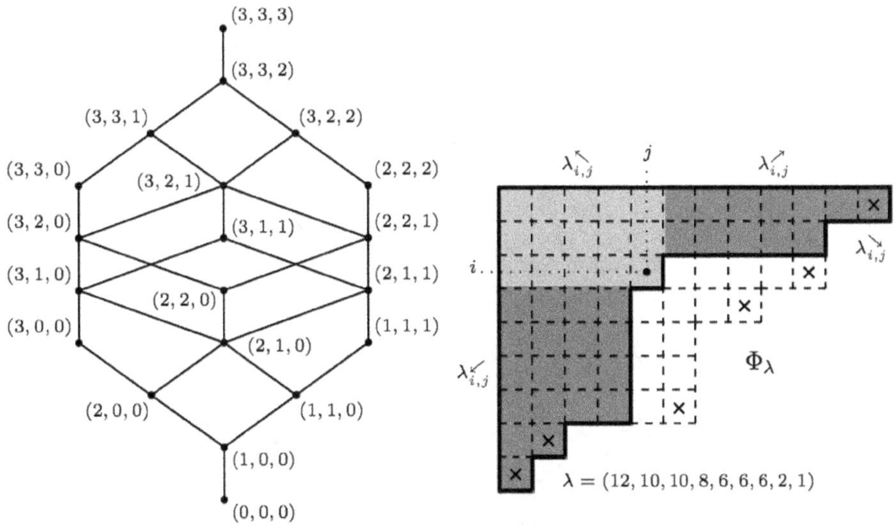

FIGURE 9 : Treillis $\mathcal{L}(3, 3)$ et définition des diagrammes $\lambda_{i,j}^{\nwarrow}$, $\lambda_{i,j}^{\nearrow}$, $\lambda_{i,j}^{\searrow}$, $\lambda_{i,j}^{\swarrow}$.

Proposition 7 (L. Ferrari & E. Munarini, (Ferrari & Munarini 2014), Thm. 23) *Soit λ une partition et $\mathcal{Y}_\lambda$ son treillis de Young. Le nombre d'arêtes dans le diagramme de Hasse de $\mathcal{Y}_\lambda$ est donné par*

$$e(\mathcal{Y}_\lambda) = \sum_{(i,j) \in \Phi_\lambda} |\mathcal{Y}_{\lambda_{i,j}^{\swarrow}}| \cdot |\mathcal{Y}_{\lambda_{i,j}^{\nearrow}}|. \tag{5.7}$$

Preuve. Notons $\lessdot$ la relation de recouvrement[34] et $\nabla\mu = \{\nu \mid \nu \lessdot \mu\}$. Observons que les partitions recouvertes par une partition donnée μ sont celles obtenues en enlevant une case de $\partial\Phi_\mu$, i.e. $|\nabla\mu| = |\partial\Phi\mu|$. Ainsi, on a

$$e(\mathcal{Y}_\lambda) = \sum_{\mu\in\mathcal{Y}_\lambda} |\nabla\mu| = \sum_{\mu\in\mathcal{Y}_\lambda} |\partial\Phi\mu| = \sum_{(i,j)\in\Phi_\lambda} \partial_{i,j}$$

où $\partial_{i,j}$ est le nombre de partitions de $\mathcal{Y}_\lambda$ possédant la case (i,j) dans son bord. Or, pour (i,j) fixé, la plus petite partition possédant (i,j) dans son bord est $\lambda^{\nwarrow}_{i,j}$ et la plus grande est $\lambda^{\searrow}_{i,j}$. Donc μ est telle que $(i,j) \in \partial\Phi_\mu$ si et seulement si $\lambda^{\nwarrow}_{i,j} \leq \mu \leq \lambda^{\searrow}_{i,j}$. Ceci montre qu'une telle μ livre deux partitions μ_1 et μ_2 telles que $\Phi_{\mu_1} \subseteq \Phi_{\lambda^{\swarrow}_{i,j}}$ et $\Phi_{\mu_2} \subseteq \Phi_{\lambda^{\nearrow}_{i,j}}$. Par conséquent, on a $\partial_{i,j} = |\mathcal{Y}_{\lambda^{\swarrow}_{i,j}}| \cdot |\mathcal{Y}_{\lambda^{\nearrow}_{i,j}}|$. ■

Application au problème d'André. Il suffit d'appliquer (5.7) au treillis $\mathcal{L}(\alpha,\beta)$ possédant $|\mathcal{L}(\alpha,\beta)| = \binom{\alpha+\beta}{\alpha} = \binom{\alpha+\beta}{\beta}$ sommets :

$$\begin{aligned}
e(\mathcal{L}(\alpha,\beta)) &= \sum_{i=1}^{\beta}\sum_{j=1}^{\alpha} |\mathcal{L}(j-1,\beta-i)|\,|\mathcal{L}(\alpha-j,i-1)| \\
&= \sum_{i=1}^{\beta}\sum_{j=1}^{\alpha} \tbinom{\beta-i+j-1}{j-1}\tbinom{\alpha-j+i-1}{i-1} \\
&= \sum_{i=1}^{\beta}\sum_{j=0}^{\alpha-1} \tbinom{\beta-i+j}{j}\tbinom{\alpha-j+i-2}{(\alpha-j+i-2)-(i-1)} \\
&= \sum_{i=1}^{\beta}\sum_{j=0}^{\alpha-1} \tbinom{(\beta-i)+j}{j}\tbinom{(\alpha+i-2)-j}{(\alpha-1)-j} \\
&\overset{(*)}{=} \sum_{i=1}^{\beta} \binom{\alpha+\beta-1}{\alpha-1} = \beta\binom{\alpha+\beta-1}{\alpha-1} = \frac{(\alpha+\beta-1)!}{(\alpha-1)!(\beta-1)!}.
\end{aligned}$$

On a utilisé l'identité[35] $\sum_{j=0}^{r} \binom{m+j}{j}\binom{n-j}{r-j} = \binom{m+n+1}{r}$ $(*)$.

Bibliographie

André, D. (1876). Mémoire sur les combinaisons régulières et leurs applications. *Annales scientifiques de l'École Normale Supérieure*, 5(2), 155–198.

---

34. Dans un ensemble partiellement ordonné, on dit que x est recouvert par y et on note $x \lessdot y$ si $x < y$ et s'il n'existe aucun z tel que $x < z < y$.

35. Pour une preuve graphique de celle-ci, voir H. D. Grossman, Fun with Lattice-Points, *Scripta Mathematica* 12, 1946, p. 160–161.

André, D. (1877). Sur un problème d'analyse combinatoire. *Journal de mathématiques élémentaires*, 1, 165–166.

André, D. (1878). Terme général d'une série quelconque, déterminée à la façon des séries récurrentes. *Annales scientifiques de l'École Normale Supérieure*, 7(2), 375–408.

André, D. (1879a). Détermination du nombre des arrangements complets où les éléments consécutifs satisfont à des conditions données. *Bulletin de la Société mathématique de France*, 7, 43–63.

André, D. (1879b). Développements de séc x et de tang x. *Comptes rendus hebdomadaires des séances de l'Académie des sciences*, 88, 965–967.

André, D. (1880). Sur les écrits scientifiques de Montesquieu. *Le Correspondant*, 1054–1081. 25/09/1880.

André, D. (1881). Sur les permutations alternées. *Journal de mathématiques pures et appliquées*, 7(3), 167–184.

André, D. (1884). Étude sur les maxima, minima et séquences des permutations. *Annales scientifiques de l'École Normale Supérieure*, 1(3), 121–134.

André, D. (1887). Solution directe d'un problème résolu par M. Bertrand. *Comptes rendus hebdomadaires des séances de l'Académie des sciences*, 105, 436–437.

André, D. (1888). Étude sur les permutations de deux espèces de lettres. In *Mémoires publiés par la Société philomathique à l'occasion du centenaire de sa fondation*, Paris : Gauthier-Villars, 35–42.

André, D. (1891). Démonstration nouvelle d'un théorème sur les permutations. *Bulletin de la Société philomatique de Paris*, 3(8), 153–155.

André, D. (1892-1893). Sur le partage en quatre groupes des permutations des n premiers nombres. *Bulletin de la Société philomatique de Paris*, 5(8), 33–56.

André, D. (1895a). Mémoire sur les permutations quasi-alternées. *Journal de mathématiques pures et appliquées*, 1(5), 315–350.

André, D. (1895b). Mémoire sur les séquences des permutations circulaires. *Bulletin de la Société mathématique de France*, 23, 122–184.

André, D. (1895-1896). Démonstration directe de la relation qui existe entre le nombre des permutations alternées et celui des permutations quasi-alternées. *Bulletin de la Société philomatique de Paris*, 8(8), 5–9.

André, D. (1902). Mémoire sur le triangle des séquences. *Mémoires présentés par divers savants à l'Académie des sciences de l'Institut de France et imprimés par son ordre*, 32(2), 1–92.

André, D. (1903). Mémoire sur les couples actifs des permutations. *Bulletin de la Société mathématique de France*, 31, 105–140.

André, D. (1904). *Liste et résumé de mes principaux travaux mathématiques.* Paris : Gauthier-Villars.

André, D. (1906). Mémoire sur les inversions élémentaires des permutations. *Memorie della Pontificia Accademia Romana dei Nuovi Lincei*, 24, 189–223.

André, D. (1910a). *Notice sur les travaux scientifiques de M. Désiré André.* Paris : Gauthier-Villars.

André, D. (1910b). Sur les paliers des arrangements complets. *Memorie della Pontificia Accademia Romana dei Nuovi Lincei*, 28, 73–84.

Barbin, E., Goldstein, C., Moyon, M., Schwer, S. R. *et al.* (éd.) (2017). *Les travaux combinatoires en France (1870–1914) et leur actualité, un hommage à Henri Delannoy.* Limoges : Presses universitaires de Limoges.

Brasseur, R. (2010). Quelques scientifiques ayant enseigné en classe préparatoire aux grandes écoles. *Bulletin de l'Union des Professeurs de Spéciales*, 230, 11–15.

Carnoy, H. (1902-1909). *Dictionnaire biographique international des écrivains.* Paris : Imprimerie de l'armorial français.

Comtet, L. (1974). *Advanced Combinatorics.* Dordrecht & Boston : D. Reidel Publishing Company, revised and enlarged éd.

Delannoy, H. (1887). Emploi de l'échiquier pour la solution de problèmes arithmétiques. In *Compte rendu de la 15e session, Nancy 1886, seconde partie : notes et mémoires*, Paris : Association française pour l'avancement des sciences, 183–188.

Delannoy, H. (1890). Emploi de l'échiquier pour la solution de problèmes arithmétiques. In *Compte rendu de la 18e session, Paris 1889, seconde partie : notes et mémoires*, Paris : Association française pour l'avancement des sciences & Masson, 43–52.

Ferrari, L. & Munarini, E. (2014). Enumeration of edges in some lattices of paths. *Journal of Integer Sequences*, 17(1), 14.1.5.

Henry, P. (2021). Un mémoire inédit de Lagrange sur le développement successif des courbes. *L'Enseignement mathématique*, 67(1), 95–144.

Henry, P. & Nabonnand, P. (2017). *Conversations avec Jules Hoüel.* Publications des Archives Henri Poincaré, Bâle : Birkhäuser.

Henry, P. & Wanner, G. (2019). Zigzags with Bürgi, Bernoulli, Euler and the Seidel–Entringer–Arnol'd triangle. *Elemente der Mathematik*, 74(4), 141–168.

Stanley, R. P. (2010). A survey of alternating permutations. In *Combinatorics and Graphs, Twentieth Anniversary Conference of IPM*, American Mathematical Society, Contemporay Mathematics, t. 531, 165–194.

Philippe Henry
Vésenaz/Genève
philippe.henry@a3.epfl.ch

Volez ce chapitre !

Alexandre Hocquet & Frédéric Wieber

Il aurait été impossible de n'en faire qu'à sa tête puis de transformer cela en travaux d'histoire des sciences légitimés par des publications reconnues, sans la bienveillance et la confiance de Philippe Nabonnand. Ce texte illustre la liberté éditoriale qu'a permise cette confiance.

Un de nos thèmes de recherche est la complexité de ce que signifie (et implique) être « ouvert » en science, complexité dont la constellation des expressions anglophones utilisant « Open » (Open Knowledge, Open Science, Open Acess, Open Data, Open Source...) donne une première image. Nous nous intéressons plus particulièrement aux logiciels scientifiques. Dans ce cadre, les licences des logiciels scientifiques ont une signification dont la portée est souvent mal comprise. Au-delà de ce cadre, les licences Creative Commons appliquées aux textes scientifiques dans une logique d'Open Access impliquent des bouleversements de la notion de plagiat ou d'auctorialité souvent eux aussi mal compris.

Ce texte est un collage, il est sous licence CC0 (les détails de la licence CC0 peuvent être consultés ici : https://creativecommons.org/publicdomain/zero/1.0/deed.fr). Il a été emprunté à un autre auteur, sans même le citer et en transformant ses écrits, comme cette licence nous le permet. Ils ont été copiés collés, des passages ont été supprimés, leur ordre a été changé, nos écrits ont été ajoutés par-dessus et un texte original en émerge, qui peut lui même subir le même sort : vous pouvez donc « voler » ce chapitre, même s'il ne s'agit pas d'un manuel de contre-culture (Hoffman 1971). De fait, ce texte est déjà une version modifiée d'un premier collage (Hocquet 2019) et l'ambition de ce projet est aussi de le réutiliser et le modifier plusieurs fois. Si d'autres s'en emparent, les possibilités d'évolution seront encore augmentées !

Notre hommage à Philippe Nabonnand est donc de proposer un texte qui symbolise une certaine forme de liberté académique, qui est aussi traduite dans l'occasion de ce volume au sein duquel il est possible de proposer un texte sortant des standards académiques.

P.-E. Bour, M. Rebuschi & L. Rollet (eds.), *Sciences, Circulations, Révolutions, 459–466.*

1 Définition de l'Open : la différence est dans les licences

En science, « Open » est un adjectif flou. Il contient en lui plusieurs visions du monde qui peuvent être différentes, voire incompatibles, et une façon opérationnelle de lever cette ambiguïté consiste à s'intéresser aux licences d'utilisation, un mode opératoire lié au monde du logiciel.

Il existe une définition du terme Open proposée par l'Open Knowledge Foundation (Open Knowledge Foundation s. d.). Cette définition du savoir libre a joué un rôle fondamental dans le développement de l'Open Data par exemple, en fournissant un étalon auquel comparer les initiatives des gouvernements. Elle liste onze conditions à satisfaire, parmi lesquelles on retrouve certes l'accès à, mais aussi la réutilisation de données :

> A piece of data or content is open if anyone is free to use, reuse, and redistribute it – subject only, at most, to the requirement to attribute and/or share-alike. (Open Data Support 2017)

Le concept d'Open Science tend à prendre aujourd'hui de plus en plus d'importance, en devenant progressivement le nouveau paradigme de référence de diffusion des résultats de la recherche. Il est notamment poussé par l'Union Européenne dans le cadre du programme « Horizon 2020 » et en avril 2016, un appel solennel a été lancé depuis Amsterdam pour inciter les États membres à initier des actions en faveur de la Science Ouverte. Si la définition du concept d'Open Science est parfois assez fluctuante, sinon fuyante, on s'accorde à y voir un « au-delà » de l'Open Access, s'inspirant de la même philosophie générale, mais s'appliquant à d'autres objets que les publications scientifiques. L'Open Science concerne aussi les logiciels utilisés par les chercheurs pour conduire leurs recherches (Open Source), ainsi que les données sur lesquelles ils s'appuient (Open Data), tout ceci étant souvent associé à un discours sur la reproductibilité en science.

Il y a toutefois un certain danger à laisser le terme « Open » dériver. Par exemple, en ce qui concerne les Massive Online Open Course (MOOCs), le deuxième O de l'acronyme signifiant Open correspond à une réalité éloignée des précédentes définitions : l'accès à ces plateformes y est souvent conditionné à une inscription et à une réutilisation des données personnelles.

Les textes fondateurs du mouvement de l'Open Access, notamment la déclaration de Budapest de 2001 (BOAI 2002), établissaient bien à l'origine un lien fort entre l'accès ouvert aux articles scientifiques et les licences libres. Toutefois, c'est encore loin d'être le cas pour l'ensemble des archives ouvertes ou des revues en libre accès, notamment en France, où l'utilisation des licences libres par les chercheurs est mal comprise et en pratique assez peu développée.

L'Open Access sans licence libre constitue pourtant un non-sens et une régression par rapport à l'esprit originel voulu par les rédacteurs de l'appel de Budapest. Les libertés offertes par les licences libres ne valent pleinement, toutefois, que si l'on s'en sert effectivement et c'est ce que nous tentons de faire modestement en écrivant ce texte.

Ce pouvoir définissant et opératoire des licences Creative Commons appliquées aux textes, ou aux données ou même aux œuvres en général, provient historiquement de l'influence du mouvement du logiciel libre (et de ses différentes versions parfois antagonistes) sur une certaine façon de penser le partage. Au mouvement Free Software, imaginant « Open » comme une philosophie qui se veut prosélyte, correspond (schématiquement) la licence CC-BY-SA. Au mouvement Open Source, voyant dans « Open » une opportunité de business basé sur la diffusion et la collaboration, correspond CC-BY. La différence entre ces deux visions du monde tient en une clause « Share Alike » qui oblige celui qui réutilise à le faire sous la même licence. Cette version « Free Software » (dont la figure héroïque est Richard Stallman) de ce qui est « Open » est inspirée d'une certaine idée de la science liée au communalisme décrit par Merton, et est de fait aussi un mouvement politique.

2 De l'Open Access à l'Open Science

Dans le cas des publications scientifiques, quels bénéfices pourrait-on attendre du passage des articles sous licence libre ? En quoi serait-il aussi important de rendre les articles scientifiques « réutilisables » comme les logiciels ? On pourrait considérer que le vrai bénéfice de l'Open Access serait seulement de permettre la libre consultation des articles, en dehors des restrictions imposées par les « paywalls » des éditeurs scientifiques (ce qui est déjà quelque chose d'important). Leur simple lecture suffirait pour pouvoir en extraire les idées et informations pertinentes. La disponibilité en ligne garantirait par ailleurs la citabilité des articles et le fait de pouvoir y renvoyer les autres lecteurs par le biais de liens hypertextes.

Mais on peut établir un parallèle avec l'encyclopédie en ligne Wikipédia pour essayer de faire comprendre l'intérêt plus profond des licences libres appliquées aux articles scientifiques. Au-delà du logiciel libre, Wikipédia a en effet apporté la preuve depuis sa création du potentiel que pouvaient libérer les licences libres en lien avec la production collaborative de textes à des fins de diffusion de la connaissance. En plus du simple Open Access, le passage d'une grande masse d'articles scientifiques sous licence libre pourrait laisser imaginer la création d'une « Science Wikifiée ». Chacun serait alors libre non seulement de consulter les articles scientifiques, mais aussi de les republier, de les recombiner et de les modifier pour les améliorer et les enrichir. Chaque article dans cette optique cesserait d'être un texte figé pour devenir une matière première susceptible d'évolution par enrichissement collaboratif. Un des bénéfices que l'on pourrait attendre du passage à une Science « Wikifiée » serait d'accroître la dimension collective de la production du savoir. C'est une façon de passer de l'Open Access à une véritable Open Science.

L'enjeu de la définition de la Science Ouverte, à propos de laquelle on commence à percevoir des intérêts politiques, se précise : il est essentiel que le terme « Open » ne soit pas dévoyé de son sens à cette occasion. La Science ne saurait être considérée comme Ouverte si elle est seulement rendue accessible. Pour mériter ce qualificatif, elle devrait aussi être librement réutilisable, au sens où l'Open Source ou l'Open Data entendent l'ouverture.

Cependant, la réalité sociologique du monde scientifique « professionnel » se base sur la reconnaissance qu'apporte l'article à son auteur. L'auctorialité (c'est-à-dire le fait d'être reconnu comme l'auteur d'un texte) est la principale récompense (et la façon d'évaluer) dans le monde académique d'une manière générale. Apposer son nom à un article est très important pour le chercheur ou la chercheuse, dont la réussite ne se mesure pas en termes financiers, mais à travers la réputation acquise par ses publications : c'est ce qui lui donne de la visibilité et lui permet de constituer une carrière (Biagioli & Galison 2002).

Dans ce contexte, la comparaison avec Wikipédia est difficile. Sur un article Wikipédia, l'identité des auteurs est très peu mise en avant, la plupart des contributions sont noyées dans la masse. Si la conséquence d'une forme de travail collaborative est une dilution de la valeur de la signature, cela s'intègre mal dans une économie de la reconnaissance.

L'ethos de la recherche académique, tel que défini par Robert Merton (Merton 1973), se conforme à plusieurs normes : l'universalisme et le communalisme (qui impliquent la transparence des méthodes, des résultats, des publications...), le scepticisme et le désintéressement (qui impliquent la publication et sa temporalité comme unique récompense et comme évaluation). Plusieurs études postérieures ont néanmoins caractérisé cette vision du champ scientifique comme idéalisée, et décrivent un champ social de la science plus complexe (Mulkay 1976).

Si, dans le cadre d'une science mertonienne, l'importance de l'auctorialité paraît peu compatible avec une « science wikifiée », le fait même que la science est difficilement mertonienne dans certaines circonstances permettrait paradoxalement d'envisager des situations qui pourraient s'en rapprocher... ou s'en éloigner plus. Dans un contexte de logiciels scientifiques en tant qu'instruments, la production des logiciels pose justement le problème de la reconnaissance (puisque développer un logiciel n'est pas produire des textes scientifiques), ce qui oblige les chercheurs à trouver d'autres formes de rétribution.

3 Problèmes épistémiques

Plusieurs raisons peuvent expliquer ce qui rend difficile l'application des principes d'une Science Ouverte (intégrant la question des licences), au-delà des logiques commerciales ou industrielles qui empêcheraient les scientifiques d'êtres mertoniens.

Dans le contexte scientifique contemporain, où appel pour une Science Ouverte et débat sur la reproductibilité problématique des résultats scientifiques sont d'actualité, ces débats sont discutés parfois de façon trop monolithique. Notre façon d'aborder le sujet consiste en des études de cas en milieu logiciel qui montrent que la problématique de l'ouverture de la science, et celle de l'opacité épistémique potentielle de ses méthodologies, ont une ou même bien plutôt des histoires, qui témoignent du fait que les contextes où elles se posent sont variés et à prendre en compte.

Par exemple, des chercheurs académiques, concepteurs de logiciels scientifiques, ont à dessein décidé d'ouvrir le code source de leur logiciel pour en garantir la transparence épistémique tout en en interdisant la modification et même la compilation sur des machines non prévues (Hocquet 2013). La démarche ne s'expliquait pas seulement par une tentative de protection commerciale d'un logiciel, elle représentait la garantie de robustesse (en facilitant la maintenance) et la garantie de stabilité (en limitant les versions) du logiciel. La cohérence de cet instrument scientifique a donc été considérée comme devant avant tout produire des résultats reproductibles et traçables. La licence du logiciel en question était loin d'être libre, et ce sont ainsi, paradoxalement, (entre autres) ces considérations épistémiques qui ont justifié ce choix, particulièrement controversé dans cette communauté scientifique (Hocquet & Wieber 2017).

Cet exemple permet de comprendre qu'être « Open », pour un logiciel scientifique, n'est pas forcément synonyme de bonne pratique scientifique. Il est souvent exigé que la Science soit « Open » parce qu'elle doit à tout prix être reproductible. Or, l'implication « Open donc transparent donc reproductible » est loin d'être évidente. L'enjeu, dans notre exemple, est que la reproductibilité des résultats scientifiques façonne la politique de licences du logiciel scientifique, mais est en tension entre deux caractéristiques épistémiques qui parfois s'opposent : la transparence d'un côté, et, de l'autre, ce que l'on a appelé ci-dessus la cohérence de l'instrument.

La licence de ce logiciel est donc ouverte au sens où l'on peut lire le code mais pas au sens où l'on peut le réutiliser et le modifier, puisque l'ouverture à la modification impliquerait selon les auteurs du logiciel la prolifération de versions non standardisées donc non fiables. Les raisons sont commerciales mais aussi épistémiques. L'opacité épistémique de l'instrument que représente le logiciel scientifique a donc différentes couches, qu'une simple licence libre ne réussit pas à éclaircir. La confiance dans l'instrument, en tant que garante de la reproductibilité, ne se construit pas uniquement et pas toujours sur la (seule) transparence.

Au-delà de la notion de licence, on sait que dans le monde du logiciel libre, le concept de *forking* (c'est-à-dire la séparation en deux routes différentes d'un projet logiciel et la scission en deux de la communauté qui l'accompagne), directement lié à la liberté de la licence, est à la fois une grande ouverture des possibilités et une constante menace pour la communauté de développeurs d'un logiciel. C'est le cas par exemple de la saga OpenOffice dans le cas du schisme Open/Libre Office et c'est ce que le logiciel cité au paragraphe précédent a cherché à éviter.

C'est qu'au-delà de la licence, un projet « Open » se définit aussi par la gouvernance de sa communauté. Qui a le droit de contribuer ? Qui valide les contributions ? Qui assure la cohérence du projet ? Les règles qui font et défont les projets logiciels sont aussi un processus social (et bureaucratique, mais aussi parfois commercial) qui rendent la Science Ouverte complexe à mettre en œuvre. La confiance dans l'instrument scientifique qu'est le logiciel est aussi parfois basée sur la vitalité et l'organisation de la communauté autour de l'instrument.

Dans le cadre d'un logiciel de dynamique des fluides développé à l'échelle d'un laboratoire, Spencer a décrit comment l'écriture pas à pas du code et les règles des contributions de différents chercheurs se sont établies à l'intérieur d'un cadre organisationnel négocié qui est le reflet des différentes visions épistémiques des chercheurs concernés et qui en retour a une influence sur les caractéristiques épistémiques du modèle concrétisé dans le logiciel (Spencer 2015).

4 Conclusion

En conclusion, Open est un adjectif flou, dont les implications sont souvent comprises superficiellement. Le recours aux licences que ce soit dans le domaine du logiciel, des données ou des publications est l'un des moyens de lever cette ambiguïté. En particulier, les licences Creative Commons grâce à leurs clauses simplifiées et leurs imbrications possèdent la vertu pédagogique de permettre de mieux appréhender la pluralité des visions de l'« Open » et leurs implications. La gouvernance des communautés autour d'un projet scientifique est aussi importante. En science, l'adéquation de ces concepts d'ouverture avec les normes épistémiques est plus compliquée à mettre en œuvre qu'une vision superficielle de l'« Open » peut laisser paraître, non seulement pour des questions d'auctorialité, mais aussi parce que se pose la question de la confiance dans les outils.

Grâce à la licence CC0, nous avons utilisé les arguments d'autres auteurs pour construire notre propre argumentation, fondée en partie sur la leur, mais avec un point de vue légèrement différent. Comme la « Science Wikifiée » évoquée, ce texte peut maintenant être repris et transformé : c'est un début de Science Ouverte.

S'intéresser à l'open de manière précise est nécessaire pour ne pas laisser dire et faire n'importe quoi à l'open. Étudier les différentes formes d'ouverture est un programme d'histoire des sciences où les enjeux épistémiques et politiques sont liés... et la forme de la narration de ces enjeux concourt aussi à cette mise en lumière.

Bibliographie

Biagioli, M. & Galison, P. (éd.) (2002). *Scientific Authorship : Credit and Intellectual Property in Science*. New York : Routledge.

BOAI (2002). Budapest Open Access Initiative. https://www.budapestopenaccessinitiative.org/.

Hocquet, A. (2013). RTFM ! La chimie computationelle : une communauté scientifique loin du libre. In C. Masutti & C. Paloque-Berges (éd.) *Histoires et cultures du Libre. Des logiciels partagés aux licences échangées*, Paris : Framasoft, 487–509. URL http://framabook.org/wordpress/wp-content/plugins/download-monitor/download.php?id=82.

Hocquet, A. (2019). Parcours 11. Reprenez ce texte sur la science ouverte et transformez-le. In M. Leroy-Terquem & S. Clément (éd.) *S.I.Lex, le blog revisité : Parcours de lectures dans le carnet d'un juriste et bibliothécaire*, Villeurbanne : Presses de l'Enssib, 527–534. URL http://books.openedition.org/pressesenssib/10501.

Hocquet, A. & Wieber, F. (2017). "Only the initiates will have the secrets revealed" : Computational chemists and the openness of scientific software. *IEEE Annals of the History of Computing*, 39(04), 40–58, doi :10.1109/MAHC.2018.1221048.

Hoffman, A. (1971). *Steal This Book*. New York : Pirate editions.

Merton, R. K. (1973). *The Sociology of Science. Theoretical and Empirical Investigations*. Chicago ; London : University of Chicago Press. Edited and with an Introduction by N. W. Storer.

Mulkay, M. J. (1976). Norms and ideology in science. *Social Science Information*, 15(4–5), 637–656, doi :10.1177/053901847601500406.

Open Data Support (2017). What is open data ? (Blog) https://www.opendatasupport.eu/.

Open Knowledge Foundation (s. d.). Définition du savoir libre – open definition – defining open in open data, open content and open knowledge. https://opendefinition.org/od/1.1/fr/.

Spencer, M. (2015). Brittleness and bureaucracy : Software as a material for science. *Perspectives on Science*, 23(4), 466–484, doi :10.1162/POSC_a_00184.

Alexandre Hocquet
AHP-PReST, UMR 7117, Université de Lorraine
KHK Fellow, RWTH Aachen (Allemagne)
alexandre.hocquet@univ-lorraine.fr

Frédéric Wieber
AHP-PReST, UMR 7117, Université de Lorraine
frederic.wieber@univ-lorraine.fr

Charles Ehresmann Bourbakiste. Quelques traces d'une liaison instable

Ralf Krömer

1 Introduction

Charles Ehresmann (1905-1979) fut un mathématicien français qui, élève d'Élie Cartan, a beaucoup marqué la topologie différentielle mais aussi, dans la deuxième moitié de sa carrière, une orientation particulière de la théorie des catégories. Dans le présent article, nous nous intéressons à un aspect particulier de sa biographie scientifique, à savoir sa collaboration avec le groupe Bourbaki durant la période 1936-1950. Nous posons les questions suivantes :

- Comment Ehresmann est-il devenu membre du groupe ?
- Quelles sont les traces de sa participation ?
- Pourquoi a-t-il quitté le groupe ?
- Quelles ont été les influences du projet Bourbaki sur le travail personnel d'Ehresmann ?

Précisons tout de suite que pour toutes ces questions, les sources actuellement connues et accessibles ne permettent de donner des réponses que partielles, parfois nettement spéculatives. Par exemple, on ne dispose pas de *Nachlass* d'Ehresmann, et Ehresmann n'est évoqué que très ponctuellement dans la correspondance disponible de Bourbaki. Parmi les autres sources disponibles, il faut mentionner le dossier de carrière d'Ehresmann à l'université de Strasbourg et sa correspondance avec Georges de Rham, Heinz Hopf, et Wilhelm Süss[1] ; mais on n'y a pas trouvé beaucoup d'éléments pertinents pour nos questions. Le présent article ne peut donc être qu'un premier pas vers un traitement plus complet du sujet. Or le thème nous parait suffisamment intéressant pour

1. Consulter, dans l'ordre, les archives départementales du Bas-Rhin, et les archives de l'université de Lausanne, de l'ETH Zurich et de l'Universität Freiburg.

P.-E. Bour, M. Rebuschi & L. Rollet (eds.), *Sciences, Circulations, Révolutions, 467–491.*

mériter un bref aperçu des éléments connus, ce qui, nous l'espérons, incitera d'autres à faire des recherches dans cette direction[2].

Il convient de signaler que les questions énumérées ici sont toutes liées au groupe Bourbaki et ne sont bien évidemment pas les seules concernant la biographie d'Ehresmann. À titre d'exemple, on peut également se demander quel rôle jouait Ehresmann dans les premières années du développement du *Mathematisches Forschungsinstitut Oberwolfach*[3], comment il fit la connaissance de la théorie des catégories, si marquante pour la deuxième moitié de son œuvre scientifique, ou encore dans quelles circonstances il prit sa retraite[4]. Il s'agit donc là d'une biographie riche en évènements historiquement intéressants mais qui reste largement à éclairer.

Avertissement. Dans ce texte, nous utilisons des sources des Archives Bourbaki disponibles en ligne. Dans le texte lui-même, afin de ne pas l'alourdir d'une multitude de références, nous citons seulement par les numérotations originales de Bourbaki (comme « rédaction n°34 », « La Tribu n°4 ») les rédactions et les numéros de *La Tribu*, et par leur titre les autres documents ; les adresses Internet complètes (url) se trouvent en annexe à la fin de l'article.

2 Repères biographiques

Pour la biographie d'Ehresmann, nous nous appuyons principalement sur le *curriculum vitæ* dans (Ehresmann 1984, p. XIX–XX)[5], sur deux notices biographiques de Dieudonné (1980, 2008) ainsi que sur une conférence donnée par son épouse Andrée Ehresmann (1980). Dans ce qui suit, nous ne répétons pas toutes les informations qu'on trouve dans ces références, mais nous nous concentrons sur des points qui s'avéreront essentiels pour notre problématique.

Charles Ehresmann est né en 1905 à Strasbourg ; il n'est pas sans importance pour connaître sa vie scientifique de savoir qu'il est de langue maternelle alsacienne (langue germanique) et que son éducation scolaire s'est faite en allemand jusqu'en 1918. Il entra à l'École normale supérieure en 1924, dans la même promotion que Dieudonné[6]. Après l'agrégation et son service militaire, et avant de se tourner vers la recherche, il enseigna au lycée de Rabat au Maroc de 1928 à 1929. Ensuite, il commença à préparer une thèse sous la direction d'Élie Cartan, thèse qu'il rédigea pendant deux séjours d'études à l'étranger, plus précisément aux centres de la recherche mathématique de l'époque : de

2. Nous remercions Christophe Eckes pour ses remarques critiques sur ce travail, ainsi que pour avoir partagé avec nous beaucoup de numérisations de sources.

3. Voir Remmert (2020).

4. Voir à ce sujet l'allusion faite par Ageron (2004).

5. Le même volume réunit plusieurs outils précieux pour toute recherche portant sur Ehresmann : une liste de ses publications (p. XI–XVIII), une liste de ses doctorants (p. 582–585), une notice sur ses travaux scientifiques qu'il a faite en 1955 (p. 471–488), et une dizaine de commentaires détaillés sur ses travaux, écrits par des spécialistes (p. 491–581).

6. Pour comparaison, notons les promotions des autres membres fondateurs de Bourbaki, selon (Audin 2014, p. 36) : Weil et Delsarte 1922, Cartan et de Possel 1923, Chevalley et Leray 1926.

1930 à 1931 à Göttingen chez Hermann Weyl (Dieudonné 1980, p. 68) et de 1932 à 1934 à l'IAS de Princeton comme *Procter Visiting Fellow* (Ehresmann 1980, p. 571) (notons que Weyl au moins en 1934 s'y trouvait aussi).

En fait, Ehresmann est le seul parmi les Bourbakistes de la première génération à avoir été formellement le doctorant d'Élie Cartan[7] – ce qui n'est pas sans intérêt du fait qu'une influence d'Élie Cartan sur les membres fondateurs a souvent été avancée[8].

La thèse d'Ehresmann (qu'il soutient en 1934) concerne une thématique qui prolonge les travaux de Cartan : il s'agit d'un certain type d'espaces homogènes dont Ehresmann étudie les propriétés topologiques (notamment les nombres de Betti et le groupe fondamental dit « groupe de Poincaré ») à l'aide de propriétés algébriques, tout en mobilisant les notions de « groupe de structure » et d'invariant intégral de Cartan. Cette thèse doit beaucoup à son séjour à Princeton ; elle est publiée dans les *Annals of mathematics* (dans le numéro 2 (avril) du volume 35 (1934)), et visiblement elle profite beaucoup des travaux de Lefschetz en topologie (qui est d'ailleurs le seul, outre Cartan, à qui Ehresmann présente ses remerciements dans cet article)[9]. On note qu'Ehresmann soutient sa thèse relativement tard, en comparaison avec les autres membres de Bourbaki de la première génération[10].

Après la thèse, Ehresmann est financé par la Caisse nationale de la recherche scientifique jusqu'en 1939. Pendant ces années, il participe, comme les autres Bourbakistes, au séminaire des mathématiques dit « séminaire Julia ». Son nom se trouve sur les listes d'abonnés des années 1934-1935, 1936-1937, 1937-1938 et 1938-1939[11], et il y intervient trois fois : le 2 décembre 1935 (donc pendant l'année 1935-1936, consacrée à la thématique de la « topologie ») sur « Topologie combinatoire, groupes d'homologie »(3-B) et le 25 janvier et le 15 février 1937 (donc pendant l'année 1936-1937, consacrée à la thématique des « travaux d'Élie Cartan ») sur « Les groupes de Lie à r paramètres » (4-E, 4-F). Notons aussi

---

7. Le fonds Élie Cartan aux Archives de l'Académie des sciences contient les rapports de la thèse d'Ehresmann ainsi que plusieurs lettres ; en raison de la crise pandémique, ces sources n'ont pas pu être consultées pour le présent travail.

8. Par exemple, voir les contributions au jubilé scientifique de Cartan de 1939 ou encore la dédicace dans Weil (1940) ; à propos d'Élie Cartan Beaulieu (1989) parle d'« un véritable modèle pour eux » (p. 38) – mais il faut aussi noter que Weil fut le seul à avoir suivi un cours de Cartan (p. 23). Il est important de signaler aussi que Cartan a fait partie de très nombreux jurys de thèses, ce qui permet de corriger l'impression laissée par la liste des directeurs de thèse formels qu'on trouve dans la base de données du *Mathematical Genealogy Project* ; voir Gispert & Leloup (2009) à ce sujet.

9. Pour plus de détails sur les travaux d'Ehresmann en topologie différentielle, voir Dieudonné (1989, 2008), et les commentaires contenus dans Ehresmann (1984), notamment Häfliger (1980).

10. Audin (2014) p. 37 : « Weil, Delsarte et Henri Cartan ont passé leur thèse en 1928, Dubreil en 1930, Dieudonné en 1931, Chevalley en 1933. »

11. Voir (Audin 2014, p. 143, p. 146, p. 149 et p. 152, respectivement). Audin n'a pas retrouvé de liste d'abonnés pour l'année 1935-1936 ; voir la p. 141. Or, Ehresmann ayant parlé au séminaire au cours de cette année, il est clair qu'il y participa là aussi.

que c'est Ehresmann qui a fait l'analyse de l'ouvrage d'Alexandroff et Hopf : *Topologie I* (*Enseign. Math.* 35 (1936), 403).

En 1939, Ehresmann devient maître de conférences à Strasbourg ; en 1940 il obtient, comme beaucoup d'autres Bourbakistes, le Prix Francœur de l'Académie des sciences[12]. Également comme beaucoup d'entre eux, il est mobilisé, et stationné à Baccarat selon *La Tribu* n°2, datée du 15 avril 1940. Après sa démobilisation, Ehresmann rejoint Clermont-Ferrand où l'université de Strasbourg est repliée depuis septembre 1939. Il est connu que le premier thésard d'Ehresmann, Jacques Feldbau (1914-1945), a été déporté et mourut en déportation ; cette histoire ainsi que le rôle que jouait Ehresmann ont été exposés en détail par Audin (2009). Dieudonné mentionne qu'Ehresmann lui-même échappa à la déportation lors de la rafle de 1943 mais qu'il dut se cacher aux environs de Clermont-Ferrand jusqu'à la libération (Dieudonné 1980, p. 68).

Dieudonné évoque aussi le goût d'Ehresmann pour la philosophie, notamment pour Cavaillès et Canguilhem, et son amitié avec Lautman. Après la guerre, Ehresmann reste a Strasbourg, dorénavant comme professeur, jusqu'en 1955 où il est nommé à Paris. Il prend sa retraite en 1975, et meurt en 1979 d'une maladie des reins.

3 La participation à Bourbaki : les débuts

Commençons avec deux citations au sujet de la participation d'Ehresmann au groupe Bourbaki, citations qui vont dans des directions tout à fait opposées. D'une part, Dieudonné, dans son éloge dans l'annuaire de l'École normale, dit :

> [Ehresmann participa] avec ardeur, dès le début, à l'entreprise du groupe de mathématiciens de sa génération connu sous le nom de "collaborateurs de N. Bourbaki" [...] (Dieudonné 1980, p. 69)

D'autre part, citons aussi Andrée Ehresmann, épouse de Charles et mathématicienne elle-même. Elle a beaucoup fait pour conserver la mémoire collective de son mari : outre l'édition des œuvres complètes, elle a également organisé des événements commémoratifs et donné des conférences. Dans l'une de ces conférences, délivrée à un colloque organisé à Arnsberg (Allemagne) en octobre 1979, elle dit :

> Charles [...] regretted to have spent so much time in Bourbaki's team in the fourties instead of developing his own ideas. (Ehresmann 1980, p. 574)

Un tel regret n'irait pas très bien avec l'ardeur prétendue, évoquée par Dieudonné. Bien sûr, il est possible qu'Ehresmann ait changé son avis sur Bourbaki au fil du temps ou encore que rétrospectivement il ait considéré le temps investi au sein du groupe comme du temps perdu, d'autant plus s'il a

12. Voir (Audin 2014, p. 37) : « [Mandelbrojt en 28,] Weil en 35, Chevalley en 36, Leray en 37, Dieudonné en 38 et Ehresmann en 40. »

quitté le groupe en étant en conflit (comme certains indices le suggèrent, nous y reviendrons). Dans le but d'éclaircir cette question, nous allons regarder si les sources des archives Bourbaki permettent de saisir quelle fut effectivement sa contribution à Bourbaki.

De 1936 à 1950, Ehresmann participe à 20 réunions et congrès Bourbaki (sur 29 qui sont documentés dans les archives), pour ne plus jamais y revenir après le congrès de Nancy du 2 au 7 février 1950.

On lit souvent[13] qu'Ehresmann fut membre fondateur de Bourbaki. Cela est inexact au sens strict car Ehresmann ne commença à participer au groupe qu'au cours de la deuxième année de son activité. Rappelons brièvement les débuts de Bourbaki (qui ont souvent été décrits avec plus de détail)[14] : à l'initiative d'André Weil, un petit comité, préparant la publication d'un « traité d'analyse », se réunissait depuis décembre 1934 dans un café parisien le lundi avant les conférences du « séminaire Julia ».

> Ce comité était limité à neuf participants Cartan, Chevalley, Delsarte, de Possel, Dieudonné, Dubreil, Leray, Mandelbrojt et Weil (Dubreil fut remplacé en mai par le physicien Jean Coulomb, Leray à l'été par Ehresmann). (Audin 2014, p. 99)

Ici, « été » veut sans doute dire été 1935 ; Audin ne donne pas de source pour cette date. Vu qu'Ehresmann aurait donc « remplacé » Leray, la question se pose de savoir pourquoi Leray quitta le groupe. Cela a été discuté en quelque détail par Beaulieu (1989, p. 158–160) et plus récemment par Ricotier (2021, p. 31 *f.*), et nous ne répéterons pas leurs discussions ici mais nous nous focalisons sur ce qu'on peut trouver dans les sources quant à l'intégration du groupe par Ehresmann. Lors des réunions du 6 et du 20 mai 1935[15] (où Leray figure encore parmi les présents), l'idée émergeait de se réunir pour une période plus longue en congrès à l'été ; effectivement, le premier congrès Bourbaki s'est tenu du 10 au 19 juillet 1935 à Besse-en-Chandesse.

Ricotier (2021) cite le compte rendu de ce congrès qui parle explicitement de l'exclusion de Leray. On peut ajouter d'une part que dans l'ordre du jour, on lit « Th. d'existence : méthodes Leray à adopter ou repousser définitivement », passage qui indique qu'il doit y avoir eu un désaccord sur un procédé proposé par Leray, à régler lors du congrès. D'autre part, Leray ne figure pas sur la liste intitulée « ordre et évaluation (1er projet) », liste qui présente probablement les résultats des discussions au congrès. Dans ce document, chaque membre du

13. Dieudonné lui-même prête à confusion quand il écrit « dès le début » dans la citation reproduite ci-dessus ; voir aussi Schappacher (2006), par exemple, ou encore la présentation par Jacques Lautman dans (Lautman 2006, p. 11).

14. Voir Beaulieu (1989, 1993) et Audin (2014), par exemple. Ricotier (2021, p. 31) donne un tableau indiquant les membres présents ou mentionnés aux différentes réunions jusqu'en 1937.

15. Voir les comptes-rendus des réunions à http://archives-bourbaki.ahp-numerique.fr/items/show/11 et http://archives-bourbaki.ahp-numerique.fr/items/show/12, respectivement.

groupe se voit attribuer des sujets, suivis de chiffres qui indiquent, en toute apparence, des nombres de pages approximatifs.

En revanche, cette liste attribue les sujets « Tenseurs » et « Géométrie » à Ehresmann (100 pages pour les deux ensemble)[16]. Il s'agit là de la première mention d'Ehresmann dans les sources Bourbaki que nous avons pu identifier. Nous discuterons plus loin la signification des thèmes « Tenseurs » et « Géométrie » ; ici, notons qu'il n'y a pas d'autre indice d'une présence d'Ehresmann au congrès. Il nous semble probable que son entrée dans la liste reflète tout d'abord une volonté du groupe d'inviter Ehresmann à participer. La première trace d'une présence d'Ehresmann à une réunion de Bourbaki est plus tardive. En fait, à partir de novembre 1935 une circulaire au nom de « Journal de Bourbaki », rédigée par Delsarte, est produite à rythme mensuel, mais Ehresmann n'y est pas mentionné avant le journal du 25 mars 1936 ; là, on lit qu'Ehresmann a activement participé à la réunion du 22 au 23 mars. Beaulieu, dans sa discussion de cette réunion, mentionne une invitation :

> Les trois réunions de l'année 1935-1936 firent surtout l'examen critique de quelques premières rédactions et esquissèrent de nouveaux plans sur des sujets jusque-là inabordés par Bourbaki. [...] La deuxième réunion, répartie sur deux journées, rassembla une joyeuse compagnie, les 22 et 23 mars 1936. Aux Bourbaki habituels, s'ajoutèrent Charles Ehresmann, qui avait été invité à se joindre au groupe l'été précédent [...] (Beaulieu 1989, p. 309)

Malheureusement, Beaulieu n'indique pas de source pour cette invitation. Dans les annexes à sa thèse p. 106, elle dit à propos de la participation d'Ehresmann : « à partir de juillet 1935, nominalement ; mais il ne participa aux réunions qu'à l'automne 1935 ». Là aussi, il manque une source.

Le deuxième congrès Bourbaki s'est déroulé du 18 au 28 septembre 1936. À l'origine, ils avaient prévu de tenir ce congrès à l'Escorial, mais à cause du déclenchement de la guerre civile en Espagne, le groupe a été obligé de modifier son plan et de se rabattre sur un bien familial des Chevalley situé à Chançay[17]. Il y eut au même endroit un deuxième congrès l'année suivante (que Beaulieu, sans indication de source, date vaguement en septembre 1937 ; (Beaulieu 1989, p. 313)). Finalement, en 1938, il y eut un congrès à Dieulefit du 20 au 22 septembre :

> Pour la théorie des ensembles, le groupe décida de publier, au plus vite, un fascicule de résultats, suivant la formule proposée par Delsarte en 1935. [...] Ils n'eurent guère le temps de faire autre chose car, quelques jours avant la signature du pacte de Munich, la mobilisation appelait les Bourbaki sous les drapeaux. (Beaulieu 1989, p. 316)

16. Voir la p. 4 du document « ordre et évaluation ».
17. Voir aussi Schappacher (2006).

Notons que la première ébauche du fascicule de résultats de la théorie des ensembles a donc été faite par Delsarte en 1935.

Quant à l'activité du groupe en 1939, les Archives Bourbaki ne semblent offrir aucune source. On sait que le congrès annuel ne s'est pas tenu : « Les évènements de 1939 [...] ont empêché la réunion annuelle du Congrès » (*La Tribu* n°3, p. 1). Certes, il y eut des conférences au séminaire Julia au moins jusqu'en mai 1939, et les Bourbakistes continuaient de figurer sur la liste des abonnés (Audin 2014, p. 93*f*, 150*ff*). Mais il est important de relever que les membres de Bourbaki avaient été limogés du séminaire Julia en mai 1938. Pour les détails de cette affaire, voir (Ricotier 2021, p. 35) qui cite une lettre de Weil à Coulomb de mai 1938, et aussi (Eckes 2020, p. 40). De toute façon, Bourbaki a continué ses activités internes. On dispose d'une lettre de Marshall Stone à Weil du 20 avril 1939 qui mentionne certaines activités de Bourbaki sans toutefois mentionner Ehresmann plus particulièrement[18].

Le numéro 1 de « La Tribu » date du 15 mars 1940. Selon toute apparence, il a été rédigé par Dieudonné (qui était alors stationné, avec le grade de lieutenant, à Guérigny), se présentant comme « la rédaction ». Au n°3, l'adresse de la rédaction est située chez Cartan. Le fait que c'est surtout Dieudonné qui s'est beaucoup investi pour faire continuer le projet Bourbaki pendant les premières années de la guerre est aussi confirmé par Ehresmann lui-même. En fait, Ehresmann avait une correspondance avec Heinz Hopf à Zürich dont six lettres reçues par Hopf entre 1941 et 1946 sont conservées aux Archives de l'ETH[19]. Avec sa lettre du 26 avril 1942, Ehresmann envoie à Hopf les deux fascicules des *Éléments de Mathématique* de Bourbaki parus jusque-là ; et il lui donne, dans la lettre, un résumé de l'état des travaux sur d'autres chapitres et du fonctionnement du groupe dans les conditions de la guerre[20]. Il y mentionne aussi l'engagement particulier de Dieudonné.

4 La contribution d'Ehresmann, à travers les sources

Dans la suite, nous allons faire l'inventaire de tous les engagements d'Ehresmann qui se trouvent dans les sources archivées de la période en question. Nous avons essayé de les grouper par rapport aux thèmes abordés. Avant de commencer, il convient de signaler que bien évidemment, la question se posera systématiquement de savoir si Ehresmann a satisfait à un engagement particulier ou non. Dans chaque cas, nous avons essayé d'identifier des rédactions ou rapports susceptibles d'être liés à l'engagement en question ; tâche non triviale du fait de l'anonymat quasi-systématique de tels documents. Les deux procédés suivants sont à notre disposition :

18. Archives Académie des sciences, fonds André Weil 33J 26.01

19. Pour les contacts d'Ehresmann avec Hopf, voir aussi Eckes (2021).

20. ETH-Hochschularchiv, Hs 621 :463. Je remercie Christophe Eckes de m'avoir signalé l'existence de cette correspondance.

- on peut essayer d'identifier des passages dans les comptes rendus des congrès ou dans d'autres documents qui se réfèrent à une rédaction ou un rapport ; ainsi, parfois on peut dater le document en question, parfois on peut même identifier son auteur ;
- pour l'après-guerre, il y a des sources issues de la série « Bourbaki's Diktat » qui regroupent des informations sur les congrès imminents, notamment les documents à apporter par les congressistes (souvent munis des noms de leurs auteurs). Signalons tout de suite que nous n'avons obtenu aucune mention d'Ehresmann par ce deuxième procédé (*a priori* plus simple).

Les thématiques dans lesquelles Ehresmann était impliqué sont nombreuses. Tout d'abord, on lui demande de s'investir dans le contexte de sa thèse et des travaux de son directeur de thèse, Élie Cartan (calcul extérieur, formes de Pfaff, invariants intégraux). Au fur et à mesure, son nom apparait aussi dans des domaines plus ou moins éloignés de ce contexte, tels que l'algèbre linéaire, les variétés différentiables, la topologie générale, et finalement les revêtements et la topologie algébrique. Mais comme nous allons le voir également, les cas ou il donne effectivement suite à ses engagements sont rares[21].

4.1 « Géométrie », Formes de Pfaff

Rappelons que déjà au congrès de Besse en juillet 1935, on envisagea de demander à Ehresmann 100 pages sur les thèmes des tenseurs et de la géométrie. Évidemment, énoncées ainsi les thématiques ne sont pas très précises, notamment la deuxième ; on peut toutefois avoir l'impression qu'elles étaient considérées comme étant en rapport l'une avec l'autre. On se rend facilement compte que demander à Ehresmann une rédaction concernant les tenseurs est un prolongement naturel des recherches qu'il a entreprises dans sa thèse concernant le calcul extérieur, outil de base de la méthode des invariants intégraux d'Élie Cartan. Or, on sait que l'une des idées de départ de Bourbaki était de développer l'analyse jusqu'au théorème de Stokes; d'où la nécessité d'avoir impérativement quelque chose sur les formes différentielles. Ehresmann aurait donc été chargé de commencer la rédaction d'une partie susceptible de prendre une place centrale dans l'ensemble de l'œuvre bourbachique, du moins telle qu'elle était envisagée à ce moment-là.

Or, l'idée de charger Ehresmann de s'en occuper ne semble pas avoir été poursuivie dans un premier temps. Car en novembre 1935, dans le n°1 du *Journal de Bourbaki*, c'est Cartan qui est prévu pour la rédaction des sujets suivants : « Multiplication extérieure ; déterminants ; formes de Pfaff » (ce qui peut être vu comme une concrétisation du thème des tenseurs ; p. 3) – tandis

21. Au moment d'écrire ces lignes, j'ai reçu la thèse de doctorat de Gatien Ricotier, intitulée « Projets collectifs et personnels autour de Bourbaki dans les années 1930 à 1950 » (soumise à l'Université de Strasbourg). Il y discute en détail plusieurs des procédures de rédaction Bourbaki où Ehresmann avait pris des engagements.

qu'Ehresmann n'est pas mentionné. Au numéro suivant, on lit que Cartan n'a pas encore commencé cette rédaction (p. 2) ; de même pour les n°3 et 4 ; et encore dans le n°5, dans lequel Ehresmann est présent pour la première fois, « Cartan compte bientôt se mettre à la rédaction ».

En revanche, Ehresmann a dû faire un rapport sur la géométrie à la réunion bourbachique du 6 juillet 1936, comme l'indique le passage suivant :

> Ehresmann fait un exposé sommaire de son rapport de géomètrie [sic]. Il y a quelques échanges de vues sur la notion d'objet géomètrique [sic], la notion d'invariant en géomètrie [sic]. Il est convenu que ce qu'on fera de la théorie des groupes de Lie sera fait à propos des formes de Pfaff. Il est à peu près convenu qu'on se bornera à la théorie des espaces de Riemann, sans parler des connexions affines, projectives, conformes. Ehresmann est chargé de préparer un exposé détaillé, en restant dans ces limites. [...]
>
> Formes de Pfaff – Ehresmann fera un rapport détaillé pour le congrès [de l'Escorial]

Or, dans le « projet de programme » pour ce congrès, on prévoit une discussion sur la géométrie, notant que la question a déjà donné lieu à un rapport détaillé par Ehresmann. Il n'est pas clair s'il s'agit là du rapport déjà présenté le 6 juillet 1936 ou d'un deuxième rapport plus détaillé ; dans tous les cas, un tel rapport ne se trouve pas dans les Archives Bourbaki. On sait cependant que le congrès a pris des décisions (sous forme de nouveaux engagements) ; dans la « répartition fixée au congrès de l'Escorial, pour l'année 1936-1937 », on trouve pour Ehresmann :

- un projet détaillé au sujet des « Systèmes de Pfaff complètement intégrables-groupes de Lie » pour le 1/3/37 ;
- un projet détaillé au sujet des « Espaces de Cartan et autres » pour le 1/7/37 ;
- dans le « Supplément : Répartition de Bourbaki pour le projet sommaire sur les équations différentielles », au nom d'Ehresmann-Cartan : « Méthodes de Lie. Invariants intégraux de Cartan. [...] »

Dans le n°6 du *Journal de Bourbaki* (27 novembre 1936), on lit :

> La première réunion de l'année scolaire 1936-1937 aura lieu le lundi 14 décembre prochain. [...] Cette réunion sera consacrée aux équations différentielles ordinaires. [...] Rappelons encore une fois la répartition des matières : Ehresmann-Cartan – Méthodes de Lie ; Invariants intégraux de Cartan [...] (p. 1).

Aux n°7 et 8 également, on trouve des rappels semblables de la répartition fixée au congrès de l'Escorial. En revanche, il n'y a aucune trace de contributions effectivement délivrées.

4.2 Algèbre linéaire

Le projet de charger Ehresmann des tenseurs fut repris au congrès de l'Escorial, en élargissant le sujet à l'algèbre linéaire. Dans la « répartition fixée [...] pour l'année 1936-1937 » déjà mentionnée ci-dessus, Ehresmann est chargé d'une première rédaction du chapitre « Algèbre II : (linéaire, extérieure, tensorielle) » dont l'algèbre extérieure est commandée pour le 1/1/37. Ehresmann n'a pas respecté ce délai, car au *Journal de Bourbaki* n°8 du 16 février 1937, dans l'état des travaux, on lit : « Ehresmann. – n'a pas encore commencé ses rédactions d'algèbre ». Or, Bourbaki à cette époque était encore ambitieux quant à la vitesse de publication ; au numéro suivant du *Journal de Bourbaki* (n°9), du 16 mars 1937, on lit :

> En fin de séance une décision importante est prise, de façon unanime, (sauf sérieuse opposition des absents) : Sur la proposition de Chevalley, il est décidé que le premier tome de Bourbaki, [Ensembles, algèbre, Topologie mengentheoretisch, intégration abstraite] sera prêt pour le 1er janvier 38, de façon à pouvoir paraître courant 1938. En conséquence il est ordonné à Ehresmann et Mandelbrojt de préparer pour juillet leur rédaction définitive d'Algèbre et topologie. (p. 3 ; crochets dans l'original)

Cela signifie d'ailleurs qu'avant le congrès de Chançay il n'y avait pas encore de répartition définitive pour les *Éléments de mathématique* en livres. – Ehresmann n'avait pas respecté ce nouveau délai non plus. Dans les engagements du congrès de Chançay de septembre 1937, il n'y a pas de mention explicite de l'algèbre linéaire ; on lit seulement : « Ehresmann promet formellement pour le 15 novembre une rédaction sur les formes quadratiques et l'algèbre géométrique ». Même un an plus tard, dans les engagements du congrès de Dieulefit (1938), on lit : « Algèbre linéaire, Ehresmann complète et livre pour une date voisine de la présente. »

On a vu que ce congrès a dû être interrompu à cause de la mobilisation et que la source suivante témoignant des activités de Bourbaki (le n°1 de *La Tribu*) date d'avril 1940 seulement. À la p. 1 bis, à la rubrique des « travaux en cours », Dieudonné écrit, en ce qui concerne l'Algèbre :

> Ehresmann est prié de renvoyer d'urgence (ou de faire renvoyer par son épouse) à la Rédaction *tous* les papiers sur l'Algèbre qu'il détient, en vue d'une redistribution ultérieure.

Bien qu'il y ait une rédaction du chapitre susceptible d'être de la main d'Ehresmann (voir ci-dessous), Dieudonné a fini par rédiger lui-même :

> Vu l'impérieuse nécessité d'avoir pour la suite une rédaction d'Algèbre qui ne soit plus à l'état de fantôme, Dieudonné en a entrepris une il y a environ 6 mois. Actuellement, le chapitre I est à la polycopie ; le chap. II est terminé. (*La Tribu* n°3 p. 4)

Comme pour toutes les parties de l'œuvre de Bourbaki, l'émergence du chapitre II de l'Algèbre (qui parut finalement en 1947) est complexe ; une étude plus approfondie de cette émergence à travers les rédactions et les congrès sera faite (en accentuant notamment l'aspect de la dualité dans ce contexte) dans un chapitre en préparation pour Krömer & Haffner (2023).

Là, nous montrerons par une argumentation détaillée que la « rédaction Dieudonné » dont il est question ci-dessus, en ce qui concerne le chapitre II, est le n° 34. En revanche, le n° 34bis, plus ancien, devrait être ce qu'a produit Ehresmann. Car d'une part, Camille Rolland qui actuellement travaille sur une thèse de doctorat portant sur Bourbaki a récemment trouvé une deuxième copie de la rédaction n° 34bis qui est partiellement manuscrite de la main d'Ehresmann. D'autre part, dans une lettre de Dieudonné à Cartan du 21 mars 1940, on trouve l'indice qu'Ehresmann a effectivement produit une rédaction dans ce contexte[22] :

> Je commence aussi à rédiger le ch. I. de l'algèbre et fais demander à Ehresmann ses papiers pour la suite : il faut tout de même avancer coûte que coûte ! J'ai peur malheureusement qu'Ehresmann ne veuille ou ne puisse rien m'envoyer : je voudrais au moins arriver jusqu'à la fin du chap. II (Algèbre linéaire) et je n'ai plus d'exemplaire polycopié de la rédaction Ehresmann, j'ai dû la perdre, il n'en reste plus non plus à Nancy. En aurais-tu encore une et pourrais-tu me la prêter ?

4.3 Variétés différentiables

En 1938 à Dieulefit, Ehresmann s'est engagé à faire « les variétés localement différentiables et les formes différentielles [...] ». Quatre ans plus tard, lors du congrès qui s'est tenu du 5 au 14 août 1942, le projet est devenu un peu plus modeste : « Ehresmann diffusera son cours sur les variétés différentiables pour servir de base aux discussions ultérieures » (*La Tribu* n°8, p. 6). Or, même à la fin de l'année 1947, il semble que rien n'a été fait. La source pour cette affirmation est un supplément au compte rendu du Congrès de Noël 1947, Paris (19-26 déc. 1947), intitulé « Plan, état des travaux, programme et commandes pour Weil (1947-1948). » [23] A la p. 2 de ce document, on lit par rapport au « Livre IX : Variétés différentiables » : « Plan général non établi ; aucun rapport rédigé. »

4.4 Topologie générale

Il n'est pas étonnant qu'Ehresmann ait aussi été impliqué dans les travaux sur le livre de topologie générale. Dans sa première édition, ce livre consistait en dix chapitres, publiés entre 1940 et 1949. Le développement du livre qui avait précédé ces publications avait été très compliqué, notamment en ce qui

22. Archives de l'Académie des sciences, fonds Henri Cartan 37J 23.94 96.
23. Voir http://archives-bourbaki.ahp-numerique.fr/items/show/114.

concerne la répartition en chapitres ainsi que leur numérotation ; cela est déjà mis en évidence lorsqu'on consulte les titres des 31 rédactions classées sous le thème de topologie générale sur le site Internet des archives Bourbaki[24]. Reconstruire l'histoire de ce processus irait largement au-delà des limites de cet article ; nous nous bornerons à donner quelques indications provisoires.

La toute première rédaction en topologie générale date de juillet 1936 et est due à Weil[25]. Peu après, Bourbaki attaque de manière sérieuse le thème au congrès de Chançay (1937). Dans la « version ronéotypée de l'ensemble du congrès », les p. 14–24 contiennent un plan plus ou moins détaillé des cinq chapitres prévus à ce moment-là (nous avons ajouté des précisions entre crochets) :

– chapitre I [Espaces topologiques] (p. 14)

– chapitre II [Espaces] Uniformes (p. 22)

– chapitre III Groupes topologiques (p. 23)

– chapitre IV Nombres réels (p. 23)

– chapitre IV [V] Groupes abéliens (p. 24)

À cause d'une faute de frappe il y a deux chapitres IV dans cette liste – ce qui explique peut-être pourquoi Chevalley et Ehresmann sont tous deux chargés du chapitre IV dans les engagements. Plus précisément concernant Ehresmann : « La topologie II et IV est confiée à Ehresmann qui fera sur IV un rapport pour le 1er avril. » On ignore si ce rapport a été fait ; déjà, on ne sait pas s'il était question de IV ou plutôt de V. Ni pour les nombres réels, ni pour les groupes abéliens, un tel rapport ne semble être contenu dans les archives. Notons que les titres des chapitres I-IV correspondent exactement (à nos ajouts près) aux titres des chapitres publiés en 1940, 1942 et 1947, respectivement, tandis que le chapitre V publié est intitulé « Groupes à un paramètre ».

4.5 Revêtements et topologie algébrique

Bourbaki aborde aussi très tôt des sujets appartenant à la topologie algébrique. L'une des ébauches les plus anciennes à ce propos est probablement le papier « Topologia Bourbachica » (rédaction n°84) ; du moins, celui-ci est mentionné en septembre 1940 dans *La Tribu* n°3, p. 2 concernant le projet d'un « Livre VII : Topologie combinatoire ». Il s'agit d'un rapport en quatre parties : « I Topologie générale, II Le degré topologique, III Espaces de recouvrement et groupe de Poincaré, IV Topologie combinatoire : surfaces. » La présence de la partie I suggère que le document est probablement encore plus ancien et pourrait dater même d'avant le congrès de 1937 (lors duquel, nous l'avons vu, on avait déjà établi le projet plus détaillé d'un livre sur la topologie générale).

24. Voir http://archives-bourbaki.ahp-numerique.fr/redactions.
25. Voir http://archives-bourbaki.ahp-numerique.fr/items/show/399.

Ce sont les parties II à IV qui sont discutées en septembre 1940 dans le contexte du livre VII envisagé.

Le projet d'un tel livre ne semble pas avoir été poursuivi immédiatement. En revanche, la partie III de « Topologia Bourbachica » réapparaît peu de temps après dans un contexte différent, à savoir celui du livre X. Selon la liste de *La Tribu* n°3, celui-ci portera sur les fonctions analytiques. Or, la partie III de « Topologia Bourbachica » traite aussi des revêtements ; la liaison entre les deux matières est la théorie de l'uniformisation. Cela explique un engagement contenu dans *La Tribu* n°4 (6 décembre 1940) : « Notons enfin qu'Ehresmann prend la charge d'une première rédaction des fonctions analytiques locales, y compris un chapitre d'introduction sur Topologia Bourbachica III » ; de même, dans *La Tribu* n°5, compte rendu du congrès de Clermont du 7 au 10 décembre 1940, on lit à la p. 8 : « Livre X : Fonctions analytiques. Confié à Ehresmann, pour rédaction de la partie locale, de la Topologie Bourbachica III [...] et de ses applications [...]. »

Cependant, la présentation choisie dans la partie III de « Topologia Bourbachica » n'a pas été acceptée à l'unanimité. En avril 1941, Cartan propose un contre-projet utilisant la notion d'« espace étalé »[26]. À partir de ce nouveau développement, l'engagement d'Ehresmann (qui entretemps ne semble pas l'avoir accompli) est modifié lors du 2e congrès de Clermont, du 16 au 19 avril 1941 :

> En ce qui concerne les revêtements, Ehresmann continue à étudier à fond la question, en vue d'arriver à une synthèse entre les 2 papiers « Topologia Bourbachica III » et le contre-projet Cartan sur les espaces étalés (qui semble d'ailleurs assez satisfaisant à première vue). Il songe aussi à raccorder cette question à celle des groupes d'homotopie (en tant qu'ils sont indépendants des théories combinatoires) ; à son avis, la place de ce chapitre dans Bourbaki serait donc comme chap. IX de la Topologie générale. [...] Ehresmann promet pour Juillet une première rédaction sur les espaces étalés et revêtements. (*La Tribu* n°6, p. 3*f*)

Voilà donc une troisième place possible des revêtements : au lieu de les placer dans un livre VII sur la topologie combinatoire ou encore dans un livre X sur les fonctions analytiques, on compte maintenant les placer comme un chapitre du livre III. Bien entendu, cette idée ne s'est pas réalisée dans la version publiée du livre III. Pour le moins, Ehresmann, cette fois-ci, procède à la production d'une contribution. Mais au lieu de faire une rédaction pour juillet 1941, il délivre simplement un rapport en août 1942, plus précisément au 3e Congrès de Clermont des 5-14 août 1942 (et on peut même avoir l'impression qu'il s'agissait d'une intervention orale plutôt que d'un rapport rédigé) :

26. Voir http://archives-bourbaki.ahp-numerique.fr/items/show/655

> Revêtements. Le Congrès a entendu avec intérêt le rapport d'Ehresmann sur la question. L'accord est fait sur les points essentiels ; tout le monde, sauf Ehresmann, est d'avis que les chaînes ne jouent là-dedans qu'un rôle secondaire, et doivent être balancées chaque fois qu'on peut s'en passer ; en partiuclier, le principe de monodromie se fait de la façon la plus facile par la méthode Cartan. [...] Ehresmann promet, dans le plus bref délai (1er Décembre 1942) une rédaction avec structures locales, principe de monodromie, revêtements d'un groupe topologique. Il met aussi à l'étude la question des revêtements du point de vue algébrique (rapports avec la théorie des groupes libres et des groupes définis par des générateurs et des relations). (*La Tribu* n°8 p. 4)

Le passage qui précède fait partie des décisions prises par rapport au livre III, et on maintient donc ici le projet de faire des revêtements le chapitre IX de ce livre. (Avant le passage cité, on trouve d'ailleurs des informations sur les chapitres VI à VIII.) Notons que dans le débat dont il est question, Ehresmann fut le seul à maintenir une certaine position (par rapport au rôle des « chaînes »).

Plus loin, on aborde la discussion d'un « Livre V » (sans indication de thème) ; on y trouve une deuxième promesse d'Ehresmann, un peu énigmatique :

> Ehresmann promet de diffuser son cours de l'année, pour servir au débrouillage de la question, ainsi qu'un rapport sur les diverses méthodes actuellement en usage. (*La Tribu* n°8, p. 5)

La « question » pourrait concerner la topologie combinatoire, car dans les engagements on trouve le passage : « Ehresmann : [...] Cours complet de Topologie combinatoire, pour le 1er Février 1943 ». D'un autre coté, le livre V aurait normalement dû être le livre dit « élémentaire » (alors le livre sur le calcul différentiel) selon le plan qui se trouve dans la *La Tribu* n°7.

Quoi qu'il en soit, revenons aux revêtements ; l'année suivante, lors du congrès du 10 au 18 septembre 1943, on trouve la remarque lapidaire : « Conformément à ses habitudes, Charles n'a pas livré le chap. IX (revêtements) dans les délais prévus. » (*La Tribu* n°9, p. 14). On n'en parle même plus dans les numéros suivants ; en revanche, Bourbaki revient un peu plus sérieusement sur l'idée d'un livre sur la topologie algébrique, lors d'un congrès en avril 1944 :

> le récent Congrès Bourbaki qui s'est tenu à Paris du 6 au 8 Avril 1944 [a] réalisé un progrès important et depuis longtemps souhaité par la rédaction : le démarrage de la Topologie algébrique. Grâce à l'important travail préparatoire accompli depuis trois mois par Cartan, et à la compétence technique de Charles, le Congrès a pu se faire une première idée d'ensemble des matières à traiter [...] On réserve jusqu'à plus ample informé la question de la place

> éventuelle à donner aux problèmes spéciaux de topologie des R^n, notamment les problèmes de *position* des compacts plongés dans R^n (accessibilité, caractérisation des frontières, bouts premiers, etc.) Charles est chargé d'un rapport sur ces questions, pour une date qu'il vaut mieux laisser indéterminée. [...] La théorie des groupes d'homotopie supérieurs (Hurewicz) et celle des espaces fibrés[:] Ici encore, on attendra pour prendre une décision plus motivée un rapport détaillé de Charles sur ces théories. (*La Tribu* n°10 p. 1*f*)

Nous n'avons pas encore identifié le papier de Cartan mentionné. Encore une fois, il ne semble pas qu'Ehresmann ait fait le rapport commandé ; cela est indiqué par des passages que nous allons inspecter dans la prochaine section.

5 L'après-guerre

Dans les années 1945 à 1950, les mentions d'Ehresmann ne sont ni très nombreuses, ni très substantielles. Le premier congrès après la guerre s'est tenu du 22 juin au 4 juillet 1945 – avec Weil qui venait en avion des États-Unis, mais sans Ehresmann : « On ne déplora que l'absence d'Ehresmann, sous le vain prétexte de copies à corriger » (*La Tribu* n°11, p. 1). L'année suivante (congrès du 8 au 19 juin 1946), Ehresmann n'est pas dans la liste des participants non plus, mais cela pourrait être une erreur : le congrès se tenait à Strasbourg, et la toute première décision reproduite dans *La Tribu* suggère sa présence :

> Les *revêtements* reviennent décidément en Topologie générale ; de Possel est chargé d'en faire une rédaction sans « chemins ».
>
> On utilisera les chemins en Topologie algébrique quand on étudiera les divers groupes d'homotopie ; Ehresmann rédigera un chapitre sur l'homotopie. (*La Tribu* n°12, p. 1)

A nouveau, il ne semble pas qu'Ehresmann l'ait fait. Car concernant le livre de topologie algébrique, on peut estimer l'état des travaux à la fin de l'année 1947 à l'aide d'un document déjà mentionné ci-dessus, à savoir le supplément au compte rendu du Congrès de Noël 1947, Paris (19-26 déc. 1947) intitulé « Plan, état des travaux, programme et commandes pour Weil (1947-1948). »[27] D'abord, à ce stade, les revêtements ne sont plus prévus comme chapitre IX de la topologie générale (et en plus, les fonctions analytiques ne semblent plus faire partie des livres contenus dans le plan général fourni). Par ailleurs, la Topologie algébrique est devenue le livre VIII ; concernant ce livre, on lit :

> Plan général non établi. Sont tirés : un chapitre sur la dualité dans les groupes topologiques, trois rapports sur l'homologie, la théorie de la dimension et les revêtements. En cours de rédaction : rapport général sur l'homologie.

27. Voir http://archives-bourbaki.ahp-numerique.fr/items/show/114.

L'homotopie n'est plus mentionnée. Certains des documents mentionnés sont facilement identifiés : le chapitre sur la dualité est la rédaction n°78, le rapport sur la théorie de la dimension est la rédaction n°81. Pour le reste, c'est moins clair. Plus loin, dans une rubrique intitulée « Travail à fournir par Weil », on lit :

> En commun avec Cartan, confection du rapport général sur l'homologie (à terminer avant Avril 1948).

Et pour le congrès de juin 1948, on s'engage à l'« établissement du plan général du Livre VIII (Topologie algébrique) en vue de rédaction état 1 ». Dans le compte-rendu dudit congrès, on lit « Cartan n'[a] pas livré en temps voulu le rapport promis sur la Topologie algébrique [...]. » En même temps, dans les engagements du congrès de juin 1948, donc à peu près quatre ans après avoir demandé à Ehresmann une chose semblable, on demande, cette fois-ci au membre récemment recruté Samuel Eilenberg de faire, en coopération avec Weil, un rapport sur l'homotopie élémentaire (le résultat est sans doute le « rapport SEAW », rédaction n°103 ; voir p. 35 du compte-rendu de ce congrès).

Mais revenons au fil chronologique. En 1946, il y eut aussi une rencontre plus informelle « chez Dieudonné » que Delsarte raconte dans une lettre à Weil du 9 décembre 1946 (et probablement aussi à Dieudonné, parce que la formule d'appel de la lettre est « Chers Amis », et Weil et Dieudonné étaient au Brésil à ce moment-là). La lettre porte les signatures des participants de cette rencontre, dont celle d'Ehresmann, mais il ne s'agissait pas de travailler, semble-t-il[28].

Ehresmann n'est pas mentionné dans les « Observations du Congrès de Paris (18-20 janvier 1947) sur le Chap. X de Topologie générale » ; en revanche, il est compté parmi les présents (quoique « intermittent ») dans les « Observations du Congrès de Paris (15-18 mars 1947) sur les Chap. I et II du Livre élémentaire ». Il s'agit là sans doute des chapitres 1 et 2 du livre IV « Fonctions d'une variable réelle » des *Éléments de mathématique*, parus en 1949. Voici un extrait de la discussion :

> Unanimité pour balancer le « théorème de Rolle » (en exercice !), sauf naturellement Charles, qui trouve que c'est, de tout le chapitre, le seul théorème intéressant du point de vue géométrique.

Encore une fois, Ehresmann se trouve donc en opposition avec tout le monde, certes, sur un point de détail. Il y a aussi un « appendice au congrès[29] » :

> Lecture est faite de l'appendice 1 (Applications universelles) du Chap. III d'Algèbre. [...] Il se manifeste [...] une assez vive opposition à l'insertion dudit appendice au Chap. III d'Algèbre. Ne sont pas

28. Archives Académie des sciences 33J 8.03. Les signataires sont, dans l'ordre alphabétique, Sonia Bourbaka, Cartan, Chabauty, Delsarte, Ehresmann, Gauthier, Godement, Leray, Marie Hélène Levi Schwartz, Pisot, Roger, Schwartz, Valiron et quatre noms non déchiffrés.
29. http://archives-bourbaki.ahp-numerique.fr/items/show/113.

> opposants : Charles, parce qu'on y parle du groupe libre (!) ; Cartan, qui aime mieux le voir au Chap. III d'Algèbre que dans le livre de théorie des ensembles, où l'on n'aura aucun exemple à montrer. (p. 5)

On se demande ce que signifie ce point d'exclamation ; est-ce que l'argument est considéré comme ridicule ? – Ehresmann était présent au congrès des 8-11 novembre 1947 où on revenait sur les Fonctions d'une variable réelle ; la seule contribution de sa part a été, semble-t-il, la proposition d'un exercice concernant des fonctions dérivables définies sur les quaternions (*La Tribu* n°13, p. 7). Dans les congrès suivants, quand il était présent, il lui était surtout demandé de préparer des rapports sur des sujets qu'il connaissait bien : en juin 1948 (où il était présent « avec intermittences »), on lit, dans les engagements : « Ehresmann : rédige, pour Janvier, un rapport sur les espaces fibrés et feuilletés, et un autre rapport sur les éléments de contact (d'ordre 1 et d'ordre supérieur) dans les variétés différentiables. » (p. 35). De manière semblable, les engagements du congrès du 2 au 8 octobre 1949 notent : « Ehresmann : fait un rapport sur les connexions et les espaces de Cartan » (*La Tribu* n°19, p. 2). Dans tous ces cas, nous n'avons trouvé aucune discussion de tels rapports dans les comptes-rendus des réunions suivantes, ce qui indique plutôt qu'ils n'ont jamais été réalisés.

Dans le même congrès, Ehresmann figure aussi parmi les membres prévus d'un comité de réédition des Structures Topologiques prévu pour décembre 1949 (*ibid.* p. 2). Le travail dudit comité (du 3 au 5 décembre 1949) est documenté dans *La Tribu* n°20. On ignore si Ehresmann était présent ; il est question de « membres non présents » (p. 2). Notons aussi que dans les comptes-rendus des congrès de février et avril 1949, l'absence d'Ehresmann est explicitement mentionnée.

Finalement, Ehresmann était présent au congrès du 3 au 7 février 1950, pour la dernière fois. Les sujets abordés lors du congrès étaient : I. le plan de la première partie ; II. livre des fonctions analytiques élémentaires ; III. chapitres de la divisibilité. C'est dans le contexte I que se trouve la remarque suivante : « La géom.diff.locale (d'après Charles) est l'étude des problèmes d'équivalence des systèmes de Pfaff » (*La Tribu* n°21, p. 3) ; sinon, Ehresmann n'est pas mentionné. (Le texte donne l'impression que c'est surtout III qui a fait débat.) En vue d'une piste poursuivie plus loin, notons qu'il n'y a pas eu de discussion sur les structures à cette occasion.

Résumons : la présence d'Ehresmann aux réunions de Bourbaki était réduite, surtout après la guerre, et ses contributions consistaient principalement, soit en des rapports sur des sujets qu'il connaissait bien mais que Bourbaki ne comptait pas aborder dans l'immédiat, soit en des prises de position sur des points de détail, positions qu'il a été souvent le seul à défendre. Pour la plupart des rapports demandés ou promis, on n'a même pas d'information permettant de savoir s'ils ont jamais été réalisés. On ne lui a plus demandé aucune rédaction après 1946, et sa discipline relative aux promesses ne manquait pas de susciter des remarques méprisantes. En comparaison avec l'investissement en temps des autres membres, tels Cartan, Chevalley, Delsarte, Dieudonné et Weil, les propos d'Ehresmann semblent donc largement exagérés quand, d'après son épouse, il décrit son investissement comme l'ayant empêché de poursuivre correctement ses propres travaux. Et son départ de Bourbaki donne l'impression forte, non pas d'une rupture, mais d'un départ graduel, une relation quasiment endormie, en conséquence d'un manque d'intérêt et d'engagement. Cette interprétation trouve un appui dans les faits suivants :

- Quant à la correspondence Cartan-Weil, il n'y pas de lettre entre le 20 février et le 3 juillet 1950, du fait de la présence de Weil en France au trimestre de printemps (Audin 2011, p. 600). Or, dans sa lettre à Cartan du 3 juillet 1950, Weil aborde l'« affaire des visa » (liée au Congrès international de Cambridge/Massachusetts, voir (Audin 2011, p. 601)) ; il dit :

  > [Ehresmann] est le seul des membres de Bourbaki (en congé, il est vrai) qui ait manifesté l'intention de ne pas tirer de conséquences [...] (Audin 2011, p. 298)

  La formule choisie par Weil suggère que la participation d'Ehresmann à Bourbaki était alors considérée non pas comme terminée, mais comme « dormante ».

- Ehresmann continuait apparemment de recevoir ses exemplaires de *La Tribu* jusqu'en 1952. Ceci est clair du fait qu'Andrée Ehresmann, beaucoup plus tard, a pu mettre ces documents à la disposition de Leo Corry quand celui-ci écrivait son livre (Corry 1996)[30].

Restent une remarque de Dieudonné suggérant une controverse sur la bonne manière de traiter la notion de structure, et le témoignage de Pierre Cartier. Dieudonné écrit :

> Dès avant 1940, [Ehresmann] rêvait d'une théorie abstraite de toutes les espèces possibles de structures, ce qui rencontrait quelques réticences au sein du groupe Bourbaki ; lorsqu'il l'eut quitté, il trouva dans la naissante théorie des catégories le climat intellectuel qu'il recherchait [...] (Dieudonné 1980, p. 69)

30. Citons-en la préface :

> Professor Andrée Ch. Ehresmann, at Amiens, kindly placed at my disposal original, unpublished material belonging to the estate of her late husband, Professor Charles Ehresmann. I thank her very much for her help, and for having granted me permission to quote from these documents.

Cela concernait en particulier les *Tribu* de 1948 à 1952, voir p. 297, n. 13.

On n'a pas de trace archivistique d'un engagement d'Ehresmann quant aux structures. Il est possible qu'Ehresmann se soit engagé dans la rédaction du fascicule de résultats, mais ce que devient le chapitre IV de la Théorie des Ensembles ne commence à être discuté qu'après son départ, plus précisément à partir de *La Tribu* 22 (avril 1950). Néanmoins, il est possible qu'Ehresmann, en vue de sa théorie des structures locales (en émergence vers 1950), ait insisté sur une certaine présentation des structures dans Bourbaki, sans rencontrer de succès. Mais si tel était le cas, nous n'en avons pas encore trouvé de traces dans les sources.

Pierre Cartier, dans un entretien que nous avons le privilège d'avoir eu avec lui il y a presque vingt ans, disait ne pas connaître les raisons du départ d'Ehresmann. Ayant à son tour abordé l'affaire auprès de plusieurs membres fondateurs, il se souvenait avoir eu l'impression que personne ne voulait en parler.

6 Épilogue : influences bourbachiques dans l'œuvre d'Ehresmann

Notre but principal était d'étudier la place d'Ehresmann dans les sources archiviques concernant Bourbaki. Bien évidemment, on pourrait aussi s'intéresser à la relation d'Ehresmann à Bourbaki sous un angle méthodologique tout à fait différent : analyser les travaux mathématiques d'Ehresmann, les notions et méthodes présentes, par rapport au rôle joué par des approches introduites par Bourbaki. Il s'agirait là d'une tâche volumineuse, notamment au regard de la complexité de ces travaux mathématiques, tâche que nous ne pouvons par conséquent pas aborder sérieusement ici ; nous nous contenterons d'indiquer quelques pistes.

Nous avons cité Dieudonné qui évoque le rêve d'Ehresmann « d'une théorie abstraite de toutes les espèces possibles de structures ». De fait, Ehresmann a développé une telle théorie, notamment de ce qu'il appelait « espèces de structures locales », et les premières contributions à cette théorie ne sont pas encore couchées dans le langage des catégories mais dans celui des espèces de structures à la Bourbaki. La note (Ehresmann 1952) fait suite à trois notes précédentes qui s'occupent du concept de « prolongement » d'une variété différentiable ; dans la quatrième note de la série, il adopte un point de vue plus abstrait et traite des structures infinitésimales étudiées auparavant comme des exemples de « structures locales », concept défini au début de la note en s'appuyant sur le concept d'espèce de structure tel qu'il est défini dans le fascicule des résultats de la *Théorie des Ensembles* de Bourbaki (1939). L'article (Ehresmann 1954) est une version plus élaborée de cette note, sur la même base conceptuelle.

La théorie des structures de Bourbaki a donc pu influencer Ehresmann, au moins sous la forme qu'on lui a donnée dans ledit fascicule de résultats. Mais *quid* de la version plus élaborée de cette théorie ? Comme on le sait, Bourbaki ne parvient à publier le chapitre IV du livre *Théorie des Ensembles* qu'en 1957 ; or, à ce moment-là, Ehresmann ne se sert plus de l'approche bourbachique. Dans une refonte ultérieure de sa théorie, la référence à Bourbaki est remplacée par un usage conséquent de la théorie des catégories (Ehresmann 1957)[31].

Une analyse plus approfondie de l'influence de Bourbaki sur la théorie des structures d'Ehresmann devrait prendre en compte l'usage que fait Ehresmann du concept de groupoïde. Car ce concept joue un rôle central dans cette théorie, d'abord en combinaison avec le concept apparenté de « pseudogroupe de transformation » qu'Ehresmann emprunte à Veblen & Whitehead (1932), plus tard comme cas spécial d'une catégorie. Or, d'une part la place du concept dans les *Éléments de mathématique* a été explicitement discutée chez Bourbaki, lors d'une réunion à laquelle Ehresmann participa[32] ; d'autre part Bourbaki s'est aussi rapproché, au moins implicitement, d'un usage du concept quand la théorie des espèces de structures du chapitre IV de la *Théorie des Ensembles* a été élaborée, car dans cette théorie, on met un accent particulier sur les isomorphismes correspondants à une espèce de structure. Mais nous examinerons ces problèmes à une autre occasion.

---

31. Quant au développement de l'approche du concept de structure chez Ehresmann, voir aussi Corry (1996).

32. Pour une courte présentation de cette discussion, voir Krömer (2013).

7 Annexe. Références aux numérisations en ligne

Congrès 1935-1938

lieu et dates	titre	url
Besse-en-Chandesse, 10-19/07/1935	Deux circulaires	http://archives-bourbaki.ahp-numerique.fr/items/show/15
Besse-en-Chandesse, 10-19/07/1935	Ordre du jour	http://archives-bourbaki.ahp-numerique.fr/items/show/16
Besse-en-Chandesse, 10-19/07/1935	Ordre et évaluation	http://archives-bourbaki.ahp-numerique.fr/items/show/17
Escorial (Chançay), 18-28/09/1936	Projet de programme	http://archives-bourbaki.ahp-numerique.fr/items/show/28
Escorial (Chançay), 18-28/09/1936	Répartition fixée ...	http://archives-bourbaki.ahp-numerique.fr/items/show/37
Chançay, 09/1937	Engagements de Chançay	http://archives-bourbaki.ahp-numerique.fr/items/show/44
Chançay, 09/1937	« Version ronéo ... »	http://archives-bourbaki.ahp-numerique.fr/items/show/51
Dieulefit, 20-22/09/1939	Engagements de Dieulefit	http://archives-bourbaki.ahp-numerique.fr/items/show/56
Dieulefit, 20-22/09/1939	« Version ronéo ... »	http://archives-bourbaki.ahp-numerique.fr/items/show/63

La Tribu

n°	lieu et date	url
n°1	15/03/1940	http://archives-bourbaki.ahp-numerique.fr/items/show/77
n°2	15/04/1940	http://archives-bourbaki.ahp-numerique.fr/items/show/78
n°3	15/09/1940	http://archives-bourbaki.ahp-numerique.fr/items/show/79
n°4	06/12/1940	http://archives-bourbaki.ahp-numerique.fr/items/show/80
n°5	Clermont 7-10/12/1940	http://archives-bourbaki.ahp-numerique.fr/items/show/81
n°6	Clermont 16-19/04/1941	http://archives-bourbaki.ahp-numerique.fr/items/show/82
n°8	Clermont 5-14/08/1942	http://archives-bourbaki.ahp-numerique.fr/items/show/85
n°9	Liffré 10-18/09/1943	http://archives-bourbaki.ahp-numerique.fr/items/show/87
n°10	15/04/1944	http://archives-bourbaki.ahp-numerique.fr/items/show/86
n°11	Paris 22/06-04/07/1945	http://archives-bourbaki.ahp-numerique.fr/items/show/88
n°12	Strasbourg 8-19/06/1946	http://archives-bourbaki.ahp-numerique.fr/items/show/89
n°9 [sic!]	Nancy 9-11/11/1946	http://archives-bourbaki.ahp-numerique.fr/items/show/111
	Paris 15-18/03/1947	http://archives-bourbaki.ahp-numerique.fr/items/show/113
n°13	Paris 8-11/11/1947	http://archives-bourbaki.ahp-numerique.fr/items/show/79
	06/1948	http://archives-bourbaki.ahp-numerique.fr/items/show/117
n°17	Nancy 13-20/02/1949	http://archives-bourbaki.ahp-numerique.fr/items/show/95
	Royaumont 13-25/04/1949	http://archives-bourbaki.ahp-numerique.fr/items/show/96
n°19	Paris 02-08/10/1949	http://archives-bourbaki.ahp-numerique.fr/items/show/97
n°20	Paris 03-05/12/1949	http://archives-bourbaki.ahp-numerique.fr/items/show/98
n°21	Nancy 03-07/02/1950	http://archives-bourbaki.ahp-numerique.fr/items/show/99

Journal de Bourbaki

n°	date	url
n°1	15/11/1935	http://archives-bourbaki.ahp-numerique.fr/items/show/64
n°2	15/12/1935	http://archives-bourbaki.ahp-numerique.fr/items/show/65
n°3	15/01/1936	http://archives-bourbaki.ahp-numerique.fr/items/show/66
n°4	15/02/1936	http://archives-bourbaki.ahp-numerique.fr/items/show/67
n°5	25/03/1936	http://archives-bourbaki.ahp-numerique.fr/items/show/68
	06/07/1936	http://archives-bourbaki.ahp-numerique.fr/items/show/69
n°6	27/11/1936	http://archives-bourbaki.ahp-numerique.fr/items/show/70
n°7	18/12/1936	http://archives-bourbaki.ahp-numerique.fr/items/show/71
n°8	16/02/1937	http://archives-bourbaki.ahp-numerique.fr/items/show/72
n°9	16/03/1937	http://archives-bourbaki.ahp-numerique.fr/items/show/73

Rédactions

numéro	url
n°34	http://archives-bourbaki.ahp-numerique.fr/items/show/442
n°34bis	http://archives-bourbaki.ahp-numerique.fr/items/show/443
n°84	http://archives-bourbaki.ahp-numerique.fr/items/show/492

Bibliographie

Ageron, P. (2004). Albert Burroni dans l'école d'Ehresmann. Constructivisme et structuralisme. In R. Guitart (éd.) *Actes de la journée mathématique en l'honnneur d'Albert Burroni : catégories, théories algébriques et informatique*, Paris : Institut mathématique de Jussieu, 11–24.

Audin, M. (2009). *Une histoire de Jacques Feldbau.* Paris : Société mathématique de France.

Audin, M. (éd.) (2011). *Correspondance entre Henri Cartan et André Weil (1928-1991)*, *Documents mathématiques*, t. 6. Paris : Société mathématique de France.

Audin, M. (2014). *Le Séminaire des Mathématiques 1933-1939. Premiére partie. L'histoire.* Cedram. URL http://books.cedram.org/MALSM/MALSM1.pdf.

Beaulieu, L. (1989). *Bourbaki. Une histoire du groupe de mathématiciens français et de ses travaux (1934-1944).* Thèse, Université de Montréal.

Beaulieu, L. (1993). A Parisian café and ten proto-Bourbaki meetings (1934-1935). *The Mathematical Intelligencer*, 15(1), 27–35.

Corry, L. (1996). *Modern Algebra and the Rise of Mathematical Structures, Science Network Historical Studies*, t. 17. Basel : Birkhäuser.

Dieudonné, J. (1980). Ehresmann (Charles). *Annuaire des anciens élèves de l'École normale supérieure*, 68–70. Voir aussi (Ehresmann 1984, p. XXI–XXIII).

Dieudonné, J. (1989). *A History of Algebraic and Differential Topology 1900-1960*. Boston, Mass. : Birkhäuser Verlag.

Dieudonné, J. (2008). Ehresmann, Charles. In *Complete Dictionary of Scientific Biography*, Detroit : Charles Scribner's Sons. URL https://www.encyclopedia.com.

Eckes, C. (2020). Captivité et consécration scientifique. Reconsidérer la trajectoire académique du mathématicien prisonnier de guerre Jean Leray (1940-1947). *Genèses*, 121(4), 31–51.

Eckes, C. (2021). Recenser des articles mathématiques pour l'occupant : une étude sur les comportements de mathématiciens français sollicités par les autorités d'occupation allemandes. *Revue d'histoire des mathématiques*, 27, 1–95.

Ehresmann, A. (1980). Charles Ehresmann. *Seminarberichte Fernuniversität Hagen*, 7. Cité d'après (Ehresmann 1984, p. 571–581).

Ehresmann, C. (1952). Structures locales et structures infinitésimales. *C. R. Acad. Sci., Paris*, 234, 587–589.

Ehresmann, C. (1954). Structures locales. *Annali di matematica*, 133–142.

Ehresmann, C. (1957). Gattungen von lokalen Strukturen. *Jahresb. DMV*, 60, 227–255.

Ehresmann, C. (1984). *Œuvres complètes et commentées. Topologie algébrique et Géométrie différentielle. Parties I-1 et I-2 éditées par Andrée Charles Ehresmann, Cahiers de Topologie et Géométrie Différentielle*, t. 24 (1983), suppl. 1 et 2.

Gispert, H. & Leloup, J. (2009). Des patrons des mathématiques en France dans l'entre-deux-guerres. *Revue d'histoire des sciences*, 62, 39–117.

Häfliger, A. (1980). Ehresmann, un géomètre. *Gazette des mathématiciens*, 13, 27–35. Cité d'après (Ehresmann 1984, p. 555–561).

Krömer, R. (2013). The set of paths in a space and its algebraic structure. A historical account. *Annales de la Faculté des Sciences de Toulouse*, 22(5), 915–968.

Krömer, R. & Haffner, E. (éd.) (2023). *Duality in 19th and 20th Century Mathematical Thinking*. Basel : Birkhäuser.

Lautman, A. (2006). *Les Mathématiques, les idées et le réel physique*. Paris : Vrin.

Remmert, V. (2020). Oberwolfach in the French Occupation Zone : 1945 to early 1950s. *Revue d'histoire des mathématiques*, 21, 121–172.

Ricotier, G. (2021). Jean Leray et Bourbaki : exemple d'une lutte de pouvoir sur fond d'avancement de carrière à la fin des années 1930. *Gazette des mathématiciens*, 167, 23–38.

Schappacher, N. (2006). Seventy years ago : The Bourbaki Congress at El Escorial and other mathematical (non) events of 1936. In *The Mathematical Intelligencer, Special issue International Congress of Mathematicians Madrid*, Springer, 8–15.

Veblen, O. & Whitehead, J. H. C. (1932). *The Foundations of Differential Geometry, Cambridge Tracts in Mathematics and Mathematical Physics*, t. 29. London : Cambridge Univ. Press.

Weil, A. (1940). *L'Intègration dans les groupes topologiques et ses applications.* Paris : Hermann.

Ralf Krömer
Bergische Universität Wuppertal
Arbeitsgruppe Didaktik und Geschichte der Mathematik
rkroemer@uni-wuppertal.de

L'*arbre vivant* de Bólyai Farkas

François Lavallou

Farkas Bólyai[1] (1775-1856) est surtout connu pour avoir été le père de... son fils ! La gloire de János, un des fondateurs de la géométrie non euclidienne, a en effet éclipsé les mérites de Farkas, au point que certains attribuent au fils des résultats mathématiques[2] du père. Farkas Bólyai partage aussi avec un de ses contemporains, Józef Hoene-Wroński (1776-1853), d'avoir été déconsidéré pour sa polymathie[3] et un certain mysticisme. Pour illustrer sa cohérence mathématique, et son goût de la linguistique, nous présentons le seul schéma qu'il ait fait de sa vision arborescente des Mathématiques, pilier structurel de son *systema scientiæ* et de sa théorie pédagogique.

Le 22 janvier 1804, le corps professoral du Collège calviniste de Maros-Vásárhely, au pays Sicule, attribue à Farkas Bólyai une chaire de Mathématique, Physique et Chimie créée spécialement pour lui. Ce dernier accepte sans enthousiasme, en partie pour donner une dernière joie à son père gravement malade[4]. Il occupera cette fonction pendant plus de 47 ans.

1 Une volonté pédagogique

Ecrivain prolifique dans de nombreux domaines, sa décision de publier en mathématiques, outre ses correspondances, n'intervint qu'au milieu des années 1820, soit vingt ans après avoir commencé à enseigner. De son œuvre mathématique, composée de moins de dix ouvrages, on ne retient souvent que

1. Aussi souvent mentionné (selon l'usage hongrois) comme Bólyai Farkas. En hongrois, on va tout naturellement du général au particulier : le nom de famille est suivi du nom de baptême [*keresztnév*], qui n'est donc pas un *prénom*. *Farkas* signifie *loup* en hongrois, d'où la version germanisée *Wolfgang*.

2. Par exemple, le *théorème d'équidécomposabilité des polygones*, dans (Deledicq 2011).

3. Outre les sciences dites exactes, son intérêt s'est porté, à divers degrés, sur la peinture, la poésie, le théâtre, la musique, l'agriculture, l'ingénierie (poêles, mécanique...), la sylviculture, l'irrigation, l'hygiène (mesures prophylactiques près de vingt ans avant son compatriote Semmelweis), la médecine, la pharmacopée, les langues (hongrois, roumain, latin comme tout noble transylvain, allemand par ses études, ainsi que grec et hébreu, puis l'italien, le français et l'anglais).

4. (Bolyai 2004, Lettre du 1er mars 1804). Son père décèdera le 17 février.

P.-E. Bour, M. Rebuschi & L. Rollet (eds.), *Sciences, Circulations, Révolutions, 493–503.*

le *Tentamen* (Bolyai 1832, 1833), en tant qu'écrin de l'*Appendix* qui a établi la postérité de son fils, mais peu de gens l'ont lu en détail. Car il faut reconnaître que son style, d'une réelle beauté poétique en hongrois, mais complexe, qualifié par euphémisme de « moins que facile » (Henry & Nabonnand 2017, Lettre 2.12, de Hoüel à De Tilly (25 juin 1870)) et même de hiérophantique par Hoüel (Henry & Nabonnand 2017, Lettre 2.4), n'en a pas facilité la lecture.

Et pourtant, comme le constate Paul Stäckel, premier commentateur des deux Bolyai,

> le *Tentamen* est certainement le premier ouvrage dans lequel on parle de façon tout à fait générale de l'indépendance mutuelle des axiomes et cette idée était de toute manière entièrement nouvelle à l'époque de Wolfgang. Par l'établissement de ces fondements simples sur lesquels est construite la géométrie, Wolfgang se révèle comme un précurseur de Überweg et Helmholtz, dans la mesure où il part de l'existence de corps rigides et de leurs mouvements dans l'espace. (Stäckel 1913, notre traduction (désormais nt.))

La préoccupation des fondements des mathématiques avait saisi Farkas dès ses études à Göttingen, comme il l'écrivait à son ami Gauss : « ce serait bien que Toi, tu travailles au sommet de fières tours, et moi réfléchisse à leurs fondations » (Bolyai 2004, Lettre du 27 décembre 1808. nt).

Et ce choix semble s'être conforté tout au long de son demi-siècle de professorat, qui l'a motivé à formuler, le plus simplement possible, ses vues sur les fondements des mathématiques. Cette volonté pédagogique apparait dans l'intitulé de ses ouvrages, qui font presque tous référence à l'enseignement. Bolyai Farkas se présente, souvent anonymement, comme enseignant (Bolyai 1830) ou professeur (Bolyai 1832, 1833), (Bolyai 1834), et s'adresse aux étudiants (Bolyai 1832, 1833) ou aux débutants [*kezdők*] ((Bolyai 1850), (Bolyai 1850-1851)). Le seul ouvrage qui déroge à cette règle est le *Kurzer Grundriss eines Versuchs*, (Bolyai 1851), qui synthétise ses travaux et vise peut-être une audience plus générale.

Dans l'appel à souscription lancé pour la publication du *Tentamen*, daté du 4 mai 1829, il expose nettement, dans son style caractéristique, son ambition éducative :

> Mon espoir est que l'étudiant, par cet ouvrage qui aurait pu être meilleur si je l'avais rédigé dans des circonstances plus favorables, soit initié avec économie de temps et d'énergie, mais consciencieusement, aux mathématiques élémentaires et supérieures, de sorte que, d'une part, même s'il ne devient pas mathématicien de profession, il cherchera partout des idées claires et précises, ne se contentera pas du superficiel et ira jusqu'au fond des choses, et que d'autre part, il sera capable de rendre une partie de cette lumière venue du dehors,

> et dont nous luisons pâlement comme des demi-lunes se levant dans cette nuit encore fort éloignée de l'aurore. (Stäckel 1913, nt.)

Le titre que Farkas avait proposé pour le *Tentamen*, et qui ne fut finalement pas retenu, explicite ses priorités : *Tentamen systematis elementorum Matheseos purae (elementaris, ac sublimioris) demonstratae cum Appendici triplici. In usum studii proprii accomodatum*[5].

L'expérience de l'enseignement, y compris dans des petites classes, l'a naturellement amené, avec toujours cet objectif pédagogique en tête, à réfléchir à la rédaction des notions élémentaires à transmettre. Et il évoque avec fierté ses résultats dans sa correspondance avec Gauss :

> [...], quand je suis venu ici, il n'y avait presque personne au collège qui sache d'avantage que les quatre matières. Maintenant, nombreux sont ceux qui ont fait des progrès considérables en algèbre, coniques, mathématiques appliquées et physique, et j'en ai déjà initié au calcul différentiel et intégral. Ici comme à l'étranger, tu sais bien comme les mathématiques sont peu aimées..(Bolyai 2004, Lettre du 18 décembre 1807, nt.)

> Ici tous récriminent là-contre [le *Tentamen*], à l'exception de mes élèves, bien content de progresser en gagnant du temps [...] Et il semble impensable que quelqu'un d'autre [que les souscripteurs (*praenumeranten* dans la phrase précédente)] en achète ; même à mes élèves (s'ils sont pauvres), je donne ou prête des exemplaires, juste pour qu'ils puissent étudier. (Bolyai 2004, Lettre du 20 avril 1835, nt.)

Il est manifeste que Farkas possédait, à un haut degré, l'enthousiasme pour sa science et un cœur chaleureux pour la jeunesse. Mais tout aussi clairement, il lui manquait le don de présenter ses pensées de façon compréhensible. Il a su probablement impressionner les jeunes âmes par la vivacité de son exposé et les séduire par son enthousiasme poétique, mais rares étaient les heureux élus capables de suivre ses explications mathématiques. Une fois, alors qu'il exposait un devoir au tableau et qu'aucun élève, en dépit d'une attention soutenue, n'était capable de suivre, son second fils, Gregor, alors son élève, osa lui dire qu'ils ne pouvaient vraiment pas le comprendre, et l'a supplié de leur expliquer encore une fois.

> Comme s'il avait été tiré hors du firmament jusque dans la fange de la Terre, avec une telle consternation, il jetait un regard fulgurant à son fils et aux autres élèves et en même temps qu'il disait comment est-ce alors possible qu'un homme sensé et objectivement pensant

5. Essai de présentation d'un système des éléments de mathématiques pures (élémentaires et supérieures) avec trois annexes. Pour faciliter l'étude personnelle. nt.

> ne comprenne pas cela, il étudiait à fond le devoir encore une fois, mais son illusion avait tout à fait disparu. (Bolyai 2002, nt.)

Toutefois, nombre de ses principes pédagogiques (Szily 1885, Annexes D et E) ont trouvé une consécration tardive en étant repris par la réforme de l'enseignement mathématique introduite en Hongrie au début du XXe siècle, principes que l'on peut résumer en quatre exigences principales (Lajos 1921, nt.) :

- Utilisation constante d'une approche spatiale. Bolyai Farkas fait preuve d'une « conception complètement moderne de l'utilisation didactique du concept spatial » (Lajos 1921, nt.). Bien que partisan d'une construction indépendante de l'arithmétique et de la géométrie, Farkas fait nettement le distinguo entre *sa* vérité et les besoins d'un apprentissage graduel des sciences. Il répète ainsi plusieurs fois que de nombreuses tâches arithmétiques sont « plus évidentes, plus faciles et plus courtes à l'aide de la théorie de l'espace (géométrie) » (Bolyai 1843, nt.), et déclare que

  > aujourd'hui l'ensemble des mathématiques est tombé dans l'excès d'arithmétique ; et ce qui, avec l'aide de la géométrie saute aux yeux d'un seul coup, il faut le chercher en tâtonnant dans le dédale de l'arithmétique, à travers un épais brouillard de symboles. (Bolyai 1843, nt.)

  Farkas propose, avant tout comptage, d'effectuer de simples pratiques géométriques : rotation de formes plates, déterminer des points ou axes de symétrie, construire des corps géométriques en papier (stéréométrie) (Bolyai 1830, p. VII–VIII, nt.) ou, comme son fils János, en sculptant des pommes de terre (Bolyai 2004, Lettre du 18 décembre 1807, nt.).

- Rôle moteur du concept de fonction. Chez Bolyai, le rôle-clé de l'approche et de la pensée fonctionnelles se manifeste principalement dans l'utilisation des graphiques, dans la discussion de la proportionnalité et des équations, et dans sa conception du calcul infinitésimal (Bolyai 1830, 1843).

- Discussions sur des applications pratiques. Farkas, qui a étudié de manière approfondie des questions forestières, d'ingénierie, économiques, industrielles et financières, introduisit tout naturellement des exercices pratiques dans son enseignement. Il sortait initier ses élèves à l'arpentage bien avant d'aborder la trigonométrie, et leur faisait effectuer des conversions monétaires et d'unités, des calculs d'intérêts, de population, de la date de Pâques, (Bolyai 1830, 1834, 1843)... On peut ajouter qu'il est l'un des premiers à parler de l'importance du sport, dont il faut adapter l'activité à l'âge, au sexe et au métier.

- Mise en œuvre progressive des théories. Dès 1832, il déclare qu'« il faut enseigner en partant des fondements dès les petites classes, et d'une façon compatible avec le programme des étapes suivantes ; tout dépend du début, pour que la suite, s'il y en a une, se déroule en conformité avec un plan » (Szily 1885, Annexe D, nt.). Alors qu'il a été le précurseur de nombreuses idées mathématiques, il préconise une initiation graduelle aux concepts théoriques. Par souci d'unité et de continuité, « la science doit être autant que possible déshabillée de tout ce qui n'est pas nécessaire », c'est-à-dire, « tout ce qui est enseigné doit être réalité (c'est-à-dire due à une construction de l'esprit) », mais il proteste contre l'idée de « rendre la science facile » (Szily 1885, Annexe D, nt.). Ainsi, si le niveau de rigueur diffère pour chaque degré d'enseignement, cette dernière n'en est, pour autant, jamais absente. Il nous exhorte, à plusieurs reprises, à protéger le débutant des définitions et des axiomes (Bolyai 1834, p. 18, nt.), notions qu'il réserve aux niveaux supérieurs tout en les affranchissant du principe de leur indépendance mutuelle (Bolyai 1843, p. 199, nt.). Cette modération, en contraste avec sa présentation axiomatique du *Tentamen* entièrement nouvelle à l'époque, est une illustration supplémentaire de sa didactique.

Son expérience d'enseignant l'a donc conduit à définir, en accordant une grande part à l'expérimentation, une théorie pédagogique qui se veut une application didactique de son *systema scientiæ*. Farkas Bólyai a ainsi en commun avec son contemporain Johann Herbart (1776-1841) le fait d'être un précurseur de la pédagogie mathématique.

2 Systema scientiæ

L'œuvre mathématique de Bolyai Farkas est structurée par un tryptique : son premier livre (Bolyai 1830), rédigé en hongrois, sur une construction de l'arithmétique, son œuvre maîtresse en deux tomes, le *Tentamen* (Bolyai 1832, 1833), écrit dans la langue scientifique de l'époque, le latin, et son testament mathématique (Bolyai 1851) dans la langue de Gauss. Il élabore dans ces trois ouvrages son *systema scientiæ*, cadre structurel général de la construction des sciences, qu'il appliquera distinctement à l'arithmétique et à la géométrie.

Ce *systema scientiæ* est tout d'abord appliqué à l'arithmétique, dans son premier ouvrage, *Az arithmetica eleje*, paru en 1830. En dehors de son contenu mathématique, ce traité illustre le rapport de Farkas à la langue hongroise. Sa volonté de définir avec précision tous les éléments mathématiques l'amène à tenter de *magyariser* les termes mathématiques dont il a besoin, car l'utilisation de termes étrangers, souvent grecs, amène un degré d'abstraction supplémentaire qu'il juge superflu :

> Entre temps, [chez les autres peuples, qui avaient] traduit dans leur langue le vocabulaire hérité du berceau [grec] de la Mathesis,

> beaucoup de ces expressions ont, au fil des siècles, pris racine [dans la langue nationale], ce qui tend à distraire l'attention de l'apprenant de leur sens scientifique. Cela a une influence sur la formation intellectuelle de la nation. (Bolyai 1832, nt)

Il lui faut trouver des termes qui illustrent au plus près le contenu de la notion décrite, quitte à créer des néologismes. Il explique en préface les symboles utilisés, expose les principes d'une orthographe cohérente qui évite les homonymes, et propose une réécriture des diphtongues.

Farkas traite aussi dans cet ouvrage de logique et d'axiomes[6]. À la 183e et dernière page, on trouve, dessiné en pied, le curieux schéma d'un arbre (*fa*)[7], intitulé *élőfa* [arbre vivant], dont la légende fait une référence manifeste à la philosophie de Kant : *dans le « Déak*[8] *», deux arbres vivants : l'un enraciné dans le Temps, l'autre, dans l'Espace, avec leurs feuillages s'unissant – arc de triomphe de la Vérité qui s'ouvre sur l'Eternité* (nt).

Cette légende, dans son style si caractéristique, illustre la relation de Farkas avec les sociétés ésotériques, notamment par l'emploi du terme *győzedelem-kapu* [arc de triomphe]. Depuis la renaissance, les savants encyclopédistes (ou *polyhistors*, comme on disait alors en Hongrie) n'avaient pas disparus de Transylvanie, et nombre d'entre eux étaient membres de sociétés secrètes. Farkas le polymathe était peut-être[9] un illuminatus[10], ce qui peut expliquer certains mots, termes et racines accompagnant cet *arbre vivant*.

Nous avons suivi la présentation du *Tentamen* en scindant cet arbre en trois parties, ou paliers pédagogiques : les racines [*radix*], le tronc [*truncus*] et la couronne (feuillage) [*corona*[11]]. L'arbre présenté ici ne représente que l'arithmétique et est donc, pour reprendre les termes de Farkas, *enraciné dans le temps*.

---

6. Le terme hongrois qu'il crée pour rendre le latin *axiomata* est *Ön-Igazságok* [vérités par elles-mêmes].

7. Farkas fait de nombreuses références aux arbres (au symbolisme ancestral), et en particulier aux pommiers : « si un homme plante un pommier devant sa maison, qu'il en soit remercié par ceux qui cueillent ses fruits ou y prennent des greffes ! Souvenons-nous des trois pommes célèbres : les deux premières – celle de notre première mère et celle de Paris – qui ont fait de la Terre un traban de l'enfer, et celle de Newton, qui l'a élevée jusque dans la compagnie des étoiles du ciel » (Bolyai 2002, nt). C'est pourquoi il sera, à sa demande, enterré sous un pommier.

8. *Déak* signifie *clerc, personne lettrée* et par extension *latin*, langue des savants. Le terme fait ici référence à un ouvrage en latin, qui ne peut être que le *Tentamen*, alors en cours de rédaction.

9. Selon Raoul Weiss, chargé de cours à l'université Babeş-Bolyai de Cluj, traducteur et essayiste, qui a interrogé pour nous François Bréda (1956-2018), professeur de cette même université, et obtenu de ce dernier une explication sémantique de cet *arbre vivant*.

10. Les Illuminés, ou *Illuminati*, de Bavière furent une société secrète allemande du XVIIIe siècle qui se réclamait de la philosophie des Lumières.

11. Le latin *corona* peut avoir ici le sens de feuillage, qui « couronne » l'arbre, mais être aussi associé à la notion de « triomphe ». La recherche de ce double sens a peut-être motivé le non-emploi du synonyme *frons* [frondaison].

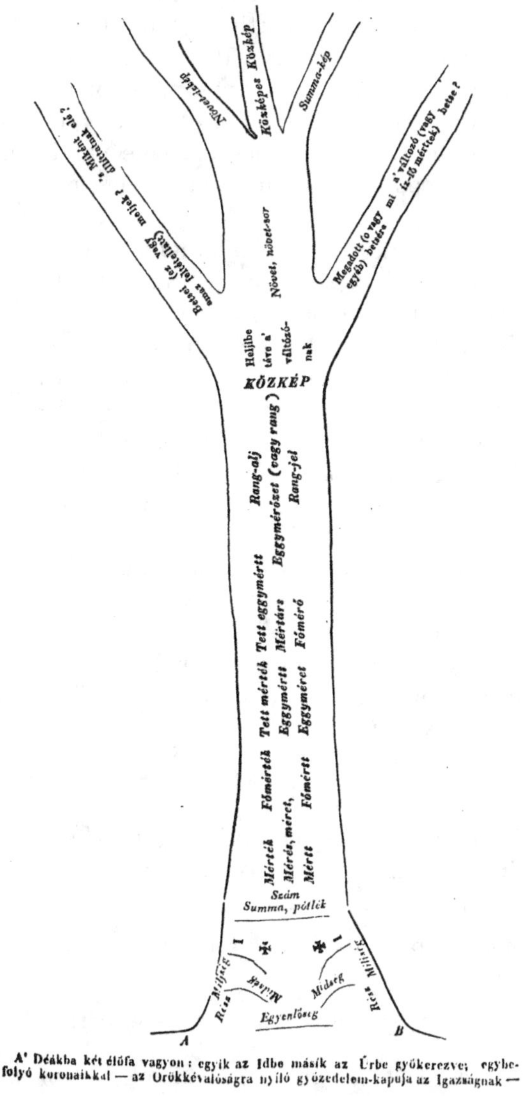

FIGURE 1 : Représentation de l'*arbre vivant* (*Bolyai. Biográfia.Bibliotéka.Bibliográfia* ed. Better, Püski, Budapest)

Les *racines* concernent les éléments et notions de base, nombre, quantité, partie, égalité.

Le *tronc* est associé à la notion de mesure, donc d'action et de valeur. La plupart des termes sont déclinés à partir du radical *mér-*, lié à la notion de mesure, selon un constructivisme obscur. Il donne une correspondance latine à quelques-uns d'entre eux dans l'introduction de la seconde édition (Bolyai 1843, p. XXXV–XXXVIII) : *Méret* [fraction], *Eggyméret* [proportion], *Fő-mérték* [unité]... Ces néologismes, qui n'ont pas prospéré par la suite dans l'usage commun du hongrois, semblent n'avoir survécu que sur l'écorce de cet arbre de papier.

Au sommet du tronc se situe, au sens propre, un embranchement menant à la partie supérieure de l'arbre, qui est la *couronne*. C'est le domaine des variables, des fonctions, des équations.

Selon François Bréda, le terme *közkép*, constitué de *köz-* [entre, intermédiaire], et *kép* [image] est difficilement traduisible autrement que par la notion de *dasein* d'Heidegger, qui a une temporalité associée. Les branches peuvent être vues comme des catégories, les formes *a priori* de l'entendement pour Kant. Les branches inférieures correspondent à la réalité, les branches supérieures à la synthèse. Dans la branche centrale, le terme *közkép*, sous forme adjectivale et substantivale, a ici pour Farkas le sens de « fonction ». On peut voir dans le terme *növet*, associé aux notions de différentiation, le même glissement sémantique qu'entre *phusis* et *natura* : tout comme *phusis* initialement, *növés* correspond à la notion de « croissance[12] ».

Pour Farkas, cet arbre, des racines au feuillage, illustre un ordre naturel de construction de l'arithmétique, et implicitement sa didactique. Il schématise son *système des sciences*[13], un

> ensemble structuré dans un ordre clair
>
> – de définitions précises, en commençant par les notions les plus simples et en avançant par construction vers de nouvelles notions plus composées [...]
>
> – d'axiomes les plus simples, dont aucun ne se laisse déduire des autres,
>
> – de propositions établies au moyen de ces derniers.

Dans le premier tome de la première édition du *Tentamen* est insérée une double page titrée « Arbor arithmeticae geometriaeque » présentant une partie temporelle, ou arithmétique, sur la page de gauche et une partie spatiale, ou géométrique, sur la page de droite. Les deux domaines sont développés parallèlement, avec la volonté de montrer à la fois l'indépendance de l'arithmétique et de la géométrie, et la similitude de leurs *arborescences*. On notera que ce

12. *Növés* étant le *nomen actionis* formé sur la racine verbale *nő*, tandis que *növet*, sorte de supin substantivé, peut se traduire par « (ex)croissance », au sens non du processus, mais de ses résultats.

13. Introduction du Tome I de la 2nde édition du *Tentamen*. nt.

parallélisme structurel induit, de façon innovante, une unification des démarches axiomatiques en arithmétique et en géométrie.

Les matières traitées sont explicitement répertoriées dans chacune des parties de l'arbre :

Radix : Coup d'œil général sur l'arithmétique. Axiomes. Les quatre opérations, grandeurs incommensurables, limites, fractions, proportions géométriques, règle des signes ; formation des puissances, racines, logarithmes.

Truncus : Représentation des grandeurs par des temps. Quantités imaginaires (avec de nombreux développements). Théorème du binôme ; convergence des séries logarithmiques ; module des logarithmes, logarithmes imaginaires.

Corona : Fonctions. Différentielle d'une fonction d'une seule variable. Eléments du calcul intégral. Différentielles partielles. $0/0$, ∞/∞. Quadrature des sections coniques, cubature des corps. Différentielles des fonctions trigonométriques. Théorème de Taylor avec détermination du reste ; développements de $(1+x)^e, (1+z)^{-1}$. Maxima, minima. Eléments du calcul des variations.

Rami coronae arboris[14] : Théorie des équations. Equation $x^{17} - 1 = 0$. Résolution des équations numériques (d'après Newton et Lagrange). Méthode d'élimination de Bézout. Fractions continues, application aux équations. Démonstration de Gauss que toute équation a une racine.

L'introduction de chacune des colonnes établit clairement le couple temps-espace dans le *système* de Farkas, sous influence du philosophe de Königsberg. « La quantité, effectivement *réduite à l'aspect* du TEMPS, est l'OBJET de l'ARITHMETIQUE. » « Cette prémisse de l'ESPACE *pur* OBJET de la GEOMETRIE est appliquée là où c'est nécessaire, celles de l'Arithmétique déduites par des vérités : de sorte que l'arbre, enraciné dans ces deux sciences sœurs, se portant assistance l'une l'autre, réunit leurs feuillages dans les profondeurs des cieux entre les orbites lumineuses du mariage éternel de l'Espace et du Temps. » Cette union établit « la naissance de la *Mécanique pure* ».

La 2nde édition a restructuré l'ouvrage : le 1er tome est consacré à l'arithmétique et le 2nd, à la Géométrie, ce qui réalise physiquement la séparation voulue par Farkas entre ces deux domaines.

Le *systema scientiæ*, présenté de façon quasi définitive dans le *Tentamen*, est ainsi une version détaillée de sa vision de la didactique mathématique, schématisé par son *Arbre vivant*. Et, dans une démarche pédagogique bien théorique, il usera et abusera de notations qui lui sont restées propres. Dans

14. Branches de la couronne de l'arbre.

l'édition ultérieure des *Éléments d'Arithmétique* (Bolyai 1850), il ajoute aux nombreux symboles qu'il a déjà créés les signes astronomiques de Vénus, de Saturne et de la demi-lune pour le symbole de certaines opérations. Il utilise ce symbolisme pour réduire la notation d'un concept à sa plus simple expression, souvent au détriment de la clarté. Ce que pourra lui reprocher son ami Gauss, tout en reconnaissant les qualités du *Tentamen* :

> La plupart des gens préférant le superficiel, je crains que, au sujet de ton livre, beaucoup ne soient dissuadés par l'obligation de devoir d'abord connaître quelques nouveaux symboles. (Bolyai 2004, Lettre de Gauss du 23 octobre 1836, nt.)

Si son entreprise *fondement*ale n'a pas eu de postérité, sa démarche méthodologique et sa rigueur sont néanmoins très modernes. Si son éclectisme viscéral lui a interdit d'aller au bout de ses visions, il a néanmoins, motivé par son ambition pédagogique, su mettre le doigt sur des sujets qui posaient problème : axiomatique, théorie des ensembles, logique, notion de limite. Ces écrits synthétisent les principaux domaines de recherche qui vont se développer dans la seconde moitié du XIXe siècle.

Mais :

> Wolfgang partage ce destin avec la plupart des hommes qu'on peut appeler précurseurs, par opposition à la réussite apparente de célèbres successeurs, qui prennent ce que les grands découvreurs ont trouvés et le rendent accessible au grand nombre. (Stäckel 1913, nt.)

Bibliographie

Bolyai, F. (1830). *Az arithmetica eleje [Éléments d'arithmétique]*. Máros-Vásárhely : s. n.

Bolyai, F. (1832). *Tentamen juventutem studiosam in elementa matheseos purae, elementoris ac sublimioris, methodo intuitiva, evidentiaque huic propria, introducendi. Cum Appendice triplici. [Essai pour amener la jeunesse studieuse aux éléments de mathématiques pures, élémentaires et supérieures, par une méthode intuitive et évidente qui lui est propre. Avec trois annexes]*, t. 1. Maros-Vásárhelyini : Typis Collegii Reformatorum per Josephum et Simeonem Kali de felso Vist.

Bolyai, F. (1833). *Tentamen juventutem studiosam in elementa matheseos purae, elementoris ac sublimioris, methodo intuitiva, evidentiaque huic propria, introducendi. Cum Appendice triplici. [Essai pour amener la jeunesse studieuse aux éléments de mathématiques pures, élémentaires et supérieures, par une méthode intuitive et évidente qui lui est propre. Avec trois annexes]*, t. 2. Maros-Vásárhelyini : Typis Collegii Reformatorum per Josephum et Simeonem Kali de felso Vist.

Bolyai, F. (1834). *Az arithmetikának, geometriának és physikának eleje [Début de l'arithmétique, de la géométrie et de la physique]*. Máros-Vásárhely : s. n.

Bolyai, F. (1843). *Les Éléments d'Arithmétique imprimés à Maros-Vásárhely en 1829, en partie abrégés, en partie augmentés ; édition revue, améliorée et corrigée par l'auteur.* Máros-Vásárhely : s. n.

Bolyai, F. (1850). *Arithmetika eleje kezdőknek [Éléments d'arithmétique pour débutants]*. Máros-Vásárhely : s. n.

Bolyai, F. (1850-1851). *Ürtan elemei kezdőknek [Éléments géométrie pour débutants]*. Máros-Vásárhely : s. n.

Bolyai, F. (1851). *Kurzer Grundriss eines Versuchs [Plan sommaire d'un essai]*. Máros-Vásárhely : s. n.

Bolyai, F. (2002). *Gondolatébresztő írások Bolyai Farkastól [Écrits de réflexion de Bolyai Farkas]*. Budapest : Akadémiai Kiadó. Sélectionné et édité par Gazda István.

Bolyai, F. (2004). *A Bolyai-Gauss levelezés, A teljes levelezés elsoe gyuejteményes kiadása [Correspondance Bolyai-Gauss, Première édition complète de leur correspondance]*. Budapest : Bolyai Kiadó.

Deledicq, A. (2011). *Les Mathématiques : des siècles de Jubilation.* Paris : ACL, les Éditions du Kangourou.

Henry, P. & Nabonnand, P. (2017). *Conversations avec Jules Houël. Regards sur la géométrie non euclidienne et l'analyse infinitésimale vers 1875*, t. 4. Cham : Birkhäuser.

Lajos, D. (1921). Bolyai Farkas és a matematikai oktatás reformja. *Magyar Pedagógia*, 30, 148–156.

Stäckel, P. (1913). *Leben und Schriften der Beiden Bolyai [Vies et écrits des deux Bolyai]*. Leipzig : Teubner.

Szily, K. (1885). *Adatok Bolyai Farkas életrajzához*, t. XI. Budapest : Académie des Sciences de Hongrie.

François Lavallou
CEA-DAM Île-de-France
`francois.lavallou@cea.fr`

Qu'est-ce qu'une explication mathématique ?

Philippe Lombard

À Los Alamos, après la seconde guerre mondiale, un jeune physicien demanda une explication à John von Neumann concernant un problème mathématique difficile.

> Elémentaire, dit von Neumann. On peut résoudre ce problème en employant la méthode des caractéristiques.

À quoi le jeune physicien répondit :

> Je crains de ne pas comprendre la méthode des caractéristiques.
>
> Jeune homme, répliqua von Neumann, en mathématiques, on ne comprend pas les choses, on s'y habitue, c'est tout. (cité par Zukav 1979, note, p. 208)

En réduisant ainsi la question de la compréhension des mathématiques à une simple habitude acquise par la fréquentation, von Neumann se place en rupture avec l'approche classique fondée sur le raisonnement, sur la justification, sur la démonstration. C'est-à-dire sur la *raison*. Sa position traduirait-elle simplement une attitude de physiciens vis-à-vis des explications mathématiques des phénomènes réels ? On ne saurait oublier en effet la phrase de Richard Feynman à propos de la mécanique quantique :

> Ces calculs donnent des résultats numériques conformes à l'expérience au-delà de douze décimales... mais ne me demandez pas pourquoi ils marchent, personne ne l'a compris jusqu'à présent ! (Feynman 1999)

Mais il semble pourtant, à l'inverse, *qu'en mathématiques la vraie motivation ce n'est pas de* résoudre *telle ou telle conjecture*, comme le souligne Alain Connes, *la vraie motivation c'est d'essayer de* comprendre (voir vidéo citée ci-dessous).

P.-E. Bour, M. Rebuschi & L. Rollet (eds.), *Sciences, Circulations, Révolutions, 505–519.*

Naturellement, il ne s'agit pas de prétendre ici que la question de l'explication en mathématiques possède une réponse simple. Bien au contraire. Et si le titre de ce texte est une question : « Qu'est-ce qu'une explication mathématique ? », c'est que nous sommes en réalité devant un problème qui touche à la fois à la philosophie et à la science, et que nous allons simplement chercher à éclairer un peu cette question en nous intéressant essentiellement à la *pratique des mathématiciens*, d'abord dans la phase de résolution de problèmes, puis dans celle de formalisation des démonstrations.

1 De la recherche à la trouvaille

Qu'il s'agisse d'un problème particulièrement difficile comme celui qui consiste à démontrer que :

$$(1.1)\quad \frac{1}{1^2}+\frac{1}{2^2}+\frac{1}{3^2}+\frac{1}{4^2}\cdots=\frac{\pi^2}{6}$$

ou comme celui que se poserait un enfant qui, donnant la main à son père pour aller à l'école, se demande bien pourquoi il est obligé de lever le bras, alors que son père qui est plus grand que lui, a un bras plus grand que le sien, et que sa main devrait donc arriver à la hauteur de la sienne...

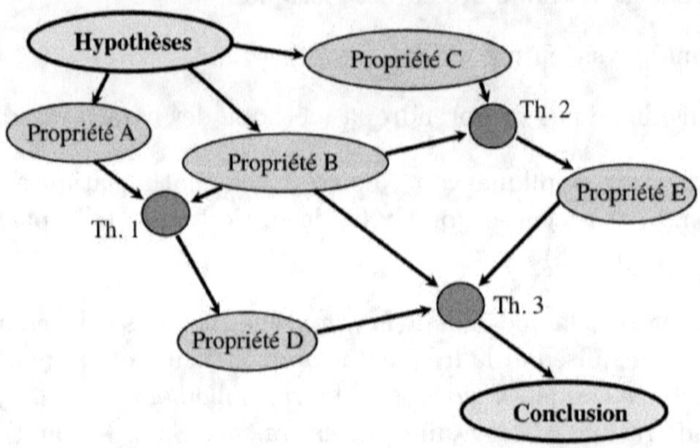

Un mathématicien sait que la solution du problème passe nécessairement par une réponse argumentée, mise de préférence sous forme de démonstration... Sans trop simplifier, on peut dire qu'il s'agit de construire un chemin logique qui permette de passer des hypothèses données dans un problème aux conclusions recherchées. Il convient naturellement de prendre en compte de nombreuses variantes : calcul algébrique, géométrie « pure » ou analytique, raisonnement par l'absurde, par récurrence, etc.

Mais, cela étant, il est fondamental de noter que, au-delà de ces divers types de raisonnements, le diagramme ci-dessus doit être intégré dans un *système syntaxique*.

En effet, dans une démonstration mathématique, les définitions, les propriétés, les propositions et les théorèmes constituent – indépendamment même de tout appel au symbolisme « calculatoire » – un langage différent du langage naturel. On sait par exemple depuis Blaise Pascal qu'il convient de « substituer toujours mentalement les définitions à la place des définis, pour ne pas se tromper par l'équivoque des termes que les définitions ont restreints » (Pascal 1658). Et on doit bien savoir que, d'Euclide à Bourbaki, l'appel à un théorème suppose une vérification scrupuleuse de toutes les hypothèses requises, si on veut espérer conclure grâce à lui.

Le travail de *démonstration* passe donc essentiellement par une « méthode formaliste » : dans les langages pratiqués par les mathématiciens, les discours reposent sur une « combinatoire correcte » – une syntaxe, une grammaire – permettant de relier des énoncés ou des symboles. La « sémantique », en l'occurrence, est volontairement absente de ces énoncés et symboles. C'est-à-dire que le « sens » qu'il convient d'attribuer à tel ou tel « objet », à telle ou telle « action » ou à tel ou tel « résultat », n'est finalement constitué que par l'ensemble des occasions où ces éléments apparaissent dans les « discours » mathématiques. La « sémantique » doit être cantonnée à l'étude des *usages* qui sont faits des symboles dans la *pratique*. Un Wittgenstein parlerait sans doute ici de *jeux de langage*... En revanche, la *résolution* d'un problème – qui serait schématisé, pour simplifier, par la donnée des hypothèses et de la conclusion seules, dans le diagramme précédent – passe par la *découverte* d'un réseau logique susceptible de compléter le diagramme. Il est donc clair que, sauf dans des cas particulièrement simplistes, le premier travail du mathématicien est de *chercher* afin de trouver (ou de créer...) les propriétés et théorèmes qui sont utiles pour la question.

Comment trouver ? Comment chercher ?

Il n'est pas forcément intéressant de trop s'arrêter ici sur les méthodes plus ou moins algorithmiques dites de « chaînage avant » ou de « chaînage arrière » qui consistent à partir soit des hypothèses, soit de la conclusion, pour tenter d'atteindre l'autre extrémité du diagramme en faisant le tour des résultats connus et des liens qui permettent de les rassembler en un « chemin logique » satisfaisant. Pour dépasser ce type de méthode, il convient en fait de chercher (et de trouver !) des propriétés ou des énoncés qui ne soient pas forcément susceptibles d'être « raccrochés » immédiatement aux éléments déjà présents dans un projet de réseau, mais qui pourraient – à l'issue de réflexions complémentaires – s'avérer très utiles pour ouvrir d'autres pistes, pour offrir des passages insoupçonnés auparavant.

J'appellerai « heuristiques » ces démarches destinées à « trouver des idées ». Elles se rattachent, d'une part, à ce qu'il est convenu d'appeler *raisonnement par analyse et synthèse*, car elles consistent généralement à utiliser aussi bien les propriétés qui découlent des *hypothèses* que celles qui découleraient de la *conclusion* recherchée. L'exemple bien connu est celui des problèmes classiques

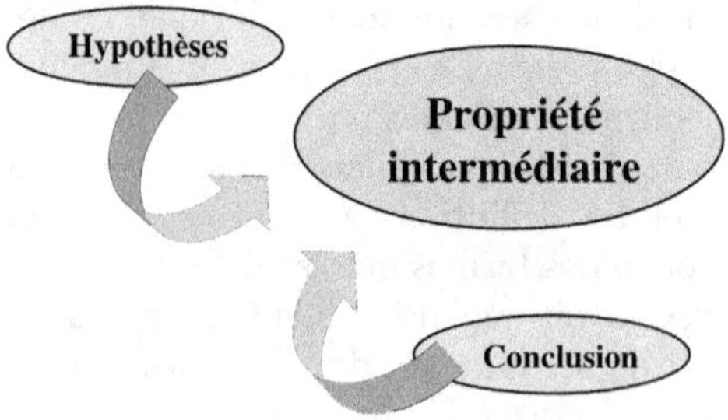

de constructions : la conclusion est simplement la figure à construire sous les hypothèses données, mais on « suppose la figure construite » de manière à observer la situation recherchée et à *l'analyser* afin d'en tirer des propriétés non évidentes à première vue.

C'est-à-dire qu'il s'agit de découvrir des *conséquences* non seulement des *hypothèses*, mais aussi des *conclusions* elles-mêmes. Évidemment, les propriétés obtenues ne fournissent que des *idées d'étapes éventuelles* pour la mise au point d'une construction logiquement irréprochable, dans laquelle toutes les affirmations découleront des seules hypothèses... C'est, classiquement, ce que les mathématiciens qui cherchent à prouver une conjecture utilisent dans leur pratique : ils cherchent des *conséquences* de la conclusion espérée. Soit dans le but d'en déduire des résultats contradictoires (ce qui démontrerait par l'absurde la fausseté de la conjecture), soit d'en tirer des propriétés plus ou moins attendues, qui fourniraient – peut-être – de nouvelles pistes pour construire un réseau logique efficace aboutissant au résultat souhaité.

Bien sûr, la démarche suppose d'autre part des choix parmi les directions à suivre afin de mettre en lumière des propriétés intermédiaires possibles. Ainsi, à un niveau très élémentaire, la *démarche algébrique* que l'on utilise pour résoudre des problèmes (plus ou moins) concrets revient précisément à raisonner sous cette forme. En effet, lorsque la conclusion cherchée consiste à déterminer la valeur d'une grandeur inconnue à partir des valeurs de grandeurs données, on suppose que la valeur cherchée, « si elle était connue », pourrait être désignée par une lettre (disons x ...) qui entrerait, au même titre que les valeurs données dans les hypothèses, dans des calculs traduisant la situation étudiée. Cela fournit à la fin du processus une ou plusieurs équations dont la résolution amène à des *valeurs possibles* et il ne reste plus qu'à opérer une synthèse en déterminant lesquelles de ces valeurs conviennent...

Et au-delà de ce type de démarche, rien n'empêche évidemment de rêver à des intuitions miraculeuses, à des éclairs de génie, qui apporteraient une partie de la solution sans qu'on sache exactement ce qui a pu y conduire. Ainsi, l'enfant qui se pose la question sur les longueurs respectives de son bras et de celui de son père, pourra-t-il peut-être un jour être frappé par l'image d'un panneau de signalisation qui serait susceptible de lui apporter une piste de réponse...

Dans cette optique, on pourrait classer un tel exemple dans la catégorie de ce qu'il faut bien considérer comme des « coups de chance », ou de ce que l'on appellerait aujourd'hui la « sérendipité »... Mais dans la pratique quotidienne des mathématiciens, il convient de faire appel à des ressources qui sont souvent beaucoup plus sophistiquées et plus « savantes ». C'est un monde où il est question de « métier » plus que de chance, de « génie » plus que d'intuition. Et le « métier » du mathématicien, c'est d'abord de maîtriser des formalismes relativement nombreux, de disposer dans son bagage du bon formalisme adapté au problème posé, de le reconnaître, et ensuite de trouver le moyen de construire le réseau logique cherché en agençant correctement les pièces d'un puzzle qu'il a l'habitude de fréquenter. À vrai dire, il n'existe donc pas de méthode miracle pour résoudre les problèmes ! Et nous nous placerons pour la suite dans le cas où une solution – la trame d'une solution – a été trouvée, mais sans perdre de vue que, du moins en ce qui concerne les problèmes importants, cette solution n'a jamais été donnée immédiatement par l'appel à un formalisme dont le problème posé n'aurait été qu'un simple exercice d'application. Au contraire, l'histoire montre souvent que les solutions « surprenantes » sont le résultat de l'adaptation d'un formalisme connu à des situations pour lesquelles il n'avait pas été initialement forgé. Celui qui « trouve » y parvient parce qu'il a su « sentir » des analogies, qu'il est parvenu à surmonter des obstacles inconnus jusque-là et qu'il s'est mis lui-même en position d'ajouter de nouvelles facettes à ce qu'il connaissait. On notera d'ailleurs à quel point c'est le cas pour l'exemple que j'ai évoqué plus haut en citant le problème de la somme de la série des inverses des carrés des nombres entiers : Euler est parvenu au résultat en étendant aux « polynômes de degré infini » la propriété connue donnant la somme des racines ! Il n'a sans doute pas rendu sa démonstration complètement rigoureuse au regard des exigences actuelles, mais il a si bien « forcé » l'analogie qu'il a ouvert la voie à l'utilisation systématique des produits infinis...

En tout cas, il convient de ne jamais oublier le jugement d'Evariste Galois lui-même :

> En vain les analystes voudraient-ils se le dissimuler : ils ne déduisent pas, ils combinent, ils composent : toute immatérielle qu'elle est, l'analyse n'est pas plus en notre pouvoir que d'autres ; il faut l'épier, la sonder, la solliciter. Quand ils arrivent à la vérité, c'est en heurtant de ce côté et d'autre qu'ils y sont tombés. (Galois 1962)

Alors, sans vraiment savoir combien de temps ont passé ceux qui résolvent les grands problèmes à « heurter de ce côté et d'autre », à avoir sans doute très souvent « l'esprit saisi par de nouvelles idées qui se mettent à parasiter les précédentes », attachons-nous quelques instants sur ce que disent les mathématiciens de l'expérience qu'ils ont pu vivre lorsqu'ils sont « arrivés à la vérité »... Sur ce moment de la « trouvaille », ce moment où ils ont sans doute été submergés, en un éclair, par l'intuition que le chemin existe effectivement, et qu'il doit passer par telle ou telle propriété...

Les témoignages ne manquent pas pour parler d'une sorte de phénomène instantané. Claire Voisin décrit ainsi l'expérience :

> Une fois le problème posé, il faut avoir l'idée d'une stratégie pour le résoudre. Mais lorsqu'elle arrive, c'est extraordinaire. C'est un peu comme tapoter sur un mur avant de percer un trou et que tout d'un coup il sonne creux. Parfois, l'idée surgit alors qu'on fait autre chose, y compris des courses. On se lance alors dans une direction et on l'exploite. Si l'idée marche, on avance et cela donne plein de choses merveilleuses. (Lastérade 2016)

André Weil écrivait dans ses mémoires :

> subitement, il m'apparut qu'avec cette interprétation leur extension était à ma portée. (Weil 1991)

Alexander Grothendieck :

> [...] Ce qui semblait familier soudain prend des aspects insolites, puis troublants, jusqu'à ce qu'une contradiction enfin éclate et bouleverse une vision des choses qui paraissait immuable. (Grothendieck 2021)

Et, dans ses échanges avec Jean-Pierre Changeux, Alain Connes tente de décrire ce moment d'illumination :

> Dans l'illumination, c'est, au-delà du plaisir ressenti, l'impression qu'un brouillard se lève brutalement. La fraction consciente de la pensée accède alors directement à un monde dépourvu pour elle de toute étrangeté [...]. L'extase mystique doit certainement exciter les mêmes régions du cerveau. [...] De même que l'harmonie esthétique. (Changeux & Connes 2000)

Mais il ajoute :

> Comme le seul moyen que nous avons de transmettre un résultat est une chaîne logique de raisonnements, il est nécessaire de procéder à une vérification pédestre de la démonstration que l'illumination a permis d'entrevoir... La phase purement "mystique", elle, s'est évaporée...

2 Formalismes et explication

Il y a donc indéniablement deux moments de la pensée qui sont mis en jeu dans la découverte des démonstrations que j'ai schématisées dans le diagramme précédent : une phase que nous appellerons « intuitive », suivie par une phase plus « formelle » qui va consister à mettre au point, pas à pas, les idées qui ont été entrevues lors de la « découverte ».

C'est peut-être l'exemple d'André Weil le plus éclairant sur la différence entre la phase dominée par « l'intuition », qui donne le sentiment d'avoir « trouvé », et cette phase indispensable pour rendre les choses complètement rigoureuses. À cet égard, il est d'ailleurs particulièrement intéressant de se reporter au témoignage livré par Jean-Pierre Serre :

> André Weil envoya une note à l'Académie des Sciences, qui commence ainsi :
>
> « Je vais résumer dans cette Note la solution des principaux problèmes de la théorie des fonctions algébriques à corps de constantes finis ... »
>
> Cette Note contient une esquisse de démonstration, pas davantage. Tout repose sur un « lemme important » tiré de la géométrie italienne. Comment démontrer ce lemme ? Weil se rend bientôt compte que ce n'est possible qu'en reprenant entièrement les définitions et les résultats de base de la géométrie algébrique [...]. Il est ainsi amené à écrire *Foundations of Algebraic Geometry* [...], ouvrage massif (et quelque peu aride) de 300 pages [...]. Après huit années et plus de 500 pages, sa Note de 1940 est enfin justifiée ! (Serre 1999)

C'est sur ce genre de difficultés que l'on peut mesurer les grandeurs et les vicissitudes de la pratique mathématique... Mais on aurait pourtant tort de croire que cette pratique se résume à l'accumulation de pages remplies de théorèmes et de définitions conçus et agencés dans le seul but de construire un discours parfaitement exempt de critiques au niveau logique. Cela ne résout que partiellement le problème qui nous occupe ici et qui touche à la notion d'explication mathématique. Il convient en fait de se rappeler ce que nous dit Henri Poincaré à cet égard :

> Nous ne pouvons pas nous contenter de formules simplement juxtaposées et qui ne s'accorderaient que par un hasard heureux ; il faut que ces formules arrivent pour ainsi dire à se pénétrer mutuellement. L'esprit ne sera satisfait que quand il croira apercevoir la raison de cet accord, au point d'avoir l'illusion qu'il aurait pu le prévoir. (Poincaré 1906)

L'illusion qu'on aurait pu le prévoir !... En vérité, l'idée que je souhaite défendre ici, c'est que ce que l'on peut considérer comme la *compréhension mathématique* n'est rien d'autre que la maîtrise jubilatoire du « bon » formalisme adapté au problème traité. Qu'une fois ce formalisme forgé à l'occasion de problèmes déjà rencontrés et résolus, il est prêt à être utilisé par les praticiens pour résoudre d'autres questions, avant de nécessiter de nouvelles extensions s'il leur faut surmonter des obstacles imprévisibles. Tant que les problèmes se cantonnent à des contrées qui sont à la portée du « métier » déjà acquis, les formalismes pensent, en quelque sorte, à notre place, et lorsqu'ils se révèlent impuissants pour mettre en forme les solutions à des problèmes nouveaux, plus complexes, c'est alors qu'ils doivent être étendus – *déployés* – et s'intégrer à un nouveau formalisme qui les contient, les généralise, les transforme en cas particuliers dans un point de vue nouveau, insoupçonné auparavant.

Dans un entretien télévisé du 5 mars 2014, accessible sur internet[1], Connes s'arrête longuement sur cette question de l'importance des formalismes dans ce qu'il est possible de considérer comme des explications mathématiques. Parlant tout d'abord de ses travaux en géométrie non commutative il raconte :

> Au bout d'années de calculs, je me suis aperçu qu'il y avait derrière tous ces calculs comme une espèce de système d'horlogerie que j'utilisais tout le temps, et toute la force de ce que je faisais était contenue dans ce système d'horlogerie.

Il a alors systématisé ce qu'il faisait en termes de catégories en trouvant la « catégorie cyclique », et il poursuit :

> Il m'a fallu des décennies pour comprendre que la vraie théorie qui permettait de comprendre ce que j'avais trouvé c'était un *topos*.

En ajoutant :

> Alors il m'a suffi d'ouvrir SGA 4 [le *Séminaire de Géométrie Algébrique* de Grothendieck], écrit au début des années 1960, pour m'apercevoir que tout ce dont j'avais besoin était déjà là !

Et après avoir décrit quelques-unes des nombreuses conséquences que cet éclairage lui avait apportées dans son travail, non seulement en termes de réponses, mais aussi en termes de questions qui devenaient parfaitement naturelles, Alain Connes conclut :

> À partir du moment où on dispose des bons concepts on a presque une aide à la pensée qui est merveilleuse, qui donne les bons problèmes, qui donne les bonnes questions [...].

Ne croirait-on pas entendre Michel Chasles qui écrivait au XIXe siècle, à propos de la naissance de la géométrie projective, et notamment du formalisme du birapport et des points à l'infini ?

---

1. *Le Sel du quantique* https://www.youtube.com/watch?v=rHkhez4OxPU

> Les propositions qui rentreront dans des théories connues forceront, par leur généralité, d'élargir les bases actuelles de ces théories, et de les asseoir sur des principes susceptibles de déductions plus diverses et plus générales. (Chasles 1837)

3 Qu'est-ce qu'un formalisme ?

Il est malheureusement très difficile de définir exactement ce que peut être un *formalisme mathématique*, car l'expérience montre que cette notion peut prendre de multiples formes et, surtout, que les mathématiciens semblent s'ingénier à en trouver perpétuellement de nouvelles... Habituellement, les philosophes (et les logiciens) traduisent le mot « formalisme » en pensant uniquement à ce qu'il est convenu d'appeler la « logique formelle », dans laquelle tous les objets et toutes les propositions sont traduits dans des assemblages de symboles – de « caractères » pour parler comme Leibniz – dont la signification est purement conventionnelle.
Exemple d'assemblage :

$$\overbrace{\overbrace{\tau \vee \neg\square}\, A' \in \square\, A''}$$

Ce n'est sans doute pas la meilleure illustration aux yeux des logiciens, mais Bourbaki a, par exemple, choisi un système formel dans lequel tout énoncé et toute propriété peuvent s'écrire à partir des sept symboles primitifs τ, $\square$, $\vee$, $\neg$, $=$, $\in$, $\supset$.

Ainsi le nombre 1, qui s'écrit dans le langage habituel de la théorie des ensembles sous la forme :

$$\begin{aligned}&\tau_Z((\exists u)(\exists U)(u = (U, \{\varnothing\}, Z) \text{ et } U \subset \{\varnothing\} \times Z) \text{ et } (\forall x)\\&((x \in \{\varnothing\}) \Rightarrow (\exists y)((x, y) \in U)) \text{ et } (\forall x)(\forall y)(\forall y')\\&(((x, y) \in U \text{ et } (x, y') \in U) \Rightarrow (y = y')) \text{ et } (\forall y)((y \in Z) \Rightarrow (\exists x)((x, y) \in U)))).\end{aligned}$$

peut s'écrire comme un assemblage de caractères primitifs, mais il nécessite alors 4 523 659 424 929 signes ! Autant dire que ce formalisme n'est jamais utilisé en tant que tel, mais qu'il s'agit simplement d'un « système syntaxique originel » auquel il serait théoriquement possible de ramener tout énoncé. Il ne s'agit donc pas, en l'occurrence, d'un formalisme susceptible de « penser à notre place »... Ce qui ne veut évidemment pas dire que des formalismes semblables ne sont pas susceptibles – notamment dans le cadre de la théorie de la démonstration – d'aider les logiciens dans leurs réflexions.

Naturellement, ce n'est pas à ce genre de formalisme que j'ai fait référence jusqu'ici, et Bourbaki s'est immédiatement affranchi de telles écritures pour introduire progressivement des systèmes de symboles et de de définitions spécialisés, des « combinatoires » de niveau supérieur, en quelque sorte, qui sont les seules à être utilisables en pratique. On parlera par exemple du « formalisme des distributions », ou de la « méthode des caractéristiques », voire de la « géométrie projective », de la « cohomologie cyclique », de la « théorie des topos », etc. Ces formalismes-là ressemblent au langage naturel par le fait qu'ils utilisent un vocabulaire souvent très proche du vocabulaire courant, mais ils n'en sont pas moins des « systèmes syntaxiques » quasiment purs, au sens où : d'une part, chaque mot utilisé a un sens unique bien précis et, d'autre part, chaque énoncé exige de s'intégrer de manière parfaitement rigoureuse dans une « grammaire » logico-déductive. Une fois un tel formalisme « abouti », il ne saurait y avoir place pour des sens multiples ou même des synonymes, encore moins pour quelque figure de rhétorique que ce soit.

En m'intéressant à un exemple particulier, je vais essayer d'illustrer une part de l'évolution dans le temps « du formalisme » en géométrie à travers quelques-unes de ses métamorphoses. On connaît les principaux concepts et outils du formalisme introduit par les géomètres grecs : angles, longueurs, volumes, aires, ainsi que similitude et égalité des figures, calculs sur les proportions...

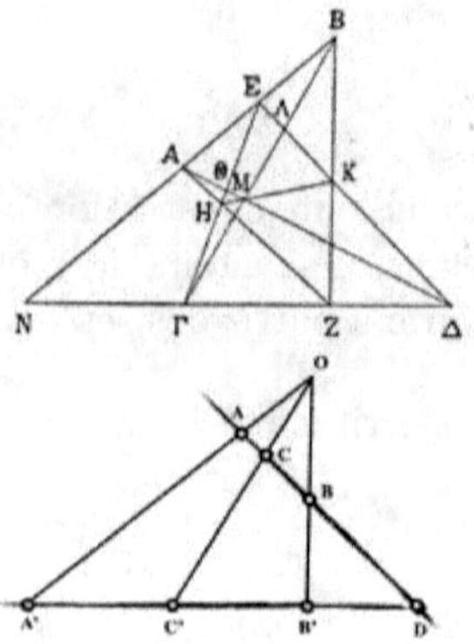

La proposition 139 et le lemme

Nous nous arrêterons, pour commencer, sur la proposition 139 du *Septième livre* de « La collection mathématique » de Pappus d'Alexandrie, écrit vers l'an 340 de notre ère :

> Si l'on a deux droites AB, $\Gamma\Delta$, qui se coupent en un point N ; s'il leur tombe des droites $A\Delta$, AZ, $B\Gamma$, BZ, et si l'on mène les droites de jonction $E\Delta$, $E\Gamma$, la ligne qui passe par les points H, M, K est droite.

Autrement dit :

THEOREM 1 *Soit un hexagone $A\Delta E\Gamma BZ$ dont les sommets sont situés alternativement sur deux droites sécantes, alors les points $H = E\Gamma \cap AZ$, $M = A\Delta \cap B\Gamma$ et $K = BZ \cap E\Delta$ sont alignés.*

Et c'est évidemment ce que l'on appelle aujourd'hui le *Théorème de Pappus*. La démonstration donnée par Pappus repose sur un lemme qu'il énonce ainsi :

LEMMA 2 *Le rectangle compris sous les droites* AC, BD *est au rectangle compris sous les droites* AD, BC *comme le rectangle compris sous les droites* $A'C'$, $B'D$ *est au rectangle compris sous les droites* $A'D, B'C'$.

Ce que nous écririons aujourd'hui :

$$\frac{AC.BD}{AD.BC} = \frac{A'C'.B'D}{A'D.B'C}$$

Il suffit alors d'appliquer ce lemme (et sa réciproque), d'abord aux points (E, K, L, Δ) et (N, Z, Γ, Δ), puis aux points (N, Z, Γ, Δ) et (E, H, Q, Γ), pour obtenir finalement la relation :

$$\frac{E\Lambda.K\Delta}{E\Delta.K\lambda} = \frac{E\Gamma.H\Theta}{E\Theta.H\Gamma}$$

qui montre l'alignement cherché.

Descartes, 1300 ans plus tard, reprend le problème de Pappus et déclare :

> Je vous prie de remarquer en passant, que le scrupule, que faisaient les Anciens d'user des termes de l'Arithmétique en la Géométrie, qui ne pouvait procéder, que de ce qu'ils ne voyaient pas assez clairement leur rapport, causait beaucoup d'obscurité et d'embarras, en la façon dont ils s'expliquaient. (Descartes 1637, Livre premier)

Dès lors l'égalité de raisons du lemme précédent s'écrira tout simplement, chez Descartes, comme une égalité entre deux produits de quatre longueurs :

$$\frac{AC.BD}{AD.BC} = \frac{A'C'.B'D}{A'D.B'C} \Leftrightarrow AC.BD.A'C'.B'D = AD.BC.A'C'.B'D.$$

Ecriture impossible chez les Grecs, pour lesquels la multiplication des longueurs ne pouvait mettre en jeu plus de trois termes, et correspondait alors à un volume. Mais le siècle de Descartes avait hérité de la notation des nombres réels sous forme de développement décimaux illimités, et il est clair que le formalisme de « l'Arithmétique » devint habituel « en la Géométrie »...

Parallèlement, Desargues utilisant les « raisons de raisons » traduisait la même relation sous la forme de ce qui deviendra systématiquement, deux siècle plus tard avec Chasles, le *birapport* :

$$\frac{AC.BD}{AD.BC} = \frac{A'C'.B'D}{A'D.B'C} \Leftrightarrow \frac{\frac{AC}{AD}}{\frac{BC}{BD}} = \frac{\frac{A'C'}{A'D}}{\frac{B'C'}{B'D}}$$

le lemme utilisé par Pappus n'étant désormais rien d'autre qu'une expression de la conservation du birapport lors de la projection d'une droite sur une autre.

Mais surtout, le formalisme introduit par Desargues fournit une extension du résultat de Pappus en « déployant » dans un même énoncé tous les cas de figure où certaines droites sont parallèles. Et si l'on cherche une preuve du fait que ce nouveau formalisme, « semant de toute part autour du plan » des « points à l'infini », fournit une véritable « aide à la pensée », il suffit de lire Desargues lui-même, qui écrit en 1639 :

> Chacun verra que la raison essaye de connaître des quantités infinies et que l'entendement s'y perd, non seulement à cause de leur inimaginable grandeur et petitesse, mais encore à cause que le raisonnement ordinaire le conduit à en conclure des propriétés, d'où il est incapable de comprendre comment c'est qu'elles sont. (Desargues 1639)

C'est à la même époque – et dans l'esprit des recherches de Desargues – que Blaise Pascal découvrit une généralisation spectaculaire du théorème de Pappus : *le résultat sur l'alignement des points d'intersection est encore vrai si l'hexagone considéré est inscrit dans une conique quelconque !* Si bien que le cas envisagé dans la proposition 139 de *La collection mathématique* apparaît alors comme un simple cas particulier : celui où la conique considérée est une courbe « dégénérée » de degré deux, c'est-à-dire composée de deux droites distinctes.

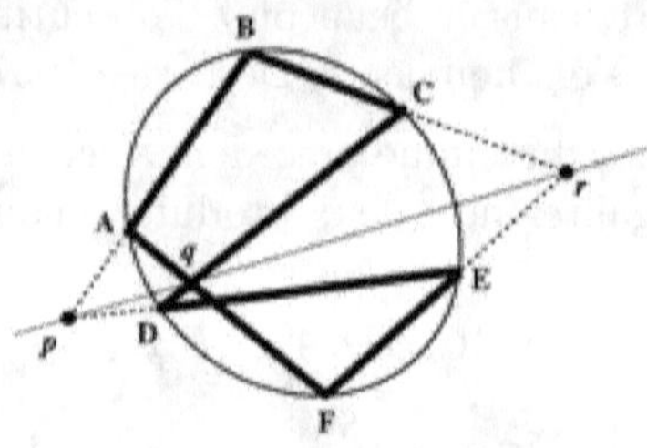

Hexagone de Pascal

C'est d'ailleurs en ce sens qu'il semble légitime de parler de « déploiement » : le nouveau résultat permet de retrouver l'ancien comme cas particulier, mais il ne serait pas possible de passer simplement du cas « dégénéré » au cas général. Nous en terminerons avec cet exemple sur un « déploiement » postérieur, qui consiste à intégrer encore plus avant la proposition originelle dans le formalisme des courbes algébriques : le théorème dit « du neuvième point ».

Il décrit une propriété des « cubiques », c'est-à-dire cette fois des courbes de degré trois, qui touche à une sorte de paradoxe apparent : de telles courbes se coupent en neuf points mais, en même temps, neuf points suffisent à déterminer une équation de degré trois... L'*explication* relève en fait de l'algèbre linéaire car le système obtenu à partir des neuf points qui se trouvent correspondre à l'intersection de deux cubiques n'est pas déterminé, si bien que (en général) si une cubique passe par huit des points communs à deux autres, alors elle passe nécessairement par le neuvième.

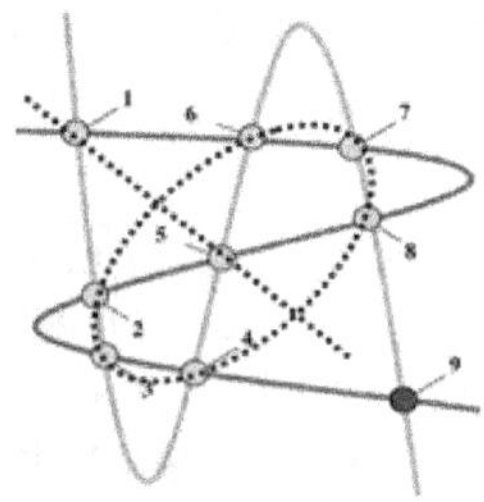

Théorème du neuvième point

Comme on le voit sur la figure, si on part de deux cubiques qui se coupent en neuf points et si six de ces points sont sur une conique (en pointillés), alors les trois autres points sont alignés, car le neuvième point est nécessairement sur la cubique déterminée par la conique et la droite joignant les points numérotés 1 et 5, puisqu'elle passe déjà par huit des points. C'est cette fois l'hexagone de Pascal qui apparaît comme un cas « dégénéré » : celui où l'on considère les deux groupes de trois droites comme des cubiques...

Signalons, juste pour mémoire, que le théorème de Pappus présente aussi un grand intérêt dans le cadre des fondements de la géométrie car, posé comme axiome dans le cas le plus simple, il permet de voir que la géométrie plane est en fait la géométrie de dimension deux sur un corps commutatif. En d'autre termes, c'est le liant indispensable pour comprendre que la géométrie « pure » est indissociable du point de vue algébrique. Ces deux « formalismes » sont donc indissociables... Il resterait évidemment, dans cette excursion sur un exemple, à « expliquer » le théorème du neuvième point... Je laisserai ce soin au lecteur (par exemple avec le théorème de Max Nœther ou avec le théorème de Cayley-Bacharach), mais je lui rappellerai surtout la boutade d'André Weil :

> Heureusement pour les chercheurs, à mesure que les brouillards se dissipent sur un point, c'est pour se reformer sur un autre. (Weil 1979), cité par (Châtelet 1993)

Comment l'histoire même des mathématiques ne pourrait-elle donner raison à von Neumann ? Ce n'est, au fond, qu'après s'être *habitué* à un formalisme et se l'être *approprié* que l'on peut estimer avoir compris un peu de mathématiques. Comme l'écrit Yvette Perrin, dans l'activité mathématique,

> il y a le long et parfois dur travail de l'appropriation. Une étude ouvre sur des techniques et des concepts, voire tout un champ mathématique inconnu ou mal connu. On veut en être maître. Par

> une étude volontaire, agissante, un effort, on se les approprie. Il faut réécrire avec ses propres mots, utiliser ses propres images, faire marcher ses propres associations d'idées pour décrypter et arriver à comprendre un texte mathématique. Une chimie se fait en soi entre le moment où un article vous est étranger, difficilement pénétrable et celui où il a été assimilé, comme s'il semblait émaner de soi. (Jakubowski *et al.* 2001)

Et à observer les changements de formalismes dans l'histoire, on mesure à quel point la « compréhension » d'une époque n'est bien souvent pas autre chose que l'invocation d'un formalisme qui sera regardé plus tard comme imparfait...

C'est que le destin de tout formalisme est en fait d'être « déployé » un jour dans un formalisme plus général, plus puissant, qui permet d'en dépasser les limites, tout en l'éclairant sous un jour nouveau. Mais il n'en reste pas moins que tout formalisme mathématique présente, dans son domaine, les caractéristiques attribuées par René Thom à la géométrie :

> Au prix d'une distorsion minime des apparences (le point sans étendue, la droite sans épaisseur...), le langage purement formel de la géométrie décrit adéquatement la réalité spatiale. En ce sens, on pourrait dire que la géométrie est une magie qui réussit. (Thom 1972)

Tout formalisme mathématique est une magie qui réussit...

Bibliographie

Changeux, J.-P. & Connes, A. (2000). *Matière à pensée.* Paris : Odile Jacob.

Chasles, M. (1837). *Aperçu historique sur l'origine et le développement des méthodes en géométrie, particulièrement de celles qui se rapportent à la Géométrie moderne.* Bruxelles : Hayez. Paris : Jacques Gabay, 1989.

Châtelet, G. (1993). *Les Enjeux du mobile.* Paris : Seuil.

Desargues, G. (1639). *Brouillon project d'une "Atteinte aux evenemens des rencontres du Cone avec un Plan".* s. n.

Descartes, R. (1637). *La Géométrie.* Paris : Jacques Gabay. 1991.

Feynman, R. (1999). *Lumière et matière.* Paris : Le Seuil.

Galois, E. (1962). *Écrits et mémoires mathématiques. Édition critique intégrale des manuscrits et publications d'Évariste Galois.* Paris : Gauthier-Villars. Ed. by R. Bourgne & Azra, J.-P.

Grothendieck, A. (2021). *Récoltes et semailles : réflexions et témoignage d'un passé de mathématicien.* Paris : Gallimard.

Jakubowski, P., Paycha, S., Peiffer, J., Perrin, Y. *et al.* (2001). *Rencontres entre artistes et mathématiciennes.* Bibliothèque du féminisme, Paris : L'Harmattan.

Lastérade, J. (2016). Qui est Claire Voisin, la mathématicienne distinguée de la médaille d'or du CNRS? *Grazia*, 15 décembre, en ligne. URL https://www.grazia.fr/news-et-societe/news/qui-est-claire-voisin-la-mathematicienne-distinguee-de-la-medaille-dor-du-cnrs-187000.html.

Pascal, B. (1658). *De l'esprit géométrique et de l'art de persuader.* Paris : Antoine Arnauld. Publié sous le titre *Éléments de géométrie*, 1667.

Poincaré, H. (1906). Sur la dynamique de l'électron. *Rendiconti del Circolo Matematico di Palermo (1884-1940)*, 21(1), 129–175, doi :10.1007/BF03013466.

Serre, J.-P. (1999). La vie et l'œuvre d'André Weil. *L'Enseignement mathématique*, 45, 5–76.

Thom, R. (1972). *Stabilité structurelle et morphogénèse : Essai d'une théorie générale des modèles.* Reading, Mass. : W. A. Benjamin.

Weil, A. (1979). *Œuvres scientifiques/Collected Papers*, New York : Springer, t. 2, chap. De la métaphysique aux mathématiques. 408–412.

Weil, A. (1991). *Souvenirs d'apprentissage.* Bâle : Birhäuser.

Zukav, G. (1979). *The Dancing Wu Li Masters : An overview of the new physics.* New York : Bantam Books.

Philippe Lombard
AHP-PReST (UMR 7117), Université de Lorraine
`philippe.lombard@univ-lorraine.fr`

Storie di mondi di carta: la Biblioteca di G. Peano

Erika Luciano

Quello del matematico che ha bisogno di sola carta e penna per lavorare è naturalmente uno stereotipo, abbastanza vièto. Lo è a maggior ragione nel caso di Giuseppe Peano, uno studioso atipico nel panorama scientifico italiano e internazionale di fine Ottocento-inizio Novecento, non solo per lo stile e la metodologia di ricerca, ma anche per le pratiche di lavoro che adottò e con cui impostò l'attività della sua Scuola. La pagina di Peano, sia quella degli scritti giovanili di logica e di fondamenti della matematica che lo resero celebre a livello mondiale, sia quella dei trattati di analisi infinitesimale, sia quella dei lavori di linguistica della maturità, patrimonializza una quantità enorme di informazioni storiche e bibliografiche. A maggior ragione sono pagine documentate e culturalmente circostanziate quelle del *Formulario di Matematica*, la collana di testi cui Peano e i Peaniani dedicarono oltre vent'anni di studio individuale e collettivo. La contestualizzazione bibliografica delle proposizioni scritte in simboli logico-ideografici, ovvero l'indicazione dell'autore e della pagina del libro o articolo in cui occorrono e la trascrizione fedele del passaggio citato, sono infatti un elemento programmatico per la redazione delle voci di questa enciclopedia (Peano 1898, p. 83). Peano, del resto, non era l'unico ad avere una sensibilità di questo tipo e, benché non fosse stato direttamente coinvolto, aveva seguito con interesse progetti di patrimonializzazione quali *Encyklopädie der mathematischen Wissenschaften* o il *Répertoire bibliographique des sciences mathématiques* che, nella sua visione, avevano una duplice funzione: scientifica e interlinguistica, contrastando il 'fenomeno torre di Babele' della letteratura matematica contemporanea (Peano 1903-1904, p. 273). Se la cultura del testo è un elemento importante del palazzo mentale peaniano, è allora naturale chiedersi come fosse fatta la sua Biblioteca. Quale storia e geografia avessero i mondi di carta di Peano, dai quali attingeva stimoli per la sua ricerca ed evidenza documentale (matematica, filosofica e storica) per i suoi risultati. In altri termini: su quale base materiale si fosse imperniato il suo lavoro scientifico.

P.-E. Bour, M. Rebuschi & L. Rollet (eds.), *Sciences, Circulations, Révolutions, 521–533.*

A questa domanda non è stato possibile rispondere per 75 anni. Tanti ne sono infatti occorsi per scoprire che la sua Biblioteca non era andata perduta, come si era sempre creduto.

1 La dispersione e il ritrovamento

Il 20 aprile del 1932, al termine di una consueta giornata di lavoro, Peano moriva improvvisamente a causa di un attacco di *angina pectoris*. Manifestazioni di cordoglio giungevano all'Università di Torino da tutto il mondo e in varie sedi italiane ed europee si commemorava il celebre logico cuneese, noto a livello internazionale per i suoi risultati di analisi e di fondamenti della matematica, ma anche per l'intensa opera di promozione della lingua internazionale di sua invenzione, il *latino sine flexione*. Amici e colleghi erano unanimi nel sottolineare l'importanza dei risultati che Peano aveva conseguito, il suo impegno a favore della scuola, oltre alla sua generosa disponibilità nei confronti degli allievi.

Peano non lasciava figli, motivo per cui, nei giorni successivi alla sua scomparsa, la moglie Carola Crosio si rivolgeva a quattro membri della sua Scuola: Ugo Cassina, Gaetano Canesi, Mario Gliozzi e Nicola Mastropaolo, stretti collaboratori dell'Academia pro Interlingua e della rivista *Schola et Vita*.[1] Certa di interpretare le volontà del marito, comunicava che affidava loro tutta la biblioteca scientifica e interlinguistica lasciata da Peano, affinché potessero disporne nella maniera più opportuna per istituire un *Fondo Peano pro Interlingua*, in segno di "affetto e devozione alla memoria del loro caro ed illustre Presidente". Espresso desiderio della vedova era che, "come da accordi verbali ed in relazione alle risultanze del catalogo in corso", alcune opere fossero destinate alla Biblioteca Civica di Cuneo, città natale del marito, perché andassero ad aggiungersi a quelle da lui già donate in vita. Secondo il racconto di uno degli allievi cuneesi di Peano, Costantino Botto, nella Biblioteca Civica locale erano infatti presenti "in grande copia le sue principali opere a stampa" (Botto 1934, p. 24), a testimonianza dell'affetto che Peano aveva continuato a serbare per i suoi luoghi d'origine.

Al periodo delle celebrazioni commosse seguivano anni di relativo oblio dell'opera scientifica e linguistica di Peano. All'Università di Torino, alcuni colleghi non lesinavano critiche alle sue scelte scientifiche e didattiche e alimentavano un florilegio di pettegolezzi sulla sua vita, che ancora persiste tenace.[2] La lentezza con cui era portato avanti dall'Unione Matematica Italiana

1. C. Crosio a N. Mastropaolo, U. Cassina e G. Canesi, aprile 1932, in (Roero 2001, p. 78).

2. Cfr. (Tricomi 1967-1968, pp. 257–258), (Tricomi 1968-1969, p. 67), (Tricomi 1970-1973, pp. 32–35). Le dicerie sono alimentate anche da interventi su quotidiani, quali per esempio l'articolo "*Originalità e distrazioni di un grande matematico*", *Gazzetta del Popolo*, 27.4.1932 giudicato "ignobile" dalla nipote di Peano, Lalla Romano. Più recentemente R. Spiegler (*La Stampa*, 11.10.1995, p. 2) ha attribuito a Peano un periodo in manicomio, notizia seccamente smentita da L. Romano ("*Peano non è stato in manicomio*", *La Stampa*, 25.10.1995, p. 18).

il progetto di edizione delle *Opere scelte* di Peano è indicativa del distacco con cui, per più di vent'anni, si guardò alla sua figura.

Negli anni Cinquanta tre circostanze favorevoli contribuivano al rinnovarsi dell'interesse per l'opera di Peano. Il 6 dicembre 1953 era intitolato al suo nome il Liceo Scientifico di Cuneo; due anni dopo Alessandro Terracini organizzava a Torino il primo convegno di studi in suo onore, invitando vari antichi membri della Scuola peaniana, come B. Levi, G. Ascoli, T. Boggio e L. Geymonat; nel 1959 era infine portata a termine l'edizione dei tre volumi di scritti scelti di Peano, a cura di Cassina (Collectif 1953), (Terracini 1955), (Peano 1957-1959). L'interesse storico per Peano persisteva negli anni successivi e portava alla pubblicazione della sua biografia da parte di H. C. Kennedy e a un secondo congresso internazionale di studi organizzato a Torino e a Cuneo nel cinquantenario della sua nascita (Kennedy 1980), (Universitá degli studi (Torino) 1986). A proposito di questo evento, però, Lolli osservava acutamente:

> Quel convegno, il primo in cui si parlava esplicitamente in Italia di Peano, aveva, visto in retrospettiva, un carattere difensivo ed apologetico. Difesa ed apologia erano in certo qual modo obbligate, di fronte alla cortina di silenzio che la comunità matematica italiana e torinese avevano steso intorno allo scomodo e bizzarro personaggio che per circa cinquanta anni aveva disturbato ed imbarazzato, e negli ultimi trenta quasi disonorato la intera professione. (Lolli 1982, p. 361)

Cuneo non era stata da meno e a Peano aveva dedicato solo i rovi, come recitava il titolo amaro di un articolo comparso su un giornale locale (Tomatis 1992). La casa natale a Spinetta, donata dagli eredi alla città di Cuneo, era in stato di abbandono. Nessuno era a conoscenza del fatto che in condizioni analoghe versassero migliaia di documenti dell'Archivio Peano che Cassina e Gliozzi avevano affidato nel 1954 all'allora direttore della Biblioteca Civica di Cuneo, Piero Camilla.

Solo nel 1998, con la ricostruzione della storia della Facoltà di Scienze Matematiche, Fisiche e Naturali di Torino da parte di C. S. Roero, con l'inaugurazione a Cuneo del monumento dedicato alla curva di Peano, e grazie all'energico intervento del direttore del Museo Civico locale, Livio Mano, la situazione cambiava. Riemergeva una prima sezione del patrimonio peaniano, l'archivio, che veniva interamente catalogato e digitalizzato da parte del gruppo di ricerca in Storia delle Matematiche dell'Università di Torino, in collaborazione con l'Assessorato per la cultura del Comune di Cuneo, fra il 2000 e il 2003 (Roero *et al.* 2002). Le decine di corrispondenze da cui era costituito, intrattenute con matematici, linguisti, insegnanti, storici della scienza, filosofi, pedagogisti e intellettuali italiani e stranieri stimolavano la ripresa degli studi su Peano e sulla sua Scuola e permettevano di valorizzarne aspetti inediti o considerati fino ad allora marginali, per esempio l'impegno sul fronte dell'insegnamento della matematica, i contributi alla linguistica e all'algebra della grammatica.

Continuava invece a non sapersi nulla della Biblioteca di Peano e si dava generalmente per scontato che essa fosse andata perduta. Dei molti volumi che Peano aveva donato in vita alla Biblioteca Civica di Cuneo ne restava uno solo: il fascicolo monografico di *Schola et Vita* intitolato *Collectione de scripto in occasione de suo 70° anno*, ingressato nell'ottobre del 1928.[3] Il vecchio catalogo topografico, curato da P. Camilla e L. Ballotto, riportava altri undici titoli, ma nessuno di essi esisteva più.[4] Le speranze di ritrovare la Biblioteca di Peano si stavano spegnendo quando, nell'autunno del 2005, riemergeva in modo assolutamente casuale un libro di Peano: le *Lezioni di Analisi infinitesimale* (Torino, Candeletti, 1893), un trattato redatto per gli studenti dell'Accademia Militare e annoverato nella prestigiosa *Encyklopädie der Mathematischen Wissenschaften* fra i testi di Calcolo differenziale e integrale più significativi dai tempi di L. Euler. La copia non era quella donata in vita da Peano alla Biblioteca Civica di Cuneo; essa proveniva certamente dalla sua Biblioteca personale perché le sue pagine erano fittamente annotate e comprendevano circa duecento *marginalia* autografi con appunti su dimostrazioni, integrazioni bibliografiche, esercizi, esempi, aggiunte fatte a lezione e parti che aveva cambiato rispetto all'altro suo celebre trattato, *Calcolo differenziale e principii di calcolo integrale di A. Genocchi, con aggiunte e note del Dott. Giuseppe Peano* (Torino, Bocca, 1884). Non tutta la Biblioteca di Peano era allora andata perduta! Grazie a questo esemplare ricavavo due elementi che si sarebbero rivelati preziosi per rintracciarla. Una nota a margine nel catalogo topografico della Biblioteca Civica di Cuneo segnalava che le *Lezioni di Analisi* erano state spostate in un magazzino il 12 settembre 1961, insieme ad altri libri dello stesso settore (Sala n. 3, scaffale n. 100), in occasione dei lavori di realizzazione di un ascensore interno. Le *Lezioni* avevano inoltre conservato la rilegatura originale e la copertina recava, in alto a destra, un'etichetta con il numero 225: si trattava forse di un codice identificativo dei libri di Peano relativo ad un regesto della sua Biblioteca personale? La risposta a questo interrogativo giungeva dopo quasi due anni di tentativi infruttuosi in tutti i magazzini e i depositi della Biblioteca di Cuneo, sia in uso, sia dismessi da tempo. Il 4 febbraio 2007, entrando in un deposito in disuso situato nei sotterranei dell'ex Ospedale Santa Croce di Cuneo, un magazzino soprannominato la *Catasta Santa Croce*, perché vi erano

3. Biblioteca Civica di Cuneo, *Registro di Entrata 3141-10262*, n. 2, 1915-1953, 4.10.1928, N. 7237.

4. Biblioteca Civica di Cuneo, *n° 3 Inventario, Sala n. 3: Schola et Vita organo de Academia pro Interlingua*, Milano 1930; *Applicazioni geometriche del calcolo infinitesimale*, Torino, 1887; *Formulario Mathematico*, Torino, 1908; *Lezioni di analisi infinitesimale*, 2 vol., Torino, 1893; *Studio delle basi sociali della cassa nazionale mutua cooperativa per le pensioni; Aritmetica generale e algebra elementare*, Torino, 1902; *Rivista di Matematica*, Torino, 1893; *Rivista di Matematica*, Torino, 1894; *Revue de mathématiques. Formulaire*, tomo II, 1899; *Revue de mathématiques*, tomo VI, 1896-99; *Revue de mathématiques*, tomo VII, 1900-1901.

stati accatastati materiali di tutti i tipi, librari e sanitari, ritrovavo gli 11 volumi donati in vita da Peano, ma anche tantissimi altri libri che recavano suoi segni di possesso e cinque cataloghi dal titolo *Biblioteca del Prof. Peano* (Luciano 2007). Un deposito di pochi mesi per ragioni logistiche (la costruzione dell'ascensore appunto) si era trasformato in un oblio lungo 46 anni. Le condizioni in cui versava il patrimonio erano desolanti. Periodiche infiltrazioni di acqua dal tetto, unite al fatto che gli uccelli avessero eletto la *Catasta Santa Croce* a loro ambiente ideale per nidificare, avevano reso irrecuperabili molti documenti. Sepolti sotto la polvere e protetti da altri materiali che vi erano stati gettati sopra, tornavano però alla luce, di giorno in giorno, decine di volumi che erano stati di Peano e che recavano sue annotazioni, l'*ex libris*, la firma *G. Peano* sulla copertina, ecc.

Una prima ricognizione di massima, condotta allo scopo di stimare la consistenza del patrimonio, evidenziava che si trattava di un fondo stratificato. In esso erano confluiti infatti libri, carte, opuscoli e riviste, per un totale di circa 2 500 documenti, appartenenti non solo a Peano, ma anche a suoi congiunti, come il fratello Michele e il nipote Achille Celloni. Inoltre, facevano parte del lascito anche numerosi documenti provenienti dalla Biblioteca dell'Akademia del Volapük, poi rinominata Academia pro Interlingua, di proprietà del suo primo presidente Emanuele Bertolini, che aveva preceduto Peano alla direzione di quest'istituzione. Altri volumi, recanti l'*ex libris* di Capomazza, di L. Astegiano e di C. Chiera, apparivano invece essere frutto di acquisizioni parallele, compiute da alcuni parenti del matematico cuneese animati da interessi bibliofili per le carte militari, la numismatica e l'ingegneria.

I quattro cataloghi manoscritti della *Biblioteca del Prof. Peano* e un catalogo complessivo dattiloscritto, purtroppo mutilo e in pessimo stato di conservazione, ritrovati nella *Catasta Santa Croce* consentivano di ricostruire in modo completo e preciso il destino cui era andato incontro il patrimonio librario peaniano.[5]

La Biblioteca di Peano – sia i testi trovati nell'appartamento di via Barbaroux 4 a Torino sia quelli che aveva a Cavoretto, nella villetta dove amava trascorrere i mesi estivi – fu catalogata per intero da Canesi fra il 1933 e il 1938, e da lui suddivisa in cinque serie: Pubblicazioni di Peano (A), Bibbie (B), Interlingua (C), Matematica (D) e Editoria Varia (E). Per ciascuna sezione Canesi compilò un catalogo manoscritto, contrassegnato con la lettera A, B, C, D, E. Infine, riportò tutte le voci in un catalogo dattiloscritto complessivo. Come si era supposto analizzando le *Lezioni di Analisi*, l'etichetta che compariva sul dorso o sulla copertina della maggior parte dei libri si riferiva al loro numero di registrazione in quest'ultimo catalogo. Stando agli inventari, la *Biblioteca del Prof. Peano* comprendeva originariamente 1557 "voci" (Canesi

5. *Catalogo A, Publicationes G. Peano, 1–31*, ms., pp. 1–14; *Catalogo C, Auxiliare Linguas, 401-600, 1201-1331*, ms., pp. 1–13; *Catalogo D, Mathematica. Operas, Revistas... 601–800, 1500–1536*, ms., pp. 1–15; *Catalogo E, Operas Extra A, B, C, D, 801-975, 24–100, 1801-1819*, ms., pp. 1–12; *Bibliotheca Prof. Peano*, dattil., pp. 1–51.

non distingue fra libri, estratti, collezioni di riviste e buste di corrispondenza), fra cui 31 volumi di Peano, 235 libri di matematica, 329 di interlingua e 48 Bibbie in lingue diverse. A ciò si aggiungeva una ricca raccolta di estratti ed opuscoli di interlingua e di matematica, varie collezioni complete di giornali di matematica e di riviste di interlingua, e l'Archivio di corrispondenze.[6]

Completata la catalogazione del patrimonio, Cassina, Canesi e Mastropaolo smembrarono la Biblioteca. A Cuneo destinarono non libri, ma una raccolta di diplomi di nomine e onorificenze ricevute da Peano, che fu consegnata al Museo Civico il 6 marzo 1935, e qui è ancora attualmente conservata insieme ad un piccolo gruppo di cartoline e lettere di Peano alla moglie Carola.[7] Tutto il resto, d'accordo con la signora Peano, decisero di venderlo per sostenere la pubblicazione della rivista *Schola et Vita.*

I libri (412), le riviste e 264 estratti e opuscoli di matematica furono venduti alla Biblioteca di Matematica dell'Università di Milano nell'estate del 1936, per un prezzo complessivo di 14547 lire. Questi materiali sono contrassegnati nel catalogo redatto da Canesi con il timbro "UNIMI", a fianco del quale sono indicati il prezzo di acquisto in lire e il numero del pacco di spedizione. La scelta di Milano era stata tutto fuorché casuale: un'Università di recente fondazione (1924), con una Biblioteca ancora decisamente sfornita. È facile immaginare che il suo direttore Giovanni Ricci avesse accolto con gioia l'offerta di Cassina – e forse di Guido Ascoli, ordinario di Analisi infinitesimale a Milano dal 1934 e legato a Peano da vincoli di amicizia e di collaborazione scientifica – di acquisire i libri di Peano.

In fase di spedizione, per motivi ignoti 32 libri non furono inseriti nelle casse destinate a Milano e furono parzialmente sostituiti con altri di pari valore. Fra quelli che non giunsero mai a Milano e che approdarono a Cuneo vi erano le *Lezioni di Analisi*, il primo testo che sarebbe "riemerso", e una piccola raccolta di estratti di matematica di U. Cassina, G. Scorza Dragoni, G. Fubini, C. Somigliana, D. Mercogliano, B. Segre, B. Colombo, A. Artom, R. Caccioppoli, T. Levi-Civita e T. Viola.

Liquidata la Biblioteca di matematica, restava da collocare la collezione di materiali concernenti l'interlingua. Una lettera di Canesi al linguista A. Picchi ci racconta come si svolsero i fatti:

6. Un prospetto riassuntivo della *Corrispondentia Peano* (proveniente da 354 diversi mittenti) è datato 4 settembre 1936 ed è posto al termine del *Catalogo C.*

7. Si tratta dei diplomi di nomina di socio dell'Accademia delle Scienze di Torino, del Comitato Nazionale Matematico del C.N.R., dell'Accademia Nazionale dei Lincei e dell'Academia Nacional de Ciencias Antonio Alzate; il diploma di nomina a Cavaliere dell'ordine dei Santi Maurizio e Lazzaro; Cavaliere, commendatore e ufficiale dell'ordine della Corona d'Italia; il diploma di laurea e numerosi atti ufficiali del Ministero della Pubblica Istruzione. Le cartoline di Peano alla moglie cui si allude sono datate 2.8.1914; 29.6.[1924]; 1.7.1924; 2.8.1924; 3.8.1924; 9.8.1924; 11.8.1924; 12.8.1924; 13.8.1924; 15.8.1924; 16.8.1924; 18.8.1924; 23.8.1924. Alcune di esse sono edite in (Roero 2001, pp. 73–75). Sono infine conservate al Museo Civico di Cuneo due lettere (J. Meysmans a G. Peano, 5.9.1909 e L. Couturat a G. Peano, 13.9.1903) che per qualche motivo non seguirono il resto dell'Archivio.

> Già abbiamo dovuto liquidare la Biblioteca scientifica del Prof. Peano; bene apprezzando la raccolta "Interlinguistica" desideriamo che non vada dispersa. Per questo si vorrebbe cederla (dietro pagamento per avere i mezzi di propagandare sempre più l'interlingua) a qualche Biblioteca od Ente, preferibilmente italiano. Finora non ho potuto predisporre l'indice particolareggiato di quelle pubblicazioni; una biblioteca di Milano con probabilità le acquisterà.[8]

Il rischio di dispersione era concreto, soprattutto perché Canesi, succeduto a Peano alla guida dell'Academia pro Interlingua, continuava a evadere le numerose richieste di estratti, opuscoli e libri di interlingua che gli giungevano dall'Italia e dall'estero. L. Weber, L. Blot, G. Meazzini e altri soci avevano chiesto in dono dozzine di documenti, tant'è che all'inizio del 1938 Canesi già non era più in grado di "mettere assieme" una collezione completa della rivista *Discussiones* perché a casa di Peano non trovava più tutti i fascicoli. Come per la parte matematica del patrimonio, Canesi provvide a una schedatura della biblioteca interlinguistica di Peano:

> Io sto sistemando la Biblioteca Interlinguistica del nostro Peano molto abbondante perché iniziata verso il 1890. Contiene opere pubblicate verso la metà del secolo scorso e molte Grammatiche, Riviste, Opuscoli, Opuscoletti ecc. relativi alla Lingua Internazionale in tutte le lingue comprese la russa, la turca, l'ungherese ecc.; vi sono anche molti giornali politici, con articoli pro o contro, di numerosissimi scrittori ed autori che discutono delle Lingue Ausiliarie. Tutto conservava con cura il Peano. Si tratta di alcuni quintali di carta stampata e scritta. Quando alla meglio avrò tutto ordinato per classe (Volapuk, Esper., Ido, Interl.,... e molte altre lingue minori, spesso nate morte), dattilograferò un catalogo per studiare se potremo collocare il tutto presso qualche Biblioteca od Istituto con vantaggio morale e materiale. Mi rimane da riordinare la abbondante corrispondenza ricevuta dal caro Peano da studiosi di tutto il mondo. Desidererei che tanto le pubblicazioni che la corrispondenza – frutto di moltissima pazienza e diligenza – non andassero dispersi. La Stimat.^{ma} Sig.^{ra} Ved. Peano ha generosamente affidato a me ed ai Prof. Mastropaolo, Cassina e Gliozzi la Biblioteca scientifica e quella interlinguistica con piena fiducia che noi procureremo di fare tutto il possibile per realizzare il nobile ideale del suo carissimo Marito. I miei colleghi sono assorbiti dagli studi e dalla famiglia, perciò hanno poco tempo disponibile. Io sono un vecchio pensionato; vivo solo soletto in un modesto appartamento; è per me un piacere ed un dovere fare qualcosa per

8. Biblioteca Civica di Cuneo: G. Canesi a A. Picchi, Torino 14.7.1937.

> il Grande Peano col quale ho serenamente trascorso moltissime ore fra le migliori della mia vita (dal 1920 fino alla sua morte – Aprile 1932 – ci siamo trovati assieme tutte le settimane alcune ore; Lui illustre scienziato mi trattava cordialmente, amichevolmente, come fossi un suo collega).[9]

Collocare questo patrimonio non era tuttavia impresa facile. Nonostante gli sforzi di Canesi, Cassina e Gliozzi, esso restò nella villa di Cavoretto, sede pro tempore dell'Academia pro Interlingua. Con la morte della moglie di Peano nel 1940 il fondo fu trasferito nell'abitazione di Canesi e, alla scomparsa di quest'ultimo nel 1945, a casa di Gliozzi, dove restò fino al 1954. Consapevoli che, accatastata com'era in soffitte e cantine, la Biblioteca interlinguistica di Peano era condannata alla distruzione, nel febbraio del 1954 Cassina la offrì in dono a Cuneo. I materiali che avremmo ritrovato nella Catasta Santa Croce arrivarono negli ultimi giorni dell'aprile 1954, ma non furono catalogati né ingressati. Tutto fa supporre che siano stati immediatamente portati in magazzino, senza neppure transitare per la sede centrale della Biblioteca Civica. Quello che è certo è che nessuno li menzionò più, dopo quella data. Un lascito unico nel suo genere, comprendente grammatiche, vocabolari, estratti, opuscoli, materiali di propaganda interlinguista, appunti manoscritti, corrispondenze e collezioni di riviste di interlingua scomparve letteralmente dall'orizzonte degli studiosi.

La storia della *Biblioteca del Prof. Peano*, tuttavia, non termina qui. Alcuni materiali di interlingua furono conservati da Gliozzi e sono oggi a Torino; 55 libri di matematica di Peano, con dediche e note autografe, furono invece trattenuti da Cassina per redigere articoli sull'opera del Maestro e per l'edizione delle sue *Opere Scelte*. Una parte di questi volumi venne lasciata nel 1962 alla Biblioteca di Matematica dell'Università di Milano, mentre una dozzina di testi restò a Cassina fino alla sua scomparsa (1964) e oggi fa parte del fondo librario U. Cassina, conservato presso la Biblioteca del Dipartimento di Matematica dell'Università di Parma.

Molto, purtroppo, è andato perduto: da un lato, infatti, non si sono finora trovate tracce dei carteggi matematici di Peano, certamente corposi se lo era la sua corrispondenza di carattere interlinguistico; dall'altro lato, per ottenere i finanziamenti necessari alla stampa di *Schola et Vita*, varie opere furono vendute a privati. È questo il caso dei 32 libri e opuscoli di matematica, talora in copia unica, ceduti a Salvatore Levi in cambio di un'offerta libera o del *Multiplicator Perfectus* per il calendario perpetuo, venduto al prof. D. Marzotto.[10]

La perdita indubbiamente più grave, non dovuta alla gestione di Canesi, Cassina e Gliozzi, è tuttavia quella dell'intera miscellanea di opuscoli matematici di Peano. Molto legato all'Università di Torino, dove era stato prima

9. Biblioteca Civica di Cuneo: G. Canesi a D. G. Meazzini, Torino 25.1.1938.
10. Biblioteca Civica di Cuneo: G. Canesi a S. Levi, Torino 5.12.1937 e 21.12.1937.

studente e poi docente per tutta la vita, Peano aveva donato almeno 61 volumi alla Biblioteca Speciale di Matematica fra 1910 e il 1932. Si trattava, per la stragrande maggioranza, di manuali di aritmetica, algebra e geometria per vari ordini e gradi di scuola, e dei volumi che aveva ricevuto, con richiesta di recensione, in veste di direttore della *Rivista di Matematica*. Nell'agosto del 1928, in occasione delle celebrazioni per il suo settantesimo compleanno, Peano aveva regalato alla Biblioteca Speciale di Matematica dell'Università la sua intera miscellanea. Era un patrimonio enorme: 2841 estratti di matematica, ingressati in quattro tranches fra il 14.5.1928 e il 31.5.1928. La miscellanea Peano era stata collocata, come le altre raccolte analoghe (la miscellanea *Corrado Segre*, la miscellanea *Opuscoli M*, ecc.) nella Sala Lettura della Biblioteca al quarto piano del Palazzo dell'Università, in via Po 17. Nell'agosto del 1943, il Palazzo fu fortemente colpito dai bombardamenti alleati. Uno spezzone incendiario centrò la Biblioteca. I volumi erano stati fatti spostare in cantine e magazzini dal direttore F. Tricomi, e non patirono danni. La Sala Lettura, invece, non era stata smantellata. Dei 2841 estratti di Peano, si salvarono solo 7 pezzi.

La parte matematica della *Biblioteca del Prof. Peano* approdata a Milano andò incontro a sua volta a spoliazioni e perdite. I volumi, anche quelli con note autografe di Peano, furono liberamente concessi in prestito fino al 2001. Alcuni andarono persi, altri furono rubati. La collezione di opuscoli di matematica venduta a Milano non fu catalogata e fu lasciata a disposizione dei docenti e degli studenti, che potevano prelevare quanti estratti volevano, senza alcuna prassi di registrazione dei titoli, della data del prestito e di quella di restituzione. Nel 2021, restavano solo 15 dei 264 estratti della miscellanea Peano.

2 Il valore storico del patrimonio peaniano

La Biblioteca di Peano rappresenta una fonte documentaria di importanza notevole, in larga parte ancora da sfruttare. La sua riscoperta, infatti, non solo ha consentito agli studiosi di entrare nella fucina intellettuale di uno dei protagonisti della matematica e della linguistica dell'Ottocento e del Novecento, ma ha anche condotto a rivisitare tesi storiografiche che si davano ormai per acquisite. A sostegno di quest'ultima affermazione si possono portare vari esempi, fra cui i seguenti tre, che grazie anche a Philippe Nabonnand ho avuto occasione di esporre a Parigi e Marseille-Luminy (Luciano 2011b,a, 2013).

Per alcuni Peano "era una figura inquietante. Aveva cominciato bene, da grande matematico o riformatore, e poi, non si sa come, si era dimesso o smarrito" (Timpanaro 1932, p. 4). La sua produzione, quella in analisi soprattutto, presentava infatti scelte antitetiche rispetto a quelle dei contemporanei: il suo mancato inserimento in trend di punta della ricerca analitica, quali l'analisi funzionale, il calcolo delle variazioni e le equazioni differenziali alle derivate parziali, il non aver percorso la strada della geometria frattale che pure aveva aperto con la sua curva che riempiva il quadrato, e poi quel suo continuare a lavorare sulle definizioni dei concetti elementari (integrale, limite, derivata, ecc.) in anni in cui lo sguardo degli analisti era ormai rivolto altrove. L'esame dei 91 volumi di analisi della sua Biblioteca, per la maggior parte fittamente annotati, ha condotto a comprendere che queste scelte affondano le loro radici nel legame strettissimo fra l'attività di ricerca e l'insegnamento universitario di Peano. Analizzando le dispense dei corsi di Calcolo infinitesimale che Peano tenne a Torino dal 1882 al 1919 conservate nella sua Biblioteca si sono così individuate cinque fasi nel suo insegnamento che hanno anticipato o ricalcato altrettante svolte nella sua produzione: gli studi sui fondamenti dell'Analisi (1881-1884) condotti con linguaggio naturale; l'introduzione del calcolo geometrico (1885-1890) e della logica matematica nelle sue lezioni di analisi infinitesimale (1890-1908); il tentativo di educare a far ricerca con i simboli tramite i corsi di analisi superiore che tenne per incarico nel biennio 1908-1910, e la svolta numerica (1910-1919). In ciascun periodo, come è emerso dall'esame dei *marginalia* apposti sui libri della sua Biblioteca, Peano iniziava a studiare un determinato tema, esponeva a lezione i risultati ottenuti e, insegnandoli, li rielaborava ulteriormente, prima di pubblicarli come articoli di ricerca o di integrarli in un suo trattato (Luciano 2008).

Fin dagli anni Cinquanta alcuni collaboratori e allievi di Peano avevano parlato del suo impegno nel campo dell'insegnamento della matematica, in quello della formazione dei docenti di ogni ordine e grado, e della sua volontà di utilizzare le ricerche sui fondamenti per migliorare la manualistica per la scuola (Ascoli 1955). La sua Biblioteca ha però consentito di definire e documentare questa tesi in modi e forme inaspettati: i 43 libri di testo di aritmetica e geometria pubblicati in Europa e America e le 9 collezioni di giornali di didattica della matematica che essa include hanno restituito la dimensione di un interesse tutto fuorché episodico e hanno reso ragione di una singolarità sociologica della Scuola di Peano, ovvero il fatto che fosse un gruppo non accademico, costituito da 43 insegnanti e da soli 4 professori universitari (Cantù & Luciano 2021).

La collocazione di Peano e dei suoi allievi nell'ambito della ricerca in logica matematica a livello internazionale è sempre stata problematica. Quali erano state le fonti di Peano per elaborare il suo progetto di ricerca in logica e fondamenti? A quali autori aveva attinto per costruire la sua ideografia? Era stato davvero disinteressato agli sviluppi del logicismo, della meta-matematica e della logica formale, ignorando i lavori di Hilbert, Ackerman, della Scuola Polacca? Aveva ragione Tricomi a sostenere che le sue letture negli ultimi anni fossero "*nulla* o, tutt'al più, i giornalucoli di esperantisti, interlinguisti e altri scrittori del genere" (Tricomi 1970-1973, p. 35)? I dati emersi dall'esame della sua Biblioteca hanno permesso di formulare una risposta alle prime due domande. Per quanto concerne le radici storiche della logica peaniana, l'analisi del suo patrimonio librario ha confermato il riferimento prioritario a Leibniz, di cui Peano possedeva e aveva studiato a fondo le opere nell'edizione settecentesca di L. Dutens e attraverso le esposizioni e le edizioni critiche di L. Couturat.

Fra i contemporanei aveva letto Schröder, Venn, Frege, ma non Boole, né altri logici inglesi, cui si era accostato tramite la mediazione del volume di A. Nagy *Principi di logica esposti secondo le dottrine moderne* (Torino, 1891), anziché attraverso il L. Liard di *Les Logiciens anglais contemporains* (Paris, 1878) come sarebbe stato più plausibile pensare.[11]

La risposta alle due ultime domande è ancora aperta. Se è vero, infatti, che quella di Peano è prevalentemente una Biblioteca della Belle Epoque, è altrettanto indiscutibile che quel 15% costituito da libri pubblicati dal 1920 al 1932 è un corpus abbastanza indecifrabile. L. Geymonat, in verità, aveva pienamente ragione a dire che non era facile capire quali fossero le letture di Peano nei suoi ultimi anni di vita (Geymonat 1955, p. 56). La sezione più recente della sua Biblioteca include di fatto testi che Peano ricevette in omaggio da antichi allievi, colleghi e amici, ma che non recano segni di utilizzo: le *Lezioni di calcolo differenziale assoluto* di T. Levi-Civita raccolte da E. Persico (1925), per esempio, o quelle di geometria analitica e proiettiva di G. Fano e A. Terracini (1930). Accanto ad essi, però, vi sono vari libri di logica, teoria degli insiemi, filosofia della matematica e della scienza (Wittgenstein-Russell 1922, Smith 1926 e 1927, Bornstein 1928, Hilbert 1928, Lesniewski 1929 e 1930, Behmann 1931, Geymonat 1931) e volumi della serie *Wissenschaftliche Weltauffassung Der Wiener Kreis* che, seppure quasi del tutto privi di *marginalia*, documentano però il persistere di un interesse di Peano per questi temi. Sette testi di radiotecnica e radiotelefonia indicano la curiosità per queste nuove frontiere della tecnologia dell'informazione. L'assenza quasi totale di volumi di analisi conferma invece la marginalità di Peano in questo ambito e il distacco con cui aveva seguito gli sviluppi del settore negli anni Venti.

In conclusione, i precedenti sono solo alcuni casi di studio in cui si è toccata con mano l'importanza dell'indagine sui patrimoni matematici. La riscoperta della Biblioteca di Peano ha infatti permesso di impostare su basi documentali nuove la discussione storica su questa figura e sulla sua opera e di costruirne narrative più complete e sfumate. Non crediamo che si sia trattato di pura e semplice serendipità, ma di un primo episodio fortunato di incontro fra la cultura del libro e quella della storia, un'occasione che possa indurre altri ad avventurarsi in quel territorio inesplorato che sono le biblioteche matematiche e dei matematici.

Bibliografia

Ascoli, G. (1955). I motivi fondamentali dell'opera di Giuseppe Peano. In A. Terracini (ed.) *In memoria di Giuseppe Peano*, Cuneo: Liceo Scientifico, 23–30.

11. Il testo di Boole, in particolare, non era presente in nessuna biblioteca torinese e Peano vi ebbe accesso solo nel 1901, grazie all'allievo Alessandro Padoa, che ne aveva trovato una copia nella Biblioteca matematica di Roma. (Cfr. Cantù 2022).

Botto, C. (1934). *Un'autentica gloria cuneese e italiana: il matematico Giuseppe Peano, Annuario del R.* Cuneo: Tipografia Provinciale Natale Menzio.

Cantù, P. (2022). Syllogism and beyond in the Peano School. In L. M. Verburgt & M. Cosci (eds.) *Aristotle's Syllogism and the Creation of Modern Logic: Between Tradition and Innovation, 1820-1930*, London: Bloomsbury Academic, 1–26.

Cantù, P. & Luciano, E. (eds.) (2021). *The Peano School: Logic, Epistemology and Didactics*, *Special issue di Philosophia Scientiae*, vol. 25-1. Paris: Kimé.

Collectif (1953). *Liceo Scientifico Statale di Cuneo "Giuseppe Peano"*. Cuneo: Saste.

Geymonat, L. (1955). I fondamenti dell'aritmetica secondo Peano e le obiezioni "filosofiche" di B. Russell. In A. Terracini (ed.) *In memoria di Giuseppe Peano*, Cuneo: Liceo Scientifico, 51–63.

Kennedy, H. C. (1980). *Peano: Life and Works of Giuseppe Peano.* Dordrecht: Reidel.

Lolli, G. (1982). Nel cinquantenario di Peano (1858-1932). *Scientia*, 117(5–8), 361–367.

Luciano, E. (2007). *La biblioteca "ritrovata" di Giuseppe Peano.* Cuneo: Rendiconti.

Luciano, E. (2008). *Giuseppe Peano docente e ricercatore di analisi, 1881-1919.* Ph.D. thesis, Dipartimento di Matematica, Torino.

Luciano, E. (2011a). L'École de Peano et la formation des enseignants. Séminaire Marseille Luminy, 03/01/2011.

Luciano, E. (2011b). Sur l'évolution des cours d'Analyse infinitésimale de Peano. Séminaire IHP, 18/03/2011.

Luciano, E. (2013). Sur les échanges de et dans l'École de Peano: l'étude de cas des Conférences de Logique. Séminaire Marseille Luminy, 19/09/2013.

Peano, G. (1898). Sul § 2 del *Formulario*, t. II: Aritmetica. *Revue des mathématiques*, 6, 75–89.

Peano, G. (1903-1904). Il latino, quale lingua ausiliare internazionale. *Atti della Reale Accademia delle Scienze di Torino*, 39, 273–283.

Peano, G. (1957-1959). *Opere scelte.* Roma: Cremonese. 3 vols., a cura dell'Unione Matematica Italiana.

Roero, C. S. (2001). Peano e l'altra metà del cielo. In *Giuseppe Peano. Matematica, cultura e società*, Cuneo: L'Artistica Savigliano, 60–77.

Roero, C. S., Nervo, N., & Armano, T. (eds.) (2002). *L'Archivio Giuseppe Peano*. Torino: Dipartimento di Matematica. Cd-rom, N. 2, riedizione con versione inglese: Torino 2008.

Terracini, A. (ed.) (1955). *In memoria di Giuseppe Peano*. Cuneo: Liceo Scientifico.

Timpanaro, S. (1932). In memoria di G. Peano. *L'Ambrosiano*, 113, 4.

Tomatis, P. (1992). Cuneo gli dedica i rovi. *La Masca*, 23-12, 12.

Tricomi, F. (1967-1968). Matematici torinesi dell'ultimo secolo. *Atti dell'Accademia delle Scienze di Torino*, 102, 253–279.

Tricomi, F. (1968-1969). Uno sguardo allo sviluppo della matematica in Italia nel primo secolo dello stato unitario. *Rendiconti del Seminario Matematico dell'Università e del Politecnico di Torino*, 28, 63–76.

Tricomi, F. (1970-1973). Ricordi di mezzo secolo di vita matematica torinese. *Rendiconti del Seminario Matematico dell'Università e del Politecnico di Torino*, 31–43.

Universitá degli studi (Torino) (1986). *Celebrazioni in memoria di Giuseppe Peano nel cinquantenario della morte, Torino 27-28 ottobre 1982*. Torino: Valetto.

Erika Luciano
Università di Torino
erika.luciano@unito.it

La notion de nécessité historique

Baptiste Mélès

1 Introduction

Nous aimerions dans ce texte proposer à Philippe Nabonnand une analyse conceptuelle de la notion de nécessité historique. Celle-ci nous conduira à parler de logique, de marxisme et d'histoire des mathématiques.

Si la question de la nécessité historique relève de la philosophie de l'histoire dans sa plus grande généralité, elle se pose de façon particulièrement sensible en histoire des sciences formelles : indépendantes de toute expérience particulière, la logique, les mathématiques et l'informatique pourraient sembler insensibles à la contingence logique des faits empiriques que sont les événements historiques. L'apparition selon un ordre successif des concepts et des théories les inscrit pourtant bien au moins d'une certaine manière dans l'histoire, ce qui pourrait paraître menacer la nécessité de l'enchaînement déductif en le subordonnant à un ordre non seulement extrinsèque, mais empirique. Aussi le philosophe doit-il, selon Jean Cavaillès, comprendre en quel sens les mathématiques sont historiques :

> Le mathématicien n'a pas besoin de connaître le passé, parce que c'est sa vocation de le refuser : dans la mesure où il ne se plie pas à ce qui semble aller de soi par le fait qu'il est, dans la mesure où il rejette autorité de tradition, méconnaît un climat intellectuel, dans cette mesure seule il est mathématicien, c'est-à-dire révélateur de nécessités. Cependant avec quels moyens opère-t-il ? L'œuvre négatrice d'histoire s'accomplit dans l'histoire. (Cavaillès 1937, p. 28, *OC*, p. 226)

Jean Cavaillès en vint à reconnaître dans ses travaux une « nécessité génératrice » (Cavaillès 1947, p. 78, *OC*, p. 560) en histoire des sciences et particulièrement des mathématiques : une « apparition nécessaire » plutôt qu'une « fantaisie historique, structure autonome ou pluralité enrobée dans un système contingent » (Cavaillès 1937, p. 29, *OC*, p. 227). Mais l'engagement

P.-E. Bour, M. Rebuschi & L. Rollet (eds.), *Sciences, Circulations, Révolutions, 535–543.*

de Cavaillès ne lui a pas permis d'achever son œuvre, laissant à ses amis et à ses héritiers le soin d'interpréter la nature de cette « nécessité » évoquée de façon allusive (Canguilhem 1994), (Benis Sinaceur 2013).

Nous nous proposerons ici de restituer au problème toute sa généralité en revenant à la question préalable à tout examen de ce type : peut-on parler de « nécessité historique » en général ?

Cette question pose en réalité deux problèmes, que nous traiterons successivement : savoir si la notion même de nécessité historique a un sens, et, en cas de réponse positive, savoir si nous avons les moyens d'affirmer son existence.

2 Les trois nécessités

Commençons par éclaircir la notion de nécessité. Dans son *Vocabulaire technique et critique de la philosophie*, André Lalande distingue dix sens du mot « nécessaire » : les neuf premiers relèvent de la logique ou de la métaphysique, le dernier de la morale (Lalande 2006, p. 676–677).

Dans les domaines logique et métaphysique, Lalande observe que si l'on peut définir de façon générale le nécessaire comme « ce qui ne peut être autrement », cette formule « n'a qu'une unité verbale [et] change beaucoup de signification suivant à quoi on l'applique ». Aussi distingue-t-il dans ce domaine neuf sens, dont trois concernent la nécessité « des relations » (sens A à C) et six celle « des propositions, des faits ou des êtres » (sens D à I). Le dixième sens (J), seul, est moral.

A « Est dite nécessaire la dépendance de la proposition impliquée par rapport au système de propositions qui l'impliquent »

B « Est dit nécessaire l'enchaînement des causes et des effets dans un système déterminé »

C « Est dit nécessaire le rapport d'un moyen à une fin, d'une condition à un conditionné, si cette fin ne peut être atteinte que par ce moyen, ou si ce conditionné ne peut être réalisé que sous cette condition »

D « Est dite nécessaire la proposition dont la contradictoire implique contradiction, soit absolument, soit sous certaines présuppositions définissant un univers du discours »

E « Est dite nécessaire la proposition dont la contradictoire est connue pour fausse *a priori* et sans raisonnement » (exemple : les « vérités nécessaires »)

F « Est dite nécessaire (par rapport à un système de présuppositions) toute conséquence que des présuppositions impliquent »

G « Est dit nécessaire (par rapport à un ensemble de causes données) l'effet qui en résulte infailliblement »

H « Est dit nécessaire (par rapport à une fin) le moyen unique de cette fin »

I « Est dit nécessaire l'être qui ne dépend pour exister d'aucune autre cause ou condition » (exemples : le Dieu de Descartes, la substance de Spinoza)

J « moralement obligatoire ».

Nous qui cherchions une définition, nous voici face à ce que Socrate appelle un essaim (Platon 2008, 1054) ! Lalande observe que certains sens peuvent être réduits à d'autres. D'abord, le sens **J** peut être vu comme un cas particulier du sens **H**, comme recherche des moyens « pour bien agir ». Ensuite, « les sens **B**, d'une part, **F** et **G**, de l'autre, ne sont que des domaines d'application différents de l'idée fondamentale **A** ». Enfin, « **C** et **H** ne diffèrent de même qu'en ce que l'un s'applique à une relation, l'autre au conséquent de celle-ci », tous deux revenant en définitive également au sens **A**, « par la majeure : "Il faut atteindre cette fin" ». Lalande sauve ainsi les sens **A**, **E** (qu'il semble associer à **D**) et **I**. Partant d'un inventaire empirique des différents sens du mot « nécessaire », il le réduit ainsi au plus petit nombre possible.

Cette diversité empirique des définitions du nécessaire relevées par Lalande n'a pourtant rien d'arbitraire. Les définitions de Lalande caractérisent trois types de nécessité, que nous appellerons respectivement logique, causale et rétrocausale. La nécessité est *logique* lorsqu'une certaine proposition A ne peut qu'impliquer une proposition B. Elle est *causale* lorsqu'un certain événement A ne peut qu'impliquer un événement B ultérieur. Elle est *rétrocausale* lorsqu'un événement B ne peut qu'impliquer un événement A antérieur.

Chacun de ces sens peut caractériser trois types de termes. La nécessité peut d'abord porter sur la *relation* décrite – implication, causalité ou présupposition (par exemple la flèche dans la formule logique $\Box(A \rightarrow B)$). Elle peut également porter sur le *terme dont la nécessité dépend d'une hypothèse*, c'est-à-dire celui dont l'existence est impliquée, causée ou présupposée (par exemple B dans la formule $A \rightarrow \Box B$). Elle peut enfin porter sur un *terme pris de façon absolue*, si son existence ne dépend d'aucune hypothèse (par exemple B dans la formule $\Box B$).

On voit ainsi que l'inventaire de Lalande, sous son apparence empirique, dérive rationnellement d'une combinatoire élémentaire :

	relation	terme hypothétique	terme absolu
logique	**A**	**F**	**D** / **E**
causale	**B**	**G**	**I**
rétrocausale	**C**	**H**	**J**

Afin de savoir si la notion de « nécessité historique » possède un sens, nous parcourrons cette combinatoire en essayant de l'entendre successivement en un sens logique, causal et rétrocausal.

3 La nécessité historique est-elle logique ?

Commençons par examiner si la nécessité historique peut être entendue en un sens logique (sens **A**, **F** et **D*/E***), c'est-à-dire comme dépendance d'une proposition par rapport à un système de propositions.

L'étude de la nécessité logique fait l'objet des logiques modales. Le système **K**, système minimal de logique modale dite « normale » (Kripke 1963), caractérise la nécessité par deux principes. Le premier, appelé règle de nécessitation (N), joue le rôle de « règle d'introduction » de l'opérateur de nécessité : il affirme que tout ce qui est un théorème, c'est-à-dire est démontrable sans aucune hypothèse, est nécessaire.

$$\frac{\vdash A}{\Box A}\ N$$

Le second principe, appelé axiome K, est une sorte d'élimination de l'opérateur de nécessité : il affirme que si l'antécédent d'une implication nécessaire est nécessaire, alors le conséquent l'est également. On peut le voir comme un *modus ponens* modal.

(K) $\Box(A \to B) \to (\Box A \to \Box B)$

D'autres systèmes logiques peuvent enrichir la notion de nécessité en la dotant de propriétés supplémentaires. Comme l'a reconnu Carnap dans *Meaning and Necessity* (Carnap 1947), les propriétés que l'on attend de la nécessité logique sont bien exprimées par le système **S5**, qui au système **K** ajoute les axiomes T (la nécessité implique l'existence), 4 (nécessité de la nécessité) et 5 (équivalence de toutes les nécessités).

(T) $\Box A \to A$

(4) $\Box A \to \Box\Box A$

(5) $\Diamond A \to \Box\Diamond A$

Si l'on entend la notion de nécessité au sens logique de **S5**, sans introduire par ailleurs la notion de temporalité, l'idée de « nécessité historique » devient une contradiction pure et simple. Il n'y a d'histoire que de phénomènes susceptibles de changement dans le temps, et le temps est un ordre asymétrique ; or l'axiome 5 entraîne la symétrie de l'ordre des nécessités. Aucune ne peut précéder logiquement l'autre sans pouvoir aussi en être dite logiquement précédée. Si la notion de nécessité historique a un sens, ce ne peut donc pas être le sens logique.

Cette conclusion provisoire, quelque triviale qu'elle paraisse, a une conséquence importante. C'est que lorsque Cavaillès parle de nécessité historique en histoire des mathématiques, il ne peut pas s'agir de la même nécessité que celle des théorèmes mathématiques. La nécessité qu'il cherche dans l'histoire des mathématiques n'est pas de même nature que la nécessité mathématique. Cavaillès articule donc deux nécessités *différentes*.

4 La nécessité historique est-elle causale ?

Puisque c'est l'idée de temporalité qui nous empêche de penser la nécessité historique comme un cas particulier de nécessité logique, la nécessité causale, c'est-à-dire celle qui dérive de lois régissant le cours des choses (sens **B**, **G** ou **I**), pourrait paraître une meilleure candidate.

L'idée de nécessité causale est manifestement compatible avec la temporalité. Typiquement, la science physique décrit des *mouvements* nécessaires : un corps en chute libre sans vitesse initiale se trouve à l'instant t à la position $z(t) = z_0 - \frac{1}{2}gt^2$. Ce mouvement peut à la fois – et cette fois sans contradiction – être caractérisé de nécessaire *et* de temporel. Elle s'exprime en l'occurrence par une fonction du temps. Mais si cette notion de nécessité prend en compte la notion de temporalité, elle est manifestement inadéquate pour définir l'expression de « nécessité historique » : nul n'a jamais prétendu pouvoir calculer combien de temps devrait s'écouler entre la théorie naïve des ensembles et l'axiomatisation de Fraenkel.

La conception causale de la nécessité peut toutefois être soulagée des contraintes de la métrique. Dans l'exemple précédent, nous possédions une fonction qui détermine la position d'un objet en fonction du temps. On pourrait imaginer d'assouplir la définition de cette fonction en la définissant de façon simplement topologique, en posant la succession des pas à traverser sans pour autant déterminer à l'avance la durée associée à chaque pas. Caractérisons donc plus simplement le temps par un ensemble totalement ordonné. Il suffirait que cette chronologie abstraite puisse être plongée dans le temps historique au moyen d'une fonction monotone – évidemment croissante – *ad hoc*. Selon cette notion de nécessité causale, non plus métrique mais simplement topologique, c'est uniquement par rapport à ce temps abstrait que l'on « date » – c'est-à-dire que l'on ordonne – les événements dont on pose le cours nécessaire.

Ce type de nécessité causale simplement topologique existe. Telle est par exemple la conception de l'histoire universelle décrite dans le *Manifeste du parti communiste* de Marx (Marx 1994). Selon cette conception, toute l'histoire est une lutte des classes. Cette thèse s'appuie sur des analyses locales tendant à montrer que toute société de classes mène à une révolution conduisant à une nouvelle société où le conflit de classes précédent est résolu. Ainsi se sont succédé l'esclavage antique, la féodalité et le capitalisme. En extrapolant, Marx anticipe une nouvelle révolution et l'avènement du communisme. L'histoire décrite par Marx est une histoire sans date : l'essentiel ne réside pas dans l'attribution absolue d'une date à chaque événement mais dans la description fidèle de leur ordre de succession. On ne peut pas calculer le jour de la révolution comme on calcule la position d'un corps en chute libre ou celle d'un astre ; mais on n'en peut pas moins, étant donné un certain état, prédire le suivant. Cela reviendrait, mathématiquement, à ignorer la fonction $f(t)$ et à connaître la valeur de certains $f(x+h_1)$, $f(x+h_2)$ etc. en connaissant l'ordre $0 < h_1 < h_2 < ...$ mais non les valeurs respectives des h_i.

Comme le montre l'exemple du marxisme, la nécessité causale simplement topologique permet de donner un sens à la notion de nécessité historique. Elle est en effet compatible avec la temporalité, sans pour autant projeter sur la succession des actions humaines une métrique aussi stricte que celle de la mécanique. En transposant ce schéma de la lutte des classes à l'histoire des mathématiques, on peut concevoir qu'un mathématicien meure jeune dans un duel ou qu'un autre quitte toute société pour se consacrer à la culture des tomates sans que l'un ou l'autre événement ne condamne ce qui aurait été leurs découvertes futures. Ce qui doit avoir lieu aura lieu tôt ou tard.

La réponse à notre question initiale est donc positive : on peut donner au moins un premier sens à la notion de nécessité historique en l'entendant comme une nécessité causale simplement topologique, c'est-à-dire non métrique.

5 La nécessité historique est-elle rétrocausale ?

Voyons maintenant si la nécessité historique peut être entendue dans le troisième sens identifié plus haut : celui de la nécessité rétrocausale (sens **C**, **H** ou **J**).

Ce type de nécessité revient à dire que pour atteindre la fin B il faut nécessairement avoir le moyen A. Cela ne suppose pas nécessairement que chacun des acteurs passés ait connu et partagé les mêmes objectifs. Les théoriciens des ensembles n'ont évidemment pas projeté de se heurter à des paradoxes afin de pouvoir axiomatiser leur théorie : c'est au contraire parce qu'ils ont rencontré des paradoxes qu'ils ont été incités à axiomatiser la théorie. Mais on peut dire, de façon apparemment plus modeste, que pour que telle théorie actuelle existe, il fallait nécessairement qu'elle soit précédée par telle autre ; que telle étape de la science ne pouvait suivre que de telle étape antérieure ; qu'*aucune* autre étape n'aurait permis d'accéder à cette étape. Selon cette conception, les théoriciens des ensembles n'auraient pas axiomatisé leur théorie s'ils n'avaient d'abord rencontré des paradoxes. Cette thèse, quoique nécessitariste, est paradoxalement tout à fait soutenable par les historiennes et historiens des sciences les plus hostiles en apparence à l'idée de nécessité historique – en particulier si cela leur permet de nier l'existence d'une nécessité entendue dans le sens causal.

Illustrons cette conception par un texte de l'historienne des mathématiques Caroline Ehrhardt, « Un concept mathématique, trois notions : les groupes au XIXe siècle chez Galois, Cayley, Dedekind[1] ». L'auteure s'oppose à une certaine théorie nécessitariste de François Le Lionnais, selon laquelle la généralité de

1. (Ehrhardt 2010). Précisons qu'il s'agit d'un texte de vulgarisation, ce qui interdisait à son auteure tout développement long ou technique.

la théorie moderne des groupes permettrait « d'en relier l'existence et le mécanisme à la structure de l'esprit humain, et peut-être même à l'architecture de l'univers » (Le Lionnais 1948, p. 197). Caroline Ehrhardt entend montrer au contraire que « [ce que Le Lionnais appelle] "la généralité de cette conception" est en fait le fruit d'un processus historique non linéaire, et non une caractéristique intrinsèque ». Elle retrace à cette fin les variations qu'a connues l'usage de ce terme. Après avoir reçu leur « première mise en place dans les travaux de Galois », les groupes interviennent dans « les chapitres les plus variés des mathématiques » chez Cayley, avant seulement de devenir « un concept, enfin, où l'on voit poindre l'idée de "structure", à la manière dont les algébristes du début du XXe siècle ont interprété les travaux de Dedekind ». Caroline Ehrhardt conclut de ces analyses que

> la notion de groupe n'est « pré-inscrite » ni dans le cerveau humain ni dans l'univers. Elle a été forgée, à partir de 1830, dans des contextes sociaux et culturels divers, où il y avait à la fois des façons spécifiques de faire des mathématiques et des idées spécifiques sur ce que sont, ou sur ce que devraient être, les mathématiques. [...] Si le sens que l'on donne aujourd'hui au mot « groupe » en mathématiques n'est pas lié à la nature de l'esprit humain, il l'est bel et bien, en revanche, à l'histoire de ce concept.

L'article montre avec précision que le mot de « groupe », ayant recouvert des significations différentes, n'a pas désigné au fil de ses usages une seule et même notion. Le Lionnais a donc assurément tort de caractériser le concept moderne de groupe comme le « fruit du génie de Galois » : le fruit serait tombé trop loin de l'arbre.

Reste à préciser ce que l'auteure entend par « fruit d'un processus historique non linéaire ». S'agit-il d'une simple succession temporelle, d'une causalité, d'une rétrocausalité ? S'il s'agissait d'une simple succession temporelle factuelle, c'est-à-dire du simple fait que Galois précède Cayley, qui lui-même précède Dedekind, l'absence de lien causal entre les différents moments de ce récit ne permettrait pas de dire que notre conception serait le « fruit » des conceptions antérieures. Il ne s'agit pas non plus d'une causalité, c'est-à-dire du fait que Galois devait causer Cayley, qui lui-même devait causer Dedekind, puisque c'est précisément la thèse nécessitariste que l'auteure entend réfuter. Il semble s'agir donc plus vraisemblablement d'une rétrocausalité, c'est-à-dire du fait que Dedekind ne soit possible qu'après Cayley, et Cayley qu'après Galois, thèse qui nous semble cohérente avec le contenu de l'article. L'auteure ne récuse donc pas toute notion de nécessité en histoire des mathématiques, mais se prononce en réalité en faveur d'une autre nécessité : non pas celle selon laquelle Galois devait mener à Dedekind, tel passé ne pouvant pas avoir d'autre futur, mais celle selon laquelle Dedekind n'avait été possible qu'après Galois, tel futur ne pouvant pas avoir d'autre passé.

Affirmer la contingence de l'histoire des sciences revient donc ici à affirmer la nécessité d'une histoire à rebours. De ce fait, la notion de nécessité rétrocausale fournit une autre conception possible de l'idée de nécessité historique, symétrique de la précédente.

6 Indécidabilité par la méthode historique

Deux conceptions de la nécessité historique sont donc *pensables* : soit la nécessité causale par laquelle le passé entraîne un certain futur, soit la nécessité rétrocausale par laquelle le futur présuppose un certain passé. La méthode historique permet-elle de se prononcer en faveur de l'une plutôt que de l'autre ?

La réponse à cette question est négative, et ce pour une raison purement logique. Si l'on admet l'axiome T, fort raisonnable puisqu'il revient à poser que tout ce qui existe est possible (*ab esse ad posse valet consequentia*), alors du fait que la théorie de Dedekind existe, je peux tout au plus inférer sa possibilité. En revanche, aucun fait ne permettrait d'inférer ni sa nécessité – *ab esse ad necesse non valet consequentia* – ni sa contingence.

Pour démontrer sa contingence, il faudrait prouver que le fait inverse – l'inexistence de cette théorie – est vrai dans *au moins un* autre monde possible ; pour démontrer la nécessité, il faudrait démontrer que ce fait est avéré dans *tous* les mondes possibles. Dans les deux cas, nous devons avoir accès à au moins deux mondes possibles, alors que la méthode historique ne nous en offre qu'un.

L'histoire ne nous permettra donc jamais de nous prononcer sur la contingence ou la nécessité des événements. La thèse de la contingence des événements historiques n'est pas moins métaphysique que celle de leur nécessité.

7 Conclusion

Des trois sens que la nécessité peut revêtir – logique, causal et rétrocausal –, seuls les deux derniers permettent de donner un sens cohérent à la notion de nécessité historique. Ou bien l'on considère que les faits mathématiques suivent un ordre de succession inéluctable, ou bien l'on considère que le présent résulte uniquement des étapes contingentes qui l'ont précédé.

Les défenseurs de ces deux thèses peuvent s'opposer ; ils n'en partagent pas moins une conception nécessitariste qui, dans l'un et l'autre cas, n'est ni démontrable ni réfutable par des moyens historiques, puisque de l'existence des faits on ne peut inférer ni leur nécessité ni leur contingence. La question de la nécessité historique en général, comme plus particulièrement en histoire des sciences, est donc proprement métaphysique ; elle n'est pas décidable par des études de cas.

L'idée de nécessité historique est donc conceptuellement pensable mais empiriquement – donc historiquement – indécidable.

Bibliographie

Benis Sinaceur, H. (2013). *Jean Cavaillès*. Paris : Les Belles Lettres.

Canguilhem, G. (1994). In memoriam. In *Jean Cavaillès : Œuvres complètes de philosophie des sciences*, Paris : Hermann, 665–686.

Carnap, R. (1947). *Meaning and Necessity : A study in semantics and modal logic*. Chicago : University of Chicago Press.

Cavaillès, J. (1937). *Remarques sur la formation de la théorie abstraite des ensembles*. Paris : Hermann. *Œuvres complètes*, Paris, Hermann, 1994, p. 226.

Cavaillès, J. (1947). *Sur la logique et la théorie de la science*. Paris : PUF.

Ehrhardt, C. (2010). Un concept mathématique, trois notions : les groupes au XIXe siècle chez Galois, Cayley, Dedekind. *Images des Mathématiques*, CNRS, en ligne (consulté le 6 octobre 2020. URL https://images.math.CNRS.fr/Un-concept-mathematique-trois.html.

Kripke, S. A. (1963). Semantical analysis of modal logic i normal modal propositional calculi. *Mathematical Logic Quarterly*, 9(5–6), 67–96, doi : 10.1002/malq.19630090502.

Lalande, A. (2006). *Vocabulaire technique et critique de la philosophie*. Paris : PUF.

Le Lionnais, F. (éd.) (1948). *Les Grands Courants de la pensée mathématique*, Paris : Hermann, chap. La notion de groupe, sa puissance et ses limites.

Marx, K. (1994). *Œuvres : Économie*, Paris : Gallimard, *Bibliothèque de la Pléiade*, t. 1, chap. Manifeste du parti communiste. 157–195. 1848.

Platon (2008). Ménon. In L. Brisson (éd.) *Œuvres complètes*, Paris : Flammarion, 1051–1089.

Baptiste Mélès
AHP-PReST (UMR 7117), CNRS
`baptiste.meles@univ-lorraine.fr`

Un autoportrait de Monsieur Lambert dans le rôle du savant-épistémologue

ALEXANDRE MÉTRAUX

1 « M. Lambert »

C'est ainsi, en français (cela ne fait aucun doute), et sans mention de son prénom, que l'auteur est nommé dans nombre de mémoires publiés dans les actes de l'Académie royale de Berlin. Il s'agit donc de Jean-Henri (ou Johann-Heinrich) Lambert, dont une seule des très nombreuses lettres de sa correspondance forme l'objet de la présente contribution.

Cette lettre décrit, de manière succincte, la démarche suivie par Lambert quand il *fait* de la science, et non pas les règles qu'il distille en réfléchissant à ce qui serait une démarche idéale de la recherche scientifique. C'est dire que la lettre laisse entrevoir le *savant au travail manuel et intellectuel réel* – belle occasion qu'offre ce document pour une approche qui tente de cerner non pas seulement l'aboutissement de la recherche (textes, théorèmes, graphiques, histogrammes, calculs, tableaux, nomenclatures, etc.), mais encore le cheminement des pratiques de recherche (observations, emploi ou production d'instruments, ébauches, mensuration, etc.).

Aborder ce document sous l'angle que je viens d'esquisser ne rend évidemment pas indispensable un désaccord farouche avec les tentatives des certains historiens des sciences qui considèrent comme objets d'étude essentiels les seuls contenus idéels déposés/objectivés dans des ensembles de propositions théoriques, dont on retrace le cheminement intellectuel ainsi que le ou les développements ultérieurs. Mais on est en droit d'attendre autre chose encore de l'histoire des sciences – à savoir l'analyse du *travail* (dans tous ses aspects) qu'effectuent, avec plus ou moins de bonheur, et aussi avec plus ou moins d'ardeur, chercheurs, académiciens, apprentis chercheurs, administrateurs, ingénieurs, préparateurs, explorateurs, collectionneurs, etc., dans le but de promouvoir nos connaissances non seulement de ce qui est jugé vrai et utile (parce qu'applicable, donc bénéfique à l'humanité), mais encore de ce qui s'avère

P.-E. Bour, M. Rebuschi & L. Rollet (eds.), *Sciences, Circulations, Révolutions, 545–554.*

être faux, inutile mais vrai, vraisemblable, au mieux hypothétique, vrai avec une certaine probabilité[1], etc.

C'est donc ce qui se passait en amont des mémoires, traités, articles, rapports que Lambert a rédigés sur un nombre considérable de sujets, qui retiendra notre attention dans l'examen de la missive. Car notre savant non seulement y évoque, mais encore décrit en détail le *travail* (intellectuel et manuel) auquel il se contraint quand il fait de la recherche. On tente ainsi de jeter quelque lumière sur les données empiriques auxquelles Lambert attache de l'importance (ébauches, notes, calculs, esquisses, relevés, plumes, instruments, outils, etc.), mais qui n'ont laissé que peu de traces à la surface de ses textes (sauf, précisément, et exceptionnellement, dans la lettre à Kant).

Cette lettre figure dans la correspondance philosophique Lambert/Immanuel Kant, laquelle est espacée et de taille modeste. Cinq lettres seulement – trois de Lambert et deux de Kant – forment l'ensemble publié par les soins de Jean III Bernoulli dans le cadre de la correspondance générale du cadet des deux savants[2] (les mêmes documents ont été réédités au tome 10 de la célèbre *Akademie-Ausgabe* des œuvres complètes du sage de Königsberg[3]).

C'est grâce aux commentaires liminaires de Bernoulli que l'on connaît les circonstances dans lesquelles ces lettres ont été écrites[4]. Au vu de ces commentaires, il est permis d'affirmer que la parution, en 1763, de *Der einzig mögliche Beweisgrund zu einer Demonstration des Daseins Gottes* [L'Unique Fondement possible d'une démonstration de l'existence de Dieu] de Kant a incité Lambert à prendre la plume pour témoigner, dans la lettre du 13 novembre 1765, son admiration à l'auteur de cet écrit. En outre, la lecture de *De mundi sensibilis atque intelligibilis forma et principiis* [Forme et principe du monde sensible et intelligible] de Kant, ouvrage paru en 1770, a, par l'impression qu'il fit sur Lambert, donné lieu à une autre lettre de celui-ci, datée du 13 octobre de cette même année.

Dans ces deux lettres, il est question d'autres choses encore que des écrits de Kant. Lambert s'empresse non seulement de mettre en évidence une convergence entre les recherches de son correspondant et les siennes, mais encore de suggérer une collaboration dans les domaines de la cosmologie et de la métaphysique. Ainsi propose-t-il de répondre *avec* Kant aux questions : Comment concevoir la métaphysique ? Quelle est sa portée ? Quelle est la méthode qui convient aux recherches philosophico-métaphysiques ?

---

1. Concernant la notion de « probable knowledge », cf. (Prosperin & Collin 2007) ; cf. en outre (Urken & McLean 2007).

2. Cf. (Bernoulli 1784, p. 335–368).

3. Disponible en ligne : https://korpora.zim.uni-duisburg-essen.de/kant/briefe/gesamt.html (10 janvier 2020).

4. Jean III Bernoulli n'a sans doute pas manqué de rassembler, lors d'un séjour d'environ une semaine à Königsberg, des informations en grand nombre sur la vie intellectuelle et artistique de cette ville ; cf. (Bernoulli 1779, p. 23–96 ; concernant la rencontre avec Kant, 46–47).

Quant à Kant, il a dû être sensible aux propos de Lambert. Le 31 décembre 1765, il affirma dans sa réponse qu'aucune autre lettre ne lui eût été plus agréable que celle dont Lambert l'avait honoré, et qu'il le tenait « pour le premier génie de l'Allemagne, capable de perfectionner grandement et pour longtemps les connaissances » dont il s'occupait, lui aussi, par-dessus tout.

En ce qui concerne la lettre du 13 octobre 1770, Lambert y remercie Kant de lui avoir envoyé la dissertation sur la forme et les principes du monde sensible et intelligible. Il lui rappelle l'ancien projet de collaboration et lui communique quelques réflexions lui ayant traversé l'esprit à la lecture de cet ouvrage.

Kant a-t-il répondu à cette lettre ? On n'en sait rien. Toutes les hypothèses sont donc permises : la lettre pourrait avoir été perdue en cours de route ou avoir été égarée par Lambert. Mais il se peut aussi que le sage de Königsberg n'ait pas voulu décevoir Lambert en rejetant l'offre de collaboration, si bien qu'il aurait jugé opportun de n'en rien dire. Kant lui avait pourtant avoué en 1765 :

> L'invitation que vous voulez bien me faire de nous communiquer mutuellement nos esquisses m'est très-précieuse, et je ne manquerai pas d'en profiter, quoique je me connaisse assez pour savoir que je ne puis guère estimer le peu de science que je crois avoir acquise après de longs efforts, puisque, d'un autre côté, Monsieur, le talent qu'on vous reconnaît d'unir à volonté les vues les plus hautes à une pénétration extraordinaire dans les détails, me fait espérer de l'union de vos forces à mes faibles moyens une instruction importante pour moi, et peut-être aussi pour tout le monde[5].

Notons sans tarder que la correspondance est riche en sujets dignes d'être retenus et commentés. Mais on se contentera ici d'en examiner brièvement quelques-uns seulement, et plus particulièrement celui de la méthode toute personnelle élaborée et mise en pratique par Lambert lorsqu'il abordait des problèmes censés intéresser la communauté scientifique[6].

C'est un passage de la lettre du 3 février 1766 qui décrit cette méthode en 13 points, un peu à la manière d'une recette de pharmacopée indiquant la démarche à suivre dans la préparation d'un diachylon.

Sans doute sont-ce les circonstances de l'échange de propos avec Kant qui ont amené Lambert à mettre en valeur sa méthode à lui. En effet, la lettre du 3 février forme la réponse à celle de Kant datée du 31 décembre de l'année précédente. Ce dernier s'était réjoui de constater un « heureux accord de nos méthodes », accord qu'il avait déjà remarqué dans les écrits de Lambert. Et d'ajouter : « J'ai pendant plusieurs années tourné mes réflexions philosophiques

5. Les citations sont extraites de la traduction française de la correspondance Lambert/Kant proposée par Joseph Tissot (Kant 1862, p. 279–314) ; j'ai modifié si nécessaire les passages cités. La description de la méthode lambertienne se trouve aux pages 289 à 291.

6. Quant au contexte historique dans lequel il faut situer les cinq lettres, cf. (De Vleeschauwer 1934).

de tous les côtés imaginables, et je suis enfin parvenu, après avoir diversement échoué et avoir toujours cherché les sources de l'erreur ou de la vérité dans la manière de procéder, à m'assurer de la méthode qu'il convient de suivre [...] » pour échapper aux illusions du savoir.

2 Un extrait de la Dianoiologie

Or, au lieu de simplement faire allusion par quelques remarques à des passages traitant de méthodologie au tome premier de l'*Organologie* (cf. Lambert 1764), Lambert décida de *décrire* (quoique sommairement) sa propre méthode. Voulait-il par là offrir à Kant l'occasion de vérifier si l'« heureux accord de [...] méthode » n'était pas à son tour une illusion ? Ou voulait-il mettre en valeur sa propre démarche parce que la version publiée – le chapitre 9 de la *Dianoiologie*, qui couvre quelque 65 pages (§§ 599–700)[7] – lui semblait, tout compte fait, manquer de clarté ? On n'en sait rien.

Notons aussi que l'abrégé de sa méthode est présenté sous forme d'auto-description : c'est Lambert qui énonce ce qu'il est en train de faire quand il fait de la science. La prose méthodologique prend, pour ainsi dire, une tournure performative. Lambert ne développe plus les raisons qui justifient l'observation de règles considérées comme contraignantes pour la bonne marche de la recherche, mais revient à sa propre expérience de savant et, s'adressant à Kant, fait être ce qu'il dit. Il est donc permis de considérer les 13 points de méthode consignés dans la lettre du 3 février comme la re-personnalisation d'une démarche que Lambert avait préalablement transformée en démarche sciemment dé-personnalisée, abstraite, à caractère intersubjectif, pour ainsi dire inscrite sur un panneau dont les recommandations s'adressent à tout le monde. Et ce sont ces deux versions qui permettent, par un travail de comparaison, de déceler dans la lettre à Kant ce qui est proprement dû à l'expérience immédiate de Lambert en tant que scientifique-philosophe et non pas à ce qu'il estimait discursivement nécessaire pour faire entendre ce que le raisonnement méthodologique avait à dire. Ou encore : la lettre nous invite à franchir le seuil du lieu de travail de Lambert et à l'écouter expliquer (à nous aussi – en écho qui nous parvient après un laps de silence de quelque deux siècles et demi) ce qu'il avait l'habitude de faire en faisant de la science.

Lambert indique d'emblée un des buts de ses réflexions méthodologiques :

---

7. Lambert appelle « dianoiologie » la logique en tant que doctrine des lois universelles de la pensée. La première partie de l'*Organon* est intitulée « Dianoiologie oder Lehre von den Gesetzen des Denkens ». Un autre auteur (trop négligé en francophonie en dépit du fait qu'il figure parmi les correspondants de Voltaire), Alexandre Beloselsky (orthographe ancienne), publia, quant à lui un traité de logique, (Beloselsky 1790), dont il envoya un exemplaire à Kant. Celui-ci ébaucha une lettre de remerciement à Belosel'skij-Belozerskij (translitération moderne) à l'été de 1792 ; il semble que cette lettre demeura à l'état d'ébauche. Pour plus d'information cf. (Arteme'va *et al.* 2008). Quant à l'ébauche de la lettre de Kant, cf. *Akademie Ausgabe* (note 2), lettre n° 519.

> S'il est une science qui doit être fondée et mise au clair de manière méthodique, c'est la métaphysique. L'universel, qui doit toujours y dominer, conduit en quelque façon au savoir universel, et à certains égards au-delà des limites possibles de la connaissance humaine.

La recherche de la vérité ne pouvant par conséquent prévoir les obstacles qu'elle rencontre, Lambert se contente de « [...] travailler partiellement, et ne chercher à savoir en chaque chose que ce que nous pouvons trouver, en évitant les lacunes, les sauts et les cercles vicieux ». C'est dire qu'il procède par tâtonnements. Sa démarche se révèle être le contraire même de celle qu'un Cicéron préconisa dans *De oratore* en prêtant à Lucius Licinius Crassus sa propre conviction :

> Il se trouve que, à mon avis, ce qui ne s'apprend pas vite ne s'apprend pas du tout[8].

Ne voulant pas « violenter les choses », comme le font souvent les philosophes qui, « au lieu d'avoir laissé sans explication ce qui ne pouvait être expliqué » et qui se sont « repus d'hypothèses », Lambert procède de la façon suivante quand un objet excite sa curiosité :

> 1° Je note tout ce qui me vient à l'esprit sur une chose, et même comme cela se présente et dans l'ordre où cela se présente, que ce soit clair en soi ou seulement présumable, ou douteux, ou même en partie contradictoire.

Il s'offre donc, pour paraphraser Georges Perec, une petite séance de brain-storming solitaire d'où peut émerger une idée lumineuse. Mais par malheur, il ne nous dit pas comment il note ce qui lui traverse l'esprit : griffonne-t-il quelques mots sur des bouts de papier, établit-il un inventaire, consigne-t-il des phrases plus ou moins complètes ? Retenons donc que le travail intellectuel se matérialise en signes déposés sur un support apte à les recevoir.

Puis il « continue de la sorte jusqu'à ce » qu'il « puisse remarquer en général s'il en sortira quelque chose ». Le brain-storming se transforme en rumination cérébrale, ou encore : ne sachant pas d'emblée à quoi bon s'occuper d'un objet qui a simplement excité la curiosité, Lambert tente de juger de l'intérêt que peut avoir cet objet pour la recherche de la vérité.

Ayant ainsi disposé côte à côte les idées concernant l'objet qui peut, le cas échéant, intéresser la science, il « examine ensuite si les propositions qui pourraient en partie se contredire ne seraient pas conciliables par une détermination et une limitation plus strictes, ou, s'il n'y a pas moyen, qu'est-ce qui doit en rester ».

Le texte substitue à cet endroit le terme de « proposition » à la formulation « tout ce qui me vient à l'esprit sur une chose » précédemment utilisée, ce

8. Cicéron : *De oratore*, III, 89 : « [...] res quidem se mea sententia sic habet, ut, nisi quod quisque cito potuerit, numquam omnino possit perdiscere. »

qui semble indiquer que, de l'ensemble des idées suscitées par l'objet, ne sont retenues que celles pouvant prendre la forme grammatico-syntaxique de propositions explicites (sujet, prédicat, peut-être adverbe). S'il n'en était pas ainsi, Lambert ne pourrait pas déterminer, dit-il en 4ᵉ lieu, lesquelles de « ce mélange de propositions » appartiennent « à un tout unique ou à plusieurs ». C'est ici seulement qu'intervient ainsi l'analyse proprement logico-sémantique (ou encore « grammaticale » au sens wittgensteinien du terme) des propositions, dont on ne sait pas selon quel système de classification elles sont mises en relations les unes avec les autres.

À l'étape suivante, Lambert effectue trois opérations. Il compare d'abord les propositions qu'il vient de soumettre à une analyse sémantique pour déterminer celles qui dépendent des autres afin de distinguer celles d'entre elles qui sont fondamentales ou premières dans l'ordre de dépendance. Ayant déterminé l'ordre hiérarchique des propositions retenues pour chaque ensemble, il « regarde ensuite si les premières sont évidentes par elles-mêmes, ou ce qu'il manque encore à leur explication et à leur détermination précise », ce qui, enfin, lui permet de savoir « ce qu'il faut pour y enchaîner tout le reste ».

Après quoi Lambert change de registre. Il soumet ce qu'il a accompli aux étapes précédentes à une réflexion critique. Mais comme on ne sait toujours pas s'il a fixé les propositions selon l'ordre de dépendance sur papier, ou s'il ne les a considérées et examinées qu'en tant qu'objets de pensée, il est pratiquement impossible de restituer en détail ce travail de réflexion. Je me contente donc de simplement citer ce que Lambert décrit :

> Je réfléchis alors sur le tout pour, d'une part, m'assurer s'il n'y aurait pas de lacunes ou des parties manquantes, d'autre part et particulièrement pour trouver les desseins auxquels tout le système peut servir, et pour [...] décider s'il faut, à cet effet, quelque chose de plus.

La constatation la plus surprenante, celle qui exige que l'on relativise l'idée que l'on se fait par commodité de la manière dont on entame des recherches scientifiques, concerne le fait que c'est après plusieurs opérations méthodiques seulement que Lambert se pose la question de la pertinence du système de propositions préalablement élaboré. Tout porte à croire, si toutefois on comprend bien le passage cité, qu'en effet n'importe quoi peut devenir prétexte à une interrogation menant, ou ne menant pas, à un problème qui engage pour de bon un savant dans des recherches mûrement préparées du point de vue sémantique et logique. Il ne suit pas de cela qu'aucun problème scientifique ne soit susceptible d'être soulevé par une théorie boiteuse, par la volonté d'un souverain donnant l'ordre à ses académiciens d'y apporter une solution, par un collègue requérant de l'aide auprès d'un collègue ami, etc. ; mais rien ne permet d'affirmer que Lambert n'a porté son attention que sur des problèmes considérés comme urgents par le monde autour de lui. On l'imagine donc aisément, à ses heures de loisir, interrompant la lecture d'un ouvrage ou fatigué par des calculs à effectuer pour un mémoire de mathématiques, en train de songer à un objet particulier : au vol d'un papillon ou encore à la teinte étrange de la pleine lune observée entre deux bancs de nuages, teinte qu'il n'a jamais vue et qu'il ne s'explique pas, et procédant précisément selon la méthode décrite à l'intention de Kant, sans être préalablement ni mandaté par quiconque, ni poussé par quoi que ce soit à produire quelques connaissances utiles. Commencer un projet de recherche en toute naïveté, et pour le seul bien de satisfaire sa curiosité – voilà à quoi fait songer la suspension délibérée de l'intérêt social de la recherche scientifique d'après Lambert.

Ayant donc procédé à l'« exposition de ces desseins » qui « forme ordinairement le commencement, parce que le côté par lequel j'envisage la chose s'en trouve éclairé », Lambert détermine les « notions qui servent de fondement, et pourquoi [il] ne les prend [...] ni plus larges ni plus étroites ».

Avant de poursuive l'interprétation des consignes de méthode, une remarque terminologique s'impose. Dans la lettre à Kant, Lambert parle de *Absichten*, d'une part, et de *Vortrag*, d'autre part. Plus haut, en effet, il a été question de « trouver les desseins [*Absichten*] auxquels tout le système » pouvait servir. Réapparaissant plus loin dans l'original, ce mot a été doublement traduit par « vues ou desseins » : le pluriel de *Absicht* s'étant scindé en « vues », d'une part, et « desseins », d'autre part. Or, c'est probablement par fidélité au(x) sens que véhicule *Absicht* que Joseph Tissot a doublement traduit ce mot, comme s'il ne lui eût pas été donné de viser une seule de deux options également valables, plausibles, justifiables. Mais alors, pourquoi le traducteur n'a-t-il pas opté pour le sens double d'*Absicht* à la fin de l'alinéa précédent ? Question à laquelle je n'ai pas de réponse.

Quant à « exposition », le choix de Tissot s'est porté sur ce mot en tant qu'équivalent de *Vortrag*. Au XVIIIe siècle le mot désignait autant une proposition, une intention, une exposition ou encore l'énonciation d'une opinion soit de vive voix, soit par écrit. Pour un professeur de philosophie du milieu du XIXe siècle, qui semble ne pas s'être préoccupé outre mesure, ou probablement pas du tout, du travail d'écriture de savants et philosophes du siècle des Lumières (c'est-à-dire de l'emploi d'un ustensile destiné à fixer sur support signes, lignes, etc., ce que l'anglais dénote par le terme de *paper-work*[9]), seules comptent les idées de Lambert – les idées détachées par abstraction du papier sur lequel elles ont été inscrites en train de se faire. Or, c'est précisément le développement d'un projet de recherche auquel Lambert accorde dans ses propres dits et écrits une importance tout sauf négligeable. Le mot « exposition » ne manque donc pas de justesse. Mais il fait ici l'économie de la richesse sémantique du terme choisi dans la langue de départ, qui offre la possibilité de reconnaître dans *Vortrag* le double caractère de ce qui fait l'objet d'une exposition : les traces écrites de la mise en forme du système qui, en

9. Concernant les pratiques scripturales, je renvoie aux excellentes études de Chrisoph Hoffmann (Hoffmann 2008), (Hoffmann 2010), (Hoffmann 2013, p. 279–303).

fin de compte, est estimé digne de faire l'objet d'une recherche scientifique proprement dite, et le contenu idéel des mots, éventuellement aussi des figures mises sur papier.

Et pour conclure la description de sa démarche, Lambert explique :

> Je cherche surtout, 13°, à découvrir l'ambiguïté des termes et des locutions, et à laisser les uns et les autres dans le vague, quand la langue s'en sert ainsi ; je veux dire que je ne les emploie pas comme sujets, mais tout au plus comme prédicats, parce que la signification du prédicat se détermine d'après la signification du sujet. Mais si je suis obligé de les employer comme sujets, ou j'en fais plusieurs propositions, ou je tâche d'éviter l'équivoque par une périphrase, etc.

Lambert ne donne aucun exemple de l'examen sémantique auquel il procède à ce stade des recherches scientifiques. Ne renvoyant nulle part dans la lettre à Kant à un endroit spécifique de l'*Organon*, il se peut qu'il ait voulu faire allusion au n° 13 de sa description, à quelque chose qui ressemble à un passage où il procède à un examen sémantique de ce genre. Soit la matière solaire, objet ou thème ou interrogation qui n'a rien d'extraordinaire : le soleil étant un corps céleste, il doit remplir de l'espace, doit posséder une surface englobant de la matière. Or, explique Lambert :

> Nous ne connaissons ni la matière, ni la nature interne du soleil ; mais le soleil *brille*, il *chauffe*, il *dirige* les planètes sur leur révolution, il est un corps sphérique, il est d'une *grandeur* déterminée et est distant de la terre et des autres corps célestes, il est une étoile fixe.

Ne pouvant pas éviter, semble-t-il, la « locution » dénotant la matière et la nature interne du soleil comme sujet, il « en a fai[t] plusieurs propositions » dont chacune renvoie par le pronom personnel au soleil qui brille, qui chauffe, qui..., etc.

Et Lambert d'ajouter dans sa lettre à Kant, en guise d'avertissement, qu'il ne s'agit pas de consignes dont l'observation rigide s'impose partout :

> Voilà le général de la méthode qui, dans les cas particuliers, subit encore un grand nombre de changements et de déterminations particulières, presque toujours plus claires dans les exemples qu'on ne peut les rendre en termes logiques.

3 Conclusion

Fin décevante ? Mettons que Kant connaissait non seulement l'*Organon*, mais encore quelques autres textes de Lambert ; il est alors concevable qu'il pût saisir le véritable enjeu lié à la flexibilité des pratiques épistémiques de son collègue.

Mais faute de données historiques, mieux vaut ne pas trop spéculer sur une entente à demi-mot entre les deux savants.

Que peut-on alors retenir de l'examen partiel d'une seule lettre de Lambert ? La description qu'il donne de ses pratiques épistémiques – pratiques nées d'expériences fréquentes, pratiques adaptées à ses besoins ou penchants à lui – se présente au regard attentif comme l'envers de la version publiée de la « méthode scientifique » qu'il a décrite dans l'*Organon*. La différence entre la version « privée » (brève, compacte, égologique) et la version « publique » (détaillée, volumineuse, impersonnelle) permet d'aborder la manière dont Lambert a enchaîné un nombre indéterminé de recherches scientifiques desquelles il a tiré un traité de méthodologie synthétique où l'on reconnaît son style, mais où ses pratiques concrètes ne sont plus reconnaissables. Pour qui faire de l'histoire des sciences et de la philosophie consiste d'abord à analyser le *travail* effectué par des savants ou scientifiques individuels ou encore par des collectifs de recherche, Lambert se portraiturant dans un lieu de travail, ustensile, outils ou autres dispositifs en main, et cerveau tenu en éveil, et par là *donnant à voir bien plus que le résultat* de son travail, permet d'esquisser une approche qu'on aimerait voir adopter plus souvent dans le vaste champ de l'épistémologie historique.

Bibliographie

Arteme'va, T. V., Zlatopol'skaya, A. A., Mikeshin, M. I. & Tosi, A. (2008). *A. M. Belosel'skij-Belozerskij i ego filosofskoe nasledie [A. M. Belosel'skij-Belozerskij et son patrimoine philosophique]*. Saint-Pétersbourg : Sankt-Peterburskij tsentr istorii idej [Centre d'histoire des idées de Saint-Pétersbourg].

Beloselsky, A. (1790). *Danyologie ou tableau philosophique de l'entendement.* Dresde : Imprimerie de C. C. Mainhold.

Bernoulli, J. (1779). *Reisen durch Brandenburg, Pommern, Preußen, Curland, Rußland und Pohlen [sic], in den Jahren 1777 und 1778. Dritter Band : Reise von Danzig nach Königsberg, und von da nach Petersburg, im Jahr 1778.* Leipzig : Caspar Fritsch.

Bernoulli, J. (éd.) (1784). *Johann Heinrich Lambert's deutscher Gelehrter Briefwechsel : mit J.I. von Felbiger und J.E. Scheibel.* Berlin ; Dessau : Chez le directeur de la publication ; Buchhandlung der Gelehrten.

De Vleeschauwer, H. J. (1934). L'année 1771 dans l'histoire de la pensée de Kant. *Revue belge de philologie et d'histoire*, 13(3–4), 713–732.

Hoffmann, C. (2008). Festhalten, bereitstellen : Verfahren der Aufzeichnung. In C. Hoffmann (éd.) *Daten sichern. Schreiben und Zeichnen als Verfahren der Aufzeichnung*, t. 1, Zurich : Diaphanes, 7–20.

Hoffmann, C. (2010). Schreiben als Verfahren der Forschung. In M. Gamper (éd.) *Experiment und Literatur. Themen, Methoden, Theorien*, Göttingen : Wallstein Verlag, 181–207.

Hoffmann, C. (2013). Processes on Paper : Writing Procedures as Non-Material Research Devices. *Science in Context*, 26(2), 279–303, doi :10.1017/S0269889713000069.

Kant, I. (1862). *Mélanges de logique.* Paris : Librairie philosophique de Ladrange. Trad. fr. par C. J. Tissot.

Lambert, J.-H. (1764). *Neues Organon oder Gedanken über die Erforschung und Beziehung des Wahren und dessen Unterscheidung vom Irrthum und Schein*, t. 1. Leipzig : Johann Wendke.

Prosperin, E. & Collin, N. (2007). Historical document : On probable knowledge. *Science in Context*, 20(1), 135–143, doi :10.1017/S0269889706001177.

Urken, A. B. & McLean, I. (2007). Nicholas Collin and the dissemination of Condorcet in the United States. *Science in Context*, 20(1), 125–133, doi : 10.1017/S0269889706001165.

Alexandre Métraux
AHP-PReST (UMR 7117), Université de Lorraine
ametraux@posteo.ch

Euclide et Dx sur scène ou croiser les parallèles

Amirouche Moktefi & Françoise Willmann

« Je vous demande un peu ! » pensait Alice, « est-il possible de s'amuser avec un livre où il n'y a ni images, ni dialogues ? » (Dodgson 1908, p. 1)

1 Introduction

La mise en dialogue des sciences n'est certes pas une idée nouvelle. Sans oublier les Grecs, on peut mentionner Galilée et ses dialogues (1632-1638) mettant en scène Sagredo, Salviati et Simplicio, trois personnages conversant de science et de méthode. Depuis, il n'est pas rare de rencontrer des dialogues dans la littérature mathématique. Citons, près de nous, Ferdinand Gonseth, Imre Lakatos et Imre Toth. Le premier, Gonseth, ouvre et clôt son *Essai sur la Méthode Axiomatique* par un dialogue entre Idoine, Sceptique et Parfait, auxquels il confie « le soin d'expliquer et de contredire » (Gonseth 1974, p. 6). Le second, Lakatos, avait rédigé son célèbre et célébré ouvrage *Preuves et Réfutations* sous forme de dialogue entre élèves d'une classe imaginaire car, écrivait-t-il, « [l]'usage du dialogue [...] devrait refléter la dialectique de l'Histoire » (Lakatos 1984, p. 6). Enfin, Toth, notre troisième témoin, rassemble une foule de convives pour un immense banquet, où ils échangent leurs positions et interrogations sur l'évidence de la géométrie euclidienne et non euclidienne (Toth 2000). Ainsi, le dialogue, comme forme littéraire, est prisé par les auteurs de science afin de rendre compte des positions opposées des protagonistes. En cela, il convient parfaitement à la description d'une controverse, son évolution et son dénouement.

Du dialogue au théâtre, il n'y a qu'un pas. Deux auteurs que nous côtoyons depuis un certain nombre d'années se sont essayés à l'exercice, avec des

P.-E. Bour, M. Rebuschi & L. Rollet (eds.), *Sciences, Circulations, Révolutions, 555–571.*

ambitions et des moyens très différents. En 1879, Charles L. Dodgson, *alias* Lewis Carroll, publiait *Euclid and his Modern Rivals* (Dodgson 1885a), tandis que Kurd Lasswitz faisait paraître *Prost. Der Faust-Tragödie (-n)ter Teil*, en 1882 (Laßwitz 2013)[1]. L'un avait pour objectif certain de défendre Euclide, l'autre a pu donner l'impression de vouloir le faire (Toth 2000, p. 331). L'un espérait une large audience pour sa défense d'Euclide contre les attaques de la récente *Association pour l'amélioration de l'enseignement de la géométrie*, l'autre, sous les auspices de l'*Association des mathématiciens* de Breslau, se vouait à la sociabilité facétieuse des mathématiciens. La pièce de l'un ne fut jamais vraiment jouée, celle de l'autre dut égayer l'une ou l'autre soirée arrosée dont il ne reste guère de traces. Il y aurait sûrement bien des raisons de mettre en doute le caractère scientifique, voire sérieux de notre entreprise de rapprochement de ces deux textes, aussi bien du côté littéraire que du côté mathématique[2]. Et pourtant, nous ne résistons pas à la tentation de donner (enfin) corps à cette mise en parallèle, née d'une rencontre comme en suscitent les laboratoires, surtout lorsqu'ils sont transdisciplinaires, de deux auteurs que rien ne destinait sans doute à être croisés, et présentant pourtant maint point commun.

2 Euclide et ses rivaux modernes

2.1 Les dernières batailles d'Euclide

Dodgson était mathématicien à Oxford. Si la postérité le reconnaît comme le fabuleux auteur de contes pour enfants, il était aussi en son temps un prolifique auteur de textes mathématiques. Ses travaux incluent une méthode originale pour le calcul des déterminants, une analyse mathématique des procédures électorales et un ingénieux système de logique symbolique (Wilson & Moktefi 2019). Mais une majorité de ses écrits mathématiques portait sur la géométrie euclidienne qui était aussi un sujet essentiel de son enseignement. Euclide avait tout pour plaire à l'universitaire oxonien qu'était Dodgson. En effet, les *Eléments* étaient un classique deux fois millénaire. Par ailleurs, sa structure logique encourageait l'apprentissage du raisonnement rigoureux. Léon Brunschvicg notait que « Euclide, pour les nombreuses générations qui se sont nourries de sa substance, a été moins peut-être un professeur de géométrie qu'un professeur de logique » (Brunschvicg 1972, p. 84).

Ces qualités étaient très appréciées dans l'enseignement libéral si prisé à Oxford et Cambridge au début de l'ère victorienne (Whewell 1838). Si bien que les *Eléments* d'Euclide étaient utilisés comme le principal manuel pour l'enseignement de la géométrie. Les éditions d'Euclide étaient innombrables. Vue de France, cette domination pouvait surprendre. Ainsi, Jacques Demogeot et Henry Montucci, deux enseignants français, écrivaient-ils en 1868 : « Le trait distinctif de l'enseignement des mathématiques en Angleterre, c'est qu'on y fait

1. Tous les extraits des deux pièces ont été traduits par nos soins.
2. Aussi comptons-nous sur l'intercession de Lise Bioesmat-Martagon.

appel plutôt à la mémoire qu'à l'intelligence de l'élève » (Demogeot & Montucci 1868, p. 113), ajoutant que l'on y arrivait « aux résultats les plus évidents par un verbiage absolument en désaccord avec nos élégantes habitudes d'une concision non moins vigoureuse que la prolixité d'Euclide » (Demogeot & Montucci 1868, p. 118). A la fin des années 1860, de nombreuses voix en Angleterre ont appelé à l'abandon d'Euclide et à l'usage de nouveaux manuels dont l'ordre des propositions diffère de celui d'Euclide. Cette contestation s'organise pour fonder en 1871 une association pour l'amélioration de l'enseignement de la géométrie (ci-après l'Association), avec Thomas A. Hirst comme premier président. Un grand débat s'ouvre alors et voit l'implication des plus importants mathématiciens et enseignants de mathématiques du pays (Brock 1975, Moktefi 2011)[3].

Dans ses premières années, l'Association produit un programme d'études et un manuel et les soumet aux comités d'évaluation des Universités d'Oxford et de Cambridge qui ne les retinrent pas. Euclide maintenait son autorité et bénéficiait notamment de la crainte d'un chaos dans les systèmes d'enseignement et d'évaluation si une multitude de manuels était utilisée. Il faudra attendre le début du XXe siècle pour voir Euclide détrôné avec l'avènement d'une nouvelle vague de contestation, sous l'impulsion de John Perry. Les supporters d'Euclide, dont Dodgson, auront donc réussi à retarder sa déchéance. L'historien W. Johnson résume parfaitement l'histoire en affirmant que les défenseurs d'Euclide « gagnèrent toutes les batailles mais perdirent la guerre » (Johnson 1996, p. 1156).

Dodgson ne pouvait pas passer à côté de ce débat. Enseignant de mathématiques, il croyait à l'idéal éducatif libéral et avait travaillé à la promotion de la logique (Moktefi 2015). Il était aussi un fervent admirateur d'Euclide. Dès 1855, il se plaint dans son journal d'altérations excessives du texte euclidien faites par certains auteurs (Wakeling 1993, p. 82–83). Au cours des années 1870, il collecte les manuels rivaux d'Euclide et les analyse pour montrer leur infériorité logique. Ce travail mènera à son ouvrage majeur : *Euclide et ses Rivaux Modernes*, publié en mars 1879 et révisé en 1885 (Dodgson 1885a).

2.2 Accusés, levez-vous !

La préface de l'ouvrage énonce très clairement la fin recherchée :

> L'objet de ce petit livre est de fournir la preuve, d'abord, qu'il est essentiel pour les besoins de l'enseignement et de l'évaluation en géométrie élémentaire, d'employer un seul manuel ; ensuite, qu'il y a de fortes raisons *a priori* de conserver, dans toutes ses caractéristiques principales, et spécialement dans sa séquence et sa numérotation des propositions et dans son traitement des parallèles,

3. Cf. l'étude de Klaus Volkert sur la polémique au sujet de l'enseignement de la géométrie en Allemagne qui éclata, peu après sa fondation en 1870, dans le *Journal de Hoffmann* (Volkert 2011).

le manuel d'Euclide ; et enfin, qu'aucune raison suffisante n'a encore été démontrée pour l'abandonner en faveur de l'un des manuels modernes qui ont été proposés comme substituts. (Dodgson 1885a, p. ix)

L'ouvrage est écrit sous la forme d'une pièce en quatre actes ayant lieu dans l'Hadès. On y retrouve Minos, juge des enfers grecs, évaluant les manuels rivaux d'Euclide. Ce dernier est représenté par son fantôme, introduit lors de la seconde scène du premier acte :

Minos dormant ; entre le fantôme d'Euclide. Minos ouvre les yeux et le regarde d'un œil vide et froid, sans trahir la moindre surprise ni même le moindre intérêt [...]

Euc. Alors, qu'attend-on vraiment d'un manuel de géométrie ?

Min. Excusez-moi, mais – avec tout le respect dû à un spectre dont j'ai révéré le nom depuis ma tendre enfance – n'est-ce pas *plutôt* une manière abrupte d'entamer une conversation ? Rappelez-vous, nous sommes séparés par vingt siècles d'histoire, et par conséquent n'avons jamais eu d'entretien personnel jusqu'ici. Sûrement quelques remarques préliminaires –

Euc. Les siècles sont longs, mon bon monsieur, mais *mon* temps cette nuit est court : et je n'ai jamais été homme de beaucoup de mots. Veuillez donc renoncer à toute cérémonie et répondez à ma question.

Min. Bon, pour autant que je puisse répondre à une question qui m'est adressée si soudainement, je dirais – un livre qui exercera l'apprenant dans des habitudes de conception claire et définie, et lui permettra de tester la valeur logique d'un argument scientifique.

Euc. Vous n'en attendez *pas*, donc, un répertoire complet de la vérité géométrique ?

Min. Certainement pas... (Dodgson 1885a, p. 6–7)

Comme il aurait été inconvenant d'envoyer ses rivaux en enfer, Dodgson les fait représenter par *Herr Niemand*, « un professeur allemand [...] ayant lu tous les livres et prêt à défendre toute thèse, vraie ou fausse » (Dodgson 1885a, p. 17). De nombreux autres personnages font des apparitions brèves : on y rencontre Rhadamanthe, Archimède, Pythagore, Aristote, Platon, Néron, Nostradamus, le chien d'Isaac Newton et beaucoup d'autres.

Chacun des manuels rivaux d'Euclide est discuté avant que Minos ne rende son jugement. Certains auteurs, tels Adrien-Marie Legendre et Benjamin Peirce, sont appréciés mais jugés inadéquats pour les débutants. Les autres s'en tirent nettement moins bien. Dodgson parle de « fiasco logique » en discutant le traité de John R. Morell (Dodgson 1885a, p. 147) tandis qu'il qualifie les errements logiques de James M. Wilson de « monstrueux » (Dodgson 1885a, p. 117). Enfin, l'ouvrage se termine par un plaidoyer que Dodgson met dans la bouche d'Euclide :

> *Euc[lide].* 'Le coq chante, le jour se lève,' et tous les fantômes respectables doivent rentrer chez eux. Permettez-moi de porter avec moi l'espoir de vous avoir convaincu de l'importance, sinon de la nécessité, de conserver ma séquence et ma numérotation de propositions, et ma méthode de traitement des droites, des angles, des angles droits, et (plus spécialement) des parallèles. Pourvu que tout cela reste inchangé et je considérerai avec grand contentement tout autre changement que l'on voudra bien faire – quand mes preuves seront abrégées et améliorées – quand des preuves alternatives seront ajoutées aux miennes – et quand de nouveaux problèmes et théorèmes seront interpolés.
>
> Dans toutes ces questions, mon manuel est susceptible d'une amélioration presque illimitée. (Dodgson 1885a, p. 199)

Il est tentant d'attribuer la position de Dodgson à son prétendu conservatisme. Mais il faut se rappeler que des mathématiciens des plus innovateurs en Angleterre partageaient son opinion. Il en était ainsi d'Augustus De Morgan, d'Isaac Todhunter et surtout d'Arthur Cayley. L'argumentation de Dodgson était d'ailleurs assez simple et adroite : il ne faut utiliser qu'un seul manuel pour éviter la confusion dans l'organisation des cours et des examens. Or, nous utilisons déjà Euclide et aucun des manuels rivaux ne lui est supérieur. Il faut donc maintenir Euclide. Cela n'empêche pas la possibilité d'introduire des améliorations tant que la séquence des propositions euclidiennes est préservée. Dodgson lui-même propose en 1888 une nouvelle théorie des parallèles (Dodgson 1888).

2.3 Ecrire pour être lu

Euclide et ses Rivaux Modernes était un ouvrage 'sérieux', destiné d'abord aux mathématiciens et enseignants de mathématiques engagés dans le débat sur l'enseignement de la géométrie dans les écoles et les universités. On peut dès lors s'interroger sur la forme dramatique choisie par Dodgson. Il s'en explique dans la préface de l'ouvrage :

> [Le livre] est présenté sous une forme dramatique, en partie parce que cela semblait être une meilleure façon d'exposer en alternance les arguments des deux côtés de la question ; en partie pour que je puisse me sentir libre de le rédiger dans un style un peu plus léger que ce qu'aurait exigé un essai, et donc de le rendre un peu moins fastidieux et un peu plus acceptable pour les lecteurs non scientifiques. (Dodgson 1885a, p. ix)

On voit ainsi, chez Dodgson, le souci d'écrire pour être lu. Il met ses qualités d'auteur au service de son traité mathématique pour lui donner une plus grande visibilité. Si Dodgson avait identifié les avantages qu'il y avait à écrire de manière plus ludique et populaire, il en connaissait également les risques. Il en évoque deux dans sa préface : d'abord celui de ne pas être pris au sérieux, et ensuite, celui de brouiller son propos.

Ainsi, la légèreté du ton pourrait dissuader un lecteur 'scientifique' d'y chercher des arguments sérieux. Néanmoins, Dodgson écrit préférer courir ce premier risque plutôt que de prendre celui de ne pas être lu du tout (Dodgson 1885a, p. x). A vrai dire, Dodgson avait été confronté à ce risque avant même la parution de l'ouvrage. Dès 1877, il se plaint à son éditeur Macmillan de certains journaux qui auraient annoncé la parution imminente de son « Euclide burlesque » (Cohen & Gandolfo 1987, p. 140). Il demande que soit bien expliqué, lors de la promotion de l'ouvrage, qu'il ne s'agit pas d'un « livre amusant » (Cohen & Gandolfo 1987, p. 141). Dodgson, le mathématicien, souffrait régulièrement des attentes « comiques » liées à sa stature d'auteur à succès, et il n'est dès lors pas surprenant de le voir essayer toute sa vie de préserver son anonymat avec grand zèle (Moktefi 2019).

Quant au second risque, Dodgson assure ne s'être aventuré du côté comique que lorsque cela ne mettait pas en danger la continuité d'un argument (Dodgson 1885a, p. x). Il n'est pas certain qu'il ait entièrement gagné son pari. Il suffit pour s'en convaincre de jeter un œil aux réactions de ses lecteurs. Dodgson lui-même a reproduit et commenté plusieurs recensions de son ouvrage dans un supplément publié en 1885. Plusieurs auteurs apprécièrent la forme dramatique de l'ouvrage mais déplorèrent des défauts dans la construction des dialogues : Minos serait un juge partial et Herr Niemand un piètre avocat (Dodgson 1885b). Cela ne l'empêchera pas de recourir à ce format dialogique et de subir ces mêmes critiques dans ses écrits ultérieurs, notamment logiques. C'est le cas de deux dialogues sur la question des hypothétiques qu'il publie dans le journal *Mind* en 1894-1895 et qui firent (et pour l'un continue de faire) grand bruit (Moktefi & Abeles 2016).

Bien sûr, *Euclide et ses Rivaux Modernes* peut être lu comme une œuvre dramatique. Dodgson était passionné de théâtre et il est admis que cela avait participé « de son refus de sauter le pas du diaconat à la prêtrise, l'évêque Wilberforce interdisant la fréquentation des théâtres aux membres de son clergé » (Lebailly 1998, p. 293). Dodgson avait lui-même écrit plusieurs pièces dans sa jeunesse et avait assisté à des centaines de représentations en Angleterre mais aussi à Paris et à Saint-Pétersbourg lors de son unique voyage en Europe. Il avait accordé un intérêt particulier à l'adaptation de ses contes au théâtre et avait participé au débat public en son temps sur le statut des enfants-acteurs. *Euclide et ses Rivaux Modernes* donne à voir cette passion. Outre le respect des codes du genre, Dodgson fait de nombreuses références à des auteurs classiques, notamment William Shakespeare (Montoito 2017). S'il en fait usage pour tourner ses rivaux en dérision et procurer un plaisir littéraire, cela permet aussi d'inscrire l'œuvre dans une tradition et un imaginaire dramatique. Ces emprunts sont souvent soulignés par Dodgson lui-même.

Il en est ainsi, pour ne donner qu'un exemple, au baisser de rideau où l'on assiste au réveil de Minos qui quitte son bureau pour rejoindre son lit (citation 1, ci-dessous). Outre la référence explicite à Shakespeare, les expressions « disparaissent tristement » (« *heavily vanish* ») et « un homme plus triste et plus sage » (« *a sadder and a wiser man* »), clairement soulignées dans le texte, renvoient encore à Shakespeare et à Samuel Taylor Coleridge, respectivement. La première évoque une scène de la *Tempête* (citation 2). La seconde, en revanche, conclut la *Chanson du vieux marin* (1798) de Coleridge (citation 3).

(1)
Au son de la musique lente,
Euclide *et les autres fantômes 'disparaissent tristement', selon la mise en scène approuvée de Shakespeare.*
Minos *se réveille en sursaut, et se met au lit, 'un homme plus triste et plus sage'.*
(Dodgson 1885a, p. 199)

(2)
Entrent plusieurs moissonneurs en costume complet ; ils se joignent aux nymphes dans une danse gracieuse, vers la fin de laquelle Prospero tressaille tout à coup et leur dit quelques mots. Sur quoi, tous disparaissent tristement dans un bruit étrange, à la fois sonore et confus.
(Shakespeare 1859, p. 254)

(3)
Il allait comme un homme qui vient d'être étourdi et a perdu le sentiment : plus grave et plus sage il se leva le matin suivant.
(Coleridge 1932, p. 19)

S'il est donc séduisant de voir dans *Euclide et ses Rivaux Modernes* une œuvre de théâtre, il reste que la pièce n'était pas destinée à la scène. Certes, certains passages peuvent se prêter à la scène et sont même occasionnellement représentés lors de rencontres de sociétés mathématiques ou carrolliennes. Mais l'ouvrage entier n'y était pas destiné comme en témoignent les longs passages mathématiques où l'on retrouve une multitude de formules et de démonstrations écrites pour être lues et non représentées.

3 Prost. Der Faust-Tragödie (-n)ter Teil

3.1 Herr Niemand ou Riemann ? Ουτις ou Lasswitz ?

A peu près à la même époque, dans une petite ville allemande réputée pour des raisons étrangères à notre contexte (Gotha, la ville de la *Critique du programme*), un autre professeur de mathématiques (pour sa part, professeur de lycée) menait lui aussi une double vie assumée, écrivain et scientifique. Plus modestement que le grand Lewis Carroll, Kurd Lasswitz est considéré désormais comme le « grand-père » de la science-fiction allemande, grâce à son roman le plus célèbre, *Auf zwei Planeten* (Laßwitz 2009). Lasswitz avait eu la tentation du pseudonyme pour distinguer les deux volets de son œuvre, et l'avait abandonnée assez vite, assumant les jugements plus ou moins flatteurs suivant le camp d'où ils lui étaient adressés. Lui aussi tenait à distinguer le sérieux de sa réflexion sur la science de la littérature libre, non pas de faire abstraction de celle-là, mais de la compléter en laissant l'imagination aller plus vite qu'elle. En bon kantien, il eut à cœur de toujours respecter les limites entre les deux domaines, et pourtant, c'est sans peine qu'on identifiera une fascination originelle commune à tous ses travaux : depuis la thèse de physique sur les gouttes d'eau jusqu'à son *Histoire de l'Atomisme du Moyen-Âge à Newton*, c'est bien la question de l'infini qui n'a cessé de le hanter (Laßwitz 2010). En outre, tout comme dans ses écrits d'histoire de la physique ou de vulgarisation des questions épistémologiques, ou dans ses contes et romans reprenant les mêmes thèmes, le plus souvent avec humour, on retrouve dans la petite pièce de théâtre dont il va être question ici ce souci pédagogique qui animait Dodgson. Il n'y a sans doute aucun écrit de Lasswitz qui ne trahisse l'impulsion didactique relevant de son implication, dans la tradition des Lumières, de la diffusion, sous différentes formes, des questions scientifiques (Willmann 2017), à la différence près que celle dont nous parlons ici ne s'adresse qu'à un cercle fermé, celui des mathématiciens.

Prost. Der Faust-Tragödie (-n)ter Teil[4] est de toute évidence une farce, qui s'inscrit dans le folklore mathématique. Tout comme la coutume de l'époque de rejouer sur le mode ludique la soutenance de thèse, avec les mêmes protagonistes et à grand renfort de boissons alcoolisées, c'est une œuvre de circonstance au service de l'esprit de corps des mathématiciens. Lasswitz l'a écrite pour être représentée et elle le fut en effet le 11 février 1882 lors d'une rencontre célébrant les 20 ans d'existence de l'Association mathématique de Breslau, sa ville natale. Le texte fut ensuite diffusé auprès des membres de cette même association, puis publié dans le Journal de Hoffmann, la *Zeitschrift für mathematischen und naturwissenschaftlichen Unterricht*, où Lasswitz publia également quelques comptes rendus de lecture (sérieux !).

3.2 La parodie de Faust

Peut-être cette pièce serait-elle tombée entièrement dans l'oubli si elle ne s'intégrait à ce qui est presque devenu un genre à part entière : la parodie du *Faust*, pièce certainement la plus célèbre du répertoire allemand (Goethe 2014). D'un point de vue strictement technique, ce choix est fort judicieux : il réduit au minimum la difficulté qu'il y a à s'improviser auteur dramatique, le modèle ayant fait ses preuves. Il bénéficie en outre d'une autre circonstance favorable : il renvoie également aux polémiques autour de l'intérêt de l'œuvre scientifique de Goethe, qui avait à cette époque-là ses zélateurs et ses détracteurs. L'année même où paraissait la parodie de Lasswitz, en 1882, le physiologiste berlinois Du Bois-Reymond irrita ses contemporains cultivés, en tenant un discours qui fut perçu comme un fleuron du positivisme obtus, intitulé *Goethe und kein*

4. Prost. Partie (–n) de la tragédie de Faust.

Ende, dans lequel il affirmait que Goethe était un grand poète, et qu'il aurait mieux fait de s'abstenir de vouloir se mêler de science (au même moment, le naturaliste Haeckel célébrait en Goethe un précurseur de Darwin) (Willmann 2016). On raconte du reste que Du Bois-Reymond connaissait le *Faust* par cœur. Lasswitz se sert donc pour son divertissement d'une œuvre qui fait partie de la culture la plus communément partagée, d'un auteur classique *et* discuté, mettant en scène ce prototype du savant aux prises avec ses démons et avec la science moderne qu'est devenu Faust.

On divise volontiers le *Faust* I de Goethe en deux parties : la tragédie du savant, suivie de la tragédie de Marguerite. Lasswitz s'appuie sur la première uniquement, réduit les personnages à un étudiant mathématicien sur le point de passer l'examen pour le professorat, Prost, un mélange de Faust et de Wagner, son disciple ; Méphistophélès ; un esprit, Dx (chez Goethe, il y en a plusieurs et de différentes natures, et ils ont partie liée avec la magie pré-scientifique), et un jeune étudiant novice. La scène se passe évidemment à Breslau même et, alors que le Faust de Goethe nous apparaît dans la solitude nocturne de son cabinet de travail moyenâgeux, Lasswitz situe l'action, très bourgeoisement, après le dîner.

Dans la première scène du *Faust*, le savant en proie aux doutes et au découragement prononce son très célèbre monologue déplorant la vanité de toutes les sciences qui ne l'ont mené qu'à la certitude de ne rien savoir. Comme la tragédie de Goethe, le texte de Lasswitz est en vers ; il fait bon usage des rimes et épouse le rythme familier de l'original goethéen[5].

Faust Goethe	*Faust Lasswitz*
Hélas ! La philosophie,	Hélas ! La géométrie, l'analyse et l'algèbre,
La jurisprudence et la médecine,	
Et aussi, par malheur ! la théologie,	Et aussi, par malheur ! la théorie des nombres,
Je les ai étudiées à fond, avec un zèle ardent.	Je les ai étudiées, et comment ! on ne le sait que trop !
Et maintenant me voilà, pauvre fou !	Et maintenant me voilà candidat,
Aussi sage que devant ;	Et ne trouve nul conseil pour mon boulot.
On me donne du « maître », et même du « docteur »,	Me ferais bien persifler d'un « M. le Docteur » ;
Et voilà dix ans déjà que	Puisque voilà douze semestres déjà que

5. De l'original de Goethe, il existe de multiples éditions. On le trouve en ligne sur www.faustedition.net [12. 5. 2020] ; il s'agit des vers 354-376. Pour la traduction, nous citons ici l'édition parue en 2009 et rééditée en 2012 et 2014 établie par Jean Lacoste et Jacques Le Rider (Goethe 2014, p. 203–204).

De bas en haut, de haut en bas, de ci, de là, Je mène mes élèves par le nez – Et je vois bien que nous ne pouvons rien savoir ! J'en ai le cœur presque consumé.	De bas en haut, de haut en bas, de ci, de là, Je trace mes signes sur le papier Et je vois que nous ne pouvons rien intégrer. C'est à s'en cogner la tête contre les murs.
Je suis, il est vrai, plus malin que tous les sots,	Je ne suis, il est vrai, pas assez fêlé
Docteurs, maîtres, greffiers et curés ; Ni les scrupules, ni les doutes ne me tourmentent, Je ne crains ni l'Enfer ni le Diable –	Pour me torturer et pinailler Quand je mets une série à la puissance, Pour voir si elle est convergente, Et qu'une fonction soit continue, Cela m'est bien indifférent.
Mais j'ai, de ce fait, perdu toute joie, Je n'imagine pas savoir réellement quelque chose,	Mais de ce fait – j'enrage ! – Jamais le calcul ne tombe juste.
Je n'imagine pas que je puisse enseigner quelque chose, Rendre les hommes meilleurs et les convertir.	Il faut discuter une équation, Et l'intégrale, je ne la sens pas.
Je n'ai non plus, ni bien, ni argent, Ni honneur, ni gloire dans le monde.	A l'Association, je ne suis pas bien vu, Car pour la cotisation, je n'ai pas de sous.
Quel chien voudrait continuer à vivre à ce prix ! Aussi me suis-je tourné vers la magie [...]	Quel chien voudrait continuer à vivre à ce prix ! Aussi me suis-je tourné vers la magie [...]

Prost circonscrit son regret aux sciences mathématiques et aux tourments dans lesquels le plongent les difficultés du calcul intégral. Nul secours de nulle part, sauf peut-être de l'Association, mais il aurait fallu qu'il soit à jour de sa cotisation ! Tandis que Faust se désole de sa soif de connaissance stérile, s'adressant à la nature qui l'entoure et qui reste impénétrable, Prost se sent écrasé par les livres qu'il ne comprend pas, lutte contre le sommeil, et cherche l'énergie dans la bière qu'il consomme abondamment. Faust, déçu par la science moderne, se tournait vers la magie, convoquait un esprit qui l'anéantit en le repoussant, tandis que Prost, de plus en plus ivre, voit apparaître Dx, l'esprit de l'équation différentielle, qui lui aussi, disparaît en assurant Prost de son mépris. Celui-ci finit par s'endormir en emportant dans ses rêves les cauchemars des substitutions, transformations et autres opérations dont les secrets lui résistent.

Sur ces entrefaites, Méphistophélès fait son apparition, prêt à interrompre le sommeil du mathématicien ronflant. Ici, Lasswitz saute mille vers goethéens. Le diable s'apprête à s'emparer de l'ivrogne, bien qu'il ne convoite pas spécialement les mathématiciens, leur imbibition légendaire de bière les rendant peu aptes à brûler en enfer. Et les raisons de mépriser et de décourager Prost ne manquent pas : il commence par évoquer ses faibles chances de réussite à l'examen, continue en esquissant les tristes perspectives qui s'ouvrent au professeur de mathématiques (rabâcher des formules élémentaires, πr^2, $(a+b)^2$, corriger des copies tard dans la nuit, tomber dans le train-train petit-bourgeois limité qui en résulte), puis dépeint encore plus tristement l'alternative, à savoir la pratique des mathématiques pour elles-mêmes : elles exposent à la malédiction de rester à jamais un incompris solitaire. Quant à l'universitaire, il est condamné au radotage devant des étudiants qui ne songent qu'à lui échapper (en quoi il est permis de voir une allusion à la fuite notoire des étudiants de Kronecker vers Weierstraß, entre autres rappels en filigrane de l'actualité).

L'arrivée, comme dans la pièce de Goethe, d'un jeune homme sur le point de s'inscrire à l'université et qui, tenté par les études de mathématiques attend les conseils d'un aîné, permet à Méphistophélès de passer en revue toutes les branches des mathématiques et de tourner en dérision successivement la géométrie analytique, la théorie des fonctions, l'astronomie, l'algèbre moderne et pour finir la physique. La pièce s'achève sur un affrontement entre le diable et l'esprit, Méphistophélès et Dx, et la résolution de Prost, promesse d'ivrogne (?), de se mettre sérieusement à ses études.

3.3 Un miroir tendu aux mathématiciens

L'objectif le plus évident est de faire rire un public restreint et clairement défini : les membres de l'Association de mathématiques de Breslau, association qui ne cesse d'être mentionnée au fil du texte comme un refuge sulfureux (on y trouve soutien, mais aussi grande consommation d'alcool). Lasswitz transforme la tragédie savante en parodie, comme l'annonce d'emblée le nom du protagoniste principal : Prost (santé !). Il reprend et déforme le texte goethéen, en multipliant les ruptures stylistiques. Il mêle le lexique trivial, avant tout des beuveries, au langage soutenu issu du texte classique, un ressort efficace du comique. Il joue sur les rimes et c'est ainsi par exemple que « intégrale » rime, grâce à l'assonance, avec « *Formelkram* » (bazar de formules). Il se sert de l'ambivalence de termes mathématiques, tel celui de « membre ». Il use et abuse de la consommation de bière qui rythme le texte. La réduction de la thématique goethéenne de la connaissance au seul champ des mathématiques ne manque d'ailleurs pas de sel, au vu des réticences de Goethe à la mathématisation des sciences qu'il jugeait abusive.

Le public a dû se délecter de la mise en scène, à grand renfort d'humour, de son idiolecte, de mille détails de son habitus. Il se voit résoudre force opérations complexes, affronter l'abstraction des formes, l'ésotérisme des symboles, au moyen d'une orgie de termes techniques et de formules, rendues absconses par l'adjuvant alcool, sans oublier l'usage virtuose de la craie et de l'éponge. Ainsi, l'image des mathématiciens et des mathématiques qui se dessine dans cette petite pièce relève-t-elle de la caricature (bienveillante) et de l'exutoire. L'auteur joue avec les clichés dans lesquels la profession doit se reconnaître et qui reflètent sa grandeur et ses peines, mais aussi la satisfaction qui en découle, bref, ce qui en fait la distinction, et qui correspond par ailleurs à un discours récurrent dans l'ensemble des sciences à la fin du XIXe siècle, où les savants ne cessent d'exalter à la fois les joies de la connaissance et les sacrifices consentis à une activité dont on veut souligner à quel point elle est exigeante. La pièce contribue donc également à conforter le mythe propre à la profession.

Sont traitées les diverses facettes du sujet : le mathématicien et les mathématiques, le mathématicien et son choix professionnel, le mathématicien et le reste de la société. La difficulté des mathématiques réside dans le fait qu'elles exigent d'intenses efforts de concentration et d'abstraction, une grande habileté dans la manipulation (dans tous les sens du terme) des formules et des symboles, une intégrité intellectuelle qui devrait garder ses distances à l'égard des spéculations hasardeuses (et l'on voit combien Prost a du mal à se couler dans le moule). En résulte un travail largement solitaire – d'où le rôle compensatoire de l'Association – peu compris, à tous les niveaux, et d'autant moins compris qu'il est plus créatif. Quant à la science elle-même, elle s'avère traversée de courants qui ne cessent de la menacer en risquant de la dévoyer. Seul nom énoncé, Riemann, paradigme de ce qui échappe au sens commun.

Le dialogue entre le jeune futur étudiant et Méphistophélès, c'est-à-dire entre le personnage ignorant et naïf, mais avide d'éclaircissements, et l'esprit corrosif qui s'amuse à tout dénigrer est un temps fort de l'autodérision. Méphistophélès et le futur étudiant en mathématiques commencent leur tour d'horizon par l'examen de la géométrie analytique. On part de l'évocation de la géométrie, correspondant, pour « l'édification de l'homme » (Laßwitz 2013, p. 146) à son intuition de l'espace, et on passe insensiblement vers la substitution à cette géométrie que l'on peut construire, à cette autre qui « se nomme non-euclidienne, se moquant d'elle-même et ne sachant comment » (Laßwitz 2013, p. 147). L'étudiant potentiel n'y comprend rien ; les philosophes non plus, le rassure Méphistophélès, avant de lui présenter les problèmes de la théorie des fonctions (en quelques vers, une foule d'opérations sont énumérées et débouchent sur le conseil un peu trivial : l'essentiel est d'écrire les formules et surtout les lettres très lisiblement !), relayés par ceux de l'astronomie (c'est une science inconfortable, qu'on pratique la nuit, dans le froid, où la pluie empêche les plus belles observations, sans compter la pléthore de calculs), de l'algèbre moderne (qui menace de ne brasser que du vide : si l'on s'y risque, du moins convient-il de s'en remettre aux formules du maître) et enfin de la physique (ici, c'est la rivalité entre les mathématiques et l'empirisme que Méphistophélès tourne en dérision, en se gaussant d'une science qui dans le doute, a recours à une constante : « Une grande question, souvent se résout, de manière tout à fait inattendue, par une petite constante » (Laßwitz 2013, p. 149)).

Cependant, il est, dans la pièce, une grande constante, ou un fil directeur, voire un arrière-plan très sérieux à cette comédie qui traite légèrement de choses graves, à savoir du trouble jeté dans les mathématiques par Riemann, et du gouffre se creusant entre la représentation intuitive de la réalité et son appréhension purement intellectuelle par le calcul. C'est ainsi que l'éprouve Prost, au paroxysme de son accès de désespoir, lorsque, à la faveur de l'effet euphorisant d'une chope de bière, il espère être enfin dans l'état adéquat pour comprendre Riemann. Tel Faust, il est d'abord ébloui par le signe du macrocosme, avant de réaliser qu'il s'est laissé tromper par une image[6]. Il erre d'index en modules, de rayons en déterminants etc., à la recherche vaine de l'équation et de la fonction, comme à travers un dédale qui le laisse désorienté. La substitution se dérobe, et lorsque, porté par une obstination désespérée, il se dit prêt à aller la chercher dans la $n^{\text{ième}}$ dimension, apparaît, peu amène mais resplendissant, Dx, le « concept de forme pure », parodiant les vers 500 et suivants de Goethe :

> Dans l'infiniment petit, dans l'illusion des univers,
> Je croîs, je décrois, me réduis à peu et à rien.
> Naissance et tombeau de l'effroi des grandeurs,
> Perte de l'espace, intégration,
> Ainsi je règne dans la pensée et l'entendement des maîtres
> Et tisse le vêtement formel de la recherche. (Laßwitz 2013, p. 142)

C'est alors qu'intervient Méphistophélès, le tentateur médiocre dont les discours ravageurs tirent leur efficacité des grains de vérité qu'ils contiennent, mais lorsqu'il est sur le point de triompher, c'est-à-dire de perdre Prost pour les mathématiques, à force de n'avoir su lui montrer toute chose que par le petit bout de la lorgnette, de l'avoir conforté dans la seule beuverie, et de lui avoir montré des opérations douteuses, Dx réapparait et lui arrache l'étudiant. Il affirme sa supériorité en mettant le doigt sur les erreurs rédhibitoires de son adversaire auquel il reproche d'avoir dévoyé les mathématiques en les instrumentalisant pour son entreprise contestataire et d'avoir enfreint les règles du calcul intentionnellement, d'avoir, point d'orgue, fait une erreur d'intégration ! Qu'importent donc les clivages, les travers, les faiblesses, triomphent les

6. Cf. les vers 430 et suivants, dans lesquels Faust s'émerveille devant le signe qu'il contemple dans un livre, avant de conclure au vers 454 par l'expression de son désespoir face à ce qui s'avère n'être qu'un vain spectacle (Goethe 2014, p. 206).

mathématiques, triomphe le calcul de l'intégrale ! Et pour le dire avec deux vers d'un poème de Lasswitz intitulé *Dx*, publié en 1902 (Laßwitz 2013, p. 152)[7] :

> Et si problématiquement je suis du philosophe le tourment,
> Cela m'est vraiment bien égal mathématiquement !

4 Conclusion

Dodgson et Lasswitz mettent, tous les deux, leur talent littéraire au service d'un texte qu'ils destinent d'abord à leurs collègues mathématiciens. Mais leurs visées sont opposées : Dodgson attaque ses rivaux, Lasswitz amuse ses amis ; Dodgson se veut sérieux, Lasswitz partiellement. Si littérature et mathématiques se mêlent, leurs rapports sont inversés. Dans *Un Conte Embrouillé*, publié en 1885, Dodgson expliquait revêtir des problèmes mathématiques d'un habit littéraire pour mieux les faire accepter, comme on enrobe un médicament de confiture pour que l'enfant soit moins récalcitrant à l'absorber (Moktefi 2020). C'est cette même ruse qu'il met à profit dans *Euclide et ses Rivaux Modernes* : le théâtre l'aide à diffuser son argument mathématique auprès de lecteurs incertains. Lasswitz vise à amuser son auditoire de mathématiciens, en les réunissant autour du potentiel comique de leurs travers et dissensions, et en signant leur cohésion autour de l'opération qui triomphe des limites de l'intuition commune.

Bien sûr, si Dodgson met à profit la forme dialogique pour rendre son texte plus attrayant, il n'échappe pas aux limites du genre. En effet, les dialogues à deux personnages sont souvent biaisés en faveur d'un personnage principal, porte-voix de l'auteur, tandis que l'autre sert davantage de contrepoint pour le faire briller. Ce procédé est bien connu des auteurs de littérature policière à énigme, mettant en scène un détective sagace accompagné d'un adjoint naïf ou, tout au moins, moins perspicace. Il en est ainsi de Sherlock Holmes et de son docteur Watson, ou d'Hercule Poirot et de son capitaine Hasting. Si dans le roman policier, la prééminence du détective est convenue et même souhaitée, le lecteur de science peut réclamer davantage d'impartialité. De nombreux auteurs y répondent en introduisant un troisième personnage, afin d'arbitrer plus objectivement les arguments des deux protagonistes principaux. C'est ce que fait Dodgson en plaçant Minos comme juge d'Euclide et de ses rivaux (représentés par Herr Niemand). Mais à ce jeu, il n'y a pas de fin. En effet, il n'est pas difficile de deviner Dodgson sous les traits de Minos, et ses lecteurs ne manquèrent pas de le démasquer.

Quant à Lasswitz, il tient un langage littéraire pour asseoir l'autonomie des mathématiques. Dès le titre et le sous-titre, il s'ingénie à brouiller les

7. Le mathématicien Hermann Schubert, en fervent admirateur des talents humoristico-poétiques de Lasswitz, salua ce poème qui lui plaisait, lui écrivit-il, presque autant que sa « Triste balade des cônes jaloux » (1880) qu'il tenait pour « la plus parfaite » de toutes les chansons mathématiques qu'il connût. (Lettre de Schubert à Lasswitz du 23/3/84 ; Archives Kurd Lasswitz, Gotha).

pistes. Le sous-titre est alambiqué à souhait et dans la tradition des titres circonstanciés du siècle passé ; il annonce une tragédie *Rédigée de la main de son Excellence M. de Goethe lui-même, dans un livre entièrement collé, transmis par astrophysique depuis la quatrième dimension. Coupé sur ordre spiritueux de l'Association mathématique de Breslau et édité par le Dr. Kurd Lasswitz. etc.* (Laßwitz 2013, p. 137) L'allusion à Zöllner, personnage extrêmement controversé, physicien célèbre pour son esprit belliqueux, sa défense d'un espace à quatre dimensions, et son ralliement malheureux au spiritisme de Slade, permettait de craindre le pire (Meinel 1991). Mais, comme on l'a vu, si Dodgson écrit une pièce euclidienne, celle de Lasswitz est riemanienne et si l'infini en est l'horizon, c'est un infini très peu enclin aux vertiges, qu'ils soient philosophiques ou esthétiques.

Bibliographie

Brock, W. H. (1975). Geometry and the universities : Euclid and his modem rivals 1860–1901. *History of Education*, 4(2), 21–35, doi :10.1080/00467607500402O3.

Brunschvicg, L. (1972). *Les Étapes de la philosophie mathématique.* Paris : Albert Blanchard.

Cohen, M. N. & Gandolfo, A. (éd.) (1987). *Lewis Carroll and the House of Macmillan.* Cambridge : Cambridge University Press.

Coleridge, S. T. (1932). *La Chanson du vieux marin.* Paris : J. De Gigord. Trad. fr. par A. Barbeau.

Demogeot, J. & Montucci, H. (1868). *De l'enseignement secondaire en Angleterre et en Écosse.* Paris : Imprimerie impériale.

Dodgson, C. L. (1885a). *Euclid and his Modern Rivals.* Londres : Macmillan.

Dodgson, C. L. (1885b). *Supplement to Euclid and his Modern Rivals.* Londres : Macmillan.

Dodgson, C. L. (1888). *A New Theory of Parallels.* Londres : Macmillan.

Dodgson, C. L. (1908). *Aventures d'Alice au Pays des Merveilles.* Paris : Hachette.

Goethe, J. W. v. (2014). *Faust, Urfaust, Faust I, Faust II.* Paris : Bartillat. Édition établie par J. Lacoste et J. Le Rider.

Gonseth, F. (1974). *Les Mathématiques et la réalité : essai sur la méthode axiomatique.* Paris : Albert Blanchard.

Johnson, W. (1996). The curious mechanical euclid of William Whewell, F.R.S. (1774–1866). *International Journal of Mechanical Sciences*, 38(10), 1151–1156.

Lakatos, I. (1984). *Preuves et réfutations : essai sur la logique de la découverte mathématique*. Paris : Hermann. Trad. fr. par N. Balacheff et J.-M. Laborde.

Laßwitz, K. (2009). *Auf zwei Planeten, Kollektion Laßwitz*, t. I. Lüneburg : Dieter von Reeken.

Laßwitz, K. (2010). *Geschichte der Atomistik, Kollektion Laßwitz*, t. II. Lüneburg : Dieter von Reeken.

Laßwitz, K. (2013). *Gedichte und Erzählungen, Kollektion Laßwitz*, t. I. Lüneburg : Dieter von Reeken.

Lebailly, H. (1998). D'Ellen à Alice : un demi-siècle d'actrices-enfants dans le journal de C. L. Dodgson. *Cahiers victoriens et édouardiens*, 47, 293–310.

Meinel, C. (1991). *Karl Friedrich Zöllner und die Wissenschaftskultur der Gründerzeit. Eine Fallstudie zur Genese konservativer Zivilisationskritik*. Berliner Beiträge zur Geschichte der Naturwissenschaften und der Technik, Berlin : ERS-Verlag.

Moktefi, A. (2011). Geometry : the Euclid debate. In R. Flood, A. Rice & R. Wilson (éd.) *Mathematics in Victorian Britain*, Oxford : Oxford University Press, 320–336.

Moktefi, A. (2015). On the social utility of symbolic logic : Lewis Carroll against "The Logicians". *Studia Metodologiczne*, 35, 133–150.

Moktefi, A. (2019). Is it disgraceful to present a book of mathematics to a queen ? *The Mathematical Intelligencer*, 41(1), 42–50.

Moktefi, A. (2020). Le médicament et la confiture. In M. Faury & J. Le Marec (éd.) *Le Métier à penser : tisser des textes avec Baudouin Jurdant*, Paris : Éditions des Archives Contemporaines, 59–62.

Moktefi, A. & Abeles, F. (2016). The making of "What the Tortoise said to Achilles" : Lewis Carroll's logical investigations toward a workable theory of hypotheticals. *The Carrollian*, 28, 14–47.

Montoito, R. (2017). Citar ou não citar, eis a questã o (ou a inusitada uniã o literária de Shakespeare e Lewis Carroll para defender Euclides). *Boletim Cearense de Educaçã o e História da Matemática*, 4(11), 51–70.

Shakespeare, W. (1859). *Œuvres Complètes*. Paris : Pagnerre. Trad. fr. par Fr.-V. Hugo.

Toth, I. (2000). *Palimpseste : propos avant un triangle.* Paris : PUF.

Volkert, K. (2011). Are there points at infinity? In L. Bioesmat-Martagon (éd.) *Éléments d'une biographie de l'espace projectif*, Nancy : PUN-Éditions universitaires de Lorraine, 197–205.

Wakeling, E. (1993). *Lewis Carroll's Diaries*, t. 1. Luton : The Lewis Carroll Society.

Whewell, W. (1838). *On the Principles of English University Education.* Londres : J. W. Parker.

Willmann, F. (2016). Séparer science et littérature . Les ambivalences du physiologiste Emil du Bois-Reymond (1818-1896). *Littérature et Savoirs du Vivant, Arts et Savoirs*, 7, [en ligne], doi :10.4000/aes.955.

Willmann, F. (2017). *Science , philosophie, fiction : l'œuvre de Kurd Lasswitz (1848-1910).* Nancy : PUN-Éditions universitaires de Lorraine.

Wilson, R. & Moktefi, A. (éd.) (2019). *The Mathematical World of Charles L. Dodgson (Lewis Carroll).* Oxford : Oxford University Press.

Amirouche Moktefi
Tallinn University of Technology
`amirouche.moktefi@taltech.ee`

Françoise Willmann
AHP-PReST (UMR 7117), Université de Lorraine
`francoise.willmann@univ-lorraine.fr`

Lire et annoter des mathématiques. Témoignage d'une lectrice de journaux au début du XIXe siècle

Jeanne Peiffer

> Le goût passionné de l'étude doit tenir quelque chose de celui de la liberté.
> Victorine de Chastenay dans ses *Mémoires*, (Chastenay 1896-1897, t. I, p. 29)

Cinq ans de discussions et de prises de tête sur les échanges entre mathématiciens, la circulation des mathématiques et l'un de ses principaux véhicules, les journaux, cela marque les individus au-delà de la collaboration collégiale[1]. Pour sceller la complicité qui est la nôtre, quel plus beau cadeau pourrais-je offrir à Philippe que ce témoignage d'une lectrice de journaux, qui a traversé la Révolution et les années troublées qui ont suivi ? Il sait la difficulté de trouver des traces de lecture des périodiques que nous avons étudiés et surtout d'appréhender plus généralement le lectorat des types de journaux qui, sous une forme ou une autre, publient des mathématiques ou du moins en parlent. L'opportunité de présenter en l'honneur de Philippe une de ces traces m'a été offerte par Isabelle Lémonon[2] qui, lors des recherches pour sa thèse sur les savantes des Lumières, a trouvé à Dijon des liasses de notes de lecture d'une aristocrate, Louise Marie Victoire (dite Victorine) de Chastenay (1771-1855).

1. Établie avec Hélène Gispert et Philippe Nabonnand dans le cadre du programme de recherche « Circulation des mathématiques dans et par les journaux : histoire, territoire et publics » (CIRMATH) validé par l'Agence nationale de la recherche (2015-2019). Voir le site du projet : https://cirmath.hypotheses.org/.

2. Isabelle Lémonon Waxin, *La Savante des Lumières françaises, histoire d'une persona : pratiques, représentations, espaces et réseaux*, Thèse soutenue le 8 juillet 2019 à l'EHESS (Lémonon Waxin 2019). Je remercie très chaleureusement Isabelle qui a généreusement mis à ma disposition les photographies qu'elle avait pu prendre de ce fonds remarquable.

P.-E. Bour, M. Rebuschi & L. Rollet (eds.), *Sciences, Circulations, Révolutions, 573–585.*

FIGURE 1 : Portrait de Victorine de Chastenay tiré de ses *Mémoires* cités note 5.

En attendant qu'Isabelle puisse mettre en place un projet pluridisciplinaire pour exploiter cet intéressant fonds d'archives[3], je me contenterai ici de donner un léger avant-goût de ce qu'il recèle.

Victorine de Chastenay, née à Paris dans une famille de la vieille noblesse bourguignonne, a pu bénéficier d'une instruction bien supérieure à celle des filles de son époque. Son père, ayant le goût des mathématiques, se fait donner des cours que Victorine et son jeune frère Henri suivent également dès l'âge de neuf ou dix ans (Chastenay 1896-1897, t. 1, p. 37). Les enfants Chastenay ont aussi été admis auprès des enfants d'Orléans placés sous l'autorité de Madame de Genlis chargée de leur éducation. À l'âge de 14 ans, Victorine est élue chanoinesse au chapitre d'Épinal, ce qui lui vaut le titre de Madame. Pendant la Révolution, elle trouve refuge à Rouen, puis de retour à Paris, elle y fréquente les cercles littéraires, politiques et scientifiques. Après 1830, elle se retire à Châtillon-sur-Seine où elle décédera le 9 mai 1855. Presque aveugle, elle ne cessera cependant de pratiquer la lecture et d'en dicter des notes de lecture qu'elle avait pris l'habitude de rédiger dès sa prime jeunesse[4].

3. Voir à ce sujet la plateforme e-Man : http://eman-archives.org/Chastenay.

4. Ces éléments biographiques sont tirés de la notice que Marion Konrad a consacrée à Madame de Chastenay dans le *Dictionnaire des femmes de l'ancienne France* de la Société Internationale pour l'Étude des Femmes de l'Ancien Régime (SIEFAR). Cf. http://siefar.org/dictionnaire/fr/Louise-Marie-Victoire_Chastenay (consulté le 12 novembre 2019). On y trouvera également une liste de ses œuvres.

Madame de Chastenay n'est pas tout-à-fait une inconnue puisqu'elle nous a laissé une œuvre publiée et surtout des *Mémoires*[5] qui sont régulièrement réédités. Elle y relate sur un ton très personnel la vie à Paris et en province pendant les années révolutionnaires et celles qui ont suivi (jusqu'en 1815). Cette jeune noble a fréquenté les grandes familles du royaume et était admise à la cour. Elle a brièvement rencontré Bonaparte et participé aux soirées intimes de l'impératrice Joséphine. Son immersion dans les événements de l'époque rend son récit très vivant et direct. Chastenay y parle aussi de l'étude qu'elle aimait avec passion. Ainsi dit-elle :

> Je ne me souviens nullement d'avoir appris à lire, mais l'un de mes plus anciens souvenirs me représente à moi-même lisant, gracieuse et sérieuse. (Chastenay 1896-1897, t. I, p. 19–20)

Lorsqu'elle avait neuf ans, elle se mit à prendre des notes sur ce qu'elle lisait – à en faire des extraits comme en disait alors – et elle en conserva l'habitude tout au long de sa vie, comme en témoigne le fonds de Dijon. Lorsque plus tard (en 1811), elle réussit à convaincre Arago de lui donner des cours d'astronomie, elle commença par lire à haute voix l'extrait de *l'Histoire de l'astronomie* de Bailly qu'elle venait de rédiger et qu'Arago prit comme point de départ pour son enseignement (Chastenay 1896-1897, t. II, p. 179). Elle faisait aussi partie des visiteuses de l'Observatoire, ce qui témoigne de son intérêt pour l'astronomie, et suivit des cours au Muséum et au Collège de France[6].

Quant aux mathématiques, elle en avait appris les éléments dès son jeune âge. « C'est une étude, dit-elle (Chastenay 1896-1897, t. I, p. 38), que j'ai recommencée vingt fois, et avec M. Gilbert [son précepteur] et toute seule... depuis, j'ai compris que ces bases déterminées étaient celles d'une échelle sans terme. » Elle a même composé pour son usage personnel « une géométrie raisonnée[7], où sans autre méthode que de changer sans cesse, ou de traduire les termes », elle parvint « des premières et plus simples propositions, au rapport du cylindre inscrit à la sphère » (Chastenay 1896-1897, t. II, p. 183). Une étude approfondie de ce manuscrit devrait nous donner une idée de l'étendue des connaissances mathématiques de Chastenay.

Les volumineuses liasses de notes conservées aux Archives départementales de la Côte d'Or[8] à Dijon témoignent des pratiques de lecture de Chastenay, et

5. L'édition originale des *Mémoires de Madame de Chastenay, 1771-1815*, rédigés pour l'essentiel en 1817 est posthume et a été établie par Alphonse Roserot, Paris, Librairie Plon, 1896-1897 (Chastenay 1896-1897). Les citations dans le texte sont tirées de cette édition.

6. Pour plus de détails sur les pratiques savantes mises en œuvre par Chastenay et une appréciation contextualisée, voir la thèse d'Isabelle Lémonon, citée dans la note 2 ci-dessus, p. 253–266.

7. Cette « géométrie raisonnée », rédigée en 1812, est conservée aux Archives départementales de la Côte-d'Or, E SUP. 378–25.

8. Archives départementales de la Côte-d'Or, cotes ESUP. 378. Un document du mois (décembre 2020), *Témoignages littéraires de Victorine de Chastenay*, rédigé par Cécile Robin et disponible sur le site des Archives départementales de la Côte d'Or, offre une description

FIGURE 2 : Liasse de notes de Chastenay conservées aux Archives départementales de la Côte-d'Or, tirée de Cécile Robin, *Témoignages littéraires de Victorine de Chastenay* et disponible sur le site de ces Archives.

révèlent une curiosité tous azimuts, un insatiable appétit de lecture s'étendant à tous les champs du savoir, de la botanique aux langues orientales, en passant par la chimie, la physique, l'astronomie et l'histoire naturelle qui domine très nettement (avec Buffon, Lavoisier, Réaumur). Chaque lecture semble donner lieu de la part de Chastenay à des notes qui sont soigneusement datées. Elles vont de 1795 à 1854 et commencent assez systématiquement par : « je viens de lire » tel titre dont elle rend ensuite compte.

Pour donner un bref aperçu de la nature de ses lectures sur les sciences mathématiques entendues dans le sens de son époque, voici une liste indicative des principaux auteurs dont elle a laissé des notes : de Léonard Euler, elle a lu *Lettres à une princesse d'Allemagne* (1768-1772) ; de Jean le Rond D'Alembert *Œuvres posthumes*, éditées par Charles Pougens (1799) ; de Jean Sylvain Bailly, *Histoire de l'astronomie ancienne, depuis son origine jusqu'à l'établissement de l'école d'Alexandrie* (1775, 2e éd., 1781), *Lettres sur l'origine des sciences* (1777, 2e éd. 1787), *Histoire de l'astronomie moderne depuis la fondation de l'École d'Alexandrie* (1778-1783), *Histoire de l'astronomie indienne et orientale* (1787) ; de Fontenelle ses éloges ; de Bernard Lamy, *Entretiens sur les sciences* ; de Pierre-Simon Laplace, *Exposition du système du monde* (1796) et *Essai philosophique sur les probabilités* (1814) ; de René Juste Haüy, *Traité élémentaire de physique* (1803), ou encore de Jean Étienne Montucla, *Histoire*

du fonds et de l'immense palette des centres d'intérêt de cette femme des Lumières. https://archives.cotedor.fr/v2/site/AD21/Decouvrir/Documents_du_mois/Publications_en_2020/Decembre_-_Temoignages_litteraires_de_Victorine_de_Chastenay (consulté le 8 janvier 2021).

des mathématiques (1758, 2e éd. 1799-1802). Comme on peut le constater, il ne s'agit pas d'écrits techniques, mais plutôt de réflexions sur les sciences mathématiques où l'histoire et la philosophie dominent.

Parmi les journaux dont elle extrait des notes, citons le *Journal de physique et d'histoire naturelle* de Rozier, le *Journal des savants*, les *Annales du Muséum d'histoire naturelle*, *Histoire et Mémoires de l'Académie des sciences* de Paris ; les *Annales de chimie et de physique*, les *Transactions de la Société philosophique américaine de Philadelphie* et le *Journal de l'École polytechnique*. Ce choix exprime clairement les préférences scientifiques de Chastenay qui a surtout le goût de l'histoire naturelle et de la chimie. Notons qu'elle est l'auteur d'un traité de botanique en 3 tomes, intitulé *Calendrier de Flore* (Paris, 1802-1803).

Lectrice assez régulière du *Journal des savants*, il lui arrivait de l'emprunter à des connaissances[9]. Le 29 janvier 1817, elle en parle ainsi :

> Je n'ai pas besoin de louer ce journal recréé sous les auspices de notre Roi et commencé en 1665. – Je ne prends que des notes et ne ferai point d'extrait d'extraits[10].

En effet, le *Journal des savants* est très largement un journal de recensions, même si on peut y trouver d'autres formes d'article, et est donc composé pour une large part d'extraits de livres. L'extrait se distingue, d'après Chastenay, de la simple prise de notes. Au dix-huitième siècle, l'extrait se compose souvent d'une brève présentation du livre dont il est censé rendre compte, replacé dans son contexte, puis d'un résumé du contenu, suivi parfois d'une citation censée décrire le style de l'auteur et/ou d'une appréciation, critique ou non. La nature de l'extrait a été intensément discutée par les journalistes du XVIIIe siècle, certains prônant une grande neutralité, d'autres au contraire le voulant critique[11]. Pour Chastenay, les notes – celles en tous cas examinées ici – semblent avoir été plus personnelles pour donner lieu à des réflexions se voulant philosophiques. À parcourir ses notes concernant le *Journal des savants* pour les années 1817, 1818 et 1822 dont nous disposons, on voit qu'elle s'intéresse aux voyages et à l'histoire de l'art, mais retient surtout des informations sur des inscriptions antiques ou encore l'Asie, sur laquelle elle publiera d'ailleurs un volume (Chastenay 1832). Significativement le seul ouvrage de mathématiques digne d'être noté sera pour Chastenay, après avoir mentionné un dictionnaire hindoustany-sanskrit, une traduction anglaise[12] du *Lilavati* de Bhāskara :

---

9. La maison *Traces écrites* a mis en vente une lettre autographe signée, datée du 6 décembre 1847, par laquelle Victorine de Chastenay restituait à l'orientaliste Joseph Reinaud des cahiers du *Journal des savants*.

10. Archives départementales de la Côte-d'Or ESUP. 378-7. Pour les règles de transcription, voir l'annexe.

11. On pourra lire à ce sujet (Léchot 2017).

12. *Lilawati, or a Treatise on arithmetic and geometry, by Bhascara Acharia*, translated from the original sanskrit by John Taylor, M. D. Bombay, 1816, in-4o (Extrait lu à l'Académie royale des sciences par M. Delambre), *Journal des savants*, 1817, p. 535–545.

> traduction par Taylor d'un livre sanskrit sur l'arithmétique. – l'aut. Bhascara Acharia était né à Bildur en decan, l'an 1036 de la Salivahna ou 1114 de notre ère. – Ainsi alors on composait en sanskrit. – Ce livre est appelé Lilawati du nom de la fille de l'auteur. – Le discours préliminaire du traducteur doit être curieux – l'original est en vers[13].

Delambre, l'auteur de l'extrait publié dans le *Journal des savants*, y résume surtout l'introduction rédigée par le traducteur du *Lilavati*, que Chastenay trouve curieuse. Elle se contente de noter l'identité de l'auteur, la langue des vers qui composent son traité et ne reprend pas l'information selon laquelle Bhāskara a choisi comme titre le nom de sa fille pour la consoler de ce qu'il n'avait pu la marier. Son nom, *Lilavati*, devait se perpétuer avec ce texte d'arithmétique et de géométrie. Cet exemple témoigne aussi de la longue chaîne de transmission d'un texte manuscrit composé en vers sanskrits au XIIe siècle, traduit en anglais et publié au début du XIXe, dont Delambre rend compte en français à l'Académie des sciences, extrait que le *Journal des savants* accueille dans ses pages et dont Chastenay prend connaissance.

Un deuxième exemple d'annotation concerne le *Journal de l'École polytechnique*, tome II, 1812, dans lequel Chastenay découvre la réimpression des leçons de mathématiques[14] professées par Laplace et Lagrange à l'École normale de l'an III pendant les quatre premiers mois de 1795. Les notes[15] de Chastenay sont datées du 12 avril 1813 et c'est elles que je souhaite analyser dans la suite. Le texte intégral de ces notes est publié en annexe.

Rappelons que l'École normale (cf. Julia 2016) fut créée le 9 brumaire an III (30 octobre 1794) par le Comité de salut public dans le but de former les futurs instituteurs et professeurs de lycée. Les élèves ont été recrutés dans toute la France par des comités de sélection. Les cours étaient publics et accueillaient jusqu'à 1 400 auditeurs dans le grand amphithéâtre du Muséum d'histoire naturelle. Outre les mathématiques, ils suivaient un enseignement embrassant tant la physique et la chimie que la littérature et la grammaire, en passant par la géographie et l'histoire. Trois cours de mathématiques étaient proposés et confiés à Laplace, Lagrange et Monge. Pierre Simon Laplace professait dix leçons[16], prises en note par des sténographes puis relues par le professeur et aussitôt publiées. La réimpression de 1812 dans le *Journal de l'X* est à peu près inchangée par rapport à l'édition originale de 1795. Dans la première séance, Laplace commence par définir les mathématiques comme un ensemble de théorèmes et de méthodes : « La considération des grandeurs a fait découvrir

---

13. Archives départementales de la Côte-d'Or ESUP. 378-5, note datée du 28 juin 1818 sur le *Journal des savants* de septembre 1817.

14. *Journal de l'École polytechnique*, publié par le Conseil d'instruction de cet établissement, 7e et 8e cahiers, t. II, Paris, de l'Imprimerie impériale, juin 1812.

Pour une édition moderne, cf. (Dhombres 1989).

15. Archives départementales de la Côte-d'Or ESUP. 378-6, 2 p.

16. Pour en savoir plus sur ces leçons, voir (Dhombres 1989, p. 11–43).

des théorèmes et des méthodes, dont l'ensemble forme les mathématiques » (*Journal de l'X*, II, p. 1), puis présente son programme. Chastenay ne parle ni de théorèmes ni de méthodes, mais reprend l'idée, très présente chez Laplace, que les mathématiques sont une langue dont il faut apprendre l'alphabet, ce qui est fait à l'école, et la syntaxe. Quand on en connaît le dictionnaire, la langue des formules est claire et très précise, mais Chastenay constate d'emblée qu'elle ne l'entend pas, même si elle a trouvé du plaisir à déchiffrer les leçons de Laplace. Elle va jusqu'à comparer la langue mathématique à la langue savante chinoise qui ne serait faite que pour être écrite et dont la voix n'a pas d'inflexions pour la faire comprendre. Cette remarque lui a sans doute été inspirée par l'« arithmétique parlée » qu'utilise Laplace (*Journal de l'X*, II, p. 7) pour nommer les nombres. Après avoir introduit le système décimal et avoir montré « comment avec un petit nombre de caractères on est parvenu à exprimer tous les nombres », il insiste qu'on « a désigné par un mot particulier chacun des caractères ».

Après le système décimal, Laplace introduit le système binaire, qui attire l'attention de Chastenay. Elle n'en retient cependant pas le mode de calcul mais l'interprétation leibnizienne[17] que rapporte Laplace :

> *Leibnitz* crut y voir l'image de la création. Il imagina que l'unité pouvait représenter Dieu, et zéro le néant ; et que L'Être suprême avait tiré du néant tous les êtres de cet univers ; de même que l'unité avec le zéro exprime tous les nombres dans ce système de numération.
>
> Cette idée plut tellement à *Leibnitz*, qu'il en fit part au jésuite *Grimaldi*, président du tribunal des mathématiques à la Chine, dans l'espérance que cet emblème de la création convertirait au christianisme l'empereur d'alors, qui aimait particulièrement les mathématiques. (*Journal de l'X*, II, p. 11–12)

Laplace fait ici référence à une lettre que Gottfried Wilhelm Leibniz adressa le 2 janvier 1697 au duc Rudolf August de Braunschweig-Wolfenbüttel où il lui offrit, en guise de vœux de nouvel an, la primeur de son invention du système de numération binaire. Leibniz y invoque la création des choses, par la toute-puissance divine, à partir de rien et établit une analogie avec l'origine des nombres engendrés grâce à leur seule expression par Un et Zéro. Leibniz mentionne ensuite Claudio-Filippo Grimaldi (1639-1712) qui dirige le Bureau impérial d'astronomie de Pékin et qu'il a rencontré à Rome en 1689. Il a trouvé bon de lui communiquer cette représentation des nombres, dans l'espoir que figurant le mystère de la Création elle puisse servir à rendre de plus en plus évidente l'excellence de la foi chrétienne.

Chastenay en retient le pouvoir d'abstraction des nombres qui parle à l'imagination, n'ayant sans doute pas compris la subtilité de l'analogie

17. On pourra voir à ce sujet, (Peiffer 2007, p. 405–408).

leibnizienne. Pour elle « l'unité s'adaptant au zéro » fait la valeur de la Création. L'usage que les missionnaires jésuites pourraient en faire dans leurs efforts de conversion des Chinois ne l'a pas suffisamment intéressée pour qu'elle y fasse référence.

Dans la deuxième séance consacrée aux fractions, aux puissances des nombres et aux progressions arithmétiques et géométriques, Chastenay note les définitions, telles que formulées par Laplace (*Journal de l'X*, II, p. 19–20), du terme général d'une progression arithmétique et celle du terme général d'une progression géométrique. C'est la seule fois qu'elle va jusqu'à s'intéresser concrètement à une notion mathématique. Elle indique ensuite assez vaguement que « le rapport de ces deux progressions a donné naissance aux logarithmes » sans entrer dans le détail que Laplace a pourtant expliqué.

Chastenay entrevoit la puissance de l'analyse et de ses applications, « le grand secret des mathématiques transcendantes », mais ignore encore les règles du calcul infinitésimal conçu, semble-t-il, comme des « combinaisons illimitées » auxquelles conduisent les fractions de l'unité ou les puissances des nombres. Elle sait cependant que ce calcul permet de déterminer les orbites planétaires et se lance dans une tirade poétique comparant le calcul infinitésimal à « l'azur des cieux, une certitude, une illusion et le moyen sûr mais imaginaire de concevoir la direction des corps célestes ». Laplace n'enseigne pas ce calcul et les remarques de Chastenay ont pu être inspirées par la sixième séance consacrée à l'élimination des inconnues des équations et à la résolution des équations algébriques et transcendantes (*Journal de l'X*, II, p. 59–70). Il mentionne à la fin l'analyse indéterminée (« dans laquelle la solution des problèmes donne moins d'équations que d'inconnues ») et renvoie pour son apprentissage au « second volume de l'algèbre d'*Euler*, et sur-tout les belles additions que *Lagrange* y a jointes » (*Journal de l'X*, II, p. 70). Laplace renvoie au tome 2 des *Élémens d'algèbre*, traduits de l'allemand par Jean III Bernoulli avec une addition de Lagrange (1774). Chastenay mentionne dans ses notes le tome 2 non des *Élémens d'algèbre*, mais de l'*Introduction à l'analyse des infiniment petits*, titre que Laplace cite plus loin (*Journal de l'X*, II, p. 98) au sujet de l'application de l'algèbre à la géométrie, sans cependant se référer au tome 2 (huitième séance). Il en « recommande la lecture, comme indispensable à tous ceux qui veulent faire des progrès dans l'analyse ». Chastenay confond manifestement les deux ouvrages eulériens, mais retient la recommandation de Laplace de lire Euler pour apprendre les éléments d'analyse.

Plus d'un an après, le 9 juillet 1815, lorsqu'elle aura lu les deux premiers volumes de *l'Histoire des mathématiques* de Montucla, elle regrettera encore de ne pas pouvoir traiter les mathématiques transcendantes[18], mais dit avoir essayé non sans succès la langue de la géométrie (dans le manuscrit que nous

18. Notons cependant qu'elle consacre quelques lignes aux notions de fonction, d'exponentielle, de logarithme et de différentielle (Archives départementales de la Côte-d'Or ESUP. 378-25).

avons cité plus haut). Elle rapporte d'ailleurs, dans ses (Chastenay 1896-1897, t. I, p. 38–39), avoir appris avec son précepteur la géométrie, l'algèbre et la sphère, puis avoir « considéré avec admiration cet enchaînement de vérités simples, dont l'idéalité fait la justesse et qui régissent toute la matière ».

À travers les nombres, fractions, puissances, progressions, logarithmes, et le calcul infinitésimal et ses applications, les mathématiques lui apparaissent comme des raisonnements qui s'enchaînent par la perpétuelle comparaison d'un rapport avec un autre. On trouve dans cette conception l'idée vertigineuse de combinaisons illimitées, mais aussi celle, moins vertigineuse, de l'enchaînement qui peut renvoyer aux entraves des chaînes et donc à une privation de liberté par une soumission stricte aux règles qui régissent les mathématiques.

Sa dernière annotation, très laconique, concerne le début de la troisième séance du cours de Laplace sur l'algèbre qui désigne une arithmétique universelle (*Journal de l'X*, II, p. 25), même si elle a parcouru la suite des dix leçons de Laplace, comme le laisse penser sa référence à Euler.

Les leçons de Lagrange (qui commencent *Journal de l'X*, II, p. 173) lui semblent encore moins claires que celles de Laplace et elle se contente de n'en noter que les informations historiques dont Lagrange parsème ses leçons (*Journal de l'X*, II, p. 186, 210, 212-215, 217). Elle termine sur les joutes que les mathématiciens se livraient en se proposant des problèmes, ce qui lui rappelle « les enigmes, du tems d'Ésope, de Salomon et des sages de la Grèce ». Elle aurait pu ajouter les questions qu'on publiait à l'adresse des lecteurs et lectrices dans des journaux tels que le *Ladies' Diary* ou un peu plus tard les *Nouvelles Annales de mathématiques*, chers à Philippe.

L'intérêt de Chastenay pour l'histoire des sciences mathématiques est réel puisqu'elle a lu, comme nous l'avons vu, Montucla et Bailly dont elle trouve d'ailleurs le livre « bien superieur ». Elle reconnaît cependant au premier « le merite d'avoir ouvert la carriere », mais croit aussi « qu'il aurait pu présenter l'enchainement des vérités mathematiques sous un jour plus philosophique et les traduire avec plus de clarté dans la langue du raisonnement[19] ». En mathématiques, plus que les méthodes et les techniques, c'est l'enchaînement éternel de vérités abstraites qui l'intéresse et l'éblouit, ainsi que les lois nécessaires, exprimées en termes mathématiques, de la matière. Mais elle entrevoit que pour saisir ces lois, on a besoin des mathématiques transcendantes qu'à son grand regret elle ne possède pas. C'est cet éblouissement et ce regret que l'accumulation de notes laisse transparaître.

En conclusion, on peut s'interroger sur le sens à attribuer à ce type de notes d'une lectrice qui parle de mathématiques sans être mathématicienne. Son intérêt pour la matière est indéniable comme aussi son désir de se l'approprier, même si c'est plutôt en philosophe pour comprendre le monde et les lois de la physique qui le régissent. Lectrice compulsive, elle rédige ses notes librement, certains éléments évocateurs pour elle suscitant des envolées lyriques

19. Archives départementales de la Côte-d'Or ESUP. 378-7, le 9 juillet 1814.

et poétiques. Elles témoignent d'une soif immense de savoirs encyclopédiques et s'inscrivent dans une culture de l'écrit caractéristique des Lumières, dont manifestement ni les femmes oisives ni les mathématiques n'étaient exclues.

Annexe : Transcription des extraits de Victorine de Chastenay concernant les leçons de Laplace et de Lagrange à l'École normale de 1795[20]

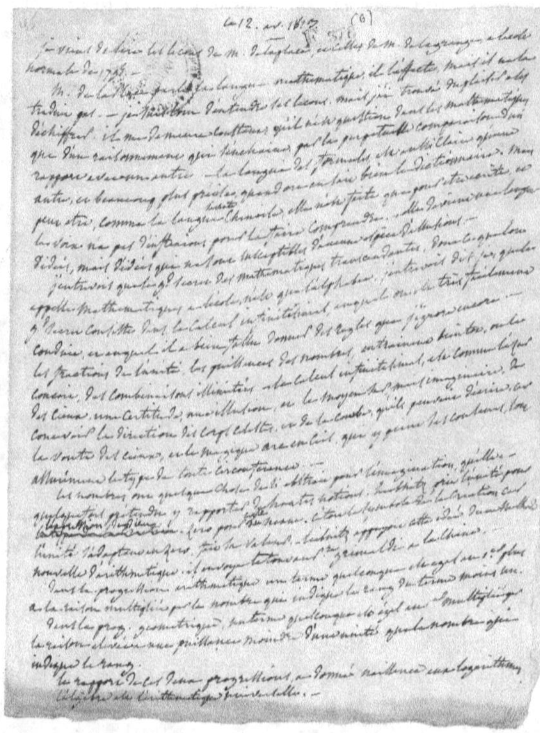

FIGURE 3 : Première page du manuscrit transcrit : Archives départementales de la Côte-d'Or, E SUP. 378-6, note n° 185.

Ce 12. av. 1813.

Je viens de lire les leçons de M. de Laplace, et celles de M. de Lagrange a l'ecole normale de 1795. –

20. Archives départementales de la Côte-d'Or, ESUP. 378-6, note n° 185. Dans la transcription, j'ai respecté l'orthographe de Victorine de Chastenay, mais ai introduit des majuscules en début de phrase et de nom propre. J'ai aussi introduit les apostrophes et les cédilles selon l'usage actuel. Chastenay écrit delaPlace et delagrange..

M. de Laplace parle la langue mathematique, il l'affecte, mais il ne la traduit pas.– Je suis loin d'entendre ses leçons. Mais j'ai trouvé du plaisir a les déchiffrer ; il me demeure constant qu'il n'est question dans les mathematiques que d'un raisonnement qui s'enchaine, par la perpetuelle comparaison d'un rapport avec un autre. La langue des formules est aussi claire qu'une autre, et beaucoup plus precise, quand on en sait bien le dictionnaire. Mais peut etre, comme la langue savante Chinoise, elle n'est faite que pour etre ecrite, et la voix n'a pas d'inflexions pour la faire comprendre. Elle devient une langue d'idées, mais d'idées qui ne sont susceptibles d'aucune espèce d'allusions.

J'entrevois que le g.[d] secret des mathematiques transcendantes, dont ce que l'on appelle mathematiques a l'ecole n'est que l'alphabet, j'entrevois dis-je que le g.[d] secret consiste dans le calcul infinitésimal, auquel on est très facilement conduit, et auquel il a bien fallu donner des regles que j'ignore encore. – Les fractions de l'unité, les puissances des nombres, entrainent bientot, on le conçoit, des combinaisons illimitées. – Le calcul infinitesimal est comme l'azur des cieux, une certitude, une illusion et le moyen sur mais imaginaire de concevoir la direction des corps celestes et de la courbe qu'ils peuvent décrire, car la voute des cieux, et le magique arc en ciel qui y peint ses contours [forment] assurément le type de toute circonference. –

Les nombres ont quelque chose de si abstrait pour l'imagination, qu'elle a quelquefois prétendu y rapporter de hautes notions. Leibnitz prit l'unité pour l'expression de dieu. zero pour celle du neant. C'était le symbole de la création car l'unité s'adaptant au zero, fait sa valeur. Leibnitz appuyait cette idée d'une Methode nouvelle d'arithmetique, il envoya le tout au Sr Grimaldi a la Chine. –

Dans la progression arithmetique un terme quelconque est egal au 1er plus la raison multipliée par le nombre qui indique le rang du terme moins un.

Dans la prog. geometrique, un terme quelconque est egal au 1er multiplié par la raison élevée a une puissance moindre d'une unité que le nombre qui indique le rang.

Le rapport de ces deux progressions a donné naissance aux logarithmes

L'algèbre est l'arithmetique universelle. –/

/M. de Laplace renvoye entre autres au 2e vol. de l'introduction a l'analyse des inf.[t] petits par Euler. – Plus je considere les pages de M. de Laplace, et plus je me represente qu'on pourrait apprendre la science qu'elles expriment comme on apprend une langue, avec une syntaxe et un dictionnaire. – Il faut que l'esprit s'accoutume a saisir rapidement de combien d'expressions semblables une même vérité est susceptible, et combien d'applications une proposition démontrée peut recevoir – mais sans l'idée de l'analyse on ne saurait je crois pressentir la portée des mathematiques.

Les leçons de M. de Lagrange me paraissent encore moins claires que celles de M. de Laplace. Leur objet, sans doute, n'était pas le même.–

Les fractions continues qui se présentent a lui, le conduisent rapid.[t] au Calcul infinitésimal, ou au principe dont il jaillit. –

Les premieres tables des logarithmes furent publiées en 1628. –

On peut croire que Diophante au 3e siècle de l'ère chretienne eut quelqu'idée de l'algèbre. – Son traité en contient les premiers elements. –

Il fut traduit au 16e siècle par Xilander sur un manuscrit connu depuis peu de tems, et apporté sans doute de Constantinople. – Bachet de Méziriac le traduisit et le commenta encore en 1670. Fermat y mit ses notes. –

Dès la fin du 15.e siècle Luc Pacciolo, Cordelier, avait donné quelques idées d'algèbre cette science nouvelle avait sans doute été transmise par les arabes. –

Plusieurs savants s'y appliquèrent. Cardan, entre autres. – Puis Viete et Albert Girard. – Descartes qui applique l'algèbre a la geometrie. –

Jusqu'à l'etablissement des academies a peu près, les savants se proposaient entre eux des problèmes . – Cela me rappelle les enigmes, du tems d'Ésope, de Salomon et des sages de la Grèce. –

Bibliographie

Chastenay, V. d. (1832). *De l'Asie, ou considérations religieuses, philosophiques et littéraires sur l'Asie.* Paris : J. Renouard.

Chastenay, V. d. (1896-1897). *Mémoires de Madame de Chastenay 1771-1815*, éd. par Alphonse Roserot. Paris : Plon. 2 tomes.

Dhombres, J. (1989). *L'École normale de l'an III. Leçons de mathématiques. Laplace-Lagrange-Monge.* Paris : Dunod.

Julia, D. (2016). *L'École normale de l'an III : une institution révolutionnaire et ses élèves. Introduction historique à l'édition des leçons.* Paris : Éditions Rue d'Ulm.

Lagrange, J.-L. (1812). Leçons élémentaires sur les mathématiques, données à l'École normale, en 1795, *Journal de l'École polytechnique*, publié par le Conseil d'instruction de cet établissement, 7e et 8e cahiers, t. 2, Paris : de l'Imprimerie impériale, 173–278.

Laplace, P.-S. d. (1812). Leçons de mathématiques données à l'École normale, en 1795, *Journal de l'École polytechnique*, publié par le Conseil d'instruction de cet établissement, 7e et 8e cahiers, t. 2, Paris : de l'Imprimerie impériale, 1–172.

Léchot, T. (2017). L'extrait et ses fonctions dans la presse d'Ancien Régime. *Mémoires du livre*, 82(2), [en ligne].

Lémonon Waxin, I. (2019). *La Savante des Lumières françaises, histoire d'une persona : pratiques, représentations, espaces et réseaux.* Thèse de doctorat, EHESS.

Peiffer, J. (2007). Matematici a Corte e in Accademia. In C. Bartocci & P. Odifreddi (éd.) *La matematica 1 : I luoghi e i tempi*, Turin : Giulio Einaudi editore, 401–424.

Jeanne Peiffer
CNRS
Centre Alexandre Koyré
jeanne.peiffer@cnrs.fr

« Et le couchant répandra sa lumière sur l'Orient. » La réception politisée de la traduction américaine de la *Mécanique céleste* de Laplace en France (1829-1853)

THOMAS PREVERAUD

1 Introduction

Entre 1829 et 1839, le mathématicien américain Nathaniel Bowditch[1] (1773-1838) fait paraître quatre volumes d'une traduction du *Traité de mécanique céleste* (1799-1825), la célèbre astronomie mathématique de Pierre-Simon Laplace (1749-1827). Mais l'Américain ne se contente pas d'en donner une version en langue anglaise. Il lui adjoint un riche commentaire – qui double le nombre de pages de l'original au moyen de volumineuses notes de bas de page –, dont l'objet est de combler les lacunes dont souffre l'original et pointées dès la parution du premier tome en 1799 par de nombreux commentateurs tant français qu'étrangers (Preveraud 2014, p. 411–414). Aussi, Bowditch corrige en de nombreux lieux les erreurs commises par Laplace, ajoute des calculs intermédiaires sous-entendus dans le texte initial, éclaire plusieurs points abscons du discours au moyen de définitions et de courtes démonstrations, met à jour les connaissances astronomiques de l'époque (Preveraud 2014, p. 418–438).

Fait remarquable, *Mécanique Céleste by the Marquis de Laplace, Translated with a Commentary* est reçu à Paris (Preveraud 2015) alors que la France, dans cette première moitié du XIXe siècle, occupe traditionnellement la position de

1. Auteur en 1802 de *The American Practical Navigator*, un des ouvrages d'astro-navigation le plus utilisé au XIXe siècle, Bowditch publie des articles mathématiques et astronomiques dans les *Memoirs of the American Academy of Arts and Sciences*. Membre de plusieurs sociétés savantes aux États-Unis comme en Europe, il refuse tout poste académique et travaille sa vie entière comme actuaire, d'abord dans une compagnie d'assurance de Salem, Massachusetts, puis à la *Massachusetts Hospital Life Insurance Company* de Boston. On en verra davantage dans (Parshall & Rowe 1994, p. 8–12).

P.-E. Bour, M. Rebuschi & L. Rollet (eds.), *Sciences, Circulations, Révolutions, 587–598.*

puissance savante émettrice vers le reste de l'Europe et du monde, notamment en matière mathématique (Dhombres & Dhombres 1989). La figure de Laplace n'est sans doute pas étrangère à l'intérêt que manifestent savants, journalistes et hommes politiques à l'endroit d'un document en provenance d'un pays – Les États-Unis – encore peu avancé dans l'institutionnalisation de la discipline mathématique (Parshall & Rowe 1994, p. 1–40) et dont les échos reçus en matière de production savante de ce côté-ci de l'Atlantique restent généralement faibles[2].

Qui sont les lecteurs et commentateurs français et que disent-ils de la traduction de la *Mécanique céleste* ? Celle-ci est-elle lue dans des cadres qui dépassent de strictes considérations techniques et scientifiques ? Sa provenance s'infiltre-t-elle dans le rapport au texte qu'en ont ses récipiendaires ? Que nous apprend de la France et de ses institutions la façon dont on accueille à Paris le travail de Bowditch ?

2 Dans la presse et les milieux savants : une politisation en creux

Entre 1829 et 1832, un petit cercle d'académiciens, polytechniciens ou professeurs parisiens – dont Sylvestre-François Lacroix (1765-1843) et Adrien-Marie Legendre[3] (1752-1833), avec qui Nathaniel Bowditch entretient une correspondance – est d'abord récipiendaire des différents volumes de la traduction et accueille très favorablement, mais aussi très brièvement, le travail de mise en valeur du traité de Laplace (Preveraud 2015, p. 107–109). Une réception davantage institutionnelle est ensuite réservée à l'œuvre américaine. À examiner les pochettes de séances de l'Académie des sciences, les procès-verbaux des séances et les *Comptes rendus hebdomadaires des séances de l'Académie des sciences* (après 1835) de la période 1830-1839, on rend successivement compte, Quai Conti, de la parution des différents tomes de l'ouvrage, mais curieusement sans travail critique. Traditionnel vecteur de la diffusion du savoir (Jovanovic *et al.* 2018, p. 13–16), l'édition périodique n'est pas en reste mais le traitement scientifique de l'arrivée à Paris du travail de Bowditch y connait une fortune identique. Dans la presse mathématique et savante, les comptes rendus se font tout aussi peu analytiques et se contentent bien souvent de quelques maigres données éditoriales. Ainsi, on annonce sans grand égard la parution du premier volume dans le *Bulletin de Férussac* en 1830 (Francœur 1830, p. 285), celle du

2. Dans la première moitié du XIXe siècle, *Le Bulletin universel des sciences de l'industrie*, dans sa section première intitulée *Bulletin des sciences mathématiques, astronomiques, physiques sous la direction de Monsieur de Férussac*, semble être un des seuls périodiques à rendre compte d'une certaine diffusion des nouvelles scientifiques en provenance des États-Unis (Preveraud 2015, p. 100). Y sont rapportés, à plusieurs reprises entre 1825 et 1828, des problèmes posés aux lecteurs américains du *Mathematical Diary* (1825-1832) (Preveraud 2018).

3. Mais aussi le mathématicien et académicien Louis Puissant (1769-1843), le professeur à la Faculté des sciences de Paris Louis-Benjamin Francœur (1773-1849) ou encore le directeur de l'Observatoire de Paris François Arago (1786-1853). Voir (Preveraud 2014, p. 449).

quatrième tome dans *Le Journal des savants* en 1839 (Libri 1839, p. 638), ou encore la sortie de l'intégralité de l'œuvre, d'abord en 1842, dans les pages des *Nouvelles annales de mathématiques* (Gérono & Terquem 1842, p. 168), puis en 1846 dans le *Journal général de l'instruction publique* (Vattemare 1846, p. 224).

De fait, la communauté scientifique parisienne reçoit la traduction de la *Mécanique céleste* de manière courtoise voire enthousiaste. Polies, souvent élogieuses, les réponses qu'adressent les savants français à Bowditch[4] ou les elliptiques comptes rendus qu'ils rédigent, ne permettent pourtant pas d'attester d'un réel examen, à Paris, du texte américain. Sans jamais donner le moindre exemple ni référer au texte, ici on loue l'exécution typographique de l'ouvrage[5], là on se félicite des étapes intermédiaires ajoutées par Bowditch dans les calculs compliqués menés par Laplace, on note enfin les améliorations que l'Américain a apportées à la théorie des corps célestes depuis la parution de l'original (Preveraud 2015, p. 102–109). Tout porte à croire, d'un strict point de vue scientifique, qu'une lecture très superficielle de la traduction (et de ses notes) est commise au sein des cercles savants parisiens. Certains mathématiciens n'ont aucun embarras à le confesser : Legendre se fera « un plaisir de lire avec l'attention dont [il] est capable les notes et les explications » lorsqu'il sera « capable d'une application longue et soutenue » (Legendre 1830), quand « l'infirmité » de Lacroix « ne [lui] laisse par les moyens de faire quelque chose de plus digne » (Lacroix 1831).

La fatigue, la mauvaise foi ou le relatif silence de ceux qui reçoivent le texte américain à Paris disent aussi, peut-être, leur réticence à lire des travaux étrangers. Dans « Lettres à un Américain sur l'état des sciences en France[6] », l'académicien Guglielmo Libri (1803-1869) pointe par exemple le nombre d'ouvrages étrangers qui s'entassent dans les bibliothèques de l'Institut mais qui restent sans lecteur (Libri 1840, p. 539). L'Académie, infère Libri, pourrait « faire supposer qu'elle ne s'intéresse pas assez aux progrès des sciences en Europe et qu'elle ne suit pas toujours d'un œil assez attentif les travaux des savants étrangers » (Libri 1840, p. 539) – une image bien peu flatteuse de l'institution à laquelle Libri contribue lui-même puisqu'il ne rédige pas le rapport que l'Académie lui a commandé en 1835, à la réception du troisième volume de l'œuvre de Bowditch.

L'origine de la traduction n'est pas sans doute pas étrangère à ce *supposé* désintérêt. Les États-Unis ne sont pas perçus, de ce côté-ci de l'Atlantique, comme un espace particulièrement savant et les quelques productions reçues en France peuvent être accueillies avec une certaine condescendance : « Je vois avec beaucoup de plaisir que les sciences mathématiques, dans les parties les

4. Legendre et Lacroix sont les seuls Français à répondre directement à Bowditch.

5. Insertion et exécution des formules et des figures, surtout. Voir (Preveraud 2015, p. 103–107).

6. Il s'agit essentiellement d'un commentaire sur l'état des sciences en France et de ses institutions. Il y raconte notamment les lieux – l'Institut, l'Académie des sciences – et les hommes – Arago, Poisson.

plus élevées, sont cultivées dans les Etats-Unis d'Amérique » note Legendre dans une lettre adressée à Bowditch (Legendre 1830). L'ignorance linguistique est probablement tout autant décisive : qui de Legendre, Lacroix, Arago, Puissant, Francœur... lit *suffisamment* correctement l'anglais pour apprécier, sinon comprendre, la qualité des améliorations physico-mathématiques de la traduction et du commentaire ? Lacroix et Legendre répondent à Bowditch en français et non en anglais. Dans cette première moitié du XIXe siècle, il n'est pas du tout garanti que les élites françaises soient généralement anglophones. Entre autres exemples, évoquons le cas du polytechnicien français Claude Crozet (1789-1864) qui devient, en 1817, professeur d'ingénierie et de géométrie descriptive à l'Académie militaire des États-Unis, située à West Point : raillé par ses étudiants pour son anglais rudimentaire qui ne permet pas de le comprendre (Preveraud 2014, p. 68), Crozet est contraint de faire rédiger, en anglais, un ouvrage de géométrie descriptive pour que son auditoire puisse suivre. Quant à la situation parisienne, Libri milite pour la création d'un bureau des traductions au sein de l'Académie, afin d'accroître la publicité et la diffusion des textes scientifiques rédigés dans une autre langue que le français (Dörries 2009).

Qu'ils soient mus par des égocentrismes personnel ou collectif, entravés par leur ignorance de la langue anglaise ou empêchés par des problèmes de santé, les savants français reçoivent donc le travail de Bowditch avec des honneurs certains, mais sans témoigner d'aucune lecture technique de celui-ci. L'absence d'une telle réception n'est pas neutre politiquement : par contraste, cette négligence ne dit-elle pas, implicitement, une certaine suffisance des scientifiques français ? Une possible politisation de la réception de la traduction américaine auprès des institutions savantes apparait donc *en creux*, politisation incarnée *en plein* dans la presse généraliste.

3 Dans la presse généraliste : une politisation en plein

Dans les quotidiens de la presse généraliste et les revues littéraires, il n'est pas davantage question du contenu mathématico-astronomique que renferment les quatre tomes de l'ouvrage de Bowditch. Ils sont en revanche des lieux plus manifestes d'opinion et d'expression idéologique et intellectuelle (Charle 2004, p. 62), (Corpet 1992, p. 162) en des temps politiques troublés. Arrivés en France à la fin de la Restauration et continument distribués tout au long de la Monarchie de Juillet, de la Seconde République et du Second Empire, les quatre tomes (1829, 1832, 1835, 1839) fréquentent rien moins que deux révolutions et quatre régimes politiques différents. Aussi, le colportage de la publication d'une version américaine de l'œuvre de l'iconique Laplace, qui plus est assorti d'un commentaire explicatif, sert de prétexte : selon les affiliations partisanes des différents journaux, ici il donne matière à soutenir les régimes en place, là il inspire contestations ou aspirations progressistes et libérales. Par des effets rhétoriques de contraste, la traduction de Bowditch est lue comme un motif qui suscite des analyses dans lesquelles il n'est question que de la France en tant que nation[7].

La politisation de la réception de l'ouvrage américain, dans les journaux et revues françaises des années 1830 et 1840, est l'objet de cette section. Elle est structurée chronologiquement, par alternance des régimes qui scandent l'histoire politique de la France à partir de 1829 (date de la parution du premier volume de la traduction). Pour mener à bien un telle analyse, les grands périodiques parisiens ont été examinés[8], notamment aux dates qui coïncident avec celles de la communication en séances à l'Académie des volumes de l'œuvre de l'Américain, car il est d'usage, dans la presse, de rendre compte des travaux Quai Conti au moyen de brèves.

3.1 Sous la Restauration (1814-1830)

La Restauration signe l'essor de la presse politique (Robert 2011, p. 214–216). À Paris, les quotidiens et semi-hebdomadaires touchent un nombre de lecteurs toujours plus important – on compte 60 000 exemplaires cumulés pour les quotidiens parisiens en 1830 (Robert 2011, p. 215). En dépit d'efforts à coup de subventions pour disposer d'organes officiels de diffusion des nouvelles[9], les différents gouvernements ne parviennent pas à endiguer l'engagement et les velléités d'indépendance de la presse. Plusieurs courants politiques d'opposition se partagent, de droite à gauche, une quinzaine de titres : la presse ultra, favorable à une monarchie exercée par la lignée capétienne et non bourbonienne, la presse conservatrice et catholique, la presse modérée, la presse libérale et anticléricale ou encore la presse républicaine.

À la fin des années 1820, une succession de crises politiques raidit les relations entre les journaux et le gouvernement. En réaction, les quotidiens marqués à gauche étendent leur influence. La plupart d'entre eux partagent un même intérêt pour la diffusion des savoirs libéraux (arts, sciences et techniques), au motif qu'elle participe à l'émancipation des lecteurs. *Le Temps* (1829-1842) est l'un d'entre eux. À raison de deux à trois livraisons par semaine, ce « journal de progrès politiques, scientifiques, littéraires et industriels » délivre une information souvent orientée vers les arts, les sciences et la littérature. Les fondateurs, Jacques Coste et Jean-Jacques Baude, plaident en faveur d'une diffusion la plus large possible du savoir qu'ils estiment confisqué par « quelques prétendus hommes de lettres qui, sans le moindre savoir, se sont déclarés les défenseurs du bon goût et les protecteurs des lumières » (Coste & Baude 1829). Leur « tribune de la vérité » vise le progrès moral de la société :

---

7. Le lien entre les concepts de nation et de presse au XIXe siècle est l'objet d'étude de (Thiesse 2010, p. 127–137).

8. *La Presse, Le Temps, Le Siècle, Le Figaro, Le Journal des débat politiques et littéraires, Le Constitutionnel, La Revue des deux mondes, La Revue britannique* et *La Revue encyclopédique ou analyse raisonnée des productions les plus remarquables.*

9. Au titre de journal dit « de gouvernement », on ne trouve guère que *Le Moniteur*, mais dont l'influence est faible (Robert 2011, p. 215).

> Le perfectionnement des beaux-arts, l'accroissement des lumières scientifiques, la propagation des vérités morales, sont des objets d'une importance au moins égale pour les hommes, à celle de la défense de leurs droits politiques, car ces droits ne sont pas que les moyens d'arriver au grand but de l'humanité : le développement de la raison. (Coste & Baude 1829)

Dans le registre des périodiques libéraux qui souhaitent informer leurs lecteurs des avancées en matière scientifique et technique, on trouve également *Le globe* (1825-1832), qui bénéficie de l'engagement du journaliste saint-simonien puis républicain Pierre Leroux (1797-1871) (Régnier 2011b, p. 1112).

La fin de la Restauration est aussi le lieu de naissance des grandes revues françaises. Tout comme la presse quotidienne, elles souhaitent autant débattre qu'informer (Loué 2011) mais bénéficient en général de davantage d'espace pour le faire : on y lit extraits de romans, récits de voyages et historiques, nouvelles de l'étranger, chroniques politiques ou notes scientifiques. Elles se distinguent également par leur prix – nettement plus élevé, ce qui limite de fait leur lectorat à la bourgeoisie et aux socialisations lettrées –, leur fréquence et la qualité de leurs articles (Robert 2011, p. 225). Le plus durable des titres parmi les revues littéraires et politiques est sans conteste la *Revue des deux mondes* (1829-aujourd'hui). Fondée à Paris en 1829 et dirigée par François Buloz (1803-1877) jusqu'à sa mort, elle cherche dès ses débuts à promouvoir les échanges intellectuels et culturels entre la France, les pays européens et les États-Unis, une revue conçue pour rapprocher les deux bords de l'Atlantique (Loué 2011, p. 339–344). Des tribunes sur l'état de la science et son rôle dans l'avancement et le progrès d'une société, y sont publiées comme les « Lettres à un Américain » de Libri. Très rapidement, *La Revue des deux mondes* étend son influence – les souscriptions atteignent 25 000 unités en 1870 (Loué 2011, p. 343) – jusqu'à « exercer un magistère culturel » (Robert 2011, p. 225) avec l'*imprimatur* du gouvernement qui la finance. Revue libérale dans ses premières années mais peu hostile au pouvoir de la Monarchie, elle est concurrencée sur son aile gauche par de nouveaux titres dont la *Revue indépendante*, fondée par Pierre Leroux et George Sand (1804-1876), et *La Revue encyclopédique ou analyse raisonnée des productions les plus remarquables* (1819-1835), dont le même Pierre Leroux a rejoint la rédaction au début des années 1830.

Peu militante avant l'arrivée de Leroux, la *Revue encyclopédique* devient un des organes les plus visibles et engagés de la gauche progressiste à la fin de la Restauration, puis sous la Monarchie de Juillet (Régnier 2011a, p. 299), en publiant des nouvelles du monde savant qu'elle n'hésite pas à politiser. *La Revue encyclopédique* est d'ailleurs chronologiquement le premier périodique à rendre compte de manière orientée du « retour » en France de la *Mécanique céleste*. L'auteur anonyme (Leroux ?) de la chronique consacrée, parue en avril 1830, annonce la publication du premier volume et décrit les répercussions sociales et politiques de l'ouvrage aux États-Unis, mais aussi en France. Il fait état d'un mouvement de transmission du savoir inhabituellement dirigé de l'Amérique – territoire jusque-là « stérile pour les sciences purement spéculatives » – vers l'Europe, un trajet interprété d'une manière très politique dans un style quasi-pamphlétaire :

> L'instruction refluera vers son origine, et le couchant répandra sa lumière sur l'Orient, menacé de devenir plus obscur de jour en jour, s'il est abandonné aux partisans des ténèbres dont il éprouve depuis longtemps le fatal pouvoir. (Anonyme 1830, p. 383)

Par contraste avec le texte original, les bénéfices de la traduction américaine ne relèvent pas, selon l'auteur, seulement d'un enjeu scientifique. Ils ne disent pas tant le décollage de la science américaine, autonome et capable à présent de produire des savoirs originaux, qu'une forme de décadence morale et politique du pays d'origine de la *Mécanique céleste*. Nous sommes à la fin de la Restauration (les Trois Glorieuses se déroulent trois mois plus tard, en juillet) et *La Revue encyclopédique* adosse au prétexte de la circulation de l'ouvrage américain une critique au vitriol du gouvernement de Jules de Polignac (1780-1847).

Les tensions relatives à la place de la presse au sein de la vie politique française et d'intensité fluctuante tout au long de la Restauration (Albert 2018, p. 38–40) sont de fait ravivées à la faveur de la publication des ordonnances du 26 juillet 1830, dont l'une suspend la liberté de la presse. Portée entre autres par les journalistes, la Révolution de Juillet met fin à la Restauration.

3.2 Sous la Monarchie de Juillet (1830-1848)

Le nouveau régime de la Monarchie de Juillet octroie une grande liberté à la presse, en dépit du renforcement des poursuites à son encontre (Albert 2018, p. 40).

Dans les années 1830, *Le Temps* peine à faire entendre sa voix et à s'opposer réellement au pouvoir royal certes plus libéral que sous la Restauration (Robert 2011, p. 225), tandis que *Le globe* cesse très rapidement sa parution. La mort de Bowditch en 1838 est l'occasion pour *Le Temps* de raviver ses aspirations progressistes. Dans l'édition du 2 décembre 1839, le journal fait paraître une nécrologie de l'Américain. L'auteur, George Bernard Depping (1784-1853)[10], évacue les questions strictement scientifiques au profit d'éléments biographiques compatibles avec les orientations politiques du journal : nécessaire instruction du plus grand nombre et importance de la diffusion des connaissances à des fins de progrès social.

Depping revient longuement sur l'enfance pauvre du traducteur de la *Mécanique céleste* et insiste sur le rôle émancipateur de l'école et du savoir dans la vie de l'Américain. Il explique comment Bowditch accepte « le poste

10. Historien, écrivain, polygraphe et collaborateur de nombreux journaux et revues (Roman d'Amat & Limouzin-Lamothe 1965, p. 1107).

lucratif qu'on lui offrait à Boston [à la *Hospital Life Insurance Company*] non pas par appétit du gain », mais « pour avoir les moyens de donner à ses enfants une meilleure instruction » (Depping 1839). « Sachant par expérience de quelle utilité est la circulation des livres dans les villes d'Amérique » (Depping 1839), la chronique loue l'investissement de Bowditch au sein de la bibliothèque de la ville de Boston. Elle raconte ces ouvrages qu'il met en nombre à disposition de tous. Elle dit ces ouvriers pour qui il organise des cours du soir sur les machines à vapeur. La nécrologie se veut modélisante en bien des aspects : un homme de science se doit d'être désintéressé, dévoué à l'intérêt général et soucieux de la diffusion du savoir au plus grand nombre « sans cesser de servir [ses] concitoyens dans la pratique des fonctions vulgaires ». Le journaliste conclut sa chronique en rappelant l'opposition de Bowditch à l'esclavage : « Il détestait, comme tous les honnêtes gens de la ville, cette conduite d'un peuple qui ne devait sa grandeur qu'à l'exercice même de la tolérance universelle » (Depping 1839).

De l'œuvre scientifique de l'Américain, on ne saura rien ou si peu. Tout juste le lecteur apprend-t-il que Bowditch a corrigé et annoté l'œuvre de Laplace. La personnalité de l'Américain et ses engagements politiques sont exploités par *Le Temps* pour promouvoir un discours progressiste – rôle de l'instruction, progrès social, combat des inégalités.

3.3 Sous le Second Empire (1852-1870)

Après la Révolution de février 1848 et l'avènement de la Seconde République (1848-1852), un décret du mois de mars 1848 accorde la liberté absolue à la presse, liberté bientôt limitée sous le Second Empire (1852-1870) en dépit du respect d'une certaine pluralité d'opinions (courants ultras, légitimistes, libéraux, gouvernementaux ou républicains) (Albert 2018, p. 44).

La Revue des deux mondes survit à la Monarchie de Juillet et au Second Empire au prix d'un net raidissement conservateur (Corpet 1992, p. 175). C'est dans ce contexte qu'y paraît en 1853 un article de l'historien et écrivain Jean-Jacques Ampère (1800-1864), le fils du physicien André-Marie Ampère. Il profite d'un voyage aux États-Unis pour écrire « Promenade en Amérique » (Ampère 1853, p. 5–37), un récit d'une trentaine de pages où sont évoquées ses tribulations outre-Atlantique. Au détour d'un passage au cimetière du Mont-Auburn près de Cambridge, Massachusetts, il croise une statue de Bowditch, occasion pour lui d'évoquer la vie et la carrière du savant américain. Il ne s'attarde sur la traduction scientifique que pour en signaler, selon lui, l'une des plus grandes qualités : la transmission de l'œuvre de Laplace au peuple américain. Il n'est pas question, pour Ampère, de traiter des qualités du texte, des corrections, des apports considérables à l'original qui permettent à présent de comprendre, y compris côté français, les théories compliquées des mouvements célestes que Laplace avait écrites sans intelligibilité. Pour lui, la circulation du texte n'est pensée que d'un bord à l'autre, dirigée unilatéralement de la France vers l'Amérique :

> Littérairement l'Amérique est en Europe, parce que la civilisation lui est venue d'Europe et lui en vient chaque jour surtout maintenant que les deux mondes se touchent [...]. Profondément distincte par son fonds des sociétés européennes, la société américaine tend à s'en rapprocher au moins dans sa portion la plus cultivée par le progrès naturel de la vie policée. La littérature des États-Unis ne sera pas un nouveau monde sans doute, mais elle sera une province de plus dans le vaste empire des littératures civilisées. (Ampère 1853, p. 37)

Si, dans *La Revue encyclopédique*, il était question en 1830 d'une Amérique éclairante sur une France des ténèbres, elle en est, pour *La Revue des deux mondes* de 1853, une extension culturelle. Loin de mettre en avant les circulations savantes non hiérarchiques entre les deux nations, Ampère vante la reproduction d'un modèle scientifique et culturel européen de l'autre côté de l'Atlantique, au moyen d'un transfert polarisé et dirigé d'Est en Ouest. Cette peinture d'une Amérique retardée et d'une France rayonnante sert ici les positions politiques droitières et nationalistes de la revue au début du Second Empire.

4 Remarques conclusives

Dans les cercles savants parisiens, dont l'Académie des sciences, l'absence de lecture et de réception réellement critiques esquisse un certain rapport européocentré des scientifiques français aux échanges scientifiques internationaux (Dörries 2009). Dans la presse généraliste, la réception de *Mécanique Céleste by the Marquis de Laplace, Translated with a Commentary* prend un tour plus ostensiblement politique. Déplacé dans un contexte qui n'est pas le lieu où il a été produit, l'ouvrage scientifique est utilisé en qualité d'autorité d'abord intellectuelle puis morale, pour justifier, selon les affiliations partisanes des journaux, telle ou telle opinion politique[11].

Bien que limitée dans le temps et par la taille modeste du corpus sur lequel elle repose, cette étude n'a d'autre ambition que d'illustrer les relations qu'entretiennent science et politique au XIXe siècle. Elle rappelle « qu'on peut faire de la politique de plusieurs manières » (Weber 1959, p. 135), notamment en mobilisant les manques, les demi-mots et les emphases du discours sur la science.

Bibliographie

Albert, P. (2018). *Histoire de la presse.* Paris : PUF. 1re édition 1970.

11. À ce titre, on pourra lire comment, dans le cadre de la vie parlementaire italienne au XIXe siècle, (Durand 2018) raconte l'usage qui est fait de l'autorité scientifique des mathématiciens pour servir des carrières politiques.

Ampère, A.-M. (1853). Promenade en Amérique. *La Revue des deux mondes*, 2e série(1), 5–37.

Anonyme (1830). Zeldzaamheden, etc. – Objets rares rassemblés et publiés par J. d'Huyvetter. *Revue encyclopédique ou analyse raisonnée des productions les plus remarquables*, 46, 383–384. URL https://gallica.bnf.fr/ark:/12148/bpt6k105942g/f383.item.

Charle, C. (2004). *Le Siècle de la presse (1830-1939)*. Paris : Le Seuil.

Corpet, O. (1992). La revue. In J.-F. Sirinelli (éd.) *Histoire des droites en France*, t. 2, Paris : Gallimard, chapitre V.

Coste, J. & Baude, J.-J. (1829). Prospectus du Temps, journal des arts, des sciences et de la littérature. *Le Temps*, 1237. Cote BN Lc2 1237, Bibliothèque nationale de France.

Depping, G.-B. (1839). Nathaniel Bowditch. *Le Temps*, 2 décembre. Cote BN Lc2 1237, Bibliothèque nationale de France.

Dhombres, J. & Dhombres, N. (1989). *Naissance d'un nouveau pouvoir : science et savants en France (1793-1824)*. Paris : Payot.

Dörries, M. (2009). Organiser la science : François Arago. In C. Lange (éd.) *Les Arago, acteurs de leur temps*, Perpignan : Archives départementales des Pyrénées-Orientales, 299–314.

Durand, A. (2018). *La Quadrature du cercle. Les mathématiciens italiens et la vie parlementaire italienne (1848-1814)*. Paris : Éditions Rue d'Ulm.

Francœur, L. B. (1830). Transactions of the Astronomical Society. *Bulletin des sciences mathématiques, astronomiques, physiques sous la direction de Monsieur de Férussac*, 13, 281–285.

Gérono, C. & Terquem, O. (1842). Annonces. *Nouvelles Annales de mathématiques*, 1re série(1), 168.

Jovanovic, F., Rebolledo-Dhuin, V. & Verdier, N. (2018). Histoire des sciences et histoire de l'édition : de quelle manière peuvent-elles se compléter ? *Philosophia Scientiæ*, 22(1), 3–22.

Lacroix, S.-F. (1831). Lettre à Nathaniel Bowditch, 18 février 1831. In J. W. Montgomery & L. V. Monti (éd.) *The Papers of Nathaniel Bowditch in the Boston Public Library*, Boston : Boston Public Library. 1983.

Legendre, A.-M. (1830). Lettre à Nathaniel Bowditch, 4 février 1830. In J. W. Montgomery & L. V. Monti (éd.) *The Papers of Nathaniel Bowditch in the Boston Public Library*, Boston : Boston Public Library. 1983.

Libri, G. (1839). Mécanique céleste, by the marquis de la Place. *Journal des savants*, Année 1839, 638.

Libri, G. (1840). Lettres à un Américain sur l'état des sciences en France. *La Revue des deux mondes*, 22(4e série), 532–554.

Loué, T. (2011). La revue. In D. Kalifa, P. Régnier, M.-E. Thérenty & A. Vaillant (éd.) *La Civilisation du journal. Histoire culturelle et littéraire de la presse française au* XIXe *siècle*, Paris : Nouveau monde édition, 333–357.

Parshall, K. H. & Rowe, D. E. (1994). *The Emergence of the American Mathematical Research Community 1876-1900 : J.J. Sylvester, Felix Klein, and E.H. Moore*, *History of Mathematics*, t. 8. American Mathematical Society and London Mathematical Society.

Preveraud, T. (2014). *Circulations mathématiques franco-américaines (1815-1876) : transferts, réceptions, incorporation et sédimentations*. Thèse de doctorat, université de Nantes.

Preveraud, T. (2015). De Boston à Paris. Le retour de la Mécanique céleste de Laplace (1829-1839). *Philosophia Scientiæ*, 19(2), 95–113.

Preveraud, T. (2018). Socialisation dans la presse américaine de questions mathématiques (1820-1832). *Philosophia Scientiæ*, 22(1), 119–142.

Régnier, P. (2011a). Le journal militant. In D. Kalifa, P. Régnier, M.-E. Thérenty & A. Vaillant (éd.) *La Civilisation du journal. Histoire culturelle et littéraire de la presse française au* XIXe *siècle*, Paris : Nouveau monde édition, 295–316.

Régnier, P. (2011b). Pierre Leroux (1797-1871). In D. Kalifa, P. Régnier, M.-E. Thérenty & A. Vaillant (éd.) *La Civilisation du journal. Histoire culturelle et littéraire de la presse française au* XIXe *siècle*, Paris : Nouveau monde édition, 1111–1115.

Robert, V. (2011). Paysages politiques, cohérences médiatiques. In D. Kalifa, P. Régnier, M.-E. Thérenty & A. Vaillant (éd.) *La Civilisation du journal. Histoire culturelle et littéraire de la presse française au* XIXe *siècle*, Paris : Nouveau monde édition, 212–248.

Roman d'Amat, J.-C. & Limouzin-Lamothe, R. (1965). *Dictionnaire de biographie française*, t. 10. Paris : Letouzey et Ané.

Thiesse, A.-M. (2010). Rôles de la presse dans la formation des identités nationales. In M.-E. Thérenty & A. Vaillant (éd.) *Presse, nations et mondialisation au* XIXe *siècle*, Paris : Nouveau monde édition, 127–137.

Vattemare, H. (1846). De la bibliographie aux États-Unis. *Le Journal général de l'instruction publique*, 15(24), 224–226.

Weber, M. (1959). *Le Savant et le Politique.* Paris : Plon.

Thomas Preveraud
Université de Lille
Université d'Artois
thomas.preveraud@univ-lille.fr

Lagrange alla ricerca di un giornale letterario nell'estate del 1754

CLARA SILVIA ROERO

1 Prologo[1]

È nell'estate del 1754 che il diciottenne Lagrange, che all'epoca si firmava Lodovico o Luigi de La Grange Tournier, trovò il suo primo risultato matematico sull'analogia formale fra i termini della serie della potenza del binomio $(a + b)^m$ e i differenziali del prodotto $d^m(xy)$, con m numero intero o razionale.[2] Per avere un riscontro del valore del suo teorema il giovane torinese si rivolse il 2 giugno all'anziano matematico Giulio Carlo Fagnani (1682-1766) che viveva a Senigallia, con una lettera in lingua italiana,[3] e il 28 giugno scrisse, in lingua latina, al celebre direttore della classe di scienze matematiche

1. Questo articolo si inserisce nell'ambito del progetto di ricerca *Circulation des mathématiques dans et par les journaux: histoire, territoire et publics*, ai cui incontri, seminari e congressi alla Fondation des Treilles nel 2012, al CIRM de Luminy Marseille nel 2013, a Levico Terme (Trento) nel 2014, al Mittag-Leffler Institute Djursholm (Svezia) nel 2016 e a Paris Orsay nel 2018 ho partecipato con grande piacere, apprezzando la ricchezza di idee e punti di vista differenti sulle varie tematiche affrontate. Ringrazio Philippe Nabonnand, Jeanne Peiffer, Hélène Gispert e il gruppo internazionale di storici della matematica per le proficue discussioni, le comunicazioni e i testi a stampa disponibili sul sito. Abbreviazioni utilizzate: ASUT = Archivio Storico dell'Università di Torino; BOP = Biblioteca Oliveriana di Pesaro; *GL* Firenze = *Giornale de' Letterati pubblicato in Firenze nell'anno...*, a cura di Francesco R. Adami e Lorenzo Mehus, 23 vol., Firenze, Giovannelli 1742-1753; *Raccolta Calogerà* = *Raccolta d'opuscoli scientifici e filologici*, a cura di Angelo Calogerà, 50 vol., Venezia, C. Zane, S. Occhi 1728-1757; *SLI* = *Storia Letteraria d'Italia* a cura di Francesco Antonio Zaccaria, vol. 1–5, 1748-1752 Venezia, Poletti, vol. 6–14, 1752-1755 Modena, Eredi Soliani, Remondini; Fagnani *Opere* 3 = *Opere matematiche del marchese Giulio Carlo de' Toschi di Fagnano*, a cura di Vito Volterra, Gino Loria, Dionisio Gambioli, vol. 3, Roma, Albrizzi 1912.

2. Sul periodo torinese di Lagrange, cfr. (Sarton 1944, Taton 1986, 1988, Borgato & Pepe 1987, 1990, Galletto 1992).

3. Questa prima lettera di Lagrange a Fagnani è perduta, ma la sua datazione risulta dal carteggio di Fagnani con Angelo Calogerà, v. *infra* (Sinigallia 7.9.1754).

P.-E. Bour, M. Rebuschi & L. Rollet (eds.), *Sciences, Circulations, Révolutions, 599–608.*

dell'Accademia di Berlino, Leonhard Euler (1707-1783).[4] In entrambe i casi, però, dimenticò di aggiungere l'indirizzo dove inviare le risposte, cosa che fece successivamente.[5] La scelta di questi corrispondenti, come suoi maestri e guide nell'analisi matematica leibniziana, derivava dalle letture fatte nella biblioteca dell'università di Torino, dove era stato immatricolato nel novembre 1750. Nei registri dei mandati di pagamento dei libri e delle riviste acquistati dal prefetto della biblioteca risultano giunti da Losanna nel settembre 1750 l'opera di Euler *Methodus inveniendi lineas curvas maximae minimive proprietates gaudentes, sive solutio problematis isoperimetrici* (1744), citata con elogi da Lagrange in un paio di lettere a Fagnani[6] e i due volumi dell'*Introductio in analysin infinitorum* (1748).[7] Fagnani si era invece distinto sulla scena italiana ed europea per vari teoremi sulla lunghezza di archi di curve, sul calcolo integrale e sul problema di Taylor, apparsi a Venezia sul *Giornale de' Letterati d'Italia* (1710-1740), sui *Supplementi del Giornale* (1722-1726) e sulla *Raccolta di opuscoli scientifici e filologici* (1728-1757) dell'abate Angelo Calogerà (cfr. Roero 2013), poi riuniti nei due volumi delle *Produzioni matematiche* (1750) che gli valsero nel 1752 la nomina a membro dell'Accademia delle scienze di Berlino.

Tuttavia Lagrange confessava a Fagnani di non aver ancora studiato i suoi articoli, avendo solo letto "un piccolo saggio nella storia letteraria, il quale pure non ha lasciato di trarmi in grande ammirazione."[8] Egli si riferiva probabilmente ad uno dei due giornali letterari, molto diffusi in Italia, che avevano pubblicato la notizia della stampa delle *Produzioni Matematiche di Giulio Carlo da Fagnano*, con l'elenco completo degli scritti editi dal matematico. La prima notizia, più breve, comparve sul *Giornale de' Letterati pubblicato in Firenze nell'anno 1750*,[9] mentre la seconda sulla *Storia Letteraria d'Italia*, a cura del gesuita Francesco Antonio Zaccaria, nel 1752.[10] È possibile che Lagrange avesse letto questi giornali nella biblioteca dell'università di Torino[11] oppure nella libreria di Ignazio Somis, professore di Teoria medica nell'ateneo piemontese, con cui aveva frequenti contatti, come dichiarò egli stesso nella lettera a Fagnani del 14 agosto 1754.

Per la circolazione del sapere matematico molto importante fu sia il ruolo delle corrispondenze, sia quello delle riviste letterarie, come vedremo. Lagrange si rivolse infatti anche ai giornalisti Calogerà e Zaccaria per far pubblicare il

4. Lagrange a L. Euler, Taurini 4to cal. Julii [1754], in (Euler 1980, pp. 361–366).

5. Lagrange a Fagnani, Torino 17.7.1754, BOP ms. 1779, 2, edita in (Fagnani 1912, pp. 180–181).

6. Una di queste lettere è andata perduta, cfr. Lagrange a Fagnani, Torino 24.12.1755, in (Fagnani 1912, p. 206).

7. Cfr. ASUT, *Gli acquisti librari per la Biblioteca dell'Università nei Registri dei mandati di pagamento. Trascrizione dei mandati e degli elenchi delle opere*, a cura di Simona Re Fiorentin, Registro XII, C 2, p. 480 del 9.9.1750 dell'abate Pasini prefetto della Biblioteca.

8. Lagrange a Fagnani, Torino 17.7.1754, BOP 1779, 2, edita in (Fagnani 1912, p. 180).

9. *GL* Firenze, tomo 6, parte II, 1750, pp. 290–297.

10. (Cfr. Zaccaria 1752), in particolare l'elenco degli scritti di Fagnani alle pp. 238–242.

11. Cfr. ASUT, *Gli acquisti librari* ..., 24 maggio 1751, Registro XII, C 2, cit., p. 539.

suo primo risultato matematico. Influenzato da quelle prime letture dei giornali letterari e dai consigli degli amici e dei maestri l'esordio delle sue ricerche subì una svolta significativa nel 1754 che finirà per condizionare le scelte successive della sua carriera a Torino, Berlino e poi Parigi.

2 La stampa a Torino e gli invii in Italia: luglio 1754

Appena ricevuto il giudizio favorevole da Fagnani il 3 luglio,[12] con gratitudine e soddisfazione Lagrange si mise all'opera per concretizzare la pubblicazione, promettendo l'invio di un esemplare nella settimana successiva.[13] L'estratto uscito presso la Stamperia reale il 23 luglio, con il titolo *Lettera all'illustrissimo Signor Conte Giulio Carlo da Fagnano – Marchese de' Toschi e di S. Onorio, Nobile Romano e Senogagliese, Matematico celebratissimo – contenente una nuova serie per i differenziali ed integrali di qualsivoglia grado corrispondente alla Newtoniana per le potestà e le radici* fu spedito a Fagnani con una lettera di accompagnamento il 24 luglio, nella quale Lagrange accennava alla fretta con cui l'aveva composto, alle difficoltà della tipografia nelle formule, che l'avevano costretto a correggere gli errori e gli annunciava l'invio di altre copie.[14]

Ai complimenti di Fagnani per la "sua bellissima lettera stampata"[15] il caso volle che questi il 30 luglio gli inviasse l'estratto di un suo articolo, anch'esso redatto sotto forma di lettera, nel quale accusava di plagi il matematico scozzese Colin Maclaurin. I nomi dell'autore e del destinatario erano celati dietro gli anagrammi Flavio Gangini e Giovanni Galfi.[16]

Nel frattempo il 27 luglio 1754 Lagrange aveva spedito al giornalista Calogerà una lettera, rimasta finora inedita, per una svista nella datazione, in

12. Fagnani a Lagrange, 3.7.1754, BOP 1779, 2, edita in (Fagnani 1912, p. 180): "Gratissima mi giunge la nuova scoperta di V.S. Ill.ma con la quale trova un'elegante armonia o sia corrispondenza tra la formola del Binomio elevato alla potestà generale m e la serie per i differenziali e integrali di qualunque grado. Questo che sarà un bel monumento dell'acutezza del suo ingegno merita la pubblica luce ed io che con tanto piacere l'ho veduto manuscritto con altrettanta consolazione lo vedrei stampato."

13. Lagrange a Fagnani, Torino 17.7.1754, cit.: "ogni cosa è già in ordine, e credo che la settimana ventura potrò per mezzo della posta trasmettergliene un esemplare."

14. Lagrange a Fagnani, Torino 24.7.[1754], BOP 1779, 2, edita in (Fagnani 1912, p. 186): " Troverà ella forse questa mia lettera non essere stata scritta, conforme si conveniva al chiarissimo di lei nome [...] che anzi ciò non potrà certamente non essere in gran parte provenuto dal grandissimo desiderio, che io avea di poter obbedir prontamente a' suoi onorevoli comandamenti, il qual desiderio è stato cagione, che facessi al più presto, che mi fosse possibile condur questa cosa, senza che nemmeno potessi aver quasi un po' di tempo per esaminarla e correggerla ove facesse d'uopo. S'aggiunga ancora, aver dovuto assistere incessantemente alla stampa, per non esser qui nulla pratici a stampare coteste cose d'algebra; il che non ostante, vi son pure rimaste // alcune piccole scorrezioni, come potrà di leggieri vedere nell'altre copie, che al primo incontro procurerò di farle avere; conciosiachè questa, che ora ho l'onore d'inviarle, sia una delle ultime, e perciò in qualche luogo di già ammendata."

15. Fagnani a Lagrange, 30.7.1754, BOP 1779, 2, edita in (Fagnani 1912, p. 187).

16. I nomi erano entrambi derivati dalle 13 lettere alfabetiche di Giulio Fagnani, in cui u e v erano considerate tipograficamente uguali. (Cfr. Fagnani 1753).

cui lo pregava di inserire nella *Raccolta di opuscoli* il suo teorema, con l'aggiunta di alcune note.[17]

Qualche giorno dopo, il 31 luglio Lagrange spedì a Fagnani altri venti esemplari dell'estratto di Torino, accompagnati da una lettera in cui aggiungeva ulteriori riflessioni matematiche.[18] Questa lettera e gli estratti giunsero a Fagnani solo il 13 settembre, come egli riferì a Lagrange il 29 dello stesso mese.[19] Nessuna risposta giunse invece al giovane torinese da parte di Calogerà che, come vedremo, il 29 agosto chiese a Fagnani notizie su Lagrange.

3 L'inevitabile delusione di Lagrange e il riscatto: agosto – ottobre 1754

Alcuni giorni dopo, sfogliando casualmente nella libreria del suo amico Ignazio Somis, il carteggio intercorso fra Leibniz e Johann Bernoulli, edito nel 1745 a Losanna e Ginevra, Lagrange si imbatté sul suo stesso risultato e subito lo comunicò a Fagnani, chiedendogli consigli, temendo di essere anch'egli considerato un plagiario, come Maclaurin:

> Ho ricevuta Domenica l'altra, la bellissima lettera di V.S.- Ill.ma sopra alcuni articoli del opera di Maclaurin. Io l'ho letta con attenzion grande e le ragioni che ella ivi aduce per provare i di lui plagi mi parvero assai ben concludenti, ed ancora me lo parebbero molto di più, se non mi fosse poscia acaduto un accidente, per cui in esperienza fui convinto di quanto sia facile che·gli·uomini in una stessa cosa s'abbattano, principalmente quando vassi per via di ragionamento, senza che un sia partecipe de' pensieri dell'altro. E questo si è che essendo io l'altro dì a casa del Professor nostro di

17. L. de la Grange a Angelo Calogerà, Torino 27.7.1754, Bibl. Naz. Saltykov Ščedrin, S. Pietroburgo (Russia), Fondo n. 975, *Lettere di studiosi, editori italiani al filologo ed editore veneziano* A. Calogerà, vol. 14, lettera N. 137, cc. 1r-2r: "Essendo pervenuto a mia notizia che V.R. va raccogliendo gli opuscoli letterarj, che per l'Italia escono, ho giudicato di non dover farle cosa discara, ad inviarle un esemplare di certo mio ritrovamento, spettante al calcolo differenziale, ed integrale, il quale l'Illustriss. Sig.r Marchese Fagnani in una sua lettera m'ha voluto far l'onore di approvare. Se V.R. lo stimasse mai per avventura degno di inserirlo nella sua raccolta, mi farebbe piacer grandissimo ad aggiungerle, dove giudicasse meglio, una maggior dichiarazione del valore degli esponenti della mia serie nuova, con dire che essi non indicano già potestà, come in quella di Newton, ma bensì il grado della differenziazione, od integrazione secondo che sono positivi, o negativi (come dimostro nei miei 3 corollarj) [...] e con soggiungere in appresso che io intanto mi son servito del nome di esponente, contro la significazion comune, che è di dinotare le potestà, per non aver ritrovato altro termine più a proposito. Per esempio potrebbe questo metterlo come una nota ai tre corollarj [...] Del resto V.R. acetti questo mio regaluccio, ed insieme il buon animo, che ho di poterla servire in qualche cosa; E se conoscerò, che ella abbia gradito questo primo frutto de' miei matematici studj, sia certa, che non mancherò in avenire di farla partecipe di quanto il mio debile, e tardo ingegno saprà produrre [...] .Di V.P. Devot.mo, ed Obligat.mo Servitore Luigi de la Grange". Nel catalogo del Fondo n. 975 della biblioteca di S. Pietroburgo, per errore, la lettera è datata 27 luglio 1734 (cfr. De Michelis 1968, p. 661).

18. Lagrange a Fagnani, Torino 31.7.1754, BOP ms. 1779, II, (Fagnani 1912, p. 188).

19. Fagnani a Lagrange, 29.9.1754, BOP ms. 1779, II, (Fagnani 1912, p. 200).

> Teoria medica, Ignazio Somis, e cercando non so che, in un certo libro che egli avea, contenente lettere latine private di Matematica, tra Leibniz e Bernulli, che è intitolato *Commercium Epistolicum Leibn. et Bernou.* etc. (Leibniz & Bernoulli 1745) il caso ha voluto che ivi io trovassi quella serie, che ho poco fa pubblicata per i differenziali ed integrali. Ella, in una lettera di Leibniz del 1695, è espressa nella stessa maniera che l'ho espressa io, giacchè la cosa non può andar differentemente ed in alcune lettere avanti, in cui parla eziandio di questa cosa ho osservato che l'inventore è stato egli stesso; tuttavia a quella seconda formola, che do io per l'integrazione di ydx non discende. Questo veramente da principio m'ha crucciato non poco, considerando sopra tutto, che quando questo si spargesse (che ora qui sonovi appena che quattro o cinque che lo sappiano, a cui io gliel'ho comunicato) molti si troverebbero certo che risguarderebbero me come un plagiario, ed impostore. Ma quel, che poi m'ha fatto del tutto acqquetare, si è stato, il riflettere che nientedimeno io avea quel che principalmente desiderava, ottenuto, cioè di poter esser tenuto, ed annoverato servitore di V.S. Ill.ma, perciocchè io credo bene, che ella non vorrà ora tener in minor conto quel dono che le ho fatto, sebbene non lo possa più vantar per nuovo, avendo risguardo al buon animo con cui glie lo presentai, come primo frutto de' miei lavori; ed inoltre che la grazia sua, appo di me, è di tanto valore, che mi basta il posseder quella, perché non mi curi più niente, se vi sieno degl'inimici, che tentino di·lacerar il mio nome.[20]

Come già sostenuto da Sarton e da altri è falso l'aneddoto biografico raccontato da Arago che Lagrange da quell'esperienza fosse indotto ad abbandonare la matematica (Sarton 1944, p. 462). Del resto le successive lettere a Fagnani del 21 agosto e del 4 settembre mostrano quanto impegno egli profuse nel trovare nuovi canoni generali, rispetto a quelli di Leibniz e di Johann Bernoulli. Quell'incidente fu fecondo di risultati ed ebbe positive conseguenze sulla sua carriera.

La repentina risposta di Fagnani, anch'essa datata 21 agosto, esordiva con la netta distinzione fra il caso sfortunato occorso a Lagrange e quello dei plagi di Maclaurin. Per il giovane e geniale ricercatore torinese Fagnani citava l'antico detto "*Semper invenisse acuminis est; primum invenisse fortunae*" (*Sempre l'inventare è frutto di ingegno, l'inventare per primi è opera di fortuna*), e lo esortava a continuare i suoi studi.[21] E al giovane che il 30 ottobre gli chiedeva consiglio se fosse meglio ripubblicare, su un giornale letterario di ampia

20. Lagrange a Fagnani, Torino 14.8.1754, BOP ms. 1779, 2, edita in (Fagnani 1912, pp. 189–190).

21. Fagnani a Lagrange, 21.8.1754, BOP ms. 1779, II, (Fagnani 1912, p. 191).

diffusione, la *Lettera* stampata a Torino nel luglio,[22] Fagnani così gli rispondeva il 6 novembre, lamentando il fatto di sentirsi isolato dai centri culturali ed editoriali:

> Ella è una cosa misera abitare in una città, ove non sono sì fatti libri, se non si comprano per se medesimo e a proprie spese; il che aggiunto alla difficoltà e lunghezza per farli venire annoia un particolare. [...] Anch'io, e per la medesima cagione son perplesso circa lo spargere la di lei lettera stampata; ma se ne vedessi fatta menzione in uno de' tanti Giornali che si imprimono in Italia non ne avrei allora veruna difficoltà.[23]

È strano che Fagnani non si sia poi prodigato a favore di Lagrange per far ristampare la *Lettera*, ad esempio sulla *Raccolta* di Calogerà, dal momento che aveva da anni un carteggio con il giornalista. Fra l'altro l'abate veneto nella lettera che gli aveva inviato il 29 agosto 1754 gli chiese informazioni sull'autore dell'estratto ricevuto da Torino,[24] e Fagnani così gli rispose il 7 settembre, elencando la corrispondenza con il giovane matematico:

> In ordine alla nota lettera stampata, e a me indiritta resti V.P. Rev.^{ma} servita d'intendere ch'io non ne conosceva l'Autore, cioè il Sig.r Luigi de la Grange Torinese. Egli mi scrisse sotto li 2 Giugno di quest'anno dandomi parte della sua scoperta, quale lodai; sotto li 17 Luglio mi avvisò, che la stava imprimendo; sotto li 24 me la trasmise impressa; e finalmente sotto li 14 Agosto mi significò il Suo gravissimo rammarico per aver fatta fare quest'impressione, perché aveva trovato a caso, che nel Commercio Epistolico tra il Leibnizio, e il Bernulli, anzi in una lettera del primo, che è del 1695, era espressa nella stessa maniera la scoperta, che egli (il Sig.r de la Grange) credeva di aver fatta il primo. Nella sua primiera lettera a me scritta dice il medesimo Sig.r de la Grange (e sono le sue parole) "che la sua serie è appunto quella, che per l'integrazione di

22. Lagrange a Fagnani, Torino 30.10.1754, BOP ms. 1779 II, (Fagnani 1912, p. 201): "Io ho dovuto con grande mio dispiacere tardar sino ad ora a rispondere a V.S. Illust., ma questo è stato perchè la di lei gentilissima dei 29 Settembre è giunta appunto in tempo, che io mi trovava fuori della città in villa. Che le sia stato poi finalmente rimesso il plico con entro venti copie della mia lettera stampata, io ne godo sommamente, tanto più che io temea già forte, non si fosse alle volte per disgrazia smarrito, non avendone mai più avuto nissun riscontro. Or per quel che si appartiene al comunicarne a' suoi amici, io questo affare lo rimetto tutto al di lei prudentissimo giudizio; ella sa molto meglio di me, che in cotali cose sono ancor novizio, che far si debba in simili occasioni, se, o perché la cosa è di già alquanto pubblicata sia meglio pubblicarla di più; o perché si è trovata di già stampata, sia meglio non farne più motto."

23. Fagnani a Lagrange, 6.11.1754, BOP ms. 1779, 2, edita in (Fagnani 1912, p. 201).

24. Calogerà a Fagnani, Oderzo 29.8.1754, BOP ms. 1779, 2, cc. 275 r-v, 295r: "Mi è venuto [venuta] da Torino una Lettera a Lei indirizzata da un giovane studioso. Desidero sopra d'essa il di Lei favore, perché sembrami poca cosa." La lettera completa è edita in (Roero 2020, p. 402).

ydx diede già molto tempo fa il famoso Leibnitz, e che trovasi ora inserita nelle Opere del Bernullio." Penso dunque che da questo Principio sia stato facile al Sig.r de la Grange di far la scoperta, che già il Leibnizio avea fatta prima, e tutta quanta proprio Marte. Non so ora come il medesimo Sig.r de la Grange procuri, che si ristampi tra gli Opuscoli ciò, che (secondo quello a me scrive) a lui tanto dispiace di aver fatto stampare. Io non poteva ammonire il Sig.r della Grange dell'incontro, perché sono molti mesi, che per mezzo del Libraio Simone Occhj attendo il prenominato Commercio Epistolico, che non ho mai veduto. E qui colmo di obbligazioni, e d'//ossequio mi dò l'onor di segnarmi...[25]

4 La ristampa sul giornale di Zaccaria: novembre-dicembre 1754

Seguendo il consiglio di amici e professori dell'università, come Somis e Beccaria, o forse proprio tramite l'appoggio di questi, Lagrange inviò al gesuita Francesco Antonio Zaccaria, ben noto in Piemonte per i frequenti contatti che aveva con l'ambiente intellettuale e religioso, la sua prima pubblicazione affinché fosse ristampata nella *Storia Letteraria d'Italia.* La rivista, con cadenza semestrale, aveva un'ampia diffusione sul territorio nazionale e mirava a coprire tutte le discipline, lasciando spazio anche alle critiche e alle repliche nelle contese letterarie. La *Lettera* di Lagrange fu lì ripubblicata nel volume X *dal Luglio a tutto Dicembre 1754*, con questa breve premessa del giornalista:

> Noi benchè la serie del N.A. [Nostro Autore] non sia affatto nuova[(7)] abbiamo giudicato che piacerà a' leggitori il vedere intera la lettera, la quale qui riportiamo.[26]

Nella nota 7, a piè di pagina 107, era inserito il riferimento al *Commercium* fra Leibniz e Bernoulli seguito da un personale commento del giornalista:

> Diciamo non affatto nuova la serie del N. A. perché ritrovasi nel 1N Tomo del libro stampato l'anno 1743[27] in Ginevra con questo titolo *Virorum celeberrimorum Got. Guil. Leibnitii et Joh. Bernoullii Commercium Philosophicum et Mathematicum* Lett. X e XVIII, con poca diversità. L'Autore stesso ha poi conosciuto che mancasse quello della novità, ma noi crediamo, che altri non gliene manchino. (Ivi, p. 107)

25. Fagnani a Calogerà, Sinigaglia 7.9.1754, Bibl. Naz. Saltykov Ščedrin, S. Pietroburgo (Russia), Fondo n. 975, *Lettere di studiosi, editori italiani al filologo ed editore veneziano A. Calogerà*, vol. 12, lettera N. 40, cc. 1r–2r. La lettera completa è edita in (Roero 2020, p. 403).

26. Il volume fu stampato a Modena, a spese Remondini, nel 1757, e la *Lettera* è alle pp. 107–112.

27. In realtà il volume fu edito nel 1745.

5 Epilogo

Quest'esempio di interazione fra matematici e giornalisti nella seconda metà del Settecento può essere utile a mostrare l'importanza che avevano le corrispondenze e le riviste letterarie in Italia per la circolazione del sapere matematico non solo per i giovani geniali esordienti nella ricerca di nuovi risultati, come Lagrange, ma anche per coloro che, come Fagnani, vivevano isolati dai centri di produzione e di diffusione della scienza, come le università, le accademie, le biblioteche e le librerie-tipografie. L'epistolario di Fagnani è eloquente al riguardo. I giornali de' letterati, le novelle letterarie, le osservazioni letterarie, le raccolte di opuscoli scientifici e le storie letterarie, che informavano i lettori sull'uscita di testi, di traduzioni, di articoli, di collezioni di riviste estere, di memorie e atti di accademie costituivano un veicolo di informazione per lo sviluppo della scienza, per l'istruzione dei giovani nei collegi e nelle università, per la creazione di carriere e nuovi impieghi al servizio della società. Ricostruire la rete di collegamenti fra regioni e stati a livello locale, nazionale e internazionale, operata dai giornalisti nei rapporti epistolari con scienziati, intellettuali, professori, tipografi e governanti aiuta a completare la circolazione e la diffusione delle idee e delle opere matematiche. Infine quest'esempio getta luce sul percorso culturale del diciottenne Lagrange e sugli eventi e sui personaggi che influirono su di lui in questa circostanza. La delusione e il senso di isolamento provato dal giovane nel constatare la carenza nella biblioteca universitaria torinese di opere fondamentali per la ricerca matematica d'avanguardia, come il *Commercium philosophicum et mathematicum* fra Leibniz e Johann Bernoulli, condizioneranno le scelte successive per la sua carriera. Furono le esperienze vissute nell'estate del 1754, unite ai carteggi con Fagnani e con Euler, e successivamente con Maupertuis e d'Alembert che gli aprirono gli orizzonti a nuovi e più ambiziosi progetti. Dal punto di vista della circolazione della matematica il principale strumento fu senza dubbio la fondazione nel 1757, con Giuseppe Angelo Saluzzo e Gianfrancesco Cigna, della Società privata torinese, primo nucleo dell'accademia delle scienze, che grazie ai Savoia pubblicò in latino e poi in francese i primi volumi di memorie, che conquistarono presto la scena europea. I collegamenti con le altre accademie in Europa e in Russia divennero frequenti e lo scambio dei volumi una fonte di stimoli e un ampio deposito di saperi.(cfr. Luciano 2013) La decisione di accettare l'invito, rivoltogli da d'Alembert, di dirigere a Berlino la classe di Scienze matematiche, fisiche e naturali, lasciata da Euler, gli dava la possibilità di disporre di una biblioteca immensa e di molto tempo per riflettere su nuove aree di ricerca e questo era un traguardo formidabile per lui che nel luglio 1754 scriveva a Fagnani "Altro diletto che imparar non trovo".[28] Per ragioni analoghe dopo Berlino sceglierà l'Académie des sciences di Parigi.

---

28. Lagrange a G. C. Fagnani, Torino 31.7.1754, BOP ms. 1779, 2, edita in (Fagnani 1912, p. 189).

Bibliografia

Borgato, M. T. & Pepe, L. (1987). Lagrange a Torino (1750-1759) e le sue lezioni inedite nelle R. Scuole di Artiglieria. *Bollettino di Storia delle Scienze Matematiche*, VII, 3–43.

Borgato, M. T. & Pepe, L. (1990). *Lagrange. Appunti per una biografia scientifica.* Torino: La Rosa Editrice.

De Michelis, C. (1968). L'Epistolario di Angelo Calogerà. *Studi Veneziani*, X, 621–704.

Denina, C. (1790). *La Prusse Littéraire sous Frédéric II ou Histoire abrégée de la plupart des auteurs, des académiciens et des artistes qui sont nés ou qui ont vécu dans les États prussiens depuis MDCCXL jusqu'à MDCCLXXXVI*, Berlin: H. A. Rottmann, chap. Grange (Louis de la). 140–147.

Eandi, G. A. (1783). *Memorie istoriche intorno gli studi del Padre Giambatista Beccaria delle Scuole Pie Professore di Fisica Sperimentale nella R. Università di Torino.* Torino: Stamperia Reale.

Euler, L. (1980). *Opera omnia, s. IV A Commercium epistolicum*, vol. 5: Correspondance de Leonhard Euler avec A. C. Clairaut, J. D'Alembert et J.-L. Lagrange. Basel: Birkhäuser. Ed. by A. P. Juškevič, R. Taton.

Fagnani, G. C. (1750). *Produzioni Matematiche del conte Giulio Carlo di Fagnano.* Pesaro: Stamperia Gavelliana. 2 vols.

Fagnani, G. C. (1753). *Lettera del signor Giovanni Galfi al signor Flavio Gangini contenente alcune osservazioni intorno tre articoli dell'opera del signor Colin Maclaurin sopra il calcolo delle flussioni.* Pesaro: Stamperia Gavelliana. 2 vols.

Fagnani, G. C. (1912). *Opere matematiche del marchese Giulio Carlo de' Toschi di Fagnano*, vol. 3. Milano; Roma: Società Editice Dante Alighieri. A cura di V. Volterra, G. Loria, D. Gambioli.

Galletto, D. (1992). La genesi della *Mécanique analytique.* In *La "Mécanique analytique" de Lagrange et son héritage*, Torino, no. Supplemento 2 in Atti dell'Accademia delle Scienze di Torino Classe di Scienze Fisiche Matematiche e Naturali, 277–370.

Lagrange, L.-J. (1892). *Œuvres de Lagrange*, Paris: Gauthier-Villars, chap. Correspondance. vol. XIV. ed. by J.-A. Serret, G. Darboux.

Leibniz, G. & Bernoulli, J. (1745). *Virorum celeberr. Got. Gul. Leibnitii et Johan. Bernoullii Commercium Philosophicum et Mathematicum.* Lausannae & Genevae: Bousquet. 2 vols.

Luciano, E. (2013). Transmission of scientific knowledge and editorial policy at Turin Academy of sciences in the 18th century. *Archives Internationales d'Histoire des Sciences*, 63(170–171), 409–425, doi:10.1484/J.ARIHS.5.103853.

Roero, C. S. (2013). Organising, enhancing and spreading Italian science. Mathematics in the learned journals of the 18th Century printed in Venice. *Archives Internationales d'Histoire des Sciences*, 63(170–171), 383–407, doi:10.1484/J.ARIHS.5.103852.

Roero, C. S. (2020). Tre lettere inedite di Luigi Lagrange, Angelo Calogerà e Giulio C. Fagnani nel 1754. *Bollettino di Storia delle Scienze Matematiche*, XL(2), 395–406.

Sarton, G. (1944). Lagrange's personality 1736-1813. In *Proceedings of the American Philosophical Society*, 457–496.

Taton, R. (1986). Les débuts de la carrière mathématique de Lagrange. La période turinoise (1736-1766). *Symposia Mathematica*, XXVII, 123–145.

Taton, R. (1988). Sur quelques pièces de la correspondance de Lagrange pour les années 1756-1758. *Bollettino di Storia delle Scienze Matematiche*, VIII, 3–19.

Zaccaria, F. A. (1752). *Storia Letteraria d'Italia*, Poletti, vol. 3, chap. Matematica, §§ III–VI. 233–242.

Clara Silvia Roero
Università di Torino
Dipartimento di Matematica e Centro di Studi per la Storia dell'Università di Torino
clarasilvia.roero@unito.it

« Quand vivre, c'est faire ! »

Laurent Rollet

Nancy, 21 août 2020

Cher Philippe,

Depuis 2012, je t'ai envoyé 5 119 messages électroniques. J'en ai reçu 2 376 de toi. Manifestement tu ne réponds pas à tous tes courriels ! Du coup j'ai décidé de t'écrire une lettre. Je ne sais pas combien tu en as lu et quel temps de cerveau disponible elles ont pu te prendre entre Poincaré, Houël et les autres... mais rassure-toi, tu ne seras pas obligé de répondre à celle-ci et encore moins de la commenter avec un subtil appareillage critique et le minimum syndical d'une bonne dizaine de notes de bas de page. Ouf, une de moins à faire ! Tu vas pouvoir te concentrer sur les autres textes de l'ouvrage que tu as entre les mains !

Comme tu le vois beaucoup de tes amis t'ont écrit un texte. Beaucoup aussi ont essayé mais ont dû déclarer forfait. La surcharge permanente de travail et les épisodes de panique sanitaire ont eu raison de leur volonté. Qui les en blâmera ?

Étant un des coupables instigateurs de l'ouvrage que tu tiens entre tes mains, je te devais aussi quelque chose. J'avais eu l'idée, depuis bien longtemps, de réserver spécialement pour toi une lettre de Jules Andrade écrite durant l'Affaire Dreyfus. La lettre est superbe et contient sans doute tout ce que tu aimes d'un point de vue politique et syndical. Malheureusement, double erreur de timing : (i) j'ai attendu trop longtemps pour l'exploiter et cette lettre est maintenant facilement repérable sur la toile. Ma valeur ajoutée aurait donc été très faible ; (ii) la crise du Covid-19 est passée par là et, comme beaucoup d'autres, je me suis trouvé dans l'incapacité d'écrire quoi que ce soit de construit pendant des mois et je me suis reporté sur des travaux plus « technocratiques », comme diraient certains de nos chers collègues : alimenter des bases de données, faire de la chronologie et, accessoirement, organiser ma vie d'enseignant virtuel. Bon, en fait tu ne perdras rien au change... J'ai mis la lettre en annexe à la fin

P.-E. Bour, M. Rebuschi & L. Rollet (eds.), *Sciences, Circulations, Révolutions, 609–615.*

de cette lettre. Cela fait donc une lettre emboîtée dans une lettre... Je suis sûr que tu apprécieras cet effet « vache qui rit ».

Tu n'auras donc pas droit à un texte académique proposant un résultat de recherche inédit. Tu n'auras pas non plus droit à un texte d'hommage. Au mieux tu aurais pu trouver cela rigolo mais je ne voulais pas être trop solennel alors que tu ne l'es jamais et que je pense que, tout comme moi, tu détestes cela. Et puis un texte d'hommage ressemble parfois beaucoup trop à une nécrologie et je ne crois pas non plus que tu aies pour projet de nous quitter dans un avenir proche. Tu dois sans doute te préparer, comme tu aimes à le dire, à ton nouvel emploi *salarié* de retraité.

Dans un hommage style 19e siècle on aurait pu écrire : « Grand professeur, immense savant, il a initié les travaux de dizaines de disciples et ouvert de multiples pistes qui ont révélé leur fécondité et apporté la preuve de la puissance de sa pensée. Ses travaux publiés se comptent par centaines ». Bof... Dans la novlangue gestionnaire moyenne on pourrait écrire : « Enseignant-chercheur de grand mérite, plusieurs fois titulaire d'une PEDR, il a piloté de nombreux projets d'excellence, réussi à ramener des centaines de milliers d'euros à son laboratoire et su mettre sur la voie de l'entrepreneuriat de la connaissance de nombreux étudiants. On lui doit de très nombreuses publications à haut facteur d'impact. » Re Bof.

Comme tu le sais, pour en avoir beaucoup lu, les textes d'hommage, les *vitae* ou les nécrologies disent parfois autant sur leurs auteurs que sur les personnes qu'ils entendent célébrer. Pas sûr que j'arrive à éviter ce travers sachant qu'on a vraiment beaucoup beaucoup travaillé ensemble... En fait je déteste parler de moi mais, dans le cadre particulier de cette lettre, j'aimerais mettre par écrit deux ou trois « petites » choses dont je te suis redevable. J'aurais pu te remettre cette lettre en mains propres mais je pense qu'elle exprime une dette que je ne suis pas le seul à avoir à ton égard.

Déjà, sans vouloir céder au nostalgique ou au larmoyant cela fait maintenant plus de trente ans que nous nous connaissons. Que de bons moments depuis que j'ai suivi tes cours d'histoire des mathématiques en DEA ! Tu as été un de ceux, avec Gerhard, qui a réussi à me faire voir le bon côté des sciences. Et ce n'était pas gagné au départ. Ton rapport à l'enseignement a toujours été un modèle pour moi : l'exigence intellectuelle est là mais combinée à une forme de bienveillance et un rejet des apparats hiérarchiques entre sachants et ignorants. J'ai beaucoup appris auprès de toi tout en ignorant beaucoup ! Par ailleurs, tu as été un des premiers chercheurs à rejoindre les Archives Poincaré et tu as donc connu cette période d'artisanat et d'improvisation totale qui a marqué les premières années du laboratoire. Ces joyeux commencements ne pouvaient pas durer éternellement et tu as été un des acteurs majeurs de la professionnalisation du laboratoire... Mais je ne vais pas refaire le film de ta carrière. Tu la connais mieux que moi ! Enfin, ce qui m'a toujours impressionné c'est ton sens politique et la grille de lecture que tu appliques à un grand nombre d'événements. Qu'on adhère ou pas à tes engagements ou à tes énervements on ne peut nier qu'ils sont sincères, exigeants et cohérents. Et je les admire d'autant plus que je crois que je ne serai jamais capable d'en faire autant. Mais ce n'est pas non plus l'objet de ma lettre... Certains de nos amis connaissent mieux cet aspect de ton parcours.

Quiconque a travaillé avec toi plus de 10 minutes a pu constater ton mode de fonctionnement très direct : tu as le tutoiement facile ; tu ne prends pas trop de gants pour dire ce que tu penses ; tu t'énerves facilement sur les sujets sensibles, qu'ils soient syndicaux ou scientifiques ; tu n'as guère de sympathie pour ceux qui se complaisent dans une position de supériorité conférée par des titres universitaires ou une forme de prestige symbolique ; tu as des exigences scientifiques fortes qui sont parfois difficiles voire impossibles à atteindre (coucou henripoincare.fr) ; tu détestes te plier à des contraintes bureaucratiques ou techniques ; tu passes très facilement du coq à l'âne ; dans ta vie professionnelle au moins, tu appliques sans cesse des filtres ou des grilles de lecture politique et/ou sociale... qui pourraient (ont pu) faire penser à certains que tu es le chef d'une cellule stalinienne dormante (ou active).

Exprimé ainsi, le tableau n'est pas très reluisant et au début cela peut faire peur ! Mais je vais te rassurer, ou te décevoir : je n'ai jamais eu peur de toi ! Et d'ailleurs tout cela peut s'exprimer de manière bien plus positive. Cela devrait d'ailleurs commencer à te donner un indice sur la justification du titre de cette lettre : « Quand vivre, c'est faire ».

Tu as, semble-t-il, toujours vécu ta vie sur le terrain de l'engagement et tu n'es manifestement pas de ceux qui pensent qu'on doive – ou même qu'on puisse – le ranger au vestiaire lorsqu'on aborde les questions scientifiques... Gênant diraient certains ? Je dirais surtout utile et salutaire. Refuser la dégradation du statut d'enseignant-chercheur, dénoncer les dérives des systèmes universitaires vers la marchandisation de la connaissance, lutter contre la manie des classements (revues, universités, chercheurs, etc.) et la pression aveugle à la publication, défendre une conception collective de la recherche scientifique sont quelques-uns de tes combats. Je crois que j'ai rarement été en désaccord avec toi sur tous ces points mais, tu le sais bien, je n'ai jamais été très virulent sur ce terrain. En revanche le point essentiel de tes combats est qu'ils trouvent un écho dans ta manière de concevoir et de faire de l'histoire des sciences. J'ai mis des années à m'en rendre compte, je l'avoue, mais cette constatation justifie le titre un peu pompeux de cette lettre : « Quand vivre, c'est faire ».

Loin de défendre une conception pure des savoirs scientifiques tu as toujours mis en avant la nécessaire prise en compte des conditions matérielles de leur production et de leurs contextes, avec des « s » partout. Ce rejet d'une pureté (et d'une neutralité) de la science s'accompagne d'une approche très ouverte des disciplines. J'en veux pour preuve ton agilité à passer des mathématiques à la philosophie ou à l'histoire des sciences et ton hospitalité bienveillante envers ceux qui, comme moi, ont des parcours de transfuges disciplinaires.

Cette hospitalité, ce refus de la morgue universitaire et du protocole je ne les ai guère trouvés en philosophie (on va dire que je n'ai pas assez cherché !). Elle se manifeste dans ta manière d'être, dans tes centres d'intérêt, dans les recherches que tu as dirigées et dans le style particulier que tu as su développer : ne pas prendre trop au sérieux les hiérarchies universitaires actuelles ou passées, refuser de prendre pour argent comptant les discours d'autorité (fussent-ils incarnés dans une figure comme Poincaré), donner du poids et du crédit aux sans noms et aux sans voix, épuiser les contextes d'un problème historique.

Outre le fait que tu sois, avec Gerhard ou encore Hélène, à l'origine de mon glissement progressif vers l'histoire des sciences, je te suis surtout redevable de m'avoir aidé à définir un cadre épistémologique pour mes travaux, à expliciter les éléments d'une méthode. Cela ne s'est pas fait en un jour et tu n'es bien sûr pas le seul à y avoir contribué mais lorsqu'il s'agit de rendre à César ce qui lui appartient tu es sans doute en tête de liste. Je pourrais citer Bourdieu, Noiriel ou encore Conner et beaucoup de nos amis qui sont représentés dans ce livre... mais Nabonnand c'est pas mal non plus.

Plutôt que de « cadre méthodologique » peut-être faudrait-il utiliser l'expression plus pompeuse d'« éthique de la recherche » ou encore d'« hygiène de l'historien »... Je te laisse choisir l'expression que tu préfères. Cette feuille de route méthodologique tu la connais déjà puisque tu m'as fait l'honneur de participer à mon jury d'habilitation mais je t'en donne une reformulation moins académique, plus directe, avec des entrées qui se chevauchent, se complètent et se recoupent.

Mettre des « s » partout. Multiplier les perspectives d'études, éviter le piège des approches monodisciplinaires, varier les distances focales et penser les savoirs scientifiques comme des savoirs incarnés dans des acteurs, des institutions et des espaces sociaux et politiques. Et cet appel à la pluralité est aussi un appel à la constitution de collectifs de recherche pluralistes et interdisciplinaires. C'est au sein de tels collectifs que j'ai le plus appris et que j'ai eu le sentiment d'être le plus utile, le plus souvent à tes côtés Philippe.

Se méfier des hiérarchies actuelles. Quelle importance de savoir si untel est titulaire d'une habilitation ou si tel autre est « professeur des universités » ? Les hiérarchies disciplinaires existent, tout comme les hiérarchies sociales ou scientifiques, on le sait bien. Mais, comme tu l'as montré à de multiples reprises, on peut faire fonctionner des collectifs de recherche dynamiques, intelligents, productifs, et même « publiants » sans se poser sans cesse cette question de la légitimation par le statut... Et c'est d'ailleurs d'autant plus vital que de toute manière dans les domaines que nous couvrons il n'y a quasiment pas de postes.

Se méfier des hiérarchies passées. Cette méfiance des hiérarchies on doit aussi la faire vivre dans nos méthodes historiques : cela fait belle lurette maintenant que les historiens des sciences travaillent à remettre en question ces filtres hiérarchiques en s'intéressant à des acteurs « démonétisés » du point de vue du statut. Qui sont ces acteurs ? Pour ne rester que dans ta pratique en histoire des mathématiques : des universitaires de province qui n'ont pas pu, pas su ou pas voulu monter faire carrière à Paris, des créateurs et directeurs de revues, des enseignants et des élèves de lycées ou de classes préparatoires qui peuvent éventuellement contribuer à la vie mathématique, des amateurs de toutes sortes (semi-professionnels, lecteurs de journaux, autodidactes, fous scientifiques), des « bâtards épistémiques » ou des « savants-épistémologues » qui assurent le rôle de passeurs entre différentes disciplines, des libraires et des imprimeurs, des mathématiciens « pratiques » ou des « utilisateurs » de mathématiques...

Penser large. Pourquoi ne s'intéresser qu'aux premiers-rôles ? Pourquoi ne s'intéresser qu'aux institutions d'élite ou ne prendre dans ces institutions que le haut du panier ? Pourquoi ne s'intéresser qu'aux centres scientifiques *d'excellence* ? Les approches de l'histoire *par en bas* ont maintenant le vent en poupe et sont une condition importante pour penser les parcours d'acteurs dans une démarche diachronique, pour casser ou fissurer des évidences toutes faites comme la séparation Paris/ Province, Centre / Périphérie, premier de cordée/ second rôle, etc. Bien loin de se réduire à une histoire des *losers*, des *sans noms*, des *sans dents*, cette histoire par en bas ne serait-elle pas la condition essentielle pour faire une bonne histoire *par en haut* ou une bonne histoire des premiers de la classe ? Après tout Poincaré a commencé sa carrière universitaire petit en tant que « modeste » chargé de cours à la faculté des sciences de Caen.

Prendre les « autres » au sérieux. Bref, il faut peut-être sortir du mythe des *Happy Few* ou des conceptions VIP de la science. On nous assène déjà suffisamment la mythologie de l'*Excellence in Research* à tout bout de champ qu'on en vient presque à se demander si 80 ou 90 % de nos collègues ne seraient pas simplement des médiocres ou des tâcherons (et je ne parle même pas de moi). Si on faisait de l'histoire (des sciences ou d'autre chose) avec ce genre de filtre on serait sans doute un peu désœuvré. Là aussi cela fait belle lurette que les historiens des sciences ont remis en question ce mythe des génies, des pionniers, des précurseurs, dont les prénoms sont plus souvent « Henri » que « Sophie » ! Mais encore fallait-il contribuer à remettre les choses à leur place en prenant en compte d'autres acteurs, d'autres écosystèmes de production, de validation et de diffusion des savoirs. Derrière, à côté, en dessous, au-dessus des panthéons de génies il y a énormément d'acteurs qui doivent être pris en compte et qui l'ont été par de nombreux travaux de recherche. Il existe des panthéons locaux qui n'ont parfois pas moins de force scientifique ou de puissance symbolique et qui produisent des effets durables. Et ces panthéons ne sont pas figés et peuvent évoluer avec le temps.

Je m'arrêterai là car cette lettre est déjà un peu longue et tu connais tout cela par cœur. En un mot comme en cent, je pourrais résumer ce que je te dois en une formule assez simple : « Moins de haut, plus de bas ! ». Six mots qui expriment bien plus qu'un positionnement par rapport à un objet de recherche... a minima un mode d'être aux autres, tous les autres, présents et passés... et sans doute une manière de vivre, de penser et de faire de l'histoire des sciences.

Et une lettre de plus à ajouter à ta collection ! Tu peux la commenter à loisir et y ajouter autant de notes de bas de pages que tu le souhaiteras.

Amitiés.
Laurent

P.S. : Je te laisse maintenant lire la lettre de Jules Andrade ! En espérant qu'elle te plaira ! Elle date du 16 janvier 1898 et elle a été publiée dans *L'Aurore* trois jours après le « J'Accuse » d'Émile Zola. Inutile de te dire qu'Andrade a eu quelques problèmes de carrière après cela... Il a été suspendu de ses fonctions pendant plus de 6 mois et ensuite nommé à la faculté des sciences de Montpellier.

Une lettre de M. Andrade

À propos de l'Affaire Dreyfus

M. G. Andrade étant professeur à la Faculté des Sciences de Rennes, nous croyons intéressant de publier, d'après *Le Siècle*, et à titre de curiosité, la lettre suivante, adressée par lui au général Mercier
Mon cher camarade,
Tu étais ministre de la guerre à l'époque de la condamnation de Dreyfus ; à cette époque, je n'avais aucune des angoisses qui étreignent aujourd'hui tant d'esprits libres encore tout stupéfiés des nouvelles *méthodes* d'enquête ; de plus, on savait à cette époque que Dreyfus avait été condamné sur une pièce matérielle, le *bordereau* ; sans doute, les experts se balançaient presque, mais il y avait une petite majorité ; et puis tu avais annoncé avant le jugement que l'accusé était coupable ; cela nous devait suffire alors, puisque le huis clos faisait la nuit sur tout contrôle de l'opinion.

Aujourd'hui, les choses ont changé.

Il existe une écriture *définie* infiniment plus ressemblante à celle du bordereau que celle de l'accusé condamné il y a trois ans.

Ce seul fait exige la révision du procès de notre camarade Dreyfus, du moins quand on veut apporter dans la justice un peu de la probité scientifique.

À ce propos, je te dirai que je ne trouve guère de cela dans les rapports de MM. Ravary et d'Ormeschville : par contre, j'y reconnais l'écriture de bons élèves des jésuites.

Je ne te parle par du *Uhlan*, puisqu'on n'a rien voulu tirer au clair à son égard.

N'est-ce pas une chose étrange, camarade Mercier, que dans une question où la justice exige le sang-froid, l'on ait vu des soldats, qui ne bronchent pas au feu, éprouver cependant le frisson de la peur civile et s'émouvoir d'un Drumont ou d'un *Rochefort* ?

En tout cas, j'affirme très haut que la récente méthode d'enquête n'eût jamais pu être appliquée du vivant de notre regretté camarade de Miribel, car celui-ci possédait au plus haut point la probité scientifique.

Quoi qu'il en soit, mon cher camarade, je suis persuadé que six, il y a trois ans, tu t'es trompé, tu t'es trompé de bonne foi.

Et c'est pourquoi, si Dreyfus est innocent, ce qui, je ne crains pas de le dire, me paraît de plus en plus probable, je te plaindrai de tout cœur.

D'ailleurs, la vérité, on l'aura, et toute nue, et cela en dépit de Tartuffe, qui vient de recevoir en France ses grandes lettres de naturalisation.

Camarade Mercier, je te serre la main.

J. Andrade,
Ancien élève de l'École polytechnique.

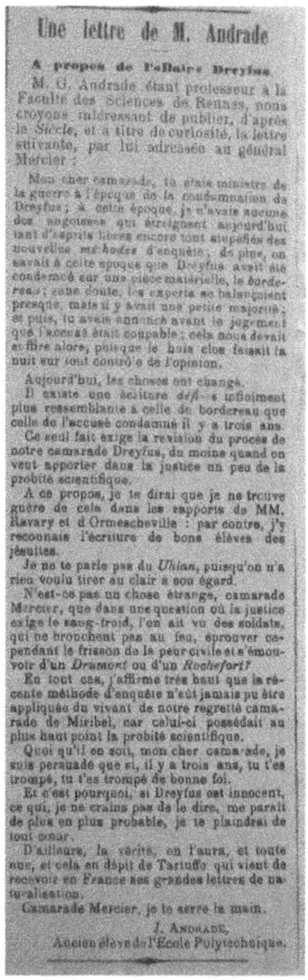

Une lettre de M. Andrade

A propos de l'affaire Dreyfus

M. G. Andrade étant professeur à la Faculté des Sciences de Rennes, nous croyons intéressant de publier, d'après le *Siècle*, et à titre de curiosité, la lettre suivante, par lui adressée au général Mercier :

Mon cher camarade, tu étais ministre de la guerre à l'époque de la condamnation de Dreyfus ; à cette époque, je n'avais aucune des angoisses qui étreignent aujourd'hui tant d'esprits libres encore tout stupéfiés des nouvelles *méthodes* d'enquête ; de plus, on savait à cette époque que Dreyfus avait été condamné sur une pièce matérielle, le *bordereau* ; sans doute, les experts se balançaient presque, mais il y avait une petite majorité ; et puis, tu avais annoncé avant le jugement que l'accusé était coupable ; cela nous devait suffire alors, puisque le huis clos faisait la nuit sur tout contrôle de l'opinion.

Aujourd'hui, les choses ont changé.

Il existe une écriture *défi*...s infiniment plus ressemblante à celle du bordereau que celle de l'accusé condamné il y a trois ans.

Ce seul fait exige la revision du procès de notre camarade Dreyfus, du moins quand on veut apporter dans la justice un peu de la probité scientifique.

A ce propos, je te dirai que je ne trouve guère de cela dans les rapports de MM. Ravary et d'Ormescheville : par contre, j'y reconnais l'écriture de bons élèves des jésuites.

Je ne te parle pas du *Uhlan*, puisqu'on n'a rien voulu tirer au clair à son égard.

N'est-ce pas un chose étrange, camarade Mercier, que dans une question où la justice exige le sang-froid, l'on ait vu des soldats, qui ne bronchent pas au feu, éprouver cependant le frisson de la peur civile et s'émouvoir d'un *Drumont* ou d'un *Rochefort*?

En tout cas, j'affirme très haut que la récente méthode d'enquête n'eût jamais pu être appliquée du vivant de notre regretté camarade de Miribel, car celui-ci possédait au plus haut point la probité scientifique.

Quoi qu'il en soit, mon cher camarade, je suis persuadé que si, il y a trois ans, tu t'es trompé, tu t'es trompé de bonne foi.

Et c'est pourquoi, si Dreyfus est innocent, ce qui, je ne crains pas de le dire, me paraît de plus en plus probable, je te plaindrai de tout cœur.

D'ailleurs, la vérité, on l'aura, et toute nue, et cela en dépit de Tartuffe qui vient de recevoir en France ses grandes lettres de naturalisation.

Camarade Mercier, je te serre la main.

J. Andrade,
Ancien élève de l'École Polytechnique.

Laurent Rollet
AHP-PReST (UMR 7117), Université de Lorraine
laurent.rollet@univ-lorraine.fr

Reflections on Historiography and Collected Works of Mathematicians: Why and for Whom?

David E. Rowe

My chosen subtitle recalls a famous address delivered by André Weil at the International Congress of Mathematicians held in 1978 in Helsinki (Weil 1978). The theme he chose on that occasion – "History of Mathematics: Why and How?" – reflected his profound unhappiness over what he felt was an intrusion into the history of his field by scholars who lacked the technical, but above all mathematical skills necessary to engage seriously with the great works of the past.[1] Before laying out his complaints, though, Weil began by citing the words of G. W. Leibniz: "Its use is not just that History may give everyone his due and that others may look forward to similar praise, but also that the art of discovery be promoted and its method known through illustrious examples" (Weil's translation, p. 227). One imagines that Weil thought both of these aspects were important. So understood, a good historian should praise and/or criticize mathematical works, but due so fairly, while at the same explaining how past achievements have helped to promote the growth of mathematical knowledge. Assessing historical work in that light, however, clearly means gauging the past with the standards of the present in mind. That view, much maligned by the opponents of Whiggish history, has played a prominent role in modern historiography of mathematics. A recent collection of essays, edited by Niccolò Guicciardini, suggests why it might be mistaken to dismiss this position out of hand.[2]

The reflections set forth here relate only indirectly to the historiographic debates of the 1970s. In fact, the topic I have in mind centers on the resources available for studying the history of mathematics, in particular collections of published work and correspondence. If we set aside the various efforts to

1. Weil was particularly incensed over the account of Fermat's career given in Michael Mahoney's biography of Fermat; see (Weil 1973).

2. See, in particular, his introductory essay in (Guicciardini 2020).

P.-E. Bour, M. Rebuschi & L. Rollet (eds.), *Sciences, Circulations, Révolutions, 617–631.*

reclaim famous mathematical works from classical antiquity, the enterprise of publishing collected works of mathematicians essentially began during the nineteenth century.[3] Since then several variants of such publications have appeared, far more than I can adequately survey here. Nevertheless, in this essay I would like to address the following general question: Why have mathematical communities, publishers, and scholars continued to pour great resources into the production of collected works of distinguished mathematicians, both living and deceased?

Clearly, a number of factors need to be taken into account in answering this question, and these of course vary depending on the editorial project under consideration. In many cases, the answer might even seem quite simple, namely, to make works scattered throughout the scholarly literature more easily accessible. Yet even when this would seem to be the principal motivation, the question still remains: accessible for whom? Or, to put the matter bluntly, who really reads the collected works of mathematicians? If the mathematician is still among the living, then chances are that the immediate circle of those familiar with the author's work will appreciate having ready access to it. On the other hand, when it comes to truly famous figures, a much larger pool of potential readers might await such a publication. Still, I suspect that even in many of these cases there is only a rather weak correlation between the praise expressed for a major project, like the recently completed edition of Felix Hausdorff's collected works,[4] and the number of those who have spent appreciable time reading those volumes, a conclusion supported by the meager sales reported by Springer-Verlag in Heidelberg. Nor, to take a second example, do I find any evidence that the much-praised eight-volume edition of *Mathematical Papers of Isaac Newton* (published during the period 1967-1981), led by D. T. Whiteside, had any substantial impact beyond the realm of a handful of leading experts.[5] Thankfully, plans are apparently in place to integrate the Whiteside edition into the ongoing digitalized Newton Project at the University of Oxford (http://www.newtonproject.ox.ac.uk/). Such historical undertakings as these clearly differ in their methods and motivation from more conventional editions of mathematicians' collected works.[6] How many of the latter, though, ever reach a wide readership?

It would seem unlikely that one could make a strong case for the claim that the publication of collected works during the last 100 years or so has

3. The early editions of selected works by Jakob and Johann Bernoullis may be noted as an exception; see further the essays in (Borgato *et al.* 2018).

4. The Hausdorff edition was an interdisciplinary project sponsored by the North Rhine-Westphalian Academy.

5. Not being one of these experts, I can still attest that these volumes served as a wonderful resource for courses I taught in Mainz, particularly for seminars on the early history of analysis.

6. The current D'Alembert project is perhaps the most ambitious current project, aiming to produce some 60 volumes, (see Guilbaud *et al.* 2014) https://doi.org/10.3917/dhs.046.0153.

significantly promoted the growth of mathematical knowledge. Yet, if we turn back to the nineteenth century, when such collections were still quite rare, the situation looks radically different from today. In fact, during that era the appearance of a mathematician's collected works could profoundly influence the future course of mathematical research. We thus begin by briefly describing some famous examples, after which we discuss the circumstances surrounding a prominent counterexample.

1 Abel and Galois

Three prominent examples of this phenomenon easily come to mind: Niels Henrik Abel (1802-1829), Évariste Galois (1811-1832), and Bernhard Riemann (1826-1866).[7] As their legacies lived on, the reputations of these three mathematicians rose to quite exalted heights. In the cases of Abel and Galois, both eventually became major national heroes in Norway and France, respectively. Riemann never attained quite the same status in Germany, no doubt in part because his fame was overshadowed by that of his teacher, Carl Friedrich Gauss (1777-1855). These cases bear comparison here for two reasons. First, all three were bold new thinkers who died at a young age before they had time to develop their ideas or communicate them to many others. This being the case, their legacies depended heavily on the fate of their posthumously published writings. Second, the collected writings of all three of these figures eventually became works in progress pursued by leading mathematicians who dug deeply into the extent corpus of their writings. These efforts often led to new findings or, more often, new interpretations that took on a life of their own.

Abel became a celebrated figure in his native land, whose governments did much to exalt his memory. A first edition of his collected works, financed by the king, was published in 1839. This edition, (1839), prepared by Abel's former teacher, Bernt Michael Holmboe, purported to be complete, but in fact much was still missing. Two years later in 1841, the French Academy finally recovered and published Abel's famous "Mémoire sur une propriété générale d'une classe très étendue de fonctions transcendantes". Even the second edition of Abel's works (Abel 1881), edited by the Norwegian mathematicians Ludvig Sylow and Sophus Lie, lacks a manuscript that Gösta Mittag-Leffler published in *Acta Mathematica* as part of the celebration of the centenary of Abel's birth. The bilingual Festschrift (Abel 1902) dating from this event represents another important addition to the literature on this remarkable figure.

Despite these various delays, Abel's publications exerted a strong and quite sudden influence on leading mathematicians in France and Germany. Abel was not only the first to prove that the general quintic equation was

7. Riemann's collected works proved to be a true work in progress. The first two editions were (Riemann 1876), after which *Nachträge* appeared in 1904. The last edition (Riemann 1990) contains much additional data and commentary.

unsolvable by radicals, his theory of Abelian equations – those whose roots depend on rational expressions of a single root, expressions that also happened to commute – pointed the way to the far more general theory of Galois. Indeed, from a group-theoretic standpoint, Abel's result on the solvability of Abelian equations follows immediately from the fact that Abelian groups are the simplest examples of solvable groups. At the same time, Abel's Theorem for integrals of algebraic functions was profoundly important for complex analysis, inspiring major work by Jacobi, Weierstrass, Riemann, Clebsch, and their followers. C. G. J. Jacobi was probably the first to grasp the profundity of Abel's Theorem based on the brief account of it that Abel gave in Crelle's Journal. Yet, beginning with Riemann's new recasting of the theory of algebraic functions and their integrals by means of Riemann surfaces, the original motivation behind Abel's theory was refigured, leading the way to the concept of genus for algebraic curves. When reading Abel's famous Paris *mémoire*, one should not be thinking ahead to Riemann, though, but rather looking backward to Euler's theorem on sums of elliptic integrals.

These remarks are hardly novel observations, as anyone familiar with the historical literature can attest. Henrik Kragh Sørensen, writing at the time of the Abel bicentennial, summed up the situation in these words:

> Despite all its novelties, Abel's mathematical production was thoroughly rooted in its contemporary mathematical context. In particular, Abel picked up inspiration – questions to ask and methods to employ – from the algebraic works of Joseph Louis Lagrange (1736-1813) and Carl Friedrich Gauss (1777-1855) and the new program of rigorous analysis advocated by Augustin-Louis Cauchy (1789-1857). (Sørensen 2002, p. 137)

Sørensen went on to emphasize that a sympathetic reading of Abel's works offers important insights into how mathematical ideas have typically evolved. Thus, an interested mathematician might well enjoy comparing Abel's Paris *mémoire* with the version of Abel's Theorem given in Hermann Weyl's *Die Idee der Riemannschen Fläche.* On the other hand, one should read Abel's work on the theory of equations from the perspective of Lagrange, not with modern notions of groups and fields in mind. In sum, "these theories and the central concepts on which they rest had not been developed in the 1820s and Abel's role in these concepts lies completely in the generative phase" (Sørensen 2002, p. 151).

Mathematicians will continue, of course, to speak about Abelian groups, as well they should. One might hope, though, that they would realize that this terminology is anachronistic. More important still, one would hope that those mathematicians who express a serious interest in the history of their field could agree on a simple principle: If one wants to gain a deeper understanding of works by a certain mathematician A, one should begin by asking what A might have learned by reading the works of B, C, D, ..., etc. A drawback, of course, is that A probably left few clues that make it easy to answer this question. Nevertheless, historians can often piece together a viable picture that reflects this creative process quite accurately. What one should avoid, though, are wild speculations about how A's ideas presaged those of X or Y.

The famously singular career of Évariste Galois has afforded a great deal of room for all sorts of speculation about his life and death as well as his mathematics.[8] B. Melvin Kiernan, author of an authoritative study on the history of Galois theory, aptly stressed the need to place Galois' bold new approach to equation theory in context when he wrote:

> The kernel of many ideas Galois later applied to special equations can be found in the work of Lagrange. While Galois also had the benefit of properties of permutations discovered by Cauchy, and the insight into the role of a function in algebra introduced by Abel, his fundamental idea, the association of permutations of the roots with the rational expressions of the roots, must be credited to Lagrange. (Kiernan 1971, p. 56)

Regarding Galois' collected works, consisting of some 100 pages, Joseph Liouville first published these in two parts, though without commentary, in his *Journal de Mathématiques Pures et Appliquées* (Galois 1846). This publication awoke considerable curiosity, yet nevertheless the reception process proceeded very slowly. When Liouville's announced commentary failed to materialize, Enrico Betti published his own in 1852, but this was mainly devoted to filling in gaps he found in Galois' texts rather than expounding the theory itself. In 1854, Arthur Cayley published a paper on the abstract theory of groups, in which he wrote:

> The idea of a group as applied to permutations or substitutions is due to Galois, and the introduction of it may be considered as marking an epoch in the in the progress of the theory of equations. (Quoted in (Kiernan 1971, p. 102))

This pioneering paper actually went well beyond Galois in presenting a general concept of groups, including conjugate groups and normal subgroups, while discussing special cases, such as groups of matrices, quaternions, as well as permutation groups. These classical algebraic ideas, however, failed to attract strong interest among contemporary mathematicians, so Cayley's paper went unnoticed for decades.

Another avenue of reception involved the interplay of elliptic functions with algebra and arithmetic, which proved particularly fertile terrain for Charles Hermite.[9] Interest in Galois theory reached an early peak in France through

8. On the various fictionalizations of Galois' life, see (Rothman 1982), (Taton 1993), and (Ehrhardt 2011a).

9. On these developments in relation to Galois theory, see (Goldstein 2011).

the work of Camille Jordan, especially with the appearance of his famous *Traité des substitutions et des équations algébriques* in 1870.[10] Yet as Kiernan emphasized, the standard French textbook on algebra, Joseph Serret's *Cours d'algèbre supérieure*, which first appeared in 1849 with a section on classical Galois theory, failed to keep up with works like Jordan's. Serret published an expanded third edition in 1866, thus too early to take Jordan's work into account, whereas subsequent editions deviated little from the third. Galois theory only appeared in the final chapter of the second volume.

In the meantime, German mathematicians – Kronecker, Dedekind, and Heinrich Weber – had begun to import ideas from Galois theory into two new fields: algebraic number theory and the theory of algebraic functions. As for group theory, Otto Hölder made an important contribution in 1889 by introducing quotient groups in the course of proving the Jordan-Hölder theorem for decomposition series. Weber then synthesized these developments in textbook form in his *Lehrbuch der Algebra* (1895), which became standard reading for the next generation of German mathematicians. Finally, in 1898, Hölder gave a synopsis of the classical theory in his article "Galois'sche Theorie mit Anwendungen" for the *Encyklopädie der mathematischen Wissenschaften*. During the 1890s, German audiences also had ready access to Galois' work through Hermann Maser's translations in (Abel & Galois 1889).

Meanwhile, the Société mathématique de France issued a republication of Galois' works with a preface by Émile Picard (Galois 1897). Two years earlier, Sophus Lie paid homage to Galois as part of the centennial celebration of the École normale (Lie 1895). This event led to the first wave of broader interest in Galois' life, documented in detail by Paul Dupuy in (Dupuy 1896). Some years afterward, Jules Tannery, who had long served as advisor of studies at the École normale, published newly found documents from the hand of Galois (Tannery 1906-1907). By this time, however, representations of Galois' work had little to do with the ideas that guided him originally, as by now that context was more or less forgotten, having been completely overshadowed by subsequent developments. In fact, as Caroline Ehrhardt has emphasized, there had never been any consensus view of Galois mathematical legacy. Ehrhardt points, for instance, to the different ways that Serret and Jordan had appropriated and recast his ideas in France. In particular, how "Jordan's *Traité* added a new layer to the scholarly memory of Galois; henceforth it would include representations of the sense one ought to attribute to his works" (Ehrhardt 2011b, p. 188).

2 Lie and Klein

Sophus Lie and Felix Klein became acquainted with Jordan's *Traité* when they visited Paris in 1870. Both were full-blooded geometers, but they quickly grasped the analogy between finite substitution groups and certain continuous families of geometric transformations that remained closed under composition.

10. On Jordan's reading of Galois, see (Brechenmacher 2011).

Klein's "Erlanger Programm" from 1872 famously championed the notion that one could differentiate various methods in geometry by means of the group concept. To do so, one began with a manifold and a group of transformations that acted on it globally. Its geometry was then to be understood as the invariant theory associated with the given transformation group. Yet, as Thomas Hawkins emphasized long ago (Hawkins 1984), Klein never really pursued this "program", whereas Lie did, albeit with an eye on the local properties of continuous groups in relation to differential equations.

By the late 1870s, their research paths had departed almost completely, save for the fact that groups played an important role for both men. As Jeremy Gray has recently argued in (Gray 2019), Klein developed a novel and also quite influential approach to Galois theory during these years, best known from his book on the icosahedron (Klein 1884).[11] This survey was also influential in projecting a simplistic picture of the research agendas of Klein and Lie as well as their claims to a part of the grand legacy dating back to Galois. In the preface, Klein wrote that he and Lie decided to "divide and conquer" group theory after they parted ways in 1872: Klein taking the theory of finite and discrete groups and automorphic functions while his former collaborator took on the even harder theory of continuous groups and their related differential equations. By the 1890s, this misleading story had become thickly entwined with the then emerging mythology surrounding Klein's "Erlanger Programm".

These circumstances strongly colored the last phase of Lie's career in Leipzig, during which he grew increasingly estranged from his colleagues. When Klein began promoting his "Erlanger Programm" in the early 1890s as part of a plan to publicize the early work he and Lie had undertaken together, his Norwegian friend came to see these efforts as a threat to his own intellectual legacy. This simmering conflict ate away on Lie's mind for some time before he decided to make a public declaration that ended their friendship. In the preface to the third volume of his *Theorie der Transformationsgruppen*, published in 1893, Lie attacked several mathematicians at once, but most notably Felix Klein, about whom he wrote:

> I am no pupil of Klein's. Nor is the reverse the case, even though it perhaps comes closer to the truth. I value Klein's talent highly and will never forget the sympathetic interest with which he has always followed my scientific endeavors. But I do not feel that he has a satisfactory understanding of the difference between induction and proof, or between a concept and its application. (Stubhaug 2002, p. 371)

One must bear these circumstances in mind when reading (Lie 1895), which makes no mention of Klein whatsoever. Indeed, Lie described Galois' influence

11. I dubbed this Kleinian approach "geometric Galois theory" in (Parshall & Rowe 1994, pp. 168–174).

on developments in mathematics without mentioning a single living researcher. Not surprisingly, his remarks mainly touched on his own achievements, which had little to do with developments in algebra. When the directors of the École normale invited Lie to write an essay honoring Galois, they gave him a golden opportunity to construct a historical narrative that began with Abel and ended with his notable, but very different contributions to group theory. To gain an impression of the gross simplifications this entailed, here is what Lie had to say about the notion of genus (genre), a concept first introduced by Clebsch in adapting Riemann's theory of algebraic functions to algebraic geometry:

> There is (...) no doubt that Abel and Galois were in possession of this notion, which is generally attributed to Riemann. It is true that the latter had the merit of highlighting it and developing the consequences. However incomplete Galois' communications regarding his research in this lofty domain may be, they show how penetrating his genius was, and make us even more deeply regret the loss that science has caused by his untimely death. (Lie 1895, p. 485)

Lie's text mixes daring claims with sweeping assertions that quickly evaporate before the reader has even turned to the next page. Of course, he wrote this text for a ceremonial occasion, so one should not scrutinize his words too carefully. His task, after all, was simply to honor Galois without offending any contemporary mathematicians, and he surely succeeded in this respect. A few years later, Lie discovered that he was suffering from pernicious anemia. In 1898, he returned to his native land, whose parliament had created a special professorship for him. He arrived, however, gravely ill and died in 1899, thus three years before the centennial celebration in honor of Lie's hero, Niels Henrik Abel.

This event helped to publicize Abel's genius, much like the centennial of the École normale did for Galois. Oslo University announced a competition for a statue of Abel, which was to be placed near its main building. After much controversy, Gustav Vigeland received the commission, and in 1908 his monument to Abel was unveiled, though not at the university but on the grounds of the Royal Palace. Felix Klein thought Vigeland's heroic portrayal of Abel was a travesty for his memory; he even urged that another statue be erected, one truer to his own vision of the genial young man whom he thought of as the Mozart of mathematics (Klein 1926, p. 108).

Lie's vision for a theory of continuous transformation groups definitely owed something to Galois theory, and one of his French students, Ernest Vessiot, hoped to create a Galois theory for differential equations known as Picard-Vessiot theory. Beyond this, however, and despite all the obvious differences between their mathematical work and their respective careers, one can fruitfully compare Lie with Galois in a more general sense. Both of them planted highly fertile seeds, from which sprang major theories that developed in surprising new directions. After 1900, Galois theory eventually merged with currents in modern algebra, after which it eventually emerged in a new guise in van der Waerden's *Moderne Algebra.* Some ten years later, Emil Artin reworked the theory, freed it from all applications, and presented it in its now standard form. For the case of Lie theory, the corresponding transformation process was also deeply affected by the rise of modern algebra along with several other currents as well. Tom Hawkins' detailed account of the main phases of development clearly reveals the vast differences between Lie's original ideas and the modern theory that bears his name (Hawkins 2000).

Lie's original theory dealt with transformation groups, which were closely akin to group actions on manifolds. Lie regarded such transformation groups – the elements of which form what is now called a local Lie group – as generated by the infinitesimal maps associated with their first derivatives. To pass from these infinitesimal generators to the local transformations required finding the solutions to a system of differential equations, and it was this idea that lay at the heart of Lie's vision. After studying Jacobi's work, Lie recognized that the elements of the "infinitesimal group" satisfied the familiar bracket relations for a Lie algebra, but it was Wilhelm Killing who first explored their structure theory as part of a program aimed at classifying space forms. This became the starting point for Ellie Cartan's investigations as well. It was not until the mid-1920s, when Hermann Weyl stepped onstage, that the global theory of Lie groups finally emerged.

Around this time, Friedrich Engel had begun to publish the first volumes of Lie's collected works (Lie 1922-1960). For many years, Engel had devoted himself to Lie's mathematics, beginning with a lengthy stay in Oslo, where he began work on the first volume of Lie's *Theorie der Transformationsgruppen*, a gigantic project that was eventually published in three volumes between 1888 and 1893. Both continued to collaborate on this undertaking in Leipzig, where Lie succeeded Klein as professor of geometry in 1886. After Lie's death, a Norwegian plan to publish Lie's collected works soon floundered. This idea was revived, however, in 1913, after Engel published an article in the Oslo newspaper *Tidens Tegn* in which he called attention to Norway's failure to honor its greatest mathematician since Abel. Engel's appeal motivated the newspaper's editor to initiate a successful fundraising campaign, which included subscriptions as well as an appropriation from the parliament. With these commitments in hand, Teubner then agreed to publish Lie's *Gesammelte Abhandlungen.* But just as this project got underway, the Great War broke out. By the time it ended, Teubner decided they could no longer afford the luxury of publishing expensive mathematical works, and Engel had to begin once again searching for additional funding sources. In the end, the scientific academies in Oslo and Leipzig agreed to sponsor the project, though with two editors instead of only one. The Danish topologist Poul Heegaard then joined Engel as coeditor. Together they produced the first six volumes, edited with extensive commentaries, which came out between 1922 and 1937.

Engel later prepared a final seventh volume containing various unpublished writings from Lie's literary estate, but this volume had to be shelved due to the outbreak of the Second World War. It finally appeared in 1960, nearly twenty years after Engel's death, but with one set of texts missing. Engel had entitled this "Zur Auseinandersetzung mit Felix Klein", but the editors decided, for whatever reason, that it would be inappropriate to include these writings from Lie's Nachlass. Engel had been a direct witness to the controversy that broke out between Lie and Klein, and he clearly felt that Lie's views from the early 1890s should be made known. Engel obviously also knew that Lie's reputation in Germany had suffered badly after he publicly criticized Klein in 1893, particularly since his harsh words appeared completely unjustified to many readers. After Hilbert read these passages, he wrote to Klein that in his preface to volume 3, Lie's "megalomania confronts us in bright flames" (Hilbert & Klein 1985, p. 101). Hilbert had been considering Engel as a candidate for a recent vacancy in Königsberg, but he now dropped him from the final list, since he held him to be partially responsible for the "incomprehensible and completely useless personal insults" in that preface (*ibid.*). Friedrich Engel was hardly a partisan figure, and Hilbert admitted that he had always regarded him as "eine recht sympathische Persönlichkeit", but here Engel clearly found himself caught in a difficult situation. In any event, all his life he remained devoted to Sophus Lie and his intellectual legacy. Like nearly all others who engaged in similar editorial projects, Engel received little recognition from his fellow colleagues for all these efforts.

In view of what was said above about the fast-moving developments in Lie theory, it should come as no surprise that very few mathematicians have paid serious attention to Lie's *Gesammelte Abhandlungen*. Lie never did have many readers; indeed, he was acutely aware that most of his contemporaries thought his papers were unreadable. His collected works remain a major challenge for historians of mathematics today; for there can be no doubt that Lie was a major visionary thinker.

3 Bourbaki

If the publication of Lie's collected works created barely a stir, interest in Galois' life and work continued into the postwar era. Scholars produced an expanded edition of his collected works (Galois 1962), which was received with great enthusiasm by the French mathematical community. Jean Dieudonné, while passing over Lie's claims with respect to Abel's imagined foresight, entered his own plea on behalf of Galois' prophetic powers:

> It is perhaps less well known that [Galois] had also, without any possible doubt, discovered the essentials of the theory of abelian

> integrals, as Riemann would develop it 25 years later. By what route did he arrive at these conclusions? The fragments of calculations in analysis found among his papers do not seem to permit much of an answer to that question, but there is room to imagine that he must have been very close to the idea of the Riemann surface associated with an algebraic function, and that such an idea must also be fundamental in his investigations into what he calls the "théorie de l'ambiguïté". (Galois 1962, p. v)

Dieudonné and Weil shared a deep interest in the history of mathematics, about which they had many insightful things to say. Most of the time, though, their observations were strongly colored by a Bourbakist reading of the past. This outlook dictated what they saw as important and, especially in Dieudonné's case, how a story should be told. With his brief history of algebraic geometry (Dieudonné 1985), he unwittingly offered what might be called a caricature of this style of historiography.[12]

Weil had a deep interest in the history of number theory, which was presumably the only reason he was appointed editor of Kummer's *Collected Papers* (Kummer 1975). He certainly took a serious interest in Kummer's number-theoretic work, as can be judged by the lengthy introduction he wrote for volume 1. As for the second volume, which contains all of Kummer's other works, we can gauge Weil's opinion by noting that he required just a single page to summarize its contents. Apparently, he had all he could do to muster up a single sentence of praise – more like a backhanded compliment – for Kummer's "amazing ability to cut his way through dense thickets of algebraic or analytic brushwood, with frequently inadequate intellectual equipment, while never losing sight of the main goal" (Kummer 1975, vol. 2, p. vii). Nor did Weil evince any interest in Kummer's work leading up to the discovery of Kummer surfaces, about which he merely offered a passing remark. "To many mathematicians of the present generation", he wrote, "it may come as a surprise to learn that Kummer discovered that family of surfaces in connection with problems in line geometry in three-dimensional projective space, entirely without the powerful tool provided by theta functions" (*ibid.*). Presumably Weil knew that Kummer surfaces were deeply entwined with line geometry (they arise as the singular surfaces for one-parameter families of quadratic line complexes), but if he had read Kummer's papers at all carefully he would have realized that Kummer never made that connection. He worked exclusively with congruences of lines, which have Kummer surfaces as their caustics in certain special cases.

12. Dieudonné's total disregard for historical contextualization can be seen on full display in a youtube video, https://www.youtube.com/watch?v=Jzx-0poj3Eo, taken from a lecture he delivered in 1972 on the history of algebraic geometry.

4 Final Reflections

Mathematicians will always be inclined to see the past through the lens of their own mathematical world. This type of systematic distortion is lamentable, but historians should not, in turn, overplay the significance of individual texts, treating these as static artefacts instead of as important elements within the larger intellectual and social contexts in which mathematical ideas arise. Historians are accustomed to thinking backward in time, whether searching for the origins of the Great War or the intellectual sources that led Newton and Leibniz to their respective versions of the infinitesimal calculus. Mathematicians, on the other hand, have a natural tendency to connect a historical text with their own understanding of what the author presumably meant. These two inclinations, though naturally opposed, need not be regarded as entirely antithetical. As Niccolò Guicciardini has suggested, historians of mathematics can hardly escape the fact that mathematical knowledge has long been highly stable and coherent. Standards of rigor have changed, to be sure, over time, leading to new refinements as the body of knowledge itself has changed. Yet, in many cases, one can indeed translate a given corpus of knowledge from one mathematical language into another with very little loss of substantive meaning. Moreover, such transformational thinking forms an intrinsic part of mathematical creativity. Guicciardini addressed this as part of the natural dynamic connecting author and reader:

> Once a text has been published or has circulated, the mathematician who wrote it has little control over how it might be read and interpreted. Readers will likely approach it with their own purposes, perhaps developing new ideas from it, or drawing conclusions from it not envisaged by the author. This reception process, which gradually effaces the voice of the author, constitutes an essential part of any long-term mathematical development. In a way, the stronger the mathematical reception, the sooner the author's intentions disappear. (Guicciardini 2020, introduction)

The small selection of collected works discussed above are, of course, in no sense representative. If we scan through the holdings of a first-class mathematics library, the section devoted to collected works will consist of several hundred volumes, very few of which get taken off the shelves to read. Their editors were often students with close ties to the mathematician so honored, much as with a Festschrift volume, except that in the latter case the works happen to be dedicated to the honoree. Just as no publisher probably ever imagined making a profit from a Festschrift volume, the same was generally true of collective works. They might occasionally serve as convenient reference works, but only in the rarest of cases were they objects for serious study.

Historians can be grateful, of course, to have these special resources at hand. Even more useful will be new digital editions with searchable content. Still, it remains to be seen whether the history of mathematics can find a niche in the new world of digital humanities. Clearly, technological innovation alone will not create a new readership with a deep interest in the mathematics of the past.

Bibliography

Abel, N. H. (1839). *Œuvres complètes de N.H. Abel, mathématicien, avec des notes et développements, rédigées par ordre du roi.* Christiania: Chr. Grondahl. 2 vols., ed. by Bernt Michael Holmbö.

Abel, N. H. (1881). *Œuvres complètes de N.H. Abel. Nouvelle édition publiée aux frais de l'État norvégien.* Christiania: Chr. Grondahl & Son. 2 vols., ed. by Ludwig Sylow & Sophus Lie.

Abel, N. H. (1902). *Niels Henrik Abel: Mémorial publié à l'occasion du centenaire de sa naissance.* Kristiania: Dybwad.

Abel, N. H. & Galois, E. (1889). *Abhandlungen über die Algebraische Auflösung der Gleichungen von N.H. Abel und E. Galois.* Berlin: Julius Springer. Trans. by H. Masar.

Borgato, M. T., Neuenschwander, E., & Passeron, I. (2018). *Mathematical Correspondences and Critical Editions.* Basel: Springer.

Brechenmacher, F. (2011). Self-portraits with Évariste Galois (and the shadow of Camille Jordan). *Revue d'histoire des mathématiques*, 17, 273–372.

Dieudonné, J. (1985). *History of Algebraic Geometry.* Monterey: Wadsworth. Trans. by J.D. Sally.

Dupuy, P. (1896). La vie d'Évariste Galois. *Annales scientifiques de l'École normale supérieure*, 13(3e série), 197–266.

Ehrhardt, C. (2011a). *Évariste Galois. La fabrication d'une icône mathématique.* Paris: Éditions EHESS.

Ehrhardt, C. (2011b). Évariste Galois and the social time of mathematics. *Revue d'histoire des mathématiques*, 17, 175–210.

Galois, E. (1846). Œuvres mathématiques d'Évariste Galois. *Journal de mathématiques pures et appliquées*, XI, 381–444.

Galois, E. (1897). *Œuvres mathématiques d'Évariste Galois.* Paris: Gauthier-Villars. Ed. by É. Picard.

Galois, E. (1962). *Écrits et mémoires mathématiques. Édition critique intégrale des manuscrits et publications d'Évariste Galois.* Paris: Gauthier-Villars. Ed. by R. Bourgne & Azra, J.-P.

Goldstein, C. (2011). Charles Hermite's stroll through the Galois fields. *Revue d'histoire des mathématiques*, 17, 211–272.

Gray, J. (2019). Century Galois Theory. In A. Cogliati (ed.) *Serva di due Padroni. Saggi di Storia della Matematica in onore di Umberto Bottazzini*, Milano: EGEA, 97–127.

Guicciardini, N. (ed.) (2020). *Anachronisms in the History of Mathematics: Essays on the historical interpretation of mathematical texts.* Cambridge: Cambridge University Press.

Guilbaud, A., Passeron, I., Ferret, O., & Barrellon, V. (2014). Éditer l'*Encyclopédie* au 21e siècle: un projet d'édition numérique, critique et collaborative. *Dix-Huitième siècle*, 46(1), 153–166, doi:10.3917/dhs.046.0153.

Hawkins, T. (1984). The *Erlanger Programm* of Felix Klein: Reflections on its place in the history of mathematics. *Historia Mathematica*, 11(4), 442–470, doi:10.1016/0315-0860(84)90028-4.

Hawkins, T. (2000). *Emergence of the Theory of Lie Groups. An Essay in the History of Mathematics.* New York: Springer.

Hilbert, D. & Klein, F. (1985). *Der Briefwechsel David Hilbert – Felix Klein.* Göttingen: Vandenhoeck & Ruprecht.

Kiernan, B. M. (1971). The development of Galois theory from Lagrange to Artin. *Archive for History of Exact Sciences*, 8(1–2), 40–154.

Klein, F. (1884). *Vorlesungen über das Ikosaeder und die Auflösung der Gleichungen vom fünften Grade.* Leipzig: Teubner.

Klein, F. (1926). *Vorlesungen über die Entwicklung der Mathematik im 19. Jahrhundert.* Berlin: Julius Springer.

Kummer, E. E. (1975). *Ernst Eduard Kummer, Collected Papers.* Berlin: Springer. 2 vols., ed. by A. Weil.

Lie, S. (1895). Influence de Galois sur le développement des mathématiques. In *Le Centenaire de l'École normale (1795-1895): Édition du Bicentenaire*, Paris: Éditions Rue d'Ulm, 481–489. *Gesammelte Abhandlungen*, Leipzig: B. G. Teubner, vol. 6, 592–601.

Lie, S. (1922-1960). *Gesammelte Abhandlungen.* Leipzig; Oslo: Teubner; Aschehoug. 7 vols., ed. by Fr. Engel & P. Heegaard.

Parshall, K. H. & Rowe, D. E. (1994). *The Emergence of the American Mathematical Research Community 1876-1900: J.J. Sylvester, Felix Klein, and E.H. Moore*, *History of Mathematics*, vol. 8. American Mathematical Society and London Mathematical Society.

Riemann, B. (1876). *Berhard Riemann's Gesammelte Mathematische Werke und wissenschaftlicher Nachlass.* Leipzig: B.G. Teubner, 2nd edn. 1892; Nachdruck bei Dover 1953 (mit den Nachträgen herausgegeben von Max Noether und Wilhelm Wirtinger, Teubner 1902).

Riemann, B. (1990). *Riemanns gesammelte mathematische Werke, wissenschaftlicher Nachlass und Nachträge.* Leipzig; Heidelberg: Teubner; Springer. Ed. by R. Narasimhan.

Rothman, T. (1982). Genius and biographers: The fictionalization of Evariste Galois. *The American Mathematical Monthly*, 89(2), 84–106, doi:10.1080/00029890.1982.11995389.

Sørensen, H. K. (2002). Abel and his mathematics in contexts. *NTM International Journal of History & Ethics of Natural Sciences, Technology & Medicine*, 10(1), 137–155, doi:10.1007/BF03033109.

Stubhaug, A. (2002). *The Mathematician Sophus Lie.* New York: Springer.

Tannery, J. (1906-1907). Manuscrits et papiers inédits d'Évariste Galois. *Bulletin des sciences mathématiques*, 30–31, 226–248; 255–263; 275–308.

Taton, R. (1993). Évariste Galois et ses biographes. De l'histoire aux légendes. *Sciences et Techniques en Perspective*, 26, 155–172.

Weil, A. (1973). Review: M.S. Mahoney, *The Mathematical Career of Pierre de Fermat*. *Bulletin of the American Mathematical Society*, 79(6), 1138–1149.

Weil, A. (1978). History of mathematics: Why and How? In *Proceedings of International Congress of Mathematicians*, Helsinki, vol. 1, 227–236.

David E. Rowe
Mainz University
rowe@mathematik.uni-mainz.de

"Laplace devant le tribunal d'un psychologue". Un inédit de Franz Brentano au sujet du *Mégamicros* de Joseph Delbœuf

Oliver Schlaudt

1 Introduction

« Laplace devant le tribunal d'un psychologue » est un inédit du philosophe et psychologue allemand Franz Brentano (1838-1917) dans lequel il répond à l'article « Mégamicros, ou les effets sensibles d'une réduction proportionnelle des dimensions de l'univers », publié par son confrère belge Joseph Delbœuf (1831-1896) en 1893.

Brentano, dont la vocation première fut d'être prêtre, enseigna la philosophie à l'université de Vienne de 1874 à 1895. Il est connu pour ses interprétations d'Aristote et de Thomas d'Aquin et comme fondateur de l'« *Aktpsychologie* », approche psychologique centrée autour de la notion d'intentionnalité. Il influença des auteurs comme Carl Stumpf, Sigmund Freud, Kazimierz Twardowski et Alexius Meinong (Husserl *et al.* 2007). La cible de son attaque, Joseph Delbœuf, était un scientifique aussi énigmatique que brillant dont les travaux couvrent des domaines aussi divers que la logique symbolique, la géométrie, l'épistémologie, l'hypnose, l'inconscient et la psychométrie. Même la psychologie des lézards y trouva sa place[1] !

Le contact entre les deux hommes s'établit lors de la publication d'un article dans lequel Delbœuf attaqua l'idée d'une invariance d'échelle universelle de notre monde. Dans un monde parfaitement invariant tout processus physique

1. La littérature sur Delbœuf n'est pas abondante. Je cite (Gilkinet 1905), (Duyckaerts 1993), (Carroy & Castel 1997), (Murray 2012) et (Trochu 2016). – Grâce à son intérêt pour l'hypnose, il se créa d'ailleurs un lien avec Nancy. Delbœuf mentionne une visite de cette ville dans son récit *Les Fêtes de Montpellier : promenade à travers les choses les hommes et les idées* (Delbœuf 1891). Je n'ai malheureusement pas pu me procurer cette publication, mais dans un compte rendu anglais du « *charming narrative* » nous lisons : « *The author, with the companions of his tour, could not pass Nancy without stopping to see "the masters in the sciences of hypnotism" there* » (*Omega* 1891, p. 131).

P.-E. Bour, M. Rebuschi & L. Rollet (eds.), *Sciences, Circulations, Révolutions, 633–653.*

se déroule indépendamment de son échelle géométrique. Ceci est en effet le cas dans un monde dans lequel règne la loi newtonienne de la gravitation, comme le constata Laplace dans son *Exposition du système du monde* dès la première édition de 1796 :

> Une propriété remarquable de cette loi de la nature, est que si les dimensions de tous les corps de cet univers, leurs distances mutuelles et leurs vîtesses, venaient à augmenter ou à diminuer proportionnellement ; ils décriraient des courbes entièrement semblables à celles qu'ils décrivent, et leurs apparences seraient entièrement[2] les mêmes ; car les forces qui les animent, étant le résultat d'attractions proportionnelles aux masses divisées par le quarré des distances, elles augmenteraient ou diminueraient proportionnellement aux dimensions du nouvel univers. On voit en même-tems, que cette propriété ne peut appartenir qu'à la loi de la nature. Ainsi, les apparences des mouvemens de l'univers sont indépendantes de ses dimensions absolues, comme elles le sont, du mouvement absolu qu'il peut avoir dans l'espace ; et nous ne pouvons observer et connaître que les rapports. (Laplace 1796, p. 193)

En vérité, l'invariance de la loi newtonienne n'est pas liée à la nature relative de toute grandeur, mais, comme Laplace l'explique au début de la citation, elle est entièrement due à la forme mathématique de cette loi qui fait que chaque variation de l'échelle géométrique (distances et vitesses des corps) entraîne la même variation de la force gravitationnelle et a donc pour résultat des courbes entièrement semblables. Le système solaire, réduit à l'échelle d'un atome, conserverait donc parfaitement son apparence.

Cependant, ce raisonnement présente deux difficultés. La première, c'est que dans notre monde la force gravitationnelle n'est pas la seule à agir sur les corps. En général il y en a plusieurs qui obéissent à des lois différentes et se transforment donc de manières différentes, ce qui fait que leurs rapports changent quand l'échelle varie. Le monde des insectes par exemple ne ressemble guère au nôtre. L'importance de la force gravitationnelle y est amoindrie au profit par exemple de la force capillaire ou de la tension de surface des liquides. Par conséquent, des chutes impressionnantes se font sans risques alors que la surface de l'eau peut devenir impénétrable. Mais de tels effets s'observent aussi au sein du monde humain. Une construction, machine ou bâtiment, peut devenir instable quand on la réalise à une échelle supérieure, même si le plan de construction est exactement le même. Les ingénieurs italiens du XVIe siècle connaissaient déjà ce casse-tête dont Galilée finit par expliquer les raisons dans son *Discours concernant deux sciences nouvelles* de 1638 (Valleriani 2010).

L'argument de Delbœuf joue principalement sur cet effet. Il imagine un voyageur cosmique, Mégamicros (selon le modèle du *Micromégas* de Voltaire[3])

2. Seconde édition : « exactement », (cf. Laplace 1799, p. 285)
3. Pour une étude plus approfondie, (cf. Schlaudt 2023).

FIGURE 1 : Joseph Delbœuf et Franz Brentano. Sources : (Gilkinet 1905) & Brentano Archiv Graz.

qui, réduit à la moitié de sa taille originelle, se trouve déplacé pendant son sommeil sur une Terre réduite dans les mêmes proportions. Mégamicros s'apercevra-t-il de ce changement en se réveillant ? Delbœuf l'affirme, contre Laplace. Son argument fait cependant un petit détour par les sentiments de Mégamicros, ce qui implique la psychologie, d'où le titre de la réponse de Brentano, « Laplace devant le tribunal d'un psychologue ».

Le raisonnement de Delbœuf, présenté d'abord devant l'*Académie royale des sciences de Belgique*, puis publié dans le *Bulletin* de la même institution et dans la revue populaire d'astronomie et de météorologie *Ciel et Terre*, fut assez vite, et à plusieurs reprises, traduit en anglais (Delbœuf 1893a, 1898), (Scripture 1897, p. 259), et reçut de nombreuses réponses. L'ingénieur français Georges Lechalas mit le doigt sur un point sensible dans le raisonnement de Delbœuf : Que veut dire « réduire » ? Si la terre réduite a été réalisée avec la même matière que la nôtre, donc avec des atomes qui ont parfaitement gardé leur taille, il n'est pas étonnant que ce monde fonctionne selon des lois différentes. (Mégamicros, réduit à la moitié de sa taille, se réveillerait avec seulement un huitième de la quantité originelle de neurones dans son cerveau !) Un monde, par contre, dans lequel tout objet, même les atomes, se trouverait réduit dans la même proportion, garderait son apparence originale. Ce cas correspond à la fameuse expérience de pensée de Leibniz : « *si Deus universum orbem cum omnibus partibus proportione eadem servata redderet majorem, nullum esset principium id notandi* » (Leibniz 1863, p. 266, p. 276) ; (cf. aussi de Risi 2007, p. 357). Ceci résulte directement de la relativité de la grandeur : un univers réduit, mais décrit avec les mêmes unités de mesure, n'est rien d'autre que l'univers originel, décrit avec des unités de mesure agrandies. Delbœuf ne soulève donc que la question des *objets semblables*, à laquelle s'intéressent les ingénieurs, mais non pas celle des *mondes semblables* (Lechalas 1894), (Lechalas 1896, p. 106).

L'objection, avancée par plusieurs auteurs (cf. Delbœuf 1894b), est juste, et pourtant l'argument de Delbœuf n'a pas entièrement perdu son intérêt pour nous, car – et c'est ici que nous en arrivons à la deuxième difficulté de cette histoire – le monde tel que le décrivent les physiciens contemporains n'est pas newtonien et ne présente pas l'invariance d'échelle. « Modern physics is not universal » (Schäfer & Bartelmann s. d., p. 4) ! Ni la physique quantique ni la théorie de la relativité ne sont invariantes par rapport à une variation de l'échelle géométrique. Au contraire, toutes deux incorporent leur propre échelle, désignée respectivement par la constante h ou c, ce qui fait qu'une variation d'échelle peut tout changer : des effets étranges, non-classiques, peuvent apparaître ou disparaître. « Non-universalité » ne veut cependant pas dire que ces théories n'auraient qu'une validité locale. Bien au contraire, ces théories embrassent et la physique non-classique et la physique classique comme « cas limite », tout en expliquant comment ce cas limite peut se réaliser (dans les cas $c \to \infty$ et $h \to 0$).

Or, si je cite ces tournants pris par la physique bien après la mort de Delbœuf, ce n'est pas pour le plaisir gratuit de lui donner gain de cause *post mortem*. Les objections de Lechalas tiennent en effet toujours. L'intérêt de la découverte de la non-universalité réside ailleurs, à savoir dans le fait que celle-ci était déjà connue des épistémologues de la deuxième moitié du XIXe siècle, et non seulement, entre autres, de Delbœuf, mais surtout *grâce à lui*. En effet, la géométrie non-euclidienne est une théorie « non-universelle » ou non-invariante. Dans un espace non-euclidien, les propriétés des figures vont en général dépendre de leur taille comme c'est le cas pour la somme des angles d'un triangle sur une surface sphérique. Alors qu'un petit triangle y sera quasi-euclidien, un grand triangle avec la base sur l'équateur et le sommet au pôle nord dépassera toujours une somme de 180°. Sur une sphère, les trois angles ne déterminent donc pas seulement les rapports entre trois côtés du triangle, mais leur tailles absolues. Autrement dit : des figures *semblables* n'existent que dans un espace euclidien. Comme la physique quantique et la théorie de la relativité par la suite, une géométrie non-euclidienne se distingue par une sorte d'échelle inhérente, en l'occurrence la courbure. Pour la géométrie sphérique, ce paramètre correspond tout simplement au rayon (ou son inverse).

Delbœuf, chose extraordinaire comme le fit remarquer Roberto Torretti[4], connaissait ces résultats et les discuta dès 1860, dans son livre *Prolégomènes philosophiques de la géométrie et solution des postulats.* Delbœuf souligna la non-invariance des géométries non-euclidiennes et proposa un vocabulaire pour en tenir compte : l'*homogénéité* désigne l'indépendance de la grandeur et de la forme (et donc la possibilité de figures semblables), l'*isogénéité* désigne l'indépendance de la grandeur et de la forme par rapport à la position. La première équivaut au postulat d'Euclide, la seconde à celui de la libre mobilité (cf. Couturat 1898, p. 373).

Ces recherches de Delbœuf retinrent l'attention des épistémologues français autour de la *Revue scientifique*, de la *Revue philosophique* et de la jeune *Revue de métaphysique et de morale* qui commençaient à se poser des questions sur les géométries non-euclidiennes. Nous parlons de l'époque où celles-ci furent découvertes comme une possibilité logique sans cependant avoir été réquisitionnées par les physiciens comme description du monde réel. À cette époque il était donc parfaitement légitime de se demander s'il n'y aurait pas un argument philosophique en faveur de la géométrie euclidienne (question d'ailleurs toujours parfaitement légitime dans une perspective conventionnaliste). Les résultats de Delbœuf semblèrent fournir des armes très utiles pour ce combat. La notion d'un espace non homogène et non isogène, caractérisé par un paramètre absolu, n'est-elle pas en contradiction avec la relativité de l'espace qui veut que celui-ci soit un réceptacle neutre et passif ? N'est-elle pas en contradiction avec la notion de grandeur, excluant toute entité absolue et qui exige que tout objet non-euclidien à n dimension soit représenté dans un espace à $n+1$ dimensions et parfaitement euclidien ? N'est-elle pas en contradiction encore avec les conditions transcendantales de la géométrie analytique et des opérations de mesure ? Tels furent les arguments discutés dans les années 1890 par Bertrand Russell, Louis Couturat, Georges Lechalas, Auguste Calinon, etc. (cf. Couturat 1893a,b, 1896, 1898, Lechalas 1893).

Cet arrière-plan explique la conclusion un peu obscure par laquelle Delbœuf, de façon abrupte et surprenante, finit son « Mégamicros » : « Dernière conclusion : si toutes ces déductions sont exactes, l'espace réel est différent de l'espace géométrique et les dimensions de l'univers sont absolues. » C'est également cet arrière-plan qui donne à ce texte un intérêt qui échappe aux objections tout à fait justes de Lechalas. Comment penser la non-universalité des théories mathématiques et physiques, et comment interpréter leurs « paramètres » caractéristiques, à savoir les constantes de la nature (qui, soit dit en passant, attirent de nouveau notre attention avec la réforme récente du système international d'unité SI, (cf. Courtenay *et al.* 2019)) ? Voilà le débat au sein duquel les idées de Delbœuf ont conservé leur pertinence.

4. (Torretti 1978, p. 153) : « Delbœuf was probably the earliest philosopher who had first-hand acquaintance with the works of Lobachevsky. »

2 Dossier Brentano-Delbœuf

La publication de Delbœuf suscita les objections de maints auteurs, comme il le mentionna d'ailleurs, non sans fierté, semble-t-il (Delbœuf 1894b). Parmi ces auteurs, il y eut aussi Franz Brentano qui exprima ses critiques dans une lettre privée. L'original semble perdu, mais fort heureusement les Archives Brentano à Graz en Autriche possèdent un brouillon, accompagné par d'autres documents que l'on peut découvrir ci-après.

Ce dossier est constitué de cinq documents :

- Le brouillon, non daté, d'une lettre de Brentano à Delbœuf (pages 40.649–40.656). On ne peut évidemment plus vérifier si ou dans quelle mesure ce brouillon correspond à la lettre qui a finalement été envoyée ;
- La réponse de Delbœuf dans laquelle il demande à Brentano l'autorisation de publier sa lettre (document 40.646-2) ;
- Trois fragments à propos du « Mégamicros » : deux d'entre eux, largement identiques et dont nous ne publions que la version la plus aboutie, intitulés « Laplace vor dem Tribunal eines Psychologen » (document 40.641–40.642), et un troisième dont le titre reprend celui du texte de Delbœuf en traduction allemande (40.644–40.648). Il est possible qu'il s'agisse de brouillons d'un texte destiné à servir d'introduction à la publication de la lettre de Brentano, voire à la remplacer dans la publication. En tout cas, ni ces textes ni la lettre ne furent publiés et ne demandent qu'à être découverts.

Les textes allemands, dont les Archives Brentano (Graz) ont eu le gentillesse d'autoriser la publication, sont complétés par leurs traductions françaises, fournies par Françoise Willmann à qui je suis très reconnaissant. Dans la transcription, le signe « [?] » indique un mot difficilement lisible et dont la transcription n'est pas certaine. Les manuscrits contiennent quelques notes en bas de pages de Brentano. Celles que j'ai ajoutées afin de fournir des explications ou des références plus précises ont été mises entre crochets.

2.1 Brouillon d'une lettre à Delbœuf

Hochgeehrter Herr Professor!

Für Ihre neue, freundlich übersandte Abhandlung sage ich Ihnen meinen besten Dank. Ich habe die Brochure mit Interesse gelesen und freute mich der feingeführten, geistreichen und gelehrten Untersuchung. Doch geschah mir bei Ihrem „Mégamikros", was Ihnen bezüglich der Stelle von Laplace begegnet ist: vieles darin hatte meinen vollen Beifall, während anderes mich nicht zu überzeugen vermochte. Und bei Ihrer sichtlichen Verehrung für den grossen Forscher, wird es Ihnen, ich hoffe, nicht unangenehm sein, wenn ich ihn in

Kürze Ihren Angriffen gegenüber zu rechtfertigen versuche. Freilich etwas ausführlicher als Laplace muss ich daher wohl werden und manches, was von ihm stillschweigend vorausgesetzt wird, ausdrücklich geltend machen.

1. Es gibt eine Classe von Materialisten, welche, so wie Farbe und Schall auch Sehen und Hören und überhaupt jede Vorstellung, jedes Urtheil und jede Gemüthsbewegung für blossen Schein erklären, also die Wirklichkeit alles Psychischen leugnen und nur Physisches als reell anerkennen. Diese sägen s.g.s. den Ast ab, auf dem sie selber sitzen, denn sie wollen eine Erfahrungswissenschaft aufbauen u. verwerfen alles, was unmittelbare Erfahrung ihnen bietet. Aber in der Laplace'schen Stelle aber finde ich nichts, was uns berechtigte, ihm eine solche Thorheit zuzuschreiben. Ich halte vielmehr dafür, dass Laplace wohl wusste, dass es, wie Sie p. 31 mit Recht hervorheben, wenn nichts Psychisches, auch keinen Beobachter geben würde[5]; und seine Behauptungen scheinen mir demnach den Glauben an die Existenz von Psychischem zu involvieren.

2. Noch mehr. Laplace' Äusserungen supponieren nicht bloss die Existenz von Psychischem, sondern sie verrathen uns auch, dass er der Ansicht war, dass die Stärke des psychischen Eindrucks, der an einen physischen Vorgang sich knüpft, nicht ausschliesslich von der Geschwindigkeit der psychophysischen Bewegung abhängig sei, vielmehr auch zu der Grösse der Dimensionen u. Distanzen der bewegten Körperchen in functionellem Verhältniss stehe. Stillschweigend setzt er voraus, dass die Stärke des psychischen Eindrucks dieselbe sei, wenn [das Verhältnis der] Geschwindigkeit der psychophysischen Bewegung zwar an und für sich eine andere geworden, aber zu jeder der Dimensionen und Distanzen der betheiligten Körperchen gleich noch im selben Verhältniss stehe. Diese Annahme erscheint auch, wenn nicht selbstverständlich, doch jedenfalls in bester Harmonie mit der Bedeutung, welche Laplace in allen anderen Beziehungen den Grössenverhältnissen giebt. Und darum haben auch Sie selbst, so viel ich sehe, sich nicht an diesem Postulat gestossen; sonst hätten Sie ja wohl nicht unterlassen, geltend zu machen, dass die Intensität jedes psychischen Eindrucks zur Stärke des Reizes in einem bestimmten (sei es nun einfach proportionellem oder, wie Fechner wollte, logarithmischen[6]) Verhältnisse stehe, und dass also bei den Modificationen, die Laplace mit der Welt vornehme, wegen der veränderten Stärke der psychophysischen Bewegungen die Erscheinungen in ihrer Intensität nicht unverändert bleiben könnten.

3. Noch ein drittes Moment ist von Belang. Laplace verlangt, dass die Dimensionen aller Körper, ihre Distanzen und ihre Bewegungsgeschwindigkeiten sämtlich proportional wachsend oder abnehmend gedacht werden. Hierin liegt, dass dies auch bezüglich der unsichtbar kleinen

5. [(Cf. Delbœuf 1893b, p. 30–31): « la conclusion de Laplace serait inattaquable : un *observateur* ne pourrait pas s'apercevoir d'une diminution ou d'une augmentation dans les dimensions de l'univers. Mais pourquoi ? parce qu'il n'y aurait plus d'*observateur*. »]

6. [Cf. (Fechner 2009[1858]).]

Körper und, wenn es Atome und Bewegungen derselben giebt, auch bezüglich dieser geschehen solle.

Irre ich nicht, so haben Sie dies ausser Acht gelassen, wo Sie die Erscheinungen der Elasticität gegen Laplace geltend machen (p. 30 wie vorher p. 9, Anm.). Die in Laplace'scher Weise auf 1/8 reducierte Masse der Stimmgabel ist nicht identisch mit einer Stimmgabel, die man aus dem 8ten Theil des gleichen Metalls herstellt. Vielmehr ist bei gleicher Dichtigkeit die Zahl der in jeder Kubiklinie darin enthaltenen Atome dort 8fach grösser und jede Dimension und Distanz derselben halbsogross. Daher kann, und muss es sogar (trotz den Gesetzen, die Sie p. 9 Anm. 1. anziehen [?] u. die sich bewähren so oft wir die Masse einer Stimmgabel auf 1/8 und jede ihrer Dimensionen auf die Hälfte reducieren) geschehen [?], dass v.s. bei der Laplace'schen Reduction die Elasticität unverändert bleibt[7], und es entfallen daraufhin auch alle Consequenzen, die sich sonst, wie Sie p. 10 andeuten, für das Auftreten und Schwinden von Schall- und Farbenerscheinungen und für den specifischen Charakter der Qualitäten ergeben würden.

4. Es bleibt hiernach nur das eine Argument über, das Ihnen allerdings wie es scheint als das vornehmste gilt, da Sie es Nr. III ss. ausführlich entwickeln. Der Sinn für Anstrengung und Ermüdung (sens de l'effort et de la fatigue p. 11) bildet hier den Gegenstand Ihrer Aufmerksamkeit.

Doch in diesem sonst mit mustergiltiger Sorgfalt geführten Theil der Untersuchung ist Ihnen, wie Sie bei erneuter Prüfung erkennen dürften, ein Übersehen unterlaufen, welches das Resultat in wesentlichster Weise alteriert. Sie sagen, dass die Kraft des Mégamikros dem Kubikinhalt oder der Masse seiner Muskeln proportional sei („proportionelle au volume ou à la masse de ses muscles“ p. 14), und lassen dabei die molekulare Bewegung in den Muskeln völlig ausser Acht. Aber nach dem bekannten Gesetze, welches alle Kraftverhältnisse in der physischen Welt beherrscht, müssen wir, um das relative Maass der Kraft des reducierten zum ursprünglichen Muskel zu bestimmen, die Masse des einen und anderen mit dem Quadrat der Geschwindigkeit der in ihr gegebenen Bewegung multiplicieren. Nun ist die Geschwindigkeit der Bewegung im reducierten Muskel halb so gross als im ursprünglichen, also erscheint das Verhältniss ihrer Kräfte = $\frac{M}{8} \cdot \frac{V^2}{4} : M \cdot V^2$ d.h. = 1 : 32, während Sie dasselbe = 1 : 8 setzen. Die Muskelkraft erweist sich also factisch 4fach stärker reduciert, als Sie, in Folge jenes Übersehens, meinen mussten, und es ergibt sich, statt eines Widerspruchs vielmehr auch hier die genaueste Übereinstimmung mit dem, was Laplace verlangt. Die fortwährende Wiederkehr der Zahl 4, auf welche Sie p. 26 aufmerksam machen („on aura remarqué avec quelle obstination le nombre quatre revient dans tous nos calculs“) beruht demnach nur auf der consequenten Durchführung des p. 14 begangenen Fehlers.

7. s. Anm. am Schlusse. [feuille 40.656:] Anm. zu S. 5. Ich folgere dies daraus, dass, da die Masse jedes Atoms auf 1/8 und jede Distanz der Atome auf die Hälfte reduciert ist, die die Elasticität bedingende Kräfte einerseits 8fach geschwächt andererseits nur um das 4fache gestärkt, also alles in allem um die Hälfte verringert sind.

5. Ich habe unter Nr. 2 dargelegt, dass nach der Ansicht des Laplace die Stärke der psychophysischen Bewegung zu der Grösse der Dimensionen u.s.w. der allerletzten kleinsten Körper abhängig gedacht werden müsse. Diese Annahme war nothwendig, damit die in ihren Dimensionen und Bewegungsgeschwindigkeiten veränderte Welt dem Beobachter unverändert erscheine. Ich füge bei, dass im Unterschiede davon die Schlussbemerkung von Laplace, dass es uns nämlich unmöglich sei, die absoluten Grössen der Gegenstände zu erkennen, in dem wir einzig auf die Erkenntniss von Grössenverhältnissen beschränkt seien, ganz unabhängig von ihr feststeht. Angenommen, wir wüssten die Welt sei 3 Centillion Cubikmeter gross, bliebe die Frage: wie gross ist ein Meter? Ist er so gross als er in 30 Centimeter oder in 10 Meter Entfernung dem Blicke erscheint? Man erkennt leicht, dass hier jeder Anhalt zum Urtheil uns mangelt.

6. Hiermit soll aber durchaus nicht gesagt sein, dass der Weltraum nicht wirklich Dimensionen von absoluter Grösse habe. Ohne ewas Absolutes könnte es, wie schon Aristoteles lehrte, auch nichts Relatives geben, und die Behauptung mancher Systemdenker[8], dass der Raum nur in Relationen bestehe, war darum absurd. Aber nichts liegt in der Stelle von Laplace, was uns berechtigte ihm den gleichen Irrthum zuzuschreiben. Die Consequenz, die Sie ihn p. 6 unausgesprochen ziehen lassen, scheint mir ohne jeden nothwendigen Zusammenhang mit den Prämissen. Das also ist in Kürze, was ich zur Vertheidigung des grossen Mannes sagen zu dürfen glaubte. Und ich habe es um so lieber gesagt, als ich die hohen Interessen, zu deren Schutz Sie Ihre kleine, aber bedeutende Abhandlung vorzüglich geschrieben zu haben scheinen, nicht wahrhaft dadurch gefährdet glaube. In dem warmen Gefühle für sie glaube ich mich mit Ihnen einig, und neben dieser Einigkeit erscheinen alle hier besprochenen Meinungsverschiedenheiten von geringem Belang [?]. Und so schliesse ich hier mit dem Ausdrucke aufrichtigster Verehrung, mit der ich verbleibe

Ihr ergebenster

Franz Brentano

(Wien I, Oppolzergasse 6)
Schönbühel bei Melk, d[en] 2 Oct [18]93.

2.2 Brouillon d'une lettre à Delbœuf (traduction française)

Monsieur le Professeur,

Recevez tous mes remerciements pour votre dernier traité que vous avez eu l'amabilité de me faire parvenir. J'ai lu la brochure avec intérêt et suivi avec

8. [barré: von Leibniz.]

plaisir votre étude savante, pleine de finesse et d'esprit. Cependant, en lisant votre « Mégamicros », il m'est arrivé ce qui vous arriva à la lecture du passage de Laplace : je suis entièrement d'accord sur bien des points, d'autres en revanche n'ont su me convaincre. Et compte tenu de l'admiration que vous portez à ce grand savant, vous ne trouverez pas fâcheux, du moins je l'espère, que je tente brièvement de le défendre contre vos attaques. Il me faudra certes entrer un peu plus dans les détails que Laplace, et insister sur un certain nombre de choses qu'il s'était quant à lui contenté tacitement de présupposer.

1. Il existe une catégorie de matérialistes pour qui la couleur et le son, tout comme le fait de voir et d'entendre, et de manière générale toute représentation, tout jugement et toute émotion ne sont que simple apparence, qui par conséquent nient la réalité de tout ce qui est psychique et ne reconnaissent donc pour réel que ce qui est physique. Ceux-là scient pour ainsi dire la branche sur laquelle ils sont eux-mêmes assis, car ils veulent édifier une science de l'expérience et rejettent tout ce que l'expérience immédiate leur offre. Mais dans ce que dit Laplace dans son passage, je ne trouve rien qui nous autoriserait à lui attribuer une telle aberration. Je suis au contraire d'avis que Laplace savait très bien que, comme vous le soulignez très justement p. 31, s'il n'y avait rien de psychique, il n'y aurait pas davantage d'observateur[9], et c'est pourquoi ses affirmations me semblent inclure le fait qu'il croit en l'existence du psychique.

2. Plus encore : les propos de Laplace ne présupposent pas seulement l'existence du psychique, ils nous révèlent aussi qu'il était d'avis que la force de l'impression psychique associée à un événement physique ne dépend pas exclusivement de la vitesse du mouvement psychophysique, mais qu'elle est également fonction de la grandeur des dimensions et distances des corpuscules en mouvement. Il présuppose, sans l'expliciter, que la force de l'impression psychique est la même, lorsque [le rapport de] la vitesse du mouvement psychophysique est certes devenu globalement différent, dès lors qu'elle demeure encore dans le même rapport à chacune des dimensions et distances des corpuscules impliqués. Si cette hypothèse ne va pas de soi, il apparaît néanmoins qu'elle est en parfaite harmonie avec la signification que Laplace donne aux rapports de grandeurs dans tous les autres domaines. Et c'est pourquoi, vous-même, à ce que je vois, n'avez pas été heurté par ce postulat ; sans quoi vous n'auriez certainement pas manqué de faire valoir que l'intensité de toute impression psychique a un rapport déterminé à la force de la stimulation (qu'il soit simplement proportionnel, ou logarithmique selon Fechner[10]) et que par conséquent, lors des modifications que Laplace fait subir à l'univers, les phénomènes ne peuvent demeurer inchangés dans leur intensité, en raison des modifications de force des mouvements psychophysiques.

3. Un troisième point mérite d'être relevé. Laplace exige que les dimensions de tous les corps, leurs distances et les vitesses de leurs mouvements soient

9. [Cf. *supra*, note 5.]
10. [Cf. (Fechner 2009[1858]).]

toutes conçues comme augmentant ou diminuant de manière proportionnelle. Cela implique de valoir également pour les tout petits corps invisibles, et pour les atomes et leurs mouvements, s'ils existent.

Si je ne m'abuse, vous n'avez pas tenu compte de cela en faisant valoir les phénomènes de l'élasticité contre Laplace (p. 30, comme dans la note p. 9 précédemment). Un diapason réduit à 1/8 de sa masse, à la façon de Laplace, n'est pas identique à un diapason que l'on fabrique à partir d'un huitième du même métal. Au contraire : alors qu'on a la même densité, le nombre des atomes qui se trouvent dans chaque ligne cube y est 8 fois plus grand et toute dimension et distance de ces atomes y est deux fois plus petite. C'est pourquoi (malgré les lois que vous invoquez [?] p. 9, note 1, et qui se vérifient à chaque fois que nous réduisons la masse d'un diapason à 1/8 et chacune de ses dimensions de moitié), il se peut, il faut même, que lors de la réduction de Laplace, l'élasticité demeure inchangée[11], et comme vous le laissez entendre p. 9, de ce fait, toutes les conséquences qui en découleraient autrement, concernant l'apparition et la disparition de phénomènes de sons et de couleurs, ainsi que le caractère spécifique des qualités, tombent dès lors.

4. Reste dès lors un seul argument, mais qui semble-t-il est celui qui vous paraît le plus important, puisque vous le développez en détail dans votre N° III. C'est le « sens de l'effort et de la fatigue, p. 11 » qui est ici l'objet de votre attention.

Cependant, dans cette partie de votre étude, menée par ailleurs avec une minutie exemplaire, il vous a échappé un aspect qui altère de la plus essentielle manière le résultat, ce qui ne devrait pas manquer de vous frapper à la relecture. Vous dites que la force de Mégamicros est « proportionnelle au volume ou à la masse de ses muscles », p. 14, et ce faisant, vous ne tenez aucun compte du mouvement moléculaire dans les muscles. Mais d'après la loi bien connue qui régit tous les rapports des forces dans le monde physique, il nous faut, pour déterminer la mesure relative de la force du muscle réduit par rapport au muscle initial, multiplier la masse de l'un et de l'autre par le carré de la vitesse du mouvement donné en elle. Or, la vitesse du mouvement dans le muscle réduit est moitié moins grande que dans le muscle initial ; aussi, le rapport de leurs forces sera : $= \frac{M}{8} \cdot \frac{V^2}{4} : M \cdot V^2$, c'est-à-dire $= 1 : 32$, alors que vous posez qu'il est $= 1 : 8$. Il s'avère donc que la force musculaire est de fait réduite 4 fois plus que ce que vous deviez penser, par suite de votre inattention, et il en résulte non pas une contradiction, mais bien plutôt un accord parfait avec ce qu'exige Laplace. Que le nombre 4 revienne sans cesse, chose que vous soulignez p. 26 (« on aura remarqué avec quelle obstination le nombre 4 revient dans tous nos calculs ») ne repose donc que sur la la répétition systématique de l'erreur commise p. 14.

11. Cf. note à la fin [feuille 40.656]. Note au sujet de la p. 5. Je déduis cela du fait que, la masse de chaque atome étant réduite à 1/8 et toute distance entre les atomes à la moitié, les forces déterminant l'élasticité étant d'une part 8 fois affaiblies et d'autre part renforcées uniquement quatre fois, tout serait donc au bout du compte réduit de moitié.

5. Au point 2, j'ai montré qu'il fallait comprendre que selon Laplace, la force du mouvement psychophysique devait dépendre de la grandeur des dimensions etc. des corps ultimes les plus petits. Cette hypothèse était nécessaire pour qu'un monde modifié dans ses dimensions et dans les vitesses de ses mouvements apparaisse inchangé à l'observateur. J'ajoute qu'à la différence de cela, la remarque conclusive de Laplace, à savoir qu'il nous est impossible de connaître les dimensions absolues des objets, sachant que nous sommes limités à la seule connaissance de rapports de grandeurs, est valable tout à fait indépendamment d'elle. En admettant que nous sachions que le monde mesure 3 centillions de mètres cubes, se poserait toujours la question : quelle est la taille d'un mètre ? Est-il aussi grand qu'il y paraît lorsqu'on le voit à 30 centimètres ou à 10 mètres de distance ? Il est facile de voir que nous ne disposons ici d'aucun repère pour en juger.

6. Pour autant, il ne s'agit en aucun cas de dire que l'univers n'aurait pas réellement de dimensions de grandeur absolue. Comme l'enseignait déjà Aristote, s'il n'y avait rien d'absolu, il ne pourrait pas davantage y avoir du relatif, et c'est pourquoi l'affirmation de plus d'un penseur systématique[12] selon laquelle l'espace ne serait fait que de relations était absurde. Mais dans ce passage de Laplace, il n'y a rien qui justifie qu'on lui impute cette même erreur. La déduction que vous lui attribuez implicitement p. 6 ne me paraît avoir aucun lien nécessaire avec ses prémisses. Voici donc, brièvement, ce que je pensais être autorisé à avancer pour la défense de ce grand homme. Et je l'ai dit d'autant plus volontiers que je ne crois pas que les nobles intérêts que vous vouliez préserver par votre écrit, petit mais important, puissent s'en trouver véritablement menacés. Je crois que nous partageons la même sympathie à leur endroit, et au vu de cet accord, toutes les divergences d'opinion qui ont été abordées ici me semblent de peu d'importance. Et c'est ainsi que je vous prie de recevoir l'expression de mon sincère respect, et je demeure votre dévoué

Franz Brentano

2.3 Lettre de Delbœuf

Ramet (Val-St.Lambert), 23.10.[18]93

Cher monsieur,

Ne m'accusez pas d'impolitesse, je vous prie. J'aurais dû vous remercier depuis longtemps de m'avoir adressé vos objections. Mon excuse est en ceci que j'y ai répondu anticipativement en partie dans un article adressé en mars à la *Revue philosophique* et qui va paraître en novembre[13]. (Je ne pourai malheuresement vous l'envoyer, la *Revue* ne donnant pas de tirés à part). De plus, M. M. Calinon et G. Lechalas m'ont adressé aussi de longues objections contre Mégamicros,

12. [barré : de Leibniz.]
13. [(Delbœuf 1894b).]

et je me propose de leur répondre *in extenso* dans la *Revue* où elles paraîtront à ma demande. J'y joindrai les vôtres, si vous n'y voyez aucun inconvenient, et le lecteur aura ainsi sous les yeux la pièce d'un curieux procès. Enfin, je fais paraître aussi dans le *Monist* un article (envoyé depuis Janvier) où je reviens aussi sur la question[14]. Notez bien que tous les articles sont faits à des points de vues tout différents.

Votre tout dévoué J. Delbœuf

2.4 Laplace vor dem Tribunal eines Psychologen

Herr Delbœuf, von der belgischen Akademie, hat wiederholt schon Laplace zum Gegenstand kritischer Studien gemacht. Insbesondere hat er ihn in den Jahren 1881 und 1882 in zwei Vorträgen vor der belgischen Akademie und dann in vereinzelten Artikeln so wie in Abschnitten grösserer Werke als Deterministen bekämpft[15]. Man weiss ja der Streit über die Frage der s[o] g[enannten] Willensfreiheit will nicht enden, vorzüglich deshalb, weil Viele – bei Du Bois-Reymond z.B. tritt das deutlich hervor – in ihrer Annahme ein unabweisbares Bedürfnis des Gemüths zu erkennen glauben. In wiefern diese Meinung berechtigt sei oder nicht, wollen wir hier nicht untersuchen, noch weniger aber auf die besonderen Argumente, die Herr Delbœuf in den erwähnten Abhandlungen geltend machte, eingehen. Wir glauben in der That nicht, dass auch nur Herr Delbœuf selbst sich durch sie hätte bestimmen lassen, wenn nicht vor dem Verstand sein Herz für die indeterministische Lehre sich erklärt hätte.

Doch neuerdings hat Herr Delbœuf einen anderen, psychologischen Angriff auf Laplace versucht. In ihm wandte er sich gegen seine Lehre von den Grenzen des Naturerkennens, und hat dies in so anregender Weise gethan, dass daraufin bereits eine Reihe angesehener französischer Forscher sich veranlasst fanden, zu der Frage Stellung zu nehmen. Auch ich habe ihm einen längeren Brief geschrieben, den ich auf seinen Wunsch hier zum Abdruck bringe.

Doch zuvor wird es nöthig sein eine kurze Übersicht über den Inhalt der interessanten Abhandlung zu geben.

Bei Laplace in seiner „Darstellung des Weltsystems" finden wir folgenden Ausspruch:[16] „Das Gesetz der gegenseitigen Anziehung im Quadrat der

14. [(Delbœuf 1894a).]

15. [(Cf. Delbœuf 1881a,b, 1882a,b) et le dernier chapitre de (Delbœuf 1887). Une discussion purement épistémologique, sans rapport avec la question du déterminisme, se trouve dans (Delbœuf 1865, p. 252 *sqq.*).]

16. [La citation de Brentano ne correspond pas à la traduction allemande de l'*Exposition du système du monde* (Laplace 1797, p. 207–208). C'est donc probablement Brentano lui-même qui traduit ici la citation donnée dans l'article de Delbœuf. Cependant, celui-ci n'indique pas la référence exacte et ne se réfère manifestement pas aux *Œuvres complètes* de Laplace, parues en 1878, qui reproduisent la sixième édition de l'*Exposition* (Laplace 1878), mais aux *Œuvres* parues en 1846 où l'on peut en effet lire : « La loi de l'attraction réciproque au carré de la distance est celle des émanations qui partent d'un centre. Elle paraît être la loi de toutes les forces dont l'action se fait apercevoir à des distances sensibles, comme on l'a reconnu dans les forces électriques et magnétiques. Ainsi cette loi, répondant exactement à tous les

Entfernung ist das der Emanationen von einem Centrum. Bei allen Kräften, deren Wirkung in merklicher Entfernung wahrnehmbar ist, zeigt es sich maassgebend .... Und daraufhin dürfen wir bei der Exaktheit mit der alle bekannten Phänomene einem so einfachen und allgemeinen Satze entsprechen, ihn als schlechthin giltig[17] betrachten.“

2.5 Laplace devant le tribunal d'un psychologue (traduction française)

À plusieurs reprises déjà, M. Delbœuf, de l'Académie de Belgique, a fait de Laplace l'objet d'études critiques. C'est en particulier dans les années 1881 et 1882 qu'il l'a combattu comme tenant du déterminisme[18], à la faveur de deux conférences devant l'Académie de Belgique et de quelques articles, ainsi que de plusieurs paragraphes dans des œuvres plus importantes. On le sait, la querelle au sujet de la question du prétendu libre arbitre ne tarit pas, essentiellement parce que nombreux sont ceux qui croient voir dans cette hypothèse un besoin irréfutable de l'âme – on voit cela très nettement chez Du Bois-Reymond. Il n'est pas dans notre intention d'étudier ici la question de savoir si cette opinion se justifie ou non, et encore moins d'aborder dans le détail les arguments que M. Delbœuf avance dans les traités évoqués. De fait, nous ne croyons pas que M. Delbœuf lui-même se serait laissé déterminer par eux, si son cœur ne s'était déclaré pour la doctrine indéterministe, avant son entendement.

Mais voici que récemment, M. Delbœuf a tenté une nouvelle offensive, psychologique cette fois, contre Laplace. Il y attaquait sa doctrine des limites de la connaissance de la nature, et il l'a fait de manière si stimulante que toute une série de savants français réputés se sont sentis une vocation à prendre position sur cette question. Je lui ai écrit moi aussi une lettre assez longue, qu'à sa demande, je livre ici à l'impression.

Mais auparavant, il est nécessaire de donner un bref aperçu du contenu de cet intéressant traité.

Dans son *Exposition du système du monde*, nous trouvons chez Laplace la formulation suivante[19] : « La loi de l'attraction réciproque au carré de la distance est celle des émanation qui partent d'un centre. Elle paraît être la loi de toutes les forces dont l'action se fait apercevoir à des distances sensibles [...] Ainsi cette loi, répondant exactement à tous les phénomènes, doit être regardée, par sa simplicité et par sa généralité, comme rigoureuse[20]. »

---

phénomènes, doit être regardée, pas sa simplicité et par sa généralité, comme rigoureuse. » – (Laplace 1846, Livre V, chapitre V, p. 444). Cf. aussi (Laplace 1796, p. 192-193) et (Laplace 1878, Livre IV, chapitre XVII, p. 345 et chapitre XVIII, p. 356).]

17. „schlechthin“, d.h. auch bei Kräften, die, nur auf unmerklich kleine [Distanzen] wirkend, unserer Beobachtung uncontrolierbar sind. Laplace beweist sich hier als der grosse Logiker der Wahrscheinlichkeitslehre.

18. [Cf. *supra*, note 15.]

19. [(Laplace 1846, Livre V, chapitre V, p. 444). Nous donnons la citation originale de Laplace dont la traduction de Brentano est assez fidèle. Cf. *supra*, note 16.]

20. [Laplace écrit « rigoureuse », que Brentano rend par « schlechthin gültig », c'est-à-dire « valable de manière générale » ou « absolue », en ajoutant la note suivante :] « de manière

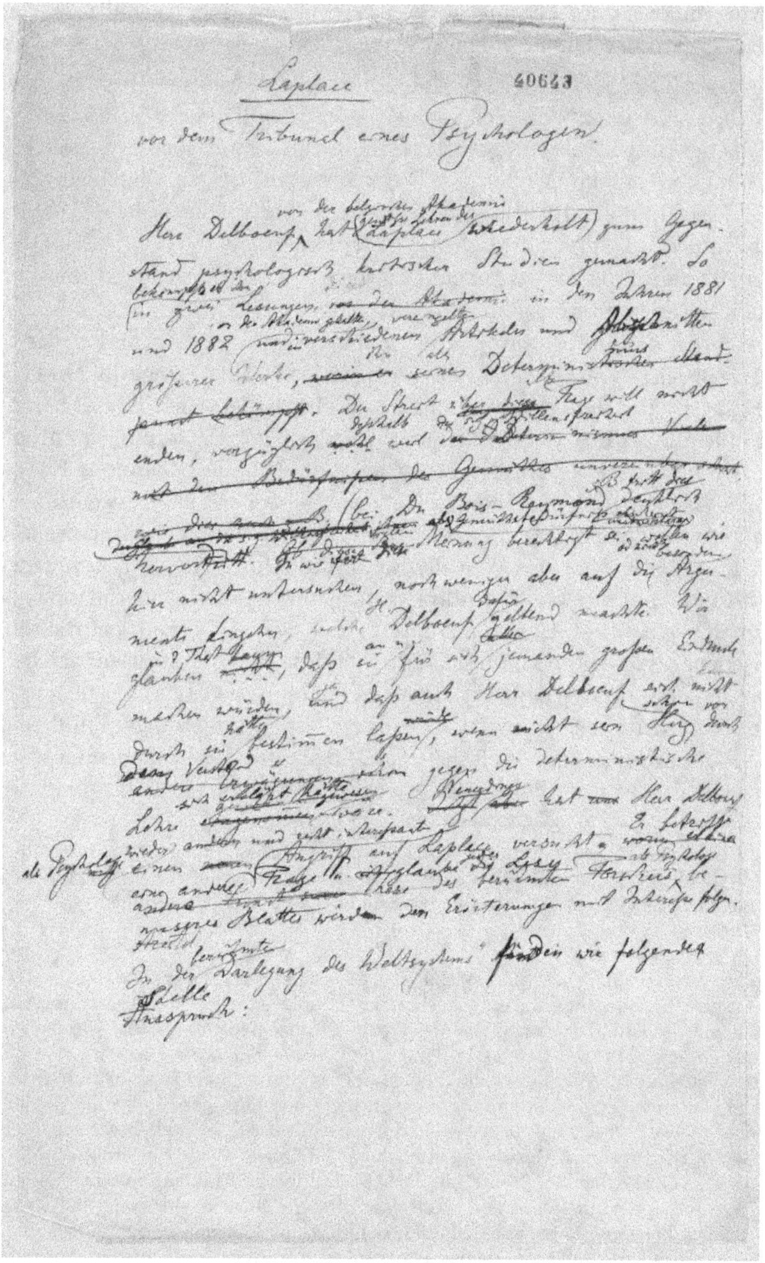

40643

Laplace

vor dem Tribunal eines Psychologen.

FIGURE 2 : Manuscrit de « Laplace vor dem Tribunal eines Psychologen » (première version, document 40.643). Brentano Archiv Graz.

2.6 Mégamikros oder Die merklichen Wirkungen einer verhältnissmässigen Reduction der Dimensionen des Weltalls.

Dies ist der Titel einer kleinen Abhandlung, mit welcher Herr Delbœuf uns neuerlich beschenkte. Wenn ich sage sie sei formvollendet geschrieben, so sage ich etwas bei Herrn Delbœuf Selbstverständliches, kann doch unter seiner Feder selbst eine Untersuchung über den Dativ bei Tacitus[21] so allgemein anziehend werden, dass mir ein Professor der Augenheilkunde die ernst psychologische Arbeit einmal als Unterhaltunglecture empfohlen hat.

Der Mégamikros besizt neben diesem Vorzug auch den, dass er eine allgemein interessante Frage behandelt.

In der *Exposition du système du monde* von Laplace[22] finden wir folgenden Ausspruch: „Das Gesetz der gegenseitigen Anziehung im Quadrat der Entfernung ist das der Ausströmungen von einem Centrum. Es erscheint massgebend für alle Kräfte, deren Wirkung in merklicher Entfernung wahrnehmbar ist ... Und, so darf es, bei der Exactheit mit der alle bekannten Phänomene diesem einfachen und allgemeinen Satze entsprechen, als schlechthin giltig[23] betrachtet werden. Eine von den wichtigen Folgerungen, die sich daran knüpfen, ist die, dass die Körper des Weltalls, wenn ihre Dimensionen[,] ihre gegenseitigen Abstände und ihre Geschwindigkeiten seinerseits verhältnissmässig zu- oder abnähmen, sie in ihren Bewegungen Curven beschreiben würden, die den jetzt beschriebenen vollkommen ähnlich sind, so dass d[as] Weltall auf solche Weise nach u. nach bis auf den denkbar kleinsten Raum reducirt dem Beobachter noch immer dieselben Erscheinungen darböte. Diese Erscheinungen sind demnach von den Dimensionen des Weltalls unabhängig, wie sie kraft des Gesetzes von der Proportionalität der Kraft zur Geschwindigkeit von der Bewegung, die es im

---

absolue » (schlechthin), c'est-à-dire également pour des forces qui, agissant sur des [distances] si petites qu'elles en sont imperceptibles, se soustraient au contrôle de notre observation. Laplace s'affirme ici comme le grand logicien de la théorie des probabilités.

21. [(Delbœuf 1889).]

22. [Cf. *supra*, note 16.]

23. Schlechthin, d.h. auch für Wirkungen, die nur auf unmerklich kleine Distanzen geübt, unserer Beobachtung uncontrolierbar sind. Laplace darf in der That diese Folgerung ziehen; denn im Fall dass auch nur bei wenigen verschiedenen Arten von Fernwirkung ihre vollkommen exacte Übereinstimmung mit einem Satze von so hoher Einfachheit constatiert ist, hat die Annahme, dass das Gesetz als Eigentümlichkeit nicht an diese o. jene besondere Fernwirkung, sondern an die Fernwirkung überhaupt geknüpft sei[,] eine unendlich überwiegende Wahrscheinlichkeit. Dagegen dürfte es mit Recht bezweifelt werden, ob Laplace behaupten durfte, dass das Gesetz der Anziehung im Quadrat der Entfernungen der exacte Ausdruck der Thatsachen sei. Sollte die Ansicht, zu der im Einklang mit Leibniz am Ende d[es] 17ten und Euler am Ende des 18ten Jahrhunderts auch in der Neuzeit [?] wieder im bedeutendsten Forscher Anhänger [?] findet, definitiv das Übergewicht erlangen, so dass wir die Anziehung auf die Impulse kleiner Körperchen zurückzuführen hätten, so würde sich ergeben dass die Bestimmung „Quadrate der Entfernung" ebenso wenig der genaue Ausdruck für das Gesetz der Wechselwirkung der Körper als der Ausdruck „Kreis" bei Kopernikus der für die Gestalt der Planetenbahnen gewesen ist. Doch würden, wie man leicht aus d[em] Folgenden ersehen, allen weiteren Gedanken, die Laplace hier entwickelt, ihre Bedeutung ungeschmälert erhalten bleiben.

Raum haben kann unabhängig sind. Die Einfachheit der Naturgesetze erlaubt uns daher nichts zu beobachten u. zu erkennen als – Beziehungen." So Laplace.

H. Delbœuf[,] in dem er den rein mechanischen Theil dieser Behauptungen unbeantwortet lässt, erklärt sich doch entschieden gegen denjenigen welcher in das Gebiet der Psychologie und des Metaphysischen übergreift. Daher gehört, wenn Laplace behauptet, dass Universa in beliebig verschiedenem Massstab ausgeführt ununterscheidbar wären, u. dass darum das Weltall wachsend und abnehmend dem Beobachter immer dieselben Erscheinungen böte; dass folglich diese Erscheinungen von den Dimensionen des Universums unabhängig seien, weil die Einfachheit der Gesetze der Natur es uns nicht erlaube etwas anderes zu beobachten u. z. erkennen als Beziehungen. Ebenso verwirft dann H. Delbœuf auch noch den Gedanken, den Laplace zwar nicht ausdrücklich ziehe, aber den er zweifellos trage, nämlich „dass das Weltall keine feste, unveränderbare, absolute Dimension [la fin du manuscrit manque.]

2.7 Mégamicros ou Les effets sensibles d'une réduction relative des dimensions de l'univers

Tel est le titre d'un petit traité dont M. Delbœuf vient de nous gratifier. Si je dis qu'il est parfaitement rédigé, je dis quelque chose qui, concernant M. Delbœuf, va de soi, puisque sous sa plume, il n'est pas jusqu'à une étude du datif chez Tacite[24] qui ne puisse s'avérer si universellement attrayante qu'il arriva jadis qu'un professeur d'ophtalmologie me recommande ce travail sérieux de psychologie comme une lecture distrayante.

Son Mégamicros possède, en plus de cet avantage, celui de traiter d'une question globalement intéressante.

Dans l'*Exposition du système du monde* de Laplace[25], nous trouvons la déclaration suivante : « La loi de l'attraction réciproque au carré de la distance est celle des émanation qui partent d'un centre. Elle paraît être la loi de toutes les forces dont l'action se fait apercevoir à des distances sensibles [...] Ainsi cette loi, répondant exactement à tous les phénomènes, doit être regardée, par sa simplicité et par sa généralité, comme rigoureuse[26]. Une des

24. [(Delbœuf 1889).]

25. [(Laplace 1846, Livre V, chapitre V, p. 444). Nous donnons la citation originale de Laplace dont la traduction de Brentano est assez fidèle. Cf. *supra*, note 16.]

26. [Brentano traduit « rigoureuse » encore par « schlechthin gültig », c'est-à-dire « absolument valable » et ajoute :] Absolument, c'est-à-dire aussi pour les effets produits sur de toutes petites distances imperceptibles, incontrôlables pour notre observation. Laplace peut en effet s'autoriser cette déduction ; car au cas où une concordance exacte et parfaite avec une proposition d'une telle simplicité a été constatée, ne fût-ce que pour quelques-unes seulement des diverses formes d'action à distance, l'hypothèse que la loi ne serait pas simplement une particularité de telle ou telle attraction particulière, mais qu'elle est liée à l'attraction à distance en général, a une probabilité infiniment supérieure. On serait en revanche en droit de douter de la légitimité pour Laplace d'affirmer que la loi de l'attraction au carré des distances est l'expression exacte des faits. Si l'avis qui, à la suite de Leibniz à la fin du 17ème siècle et d'Euler à la fin du 18ème, trouva à l'époque moderne un nouvel adepte en la personne du savant le plus éminent, devait à nouveau s'imposer, en sorte que

propriétés remarquables est que, si les dimensions de tous les corps de l'univers, leurs distances mutuelles et leurs vitesses venaient à croître ou à diminuer proportionnellement, ils décriraient des courbes entièrement semblables à celles qu'ils décrivent ; en sorte que l'univers, réduit ainsi successivement jusqu'au plus petit espace imaginable, offrirait toujours les mêmes apparences aux observateurs. Ces apparences sont, par conséquent, indépendantes des dimensions de l'univers ; comme en vertu de la loi de proportionnalité de la force à la vitesse, elles sont indépendantes du mouvement qu'il peut avoir dans l'espace. La simplicité des lois de la nature ne nous permet donc d'observer et de connaître que des rapports. » Dit Laplace.

Tout en négligeant de répondre à la partie purement mécanique de ces affirmations, M. Delbœuf se déclare pourtant résolument contre la partie qui déborde sur les domaines de la psychologie et de la métaphysique. Aussi, lorsque Laplace affirme que des univers réalisés selon des échelles quelconques ne pourraient se distinguer, et que de ce fait, l'univers, s'accroissant et diminuant présenterait à l'observateur toujours les mêmes phénomènes, que par conséquent ces phénomènes seraient indépendants des dimensions de l'univers parce que la simplicité des lois de la nature ne nous permettrait pas d'observer et de reconnaître autre chose que rapports. De la même manière, M. Delbœuf rejette également l'idée que Laplace certes ne déduit pas expressément, mais qu'il implique sans aucun doute, à savoir que « l'univers n'a pas de dimension fixe, immuable, absolue » [la fin du manuscrit manque.]

Bibliographie

Carroy, J. & Castel, P. H. (1997). *Delbœuf et Bernheim : Entre hypnose et suggestion*, t. 23. Cahier thématique de la revue *Corpus. Revue de philosophie*.

Courtenay, N., Darrigol, O. & Schlaudt, O. (éd.) (2019). *The Reform of the International Systems of Units (SI)*. Abingdon : Routledge.

Couturat, L. (1893a). F. Pillon : *Compte rendu critique de l'Année philosophique*. *Revue de métaphysique et de morale*, 1(1), 63–85, doi :10.2307/40891444.

Couturat, L. (1893b). Note sur la géométrie non euclidienne et la relativité de l'espace. *Revue de métaphysique et de morale*, 1(3), 302–309, doi :10.2307/40891464.

nous devrions ramener l'attraction aux impulsions de petits corpuscules, il en résulterait que la détermination « carrés de la distance » était aussi peu l'expression exacte pour la loi de l'attraction réciproque des corps que l'expression « cercle » chez Copernic l'était pour la forme des orbites planétaires. Cependant, comme on le verra aisément dans ce qui suit, toutes les idées développées ici par Laplace ne perdraient strictement rien de leur importance.

Couturat, L. (1896). Études sur l'espace et le temps de MM. Lechalas, Poincaré, Delbœuf, Bergson, L. Weber, Evellin. *Revue de métaphysique et de morale*, 4(5), 646–669, doi :10.2307/40891807.

Couturat, L. (1898). "Essai sur les fondéments de la géométrie", par B. Russell. *Revue de métaphysique et de morale*, 6(3), 354–380, doi :10.2307/40892319.

Delbœuf, J. (1865). *Essai de logique scientifique. Prolégomènes suivis d'une étude sur la question dumouvement considérée dans ses rapports avec le principe de contradiction.* Liège : Desoer.

Delbœuf, J. (1881a). La liberté et ses effets mécaniques. *Revue scientifique de la France et de l'étranger*, 14(3e série), 429–434.

Delbœuf, J. (1881b). La liberté et ses effets mécaniques. *Bulletin de l'Académie Royale de Belgique*, 1(3e série), 463.

Delbœuf, J. (1882a). Déterminisme et liberté (I). Déterminisme et liberté (II). Déterminisme et liberté (III). *Revue philosophique de la France et de l'étranger*, 13–14, 13(5) : 453–480 ; (6) : 608–638 ; 14(8) :156–189, doi : 10.2307/41072140.

Delbœuf, J. (1882b). Déterminisme et liberté ; la liberté démontrée par la mécanique. *Bulletins de l'Académie royale de Belgique*, 3(3e série), 145.

Delbœuf, J. (1887). *La matière brute et la matière vivante.* Paris : F. Alcan.

Delbœuf, J. (1889). *Promenade à travers les six premiers livres des annales de Tacite.* Liège : C. A. Desoer.

Delbœuf, J. (1891). *Les fêtes de Montpellier. Promenade à travers les choses, les hommes & les idées.* Paris ; Bruxelles ; Liège : F. Alcan, P. Weissenbruch & C. A. Desoer.

Delbœuf, J. (1893a). Mégamicros, or the sensible effects of a proportional reduction of the dimensions of the universe [Extrait]. *Nature*, 48(1243), 406.

Delbœuf, J. (1893b). *Mégamicros ou les effets sensibles d'une réduction proportionelle des dimensions de l'univers.* Paris : F. Alcan. Extrait des *Bulletin de l'Académie royale de Belgique*, 3e série, XXV(6).

Delbœuf, J. (1894a). Are the dimensions of the physical world absolute ? *The Monist*, 4(2), 248–260, doi :10.5840/monist18944230.

Delbœuf, J. (1894b). Réponse de M. Delbœuf. *Revue philosophique de la France et de l'étranger*, 37, 78–84, doi :10.2307/41075899.

Delbœuf, J. (1898). In a world half as large. *Popular Science Monthly*, 52(March), 678–687.

Duyckaerts, F. (1993). *Joseph Delbœuf, philosophe et hypnotiseur*. Paris : Les Empêcheurs de penser en rond.

Fechner, G. T. (2009[1858]). Das psychische Maß. In O. Schlaudt (éd.) *Die Quantifizierung der Natur : Klassische Texte der Messtheorie von 1696 bis 1999*, Leiden : Brill, 105–125, doi :10.30965/9783969751091_010.

Gilkinet, A. (1905). Notice sur Joseph Delbœuf. *Annuaire de l'Académie royale des sciences, des lettres et des beaux-arts de Belgique*, XI, 47–138.

Husserl, E., Stumpf, C., Ehrenfels, C., Meinong, A. *et al.* (2007). *À l'école de Brentano. De Würzbourg à Vienne*. Paris : Vrin. Sous la direction de D. Fisette et G. Fréchette.

Laplace, P. S. (1796). *Exposition du système du monde*, t. II. Paris : Imprimerie du Cercle Social.

Laplace, P. S. (1797). *Darstellung des Weltsystems*. Frankfurt am Main : Varrentrapp & Wenner. Traduit par J. K. Hauff.

Laplace, P. S. (1799). *Exposition du système du monde*. Paris : M. Duprat, 2e éd.

Laplace, P. S. (1846). *Œuvres*, Paris : Imprimerie Royale, t. 6, chap. Exposition du système du monde.

Laplace, P. S. (1878). *Œuvres complètes*, Paris : Gauthier-Villars, t. 6, chap. Exposition du système du monde. 6e éd.

Lechalas, G. (1893). Note sur la géométrie non euclidienne et le principe de similitude. *Revue de métaphysique et de morale*, 1(2), 199–201, doi :10.2307/40891455.

Lechalas, G. (1894). M. Delbœuf et le problème de mondes semblables. *Revue philosophique de la France et de l'étranger*, 37, 73–78.

Lechalas, G. (1896). *Étude sur l'espace et le temps*. Paris : Alcan.

Leibniz, G. W. (1863). *Mathematische Schriften (Gesammelte Werke, Dritte Folge : Mathematik)*, t. 7, d.i. Mathematische Schriften. Berlin : Akademie-Verlag.

Murray, D. J. (2012). Delbœuf, Joseph-Rémi-Léopold. In R. W. Rieber (éd.) *Encyclopedia of the History of Psychological Theories*, New York : Springer, doi :10.1007/978-1-4419-0463-8.

Omega (1891). Review of J. Delbœuf Delbœuf (1891). *The Monist*, 2(1), 131–132, doi :10.1093/monist/2.1.133.

de Risi, V. (2007). *Geometry and Monadology. Leibniz's Analysis Situs and Philosophy of Space.* Basel : Birkhäuser.

Schäfer, B. M. & Bartelmann, M. (s. d.). *The Physics of Scales.* Heidelberg : Universität Heidelberg. URL https://heibox.uni-heidelberg.de/f/4c5f930bbadb40028b1e/.

Schlaudt, O. (2023). Micromégas – Mégamicros. Kosmische Skaleninvarianz und die Suche nach dem richtigen Maß – oder : eine nicht-euklidische Lektion für das Anthropozän. In P. König & O. Schlaudt (éd.) *Kosmos : Vom Umgang mit der Welt zwischen Ausdruck und Ordnung*, Heidelberg : Heidelberg University Publishing, 447–475, doi :10.17885/heiup.857.c15267.

Scripture, E. W. (1897). *The New Psychology.* London : Walter Scott.

Torretti, R. (1978). *Philosophy of Geometry from Riemann to Poincaré.* Dordrecht : Reidel.

Trochu, T. (2016). Comment un savant devient "guérisseur". D'après une lettre inédite de Joseph Delbœuf à William James. *Revue d'histoire des sciences humaines*, 28, 169–187, doi :10.4000/rhsh.1703.

Valleriani, M. (2010). *Galileo Engineer.* N° 269 In Boston Studies in the Philosophy of Science, Dordrecht : Springer.

Oliver Schlaudt
Cusanus Hochschule für Gesellschaftsgestaltung Koblenz
`oliver.schlaudt@cusanus-hochschule.de`

Dieu a-t-il créé les nombres ? Problèmes de traduction, transcription et interprétation en histoire des mathématiques

Philippe Séguin

> Où l'on apprend :
> Ce qui vraiment fut dit,
> Ce que Hilbert en fit,
> Comment le pli fut pris
> Et ce qui s'ensuivit.

Parmi les livres que l'on trouvait dans le rayon d'histoire des mathématiques du Hall du livre à Nancy en 2019 figurait *Et Dieu créa les nombres* de Stephen Hawking. La quatrième de couverture renvoyait à la célèbre maxime de Kronecker : « Dieu créa les nombres entiers, le reste est l'œuvre de l'Homme. » Mais sur le même rayon, un autre livre, *De l'infini*, de Luminet & Lachièze-Rey (2005), troisième édition 2019, laissait entendre page 151 que Kronecker avait en fait déclaré « Dieu créa le nombre entier [...]. » Une petite vérification s'imposait, et je trouvai facilement page 96 de *Richard Dedekind – la création des nombres* de Hourya Benis Sinaceur (2008) la citation exacte, « Dieu a créé les nombres » avec sa référence dans le numéro des *Jahresberichte* de la DMV : 2 1893, 19. Mais la traduction française et l'original ne coïncident pas. En français, « Dieu a créé les nombres », c'est-à-dire « Gott hat die Zahlen geschaffen ». En allemand, « Die ganzen Zahlen hat der liebe Gott gemacht », ce qui donne « Le bon Dieu a fait les nombres entiers ». À vrai dire, le monde mathématique est d'accord sur le fait qu'il s'agit des nombres entiers positifs, les nombres naturels (arithmoi), mais mis à part ce problème technique, les deux formulations sont fort différentes : pourquoi remplacer « le bon Dieu » par « Dieu », « faire » par « créer », le passé composé par le passé simple, et chez Luminet & Lachièze-Rey, le pluriel par le singulier ? Que s'est-il passé ? Est-ce de la négligence, ou y a-t-il une, ou des intentions derrière tout cela ? Remarquons que le 5 septembre 2019, les sites Wikipédia sur Kronecker en anglais, catalan, espagnol, français, italien, et beaucoup d'autres probablement, traduisaient « der liebe Gott » par « Dieu ». Seul le site hollandais proposait : « de goede God ». Voilà qui valait

P.-E. Bour, M. Rebuschi & L. Rollet (eds.), *Sciences, Circulations, Révolutions, 655–666.*

bien une petite enquête un peu plus poussée, digne d'un travail de traduction et de décryptage tel que, par exemple, nous tentons de le faire à l'Académie Helmholtz.

Commençons par resituer la citation dans son contexte, puisqu'il semble que celle-ci a vécu plusieurs vies entre l'époque de Kronecker et ce qu'il en advint chez Hawking et Lachièze-Rey. Nous verrons ensuite quel rôle lui a fait jouer David Hilbert, et pour quelles raisons. Enfin je passerai en revue quelques reprises/interprétations, sans vouloir être exhaustif, depuis le début du XXe siècle jusqu'à aujourd'hui, et je les mettrai en perspective en considérant deux autres propos de mathématiciens souvent cités[1].

1 La citation dans son contexte

L'assertion qui nous intéresse est tirée de la notice nécrologique de Leopold Kronecker rédigée par Heinrich Weber et parue en 1893 dans les tout nouveaux *Jahresberichte* de la Deutsche Mathematiker-Vereinigung (annales de l'association des mathématiciens allemands). La DMV fut créée notamment par Georg Cantor, qui, pour des raisons stratégiques, en proposa la présidence d'honneur à Kronecker. Celui-ci mourut peu de temps après, et il fallut donc trouver un mathématicien compétent mais ni trop favorable, ni trop défavorable à Kronecker, pour rédiger l'éloge funèbre. Ce ne pouvait bien sûr pas être Cantor, qui vit ses espoirs d'obtenir un poste à Berlin ruinés par celui-ci. Heinrich Weber avait l'avantage d'être un ami de la famille Kronecker tout en étant un ami d'un de ses ennemis, Richard Dedekind. Sa tâche ne dut pas être facile, la personnalité de Kronecker étant très affirmée, ses commentaires peu amènes sur les idées de ses collègues bien connus, notamment sur la théorie des ensembles naissante. On peut constater justement dans ce qui fut un de ses derniers cours (1891, pour tout public) avec quelle virulence Kronecker était capable d'asséner son opinion. Il condamne « Wolzano » à la place de « Bolzano » , les coupures de Dedekind (Kronecker 1891, p. 270), il fulmine contre la maladie sénile que sont les mathématiques de Peano (Kronecker 1891, p. 270). Il devait s'être fait beaucoup d'ennemis parmi ses collègues, notamment parmi les plus jeunes.

L'attaque contre Dedekind ne pouvait pas ne pas toucher Weber, lui qui avait rédigé un important travail sur les fonctions algébriques avec Dedekind dont la parution dans le *Journal* de Crelle, que Kronecker codirigeait, avait été retardée par celui-ci. Ce petit stratagème permit à Kronecker de publier conjointement sa contribution dans le même domaine. Weber rappelle à juste titre que les deux ouvrages arrivaient au même résultat par des chemins différents, mais il ne fait bien entendu aucune mention de l'action pernicieuse de Kronecker envers lui et Dedekind. Weber se plie à l'exercice de la notice

1. Cet article est placé sous le patronage de Peter Schlemihl, Raymond Queneau et quelques autres : « Parler légèrement des choses graves, gravement des choses légères. » On espère qu'il aura l'heur de plaire à Lise Bioesmat-Martagon.

nécrologique et, en quelques mots, rappelle comment Kronecker a dirigé la plus grande revue de mathématiques allemande « mit Umsicht », c'est-à-dire avec circonspection. On notera cependant qu'il ne va pas jusqu'à dire « mit großer Umsicht » (ce qui, étant donné le rythme et la rhétorique de l'éloge funèbre, aurait quasiment pu s'imposer) puisqu'en effet, la vérité est que Kronecker régna en maître absolu sur la revue pendant toute une décennie. Cantor et Dedekind durent trouver d'autres voies de publication, l'un dans les *Acta Mathematica*, l'autre par exemple dans son Braunschweig natal, loin de Berlin, chez l'éditeur Vieweg. C'est dans ce contexte qu'il faut replacer la déclaration de Kronecker et réfléchir sur le choix de Weber : pourquoi ce qui peut être considéré comme une boutade lui a-t-il tant plu, au point d'en avoir fait une caractérisation adéquate de son personnage ? Pour être plus précis : qu'est-ce qui a plu à l'ami de Kronecker *et* de Dedekind ? En quoi cette formulation était-elle intéressante pour présenter Kronecker sous un jour favorable à une majorité de mathématiciens, pour qu'elle soit immédiatement reconnue comme parfaitement caractéristique de « son attitude par rapport aux questions mentales et philosophiques des mathématiques » (Weber 1891-1892, p. 19) sans choquer ceux qui ne partageaient pas ses positions ? Sur un plan plus personnel : comment se fait-il que cette phrase ait tant marqué Weber ? Pour tenter de répondre à toutes ces questions, nous allons reprendre un échange épistolaire souvent mentionné et analysé entre Dedekind et Weber, d'abord au sujet de *Stetigkeit und irrationale Zahlen [Continuité et nombres irrationnels]*, mais surtout de *Was sind und was sollen die Zahlen ? [Que sont les nombres et à quoi servent-ils ?]* (Dedekind 1888).

Il ressort des quelques lettres publiées que Weber reconnaissait le bien-fondé de la méthode des coupures, mais qu'il la trouvait « un peu trop rigoureuse » (Benis Sinaceur 2008, p. 287) pour l'enseignement en lycée, préférant quant à lui une approche plus intuitive de l'irrationnel à la présentation de Dedekind qu'il qualifie de « philosophique » (Benis Sinaceur 2008, p. 287). Cependant, il se dit très curieux de son travail en cours sur les nombres. Il y réagit immédiatement après sa publication et la réponse de Dedekind met bien en lumière la position de Weber entre Kronecker et Dedekind. Il s'avère tout d'abord que Weber considère le nombre cardinal comme primitif par rapport au nombre ordinal, alors que Kronecker et Dedekind défendaient la primauté de l'ordinal. Mais un peu plus loin dans la lettre de celui-ci, un passage très souvent cité (« Nous sommes de race divine et possédons absolument sans aucun doute le pouvoir de créer [...] » (Benis Sinaceur 2008, p. 292)) souligne un autre clivage fondamental entre Weber et Dedekind : contrairement à ce dernier, Weber ne considère pas que la coupure *crée* un nouveau nombre, mais simplement qu'elle *est* ce nombre. Le différend entre les deux amis, collègues et collaborateurs semble être très profond, puisque Dedekind répète quatre fois le mot « créer » en l'espace d'une vingtaine de lignes, et l'on comprend alors pourquoi la phrase de Kronecker a dû tellement frapper Weber : « Le bon Dieu a fait » est justement le refus de toute intervention métaphysique dans les mathématiques. Il n'y est pas question de « création » comme chez Dedekind, et le bon Dieu n'est bien sûr pas notre Dieu transcendant, mais une façon de parler pour dire que toute recherche supplémentaire sur la nature des nombres naturels n'a aucun sens. Quand il s'agissait de mathématiques, Weber, comme Kronecker, refusait tout pathos. Weber, entre accord et désaccord épistémologique avec Kronecker et Dedekind, mais ami de tous les deux, était sans aucun doute la personne idéale pour rédiger cette note nécrologique. Grâce à son habileté, au choix judicieux de la citation, les paroles de Kronecker, qui n'étaient pas censées survivre à leur auteur, sont finalement passées à la postérité, pour le meilleur et pour le moins bon.

Mais il convient d'ajouter que cette réussite n'est pas seulement due au choix de Weber, mais bien sûr à la formulation de Kronecker. Celui-ci avait dû mûrement réfléchir à sa maxime avant de la livrer à son auditoire. Je ne dirai rien de la deuxième partie de la citation « alles andere ist Menschenwerk » (tout le reste est l'œuvre de l'homme) qui n'a, semble-t-il, jamais posé de problème de transcription ou de traduction si l'on excepte l'oubli occasionnel de « tout » et l'hésitation sur l'attribution d'une majuscule à « homme » : avec « h » ou « H ».

On trouve en effet chez Georg Büchner, l'auteur de *La Mort de Danton*, une phrase analogue. Büchner n'était pas encore aussi connu qu'aujourd'hui dans les années 80 du XIXe siècle, mais un auteur très célèbre à cette époque, Karl Emil Franzos, avait publié la première édition critique de ses œuvres complètes en 1879. Elle n'était pas passée inaperçue, puisque Franzos y fit paraître *in extenso Le Messager de Hesse* (« Paix aux chaumières ! Guerre aux palais ! ») et n'hésita pas à qualifier Büchner de « démocrate », en pleine ivresse aristocratique prussienne. On y trouve dans la bouche de Lenz, le héros tragique du récit éponyme, la phrase suivante : « Der liebe Gott hat die Welt wohl gemacht, wie sie sein soll, und wir können wohl nicht was Besseres klecksen » [le bon Dieu a certainement fait le monde comme il doit être, et nos ratures n'y ajouteront probablement rien de mieux] (Büchner 1980, p. 76). Le Lenz de Büchner est un personnage un peu enfantin, et il lui sied bien d'évoquer « le bon Dieu ». Mais c'est avant tout une attitude intellectuelle qui émane de cette expression, aussi bien chez Büchner que chez Kronecker, le même refus de la formule pathétique, et surtout de l'irruption de la métaphysique, l'un dans la littérature, l'autre dans les mathématiques : cela s'appelle « réalisme » chez les écrivains et les artistes, « matérialisme » chez les scientifiques. Il faut ajouter qu'il aurait été surprenant que Kronecker fasse une déclaration sur un sujet aussi épineux que Dieu (lequel ? Celui des chrétiens, ou celui des juifs dont il faisait encore partie ? – il se convertira un an avant sa mort) alors que le *Kulturkampf* (la guerre déclarée par le Reich protestant aux catholiques accusés d'être inféodés à Rome) était encore dans toutes les mémoires. Il n'est pas superflu de rappeler que, comme l'a fait remarquer Herbert Mehrtens dans *Moderne Sprache Mathematik* (Mehrtens 1990, p. 192), Kronecker ne s'est jamais exprimé sur Dieu dans aucun de ses écrits[2]. D'ailleurs, Dieu était mort depuis bien longtemps dans le *Bildungsbürgertum* (la bourgeoisie cultivée) protestant et juif assimilé, et c'était bien l'homme et son œuvre qui étaient au centre de la Création depuis Pope et son *Essai sur l'homme* traduit en allemand quatre fois avant 1800, depuis Kant, le grand destructeur, et le théologien Schleiermacher, qui avait réduit Dieu au sentiment de l'infini. Quoi qu'il en soit, l'excellente formulation de Kronecker n'était pas destinée à être canonisée. Elle ne doit sans doute d'être passée à la postérité qu'au souvenir et à l'embarras vraisemblable de Heinrich Weber lorsqu'il rédigea cette note nécrologique. Kronecker ne l'utilise même pas dans son dernier cours évoqué plus haut, alors que le *Kulturkampf* est passé mais que son hostilité à l'égard de contre Dedekind ne faiblit pas. Elle n'échappa cependant pas à Hilbert.

2 Hilbert, la création et *le* nombre

Hilbert crut peut-être citer Kronecker, mais en réalité il l'accommoda à sa façon en 1897 dans l'introduction du *Zahlbericht* (G. A. 1, 64) (Hilbert 1897), son volumineux « mémoire » en théorie des nombres : « Die ganze Zahl schuf der liebe Gott [...] » [le bon Dieu créa le nombre entier]. Le commentaire de William Ewald (1996, p. 942) est du reste surprenant : il fait la remarque que Hilbert transforme « die ganzen Zahlen » en « die ganze Zahl », sans en rien déduire par ailleurs, mais il lui échappe que « machen » est devenu « schaffen », et que le passé composé a cédé la place au prétérit. Pourtant, il cite la phrase correctement sur la même page, avec la référence exacte. Voilà une façon peu rigoureuse de faire de l'histoire des mathématiques. *Die Strenge*, la rigueur, serait-elle réservée aux formules mathématiques ? En effet, l'interprétation de Hilbert fait des propos de Kronecker quelque chose de bien différent.

Notons pour commencer que Hilbert cite ici Kronecker avec bienveillance, et que le verbe « schaffen » est pour lui tout à fait positif, tout comme il l'est pour Cantor et Dedekind, et tout comme il l'est dans l'éloge nécrologique qu'il a rédigé pour son ami Hermann Minkowski. Mais il est également frappant que sa transcription/interprétation est bancale : dans la tradition, c'est Dieu qui créa, pas le bon Dieu. Celui-ci, en effet, pour les enfants, a fait les choses comme il faut, sans avoir recours à la dignité du verbe « créer » et du prétérit. Hilbert fut pris d'un grand élan de solennité pour la bonne cause, celle de la théorie des corps de nombres algébriques, quand par synecdoque il transforma « die ganzen Zahlen » en « die ganze Zahl ». Il est sûr que « le bon Dieu créa le nombre entier » a plus d'allure que « le bon Dieu a fait les nombres entiers ». Cette expression faisait-elle partie de ce que Hermann Weyl considérait comme un des sommets de la prose allemande (Weyl 1944, G. A. 4, 134) ?

En fait, il se passa bien quelque chose dans le *Zahlbericht* qui était de l'ordre de la bonne rhétorique, mais le résultat ne fut pas du tout conforme à ce qu'avait

2. Il n'est d'ailleurs pas question de Kronecker dans le livre de Koetsier & Bergmans (2005).

exprimé Kronecker : en accomplissant les petites transformations mentionnées plus haut, Hilbert mettait tout simplement l'accent sur le premier membre de la phrase, donc sur le problème du divin. C'est ce qui devait se révéler déterminant, que ce soit en positif ou en négatif. Il était d'ailleurs arrivé que Hilbert énonce également des jugements négatifs sur Kronecker, non seulement en privé dans des lettres à Minkowski, mais aussi publiquement, par exemple en 1904 dans *Über die Grundlagen der Logik und Mathematik [Sur les fondements de la logique et des mathématiques]*, où il le qualifie de « dogmatique » (Hilbert 1904, p. 256). Dans *Axiomatisches Denken [Pensée axiomatique]*, (Hilbert 1917) pourtant, bien après que Brouwer eut publié son premier écrit intuitionniste, il évoque Kronecker sans nuance péjorative. En fin de compte, il est possible que Dieu n'aurait jamais créé les nombres si l'esprit de Kronecker n'était pas venu hanter Hilbert au tournant des années 1920.

Le putsch intuitionniste

Avant d'en venir à l'écrit principal de Hilbert pour notre propos, *Neubegründung der Mathematik [Nouvelle fondation des mathématiques]* (Hilbert 1922), considérons rapidement *Axiomatisches Denken.* Cet exposé est remarquable par son style posé. Hilbert y présente ce qu'il appelle pour la première fois probablement un « programme ». Certes, il reconnaît la difficulté de la tâche, notamment à cause du paradoxe des ensembles de tous les ensembles, que « des mathématiciens très prestigieux, par exemple Kronecker et Poincaré » considèrent comme suffisant pour rejeter « toute la théorie des ensembles ». Cependant, il fait confiance à la méthode axiomatique, par exemple à celle de Ernst Zermelo, pour relever le défi. C'est d'ailleurs sous le signe d'une pleine confiance dans la science mathématique que se présente cet article, et Hilbert conclut par un acte de foi qui mérite d'être traduit in extenso :

> Je crois que tout ce qui peut être objet de la pensée scientifique en général échoit, dès qu'un certain degré de maturité peut en faire une théorie, à la méthode axiomatique et ainsi, indirectement, aux mathématiques. En pénétrant dans des strates d'axiomes toujours plus profondes au sens où je l'ai exposé plus haut, nous percevons de plus en plus profondément l'essence de la pensée scientifique elle-même, et nous devenons de plus en plus conscients de l'unité de notre savoir. Sous le signe de la méthode axiomatique, les mathématiques semblent être appelées à jouer un rôle de premier plan dans toutes les sciences[3].

3. « Ich glaube : Alles, was Gegenstand des wissenschaftlichen Denkens überhaupt sein kann, verfällt, sobald es zur Bildung einer Theorie reif ist, der axiomatischen Methode und damit mittelbar der Mathematik. Durch Vordringen zu immer tieferliegender [*sic !*] Schichten von Axiomen im vorhin dargelegten Sinne gewinnen wir auch in das Wesen des wissenschaftlichen Denkens selbst immer tiefere Einblicke und werden uns der Einheit unseres Wissens immer mehr bewußt. In dem Zeichen der axiomatischen Methode erscheint die

Cinq ans plus tard, dans *Neubegründung*, le ton a changé. Le fait que Weyl, son ancien élève, un des meilleurs mathématiciens de sa génération, ait épousé les thèses intuitionnistes de L. E. J. Brouwer rend Hilbert agressif. Son écrit est un écrit de combat, particulièrement la présentation du problème, à savoir les six premières pages (sur vingt). Mais il ne veut pas braquer Weyl, il préfère situer la pomme de discorde sur un plan plus général et fait appel à l'histoire. Il convoque donc Kronecker et l'accable de beaucoup de reproches dont certains sont devenus presque proverbiaux dans l'historiographie des mathématiques. Kronecker devient le dictateur brandissant les interdits, l'auteur d'une tentative de putsch, et bizarrement, pour couronner le tout, Hilbert reprend exactement sa propre version de la maxime de Kronecker (« Die ganze Zahl... »), mais en lui donnant cette fois-ci un tour négatif. Ainsi, tout le (petit) passage « Kronecker prägte den Wahlspruch [...] » (Kronecker forgea la devise [...]), la mention de l'« école » de Kronecker, alors que celui-ci exécrait les écoles, sont polémiques et visent à faire de la phrase de Kronecker un slogan philosophique simple et catégorique, aisé à retenir, à répéter. Ils lui confèrent surtout une autorité qui ne ressort pas de la formulation transmise par Weber et qui donne au combat à livrer un goût de « écrasons l'infâme ». Il ne restait plus qu'à remplacer « le bon Dieu » par « Dieu », ce que Hilbert ne fit pas, mais qui, en traduction, ne posa guère de problèmes.

Nous allons donc maintenant nous promener parmi un petit échantillon éloquent de quelques traductions/transcriptions/interprétations en nous limitant aux langues française et anglaise. Ensuite, nous confronterons la formulation de Kronecker à deux autres exemples souvent cités.

3 Les mésaventures de l'oral lors du passage à l'écrit, suivies d'un éclairage extérieur

La maxime de Kronecker est citée sans faute en 1904 dans l'anthologie de W. Ahrens, avec la référence exacte (Ahrens 1904). En 1914, elle eut l'honneur d'une première traduction erronée : « God made integers », peut-on lire p. 269 dans l'anthologie de Robert Edouard Moritz (Moritz 1914). La référence est exacte, mais l'auteur la fait suivre d'une deuxième citation, cette fois de Felix Klein, qui accumule les erreurs : elle est censée se trouver dans les comptes-rendus de la DMV, n° 6, p. 136, mais cette page est consacrée à la théorie des gaz. D'après Klein, Kronecker a « créé l'expression mémorable » « Die ganzen Zahlen hat Gott gemacht ». Le livre de Moritz fut réédité à l'identique en 1942 et 1958.

Un cas particulièrement surprenant est l'ouvrage célèbre de Tobias Dantzig, *Number, The Language of Science* (Dantzig 1930), paru pour la première fois en 1930, réédité en 1933, 1954, 1962, 1968, etc., peut-être. On peut y lire p. 99 « God created the integers », ce qui devient p. 119 « God made the integers ».

Mathematik berufen zu einer führenden Rolle in der Wissenschaft überhaupt. » (G. A. 3, p. 156, trad. P. S.). On notera le pathos qui ne le cède en rien aux envolées idéalistes.

Une traduction en français suivit très vite, et dans *Le Nombre – langage de la science* paru en 1931, cela donne : « Dieu a créé les nombres entiers » p. 104, et « Dieu a créé le nombre entier », p. 123. Ni l'auteur de l'original, ni le traducteur ne semblent beaucoup se préoccuper de consistance dans leurs citations.

Un autre livre ayant connu un grand succès est la monographie de Constance Reid sur Hilbert, parue en 1970, rééditée en 1996. « God made the natural numbers », semble avoir dit Kronecker p. 26, et on peut relire exactement la même citation p. 53, mais cette fois-ci sous la plume de Hilbert dans le *Zahlbericht.* Il faut dire que Reid n'utilise pas de guillemets.

« Et tant d'autres, et tant d'autres », pour citer rigoureusement *L'Homme approximatif* de Tristan Tzara (1931). Encore un exemple pour finir ? En 1989, Harold Edwards écrit dans un article consacré à Kronecker, *Kronecker's Views on the Foundations of Mathematics* (Edwards 1989, p. 68) : « As we all know, Kronecker believed God made the natural numbers. » Il fallut, comme dans le cas de la traduction de *Was sind und was sollen die Zahlen*, attendre Ivor Grattan-Guinness en 2000 dans *The Search for Mathematical Roots*, pour avoir une traduction respectueuse et pouvoir lire enfin : « The dear God has made the whole numbers » (Grattan-Guinness 2000, p. 122)[4]. Mais, comme nous l'avons vu plus haut dans l'introduction, ce message ne fut guère suivi d'effets. Il faut dire que la formulation de Grattan-Guinness, auquel on ne peut pas reprocher de ne pas savoir l'anglais, n'est guère élégante, et l'on sait combien les mathématiciens révèrent l'élégance dans les démonstrations. « Le bon Dieu » ne sied-il pas aux mathématiques ? Mais le manque d'élégance et l'exactitude, la rigueur, ne se contredisent pas obligatoirement dans une démonstration, tandis que dans le cas de cette citation, la transformation du « bon Dieu » en « Dieu » est tout simplement une erreur de traduction, et donne au texte un sens très différent.

Afin de voir le problème « d'un point de vue plus élevé », comme disaient les savants allemands du XIXe siècle, prenons deux autres exemples. Jeremy Gray, dans *Le Défi de Hilbert* (2003), cite la célèbre phrase de Jacobi sur l'honneur de l'esprit humain. En réalité, il ne cite pas Jacobi, mais ce qu'en a fait Hilbert dans son discours de Königsberg en 1930. Mais là où Hilbert reprend à peu près les termes de Jacobi, Gray procède à un changement d'importance : il met tout simplement « mathématiques » à la place de « science » : « Le seul but des mathématiques est l'honneur de l'esprit humain » (Gray 2003, p. 175). Page 209, il reprend la citation, cette fois-ci d'après Jean Dieudonné : « Le but de la science est l'honneur de l'esprit humain » ; « seul » a disparu.

Un autre exemple est la traduction du titre de Dedekind *Was sind und was sollen die Zahlen ?*. Bien qu'il soit établi depuis 1978 en français que la traduction exacte en est *Que sont les nombres et à quoi servent-ils ?*, on peut lire dans la monographie de Pierre Cassou-Noguès sur Hilbert (2001) la traduction erronée *Que sont et que doivent être les nombres*, qui correspond à l'allemand

4. Le bon Dieu a fait les nombres entiers.

Was sind und was sollen die Zahlen sein[5] ? Il est d'ailleurs cocasse de trouver à la page précédente (Cassou-Noguès 2001, p. 24) la « formule [...] célèbre » de Kronecker : « Dieu a créé les nombres entiers ». Qu'aurait pensé Kronecker de cette « formule » ?

4 Le fin mot : Kronecker et les formules mathématiques

On ne s'en étonnera pas, ces traductions, interprétations et transcriptions, ces citations plus ou moins fidèles sont souvent mises au service d'une thèse : c'est le cas chez Pierre Dugac dans son livre sur Dedekind qui reprend une traduction erronée d'André Weil (*Que sont et que représentent les nombres ?* (Dugac 1976)), probablement pour conférer au titre plus de rigueur scientifique. Elles peuvent également servir à renforcer le point de vue d'un auteur par rapport à ses collègues. C'est ce que fait Hilbert comme nous l'avons vu plus haut, et en cela il a été suivi par des générations de mathématiciennes et d'historiens des mathématiques et vice versa issus de l'école axiomatique. Ce que pense une mathématicienne sur les mathématiques n'a pas le même statut de vérité que ce qu'elle fait, que son œuvre de *working mathematician*, et peut subir quelques transformations au gré de la stratégie suivie, et du camp défendu.

Personne n'exprime mieux que Kronecker lui-même l'idée précédente, à savoir que ce qui est important chez un mathématicien, c'est ce qu'il fait, pas ce qu'il dit :

> Je ne reconnais de véritable valeur scientifique – dans le domaine des *mathématiques* – que dans les vérités mathématiques concrètes, ou pour le dire de façon plus précise, « uniquement dans les formules mathématiques ». Elles seules, comme nous le montre l'histoire des mathématiques, sont impérissables. Les différentes théories sur les fondements des mathématiques (par exemple celle de Lagrange) ont été balayées par le vent de l'histoire, mais la résolvante de Lagrange est restée[6] ! (Lettre à Cantor, 21.08.1884, trad. P. S.)

5. On pourrait accumuler les occurrences. Dans son livre *A Brief History of Numbers* paru en 2015, Leo Corry par exemple propose « What Are Numbers and What Should They Be ? » (Corry 2015, p. 223). Notons également qu'un auteur somme toute un peu marginal traduit dans un article paru en 2012 : « What are numbers and what is their meaning ? » Il faut espérer que cet auteur a entretemps progressé dans ses lectures. Cf. (Séguin 2012, p. 9). Pour ce qui est de Kronecker, l'année 2019 ajouta à la liste un « Dieu a créé les nombres entiers » sous la plume de Gérald Tenenbaum, *Des mots et des maths*, que Kronecker est censé avoir « professé » (Tenenbaum 2019, p. 15). Ceci nous vaut une conclusion provisoire :

> Dieu a créé
> Les nombres entiers
> Tout le reste est
> Littérature.

6. « Einen wahren wissenschaftlichen Werth erkenne ich – auf dem Felde der *Mathematik* – nur in concreten mathematischen Wahrheiten, oder schärfer ausgedrückt, "nur in mathematischen Formeln". Diese allein sind, wie die Geschichte der Mathematik zeigt, das

Selon Kronecker, l'histoire des mathématiques nous montre que seules les formules mathématiques sont impérissables, mais on peut ajouter qu'elle montre également que certaines formules *sur* les mathématiques sont vraiment trop belles pour être fausses. Bien sûr, la vérité *philologique* – c'est-à-dire l'exactitude de la citation et, dans la mesure du possible, l'exactitude de la traduction – est incompatible avec l'usage qu'en ont fait et en font toujours (certaines) historiennes des mathématiques et (autres) mathématiciens et vice versa. Cela signifie-t-il que ce que le mathématicien Kurt Reidemeister appelle « la pensée exacte », qui selon lui est valable dans tous les domaines de l'intellect humain, peut en passant d'une discipline à une autre entrer en contradiction avec elle-même ? Sans doute ne manquera-t-on pas de nous rétorquer, ici et là : « Mais *en fin de compte*, est-ce que cela change quoi que ce soit à une équa diff ? ». Concluons donc provisoirement ce grave débat, *ut geometria poesis*, par un petit quatrain résumant légèrement (à mon gré, pour parodier Felix Hausdorff)[7] toute cette histoire :

Hilbert créa
Son Kronecker.
On opina,
Vogue la galère !

Bibliographie

Ahrens, W. (1904). *Scherz und Ernst in der Mathematik.* Leipzig : Teubner.

Benis Sinaceur, H. (2008). *Richard Dedekind – La création des nombres.* Paris : Vrin.

Bertin, P. (2019). *Jeu d'espace, espace de jeu : Philosophie et genèse hausdorffienne des espaces topologiques.* Thèse de doctorat, Sorbonne Paris Cité.

Büchner, G. (1980). *Werke und Briefe*, Deutscher Taschenbuch Verlag, chap. Lenz. 69–90. 1839.

Cassou-Noguès, P. (2001). *Hilbert.* Paris : Les Belles Lettres.

Corry, L. (2015). *A Brief History of Numbers.* New York : Oxford University Press.

Dantzig, T. (1930). *Number, The Language of Science.* Londres : George Allen & Unwin.

Unvergängliche. Die verschiedenen Theorien für die Grundlagen der Mathematik (so die von Lagrange) sind von der Zeit weggeweht, aber die Lagrangesche Resolvente ist geblieben ! »

7. Voir la thèse de doctorat à paraître de Pascal Bertin sur Felix Hausdorff/Paul Mongré (Bertin 2019).

Dantzig, T. (1931). *Le Nombre, Langage de la science.* Paris : Payot. Trad. fr. par G. Cros.

Dedekind, R. (1888). *Was sind und was sollen die Zahlen ?* Braunschweig : Vieweg und Sohn.

Dugac, P. (1976). *Richard Dedekind et les fondements des mathématiques.* Paris : Vrin.

Edwards, H. (1989). Kronecker's Views on the Foundations of Mathematics. In D. Rowe & J. McCleary (éd.) *The History of Modern Mathematics*, t. II, Londres : Academic Press, 65–77, doi :10.1016/B978-0-12-599661-7.50010-0.

Ewald, W. B. (1996). *From Kant to Hilbert.* Oxford : Clarendon Press.

Grattan-Guinness, I. (2000). *The Search for Mathematical Roots.* Princeton : Princeton University Press.

Gray, J. (2003). *Le Défi de Hilbert.* Paris : Dunod. Trad. fr. par Ch. Grammatikas.

Hilbert, D. (1897). Die Theorie der algebraischen Zahlkörper. *Jahresbericht der Deutschen Mathematiker-Vereinigung*, 4, 175–546. URL http://eudml.org/doc/144518.

Hilbert, D. (1904). Sur les fondements de la logique et de l'arithmétique. In F. Rivenc & P. de Rouilhan (éd.) *Logique et fondements des mathématiques Anthologie (1850-1914)*, Paris : Éditions Payot, 239–268. 1992.

Hilbert, D. (1917). Axiomatisches Denken. *Mathematische Annalen*, 78(1), 405–415, doi :10.1007/BF01457115.

Hilbert, D. (1922). Neubegründung der Mathematik. Erste Mitteilung. *Abhandlungen aus dem Mathematischen Seminar der Universität Hamburg*, 1(1), 157–177, doi :10.1007/BF02940589.

Koetsier, T. & Bergmans, L. (2005). *Mathematics and the Divine. A Historical Study.* Amsterdam : Elsevier.

Kronecker, L. (1891). Sur le concept de nombre en mathématique. In *Cours inédit de Leopold Kronecker à Berlin (1891)*, t. 7, *Revue d'histoire des mathématiques*, 207–275. 2001.

Luminet, J.-P. & Lachièze-Rey, M. (2005). *De l'infini : horizons cosmiques, multivers et vide quantique.* Malakoff : Dunod, 3e éd.

Mehrtens, H. (1990). *Moderne Sprache Mathematik.* Frankfurt am Main : Suhrkamp.

Moritz, R. E. (1914). *On Mathematics and Mathematicians.* New York : Dover.

Reid, C. (1970). *Hilbert.* New York : Springer.

Séguin, P. (2012). The idea of number from Gauss to Cantor. The Leibnizian heritage and its surpassing. In R. Krömer & Y. Chin-Drian (éd.) *New Essays on Leibniz Reception : In Science and Philosophy of Science 1800-2000*, Basel : Springer Basel, 1–11, doi :10.1007/978-3-0346-0504-5_1.

Tenenbaum, G. (2019). *Des mots et des maths.* Paris : Odile Jacob.

Tzara, T. (1931). *L'Homme approximatif.* Paris : Gallimard.

Weber, H. (1891-1892). Leopold Kronecker. *Jahresbericht der Deutschen Mathematiker-Vereinigung*, 2(1), 5–31.

Weyl, H. (1944). David Hilbert and his mathematical work. *Bulletin of the American Mathematical Society*, 50, 612–654.

Philippe Séguin
AHP-PReST (UMR 7117), Université de Lorraine
philippe.seguin11@wanadoo.fr

Un article pour Philippe Nabonnand

Jean-Jacques Szczeciniarz

1 Introduction

1.1 Des relations amicales

Il m'est agréable d'écrire ces réflexions en hommage à Philippe Nabonnand. Je retourne avec bien du plaisir dans le passé de quelques dizaines d'années, c'est l'époque de Nancy, de nos travaux et c'est aussi le temps de nos voyages en Amérique latine, avec Dominique Flament.

Nous avons avec Philippe collaboré dans différents cadres, l'ANR géométrie et physique à la charnière des XIX et XX siècles, de nombreux colloques, les invitations au Brésil et en Argentine, celui de la chair d'excellence Mic Detlefsen. Philippe a toujours été un agréable compagnon de voyage, dynamique et direct.

Il a manifesté sa grande connaissance de la géométrie différentielle, de manière efficace et calme. Au cours de nos collaborations il a toujours raisonné en mathématicien, en enseignant des mathématiques et en historien des mathématiques. Ce qui ne fut pas toujours le cas de nos autres collègues. Ses remarques – dans chacun des trois domaines – ont toujours été précises et précieuses.

Philippe est toujours direct tout en sachant conserver une courtoisie appréciable. Ce fut toujours très plaisant d'écouter ses commentaires.

1.2 Ouverture mathématique

Sa spécialisation en géométrie différentielle ne l'a jamais empêché, bien au contraire, d'être très ouvert aux autres mathématiques même quand il en refusait à juste titre le caractère un peu trop impérialiste. J'en profite pour souligner combien à sa manière Philippe a contribué à faire connaître la pensée immense d'Élie Cartan. Ses articles sur les connexions sont très clairs et nous amènent directement vers des mathématiques difficiles, il ne reste qu'à continuer... je ne peux citer tous ses travaux, sa traduction commentée de

P.-E. Bour, M. Rebuschi & L. Rollet (eds.), *Sciences, Circulations, Révolutions, 667–680.*

Von Staudt est une référence. Publiée dans le cadre de notre ANR, elle est un modèle du genre.

1.3 Ouverture à la philosophie

Chose sans doute pour moi importante, Philippe est toujours resté ouvert à la philosophie tout en se maintenant dans le cadre strict qui est le sien, celui de l'histoire des mathématiques. Son comportement intellectuel de ce point de vue a toujours été celui de quelqu'un qui cherche avant tout à connaître les raisons des autres et non pas à défendre une position qu'il aurait pu croire *a priori* menacée.

2 Une présentation du théorème de Gauss-Bonnet

Je voudrais dédicacer à Philippe un théorème sur lequel j'ai beaucoup travaillé qui possède une *portée* certes mathématique mais aussi une *signification intrinsèquement* philosophique.

3 Reprise du théorème d'Euclide

Je présenterai en dernière partie quelques-unes des versions du théorème de Gauss-Bonnet qui se démontre dans ce cadre en sept coups que je ne détaille pas faute de place.

Je rappelle que le théorème d'Euclide dit que la somme des angles intérieurs d'un triangle vaut π et celle des angles extérieurs vaut 2π, et que le théorème de Gauss-Bonnet est une généralisation de ce théorème aux surfaces et je voudrais répondre à une question insistante. Pourquoi ce théorème s'est-il imposé? Pourquoi est-ce la géométrie euclidienne qui a régné si longtemps dans les mathématiques et l'histoire des sciences? Pourquoi la structure euclidienne plutôt qu'une autre, certes l'histoire des mathématiques nous fournit une réponse de fait mais c'est Élie Cartan qui donne la raison mathématique de cette situation. Je présente ses arguments et j'essaie d'expliquer pourquoi ils fournissent une réponse possible.

Nous savons depuis Élie Cartan que l'espace euclidien est le seul qui admette un système triple orthogonal formé de surfaces totalement géodésiques. Totalement géodésique : se dit d'une sous-variété N d'une variété riemannienne qui contient toute géodésique issue d'un des points de N et dirigée par un vecteur tangent à N. Une géodésique à ce niveau de l'analyse peut être vue comme le plus court chemin entre deux points (une droite dans le plan euclidien), j'y reviens de faҫn plus profonde, ci-dessous. Depuis Riemann nous savons également qu'il se présente comme un espace sans torsion, de courbure constante nulle. Il est de tous les espaces celui qui est le plus dégénéré, celui qui a le plus grand groupe d'automorphismes : c'est par rapport à lui que les autres se déterminent. Il s'agit là bien entendu d'une élaboration *a posteriori.* On peut grâce à celle-ci, en particulier grâce aux déplacements (rotations produit semi direct par les translations), concevoir et se représenter le plan euclidien. Le concept de groupe commandant celui de déplacements effectue la synthèse entre le concept et la perception qui s'y réalise ou plutôt qu'elle encadre. Le groupe des déplacements ouvre l'espace de la représentation euclidienne. Toutes les propriétés que l'on attribue à l'espace euclidien sont bien concentrées dans ce groupe qui explique la perception que nous en avons. Il est certainement possible de montrer que le concept de déplacement est produit à partir d'une idéalisation travaillée du plan comme celle qui produit également le plan complexe. C'est ce qu'a fait Élie Cartan dans le registre des mathématiques. (Cette idéalisation couplée avec ce que Jean Cavaillès appelait la « thématisation » peut rendre compte – en partie – de ce nouveau concept).

Que dire de cette justification *a posteriori* de la domination euclidienne ? On peut dire que les concepts géométriques invoqués ci-dessus mettent en évidence des propriétés de la géométrie euclidienne sous l'angle de leur étendue et de leur expansion possible.

Riemann a montré que sur une variété à courbure constante les rapports métriques autour d'un point et dans toutes les directions sont exactement les mêmes qu'autour d'un autre point. On peut donc effectuer les mêmes constructions autour de ce point. Et par conséquent on peut donner aux figures une position arbitraire. On peut donc passer d'une région de cet espace de telle manière qu'on conserve les mesures, c'est une isométrie positive du groupe des déplacements.

Helmholtz a donné un sens « physique » à cette situation au moyen des concepts de corps rigides (indéformables.) et de libre mobilité. Ces deux concepts « d'ordre physique » lui permettent de réaliser la congruence des solides euclidiens par déplacement continu et superposition. Les deux concepts d'invariance métrique et d'application ont permis d'éliminer en un sens d'intégrer en un autre l'importation empirique d'un élément physique. Nous avons alors affaire à une idéalité géométrique. Ce qui caractérise la géométrie euclidienne c'est le groupe des déplacements qui laissent invariants les figures de cette géométrie et fait de cette géométrie la géométrie des solides indéformables par mouvement local. Caveing (2004) remarque avec pertinence que la proposition 7 du livre I des *Éléments* d'Euclide fait allusion à la « rigidité » du triangle.

Il est remarquable que la géométrie d'Euclide n'ait pas pu thématiser un concept de déformation, les objets géométriques n'étant soumis à aucune des propriétés du mouvement fournies par les catégories aristotéliciennes à l'usage de la physique. Mais cela, paradoxalement, en fait un invariant par rapport aux déplacements.

C'est l'ensemble de ce cadre qu'exprime le théorème d'Euclide. Géométrie du plan mais géométrie du plan rigide. L'autre question est celle de la différence du local et du global. Contentons-nous de la remarque suivante : le théorème d'Euclide est effectivement lié à un contexte de plusieurs niveaux de détermination et les mathématiques au cours de leur dévelopement nous font découvrir des éléments de ce contexte. C'est ce que disent les remarques que j'ai empruntées à Cartan. C'est pourquoi il faut comprendre autrement ce que nous avons appelé les justifications *a posteriori*. Si de fait elles sont anachroniques, elles n'en fournissent pas moins une explication mathématique de la prégnance de la géométrie d'Euclide. L'expression mathématique qu'elles fournissent de la structure profonde de cette géométrie en fait comprendre les ressorts, et du même coup la nécessité.

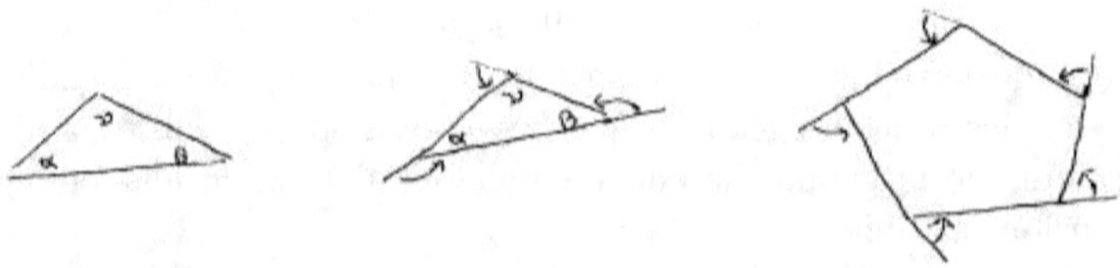

Je donne une définition succincte du concept qui est au centre de ces remarques. La *courbure de Gauss* appelée courbure totale peut s'exprimer de manières différentes. Ou bien comme le produit des courbures principales ou bien si la surface est paramétrée par $z = f(x, y)$ comme $K = \dfrac{f''_{xx}f''_{yy} - f''^2_{xy}}{(1 + f'^2_x + f'^2_y)^2}$

Commençons en restant dans le plan mais nous permettons aux côtés d'être des courbes. Nous traversons la frontière dans le sens inverse des aiguilles d'une montre, si T est la tangente unitaire aux côtés on choisit N comme étant la normale unité obtenue en faisant tourner T dans le sens inverse des aiguilles d'une montre de 90°. Chaque bord le long de la frontière a une courbure κ qui peut être positive ou négative car nous avons fixé N. On dénote l'angle extérieur au sommet par $\Delta\theta$, le théorème de Gauss-Bonnet préliminaire, rappelons-le de nouveau, affirme que

$$\Sigma_{\text{sommets}}\Delta\theta + \Sigma_{\text{arètes}} \int \kappa = 2\pi$$

Pour le demi cercle de rayon R les angles extérieurs sont tous deux de $\frac{\pi}{2}$. La partie supérieure a pour courbure $\frac{1}{R}$ et donc $\int \kappa = \frac{1}{R}\pi R = \pi$.

De même pour le cercle de rayon R la courbure est $\frac{1}{R}$ et donc $\int \kappa = \frac{1}{R}(longueurducercle)$. Puisqu'il n' y a pas d'angle extérieur le théorème affirme que $\frac{1}{R}(longueurducercle) = 2\pi$ et donc que

la longueur d'un cercle de rayon R est $2\pi R$.

Dans l'exemple 3 la contribution des demi cercles de droite s'annule car une courbure est positive et l'autre négative, et la somme des angles extérieurs restant est 2π (Koch 2005b, p. 2)

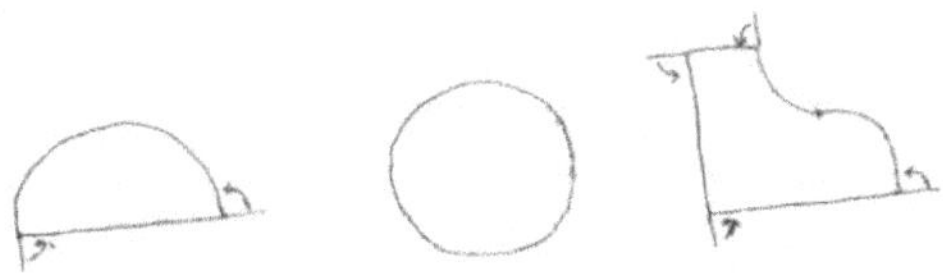

3.1 Un type de généralisation

Tous les mathématiciens et historiens des mathématiques ont remarqué l'importance du concept de généralisation dans l'élaboration mathématique. Ce concept s'il a une importance en mathématique même, possède également une portée philosophique et même une signification philosophique, celle-ci pouvant être variable suivant les philosophes qui s'en emparent. Ma première analyse a porté sur le théorème d'Euclide qui présente une version « angles internes » et une version « angles externes ». Et puis une version Gauss-Bonnet. Là le théorème d'Euclide devient un cas particulier du théorème de Gauss-Bonnet. Il nous dit en quelque sorte la manière dont la courbure dessine un triangle dans le plan. On admettra que, dans des conditions données, une droite est un cas de ligne courbe, et la généralisation a consisté à extraire et construire ce concept de courbure et une fois celui-ci défini, considérer ses valeurs différentes dans l'ensemble $(-1, +1)$ et ainsi voir la valeur zéro comme un cas particulier.

Mais surtout la généralisation crée un autre univers dans lequel les figures déploient un ensemble de virtualités dynamiques qui peuvent alors s'actualiser. C'est en quelque sorte le tracé géométrique qui est possiblement déployé. Comme dans presque toute généralisation, le cas initial devient un cas particulier du cas général une fois trouvé le moteur de la généralisation, ici le concept de courbure. On remarque que la généralisation va toujours dans le sens d'une dynamisation du concept initial : comment trouver dans l'analyse interne de ce concept de quoi en sortir pour ensuite l'englober dans ce domaine inventé grâce à l'élaboration de cette sortie ? Telle est la question que nous devons toujours poser.

Cela nous donne une indication sur le statut du concept de courbure[1]. C'est celui d'une condition transcendantale au sens kantien, c'est-à-dire une condition de possibilité *a priori* de propriétés des objets géométriques et de leur forme d'existence. Il nous montre comment *a priori* une figure (un polygone) adhère à l'espace, en fonction de la constitution de ce dernier. Ses propriétés géométriques s'en trouvent modifiées. Un triangle euclidien n'est pas un triangle de Poincaré ou de Lobatchevski. Je développe quelque peu ce point de vue plus loin.

3.2 Réflexions sur la courbure

Je vais maintenant donner une définition analytique de la courbure, définition qui met en jeu des éléments impotants de géométrie différentielle. Commençons par définir ce que l'on appelle la première forme quadratique, pour une

1. J'en donne une définition analytique dans la section suivante de ce texte

surface bidimensionnelle dans $\mathbf{R}^3$. On désigne les coordonnées par x, y, z, et les paramètres u, v de sorte que l'on aura le système de la forme

$$x = x(u, v), y = y(u, v), z = z(u, v)$$

ou vectoriellement

$$r = r(u, v) = x(u, v), y(u, v), z(u, v).$$

Les dérivées du rayon vecteur de la surface $r(u, v)$par rapport aux paramètres u et v sont désignés par r_u, r_v, respectivement et l'on a

$$r_u = \{\frac{\partial x(u, v)}{\partial u}, \qquad \frac{\partial y(u, v)}{\partial u}, \qquad \frac{\partial z(u, v)}{\partial u}\}$$

$$r_v = \{\frac{\partial x(u, v)}{\partial v}, \qquad \frac{\partial y(u, v)}{\partial v}, \qquad \frac{\partial z(u, v)}{\partial v}\}$$

Les coefficients de la première forme quadratique sont :

$$E = (r_u, r_u), \qquad F = (r_u, r_v), \qquad E = (r_v, r_v),$$

et la première forme quadratique s'exprime

$$ds^2 = Edu^2 + 2Fdudv + Gdv^2.$$

Cette notation est semble-t-il due à Gauss. Prenons le cas d'un plan, coïncidant avec le plan des coordonnées x, y. On trouve : $r = \{x, y, 0\}, r_x = \{1, 0, 0\}, r_y = \{0, 1, 0\}$ et donc $ds^2 = dx^2 + dy^2$. C'est le théorème de Pythagore.

Définissons maintenant la deuxième forme quadratique. On considère à titre d'exemple sur la surface P une courbe L (le rayon vecteur est $r(u)$ deux fois continûment dérivable, par rapport aux paramètres $u_1, \cdots u_n$, donnée par les équations

$$u_1 = u_1(t), \cdots, u_n = u_n(t), a \leq t \leq b$$

$$r = r(u_1(t), \cdots, r(u_n)(t).$$

Les fonctions $u_j(t)$ sont elles aussi 2 fois continûment dérivables. On calcule la courbure de cette courbe au point $A \in P$, corrrespondant à une valeur $t = \alpha$. On considère la courbe paramétrée par longueur d'arc, comptée à partir d'un point fixe, soit A_0. quand on a une courbe paramétrée par longueur d'arc s on a

$$\frac{dr(A)}{ds} = \tau(A).$$

et donc

$$\frac{d^2(A)}{ds^2} = \frac{\tau(A)}{ds} = k(A)\nu(A).$$

τ est le vecteur unitaire tangent à la courbe L, ν le vecteur unitaire orthogonal à τ et se trouvant dans le plan osculateur (qui est le plan qui en un point a le meilleur contact avec la courbe), k la courbure de la courbe L. La droite déterminée dans le plan osculateur par le vecteur ρ s'appelle *normale principale* à la courbe L.

On aura ainsi

$$\frac{d^2r}{ds^2} = \frac{d}{ds}(\frac{dr}{ds}) = \frac{d}{ds}(\Sigma_{j=1}^n r_j \frac{du_j}{ds}) = \Sigma_{j,k=1}^n r_{jk}\frac{du_k}{ds}\frac{du_j}{ds} + \Sigma_{j=1}^n r_{jk}\frac{d^2u_j}{ds^2}.$$

En notant $r_{jk} = \frac{\partial^2 r}{\partial u_j \partial u_k}$.

En multipliant scalairement cette expression par le vecteur m on a

$$(\frac{d^2}{ds^2}, m) = \Sigma_{j,k=1}^n (r_{jk}, m)\frac{du_j}{ds}\frac{du_k}{ds},$$

car $(r_j, m) = 0$. Soit $b_{jk} = (r_{jk}, m)$. La forme

$$B = B(u, du) = \Sigma_{j,k=1}^n b_{jk} du_j du_k$$

s'appelle la deuxième forme quadratique. Si on se rappelle que $ds^2 = \Sigma_{j,k=1}^n g_{jk} du_j du_i = G(u, du)$ est la première forme quadratique de la surface P, on obtient

$$(\frac{d^2r}{ds^2}, m) = \frac{B(u, du)}{(G(udu)} = \frac{\Sigma_{jk=1}^n b_{jk} du_j duk}{\Sigma_{j,k=1}^n g_{jk} du_j du_k}.$$

Cette formule est due au mathématicien Meusnier.

En simplifiant la situation, en général je vais donner une interprétation en des termes algébriques simples de la courbure totale.

Considérons un section normale et la courbure de la section normale

$$k_N = \frac{B(u, du)}{G(u, du)}.$$

Cette expression s'appelle exactement courbure normale de surface P au point A suivant la direction $\{du_j\}$. Le théorème de Meusnier dit que étant donnée une courbe L son centre de courbure C_L est la projection sur le plan osculateur du centre de courbure C_L de la section normale correspondante.

En simplifiant la formule de la courbure d'une section normale je vais obtenir une expression de la courbure totale. Considérons un nouveau système de coordonnées sur le plan tangent à un point donné de la surface P. On peut trouver dans ce plan une base orthonormée $g_1, \cdots, g_n$ dans laquelle la forme B

prenne la forme canonique

$$B(u, du) = \Sigma_{j=1}^{n} \lambda_j \xi_j^2,$$

où $\xi_1, \cdots, \xi_n$ sont ls nouvelles coordonnées du vecteur $dr = \Sigma_{j=1}^{n} r_j du_j$. Comme la forme $G(u, du)$ représente simplement le carré de la longueur du vecteur dr dans la nouvelle base elle sera

$$G(u, du) = \Sigma_{j=1}^{n} \xi_j^2.$$

La formule pour k_N dans la nouvelle base aura la forme

$$K_N = \frac{\sigma_{j=1}^{n} \lambda_j \xi_j^2}{\Sigma_{j=1}^{n} \xi_j^2} = \Sigma_{j=1}^{n} \lambda_j cos^2 \phi_j,$$

ϕ_j est l'angle que le vecteur dr fait fait avec le vecteur de base g_j. Les directions des vecteurs g_j appelées les directions principales sur le plan tangent Π. Les nombres λ_j sont les courbures de sections normales correspondantes ; elles s'appellent *courbures principales* de la surface.

Le nombre $H = \frac{1}{n} \Sigma_{j=1}^{n} \lambda_j$ s'appelle *courbure moyenne* de la surface P au point A. Le nombre $K = \Pi_{j=1}^{n} \lambda_j$ s'appelle *courbure totale* de la surface P au point A.

3.3 Le passage aux courbes sur une surface

Ce passage suppose un certain nombre de préalables, que nous avons déjà rencontrés. On choisit une région de la surface, R. On traverse la frontière dans le sens positif. À chaque sommet soit $\Delta\theta$ l'angle extérieur à ce sommet. On paramètre le bord par longueur d'arc et soit N la normale obtenue en faisant tourner dans le sens positif de 90° le vecteur unité tangent. L'angle extérieur au sommet est encore dénoté $\Delta\theta$. On doit remplacer la courbure κ par la courbure géodésique κ_g. La courbure géodésique en un point d'une courbe paramétrée par longueur d'arc est définie comme on sait par

$$k_g = \ddot{c}(t) g(t).$$

Voir plus bas pour des précisions.

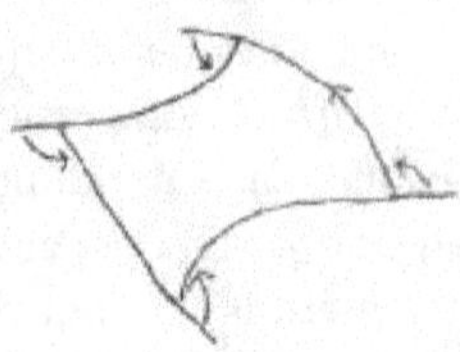

3.4 Quelques concepts qui installent le nouveau cadre

Tous les concepts que je vais rappeler maintenant font partie de l'ensemble des éléments qui installent une nouvelle géométrie. Je ne vais m'y intéresser que dans la mesure où ils ouvrent de nouvelles réflexions philosophiques. Je n'en donnerai que des éléments initiateurs. J'insiste sur le fait que les travaux de Philippe doivent lorsqu'il fait l'histoire de ces concepts, à leur manière, permettre de nouvelles réflexions sur l'espace, sur la nouvelle appréhension que nous pouvons en développer.

D'abord je rappelle ce qu'est une géodésique. Si $(u(t), v(t))$ est la courbe la plus courte allant du point p au point q. On la mesure réellement sur la surface et elle n'est pas nécessairement une ligne droite. De fait il faut concevoir comme je l'ai analysé que « le plus court » est une détermination qui s'est détachée de sa signification euclidienne (planaire) première. Ou plutôt que sa signification première est en fait un cas bien déterminé et particulier que les concepts abstraits de minimalité ou de détermination extrême de la longueur permettent d'appréhender. Et en même temps de l'attacher à l'objet (surface) sur lequel elle est située.

Mais c'est aussi pourquoi une géodésique satisfait une équation différentiellle. Dans le cas où la surface est plate la différentielle sera :

$$\frac{d^2u_k}{dt^2.}$$

et les géodésiques seront des droites. On remarquera que dans le travail du géomètre une notion que l'on croit élémentaire est remise en question et se révèle en fait seconde : elle se déduit de notions et théorèmes préalables. Euclide est en ce sens un observateur local parmi d'autres qui observent autrement.

Alors comment généraliser cette équation ? Les mathématiciens du XIXe siècle ont découvert la généralisation appropriée.

$$\frac{d^2u_k}{dt^2} + \Sigma_{ij}\Gamma^k_{ij}\frac{du_i}{dt}\frac{du^j}{dt} = 0$$

où les Γ^k_{ij} sont appeleés les coefficients de Christoffel. Ils sont donnés par

$$\Gamma^l_{ij} = \frac{1}{2}\Sigma_k(g^{-1})_{lk}\{\frac{\partial g_{jk}}{\partial u_i} + \frac{\partial g_{ik}}{\partial u_j} - \frac{\partial g_{ij}}{\partial u_k}\}.$$

Sans entrer ici dans les détails de ces équations il faut retenir leur signification conceptuelle. Ce concept permet d'extraire la signification laissée implicite dans un cadre euclidien de la détermination de l'extrêmalité d'une courbe. Et le système d'équations différentielles transforme la simple géodésique en l'effet d'un ensemble de déterminations qui mettent en cause les variations possibles de différentes métriques.

La courbure géodésique est un invariant intrinsèque ne dépendant que de la métrique au voisinage du point. C'est la courbure d'une courbe $\gamma(t)$ à l'intérieur de la surface, calculée par une personne de dimension 2 qui croit que les géodésiques sont des droites. Elle dépend de l'orientation de la surface, puisqu'elle dépend du vecteur $n \times T$. Si nous sommes dans un plan, nous supposerons que n pointe dans la direction de z positifs. Dans ce cas T et nT forment un système de coordonnées nous nous mouvons dans le sens inverse des aiguilles d'une montre pour aller de T à nT. Nous regardons la surface depuis le sommet du vecteur n. T doit faire une rotation de 90° pour atteindre $n \times T$. Les deux vecteurs n et nT sont perpendiculaires et les g_{ij} sont nuls.

Et voici un théorème. Soit $\gamma(t)$ une courbe sur une surface.

1) la courbure géodésique peut être calculée extrinsèquement par la formule ($\times$ note indifféremment $\wedge$ le produit vectoriel).

$$k_g = \frac{\frac{d^2}{dt^2} \cdot (n \times \frac{d\gamma}{dt})}{\frac{d\gamma}{dt} \cdot \frac{d\gamma}{dt}}$$

est égale à $\kappa_g(n \times T)$.

2) la courbure géodésque peut aussi être calculée intrinsèquement selon l'expression

$$\frac{\frac{D\gamma'}{dt} - < \frac{D\gamma'}{dt}, T > T}{< \gamma', \gamma' >}.$$

Avec T le vecteur tangent à la courbe, n la normale, et D la dérivée covariante.

Supposons que $\gamma(t)$ soit un bord. Alors $\frac{d}{dt} < \gamma', \gamma' >= \frac{d}{dt} 1 = 0$. Cette expression est égale à $\frac{d}{dt} < \gamma', \gamma' >= \gamma' < \gamma', \gamma' >$

3) Dans le cas particulier où $\gamma(t)$ est paramétré proportionnellement à une longueur d'arc la formule se simplifie en

$$\frac{\frac{D\gamma'}{dt}}{< \gamma', \gamma' >} = \frac{\Sigma_k \{ \frac{d^2\gamma_k}{dt^2} + \Sigma_{ij} \Gamma^k_{ij} \frac{d\gamma_i}{dt} \frac{d\gamma j}{dt} \} \frac{\partial}{\partial u_k}}{\Sigma_{ij} \frac{d\gamma_i}{dt} \frac{d\gamma j}{dt}}.$$

En particulier une courbe paramétrée par longueur d'arc a une courbure géodésique nulle si elle est une géodésique.

On a de nouveau :

$$\Sigma_{\text{sommets}} \Delta\theta + \Sigma_{\text{bords}} \int \kappa = 2\pi$$

La force du théorème de Gauss-Bonnet vient de ce qu'il combine de manière explicite la géométrie et la topologie, laissant ouvert des formes de généralisation de la topologie dans ses divers énoncés. C'est une synthèse de deux sortes d'ouvertures : celle de la géométrie et celle de la topologie. C'est un cas de ces grands théorèmes qui conjoignent dans des synthèses de niveau supérieur des domaines différents du corpus mathématique. Il est à ce titre source de combinaisons d'invariants du domaine de la topologie et de géométrie. L'intuition topologique qui est développée dans ce cadre, comme une sorte de vision qualitative de l'espace initial devient fondatrice d'une approche très spécifique de l'espace, généralisant ce dernier en en excluant la mesure. Mais en revenant du côté de la géométrie nous retrouvons pourtant des thèmes de la mesure. Et les versions du théorème égrènent à leur façon cet enchevêtrement.

D'une certaine manière nous avons affaire à des propriétés plus « élémentaires » en apparence, mais la difficulté tient à ce qu'il faut rester sur ce registre des propriétés. Il faut parvenir à développer ce type d'intuition, en imposant l'homogénéité des questions que l'on cherche à résoudre. Les développements de ces questions aboutissent à la mise en évidence de contraintes que sont les invariants. L'intuitivo-symbolique présente des formes originales, une de ses caractéristiques importantes étant qu'il permet à un observateur de se placer du point de vue de la surface sur laquelle il se situe alors. C'est sans doute le grand apport de la géométrie du XIXe siècle : « intérioriser » l'observateur à ses objets, ce qui est l'esprit même de la théorie de la relativité.

Le concept de courbure établi par Gauss transforme du topologique en géométrique métrique. Ou en un autre sens on peut dire que le concept topologique contient, ou peut être précisé par, du géométrique.

Pour le philosophe ces indications sont précieuses. L'appréhension de l'espace s'est précisée. Des formes « qualitatives » que met en évidence son analyse pouvent être conjointes avec des questions de distance. De plus le théorème dit que la somme des angles d'un triangle dépend de la nature du lieu sur lequel ce triangle est situé. En ce sens il est inséré dans son milieu ici sur la surface qui devient pour lui un lieu d'insertion. La synthèse s'effectue ici, à ce niveau, entre le triangle dessiné sur la surface et la surface même, qui est son lieu de surgissement. Il acquiert pour notre représentation la topologie de la surface. Mais du coup on peut voir comment cette surface « traite » la métrique. Gardons en tête, aussi, que le triangle possède quant à lui une nature propre, il se referme en triangle et donc structure trois angles et trois côtés, mais cette nature est bien déterminée par son insertion.

La conscience perceptive est dépouillée de son rapport privilégiée à une perception géométrique euclidienne, mais dans le même mouvement théorique il est montré que cette perception n'est pas primitive ou immédiate et qu'elle est conditionnée par notre insertion qui n'est pas elle-même ramenée à la conscience, ignorée, dans une situation planaire. La « planarité » à son tour est isolée et conceptualisée et va pouvoir s'insérer dans diverses constructions. Comme on le voit le travail mathématique relocalise à des niveaux différents la conscience perceptive.

Le théorème suivant est établi. Si un triangle est situé sur une sphère de rayon 1, avec ses côtés géodésiques et les angles α, β, γ l'aire du triangle est

$$\alpha + \beta + \gamma - \pi.$$

Si le triangle est sur le modèle de Poincaré de géométrie non euclidienne l'aire du triangle est

$$\pi - (\alpha + \beta + \gamma).$$

Ce qui vient du fait que $\kappa = 1$ dans le premier cas et $\kappa = -1$ dans le second, l'aire d'un triangle dans tout modèle de Poincaré est plus petite que π.

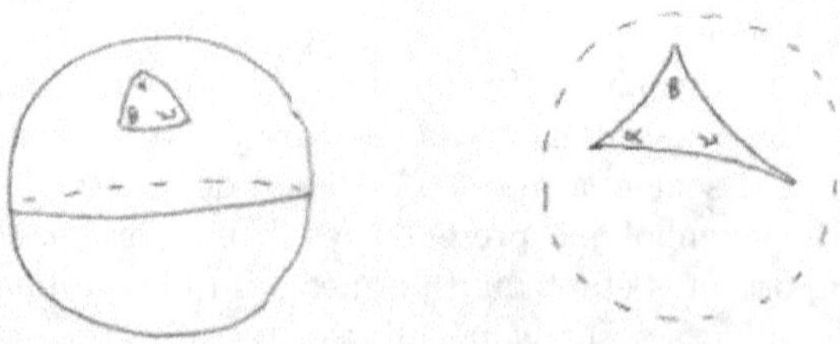

Je peux présenter la forme la plus générale de ce théorème qui use des concepts de tenseur après avoir dans une forme moins générale usé de celui de forme différentielles. On avait $\Sigma_{\text{sommets}}\Delta\theta + \Sigma_{\text{bords}}\kappa_g - \int_{\partial\mathcal{R}} \omega = 2\pi$.

Et on a enfin

$\Sigma_{\text{sommets}}\Delta\theta + \Sigma_{\text{bords}}\kappa_g + \int\int_{\mathcal{R}} \kappa\sqrt{detg_{ij}}dudv = 2\pi$. Les concepts classiques et fondateurs de la géométrie différentielle ont contribué à sa formulation et à sa démonstration. Ce qui constitue la dernière étape de celle-ci.

Remarque sur le calcul qui conduit à l'ultime présentation.

J'ai repris, pour l'effectuer la stratégie de Koch. Elle permet de comprendre comment d'abord on introduit de façon nécessaire les formes différentielles. Nous avons besoin d'une forme qui agisse sur un champ de vecteurs (dans notre cas champs sur la surface) et produise un nombre. L'introduction des formes différentielles étend la signification des calculs d'aires (qui apparaissent dans le théorème de Gauss-Bonnet). Elle en fait une forme conceptuelle, qui a « intégré » la surface. Ce nouveau concept représente un passage à un niveau supérieur pour ce mécanisme d'extension des concepts initiaux de surface et d'orientation.

De même en est-il de l'introduction du tenseur de courbure. Il est obtenu comme dérivée de la 1-forme ω. La définition détaillée du tenseur de courbure de Riemann n'est pas donnée. On l'obtient en effectuant le calcul de la 2-forme $d\omega$ et en utilisant les formules du crochet. Ce qui est normal puisque comme nous l'avons vu le tenseur de courbure exprime cette 2-forme. On sait que pour tout triplet X, Y, Z champs de vecteurs sur la surface V, R ou $K(X,Y) \cdot Z$ généralise $R(\frac{\partial}{\partial u}, \frac{\partial}{\partial v})$.

On introduit généralement l'opérateur d et la 2-forme qui synthétise une part essentielle de la réflexion qui a donné lieu à la forme élaborée du concept de courbure. Rappelons que sous cette synthèse ultra puissante se trouvent unifiés tous les concepts qui ont parcouru l'histoire de la formation de cette notion. Mais synthétisée de la sorte elle acquiert une capacité d'analyse qui va au-delà des éléments qu'elle a synthétisés.

Il faut ajouter enfin que le calcul retrouve les coefficients de la IIe forme (la forme quadratique qui classiquement donne une expression de la courbure) comme le déterminant des g_{ij}. Ce sont ces coefficients qui multiplient l'aire $dudv$.

4 Ceci n'est pas une conclusion

J'espère avoir fait sentir que la géométrie possède une « force d'entraînement » complexe et surtout quand elle est à la fois est si proche et si lointaine de nos représentations. Et que c'est une certaine pratique de la philosophie qui peut expliciter les raisons de cette force. Il est difficile de se stabiliser sur cette ligne de crête. Il n' y a jamais assez de philosophie parce qu'il n'y a pas assez de mathématiques. Il y a donc une pensée mathématique qui fait connaître les mathématiques. Elle transforme et enrichit ses objets pour les rendre accessibles et ce faisant elles proposent d'autres ouvertures.

Je vais encore dire les choses autrement. Les mathématiques fascinent ou dissuadent, un instant emportées dans le tourbillon de l'imagination créatrice du géomètre, elles scintillent dans le lointain de galaxies inaccessibles, et c'est alors qu'elles défient le concept qui les poursuit ou les devance. Elles produisent un sentiment de frustration, l'impossibilité de s'en défaire, de les lâcher. Impossible de donner satisfaction à notre recherche, de trouver le calme. De temps à autre les lumières des galaxies lontaines se rapprochent, et une sorte de plénitude, éphémère, se réveille : nous avons compris. Et puis ça recommence. Il semble que ce cycle puisse aussi s'interrompre. Une vision générale en surplomb met à l'abri des tempêtes. *Suave mari magno.*

Bibliographie

Cartan, E. (1922). Sur les les espaces généralisés et la théorie de la relativité. *Comptes rendus de l'Académie des sciences*, 174, 734–736. *Œuvres complètes*, III, 1, p. 619–621.

Cartan, E. (2007). *Cours de calcul différentiel.* Paris : Hermann.

Caveing, M. (2004). *Le Problème des objets dans la pensée mathématique.* Paris : Vrin.

Chorlay, R. (2015). *Géométrie et topologie différentielles.* Paris : Hermann.

Gauss, C. F. (1852). *Recherches générales sur les surfaces courbes.* Paris : Bachelier. Traduit du latin par M. A.

Koch, R. (2005a). *Differential Geometry Course Notes.* University of Oregon.

Koch, R. (2005b). *Lectures on Gauss-Bonnet (Cours)*. University of Oregon.

Merker, J. & Szczeciniarz, J.-J. (2019). Théorème de Gauss-Bonnet pour les surfaces : vers une philosophie intrinsèque de la géométrie différentielle (Partie I). URL https://hal.archives-ouvertes.fr/hal-01971403, working paper or preprint.

Nabonnand, P. (1995). Contribution à l'histoire de la théorie des géodésiques au XIXe siècle. *Revue d'histoire des mathématiques*, 1(2), 150–200, doi :10.24033/rhm.6.

Riemann, B. (1923). *Über die Hypothesen welche der Geometrie zugrunde liegen*. Berlin : Springer, 3e éd. Neu herausgegeben und erläutert von H. Weyl.

Jean-Jacques Szczeciniarz
Équipe SPHERE
Université Paris Diderot
jean-jacques.szczeciniarz@univ-paris-diderot.fr

Instruments de mathématiques et fabricants d'instruments au XVIIIe siècle

Dominique Tournès

C'est tout au long des XVe et XVIe siècles que s'est développée l'industrie des instruments de mathématiques, fabriqués généralement en cuivre, bronze, laiton ou argent (Daumas 1953). Ces instruments, souvent ancrés dans une longue tradition, ont alors évolué rapidement, tant sur le plan technique qu'esthétique, pour répondre aux besoins des dessinateurs (géomètres, architectes, ingénieurs et graphistes). Il a notamment fallu s'adapter à la généralisation en Europe de l'usage du papier et du tire-ligne. Le dessin technique, au sens où nous l'entendons aujourd'hui, est d'ailleurs né au XVIe siècle, lorsque des figures rigoureuses réalisées à partir de mesures précises ont remplacé les esquisses à main levée dans des disciplines comme l'astronomie, la navigation, le génie militaire et la topographie (Hambly 1988).

En me situant deux siècles plus tard, je me propose d'examiner brièvement les questions suivantes : qu'entend-on par instrument de mathématiques au XVIIIe siècle ? Quels sont les apports spécifiques du siècle des Lumières dans ce domaine ? Quel était le contexte scientifique, technologique, économique et culturel de la fabrication et de l'utilisation de ces artefacts ? Enfin, quelles étaient à cette époque les interactions entre les instruments matériels et le développement théorique des mathématiques ?

1 Un siècle propice aux instruments de mathématiques

1.1 Qu'est-ce qu'un instrument de mathématiques au XVIIIe siècle ?

Commençons par consulter l'un des plus fameux ouvrages de référence du XVIIIe siècle, le *Traité de la construction et des principaux usages des instrumens de mathématique*, publié en 1709 par Nicolas Bion, qui portait le titre d'ingénieur du Roi pour les instruments de mathématiques. Bion tenait un atelier situé Quai de l'Horloge du Palais, à Paris, où l'on pouvait trouver tous les instruments décrits dans son traité.

P.-E. Bour, M. Rebuschi & L. Rollet (eds.), *Sciences, Circulations, Révolutions, 681–695.*

La quatrième et dernière édition de l'ouvrage, datée de 1752, est organisée en neuf livres. Les deux premiers présentent ce qui est appelé « étui de mathématique » : cet étui est composé des instruments les plus simples et les plus ordinaires, ceux qui font partie de la panoplie de tout géomètre, quel que soit le domaine dans lequel il travaille. Il s'agit du compas, de la règle, du tire-ligne, du porte-crayon, de l'équerre, du rapporteur et du compas de proportion (voir figure 1). Le troisième livre traite d'instruments divers qui servent au cabinet (compas spécialisés, compas de réduction, pantographe, instruments à règles parallèles, aimants, balances, microscopes, etc.), le quatrième livre d'instruments employés sur le terrain pour les opérations d'arpentage, de levé de plans, de fortification, de mesure des distances et des hauteurs (toise, chaîne, piquets, équerre d'arpenteur, récipiangles, différentes planchettes, quart-de-cercle, demi-cercle ou graphomètre, boussole). Le cinquième livre présente les niveaux utilisés pour la conduite des eaux et les instruments servant à l'artillerie. Les livres 6 à 8 rassemblent tout ce qui se rapporte à l'astronomie et à la navigation (quart-de-cercle astronomique, octant, micromètre, horloge, boussole marine, astrolabe, quartier de réduction, cartes marines, cadrans solaires, cadrans lunaires, etc.). Enfin, le neuvième livre, ajouté ultérieurement et enrichi au fil des éditions, présente divers instruments complémentaires, ainsi que les outils et techniques servant à la fabrication des instruments de mathématiques.

Dans ce traité, nous sommes confrontés à une définition large des mathématiques, qui fait écho à celle rencontrée dans l'*Encyclopédie* de Diderot et d'Alembert. Outre les mathématiques pures, toutes les parties des mathématiques dites « mixtes » sont représentées : mécanique, optique, astronomie, géographie, chronométrie, architecture militaire, hydrostatique, hydraulique, hydrographie et navigation, etc.

Lorsque Edmund Stone traduit le traité de Bion en anglais en 1723, il y ajoute plusieurs instruments propres à la tradition anglaise, notamment la règle à calcul qui, à cette époque, n'a pas encore gagné les faveurs du Continent (ce ne sera le cas qu'à partir du milieu du XIXe siècle). Par ailleurs, dans sa préface, Stone explique les raisons de son intérêt pour les instruments :

> Mathematicks are now become a popular Study, and make a part of the Education of almost every Gentleman [...]. Mathematical Instruments are the means by which those Sciences are rendered useful in the Affairs of Life. By their assistance it is that subtile and abstract Speculation is reduced into Act. They connect as it were, the Theory to the Practice, and turn what was bare Contemplation, to the most substantial Uses. (Bion 1752, p. v–vi)

Les instruments mathématiques sont ainsi, selon la conception de l'époque, le trait d'union entre les mathématiques pures et les mathématiques mixtes, le medium permettant une réification des concepts abstraits des mathématiques dans la pratique des sciences de la nature (Gessner *et al.* 2017).

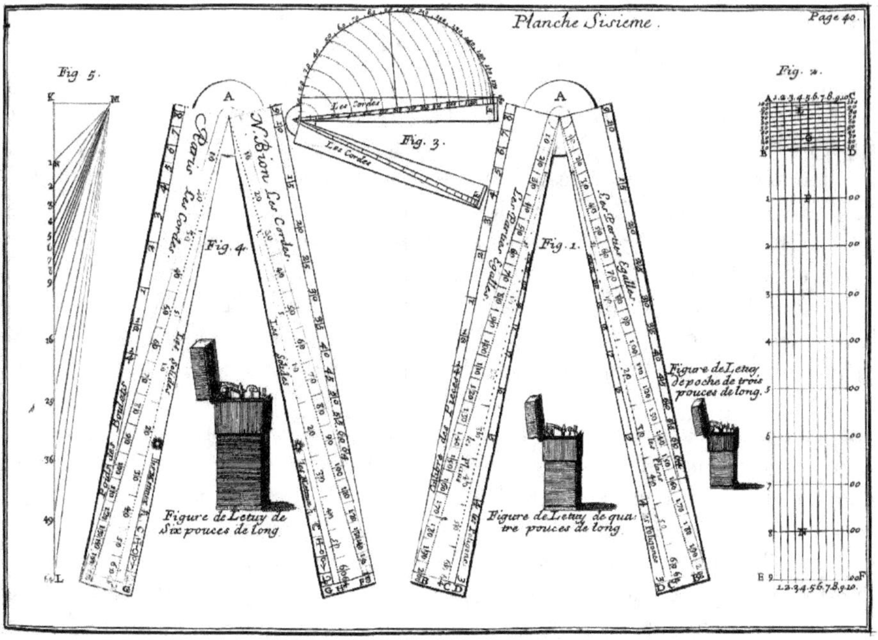

FIGURE 1 : Une planche du traité de Bion (1752, pl. 6) sur le compas de proportion

1.2 Et les instruments pour l'arithmétique ?

On aura observé que les instruments catalogués dans le traité de Bion sont tous des instruments géométriques ou directement dérivés de la géométrie. À l'époque, c'est également le cas dans la majorité des livres sur les instruments, comme, par exemple, celui de John Robertson (1775). En Allemagne, le *Theatrum arithmetico-geometricum* de Jacob Leupold, publié d'abord en 1727 et réédité en 1774 (Leupold 1774), se distingue par une vision plus large de la notion d'instrument mathématique en y incluant les dispositifs destinés à faciliter l'arithmétique, notamment les tables numériques. De plus, Leupold, professeur à Iéna, semble être le premier en Allemagne à enseigner l'utilisation pratique des instruments en complément de ses cours d'arithmétique et de géométrie.

Ainsi, sauf exception, on ne trouve pas trace, dans les traités, d'instruments destinés à l'art du calcul digital, à ce calcul arithmétique qui est pourtant nécessaire à un grand nombre de gens dans le commerce et la vie quotidienne, bien au-delà du cercle étroit des mathématiciens, astronomes et ingénieurs. Il faut probablement y voir la marque d'une époque où la pensée géométrique est encore prédominante dans les mathématiques mixtes. Le cas de la règle à calcul, un peu à part, est, quant à lui, l'un des signes du divorce culturel entre les mathématiques anglaises et continentales, divorce qui s'est traduit sur un autre plan par la querelle entre Newton et Leibniz au sujet de l'invention du calcul infinitésimal.

Cependant, des instruments facilitant ou automatisant le calcul arithmétique existent bel et bien au siècle des Lumières. Quels sont-ils ? En fait, ce sont les mêmes que ceux des siècles précédents, fertiles en la matière avec l'apparition des bâtons et réglettes de Neper, des divers instruments logarithmiques inventés par les Britanniques Neper, Briggs, Oughtred et Gunter (tables logarithmiques, règles et cercles à calcul), des additionneuses mécaniques de Schickard et Pascal, et de la multiplicatrice mécanique de Leibniz. Tout au long du XVIIIe siècle, ces instruments bénéficient de quelques améliorations technologiques, mais aucune idée vraiment nouvelle n'apparaît. Si, dans le cas spécifique des règles à calcul, une production en série se met en place dans les Îles Britanniques, il n'en va pas de même pour les machines à calculer automatiques, qui restent le plus souvent à l'état de projet. À titre d'exemple, mentionnons la machine que Leupold imagine et décrit dans son traité (voir figure 2). Pourtant, nous sommes à une époque où la mécanique de précision triomphe : on s'enthousiasme pour des machines ludiques aux mécanismes subtils et compliqués, comme des automates imitant le comportement humain (joueur d'échecs, claveciniste, etc.) ou des horloges astronomiques s'animant de manière complexe à certaines heures. Bien que toutes les conditions technologiques nécessaires soient réunies, il n'y a pas de demande pour le calcul automatique. Quelques machines à calculer mécaniques commencent malgré tout à être produites en Allemagne dans les dernières décennies du siècle. Entre 1773 et 1790, le pasteur et horloger Philipp Matthäus Hahn réalise quatre ou cinq exemplaires d'une calculatrice mécanique cylindrique, qui est la première machine à quatre opérations entièrement fonctionnelle (Vollrath 2013). Par la suite, Johann Helfrich von Müller, un ingénieur militaire, fabrique en 1784 une version améliorée de la machine de Hahn et prévoit de construire une machine à différences près de quarante ans avant Babbage. Cependant, ces dispositifs mécaniques ingénieux sont restés des curiosités de cabinet.

En définitive, le XVIIIe siècle apparaît comme une parenthèse dans l'histoire de l'automatisation du calcul arithmétique. C'est pourquoi nous n'en parlerons pas davantage et reviendrons dans la suite au point de vue adopté par la plupart des auteurs de l'époque, pour lesquels les instruments de mathématiques s'identifient aux instruments de géométrie.

1.3 L'émergence de nouveaux besoins

Qu'est-ce qui stimule l'industrie des instruments au siècle des Lumières ? Entre autres facteurs, la rivalité anglo-française sur les océans entraîne l'amélioration des techniques de navigation, et la nécessité de cartographier de nouveaux territoires pour mieux les délimiter et les gérer (c'est notamment le cas en Nouvelle-France et en Nouvelle-Angleterre). Il s'ensuit des avancées technologiques dans la fabrication des instruments d'astronomie, de navigation et

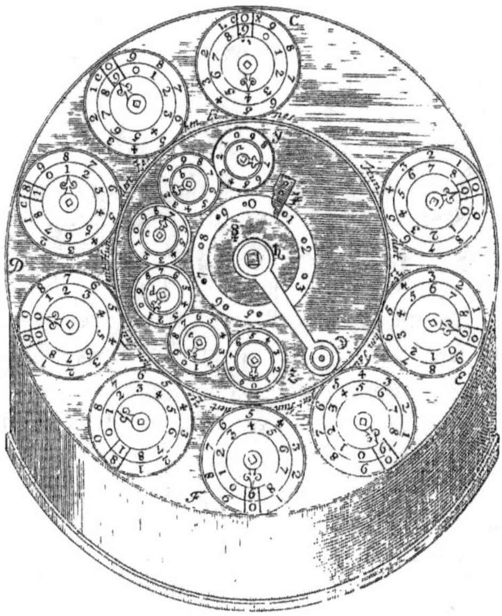

FIGURE 2 : Le projet de machine à calculer de Leupold (1774, pl. VIII)

d'arpentage, et une augmentation sensible de la production. Les inventions nouvelles sont cependant peu nombreuses dans ce domaine : en 1731, John Hadley invente le quartier de réflexion, dont le sextant dérivera en 1757 pour devenir d'usage courant à la fin du siècle ; en 1736, George Adams crée l'horizon artificiel pour déterminer la latitude lorsque l'horizon réel n'est pas visible.

En fait, l'astronomie est aussi, sur le plan théorique, la principale activité scientifique : des problèmes tels que l'étude de la forme de la Terre, la détermination des longitudes en mer ou la recherche d'une unité de mesure universelle engendrent des avancées dans la conception des instruments. La création de nombreux observatoires – on en dénombre par exemple une douzaine à Paris, sans compter les observatoires privés – contribue également à accroître la demande. Par ailleurs, des écoles spécialisées sont ouvertes ou réformées afin de dispenser une formation plus rigoureuse aux astronomes, navigateurs et arpenteurs, ce qui permet en retour une meilleure connaissance et une meilleure utilisation des instruments disponibles.

En Angleterre, dès le milieu du XVIIe siècle, les jeunes nobles devaient posséder de solides connaissances en géométrie, trigonométrie, astronomie et navigation, car tout gentilhomme souhaitant faire carrière à la cour pouvait être appelé à commander un vaisseau de guerre (Turner 1973). Il en était de même pour tous ceux, nobles ou non, qui voulaient se lancer dans le commerce maritime transatlantique. Outre la navigation, l'art de la guerre (artillerie, fortification) et la gestion des affaires de l'État (arpentage et relevé des terrains pour les travaux publics et le calcul des impôts) devenaient de plus en plus complexes et requéraient également de nombreuses compétences en mathématiques pratiques.

1.4 Une époque d'amateurs et de collectionneurs

En dehors des besoins croissants des différentes professions appliquant les mathématiques, il existait une tradition de fabrication d'instruments de dessin pour les collections royales ou aristocratiques. Parmi les collections notables, citons celles du landgrave de Hesse et de l'électeur de Saxe en Allemagne, du duc d'Orléans et de Bonnier de la Mosson en France, et du prince de Galles, futur Georges III, en Angleterre. Des collections importantes étaient également constituées par les monastères ou les universités à des fins de recherche et d'enseignement. Enfin, de nombreux amateurs riches et cultivés créaient des cabinets scientifiques pour leur loisir. Par exemple, en Angleterre, le juriste et historien Sir Roger North acquit un nécessaire complet de 150 instruments mathématiques (Hambly 1988).

Par ailleurs, les cabinets de curiosité sont à la mode, au point de devenir les principaux clients de certains fabricants. Cela s'accompagne d'un effort de vulgarisation scientifique, de la publication de nombreux ouvrages destinés aux amateurs et d'une industrie spécialisée dans les appareils de démonstration sous forme de modèles réduits richement ornés. Cette tendance est également renforcée par une tradition précoce d'enseignement expérimental. Certains professeurs reçoivent leurs étudiants dans leur cabinet privé pour des exercices pratiques, avant de créer des laboratoires dans leurs universités. C'est le cas, par exemple, de Giovanni Poleni, titulaire à partir de 1719 de la chaire de mathématiques de l'université de Padoue, qui réunit une collection de 392 machines, dont une machine arithmétique et plusieurs appareils pour tracer mécaniquement des courbes. Dans la seconde moitié du siècle, un autre exemple est celui de Carl Friedrich Hindenburg à l'université de Leipzig.

De cette floraison de collections privées et universitaires ouvertes à un milieu restreint, naît peu à peu l'idée que les instruments scientifiques devraient également être accessibles à un public plus large. À sa fondation en 1753, le British Museum hérite de la collection de 57 instruments mathématiques constituée par Sir Hans Sloane. De même, à la fin du siècle, Jean-Dominique Cassini, directeur de l'Observatoire royal de Paris, ouvre une salle d'exposition présentant au public une collection d'instruments astronomiques anciens. En Italie, un autre exemple est donné par la collection d'instruments de l'ancienne Academia del Cimento, fondée par le prince Léopold de Toscane en 1657 et dissoute en 1667, qui a abouti dans un musée créé en 1775, puis au Museo di Storia della Scienza de Florence (Ackermann *et al.* 2014).

1.5 L'industrie des instruments au XVIIIe siècle

Dans la ville de Londres, on trouve les premières traces de magasins vendant des instruments scientifiques au début du XVIIIe siècle, alors qu'auparavant les instruments étaient fabriqués sur commande par des ateliers de mécanique de précision (Bryden 1992). La publicité encourage la croissance de ce nouveau marché, en incitant les consommateurs à acheter des instruments de mathématiques tant pour la pratique scientifique que pour une activité sociale et récréative. Cela confirme qu'une forte demande émanant de deux sources (professionnels et amateurs) apparaît vers la fin du XVIIe siècle et au début du XVIIIe.

Londres s'impose comme le principal centre de fabrication d'instruments vers le milieu du XVIIIe siècle. L'excellente réputation de ses fabricants (Thomas Heath, Georges Adams, Edward Nairne, etc.) entraîne une augmentation des exportations vers l'Europe et les colonies d'Amérique. Plusieurs fabricants londoniens combinent la direction d'un atelier avec la publication de traités, et commencent à distribuer prospectus publicitaires et catalogues de prix. En France, il y avait de nombreux fabricants installés dans le Quartier de l'Horloge à Paris. Outre Nicolas Bion, déjà rencontré plus haut, on peut mentionner Pierre Lemaire et Claude Langlois. L'atelier de Langlois était l'un des plus connus ; il fut ensuite repris par Jacques Canivet, puis par Louis Lennel. Tous ces fabricants étaient tenus d'adhérer à la corporation des fondeurs. Il est possible que les pratiques conservatrices et restrictives des corporations aient freiné les innovations en France. Entre autres entraves, il était interdit d'avoir plusieurs ateliers ; chaque maître n'avait droit qu'à un seul apprenti ; la fiscalité était très lourde ; il y avait de nombreux conflits avec d'autres corporations du fait que les instruments de mathématiques faisaient appel à des techniques et des outils variés, à cheval sur les prérogatives d'autres corporations que celle des fondeurs (par exemple celle des miroitiers-lunetiers). C'est sans doute pour cela que les grands ateliers anglais ont pu compter jusqu'à 50 ouvriers, alors que les ateliers français n'en ont jamais compté plus de cinq ou six. C'est aussi la raison pour laquelle les ateliers français se sont souvent cantonnés aux objets de salon, tandis que les Anglais parvenaient à acquérir le quasi-monopole des grands instruments astronomiques qui équipaient les observatoires. Par ailleurs, de nombreux ateliers anglais, comme ceux de W. et S. Jones, Bate, Nairne et Blunt, produisaient la fameuse « règle de Soho » (voir figure 3), qui était le modèle le plus courant de règle à calcul, issue des recherches menées par Matthew Boulton et James Watt pour faciliter les calculs liés à la fabrication des machines à vapeur, et d'autres règles spécialisées pour la construction navale, le jaugeage des tonneaux, le calcul des taxes douanières, etc. (Wess 1997).

Il y avait par ailleurs de nombreux fabricants en Hollande, spécialisés dans les instruments de navigation et dont la production était principalement exportée vers l'Angleterre, ainsi que quelques fabricants dans le sud de l'Allemagne et en Italie (Hambly 1988). L'un des plus célèbres fabricants allemands, Georg Friedrich Brander, produisait une large gamme d'instruments dans son grand atelier d'Augsbourg. Il a notamment collaboré avec le mathématicien Lambert pour concevoir de nouveaux appareils à échelle logarithmique. De nombreux

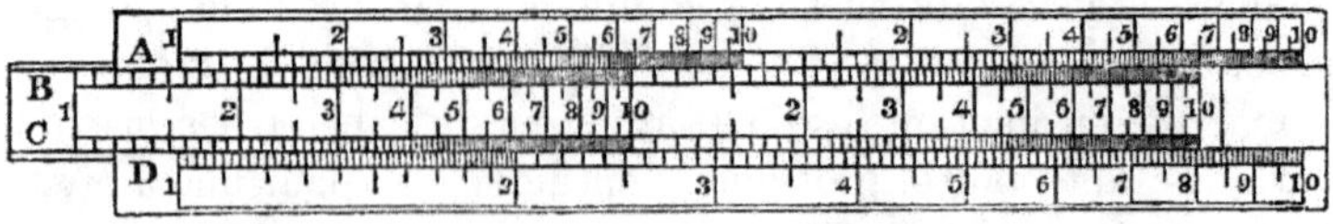

FIGURE 3 : La « règle de Soho » de Boulton et Watt, utilisée pour le calcul des machines à vapeur (Farey 1827, p. 541)

instruments de Brander ont survécu et se trouvent aujourd'hui dans des musées, notamment le Deutsches Museum de Munich (Turner 2008).

2 Les instruments de mathématiques au sens strict

Concentrons-nous à présent sur les instruments mathématiques au sens strict, à savoir les instruments de géométrie, en laissant de côté leurs variantes spécialisées conçues pour les applications et les domaines connexes. Tous les instruments présentés dans le traité de Bion servent à mettre en œuvre la géométrie euclidienne élémentaire, celle qui correspond aux besoins courants des praticiens et qui, en substance, n'a guère varié depuis l'Antiquité. Cependant, si l'on parcourt les planches de mathématiques de l'*Encyclopédie méthodique* (D'Alembert 1784-1785-1789, vol. 3, 1789), quelques nouveaux instruments attirent notre attention : des appareils pour tracer les sections coniques, un appareil pour le tracé de la conchoïde et un « constructeur universel d'équations ». Au-delà des opérations géométriques élémentaires que l'on peut effectuer avec des cercles et des droites, apparaît ici une géométrie plus savante qui fait appel à d'autres types de courbes. Depuis le XVIIe siècle, le tracé mécanique des courbes par un mouvement continu était devenu, en effet, un enjeu essentiel.

Dans sa *Géométrie* de 1637, Descartes a montré que toute équation jusqu'au quatrième degré pouvait être construite avec des droites, des cercles et une section conique donnée (par exemple, une parabole). De façon générale, il met la règle et le compas sur le même plan que des systèmes articulés plus complexes pouvant tracer d'un mouvement continu des courbes algébriques, tous ces instruments étant qualifiés de « machines ». Les courbes algébriques, que Descartes appelle « géométriques », sont selon lui d'un emploi légitime en géométrie. De là naît un courant important de l'algèbre, appelé « la construction des équations », qui consiste à résoudre une équation algébrique par la construction et l'intersection de courbes, et qui se poursuivra jusque vers 1750 (Bos 1984). Dans cette approche, les solutions d'une équation sont obtenues comme les abscisses des points d'intersection de deux courbes simples qui peuvent être tracées d'un mouvement continu. Aux XVIIe et XVIIIe siècles, cette méthode reste largement spéculative : l'algorithme de construction est davantage vu comme une preuve de l'existence des solutions que comme un procédé effectif de calcul numérique. Cependant, la même méthode sera abondamment utilisée plus tard par les ingénieurs de la période 1850-1950 en tant que technique de calcul graphique (Tournès 2022, chap. 3).

Après la création du calcul infinitésimal par Newton et Leibniz à la fin du XVIIe siècle, le même problème va se poser pour les courbes transcendantes que les géomètres commencent à étudier et qui apparaissent souvent comme des courbes intégrales d'équations différentielles. Dans le même esprit que précédemment, on tentera d'imaginer de nouveaux instruments pour tracer d'un trait continu la courbe logarithmique, la tractrice, la chaînette, la cycloïde, etc.

2.1 Des instruments pour les courbes algébriques

De nombreuses recherches ont été menées dans la seconde moitié du XVIIe siècle pour décrire les sections coniques d'un mouvement continu afin de mettre en pratique la méthode de Descartes pour la résolution des équations de degré trois et quatre. On éprouve également le besoin de tracer des sections coniques pour la fabrication de lentilles optiques ou pour illustrer les livres de géométrie, notamment pour réaliser des dessins en perspective et développer la nouvelle géométrie projective issue des travaux de Pascal, Desargues et La Hire. On peut citer ici le marquis de L'Hospital qui rédigea en 1704 un traité sur les sections coniques publié à titre posthume en 1720 (L'Hospital 1720). Il y décrit des appareils composés de tiges et de fils pour tracer des paraboles, des ellipses et des hyperboles.

Cependant, malgré l'importance théorique et pratique des sections coniques, malgré l'existence dans la littérature de nombreuses descriptions d'appareils ingénieux pour les construire, les fabricants du XVIIIe siècle ne se sont guère impliqués dans la production d'instruments pour tracer ces courbes. Il n'existe rien en ce qui concerne les paraboles et les hyperboles. Du côté des ellipses, la situation est légèrement différente, peut-être en raison de l'importance de cette courbe dans la science des jardins (dessin des massifs elliptiques à l'aide d'une corde et de deux piquets), en génie civil (voûtes elliptiques), en architecture et en dessin technique (pour représenter correctement un cercle en perspective). On trouve donc des compas elliptiques dans les boîtes d'instruments. Bion reproduit le schéma du modèle le plus répandu, qui a l'inconvénient de ne pouvoir tracer que des ellipses ayant un grand axe supérieur à 12,5 cm. En dehors de ce modèle rudimentaire, le plus ancien ellipsographe conservé, capable de tracer de petites ellipses, est dû à Pierre Gourdin et daté de 1790. Ce n'est qu'à la fin du XIXe siècle que la fabrication d'appareils pour tracer les sections coniques va commencer à se répandre et se diversifier.

La situation des autres courbes algébriques classiques est similaire : au XVIIIe siècle, on rencontre dans quelques livres des descriptions d'instruments potentiels pour des courbes particulières, mais on n'a pas de trace de réalisations effectives ou, quand il y en a, il ne s'agit que de prototypes isolés.

On peut signaler enfin le « constructeur universel d'équations » dont nous avons parlé plus haut, dû au pasteur anglais John Rowning (1770) et décrit plus tard dans l'*Encyclopédie méthodique* (1784-1785-1789, vol. 1, 1784). Cet appareil (voir figure 4), formé de tiges articulées à glissières, mécanise une construction graphique des valeurs numériques d'une fonction polynomiale et permet donc d'en tracer la courbe représentative d'un mouvement continu. Rowning en a fabriqué un prototype conçu pour les équations du second degré, mais un mécanisme similaire pourrait être envisagé pour n'importe quel degré. Ce type d'appareil, complexe à réaliser, n'aura pas de descendance immédiate avant la fin du XIXe siècle.

FIGURE 4 : Le constructeur universel d'équations de John Rowning (1770, p. 241), dans sa version pour les équations du second degré

2.2 Des instruments pour les courbes transcendantes

Les courbes transcendantes, que Descartes qualifiait de « mécaniques », sont, en particulier, celles qui font intervenir deux mouvements indépendants à coordonner. C'est tout d'abord le cas de la spirale, très employée en architecture pour dessiner les volutes des colonnes ioniques. Elle provient de la combinaison du mouvement circulaire uniforme d'une tige autour d'un point et du mouvement rectiligne uniforme d'un point sur la tige, les deux mouvements étant coordonnés grâce à un fil et une poulie. En 1760, David Lyle conçoit un compas à volute et, en 1791, George Adams décrit un hélicographe, deux appareils dont le principe se trouvait déjà dans un manuscrit de Huygens en 1650. La situation est analogue pour la quadratrice, cette courbe antique qui met également en jeu un mouvement circulaire et un mouvement rectiligne. Un appareil pour la tracer est conçu par Giambattista Suardi (1752), mais il restera au stade de prototype. Suardi, un élève du marquis de Poleni à l'université de Padoue, s'est passionné pour la construction mécanique des courbes. Dans son traité de 1752, il décrit un grand nombre d'instruments ingénieux pour tracer de nombreuses courbes classiques, anciennes et modernes. L'un de ses appareils qui connaîtra un grand succès auprès des dessinateurs, des graphistes et des illustrateurs est la fameuse « plume géométrique » servant à tracer des épicycloïdes, courbes décrites par un point d'un cercle qui roule sans glisser sur un autre cercle (voir figure 5).

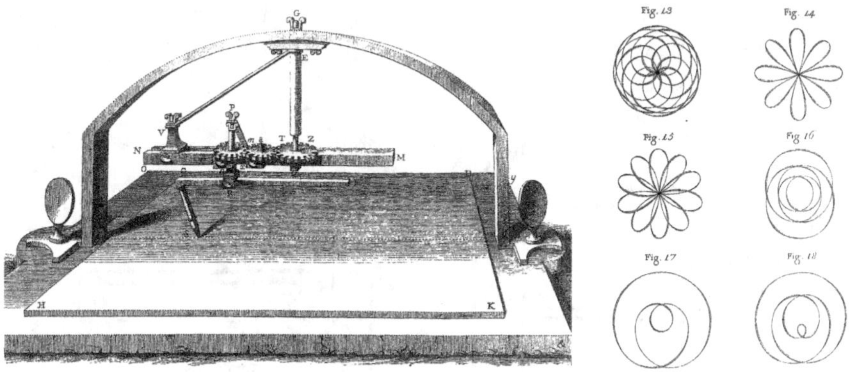

FIGURE 5 : La « plume géométrique » de Suardi (1752, pl. XIII) et quelques exemples d'épicycloïdes tracées à l'aide de cet instrument (Suardi 1752, pl. XVII)

À côté de ces courbes classiques, d'autres courbes transcendantes naissent d'un nouveau problème qui apparaît en même temps que le calcul infinitésimal, à savoir le « problème inverse des tangentes » consistant à construire une courbe à partir de la connaissance de ses tangentes (de nos jours, on parlerait de construire les courbes intégrales d'une équation différentielle). Pour résoudre un tel problème, on peut matérialiser la tangente par un fil tendu ou, mieux, une tige rigide, et déplacer la tige de sorte que la propriété donnée des tangentes soit vérifiée à chaque instant. Un instrument tractionnel est ainsi un dispositif qui trace une courbe intégrale d'une équation différentielle à partir d'un mouvement de traction d'une tige. Plus précisément, sur un plan horizontal, on tire l'une des extrémités de la tige le long d'une courbe donnée, et l'autre extrémité de la tige, l'extrémité libre, décrit au cours du mouvement une nouvelle courbe qui reste constamment tangente à la tige. À cette extrémité libre, on place une pointe traçante surmontée d'un poids faisant pression, ou une roulette coupante mordant dans le papier, de sorte que tout mouvement latéral soit neutralisé. En choisissant convenablement la courbe de base le long de laquelle on tire la tige, et en faisant varier la longueur utile de la tige selon une loi donnée, on peut intégrer différents types d'équations différentielles (Tournès 2009).

Entre 1692 et 1752, soit durant soixante ans, de nombreux mathématiciens se sont intéressés à ce problème : Huygens, Leibniz, Johann et Jacob Bernoulli, Perks, Poleni, Euler, Vincenzo Riccati, Suardi, etc. Tous ces géomètres ont conçu des instruments tractionnels pour légitimer l'existence de courbes transcendantes (Bos 1988) et certains d'entre eux ont produit concrètement quelques exemplaires d'appareils fonctionnels (voir figure 6), notamment pour la tractrice et la courbe logarithmique (Poleni 1729), (Suardi 1752). Cependant, ces instruments n'auront pas d'avenir immédiat. Après 1752, ils tomberont brusquement dans l'oubli. Comme pour d'autres types d'instruments évoqués précédemment, ce n'est qu'à la fin du XIXe siècle que des intégraphes tractionnels seront réellement fabriqués et utilisés par les ingénieurs (Tournès 2009).

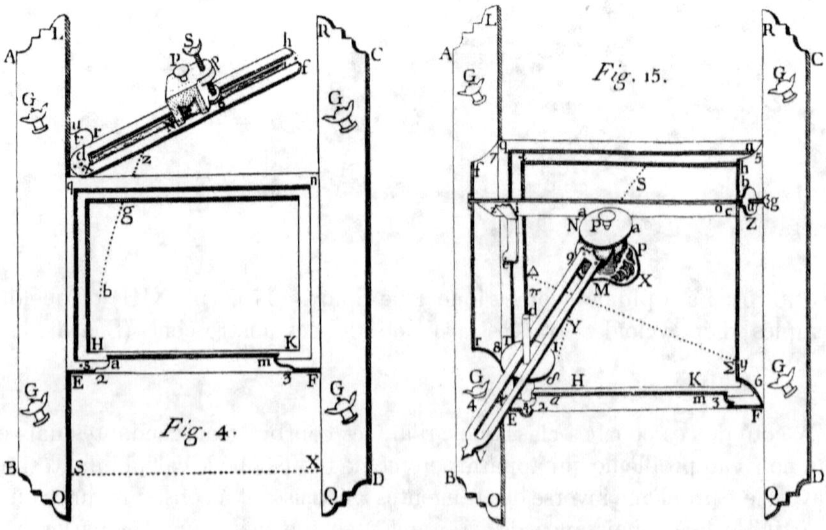

FIGURE 6 : Les instruments tractionnels de Poleni (1729, pl. CC et EE) pour tracer la tractrice, courbe de tangente constante (à gauche), et la logarithmique, courbe de sous-tangente constante (à droite).

2.3 Une rupture vers le milieu du XVIIIe siècle

L'*Encyclopédie méthodique*, publiée entre 1784 et 1797, comprend dans ses volumes de « Mathématiques » des planches montrant les principaux instruments de géométrie. De plus, dans la partie de la même *Encyclopédie* consacrée aux « Arts et métiers mécaniques », on trouve quelques informations sur la fabrication des instruments de mathématiques, avec les outils utilisés pour cela, et des descriptions précises des instruments eux-mêmes. En revanche, dans l'*Encyclopédie* de Diderot et D'Alembert, publiée précédemment entre 1751 et 1776, il n'y avait rien d'analogue : seulement quelques planches dans le volume sur le dessin, publié en 1763, pour présenter les instruments de dessin à main levée, les instruments de perspective et le pantographe. Faut-il y voir un autre signe d'un certain désintérêt pour les instruments de mathématiques dans les décennies qui suivent 1750 ? On peut le penser. En effet, au milieu du XVIIIe siècle, un changement fondamental se produit au sein des mathématiques : c'est le moment où la pensée géométrique ancienne cède le pas à la pensée algébrique. On ne cherche plus à construire des courbes, on étudie les fonctions. On ne cherche plus à construire géométriquement les solutions des équations, on les représente algébriquement par des algorithmes finis ou infinis, comme des séries ou des fractions continues. Désormais, une expression algébrique acquiert par elle-même une légitimité sans qu'il soit nécessaire de retourner à la géométrie pour lui donner un sens.

La situation apparaît ainsi stabilisée vers 1750. D'un côté, l'instrumentation mathématique a atteint un niveau de qualité et de précision correspondant bien aux besoins les plus courants des utilisateurs. Les ateliers de mécanique de précision ont consacré l'essentiel de leurs efforts à perfectionner les outils anciens et à passer d'une production artisanale à une production de type industriel, plutôt que de se lancer dans la production de nouveaux instruments à la rentabilité aléatoire. Dans cette phase de plateau qui va durer plus d'un demi-siècle, les idées nouvelles des mathématiciens ne rencontrent pas de véritable écho chez les fabricants. Les mathématiciens eux-mêmes, dans leur mutation profonde de la géométrie vers l'algèbre, se désintéressent de la conception de nouveaux instruments. L'expansion des instruments de mathématiques ne reprendra qu'au début du XIXe siècle, et surtout après 1850, reflétant alors les nouveaux besoins en calcul et en dessin technique engendrés par la révolution industrielle, caractérisée par le développement rapide des communications, du commerce et de la production.

Bibliographie

Ackermann, S., Kremer, R. L. & Miniati, M. (éd.) (2014). *Scientific Instruments on Display*. Leiden ; Boston : Brill.

Bion, N. (1752). *Traité de la construction et des principaux usages des instrumens de mathématique*. Paris : Jombert, 4e éd. Engl. transl. by Edmund Stone, *The Construction and Principal Uses of Mathematical Instruments. To which are Added, The Construction and Uses of such Instruments as are omitted by M. Bion ; particularly of those invented or improved by the English*, 2nd ed., London : Richardson, 1758.

Bos, H. J. M. (1984). Arguments on motivation in the rise and decline of a mathematical theory ; the "construction of equations", 1637-ca. 750. *Archive for History of Exact Sciences*, 30(3), 331–380, doi :10.1007/BF00328124.

Bos, H. J. M. (1988). Tractional motion and the legitimation of transcendental curves. *Centaurus*, 31(1), 9–62, doi :10.1111/j.1600-0498.1988.tb00714.x.

Bryden, D. J. (1992). Evidence from advertising for mathematical instrument making in London, 1556–1714. *Annals of Science*, 49(4), 301–336, doi :10. 1080/00033799200200281.

D'Alembert, J. l. R. (1784-1785-1789). *Encyclopédie méthodique. Mathématiques.* Paris : Panckoucke. 3 vol.

Daumas, M. (1953). *Les Instruments scientifiques aux* XVIIe *et* XVIIIe *siècles.* Paris : Presses Universitaires de France.

Farey, J. (1827). *A Treatise on the Steam Engines.* Londres : Longman, Rees, Orme, Brown, and Green.

Gessner, S., Hashagen, U., Peiffer, J. & Tournès, D. (2017). Mathematical instruments between material artifacts and ideal machines : Their scientific and social role before 1950. *Oberwolfach Reports*, 14, 3471–3560, doi : 10.4171/OWR/2017/58.

Hambly, M. (1988). *Drawing Instruments. 1580-1980.* Londres : Sotheby's. Trad. fr. par D. Bauthier, *Les Instruments de dessin. 1580-1980*, Gennevilliers : Ars Mundi, 1991.

Leupold, J. (1774). *Theatrum arithmetico-geometricum.* Leipzig : Breitkopf und Sohn, 2e éd.

L'Hospital, G. F. A. M. d. (1720). *Traité analytique des sections coniques et de leur usage pour la résolution des équations dans les problèmes tant déterminez qu'indéterminez.* Paris : Montalant.

Poleni, G. (1729). *Epistolarum mathematicarum fasciculus.* Patavii : Typis Seminarii.

Robertson, J. (1775). *A Treatise of such Mathematical Instruments, as are usually put into a portable case.* Londres : Printed for J. Nourse, 3e éd.

Rowning, J. (1770). XXIV. Directions for making a machine for finding the roots of equations universally, with the manner of using it. *Philosophical Transactions of the Royal Society of London*, 60, 240–256, doi :10.1098/rstl. 1770.0024.

Suardi, G. (1752). *Nuovi istromenti per la descrizione di diverse curve antiche e moderne e di molto altre, che servir possono alla speculazione de' geometri, ed all'uso de' pratici.* Brescia : Rizzardi.

Tournès, D. (2009). *La Construction tractionnelle des équations différentielles.* Paris : Blanchard.

Tournès, D. (éd.) (2022). *Histoire du calcul graphique.* Paris : Cassini.

Turner, A. J. (1973). Mathematical instruments and the education of gentlemen. *Annals of Science*, 30(1), 51–88, doi :10.1080/00033797300200031.

Turner, G. L. (2008). *The Cambridge History of Science*, Cambridge : Cambridge University Press, t. 4 : The Eighteenth Century, chap. Eighteenth Century Instruments and Their Makers. 509–535, doi :10.1017/CHOL9780521572439.023.

Vollrath, H.-J. (2013). *Verborgene Ideen. Historische mathematische Instrumente*. Wiesbaden : Springer Spektrum.

Wess, J. (1997). The Soho Rule. *The Journal of the Oughtred Society*, 6(2), 23–26.

Dominique Tournès
Université de la Réunion
Laboratoire d'informatique et de mathématiques
`dominique.tournes@univ-reunion.fr`

Publier, imprimer, lithographier et vendre des livres de mathématiques à... Bar-le-Duc au XIXe siècle

Norbert Verdier

L'historiographie concernant les libraires dominants des sciences au XVIIIe siècle et au XIXe siècle est riche et diversifiée avec des études déjà anciennes comme celle consacrée à la librairie Panckoucke (Tucoo-Chala 1977) ou plus récentes comme celle sur la librairie Jombert[1]. De nouvelles sources primaires comme cette correspondance suivie sur un demi-siècle entre l'académicien riomois – Étienne François Dutour de Salvert (1711-1789) – et les plus grands libraires-imprimeurs parisiens des Lumières (Crépel & Ehrard 2014, p. 53–56) permettent d'envisager les relations entre monde du livre et monde des savants, entre « gens du livre » et « gens de lettres » pour reprendre une expression de Robert Darnton (1992). Pour le XIXe siècle, nous avons consacré deux études à la maison Mallet-Bachelier (Verdier 2013a,b), considérée et se considérant comme la librairie des mathématiques à partir des années 1820.

Il ne faut pas conclure hâtivement qu'il y aurait une librairie des sciences « encyclopédiste » au temps des Lumières et une librairie des sciences spécialisée au XIXe siècle. Jean-Luc Chappey & Patrice Bret (2012) ont nuancé cette partition à propos des journaux de sciences et, au niveau de l'édition des mathématiques, nous avons consacré une étude montrant, grâce à l'établissement d'une cartographie, que la supposée rupture radicale entre le XVIIIe et le XIXe siècle doit être nuancée (Verdier 2015). Dès les années 1790, l'appellation « imprimeur-libraire pour les mathématiques » apparaît et constitue les premiers signes d'une spécialisation de l'édition mathématique. Ensuite, c'est toute

1. (Kaucher 2015). À partir d'archives inédites, G. Kaucher s'est intéressée aux relations tissées entre les gens du livre et les auteurs ; elle met à jour la complexité des rouages et les sociabilités mises en jeu pour fabriquer des livres de sciences au temps des Lumières et au tout début du XIXe siècle.

P.-E. Bour, M. Rebuschi & L. Rollet (eds.), *Sciences, Circulations, Révolutions, 697–712.*

l'histoire de la maison Courcier-Bachelier-Mallet-Gauthier-Villars qui illustre et cette spécialisation et cette professionnalisation.

Insistons sur le fait que dans cette étude et dans toutes nos travaux sur l'édition mathématique, par « livre mathématique » nous entendons l'acception au sens le plus large possible, c'est-à-dire tout livre recensé comme tel dans les différents journaux bibliographiques publiés au XIXe siècle par les libraires-imprimeurs (*Bibliographie de la France* notamment). Cela recouvre ainsi des ouvrages de nature très différentes englobant des traités de recherches lus dans toute l'Europe, des ouvrages destinés à l'enseignement ou des ouvrages destinés à tous ceux qui utilisent les mathématiques dans leurs pratiques professionnelles[2]. En première approche beaucoup de ces livres sont publiés à Paris mais les arbres parisiens ne doivent pas cacher les forêts de province en particulier les lorraines. Nous souhaitons nuancer l'idée selon laquelle il y aurait un centre éditorial exclusif à Paris et presque rien en province. Dès le début du dix-neuvième siècle les éditeurs de province publient souvent en partenariat avec des maisons d'édition parisienne. Ainsi François-Joseph Servois (1767-1847) publie en 1803 ses *Solutions peu connues de différents problèmes de géométrie pratique* à la fois chez Devilly à Metz et chez Courcier à Paris (Servois 1803). Plus tard, le *Traité des propriétés projectives des figures* de Poncelet (1822) est publié chez « C. Lamort, imprimeur de la Société des sciences, lettres et arts de Metz » et chez « Bachelier, libraire quai des Augustins » et successeur de Courcier (Verdier 2013a). Les cas des ouvrages de Servois et de Poncelet ne sont pas singuliers. L'étude de l'activité de l'imprimeur-libraire Bachelier réinterroge le rapport Paris/province. De nombreux exemples montrent qu'il existe des imbrications plus complexes qu'une première analyse pourrait laisser penser. Citons l'exemple de l'*Essai sur la philosophie des sciences* d'André-Marie Ampère (1775-1836), édité à Paris chez Bachelier en 1834, mais imprimé chez Thibaud-Landriot à Clermont-Ferrand (Ampère 1834). Le cas est documenté dans la mesure où nous possédons une correspondance entre Ampère, son fils Jean-Jacques Ampère (1800-1864), l'imprimeur clermontois François Thibaud-Landriot (1777-1843) et le professeur, bibliothécaire et archiviste de la bibliothèque de Clermont Benoît Gonod (1792-1849)[3]. Les lettres montrent les liens tissés entre ces partenaires à des degrés divers. En l'état, le rôle de Bachelier semble s'être restreint à la diffusion de l'ouvrage. Sans que nous soyons toujours en mesure de préciser la nature des imbrications du travail des uns et des autres, des dizaines de livres – produits chez Bachelier mais pas exclusivement – sont le fruit de processus complexes de ce type impliquant des

2. Pour davantage d'informations, nous renvoyons au numéro spécial des *Cahiers François Viète* (Morel & Preveraud 2022).

3. Nous remercions Audrey Antonio, responsable aux Archives municipales de la ville de Clermont-Ferrand, pour ses recherches et sa mise à disposition de documents concernant les activités clermontoises de ce bibliothécaire. Pour les correspondances d'Ampère, nous renvoyons à : « Ampère et l'histoire de l'électricité » : http://www.ampere.cnrs.fr/correspondance/index.php?lang=fr. Consulté le 06 avril 2020.

auteurs, des gens du livre et différents types d'intermédiaire. Les mutations professionnelles des auteurs jouent aussi un rôle important pour que libraires locaux publient des mathématiques. En passant de ville en ville, certains veulent produire des livres et s'accordent avec l'éditeur local. Un des cas emblématiques est peut-être celui de Paul Victor Allotte (1792-1854) – professeur puis recteur d'Académie – qui publie au fur et à mesure de son parcours professionnel chez Dard à Limoges, Prudhomme à Grenoble et Outhenin-Chalandre à Besançon. Ces exemples et des dizaines d'autres induisent le fait que la production éditoriale des mathématiques, en province, au XIXᵉ siècle n'est pas à négliger. Notre double étude consacrée à la ville de Metz en témoigne (Chatzis *et al.* 2017a,b). Nous voulons ici nous focaliser sur la situation d'une ville de moindre taille : Bar-le-Duc.

Nous n'avons pas choisi Bar-le-Duc parce qu'elle est le territoire d'origine ou de résidence de plusieurs grands noms des mathématiques : Jean Errard (*ca* 1554-1610), Edmond Nicolas Laguerre (1834-1886) ou Henri Brocard (1845-1922). Nous l'avons choisie car, et sans doute comme dans toutes les petites villes de taille comparable, il y a des libraires qui produisent des mathématiques pour des besoins locaux et spécifiques[4]. La situation générale de la librairie et de l'imprimerie à Bar-le-Duc jusqu'au XVIIIᵉ siècle a été étudiée par Victor Servais (1805-1883) (Servais 1880) ; l'étude est ancienne mais méticuleuse, bien documentée et riche d'informations de tous ordres. La situation au XIXᵉ siècle reste à faire. Nous allons nous restreindre aux livres de mathématiques imprimés, lithographiés et vendus à Bar-le-Duc au XIXᵉ siècle. Entrons à Bar-le-Duc [Figure 1[5]] et dans le vif du sujet.

1 « (F)aire descendre la science pour la mettre à la portée de tous, et surtout du peuple et des ouvriers » avec le libraire-éditeur barisien Frédéric Gigault d'Olincourt

Entrons en matière en consultant le *Traité de géométrie, de trigonométrie rectiligne, d'arpentage et de géométrie pratique* publié en cette même ville chez Gigault d'Olincourt (Jeannet & Gigault d'Olincourt 1835). L'ouvrage, dont le titre entier est « Traité de géométrie, de trigonométrie rectiligne, d'arpentage

4. Une source que peu d'historiens des mathématiques utilisent – *Bibliographie de la France* – offre d'importantes potentialités pour détecter des sources oubliées et montrer qu'il y a des productions de mathématiques en de multiples lieux. Fruit de la censure mise en place sous l'Empire, la *Bibliographie de l'empire français* ou *Journal général de l'imprimerie et de la librairie* et qui devient plus tard la *Bibliographie de la France*, est composée d'une liste classée des ouvrages parus et de notices pour chacun d'eux donnant des informations de type éditorial (auteur, libraire, imprimeur, format, éventuellement tirage, etc.). Sur la seule période 1810-1850, nous repérons une production mathématique dans des villes de province de diverses tailles : Abbeville, Angers, Avignon, Bordeaux, Caen, Clermont-Ferrand, Draguignan, Grenoble, Le Mans, Lille, Limoges, Lons-le-Saunier, Lyon, Mantes, Marseille, Metz, Montpellier, Nancy, Nismes, Reims, Riom, Rouen, Saint-Malo, Saint-Quentin, Strasbourg, Toulon, Toulouse ou Vannes, sans omettre Bar-le-Duc.

5. Source : https://www.geneanet.org/cartes-postales/view/139329#0.

FIGURE 1 : Bar-le-Duc vers 1850

et de géométrie pratique ; suivi de tables des sinus et des tangentes en nombres naturels », s'adresse à un public de praticiens ; il a été rédigé par Frédéric Jacques Eugène Alexandre Gigault d'Olincourt (1797- 1882), présenté comme : « ancien Élève de l'Académie royale des Beaux-Arts d'Anvers et Géomètre de 1re classe du cadastre : ingénieur civil et architecte[6] » avec le géomètre du cadastre A. Jeannet.

Les informations sur Gigault d'Olincourt ne manquent pas. Plusieurs notices ont été rédigées. L'une d'elles (Monféal 1846) – certes très hagiographique – fourmille néanmoins d'informations en précisant notamment les efforts de Gigault d'Olincourt en matière d'art lithographique. Il a fondé à Bar-le-Duc l'un des premiers établissements de lithographie de la région du Nord-Est. Pour ce faire et grâce à ses autres activités et sa connaissance pratique de la région, il a découvert des pierres lithographiques d'excellente qualité : les pierres de calcaire de Chassey-lès-Montbozon, près de la frontière des Vosges.

Déterminer l'identité et le parcours de Jeannet s'est avéré, en revanche, une traque archivistique ardue qui nous a conduit de Bar-le-Duc à Saïgon en passant par Alger. Nous avions repéré dans différentes sources un géomètre au nom de Jeannet mais se prénommant « Paul-Optat » ; ainsi en 1889 ce Jeannet est

6. (Jeannet & Gigault d'Olincourt 1835). Denis Mousset – ancien inspecteur du cadastre dans l'Orne et auteurs de recherches recensées dans un site très précis consacré aux « ingénieurs vérificateurs, géomètre en chef du cadastre » [https://cadastre-orne-tarn.monsite-orange.fr/page-586bcfa5086da.html], nous indique quelques précisions sur le parcours de F. Gigault d'Olincourt : « Dès 1811, F. Gigault d'Olincourt devint géomètre du cadastre en tant que géomètre de 2e classe dans le département des Deux-Nèthes [Région d'Anvers] dirigé par son père [Louis Achille Gigault d'Olincourt (1777-1847)] puis devint géomètre de 1re classe en Meuse dès 1819 ; ensuite il devint architecte, inspecteur des travaux communaux de la Meuse » [E-mail personnel du 9 mars 2020].

nommé « géomètre de première classe[7] ». Ni les dates ni les initiales du prénom ne coïncidaient avec l'auteur du livre que nous recherchions. Supposant, ce qui est fréquemment le cas au XIXe siècle dans ce type de profession comme pour les Gigault d'Olincourt, que Paul Optat Jeannet (1845- ?) était le fils de notre inconnu, d'acte civil en acte civil nous avons confirmé l'hypothèse familiale et identifié notre auteur : Antoine Alexis Jeannet (1806-1861). Natif de la Marne (Saint-Quentin-les-Marais), son acte de décès de 1861 précise qu'il est décédé au Marengo (aujourd'hui Hadjout) en Algérie et qu'il était « géomètre du service topographique d'Alger ».

Gigault d'Olincourt – à la fois éditeur et co-auteur du livre – termine son « Discours préliminaire, ou coup d'œil rapide sur l'histoire de la géométrie et de la trigonométrie rectiligne » par les intentions de l'ouvrage :

> [...] un cadastre fut exécuté en Égypte ; plus de trois mille ans se sont écoulés depuis, et tous les perfectionnements de la science ont conduit à exécuter la même opération en France. Elle s'y poursuit et quelques années encore en montreront le terme. L'une des heureuses conséquences de cette vaste opération aura été de vulgariser en quelque sorte la connaissance de l'arpentage. Le goût, je dirai plus, le besoin de l'étude de la géométrie s'est dès-lors répandu en France, et c'est pour répondre à ce besoin que M. Jeannet et moi publions un traité de géométrie, de trigonométrie rectiligne, d'arpentage et de géodésie pratique disposé de manière à former promptement un élève aux opérations du terrain et du cabinet, en lui épargnant, autant que possible, la fatigue ou l'ennui inséparables des études longues et pénibles. (Jeannet & Gigault d'Olincourt 1835, p. xxv)

C'est donc un livre écrit par des géomètres et pour des géomètres du cadastre. L'adjectif « pratique » du titre est à prendre au premier degré.

Les auteurs font sentir les résultats théoriques en n'entrant pas dans les complexités et les méandres du calcul infinitésimal. Par exemple, le calcul de l'aire d'un disque de rayon R (le célèbre ΠR^2) – « *La surface du cercle est égale à sa circonférence multipliée par la moitié du rayon* » (Jeannet & Gigault d'Olincourt 1835, p. 52) – est démontré en insérant des triangles [Figure 2].

Le premier triangle a pour aire $AB \times OA/2$, car on peut convenir que la hauteur du triangle vaut OA (puisque AB est « d'une grandeur infiniment petite » (Jeannet & Gigault d'Olincourt 1835, p. 52) écrivent les auteurs). Il en est de même pour tous les autres triangles OBC, OCD, etc. En sommant, après simplifications, en résulte le résultat annoncé. Il étend le résultat dans

7. *Bulletin officiel de l'Indo-Chine française. Première partie : Cochinchine et Cambodge*, année 1889, n° 5, 411 & 466.

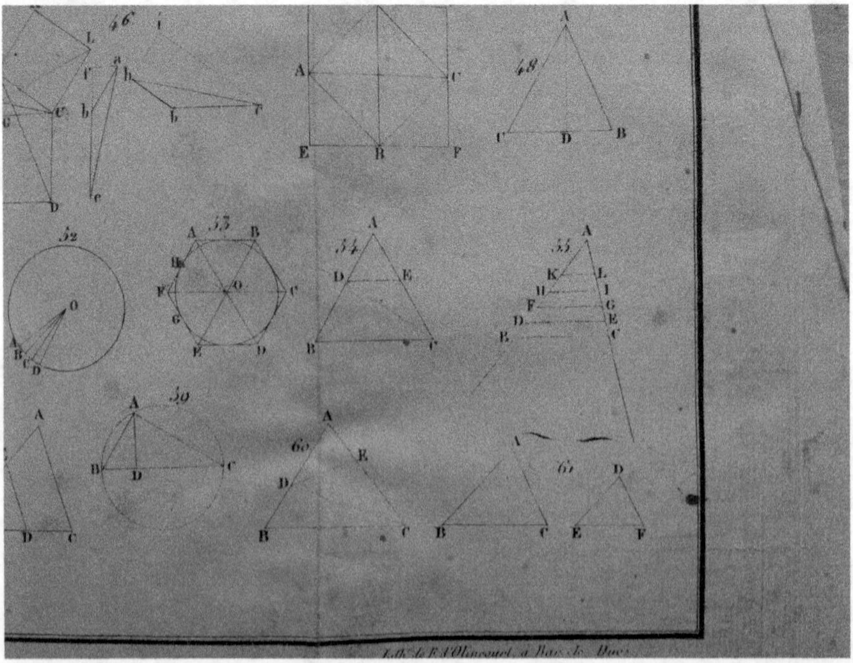

FIGURE 2 : Quelques-unes des figures dessinées et lithographiées par Gigault d'Olincourt dont la figure 52 sur laquelle s'appuie la démonstration donnant la surface du cercle en fonction du rayon.

l'espace en montrant que « la solidité [c'est-à-dire le volume] de la sphère est égale à sa surface multipliée par le tiers de son rayon[8] ».

L'ouvrage, très didactique, est organisé en sept parties. Cinq sont classiques et attendues pour des éléments de géométrie ; deux concernent directement l'arpentage pratique : une est focalisée sur la « description des instrumens servant au mesurage des lignes et des angles sur le terrain, et de ceux servant au rapport de ces lignes et de ces angles sur le papier » (Jeannet & Gigault d'Olincourt 1835, p. 132–176) et la dernière partie – intitulée justement « Arpentage » (Jeannet & Gigault d'Olincourt 1835, p. 245–316) – apprend aux lecteurs à mesurer « des solides en général » à « lever des plans au graphomètre, à la planchette et à la boussole », à « calculer des canevas trigonométriques » et à construire des plans en général. Nous ignorons la portée de l'ouvrage. Nous n'avons pas connaissance d'un deuxième tome et donc des fameuses « tables

8. (Jeannet & Gigault d'Olincourt 1835, p. 124–125). Pour ce faire, il interprète la sphère comme « l'assemblage d'une infinité de petites pyramides dont chacune a son sommet au centre de la sphère, et qu'elle a, pour solidité le produit de leurs bases par le tiers du rayon de la sphère, lequel est égal à la hauteur de chaque pyramide » (*Ibid.*). En sommant et en connaissant la surface de la sphère, il déduit le résultat escompté.

des sinus et des tangentes en nombres naturels » annoncées dans le premier tome mais savons seulement qu'une édition parisienne de 1846 est annoncée (Louandre & Bourquelot 1848, p. 399) chez la Veuve Durand[9].

Dans l'exemplaire du livre de Gigault d'Olincourt & Jeannet que nous possédons, une note manuscrite indique « Ce livre appartient au S[ieur] Cumin Isidor Robert Granet de Viverols » ; il n'est pas difficile d'obtenir des informations sur ce propriétaire. Cumin Isidor Robert Granet (1796-1886) fait aussi partie du monde des arpenteurs ; il a rempli les fonctions de géomètre de première classe du cadastre du département de la Loire, d'arpenteur forestier et de greffier de la justice de Paix du canton de Viverols (Puy-de-Dôme)[10]. Cet indice semble indiquer que le livre était sans doute diffusé hors de son lieu de production locale (Bar-le-Duc). Si nous nous focalisons sur une seule catégorie d'acteurs – les personnes travaillant au service du cadastre – nous estimons déjà à plusieurs milliers le nombre de lecteurs potentiels du *Traité de géométrie, de trigonométrie rectiligne, d'arpentage et de géométrie pratique*[11]. Les mises en cartes des territoires français de la première moitié du XIXe siècle sans omettre ceux où les Jeannet ont exercé (Algérie, Nouvelle-Calédonie et Cochinchine) ont sans doute été faites avec le livre de Jeannet & Gigault du XIXe siècle ou d'autres livres de géométrie pratique[12].

L'ouvrage est également précieux par les informations de type éditorial qu'il comporte. Il commence par une liste des « ouvrages qui se trouvent chez

---

9. Nous n'avons pas réussi à localiser cet ouvrage.

10. Granet est davantage resté célèbre pour les circonstances qui ont entouré sa mort que pour ses prouesses géométriques. « Tu me mettras dans un cercueil d'alcool et tu viendras me voir régulièrement » (Micromegas 1924) avait dicté à son fils : Jean Pierre Hector Robert Granet (1841-1924). Granet fils respecta à la lettre les recommandations paternelles ; dans la petite localité de Viverols, le cercueil fut rempli d'alcool et une sorte de chapelle-mausolée fut érigée. À la mort du fils, en 1924, plusieurs journaux relatèrent cette expérience des plus singulières. *L'Écho d'Alger*, dont est extraite la citation précédente, titra « Dans l'alcool, comme une prune, depuis trente-sept ans, un fils conserve le cadavre paternel. » (Micromegas 1924). Granet père a laissé un carnet encore aux mains de la famille, dont quelques extraits figurent sur le site consacré à la généalogie de la famille et tenu par une descendante : Emmanuelle Guillaume (Guillaume s. d.). Nous avons pris contact pour savoir si le journal est de Granet et s'il contient des indications sur ses fonctions de géomètre.

11. Denis Mousset précise qui sont les géomètres du cadastre : « La Loi du 15 septembre 1807, reprise dans le recueil méthodique de 1811 a précisé l'organisation du service et les fonctions de chaque acteur du plan cadastral parcellaire napoléonien. L'ingénieur vérificateur encadre des "géomètres de première classe" et des "géomètres de seconde classe" » (Mousset s. d.). Le géomètre de première classe, ou géomètre tout court, parfois, ingénieur géomètre désigne celui qui fait les plans, calcule les surfaces à partir des plans et peut éventuellement établir des liens avec les travaux de géodésie des ingénieurs géographes. L'arpenteur ou « géomètre de seconde classe » n'est chargé que de levés ponctuels de parcelles. Un expert leur est adjoint, chargé de l'évaluation des terres mais n'ayant aucune formation d'arpentage et de géométrie » (Mousset s. d.). Si nous considérons comme dans toute profession que les acteurs veulent progresser professionnellement, nous pouvons donc considérer que tout géomètre, de l'expert au géomètre en chef, avait intérêt à lire, une plume à la main, le traité de Gigault & Jeannet.

12. Pour une autre étude de traités d'arpentage, nous renvoyons aux deux articles de Desjonquères & Morel (2019, 2020).

M. F. Gigault d'Olincourt libraire-éditeur » et se poursuit par la liste des ouvrages de Gigault d'Olincourt et par des ouvrages « à paraître incessamment ». Gigault d'Olincourt fait à la fois partie des gens du livre (libraire-éditeur et libraire d'assortiment) et des lettres en tant qu'auteur d'ouvrages variés. Plusieurs des titres mentionnés relèvent des mathématiques avec l'*Abrégé de la sphère* par Jean-François Major[13] ou *Les Calculs rendus faciles* par Gigault d'Olincourt lui-même[14].

L'un de ses biographes, Henri de Montféal, résume ainsi sa production :

> Dans toute sa carrière, et partout dans ses écrits, on remarque que M. F. d'Olincourt a cherché à faire descendre la science pour la mettre à la portée de tous, et surtout du peuple et des ouvriers. En tout et partout, on le voit, il vise aux applications utiles, et met son plus grand savoir à éclairer les autres ; il gémit sur les tendances scientifiques, sur les airs du professorat, sur le ton de *savantasse* qu'on donne à notre époque, et tout cela tend, il est vrai à créer deux classes distinctes et peut-être deux langues, comme en Chine, l'une pour le peuple, et l'autre pour les savants. M. d'Olincourt, lui, reste toujours fidèle à ces pensées : qu'il faut fuir le savoir qui aveugle et chercher celui qui éclaire ; qu'il faut dédaigner la science qui éblouit et rechercher celle qui sert ; paraître ignorer la théorie et mettre partout en relief la pratique éclairée du flambeau de cette théorie ; préférer la lumière au flambeau, et ce qui est utile à ce qui est brillant. (Monféal 1846)

Après Bar-le-Duc, le parcours de Gigault d'Olincourt se poursuit avec des réussites et des échecs. En 1852, il échange son brevet de libraire à Bar-le-Duc contre un brevet de libraire à Paris. À Paris et dans un premier temps, il continue à collaborer avec son confrère barisien Laguerre (*infra*) ; ensuite, il mène une collaboration soutenue avec Jean Baptiste Marie Baillière (1797-1885), libraire dominant de l'édition médicale. Il réalise notamment de nombreuses lithographies en déclarant dans les cartouches de ses planches s'appuyer sur un instrument de son invention : l'horamagraphe. Nous disposons de peu d'informations sur cet appareil permettant également le dessin en perspective d'objets. En 1859, Nicolas Vagner (1811-1886) indique dans son journal : « Le sieur Frédéric-Jacques-Eugène-Alexandre Gigault d'Olincourt, qui vient de terminer son odyssée commerciale devant la police correctionnelle de la Seine, est bien connu à Bar-le-Duc où il a exercé, avec des chances diverses, une foule de professions[15]. » En fait « d'odyssée », il s'agissait d'un système

13. Il s'agit de l'ouvrage de Jean-François Major (1813). Pour connaître tout le contexte pédagogique autour de l'instrument pédagogique conçu par Major, nous renvoyons à (Nordman 2012, p. 192–193). Malgré nos recherches, nous n'avons pas réussi à déterminer les dates de J.-F. Major.

14. Malgré de nombreuses recherches, nous n'avons trouvé aucune trace en bibliothèque de ces *Calculs rendus faciles*.

15. *L'Espérance : courrier de Nancy*, 27 avril 1859.

d'escroquerie commerciale pour laquelle Gigault d'Olincourt a été condamné[16]. Il décède à Paris en 1882[17].

2 Impressions barisiennes pour éditions parisiennes avec les maisons Laguerre et Comte-Jacquet

L'ouvrage de Major (1813) disponible dans la librairie d'assortiment de Gigault d'Olincourt est publié par des libraires parisiens mais il a été imprimé chez Laguerre à Bar-le-Duc. La maison Laguerre est une maison d'édition barisienne fondée par des descendants d'un marchand de meubles Nicolas Laguerre (1747-1804). Plusieurs de ses descendants s'orientent vers le marché du livre dont l'un de ses fils : Nicolas Laguerre (1783-1841). Deux des fils de ce dernier reprennent le flambeau paternel. Nicolas Claude Laguerre (1811-1848) reprend le brevet paternel d'imprimeur en lettres et obtient celui de lithographe par création[18] et Pierre Alexandre Laguerre (1812-1870) devient libraire et typographe. Antoine Arthur Contant (1834-1910) épouse en 1859 Marie-Octavie Laguerre (1837-1879) fille de Pierre-Alexandre Laguerre et Adèle Victorine Nève (1810-1856). Il s'allie ainsi à la famille Nève-Laguerre. En 1863, il est nommé imprimeur-typographe en remplacement de Madame veuve Laguerre-Nève, née Marguerite Élisa Nève (1809-1884), démissionnaire[19]. À noter que Contant-Laguerre ainsi qu'il se fait désigner épouse en secondes noces, après décès de sa première épouse, Catherine Werly (*ca* 1802-1878), tante du mathématicien Édmond Nicolas Laguerre (1834-1886). Contant-Laguerre continue à faire prospérer l'entreprise familiale; il est dès leur lancement l'imprimeur-éditeur, ainsi que le précise la page de couverture, des *Mémoires de la société des lettres, sciences et arts de Bar-le-Duc* dès leur lancement en 1871.

Revenons aux années 1840 quand N. C. Laguerre est aux commandes de l'imprimerie. Il imprime le *Traité du cubage des bois* du sous-inspecteur des forêts Nicolas Gussot[20] (1803-1881) qui sera, en 1843, repris et diffusé par la librairie centrale d'agriculture et de jardinage de Jean Théophile Auguste Goin (*ca* 1821-1893) à Paris (Gussot 1843). Là encore, comme pour le manuel d'arpentage de Jeannet & Gigault d'Olincourt, on cherche l'efficacité à tout crin. Gussot, devenu en 1843 garde-général des forêts à Bar-le-Duc s'adresse explicitement dans sa page de couverture aux « Agens et Gardes forestiers, aux Maîtres de forges, Marchands et Propriétaires de bois, Facteurs, Garde-ventes, Bûcherons, Architectes, Charpentiers, Menuisiers, Charrons, Entrepreneurs de

16. *Gazette des tribunaux : journal de jurisprudence et des débats judiciaires*, 17 avril 1859.

17. Le registre d'inhumation du cimetière des Batignolles indique qu'il a été exhumé en 1888 sans en indiquer les raisons.

18. http://elec.enc.sorbonne.fr/imprimeurs/node/27052.

19. *L'Espérance, courrier de Nancy*, jeudi 25 juin 1863.

20. (Gussot 1840). Natif de Moselle (Norroy-le-Veneur), différentes sources (*Annales forestières* et *Courrier de Nancy* essentiellement) permettent de suivre les mutations professionnelles et géographiques (Bar-le-Duc, Saint-Mihiel, Blangy puis Briey) de Nicolas Gussot. Il décède à Nancy en 1881. L'avis de décès indique : « inspecteur des forêts en retraite, célibataire ».

bâtimens, etc. et en général à toutes les personnes qui se livrent au commerce des bois » (Gussot 1843, page de couverture), bref à tous ces gens du monde des bois qui n'ont ni le temps ni, sans doute, les compétences mathématiques pour consulter des traités plus théoriques[21]. Insistons également sur le fait que l'ouvrage, en première édition, est publié à Bar-le-Duc puis ensuite, et c'est le signe d'un succès relatif, à Paris. C'est assez courant et nous en verrons d'autres exemples.

En fin de siècle, un autre imprimeur barisien entre en lice pour imprimer des mathématiques : l'entreprise Comte-Jacquet. Ouvrons le *Journal de mathématiques élémentaires* édité par le Désiré Henri Vuibert (1857-1945) et lisons les colophons, ces notes généralement finales indiquant l'identité de l'imprimeur ; elles sont si précieuses pour l'historien du livre [Figure 3]. Jusqu'en 1895, le

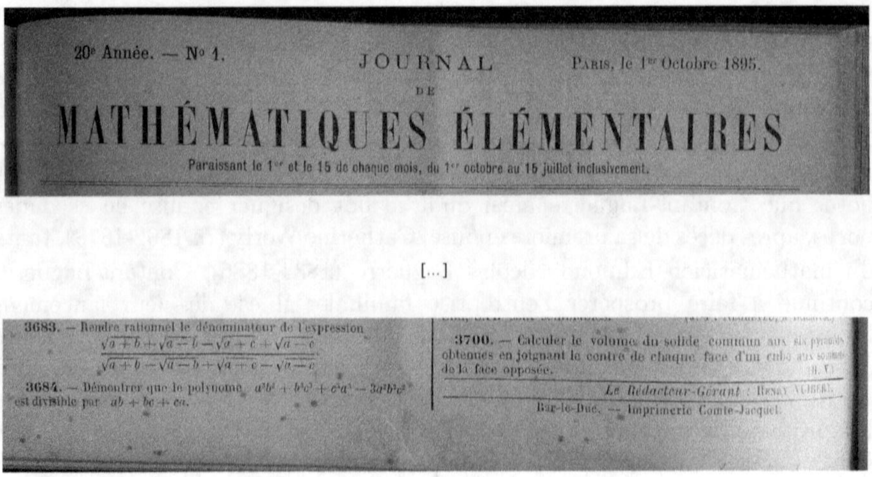
20e Année. — N° 1. JOURNAL DE MATHÉMATIQUES ÉLÉMENTAIRES PARIS, le 1er Octobre 1895.

Paraissant le 1er et le 15 de chaque mois, du 1er octobre au 15 juillet inclusivement.

[...]

3683. — Rendre rationnel le dénominateur de l'expression

$$\frac{\sqrt{a+b}+\sqrt{a-b}-\sqrt{a+c}+\sqrt{a-c}}{\sqrt{a+b}-\sqrt{a-b}+\sqrt{a+c}-\sqrt{a-c}}$$

3684. — Démontrer que le polynome $a^3b^3+b^3c^3+c^3a^3-3a^2b^2c^2$ est divisible par $ab+bc+ca$.

3700. — Calculer le volume du solide commun aux six pyramides obtenues en joignant le centre de chaque face d'un cube aux sommets de la face opposée. (H. V.)

Le Rédacteur-Gérant : HENRY VUIBERT.

Bar-le-Duc. — Imprimerie Comte-Jacquet.

FIGURE 3 : Le *Journal de mathématiques élémentaires* (1er octobre 1895) et son colophon.

journal est imprimé chez Chaix, imprimerie fondée par Napoléon Chaix (1807-1865) puis poursuivie par le fils Édmond Albans Chaix (1832-1897) (Belnard 1989) ; le 15 juillet 1895, il est encore imprimé à l'« imprimerie centrale des chemins de fer. Imprimerie Chaix, rue Bergère » à Paris ; à la rentrée de 1895, le fascicule du 1er octobre 1895 est imprimé à Bar-le-Duc à l'imprimerie Comte-Jacquet.

21. Dans ses *Tables des cônes tronqués pour le cubage des bois* (Le Duc 1865), l'inspecteur des forêts Philibert Le Duc (1815-1884) explique que Gussot s'est inspiré pour son traité de cubage de « l'excellent manuel de M. Noirot-Bonnet » (Noirot-Bonnet 1832, 1856) et a vérifié les approximations proposées « sur plusieurs arbres de la même grosseur » (Le Duc 1865, p. 48).

Faire l'histoire de la maison d'impression Comte-Jacquet n'a pas été simple et, comme pour Jeannet, il a fallu se livrer à une enquête généalogique pour déterminer des dates et des professions. En 1861, à Bar-le-Duc, l'alsacien François-Xavier Comte (1832- ?) épouse Hersilie Aline Mathilde Jacquet (1838-1899). Il est néographe[22] ; elle est la fille du directeur d'imprimerie meusien Louis Victor Jacquet (1811-1898). Le gendre reprend l'entreprise, la développe et rajoute à son patronyme le nom de sa belle-famille. En 1891, donc peu avant la reprise de l'impression du *Journal de mathématiques élémentaires*, Comte-Jacquet a fait prendre une extension considérable à l'imprimerie en fusionnant avec l'imprimerie strasbourgeoise Fischbach du nom de son propriétaire Gustave Fischbach (1847 – 1897) continuateur d'une entreprise familiale ancienne et constituant l'une des imprimeries les plus importantes du Second Empire. Les détails de cette fusion/acquisition sont donnés dans un article de *L'Est républicain*[23]. La maison Comte-Jacquet, sous l'impulsion de son directeur Nicolas Facdouel (1851-1925) prend rapidement une envergure nationale. Elle imprime beaucoup pour l'éditeur Nony & Vuibert dont quelques livres de mathématiques de Xavier Antomari (1855-1905), Émile Fourrey (1869-1959), André Sainte-Laguë (1882-1950) ou de Alphonse Rebière (1842-1901). Elle publie également des notices bibliographiques de circonstance, dont celles de Henri Brocard (1895, 1897, 1899), qui, comme F. Comte-Jacquet, assiste aux séances de l'Académie des lettres, sciences et arts de Bar-le-Duc. Elle participe également à l'édition des journaux de Vuibert, mais aussi à celle de *Sphinx-Œdipe* ou *Journal mensuel de la Curiosité, de Concours et de mathématiques.*

3 Conclusion ou publier des mathématiques (pratiques) en province pour des publics spécifiques

La production mathématique repérée à Bar-le-Duc n'est ni anecdotique, ni régionaliste, ni de l'ordre de la granularité. Les deux ouvrages sur l'arpentage et sur le cubage des bois étudiés sont des points d'entrée pour comprendre la mise en place, dans la France du premier tiers du XIXe siècle, d'une administration territoire et forestière. Il faut des livres allant très vite à l'essentiel pour appliquer sur le terrain des résultats provenant de la géométrie (calcul de volumes et de superficie). En filigrane, derrière les pratiques au quotidien se lovent des modèles mathématiques ayant pour finalité de simplifier les réalités et de les rendre ainsi calculables. « La tige d'un arbre n'est pas cylindrique, mais on doit la considérer comme un cône tronqué à la naissance des premières

22. Pendant plusieurs années, Comte se revendique « imprimeur-néographe ». L'expression est à prendre au sens littéral du terme ; « néographe » signifie « nouvelle graphie » s'appuyant surs les nouveaux systèmes d'impression. Nous ne pensons donc pas que Comte, par ce qualificatif, veut faire une quelconque référence à l'adoption d'une nouvelle orthographe prônée par certains à la même époque.

23. *L'Est républicain*, vendredi 26 juin 1891.

branches » nous explique Philibert Charles Marie Varenne de Fenille[24] (1730-1794) dans ses *Mémoires sur l'administration forestière* (Varenne de Fenille 1792), publiées, elles aussi, dans une petite ville de poids comparable à Bar-le-Duc : Bourg-en-Bresse. Les *Mémoires* de Varenne de Fenille seront également reprises au début du XIXe siècle dans une édition parisienne. En l'espèce, les mathématiques forestières et les mathématiques de l'arpentage ont été barisiennes ou burgiennes ou langroises (avec l'ouvrage de Noirot-Bonnet que nous citions précédemment) avant d'être parisiennes. Par les petits livres de mathématiques publiés sur tout le territoire et localisés grâce à un instrument des plus pertinents qu'est la *Bibliographie de la France* se redessine tout un découpage éditorial qui n'oppose plus Paris aux départements mais qui propose des circulations croisées et complexes, tout un découpage éditorial qui propose des dizaines d'ouvrages de mathématiques ayant pour finalité d'être pratiques pour mesurer, calculer, estimer, au quotidien, et non pas démontrer.

Les listes de livres et de notices que propose la *Bibliographie de la France* offre à l'historien une source pour construire des corpus d'ouvrages traitant d'une thématique. Par exemple, pour comprendre les sciences de l'arpentage ou les sciences forestières, il conviendrait de ne pas se réduire à la seule analyse des quelques livres que nous avons cités dans notre texte. Il faut comme l'indique Gert Schubring (2006) procéder par comparaison et non pas décréter que tel ou tel manuel est, en quelque sorte, un livre étalon ; c'est par une analyse comparée dans un corpus le plus complet possible d'une même période sur une même thématique qu'il est possible d'avancer. D'autres sources primaires que les livres détectées par la *Bibliographie de la France* sont tous les mémoires de mathématiques publiés par les académies savantes locales (Greber & Verdier 2023). Elles tracent des cercles de sociabilité savante et offrent des mathématiques spécifiques à d'autres publics que les lecteurs avertis des ouvrages des grands éditeurs de mathématiques parisiens, comme le libraire des mathématiques Bachelier.

Enfin, il faut ouvrir les livres et lire les colophons. Derrière ces indications écrites en caractères de petite taille, peuvent s'inscrire des entreprises éditoriales d'envergure. Ainsi toute la presse mathématique intermédiaire produite par Vuibert à Paris (*Journal de mathématiques élémentaires* & *Revue de mathématiques spéciales*) a été imprimée non pas dans des ateliers germanopratins mais est sortie des presses de la maison Comte-Jacquet à Bar-le-Duc. Un livre ne se réduit pas aux deux acteurs indiqués sur la page de couverture (l'auteur et le libraire-éditeur) mais est matériellement façonné par de multiples autres mains, celles des graveurs, des typographes, des imprimeurs et des relieurs, des acteurs difficilement visibles mais qui participent indispensablement à son

24. Receveur des impôts à Bourg-en-Bresse, Philibert Charles Marie Varenne de Fenille est également un grand propriétaire forestier nommé conservateur des forêts de l'Ain en 1791. Par ses études et ses écrits, il œuvre pour une rentabilisation du bois et peut être considéré comme l'un des initiateurs de la science forestière à la fin du XVIIIe siècle. Il est condamné par le tribunal révolutionnaire et est guillotiné en 1794 (François, Martine 2013).

élaboration et à son éventuel succès. Bar-le-Duc ne doit pas sa prospérité qu'au corset sans coutures élaboré par Jean Werly (1779-1846) – le grand-père du mathématicien E. N. Laguerre – mais aussi, et dans une moindre mesure, aux ouvrages mathématiques qui y ont été imprimées massivement à partir de la fin du dix-neuvième siècle.

Bibliographie

Ampère, A.-M. (1834). *Essai sur la philosophie des sciences, ou Exposition analytique d'une classification naturelle de toutes les connaissances humaines. Première partie.* Paris : Bachelier.

Belnard, S. (1989). *L'Imprimerie Chaix de 1845 à 1881 : étude économique, politique et sociale.* Mémoire de Master, université Paris-X, Nanterre, Paris.

Bret, P. & Chappey, J.-L. (2012). Spécialisation *vs* encyclopédisme ? *La Révolution française. Cahiers de l'Institut d'histoire de la Révolution française*, 2, en ligne. URL http://lrf.revues.org/515.

Brocard, H. (1895). *Notice sur les titres et travaux scientifiques de M. H. Brocard.* Bar-le-Duc : Comte-Jacquet. URL https://catalogue.bnf.fr/ark:/12148/cb301637175.

Brocard, H. (1897). *Notes de bibliographie des courbes géométriques.* Bar-le-Duc : Comte-Jacquet.

Brocard, H. (1899). *Notes de bibliographie des courbes géométriques, Partie complémentaire.* Bar-le-Duc : Comte-Jacquet.

Chatzis, K., Preveraud, T. & Verdier, N. (2017a). Metz : ville d'édition mathématique. In L. Rollet & O. Bruneau (éd.) *Mathématiques et mathématiciens à Metz (1750-1870). Dynamiques de recherches et d'enseignement dans un espace local*, Nancy : PUN-Éditions universitaires de Lorraine, 135–159.

Chatzis, K., Preveraud, T. & Verdier, N. (2017b). Poncelet et son réseau savant messin. In L. Rollet & O. Bruneau (éd.) *Mathématiques et mathématiciens à Metz (1750-1870). Dynamiques de recherches et d'enseignement dans un espace local*, Nancy : PUN-Éditions universitaires de Lorraine, 161–182.

Crépel, P. & Ehrard, J. (éd.) (2014). *Étienne François Dutour de Salvert (1711-1789). Un physicien auvergnat du* XVIIIe *siècle.* Paris : L'Harmattan.

Darnton, R. (1992). *Gens de lettres, gens du livre.* Paris : Odile Jacob.

Desjonquères, P. & Morel, T. (2019). Vivre de la géométrie pratique au XIXe siècle (1/2). Philogone Barbotin (1785-1860), géomètre, arpenteur et agent voyer. *Images des mathématiques*, [en ligne], 15 septembre. URL https://images.math.cnrs.fr/Philogone-Barbotin-1785-1860-geometre-arpenteur-et-agent-voyer.html.

Desjonquères, P. & Morel, T. (2020). Vivre de la géométrie pratique au XIXe siècle (2/2). Le *Nouveau Manuel complet d'arpentage* (1845). La géométrie pratique entre les Vosges et l'Académie des Sciences. *Images des mathématiques*, [en ligne], 15 septembre. URL http://images.math.cnrs.fr/Le-Nouveau-manuel-complet-d-arpentage-1845.html.

François, Martine (2013). Varenne de Fenille Philibert Charles Marie. In *Annuaire prosopographique : la France savante*. URL https://cths.fr/an/savant.php?id=107454.

Greber, J.-H. & Verdier, N. (2023). Les publications des sociétés savantes locales comme vecteur de circulation mathématique dans la France du XIXe siècle. In H. Gispert, Ph. Nabonnand & J. Peiffer (éd.), *Circulation des mathématiques dans et par les journaux. Histoire, territoires, publics*, Londres : College Publications.

Guillaume, E. (s. d.). Cumin Isidor Robert Granet. Site Geneanet. URL https://gw.geneanet.org/emmadesm?lang=fr&n=granet&oc=0&p=cumin+isidor+robert.

Gussot, N. (1840). *Traité du cubage des bois, ou Tarifs pour cuber les bois carrés ou de charpente, les bois en grume au 5e et au 6e réduit*. Bar-le-Duc : Laguerre.

Gussot, N. (1843). *Traité du cubage des bois, ou Tarifs pour cuber les bois carrés ou de charpente, les bois en grume au 5e et au 6e réduit, ainsi que les bois en quart sans déduction, précédés d'une instruction sur la manière de cuber les différentes espèces de bois d'après le système métrique*. Paris : Auguste Goin.

Jeannet, A. A. & Gigault d'Olincourt, F.-J.-E.-A. (1835). *Traité de géométrie, de trigonométrie rectiligne, d'arpentage et de géométrie pratique ; suivi de tables des sinus et des tangentes en nombres naturels*. Bar-le-Duc : Gigault d'Olincourt.

Kaucher, G. (2015). *Les Jombert. Une famille de libraires parisiens dans l'Europe des Lumières (1680-1824)*, *Bibliothèque des Lumières*, t. 84. Genève : Librairie Droz.

Le Duc, P. (1865). *Tables des cônes tronqués pour le cubage des bois*. Paris : Dunod.

Louandre, C. & Bourquelot, F. (1848). *La Littérature française contemporaine, 1827-1844 continuation de la France littéraire*, t. 4e. Paris : Daguin.

Major, J.-F. (1813). *Abrégé de la sphère suivi de la description de sa sphère mouvante.* Paris : Brunot-Labbe, Lenormant & Delaunay.

Micromegas (1924). Ici, là et partout. *L'Écho d'Alger*, 5216, 2.

Monféal, H. d. (1846). *Revue générale biographique et nécrologique*, t. 6e année. Paris : Amyot. 67–82.

Morel, T. & Preveraud, T. (éd.) (2022). *Les Mathématiques professionnelles (XVIe–XIXe siècle)*, t. Série III – n° 13. Nantes : Cahiers François Viète.

Mousset, D. (s. d.). Les ingénieurs vérificateurs, géometres en chef du cadastre. [En ligne]. URL https://cadastre-orne-tarn.monsite-orange.fr/page-586bcfa5086da.html.

Noirot-Bonnet, L. (1832). *Manuel théorique et pratique de l'estimateur des forêts.* Paris : Dejussieu, Langlumé & Peltier.

Noirot-Bonnet, L. (1856). *Manuel théorique et pratique de l'estimateur des forêts.* Paris : Bouchard-Huzard. 2e éd. refondue et très augmentée.

Nordman, D. (éd.) (2012). *L'École normale de l'an III. Vol. 2, Leçons d'histoire, de géographie, d'économie politique. Volney-Buache de la Neuville-Mentelle-Vandermonde.* Paris : Éditions Rue d'Ulm ; Dunod.

Poncelet, J.-V. (1822). *Traité des propriétés projectives des figures. Ouvrage utile à ceux qui s'occupent des applications de la géométrie descriptive et d'opérations géométriques sur le terrain.* Paris ; Metz : Lamort & Bachelier.

Schubring, G. (2006). Researching into the history of teaching and learning mathematics : the state of the art. *Paedagogica Historica*, 42(4–5), 665–677, doi :10.1080/00309230600806955.

Servais, V. (1880). Nouvelles recherches sur la situation de la librairie, l'établissement et l'état de l'imprimerie. À Bar-le-Duc, pendant les XIVe, XVe, XVIe, XVIIe et XVIIIe siècles. *Mémoires de la Société des lettres, sciences et arts de Bar-le-Duc*, IX, 19–32.

Servois, F.-J. (1803). *Solutions peu connue de différents problèmes de géométrie-pratique pour servir de suppléments aux traités connus de cette science.* Metz ; Paris : Devilly ; Courcier.

Tucoo-Chala, S. (1977). *Charles-Joseph Panckoucke et la librairie française de 1736 à 1798.* Pau ; Paris : Éditions Marrimpouey jeune ; Touzot.

Varenne de Fenille, P.-C.-M. (1792). *Mémoires sur l'administration forestière, et sur les qualités individuelles des bois indigènes ou qui sont acclimatés en France. Auxquels on a joint la description des bois exotiques que nous fournit le commerce.* Bourg : Philipon.

Verdier, N. (2013a). Éditer puis vendre des mathématiques avec la maison Bachelier (1812-1864). *Revue d'histoire des mathématiques*, 9, 79–145, doi : 10.24033/rhm.170.

Verdier, N. (2013b). Théodore Bailleul (1797-1875) ou le prote devenu directeur de l'Imprimerie Mathématique de (Mallet)-Bachelier (1812-1864). *Histoire et civilisation du livre*, IX, 251–269.

Verdier, N. (2015). L'édition mathématique en France 1750-1850 : héritages et reconfigurations. In C. Gilan & A. Guilbaud (éd.) *Sciences mathématiques 1750-1850. Continuités et ruptures*, Paris : CNRS Éditions, 207–231.

Norbert Verdier
Université Paris-Saclay (Études sur les Sciences et les Techniques)
norbert.verdier@universite-paris-saclay.fr

Qu'est-ce que la géométrie projective ? Fiedler *versus* von Staudt

KLAUS VOLKERT

1 Introduction

Philippe Nabonnand a consacré plusieurs études à l'histoire de la géométrie projective. Signalons sa thèse d'habilitation, sa traduction du livre *Geometrie der Lage* de Karl Christian von Staudt, ses articles « La théorie des *Würfe* de von Staudt et l'impulsion de l'algèbre » et « Deux droites coplanaires se coupent toujours ».

Karl Christian von Staudt a joué un rôle important dans l'histoire de la géométrie projective[1], entre autres en proposant une idée aujourd'hui considérée comme cruciale – l'autonomie de la géométrie projective par rapport à la géométrie euclidienne[2] : La géométrie projective c'est la géométrie basée sur l'incidence sans métrique. Von Staudt lui-même ne donne pas les raisons pour lesquelles il était convaincu que la séparation du métrique et du projectif sera utile ou raisonnable. Il constate seulement qu'on a fait cette distinction dans les derniers temps[3]. En général, von Staudt ne commente pas ce qu'il fait - par conséquent l'interprétation de ses motifs est spéculative.

Nous étudierons une position contraire à la position de von Staudt – une position qui est maintenant tombée dans l'oubli mais qui était importante à son époque. Cette position fut formulée par Wilhelm Fiedler (1832-1912), professeur de géométrie descriptive et de géométrie de position à l'École polytechnique fédérale de Zurich. Nous considérons avant tout son livre sur la géométrie

1. Dans le texte qui suit, on parlera de la « géométrie projective » tout court. Mais il faut se souvenir que ce terme a eu son histoire et qu'il est lié avec un certain niveau du développement de ce champ de recherche (cf. Bioesmat-Martagon 2010), en particulier l'article (Voelke 2010).

2. C'est souligné par Ph. Nabonnand dans l'introduction de sa traduction de von Staudt (2011) de laquelle nous nous inspirons dans cet article.

3. Bien sûr c'est Poncelet qui a insisté sur cette distinction.

P.-E. Bour, M. Rebuschi & L. Rollet (eds.), *Sciences, Circulations, Révolutions, 713–727.*

descriptive paru en 1871 ; nous travaillons avec la deuxième édition 1875 qui est plus complète[4].

Commençons par quelques remarques sur l'histoire de la géométrie projective en Allemagne[5].

Les premières publications sur la géométrie projective – bien entendu ce terme n'existait pas encore en Allemagne – se trouvent autour de 1830. On peut distinguer deux courants : le courant analytique et le courant synthétique. Le premier est représenté par A. F. Möbius, en particulier par son livre *Barycentrischer Calcul* (1827), et par J. Plücker (*Analytisch-geometrische Entwicklungen* deux tomes (1828-1831)). L'outil principal en est l'introduction des coordonnées, les équations, etc. Le second est représenté par J. Steiner (1832) et par K. Chr. von Staudt (1847). Une idée importante pour ce courant synthétique était l'introduction des formes fondamentales par Steiner (comme la ponctuelle, le gerbe et le faisceau de rayons, etc.), y compris la génération des coniques par des correspondances projectives des formes fondamentales. Steiner avait en vue de dévoiler un « organisme par lequel les phénomènes divers du monde-espace[6] sont liés entre eux » (Steiner 1832, p. V). Steiner, qui, au début, avait conçu une œuvre en cinq volumes, n'a jamais élaboré ni son organisme ni un traité complet de sa géométrie projective. Néanmoins il est clair qu'il n'a pas pensé à un système structuré par des axiomes. Les idées de Steiner étaient élaborées et précisées par von Staudt. Autour 1860 le livre de von Staudt était le seul traité systématique sur la nouvelle géométrie.

Von Staudt a emprunté les formes fondamentales de Steiner ; il y rajoute l'idée de distinguer les aspects métrique et projectif[7]. Cette distinction elle-même remonte à Poncelet ; elle n'est pas privative chez ce dernier parce qu'il admet des invariants projectifs métriques – comme le birapport. Von Staudt est plus radical. Au début de l'introduction de son livre il écrit :

> On a récemment distingué à juste raison la géométrie de position et la géométrie de la mesure [...]. J'ai cherché dans ce travail à établir la géométrie de position comme une science autonome dans laquelle il n'y aurait pas besoin de la mesure[8]. (von Staudt 2011, p. 31)

Von Staudt constate un fait – et ce fait est le seul motif qu'il donne pour justifier sa manière de présenter la géométrie. Il est bien connu que le système de

4. Une grande partie de l'œuvre de Fiedler est constituée par les éditions allemandes des livres de G. Salmon. Des générations de jeunes mathématiciens ont appris la nouvelle géométrie y compris l'algèbre et la théorie des invariants par ces livres. Par conséquent l'influence de ces livres étaient énorme.

5. La situation de la géométrie descriptive en Allemagne est présentée dans la thèse de N. Benstein (2019b) ; un sommaire en est (Benstein 2019a).

6. « Raumwelt » chez Steiner.

7. Von Staudt ne parle pas de géométrie projective mais toujours de géométrie de position, un terme qu'on ne peut pas transformer en adjectif. Il a amélioré les désignations des formes fondamentales de Steiner.

8. Man hat in den neueren Zeiten wohl mit recht die Geometrie der Lage von der Geometrie des Maasses unterschieden [...]. (von Staudt 1847, p. III).

von Staudt était lacunaire – en particulier on peut citer ici sa démonstration du théorème fondamental de la géométrie projective. Ces lacunes ont été la raison des critiques (par exemple par F. Klein) et des efforts nécessaire pour compléter le système de von Staudt (cf. Voelke 2010). Vers la fin de sa vie von Staudt a contribué encore une fois à la géométrie projective par son calcul des jets [*Würfe*] qui permettait d'introduire des coordonnées projectives et des imaginaires dans son système[9]. Nous ne parlerons pas de ces idées dans le présent article. En concluant ce paragraphe nous notons que l'introduction de la *Geometrie der Lage* par von Staudt est assez courte (deux pages) ; à part la question du métrique, von Staudt y parle de la manière dont l'enseignement de la géométrie doit procéder (du général au particulier[10]) et de la dualité comme outil pour bien motiver les élèves.

La réception des idées de von Staudt fut assez restreinte au début. Plusieurs raisons furent exprimées par ses contemporains. Son livre était très difficile à lire, il ne donnait jamais d'explications, ni de motivations[11], etc. De plus son texte était extrêmement abstrait et concis et ne comptait aucune figure, cf. (Reye 1899, p. VII–IX), (Fiedler 1875, p. XXIII). Von Staudt était assez isolé à Erlangen ; son université était petite et il n'avait pas beaucoup d'étudiants. En conséquence il n'avait pas d'élèves susceptibles de prolonger ses idées, à l'exception de Bernhard Gugler[12].

Dans les années 1860, la géométrie de von Staudt trouva un nouveau partisan : l'ingénieur Karl Culmann, professeur à l'École polytechnique de Zurich et spécialiste de la construction des ponts et des chemins de fer. Culmann avait développé une théorie appelée « statique graphique[13] », théorie qui permettait de résoudre des problèmes statique par un calcul graphique – par la méthode synthétique si l'on veut. Culmann était convaincu que la compréhension de sa théorie nécessitait la connaissance de la géométrie de position[14]. D'une part, Culmann utilisait une sorte de dualité ; d'autre part, il

9. Cf. *Beiträge zur Geometrie der Lage* (1856-1860).

10. Une position assez moderne formulée clairement dans l'introduction des *Beiträge* (1856-1860)).

11. Ce qui est étonnant parce que von Staudt a travaillé assez longtemps comme professeur de lycée et à l'École polytechnique. Dans l'introduction de son livre il parle même de la possibilité d'introduire sa géométrie dans l'enseignement secondaire.

12. Gugler (1812-1880) était entre autres professeur de géométrie descriptive aux écoles polytechniques de Nürnberg (von Staudt lui-même y avait enseigné avant d'aller à Erlangen, Gugler y était son élève) et de Stuttgart. Il a écrivit une nécrologie et un hommage à son maître dans l'*Allgemeine Zeitung* (3 juin et 20 juillet 1867), un journal très lu à l'époque, surtout parmi les personnes lettrées.

13. Des idées similaires ont été proposées en Angleterre et en Écosse par Rankine et Maxwell, en Italie par Cremona. Le chef-d'œuvre de Culmann fut son livre *Die graphische Statik* (1866) ; une nouvelle édition en est parue en 1875, d'autres éditions furent publiées après sa mort par son successeur Ritter. Sur Culmann on peut consulter (Scholz 1989) et (Maurer 1998).

14. Culmann a passé un an à Metz chez son oncle qui était professeur à l'École d'artillerie de Metz. Poncelet était à Metz également à l'époque.

employait largement le langage de la géométrie projective. Un aspect particulier de la géométrie projective utilisée par Culmann était l'idée des *Nullsysteme*[15]. En 1864, Theodor Reye, alors Privatdozent à l'École polytechnique de Zurich, donnait le premier cours de géométrie de position à cette école ; son modèle en était le livre de von Staudt[16]. Cet enseignement était le début du fameux traité *Geometrie der Lage* de Reye (premier tome en 1866, le deuxième en 1868), un manuel à la portée de tous, souvent consulté pendant la deuxième moitié du XIXe siècle avec plusieurs éditions. Comme von Staudt, Reye faisait une séparation conséquente entre le métrique et le projectif, il ne traitait les démonstrations métriques que dans des annexes. Selon Reye, c'est le caractère non-métrique qui conférait à la géométrie projective sa propre généralité. Voilà un autre argument en faveur d'une séparation du projectif et du métrique ! En général on peut constater que le monde mathématique de l'époque connaissait la théorie de von Staudt par l'intermédiaire de Reye.

2 Une vision divergente

Une vision divergente de celle de von Staudt fut proposée par W. Fiedler, professeur de géométrie descriptive et de géométrie de position à l'École polytechnique de Zurich de 1867 à 1907. Si von Staudt voulait séparer plusieurs aspects et se restreindre à une seule méthode, la méthode synthétique, Fiedler voulait une synthèse des parties diverses en utilisant plusieurs méthodes. Si le style de von Staudt était très précis et concis, celui de Fiedler était vague et redondant. Si von Staudt visait la généralité, Fiedler cherchait la construction. Von Staudt ne donnait pas de références dans son livre, en revanche Fiedler était bien estimé par ses contemporains pour ses renvois précis à la littérature. Bref, ces deux auteurs étaient assez contraires. Néanmoins Fiedler admirait l'œuvre de von Staudt, et le citait souvent.

Nous allons donner ici quelques détails sur le système de Fiedler[17]. Comme Steiner Fiedler avait l'idée d'une construction organique[18] de la géométrie[19]. Mais son point de départ était la géométrie descriptive conçue comme le chemin « naturel » vers la géométrie projective, un chemin caractérisé par sa « nécessité interne[20] ». Sa théorie reposait sur l'idée principale que la projection

15. Dans l'espace un *Nullsystem* est une réciprocité caractérisée par le fait que chaque point est situé sur son plan dual et vice versa. Dans le plan il n'y a pas de *Nullsystem* non-trivial (cf. Etwein *et al.* 2019, section 3.1.2).

16. Culmann lui-même explique dans la préface de son livre *Graphische Statik* (1866) que le traité de von Staudt était le seul livre disponible à l'époque présentant les éléments de la nouvelle géométrie d'une manière systématique et strictement géométrique (pour Culmann cela signifiait d'une manière synthétique) (cf. Culmann 1866, p. VII).

17. Ce système se trouve dans le livre (Fiedler 1875), pour plus de détails cf. (Volkert 2019).

18. On peut conjecturer ici une influence de la « Naturphilosophie ». Au lieu d'« organique » on trouve aussi « naturel ».

19. Dans notre texte nous suivons Fiedler (1875) – l'*opus magnum* de Fiedler.

20. (Fiedler 1875, p. XVI). Fiedler parlait de la « géométrie de situation » dans la tradition de von Staudt ; de temps en temps il parlait aussi de la géométrie nouvelle synthétique. Afin de caractériser des propriétés il utilisait également le terme « projectif » [*projectivisch*].

FIGURE 1 : Wilhelm Fiedler autour de 1870

centrale était une abstraction de la vision. Si on reste dans la rhétorique de Fiedler/Steiner, l'analyse de la vision était le germe duquel tout devait éclore[21]. Ce système se développe par déploiement de ce qui est inclus dans le germe ; par conséquent il n'avait pas besoin des axiomes[22]. On voit bien que la géométrie descriptive n'était plus la géométrie des ingénieurs aux yeux de Fiedler. Elle faisait partie de la géométrie abstraite.

Selon Fiedler la première tâche de la géométrie descriptive est l'analyse de la projection centrale comme une « manière de représentation » [*Darstellungsmethode*] afin de développer l'intuition spatiale. Ainsi il se démarquait de la géométrie descriptive classique de Monge et son école. La projection centrale est décrite par Fiedler dans les termes de Steiner/von Staudt : sont donnés un point C, le centre, et un plan E' sur lequel on projette[23]. La projection se fait par la gerbe de rayons[24] [*Strahlenbündel*] de centre C.

21. On comprend bien que c'est une rhétorique empruntée à la biologie – contrairement à la rhétorique des mathématiques modernes influencée par la logique et souvent empruntée à la théorie des ensembles.

22. Pour le lecteur moderne cette attitude n'est pas simple à comprendre. Une analyse critique de la situation est donnée par (Blrasjö 2009).

23. En géométrie descriptive (allemande) on désigne tout qui est image par une apostrophe.

24. On suit ici les traductions proposées par Ph. Nabonnand. Von Staudt avait introduit la distinction entre *Strahlenbüschel* et *Strahlenbündel* ; chez Steiner il n'y avait que des *Büschel*.

Si P est un point dans l'espace sa projection est le point P' en lequel le rayon CP coupe E'. Si le rayon CP est parallèle à E' alors le point P' est à l'infini. L'introduction des éléments à l'infini se fait en passant et sans commentaire. Donc l'espace (et le plan) projectif sont une extension de l'espace, du plan, euclidien par des éléments à l'infini. Il y a toujours des éléments bien distingués – les éléments à l'infini. La géométrie projective n'est pas autonome ; elle comprend la géométrie ordinaire (métrique) comme partie qu'on a rajoutée à la première. Pour reprendre les mots de Fiedler :

> La géométrie de position contient la géométrie de la mesure comme une partie[25][26] [...]. (Fiedler 1875, p. XI)

Comment se projette une droite g dans l'espace sur E' ? Sa projection est la section du plan déterminé par C et g avec le plan E'. Tous les rayons de la gerbe de rayons à centre C situés dans ce plan sont des rayons projecteurs ; ils constituent un faisceau de rayons [*Strahlenbüschel*] et sont l'image[27] de la droite conçu comme ponctuelle [*Punktreihe*]. On voit bien comment Fiedler introduit la terminologie de Stein/von Staudt à l'occasion de l'analyse de la projection centrale ; c'est bien adapté à cette situation[28]. Après cela Fiedler introduit le birapport de quatre points alignés ; il n'y a aucun problème parce qu'il utilise la métrique usuelle du plan – la longueur des segments. Du point de vue classique, le birapport est avant tout un concept central de la géométrie projective métrique[29].

Fiedler parle très tôt du concept de dualité dans son livre – peut-être l'aspect le plus typique de la géométrie projective à l'époque. Comme il ne dispose pas de coniques à cette étape de l'élaboration de la théorie, Fiedler ne peut pas se servir de la réciprocité par pôles et polaires à la Poncelet. Donc il faut trouver une autre solution. Soit donné un centre C, un plan E dans lequel on veut définir la dualité, C non sur E, et un point P de E. Nous joignons C à P et nous construisons le plan orthogonal à CP en C. Ce plan coupe le plan E selon une droite, la polaire p de P. Si P est le point principal sur E, c'est-à-dire le pied de l'orthogonal de C à E, sa polaire est la droite à l'infini de E, et vice versa. Cette dualité a toutes les propriétés usuelles : le pôle de la polaire est le point de départ, la droite par deux pôles est la polaire du point d'intersection

25. Die Geometrie der Lage enthält ja die Geometrie des Maasses als einen Theil; die Theorie der Involution führt Von jener zu dieser.

26. Fiedler pense ici à la théorie de Cayley-Klein comme une manière d'incorporer la géométrie métrique dans la géométrie projective.

27. En allemand c'est *Schein.* J'accepte ici la terminologie proposée par Nabonnand. Notons que cette image n'a rien à voir avec une application dans le sens moderne.

28. Fiedler était convaincu que Steiner était un grand géomètre descriptif – inconsciemment si l'on veut. Selon Fiedler c'était vrai aussi pour Desargues (comme argument, Fiedler citait les travaux de celui-ci sur la perspective).

29. Fiedler parle de la conservation du birapport [*Doppelverhältnisgleichheit*] (Fiedler 1875, p. 74) ou d'une projectivité [*Projectivität*] (Fiedler 1875, p. 76).

des deux polaires, etc. Mais elle est fondée sur la notion d'angle droit – donc elle est métrique.

Avec le birapport et la dualité Fiedler a introduit deux concepts fondamentaux de la géométrie projective. Bien sûr il en dérive beaucoup d'énoncés et de constructions. Vers la fin du premier chapitre de son traité, il constate :

> Le système naturel de la géométrie est ainsi une conséquence des idées fondamentales et de la méthode de la géométrie descriptive. Dans le cadre de ce système la différence entre la géométrie du plan et la géométrie de l'espace a disparu[30]. (Fiedler 1875, p. 76)

Notons que le système construit par Fiedler est basé sur deux piliers : la métrique et la distinction des éléments à l'infini des éléments finis. Sa géométrie projective n'est pas du tout autonome dans le sens de von Staudt.

Fiedler se désignait toujours comme un géomètre constructif. Afin de réduire la projection centrale d'un plan sur un autre à des constructions à la règle et au compas il se servait du rabattement [*Umlegung*]. Le correspondant de la projection centrale d'un plan sur un plan dans l'espace est une transformation du plan appelée *Centralcollineation* et caractérisée par deux propriétés : un point P et son image P' sont toujours alignés avec le point distingué C_1, le centre ; une droite g et son image g' se coupent toujours sur une droite fixe s, l'axe de la collinéation centrale[31]. Ainsi on peut construire par exemple l'image d'un carré par une projection centrale à la règle et au compas.

Selon la position de l'axe et du centre on peut distinguer plusieurs sortes de transformations : si l'axe est la droite à l'infini alors on a une similitude, si le centre est à l'infini on a une affinité, si tous les deux sont à l'infini la transformation est une isométrie[32].

Le chapitre suivant (B) du livre de Fiedler est consacré à l'étude des coniques, donc à un thème tout à fait classique de la géométrie projective. Les coniques sont définies comme images d'un cercle par une projection centrale – donc par une projection centrale d'un plan sur un autre. Par conséquent, Fiedler peut se servir de sa collinéation centrale pour étudier les coniques. Il déduit beaucoup de propositions sur les coniques, entre autres les théorèmes de Pascal et de Brianchon, et aussi des constructions (Fiedler 1875, p. 91). Un exemple : « On construit la conique qui passe par cinq points [...] donnés, c'est-à-dire qu'on détermine toutes les positions d'un sixième point d'un hexagone de Pascal. » De plus, il démontre que sa définition des coniques est équivalente à la définition donnée par Steiner et von Staudt. Il souligne le fait que la dualité est en jeu ici. Pour lui, la dualité est une loi de symétrie de toute la théorie projective.

30. So entspringt aus den Grundanschauungen und der Methode der darstellenden Geometrie das natürliche System der Geometrie. In demselben ist der Unterschied der Geometrie in der Ebene Von der Geometrie des Raumes aufgehoben.

31. Cette droite est la droite selon laquelle se coupent les deux plans.

32. On comprend bien qu'il est important ici de travailler avec l'espace euclidien élargi – dans une géométrie projective autonome on ne dispose pas d'une telle distinction.

FIGURE 2 : Un modèle en perspective relief par Ludwig Burmester (Source : Universitätssammlungen in Deutschland http://www.universitaetssammlungen.de/modell/280)

Dans le chapitre suivant (C) Fiedler discute du problème consistant à projeter une partie de l'espace sur une partie de l'espace, connu sous l'expression de *perspective relief*[33]. Le résultat d'une telle projection en perspective relief est appelé un modèle. Donc ce type de modèle est tout à fait abstrait, mais on peut en construire des réalisations matérielles[34]. Par un procédé analogue à la projection d'un plan sur un plan, la perspective relief est réduite à une collinéation centrale de l'espace.

D'un point de vue moderne, il est possible d'introduire ici l'espace à quatre dimensions dans lequel on peut situer un centre, un espace et un autre espace disjoint. Dans la deuxième édition du livre de Fiedler de (1875), il n'y a qu'une courte remarque sur cette possibilité (Fiedler 1875, p. XII) ; dans la troisième édition de 1883 cette possibilité est décrite plus en détail (Fiedler 1883-1888, p. 112). Sont montrés trois points : Fiedler était intéressé par les développements récents des mathématiques[35], il était ouvert aux idées nouvelles et il modifiait les éditions de ses œuvres. On comprend aussi que le point de vue de la géométrie descriptive peut nous fournir de nouvelles idées – c'est plus qu'une collection de recettes pratiques utilisée par les ingénieurs.

Fiedler ne discute la projection parallèle traditionnelle que dans le quatrième chapitre de son livre ; ce chapitre commence à la page 147. Dans le système

33. Ce nom fut popularisé par Poncelet. Mis à part les reliefs bien connus cette méthode est appliquée aussi dans la scénographie au théâtre. La projection en relief était un thème d'un certain intérêt dans la deuxième moitié du XIXe siècle.

34. L. Burmester et A. Brill ont produit des modèles concrets ; certains existent encore, par exemple dans la collection de Göttingen, cf. figure 2.

35. Fiedler était aussi le premier à écrire en Allemand sur la métrique de Cayley (1862) et sur les quaternions (1865). De plus, il a intégré les nouvelles idées dans son enseignement ; il a enseigné assez tôt la géométrie non-euclidienne à Zurich.

de Fiedler la projection parallèle est un cas particulier de la projection centrale : le centre est à l'infini. Il explique la méthode de Monge (Fiedler 1875, p. 149), c'est-à-dire l'usage de deux épures (sur des plans perpendiculaires) par projection orthogonale parallèle. Il ne dit pas beaucoup sur ce thème qui est traité selon Fiedler dans les écoles qui préparent à l'entrée des écoles polytechniques[36]. En particulier, il ne donne pas les recettes pratiques si typiques pour beaucoup de traités sur la géométrie descriptive. On peut constater en somme qu'il donne un sommaire des méthodes classiques de la géométrie descriptive qui conclut l'axonométrie.

La deuxième partie [*Theil*] du traité de Fiedler est consacrée à la théorie des lignes et surfaces courbes. Bien sûr c'était un thème classique de la géométrie descriptive – par exemple les surfaces réglées et les courbes d'intersection – mais Fiedler en donne une discussion beaucoup plus complète (par exemple, il explique les fameuses formules de Plücker (Fiedler 1875, p. 213)) et abstraite, même si le titre parle d'une théorie constructive des lignes et surfaces courbes.

La dernière partie[37] contient la géométrie de position et les coordonnées projectives ; elle est consacrée aussi aux figures en perspective (théorème de Desargues) et à l'introduction des imaginaires[38], la génération des formes par les formes fondamentales, les projectivités et les coordonnées homogènes. Pour l'introduction des coordonnées Fiedler avait inventé sa propre manière basée sur le birapport. Encore une fois on voit bien que Fiedler ne voulait pas séparer l'approche analytique (ou algébrique) de l'approche synthétique. Il écrit :

> On ne peut pas surestimer la réunion des méthodes analytiques avec les méthodes géométriques[39]. (Fiedler 1875, p. XI)

Son système est donc vraiment global. Pour lui, le point le plus important, c'est la solution des problèmes – avec tous les moyens, toutes les méthodes disponibles. Son livre n'est pas structuré selon les méthodes mais selon les objets étudiés (les formes fondamentales, les lignes, les surfaces courbes, etc.). Sa méthode caractéristique en est la projection – d'un usage universel si on suit Fiedler : toute la géométrie est devenue descriptive.

3 La réception des idées de Fiedler, son échec

Le livre de Fiedler a connu trois éditions, le premier volume en a même eu quatre. Fiedler a maintenu une correspondance vaste avec beaucoup de collègues. Leurs réactions au livre étaient positives. Cremona écrit dans une

36. On peut en douter. L'École polytechnique de Zurich a proposé à ses élèves des cours préparatoires [*Vorschule*] afin d'assurer un niveau acceptable – surtout en mathématiques.

37. Les parties sont organisées ainsi : première partie p. 6–210, deuxième partie p. 211–494, troisième partie p. 495–730.

38. Ici Fiedler rend hommage à von Staudt en constatant que sa théorie des *Beiträge* n'a trouvé son intérêt véritable que récemment, cf. (Fiedler 1875, p. 738, note aux. §§ 135–136)

39. Die Vereinigung der analytischen und der geometrischen Methoden ist aber überhaupt nicht leicht hoch genug zu schätzen.

lettre à Fiedler (29 juin 1871) après avoir reçu la première édition du livre, qu'il qualifie de « formidable » :

> Je suis très content que vos idées convergent avec les miennes : Il ne faut pas séparer la géométrie pure d'une manière absolue des principes de l'algèbre (ce qui n'est pas possible d'ailleurs) ; mon sentiment est encore renforcé par le fait que j'ai pensé à cause du mémoire couronné de M. Kortum[40] que la majorité des géomètres allemands partagent l'opinion opposée[41].

Une traduction du livre de Fiedler en italien fut publiée en 1874. Par la correspondance de Fiedler avec des collègues en Italie, en particulier avec Cremona et son traducteur Padova, nous en savons plus sur les motifs de cette traduction. Le motif le plus important en était que le système de formation technique en Italie était en train d'être établi. Par conséquent, on avait eu besoin de manuels. Fiedler était considéré comme un expert pour ce système éducatif et – bien sûr – pour la géométrie descriptive. De plus, Cremona avait – comme nous l'avons vu – des idées proches de celles de Fiedler[42]. Fiedler était étudié aussi dans d'autres pays comme la Serbie. Le livre de Fiedler est oublié aujourd'hui. Les raisons en sont complexes. Une raison tient peut-être au style de Fiedler : son livre est une grande narration avec peu de structure ostensible, mais avec beaucoup de pages. Il est très difficile à étudier, beaucoup de thèmes sont renvoyés aux problèmes présentés en fin de sections. Son système « naturel » ne précise pas les hypothèses à partir desquelles il part, c'est un début qui présuppose déjà pas mal de géométrie. Il y avait d'autres traités de la géométrie projective plus accessibles au lecteur comme ceux de Reye et Cremona qui ne faisaient pas le détour par la géométrie descriptive. Concernant la géométrie descriptive le traité de Christian Wiener (2 volumes Wiener 1884-1887) a connu un grand succès qui a supplanté le traité de Fiedler ; la géométrie descriptive en est un grand chapitre à part isolé de la géométrie projective.

De plus on peut citer une raison sociologique. Fiedler ne travaillait pas dans un centre important de mathématiques de son époque[43] ; il était employé par une école polytechnique, non pas par une université. Fiedler se considérait toujours comme isolé, la correspondance était son instrument préféré de

40. Kortum a reçu le Prix Steiner de 1868 pour son travail « Über geometrische Aufgaben III. und IV. Grades » (Bonn : Weber, 1860), dans lequel il a résolu des problèmes posés par Steiner d'une manière strictement synthétique.

41. ETH-BibliothekHochschularchivHs 87 : 184. Cremona écrivait cette lettre en allemand, (cf. Confalonieri *et al.* 2019, p. 208–209).

42. Cremona lui-même a publié un traité de géométrie projective en 1873 qui fut traduit en allemand en 1882. Celui-ci est très différent de celui de Fiedler, en particulier Cremona ne parle pas de la géométrie descriptive.

43. Ce point de vue est étonnant vu la liste des collègues mathématiciens qu'il a eu à Zurich. Il est vrai que tous sont partis après un certain temps – la seule exception en était Hurwitz qui est resté jusqu'à sa retraite à Zurich.

FIGURE 3 : Wilhelm Fiedler

communication avec le monde érudit. Il n'a jamais participé aux rencontres des mathématiciens.

4 Von Staudt versus Fiedler

La raison la plus importante de l'échec de Fiedler était autre : sa conception se trouvait de plus en plus en contradiction avec le courant d'axiomatisation et de pureté de méthodes qui dominait, dans la deuxième moitié du XIXe siècle, les mathématiques allemandes. Au début, ce courant – l'installation de la rigueur (M. Kline) – était lié surtout aux mathématiciens de Berlin, en particulier avec Weierstrass et son école, et centré sur l'analyse. L'axiomatisation de la géométrie fournie par Hilbert (1899) en était une apothéose[44]. Fiedler participait à un courant en opposition à l'école de Berlin et ses idées. Cette opposition luttait pour maintenir une position importante à la géométrie dans les universités allemandes, y compris la mise en place des cours de géométrie descriptive. Fiedler et ses alliés – le réseau géométrie – se plaignaient de la prédominance de l'analyse et de marginalisation de la géométrie au niveau des universités[45]. Les membres de ce groupe étaient souvent employés par des écoles polytechniques. Citons L. Burmester, S. Gundelfinger, K. Rodenberg, G. Hauck, H. C. H. Schubert, R. Sturm, A. Voss, Chr. Wiener. C'était un réseau considérable, mais, à longue terme, il devait perdre son combat. La grande synthèse de Fiedler est tombée dans l'oubli à la différence de la conception de von Staudt avec sa séparation du métrique du projectif. Les idées de von Staudt étaient mieux adaptées au grand courant de l'époque : par sa grande précision il n'était pas trop difficile d'incorporer les énoncés du livre de von Staudt[46] en un système axiomatique – même si von Staudt lui-même n'en parlait jamais[47].

De plus le statut des écoles polytechniques a connu un changement important pendant la deuxième moitié du XIXe siècle en allant vers une plus grande parité plus grande avec les universités. Par conséquent, il n'était plus important de présenter la géométrie descriptive – une partie essentielle des mathématiques polytechniques[48] – comme une vraie théorie scientifique en la rapprochant de la géométrie projective. En parallèle une tendance à souligner les aspects pratiques se faisait sentir dans les écoles polytechniques allemandes vers la fin du XIXe siècle. La géométrie descriptive devait encore une fois devenir la géométrie des ingénieurs.

Évidemment le point de vue de Fiedler ne s'accordait pas bien avec ces tendances. Même le vieil allié de Fiedler, la statique graphique de Culmann, fut remplacée par des méthodes plus analytiques. En somme on peut constater que la synthèse envisagée par Fiedler du théorique (géométrie projective) et du pratique (géométrie descriptive) fut démodée par les grands courants du développement des écoles polytechniques dans la deuxième moitié du XIXe siècle. On peut dire que son époque était contre Fielder. La grande synthèse fut remplacée par plusieurs disciplines bien séparées avec ses propres méthodes.

Citons encore un autre aspect : vers la fin du XIXe siècle, la matrice des disciplines géométriques s'est stabilisée ; selon leurs méthodes on distinguait diverses disciplines comme la géométrie projective, la géométrie différentielle,

---

44. Bien sûr, il y a des précurseurs comme M. Pasch (1882), qui a partiellement étudié à Berlin, et les mathématiciens italiens (comme Fano, Peano, Pieri, de Paolis). Pour plus de détails cf. (Volkert 2015).

45. Dans les lycées et autres écoles la géométrie restait assez importante.

46. Von Staudt fait même attention aux questions de l'ordre, 35 ans avant Pasch. Pour une élaboration moderne des idées de von Staudt selon la méthode axiomatique cf. (Hartshorne 2009).

47. La démonstration du théorème d'Euler donnée par von Staudt (von Staudt 1847, p. 20–21) est un exemple de sa précision et de son génie stupéfiant.

48. Cf. (Benstein 2019b) pour une analyse détaillée de cet aspect.

la géométrie algébrique, la géométrie descriptive, etc. L'axiomatique de Hilbert a bien alimenté cette tendance par son classement en groupes des axiomes. Cette division est reflétée entre autres par les manuels – une discipline, un manuel. Elle est liée à la croissance de la communauté mathématique et à la spécialisation des chercheurs/enseignants. Evidemment la synthèse de Fiedler avec son intégration de beaucoup de disciplines était en contradiction avec cette tendance.

Retournons à von Staudt. Fiedler écrit dans l'introduction de son traité :

> Il me semble de quelque valeur si les investigations de la géométrie descriptive facilitent la compréhension des parties respectives du chef-d'œuvre de von Staudt. En effet cet œuvre a besoin de cette facilité ; mais il est plus important que la géométrie descriptive soit l'introduction naturelle à la géométrie de position[49]. (Fiedler 1875, p. x)

L'histoire des mathématiques a choisi un autre trajet. J'espère que j'en ai indiqué quelques raisons.

Pour conclure, il nous reste une question : Est-ce que le système de von Staudt était meilleur que celui de Fiedler ? Évidemment cette question est liée à une autre : quels sont les critères pour mesurer la qualité d'une théorie mathématique ? Pourquoi accepte-t-on une manière de présenter des mathématiques et en rejette-t-on une autre ? Rarement une théorie est rejetée parce qu'elle est fausse ! Se pose une autre question : comment justifier une théorie mathématique[50] ? Ces questions nous entraîneront trop loin ici. Elles sont liées à une conviction bien répandue parmi les mathématiciennes et mathématiciens qu'on peut caractériser comme un darwinisme des théories : c'est la meilleure théorie qui l'emporte. Et on sait qu'une théorie est la meilleure, parce qu'elle l'a emporté [*Darwin's survival of the fittest*] ! On peut en douter. Peut-être Poincaré[51] aurait-il constaté : une théorie n'est pas meilleure qu'une autre, elle est seulement plus commode.

C'est la chance des retraités de s'occuper de telles questions subtiles. Bon courage Philippe !

---

49. Es schiene mir schon Von Werth, wenn durch die Untersuchungen der darstellenden Geometrie das Verständnis bezüglicher Parthien in v. Staudt's Hauptwerk erleichtert würde, das wirklich solcher Erleichterung bedarf; aber es ist wichtiger, dass nun die darstellende Geometrie die natürlich Einführung in die Geometrie der Lage ist.

50. Justifier veut dire ici donner des raisons de préférer une théorie en relation à une autre – donc justifier n'est pas démontrer ici. Philippe Narbonnand (en collaboration avec D. Flament) a dirigé un projet sur « Justifier en mathématiques » (cf. Flament & Nabonnand 2011). L'auteur de cet article a eu le plaisir d'y participier.

51. Les travaux de Ph. Nabonnand sur Poincaré sont si bien connus qu'il n'est pas nécessaire de les citer ici.

Bibliographie

Benstein, N. (2019a). A German interpreting of descriptive geometry and polytechnic. In É. Barbin, M. Menghini & K. Volkert (éd.) *Descriptive Geometry, The Spread of a Polytechnic Art : The Legacy of Gaspard Monge*, Cham : Springer International Publishing, 139–166, doi :10.1007/978-3-030-14808-9_9.

Benstein, N. (2019b). *Zwischen Zeichenkunst und Mathematik : Die darstellende Geometrie und ihre Lehrer an den Technischen Hochschulen und deren Vorgängern in ausgewählten deutschen Ländern im 19. Jahrhundert.* Thèse de doctorat, Bergische Universität Wuppertal.

Bioesmat-Martagon, L. (2010). *Éléments d'une biographie de l'espace projectif.* Nancy : PUN-Éditions universitaires de Lorraine.

Blrasjö, V. (2009). Jakob Steiner's Systematische Entwickelung : The Culmination of Classical Geometry. *The Mathematical Intelligencer*, 31(1), 21–29, doi :10.1007/s00283-008-9012-z.

Confalonieri, S., Schmidt, P.-M. & Volkert, K. (éd.) (2019). *Der Briefwechsel von Wilhelm Fiedler mit Alfred Clebsch, Felix Klein und italienischen Mathematikern*, *Siegener Beiträge zur Geschichte und Philosophie der Mathematik*, t. 12. Siegen : Siegen universi, Universitätsverlag Siegen.

Culmann, K. (1866). *Die graphische Statik.* Zurich : Meyer & Zeller.

Etwein, F., Voelke, J.-D. & Volkert, K. (2019). *Dualität als Archetypus mathematischen Denkens.* Göttingen : Cuvillier Verlag.

Fiedler, W. (1871). *Die darstellende Geometrie. Ein Grundriß für Vorlesungen an Technischen Hochschulen und zum Selbststudium.* Leipzig : Teubner, 1re éd. Trad. ital. par A. Sayno et E. Padova, *Trattato di geometria descrittiva*, Versione migliorata coi consigli e le osservazioni dell'Autore e liberamente esguita per meglio adattarla all'Insegnamento negli Istituti tecnici del Regno d'Italia, Florence : Successori Le Monnier, 1874.

Fiedler, W. (1875). *Die darstellende Geometrie in organischer Verbindung mit der Geometrie der Lage. Für Vorlesungen an Technischen Hochschulen und zum Selbststudium.* Leipzig : Teubner, 2e éd.

Fiedler, W. (1883-1888). *Die darstellende Geometrie in organischer Verbindung mit der Geometrie der Lage. Für Vorlesungen an Technischen Hochschulen und zum Selbststudium*, t. I–III. Leipzig : Teubner, 3e éd.

Flament, D. & Nabonnand, P. (éd.) (2011). *Justifier en mathématiques.* Paris : Maison des Sciences de l'Homme.

Hartshorne, R. (2009). *Foundations of Projective Geometry.* Bronx, NY : Ishi Press.

Maurer, B. (1998). *Karl Culmann und die graphische Statik.* Berlin ; Diepholz ; Stuttgart : VGN-Verlag.

Möbius, A. F. (1827). *Der barycentrische Calcul, ein neues Hülfsmittel zur analytischen Behandlung der Geometrie dargestellt und insbesondere auf die Bildung neuer Classen...* Leipzig : J. A. Barth.

Plücker, J. (1828-1831). *Analytisch-geometrische Entwicklungen,* t. 1 & 2. Essen : Baedeker.

Reye, T. (1899). *Die Geometrie der Lage. Erste Abtheilung.* Leipzig : Baumgärtner, 4e éd. 1re éd., 1866.

Scholz, E. (1989). *Symmetrie. Gruppe. Dualität.* Bâle : Birkhäuser.

von Staudt, K. G. C. (1847). *Geometrie der Lage.* Nuernberg : Korn.

von Staudt, K. G. C. (1856-1860). *Beiträge zur Geometrie der Lage. drei Hefte.* Nürnberg : Korn.

von Staudt, K. G. C. (2011). *Geometrie der Lage. La géométrie de position.* Paris : Hermann. Trad. et présentation par Ph. Nabonnand.

Steiner, J. (1832). *Systematische Entwicklung der Abhängigkeit geometrischer Gestalten von einander. Erster Theil.* Berlin : Fincke.

Voelke, J.-D. (2010). Le développement historique du concept d'espace projectif. In L. Bioesmat-Martagon (éd.) *Éléments d'une biographie de l'espace projectif,* Nancy : PUN-Éditions universitaires de Lorraine, 207–286.

Volkert, K. (éd.) (2015). *David Hilbert. Die Grundlagen der Geometrie (Festschrift 1899).* Berlin : Springer.

Volkert, K. (2019). Otto Wilhelm Fiedler and the Synthesis of Projective and Descriptive Geometry. In É. Barbin, M. Menghini & K. Volkert (éd.) *Descriptive Geometry, The Spread of a Polytechnic Art : The Legacy of Gaspard Monge*, Cham : Springer International Publishing, 167–180, doi : 10.1007/978-3-030-14808-9_10.

Wiener, C. (1884-1887). *Lehrbuch der darstellenden Geometrie,* t. I–II. Leipzig : Teubner.

Klaus Volkert
AHP-PReST (UMR 7117), Université de Lorraine
volkert@uni-wuppertal.de

Sciences, objectivity and realism: between Ludwik Fleck and contemporary debates

Anna C. Zielinska

In memory of Marek Klingberg

It seems that one is required to make a choice when doing philosophy of science: either sciences aim at finding truth, or they construe a more or less complete discourse related to our perception of reality, but fail to offer a firm grasp of what that entails. This trade-off mirrors that of another, between abstract realism and concrete pragmatism. And yet, Ludwik Fleck, the person credited with developing the first systematic reflections on the socio-political implications of scientific discoveries and thus a way to think about science typically associated with constructivism, is not best described as an anti-realist, despite his preference for trivial facts over elegant theories.

In this paper, I explore the philosophical and scientific positions of Ludwik Fleck, author of the first theory of democratic science and, at the end of the day, a scientific realist. This interpretation of his work is somewhat at odds with the more standard approach, wherein Fleck is presented as a pioneer of relativism or of social constructivism in the philosophy of sciences. In the following, I discuss Fleck's philosophical context offer an analysis of a few of his better-known interpretations and offer a final perspective by showing his commitment to the reality of scientific practice, notwithstanding his scepticism towards scientific theories. And while this paper is an attempt to offer an alternative reading of Fleck's positions, it also aims at reaffirming a stance already defended by, among others, Ian Hacking. Scientific realism needs to be understood not *in opposition to* a historical perspective on dynamically developing sciences, but *along with* this perspective.

P.-E. Bour, M. Rebuschi & L. Rollet (eds.), *Sciences, Circulations, Révolutions, 729–740.*

1 Lviv, a hotspot for metascience

Something extraordinary happened in Poland at the beginning of the 20th century: an unprecedented and surprising moment of philosophical creativity. The country was finally positioned to emerge from nearly a century of inexistence (when it was divided between Russia, Austro-Hungarian Empire and Prussia), and the desire for emancipation was widespread. This also represented a short but golden age for Polish Jews, whose intellectual contribution to various debates in the sciences, humanities, and arts, was unprecedented.

In 1895, almost out of the blue, a 29-year-old philosopher, Kazimierz Twardowski left Vienna, where he received his PhD, and was appointed as a head of the philosophy department at Lvov University. Lvov – now the Ukrainian city of Lviv – hosted this new academic institution, which was given unusual freedom to hire young and promising researchers.

At the time, he felt that classical Polish romantic philosophy with its mysticism was not something he wanted to pursue. Across Europe, philosophers were discovering the power of language, were formulating new conceptions of the foundations of mathematics and were elaborating philosophical logic. Twardowski developed a keen interest in fundamental epistemological, metaphysical and formal questions that philosophers of language were treating in a novel way, and he was able to attract a number of young people ready to work on these subjects.

The most influential members of the first two generations of this newly created "school" (which has subsequently partly migrated to Warsaw, thus the name of "Lvov-Warsaw School" made popular by Jan Woleński (Woleński 1989)) were Jan Lukasiewcz who refined the principles of Aristotelian logic, Tadeusz Kotarbiński – co-founder of the modern philosophy of action, Kazimierz Ajdukiewicz with an original version of conventionalism, and Alfred Tarski, who simply redefined the notion of truth, by introducing the concept of metalanguage in the context of deductive languages.

What united these philosophers was principally their desire to establish tools for conceptualizing reality in the most clear-cut way possible, while bridging epistemological and societal concerns: science is not for elites, and education is a starting point for the society.

2 Fleck as an outsider

On the margins of Lvov intellectual life, a Jewish medical doctor Ludwik Fleck (1896-1961) was trying to understand the issues at stake in his own discipline. Ilana Löwy notes that Fleck's epistemological thought was "influenced by seminal ideas from the Polish School of Philosophy of Medicine" (Löwy 1990, p. 216). He was certainly not a member of the Lvov-Warsaw School, but not a complete stranger either: a few of his papers were published in the journal controlled by the Lvov philosophers. While he understood both their concern with reality, and similar epistemological concerns expressed by members of the

Vienna Circle, Fleck felt that these attitudes, virtuous as they were, lacked something essential: they failed to consider the social dimension of knowledge. His most well-known book, *Genesis and Development of a Scientific Fact [Entstehung und Entwicklung einer wissenschaftlichen Tatsache]*, published in German in 1935, as we might glean from the title, illustrates his view that scientific facts are not pure entities that we simply state – they have their origins and they are dynamic in their development.

This idea, stated in such a simplified way, provokes obvious reactions: a social dimension of science? Would this imply that science is merely a convention, a discourse with no outward connection to reality, but only expresses specific opinions? Does this mean that all discourses are equally valid, regardless if they are fictional or so called "scientific"?

The tension that emerges from this (erroneous) way of reading Fleck not only teaches us something about a particular debate in Polish philosophy but recalls a discussion that is as old as philosophy itself, between those who believe that some ideas do somehow "touch" the world, and others who claim that science is not about truth but about efficiency and elegance, and that the scientific discourse is not epistemologically superior when it tries to say something about the world.

In the following section, I present the criticism that Fleck received from one of the prominent members of the Lvov-Warsaw school, Izydora Dąmbska, which offers important historical context to this particular debate, which I follow by presenting Fleck's own views in more detail (beyond the caricature) and try to understand philosophical problems he viewed were important. Finally, I will try to show that Fleck's work is less a form of "relativism" as some, like Bruno Latour, would like to believe is the case, but rather a new kind of lucid realism.

3 Izydora Dąmbska's criticism

One of the representatives of the third generation of the Lvov-Warsaw School, Izydora Dąmbska, expressed a position that corresponded to the spirit of several members of the school[1]: she thought that there was something uncanny in Fleck's denial of the absoluteness of truth:

> I think that the position of Dr Fleck is wrong, when he notes that all depends on the "style of thought" [*Denkstil*]: whether one is an empiricist or a mystic, and that none of those styles can be presented by epistemology as one which is more apt than others to lead to truth rather than to incomprehensible mumbling. (Dąmbska 1937, p. 293)

1. It's worth noting that not all members shared this view, for example Kazimierz Ajdukiewicz who defended an original kind of conventionalism, in the spirit of Poincaré, whereas some other philosophers (Leśniewski and Kotarbiński) pursued long discussions questioning whether truth is eternal or community dependent. For a more detailed presentation of the context of this debate, cf. (Woleński 1997), (Szlachcic 2006).

Dąmbska held that the empiricist way of thinking proved its superiority in the fact that it is sharable (both a scientist and a mystic use it in a similar way and understand each other), and practically necessary for the survival of the community. The intersubjectivity of science is guaranteed by the capacity of "normal people" [*ludzie normalni*] to admit the truthfulness of the same sentences in more or less the same conditions (Szlachcic 2006).

For Fleck this was unclear: neither the notion of "normal person" was convincing nor indeed the notion people systematically agree in their perceptions of the same events. Indeed, in the context of laboratory work, people tend to use the same intellectual tools, they train themselves to pay attention to the same phenomena and report them according to established standards. But this is precisely what Fleck describes with his concept of "style of thought"': the notion that science offers the most rigorous world description.

Was Fleck a sceptic? A sceptic, traditionally, claims that nothing can really be known, and would not pretend to be able to draw conclusions about objectivity *per se*.

Pyrrho, the first Greek sceptic philosopher who lived just after Aristotle, claimed that neither our sense perceptions nor our theories are able to provide us with any truth. We should therefore remain "without views" (adoxastous). Sextus Empiricus, another sceptic, would say that "the qualities of bodies which strike our senses are only mere appearances" (Bayle 1826, p. 3, 3:56), thus we should suspend our judgment. This is a very powerful stance, inspiring to many, Gassendi and Descartes among others.

Other philosophers with sceptical tendencies (while not classical Sceptics) – the pre-Socratic Gorgias among others – claimed that even if some things could be known to oneself, this knowledge is never sharable. Yet, is there really a reason to believe that? Do we need to have exactly the same sense impressions – do those sense impressions have to be intersubjective – or be based on intersubjective knowledge? Dąmbska's response to this question was negative: indeed, our sense impressions do not need to be the same, but the knowledge formation process, series of established research procedures, constructive criticisms, create what is known, and this has value by virtue of both the way it offers the most accurate possible description of reality, and in the way it was elaborated.

Here, we need to understand Dąmbska's primary concern. Kazimierz Twardowski, the founder of the Lvov-Warsaw School, posited that truth needs to be absolute. In light of obvious difficulties with this position, he then tried to specify what a "truth proposition" might mean. Certainly, the proposition: "Anna Zielinska is in Tel Aviv", although rather appealing, is true only occasionally. A few days per year, at most. How might one even consider this an absolute truth? The solution is quite simple: the proposition must be carefully specified to have a definite meaning: "On May 25, 2017, A. Z. was in Tel Aviv", is a proposition which is quite modest, does not say that much about the world, certainly, but it is hard to see why we would not consider this to be absolutely true[2].

The fact that Fleck indeed made no particular effort to try to definitely state this absolute truth made his views difficult to accept in the eyes of the major Lvov philosophers, but at the same time extremely attractive to others.

4 Fleck's double-edged success – between Thomas Kuhn and Bruno Latour

Thomas Kuhn read Fleck when he began considering leaving the field of physics and became interested in "scientific revolutions". Science, he thought, was not cumulative, could not be reduced to simply compiling different bits of knowledge, but was instead a relatively isolated discourse, which essentially replaced one dysfunctional reasoning with another. From the "normal science" phase, a paradigmatic one, he spoke about increasing dissatisfactions, or "cracks" in the system, which are followed by a scientific revolution, and imposing a new paradigm. This is a "paradigm shift". Moving from one paradigm to another makes discussion impossible, if not futile: everything changes.

This position is one of the strongest stances favoring a form of relativism: nothing can be known as it is since all knowledge is essentially dependent of the paradigm in which it was formulated. Kuhn's main target was, as such, scientific realism: the idea that sciences aims to describe reality. That there are truths about the world which are independent from any observation, an ideal world in the style of Frege or Popper, or, if we go further, of Plato.

It is thus not surprising to see that Kuhn took an interest in Fleck's idea that a thought collective would have trouble communicating. He wrote, in foreword to the English translation of Fleck's *Genesis and Development of a Scientific Fact*:

> [...] given my own special concerns, I am particularly excited by Fleck's remarks (chap. 4, sec. 3) on the difficulties of transmitting ideas between two "thought collectives," above all by the closing paragraph on the possibilities and limitations of participation in several "thought communities." ("Very different thought styles are used for one and the same problem more often than are very closely related ones").

Yet it seems that for Fleck, the things at stake were a bit different. And Kuhn's admiration might be misled, for he seems to reduce, in the *Structure of scientific revolutions*, the study of sciences to the *sociology* of the sciences. Yet while Fleck has undoubtedly added a social dimension to the study of sciences,

2. The first version of this paper was presented at the Nuit de Philosophie in Tel Aviv, on May 25, 2017. The author is grateful to the Polish Cultural Institute in Tel Aviv and to Raphael Zagury-Orly for the invitation.

he certainly did not reduce *all* its dimension to sociology, contrary to Kuhn's suggestion:

> I have encountered Ludwik Fleck's almost unknown monograph, *Entstehung und Entwicklung einer wissenschaftlichen Tatsache* (Basel, 1935), an essay that anticipates many of my own ideas. [...] Fleck's work made me realize that those ideas might require to be set in the sociology of the scientific community. (Kuhn 1962, p. vi–vii)

However, it is certainly Kuhn who made Fleck quite well known in the second half of the twentieth century, also by contributing to the publication of the English translation of Fleck's 1935 book.

Among those who both made Fleck's philosophy genuinely fashionable at the beginning of the 21st century was the French thinker, sociologist, and anthropologist Bruno Latour. Latour is well known for his controversial stances on truth and facts:

> So-called "facts" they argued, are not discovered or revealed by science, but rather are "constructed", "constituted", or "fabricated" when scientific statements come to be accepted, or are no longer contested. [...] Discourse being a social phenomenon, what they were saying, in effect, is that facts were to be eliminated in favor of social phenomena. (Whether social facts should also be eliminated is a question they didn't address very clearly.) (Goldman & Blanchard 2015)

> There is no object beyond discourse ... the organization of discourse is the object. (Latour & Woolgar 1979)

Latour notes in another context that the links between knowledge and truth are accidental, and not very fruitful – he uses here terminology inspired by Fleck, but quite probably his ideas are very far from Flecks's:

> Knowledge is an operation that produces objectivity for practice of a collective inquiry about the world. Truth is a different matter. It is not necessarily associated with knowledge. Knowledge is about objectivity, it's one kind of truth. But there are others: about politics, about diplomacy, law, religion or art. In all that cases there is a difference between true and false. I don't think that we have any advantage to associate knowledge and truth. (Bruno Latour, The Relativist, talk at the University of Bergen, 2013)

In France, these ideas have since been associated also with Fleck – Latour helped, like Kuhn a few decades earlier, to translate Fleck's book, this time to French (Fleck 2005). And yet, the similarity of their positions is lesser that it is commonly thought. Their ideas imply not only different ontological stances, but also opposed conceptions of the role of science in society.

5 Fleck as a theoretician of medicine

Certainly, Fleck was not a straightforward realist. He was an experimenting scientist himself and did not view scientific discourse as a neutral given. He certainly wanted to be rid of the Cartesian portrayal of a thinker who establishes knowledge independent of any element from his surrounding:

> Three systems of factors come into being, that contribute to every process of cognition [*Erkennen*], are interrelated and interacting: the burden of Tradition, the weight of Education, and the effect of the Sequence of the acts of cognition.
>
> These are social factors, and any new epistemology must, therefore, be brought into a social and cultural-historical context. [...]
>
> At no time do we resemble a blank page, nor are we in a state of a *tabula rasa* as is the screen before a film is projected on it. Cognition has no discernible beginning, certainly not at the moment of birth or even in the womb, because the capacities for feeling, and feeling as such, originate in a parallel and synchronous way through interaction. (Fleck 1986)

In his *Genesis and Development of a Scientific Fact*, Fleck wanted to establish a definition for medical fact – an unusual object in times when medicine did not attract a lot of attention from philosophers. His work was focused on the study of syphilis, considered not only as a scientific and medical entity, but also as an artifact of general folklore, with mythical and religious elements that nourished it over time. But does this mean that he thought that the result of scientific inquiry could be compared to folklore or religion? Far from it.

Fleck felt that adding the historical dimension and showing hesitations of researchers might lead to a dismissive attitude towards scientific discoveries and clearly noted that this is not at all the obvious consequence of his approach:

> The views outlined here should not be construed as skepticism. We are certainly capable of knowing a great deal. If we cannot know "everything", according to the traditional position, it is simply because we cannot do much with the term "everything", for every new finding raises at least one new problem: namely an investigation of what has just been found. The number of problems to be solved thus becomes infinite and the term "everything" meaningless.
>
> An "ultimate" or set of fundamental first principles from which such findings could be logically constructed is just as non-existent as this "everything." Knowledge, after all, does not repose upon some substratum. Only through continual movement and interaction can that drive be maintained which yields ideas and truths. (Fleck 1979, p. 51)

Already in his early writings, "Fleck argued in favor of a holistic approach to pathological phenomena", which "cannot be understood from a simple, reductionist point of view". He noted in particular that infectious diseases did not stem from a single etiological cause (pathogenic microorganisms), but resulted from "multifactorial and multidimensional interactions between the microorganism and its host" (Löwy 1990, p. 216).

In his paper on the "crisis of reality", Fleck noted that the reality sought by the philosopher was an illusion – this nevertheless did not mean that there was no reality whatsoever serving as a starting point for scientific investigations.

> The striving for to know, to gain knowledge [*Erkennen*] of the absolute is based upon a strange misunderstanding. [...] It is impossible to deduce an absolute reality from the laws of natural science, whose contents cannot be derived from the mere philosophically trained intelligence of the contemporary European. [...] Of what ought the absolute reality to be independent? If one wished it to be independent of man, one ought to consider that in this event it would also be of no use to man. If one wished it to be independent of the individual, one should construe it as socially conditioned, and therefore dependent on the collaboration and communication of many individuals, as many as possible. One should construct it democratically, taking into account that it would then become much less dependent on time, because the collective develops much more slowly, but also more consistently. This is the way of the natural sciences. (Fleck 1986, p. 55–56)

Natural sciences are thus not anti-realist. Nor are they anti-rational. And the proper follow up of Fleck's ideas is not to be found in Kuhn's reflections, but instead appears in the writings of Ian Hacking.

Ian Hacking suggested that one might be tempted to see Fleck as having a "'constructionist' attitude to scientific facts, although blessedly he did not use the construction metaphor" (Hacking 1999, p. 60). Scientific facts (but likely not "fact" *per se*) existed for Fleck – and this is one reason his work appealed to Hacking – only as long as they were part of styles of thinking. Fleck himself gently mocked former sociologists of science for clinging to an exaggerated respect for scientific facts. This view made him a potential ally for anti-scientific positions within the science wars in the 1990s, opposing postmodernist and realist thinkers. Such an interpretation of Fleck is, however, anachronistic, and does not take into account the background against which he was positioning himself, which was a metaphysical picture of the world structured into scientific facts. This latter picture cannot be seen as a scientific hypothesis, Hacking notes, but as a metaphysical view. Fleck avoids as much as possible including any metaphysics in his work and offers a series of descriptions of human and historical processes that accompany the emergence of scientific findings. And Hacking believes that while Fleck's work might have a constructivist flavor in the eyes of a contemporary reader, this approach does nevertheless risks being better understood as *nominalism*.

Hacking's philosophical position, "realism of entities", as opposed to the "realism of theories", is itself close to Fleck's own stances. He blames philosophers for having been too interested in elegant theories, and not enough in the daily practice of scientists:

> Philosophers long made a mummy of science. When they finally unwrapped the cadaver and saw the remnants of an historical process of becoming and discovering, they created for themselves a crisis of rationality. That happened around 1960. (Hacking 1983, p. 1)

But once in laboratory, this mummified conception of science does not hold up. The possibility of experimentation itself confronts us with irrefutable truth. If an experiment is conducted on some entities (say, positrons or electrons), and they have a predicted causal effect, they are genuine. "So far as I'm concerned, if you can spray them then they are real", says Hacking.

He adds that "[r]ealism about theories says they aim at the truth, and sometimes get close to it. Realism about entities says that the objects mentioned in theories should really exist". The two are conceptually independent: the realism of theories should be understood as more fragile and revisable than that of entities. This interplay between different degrees of epistemological robustness (between laboratory experimentation and theoretical developments) is to be found already in Fleck's writings, where reality and objectivity could be considered in terms which do not imply a human-independent absoluteness.

6 The taming of objectivity

What is objectivity? The insistent quest for objectivity has been placed by Lorraine Daston and Peter Galison in the middle of the nineteenth century – it has apparently been a recently added requirement for science:

> Objectivity has not always defined science. Nor is objectivity the same as truth or certainty, and it is younger than both. Objectivity preserves the artifact or variation that would have been erased in the name of truth; it scruples to filter out the noise that undermines certainty. To be objective is to aspire to knowledge that bears no trace of the knower — knowledge unmarked by prejudice or skill, fantasy or judgment, wishing or striving. Objectivity is blind sight, seeing without inference, interpretation, or intelligence. (Daston & Galison 2007, p. 17)

Ian Hacking notes that in English – but not in German – "objective/subjective were neutral, and not evaluative, terms, until around 1850" (Hacking 2015, 22). Daston and Galison show that this notion of objectivity aimed at erasure of an individual subjectivity of the creator from the workings of science. It became important to supress the "wilful intervention of the artist-author, and to put in its stead a set of procedures that would, as it were, move nature to the page through a strict protocol, if not automatically". (Daston & Galison 2007, p. 121)

This understanding of the concept of objectivity does not lend any specific positive content, but rather acknowledges the quest to avoid "various types of vice", according to Hacking (Hacking 2015, p. 22). And as such, these vices are particularly salient in the context of life sciences involving the repetition of experiments. The fact that Fleck started his epistemological work in the medical sciences is not only accidentally linked to his own profession. He indeed knew that it is with life sciences that offer a better understanding of the porosity and complexity of the scientific mindset.

This multifaceted conception of objectivity, present in Fleck's original work from 1935 and in Hacking's criticism of armchair philosophy of sciences in the early 1980s, does not amount to undermining realism, but reinvents the thinking surrounding both realism, and the fragile yet genuine reality of knowledge. Trust in science – essential – needs to be carefully and historically constructed (Olesko 2020).

And at the end of the day, an appeal to objectivity might be construed as sterile, particularly when it involves political, social or strategic decision-making in, e.g., the medical sciences. "When public virtues compete—evidence-based versus clinical medicine, for example—we need to think harder, not more objectively" (Hacking 2015, p. 26). The defence of the specificity of science as a privileged path towards truth cannot count on solely quoting abstract ideas but should rather engage in a detailed study of a forever incomplete set of "bits and pieces" scientific information. Here, we could just as well be following Ludwik Fleck, whose constructivist reading fundamentally rests on a mistake.

Bibliography

Bayle, P. (1826). *An Historical and Critical Dictionary*, vol. 3. London: Hunt & Clark.

Dąmbska, I. (1937). Czy intersubiektywne podobieństwo wrażeń zmysłowych jest niezbędnym założeniem nauk przyrodniczych. *Przegląd Filozoficzny*, 40(3), 288–294.

Daston, L. & Galison, P. (2007). *Objectivity.* New York: Zone Books.

Fleck, L. (1979). *Genesis and Development of a Scientific Fact.* Chicago; London: University of Chicago Press.

Fleck, L. (1986). On the Crisis of "Reality" [1929]. In *Cognition and Fact: Materials on Ludwik Fleck, Boston Studies in the Philosophy of Science*, vol. 87, Dordrecht: Springer Netherlands, 47–57, doi:10.1007/978-94-009-4498-5_3.

Fleck, L. (2005). *Genèse et développement d'un fait scientifique.* Paris: Les Belles Lettres. Trad. fr. par N. Jas.

Goldman, A. & Blanchard, T. (2015). Social Epistemology. In E. N. Zalta (ed.) *The Stanford Encyclopedia of Philosophy*, Metaphysics Research Lab, Stanford University, Summer 2015 edn.

Hacking, I. (1983). *Representing and Intervening: Introductory Topics in the Philosophy of Natural Science.* Cambridge; New York: Cambridge University Press.

Hacking, I. (1999). *The Social Construction of What?* Cambridge (Mass.): Harvard University Press.

Hacking, I. (2015). Let's not talk about objectivity. In F. Padovani, A. Richardson, & J. Y. Tsou (eds.) *Objectivity in Science: New Perspectives from Science and Technology Studies*, Cham: Springer International Publishing, 19–33, doi:10.1007/978-3-319-14349-1_2.

Kuhn, T. S. (1962). *The Structure of Scientific Revolutions.* International Encyclopedia of Unified Science, Chicago: University of Chicago Press, 2nd edn. 1970.

Latour, B. & Woolgar, S. (1979). *Laboratory Life: The Construction of Scientific Facts.* Princeton: Princeton University Press.

Löwy, I. (ed.) (1990). *The Polish School of Philosophy of Medicine. From Tytus Chalubinski (1820-1889) to Ludwik Fleck (1896-1961).* Philosophy and Medicine, Dordrecht: Kluwer.

Olesko, K. M. (2020). Ludwik Fleck, Alfred Schutz, and trust in science: The public responsibility of science education in challenging times. *HoST – Journal of History of Science and Technology*, 14(2), 50–72, doi:doi: 10.2478/host-2020-0014.

Szlachcic, K. (2006). Konwencje, style myslenia i relatywizm Kilka uwag o sporze I. Dambska – L. Fleck. *Studia Philosophica Wratislaviensia*, 1(1), 27–45.

Woleński, J. (1989). *Logic and Philosophy in the Lvov-Warsaw School.* Dordrecht: Kluwer.

Woleński, J. (1997). *Szkola lwowsko-warszawska w polemikach.* Warszawa: Scholar.

Anna Zielinska
AHP-PReST (UMR 7117), Université de Lorraine
anna.zielinska@univ-lorraine.fr

www.ingramcontent.com/pod-product-compliance
Lightning Source LLC
LaVergne TN
LVHW011214061026
849535LV00001BA/20

* 9 7 8 1 8 4 8 9 0 4 2 5 5 *